Hi-Pass
기계안전기술사

최신개정판

Professional Engineer Machine Safety

기술사 · 공학박사 김순채 지음

" 여러분의 합격! 성안당이 함께합니다. "

BM (주)도서출판 성안당

■ 도서 A/S 안내

21세기는 산업이 발달하고 인간의 수명연장과 생활의 윤택함으로 인해 모든 분야에서 인간의 생명을 중요시하는 방향으로 관련 법규와 규정이 지속적으로 보완되고 준수해야 하는 방향으로 발전되고 있다.

또한 세계는 FTA협정으로 국가와 국가 간의 교류가 활발하게 이루어지고 그로 인해 엔지니어들도 기술교류와 협력을 위한 국가 간의 협정이 더욱 증가할 것이다.

앞으로 전개될 기계안전분야에 대한 법규와 규정은 더욱 강화될 것이며, 기업체는 필요한 인력을 상시 배치해야 하는 방향으로 전환되어 안전을 바탕으로 하여 기업은 이윤 추구를 하게 된다. 따라서 이 분야에 종사하는 엔지니어는 자신의 능력과 경쟁력을 갖추어야 미래를 보장받을 수 있을 것이다.

따라서 본서는 이와 같은 요구조건을 충족하고자 다음과 같은 특징으로 구성하였다.

첫째, 24년간 출제된 문제에 대한 각 분야별 풀이 중심

둘째, 증판마다 신설 및 개정된 기계안전에 관한 법규를 검토하여 유지 및 보완

셋째, 문제별로 합격을 위한 핵심내용 요약과 답안지 작성을 위한 동영상 강의 진행

넷째, 새롭게 출제되는 문제에 대한 대응능력과 최적의 답안작성 능력 부여

다섯째, 주관식 답안 작성 훈련을 위해 논술형식으로 구성

여섯째, 풍부한 그림과 도표를 통해 쉽게 이해하며 답안 작성에 적용하도록 유도

일곱째, 엔지니어데이터넷과 연계해 매회 필요한 자료를 추가로 업데이트

이 책이 현장에 종사하는 엔지니어에게는 실무에 필요한 이론서로, 시험을 준비하는 여러분에게는 좋은 안내서로 활용되기를 소망하며 여러분의 목표가 성취되기를 바란다. 또한 공부하면서 내용이 불충분한 부분에 대한 지적은 따끔한 충고로 받아들여 다음에는 더욱 알찬 도서를 출판하도록 노력하겠다.

마지막으로 이 책이 나오기까지 순간순간마다 지혜를 주시며 많은 영감으로 인도하신 주님께 감사드리며, 아낌없는 배려를 해 주신 (주)성안당 임직원과 편집부원들께 감사드린다. 아울러 동영상 촬영을 위해 항상 수고하시는 김민수 이사님께도 고마움을 전하며, 언제나 기도로 응원하는 사랑하는 나의 가족에게도 감사한 마음을 전한다.

기술사 · 공학박사 김순채

본서는 기계안전기술사를 준비하는 엔지니어를 위한 길잡이로, 여러분에게 희망과 용기를 주는 수험서로 활용되기를 바란다. 기술사를 준비하면서 다음 사항을 검토해 보고 자신의 부족한 부분을 개선해 나간다면 여러분의 목표가 빠른 시일 내에 성취될 것임을 확신한다.

1. 체계적인 계획을 설정하라.

대부분 기술사를 준비하는 연령층은 30대 초반부터 60대 후반까지 분포되어 있다. 또한 대부분 직장을 다니면서 준비를 해야 하며 회사일로 인한 업무도 최근에는 많이 증가하는 추세에 있기 때문에 기술사를 준비하기 위해서는 효율적인 계획에 의해서 준비를 하는 것이 좋을 것으로 판단된다.

2. 최대한 기간을 짧게 설정하라.

시험을 준비하는 대부분의 엔지니어는 여러 가지 상황으로 보아 너무 바쁘게 살아가고 있다. 그로 인하여 학창시절의 암기력, 이해력보다는 효율적인 면에서 차이가 많을 것으로 판단이 된다. 따라서 기간을 길게 설정하는 것보다는 짧게 설정하여 도전하는 것이 유리하다고 판단된다.

3. 출제 빈도가 높은 분야부터 공부하라.

기술사에 출제된 문제를 모두 자기 것으로 암기하고 이해하는 것은 대단히 어렵다. 그러므로 출제 빈도가 높은 분야부터 공부하고 그 다음에는 빈도수의 순서에 따라 행하는 것이 좋을 것으로 판단된다. 분야에서 업무에 중요성이 있는 이론, 최근 개정된 관련 법규 또는 최근 이슈화된 사건이나 관련 이론 등이 주로 출제된다. 단, 매년 개정된 관련 법규는 해가 지나면 다시 출제되는 경우는 거의 없다.

4. 새로운 유형의 문제에 대한 답안작성 능력을 배양해라.

최근에 출제문제를 살펴보면 이전에는 출제되지 않았던 새로운 유형의 문제가 매회 마다 추가가 되고 있다. 또한, 다른 종목에서 과거에 출제되었던 문제가 기계안전기술사에 출제되기도 하였다. 따라서 새로운 유형의 문제에 대한 답안작성 능력을 가지고 있어야 합격할 수 있다. 이러한 최근 경향에 따라 수험생들은 시험준비를 하면서 많은 지식을 습득하도록 노력해야 하며, 깊고 좁게 내용을 알기보다는 얕고 넓게 내용을 알며 답안작성을 하는 연습을 지속적으로 해야 한다. 또한, 기계 관련 다른 종목의 기술사에 출제된 문제도 잘 검토하여 준비하는 것이 합격의 지름길이 될 수 있다.

5. 답안지 연습 전에 제3자로부터 검증을 받아라.

기술사에 도전하는 대부분 엔지니어들은 자신의 분야에 자부심과 능력을 가지고 있기 때문에 교만한 마음을 가질 수도 있다. 그러므로 본격적으로 답안지 작성에 대한 연습을 진행하기 전에 제3자(기술사 또는 학위자)에게 문장의 구성 체계 등을 충분히 검증받고, 잘못된 습관을 개선한 다음에 진행을 해야 한다. 왜냐하면 채점은 본인이 하는 것이 아니고 제3자가 하기 때문이다. 하지만 검증자가 없으면 관련 논문을 참고하는 것도 답안지 문장의 체계를 이해하는 데 도움이 된다.

6. 실전처럼 연습하고, 종료 10분 전에는 꼭 답안지를 확인하라.

시험 준비를 할 때는 그냥 눈으로 보고 공부를 하는 것보다는 문제에서 제시한 내용을 간단한 논문 형식, 즉 서론, 본론, 결론의 문장 형식으로 연습하는 것이 실제 시험에 응시할 때 많은 도움이 된다. 단, 답안지 작성 연습은 모든 내용을 어느 정도 파악한 다음 진행을 하며 막상 시험을 치르게 되면 머릿속에서 정리하면서 연속적으로 작성해야 합격의 가능성이 있으며 각 교시가 끝나기 10분 전에는 반드시 답안이 작성된 모든 문장을 검토하여 문장의 흐름을 매끄럽게 다듬는 것이 좋다(수정은 두 줄 긋고, 상단에 추가함).

7. 채점자를 감동시키는 답안을 작성한다.

공부를 하면서 책에 있는 내용을 완벽하게 답안지에 표현한다는 것은 매우 어렵다. 때문에 전체적인 내용의 흐름과 그 내용의 핵심 단어를 항상 주의 깊게 살펴서 그런 문제에 접하게 되면 문장에서 적절하게 활용하여 전개하면 된다. 또한 모든 문제의 답안을 작성할 때는 문장을 쉽고 명료하게 작성하는 것이 좋다. 그리고 문장으로 표현이 부족할 때는 그림이나 그래프를 이용하여 설명하면 채점자가 쉽게 이해할 수 있다. 또한, 기술사란 책에 있는 내용을 완벽하게 복사해 내는 능력으로 판단하기 보다는 현장에서 엔지니어로서의 역할을 충분히 할 수 있는가를 보기 때문에 출제된 문제에 관해 포괄적인 방법으로 답안을 작성해도 좋은 결과를 얻을 수 있다.

8. 자신감과 인내심이 필요하다.

나이가 들어 공부를 한다는 것은 대단히 어려운 일이다. 어려운 일을 이겨내기 위해서는 늘 간직하고 있는 자신감과 인내력이 중요하다. 물론 세상을 살면서 많은 것을 경험해 보았겠지만 "난 뭐든지 할 수 있다"라는 자신감과 답안 작성을 할 때 예상하지 못한 문제로 인해 답안 작성이 미비하더라도 다른 문제에서 그 점수를 회복할 수 있다는 마음으로 꾸준히 답안을 작성할 줄 아는 인내심이 필요하다.

9. 2005년부터 답안지가 12페이지에서 14페이지로 추가되었다.

기술사의 답안 작성은 책에 있는 내용을 간단하고 정확하게 작성하는 것이 중요한 것은 아니다. 주어진 문제에 대해서 체계적인 전개와 적절한 이론을 첨부하여 전개를 하는 것이 효과적인 답안 작성이 될 것이다. 따라서 매 교시마다 배부되는 답안 작성 분량은 최소한 8페이지 이상은 작성해야 될 것으로 판단되며, 준비하면서 자신이 공부한 내용을 머릿속에서 생각하며 작성하는 기교를 연습장에 수없이 많이 연습하는 것이 최선의 방법이다. 대학에서 강의하는 교수들이 쉽게 합격하는 것은 연구 논문 작성에 대한 기술이 있어 상당히 유리하기 때문이다. 또한 2015년 107회부터 답안지 묶음형식이 상단에서 왼쪽에서 묶음하는 형식으로 변경되었으니 참고하길 바란다.

10. 1, 2교시에서 지금까지 준비한 능력이 발휘된다.

1교시 문제를 받아보면서 자신감과 희망을 가질 수가 있고, 지금까지 준비한 노력과 정열을 발휘할 수 있다. 1교시를 잘 치르면 자신감이 배가 되고 더욱 의욕이 생기게 되며 정신적으로 피곤함을 이겨 낼 수 있는 능력이 배가된다. 따라서 1, 2교시 시험에서 획득할 수 있는 점수를 가장 많이 확보하는 것이 유리하다.

11. 3, 4교시는 자신이 경험한 엔지니어의 능력이 효과를 발휘한다.

오전에 실시하는 1, 2교시는 자신이 준비한 내용에 대해서 많은 효과를 발휘할 수가 있다. 그렇지만 오후에 실시하는 3, 4교시는 오전에 치른 200분의 시간이 자신의 머릿속에서 많은 혼돈을 유발할 가능성이 있다. 그러므로 오후에 실시하는 시험에 대해서는 침착하면서 논리적인 문장 전개로 답안지 작성의 효과를 주어야 한다. 신문이나 매스컴, 자신이 경험한 내용을 토대로 긴장하지 말고 채점자가 이해하기 쉽도록 작성하는 것이 좋을 것으로 판단된다. 문장으로의 표현에 자신이 있으면 문장으로 완성을 하지만 자신이 없으면 많은 그림과 도표를 삽입하여 전개를 하는 것이 훨씬 유리하다.

12. 암기 위주의 공부보다는 연습장에 수많이 반복하여 준비하라.

단답형 문제를 대비하는 수험생은 유리할지도 모르지만 기술사는 산업 분야에서 기술적인 논리 전개로 문제를 해결하는 능력이 중요하다. 따라서 정확한 답을 간단하게 작성하기보다는 문제에서 언급한 내용을 논리적인 방법으로 제시하는 것이 더 중요하다. 그러므로 연습장에 답안 작성을 여러 번 반복하는 연습을 해야 한다. 요즈음은 컴퓨터로 인해 손으로 글씨를 쓰는 경우가 그리 많지 않기 때문에 답안 작성에 있어 정확한 글자와 문장을 완성하는 속도가 매우 중요하다.

13. 면접 준비 및 대처방법

어렵게 필기를 합격하고 면접에서 좋은 결과를 얻지 못하면 여러 가지로 심적인 부담이 되는 것은 사실이다. 하지만 본인의 마음을 차분하게 다스리고 면접에 대비를 한다면 좋은 결과를 얻을 수 있다. 각 분야의 면접관은 대부분 대학 교수와 실무에 종사하고 있는 분들이 하게 되므로 면접 시 질문은 이론적인 내용과 현장의 실무적인 내용, 최근의 동향, 분야에서 이슈화되었던 부분에 대해서 질문을 할 것으로 판단된다. 이런 경우 이론적인 부분에 대해서는 정확하게 답변하면 되지만, 분야에서 이슈화되었던 문제에 대해서는 본인의 주장을 내세우면서도 여러 의견이 있을 수 있는 부분은 유연한 자세를 취하는 것이 좋을 것으로 판단된다. 질문에 대해서 너무 자기 주장을 관철하려고 하는 것은 면접관에 따라 본인의 점수가 낮게 평가될 수도 있으니 유념하길 바란다.

□ **필기시험**

직무 분야	안전관리	중직무 분야	안전관리	자격 종목	**기계안전기술사**	적용 기간	2023. 1. 1. ~ 2026. 12. 31.

○ 직무내용 : 기계안전분야에 관한 고도의 전문지식과 실무경험에 의한 계획, 연구, 설계, 분석, 시험, 운영, 시공, 평가 또는 이에 관한 지도, 감리 등의 기술업무를 수행하는 직무이다.

검정방법	단답형/주관식 논문형	시험시간	4교시, 400분(1교시당 100분)

시험과목	주요항목	세부항목
산업안전관리론 (사고원인분석 및 대책, 방호장치 및 보호구, 안전점검요령), 산업심리 및 교육(인간공학), 산업안전 관계 법규, 기계공업의 안전운영에 관한 계획, 관리, 조사, 그 밖의 산업기계안전에 관한 사항	1. 산업안전관리론	1. 산업안전의 기본이론 2. 안전관리체제 및 운영 3. 산업재해조사 및 예방대책 4. 무재해운동 등 안전 활동 5. 안전보건 경영시스템 6. 보호구 및 안전표지 등
	2. 산업심리 및 교육	1. 인간의 특성과 안전과의 관계 2. 직업적성 및 산업심리 3. 안전교육 및 지도 4. 인간공학 및 행동과학
	3. 산업안전 관련 법령	1. 산업안전보건법 2. 산업안전보건기준에 관한 규칙 3. 기계설비의 산업표준
	4. 기계·설비의 안전화	1. 기계설비의 위험점 2. 본질적 안전화 3. 위험기계기구 및 설비의 방호조치 4. 산업기계 설비 및 운반기계의 특징과 안전한 사용 5. 산업용 로봇, 유공압 시스템 및 공장자동화 6. 인터록시스템 등
	5. 기계공학	1. 기계재료, 용접결함, 열처리 2. 재료시험 및 응력해석 3. 기계설계 및 기계제작 4. 정역학, 유체역학 및 재료역학 5. 비파괴공학 및 시험검사

시험과목	주요항목	세부항목
	6. 설비진단 및 위험성 평가	1. 기계·설비결함의 진단 및 평가 2. 기계·설비의 위험성 평가 3. 신뢰성공학 4. 유해위험방지계획서 작성 및 평가 5. 공정안전관리
	7. 그 밖의 기계안전에 관한 사항	1. 제조물 책임법 2. 안전문화 3. 기타 전기, 화공 안전에 관한 기본사항 4. 그 밖의 기계안전 시사성 관련 사항

□ 면접시험

직무 분야	안전관리	중직무 분야	안전관리	자격 종목	기계안전기술사	적용 기간	2023. 1. 1.~2026. 12. 31.

○ 직무내용 : 기계안전분야에 관한 고도의 전문지식과 실무경험에 의한 계획, 연구, 설계, 분석, 시험,
운영, 시공, 평가 또는 이에 관한 지도, 감리 등의 기술업무를 수행하는 직무이다.

검정방법	구술형 면접시험	시험시간	15~30분 내외

면접항목	주요항목	세부항목
산업안전관리론 (사고원인분석 및 대책, 방호장치 및 보호구, 안전점검요령), 산업심리 및 교육(인간공학), 산업안전 관계 법규, 기계공업의 안전운영에 관한 계획, 관리, 조사, 그 밖의 산업기계안전에 관한 전문지식/기술	1. 산업안전관리론	1. 산업안전의 기본이론 2. 안전관리체제 및 운영 3. 산업재해조사 및 예방대책 4. 무재해운동 등 안전 활동 5. 안전보건 경영시스템 6. 보호구 및 안전표지 등
	2. 산업심리 및 교육	1. 인간의 특성과 안전과의 관계 2. 직업적성 및 산업심리 3. 안전교육 및 지도 4. 인간공학 및 행동과학
	3. 산업안전 관련 법령	1. 산업안전보건법 2. 산업안전보건기준에 관한 규칙 3. 기계설비의 산업표준
	4. 기계·설비의 안전화	1. 기계설비의 위험점 2. 본질적 안전화 3. 위험기계기구 및 설비의 방호조치 4. 산업기계 설비 및 운반기계의 특징과 안전한 사용 5. 산업용 로봇, 유공압 시스템 및 공장자동화 6. 인터록시스템 등
	5. 기계공학	1. 기계재료, 용접결함, 열처리 2. 재료시험 및 응력해석 3. 기계설계 및 기계제작 4. 정역학, 유체역학 및 재료역학 5. 비파괴공학 및 시험검사

면접항목	주요항목	세부항목
	6. 설비진단 및 위험성 평가	1. 기계·설비결함의 진단 및 평가 2. 기계·설비의 위험성 평가 3. 신뢰성공학 4. 유해위험방지계획서 작성 및 평가 5. 공정안전관리
	7. 그 밖의 기계안전에 관한 사항	1. 제조물 책임법 2. 안전문화 3. 기타 전기, 화공 안전에 관한 기본사항 4. 그 밖의 기계안전 시사성 관련 사항
품위 및 자질	8. 기술사로서 품위 및 자질	1. 기술사가 갖추어야 할 주된 자질, 사명감, 인성 2. 기술사 자기개발과제

※ 10권 이상은 분철(최대 10권 이내)

제 회

국가기술자격검정 기술사 필기시험 답안지(제1교시)

제1교시	종목명	

수험자 확인사항 ☑ 체크바랍니다.	1. 문제지 인쇄 상태 및 수험자 응시 종목 일치 여부를 확인하였습니다. 확인 ☐ 2. 답안지 인적 사항 기재란 외에 수험번호 및 성명 등 특정인임을 암시하는 표시가 없음을 확인하였습니다. 확인 ☐ 3. 지워지는 펜, 연필류, 유색 필기구 등을 사용하지 않았습니다. 확인 ☐ 4. 답안지 작성 시 유의사항을 읽고 확인하였습니다. 확인 ☐

답안지 작성 시 유의사항

1. 답안지는 표지 및 연습지를 제외하고 총 7매(14면)이며, 교부받는 즉시 매수, 페이지 순서 등 정상 여부를 반드시 확인하고 1매라도 분리되거나 훼손하여서는 안 됩니다.
2. 시험문제지가 본인의 응시종목과 일치하는지 확인하고, 시행 회, 종목명, 수험번호, 성명을 정확하게 기재하여야 합니다.
3. 수험자 인적사항 및 답안작성(계산식 포함)은 **지워지지 않는 검은색 필기구만을 계속 사용**하여야 합니다.
4. 답안 정정 시에는 **두 줄(=)을 긋고 다시 기재 가능**하며 **수정테이프 사용 또한 가능**합니다.
5. 답안작성 시 자(직선자, 곡선자, 템플릿 등)를 사용할 수 있습니다.
6. 문제의 순서에 관계없이 답안을 작성하여도 되나 주어진 **문제번호와 문제를 기재**한 후 답안을 작성하고 전문용어는 원어로 기재하여도 무방합니다.
7. 요구한 문제 수보다 많은 문제를 답하는 경우 기재순으로 요구한 문제 수까지 채점하고 나머지 문제는 채점대상에서 제외됩니다.
8. 답안작성 시 답안지 양면의 페이지순으로 작성하시기 바랍니다.
9. 기 작성한 문항 전체를 삭제하고자 할 경우 반드시 해당 문항의 답안 전체에 대하여 명확하게 X표시(X표시한 답안은 채점대상에서 제외)하시기 바랍니다.
10. 수험자는 시험시간이 종료되면 즉시 답안작성을 멈춰야 하며, 종료시간 이후 계속 답안을 작성하거나 감독위원의 **답안지 제출지시에 불응할 때에는 당회 시험을 무효** 처리합니다.
11. 각 문제의 답안작성이 끝나면 바로 옆에 "**끝**"이라고 쓰고, 최종 답안작성이 끝나면 줄을 바꾸어 중앙에 "**이하 여백**"이라고 써야 합니다.
12. 다음 각호에 1개라도 해당되는 경우 답안지 전체 혹은 해당 문항이 0점 처리됩니다.

    〈답안지 전체〉
    1) 인적사항 기재란 이외의 곳에 성명 또는 수험번호를 기재한 경우
    2) 답안지(연습지 포함)에 답안과 관련 없는 특수한 표시를 하거나 특정인임을 암시하는 경우
    〈해당 문항〉
    1) 지워지는 펜, 연필류, 유색 필기류, 2가지 이상 색 혼합사용 등으로 작성한 경우

    ※ 부정행위처리규정은 뒷면 참조

HRDK 한국산업인력공단
Human Resources Development Service of Korea

부정행위 처리규정

국가기술자격법 제10조 제6항, 같은 법 시행규칙 제15조에 따라 국가기술자격검정에서 부정행위를 한 응시자에 대하여는 당해 검정을 정지 또는 무효로 하고 3년간 이법에 따른 검정에 응시할 수 있는 자격이 정지됩니다.

1. 시험 중 다른 수험자와 시험과 관련된 대화를 하는 행위
2. 답안지를 교환하는 행위
3. 시험 중에 다른 수험자의 답안지 또는 문제지를 엿보고 자신의 답안지를 작성하는 행위
4. 다른 수험자를 위하여 답안을 알려주거나 엿보게 하는 행위
5. 시험 중 시험문제 내용과 관련된 물건을 휴대하여 사용하거나 이를 주고 받는 행위
6. 시험장 내외의 자로부터 도움을 받고 답안지를 작성하는 행위
7. 미리 시험문제를 알고 시험을 치른 행위
8. 다른 수험자와 성명 또는 수험번호를 바꾸어 제출하는 행위
9. 대리시험을 치르거나 치르게 하는 행위
10. 수험자가 시험시간에 통신기기 및 전자기기[휴대용 전화기, 휴대용 개인정보 단말기(PDA), 휴대용 멀티미디어 재생장치(PMP), 휴대용 컴퓨터, 휴대용 카세트, 디지털 카메라, 음성파일 변환기(MP3), 휴대용 게임기, 전자사전, 카메라 부착 펜, 시각표시 외의 기능이 부착된 시계]를 사용하여 답안지를 작성하거나 다른 수험자를 위하여 답안을 송신하는 행위
11. 그 밖에 부정 또는 불공정한 방법으로 시험을 치르는 행위

HRDK 한국산업인력공단
Human Resources Development Service of Korea

[연 습 지]

※ 연습지에 성명 및 수험번호를 기재하지 마십시오.
※ 연습지에 기재한 사항은 채점하지 않으나 분리 훼손하면 안 됩니다.

번호		

CHAPTER **2** 산업심리 및 교육

CHAPTER 3 산업안전관계법규

CHAPTER **4** **기계 · 설비의 안전진단과 위험성 평가**

CHAPTER 5 기타 산업기계안전에 관한 사항

CHAPTER 6 기계재료와 재료역학

CHAPTER 7 기계제작법

CHAPTER **8** 유체역학과 유체기계

CHAPTER 9 기계설계학

CHAPTER **10** 유공압공학

CHAPTER **부록** 과년도 출제문제

CHAPTER 01

산업안전관리론

- ■ 사고원인분석 및 대책
- ■ 방호장치 및 보호구
- ■ 안전점검요령

Section 1 **가연성 액체의 인화점**

① 개요

인화성 물질의 안전한 취급 및 위험성을 파악하기 위해서는 이들 물질의 화재안전 특성상의 중요 기초자료인 인화점(flash point)에 대한 지식이 필요하다. 인화점은 인화성 액체의 화재위험성을 나타내는 지표로서, 가연성 액체의 액면 가까이에서 인화할 때 필요한 증기를 발산하는 액체의 최저온도로 정의된다. 인화점은 하부인화점(lower flash point)과 상부인화점(upper flash point)으로 나누며, 일반적으로 하부인화점을 인화점이라고 한다.

② 인화점 측정방법

인화점 측정방법에는 펜스키마텐스 방식(pensky-martens), 클리블랜드 방식(cleveland), 세타플래시 방식(setaflash) 등이 있다. 일반적으로 인화점이 80℃ 이하인 경우에는 태그(tag) 밀폐식을, 80℃ 이상인 경우에는 클리블랜드 개방식을 사용하고 있다. 최근에는 유통법의 인화점 측정장치를 사용하여 가연성 액체의 기액평형(vapor-liquid equilibrium)상태를 만족시키는 하부인화점과 상부인화점을 얻을 수 있는데, 이 방법은 증발관에 건조증기를 유통시키기 때문에 유통법이라고도 한다. 이 방식은 기존의 측정방식들이 하부인화점만 측정할 수 있는 데 비해 상부인화점도 측정할 수 있는 특징을 지니고 있다.

화학물질은 순수물질(단일물질)로 사용되는 경우보다는 몇 가지 순수물질이 섞인 혼합물질로 사용되는 경우가 대부분이다. 물질안전보건자료(MSDS : Material Safety Data Sheets)제도가 의도하는 것은 화학물질을 안전하게 취급함으로써 사고를 예방하는 것이다. 이러한 목적을 달성하기 위해서 물질안전보건자료는 혼합물 자체의 위험성 시험(실험)을 거쳐 평가되고 이를 바탕으로 작성하는 것이 원칙이다. 그러나 현실적으로 유해위험성, 안전성 등의 제약 때문에 장기적이고 종합적 시험(실험)을 거쳐 정확하게 평가된 경우는 전 세계적으로도 그리 많지 않으며, 특히 우리나라에서는 이에 대한 연구가 전무한 상태이다. 따라서 수많은 혼합용제를 사용하고 있는 대부분의 화학산업현장에서는 이들 각각의 인화성 혼합용제의 위험성을 판정하는 데도 그만큼의 어려움이 있다.

Section 2 기계설비에 대한 방호장치

1 개요

방호장치라 함은 작업점의 안전화를 위해 신체 부분이 위험점에 접근하지 못하도록 금지하는 것으로서 손상을 입힐 우려가 있는 부분을 일시적, 영구적으로 차단하는 안전 장치이다.

2 기계설비에 대한 방호장치

회전, 왕복 및 직선운동, 회전물체 사이의 물림적 절단동작, 구멍 뚫기, 굽힘동작 등에는 항상 잠재위험이 존재하므로 덮개, 연동장치, 자동방호장치, 원격제어, 대체이송, 방출 등으로 방호를 한다. 여기서 연동장치라 함은 장치가 열렸을 때 기계가 작동하지 않도록 동력을 차단시키거나 정지시키는 장치로 기계가 동작하기 전에 위험점을 방호하고 위험한 부분이 정지할 때까지 장치는 닫혀 있어야 하고 장치가 열리면 기계는 즉시 멈춰야 한다.

방호장치는 방호능력의 확보, 작업방해의 배제, 외부충격에 견디도록 한 견고성, 기계에 적합성 등을 고려하여 설치한다. 방호장치의 종류로는 급정지장치, 리밋스위치, 동력차단장치, 기동스위치, 역전방지장치, 가드 등이 있다. 특히 가드는 작업점에 설치하는 것으로 기준한다.

Section 3 기계설비의 신뢰도 정의

1 정의

신뢰성이나 신뢰도는 두 단어 모두 영어로 'Reliability'라고 하지만, 신뢰성은 추상적인 의미이며 신뢰도는 확률을 나타낸 것이다.

확률로서의 신뢰도는 "시스템, 기기, 부품 등이 규정의 조건하에서 의도하는 기간 중 소정의 기능을 수행하는 확률"이라고 정의한다. 신뢰성은 상기 정의의 확률을 성질로 변경하면 된다.

❷ 신뢰성의 조건

정확한 신뢰성을 나타내기 위해서는 다음과 같은 조건이 필요하다.

① 소요의 제품기능 혹은 고장을 명확히 정의할 것
② 제품의 사용조건 및 환경조건을 정의할 것
③ 기간 또는 기타 기간에 상당한 측도(반복횟수, 주행거리 등)에 대한 확률로 표명할 것

Section 4 기계설비의 안전장치 중 개회로 제어방식과 폐회로 제어방식

❶ 개회로(open loop) 제어방식

NC는 공구이동명령만 내보내고 제대로 이동하는지에 대해서는 확인하지 않는 제어방식이다. 정밀도가 별로 요구되지 않는 시스템에 주로 적용되며, 자동조립라인에서 스테핑 모터(stepping motor) 제어를 사용하며, 정밀도가 요구되는 CNC 공작기계에는 많이 사용되지 않는다. 구동장치는 일반적으로 스테핑 모터가 사용된다.

❷ 폐회로(closed loop) 제어방식

CNC 밀링에서 공구가 제대로 이동하는지 또는 이동했는지를 실제로 공구위치를 측정해 확인하고 보정해주는 것을 폐회로 제어방식 혹은 피드백 제어(feedback control)라 한다.

측정에는 주로 인덕토신(Inductosyn : Farrand Controls사의 상품명), 광학스케일 등이 사용된다. 인덕토신은 아날로그신호를, 광학스케일은 일반적으로 디지털신호를 생성한다.

반폐회로(semi-closed loop) 제어방식에 비해 훨씬 정밀도가 우수하지만, 아주 고가이므로 고정도의 정밀가공을 필요로 하는 장비에만 제한적으로 사용된다.

공작기계에 적용할 때는 반폐회로 제어방식에 의한 피드백 정보와 공구위치 측정결과를 동시에 확인하고 보정하는 하이브리드방식이 일반적으로 사용된다(스케일에서 측정한 피드백값은 미세보정에만 사용). 제어하는 공작기계는 CNC류 공작기계에 적용되고 있다.

기계설비의 안전화 개념인 Fool Proof와 Fail Safe의 사례

1 Fool Proof

인간이 기계 등의 취급을 잘못해도 그것이 바로 사고나 재해로 이어지지 않는 기능을 말하며, 본래의 Fool Proof는 조작순서를 잘못하거나 오조작에 대응하는 것으로, 예를 들면 카메라의 이중 촬영방지기구이다. 그러나 많은 기계재해는 그 취급 잘못에 기인한 다는 관점에서 보면 안전장치의 대부분은 Fool Proof를 위한 것이라고 할 수 있다.

Fool Proof는 본래 인간의 착오·미스 등 이른바 휴먼에러를 방지하기 위한 것으로, 기계·설비의 위험 부분을 방호하는 덮개나 울, 이동식 가이드의 인터록이 전제조건이 되며 그 실례는 다음과 같다.

① 동력전달장치의 덮개를 벗기면 운전이 정지된다.
② 프레스의 경우 실수하여 손이 금형 사이로 들어갔을 때 슬라이드의 하강이 자동적으로 정지된다.
③ 승강기의 경우 과부하가 되면 경보가 울리고 작동이 되지 않는다.
④ 크레인의 와이어로프가 무한정 감기지 않도록 권과방지장치를 설치한다.
⑤ 로봇이 설치된 작업장에 방책을 닫지 않으면 로봇이 작동되지 않는다.
⑥ 전기세탁기의 탈수기가 돌아가는 도중에 뚜껑을 열면 탈수가 정지된다. 또는 탈수기의 정지스위치를 누른 후 정지가 될 때까지는 뚜껑이 열리지 않는다.

2 Fail Safe

기계나 그 부품에 고장이나 기능불량이 생겨도 항상 안전하게 유지하는 구조와 그 기능을 말하며, 기능면에서 다음의 3단계로 분류한다.

① Fail Passive : 부품이 고장나면 통상 기계는 정지하는 방향으로 이동한다.
② Fail Active : 부품이 고장나면 기계는 경보를 울리는 가운데 짧은 시간 동안의 운전이 가능하다.
③ Fail Operational : 부품의 고장이 있어도 기계는 추후의 보수가 될 때까지 안전한 기능을 유지한다.

위 중에서 ③이 운전상 제일 선호하는 방법이고, 산업기계에서는 일반적으로 ①을 많이 채택하고 있다.

Fail Safe의 실례는 다음과 같다.

① 증기보일러의 안전변과 급수탱크를 복수로 설치하는 것

② 프레스 제어용으로 설치된 복식전자밸브 중 한쪽의 밸브가 고장이 나면 클러치 · 브레이크의 압축공기를 배출시켜 프레스를 급정지시키도록 한 것

③ 화학설비에 안전변 또는 긴급차단장치를 설치하여 이상 시에는 이들이 작동하여 설비를 보호

④ 석유난로가 일정 각도 이상으로 기울어지면 자동적으로 불이 꺼지도록 소화기구를 내장시킨 것

⑤ 승강기 정전 시 마그네틱브레이크가 작동하여 운전을 정지시키는 경우와 정격속도이상의 주행 시 조속기가 작동하여 긴급정지시키는 것

Section 6 기계설비의 위험점

1 개요

기계설비의 위험점은 회전운동, 왕복운동 또는 미끄럼운동의 조합, 진동운동 등에 의한 협착점, 끼인점, 절단점, 물림점, 접선물림점, 말림점으로 나눌 수 있다.

2 기계설비의 위험점

기계설비의 위험점은 다음과 같다.

1) 협착점

왕복운동을 하는 동작 부분과 움직임이 없는 고정 부분 사이에서 형성되는 위험점으로, 사업장의 기계설비에서 많이 볼 수 있다. 예를 들면, 프레스기, 전단기, 성형기, 절곡기 등이 있다.

2) 끼인점

고정 부분과 회전하는 동작 부분에 함께 만드는 위험점으로, 연삭숫돌과 덮개, 교반기의 날개와 하우징, 프레이에서 암의 요동을 하는 기계 부분 등이다.

3) 물림점

회전하는 2개의 회전체에는 물려 들어가는 위험성이 존재한다. 이때 위험점이 발생되는 조건은 회전체가 서로 반대방향으로 맞물려 회전되어야 한다. 예를 들면, 롤러의 물림, 기어와 기어의 물림 등이 있다.

4) 접선물림점

회전하는 부분의 접선방향으로 물려 들어갈 위험이 존재하는 점이다. 예를 들면, 벨트와 풀리, 체인과 스프로켓, 랙과 피니언 등 맞물림 부분이다.

5) 말림점

회전하는 물체에 작업복, 머리카락 등이 말려드는 위험이 존재하는 점이다. 예를 들면, 회전하는 축, 커플링, 돌출된 키나 고정나사, 회전하는 공구 등이 이에 해당한다.

Section 7 대형 기어감속기의 기록유지항목

[그림 1-1] 기어장치

❶ 점검항목

기어감속기의 점검항목은 다음과 같다.

① 기어와 피니언의 운동상태가 원활한지를 점검한다.
② 기어케이스가 외부하중에 의하여 비틀어짐 등이 발생되었는지를 점검한다.
③ 기초의 설치상태, 변형, 볼트의 풀림을 점검한다.
④ 적당한 윤활이 되고 있는지를 점검한다.
⑤ 개방기어에서는 마멸, 벗겨짐, 부식, 파손, 갈라짐, 이물질끼임 등이 발생되었는지를 점검한다.
⑥ 진동을 측정한다.
⑦ 소음을 측정하여 소리의 성격이나 강도변화를 점검한다.
⑧ 마멸입자분석을 실시한다.

❷ 감시 및 기록유지항목

중요하거나 대형인 기어감속기에서는 여러 가지 상태감시 및 기록을 유지하여 경향관리를 한다.

1) 윤활유 공급압력

① 윤활유 공급압력은 온도, 하중, 필터의 청결상태에 따라 적정한 수준을 유지해야 한다.

② 베어링의 마멸 또는 손상, 윤활 스프레이 노즐의 파손, 내부 윤활배관의 누출 등이 발생되면 윤활유 공급압력이 변화된다.

2) 윤활유 온도와 레벨

① 윤활유의 온도가 10℃ 이상 증가되면 심각한 고장의 징후를 알리는 신호이므로 즉시 정밀검사를 시행한다.

② 윤활유 레벨이 낮아지면 누유 등을 검사하고 보충해준다.

3) 베어링 온도

① 일정한 운전조건을 유지함에도 베어링의 온도가 증가되면 전체적인 열부하가 증가된 것으로 정밀검사가 필요하다.

② 과부하, 변형, 축의 정렬 불량 등이 베어링의 열부하를 증가시킨다.

4) 오일필터의 압력차

① 오일필터 전후의 비정상적인 높은 압력차는 오일필터를 보수해야 한다는 신호이다.

② 필터의 고장원인은 부품들이 변형되었거나 윤활유가 오염된 경우이다.

5) 진동

① 진동치가 기준치를 초과하거나 심한 변동이 발생되면 주파수분석을 시행한다.

② 기어는 기어 간 접촉으로 인하여 각 축의 운전속도에 대응하는 진동보다 높은 주파수의 진동이 발생된다.

③ 주파수분석을 통하여 주파수별로 이상변동치가 발생되면 대응되는 기어를 정밀검사한다.

[그림 1-2] 기어의 종류

도수율과 강도율 공식

❶ 재해도수율

재해도수율이란 어느 일정 기간(연간 근로시간 100만 시간) 동안에 발생한 재해의 빈도수를 나타낸 것이다.

천인율과 재해도수율로 각기 표시된 산업 간에 비교할 때에는 서로 환산하여 비교한다. 이때 환산법은 근로자 1인당 1일 8시간, 연간근로일수 300일, 연간근로시간수를 2,400시간이라 하면 환산식은 다음과 같다.

> • 재해도수율＝(재해발생건수/연간근로시간수)×1,000,000
> ※ 연간근로시간수＝8시간×25일×12개월＝2,400시간

> **예제**
> 50명의 근로자가 작업하는 공장에서 1년 동안에 3건의 재해가 발생했을 때 도수율은 얼마인가?
> **풀이** 도수율＝(3/120,000)×1,000,000＝25

※ 1일 8시간, 연간 평균근로일수를 300일이라고 하면, 근로자의 수가 50명이므로 연근로시간수는 12만 시간이 된다.

❷ 재해강도율

재해강도율이란 근로시간 1,000시간당 발생한 재해에 의하여 손실된 총근로손실일수를 나타낸 것이다. 재해강도율은 재해자의 수나 재해발생빈도에 관계없이 그 재해의 내용을 측정하는 하나의 척도로 쓰인다.

> • 재해강도율＝(근로손실일수/연간근로시간수)×1,000
> • 근로손실일수＝휴업 총일수×(연간근로일수/365)
> • 천인율＝재해도수율×2.4
> • 재해도수율＝천인율/2.4

> **예제**
> 50명의 근로자가 작업하는 공장에서 1년 동안에 3명의 부상자가 발생했고, 이들의 총 휴업일수가 219일이라 하면 근로손실일수와 재해강도율은 얼마인가?
> **풀이** 근로손실일수＝219×(300/365)＝180(일)
> 재해강도율＝(180/120,000)×1,000＝1.5(일)

위의 결과는 이 사업장에서 근로시간 1,000시간 동안에 산업재해에 의하여 하루 반의 근로손실이 있었음을 나타낸 것이다.

※ 1일 8시간, 연간 평균근로일수를 300일이라고 하면, 근로자의 수가 50명이므로 연근로시간 수는 12만 시간이 된다.

리프트에 대한 재해의 유형과 방호조치

① 개요

건설작업용 리프트라 함은 동력을 사용하여 가이드레일을 따라 상하로 움직이는 운반구를 매달아 사람이나 화물을 운반할 수 있는 설비 또는 이와 유사한 구조 및 성능을 가진 것으로서 건설현장에서 사용하는 것을 말한다. 건설작업용 리프트는 동력전달형식에 따라 랙 및 피니언식 리프트와 와이어 로프식 리프트로 구분하며, 사용용도에 따라 화물용 리프트와 사람의 탑승이 가능한 인화공용 리프트로 구분하고 있다.

리프트에 대한 재해의 유형은 지상에서 일정한 높이까지 이동하면서 추락이나 협착에 의한 재해가 대부분으로 원인과 방호조치를 살펴본다.

② 리프트에 대한 재해의 유형과 방호조치

(1) 리프트 출입문 개방으로 인한 추락

원인은 출입문 잠금장치 불완전 체결, 작업방법 불량, 탑승금지 표지 미부착 및 안전모 미착용 등이 있으며 방호조치는 다음과 같다.

① 리프트 출입문의 잠금장치인 빗장과 출입문 내부 상하에 설치되어 있는 고리형 도어록을 완전히 체결한 후 리프트를 작동시켜야 한다.

② 리프트 운반구에서 화물을 내릴 때에는 운반구에 올라가지 않고 건물 내부에서 끌어당기는 방법으로 작업을 실시하여야 한다.

③ 근로자가 리프트 운반구에 탑승하지 못하도록 탑승금지 표지를 부착하고 작업자는 안전모를 착용하고 작업을 실시하여야 한다.

(2) 리프트 와이어로프 파단으로 인한 협착

원인은 와이어로프 관리상태 미흡, 리프트 출입 방호조치 미흡 등이 있으며 방호조치는 다음과 같다.

① 리프트 와이어로프가 변형되어 있거나 끊어진 소선의 수가 10% 이상인 와이어로프의 사용을 금지하여야 한다.

② 리프트 화물 반입구 주위에 높이 1.8m 이상의 방호울을 설치한 후 화물 반입구에는 출입문 형태의 안전문을 설치하여야 한다.

(3) 리프트 운반구 내부 정리작업 중 협착

원인은 협착 위험구역 내 접근금지 미조치, 작업방법 불량 등이 있으며 방호조치는 다음과 같다.

① 승강로에 신체의 일부 등이 출입할 수 없도록 방호울 등 접근금지 조치를 하여야 한다.

② 운반구 반입 주위에 1.8m 이상의 방호울을 설치하고, 반입구의 방호울은 출입문 형태로 설치하여야 한다.

③ 리프트 운반구 조작스위치는 누르고 있을 때에만 작동하고 손을 떼면 즉시 정지되는 구조로 설치하여야 한다.

(4) 리프트 신규설치 후 도장작업 중 협착

원인은 리프트에 임시로 설치한 펜던트 스위치의 비상정지기능 상실, 리프트 설치 · 조립 · 점검작업 시 작업 지휘자 미배치 등이 있으며 방호조치는 다음과 같다.

① 리프트 운반구 조작 펜던트 스위치의 비상정지버튼은 수동 또는 자동운전모드와 관계 없이 급박한 위험상황 발생 시 항상 리프트를 비상정지시킬 수 있도록 기능을 유지하여야 한다.

② 리프트 설치 · 조립 · 점검작업 시 작업 지휘자를 선임하여 작업방법과 근로자 배치를 결정하고 당해 작업을 안전하게 지휘하는 작업 지휘자를 배치하여야 한다.

(5) 일반작업용 리프트 승강로 내부로 추락

원인은 조작스위치 불량, 출입문과 운반구와의 연동장치 설치 미흡 등이 있으며 방호조치는 다음과 같다.

① 출입문이 열린 상태에서는 운반구가 작동되지 않도록 연동장치를 설치하여야 한다.

② 운반구가 해당 층에 정지하지 않을 경우 출입문이 열리지 않도록 연동장치 설치하여야 한다.

(6) 낙하하는 일반작업용 리프트 운반구에 협착

원인은 수리 또는 점검 시 안전조치 미흡, 자체검사 등 점검 불량 등이 있으며 방호조치는 다음과 같다.

① 유압 · 체인 또는 로프 등에 의하여 지지되어 있는 설비가 갑자기 동작함으로써 근로자에게 위험을 미칠 우려가 있는 장소에 수리 또는 점검을 위해 출입하는 경우에는

해당 설비의 움직임에 의한 하중에 충분히 견딜 수 있는 안전지주 또는 안전블럭 등을 설치하여야 한다.

② 가이드 롤러의 손상 및 이상 발생을 사전에 발견할 수 있도록 자체검사 및 주기적인 점검을 실시하여야 한다.

(7) 간이리프트 수리 중 협착

원인은 간이리프트 수리·점검방법 불량, 와이어로프 클립 체결방법 불량 등이 있으며 방호조치는 다음과 같다.

① 점검·수리 시 운반구 상부에 연결한 체인블럭 체결상태를 확인 후 균형추 연결용 와이어로프의 클립을 해체하여야 한다.

② 승강기 와이어로프 클립 고정 시 로프의 직경이 16mm 이하인 경우 최소 4개 이상 클립을 체결하여야 한다.

(8) 간이리프트 점검 중 협착

원인은 정비 등의 작업 시 전원 미차단, 승강기검사 무면허자의 점검, 간이리프트 서포트에 칸막이 미설치, 부적합한 비상정지스위치 사용 등이 있으며 방호조치는 다음과 같다.

① 간이리프트 고장수리 시 주 전원을 차단하고 기동스위치에 시건장치 및 표지판을 부착하고 승강기검사 면허를 소지한 자가 점검을 실시하여야 한다.

② 간이리프트 서포트에 칸막이를 설치하여 고장수리 시 인근 간이리프트에 의한 협착재해를 예방하여야 한다.

③ 리프트 고장수리 시 1대를 정지하였을 경우 모든 간이리프트가 정지될 수 있는 구조의 비상정지스위치를 사용하여야 한다.

(9) 간이리프트에 탑승하여 운행 중 협착

원인은 간이리프트에 근로자 탑승, 운전스위치로 전환식 로터리스위치 사용 등이 있으며 방호조치는 다음과 같다.

① 간이리프트에 근로자 탑승을 금지하여 협착·추락재해의 위험을 방지하여야 한다.

② 리프트 운전스위치는 버튼을 누르고 있는 상태에서만 운반구가 작동되는 스위치로 변경하여야 한다.

Section 10 | 사고예방원리의 5단계

① 개요

하인리히(H. W. Heinrich)는 그의 저서 「Industrial Accident Prevention」에서 재해를 일으키는 5가지 요인 중에 불안전한 행동과 불안전한 상태만 제거되면 사고는 발생하지 않고 피해도 발생하지 않는다고 하였다. 재해가 발생하는 데에는 직접원인과 간접원인이 있는데, 직접원인은 사고를 발생시키는 직접원인으로써 인간의 불안전한 행동과 시설상의 불안전한 상태 및 주변환경이 겹치기 때문이며, 간접원인은 개인적인 결함과 가정적이고 사회적인 환경결함 때문이라고 하였다.

② 사고예방원리의 5단계

하인리히는 사고발생과정을 도미노이론을 이용하여 설명하고 있다. 도미노 골패를 나란히 세워놓고 맨 앞의 것을 넘어뜨리면 차례로 다음 것이 넘어져서 최종의 것이 넘어지듯이 재해도 5가지 요인이 순차적으로 발생하여 일어난다는 것이다.

여기서 5가지 요인은 사회적·가정적·유전적 환경, 개인적 결함, 불안전한 상태 및 불안전한 행동, 사고, 재해이다. 즉 재해는 사고의 결과로 나타나는 현상이고, 사고는 불안전한 상태에 의해 이루어지며, 이는 개인적인 결함 때문에 발생하게 된다는 것이다. 이 이론에서 재해방지목표의 중심은 연쇄의 중앙, 즉 인간이 불안전 행동이나 또는 기계나 설비의 불안전 상태에 있다는 것이다. 따라서 재해를 방지하려면 이러한 요인들을 제거해야 하며, 특히 불안전 행동이나 불안전 상태를 제거하면 사고나 재해로 연결되지 않는다는 것이다. [그림 1-3]은 하인리히의 사고발생과정을 나타낸 것이다.

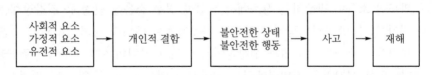

[그림 1-3] 하인리히 사고발생과정

하인리히는 이 이론을 통해 사고의 예방대책이 인간의 불안전한 행동이나 설계상의 잘못으로 인한 시설의 불안전한 상태의 제거에 직결되어 있음을 제안하였다.

사고의 발생이론에 의하면 사고의 발생가능성은 개인적인 건강, 기능수준 및 정서상태의 불안정에 따른 개인적 요인들에 의해 일어나는 경향이 크므로 개인적인 위험 요인을 미리 예방하거나 제거하면 사고를 효율적으로 예방할 수 있음을 나타내 준다. 지속적이고 체계적인 안전교육이 이루어지고 안전교육관련 행사를 활성화하여 안전의식을 고취시키면 안전생활을 습관화시킬 수 있음을 말해주고 있다.

사업장에서의 소음방지대책

① 소음의 정의 및 영향

소음(noise)이란 "원하지 않는 소리(불쾌한 소리)"라고 정의할 수 있다. 소음이 미치는 영향은 청력에 영향을 준다든가, 시끄럽다고 느껴 자기 일에 몰두할 수 없다든가, 또는 TV를 보는 데 방해를 받는다던가, 정신적 · 신체적으로 피해를 받는 것 등 여러 가지가 있다. 이와 같은 영향은 소음의 물리적인 성질에 따라 달라지고, 그 소음을 듣고 있는 인간이 어떤 상태에 있느냐에 따라 달라질 수 있다.

소음레벨이 클수록 우리가 받는 영향은 크다. 또 소음의 주파수 성분이 저주파보다는 고주파 성분이 많을 때 크게 영향을 받으며, 지속시간이 길수록 더 많은 영향을 받는다. 지속적인 소음보다 연속적으로 반복되는 소음과 충격음에 의한 영향이 더 크다고 할 수 있다.

소음에 대한 인간의 감수성은 그 사람의 건강도에 따라 달라진다. 즉 건강한 사람보다는 병을 앓고 있는 환자 또는 임산부 등이 받는 영향이 크다. 남성보다는 여성이, 그리고 노인보다는 젊은이가 소음에 대해 민감하며, 그들의 체질과 기질에 따라서도 받는 영향이 달라진다. 또한 심신의 상태에 따라 영향에 차이가 있다. 사람이 노동하고 있을 때와 휴식을 취하던가 잠을 자고 있을 때는 소음의 크기와 영향이 크게 차이가 난다. 소음을 많이 듣는 상태, 다시 말하면 소음에 익숙해지던가 만성적인 사람은 웬만한 소음에 대해서는 크게 영향을 받지 않는다. 그러나 어느 정도는 심신의 부담이나 청력 감퇴 등의 영향을 받는다.

② 소음으로 인한 장해

① 과도한 소음이 발생하는 장소에서 작업할 경우 소음성 난청 등 건강장해를 초래할 우려가 있다. 소음작업장에서 일하는 근로자들은 주의력 감퇴, 초조감, 수면장해 및 피로감을 호소한다. 이 결과 생산성이 떨어지고 작업의욕이 저하되며 결근률이 높아진다. 또한 시끄러운 작업장에서는 정상적인 대화를 할 수 없으며, 따라서 지시사항을 잘못 알아듣거나 사고가 일어나기 쉽다.

② 85~90dB(A) 또는 그 이상의 연속적으로 발생하는 소음은 청력에 손상을 준다. 이러한 소음수준에서 하루에 5시간 이상 노출되면 청력장애를 초래할 위험이 있다.

③ 귀는 높은 소리보다는 낮은 소리에 대하여 더 잘 견딘다. 따라서 귀에 장해가 생기면 우선 높은 소리를 듣지 못하게 된다. 그러나 이러한 경우에도 보통 대화하는 높은 소리는 들을 수 있기 때문에 이를 발견하지 못하는 것이다. 다른 사람이 이야기하는 것을 못 들을 정도가 되는 것은 이로부터 몇 년이 더 지난 후이다.

④ 소음성 청력장해는 내이의 와우관(蝸牛管, 달팽이관)에 있는 코르티기관(Corti's organ) 속의 청각수용세포가 파괴되기 때문이다. 청력소실의 초기에는 고음역의 소리를 잘 듣지 못하고 때로는 귀울림이 계속되기도 한다. 그러나 귀울림이 생기지 않는 경우도 많으므로 진단함에 있어서 이 증상에 집착해서는 안 된다. 소음에 계속 노출되는 경우의 청력장해는 대화소리까지 확대되고, 결국 소리를 듣지 못하는 결과를 낳을 수 있다.

⑤ 시끄러운 작업환경에서 단시간 있다가 조용한 장소로 갔을 때 처음에 작은 소리를 잘 듣지 못하는 경우가 있는데, 이를 일시적 소음성 난청(TTS : Temporary Threshold Shift)이라고 한다. 이 경우 일정한 휴식을 취하면 청력은 정상으로 되돌아온다. 그러나 이러한 소음에 여러 달 또는 여러 해 동안 계속 노출되면 점차로 청력을 잃게 되며, 결국 영구적인 소음성 난청 또는 청각장애인(聾者)이 된다. 따라서 시끄러운 작업장에서 일하는 근로자들에게는 작업 중간 중간에 조용한 장소에서 휴식을 취하도록 해야 한다. 일시적인 소음성 난청은 일종의 경고신호이다. 영구적 청력손실을 피하기 위해서는 이러한 작업장에서 오랜 기간 일하는 것을 피해야 한다.

③ 소음방지대책

① 소음대책을 세우려면 우선 소음의 강도와 주파수를 정확히 분석하고 노출시간을 측정해야 한다. 그리고 얻어진 측정결과로부터 어떠한 방법으로 대책을 세울 것인가에 대해 우선 결정해야 한다.

② 소음측정은 그 목적에 따라 측정장소를 달리한다. 소음대책을 강구할 목적이면 소음발생원에서 측정하고, 근로자들의 청력장해를 방지할 목적이라면 작업자의 귀 가까이에서 측정한다.

③ 소음방지의 근본적인 대책은 소음이 발생되는 기계 등을 설계할 때 소음이 가장 적게 발생되도록 설계하는 것이다. 소음전파방지대책은 소음원이 위치한 공간에 흡음재(吸音材)를 사용하여 소음의 반사음을 최대한 억제하고, 소음의 직접음전파는 차음재(遮音材)를 사용하여 차단시키는 방법이다.

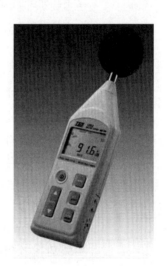

[그림 1-4] 소음측정기

④ 흡음재료는 판(또는 막), 진동형 흡음재(저주파용), 다공질형 흡음재(고주파용 1kHz 이상), 공명기형 흡음재(설계에 따라 임의의 주파수영역에 사용가능) 등이 있다. 예를 들면, 비닐막·합판·텍스타일(textile)·유리섬유, 구멍 뚫린 합판 또는 철판 등이다. 차음재료는 면밀도(kg/m^2)가 클수록 차음효과가 큰데, 여기에는 콘크리트, 시멘트블록, 붉은 벽돌, 목재 등이 있다.

⑤ 소음방지대책의 예

㉠ 엔진을 사용하는 체인톱을 전동식으로 대체

㉡ 자동으로 절단하는 회전톱은 아주 강한 울림에 의한 소음이 발생되므로 회전톱의 몸체에 고무로 코팅된 덮개를 부착하여 울림을 감소시키고, 회전톱의 몸체에 구멍이 있는 경우에는 구멍을 막아준다.

㉢ 동력전달장치의 벨트에 의한 소음이 발생되는 경우에는 폭이 넓은 1개의 벨트보다 폭이 좁은 여러 개의 벨트를 사용하도록 한다.

㉣ 제품의 낙하 시 제품 간의 충돌에 의해 소음이 발생되는 경우에는 가능한 한 제품의 낙하거리를 최소화하고 낙하면을 경사지게 하거나 낙하거리를 조절할 수 있도록 한다.

㉤ 소음발생시설 등에는 급유, 불균형의 정비, 노후부품교환 등을 주기적으로 실시하여 베어링이나 접촉부위의 이격, 마모 등에 의한 소음발생을 억제한다.

㉥ 사용공구는 단단한 재질의 것보다 탄력성이 있는 재질로 된 것을 사용하여 충격 또는 마찰 시 소음이 적도록 한다.

㉦ 노출시간의 단축 및 휴식
• 소음에의 노출시간을 최소화하고 적절한 휴식시간을 갖도록 한다.
• 소음작업장에 종사하는 근로자는 정기적으로 교대하여 지속적인 장기노출을 방지한다.

㉧ 소음발생원의 밀폐 등 조치가 작업여건상 불가피한 경우에는 소음작업장에 종사하는 근로자에게 방음보호구를 착용시킨다.

㉨ 방음보호구에는 귀마개와 귀덮개가 있다. 귀마개는 차음성능에 따라 1종(저음부터 고음까지를 차음하는 것)과 2종(주로 고음을 차음하는 것으로 회화음역 정도의 저음을 비교적 통과시키는 것)으로 구분되어 있으므로 귀마개와 귀덮개 중 어느 것을 선택하는가는 작업의 성질이나 소음의 특성에 따라 결정하도록 하고, 아주 강한 소음일 경우에는 귀마개와 귀덮개를 동시에 착용하는 것이 유리하다.
• 귀마개(ear plugs) : 귀마개는 고무 또는 플라스틱으로 외청도와 비슷한 모양으로 만든 것이다. 한편 차음효과가 좋은 합성섬유 또는 특수재료로 만든 것도 있다. 보통 솜은 차음효과가 없기 때문에 귀마개로서 사용해서는 안 된다.
• 귀덮개(earmuffs) : 때로는 귀덮개가 귀마개보다 더 편리한 경우가 있다. 귀덮개는 귀(이각)를 덮는다. 귀마개와 귀덮개를 사용하면 소음을 20~25dB 감소시킨다.
• 헬멧(helmet) : 소음이 몹시 심한 작업장에서는 호흡장치와 회화용 마이크로폰이 달린 차음헬멧을 머리에 쓰기도 한다. 어떠한 형태의 청력보호구를 사용하든지 각 주파수 음의 크기를 정상범위로 감소시킬 수 있어야 한다.

> ▶ 노인성 난청
>
> 나이가 많아지면 생리적으로 청력이 떨어지는데, 이것을 노인성 난청이라 한다. 이때에도 소음성 난청 때와 마찬가지로 초기에는 4,000Hz 음역으로 청력이 떨어진다. 그러므로 소음작업장에서 일하기에 앞서서 청력검사를 하여 취업시의 정상청력을 기록하여 두는 것이 직업병 보상의 법적 근거가 된다. 그러나 소음성 난청과 노인성 난청은 서로 관계가 있다고 한다.

④ 허용소음노출기준

(1) 소음의 노출기준(화학물질 및 물리적 인자의 노출기준 : 고시 제2020-48호)

소음의 노출기준(충격소음 제외)		충격소음의 노출기준	
1일 노출시간(hr)	소음강도[dB(A)]	1일 노출횟수(회)	충격소음의 강도[dB(A)]
8	90	100	140
4	95	1,000	130
2	100	10,000	120
1	105	1. 최대 음압수준이 140dB(A)를 초과하는 충격소음에 노출되어서는 안 된다.	
1/2	110	2. 충격소음이라 함은 최대 음압수준에 120dB(A) 이상인 소음이 1초 이상의 간격으로 발생하는 것을 말한다.	
1/4	115		
⇒ 115dB(A)를 초과하는 소음수준에 노출되어서는 안 된다.			

(2) 미국 직업안전보호법

1일 노출지속시간(hr)	소음음압[dB(A)]	1일 노출지속시간(hr)	소음음압[dB(A)]
8	90	1.5	102
6	92	1	105
4	95	0.5	110
3	97	0.25	115
2	100	–	–

(3) 난청의 정도와 청력상태

평균청력도(dB)	난청의 정도		청력상태
0~20	정상범위	normal	정상
26~40	경도	mild	말소리의 일부를 못 들음
41~55	중도	moderate	보통 대화수준의 말소리를 잘 못 들음
56~70	중고도	moderately –severe	보통 대화수준의 말소리를 잘 못 들음 큰소리는 알아들을 수 있음
71~90	고도	severe	귓전의 큰소리는 그런대로 알아들을 수 있음
91 이상	심도	profound	말소리 및 그 외의 소리를 못 들음

Section 12   사업장의 재해손실비용 산출방식

1 개요

　기업의 활동규모가 커지고 또한 활동범위도 다양해짐에 따라서 안전·보건관리 실패에 따른 손실비용 및 이에 따른 기회비용 또한 국가적으로나 기업경영측면에서 점차 커지고 있다. 노사분규로 인한 생산차질액보다 산업재해로 인한 총경제적 손실추정액이 2.6배 크게 나타났다.

　따라서 산업안전을 통하여 산업경쟁력을 강화하는 정책을 효과적으로 추진하기 위해서는 산업재해에 따른 경제적 손실비용의 파악이 필연적이며 안전·보건관리 실패에 따른 재해손실비용에 관한 정보관리는 산업경쟁력차원뿐 아니라 기업의 경쟁력차원에서도 매우 중요하다.

2 재해손실비용 평가모델

(1) 하인리히(H. W. Heinrich)방식

　최초의 연구는 1926년에 이루어졌는데, 사고로 인한 경제적 손실을 재해비용(accident cost)이라 정의하였다. 하인리히는 재해비용을 직접비와 간접비로 구분하여 그 비율은 1 : 4가 된다고 하였다. 즉 재해비용은 '직접비 + 간접비'로 계산되고, 직접비 : 간접비는 1 : 4이므로, 재해비용은 '직접비×5'로 계산된다는 것이다. 간접비에 대한 하인리히의 조사내용 중 몇 가지 특징적인 것을 열거하면 다음과 같다.

　피해자가 소비한 시간손실보다 타인의 시간손실(동료 종업원이나 관리감독자 등)에 의한 비용이 더 많이 발생하고 사고로 인한 납기지연 및 공기지연에 따르는 위약금, 신뢰성의 상실에 따른 주문취소에 의한 손실이 많이 나타난다. 대부분의 간접비는, 발생횟수는 적으나 많은 손실의 가져오는 중상해보다는 건수당 손실은 적더라도 발생횟수가 많은 경상해로 이루어지며 직접비는 없고 간접비만 발생하는 특수한 사례가 많다. 직접비와 간접비의 구성항목은 [표 1-1]과 같다.

[표 1-1] 하인리히의 항목변수

구 분	세부 항목변수		비 고
직접비	• 치료비 • 장해보상비 • 장례비	• 휴업보상비 • 유족보상비	재해보상비

구 분	세부 항목변수	비 고

간접비	• 부상자의 시간손실
	• 작업 중단으로 인한 다른 사람의 시간손실
	   – 호기심
	   – 동정심
	   – 부상자 구조
	   – 기타 이유
	• 관리·감독자 및 관리부서 직원의 시간손실
	   – 부상자의 구조를 위해
	   – 재해의 원인조사를 위해
	   – 부상자를 대신하여 작업을 계속할 사람을 선발하기 위해
	• 구호자 또는 병원 관계직원을 만나거나 보험회사에서 보상받지 않는 사람의 시간손실
	• 기계, 공구, 재료 등 그 밖의 재산의 손실
	• 생산손실에 의한 납기지연에 의한 벌금의 지불, 그 밖에 이에 준하는 사유의 손실
	• 부상자의 부상이 치료되어서 직장에 돌아왔을 때 상당시간에 걸쳐서 본인의 능률이 현저히 저하되었음에도 불구하고 종전의 임금을 지불하는 데 따르는 손실
	• 부상자의 생산력 감퇴에 의한 이익의 감소 및 기계를 100% 가동시키지 못한 데서 오는 손실
	• 재해로 말미암아 사기가 떨어지고 혹은 주위를 자극하여 다른 사고를 유발시키는 것에 의한 손실
	• 부상자가 쉽다고 하더라도 변함이 없는 광열비라든가 그 밖에 이런 것과 같은 1인당 평균비용의 손실
		재료나 기계, 설비 등의 물적손실과 가동정지에서 오는 생산손실 및 작업을 하지 않았는 데도 지급한 임금손실

(2) 버드(F. E. Bird)방식

1926년 이래로 간접비의 구체적인 항목을 처음으로 소개한 데 이어 많은 연구가 이어져 왔는데, 그중에서 주목받고 있는 연구가 버드가 주창한 간접비의 빙산원리(Iceberg principle of hidden costs) 이론이다. 이 이론은 2개의 범주로 나누어 설명하고 있는데, 하나는 쉽게 측정할 수 있는 보험으로 보상 가능한 비용이고, 다른 하나는 측정하기 어려운 비용으로 보험으로 보상이 가능하지 않은 기타 비용이다. 각 부분에 대한 결과는 하인리히의 1:4법칙보다 더 높게 나타나고 있다. 즉 보험비 : 비보험재산비용 : 비보험 기타 재산비용의 비율은 1 : 5~50 : 1~3이 된다.

[표 1-2] 버드의 항목변수

구 분	세부 항목변수		비 고
보험비	• 의료	• 보상금	
비보험 재산비용	• 건물손실 • 제품 및 재료손실	• 기구 및 장비손실 • 조업중단 및 지연	
비보험 기타 재산비용	• 시간조사, 교육, 임대 등 기타 항목		

(3) 시몬즈(R. H. Simonds)방식

미국 미시간 주립대학의 시몬즈는 하인리히의 1 : 4의 직·간접비율에 의한 재해손실 비용 산출방안 대신에 평균치 계산방식을 제시하였다.

시몬즈방식이 하인리히방식과 다른 점은 다음과 같다.

첫째, 보험비용과 비보험비용으로 구분한다. 또한 사업체가 지불한 총산재보험료와 근로자에게 지급된 보상금과의 차이를 하인리히가 가산하지 않고 있는 데 비해 시몬즈는 보험비용에 가산하고 있다.

둘째, 하인리히의 간접비와 시몬즈의 비보험비용은 같은 개념이지만 그 구성항목에는 차이가 있다.

셋째, 하인리히방식인 1 : 4에 대해서는 전면적으로 부정하고 새로운 산정방식인 평균치법을 채택하고 있다.

보험비용과 비보험비용의 구성항목은 [표 1-3]과 같다.

[표 1-3] 시몬즈방식의 항목변수

구 분	세부 항목변수	비 고
보험비용	• 보험금 총액 • 보험회사의 보험에 관련된 제 경비와 이익금	
비보험비용	• 부상자 이외 근로자가 작업을 중지한 시간에 대한 임금손실 • 재해로 인해서 손상받은 설비 또는 재료의 수선, 교체, 정돈하기 위한 손실비용 • 산재보험에서 지불되지 않는 부상자의 작업중지시간에 대해 지불되는 임금 • 재해로 인해 필요하게 된 시간 외 근무로 인한 가산임금손실 • 재해로 인한 감독자의 조치에 소요된 시간의 임금 • 재해자가 직장에 복귀 후 생산감소 불구로 이전임금 지급으로 인한 손실 • 새로운 근로자의 교육훈련에 필요한 비용 • 회사부담의 비보험의료비 • 산재서류 작성과 자세한 재해조사에 필요한 시간비용 • 그 밖의 제 경비(소송비용, 임차료, 계약해제로 인한 손해, 교체근무자 모집경비 등)	

총재해비용 산출방식을 W라 하면

> W=보험비용+비보험비용
> =보험비용+(A×휴업상해건수)+(B×통원상해건수)+(C×응급처치건수)+(D×무상해사고건수)

이 공식에서 A, B, C, D는 상수(금액)이며, 각 재해에 대한 평균비보험비용이다. 이들 각 재해사고의 분류항목은 다음과 같다.

1) 휴업상해(lost time cases)

① 영구 부분 노동 불능(permanent partial disabilities)

② 일시 전 노동 불능(temporary total disabilities)

2) 통원상해(doctor's cases)

① 일시 부분 노동 불능(temporary partial disabilities)

② 의사의 조치를 필요로 하는 통원상해

3) 응급처치(first aid cases)

20\$ 미만의 손실 또는 8시간 미만의 휴업이 되는 정도의 의료조치상해

4) 무상해사고(no injury accident)

의료조치를 필요로 하지 않는 정도의 극미한 상해사고나 무상해사고로 20\$ 이상의 재산손실이나 8시간 이상의 시간손실을 가져온 사고

(4) 노구치(野口三部)방식

노구치는 한 마디로 말한다면 근본적으로 시몬즈의 재해비용 산정방식인 평균치 법에 근거를 두고 일본의 상황에 맞는 방법을 제시하고 있다. 노구치는 시몬즈나 하인리히와 같이 재해손실비를 직접비용과 간접비용 또는 보험비용과 비보험비용으로 구분하지 않고 [표 1-4]와 같이 분류하고 있다.

[표 1-4] 노구치방식의 항목변수

구 분	세부 항목변수	비 고

법정
보상비(A)
	• 산재보험부담분(a)
	  – 요양보상비(1건 1,000엔 이상의 요양비)
	  – 휴업보상비(휴업 8일 이상의 상해에 대한 것)
	  – 장해보상비(제1급 1,340일분~제14등급 50일분)
	  – 유족보상비(평균임금 1,000일분)
	  – 장의비(평균임금 50일분) 및 기타 보상비(평균임금 1,200일분)
	• 회사부담금(b)
	  – 요양보상비(1건 1,000엔 미만의 요양비)
	  – 휴업보상비(휴업 8일 미만의 상해에 대한 것)
	  – 급여제한을 받은 법정보상비	

법정 외 보상비(B)	• 위로금 • 퇴직금 할증액 • 공물료, 화환대 등 • 회사장을 할 경우의 비용 또는 장의보상경비 • 입원 중의 법정요양보상경비 • 기타 피해근로자 및 유족에 대한 법정보상의 경비	

구 분	세부 항목변수	비 고
인적손실(C)	• 본인에 의한 것 　- 당월의 근로시간 손실 　- 휴업기간의 근로시간 손실 　- 통원 기타에 의한 근로시간 손실 • 피해자 이외의 사람에 의한 것 　- 구조, 연결, 조력 등에 의한 부동시간 　- 작업특성 및 청리복구 등으로 인한 부동시간 　- 재해조사, 대책, 기록 등으로 인한 부동시간 　- 위로, 시중 등으로 인한 부동시간 및 혼돈으로 인한 시간	
물적손실(D)	• 건물, 부속시설 및 기계 · 기구류 등의 손실 • 재료, 재공품, 제품, 보호구의 손실 • 동력, 연료의 손실 • 기타의 물적손실	
생산손실(E)	• 재해로 인한 생산감소를 회복하기 위한 부당경비 • 재해의 영향을 받은 판매상의 이익감소	
특수손실(F)	• 대체자의 능률감소로 인한 임금손실 • 피해자가 직장복귀 후 능률저하에 의한 임금손실 • 재해처리를 위한 여비, 통신비 • 섭외, 접대비, 소송비 • 계약불이행으로 인한 연체금 및 신규채용비 • 재해로 인하여 일어난 제2차의 사고에 대한 손실 • 제3자에 대한 보상, 위로금, 사례금 등의 경비 • 생산체계 복구를 위한 금융대책 및 금리부담 • 기타 피해에 의한 경영자부담 경비	

　노구치는 비용의 요소에 대한 금액을 집계하면 재해 1건당의 비용이 산술된다고 했다. 즉, 재해 1건당 비용 M은

$$M = A \text{ 또는 } (1.15a + b) + B + C + D + E + F$$

가 된다. 여기서, a는 하인리히의 직접비용에 대응되는 요소이며, 1.15a는 시몬즈의 보험비용과 같은 것이다. 한편 노구치 재해비용을 산정함에 있어서의 요점은 개개의 재해비용이 간단명료하게 산정되어야 하고 동시에 국가 전체 또는 업종별 재해비용 계수를 찾아내는 데 도움이 되어야 한다는 전제하에 이를 위해서는 비용합계의 계산식 중 a 또는 1.15a의 전체적 통계는 산재보험, 기타 정부기관의 자료로 비교적 쉽게 구할 수 있으므로 여기에 a : A 및 A : M 또는 a : M의 비율을 알게 되면 편리하다.

(5) 콤페스(Compes)방식

콤페스는 총재해손실비는 불변값을 갖는 공동비용과 개별비용의 합으로 보고 있다. 콤페스의 공동비용과 개별비용의 항목은 다음과 같다.

$$총재해손실비용 = 개별비용 + 공동비용$$

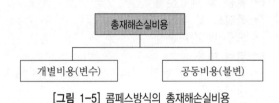

[그림 1-5] 콤페스방식의 총재해손실비용

[표 1-5] 콤페스방식의 항목변수

구 분	세부 항목변수	비 고
공동비용 (불변)	• 보험료 • 안전보건팀의 유지경비 • 기타 추상적 사항(기업명예, 위험도피)	
개별비용 (변수)	• 작업중단과 그로 인한 손실 • 치료에 소요되는 경비 • 사고조사에 따르는 경비 • 수리대책에 필요한 경비	

(6) 영국의 산업안전보건청(HSE : Health and Safety Executive) 방식

개인에 대한 손실액만 추정하던 영국은 소송 및 보험지불액에 대한 데이터를 기본으로 하여 1989년에 APAU(Accident Prevention Advisory Unit)가 5가지 산업별로 재해손실비용을 사건별(case by case)로 연구조사하여 분석한 자료를 HSE에서 1993년에 「The Costs of Accidents at Work」라는 보고서로 발표하였다. 또한 HSE에서는 재해손실비용 파악을 통해 손실관리(loss control)를 할 수 있도록 재해의 원인인 모든 실패의 원인을 찾아내는 "Successful H&S Management"라는 경영프로그램을 개발하였다. 이것이 바로 안전보건경영시스템인 BS 8800의 모태이다. HSE는 사업장의 안전담당자와 함께 종업원이 80명에서 700명이고 재해율이 동종 산업의 평균이거나 이하인 기업을 5개 업종 총 1,488사업장을 선정하여, 건설업의 경우 각 사업별로 18주 동안, 이외의 산업은 각각 13주 동안 총 70주 동안의 상해사고와 무상해사고를 합쳐 총 6,342건의 재해에 대한 손실비용을 사건별(case by case)로 조사분석하였다.

HSE는 [표 1-6]과 같이 보험비용과 비보험비용으로 구분하여 조사하였다.

[표 1-6] HSE방식의 항목변수

구 분	세부 항목변수	비 고
보험비용	• 상해, 질병, 시설물 파손 등으로 보상되는 비용	
비보험비용	• 제품 및 재료손실 • 플랜트 및 건물 파손 • 도구 및 장비손상 • 법적 비용 • 긴급 복구 및 현장 정리정돈에 소요되는 비용 • 생산지역 • 초과근무수당 및 용역비 • 사고조사시간의 손실 • 관리감독자의 사고수습 노력으로 인한 시간손실 • 벌금 • 기술자 및 경력자에 대한 손실	

조사결과 사고유형별로는 전체적으로 중대재해가 1일 때 경미한 재해는 11이고 무상해 재해는 441로 분석되었다. 건설업의 경우 무상해재해가 다른 산업보다 많았으며, 전체적으로 상해재해 대비 무상해재해는 1 : 37이었다. 또한 조사결과 비보험비용이 보험비용보다 8배에서 36배 더 크게 나타났다.

매개변수와 비교할 수 있는 재해손실비용의 연구결과는 다음과 같다.

① A사 기업이윤의 37%
② B사 입찰단가의 8.5%
③ C사 운영비의 5%

재해손실비용의 결과는 다음과 같다.

① 건설업 : 입찰가(tender price)의 8.5%
② 낙농업 : 운영비의 1.4%
③ 운송회사 : 이윤의 37%
④ Oil platform : 잠재생산량(potential output)의 14.2%(shutting down platform one day a week)
⑤ 병원 : 1년간 운영비의 5%

Section 13 산업재해의 기본원인 4M

❶ 개요

기존의 사고 조사는 작업자의 실수 여부와 기계 설비의 고장이 발생하는 직접적인 원인을 밝히는 데 초점을 맞추었으나 향후 안전 대책을 수립하려면 뒤에 숨어 있는 근본 원인을 찾아낼 필요가 있다. 불안전 상태와 불안전 행동 발생의 기초가 되는 노동재해의 기본적인 원인은 4개의 M(Man, Machine, Media, Management)으로 구성되어 있다. 이 4M을 사용하여 재해 원인을 분석하는 방법을 4M 분석이라고 한다.

❷ 산업재해의 기본원인 4M

① Man(인간적 요인) : 작업자의 심리적 요인, 작업 능력 요인(사람이 오류를 범하는 인적 요인)이다.
② Machine(기계·설비적 요인) : 기계·설비가 가지고 있는 고유의 요인(기계·설비 등의 설계상 결함, 위험 방호 불량, 인체공학적 배치 부족, 검사 설비 불량 등)이다.
③ Media(작업적 요인) : 작업자에게 영향을 준 물리적, 인적 환경 요인(작업에 대한 정보, 작업 방법, 작업 환경 등이 부적절)이다.
④ Management(관리적 요인) : 조직의 관리 상태에 기인하는 요인(안전 관리 조직, 작업 계획, 작업 지휘, 안전 법령의 철저, 사내 안전 규칙·규정의 정비, 교육 훈련 등)이다.

Section 14 순간고장률이 λ로 일정한 기계설비의 시간 t에서의 신뢰도 R과 확률밀도함수 $f(t)$

❶ 정의

순간고장률(고장률, failure rate)은 설비가 어떤 시점까지 작동해 오다가 계속 이어지는 단위시간 내에 고장을 일으키는 비율이다.

❷ 순간고장률 $\lambda(t)$

순간고장률 $\lambda(t)$는 다음 식으로 정의되는 시간의 함수이다.

$$\lambda(t) = f(t)/R(t) = 고장확률밀도함수/신뢰도함수$$

이것은 고장 없이 가동되고 있는 설비가 t시간째에 고장날 확률, 즉 순간고장을 의미한다.

Section 15 **안전성 비교(STS) 공식**

1 세이프 티 스코어

세이프 티 스코어(STS : Safe T Score)는 과거와 현재의 안전성적을 비교평가하는 방법으로 활용한다.

$$세이프 티 스코어 = \frac{빈도율(현재) - 빈도율(과거)}{\sqrt{\dfrac{빈도율(과거)}{근로 총시간수(현재)}} \times 10^6}$$

2 판정기준

① +2.00 이상 : 과거보다 심각하게 나빠졌다.
② +2.00~-2.00인 경우 : 심각한 차이가 없다.
③ -2.00 이하 : 과거보다 좋아졌다.

Section 16 **안전율의 개념, 결정인자 및 수량적 안전율**

1 안전율(safety factor)의 개념

재료의 강도에 대해서 설계상 충분히 안전하게 사용할 수 있다라고 생각되는 부하응력을 허용응력이라 말하고, 이 비율(=강도/허용응력)을 안전율이라 한다.

안전율은 작용하는 하중의 종류와 재료에 따라서 결정되나, 흠이나 충격에 약하다. 편차가 큰 취성재료의 경우에는 10 이상의 큰 값을 안전율로 보는 것이 통례이다.

2 안전율(S_f)의 결정인자

재료의 기초강도는 재료실험에서 구할 수 있고, 안전율의 선택 정도에 따라 허용응력이 정해지며 안전율 선정 시 고려되는 사항은 다음과 같다.

① 재질 및 재질의 균질성에 대한 신뢰도
② 하중견적 정확도의 대소 : 관성력, 잔류응력이 존재하는 경우는 안전율을 크게 한다.
③ 응력계산 정확도의 대소 : 형상이 복잡하면 안전율을 크게 한다.
④ 응력의 종류 및 성질의 상이 : 하중의 상태에 따라 안전율은 상이하다.
⑤ 불연속부의 존재
⑥ 사용 중에 있어서 환경효과의 대소 : 마모, 부식, 열응력, 수소취화가 해당된다.
⑦ 공작 정도의 불량 여부

③ 수량적 안전율

수량적 안전계수는 재료의 극한강도를 기준강도로 안전율(S_f)을 정하였다.

$$S_f = A \times B \times C$$

여기서, A : 탄성비, B : 충격률, C : 여유율

탄성비(A)는 재료에 파단 강도 이하의 하중이 작용하도록 한 값이고, 충격률(B)은 충격의 정도에 대한 값이며 여유율(C)은 재료에 대한 신뢰도, 가공의 정밀도, 하중 응력계산의 정확도 등을 고려한 값이다.

Section 17 예방보전(PM)에 있어서 시간기준보전(TBM)과 상태기준 보전(CBM)의 상호비교

① 개요

보전은 활동범위에 따라 크게 2가지로 구분할 수 있다. 설비의 본래 상태로의 복구 및 유지하는 활동(협의의 보전)과 설비의 성능을 개량·개선하는 보전활동(광의의 보전)으로 나눌 수 있다. 보전활동을 유지와 개선으로 크게 구분하였으며, 유지활동은 계획적인 유지활동과 비계획적인 유지활동으로 나눌 수 있다. 계획적인 유지활동에는 예방보전활동과 사후보전활동이 있다. 그리고 비계획적인 유지활동을 돌발보전(긴급보전)이라 한다.

예방보전이란 "설비의 건강상태를 유지하고 고장이 일어나지 않도록 열화를 방지하기 위한 일상보전, 열화를 측정하기 위한 정기검사 또는 설비진단, 열화를 조기에 복원시키기 위한 정비 등을 하는 것이 예방보전이다."라고 TPM 용어집에 정의되어 있으며, 인간의 몸에 비유하면 정기적으로 실시하는 건강진단에 해당하는 것이 예방보전이다.

❷ 예방보전(PM)에 있어서 시간기준보전(TBM)과 상태기준보전(CBM)의 상호비교

예방보전에는 일정한 기간이 경과하면 설비의 당시 상태가 어떠한가에 개의치 않고 설비를 정지시켜 수리하는 TBM(Time Based Maintenance)과 설비의 상태에 따라 보전을 행하는 CBM(Condition Based Maintenance)이 있으며 시간기준보전과 상태기준보전의 비교하면 다음과 같다.

(1) 시간기준보전(TBM : Time Based Maintenance)

정기보전을 중심으로 한다. 즉 설비가 열화에 도달하는 변수(생산대수, 톤수, 사용일수 등)로 보전주기를 결정하고 주기까지 사용하면 무조건으로 수리를 하는 방식이다.

점검 등이 수월하고 실제적으로 고장도 적게 발생하는 편이나 과보전(Over Maintenance)이 되기 쉽고 따라서 보전비가 커진다.

(2) 상태기준보전(CBM : Condition Based Maintenance)

예지보전의 중심이 된다. 설비의 열화상태를 각 측정 데이터와 그 해석에 의하여 정상 또는 정기적으로 파악하여 열화를 나타내는 값이 미리 정해진 열화 기준치에 달하면 수리한다.

TBM의 단점인 과보전을 방지할 수 있으나 설비진단이나 모니터링 시스템을 위한 비용이 발생된다.

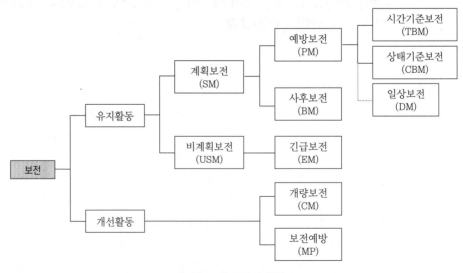

[그림 1-6] 보전의 종류

위험성 평가의 평가요건과 실제

1 위험성 평가(risk assessment)의 평가요건

위험성 평가를 위한 조직의 필요요건은 다음과 같다.

① 조직활동의 증진 및 관리를 위한 선임요원 지정
② 관련 있는 모든 사람과의 의견교환과 의견수렴을 위한 토론 실시
③ 평가자/평가팀의 위험평가훈련의 필요성 결정 및 적절한 훈련프로그램 시행
④ 평가의 적정성 재검토를 통한 평가의 적합 및 충족 여부
⑤ 평가에 대한 문서화와 판정기준 설정

2 위험성 평가의 실제

(1) 개요

① 평가조직은 법적 요건을 충족시키기 위해 관련 규정과 지침을 참조한다.
    위험성 평가과정은 모든 안전보건위험성을 포함해야 하며, 평가 시에는 질병, 유해성, 수작업 및 기계작업의 위험 등을 분리시키지 않고 통합하여 평가하는 것이 좋다. 만약 다른 기법을 이용하여 위험성 평가를 분리 실시한다면 위험관리의 우선순위를 정하는 것이 더욱 어려워질 뿐만 아니라, 평가가 불필요하게 중복될 우려가 있다.
② 위험성 평가에 관한 다음 사항은 위험성 평가 초기부터 주의 깊게 고려한다.
    ㉠ 위험성 평가양식 작성
    ㉡ 작업행위의 분류 및 각 작업행위와 관련된 필요한 정보입수
    ㉢ 위험을 인지하고 분류하기 위한 방법
    ㉣ 평가된 위험수준을 나타내는 용어
    ㉤ 허용 가능한 위험결정기준, 즉 계획되거나 시행 중인 조치수단의 적정성 여부
    ㉥ 개선계획 시행에 대한 시간계획
    ㉦ 위험관리대책

(2) 위험성 평가양식

① 평가판정결과를 기록할 수 있는 평가서에는 다음 사항이 포함되어야 한다.
    ㉠ 작업행위
    ㉡ 위험성
    ㉢ 현행제도

　　　ⓓ 위험작업자
　　　ⓜ 위험발생확률
　　　ⓗ 위험 정도(영향)
　　　ⓢ 평가에 따른 조치
　　　ⓞ 기타 행정사항(평가자명, 일자 등)
　② 전체적인 위험성 평가절차를 개발해야 하며, 시스템화하기 위해 계속적으로 보완한다.

Section 19

위험예지활동의 4단계

❶ 개요

작업과정에서 위험한 행동 또는 판단은 대부분 근로자 자신에게 맡겨지는데, 이런 상황을 위험하다고 느껴서 취하는 행동은 의식적인 행동이다.

위험상황을 감지하고 적절한 대책을 강구하는 능력을 키우기 위해서는 잠재된 위험요인을 분석함으로써 감수성을 키우고 판단력을 높이는 훈련이 필요하다. 이것이 위험예지훈련이다.

❷ 위험예지체제의 4단계

(1) 제1단계 : 기초정보

① 위험 예지지식
② 작업경험의 분석
③ 재해통계의 분석
④ 예지단계의 설정

(2) 제2단계 : 위험예보

① 작업분담
② 작업제시
③ 작업팀의 협의
④ 위험공정의 예보

(3) 제3단계 : 예지연습(토의)

① 연습 Sheet의 작성

② 도해연습 실시

③ 개인 예지를 종합하여 전원확인

(4) 제4단계 : 예지의 실시

① 위험인지와 조치 결단

② 팀내 연합활동차이 연결조정

③ 위험예지의 범위

훈련대상은 실제 작업이 실시되는 상황이라는 가정하에서 작업의 3요소인 인간, 재료, 설비 중에서 잠재되어 있는 모든 위험요소를 대상으로 한다. 따라서 작업의 핵심인 기능과 태도를 예지의 범위로 하고, 작업에 임하는 의욕, 책임, 협조태도 등을 대상항목으로 한다.

④ 예지연습의 대상 및 내용(요령)

구 분	대상자	실시자	요 령
숙련자그룹	현장감독자	전문강사	• 위험예지의 지도 · 책임자에게 연습방법 습득 • 교본학습(15명 이내)
미숙련자그룹	신규 작업원	작업책임자	• 작업위험 감수능력 습득 • 현장학습(15명 이내)
혼성그룹	작업단위팀	현장감독자	• 작업위험 감수능력 습득 • 현장학습(팀 구성원)

⑤ 예지연습의 4단계

① 제1단계 : 연습 Sheet를 관찰하고 위험개소 및 상태를 확인한다.

② 제2단계 : 잠재위험을 발굴한다. 개인적 능력차에 의한 위험강도의 공통성을 평가한다.

③ 제3단계 : 연습을 위한 도해 위험상황에서 나는 이렇게 한다를 정확, 신속히 결단한다. 판단의 순발력을 몸에 익히는 것이 예지연습의 급소이다.

④ 제4단계 : 시정, 보강, 개선 혹은 중지, 대화 등의 행동이 팀 또는 연합활동체 내에서 연결조정의 활동으로써 실시된다.

6 위험 예지훈련책임자의 마음가짐

① 대략적인 훈련계획을 세우자.
② 점검, 토의시간을 단축하자.
③ 위험요인의 발견에 노력하자.
④ 상황의 범위를 좁혀가자.
⑤ 주위 위험을 파악하자.
⑥ 위험한 것을 빠뜨리지 말자.
⑦ 불안전 행동만으로 한정하지 말자.
⑧ 참석자의 납득으로 선결하자.
⑨ 명랑한 분위기에서 말을 하자.

7 결론

① 재해의 대부분은 인위적인 재해로 방지할 수 있는 것이며, 천재지변 등 불가항력에 의해서 일어나는 재해는 전체 재해의 2%이다.
② 대부분의 재해는 인간의 과실에 의해서 발생하고 있다. 재해의 원인 중 교육적인 원인이 전체의 65%를 차지하고 있는 실정으로 생산성의 향상과 안전화를 이루기 위해서는 무엇보다도 위험 예지훈련의 실시가 절실히 요구된다.

Section 20
잠재적 고장형태 및 영향분석(FMEA)

1 개요

신뢰성은 제품이 주어진 조건에서 규정된 기간 중에 요구되는 기능을 완수할 확률을 말하며, 광의의 신뢰성은 보전성 또는 정비성을 포함한다.

제2차 세계대전 중 레이더 등 전자기기가 실용단계에서 일으킨 고장문제에 대한 대책으로 미국에서 신뢰성에 대한 조사연구가 시작되었으며, 과학기술의 발달로 제품이 복잡, 고도화됨에 따라 제품개발 시 성능, 기능 외에 신뢰성이 더욱 중요한 요소가 되고 있다.

2 공정 FMEA의 사전준비과정

공정 FMEA(Failure Mode & Effect Analysis)의 사전 준비과정은 다음과 같다.

(1) 공정의 기능 정의 및 합격판단기준 결정

공정 FMEA를 실시할 대상이 되는 공정의 기능을 확인하고, 공정별로 검사기준 및 합격판단기준을 검토한다.

(2) 공정흐름도의 작성

공정 FMEA는 공정흐름도(process flow diagram)를 가지고 시작해야 한다. 공정흐름도에는 각 작업에서 이루어지는 제품특성이 확인될 수 있어야 하며, 가능하면 작업이 제품의 특성에 미치는 영향과 중요도 순위를 설계 엔지니어 또는 설계 FMEA로부터 얻어서 확인할 수 있도록 한다.

가공공정 이외에 운송 및 수송작업과 같은 물류작업도 공정흐름도에 추가하며, 기계이동, 컨베이어이동, 자동화설비에 의한 작업, 작업자에 의한 수작업 등을 명확히 한다.

(3) 공정의 분해수준 결정

공정 FMEA를 실시할 경우 하나의 설비 혹은 공작기계가 최소의 분석수준이 된다. 하나의 설비나 검사공정 또는 조립공정을 대상으로 하여 공정 FMEA를 실시할 경우에는 하나의 가공공정, 운송공정, 조립공정 또는 검사공정 등이 분석수준이 된다.

(4) 공정 FMEA 양식

공정 FMEA의 양식은 제품명, 라인명, 공정명, 공정기능, 잠재적 고장모드, 고장모드의 원인, 영향 및 대책 등을 기입할 수 있도록 설계되어 있으며, 각사별로 공정 FMEA 양식을 특성에 맞추어 사용한다.

[표 1-7]은 공정 FMEA 양식의 예이다.

[표 1-7] 공정 FMEA 양식

공정 FMEA 양식(Process FMEA Sheet)																	
작성일		제품명		참석자		결재		담당	관리자	임원	고객					
작성자		라인명													
공정 No.		공정명													

공정의 기능 및 요구 사항	잠재적 고장 모드	고장의 잠재적 영향	심각도	구분	고장의 잠재적 원인 및 메커니즘	발생도	현재 관리 상태	검출도	RPN	대책안	담당 및 일정	대책결과				
												조치	심각도	발생도	검출도	RPN

③ 영향분석을 위한 공정 FMEA 실시과정

공정 FMEA는 공정도의 각 공정에 대해 FMEA 양식에 있는 각 항목에 포함될 정보를 브레인스토밍을 통하여 정리하고 기록함으로써 수행된다. 각 항목별 작성방법은 다음과 같다.

① **작성일** : 공정 FMEA 실시일자를 기입한다.
② **작성자** : FMEA 작성자명을 기입한다.
③ **제품명** : 분석되는 부품, 어셈블리 또는 제품의 이름과 번호를 기록한다.
④ **라인명** : 생산라인의 이름을 기입한다.
⑤ **참석자** : 참석자 및 소속부서를 기입한다.
⑥ **공정번호** : 공정 FMEA를 실시하는 대상공정의 공정번호를 기입한다.
⑦ **공정명** : 공정 FMEA 실시공정명을 기입한다.
⑧ **공정의 기능 및 요구사항** : 분석이 될 공정 또는 작업에 대하여 간단히 설명하고, 가능한 간결하게 목적을 기록한다. 한 공정에 여러 작업들이 포함되어 있으면 각 작업을 개개의 공정으로 나열하는 것이 바람직하다.
⑨ **잠재적 고장모드** : 각 작업에 대한 잠재적 고장모드를 부품 또는 공정 특성의 관점에서 기입한다. 이때 고장이 반드시 발생하지는 않지만 발생가능성은 있다고 가정한다.
⑩ **고장의 잠재적 영향** : 고장의 잠재적 영향이란 고장모드가 소비자들에게 미치는 영향을 의미하며, 여기서 소비자는 다음 또는 후공정작업 또는 최종 소비자를 의미한다. 소비자가 인식 또는 경험할 수 있는 것이 무엇인가 하는 관점에서 고장의 영향을 기록한다.
⑪ **심각도** : 잠재적 고장모드가 소비자에게 미치는 영향의 심각성으로서, 고장의 영향에 대해서만 적용된다. 만일 고장모드에 영향을 받는 소비자가 이후 공정 또는 최종 소비자라면 심각도 평가가 현 공정 엔지니어의 경험과 지식분야 밖이므로 설계 FMEA, 설계 엔지니어, 이후의 제조 또는 조립공정 엔지니어의 자문을 받아야 한다.

심각도의 평가기준은 공정의 특성에 따라 변경될 수 있다. 이때에는 팀원들 간에 평가기준과 순위체계에 대한 동의가 있어야 한다. 보통 심각도는 "1"에서 "10" 사이의 값으로 등급을 추정한다.

다음 [표 1-8]은 심각도의 평가기준이다.

[표 1-8] 심각도의 평가기준

영 향	기 준	등 급
경고 없는 위험	잠재적 고장형태가 경고 없이 영향을 미치거나 정부법규에 대하여 불일치사항이 포함될 때의 매우 높은 심각도 등급	10
경고 있는 위험	잠재적 고장형태가 경고를 하면서 영향을 미치거나 정부법규에 대하여 불일치사항이 포함될 때의 매우 높은 심각도 등급	9

영 향	기 준	등 급
매우 높음	주요한 기능을 상실하면서 부품의 작동 불능	8
높음	부품이 작동하지만 성능이 떨어짐. 고객 불만족	7
보통	부품이 작동하지만 몇 가지 편의부품의 작동 불능. 고객이 불편함을 경험함	6
낮음	부품이 작동하지만 몇 가지 편의부품의 성능이 떨어짐. 고객 일부가 불만족을 경험함	5
매우 낮음	대부분의 고객에 의해 인지되는 결함	4
경미	평균적인 고객에 의해 인지되는 결함	3
매우 경미	예민한 고객에 의해 인지되는 결함	2
없음	영향 없음	1

⑫ **구분** : 추가적인 공정관리가 필요한 부품, 서브시스템 또는 시스템에 대한 어떤 특별한 공정의 특성(치명적, 지배적, 중대한, 의미있는 등)을 구분하기 위해서 사용된다. 만일 공정 FMEA를 통하여 구분의 항목이 확인되면 이를 설계 엔지니어에게 통지한다.

⑬ **고장의 잠재적 원인 및 메커니즘** : 고장의 잠재적 원인에는 "고장이 어떻게 발생할 수 있는가"를 정의하며, 수정 또는 제어가능 공정변수관점에서 기록한다. 각 잠재적 고장모드에 대하여 생각할 수 있는 가능한 모든 고장원인들을 기록한다. 만일 하나의 원인이 고장모드에 유일하고, 원인의 수정이 고장모드에 직접 영향을 준다면 이 부분에 대한 FMEA는 완료가 된다. 그러나 많은 원인들이 서로 영향을 미치고 있을 때에는 원인을 정정하거나 조절하기 위해서 어느 원인이 중요한 영향을 미치고 있고 어느 것을 쉽게 제어할 수 있는가를 실험계획을 통해 결정하여 고장의 원인들에 적절한 수정노력이 기울어져야 한다.

⑭ **발생도** : 특정 고장원인 및 메커니즘이 얼마나 자주 발생하는가를 나타낸다. 발생빈도의 가능성은 "1"에서 "10" 사이의 값으로 추정한다. 빈도의 등급은 구체적인 값이라기보다는 상대적인 빈도의 의미를 가지며, 등급을 부여하는 과정에서 등급체계를 일관성 있게 유지해야 한다. 이때 고장모드를 발생케 하는 빈도만이 고려되어야 하며, 고장을 얼마나 쉽게 검출할 수 있는가는 고려되지 않는다.

다음 [표 1-9]는 발생도의 평가기준이다.

[표 1-9] 발생도의 평가기준

고장확률	고장가능비율	C_{pk}	등 급
매우 높음 : 거의 필연적인 고장	2개 중 1개 이상	<0.33	10
	3개 중 1개 이상	≥0.33	9
높음 : 반복적인 고장	8개 중 1개 이상	≥0.51	8
	20개 중 1개 이상	≥0.67	7

고장확률	고장가능비율	C_{pk}	등급
보통 : 때때로의 고장	80개 중 1개 이상	≥0.83	6
	400개 중 1개 이상	≥1.00	5
	2,000개 중 1개 이상	≥1.17	4
낮음 : 상대적으로 적은 고장	15,000개 중 1개 이상	≥1.33	3
	150,000개 중 1개 이상	≥1.50	2
희박 : 고장이 거의 없음	1,500,000개 중 1개 이상	≥1.67	1

⑮ 현재의 관리상태 : 고장모드의 발생을 방지하거나 탐지하기 위해 현재 수행하고 있는 활동을 기록한다. 현재의 관리상태는 설비상태의 실시간 모니터링 및 오류수정, 통계적 공정관리 또는 공정 후의 개인 또는 후속작업의 평가형태로 이루어질 수 있다. 속성상 다음과 같은 3가지 형태의 관리방법이 있을 수 있다. 이때 가능하면 ㉠을 사용하는 것이 가장 좋으며, ㉡과 ㉢의 순으로 사용한다.

㉠ 고장의 원인 및 메커니즘 또는 고장모드 및 영향이 발생하지 않게 하거나 발생률을 줄임

㉡ 고장의 원인 및 메커니즘을 탐지하여 수정조치를 함

㉢ 고장모드의 탐지

⑯ 검출도 : 검출은 현재의 관리방법으로 고장의 원인 및 메커니즘을 검출하거나 고장모드를 검출할 확률이다. 즉 현재 관리방법이 고장원인 및 메커니즘을 탐지하여 수정조치를 위하는 형태라면, 검출도는 공정의 결점 즉, 고장의 원인 및 메커니즘을 검출할 확률이 된다. 반면에 현재의 관리방법이 고장모드를 탐지하는 형태라면, 검출도는 제품 또는 부품의 고장을 작업 또는 조립위치를 떠나기 전에 검출할 확률이다. 검출도는 "1"에서 "10" 사이의 값으로 등급을 추정하되, 고장이 발생했다는 가정 하에서 고장모드 또는 결점을 가진 제품의 이송을 방지할 능력을 평가한다.

다음은 [표 1-10]은 검출도의 평가기준이다.

[표 1-10] 검출도 평가기준

검출도	기준 : 설계관리에 의한 검출가능성	등급
절대적으로 불확실	잠재적 원인 및 메커니즘과 그 이후의 고장형태를 검출하지 못하거나 검출할 수 없다(설계관리가 없는 경우).	10
매우 희박	설계관리를 통해 잠재적 원인 및 메커니즘과 그 이후의 고장형태를 검출할 기회가 매우 희박하다.	9
희박	설계관리를 통해 잠재적 원인 및 메커니즘과 그 이후의 고장형태를 검출할 기회가 희박하다.	8

검출도	기준 : 설계관리에 의한 검출가능성	등 급
매우 낮음	설계관리를 통해 잠재적 원인 및 메커니즘과 그 이후의 고장형태를 검출할 기회가 매우 낮다.	7
낮음	설계관리를 통해 잠재적 원인 및 메커니즘과 그 이후의 고장형태를 검출할 기회가 낮다.	6
보통	설계관리를 통해 잠재적 원인 및 메커니즘과 그 이후의 고장형태를 검출할 기회가 적절하다.	5
다소 높음	설계관리를 통해 잠재적 원인 및 메커니즘과 그 이후의 고장형태를 검출할 기회가 적절하게 높다.	4
높음	설계관리를 통해 잠재적 원인 및 메커니즘과 그 이후의 고장형태를 검출할 기회가 높다.	3
매우 높음	설계관리를 통해 잠재적 원인 및 메커니즘과 그 이후의 고장형태를 검출할 기회가 매우 높다.	2
거의 확실	설계관리를 통해 잠재적 원인 및 메커니즘과 그 이후의 고장형태를 검출할 기회가 거의 확실하다.	1

Section 21 재해예방의 4원칙

1 개요

산업재해는 교육적 원인, 기술적 원인, 작업관리상 원인 등의 기본적 원인과 근로자의 불안전한 행동과 시설의 불안전한 상태 등의 직접적 원인에 의해 발생되며, 기본적 원인에 의해 직접적 원인이 생겨난다. 이러한 재해는 교육·기술·관리적 대책 및 재해예방 원칙에 의해 최소화시킬 수 있다.

2 재해예방의 4원칙

재해예방의 4원칙은 다음과 같다.

1) 예방 가능의 원칙

인적재해의 특성은 천재(天災)와는 달리 그 발생을 미연에 방지할 수 있다는 것이다. 안전관리에 있어서 재해예방에 그 목적을 두고 있는 것은 예방 가능의 원칙에 기초를 두고 있는 것이다. 따라서 체계적이고 과학적인 예방대책이 요구되며, 물적·인적인 면에 대하여 그 원인의 징후를 사전에 발견하여 재해발생을 최소화시켜야 한다.

2) 손실 우연의 원칙

하인리히의 법칙에서는 같은 종류의 사고를 되풀이하였을 때 중상의 경우 1회, 경상의 경우 29회, 상해가 없는 경우 300회의 비율로 발생된다고 말하고 있다. 이를 1 : 29 : 300의 하인리히 법칙이라고 하며, 이 법칙은 사고와 상해 정도 사이에는 언제나 우연적인 확률이 존재한다는 이론이다. 따라서 사고와 상해 정도(손실)에는 '사고의 결과로서 생긴 손실의 대소 또는 손실의 종류는 우연에 의하여 정해진다'는 관계가 있다. 사고가 발생하더라도 손실이 전혀 따르지 않는 경우를 'Near Accident'라고 하며, 손실을 면한 사고라도 재발할 경우 얼마만큼의 큰 손실이 발생할 것인가는 우연에 의해 정해지므로 예측할 수는 없다. 그러므로 이 큰 손실을 막기 위해서는 사고의 재발을 예방하는 방법밖에는 없다. 재해예방에 있어 근본적으로 중요한 것은 손실의 유무에 관계없이 사고의 발생을 미연에 방지하는 것이다.

3) 원인 계기의 원칙

사고발생과 그 원인 사이에는 반드시 필연적인 인과관계가 있다. 손실과 사고와의 관계는 우연적이지만, 사고와 원인과의 관계는 필연적이다.

4) 대책 선정의 원칙

안전사고에 대한 예방책으로는 교육적(Education), 기술적(Engineering), 관리적(Enforcement)의 3E 대책이 중요하다. 안전사고의 예방은 3E를 모두 활용함으로써 효과를 얻을 수 있으며, 합리적인 관리가 가능한 것이다. 재해예방대책을 선정할 때에는 정확한 원인, 분석, 결과에 의해 직접원인을 유발시키는 배후의 기본적 원인에 대한 사전대책을 선정하고, 가능한 한 확실하고 신속하게 실시해야 한다.

Section 22 재해조사 시 유의사항

1 개요

산업 재해는 대부분 설비와 기계와 기계의 불안전 상태에 작업자의 불안전 행동이 시간적, 공간적으로 합류되는 곳에서 발생한 사고의 결과이다. 따라서 발생한 재해에 대한 원인을 분석하여 대책을 수립·실시함으로써 동종의 재해나 유사한 재해를 예방하기 위해서 재해조사를 실시하며 재해 발생의 대소에 관계없이 항상 철저한 사고원인 규명과 적절한 대책 수립이 필요하다.

재해 조사에 참여하는 자는 객관적이고 공평한 입장을 유지하며 현장의 상황이 보전될 때 실시하는 것이 좋으며 가능한 한 목격자나 현장의 책임자로부터 당시의 상황에 대하여 설명을 듣고, 재해 현장의 사진을 참조하여 사고현장의 상황을 도식화한다.

② 재해조사 시 유의사항

재해조사 시 유의사항은 다음과 같다.

① Why에 대한 것보다 How에 대한 사실을 수집한다.
② 목격자의 표현이나 추측을 사실과 구별해 참고자료로 기록해둔다.
③ 책임을 추궁하는 태도는 나타내지 않도록 한다.
④ 조사는 가능한 짧은 시간 내에 정확한 증거를 수집하고 끝내도록 한다.
⑤ 부주의, 교육부족 등 인적요인 외의 물적요인도 수집하며 최소한 2인 이상이 진행해 편견이나 주관을 배제한다.

Section 23 · 종합재해지수(FSI)

① 정의

종합재해지수(FSI : Frequency Severity Indicator)는 도수강도치를 말한다.

② 종합재해지수(FSI)

도수율은 재해발생빈도는 알 수 있으나 강도율은 알기 어렵고, 강도율은 재해의 강도는 알 수 있으나 발생빈도를 알 수 없기 때문에 어떤 그룹의 위험도를 비교하는 수단으로 사용한다.

$$종합재해지수(FSI) = \sqrt{빈도율(FR) \times 강도율(SR)}$$

Section 24 · 화학공장 노동자들이 유발하는 불안전 행동의 원인과 종류, 방지대책

① 인적요소 결함의 종류

화학공장 근로자들의 불안전 행동은 우선 인적요소의 결함에서 그 원인을 찾을 수 있다.

① 태도면 : 고의적 상해, 태만, 불화, 반항, 지도 무시

② 지식면 : 안전무지

③ 기능면 : 훈련미비, 미숙련

④ 신체적인 면 : 눈, 귀의 결함, 근육의 허약, 피로, 장질환

⑤ 정신적인 면 : 반응둔화, 성격적인 편협, 지능화

❷ 불안전 행동의 종류

불안전 행동의 종류는 다음과 같다.

(1) 규율면

① 무자격행동　　　② 무허가행동　　　③ 경고표시 무시

④ 규칙 무시　　　　⑤ 지시 무시

(2) 공동권익면

① 화합 무시　　　　② 호흡 불일치

(3) 위험동작

① 충진물 접촉　　　② 위험속도행동　　　③ 오작기기 사용

④ 안전장치 무효화　⑤ 불안전기기 사용　⑥ 수공구 대용

⑦ 불안전 저장　　　⑧ 위험 부분 동작　　⑨ 운동 부분 동작

⑩ 확인하지 않은 행동

(4) 위치자세

① 무리한 자세　　　② 위험위치행동

(5) 보호구

① 사용안함　　　　② 나쁜 보호구 사용 등

❸ 방지대책

이에 관한 방지대책으로는 불안전 행동을 유발하는 인적요소를 없애도록 해야 하는데, 그 방법으로는 다음과 같다.

① 안전지식의 교육훈련

② 안전태도 교육훈련

③ 안전기능 교육훈련

④ 의학적인 대책으로 신체정신의 건전화
⑤ 정신적인 대책으로 규율, 훈계, 징계
⑥ 안전작업의 교육훈련
⑦ 경고표시의 활용
⑧ 안전운동의 강화

Section 25 FTA 해석

1 개요

FTA(Fault Tree Analysis)란 벨(Bell)전화연구소의 왓슨(H. A. Watson)에 의해 고안되고, 1965년 보일(Boeing)항공사의 하슬(D. F. Haasl)에 의해 보완됨으로써 실용화되기 시작한 시스템의 고장해석방법으로써 ICBM계획의 안전성 해석에 처음으로 사용되었다고 한다. FTA는 시스템의 고장을 발생시키는 사상(event)과 그의 원인과의 인과관계를 논리기호(AND와 OR)를 사용하여 나뭇가지 모양의 그림으로 나타낸 고장계통(fault tree)을 만들고, 이에 따라 시스템의 고장확률을 구함으로써 문제가 되는 부분을 찾아내어 시스템의 신뢰성을 개선하는 계량적 고장해석 및 신뢰성 평가방법이다.

2 절차

1) FTA에 의한 고장해석 및 신뢰성의 평가절차는 다음과 같다.
   ① 고장계통(fault tree)을 작성한다.
   ② 최하위의 고장원인인 기본사상에 대한 고장확률을 추정한다.
   ③ 기본사상에 중복이 있는 경우에는 불(Boolean) 대수공식에 따라 고장계통을 간소화하고, 그렇지 않으면 다음 절차로 넘어간다.
   ④ 시스템의 고장확률을 계산하고 문제점을 찾는다.
   ⑤ 문제점의 개선 및 신뢰성 향상책을 강구한다.
2) FTA는 고장발생원인의 인과관계를 정상사상으로부터 하향식(top down)으로 분석하는 방법으로서, FTA를 위한 고장계통의 작성은 다음의 절차에 의거한다.
   ① 시스템의 최상위의 고장상태(top event)를 규정한다.
   ② 최상위의 고장상태를 일으키는 차순위의 고장원인을 찾아내고, 이들의 인과관계를 논리기호(AND 또는 OR)를 사용하여 나뭇가지(tree) 모양으로 결합시킨다.

③ 차순위의 고장원인에 대하여 순차적으로 위와 같은 절차를 더 이상의 분해가 불가능한 최하위의 고장원인인 기본사상(basic fault event)이 될 때까지 반복하고 고장계통(fault tree)을 완성한다.

Section 26 위험관리의 관점에서 안전관리 5단계

① 개요

위험관리의 선진국이라고 할 수 있는 미국에서는 예전부터 위험관리의 중요성이 크게 인식되어, 그 개념과 구체적인 진행방법이 논의되어 왔고 실무로서 정착되어 있는 상태이다. 위험관리의 정의는 다양하여 통일화되어 있지 않지만 다음의 정의를 사용하기로 한다.

기업과 관련한 다양한 위험을 예견하고, 그 위험이 초래하는 손실을 예방하기 위한 대책과 불행히도 손실이 발생했을 경우 사후처리대책을 효과적이고 효율적으로 강구함으로써 사업의 지속성과 안정적인 발전을 확보해가는 기업경영상의 수단을 의미한다.

사업의 지속성이나 안정적인 발전은 대개의 경우 기업목적이 된다. 이 목적을 달성하기 위하여 다양한 예방책과 사후처리대책을 강구해가는 것이 위험관리이고, 생각을 바꾸어보자면 위험관리는 기업경영 그 자체라고도 할 수가 있다.

② 위험관리의 절차

위험관리는 다음의 5단계로 수행된다.

(1) 위험확인

기업과 관련된 모든 위험을 찾아내는 작업이다. 기업을 둘러싼 위험은 다양화되고 복잡화되고 있는 추세이므로 많은 부분의 협력을 통해 진행시키는 것이 중요하다. 위험확인은 체크리스트와 흐름도의 활용, 재무제표의 문제점 추출이라는 수단이 일반적인데, 각 부문 담당자에게 질문을 하고 자사 또는 동종의 타사의 사고사례를 조사하는 등 보다 상세한 확인을 할 수도 있다.

일반적으로 위험은 순수위험(손실만 발생하는 위험)과 투기적 위험(손실, 이익의 쌍방이 발생하는 위험)으로 크게 구분할 수 있으며, 각각의 종류별로 찾아가는 것이 효율적이다.

(2) 위험의 측정 · 평가

다음으로 위험의 확인작업단계에서 찾아낸 위험에 대하여 그 위험의 특징을 검토하고 이러한 위험이 실제로 발생했을 경우 기업경영에 어떠한 효과를 주는지 평가할 필요가 있다. 이 평가기준으로는 손실발생빈도, 손실 정도의 척도를 사용하는 경우가 많다.

예를 들어서, 화재위험과 노동재해위험을 비교할 경우 손실발생빈도의 관점에서는 화재위험보다 노동재해위험이 크지만, 손실 정도에서 보자면 화재위험이 노동재해위험보다 크게 되는 경우가 많은 것이다. 찾아낸 모든 위험에 대해 동일한 검토를 실시하고 최종적으로 위험도라는 도표를 만들어 해당기업의 중대한 위험(위험이 높은 우선순위)을 검증해간다.

(3) 위험처리방법 선택

위에서 분석한 결과를 기초로, 적절한 위험처리방법을 강구한다. 위험처리방법에는 크게 위험관리(risk control)와 위험재무(risk financial)가 있다. 위험관리는 위험의 현실화를 방지하고 발생한 경우의 손실을 최소화하는 방법으로, 화재위험을 예로 들면 소방장치를 설치하거나 화재발생 시 대응매뉴얼을 책정하는 것 등이 이에 해당한다고 할 수 있다. 위험재무는 위험이 현실화되고 손실이 발생한 경우 필요한 자금구조를 준비해 두는 방법으로, 대표적으로 각종 보험을 들 수 있다.

(4) 위험처리방법 실시

위에서 선택한 위험처리방법에 대하여 예산조치를 강구하고 구체적인 계획을 세워서 실행한다.

(5) 위험관리 통제(모니터링)

실제로 선택하여 실행한 방법이 충분한 효과를 가져오고 위험관리목적이 달성되었는지를 확인하고 필요한 경우 수정한다.

❸ 위험관리와 ISO

지금까지 위험관리의 개요 및 진행방식에 대하여 설명하였다. 이를 토대로 ISO와의 관련성을 설명해보면 다음과 같다.

(1) 시스템 도입의 목적

근본적 이유는 다양하겠지만, 현행 경영시스템을 보다 한 차원 높은 것으로 하려는 시스템 도입의 목적은 공통적인 것이라 할 수 있다.

(2) 시스템 진행방법

예를 들어, ISO 14001에서는 PDCA(Plan, Do, Check, Action)주기에 따라 시스템을 검토하고 도입하는데, 위험관리절차에서도 기본적으로 동일한 진행방법(Plan : 위험확인/측정 및 평가/처리방법 선택, Do : 처리방법 실시, Check : 통제, Action : 개선 및 재처리)을 취하게 된다.

(3) 시스템 운영 및 운영상의 주의점

시스템을 효과적으로 도입하여 운영하려면, 예를 들어서 전사적인 방침을 정하고 임직원교육을 철저히 해야 한다는 공통점이 있다.

(4) 시스템 도입의 효과

시스템 도입 후의 효과로 업무의 능률화, 비용절감, 사내 활성화, 기업이미지 향상 등을 기대할 수 있다. ISO 인증을 취득한 기업은 위험관리활동에 대한 이해도가 한층 높고, 위험관리시스템 구축에 별로 어려움을 느끼지 않는 경우가 많다. 2개의 시스템 도입에 따른 시너지효과는 상당히 크고, ISO를 취득한 기업이라면 다음 단계로 위험관리체제 정비에 착수할 것을 권장하는 바이다.

Section 27

위험관리의 목적

1 개요

위험관리의 목적은 크게 위험발생 전 목적(pre-loss objectives)과 위험발생 후 목적(post-loss objectives)으로 구분한다. 전자의 경우는 앞으로 발생할지의 여부를 알 수 없는 순수위험에 대한 효율적인 사전관리방법을 말하는 데 비해서, 후자의 경우는 이미 발생한 순수위험에 대한 신속하고 효율적인 관리방법에 치중하는 사후관리방법을 말한다.

2 위험발생 전 단계

위험발생 전 단계에 있어서의 위험관리 목적은 다음과 같다.

① 경제적인 위험관리
② 효율적인 위험발생에 대한 불안의 감소
③ 해당기관 외부로부터의 불가피한 요구조건으로서의 위험관리대책 강구
④ 해당기관의 사회책임 완수를 위한 위험관리

첫째로, 경제적인 위험관리의 목적은 해당기관이나 경제주체인 가계, 기업 그 밖의 공공기관 등이 뒤이어 설명하는 위험발생 후 목적을 달성하기 위해서 필요한 위험관리대책을 경제적으로 가장 저렴한 비용으로 강구하는 데 있다. 발생할지의 여부를 알 수 없는 위험에 대비하기 위한 비용으로서 각종 위험발생예방안전대책비용, 보험관리에 소요되는 보험료지출, 과학적이며 합리적인 위험관리대책 강구를 위한 전문요원확보비용 등을 그 예로 들 수 있다.

둘째로, 효율적인 위험발생에 대한 불안의 감소라는 위험관리의 목적은 합리적인 방법으로 순수위험을 발견함에 따라 해당기관 경영자에게 항시 이들 위험발생에 대한 우려와 불안을 안겨 주게 되는바, 이런 위험에 대한 효율적인 대비책으로서의 위험관리로 이같은 경영인의 우려와 불안을 감소시키는 데 있다.

셋째로, 외부로부터의 불가피한 요구조건으로서의 위험관리의 목적은 가계, 기업, 공공기관 등이 법적으로나 사업상이나 그 밖의 이유로 강제적으로 불가피하게 요구되는 위험발생예방안전대책의 강구나 보험가입이나 보증금 제공과 같은 행위를 조직적이고 합리적이며 종합적으로 위험관리의 형태로 대신하는 데 있다.

넷째로, 사회책임 완수를 위한 위험관리의 목적은 위험의 발생이나 위험발생가능성에 대한 불안으로 악영향을 받는 가계, 기업, 공공기관 등에서 위험관리를 통해 좋지 않은 영향을 제거하거나 감소시킴으로써 이들 기관들이 사회책임을 완수하도록 기여하는 데 있다.

❸ 위험발생 후 대책

위험발생 후 대책에 있어서의 위험관리 목적은 다음과 같다.

① 가계, 기업, 공공기관 등의 계속 존속
② 이들의 위험발생 전 활동의 계속
③ 이들의 가득능력의 확보와 안정화
④ 이들의 계속적인 성장
⑤ 이들의 사회책임의 수행

첫째로, 계속 존속이라는 위험관리의 목적은 불행히도 순수위험이 발생했을 경우 가계, 기업, 공공기관 등을 계속적으로 존속시키는 데 있다. 두말할 나위 없이 순수위험이 발생하는 날에는 가계, 기업 그 밖의 공공기관 등은 종전과 같이 그들의 활동을 계속하는 데 지장을 받게 되는바, 경우에 따라서는 그들의 존속이 매우 위태롭게 된다. 이런 경우에 대비해서 위험관리를 통해 위험발생 시 위험발생 전 활동을 최소한 계속하게 해서 이들이 명맥을 유지하도록 사전대책을 수립한다. 대체로 이런 위험발생 이전활동의 계속은 위험발생 이전에 갖고 있던 자산의 일부만 가지고도 가능한데, 이에는 위험관리기법의 활용이 필요하다.

둘째로, 위험발생 전 활동의 계속이라는 위험관리의 목적은 가계, 기업, 공공기관 등이 그들의 활동을 위험발생 후라 할지라도 적극적으로 그 일부나 전부를 계속해서 그들의 사명을 다하는 데 있다. 이 목적달성에는 첫째 목적에 비해 보다 적극적인 대책수립이 필요하다. 예를 들어, 은행의 경우 화재발생으로 건물이 소실당했을 때 복구하는 동안 휴업을 하느니보다 부근의 건물을 지체없이 임차해서 긴요한 업무의 일부나 전부를 계속함으로써 그의 고객을 다른 은행에게 빼앗기지 않도록 위험관리를 통해 필요한 대책을 강구한다.

셋째로, 가득능력의 확보와 안정화라는 위험관리의 목적은 위험발생 시 종전활동을 효율적으로 계속해서 이에 소요되는 비용을 절약하거나 부득이 종전활동을 계속하지 못할 경우 이 기간 동안 다른 소스로부터 대체소득을 획득함으로써 가능하다. 여기에 주의할 것은 둘째 목적과 다르다는 점이다. 둘째 목적은 이 목적달성을 위해 소요되는 비용의 많고 적음을 불문하고 필요자금을 투입 사용해서 종전의 활동을 계속하는 데 비해, 셋째 목적은 비용을 감안해서 종전활동을 흑자로 보아가면서 계속함을 말한다.

또한 경우에 따라서는 복구기간 동안 종전활동을 당분간 중지하거나 위험발생 이전의 가동소득을 위험발생 후라 할지라도 그 일부나 대부분을 계속 위험관리를 통해 확보하기도 한다. 여기에 덧붙여 종전활동 계속에는 물적자원뿐만 아니라 인적자원의 확보가 필요하다는 점이며, 이 점이 위험관리에 고려돼야 한다.

넷째로, 계속적인 성장이라는 위험관리의 목적은 이들 기관이 위험관리를 통해 위험발생 전에 계획했던 성장을 계속하는 데 있는바, 이 목적은 셋째 목적의 경우보다는 더 적극적인 측면을 갖고 있다. 이 같은 계속 성장은 위험발생 후라 할지라도 위험발생 이전에 계획했던 연구개발비의 계속 투입이나 판매추진비의 계속 투입 등을 통해 가능하다.

다섯째로, 사회책임의 수행이라는 위험관리의 목적은 이들 기관이 위험관리를 통해서 사회책임을 다하는 데 있는바, 이것은 위험발생 이후라 할지라도 위험발생 전 활동을 계속함으로써 가장인 그의 가족 · 친척 등에 대한 책임, 고용주의 피용인에 대한 책임, 기업의 주주나 고객에 대한 책임, 납세자로서의 책임, 일반사회에 대한 책임 등을 다함으로써 가능하다.

이런 위험발생 전 위험관리목적과 위험발생 후 위험관리목적으로서 여럿을 생각할 수 있으나 이들 목적을 동시에 전부 달성한다는 것은 거의 불가능하다. 그 이유는 위험발생 후 목적을 모두 달성할 수는 있으나 이 경우 위험발생 전 목적과 상충될 가능성이 있기 때문이며, 위험발생 전 목적들도 서로 대립되고 겹칠 수 있기 때문이다.

목재가공용 둥근톱 기계의 재해예방을 위한 방호장치

① 적용대상(노동부고시 제2008-119호 제32조)

강철원판의 둘레에 톱니를 만들어 이것을 회전체에 부착, 회전시키면서 목재가공작업을 하는 목재가공용 둥근톱으로서 톱의 노출높이가 작업면으로부터 10mm 이상의 것에 대하여 적용한다.

② 방호조치(노동부고시 제2008-119호 제33조)

① 목재가공용 둥근톱에는 다음 각 호의 방호장치를 설치하여 한다.
  ㉠ 반발예방장치(분할날을 의미하며, 가로절단 둥근톱 기계 및 반발에 의하여 근로자에게 위험을 미칠 우려가 없는 것을 제외한다.)
  ㉡ 날접촉예방장치(보호덮개를 의미하며, 원목 등 목재제재용 둥근톱 기계 및 자동송급장치를 부착한 둥근톱 기계를 제외한다.)
② 제1항의 규정에 의한 방호장치는 법 제33조 제3항의 규정에 의한 성능 검정품여야 한다.

③ 설치방법(노동부고시 제2008-119호 제34조)

① 반발예방장치는 목재의 반발을 충분히 방지할 수 있도록 설치해야 하며, 톱날 후면으로부터 12mm 이내에 설치하되, 그 두께는 톱두께의 1.1배 이상이고 치진폭보다 작아야 한다.
② 날접촉예방장치는 반발예방장치에 대면하고 있는 부분과 가공재를 절단하는 부분 이외의 톱날을 덮을 수 있는 구조여야 한다.

작업자의 안전에 중요한 산업용 제품의 근원적 안전성 확보를 위한 제도

① 개요

세계 각국에서 경쟁적으로 실시 중인 안전환경에 관한 각종 인증제도가 국제교역과정에서 장벽으로 작용하고 있다. EU는 2006년부터 유럽 내 유통 중인 화학물질에 대한 각종 기준을 강화하는 화학물질관리정책(REACH)을 시행하고 있으며, 중국은 CCC제도를 전면적으로 시행하는 등 지구촌이 온통 안전보건관련규제를 강화시키고 있다.

1997년 11월부터 시행된 S마크제도는 한국산업안전공단이 산업용 기계·기구, 설비 등을 대상으로 제품의 안전한 설계 및 제작을 위한 품질관리체제 전반을 종합적으로 평가, 인증기준에 부합하는 경우 인증증표인 'S마크'를 사용할 수 있도록 승인하는 인증제도를 말한다.

주로 산업용 기계·기구가 인증대상이지만 방호장치 및 부품이나 보호구, 구내운반차 등 인증범위가 매우 넓다. S마크는 일선 산업현장에서 쓰이는 각종 기계·기구류가 점차 대형화·시스템화되어 가면서 늘어나는 잠재적 위험요인의 예방차원에서 마련된 제도로 제품의 제조단계부터 근원적인 안전성을 확보하기 위한 목적을 띠고 있다.

아울러 S마크 인증제도를 통해 제품에 대한 사전 안전대책 수립이 가능해져 2002년 상반기부터 시행된 제조물책임제도(PL)에 대한 대비책으로 손색이 없다.

이와 함께 세계 각국이 무역개방화추세에 따른 자국 내 시장보호 및 수입품에 대한 간접적 규제수단으로 인증절차를 점차 강화시키고 있다. S마크는 국제적 수준의 평가절차를 거침으로써 선진국이 시행 중인 안전요건이 충분한 대응을 할 수 있도록 해외수출에도 큰 도움이 되고 있다.

② S마크 안전인증제도

사용작업자의 불안전한 행동을 방지하는 것은 물론, 사용상의 편의를 위해 작업자의 피로·스트레스 및 작업자세의 불편이 최소화될 수 있는 정도의 높은 완성도를 요구한다. 지속적인 제품 성능유지를 위한 품질관리 및 사후관리체계도 필수이다.

S마크 인증을 획득한 경우 산업안전보건법상 위험기계·기구의 설계·성능검사, 방호장치 성능검정 등 인증제품의 의무검사·검정이 면제되는 등 각종 혜택이 주어진다.

S마크제도와 검사·검정제도는 기계·기구 및 보호구·방호장치의 안전성 확보를 위한 제도인 점은 같지만 검사·검정제도는 제품의 안전성에 대한 의무인증제도로 불합격 시 제조·사용·양도 등이 금지되는 등 제재가 가해지는 반면, S마크제도는 자율인증제도로 인증신청의무 및 불합격 시 제재가 없다는 것이 차이점이다.

산업안전공단의 조사결과 S마크 취득제품 사용자는 안전성 및 신뢰성, 생산성 향상 등의 효과를 거뒀고, 제조자는 S마크 취득을 통해 재해예방, 회사이미지·품질·수출향상 등에서 높은 만족감을 나타냈다. 산업안전공단 관계자는 "국내업체의 해외수출지원을 위해 유럽의 CE마크인증기관 등 영국·프랑스 등 7개국 안전인증기관과 상호업무협정을 체결, 해외인증을 취득할 수 있도록 적극 지원하고 있다"고 밝혔다.

향후 고용노동부와 산업안전공단은 S마크 인증제도의 확대를 위해 상호인정체제를 적극 추진하고 산업기계의 다양한 추세에 발맞춰 인증대상품목을 모든 산업기계 및 부품으로 넓힐 생각이다.

Section 30 **FTA와 ETA의 차이점**

1 개요

해양환경과 같은 인적요소를 포함하는 복잡한 곳에서 어느 한 방법으로 사고 발생을 분석하는 것은 어렵다고 판단된다. 그래서 2가지를 혼합한 C&C해석(Cause & Consequence analysis)을 사용한다. 이 해석법은 FTA와 ETA를 결합하여 FTA로부터 정상사상의 발생확률을 구하고, ETA로부터 최종사상의 발생확률을 평가하는 기법이다.

여기에 추가적으로 사용되는 기법이 인간 신뢰성 해석기법(THERP : Technique for Human Error Rate Prediction)이다. 이 기법은 원자력분야에서 개발된 것으로, 인간 과실의 추정에 활용되는 정량적 예측기법이다.

2 FTA와 ETA의 차이점

FTA와 ETA의 차이점은 [표 1-11]과 같다.

[표 1-11] FTA와 ETA의 장단점 비교

구 분	FTA	ETA
개 요	• 화재 등의 바람직하지 않은 결과를 정상사상(top event)으로 하여, 이 사상이 발생하기 위한 조건과 요인을 트리상으로 전개하여 분석하는 연역적 분석기법이다.	• 사상의 진전에 따라 대응책을 마련하고 그 대응책의 효과를, 성공과 실패로 나눠 트리상에 나타내어 사고의 진전상황을 파악, 과거 FTA 보충형태로 이용되었으나 최근에는 단독으로 이용되고 있다.
장 점	• 분석한 조건이나 요인의 발생확률은 구할 수 있으면, 단순한 이론식을 이용 상위사상 발생확률을 구할 수 있다. • 주로 AND 게이트와 OR 게이트 사용하고 단순한 이론구조로 표현되므로 시각적 해석이 용이하다. • 인적과실을 정량적으로 취급가능하다.	• 트리의 가지를 더듬는 것으로, 사고의 진전상황이 순서를 쫓아 파악할 수 있어 사고의 진전을 방지하기 위한 대응책을 세우기 쉽다.
단 점	• 사상이 발생하기 위한 조건이나 요인을 트리상에서 표현하기 때문에 간단한 시스템에 대해서는 이해하기 쉽지만, 복잡한 시스템에 대해서는 거대한 트리가 되므로 이해가 곤란하다. • 각 사상에 대해 시간경과 표현이 곤란하다. • 정량적 평가실시 시 사고의 위험성, 발생확률 등의 데이터가 부족하다.	• 대응책의 효과를 성공·실패의 2차원에서 취급하기 위해서 부분적인 고장이나 사고와 같은 애매한 사상은 고려할 수 없다. • 사고의 진전상황을 검토하는 기법이기 때문에 분석대상 전체의 리스크를 파악하는 것은 곤란하다.

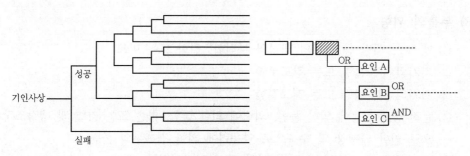

[그림 1-7] THERP를 포함한 C & C해석의 예

실질적인 사고의 예방을 위해서는 그 사고의 근본적인 원인 즉, '불안전 행동을 유발시킬 수 있는 인적요인을 찾아내서 제거해야 한다고 보고, FTA(fault tree analysis, 결함수분석)기법을 충돌사고에 적용하여 사고원인을 색출하는 방법'을 우리나라에서 처음으로 소개하였다. 그러나 여기에서의 문제점은 이 기법의 적용에 있어 주관적 분류를 배제하지 못하고 있다는 점이다. FTA기법은 AND와 OR의 구조를 갖고 있으므로 각 요소들이 서로 독립적이어야 한다.

Section 31 압력용기의 위험요인과 방호장치의 종류

1 정의

압력용기란 유체의 저장, 반응 혹은 분리 등의 목적을 위하여 사용하는 내압력 또는 외압력을 받는 밀폐용기를 말한다.

2 위험요인

(1) 화학물질의 위험성

① 반응, 연소, 부식 등의 물질변화를 수반하는 화학적 위험
② 열, 압력, 충격과 같은 물리변화에 기인한 물리적 위험
③ 중독, 양상, 외상과 같은 내외로부터의 충격이 생체기능에 나쁜 영향을 주는 생리적 위험

(2) 화재 및 폭발의 위험

① 유류, 수분, 금속조각, 녹, 걸레 등의 원인에 의한 화재
② 압력용기 사용 중의 이상반응, 막힘, 불꽃의 발생에 의한 폭발

(3) 누출의 위험

① 개스킷, 패킹 등 씰류의 재질의 부적합, 열화 또는 마모
② 기기의 구조불량 또는 강도부족
③ 기기의 제작불량 또는 재료결함
④ 운전 중의 진동에 의한 풀림, 외력에 의한 굽힘, 파손 또는 가열 및 냉각조작의 반복으로 인한 열팽창 및 수축으로 열응력에 의한 접촉부의 풀림
⑤ 재료의 부식, 마모, 피로 및 열화 등의 경시변화
⑥ 용접선 및 용접 시 열영향부위의 결함
⑦ 라이닝부의 핀홀
⑧ 오조작, 이상온도상승 및 이상압력상승에 의한 것

(4) 압력용기의 기계적 파괴위험

① 응력집중 또는 플랜지의 불균형한 연결에 의한 과대한 응력
② 각주, 지주 및 지지대 등 부속물에 가해지는 하중에 의한 외부로부터의 부하
③ 안전밸브가 그 기능을 발휘하지 못하여 발생되는 과압
④ 재료의 허용온도범위를 훨씬 넘는 온도에 의한 과열
⑤ 압력의 변동, 유량의 변동, 팽창영향, 진동 등에 의한 기계적 피로와 충격
⑥ 저온의 유체를 취급하는 압력용기의 취성파괴
⑦ 전면부식, 국부부식, 에로존 등의 부식
⑧ 수소부풀림, 수소취화 등과 같은 수소손상
⑨ 온도차 및 온도의 변화율에 의한 열피로와 열충격
⑩ 기계적 고장
⑪ 계장기기의 고장
⑫ 계측기기의 고장

(5) 인간의 실수에 기인한 위험방지

① 산소결핍 : 최소 18% 이상
② 가연성 가스 : 폭발하한농도의 25% 이하
③ 유독가스 : 인체에 무독한 정도의 충분한 농도

❸ 방호장치

(1) 안전밸브(safety valve)

운전압력이 안전밸브의 설정압력을 초과하는 압력증가에 대해 자동으로 빠르게 개방되는 장치이다.

(2) 긴급차단밸브

반응기 등에 이상상태가 발생함으로 생길 수 있는 폭발이나 화재를 방지하기 위하여 해당설비로 원료의 공급을 긴급히 차단하는 것에 사용한다.

[그림 1-8] 안전밸브   [그림 1-9] 긴급차단밸브

(3) 파열판

반응폭주로 급격한 압력상승의 우려가 있는 경우, 독성물질의 누출로 인하여 주위 작업환경을 오염시킬 우려가 있는 경우, 운전 중 안전밸브에 이상물질이 누적되어 안전밸브의 작동이 안 될 우려가 있는 경우에 사용된다.

안전밸브의 파열판을 직렬로 설치하는 경우에는 안전밸브와 파열판 사이에 파열판의 파열 또는 누출을 감지할 수 있는 압력지시계 또는 경보장치를 설치한다.

[그림 1-10] 파열판   [그림 1-11] 파열판의 설치 예

(4) 통기밸브(breather valve)

대기압이나 대기압 근처에서 운전되는 저장탱크 내의 액체를 저장 또는 출하, 외부기온의 변동, 증발 또는 응축으로 탱크 상부공간의 공기나 증기 등의 체적변화를 통해 탱크 내의 과압이나 부압을 방지하는 데 사용한다.

[그림 1-12] 통기밸브

(5) 플레임 어레스터(flame arrestor)

비교적 저압 내지 상압상태에서 가연성 증기압을 갖는 오일 및 용매를 저장하는 탱크의 통기관을 통하여 외부로부터 화염이 탱크 내부로 들어오는 것을 막기 위해 설치되는 안전장치이다.

[그림 1-13] 플레임 어레스터의 외관

[그림 1-14] 통기밸브와 플레임 어레스터의 조합

Section 32 산업재해 발생 시 조치순서

1 개요

산업재해는 근로자가 업무에 관계되는 건설물·설비·원재료·가스·증기·분진 등에 의하거나 작업 또는 기타 업무에 기인해 사망 또는 부상 당하거나 질병에 걸리는 것을 말하며 산업재해가 발생하였을 경우 재발 방지를 위해 재해발생 원인과 재발방지 계획 등을 사업주가 기록하고 보존하도록 의무화하고 있다(산업안전보건법 제10조 위반 시 300만 원 이하의 과태료 부과).

❷ 산업재해 발생 시 조치순서

(1) 재해 발생 시의 긴급조치

① 근로자가 재해를 당하였을 때 동료 근로자 등 관계자는 즉시 근로자를 병원에 후송 또는 현장에서 인공호흡 등 필요한 조치를 취해야 한다.

② 응급실 또는 안전관리실에 재해발생 시 필요한 응급용구(구급낭, 환자이송들것)와 응급용구 취급요령을 작성하여 비치해야 한다.

③ 연쇄재해 발생 시 급박한 위험이 있을 때에는 즉시 작업을 중지시키고 근로자를 작업 장에서 대피시키는 등 필요한 조치를 취해야 한다.

(2) 비상연락망

재해 발생 시 기동성을 발휘하여 사고에 대한 인명 및 재산의 손실을 줄일 수 있도록 비상연락망을 조직하고 운영한다.

(3) 사고조사 및 보고

① 재해가 발생하였을 때 관계자는 응급조치 후 즉시 안전담당부서에 통보한다.

② 안전보건담당부서는 재해통보 접수 후 즉시 병원, 관계기관에 통보하고, 최고책임자 에게도 보고토록 한다.

③ 재해발생현장은 사고지점상태에서 원상태를 보존해야 하며, 안전관리부서장의 지시 없이 훼손해서는 안 된다.

④ 안전담당부서는 규칙 제125조 제2항에서 규정한 중대재해가 발생한 경우에는 지체없 이 관할 지방노동관서에 보고한다.

⑤ 안전보건담당부서는 사고현장에 출두하여 정확한 사고원인을 조사(안전사고 : 안전관 리자, 직업병 : 보건관리자, 대형사고 : 자체 안전보건전문가팀)하고 재발방지를 위 한 시설개수 등의 필요한 조치를 취해야 한다.

⑥ 사고조사는 규칙 제125조의 규정에서 정한 산업재해조사표 양식에 의거 조사하고, 조 사표 중 보고용은 관할 지방노동관서에 제출한다.

⑦ 안전담당부서는 관계법령이 정하는 바에 따라 조속한 재해보상을 실시한다.

⑧ 안전담당부서는 사고보고서를 작성하여 비치하고 분석에 따른 통계를 작성하여 3년 간 유지 및 관리토록 한다.

Section 33 위험장소별 방호장치 분류

1 개요

기계설비의 방호는 위험장소에 대한 방호와 위험원에 대한 방호로 분류할 수 있으며 [그림 1-15]는 방호장치의 분류를 나타내고 있다.

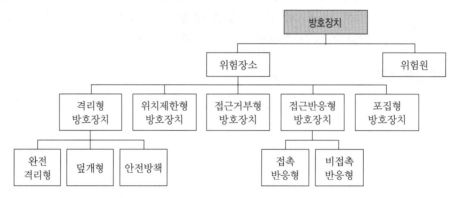

[그림 1-15] 방호장치의 분류

2 위험장소별 방호장치 분류

(1) 격리형 방호장치

위험한 작업점과 작업자 사이에 서로 접근되어 일어날 수 있는 재해를 방지하기 위해 차단벽이나 망(울 등)을 설치하는 것이다.

1) 완전차단형 방호장치

어떤 방향에서도 위험장소까지 접근하지 못하도록 완전히 차단하는 장치로서, 체인이나 벨트 등의 동력전달장치에서 많이 이용하고 있다. 그 예는 [그림 1-16]과 같다.

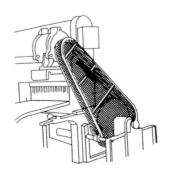

[그림 1-16] 완전차단형 방호장치

2) 덮개형 방호장치

작업점 외에 직접 사람이 접촉하여 말려들거나 다칠 위험이 있는 위험장소를 덮어 씌우는 방법으로, 동력전달장치뿐만 아니라 기계·기구의 동작 부분이나 위험점 등에 사용하고 있다. 그 예는 [그림 1-17]과 같다.

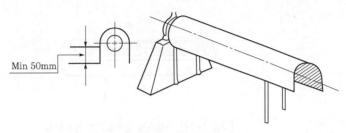

[그림 1-17] 덮개형 방호장치

3) 안전방책(울)

위험한 기계·기구의 근처에 접근하지 못하도록 방호울타리를 설치하는 방법으로, 큰 마력의 원동기, 발전소의 터빈, 로봇작업장, 전기설비 등의 주위에 설치한다. 그 예는 [그림 1-18]과 같다.

[그림 1-18] 안전방책

(2) 위치제한형 방호장치

위험기계·기구에서 작업자의 신체부위가 위험한계 밖에 있도록 의도적으로 기계의 조작장치를 기계에서 일정 거리 이상 떨어지게 설치해 놓은 장치로서, 대표적인 것이 [그림 1-19]와 같은 프레스의 양수조작식 방호장치이다.

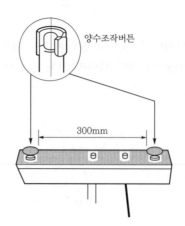

[그림 1-19] 프레스의 양수조작식 방호장치

(3) 접근거부형 방호장치

작업자나 그 신체부위가 위험한계 내로 접근하면 기계의 동작위치에 설치해 놓은 기계적 장치가 접근하는 손이나 팔 등의 신체부위를 안전한 위치로 밀거나 당겨내는 안전장치로서, 프레스의 수인식, 손 쳐내기식 방호장치가 이 원리를 이용한 것이다. 그 예는 [그림 1-20]과 같다.

(4) 접근반응형 방호장치

작업자의 신체부위가 위험한계나 그 인접한 거리 내로 들어오면 이를 감지하여 그 즉시 동작하던 기계를 정지시키거나 스위치가 꺼지도록 하는 기능을 갖도록 하는 것으로 프레스 등에서 볼 수 있다([그림 1-21] 참조).

[그림 1-20] 프레스의 손 쳐내기식 방호장치

[그림 1-21] 프레스의 광전자식 방호장치

(5) 포집형 방호장치

이것은 위험장소에 대한 방호장치가 아니고 위험원에 대한 방호장치로써 연삭기의 덮개, 목재가공업의 톱밥재료가 튀는 것을 방지하는 반발예방장치가 포집형 방호장치이다. 그 예는 [그림 1-22], [그림 1-23]과 같다.

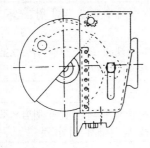

[그림 1-22] 연삭기의 포집형 방호장치

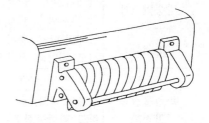

[그림 1-23] 자동대패기계의 반발예방장치

Section 34 안전인증대상 보호구 중 안전화에 대한 등급 및 사용장소를 설명

1 개요

보호구란 근로자의 신체 일부 또는 전체에 착용해 외부의 유해, 위험요인을 차단하거나 그 영향을 감소시켜 산업 재해를 예방하거나 피해의 정도와 크기를 줄여주는 기구이다. 안전화는 중량물의 떨어짐이나 끼임 등으로부터 발과 발등을 보호하며 날카로운 물체에 의한 찔림 위험으로부터 발바닥을 보호, 감전예방과 정전기의 인체 대전방지 및 각종 화학 물질로부터 발을 보호한다.

2 안전화의 종류와 등급

(1) 안전화의 종류

안전화의 종류는 [표 1-12]와 같다.

[표 1-12] 안전화의 종류

종류	성능구분
가죽제안전화	물체의 낙하, 충격 또는 날카로운 물체에 의한 찔림 위험으로부터 발을 보호하기 위한 것

종류	성능구분
고무제안전화	물체의 낙하, 충격 또는 날카로운 물체에 의한 찔림 위험으로부터 발을 보호하고 내수성을 겸한 것
정전기안전화	물체의 낙하, 충격 또는 날카로운 물체에 의한 찔림 위험으로부터 발을 보호하고 정전기의 인체대전을 방지하기 위한 것
발등안전화	물체의 낙하, 충격 또는 날카로운 물체에 의한 찔림 위험으로부터 발 및 발등을 보호하기 위한 것
절연화	물체의 낙하, 충격 또는 날카로운 물체에 의한 찔림 위험으로부터 발을 보호하고 저압의 전기에 의한 감전을 방지하기 위한 것
절연장화	고압에 의한 감전을 방지 및 방수를 겸한 것
화학물질용 안전화	물체의 낙하, 충격 또는 날카로운 물체에 의한 찔림 위험으로부터 발을 보호하고 화학물질로부터 유해위험을 방지하기 위한 것

(2) 안전화의 등급

안전화의 등급은 사용 장소에 따라 [표 1-13]과 같다.

[표 1-13] 안전화의 등급

등급	사용장소
중작업용	광업, 건설업 및 철광업 등에서 원료취급, 가공, 강재취급 및 강재 운반, 건설업 등에서 중량물 운반작업, 가공대상물의 중량이 큰 물체를 취급하는 작업장으로서 날카로운 물체에 의해 찔릴 우려가 있는 장소
보통작업용	기계공업, 금속가공업, 운반, 건축업 등 공구 가공품을 손으로 취급하는 작업 및 차량 사업장, 기계 등을 운전조작하는 일반작업장으로서 날카로운 물체에 의해 찔릴 우려가 있는 장소
경작업용	금속선별, 전기제품 조립, 화학제품 선별, 반응장치 운전, 식품 가공업 등 비교적 경량의 물체를 취급하는 작업장으로서 날카로운 물체에 의해 찔릴 우려가 있는 장소

Section 35

에스컬레이터 또는 무빙워크의 출입구 근처에 부착하여야 할 주의표시 내용

이용자의 주의표시는 다음 기준에 적합하여야 한다.

① 주의표시를 위한 표시판 또는 표지는 견고한 재질로 만들어야 하며, 승강장에서 잘 보이는 곳에 확실히 부착하여야 한다.

② 주의표시판은 80mm×100mm 이상의 그림으로 [그림 1-24]와 같이 표시하여야 한다.

구분		기준규격(mm)	'색상
최소 크기		80×100	–
바탕		–	흰색
	원	40×40	–
	바탕	–	황색
	사선	–	적색
	도안	–	흑색
		10×10	녹색(안전) 황색(위험)
안전, 위험		10×10	흑색
주의문구	대	19Pt	흑색
	소	14Pt	적색

[그림 1-24] 주의표시판

Section 36 고장모드와 영향분석법 FMEA(Failure Modes and Effects Analysis)의 정의와 장단점

❶ 정의

FMEA는 시스템적 방법(systematical method)으로, 그 기본 아이디어는 시스템, 서브시스템 또는 부품에 대한 발생 가능한 모든 고장모드를 결정하는 것과 동시에, 가능한 고장 영향 및 고장 원인이 제시된다. FMEA 절차는 최적화 조치를 위해 위험평가와 설명으로 되어 있으며 이 방법의 목표는 가능한 빨리 제품의 위험 및 약점을 파악하여 적시에 개선할 수 있도록 하며 FMEA는 부품 혹은 시스템의 구성품을 위해 다음과 같은 사항을 발견하는 방법이다.

① 잠재적인 고장 모드
② 잠재적인 고장 영향
③ 잠재적인 고장 원인

위험을 평가하고 최적화를 위해 시정 조치가 결정된다.

❷ 고장모드와 영향분석법의 장단점

(1) 장점

① 원인과 결과의 관계를 체계적으로 파악할 수 있다.
② 잠재적인 치명적 결함유형의 초기 발견이 가능하다.
③ 사전에 정확히 알려지지 않은 잠재적 결과를 찾아낼 수 있다.
④ 정상적 작동으로부터 이탈뿐 아니라 유사 결과도 밝혀낼 수 있다.
⑤ 새로운 시스템의 부품의 사전분석에 적합하다.
⑥ 잠재적인 single point failure를 발견할 수 있다.
⑦ 각 시스템의 구성 요소의 임무 내의 지정된 대상에 대한 잠재적·단일요소 고장으로 인한 FMECA분석에 접근이 가능하다.
⑧ 설계평가 및 개선이 가능하다.
⑨ 부품 및 제조업자의 선정이 용이하다.
⑩ 고장이 발생한 후 fail safe도는 큰 피해를 받지 않도록 시스템설계에 용이하다.
⑪ 예비위험분석에서 발견된 높은 위험성은 FMEA를 이용하여 최저 부품 단위에서 분석이 가능하다.
⑫ FTA 및 다른 분석기술과 상호보완적인 관계이다.

(2) 단점

① 요소분석이 세분화될 경우 데이터가 방대해진다.
② 원인과 결과가 직접적이지 않을 경우 어렵고 복잡해진다.
③ 시간적 순서, 환경조건, 정비효과 등을 쉽게 다루기 어렵고 복잡하다.
④ 그 자체로 정량적 평가 모델을 직접 제공하지 않는다.
⑤ human error와 비우호적인 환경상태가 간과될 수 있다.
⑥ 시스템 내 다른 부품들의 결함 사이의 복잡한 상호작용이나 다중적 연관성을 나타내기 어렵다.
⑦ 운전원들의 상호작용을 분석하기 어렵다.

⑧ 시스템요소의 개별적인 결함에 대해서 조사하기 때문에 결함요인이 공존하는 고장은 고려되지 않는다.

⑨ 시스템이 복잡하고 분석범위가 하위 부품단위까지 확장되면 공정은 장황하게 되고 시간소비가 많아진다.

Section 37
방호장치 안전인증 고시에서 전량식 안전밸브와 양정식 안전밸브의 구분기준과 안전밸브 형식표시

1 방호장치 안전인증 고시에서 전량식 안전밸브와 양정식 안전밸브의 구분기준

노동부고시 제2010-36호(방호장치 의무안전인증고시) 제7조 제1항에 따른 전량식 및 양정식 안전밸브의 정의는 다음과 같다.

① 양정식 안전밸브 : 안전밸브의 양정이 시트지름의 100분의 2.5 이상 100분의 25 미만으로 디스크가 열렸을 때 시트유로면적이 작은(목부면적의 1.05배 미만) 안전밸브를 말한다.

② 전량식 안전밸브 : 디스크가 열렸을 때 목부의 면적보다 상당히 큰 시트유로면적이 형성되는 안전밸브를 말한다.

2 방호장치 안전인증 고시에서 전량식 안전밸브와 양정식 안전밸브의 안전밸브 형식표시

안전밸브의 형식표시는 [그림 1-25]와 같다.

[그림 1-25] 안전밸브의 형식표시

Section 38

랙과 피니언식 건설용리프트의 방호장치 5가지(경보장치와 리미트스위치는 제외)와 가설식곤돌라의 방호장치 5가지를 기술하고 3상 전원차단장치와 작업대 수평조절장치의 역할

1 원리

rack and pinion의 원리를 이용하여 motor를 구동시키면 pinion이 회전하여 rack을 타고 이동하게 된다. wire rope type의 단점을 모두 해소하였으며 wire rope type에 비해 rack and pinion type은 조작자가 특별한 기능이 없어도 정확한 위치에 정지할 수 있고 마모와 훼손에 의한 위험성을 제거하였고 높이에 제한 없이 free stand를 이용하여 간편하게 설치 해체가 가능하다(free stand 15m).

2 안전장치 종류 및 특성

리프트의 안전장치는 리프트의 종류에 따라 다소 차이가 있으나 일반적으로는 과부하방지장치, 권과방지장치, 비상정지장치, 출입문연동장치, 낙하방지장치, 안전고리 및 완충장치 등이 있다

(1) 과부하방지장치(overload limiter)

리프트용 과부하방지장치는 리프트 운반구에 적재하중보다 초과하여 적재 시 리프트 작동이 되지 않도록 하는 안전장치인데 기계식 또는 로드셀 등을 사용한 전자식을 설치하여야 하며 전동기 전류를 측정하여 작동되는 전기식 과부하방지장치는 사용이 불허되고 있다. 그 이유는 운반구에 정격하중을 초과하여 적재하였을 경우 전기식은 얼마간 상승한 후 과부하 상태가 감지되어 경보를 발하고 더 이상 상승이 되지 않도록 되기 때문에 과하중 적재상태에서 일정시간동안 운전이 되기 때문이다. 과부하방지장치는 산업안전보건법 제33조의 규정에 의한 성능검정 합격품을 부착하도록 하여야 한다.

(2) 권과방지장치(overrun protection limit switch)

권과방지장치는 리프트가 승강로를 운행하는 동안 과상승하거나 과하강하는 것을 방지하도록 하는 방호장치로 전기식과 기계식이 있다. 권과방지장치는 와이어로프식 건설용리프트 및 간이리프트의 권상용 와이어로프가 지나치게 감기거나 랙 및 피니언식 건설용리프트의 운반구가 지나치게 과상승·과하강하게 되면 운반구의 상부와 승강로 상부의 시브지지대 등이 충돌 후 탈락되어 운반구가 추락하는 등의 위험을 방지하기 위해 설치하는 안전장치의 하나이다. 리프트용 권과방지장치는 승강로의 상부와 하부에 각 1개 이상

씩 설치하며 랙 및 피니언식 건설용리프트는 전기식 권과방지장치 외에 승강로 최상부에 완충재를 부착한 기계식 스토퍼 또는 이와 동등 이상의 기능을 가진 장치를 부착한다.

(3) 비상정지장치(emergency stop switch)

비상정지장치는 리프트의 작동 중 비상사태가 발생한 경우 작동을 중지시키는 장치로 서 순간 정지식과 순차정지식이 있다. 정격속도를 기준으로 45m/min 이하의 리프트에 는 순간정지식 비상정지장치를 설치하고, 45m/min 이상의 리프트에는 순차정지식 비상 정지장치를 설치하여야 한다. 일반적인 리프트용 비상정지장치는 작동 스위치보다 2~3 배 큰 크기의 적색, 돌출형 스위치를 많이 설치한다.

(4) 출입문 연동장치(door interlock switch)

출입문 연동장치는 리프트의 입구문과 출구문이 열려진 상태에서는 리프트가 상승 또 는 하강하지 못하도록 하는 등 동작을 정지시키는 장치로 일반적으로 리미트스위치를 사 용하여 운반구의 입구문과 출구문에 각 1개씩 설치한다.

(5) 낙하방지장치(governor)

낙하방지장치는 원심력의 원리를 이용한 브레이크장치의 일종으로 기계장치 또는 전기장 치의 이상으로 운반구가 자유낙하 시 정격 속도의 1.3배 이상에서 자동적으로 전원을 차단하 고 1.4배 이내에서 기계장치의 작동으로 운반구를 정지시키는 안전장치이다.

(6) 안전고리(safety hook)

랙 및 피니언식 건설용리프트에서 랙 및 피니언이나 가이드 로울러의 이상으로 운반 구가 마스트로부터 이탈되는 것을 방지하기 위하여 운반구의 배면 프레임에 설치하는 안 전장치로 일반적으로는 4개를 설치한다. 마스트 파이프와 안전고리와의 조립간격은 5~10mm 정도를 유지하도록 한다.

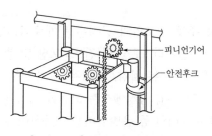

피니언기어
안전후크

[그림 1-26] 안전고리 설치 위치도

(7) 완충장치(buffer)

기계적 또는 전기적 이상으로 운반구가 멈추지 않고 계속 하강 시 운반구의 충격을 완 화시키기 위한 최후의 안전장치로 적재하중 적재 후 정격속도의 1.4배로 낙하 시 운반구와 기초 프레임에 접촉충격이 크지 않도록 설치한다. 완충장치는 일반적으로 스프링식을 가장 많이 사용하는데 승강속도가 고속인 경우에는 유압식을 사용한다.

③ 3상 전원차단장치와 작업대 수평조절장치의 역할

(1) 3상 전원차단 스위치(three-phase on/off switch)

limit S/W가 모두 이상으로 작동하지 않을 경우 최종적으로 3상 입력전원을 완전차단하는 장치로 감속기, 모터, 브레이크, 적재함 등의 손상을 방지한다.

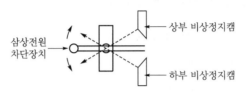

[그림 1-27] 3상전원 차단 스위치

(2) 작업대 수평조절장치

작업대 수평조절장치는 건설자재를 운반 시 전후, 좌우 수평상태를 유지하도록 센서가 감지를 하여 모터를 제어하여 항상 안정조건을 유지한다. 만약 수평이 맞지 않아 무게중심이 한쪽으로 쏠리면 추락이나 협착을 유발하는 사고가 발생할 수가 있다.

Section 39 재해발생 형태의 분류

① 개요

철강 및 비철금속 주물 제조업의 공정은 원재료 입고, 모형·주형 제작, 용해, 용탕 주입, 탈사 및 후처리, 열처리, 도장 및 건조, 포장 및 출고 등으로 나눌 수 있다. 원재료를 입고나 출고할 때 사용하는 차량, 지게차 등 중량물 운반설비에 의한 재해가 발생하고 있으며 용해 및 용탕 주입 공정에서는 고열물 접촉에 의한 재해, 주형 제작, 탈사 및 후처리 등 공정에서는 크레인 등 운반설비를 이용하여 중량물을 운반하는 과정에서 중량물 낙하, 끼임 등에 의한 재해가 발생하고 있다.

② 재해발생 형태의 분류

재해발생 형태별로는 사고 재해자의 경우 끼임, 물체에 맞음, 이상온도 접촉, 부딪힘의 순으로 많이 발생하고 있으며, 사망자의 경우 물체에 맞음, 부딪힘, 폭발·파열 등의 순으로 많이 발생하고 있다. 이들 재해의 발생 형태를 유형별로 정리하면 다음과 같다.

① 작동 중인 기계 또는 제품 사이에 신체의 일부가 끼임

② 주물제품 등 중량물을 옮기다 제품을 떨어뜨려 맞음

③ 사상작업 등 후처리작업 중 날아온 파편에 맞음

④ 용해, 용탕 주입작업 등의 과정에서 용탕에 접촉

⑤ 작업장 내에서 운행 중인 지게차 등 운반설비에 부딪힘

⑥ 사상작업 중 연삭숫돌 또는 절단기에 접촉되어 베이는 등의 재해

⑦ 사다리 사용작업 및 제품 상·하차 작업 중 사다리, 차량 적재함 등에서 떨어짐

⑧ 중량물을 옮기거나 사상작업 등 후처리작업을 하던 중 넘어지는 중량물에 깔림

⑨ 작업장 내에서 이동 중 자재 등에 걸려 넘어짐

⑩ 용해로 보수 또는 도형작업 중 가연성 액체에 불이 붙어 화상을 입음

Section 40 설비진단기법 중 오일분석법에 대하여 설명

1 개요

유분석에 의한 설비진단기술은 순환사용의 윤활유 속에 혼입되는 마모분에는 윤활부의 상태를 나타내는 정보가 들어있고, 이것을 이용한 윤활계통과 유압계통의 진단법으로서 SOAP(Spectrometric Oil Analysis Program)법과 페로그래피법(ferrography methodes)이 실용화되어 있다. 이는 윤활계통과 유압계통 및 대형 전력용 급유기기의 진단에 유효하다.

2 설비진단기법 중 오일분석법

(1) SOAP법

SOAP법은 윤활유 속에 함유된 정량금속성분을 분석하여 윤활부의 마모를 초기에 검출하여 진단하는 방법이다. 이 방법은 미국에서 개발되는 항공계를 중심으로 발달해 온 방법인데, 최근에는 일반 산업계에도 적용되고 있다. 베어링, 기어장치, 실린더 등 윤활유 중에서 사용되고 있는 기계요소 및 절연유 중에 사용되고 있는 전기부품 등은 유분석에 의한 진단을 행한다. [그림 1-28]은 윤활유 중에 함유되어 있는 마모금속분의 형상을 표시한다.

1	정상마모입자	2	절삭형마모입자
	• 박판상 • 표면평활 • 0.5~5μm		• 갤상 • 모래 등의 혼입 • 20~100μm
3	珠狀마모입자	4	평판상마모입자
	• 볼형상 • 베어링피로 • 1~5μm		• 표면 및 테누리가 거침 • 치차피로 • 20μm 이상
5	重마모입자	6	기타 입자
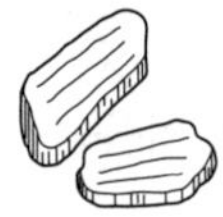	• 직선상 에지 • 스트라이에이션 • 20μm 이상	  	모래 포리마 동

[그림 1-28] 윤활유 중의 마모입자

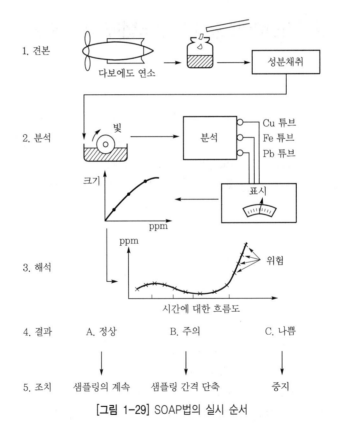

1. 견본
다보에도 연소   성분채취

2. 분석
빛 → 분석 → Cu 튜브 / Fe 튜브 / Pb 튜브
표시
크기 / ppm

3. 해석
ppm / 위험
시간에 대한 흐름도

4. 결과   A. 정상   B. 주의   C. 나쁨

5. 조치   샘플링의 계속   샘플링 간격 단축   중지

[그림 1-29] SOAP법의 실시 순서

이와 같이 윤활유 중의 마모분의 크기, 형태, 수를 조사하면, 유중에 사용되는 기계요소(oil-wetted component)의 진단이 가능하다. [그림 1-29]는 SOAP법의 실시 순서를 나타낸 것이다. 피진단 윤활계통으로부터 정기적으로 소량의 샘플유를 채취하여, 분광분석기에 의해 유중의 동, 철, 연 등 금속마모분의 양을 조사한다. 그림 아래 부분에 나타낸 것 같이, 성분별로 금속마모분의 양을 관리함으로써, 윤활계통의 이상과 열화의 조기 발견이 가능하게 된다.

(2) 페로그래피법

페로그래피는 윤활유 속에 함유된 소모분의 양과 형태를 분석함으로써 윤활부의 윤활 상태를 진단하는 방법이다. 페로그래피의 원리는 강한 자력에 의해 윤활유 속에 소모분을 분리하여 마모입자를 분석하는 것이다. 그 방법에는 정량페로그래피와 분석페로그래피의 두 종류가 있다.

정량페로그래피의 원리는 [그림 1-30]에 나타냈다. 시료가 흐르는 방향에 자석의 강도를 세게 하여, 큰 순으로 마모입자를 튜브 내에 배열한다. 이 큰 마모입자의 양과 작은 마모입자의 양을 정량적으로 측정하여, 양자를 비교해서 큰 마모입자가 많은 경우에는 이상으로 판단하는 방법이다.

분석페로그래피는 [그림 1-31]에 그 원리를 나타낸 바와 같이 자력구배를 갖는 자석 위에 유리판을 기울여 놓고, 여기에 시료를 흐르게 하여 마모분이 큰 순으로 배열시키는 방법이다.

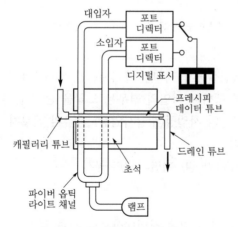

[그림 1-30] 정량페로그래피 원리도

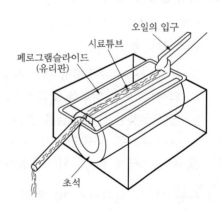

[그림 1-31] 분석페로그래피 원리도

이상과 같이 SOAP법, 페로그래피법 각각 단독으로도 진단이 가능하지만, 양쪽의 진단을 조합함으로써 부족 부분을 서로 보충하게 되어 보다 정확한 진단이 가능하다.

Section 41 위험성평가 실시규정에 포함시켜야 할 사항과 수시평가 대상 및 유해위험요인 파악 방법

1 위험성평가 실시규정의 작성

위험성평가의 성과를 거두기 위해서는 위험성평가를 실시하는 사업장의 생산활동에 따른 자체적인 계획을 담은 실시규정을 작성하여 실시한다. 실시규정은 다음이 포함되도록 해야 한다.

① 안전보건방침 및 추진목표 설정
② 위험성평가 실시 조직의 구성
③ 위험성평가 담당자의 역할과 책임
④ 위험성평가 평가대상, 실시시기, 방법 및 추진절차
⑤ 위험성평가 실시의 주지방법
⑥ 위험성평가 실시상의 유의사항
⑦ 위험성평가 기록

2 위험성평가 실시 대상과 수시평가 대상

(1) 위험성평가 실시 대상

위험성평가 실시대상은 모든 사업장이지만 위험성평가 우수 사업장에 대한 인정은 다음의 사업장에 한한다.

① 상시 근로자 수 100명 미만 사업장(건설공사 제외). 이 경우 법 제63조에 따른 사업의 일부 또는 전부를 도급에 의하여 행하는 사업의 경우는 도급을 준 도급인의 사업장(도급사업장)과 도급을 받은 수급인의 사업장(수급사업장) 각각의 근로자 수를 이 규정에 의한 상시 근로자 수로 본다.
② 총 공사금액 120억 원(토목공사는 150억 원) 미만의 건설공사

(2) 위험성평가 실시시기 및 범위

최초평가는 전체 작업대상이고 정기평가는 전체 작업대상으로 최초 평가 후 1년마다 실시하며 수시평가는 해당 계획의 실행 착수 전에 실시, 계획의 실행이 완료된 후에는 해당 작업을 대상으로 작업을 개시하기 전에 실시하며 다음과 같다.

① 사업장 건설물의 설치·이전·변경 또는 해체
② 기계·기구, 설비, 원재료 등의 신규 도입 또는 변경
③ 건설물, 기계·기구, 설비 등의 정비 또는 보수

④ 작업방법 또는 작업절차의 신규 도입 또는 변경

⑤ 중대산업사고 또는 산업재해(휴업 이상의 요양을 요하는 경우에 한정) 발생 : 재해발생 작업을 대상으로 작업을 재개하기 전에 실시

⑥ 그 밖의 사업주가 필요하다고 판단하는 경우

③ 유해위험요인 파악 방법

유해위험요인 파악방법은 다음과 같다.

① 사업장 순회점검에 의한 방법

② 청취조사에 의한 방법

③ 안전보건자료에 의한 방법

④ 안전보건 체크리스트에 의한 방법

⑤ 그 밖에 사업장의 특성에 적합한 방법

4M 유해위험요인 파악방법은 Man(인적), Machine(기계적), Media(물질환경적), Management(관리적) 등이 있다.

Section 42

프레스 및 전단기의 방호대책에 있어서 no-hand in die 방식과 hand in die 방식에 대하여 설명

① 개요

프레스란 원칙적으로 2개 이상의 서로 대응하는 공구(금형, 전단날 등)를 사용하여 그 공구 사이에 금속이나 플라스틱 등의 가공재를 놓고, 공구가 가공재를 강한 힘으로 압축시킴에 의해 굽힘, 드로잉, 압축, 절단, 천공 등 가공을 하는 기계이다.

② 프레스의 사고요인

프레스의 사고요인은 다음과 같다.

① 작업자의 부주의 및 위험한 작업방법으로 작업

② 페달의 오조작

③ 방호장치가 고장난 상태로 작업

④ 방호장치의 기능을 제거한 상태로 작업

⑤ 기계의 고장으로 클러치가 개방

⑥ 작업자가 프레스를 조절하거나 금형을 바꾸거나 수리할 때 동력을 차단하지 않고 작업
⑦ 작업자가 프레스를 조절하거나 금형을 바꾸거나 수리할 때 금형이 낙하
⑧ 송급 및 배출작업에 수공구를 사용하지 않음

③ 프레스의 방호대책

프레스 및 전단기의 방호대책은 No-Hand in die 방식의 작업과 Hand in die 방식의 작업으로 구분하여 수립해야 한다.

① No-Hand in die 방식 : 작업자의 손을 금형 사이에 집어넣을 필요가 없도록 하는 본질적 안전화 추진대책으로 손을 집어넣을 수 없는 방식과 손을 집어넣을 필요가 없는 방식이 있다.
② Hand in die 방식 : 작업자의 손이 금형 사이에 들어가야만 되는 방식으로 이때는 방호장치를 부착해야 한다.

Section 43 위험기계·기구 안전인증 고시에 따른 기계식프레스의 안전블럭 설치기준

① 일반기준

① 작업자의 신체조건을 고려하여 작업자의 안전이 확보될 수 있는 구조로 설계·제작되어야 한다.
② 외관은 날카로운 모서리나 돌출부가 없어야 한다.
③ 방호장치는 프레스 등의 구조 및 운전조건에 적합한 형식의 것을 설치해야 한다.
④ 브레이크, 클러치 및 유압계통 등에는 접촉에 의한 화상을 방지하기 위해 보호판 또는 단열조치 등을 해야 한다.

② 안전블럭 등

① 안전블럭은 다음과 같이 설치한다.
   ㉠ 상부금형 및 슬라이드 등의 무게를 지탱할 수 있는 강도를 가진 것일 것
   ㉡ 안전블럭 사용 중 슬라이드 등이 작동될 수 없도록 인터로크 기구를 가진 것일 것
② 위의 규정에도 불구하고 볼스터 각 변의 길이가 1,500mm 미만이거나 다이 높이(die height)가 700mm 미만인 경우에는 안전플러그 또는 키로크로 대체 사용할 수 있다.

③ 안전플러그는 각 조작위치마다 비치해야 한다.
④ 키로크는 주 전동기의 통전을 차단할 수 있어야 한다.

Section 44 근로자가 작업이나 통행으로 인하여 전기기계, 기구 또는 전로 등의 충전부분에 접촉하거나 접근함으로써, 감전위험이 있는 충전부분에 대해 감전을 방지하기 위하여 방호하는 방법 4가지

1 개요

감전은 전기가 통하는 물체에 몸이 닿아 전류가 흘러 상해를 입거나 충격을 주며 피부가 건조하고 전원에 약하게 닿을 때는 아무런 문제가 없으나, 땀이 나 있거나 젖어 있는 피부에 닿으면 목숨을 잃는 경우까지 있다. 감전의 응급처치는 먼저 전원을 끊고 환자를 전원에서 떼어내야 하는데, 이때 구조자 자신이 감전되지 않도록 건조한 고무나 가죽제의 장갑과 신발을 착용하고 바닥에는 담요를 깔아 전류가 흐르지 않게 한다. 환자는 냉각, 사후경직이 없는 한 인공호흡을 계속해야 한다.

2 전기 기계 · 기구 등의 충전부 방호(안전보건규칙 제301조)

사업주는 근로자가 작업이나 통행 등으로 인하여 전기기계, 기구(전동기 · 변압기 · 접속기 · 개폐기 · 분전반 · 배전반 등 전기를 통하는 기계 · 기구, 그 밖의 설비 중 배선 및 이동전선 외의 것을 말한다) 또는 전로 등의 충전부분(전열기의 발열체 부분, 저항접속기의 전극 부분 등 전기기계 · 기구의 사용 목적에 따라 노출이 불가피한 충전부분은 제외한다)에 접촉(충전부분과 연결된 도전체와의 접촉을 포함)하거나 접근함으로써 감전위험이 있는 충전부분에 대하여 감전을 방지하기 위하여 다음의 방법 중 하나 이상의 방법으로 방호하여야 한다.

① 충전부가 노출되지 않도록 폐쇄형 외함(外函)이 있는 구조로 할 것
② 충전부에 충분한 절연효과가 있는 방호망이나 절연덮개를 설치할 것
③ 충전부는 내구성이 있는 절연물로 완전히 덮어 감쌀 것
④ 발전소 · 변전소 및 개폐소 등 구획되어 있는 장소로서 관계 근로자가 아닌 사람의 출입이 금지되는 장소에 충전부를 설치하고, 위험표시 등의 방법으로 방호를 강화할 것

산업재해의 ILO(국제노동기구) 구분과 근로손실일수 7,500일의 산출근거와 의미

1 개요

산업안전보건법에서는 산업재해를 근로자가 업무에 관계되는 건설물, 설비, 원재료, 가스, 증기, 분진 등에 의하거나 작업, 기타 업무에 기인하여 사망 또는 부상당하거나 질병에 이환(병에 걸림)되는 것으로 정의하며, 노동재해를 산업재해로 해석한 것으로 생각된다.

2 산업재해의 ILO(국제노동기구) 구분과 근로손실일수 7,500일의 산출근거와 의미

(1) 산업재해의 ILO(국제노동기구) 구분

산업재해의 개념은 점차 확대되고 있는데 국제노동기구(ILO)에서는 산업재해를 업무상 재해, 업무상 질병, 직업병 그리고 통근재해로 구분하고 있다.

(2) 근로손실일수 7,500일의 산출근거와 의미

$$강도율 = \frac{근로손실일수}{연근로시간수} \times 1,000$$

여기서, 근로손실일수 = 장애 등급별 근로손실일수 + 비장애 등급 휴업일수 $\times \frac{300}{365}$

사망(또는 영구 전노동불능 : 1~3등급)의 경우는 7,500일을 적용하며 사망자 평균연령 30세, 근로가능연령 55세로 근로손실은 25년, 연간 근로일수가 300일이므로 300일과 25년을 곱하면 7,500일이다. 4등급은 5,500일, 14등급은 50일이다.

에너지대사율(Relative Metabolic Rate)의 산출식과 작업강도 4가지

1 에너지대사율(Relative Metabolic Rate)의 산출식

에너지대사율은 기호로 RMR(Relative Metabolic Rate)로 나타낸다.

$$R = \frac{T-R}{B}$$

여기서, T : 활동 시 소비 칼로리, R : 안정 시 소비 칼로리, B : 기초대사량

식에서 활동 시 소비 칼로리(T)는 작업의 종류에 따라 필요로 하는 에너지가 달라진다. 독서, 걷기보다는 뛰기, 격렬한 운동에 필요로 하는 에너지가 크며 이를 구할 때는 산소소비량을 통해 예측한다. 안정 시 소비 칼로리(R)는 의자에 앉은 안정 시에 소비하는 칼로리이며, 일반적으로 기초대사량에 20%를 가산하고 마찬가지로 산소소비량을 통해 예측한다.

기초대사량(B)은 사람이 가만히 있을 때 기본적으로 생명유지를 위해 쓰이는 에너지량을 의미하며, 기초대사량은 사람의 근육, 체온, 수분과 영양 섭취, 기타 스트레칭, 숙면과 관계가 있다.

❷ 작업강도

작업강도와 에너지대사율과의 관계는 다음과 같다.

[표 1-14] 작업강도와 에너지대사율과의 관계

작업강도	예	에너지대사율
경	독서, 앉아서 하는 일	0.1~1
중(中)	세탁, 비로 쓰는 청소	1~2
강	걸레질, 모내기	2~3
중(重)	대패질, 벼베기	3~7
격렬	삽 작업, 논에서의 삽질	7 이상

Section 47 심실세동전류를 정의하고 심실세동전류와 통전시간과의 관계

❶ 개요

인체 감전 시의 영향은 전류의 경로에 따라 그 위험성이 달라지며, 전류가 심장 또는 그 주위를 통하게 되면, 심장에 영향을 주어 더욱 위험하게 된다. 즉, 인체에 전류가 통과하게 되면, 심실세동이 일어날 수 있는 것은 물론이고, 통전경로에 따라서는 그보다 낮은 전류에서도 심실세동의 위험성이 있다.

② 심실세동전류를 정의하고 심실세동전류와 통전시간과의 관계

인체의 통전전류가 일정 값을 넘게 되면 통전전류의 일부가 심장의 맥동에 영향을 줄 수 있을 정도의 전류가 심장부를 흐르게 된다. 그러면 심장은 마비 증상을 나타내어 정상적인 혈액의 순환이 곤란하게 된다. 즉, 심장은 불규칙적인 세동을 일으키며, 끝내는 심장의 기능을 잃게 된다. 이런 현상을 일반적으로 심실세동이라 한다. 이런 상태가 되면 통전전류가 멎는다 해도 자연회복은 되지 않으며, 그대로 방치하면 수 분 이내에 사망하게 된다.

심실세동의 전류크기는 여러 가지 실험결과로부터 사람의 경우에 대한 전류치를 추정하고 있다. 통전시간과 전류치의 관계식은 다음의 식이 인정되어 있다.

$$I = \frac{165}{\sqrt{T}} \, [\text{mA}]$$

여기서 I는 1,000명 중 5명 정도가 심실세동을 일으킬 수 있는 전류(mA)이며, T는 통전시간(초), 즉 심실세동을 일으키는 위험한계의 에너지(E)는 인체의 전기저항을 1,000Ω이라 할 때

$$E = I^2 RT = \left(\frac{165}{\sqrt{T}} 10^{-3} \right)^2 RT [\text{W}]$$

$$= \left(\frac{165}{\sqrt{1}} \times 10^{-3} \right)^2 \times 1,000 \times 1 = 27.2\text{WS} = 27.2\text{J}$$

또한, 직류의 경우 남녀의 차, 연령, 체질, 건강상태에 따라 전격정도가 다르며 전격시간이 짧으면 상당히 큰 전류일지라도 생명을 구제 받을 수 있다. 대략 1초당 165mA, 0.1초면 500mA가 한계치이며, 45mS이면 3.7A 정도이다.

Section 48 안전보건경영시스템(ISO 45001)을 P(Plan)·D(Do)·C(Check)·A(Action) 관점에서 그림을 그려 설명

① 개요

ISO 45001은 OHSAS 18001 및 기타 인정된 안전보건(OH&S)표준 및 협약들을 기반으로 한다. 모든 ISO 표준 구조를 정의한 HLS(High Level Structure)를 적용하며 새로운 표준에는 OHSAS 18001의 일부 중요한 변경사항이 포함되어 있다.

❷ 안전보건경영시스템(ISO 45001)을 P(Plan)·D(Do)·C(Check)·A(Action) 관점에서 그림을 그려 설명

ISO 45001은 다른 ISO 표준과 마찬가지로 상위 레벨 구조(HLS)를 적용한다. ISO 프레임워크 내에서 안전보건에 대한 새로운 표준을 적용한다는 것은 ISO 9001 및 ISO 14001 등 다른 경영시스템과 쉽게 호환되어 다른 ISO 인증을 받은 기업에 큰 이점이 될 수 있다. 현재 ISO 45001은 안전보건경영시스템으로 인정되는 국제표준이다. 비즈니스 부문 내에서 규모에 관계없이 모든 유형의 조직에 적용할 수 있다. OHSAS 18001과 마찬가지로, Plan-Do-Check-Act의 경영 원칙을 기반으로 하는 프레임워크를 제공한다. 조직은 위험 및 활동, 서비스와 관련된 산업 보건 및 안전 위험을 평가하고, 필요한 관리를 결정하며 안전보건 성과를 개선하기 위한 명확한 목표와 타깃을 설정해야 한다.

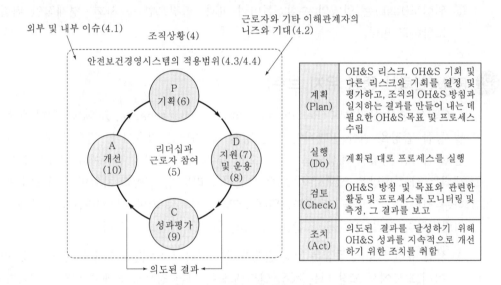

[그림 1-32] Plan-Do-Check-Act의 경영 원칙

RBI(Risk Based Inspection)와 RCM(Reliability Centered Maintenance)

❶ RBI(위험기반검사)

위험기반검사(Risk Based Inspection, RBI)란 설비의 고장발생 가능성과 사고 피해 크기의 곱에 의해 결정되는 위험도에 의해 검사의 우선순위를 결정하는 기법을 말한다.

① RBI는 검사 및 유지 · 보수 계획의 수립, 관리 그리고 시행에 위험성 평가를 이용하는 것이다. RBI는 각 설비별로 위험도에 입각한 검사계획을 수립하는 것이다.

② 설비별 검사계획은 안전 · 보건 · 환경과 경제성 관점에서의 위험도를 나타낸다. RBI는 또한 설비의 검사 및 유지 보수 기술의 향상과 기계고장으로 인한 위험도를 체계적으로 줄일 수 있도록 해준다.

③ RBI에서는 정량화된 위험도를 제공함으로써 위험도 등급이 높은 경우 검사의 주기를 짧게 하며, 반대로 위험도 등급이 낮은 경우 검사의 주기를 연장함으로써 검사와 관련된 검사비용을 절감할 수 있도록 해주고 있다.

④ RBI는 확률론적인 방법에 기초를 두고 있다. 즉, 위험도는 특정 시간 동안 발생하는 사고발생 가능성(LOF)과 사람, 재산 및 환경에 미치는 피해의 정도를 정량적으로 나타내는 사고피해 크기(COF)의 곱(Matrix)으로 나타낸다.

⑤ 위험도(Risk)는 인명의 손실, 설비의 파괴, 환경오염 등 사회 · 경제적인 위험까지 포함하고 있다.

② RCM(신뢰성 중심 유지 보수)

신뢰성 중심 유지 보수(Reliability Centered Maintenance, RCM)는 위험 요소 확인 및 등급 결정을 위한 일반적인 접근 방식 중 특별한 경우이다. 겉으로 보기에 위험이 높고 심각한 영향이 예상되는 시나리오의 경우 예상 장비의 결함이나 고장으로 인해 발생되는 사고 예방을 위해 유지 보수 옵션이 고려된다. 예방적 차원의 유지 보수를 실행하는 검사 프로그램을 감독하기 위해 RCM을 신뢰성 기반 검사(RBI)와 연결하는 것이 바람직하다. RCM은 다음과 같은 네 가지 원칙을 기반으로 한다.

① 사전 유비 보수의 목적은 고장 발생을 최소화하거나 예방하고자 하는 것이다. 장비가 여러 모드에서 고장 나는 경우 일부 모드는 다른 경우보다 매우 심각한 결과가 발생할 수 있다. 가장 중점을 두어야 할 사항은 이러한 고장을 예방하거나 발생 빈도 또는 그에 따른 영향을 최소화하는 것이다.

② 결함에 따른 결과는 설치되어 작동하는 장비에 따라 결정된다. 따라서 한 기업에서 특정 유형의 장비에 대한 사전 유지 보수는 다른 기업의 동일 장비에 전혀 맞지 않을 수 있다.

③ 사전 유지 보수를 통해 모든 결함을 예방할 수 없으며 그렇게 기대하는 것도 바람직하지 못하다.

④ 가장 핵심적으로 중점을 두어야 하는 것은 장비로부터 필요한 기능이며 장비 자체는 의미가 없다.

작업절차서(작업순서)를 작성할 때의 유의사항

① 개요

작업(Job)이라 함은 어떠한 직무를 완료하기 위한 구체적인 행동이 포함된 세분화된 일을 말한다. 즉, 특정한 목적을 달성하기 위하여 수행되는 하나의 명확한 작업활동을 말한다. 절차서(Procedure)라 함은 작업을 적절하게 수행하기 위하여 진행방법을 처음부터 마지막까지 설명한 서류를 말한다.

② 작업절차서(작업순서)를 작성할 때 유의사항

단계별 안전작업절차 수립은 다음과 같다.

1) 안전작업절차는 해당 작업단계에서 파악된 유해위험요인을 해소할 수 있도록 작업자가 실제 안전하게 작업해야 할 과정을 처음부터 마지막까지 작업행위 순서에 맞게 작성하여야 한다.

2) 각 작업단계에 여러 가지 유해위험요인이 있는 경우 각 유해위험요인별로 1)항의 절차를 준용하여 안전절차를 마련하여야 한다.

3) 일반적으로 안전한 작업행위의 파악은 다음 순서에 따라 진행하되, 작업자의 작업 행위에 초점을 두므로 해당이 없는 사안은 고려하지 않는다.
   ① 유해위험요인의 제거(근본적인 대책)
   ② 기술적(공학적) 대책
   ③ 관리적 대책(절차서, 지침서 등)
   ④ 교육적 대책

4) 작업안전분석(JSA) 과정에서 작업자의 작업행위와 연관된 설비, 장비 보완이 수반되는 경우가 발생하면 절차서 작성을 보류하고 사업장의 변경관리(MOC) 지침 등에 따라 평가 등을 진행하여야 한다.

5) 4)항과 같이 보류된 경우는 관련 설비 등의 개선이 완료된 시점에 작업안전분석을 다시 수행하고 절차서를 개선한 후에 작업을 시행하여야 한다.

Section 51 화재의 종류, 폭발의 종류, 폭발범위(폭발한계)에 영향을 주는 요인

1 화재의 종류

화재는 연소 특성에 따라 A급 화재, B급 화재, C급 화재, D급 화재 4종류로 분류한다.

1) 일반가연물 화재(A급 화재)

연소 후 재를 남기는 종류의 화재로서 목재, 종이, 섬유, 플라스틱 등으로 만들어진 가재도구, 각종 생활용품 등이 타는 화재를 말하며 소화방법은 주로 물에 의한 냉각소화 또는 분말소화약제를 사용한다. 물을 1분에 1리터 정도 쏟으면 일반가연물 $0.7m^3$에 붙은 불을 끌 수 있다.

2) 유류 및 가스화재(B급 화재)

연소 후 아무 것도 남기지 않는 종류의 화재로서 휘발유, 경유, 알코올, LPG 등 인화성 액체, 기체 등의 화재를 말하며 소화방법은 공기를 차단시켜 질식 소화하는 방법으로 포소화약제를 이용하거나, 할로겐화합물, 이산화탄소, 분말소화약제 등을 사용한다.

3) 전기화재(C급 화재)

전기기계 · 기구 등에 전기가 공급되는 상태에서 발생된 화재로서 전기적 절연성을 가진 소화약제로 소화해야 하는 화재를 말한다. 소화방법은 이산화탄소, 할로겐화물소화약제, 분말소화약제를 사용한다.

4) 금속화재(D급 화재)

특별히 금속화재를 분류할 경우에는 리튬, 나트륨, 마그네슘 같은 금속화재를 D급 화재로 분류하며 소화방법은 팽창질석, 팽창진주암, 마른 모래 등을 사용한다.

5) 식용유화재(F급 화재 또는 K급 화재)

튀김용기의 식용유가 과열되면 불이 붙기 쉽고, 불을 끄더라도 냉각이 쉽지 않아 순간적으로 꺼졌던 불이 다시 불이 붙는 재발화의 위험성이 있어 과거에는 유류화재(B급화재)로 분류하였으나 최근에는 별도 분류하는 경향이 있으며 소화방법은 보통의 소화방법으로는 분말소화약제를 사용한다.

6) 화재전문가는 위와 같이 5가지의 화재로 분류하나 우리나라에서는 A급 화재, B급 화재 및 C급 화재 3가지로 국제 표준화기구의 ISO 7202 분류기준에 따른다.

② 폭발의 분류

1) 물리적인 폭발

화산의 폭발, 진공용기의 파손에 의한 폭발, 과열액체의 비등에 의한 증기폭발 등이 있다.

2) 화학적인 폭발

① 산화 폭발 : 가스가 공기 중에 누설 또는 인화성 액체 탱크에 공기가 유입되어 탱크 내에 점화원이 유입되어 폭발하는 현상이다.

② 분해 폭발 : 아세틸렌, 산화에틸렌, 히드라진과 같이 분해하면서 폭발하는 현상이다.

③ 중합 폭발 : 시안화수소와 같이 단량체가 일정 온도와 압력으로 반응이 진행되어 분자량이 큰 중합체가 되어 폭발하는 현상이다.

3) 가스 폭발

인화성 액체의 증기가 산소와 반응하여 점화원에 의해 폭발하는 현상으로 메탄, 에탄, 프로판, 부탄, 수소, 아세틸렌에 의해 발생한다.

4) 분진 폭발

가연성 고체가 미세한 분말상태로 공기 중에 부유한 상태로 점화원이 존재하면 폭발하는 현상으로 밀가루, 금속분, 플라스틱분, 마그네슘분에 의해 발생한다.

③ 폭발한계에 영향을 주는 요소

1) 점화원

예를 들면, 1mJ의 스파크는 6~11.5vol% 조성 사이의 혼합물을 점화시킬 수 있다. 폭발한계를 결정하기 위한 점화원은 충분한 에너지가 필요하고, 메탄-공기의 경우 10mJ 이상이다. 일반적으로 하한계를 결정하기 위하여 필요한 점화에너지보다도 상한계의 결정을 위하여 보다 큰 에너지가 필요하다.

2) 측정용기의 직경

폭발한계의 측정을 가는 관에서 하면 화염이 관벽에 냉각되어 소멸되는 일도 있어 폭발범위가 좁혀지게 된다. 따라서 관벽의 영향이 없는 큰 장치가 필요하다. 표준장치로서의 내경 5cm 수직관은 일반 파라핀계 탄화수소류 측정 등에는 적당하지만 아세틸렌, 에틸렌 등의 상한계, 할로겐화합물, 암모니아 등에는 부적당하여 보다 직경이 큰 관이 필요하다.

3) 화염의 전파방향

폭발범위는 위쪽으로 전파하는 화염에서 측정하면 가장 넓은 값이 나오고, 아래쪽으로 전파하는 화염에서는 가장 좁게 나오며, 수평전파 화염은 그 중간치를 나타낸다. 그러므로 안전 목적에서는 수직관 하단에서 점화하는 방법이 표준으로 되고 있다.

4) 온도의 영향

일반적으로 폭발범위는 온도상승에 의해서 넓어지게 된다. 폭발한계의 온도 의존은 비교적 규칙적이다.

5) 압력의 영향

폭발한계는 압력변화에 영향을 받는다. 압력이 증가할 때의 압력의존은 복잡해서 실측이 필요하다. 탄화수소의 경우 하한계는 압력의 증가에 따라 증가하여 압력 10~20 기압 부근에서 가장 크고, 압력이 그 이상이 되면 또다시 작아지는 경우가 많다. 상한계는 일반적으로 압력상승에 따라 증가한다. 예외의 경우는 건조한 일산화탄소-공기계로 이 경우 압력상승에 따라 폭발범위가 조금 좁아진다.

6) 발화온도

어떤 온도 이하에서는 방열속도가 발열속도보다 커서 발화하지 않지만 그 온도 이상이 되면 속도의 크기가 역으로 되어 발화가 일어나는 한계온도가 각각의 물질에 대하여 존재한다. 이것을 자연발화온도 혹은 발화온도라 한다.

Section 52 하인리히와 버드의 재해 구성 비율

❶ 개요

재해발생 이론은 관리 책임, 불안전 상태, 불안전 행동, 환경 등의 원인을 규명하여 동종·유사재해의 재발 방지를 목적으로 하인리히 도미노 이론, 버드 신 도미노 이론, 아담스 연쇄 이론, 웨버 사고 연쇄반응 이론, 자베타키스 연쇄성 이론 등이 있다.

❷ 하인리히와 버드의 재해 구성 비율

재해 구성 비율은 다음과 같다.

1) 하인리히의 재해 구성 비율

산업재해가 발생하여 사망 또는 중상자가 1명 발생하면, 같은 원인으로 경상자가 29명, 잠재적 부상자가 300명 있었다는 법칙이다.

2) 버드의 재해 구성 비율

중상자가 1명 나오면, 같은 원인으로 경상은 10명, 무상해 사고는 30명, 아차 사고는 600명이 발생한다.

Section 53 인간공학적 고려사항인 작업장 설계와 작업허가시스템 운영 및 유지관리, 검사와 시험

1 개요

인간공학(ergonomics)이라 함은 사람과 작업 간의 적합성에 관한 과학을 말한다. 이는 사람을 최우선으로 놓고, 사람의 능력과 한계를 고려한다. 또한 인간공학은 작업, 정보 및 환경이 각 작업자에게 적합하도록 만드는 것을 추구한다.

2 인간공학적 고려사항인 작업장 설계와 작업허가시스템 운영 및 유지관리, 검사와 시험

1) 작업장 설계

인간공학적 고려사항은 다음과 같다.

① 작업장 설계 및 작업장비의 배치와 작업절차는 주요 인간 공학적 표준에 따라 설계되어야 한다.
② 작업장 설계 시 생산, 유지, 보수 및 시스템 지원 담당자 등 다양한 유형의 근로자의 의견을 적극 반영하여야 한다.
③ 디자인은 근로자의 신체 크기, 강점, 지적 능력을 포함하는 근로자의 특성을 고려하여야 한다.
④ 작업절차는 안전성과 운용성 및 유지관리에 적합하도록 설계되어야 한다.
⑤ 비정상 또는 긴급을 요구하는 모든 예측 가능한 운영조건을 고려하여 설계하여야 한다.
⑥ 근로자와 시스템 간의 상호작용을 고려하여 설계하여야 한다.

2) 작업허가시스템 운영

작업허가시스템 운영에 관한 인간공학적 고려사항은 다음과 같다.

① 작업허가는 작업장의 경영자 및 감독자와 근로자 사이의 안전을 확보하기 위한 효율적인 의사소통 방법임을 인식하여야 한다.
② 작업허가는 작업의 공백이나 중복이 없이 누가 무엇을 수행하는지에 대한 역할과 책임을 명확히 하고 위험요인에 대한 단계별 통제가 이루어지는 방향으로 운영되어야 한다.
③ 작업허가 시스템과 작업허가 관련 절차에 관한 문서를 작성할 때에는 근로자의 안전에 관한 의견을 반영해야 한다.

④ 동시 또는 상호 의존적으로 실시하는 업무에서는 관련 작업허가가 서로 연관성을 갖도록 하여 위험관리상의 사각지대가 발생하지 않도록 하여야 한다.

⑤ 작업허가 시스템의 모든 근로자에게 안전에 관한 안전보건교육을 실시하고 작업허가 시스템과 관련되어 있는 다른 사람들에게도 관련 정보를 제공해야 한다.

3) 유지관리, 검사와 시험

인간공학적 고려사항은 다음과 같다.

① 유지관리 등 업무의 제반 활동을 위하여 각 담당자별로 역할과 책임을 부여하여야 한다.

② 관련 시설과 장비를 확인하기 위한 시스템을 확보하고, 유지관리 등 시스템에 그 관련 시설과 장비를 포함시켜야 한다.

③ 유지관리 등 업무 담당 근로자의 능력을 보증할 수 있고, 유지관리 등 활동에 착수하고 있는 근로자의 능력을 확인하고 감독하는 시스템을 구축해야 한다.

④ 유지관리 등 업무의 적절한 지시와 적절한 지원을 위한 절차를 마련하여야 한다.

⑤ 유지관리 등 업무 시의 문제점에 대한 초기 징후를 찾아 관리하여야 한다(예 큰 잔무, 초과하는 수리시간, 직원으로부터 부정적인 피드백)

⑥ 일정한 점검표에 따라 유지관리가 정해진 절차에 따라 실시되어야 하고, 인적오류로부터 발생하는 실수와 사고를 조사하고 시스템을 개선해야 한다.

⑦ 유지관리 등 업무 수행 시 모든 직원 사이에 효과적인 의사소통을 보장하여야 한다.

⑧ 시험, 검사 및 증명 테스트를 위한 명확한 통과/실패 기준을 위한 절차를 갖추어야 한다.

⑨ 유지관리 등 업무에 종사하는 근로자를 작업설계, 작업분석, 작업절차 제정 등에 참여시켜야 한다.

Section 54 **효과적인 집단의사 결정 기법 중 브레인스토밍(Brainstorming) 기법**

1 개요

브레인스토밍(Brainstorming)은 창의적인 아이디어를 생산하기 위한 학습 도구이자 회의 기법이다. 브레인스토밍은 집단적 창의적 발상 기법으로 집단에 소속된 인원들이 자발적으로 자연스럽게 제시된 아이디어 목록을 통해서 특정한 문제에 대한 해답을 찾고자 노력하는 것을 말한다. 브레인스토밍이라는 용어는 알렉스 오스본(Alex Faickney Osborn)의 저서 Applied Imagination으로부터 대중화되었다.

❷ 브레인스토밍(Brainstorming) 기법

(1) 오스본 방식

브레인스토밍에 관한 오스본의 방법론에서는 효과적인 발상을 위한 두 가지의 원리를 제안한다.

① 판단 보류
② 가능한 많은 숫자의 발상을 이끌어 낼 것

(2) 이 두 가지 원리에 따라 그는 브레인스토밍에 대한 4가지 기본 규칙을 언급했고, 이 규칙들을 다음과 같은 의도에 따라 정했다.

① 그룹 멤버들 사이의 사교적 어색함, 거리낌 줄이기
② 아이디어 주장에 대한 격려 및 자극
③ 그룹의 전체적인 창의성 증대

(3) 브레인스토밍의 4가지 기본 규칙

1) 양에 포커스를 맞추기

양이 질을 낳는다(quantity breeds quality)는 격언을 따라 문제 해결을 꾀하는 것으로 발상의 다양성을 끌어올리는 규칙이다. 많은 숫자의 아이디어가 제시될수록 효과적인 아이디어가 나올 확률이 올라간다는 것을 전제로 두고 있다.

2) 비판, 비난 자제

브레인스토밍 중에는 제시된 아이디어에 대한 비판은 추후의 비판적 단계까지 보류하고 계속해서 아이디어를 확장하고 더하는 데에 초점을 둬야 한다. 비판을 유예하는 것으로 참여자들은 자유로운 분위기 속에서 독특한 생각들을 꺼낼 수 있게 된다.

3) 특이한 아이디어 환영

많고 좋은 아이디어 목록을 얻기 위해서 엉뚱한 의견을 가지는 것도 장려된다. 새로운 지각을 통해서 혹은 당연하다고 생각해오던 가정을 의심하는 것으로부터 더 나은 답을 줄 수 있는 새로운 방법이 떠오를 수 있다.

4) 아이디어 조합 및 개선

1+1이 3이 될 수도 있다는 슬로건에 따라, 아이디어들을 연계시키는 것으로써 더 뛰어난 성과를 얻을 수 있다고 여긴다.

Section 55 맥그리거(McGregor)의 X 이론과 Y 이론

1 개요

X-Y 이론은 맥그리거가 인간관을 동기부여의 관점에서 분류한 이론이다. 맥그리거는 전통적 인간관을 X 이론으로, 새로운 인간관을 Y 이론으로 지칭하였다. X 이론은 인간은 본래 일하기를 싫어하고 지시받은 일밖에 실행하지 않는다. 경영자는 금전적 보상을 유인으로 사용하고 엄격한 감독, 상세한 명령으로 통제를 강화해야 한다. Y 이론은 인간에게 노동은 놀이와 마찬가지로 자연스러운 것이며, 인간은 노동을 통해 자기의 능력을 발휘하고 자아를 실현하고자 한다. 경영자는 자율적이고 창의적으로 일할 수 있는 여건을 제공해야 한다.

2 맥그리거의 X, Y 이론

1) 인간에 대한 두 가지 대조적인 관점을 정리한 이론으로 부정적인 관점을 X 이론, 긍적적인 관점을 Y 이론이라 한다.

2) 맥그리거는 Y 이론이 더 타당한 관점이라고 여기며, 참여적 의사결절, 도전적이고 책임이 부여되는 직무설계, 집단 관계의 개선 등이 동기부여를 극대화하는 데 도움이 된다고 하였다.

[표 1-15] 맥그리거의 X, Y 이론

X 이론(부정적 관점)	Y 이론(긍정적 관점)
• 인간에 대한 불신감	• 상호 신뢰 존재
• 성악설(근본적으로 악함)	• 성선설(근본적으로 선함)
• 물질적 욕구 중요시함(저차원적 욕구)	• 정신적 욕구 중요시함(고차원적 욕구)
• 명령 통제에 의한 관리 필요	• 목표, 자기통제의 자율관리
• 근본적으로 게으르고 태만함	• 부지런하고 근면 · 자주적임

Section 56 프레스의 양수조작식 방호장치에서 안전거리 공식

1 개요

양수조작식 안전장치는 2개의 누름단추를 양손으로 조작함에 따라 슬라이드를 하강시키는 장치로 종류는 급정지기구를 가진 양수조작식과 급정지기구가 없는 확동식 클러치를 가진 양수기동식이 있다.

2 프레스의 양수조작식 방호장치에서 안전거리 공식

프레스의 의무안전인증 기준에 따른 안전거리 공식은 다음과 같다.

안전거리 $D[\text{cm}] = 1,600 \times (T_c + T_s)$

여기서, T_c : 방호장치의 작동시간, T_s : 프레스의 급정지시간

Section 57 **결함수 분석법(FTA)에서 컷세트(cut set), 최소 컷세트 (minimal cut set), 패스세트(path set), 최소 패스세트 (minimal path set)의 용어**

1 개요

결함수(fault tree) 기호라 함은 결함에 대한 각각의 원인을 기호로서 연결하는 표현 수단을 말한다.

2 컷세트(cut set), 최소 컷세트(minimal cut set), 패스세트(path set), 최소 패스세트(minimal path set)

1) 컷세트(cut set)

정상 사상을 발생시키는 기본 사상의 집합을 말한다.

2) 최소 컷세트(minimal cut set)

정상 사상을 발생시키는 기본 사상의 최소 집합을 말한다.

3) 패스세트(path set)

패스세트에 포함되어 있는 모든 기본 사상이 일어났을 때 Top 사상을 발생시키는 기본 사상의 최소 집합이라 정의할 수 있으며 그 기본 사상을 집중관리함으로써 Top 사상의 재해 발생확률을 효과적이고 경제적으로 감소시킬 수 있는 것이다.

4) 최소 패스세트(minimal path set)

최소 패스세트에 포함된 기본 사상이 일어나지 않으면 정상 사상이 발생하지 않는 기본 사상의 집합이라고 정의한다.

Section 58 작업위험성평가에 관한 기술지침에 따른 작업위험성평가 (Job Risk Assessment), 작업위험성분석(JRA), 작업안전분석(JSA) 및 작업위험성평가 기본원칙

1 개요

작업위험성평가(Job Risk Assessment)라 함은 모든 작업에 대하여 유해위험요인 (hazards)을 파악하고 안전한 작업절차를 마련하기 위한 과정으로서 작업위험성분석 (Job Risk Analysis, JRA), 작업안전분석(Job Safety Analysis, JSA), 또는 절차서실행 분석(Procedure Implementation Analysis, PIA), 사전작업위험분석(Pre-Task hazard Analysis, PTA) 등 작업의 유해위험요인을 분석하는 모든 방법을 총칭하여 말한다.

2 작업위험성평가 기본원칙

① 작업절차서의 제 · 개정은 위험성평가를 통하여 수행하며, 작업위험성평가는 원칙적 으로 드물거나 거의 수행되지 않는 작업(uncommon or seldom-performed job)을 포함한 모든 작업을 대상으로 하되 작업의 위험성을 고려하여 사업장 현실에 맞게 선 정할 수 있다.

② 동일한 작업을 수행할 때 작업절차서가 마련되어 있는 경우에는 작업위험성평가를 생 략할 수 있다. 다만, 작업 전에 작업절차서가 마련되어 있었으나 작업시점에 작업조 건 등이 상이한 경우에는 변경사항에 대하여 작업위험성평가를 다시 수행하여 작업절 차서를 개정하여야 한다.

③ 작업절차서가 제 · 개정된 후 오랜 기간이 경과하여 "작업절차서 관리지침"의 유효기 간이 초과된 경우에는 절차서 제 · 개정 시점과 작업시점의 작업조건 변화 등을 파악 하고 해당 사항으로 유해위험요인이 발생하는지 작업위험성평가를 실시하여 작업절 차서를 개정하여야 한다. 다만, 특별한 사유가 없는 한 "작업절차서 관리지침"의 개 정 유효기간이 공정위험성평가의 정기평가 주기를 초과해서는 안 된다.

④ 현재의 작업절차서에 따라 작업을 수행하던 중 작업조건, 작업방법 등이 변경된 경우 에는 즉시 작업을 중지하고, 작업위험성평가를 다시 실시하여 작업절차서를 개정한 후 작업을 재개하여야 한다.

⑤ 작업위험성평가의 적용은 다음과 같은 시기에 실시한다.
  ㉠ 작업을 수행하기 전에 작업절차서가 필요하여 최초로 제정할 경우
  ㉡ 사고발생 시 원인규명을 위하여 필요한 경우

ⓒ 새로운 물질 사용 및 설비 등을 도입한 경우

ⓔ 공정 또는 작업방법을 변경한 경우

ⓜ 이해당사자에게 사용하는 설비의 안전성을 쉽게 설명하고자 할 경우

⑥ 작업위험성평가는 작업위험성분석(JRA) 수행 시 해당 작업에 대한 위험성(risk)을 평가하고 있으며, 작업 단계별로 결정된 위험성을 고려하여 적절한 안전절차를 마련하게 되는 평가이므로 세부적인 작업안전분석(JSA) 및 기타 작업위험분석(PIA, PTA 등) 수행 시 중복하여 위험성(risk) 평가를 할 필요는 없다.

⑦ 변경관리(MOC)와 연계

ⓐ 작업위험성평가는 기본적으로 시설, 설비 등의 유해위험요인을 분석하는 것이 아닌 작업수행과정에서 작업자의 절차적인 유해위험요인을 분석하고 안전한 작업절차를 마련하는 데 목적이 있다.

ⓑ 작업수행 절차를 규정하는 과정에서 연계된 설비 등의 개선이 수반되어야 하는 경우에는 변경관리(MOC)지침에 의거하여 별도의 위험성평가를 실시하고 그 결과에 따라 조치하여야 한다.

ⓒ MOC 결과를 반영하여 해당 설비의 개선을 완료한 경우에는 관련 작업에 대하여 작업위험성평가를 다시 수행하고 작업절차서를 개정하여야 한다.

⑧ 임시 · 특별(Ad Hoc) 위험분석

ⓐ 다음의 경우에는 관련 상황이 작업절차서에 충분히 반영되지 못할 수 있으므로 별도의 임시 · 특별(Ad Hoc) 위험분석을 수행하는 것이 필요하다.

ⓐ 작업 현장의 기후조건(비, 눈, 바람, 기온 등)이 변경되어 작업 상황이 변화되는 경우

ⓑ 사용 장비의 사양이 변경되는 경우

ⓒ 작업 장소 인근에 다른 작업 진행 등 돌발적인 상황이 발생되는 경우

ⓓ 점심, 휴식 등 작업 중단 후 작업 재개 시의 상황에 대한 사항

ⓑ 임시 · 특별(Ad Hoc) 위험분석은 현장수준의 분석으로 현장 작업자가 사전작업위험분석(PTA)과 같이 체크형 카드(laminated card) 또는 체크리스트를 활용하거나 또는 별도의 문서없이 수행하는 구두나열 및 리허설(verbal list & rehearsal) 등과 같은 방식으로 수행하는 방법이다.

ⓒ 임시 · 특별(Ad Hoc) 위험분석을 적용할 경우에는 관련 상황에 대한 절차서 개정은 아니나 일시적인 안전작업방법을 확인 · 조치 후 작업을 수행하도록 한다. 다만, 작업허가대상 작업으로 작업 전 작업여건을 확인하거나 점심 등으로 작업 중단 후 재개 시에도 입회자를 두어 확인을 하는 경우는 동 분석을 생략할 수 있다.

Section 59

방호장치의 발전단계

1 개요

방호장치란 방호조치 대상 기계, 기구 및 설비나 시설을 이용함에 있어서 이로 인하여 작업자에게 상해를 입힐 우려가 있는 부분에 작업자를 보호하기 위하여 일시적 또는 영구적으로 설치하는 기계적·물리적 안전장치를 말한다. 방호장치는 제거, 설치, 조정, 정비가 가능하여야 하나 임의적인 것은 안되며 그 성능을 법적으로 인정받아야 한다.

2 방호장치의 발전단계

방호장치의 발전은 기계, 기구의 발전과 그 시대의 사용자나 작업자의 의식 및 사회의 발전과 더불어 조금씩 바뀌어왔다.

(1) 방호장치 발전 제1단계

방호장치 발전의 제1단계는 단순히 위험원에 대해 작업자가 접근하지 못하도록 커버와 같은 방호장치를 씌우고 작업자가 커버를 열 경우에는 위험에 노출되는 구조의 단계를 말한다.

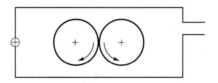

[그림 1-33] 방호장치의 발전 제1단계

(2) 방호장치 발전 제2단계

1단계에 커버를 제거하거나 열 경우 회전체를 돌리는 모터와 리미트 스위치를 연동시켜 놓은 상태를 말한다. 의식적 또는 무의식적으로 리미트 스위치를 눌러 놓아 커버가 벗겨져 있어도 닫혀 있는 상태로 인식되어 작업자가 위험에 노출되는 상황이 존재한다.

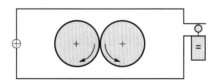

[그림 1-34] 방호장치 발전 제2단계

(3) 방호장치 발전 제3단계

제3단계에서 커버의 반대편인 경첩에 설치된 리미트 스위치가 눌러지면서 이와 연동
되어 모터가 멈추도록 하는 구조이다. 이 구조는 만약 방호장치를 의도적으로 제거하려
고 하는 경우 구조, 회로 등의 지식이 있어야 하므로 비의도적으로 방호장치를 제거하기
는 어려우며 이를 의도적으로 제거하면 처벌대상이 된다. 제1단계나 제2단계의 경우는
처벌에서 제외된다.

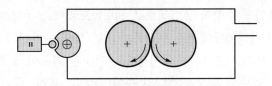

[그림 1-35] 방호장치 발전 제3단계

(4) 방호장치 발전 제4단계

제2단계와 제3단계에서 사용한 리미트 스위치를 입구 및 장석 등에 부착하여 보다 안
전한 방호조치를 강구하는 구조이다.

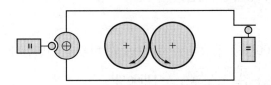

[그림 1-36] 방호장치 발전 제4단계

(5) 방호장치 발전 제5단계

특별한 경우로 고속회전체는 모터를 정지시켜도 관성력 때문에 서서히 정지하므로 키
인터록(key interlock)을 달아 정지하였을 때 키가 빠져서 커버가 열리도록 하는 구조
이다.

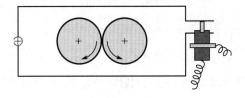

[그림 1-37] 방호장치 발전 제5단계

Section 60

재해통계의 목적과 분석방법(통계기법)과 재해통계 작성 시 유의사항

1 개요(목적)

산업재해통계는 과거 일정기간에 발생한 산업재해에 관한 제 요소를 정리·파악하고 공통적인 발생요인을 수량적 통일적으로 해명함으로써 동종재해(유사재해)의 재발을 방지하고 효과적인 재해예방대책을 수립하기 위한 의의를 가진다. 하지만 산업재해통계의 문제점은 국제노동기준(ILO) 등 국제적으로 인정된 기준이 없으며 각국마다 통계 산출방법, 적용범위, 업무상 재해 인정범위 등이 다르다. 또한, 국가 간에 재해율 등을 단순 비교하기는 곤란한 문제점이 있어 개선이 필요하다.

2 분석방법(통계기법)과 재해통계 작성 시 유의사항

(1) 산업재해통계의 종류(재해율)

1) 연천인율

연근로자 1,000명당 발생하는 재해자수의 비율을 의미한다.

$$연천인율 = \frac{재해자수}{연평균근로자수} \times 1,000명$$

2) 강도율

근로시간 합계 1,000시간당 근로손실일수를 의미한다.

$$강도율(SR) = \frac{근로손실일수}{연근로시간수} \times 1,000시간$$

3) 도수율(빈도율)

100만 근로시간당 재해발생건수를 의미한다.

$$도수율(FR) = \frac{재해건수}{연근로시간수} \times 1,000,000시간$$

① 연근로시간수 = 월평균 근로시간수×총근로자수×12월
② 매월 노동통계조사보고서(노동경제담당관실 발간)상의 월평균 근로시간수로 산정

4) 사망만인율

근로자 10,000명당 사망자수의 비율을 의미한다.

$$사망만인율 = \frac{사망자수}{상시근로시간수} \times 10,000명$$

5) 종합재해지수(FS, Frequency Severity Indicator)

재해의 빈도와 강도를 종합하여 위험도를 비교하는 지수이다.

$$종합재해지수 = \sqrt{도수율 \times 강도율}$$

6) 세이프 티 스코어(Safe T Score)

과거와 현재의 안전성적을 비교, 평가하는 방법으로 단위가 없으며 계산 결과가 (+)이면 과거에 비해 나쁜 기록, (−)이면 과거에 비해 좋은 기록으로 본다.

$$Safe \ T \ Score = \frac{도수율(현재) - 도수율(과거)}{\sqrt{\dfrac{도수율(과거)}{근로총시간수(현재)} \times 1{,}000{,}000}}$$

(2) 산업재해통계의 작성방법에 대한 고려사항

① 재해통계 내용은 활용목적을 충족할 수 있을 만큼 내용이 충실해야 한다.
② 재해통계의 목적인 안전성적의 평가를 위한 자료와 재해예방채택의 자료로 활용하도록 해야 한다.
③ 재해통계는 안전활동을 추진하기 위한 자료이지, 안전활동 그 자체는 아니다.
④ 재해통계를 근거로 조건이나 상태를 추정해선 안 되며 통계의 사실을 정확하게 읽고 이해하고 판단해야 한다.
⑤ 재해통계 그 자체를 중시해서는 안 된다(단, 경향과 성질의 활용을 중요시 해야 한다).
⑥ 이용 및 활용 가치가 없는 통계는 의미가 없다.

Section 61 안전보건관리체계 구축을 위한 7가지 핵심요소

1 개요

기업에 따라 보유한 기계·기구 및 공정과 작업방법 등이 모두 다르므로 기업 여건에 맞게 구축하며, 기술적 역량이 부족하고, 재정적 여건이 어려운 기업은 기초적인 안전보건 조치부터 시작한다. 또한, 공정이 복잡하고, 위험요인이 많은 기업은 공식적이고 구체적인 안전보건관리체계를 구축한다.

2 안전보건관리체계 구축을 위한 7가지 핵심요소

7가지 핵심요소는 다음과 같다.

① 경영자가 '안전보건경영'에 대한 확고한 리더십을 가져야 한다.

② 모든 구성원이 '안전보건'에 대한 의견을 자유롭게 제시할 수 있어야 한다.

③ 작업환경에 내재되어 있는 위험요인을 찾아내야 한다.

④ 위험요인을 제거 · 대체하거나 통제할 수 있는 방안을 마련해야 한다.

⑤ 급박히 발생한 위험에 대응할 수 있는 절차를 마련해야 한다.

⑥ 사업장 내 모든 구성원의 안전보건을 확보해야 한다.

⑦ 안전보건관리체계를 정기적으로 평가하고 개선해야 한다.

CHAPTER 02 산업심리 및 교육

Section 1 **산업용 로봇의 교시**

① 개요

산업용 로봇은 공장의 라인과 같은 산업현장에서 실제 사용하고 있는 로봇을 총칭하며 인간이 가진 신체적 한계를 극복할 수 있는 미래의 수단 중 하나로 주목받고 있다. 제조업을 중심으로 한 현장에서 여러 작업을 수행하며 소형 컴퓨터를 내장하고 사람의 팔이나 손의 기능을 대신하는 머니퓰레이터(manipulator)만으로 이루어져 있다. 주요 용도는 조립용, 기계 가공, 입·출하, 검사측정, 프레스, 수지가공, 용접용 등이다. 최근 단순 반복기능에서, 센서를 기반으로 한 인식기능이 추가되어, 지능형 로봇으로 발전하고 있으며, 서비스 로봇과 대비되어 제조업용 로봇으로 분류되기도 한다.

② 산업용 로봇의 교시

[그림 2-1]은 도장용 로봇에 교시(teaching)를 하고 있는 상태를 나타낸다.

(a) 직접교시

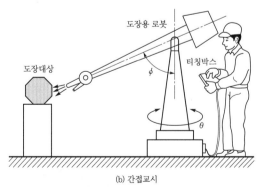

(b) 간접교시

[그림 2-1] 도장용 로봇의 교시법

(1) 직접교시

작업자가 로봇의 선단에 부착된 스프레이 건을 직접 잡고 작업하면서 이때의 로봇관절 등의 동작을 전부 기억시켜 다음 작업에 대비하는 방법이다.

(2) 간접교시

직접교시와는 다르게 사람 대신 티칭박스라는 조작반을 통해서 주요 위치를 가르쳐주는 방식으로, 이때의 교시데이터를 기억장치에 보존하여 다음 작업을 대비한다.

※ 동일한 도장대상물에 대해서는 교시된 동작(작업)을 계속 수행가능

Section 2 안전교육법의 4단계

1 개요

인간의 안전욕구는 본능에 가까우나 그것을 실현하는 기술과 방법을 모르고 미흡하기 때문에 재해가 발생하며 안전교육은 안전 지식과 기능을 부여하고 태도형성을 습관화함으로서 지식, 지능, 태도의 종합능력 확보를 위하여 시행한다. 안전교육의 목적은 근로자를 재해로부터 미연에 보호하고 직·간접적 경제적 손실을 방지하며 지식, 기능, 태도를 향상시켜 생산방법을 개선한다. 또한, 마음의 안심으로 기업에 대한 신뢰감을 부여하여 생산성과 품질을 향상시킨다.

2 안전교육법의 3단계

안전교육의 최종단계에서는 안전이라는 것을 염두에 두지 않고 작업을 수행해도 그것이 안전한 작업방법이어야 한다는 것이다. 바꾸어 말하면 지식과 기능을 갖추었다 하더라도 태도교육이 되지 않으면 재해는 항상 발생할 조건이 존재한다. 작업에 의한 안전행동의 습관화, 이 자체가 교육의 목표라고 할 수 있다.

1) 1단계 : 지식교육

지식교육의 4단계는 도입, 제시(설명), 적용(응용), 확인(종합) 순이다.

2) 2단계 : 기능교육

기능교육의 4단계는 학습준비, 작업설명, 실습, 결과시찰이 있으며 기능교육의 3원칙은 준비(readiness), 위험작업의 규제(수칙), 안전작업표준화(방법)가 있다.

3) 3단계 : 태도교육

태도교육의 기본과정(순서)은 청취(hearing), 이해와 납득(understand), 모범(example), 평가(evaluation)가 있다.

③ 안전교육법의 4단계

1) 제1단계 : 도입(준비)

마음을 안정시켜 작업내용을 설명하여 작업지시를 확인하고 동기를 부여하여 정확한 위치를 확인한다.

2) 제2단계 : 제시(설명)

단계적으로 설명하며 시범을 보이고 중요 부분(급소)을 강조한다. 또한, 정확하고 인내심으로 지도하며 이해할 수 있는 능력을 배가시킨다.

3) 제3단계 : 적용(응용)

작업을 시켜 잘못된 부분을 교정하고 작업을 하면서 설명한다. 반복 설명하여 인지함을 확인하면 이해할 수 있는 능력 이상 강요하지 않는다.

4) 제4단계 : 확인(정리)

일에 임하도록 하며 질문분위기를 조성하고 점차 지도횟수를 줄인다.

Section 3 **안전교육의 원칙**

① 개요

안전교육은 인간측면에 대한 사고예방 수단의 하나인 동시에 안전인간형성을 위한 항구적인 목표이기도 한 것이다. 이러한 교육을 실시함에 있어서는 먼저 그 기본방향을 분명히 파악하고 있지 않으면 안 된다. 기업의 규모나 특성에 따라 안전교육 방향을 설정하는 데는 차이가 있을 수 있으나 원칙적으로 다음과 같이 3가지로 기본방향을 정하고 있다.

1) 사고 사례중심의 안전교육

기업 내에서 발생한 사고 사례를 중심으로 하여 앞으로 동일하거나 유사한 사고가 재발되지 않게 하기 위하여 직접적인 원인에 대한 치료방법으로 교육을 실시해야 한다. 이러한 안전교육에 인간교육이 배제되어서는 안 된다.

2) 안전작업을 위한 교육

이 교육은 표준동작, 표준작업을 위한 교육으로서 가장 기본이 되는 기업체의 안전교육이라고 할 수 있으며 이러한 교육은 단시간 내 이루어지는 것이 아니므로 체계적, 조직적으로 지속적인 교육이 필요하다.

3) 안전의식 향상을 위한 교육

인간이 갖고 있는 안전에의 욕망은 본능에 가까운 것이다. 그럼에도 불구하고 본의 아닌 사고로 재난을 당하는 것은 현대 산업사회화의 특징이기도 하다.

② 안전교육의 원칙

안전교육의 원칙은 다음과 같다.

1) 일회성의 원칙

단 1회의 안전교육일지라도 사람에게 회복할 수 없는 중대한 상해를 입히거나 재산상 막대한 손해를 입게 하여서는 안 된다는 것이 안전교육의 가장 큰 원칙이다. 사람은 흔히 시행착오를 통하여 많은 것을 배운다고 하지만 사고를 통하여 위험에 관한 지식을 얻는다는 것은 무모한 일이며 때때로 고귀한 희생을 치르지 않으면 안 되는 경우가 비일비재하므로 결코 바람직하지 못하다.

2) 자기통제의 원칙

안전교육의 궁극적인 목적은 근로자 자신이 스스로를 지배 내지는 통제할 수 있는 능력을 개발하는 데 있다. 그러므로 안전교육을 통하여 인간이 얼마나 상해에 대하여 취약하며 생존을 위하여 안전의 법칙을 지키는 것이 얼마나 소중한가를 이해시키는 것이 중요하다.

3) 지역적 특수성의 원칙

지역의 특수여건은 시간의 흐름에 따라 변하며 그 지역의 특수성은 변화가 심하여 조건이나 상태를 파악하기가 어려우므로 일률적으로 일정한 안전법칙을 적용하여 안전을 도모할 수 없다. 따라서 그 지역의 위험여건에 잘 맞는 안전법칙을 찾아내어 현실에 잘 어울리도록 융통성 있는 안전교육을 실시하여야 한다.

Section 4 인간 - 기계 통합시스템

① 개요

컴퓨터를 조직의 경영에 활용하기 시작하면서 초기에는 컴퓨터나 컴퓨터를 이용한 시스템은 주로 전자정보처리시스템(EDPS : Electronic Data Processing Systems)이라 불렀으며, 이로부터 최근의 전략적 정보시스템(SIS : Strategic Information Systems)에 이르기까지 수많은 관련 용어들이 생겨나게 되었다. 그중에서도 MIS(Management Information System)개념과 직접적으로 관련이 있는 대표적인 것으로는 거래처리시스템(TPS : Transaction Processing Systems), 정보보고시스템(IRS : Information Reporting Systems), 의사결정지원시스템(DSS : Decision Support Systems), 사무자동화시스템(OAS : Office Automation Systems) 등을 들 수 있다. MIS개념과 이들 관련 개념과의 관계에 대해서는 대체로 두 종류의 견해, 즉 "광의의 MIS관"과 "협의의 MIS관"이 있다. 이중 전자는 MIS를 TPS, IRS, DSS 및 OAS를 모두 포괄하는 개념으로 보는 견해인 반면에, 후자는 MIS를 곧 IRS라고 하는 견해이다.

② MIS의 정의

MIS는 크게 설계지향적(design oriented) 정의와 이용지향적(use oriented) 정의로 나눈다. 우리가 어떤 시스템을 이해하고자 할 때 그 시스템의 구조와 같은 설계적 측면과 주요 기능 또는 이용적 측면을 다 같이 아는 것이 큰 도움이 됨은 자명한 일이다. 이런 관점에서 포괄적인 MIS의 정의를 내리고 그 의미를 개념적으로 명확히 해두기로 한다.

"조직의 계획, 운영 및 통제를 위한 정보를 수집, 저장, 검색, 처리하여 적절한 시기에 적절한 형태로 적절한 구성원에게 제공해 줌으로써 조직의 목표를 보다 효율적·효과적으로 달성할 수 있도록 조직화된 통합적 인간-기계시스템"으로 정의된다.

이와 같은 정의를 좀더 구체적으로 이해하기 위하여 우리가 주목해야 할 점을 몇 가지 지적하면 다음과 같다.

첫째, MIS는 근본적으로 인간-기계시스템이라는 사실이다. 인간-기계시스템이라고 하면 인간과 기계가 상호보완적으로 결합되어 과업을 수행해 나가는 것을 의미하는데, 이는 물론 각자가 자신에게 보다 적합한 형태의 일을 부담함으로써 전체적인 성과를 높이는 방법으로 결합되는 것이다.

둘째, MIS는 통합시스템이다. 정보를 적절한 시기에 적절한 형태로 적절한 구성원에게 제공해 주기 위해서 MIS는 여러 하위시스템(subsystem)으로, 또 하위-하위시스템(sub-subsystem)으로 분할된다. 그런데 이들 하위시스템 간에 일관성이나 호환성이 결여된다면 많은 혼란이 야기될 것이므로 당연히 통합(integration)의 필요성이 생기게 된다.

셋째, MIS의 목표는 궁극적으로 조직 전체의 목표와 일치해야 한다는 것이다. 이는 MIS라고 하는 것이 조직을 구성하는 여러 하위시스템 중 하나라는 점을 감안하면 너무나 당연한 일인데도 불구하고 마치 우리가 공기의 소중함을 망각하고 살아가듯 그 중요성이 고려되지 않는 MIS계획이나 운영방침을 자주 볼 수 있다.

넷째, 정보는 그 유용성에 존재가치가 있다는 점이다.

끝으로, MIS는 조직의 계획, 운영 및 통제 등 경영관리 전반에 걸친 활동을 포괄한다는 것이다. 이러한 관점에서 볼 때, 앞에서 이미 언급한 바와 같이 MIS라는 개념은 TPS, IRS, DSS, OAS뿐만 아니라 SIS까지도 그 하위개념으로 포용할 수 있는 매우 폭넓은 개념이다.

Section 5 매슬로우의 인간욕구 5단계설

1 개요

매슬로우(Maslow, 1954)에 의하면 인간은 여러 가지의 욕구를 가지는데, 이것들은 단계적으로 발생한다고 하였다. 인간의 욕구를 충족하므로 기계설비의 현장에서 작업자의 안전을 보장할 수가 있으며, 단계는 생리적 욕구(physiological needs), 안전에 대한 욕구(safety needs), 소속과 애정에 대한 욕구(belongingness and love needs), 자존의 욕구(self-esteem needs)이며, 마지막으로 자아실현의 욕구(self-actualization needs)는 4가지의 욕구가 충족된 후에 일어난다.

2 매슬로우의 인간욕구 5단계설

매슬로우(Maslow)에 의하면 인간은 여러 가지의 욕구를 가지는데, 이것들은 단계적으로 발생한다는 것이다.

첫 단계는 생리적 욕구(physiological needs)인데 즉, 먹고 싶은 욕구, 따뜻하게 하려는 욕구, 고통받고 싶지 않은 욕구, 그리고 성적인 욕구를 말한다. 이러한 욕구는 생물체로 생존하기 위하여 필수적으로 충족되어야 하는 가장 기본적인 것이며, 이 욕구가 충족되고 나면 다음 단계의 욕구가 발생한다.

두 번째 단계는 안전에 대한 욕구(safety needs)인데, 이미 충족된 생리적 욕구를 박탈당하지 않으려는 욕구를 말한다. 오늘은 의식주생활이 충족되었지만 내일 일이 불안하다면 생존이 지속될 수 없기 때문이다. 이것은 신체적인 안정상태의 유지와 관련된 욕구이며 환경적인 위험으로부터 보호받으려는 욕구이다. 안전에 대한 욕구는 예상할 수 없고 조정할 수 없는 위험으로부터 보호받으려는 욕구이다.

세 번째 욕구는 소속과 애정에 대한 욕구(belongingness and love needs)이다. 생물학적 욕구와 안전의 욕구가 충족되고 나면 다른 사람과 친밀하고 정서적인 만족을 얻을 수 있는 관계를 갖기 원한다. 다른 사람에게 인정받고 싶고, 사랑을 주고 싶고, 또한 받고 싶어한다. 그리하여 일차적으로 가족과 같은 집단을 형성하고 집단의 규범에 속하고 싶어한다.

네 번째 욕구는 자존의 욕구(self-esteem needs)이다. 이것을 자기존중에 대한 욕구이며 자신과 다른 사람으로부터 존중받으려는 욕구이다. 인간은 힘과 숙달, 자격, 능력, 독립, 자율성, 감당할 만한 능력, 지위, 인정, 주의, 평가, 그리고 우월성을 인정받기를 원한다. 이러한 욕구가 충족되지 못하면 열등감을 갖게 되고 나약해지고 의기소침하게 된다. 자존의 욕구가 충족되면 자신감이 생기고 힘이 커지고 능력이 생겨난다. 자존은 다른 사람으로부터 받는 존경에 의해서 생겨난다.

마지막 욕구는 자아실현의 욕구(self-actualization needs)이다. 일반적으로 이 욕구는 앞의 4가지 욕구가 어느 정도 충족된 후에 일어난다. 자아실현은 인간의 잠재적인 것과 이상적인 것의 실현이라고 할 수 있으며 인간능력의 충족이다. 자아실현의 욕구는 기능적인 자율성이라고 볼 수 있고 자아표현의 강한 욕구를 갖는 사람은 배고픔, 신체적 위험, 기타 다른 형태의 만족을 박탈당해도 그것을 견디어낼 수 있을 것이다. 이것은 탐구, 표현, 창의 등의 욕구이며, 이러한 욕구충족을 통해서 자아를 실현하려는 것이다.

Section 6 5단계 도미노이론

❶ 개요

하인리히(W. H. Heinrich)는 산업안전의 원칙이라 부르는 이론을 제공하였는데, 최초의 원칙은 지금 도미노이론(domino theory)이라 부르는 이론이다. 재해가 발생하는 요소들을 골패에 비유하여 5개의 골패를 나란히 세워놓고 그 가운데 하나가 넘어지면 그 후의 나머지 골패들이 따라서 넘어진다는 원리를 이용하여 사고발생의 연쇄를 설명하였다.

❷ 5단계 도미노이론

5개의 골패를 사고발생과정의 요소로 설명하면 다음과 같다.

① 사회적 환경과 유전적 요소
② 개인적 결함
③ 불안전 행동과 불안정 상태
④ 사고
⑤ 재해

5개의 골패 중에 세 번째 골패를 제거한다면 첫 번째, 두 번째 골패가 넘어지더라도 네 번째, 다섯 번째 골패가 넘어지지 않는다. 즉, 불안전 상태나 불안전 행위가 제거되면 앞의 원인의 결함으로 발생되는 그것이 사고나 재해로 발전되지 않게 됨을 보여주고 있다. 재해예방을 위해 이러한 원리를 이용하여 설비의 불안전 상태와 인간의 불안전 행동을 제거하는 데에 안전관리활동의 비중을 높이게 된 것이다.

Section 7 인간공학적인 측면에서 동작경제의 3원칙

1 개요

길브레스(Gilbreth) 부부는 동작의 경제성과 능률 제고를 위한 20가지 원칙을 처음으로 제안하였으며 Ralph M. Barnes는 동작경제원칙(the principles of motion economy) 22가지를 제시하였다.

동작경제원칙은 다음과 같다.

① 신체의 사용에 관한 원칙(use of the human body)
② 작업장의 배치에 관한 원칙(arrangement of the workplace)
③ 공구 및 설비의 디자인에 관한 원칙(design of tools and equipment)

2 동작경제원칙

(1) 신체의 사용에 관한 원칙

① 두 손의 동작은 같이 시작하고 같이 끝나도록 한다.
② 휴식시간을 제외하고는 양손이 동시에 쉬지 않도록 한다.
③ 두 팔의 동작은 동시에 서로 반대방향으로 대칭적으로 움직이도록 한다.
④ 손과 신체의 동작은 작업을 원만하게 처리할 수 있는 범위 내에서 가장 낮은 동작등급을 사용하도록 한다.

동작등급	축	동작신체부위
1	손가락 관절	손가락
2	손목	손가락, 손
3	팔꿈치	손가락, 손, 팔뚝
4	어깨	손가락, 손, 팔뚝, 상완
5	허리통	손가락, 손, 팔뚝, 상완, 몸통

⑤ 가능한 한 관성(momentum)을 이용하여 작업을 하도록 하되, 작업자가 관성을 억제해야 하는 경우에는 발생되는 관성을 최소한도로 줄인다.

⑥ 손의 동작은 유연하고 연속적인 동작이 되도록 하며, 방향이 갑작스럽고 크게 바뀌는 모양의 직선동작은 피하도록 한다.

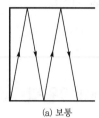 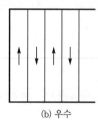 

       (a) 보통   (b) 우수   (c) 최우수

[그림 2-2] 진공청소기의 청소동작

⑦ 탄도동작(ballistic movements)은 제한되거나 통제된 동작보다 더 신속하고 용이하며 정확하다.

⑧ 가능하면 쉽고 자연스러운 리듬이 작업동작에 생기도록 작업을 배치한다.

⑨ 눈의 초점을 모아야 작업을 할 수 있는 경우는 가능하면 없애고, 이것이 불가피할 경우에는 눈의 초점이 모아지는 서로 다른 두 작업지점 간의 거리를 짧게 한다.

      (a) 평행동작   (b) 대칭동작
     • 어깨가 움직인다.   • 어깨는 정지상태이다.
     • 눈의 이동이 쉽다.   • 눈의 컨트롤이 힘들다.

[그림 2-3] 평행동작과 대칭동작

(2) 작업장의 배치에 관한 원칙

① 모든 공구나 재료는 지정된 위치에 있도록 한다.

② 공구, 재료 및 제어장치는 사용위치에 가까이 두도록 한다.

   ㉠ 정상 작업영역 : 정상 작업영역은 일반적으로 작업자가 평상 시에 움직이는 상태의 작업영역을 의미한다.

   ㉡ 최대 작업영역 : 최대 작업영역은 작업자가 평상 시에 주로 활동하지 않은 상태에서 최대로 가능한 영역을 의미한다.

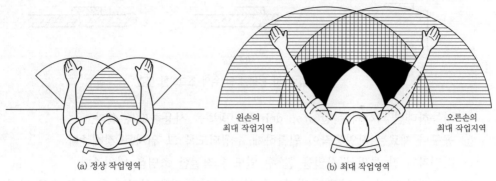

(a) 정상 작업영역   (b) 최대 작업영역

[그림 2-4] 정상 작업영역과 최대 작업영역

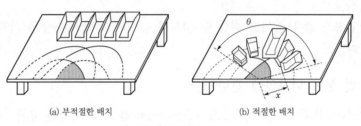

(a) 부적절한 배치   (b) 적절한 배치

[그림 2-5] 작업대의 배치

③ 중력이송원리를 이용한 부품상자(gravity feed bin)나 용기를 이용하여 부품을 부품 사용장소에 가까이 보낼 수 있도록 한다.

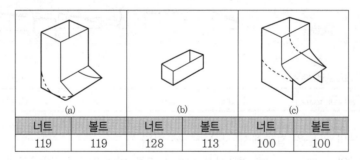

(a)		(b)		(c)	
너트	볼트	너트	볼트	너트	볼트
119	119	128	113	100	100

[그림 2-6] 저장용기에 따른 효율성 비교

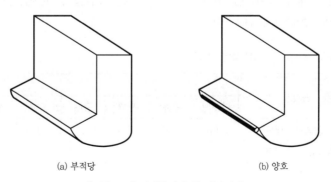

(a) 부적당   (b) 양호

[그림 2-7] 저장용기의 앞 가장자리

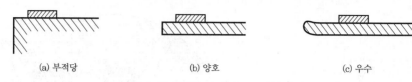

[그림 2-8] 편평한 면 위의 조그마한 물건

④ 가능하다면 낙하식 운반(drop delivery)방법을 사용하도록 한다.

⑤ 공구나 재료는 작업동작이 원활하게 수행되도록 그 위치를 정해준다.

⑥ 작업자가 잘 보면서 작업을 할 수 있도록 적절한 조명을 비춰준다.

⑦ 작업자가 작업 중 자세의 변경, 즉 앉거나 서는 것을 임의로 할 수 있도록 작업대와 의자높이가 조정되도록 한다.

⑧ 작업자가 좋은 자세를 취할 수 있도록 높이가 조절되는 좋은 디자인의 의자를 제공한다.

(3) 공구 및 설비 디자인에 관한 원칙

① 치구(jig와 fixture)나 족답장치(foot-operated device)를 효과적으로 사용할 수 있는 작업장에서는 이러한 장치를 활용하여 양손이 다른 일을 할 수 있도록 한다.

[표 2-2] 페달형태에 따른 효율성 변화

페달종류					
	NO. 1	NO. 2	NO. 3	NO. 4	NO. 5
스트로크 수/분	187	178	176	170	171
상대적 소요시간	100%	105%	106%	134%	109%

② 공구의 기능을 결합해서 사용하도록 한다.

③ 공구와 자재는 가능한 한 사용하기 쉽도록 미리 위치를 잡아준다(pre-position).

④ (타자칠 때와 같이) 각 손가락이 서로 다른 작업을 할 때에는 작업량을 각 손가락의 능력에 맞게 분배해야 한다.

[표 2-3] 각 손가락의 이상적인 작업량

손가락	왼손				오른손			
	다섯째	넷째	셋째	둘째	둘째	셋째	넷째	다섯째
이상적인 작업량	855	900	975	1,028	1,097	1,096	991	968
현행 타자기의 작업량	803	658	1,492	1,535	1,490	640	996	296

⑤ 레버(levers), 핸들, 그리고 제어장치는 작업자가 몸의 자세를 크게 바꾸지 않더라도
   조작하기 쉽도록 배열한다.

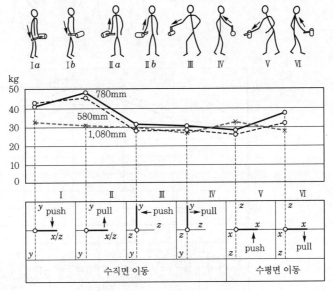

[그림 2-9] 한 손으로 작업 시 작업범위

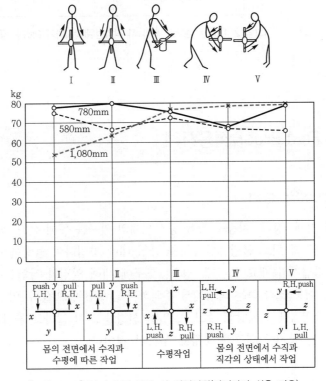

[그림 2-10] 두 손으로 작업 시 작업범위(파지하기 쉬운 경우)

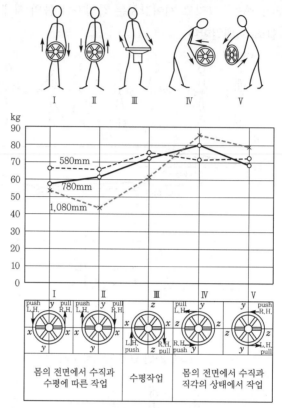

[그림 2-11] 두 손으로 작업 시 작업범위(파지하기 어려운 경우)

Fool Proof 적용사례

1 Fool Proof의 정의

재료나 기계, 장치, 치공구 등을 공정설계의 연구를 통해 전 공정제품의 양부(良否) 확인이 잘 되도록 하고 불량재발장치를 공정 내에 투입하여 불량을 즉시 발견하도록 하는 것이다. 작업자가 재료나 기계, 장치, 도구에 대해 일정한 작업을 행할 때에 정보를 확인, 판단, 행동(조작)하는 과정에서 주의하지 않으면 일으킬 수 있는 실수를 일으키지 않기 위한 주의력에서 해방해 주고, 일일이 신경을 쓰지 않아도 불합리한 것이 발견, 파악되도록 하는 장치를 연구해 공정에 부착한 것이다.

생산공정 내의 트러블(재해, 설비고장 등)에 대한 'Fool Proof'의 개념은 다음과 같다.

① 잘못, 실수, 착오를 발생시키지 않도록 하는 체제
② 잘못, 실수, 착오 없이 작업할 수 있는 체제
③ 잘못, 실수, 착오를 해도 미스가 발생하지 않는 체제

❷ Fool Proof의 분류

(1) 착안점

① 작업미스가 있으면 작업이 JIG에 부착되지 않도록 하는 장치
② 작업에 결함이 있으면 기계가 가공되지 않도록 하는 장치
③ 작업미스, 동작미스를 저절로 수정하고 가공을 진행해 가는 장치
④ 전공정의 결함을 후공정에서 찾아내어 불량을 막는 장치

(2) 방식에 의한 분류

① 표시방식 : 램프를 붙인다. 색으로 구분한다.
② JIG방식 : 틀린 작업이 부착되지 않고 부착미스일 때 작동하지 않도록 JIG를 연구한다.
③ 자동화방식 : 가공 도중에 결함이 발생하면 기계가 정지한다.

(3) 행동과 미스의 형태에 의한 분류

분 류	행동의 단계	미스의 형태(예)
확인미스 방지용	정보를 확인하여 필요한 집기 교체를 해둔다.	• 생산지시품번호, 개선부품번호 • 공구의 잘못 선택, 오독 • 조건지시의 오독
오결품 방지용	부품을 집는다(도구를 집는다).	• 이품(오품)을 집음 • 결품(집기) 잊음 • 전공정의 불량품 혼입
취부미스 방지용	재료를 기계, 치구에 놓는다.	• 치구에의 취부미스(역취부, 불완전 취부) • 잠그는 것을 잊음
가공, 조립미스 방지용	조작(일정 순서, 필요횟수)한다.	• 스위치 켜는 것을 잊음 • 조작의 깜빡 잊음 • 작업순서의 틀림
현품착오 방지용	제품을 끄집어 내어 결사한 후 다음 공정에 보낸다.	• 검사의 빠뜨림 • 불량품의 혼입 • 이품의 출하

③ Fool Proof의 종류

종 류	장치내용	치구·수단·방법
연동형	• 스토퍼에서 제품의 흐름을 멈추게 한다. • 제품가공을 정지한다. • 양품만을 선별해서 흐른다. • 활송장치(shute)를 사용해서 불량품을 선별한다.	Stopper, Guide, Limit Switch, 광전센서, Micro SW, 이미지센서, 광전 SW, Shute, 근접센서
검지형	• 재료, 부품, 제품의 이상을 검지한다. • 위치, 방향을 검지한다. • 지정 외의 치수, 두께를 검지한다. • 지정 외의 온도, 압력을 검지한다.	광전 SW, 차동 Trans, 이미지센서, 열전대, 압력센서
스탭형	• 미가공품은 치구에 취부하지 않는다. • 미가공품은 치구에서 벗어나지 않는다. • 미가공품은 치구가 작동하지 않는다. • 바른 순서가 아니면 다음 단계로 진행되지 않는다.	방해판, Stopper, Air 실린더, Limit SW, Counter
설계변경형	• 좌우 비대칭의 형태로 한다. • 치수차를 명확히 부여한다. • 주의사항을 부여한다.	
주의형	• 한 눈에 알 수 있게끔 한다. • 경고가 들리게 한다. • 미스가 나오면 정해진 신호를 한다. • 뚜렷하게 눈에 띄게 한다.	형상, 경보기, 부저, 램프, 색채, 크기

④ Fool Proof의 구조

(1) FP의 발상과 구조

발상 자체의 기본구조는 정지, 규제, 경보의 3가지로 구분된다. 불량의 상태는 "나올 것 같다"의 상태와 "나왔다"의 상태 2가지가 있으며, 전자를 "예지", 후자를 "검지"라고 한다.

1) 정지

① 이상정지 : 불량품에 연결되는 이상이 발생했을 때 기계설비의 가동과 기능을 정지시켜 불량을 미연에 막는 방책

　예 감기가 들었나 생각되면 회사를 쉰다.

② 불량정지 : 불량이 발생했을 때 기계설비의 가동과 기능을 정지시켜 불량의 연속발생을 막는 방책

　예 감기로 발열하여 회사를 쉬고 병석에 눕는다.

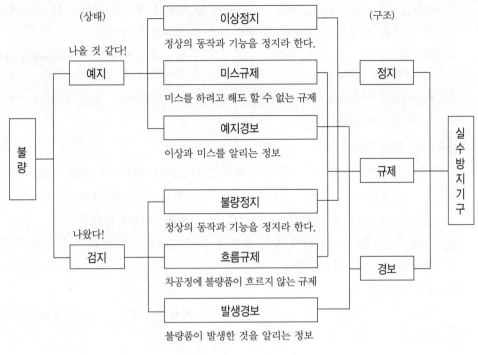

[그림 2-12] Fool Proof의 구조

2) 규제

① 미스규제 : 표준작업에서 벗어나거나 잘못하여 미스를 하려고 해도 할 수 없는 규제의
방책

　　예 먼지가 눈에 들어가려고 해도 속눈썹이 방해하여 들어가지 않는 장치

② 흐름규제 : 발생한 불량품이 다음 공정에 흐를 수 없는 규제의 방책

　　예 가령 잘못하여 먼지가 눈에 들어갔을 경우, 눈물이 나서 먼지가 눈 밖으로 나가려고 하는 장치

3) 경보

① 예지경보 : 불량에 연결되는 이상이나 미스가 발생했을 때에 빛(눈)이나 소리(귀)로
사람에게 알림

　　예 바람이 강하여 큰 화재가 나기 쉬울 때에는 강풍경보

② 발생경보 : 불량이 발생했을 때 빛(눈)과 소리(귀)를 사용하여 사람에게 긴급을 알림

　　예 화재가 발생했음을 긴급하게 알리는 화재발생경보

(2) FP의 Hint

1) Hint 1. 품목특징방식

재료나 부품의 형태, 치수, 중량의 특징을 기준으로 하여 기준과의 차이를 판별해
양부를 구분하는 방법

① **형상방식** : 구멍, 각, 홈, 구부러짐, 돌기 등 재료나 부품의 형상의 특징을 이용, 양품의 기준을 설정하고 이와의 차이에 의해 불량품을 판별

② **치수방식** : 종, 횡, 높이, 두께, 지름 등 치수를 기준설정하고, 이 기준과의 차이에 따라 불량품을 판별

③ **중간방식** : 양품으로서의 중량기준을 설정, 불량품을 발견. 또한 좌우의 중량 밸런스에 의해 불량품을 판별

2) Hint 2. 동작 Step방식

일련의 작업이 하나라도 소홀히 누락되면 다음으로 진행되지 않는 방법

① **공정 내 순서방식** : 공정 내의 작업자의 동작이나 기계와의 연합동작이 기준작업으로 결정된 작업순서에 따르지 않을 경우 그 이후의 작업이 불가능

② **공정 간 순서방식** : 일련의 공정 중에서 정규의 공정순서에 따르지 않고 공정누락이 생겼을 경우 작업이 불가능

3) Hint 3. 정수방식

작업의 횟수나 부품의 개수, 시간 등 미리 수치가 정해져 있는 경우, 이와의 차이에 의해 양부를 구별하는 것

① **카운터방식** : 작업의 횟수나 부품의 갯수 등 미리 수가 정해진 경우, 이를 기준으로 하여 그 차이로 이상을 검출

② **잔수방식** : 몇 개의 부품을 한 조로 해서 1세트씩 갖춘 경우 세트 수만큼 각 부품을 준비하여 세트완료 후 부품의 잔량에 따라 이상이 발생한 것을 확인

③ **정수검출방식** : 압력, 전류, 온도, 시간 등 미리 정해진 수치를 검출하여 그 수치를 넘어서면 작업을 할 수 없게 함

(3) FP검지기기

이상을 검지하는 수단으로서 접촉식과 비접촉식으로 크게 구분한다.

1) 접촉식 기기

① **Micro SW, Limit SW** : FP에서 가장 잘 사용되는 검지기기

② **차동트랜스** : 접촉량의 정도를 자력선의 변화로서 검지하는 기기

③ 기타 다이얼게이지를 응용한 트리메트론, 터치스위치 등

2) 비접촉식 기기

① **광전센서** : 빛이 통과, 불통과하는 물체에도 사용가능

② **근접센서** : 대상물과의 근접 정도에 대하여 대상물이 자력에 감등하는 검지기기

③ **위치결정센서** : 대상물의 위치결정이 주목적

④ **외경·폭센서** : 평행광속에 의해 대상물과 동일한 그림자를 이미지센서로 잡는 검지·측정기, 외경, 폭치수를 연속적으로 측정가능

⑤ 금속통과센서 : 움직이고 있는 금속을 검지하는 센서, 고속 이동물의 통과검지, 미소 금속의 카운터 등에 사용

⑥ Color Mark센서 : 명도차가 적은 2색차의 판별이나 미소마크의 검지기기

⑦ 진동센서 : 재질에 무관 진동검지, 대상물의 통과, 폭결정, 바이트결함 등의 검지에 유효

⑧ 2매 이송센서 : 작업의 2매 이송을 검지하는 기기, 상하면 검지방법, 단면 검지방법

⑤ 적용사례

(1) 베어링의 드릴링 공정누락 방지

① 불량원인 : 가공누락

② 문제점 : 베어링의 공정순서로서 드릴링가공을 한 후에 밴딩가공을 한다. 그러나 무심코 이 드릴링가공을 하지 않고 밴딩하는 경우가 있다.

③ 개선 전 : 베어링의 가공순서는 드릴링가공 후 밴딩가공이다. 이 순서를 지키지 않고 최초에 밴딩가공을 해 버리면 드릴링가공을 할 수 없게 된다. 작업자의 주의만을 믿었지만 공정누락미스가 발생했다.

④ 개선 후 : 밴딩가공에 드릴링가공이 끝나지 않은 베어링은 세트할 수 없게끔 핀을 세웠다. 이것으로 드릴링가공의 공정누락미스는 모두 없어졌다.

(2) 프레스 금형 맞춤미스 방지

① 불량원인 : 가공 오류, 치구불비

② 문제점 : 프레스 금형의 맞춤에서 상형과 하형을 반대로 취부하는 미스에 의해 불량과 금형 파손이 발생한다.

③ 개선 전 : 프레스 금형 맞추기 가이드핀이 동일한 지름이기 때문에 상형의 취부를 반대로 하게 되고, 형태 맞추기 불량에 의한 불량품과 금형 파손이 발생했다.

④ 개선 후 : 형태 맞추기의 가이드핀의 지름을 좌우로 바꿔서 상형의 반대 취부를 할 수 없게끔 했다.

(3) 방향이 틀린 가공미스 방지

① 불량원인 : 작업세팅미스

② 문제점 : 작업세트를 반대로 취부해서 흽으로써 조립 시에 불량이 발견되어 납기지연의 원인이 되었다.

③ 개선 전 : 작업의 방향을 확인하고 치구에 세트했지만, 작업의 앞과 뒤를 반대로 가공해 버린다.

④ 개선 후 : 작업의 방향을 반대로 세트할 수 없게끔 실수방지핀을 치구에 취부해서 불량품이 나오지 않는 구조를 만들었다.

(4) E링 삽입누락 방지

① 불량원인 : 결품

② 문제점 : E링 삽입누락이 때때로 발생하고 그대로 제품에 조립되어 버리는 경우가 있다.

③ 개선 전 : E링의 삽입 후, 이 확인을 묵시로 하였다. 그러나 무심코 E링을 삽입치 않고 제품에 취부하는 일이 발생했다.

④ 개선 후 : E링이 삽입되었는지 아닌지의 판별을 묵시로 하는 것을 그만두고 에어링과 마이크로스위치를 써서 자동적으로 삽입검지를 할 수 있게끔 했다.

(5) 전후 · 좌우 취부미스 방지

① 불량원인 : 작업세팅미스

② 문제점 : 작업의 형태에 그다지 특징이 없고, 드릴기계에 의한 드릴링가공 시, 작업의 취부를 전후 · 좌우반대로 취부하여 가공함으로써 조립 시에 그 미스가 발견되는 경우가 있다.

③ 개선 전 : 작업을 전후반대로 세트해 버리거나, 좌우반대로 구멍을 뚫어서 불량을 만드는 경우가 흔히 발생한다. 또 이 불량은 조립공정에서 발견되는 경우가 많고, 납기 내 고객에 폐를 끼치는 일이 있었다.

④ 개선 후 : 작업자의 주의에만 의지하는 것을 지양하고, 전후역 방지 실수 방지 치구와 좌우역 방지 실수 방지 치구를 치부해서 전후 · 좌우반대로 작업세트를 할 수 없게끔 했다.

(6) 드릴링작업의 구멍위치미스 방지

① 불량원인 : 작업세트미스

② 문제점 : 구멍 뚫기 작업에서 작업을 반대로 세트해서 구멍을 뚫어버리는 일이 종종 발생한다. 이 때문에 구멍의 위치가 반대로 되고 조립 시에 불량이 발견된다.

③ 개선 전 : 작업자가 작업을 세트할 때 측판의 상과 하가 바른지 확인하고 구멍을 뚫었다. 서투른 작업자는 상하를 착각하고 구멍을 뚫어버린다. 또 숙련작업자는 무심코 반대위치에 구멍을 뚫어버린다.

④ 개선 후 : 측판작업의 두 변에 있는 홈 가공부를 이용해서 리밋스위치를 치구에 취부하고 측판을 반대로 세트하면 기계가 작동치 않게끔 해서 이 공정에서 드릴링미스의 불량제로를 달성했다.

착시현상의 종류

① 지각항등성과 착시

지각항등성이란 자극의 조건들이 달라져도 물체의 속성을 항등적으로 지각하는 것을 뜻한다. 이와 같은 지각의 항등성은 대상을 보는 조건이 여러모로 바뀌어도 같은 물체는 항상 같게 보이게 하려는 지각의 작용을 말해주는 현상으로, 외계인식을 위해 중요한 의미를 갖는다. 그러나 한편으로는 항등성이 지니는 메커니즘이 다음에 설명할 여러 가지 착시(optical illusion)의 원인이 되기도 한다.

② 착시현상의 종류

(1) 모양ㆍ형태항등성

책상 옆을 지나가는 동안 책상 윗면에 대한 지각을 생각하면 여러 각도에서 책상을 볼 때 무슨 일이 일어나는지를 잠시 생각해 보자. 책상의 윗면이 사각형이지만 대부분의 각도에서는 망막에 평행사변형의 상을 맺게 한다. 그리고 이 상은 책상을 지나치는 동안 계속 형태가 변화한다. 지각항등성은 망막에 맺힌 책상의 상이 변화해도 계속해서 책상을 사각형으로 지각하는 것을 의미한다. 우리는 책상을 지나치는 동안 망막에 맺혀지는 책상 윗면의 다양한 모양을 지각하는 것이 아니라 책상의 진정한 모양을 지각한다. 이렇게 여러 각도에서 봐도 일정하게 책상 윗면의 모양을 지각하는 것을 모양항등성 또는 형태항등성이라 한다.

(2) 밝기항등성

밝기항등성은 간단히 말하면 우리가 흰 종이를 볼 때 조명이 어두워지면 그 종이의 실제 색깔은 회색빛을 띠게 되나, 우리는 그것을 여전히 흰색으로 지각하는 현상을 말한다. 즉, 밝기항등성은 우리가 조명에 상관없이 물체의 실제 무채색적 속성을 보는 것을 뜻한다. 책의 흰 종이는 조명이 약한 방에서 보건 환한 곳에서 보건 흰색으로 보이고, 검은 글씨는 조명이 어찌 되었든 검은색으로 보인다.

(3) 색채항등성

색채항등성은 밝기항등성과 유사한 개념이다. 색판을 가지고 조명이 다른 조건에서 보면 색이 약간 달라지는 것을 느낄 수 있다. 하지만 그 차이는 조명의 변화에서 예상되는 차이보다 훨씬 적다. 색판의 파란 사각형을 햇빛에서 보면 모든 파장에서 비교적 같은 양의 에너지를 받아 주로 짧은 파장을 눈에 반사시킨다. 그러나 이 색판을 짧은 파장보다는 긴 파장을 훨씬 더 많이 포함하는 백열전구 아래에서 보면 햇빛 아래에서 볼 때

보다 긴 파장을 훨씬 더 많이 반사하기 때문에 다른 색으로 느껴져야 할 것이다. 그러나 우리 눈은 그래도 파란색으로 지각하는데, 이를 색채항등성이라 한다. 즉, 조명조건이 달라도 지각된 색이 비교적 항등적인 것이 색채항등성이다.

[그림 2-13] 시각적 진동

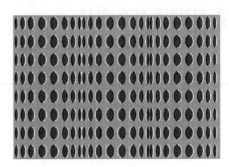

[그림 2-14] 이미지가 움직이는 느낌

Section 10 용접금속에 있어서 수소, 질소 및 산소의 영향

1 개요

용접은 금속을 열이나 압력에 의해서 2개의 모재를 접합하며, 그로 인해 용접부에 많은 불순물이 포함될 수 있다. 특히 수소, 질소, 산소는 용접부의 강도를 저해하는 요인으로 작용하므로 주의를 해야 하며, 용융철의 반응은 피복제의 염기도, 용접봉의 탈산제의 함유 정도, 합금원소의 종류에 의해서 영향을 받는다.

2 수소의 영향

용접금속 내에는 일반강재에 비해 수소량이 $10^3 \sim 10^4$배로 존재하고, 이들 수소는 여러 가지 문제점들을 만들어낸다.

(1) 수소취성

철이 수소를 용해하면 취화하여 연성이 저하하고 단면수축률의 감소 등을 일으켜 그 기계적 성질을 저하시킨다. 그러나 극저온 혹은 급속부하의 경우에는 수소의 확산속도가 늦기 때문에 취성이 나타나지 않는 경우도 있다. 용접금속 중의 수소는 시간이 경과 (응고가 진행됨)함에 따라 농도가 낮은 쪽으로 확산해 간다. 용융선상의 HAZ부가 가장 경화도가 높고 수소취화를 일으키므로 파단강도는 저하하고 용접부에 가해지는 인장잔류응력에 따라 어느 정도의 잠복기간을 거쳐 균열이 일어난다.

이 수소취화는 다음과 같은 특성을 보인다.

① 약 −150~150℃ 사이에서 일어나며, 실온보다 약간 낮은 온도에서 취화의 정도가 제일 현저하다.

② 견고하고 강한 재질일수록 취화의 정도가 현저하다.

③ 잠복기간을 거쳐서 용접균열이 일어난다.

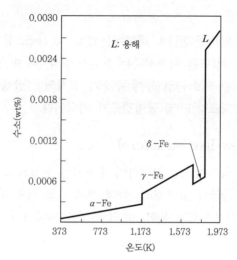

[그림 2-15] 강 중의 수소용해도(1atm, H_2)

이러한 수소취성은 전기도금을 실시한 고장력 강재의 경우에도 심각한 문제를 일으킬수 있다. 도금과정에서 침입된 수소에 의해 강재의 파단강도가 약 1/5 정도가 되기도 한다. 다음 비드 밑 균열(under bead cracking)이나 루트균열(root cracking)은 모두 수소취성의 한 종류로 분류할 수 있다.

(2) 비드 밑 균열

용접 시 비드 주변의 열영향부에서 발생하는 균열로, 이것은 용접금속으로부터 확산된 수소가 주요 원인이다. 급랭상태의 용접조직에서 수소가 외부로 방출되지 못하고 모재 쪽으로 향한 수소는 접합부(bond) 인접부까지 확산하여 접합부에서 수소가 집중하게된다. 집중된 수소는 수소취화를 일으키고 내부응력과의 상호작용에 의해 균열을 발생시킨다. 이 균열은 열영향부가 경화된 경우 쉽게 발생하며, 용접부 근방의 냉각속도에 영향을 크게 받는다. 이와 같은 수소취성을 방지하기 위해서는 기본적으로 수소의 방출시간을 가능한 길게 하고, 수소의 용해량을 작게 하는 것이다. 즉, 아크용접에서 입열을 크게 하여 용융금속의 고온유지시간을 길게 함으로써 수소의 방출을 촉진시킬 수 있으며, 수소균열을 일으킬 수 있는 마텐자이트조직의 석출을 저지할 수 있다. 또한 용접 전후에 예열과 후열을 실시하여 같은 효과를 기대한다.

(3) 은점(fish eye)

용접부를 파단한 경우 파단면에 은점상의 점으로 수소가 존재하는 경우에 잘 발생된다. 이것은 수소가 용접금속 내의 공공 및 비금속개재물 주변에 집중되어 취화를 일으켜 시험편을 파단하면 국부적인 취화파면으로 관찰된다. 파단면에 고기의 눈과 같이 원형으로 수소가 집중(석출)되어 있기 때문에 은점이라고 불린다.

(4) 미소균열

수소를 많이 함유한 용접금속 내부에는 0.01~0.1mm 정도의 미소균열이 다수 발생하여 용접금속의 굽힘강도를 저하시키는 경우가 있다. 이 미소균열은 비금속개재물의 주변 및 결정입계의 열간 미소균열 등에 수소가 집적되어 발생된다. 이로 인해 용착금속의 연성이 저하되고 피로강도 및 굽힘강도가 저하된다.

(5) 선상조직(ice flow like structure)

이것도 수소가 국부적으로 집중하여 존재하는 현상으로 은점에 비해 가늘고 긴 선상으로 석출하여 용착금속 중의 SiO_2 등의 개재물 및 기포 주변에 많이 집중되어 앞서 설명한 각 현상과 마찬가지로 용접금속의 연성을 저하시켜 취성파괴의 원인이 된다.

③ 질소의 영향

용접금속 중에 가스가 침입하거나 기타 가공 또는 열처리에 의해서 용접금속의 기계적 성질, 특히 연성이나 인성이 저하하는 현상을 취화라고 한다. 용접금속 내에 산소는 고용하지 않고 산화물로써 존재하지만 질소는 질화물로써 존재하는 동시에 고용되어 있어서, 이로 인해 다음과 같은 문제점들이 예상될 수 있다.

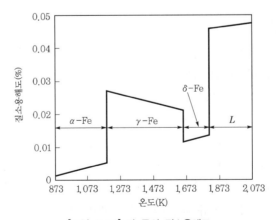

[그림 2-16] 강 중의 질소용해도

(1) 석출경화

강(steel)을 저온에서 가열하면 시간의 경과와 더불어 경도가 증가한다. 이것은 소입할 때 과포화 고용된 질소 및 탄소가 각각 질화물 및 탄화물로 석출되어 경화를 일으키기 때문이다. 산소는 고체상태의 철에 고용되지 않기 때문에 응고부 석출현상을 일으키지 않지만, 질소의 확산을 조장하여 질화물의 생성을 용이하게 하여 석출경화를 조장한다고 보고되어 있다.

(2) 담금질시효

강 중의 산소, 질소, 탄소의 용해도는 저온에서 급격히 감소하기 때문에 약 600℃ 이상에서 급랭하면 이들의 원소가 과포화상태에서 서서히 석출하는 현상을 일으킨다. 이것이 담금질시효(quench aging)이다.

(3) 변형시효

냉간가공된 강을 실온에서 장시간 방치하거나 저온에서 가열(tempering)하면 시간의 증가와 함께 경도가 증가하고 신율 및 충격치가 저하하는 현상이다. 냉간가공의 슬립으로 전위가 증가한 곳에 산소나 질소가 집적되어 전위이동을 방해한다. 냉간가공 후 일어나는 시효현상을 변형시효(strain aging)라고 한다. 질소의 증가와 더불어 충격값의 저하율은 증가하고 동일한 질소량에서 탄소량의 증가에 따라 충격값의 저하율은 감소한다. 산소도 변형시효를 조장하지만 그 영향은 질소보다 적다. 용접금속이 급랭되면 내부응력(변형)이 남게 되고, 또한 질소, 산소량이 많으면 용접금속은 냉간가공이 없어도 변형시효를 일으키는 경우가 많다. 이 현상은 냉간가공에 의해 격자결함이 증가되고 질소가 많이 고용되면 이것이 전위 주변에 차차 모여들어 전위의 이동을 방해하기 때문에 시간의 경과와 더불어 강의 경도는 증가한다.

(4) 청열취성

200~300℃ 범위에서 저탄소강을 인장시험하면 인장강도는 증가한다. 연성이 저하하는 경우를 청열취성이라고 한다. 이 현상은 변형시효와 같은 이유에 의해서 일어난다. 청열취성(blue shortness)의 주요 요인은 질소이며, 산소는 이것을 조장하는 작용을 한다. 또 탄소도 다소 영향이 있다. Ti 등 질화물을 형성하는 원소를 첨가하면 청열취성은 나타나지 않는다. Si 등도 효과가 있다. 취화가 일어나기 시작하는 온도도 질소량이 많으면 저하한다.

(5) 저온취성

실온 이하의 저온에서 취약한 성질을 나타내는 현상을 말한다. 저온취성은 산소 및 질소가 현저한 영향을 미치는 것으로 알려져 있다. 용접금속은 통상 산소나 질소가 강재보다 많고, 또 주조조직이 있는 등의 원인으로 일반적으로 노치취성이 높다. 이러한 이유로 탈산이 불충분한 림드강에서 천이온도가 일반적으로 높고, 킬드강은 비교적 낮다. Al, Ti 등 강력한 탈산 및 탈질소성분을 포함한 강에서 천이온도는 매우 낮다. 천이온도는 결정입도에도 영향을 받아 강력탈산 및 탈질소처리에 의해 결정핵이 증가하며, 미세화합물이 결정 내부와 입계에 존재하여 조립화를 방지하기 때문에 천이온도는 일반적으로 낮다. 저온취성을 예방하기 위한 방법으로는 저수소계 용접봉을 사용하여 수소의 발생원인을 최소화하고, 용접금속의 성분이나 용착방법의 조정으로 개선할 수 있다.

(6) 뜨임취성

용접구조물은 용접 후 응력을 제거하기 위하여 변태점 이하에서 강화를 하고 있다. 그러나 어떤 합금원소를 함유한 용접금속은 응력 제거를 위한 강화 열처리로 경도가 증가하고 신율 및 노치인성이 현저히 저하되는 현상이 있다. 이렇게 강을 강화하거나 900℃ 전후에서 가열하는 과정에서 충격값이 저하되는 현상을 뜨임취성(temper embrittlement)이라고 한다. 뜨임취성은 Mn, Cr, Ni, V 등을 품고 있는 합금계의 용접금속에서 많이 발생한다. 이 취성의 원인은 결정입의 성장과 결정입계에 석출한 합금성분 때문이다. 산소, 질소가 많으면 결정입이 성장하기 쉽고, 탄소가 많으면 합금성분의 석출이 현저하게 되기 때문에 뜨임취성을 방지하기 위해 이들 원소의 함량을 가능한 저하시키는 것이 좋다. 고강도 합금계의 다층 육성용접금속에서 앞의 용접층이 뒷층의 용접으로 뜨임취화를 받는 경우도 있다.

(7) 적열취성

불순물이 많은 강은 열간가공 중 900~1,200℃ 온도범위에서 적열취성(hot shortness)을 나타낸다. 이 취성의 주요 원인으로는 저융점의 FeS의 형성에 기인된다고 볼 수 있지만 산소가 존재하면 강에 대한 FeS의 용해도가 감소하기 때문에 산소도 이 취화의 한 원인으로 볼 수 있다. Mn을 첨가하면 MnS 및 MnC를 형성하여 이 취성을 방지하는 효과를 얻을 수 있다.

❹ 산소의 영향

산소는 1,500℃ 이상의 고온에서만 용해하고 그 용해도가 다른 원소에 비해 매우 크다. 용융철과의 반응은 피복제의 염기도, 용접봉의 탈산제 함유량 및 합금원소의 종류에 의해 크게 좌우되며, 용접봉 직경, 용접조건 등에도 영향을 받는다. 용융철 중에 산소와의 친화력이 Fe보다 큰 원소를 첨가하면 용강 중의 산소와 결합하여 탈산산화물이 생기며, 이 반응이 탈산작용이다. 용접 시에는 대기 중으로부터 용융금속으로 산소가 침투하여 각종 원소를 산화하여 소모시킨다. 또한 응고 시에는 CO_2기체로 되어 기공을 생성시킨다. 더욱이 응고 시에는 용접금속의 기계적 성질을 약화시키기 때문에 용접금속 중에서의 탈산은 매우 중요한 문제이다. 용강 중의 산소함유량(O%)은 용융슬래그(slag) 중의 FeO 함유량(FeO%)에 거의 비례한다. 이론적으로 산소함유량은 용융강 중의 원소량, 용융슬래그의 염기도, 용융슬래그 중의 탈산생성물의 함유량에 따라 좌우된다. 계와 저수소계를 비교할 때 저수소계의 산소함유량이 적은 것은 슬래그의 염기도가 크기 때문이다.

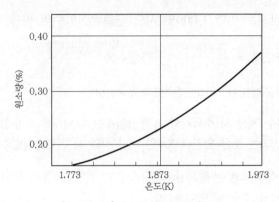

[그림 2-17] 용융철 중의 산소용해도

Section 11 재해통계(재해율)의 종류

❶ 개요

재해(disaster)란 사람이 어떤 목적을 가지고 행동을 하고 있는 과정에서 인간의 의도와는 관계없이 일시적·영구적으로 그 행동을 정지시키는 우발적 사상을 의미한다. 산업재해(industrial accident)는 인위적인 작업환경에서 발생하는 재해(산업과 관련된 재해), 즉 생산현장에서 생산활동과 관련하여 발생한 재해로서 생산설비의 결함이나 생산방법의 잘못으로 산업활동의 정상적인 흐름에 장애를 주거나 생산현장의 근로자를 포함하는 사람들에게 위해를 가하는 사건 및 그 가능성을 의미한다.

❷ 종류 및 적용

(1) 재해율 계산

① 연천인율 : 근로자 1,000명을 기준으로 한 재해발생자수 비율

$$연천인율 = \frac{사상자수}{연평균근로자수} \times 1,000$$

② 도수율 : 100만 인 시당 재해발생건수의 비율

$$도수율 = \frac{재해발생건수}{연근로시간수} \times 1,000,000$$

$$도수율 = 연천인율/2.4$$

③ 강도율 : 산재로 인한 1,000인 시당 근로손실일수의 비율

$$강도율 = \frac{근로손실일수}{연근로시간수} \times 1,000$$

$$평균강도율 = 강도율/도수율 \times 1,000$$

④ 근로손실일수 계산 시 주의사항 : 휴업일수는 300/365×휴업일수로 손실일수 계산

※ 강도율이 1.5라는 뜻은 연간 1,000인 시당 작업 시 근로손실일수가 1.5일이다.

$$환산강도율 = 강도율 \times 100$$
$$환산도수율 = 도수율/10$$

(2) 안전성적평가

① 종합재해지수(FSI) $= \sqrt{빈도율(FR) \times 강도율(SR)}$

② 세이프 티 스코어 $= \dfrac{빈도율(현재) - 빈도율(과거)}{\sqrt{\dfrac{빈도율(과거)}{근로총시간수(현재)} \times 10^6}}$

③ 안전활동률 $= \dfrac{안전활동건수}{근로시간수 \times 평균근로자수} \times 10^6$

(3) 재해율의 이용방법

① 위험도의 추정

② 관리도에 의한 활용 : 목표설정에 따른 상한계와 하한계를 관찰하여 관리

※ 상한 관리관계(UCL)$= A + 2576\sqrt{\dfrac{A(1-A)}{MH}}$

※ 하한 관리관계(LCL)$= A - 2576\sqrt{\dfrac{A(1-A)}{MH}}$

※ $A = \dfrac{X}{MH}$

(X : 각 기간 사이의 재해건수, MH : 각 동일 기간 내의 연근로시간, M : 근로자수, H : 근로시간수)

Section 12 사고를 발생시키는 불안전한 상태와 근로자의 불안전한 행동에 대한 각각의 사례 7가지와 설명

1 개요

불안전한 행동 불안전한 상태는 88%, 인적 관리 결함(교육, 시스템, 매뉴얼 등), 심리적 결함, 생리적 결함에 의해 발생하며 불안전한 상태는 10%로 기계 및 설비의 결함, 작업공정의 위험, 방호설비의 결함, 복장 및 보호구의 결함 등에 의해 발생한다.

2 사고를 발생시키는 불안전한 상태와 근로자의 불안전한 행동에 대한 각각의 사례 7가지와 설명

불안전한 행동은 다음의 사례에 의해 발생한다.

① 지식의 부족
② 경험의 부족(미숙련), 자만(숙련공)
③ 의욕의 결여(설마, 태도불량)
④ 피로(작업의 정확도 저하, 사고유발)
⑤ 작업에의 부적응(능력에 맞는 작업배치)
⑥ 심적갈등(부부갈등, 가족질병, 돈)
⑦ 인간특성으로서의 에러(자만, 부주의, 착오)

Section 13 사고체인(Accident chain)의 5요소

1 개요

사고를 분석하는 데 있어서 중요한 점은 사고에 관련된 많은 구성요소들의 규명과 평가이며, 사고의 원인을 분석하기 위하여 기계의 위험점을 나타내는 여러 가지 분류 방법이 제시되어 왔으나 그중 기계의 위험점을 결정하는 가장 좋은 방법 중 하나가 기계요소에 의해서 사람이 어떻게 상해를 입느냐를 기준으로 분류하는 방법일 것이다.

❷ 사고체인(accident chain)의 5요소

사고체인에 의해 위험요소를 분류하고 점검해야 할 사항은 다음과 같다.

① 1요소(함정, trap) : 기계의 운동에 의해서 발생할 가능성이 있는가?
② 2요소(충격, impact) : 운동하는 어떤 기계요소들과 사람이 부딪쳐 그 요소의 운동에너지에 의해 사고가 일어날 가능성이 없는가?
③ 3요소(접촉, contact) : 날카롭거나, 뜨겁거나 또는 전류가 흐름으로서 접촉 시 상해가 일어날 요소들이 있는가?
④ 4요소(얽힘, 말림, entanglement) : 작업자가 기계설비에 말려들어갈 염려는 없는가?
⑤ 5요소(튀어나옴, ejection) : 기계요소나 피가공재가 기계로부터 튀어나올 염려가 없는가?
따라서 사고는 복잡성을 가지고 있어 위에서 열거한 사항들 중 2개 또는 그 이상의 조합으로 인하여 발생된다는 점에 또한 유의해야 한다.

Section 14

스마트공장의 산업용 로봇에서 발생하는 재해예방조치 중 로봇에 대하여 교시(敎示) 등의 작업을 하는 경우 예기치 못한 작동 또는 오(誤)조작에 의한 위험을 방지하기 위한 조치

❶ 교시 등(산업안전보건기준에 관한 규칙 제222조)

사업주는 산업용 로봇(이하 로봇이라 한다)의 작동범위에서 해당 로봇에 대하여 교시(敎示) 등[매니퓰레이터(manipulator)의 작동순서, 위치·속도의 설정·변경 또는 그 결과를 확인하는 것을 말한다]의 작업을 하는 경우에는 해당 로봇의 예기치 못한 작동 또는 오(誤)조작에 의한 위험을 방지하기 위하여 다음의 조치를 하여야 한다. 다만, 로봇의 구동원을 차단하고 작업을 하는 경우에는 ②와 ③의 조치를 하지 아니할 수 있다.

① 다음의 사항에 관한 지침을 정하고 그 지침에 따라 작업을 시킬 것
  ㉠ 로봇의 조작방법 및 순서
  ㉡ 작업 중의 매니퓰레이터의 속도
  ㉢ 2명 이상의 근로자에게 작업을 시킬 경우의 신호방법
  ㉣ 이상을 발견한 경우의 조치
  ㉤ 이상을 발견하여 로봇의 운전을 정지시킨 후 이를 재가동시킬 경우의 조치

ⓗ 그 밖에 로봇의 예기치 못한 작동 또는 오조작에 의한 위험을 방지하기 위하여 필요한 조치

② 작업에 종사하고 있는 근로자 또는 그 근로자를 감시하는 사람은 이상을 발견하면 즉시 로봇의 운전을 정지시키기 위한 조치를 할 것

③ 작업을 하고 있는 동안 로봇의 기동스위치 등에 작업 중이라는 표시를 하는 등 작업에 종사하고 있는 근로자가 아닌 사람이 그 스위치 등을 조작할 수 없도록 필요한 조치를 할 것

Section 15 동작경제의 3원칙

❶ 개요

동작경제의 3원칙(principle of motion economy)은 Barnes가 길브레스 부부의 동작의 경제성과 능률제고를 위한 20가지 원칙을 수정한 것으로 9개의 신체사용의 원칙, 8개의 작업장 배치의 원칙, 5개의 공구·설비 디자인에 관한 원칙이 있다.

❷ 동작경제의 3원칙

(1) 신체사용의 원칙(use of human body)

① 탄도 : 탄도동작은 제한된 동작보다 더 신속하고, 용이하고, 정확하다.

② 초점 : 눈에 초점을 모아야 작업할 수 있는 경우는 가능한 없애고, 이것이 불가피한 경우 눈의 초점이 모아지는 두 작업지점 간의 거리를 짧게 한다(눈의 초점을 모아야 함).

③ 리듬 : 작업동작에 자연스러운 리듬이 생기도록 배치한다.

④ 연속 : 손의 동작은 smooth하고 연속적인 동작이 되도록 하며 방향이 갑작스럽게 크게 바뀌는 직선동작은 피한다(연속동작).

⑤ 낮은 : 가장 낮은 동작등급을 사용한다.

⑥ 동작 : 두 손의 동작은 같이 시작하고 같이 끝난다.

⑦ 관성 : 관성을 이용하여 작업을 하되 관성을 억제해야 하는 경우 최소한도로 줄인다.

⑧ 휴식 : 휴식시간을 제외하고는 양손이 동시에 쉬지 않는다.

⑨ 대칭 : 두 팔의 동작은 동시에 서로 대칭방향으로 움직이도록 한다.

(2) 작업장 배치의 원칙(workplace arrangement)

① **낙하** : 낙하식 운반방법(drop delivery)을 사용한다.

② **중력** : 중력이송원리(gravity feed bin)를 이용하여 부품을 제품 사용위치에 가까이 보낸다.

③ **조정** : 작업자가 작업 중에 자세를 변경할 수 있도록, 즉 앉거나 서는 것을 임의로 할 수 있도록 작업대와 의자높이가 조정되도록 한다.

④ **조명** : 작업자가 잘 보면서 작업할 수 있도록 적절한 조명을 설정한다.

⑤ **디자인** : 작업자가 좋은 자세를 취할 수 있도록 의자는 높이뿐만 아니라 디자인도 좋아야 한다.

⑥ **가까이** : 공구, 재료, 제어장치는 사용위치에 가까이 두도록 한다(정상작업영역, 최대 작업영역).

⑦ **지정된** : 공구, 재료는 지정된 위치에 있도록 한다.

⑧ **정해줌** : 공구나 재료는 작업동작이 원활하게 수행되도록 그 위치를 정해준다.

(3) 공구 및 설비(design of tools & equipment)

① **미리** : 공구와 자재는 가능한 사용하기 쉽도록 미리 위치(pre-position)를 잡아준다.

② **분배** : 각 손가락이 서로 다른 작업을 할 때에는 작업량을 각 손가락의 능력에 맞게 분배한다.

③ **용이** : 레버, 핸들 그리고 제어장치는 작업자가 몸의 자세를 크게 바꾸지 않더라도 조작하기 용이하도록 배치한다.

④ **양손** : 치구(jig & fixture), 족답장치(foot operated device)를 활용하여 양손이 다른 일을 할 수 있도록 한다.

⑤ **결합** : 공구의 기능을 결합하여 사용하도록 한다.

Section 16 안전관리 조직의 종류 3가지와 설명

① 개요

안전관리조직의 목적은 근로자의 안전, 위험을 제거하고 생산을 관리하고 손실을 방지하여 근로자와 설비의 안전을 지키고, 생산합리화를 실현한다. 즉, 안전관리의 3대 기능은 위험제거, 생산관리, 손실방지 등이다.

❷ 안전관리 조직의 종류 3가지와 설명

(1) Line형 조직

소규모기업(100명 이하)에 적합한 조직으로 안전관리에 관한 계획에서부터 실시에 이르기까지 모든 안전업무를 생산라인을 통해 직선적으로 이루어지도록 편성된 조직이다.

안전대책의 실시가 신속하고 안전에 관한 지시 및 명령계통이 철저하며 명령과 보고가 상하관계뿐으로 간단명료하다는 장점이 있고, 단점은 라인에 과도한 책임을 지우기 쉽고 안전에 대한 지식 및 기술축적이 어려우며 안전에 대한 정보수집 및 신기술 개발이 미흡하다는 것이다.

(2) Staff형 조직

중소규모 사업장(100~1,000명)에 적합한 조직으로서 안전업무를 관장하는 참모를 두고 안전관리에 관한 계획, 조사, 검토, 보고 등의 업무와 현장에 대한 기술지원을 담당하도록 편성된 조직이다.

장점은 사업장 특성에 맞는 전문적인 기술연구가 가능하고 경영자에게 조언과 자문역할을 할 수 있으며 안전정보 수집이 빠르다는 것이고, 단점은 안전지시나 명령이 작업자에게까지 신속·정확하게 전달되지 못하며 생산부분은 안전에 대한 책임과 권한이 없고 권한다툼이나 조정 때문에 시간과 노력이 소모된다.

(3) Line-Staff형 조직(직계참모조직)

대규모 사업장(1,000명 이상)에 적합한 조직으로 라인형과 스탭형의 장점만을 채택한 형태이며 안전업무를 전담하는 스탭을 두고 생산라인의 각 계층에서도 각 부서장으로 하여금 안전업무를 수행하도록 하여 스탭에서 안전에 관한 사항이 결정되면 라인을 통하여 실천하도록 편성된 조직이다. 라인 스탭형은 라인과 스탭이 협조를 이루어 나갈수 있고 라인에게는 생산과 안전보건에 관한 책임을 동시에 지므로 안전보건업무와 생산업무가 균형을 유지할 수 있는 이상적인 조직으로 장점은 안전에 대한 기술 및 경험축적이 용이하고 사업장에 맞는 독자적인 안전개선책을 강구할 수 있으며 안전지시나 안전대책이 신속하고 정확하게 하달될 수 있다. 단점은 명령계통과 조언의 권고적 참여가 혼동되기 쉽다.

Section 17   안전보건 교육지도의 8원칙

❶ 개요

인간의 안전욕구는 본능에 가깝지만, 그것을 실현하는 기술과 방법을 모르고 미흡하기 때문에 재해가 발생한다. 안전보건교육은 안전지식과 보건에 대한 지식을 인지하여 안전보건에 대한 태도형성을 습관화하므로 인간의 안전과 생명을 보호하기 위함이다.

❷ 안전교육지도 8원칙

안전교육지도 8원칙은 다음과 같다.

① 피교육자 중심(상대방 입장)
② 동기부여(알려고 하는 의욕)
③ 쉬운 것에서 점차 어려운 것으로(사전 능력 파악 후)
④ 반복(무의식 행동까지 반복)
⑤ 한 번에 한 가지씩(순서대로)
⑥ 오감 활용
⑦ 인상의 강화
⑧ 기능적인 이해

Section 18   안전심리 5요소

❶ 개요

동기(motive) · 기질(temper) · 감정(feeling) · 습성(habit) · 습관(custom)을 안전심리의 5대 요소라 하며 이를 잘 분석하고 통제하는 것이 사고예방의 핵심이 된다. 사고발생 메커니즘을 분석해보면 인간의 심리적 요인과 주변환경에 의해 불안전한 상태 또는 불안전한 행동이 야기되어 사고를 일으키게 된다.

❷ 안전심리 5대 요소

안전심리 5대 요소는 다음과 같다.

① 동기(Motive) : 사람의 마음을 움직이는 원동력
② 기질(Temper) : 인간의 성격, 능력 등 개인 특성
③ 감정(Emotion) : 사고를 일으키는 정신적 동기
④ 습성(Habits) : 인간행동에 영향을 미칠수 있는 것
⑤ 습관(Custom) : 성장과정에서 자신도 모르게 습관화 됨

Section 19 인간의 주의 특성 3가지

❶ 개요

주의란 행동의 목적에 의식수준이 집중되는 심리상태로써, 단순한 자극을 명료하게 의식할 수 있는 시간은 불과 수 초에 불과하다. 즉, 본인은 주의하고 있더라도 실제로는 의식하지 못하는 순간이 반드시 존재한다.

❷ 주의의 특성

1) 선택성

한 번에 여러 자극을 동시에 지각 · 수용하지 못하고 특정한 것에 한정해서 선택하는 기능으로 주의력의 중복집중은 곤란하다.

2) 변동성

주의는 리듬이 있어 언제나 일정한 수준을 지키지는 못하며 주의력의 단속성으로 고도의 주의는 장시간 지속이 불가하다.

3) 방향성

한 지점에 주의를 하면 다른 곳의 주의는 약해지며 주의집중은 좋은 것이지만 반드시 최상의 상태는 아니다. 공간적으로 시선에 초점이 맞으면 쉽게 인지되지만 벗어난 부분은 무시되기 쉽다.

라스무센(Jens Rasmussen)의 인간의 행동 3가지와
리즌(James Reason)의 불안전행동 유형 4가지

1 개요

라스무센의 사다리모형을 바탕으로 한 제임스 리즌의 GEMS모형으로 우리의 몸은 두 가지 기억이 존재하고 있는 있는데 하나는 절차적 기억이며, 또 다른 하나는 의미적 기억이다. 절차적 기억은 익숙해진 동작을 몸이 기억하는 것이며, 의미적 기억은 과거의 경험을 기억하고 있는 에피소드의 기억 등과 같이 지식으로 축적된 기억이다.

2 라스무센(Jens Rasmussen)의 인간의 행동 3가지와 리즌(James Reason)의 불안전행동 유형 4가지

1) 라스무센(Jens Rasmussen)의 인간의 행동 3가지

Rasmussen은 실제 산업현장에서 이루어지는 작업을 인지 프로세스의 종류에 따라 3가지로 분류하였다. SBB(Skill Based Behavior), RBB(Rule Based Behavior), KBB (Knowledge Based Behavior)이다. 스킬기반작업은 몸이 기억하고 있는 행동, 룰기반 작업은 규칙에 따라 행하는 행동, 지식기반작업은 지식에 따라 행하는 행동이다.

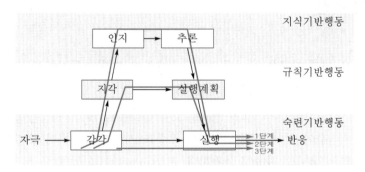

[그림 2-18] 라스무센(Jens Rasmussen)의 인간의 행동 3가지

통상 스킬기반으로 이루어지는 작업에서도 작은 일상적인 트러블이 생기면 매뉴얼에 따라 대처하는 룰기반으로 변하고, 그것으로 해결되지 않으면 지식기반과제가 된다. 이 것을 라스무센의 사다리모델이라 하는데 플랜트의 프로세스 컨트롤과 같은 작업 중에 발생하는 휴먼에러의 패턴을 이해하고 안전대책을 검토하는 데 있어 매우 유익한 모델 이다.

2) 리즌(James Reason)의 불안전행동 유형 4가지

영국의 심리학자 제임스 리즌(James Reason)은 라스무센의 3단계 사다리모형과 도널드 노먼(Donald A. Norman)의 행위 스키마를 통합하여 GEMS(Generic Error Modeling System) 모델을 만들었다. 그에 의하면 인간의 불안전한 행동의 원인을 크게 2가지로 분류한다. 리즌의 GEMS모형은 인간의 불안전한 행동은 의도되지 않은 비고의적 행동과 의도된 고의적 행동으로 구분한다. 여기서 가장 최악의 것은 고의적 행동이다. 고의적 행동이 위험한 이유는 자신의 행동이 틀렸다는 것을 알지 못하기 때문에 중간에 수정이 불가능하고 큰 사고가 발생하고 나서야 비로소 알아차린다. 고의적 행동은 자신이 틀렸다는 것을 모르고 행하는 착오(Mistake)가 있고 알면서도 행하는 위반(Violation)있는데, 위반은 다시 위반 행동은 일상적 위반, 상황적 위반, 예외적 위반으로 나뉜다. 의도되지 않은 비고의적 행동은 숙련기반행동에서 주로 나타나는 것으로 기억을 못해 발생하는 망각(lapse)과 주의를 기울이지 못해 발생한 단순한 실수(slip)가 있다.

[그림 2-19] 리즌(James Reason)의 불안전행동 유형 4가지

Section 21

양립성의 정의와 종류

1 정의

양립성(compatibility)은 인간공학에서 자극들 간의, 반응들 간의, 혹은 자극-반응 조합에 대하여 공간, 운동, 개념 혹은 양태(modality) 관계가 인간의 기대와 모순되지 않는 것을 말한다.

양립성의 정도가 높을수록 학습이 더 빨리 진행되고, 반응시간이 더 짧아지며 오류가 줄어들고, 정신적 부하가 감소한다. 그리고 양립성의 생성은 본질적(본능적)으로 습득되거나, 문화적으로 습득된다.

② 양립성의 종류

(1) 개념양립성

사람들이 가지고 있는 개념적 연상의 양립성으로 개념양립성은 코드나 심벌의 의미가 인간이 갖고 있는 개념과 양립된다. 이는 냉수(파랑)와 온수(빨강)를 색깔로 구분한 정수기는 사용자가 가지고 있는 개념적 연상에 관한 기대와 일치하도록 하는 개념양립성의 원리가 적용되어 사용되기도 한다. 또한 비행기 모형으로 비행장을 연상하게 하는 것과도 같은 맥락에서 이해할 수 있다.

(2) 운동양립성

표시장치와 조종장치, 그리고 체계 반응의 운동 방향 간의 관계를 나타내는 것으로 운동양립성은 조종기를 조작하거나 display상의 정보가 움직일 때 반응 결과가 인간의 기대와 양립되는 것을 말한다. 이는 자동차 핸들은 움직이는 방향에 따라 자동차가 움직이도록 하여 사용자가 기대하는 방향으로 움직이도록 하는 운동양립성의 원리가 적용된 것이다. 또한 한 예로 라디오의 음량을 줄일 때 조절장치를 반시계 방향으로 회전시키는 것이 운동양립성을 적용하여 제작한 것이다.

(3) 공간양립성

특정한 사물, 특히 표시장치나 조종장치에서 물리적 형태나 공간적인 배치의 양립성으로 공간양립성 같은 경우는 가스버너에서 오른쪽 조리대는 오른쪽 조리장치로, 왼쪽 조리대는 왼쪽 조절장치로 조정하도록 배치하는 것은 물리적 형태나 공간적인 배치가 사용자의 기대와 일치하도록 하는 공간양립성이 적용된 것으로 설명할 수 있다. 예로 button의 위치와 관련 display의 위치가 양립이다.

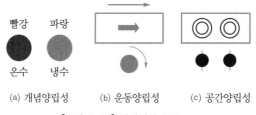

(a) 개념양립성　　　(b) 운동양립성　　　(c) 공간양립성

[그림 2-20] 양립성의 종류

Section 22

밀폐공간 질식 재해예방 안전작업 가이드에서 산소·유해 가스 농도 측정시기, 측정방법과 농도측정 자격자에 해당하는 경우와 질식재해 예방조치 사항 중 특별교육·훈련 시기 및 내용과 밀폐공간 작업프로그램 수립·시행사항

1 개요

사업장 내 질식을 일으킬 수 있는 장소는 기본적으로 환기가 부족하고, 산소부족이나 유해가스, 즉 위험한 공기가 있을 가능성이 높은 장소이다. 산업안전보건기준에 관한 규칙에서는 이처럼 질식을 일으킬 수 있는 장소를 밀폐공간이라고 하며, 18가지 밀폐공간의 유형을 규정하고 있다. ·

밀폐공간은 사방이 완전히 막힌 장소만을 의미하지는 않으며, 한쪽 면이 열려 있어도 환기가 부족하고 유해가스가 해당 공간에 머무르고 있을 수 있는 모든 공간을 밀폐공간이라 한다.

2 산소·유해가스 농도 측정시기, 측정방법과 농도측정 자격자에 해당하는 경우와 질식재해 예방조치 사항 중 특별교육·훈련시기 및 내용과 밀폐공간 작업프로그램 수립·시행사항

(1) 산소·유해가스 농도 측정시기, 측정방법과 농도측정 자격자에 해당하는 경우

1) 측정시기
   ① 작업을 시작하기 전
   ② 작업을 일시 중단하였다가 다시 시작하기 전
   ③ 작업 중에 수시로 측정하여야 한다.

2) 측정자
   산소 및 유해가스의 농도측정은 반드시 측정 장비의 조작과 그 결과에 대해 올바르게 해석할 수 있는 사람이 수행하여야 한다.

3) 측정방법
   ① 면적 및 깊이를 고려하여 밀폐공간 내부를 골고루 측정한다(작업장소에 대해 수직 및 수평 방향으로 각각 3개소 이상 측정).

• 좁은 원형 맨홀인 경우	원칙적으로 3가지 깊이로 각 3개소 측정	• 넓은 원형 공간인 경우	전 맨홀의 밑을 3가지 깊이로 측정
• 좁은 원형 맨홀인 경우 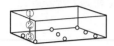	우선 맨홀의 바로 밑 ①~③을 측정하고 O는 공기호흡기 등을 장착하고 측정	• 구형 공간인 경우	정상의 맨홀 바로 밑 X 3점과 척도상의 샘플링 구멍을 측정

[그림 2-21] 공간별 밀폐공간 측정방법

② 탱크 등 깊은 장소의 농도를 측정할 때에는 고무호스나 PVC로 된 채기관을 연결하여 측정한다(채기관은 1m마다 작은 눈금으로, 5m마다 큰 눈금으로 표시).

(2) 질식재해 예방조치 사항 중 특별교육 · 훈련시기 및 내용과 밀폐공간 작업프로그램 수립 · 시행사항

1) 특별교육

밀폐공간 작업에 종사하게 될 근로자를 대상으로 최초 작업투입 전 특별교육을 실시하여야 한다.

① 교육대상 교육시간

   ㉠ 일용근로자 : 2시간 이상

   ㉡ **일용근로자를 제외한 근로자** : 16시간 이상(최초 작업에 종사하기 전 4시간 이상 실시하고 12시간은 3개월 이내에서 분할하여 실시 가능), 단기간 작업 또는 간헐적 작업인 경우에는 2시간 이상

② 교육내용

   ㉠ 산소농도 측정 및 작업환경에 관한 사항

   ㉡ 사고 시의 응급처치 및 비상시 구출에 관한 사항

   ㉢ 보호구 착용 및 사용방법에 관한 사항

   ㉣ 밀폐공간작업의 안전작업방법에 관한 사항

   ㉤ 그 밖에 안전 · 보건관리에 필요한 사항

2) 긴급구조훈련

사업주는 긴급상황 발생 시 신속히 대응할 수 있도록 6개월에 1회 이상 주기적으로 긴급구조훈련을 실시하여야 한다.

3) 밀폐공간 작업 프로그램수립 · 시행사항

① 밀폐공간 작업 프로그램은 밀폐공간을 보유한 사업장이 밀폐공간 안전관리에 관한 사항과 역할, 작업절차 등을 문서화한다.

② 밀폐공간 작업 프로그램을 수립할 때에는 관련되는 모든 부서가 함께 참여하고, 각 부분별 담당부서 또는 관리책임자를 명시하고, 역할도 함께 기재한다.

③ 수립된 밀폐공간 작업 프로그램은 도급으로 이루어지는 작업에 대해서도 동일하게 적용한다.

Section 23 인적에러(human error) 방지를 위한 안전가이드에서 인적오류의 종류, 보수작업 시 인적에러 방지대책

1 개요

인적에러(human error)라 함은 사람이 원하는 목표를 성취하기 위해 계획된 행동이 실패한 것을 말한다. 인적에러는 과실 또는 오수행(slip), 망각 또는 건망증(lapse), 조작 실수(mistake) 및 규칙위반(violation)으로 구분된다.

2 인적오류의 종류, 보수작업 시 인적에러(human error) 방지대책

인적오류의 종류, 보수작업 시 인적에러 방지대책을 설명하면 다음과 같다.

(1) 인적오류의 종류

인적오류 또는 불안전한 행동의 종류는 [그림 2-22]와 같이 구분할 수 있다.

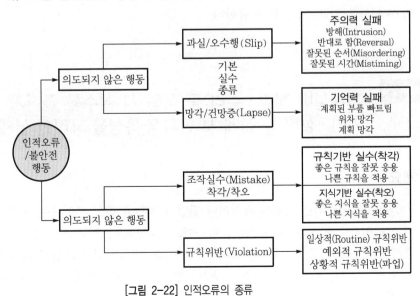

[그림 2-22] 인적오류의 종류

(2) 보수작업 시 인적에러 방지대책

보수작업 시 인적에러로부터 주요 사고위험을 방지하기 위한 유형별 방지대책은 다음과 같다.

1) 작업 계획

위험평가에 따른 위험요소 유형 분류 및 관리방안, 작업 시 손상될 수 있는 부품에 대한 보호조치, 작업자의 안전한 작업 실행을 위한 작업량과 시간, 건강사항 등을 점검한다.

2) 장비 분리

위험요소를 신속히 제거할 수 있는 방안을 마련한다.

3) 장비 접근

덮개와 해치 개방을 통해 장비의 접근을 양호하게 한다.

4) 수리작업 수행

장비의 상태를 양호하게 유지하기 위해서 시각 및 도구를 이용한 검사를 시행하고, 필요한 교체 혹은 수리작업을 실행한다.

5) 재조립 작업

장비의 올바른 정렬과 재조립 과정을 통해 실수를 억제하도록 한다.

6) 분리 제거

장비를 안전하게 재작동시키기 위해서는 장비복구를 엄격히 하고, 문제 발생 시 신속한 재분리가 가능하도록 한다.

7) 장비의 작동과 검사

장비의 적절한 작동을 위해 위치가 올바른가 점검하고, 엄격한 시험절차를 적용하며, 인가된 사람에게만 접근을 허용한다.

Section 24 **기계설비 점검·수리 등 작업 시 실수를 줄이기 위해서 기기·설비 등 설계 시 인지적 특성을 고려한 설계 원리**

❶ 개요

인지(cognition)는 과거의 경험이나 판단의 영향을 받아 일어나는 구체적인 사물에 대한 지각이다. 즉, 외부의 자극을 받아들이고, 저장하고, 인출하는 일련의 정신 과정으로 흔히 인식이라 이르기도 한다. 인지적 특성이란 개인의 인생 체험과 밀접한 인생관과 세계관, 즉 가치관에서 비롯된 인식, 생각, 판단 등의 사고 체계 또는 사고방식을 이른다고 할 수 있다.

❷ 인지적 특성을 고려한 설계 원리

인지적 특성을 고려한 설계 원리를 예를 들어 설명하면 다음과 같다.

① Good conceptual model : 사용자와 설계자의 모형이 일치하며 좋은 개념 모형을 제공한다.

② Compatibility : 인간의 기대와 일치하며 양립성이다.

③ Compulsory function to prevent error : 에러방지를 위한 강제적 기능으로 맞잠금, 안 잠금, 바깥잠금 등이 있다.

④ Simple : 단순화로 5개 이상 기억할 필요가 없게 만든다.

⑤ Safety design principle : 안전설계원리인 Fool proof, Fail safer, Temper proof를 적용한다.

⑥ Feedback : 작동결과에 대한 정보제공으로 전화기 버튼과 같은 경우이다.

⑦ Affordance : 물건에 사용에 관한 단서를 제공하며 사용상의 제약을 주어 사용방법을 유인하게 한다.

⑧ Visibility : 작동상태를 노출시킨다.

Section 25 **산업안전보건법령에서 정하고 있는 특별교육 대상에서 동력에 의하여 작동되는 프레스를 5대 이상 보유 및 사용하는 작업, 1톤 이상의 크레인을 사용하는 작업, 1톤 미만의 크레인 또는 호이스트를 5대 이상 보유 및 사용하는 작업에 대한 공통내용을 제외한 개별내용**

❶ 개요

특별 안전보건 교육대상 작업에 6개월 이상 근무 경험이 있는 근로자에 대해 이직 후 1년 이내 신규 채용되어 이직 전과 동일한 특별 교육대상 작업에 종사하는 경우와 근로자가 같은 사업장 내 다른 작업에 배치된 후 1년 이내에 배치 전과 동일한 특별 안전보건 교육 대상작업에 종사하는 경우, 또는 특별 안전보건 교육을 이수한 근로자가 같은 도급인의 사업장 내에서 이전에 하던 업무와 동일한 업무에 종사하는 경우이다.

2 동력에 의하여 작동되는 프레스를 5대 이상 보유 및 사용하는 작업, 1톤 이상의 크레인을 사용하는 작업, 1톤 미만의 크레인 또는 호이스트를 5대 이상 보유 및 사용하는 작업에 대한 공통내용을 제외한 개별내용(산업안전보건법 시행규칙, 별표 5, 개정 2023. 9. 27.)

1) 동력에 의하여 작동되는 프레스기계를 5대 이상 보유한 사업장에서 해당 기계로 하는 작업
   ① 프레스의 특성과 위험성에 관한 사항
   ② 방호장치 종류와 취급에 관한 사항
   ③ 안전작업방법에 관한 사항
   ④ 프레스 안전기준에 관한 사항
   ⑤ 그 밖에 안전·보건관리에 필요한 사항

2) 1톤 이상의 크레인을 사용하는 작업 또는 1톤 미만의 크레인 또는 호이스트를 5대 이상 보유한 사업장에서 해당 기계로 하는 작업(제40호의 작업은 제외한다)
   ① 방호장치의 종류, 기능 및 취급에 관한 사항
   ② 걸고리·와이어로프 및 비상정지장치 등의 기계·기구 점검에 관한 사항
   ③ 화물의 취급 및 안전작업방법에 관한 사항
   ④ 신호방법 및 공동작업에 관한 사항
   ⑤ 인양 물건의 위험성 및 낙하·비래(飛來)·충돌재해 예방에 관한 사항
   ⑥ 인양물이 적재될 지반의 조건, 인양하중, 풍압 등이 인양물과 타워크레인에 미치는 영향
   ⑦ 그 밖에 안전·보건관리에 필요한 사항

Section 26

인간-기계 시스템(man-machine system)에서 기본적인 기능 4가지, 인간과 기계의 장단점 비교, 인간에 의한 제어 정도에 따라 수동시스템, 기계화 시스템, 자동화 시스템으로 분류

1 개요

인간-기계 시스템은 주어진 입력으로부터 원하는 출력을 생성하기 위한 인간과 기계 및 부품의 상호 작용으로 주목적은 안전의 최대화와 능률의 극대화 및 재해를 예방하는 데 의미가 있다.

2 인간 – 기계 시스템(man-machine system)의 기본적인 기능 4가지와 인 간과 기계의 장단점 비교 및 인간에 의한 제어 정도에 따라 수동시스템, 기계화 시스템, 자동화 시스템으로 분류

(1) 인간-기계 시스템(man-machine system)의 기본적인 기능

[표 2-4] 인간과 기계의 기능비교(상대적 재능)

구분	인간이 기계보다 우수한 기능	기계가 인간보다 우수한 기능
감지기능	• 저에너지 자극감시 • 복잡다양한 자극형태 식별 • 예기치 못한 사건 감지	• 인간의 정상적 감지 범위 밖의 자극감지 • 인간 및 기계에 대한 모니터 기능 • 드물게 발생하는 사상감지
정보저장	• 많은 양의 정보를 장시간 보관	• 암호화된 정보를 신속하게 대량 보관
정보처리 및 결심	• 관찰을 통한 일반화 • 귀납적 추리 • 원칙 적용 • 다양한 문제해결(정상적)	• 연역적 추리 • 정량적 정보처리
행동기능	과부하 상태에서는 중요한 일에만 전념	• 과부하 상태에서도 효율적 작용 • 장시간 중량 작업 • 반복작업, 동시에 여러 가지 작업 가능

(2) 인간과 기계의 장단점 비교

1) 인간이 기계보다 우수한 기능

① 매우 낮은 수준의 자극도 감지(감지기관)

② 수신상태가 불량한 음극선관(CRT)의 영상처럼 배경잡음이 심해도 자극(신호)을 감지

③ 갑작스런 이상현상이나 예상치 못한 사건을 감지

④ 많은 양의 정보를 장시간 보관(기억)

⑤ 항공사진의 사체나 음성처럼 상황에 따라 변하는 복잡한 자극형태 식별

⑥ 보관된 정보를 회수(상기)하며, 관련된 수많은 정보 항목을 회수(회수신뢰도는 낮음)

⑦ 다양한 경험을 토대로 의사결정(상황)에 따른 적응적 결정 및 비상시 임기응변 가능

⑧ 운용방법실패 시 다른 방법 선택

⑨ 귀납적인 추리(관찰을 통한 일반화)

⑩ 원칙을 적용, 다양한 문제해결

⑪ 주관적인 추산과 평가

⑫ 전혀 다른 새로운 해결책 찾아냄

⑬ 과부하 상황에서는 상대적으로 중요한 활동에만 전심

⑭ 다양한 종류의 운용 요건에 따라 신체적인 반응을 적응

2) 기계가 인간보다 우수한 기능

① 인간의 정상적인 감지 범위 밖의 자극을 감지(X선, 레이더파, 초음파 등)

② 연역적 추리(자극이 분류한 어떤 급에 속하는가를 판별하는 것처럼)

③ 사전에 명시된 사상이나 드물게 발생하는 사상을 감지

④ 암호화된 정보를 신속하게 대량으로 보관 가능

⑤ 구체적인 지시에 의해 암호화된 정보를 신속하고 정확하게 회수

⑥ 정해진 프로그램에 의해 정량적인 정보처리

⑦ 입력 신호에 신속하고 일관성 있게 반응

⑧ 반복 작업의 수행에 높은 신뢰성

⑨ 상당히 큰 물리적인 힘을 규율 있게 발휘

⑩ 장기간에 걸쳐 원만한 작업 수행(인간은 피로 누적)

⑪ 물리적인 양을 계수하거나 측정

⑫ 여러 개의 프로그램 된 활동 동시 수행

⑬ 과부하 상태에서도 효율적으로 작동

⑭ 주위가 소란해도 효율적으로 작동

(3) 인간 – 기계 시스템의 유형 및 기능

1) 수동 시스템

인간의 신체적인 힘을 동력원으로 사용하여 작업을 통제(동력원 및 제어: 인간, 수공구나 기타 보조물로 구성)하며 다양성 있는 체계로 역할할 수 있다.

2) 기계 시스템

반자동시스템으로 변화가 적은 기능들을 수행하도록 설계(고도로 통합된 부품들로 구성되며 융통성이 없는 체계)이다. 동력은 기계가 제공, 조정 장치를 사용한 통제는 인간이 담당한다.

3) 자동 시스템

감지, 정보처리 및 의사결정 행동을 포함한 모든 임무를 수행(완전하게 프로그램되어야 함)하며 대부분 폐회로 체계이며, 신뢰성이 완전하지 못하여 감시, 프로그램 작성 및 수정 정비, 유지 등은 인간이 담당한다.

CHAPTER 03 산업안전관계법규

1. 지금까지 산업안전관계법규에 관련된 출제문제는 최근(시행일 기준)의 관계법규를 검토하여 수정 및 보완하였다.
2. 산업안전관계법규는 산업발전의 동향에 따라 변경될 가능성이 많으므로 시험 전 반드시 노동부 고시, 공지사항 등을 참고하기 바란다.
3. 또한, 당해 국회나 관계부처에서 논의된 개정된 법이나 고시 내용은 출제빈도가 높으니 검토하여 준비하기 바란다.

산업안전보건법 제58조에 의거 검사를 받아야 하는 기계·기구의 종류, 이들의 적용범위, 검사의 종류, 검사에 따른 시기 또는 주기

❶ 심사의 종류, 시기 및 방법

(안전인증·자율안전 확인신고의 절차에 관한 고시 제7조 [시행 2022. 8. 3.])

① 규칙 제110조 제2항에 따라 고용노동부장관이 정하는 안전인증대상기계 등의 종류별 또는 규격 및 형식별 심사종류 및 시기는 [별표 4]에 따른다.

② 제1항에도 불구하고 안전인증을 신청하는 자가 희망하는 경우 형식별 제품심사대상 기계·기구 등에 대해 개별 제품심사로 신청할 수 있다. 이 경우 기술능력 및 생산체계심사와 확인심사는 면제한다.

❷ 안전인증 심사의 종류 및 방법

(산업안전보건법 시행규칙 제110조 [시행 2023. 9. 28.])

(1) 안전인증 심사의 종류

유해·위험기계 등이 안전인증기준에 적합한지를 확인하기 위하여 안전인증기관이 하는 심사는 다음 각 호와 같다.

① 예비심사 : 기계 및 방호장치·보호구가 유해·위험기계 등 인지를 확인하는 심사(법 제84조 제3항에 따라 안전인증을 신청한 경우만 해당한다)

② 서면심사 : 유해·위험기계 등의 종류별 또는 형식별로 설계도면 등 유해·위험기계 등의 제품기술과 관련된 문서가 안전인증기준에 적합한지에 대한 심사

③ 기술능력 및 생산체계 심사: 유해·위험기계 등의 안전성능을 지속적으로 유지·보증하기 위하여 사업장에서 갖추어야 할 기술능력과 생산체계가 안전인증기준에 적합한지에 대한 심사. 다만, 다음 각 목의 어느 하나에 해당하는 경우에는 기술능력 및 생산체계 심사를 생략한다.

　㉠ 영 제74조 제1항 제2호 및 제3호에 따른 방호장치 및 보호구를 고용노동부장관이 정하여 고시하는 수량 이하로 수입하는 경우

　㉡ 제4호 가목의 개별 제품심사를 하는 경우

　㉢ 안전인증(제4호 나목의 형식별 제품심사를 하여 안전인증을 받은 경우로 한정한다)을 받은 후 같은 공정에서 제조되는 같은 종류의 안전인증대상기계 등에 대하여 안전인증을 하는 경우

④ 제품심사 : 유해 · 위험기계 등이 서면심사 내용과 일치하는지와 유해 · 위험기계 등의 안전에 관한 성능이 안전인증기준에 적합한지에 대한 심사. 다만, 다음 각 목의 심사는 유해 · 위험기계 등별로 고용노동부장관이 정하여 고시하는 기준에 따라 어느 하나만을 받는다.

　㉠ 개별 제품심사 : 서면심사 결과가 안전인증기준에 적합할 경우에 유해 · 위험기계 등 모두에 대하여 하는 심사(안전인증을 받으려는 자가 서면심사와 개별 제품심사를 동시에 할 것을 요청하는 경우 병행할 수 있다)

　㉡ 형식별 제품심사 : 서면심사와 기술능력 및 생산체계 심사 결과가 안전인증기준에 적합할 경우에 유해 · 위험기계 등의 형식별로 표본을 추출하여 하는 심사(안전인증을 받으려는 자가 서면심사, 기술능력 및 생산체계 심사와 형식별 제품심사를 동시에 할 것을 요청하는 경우 병행할 수 있다)

(2) 안전인증대상 기계 · 기구 등별 심사종류 및 시기

(제7조, 안전인증 · 자율안전 확인신고의 절차에 관한 고시, [시행 2022. 8. 3.])

[별표 4] 안전인증대상 기계 · 기구 등별 심사종류 및 시기(제7조 제1항 관련)

구분	서면심사	기술능력 및 생산체계심사	제품심사 개별 제품심사	제품심사 형식별 제품심사	확인심사	제품심사 시기
1. 영 제74조 제1항 제1호의 기계 · 기구 및 설비						
가. 프레스	심사대상	심사대상	–	심사대상	심사대상	출고 전
나. 전단기	심사대상	심사대상	–	심사대상	심사대상	출고 전
다. 절곡기	심사대상	심사대상	–	심사대상	심사대상	출고 전
라. 크레인	심사대상	심사대상 (호이스트 및 차량탑재용 크레인)	심사대상 (호이스트 및 차량탑재용 크레인을 제외한 모든 크레인)	심사대상 (호이스트 및 차량탑재용 크레인)	심사대상 (호이스트 및 차량탑재용 크레인)	• 최초설치 또는 이전 설치를 완료한 때(개별제품심사 대상) • 출고 전(형식별 제품심사 대상)
마. 리프트	심사대상	심사대상 (이삿짐운반용 리프트)	심사대상 (이삿짐 운반용 리프트를 제외한 모든 리프트)	심사대상 (이삿짐 운반용 리프트)	심사대상 (이삿짐 운반용 리프트)	• 최초설치 또는 이전 설치를 완료한 때(개별제품심사 대상) • 출고 전(형식별 제품심사 대상)

구분	서면 심사	기술능력 및 생산체계심사	제품심사		확인심사	제품심사 시기
			개별 제품심사	형식별 제품심사		
바. 압력용기	심사 대상	–	심사대상	–	–	출고 전
사. 롤러기	심사 대상	심사대상	–	심사대상	심사대상	출고 전
아. 사출성형기	심사 대상	심사대상	–	심사대상	심사대상	출고 전
자. 고소작업대	심사 대상	심사대상	–	심사대상	심사대상	출고 전
차. 곤돌라	심사 대상	심사대상 (좌석식 곤돌라)	심사대상 (좌석식 곤돌라제외)	심사대상 (좌석식 곤돌라)	심사대상 (좌석식 곤돌라)	• 최초설치 또는 이전 설치를 완료한 때(동일 사업장 내에서 이전 설치한 것을 제외한 개별제품 심사대상) • 출고 전(형식별 제품심사 대상)
2. 영 제74조 제1항 제2호의 방호장치	심사 대상	심사대상 (제5조 규정에 의한 안전인증대 상제품 제외)	–	심사대상	심사대상 (제5조 규정에 따른 안전인증 대상제품 제외)	출고 전 (제5조에 따른 안전인증대상제 품은 수입 시 마다)
3. 영 제74조 제1항 제3호의 보호구	심사 대상	심사대상 (제5조 규정에 의한 안전인증대 상제품 제외)	–	심사대상	심사대상 (제5조 규정에 따른 안전인증 대상제품 제외)	출고 전 (제5조에 따른 안전인증대상제 품은 수입 시 마다)
4. 법 제84조 제4항에 따라 안전인증을 신청할 경우	심사 대상	심사대상	–	심사대상	심사대상	출고 전 또는 설치를 완료한 때

압력용기 설계 시 설계압력과 최고 사용압력

1 개요

화학공정 유체취급용기와 모든 사업장의 공기 및 질소저장탱크 등으로서 사용압력의 값 (음의 압력을 포함한다. 이하 같다)이 게이지압력으로 $0.2kgf/cm^2$(20kPa) 이상이 되고, 사용압력(단위 : kgf/cm^2)과 용기내용적(단위 : m^3)의 곱이 1 이상인 압력용기에 적용 한다. 화학공정 유체취급용기는 증발, 흡수, 증류, 건조, 흡착 등의 화학공정에 필요한 유체를 저장, 분리, 이송, 혼합 등에 사용되는 설비로서, 탑류(증류탑, 흡수탑, 추출탑 및 감압탑 등), 반응기 및 혼합조류, 열교환기류(가열기, 냉각기, 증발기 및 응축기 등) 및 저장용기 등을 말한다.

2 압력용기 설계 시 관련 압력과 온도

(1) 설계압력

용기 설계 시 각 부의 계산두께 또는 기계적 강도를 결정할 때 사용하는 압력으로, 사 용압력 및 사용온도와 관련하여 가장 가혹한 조건이며 진공 시는 음의 압력(외압)으로 계산한다.

(2) 최고 허용압력

압력용기를 설치한 후 용기 외상부에서 허용될 수 있는 최고의 압력으로 다음을 고려 하여 계산한다.

① 압력 이외의 하중에 대해 요구되는 두께 및 부식여유를 제외한 후 계산
② 안전장치의 분출압력의 기준이 되는 압력
③ 설계압력을 최고 허용압력으로 사용 가능
④ 2개 이상의 부분으로 되어 있는 경우 각각의 부분에 대해 최고 허용압력을 정함
⑤ 압력용기의 사용조건에 따라 설계온도를 다르게 할 경우에는 각각의 설계온도에 대응 해서 최고 허용압력을 정할 것

(3) 사용압력

압력용기를 실제로 사용할 때의 압력으로, 사용상태에서 최상부의 최고압력이다.

(4) 설계온도(최고 사용온도 또는 최저 사용온도)

설계압력을 정할 때 설계압력에 대응해서 사용조건으로부터 정해지는 온도로, 다음 사항을 고려하여 반영한다.

① 어떤 경우에도 재료 표면온도는 그 재료에 대한 사용제한온도 또는 허용동력표에 정해진 온도범위를 초과해서는 안 된다.

② 압력용기 각각의 부분에 대하여 설계온도를 정할 수 있다.

③ 재료의 온도는 공식으로 인정된 전열계산식으로 구하거나 온도계를 부착해 재료의 온도 및 내용물의 온도를 측정한다.

④ 최저온도의 월 평균치가 −10℃ 이상일 경우는 바깥기온에 대해 고려할 필요가 없다.

③ 재료

(1) 재료 일반

① **규격재료** : 사용할 수 있다고 규정하는 규격재료는 압력용기의 규정에 명시된 재료이다.

② **규격재료 이외의 규격에 따른 재료** : 압력용기의 규정에 명시된 규격과 동등 이상의 성질을 갖는다는 것을 확인한 경우에 한한다.

③ **사용재료** : 용접검사의 Ⅰ단계 검사 또는 구조검사의 Ⅰ단계 검사에 합격된 재료 및 두께 이상이다.

④ **재료의 허용치수차** : 실제두께와 최소두께와의 차이가 0.25mm 또는 공칭두께의 6% 중 작은 값 이하이면 사용 가능하며, 관재를 사용하는 경우에는 KS에 정해진 두께에 대한 음(−) 쪽의 허용차를 계산에 넣어야 한다.

(2) 재료의 사용제한

① 재료는 허용인장응력값에 대응하는 온도범위를 초과하여 사용해서는 안 된다.

② 강재로서 탄소함유량 0.35%를 초과하는 것은 용접구조에 사용해서는 안 된다.

③ KS D 3515는 설계압력이 30kgf/cm²를 초과하는 압력용기의 동체, 경판 및 이와 유사한 부분에 사용해서는 안 되며, 1종의 A, 2종의 A, 3종의 A는 제외한다.

④ KS D 3503과 KS D 3515는 다음에 열거한 부분에 사용해서는 안 된다.
ㄱ 설계압력이 16kgf/cm²를 초과하는 압력용기의 동체, 경판 그 밖에 이와 유사한 부분
ㄴ 설계압력이 10kgf/cm²를 초과하는 압력용기의 동체 및 경판에 있어서 동체를 용접으로 길이이음한 것 또는 경판에 용접이음이 있는 것
ㄷ 동체, 경판, 그 밖에 이와 유사한 부분으로서 용접부의 모재두께가 16mm를 초과하는 것
ㄹ 유독물질을 넣는 압력용기의 동체, 경판, 기타 이와 유사한 부분

⑤ KS D 3507은 다음 사항의 압력용기 부분에 사용해서는 안 된다.

  ㉠ 설계압력이 10kgf/cm²를 초과하는 것

  ㉡ 설계온도가 0℃ 미만 또는 100℃를 초과하는 것. 다만, 수증기 또는 물의 경우에는 200℃까지, 설계압력이 2kgf/cm² 미만의 유체에 대해서는 350℃까지 사용할 수 있다.

  ㉢ 유독물질을 넣는 것을 목적으로 하는 것

(3) 재료의 허용응력

계산에 사용되는 재료의 허용인장응력 검사기준은 다음과 같다.

① 크리프영역에 도달하지 않는 설계온도에 있어서의 허용인장응력(주조품 제외)
② 크리프영역의 설계온도에 있어서의 허용인장응력
③ 주조품의 허용인장응력
④ 클래드의 허용인장응력
⑤ 인장강도가 정해지지 않은 탄소강재 : 인장시험결과에 의해 정해진 인장강도의 80%값의 1/4(단, 인장강도는 최대 41kgf/mm²)
⑥ 인장강도가 정해지지 않은 주철
⑦ 재료의 허용압축응력 : 허용인장응력을 적용
⑧ 재료의 허용굽힘응력
⑨ 재료의 전단에 대한 허용전단응력 : 허용인장응력의 80%
⑩ 용접관 또는 단접관의 허용인장응력

❹ 구조 일반

(1) 일반

① 사용압력과 사용온도를 고려한 가장 가혹한 조건에 대해서 설계되어야 한다.
② 압력용기를 설계하는 경우

  ㉠ 내압 또는 외압 이외에 필요에 따라서 급격한 압력변동을 포함한 충격하중
  ㉡ 압력용기 및 내용물의 무게
  ㉢ 압력용기에 부착 외 부속물 단열재, 배관 등의 부가하중
  ㉣ 정수압에 의한 부가압력, 바람, 지진하중, 진동
  ㉤ 받침대 등에 의한 국부능력
  ㉥ 작업상태에서 열의 영향 등

(2) 판의 두께

압력을 받는 부분에 사용되는 판의 성형 후의 실제두께는 다음에 따른다.

① 탄소강 강판 및 저합금강 강판은 부식여유를 빼고 2.5mm 이상

② 고합금강 강판으로 부식이 예상되지 않은 것은 1.5mm 이상, 부식이 예상되는 것은 2.5mm 이상

③ 비철금속판으로 부식이 예상되지 않은 것은 1.5mm 이상, 부식이 예상되는 것은 2.5mm 이상

(3) 부식(마모)여유

① 계산식에 의해서 정해지는 두께에 부식여유를 더해주어야 한다.

② 용기의 모든 부분에 동일한 부식여유를 주지 않아도 좋다.

③ 수증기 또는 물과 접촉하는 것을 1mm 이상의 부식여유를 더해주어야 한다.

④ ③을 제외하고 부식여유를 주지 않아도 된다.

⑤ 부식 및 기타 부분을 쉽게 검사할 수 있는 구조로 한다.

(4) 알림구멍

① 용접으로 부착시킨 보강제 또는 강화텐에는 알림구멍을 만들어야 한다.

② 동체판의 두께가 감소된 것을 확인하기 위하여 알림구멍을 설치할 수 있다.

③ 알림구멍은 지름 5mm 정도, 깊이는 계산두께의 80% 이상으로 하고, 손모가 예상되는 반대쪽의 면으로부터 뚫는다.

④ 클래드 또는 라이닝을 한 용기에 알림구멍을 설치하는 경우 구멍의 깊이는 클래드재 또는 라이닝재까지 가능하다.

❺ 내압을 받는 원통형 동체 또는 구형 동체의 강도

(1) 원통형 동체의 최고 허용압력

여기서, t : 판의 계산 두께(mm)

t_a : 판의 실제 두께(mm)

P : 설계압력(kgf/cm², MPa)

P_a : 최고 허용압력(kgf/cm², MPa)

D_i : 원통형 동체의 부식 후의 안지름(mm)

D_o : 원통형 동체의 부식 후의 바깥지름(mm)

σ_a : 재료의 허용인장응력(kgf/mm², N/mm²)

η : 길이이음의 용접이음효율

α : 부식여유(mm)

① $t/D_i \leq 0.25$ 또는 $P \leq 100\sigma_a\eta/2.6$의 경우

㉠ 안지름 기준 : $P_a = \dfrac{200\sigma_a\eta(t_a - \alpha)}{D_i + 1.2(t_a - \alpha)}$

㉡ 바깥지름 기준 : $P_a = \dfrac{200\sigma_a\eta(t_a - \alpha)}{D_o + 0.8(t_a - \alpha)}$

다만, 관인 경우 허용인장응력값에는 이미 용접효율이 삽입되어 있으므로 η를 100%로 한다.

② $t/D_i \geq 0.25$ 또는 $P \geq 100\sigma_a\eta/2.6$의 경우 : $P_a = 100\sigma_a\eta\left(\dfrac{Y-1}{Y+1}\right)$

여기서, $Y = \left(\dfrac{t_a - \alpha}{0.5D_i} + 1\right)^2$

(2) 구형 동체의 최고 허용압력

우선, D_i : 구형 동체의 부식 후의 안지름(mm)

η : 구형 동체 내의 용접이음의 용접효율

① $t/D_i \leq 0.178$ 또는 $P \leq 100\sigma_a\eta/1.5$의 경우 : $P_a = \dfrac{400\sigma_a\eta(t_a - \alpha)}{D_i + 0.4(t_a - \alpha)}$

② $t/D_i \geq 0.178$ 또는 $P \geq 100\sigma_a\eta/1.5$의 경우 : $P_a = \dfrac{200\sigma_a\eta(Z - \alpha)}{Z + 2}$

여기서, $Z = \left(\dfrac{t_a - \alpha}{0.5D_i} + 1\right)^3$

Section 3 압력용기에서의 내압시험
(한국산업안전보건공단/화학설비의 설치에 관한 기술지침)

1 개요

내압시험은 본체의 강도 및 누설 유무를 확인하는 제작공정상 최종의 검사로써 수압시험과 기압시험으로 구분되며, 기기를 설치현장에 반입하기 전에 내압시험 및 기밀시험을 행하는 것이 원칙이다. 내압시험의 수행방법은 압력용기 제작기준, 안전기준 및 검사기준 제29조에 따라 실시한다. 내압시험은 수압시험을 실시하는 것을 원칙으로 한다. 공기 또는 질소를 사용하는 기압시험은 완벽한 사전안전조치가 강구되지 않으면 사고의 위험이 수반되기 때문이다.

2 압력용기에서의 내압시험

① 수압시험의 시험절차는 다음과 같다.
- ㉠ 용기 전체를 물로 채운 다음 잔류공기를 제거하고 서서히 가압하여 시험압력까지 압력을 상승시킨 다음 압력을 유지하면서 용접 부분을 포함하여 각 부분을 점검해서 국부적인 평창 또는 누설되는 부분이 없는가를 확인한다.
- ㉡ 압력유지시간은 시험압력(최고 허용압력의 1.5배)에 도달한 다음 최소한 30분 이상 유지해야 한다.
- ㉢ 압력계는 최대눈금이 시험압력의 1.5배 이상 3배 이하의 것으로 2개를 사용한다.
- ㉣ 시험압력의 50%까지 서서히 가압하여 각 부분에 이상이 없음을 확인한 다음 10%씩 가압하여 각 단계별로 5분 이상 유지하면서 시험압력까지 상승시킨다.

② 기압시험은 현장 여건상 수압시험이 곤란한 경우로써 압력용기의 용접부위에 전길이 방사선시험(100%)을 수행 후 기압시험절차에 따라 실시한다.
- ㉠ 기압시험은 시험압력(최고허용압력의 1.25배)의 50%까지 서서히 가압하여 각 부위에 이상이 없음을 확인한 후 10%씩 단계적으로 가압한다.
- ㉡ 10%씩 단계적으로 5분 이상 유지하면서 압력을 상승시켜 시험압력에 도달시킨 후 다시 최고 허용압력까지 압력을 내리고, 이 압력에서 국부적인 팽창 또는 누설이 없어야 한다.

③ 열교환기의 내압시험 및 기밀시험은 관판(tube sheet)과 튜브의 접합부, 플랜지와 관판, 채널 플랜지와 관판 사이, 유동관판과 유동두(floating head) 플랜지 사이, 커버 및 관판 사이의 접촉면에 있어서의 이상 및 누설의 유무를 검사한다.

④ 튜브의 압력이 동체측보다 높을 경우 유동두, 케틀(kettle)형 등의 특수설계가 요구되는 열교환기의 내압 및 기밀시험에 대해서는 제작사양에 따라야 한다.

Section 4

줄걸이용 와이어로프 각도에 따른 하중변화(한국산업안전보건공단/줄걸이용 와이어로프의 사용에 관한 기술지침)

1 개요

와이어로프(wire rope)는 강철 철사(소선)를 여러 겹 합쳐 꼬아 만든 밧줄이다. 심재[心材, 코어(core)] 둘레로 스트랜드(strand)를 꼬아 만든 구조로 되어 있고, 스트랜드는 수많은 철선(wire)을 꼬아 만든다. 철선으로 구성된 와이어로프 단면은 높은 강도와 고유연성의 장점을 갖고 있어서 토목, 건축, 기계 등에 많이 쓰이며, 특히 항만 및 육상 운송시스템인 크레인, 엘리베이터 등 리프트를 사용하는 많은 장치들에 설치되고 있다.

❷ 줄걸이용 와이어로프 각도에 따른 하중변화

줄걸이 각도에 따른 하중계수는 [그림 3-1]에 따른다.

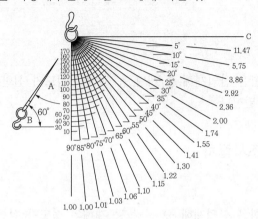

[그림 3-1] 줄걸이 각도에 따른 하중계수

여기서, A : 줄걸이 와이어로프 간의 각도

$\quad\quad\quad B$: 수평각

$\quad\quad\quad C$: 줄걸이 와이어로프에 걸리는 하중계수

적용 예를 들어보면 다음과 같다.

(1) 일반적인 경우

> **예제**
>
> 줄걸이용 와이어로프 6×19 도금된 A종 12.5mm(절단하중이 7.84톤)로 아이스플라이스 단말고정하여 줄걸이 와이어로프 간의 각도 60도, 즉 수평각 60도로 2톤을 양중하고자 할 때 안전율은?
>
> **풀이** 와이어로프의 파단하중 : 7.84톤　줄걸이 하중계수 : 1.15　단말고정효율 : 90%
> 안전율＝와이어로프의 파단하중×줄수×단말고정효율/사용하중×하중계수
> ＝7.84×2×0.9/2×1.15＝6.11

(2) 제조사에서 제조표시가 있는 경우

줄걸이용 와이어로프의 제조사에서 안전작업하중(SWL)을 표시한 경우는 줄걸이 각도에 따른 하중계수만 고려한다.

> **예제**
>
> 안전작업하중(SWL) 3톤용 줄걸이용 와이어로프를 2줄로 줄걸이 각도 60도로 하여 사용할 때 최대 사용하중은?
>
> **풀이** 최대 사용하중＝SWL×줄수/하중계수＝3×2/1.1547＝5.196(톤)

Section 5
중대재해(산업안전보건법 제2조 [시행 2024. 5. 17.], 시행규칙 제3조 [시행 2023. 9. 28.])

1 정의

중대재해라 함은 산업재해 중 사망 등 재해의 정도가 심한 것으로서, 고용노동부령이 정하는 재해를 말한다.

2 적용범위와 조사절차

(1) 적용범위

중대재해라 함은 산업재해 중 사망 등 재해의 정도가 심한 것으로 다음과 같다.

① 사망자가 1인 이상 발생한 재해
② 3개월 이상 요양을 요하는 부상자가 동시에 2인 이상 발생한 재해
③ 부상자 또는 직업성질병자가 동시에 10인 이상 발생한 재해

(2) 조사절차

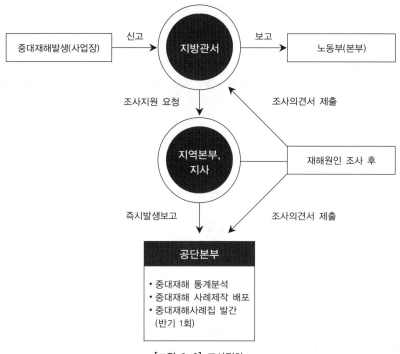

[그림 3-2] 조사절차

Section 6 천장크레인 안전작업방법(운전자 중심)

❶ 운전실 조작식 천장크레인의 운전

① 정격하중, 성능 및 안전장치기능을 완전히 이해하고 천장크레인 조종업무자격을 갖춘 자가 운전한다.

② 운전 전에 다음의 사항을 확인한다.
   ㉠ 주행로 및 크레인에 접촉할만한 장애물 존재 여부
   ㉡ 급유 및 볼트, 너트 체결상태
   ㉢ 기계실, 운전실 등의 레버, 스위치류 정지상태

③ 지상에 설치된 승강용 계단이나 사다리의 출입문은 확실히 닫아 관계자 외의 출입을 금지시킨다.

④ 출입문용 열쇠는 운전자 본인이 휴대하고 관리한다.

⑤ 권과방지장치, 브레이크 및 기타 각 장치에 대해 동작테스트를 실시한 후 운전을 개시한다.

⑥ 신호가 명확하지 않을 때에는 크레인의 운전을 중단하고 신호수에게 재확인한다.

⑦ 운전 중 갑자기 경보음이 울리면 즉시 크레인의 주행을 정지하고 그 원인을 파악, 제거한 후 다시 작업한다.

⑧ 운전 중 갑자기 정전이 될 때는 핸들을 모두 정위치에 놓고 주스위치를 끈 후 송전이 될 때까지 대기하며, 정전보상안전장치가 설치된 크레인도 안전장치를 과신하지 말고 마그넷 등에 매단 물체를 지상에 내려놓는다.

⑨ 지상 20~30cm에서 일단정지 확인 후 물체를 들어 올리며, 정해진 위치에 내려놓기 직전에 일단정지 후 천천히 바닥에 내려놓는다.

⑩ 운전 시작, 물체를 매달고 이동할 때, 진행방향으로 사람이 가고 있을 때, 기타 운전자가 위험을 느낄 때는 경보를 실시한다.

⑪ 운전 종료 시 트롤리는 운전실 가까이 또는 정해진 위치에 정지하고 훅은 상한 위치에 가깝게 감아올린다.

❷ 지상조작식(펜던트 스위치 조작식) 천장크레인의 운전

① 운전은 지정된 자만 수행한다.

② 운전 시작 전에 크레인 본체, 주행레일 등을 반드시 확인한다.

③ 펜던트 스위치의 케이블, 누름버튼스위치의 동작상태를 점검한다.

④ 매단 물체와 함께 이동해야 하므로 보행지역을 정하고 이동범위의 여유공간 등을 확보한다.

⑤ 운전 중에 크레인을 일시정지하고 줄걸이작업 등을 할 때에는 펜던트스위치의 조작 전원을 끈 후 작업한다.

⑥ 크레인의 운전방향과 펜던트스위치의 방향을 확인하면서 스위치를 조작한다.

⑦ 매단 물체와 벽 사이 또는 넘어질 우려가 있는 위치나 밑에서 운전하지 않는다.

⑧ 기타 안전작업방법은 운전실조작식 천장크레인에 준한다.

③ 무선조작식 천장크레인의 운전

① 운전은 지정된 자만 수행한다.

② 운전 시작 전에 크레인 본체, 주행레일 등을 반드시 확인한다.

③ 제어장치의 누름버튼스위치, 핸들스위치 등의 동작상태를 확인하며, 이때의 전원용 키스위치는 꺼짐상태로 한다.

④ 원칙적으로 걸어가면서 운전하지 않으며, 부득이 운전하면서 걸어가는 경우에는 안전통로를 사용한다.

⑤ 단독작업으로 운전자가 줄걸이작업을 할 때 제어장치의 스위치를 꺼짐상태로 둔다.

⑥ 운전 중 매단 물체의 흔들림, 다른 물체의 접촉에 의한 재해예방을 위해 안전한 피신 거리를 확보한다.

⑦ 제어장치는 항상 운전자가 소지해야 하며 작업 종료, 휴식 시에는 지정된 장소에 보관한다.

⑧ 기타 안전작업방법은 운전실조작식 천장크레인에 준한다.

Section 7 양중기의 와이어로프(산업안전보건기준에 관한 규칙 제163조~ 제170조 [시행 2024. 1. 1.])

① 와이어로프 등 달기구의 안전계수(제163조)

① 사업주는 양중기의 와이어로프 등 달기구의 안전계수(달기구 절단하중의 값을 그 달기구에 걸리는 하중의 최댓값으로 나눈 값을 말한다)가 다음 각 호의 구분에 따른 기준에 맞지 아니한 경우에는 이를 사용해서는 아니 된다.

㉠ 근로자가 탑승하는 운반구를 지지하는 달기와이어로프 또는 달기체인의 경우 : 10 이상

㉡ 화물의 하중을 직접 지지하는 달기와이어로프 또는 달기체인의 경우 : 5 이상

㉢ 훅, 샤클, 클램프, 리프팅 빔의 경우 : 3 이상

㉣ 그 밖의 경우 : 4 이상

② 사업주는 달기구의 경우 최대허용하중 등의 표식이 견고하게 붙어 있는 것을 사용하여야 한다.

2 고리걸이 훅 등의 안전계수(제164조)

사업주는 양중기의 달기 와이어로프 또는 달기체인과 일체형인 고리걸이 훅 또는 샤클의 안전계수(훅 또는 샤클의 절단하중 값을 각각 그 훅 또는 샤클에 걸리는 하중의 최댓값으로 나눈 값을 말한다)가 사용되는 달기 와이어로프 또는 달기체인의 안전계수와 같은 값 이상의 것을 사용하여야 한다.

3 와이어로프의 절단방법 등(제165조)

① 사업주는 와이어로프를 절단하여 양중(揚重)작업용구를 제작하는 경우 반드시 기계적인 방법으로 절단하여야 하며, 가스용단(溶斷) 등 열에 의한 방법으로 절단해서는 아니 된다.
② 사업주는 아크(arc), 화염, 고온부 접촉 등으로 인하여 열 영향을 받은 와이어로프를 사용해서는 아니 된다.

4 이음매가 있는 와이어로프 등의 사용 금지(제166조)

와이어로프의 사용에 관하여는 제63조 제1호를 준용한다. 이 경우 달비계는 양중기로 본다.

5 늘어난 달기체인 등의 사용 금지(제167조)

달기체인 사용에 관하여는 제63조 제2호를 준용한다. 이 경우 달비계는 양중기로 본다.

6 변형되어 있는 훅·샤클 등의 사용금지 등(제168조)

① 사업주는 훅·샤클·클램프 및 링 등의 철구로서 변형되어 있는 것 또는 균열이 있는 것을 크레인 또는 이동식 크레인의 고리걸이용구로 사용해서는 아니 된다.
② 사업주는 중량물을 운반하기 위해 제작하는 지그, 훅의 구조를 운반 중 주변 구조물과의 충돌로 슬링이 이탈되지 않도록 하여야 한다.
③ 사업주는 안전성 시험을 거쳐 안전율이 3 이상 확보된 중량물 취급용구를 구매하여 사용하거나 자체 제작한 중량물 취급용구에 대하여 비파괴시험을 하여야 한다.

7 **꼬임이 끊어진 섬유로프 등의 사용금지**(제169조)

섬유로프 사용에 관하여는 제63조 제3호를 준용한다. 이 경우 달비계는 양중기로 본다.

8 **링 등의 구비**(제170조)

① 사업주는 엔드리스(endless)가 아닌 와이어로프 또는 달기체인에 대하여 그 양단에 혹·샤클·링 또는 고리를 구비한 것이 아니면 크레인 또는 이동식 크레인의 고리걸 이용구로 사용해서는 아니 된다.

② 제1항에 따른 고리는 꼬아넣기[아이 스플라이스(eye splice)를 말한다], 압축멈춤 또는 이러한 것과 같은 정도 이상의 힘을 유지하는 방법으로 제작된 것이어야 한다. 이 경우 꼬아넣기는 와이어로프의 모든 꼬임을 3회 이상 끼워 짠 후 각각의 꼬임의 소선 절반을 잘라내고 남은 소선을 다시 2회 이상(모든 꼬임을 4회 이상 끼워 짠 경우에는 1회 이상) 끼워 짜야 한다.

Section 8 **와이어로프검사 및 주의사항(한국산업안전보건공단/와이어로 프 사용안전에 관한 기술지침)**

1 **검사**

(1) 마모 정도

지름을 측정하되 전장에 걸쳐 많이 마모된 곳, 하중이 가해지는 곳 등을 여러 개소에서 측정한다.

(2) 단선 유무

단선의 수와 분포상태 즉, 동일 스트랜드에서의 단선개소, 동일 소선에서의 단선개소 등을 조사한다.

(3) 부식 정도

녹이 슨 정도와 내부의 부식 유무 등을 조사한다.

(4) 보유상태

와이어로프 표면상의 보유상태와 윤활유가 내부에 침투된 상태 등을 조사한다.

(5) 연결개소와 끝 부분의 이상 유무

삽입된 끝 부분이 풀려있는지의 유무와 연결부의 조임상태 등을 조사한다.

(6) 기타 이상 유무

엉킴의 유무와 꼬임상태에 이상이 있는가를 조사한다.

2 와이어로프의 마모요인

① 와이어로프의 급유 부족
② 시브 베어링에 급유 부족
③ 열의 하중을 걸고 장시간 작업을 하는 경우
④ 와이어로프가 드럼에 흐트러져 감길 경우
⑤ 로프에 부착된 이물질의 영향
⑥ 부적당한 시브의 홈에 의한 영향
⑦ 과하중에 의한 변화
⑧ 킹크 발생에 의한 영향
⑨ 작업하중조건의 변화
⑩ 사용 시브의 정렬 불량

3 달비계의 구조(안전보건규칙 제63조, [시행 2024. 1. 1.])

사업주는 곤돌라형 달비계를 설치하는 경우에는 다음 각 호의 사항을 준수해야 한다. 〈개정 2021. 11. 19.〉

1) 다음 각 목의 어느 하나에 해당하는 와이어로프를 달비계에 사용해서는 아니 된다.
  ① 이음매가 있는 것
  ② 와이어로프의 한 꼬임[스트랜드(strand)를 말한다. 이하 같다]에서 끊어진 소선(素線)[필러(pillar)선은 제외한다]의 수가 10퍼센트 이상(비자전로프의 경우에는 끊어진 소선의 수가 와이어로프 호칭지름의 6배 길이 이내에서 4개 이상이거나 호칭지름 30배 길이 이내에서 8개 이상)인 것
  ③ 지름의 감소가 공칭지름의 7퍼센트를 초과하는 것
  ④ 꼬인 것
  ⑤ 심하게 변형되거나 부식된 것
  ⑥ 열과 전기충격에 의해 손상된 것

4 와이어로프 취급 시 주의사항

① 절단한 와이어의 끝은 풀리지 않도록 용접하여 보관한다.
② 와이어로프는 로프오일(적색 그리스유)을 주유한다.

③ 드럼에 와이어로프를 감거나 풀 때 킹크가 발생되지 않도록 한다.

④ 신품으로 교환한 로프는 사용개시 전 정격하중의 50%를 걸고 고르기 운전한다.

⑤ 작업개시 전 로프에 정격하중의 150%를 걸어 안전을 확인하고 작업한다.

⑥ 로프부식은 로프열화에 더욱 심각한 원인이 되므로, 이를 방지하기 위하여 로프를 항상 도유상태가 잘 되어 있도록 관리되어야 한다.

Section 9 와이어로프의 표시법

1 와이어로프의 구성(construction of wire rope)

와이어로프의 구성은 통상 중심(core)과 이를 둘러싼 수 개의 스트랜드(strand)로 크게 구분하여 설명할 수 있다. 스트랜드의 수는 구성에 따라 달라질 수 있지만 일반적으로 3~8개로 이루어지며, 스트랜드를 구성하는 강선(wire)의 수는 로프의 종류에 따라 다양하게 배열되어진다. 그리고 당사 제품에 있어서는 로프의 중심에 당사명이 인쇄된 표시 테이프 혹은 표시사를 삽입하여 타사 제품과의 차별성을 부각시키고 있다.

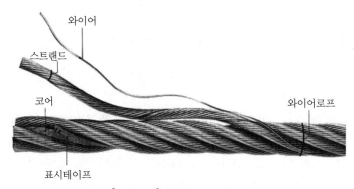

[그림 3-3] 와이어로프의 구성

한국공업표준규격(KS)에서 표기한 KS 3호(6×19)와 KS 6호(6×37)의 와이어로프 단면도와 표기방법은 [그림 3-4]와 같다.

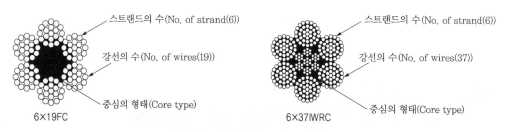

[그림 3-4] 와이어로프의 표기방법

② 다발형 로프(swaged rope)

6×WS(26)+IWRC

지름 (mm)	최소 절단하중 (ton)	단위중량 (kg/m)
12.7	13.8	0.878
14.3	17.5	1.071
15.9	21.4	1.301
17.5	25.7	1.547
19.0	30.6	1.818
20.6	35.9	2.113
22.2	41.5	2.753
23.8	47.4	3.108
25.4	53.9	3.482
28.6	67.8	4.301
31.8	83.3	5.209

용도는 임업용 등으로 사용된다.

③ 단일로프(비회전형, uni-rope)

4×SeS(39)+FC

지름 (mm)	최소절단하중 (ton)		단위중량 (kg/m)
	H등급	SH등급	
16.0	16.7	18.1	1.030
18.0	21.1	22.9	1.300
19.0	23.6	25.6	1.450
20.0	26.1	28.2	1.610
22.4	32.8	35.5	2.020
24.0	36.3	39.3	2.320
26.0	44.0	47.6	2.720
28.0	51.2	55.4	3.150
32.0	66.8	72.3	4.120
33.5	73.2	79.2	4.510
34.0	75.4	81.6	4.650
35.5	82.2	89.0	5.070

용도는 크레인용과 호이스트용 등으로 사용된다.

4 다중꼬임로프(multi strand rope)

◀면접촉로프▶

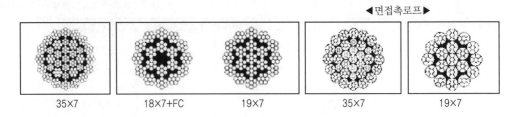

| 35×7 | 18×7+FC | 19×7 | 35×7 | 19×7 |

용도는 크레인용, 호이스트용 등에 사용된다.

5 동력용 로프(power flex rope)

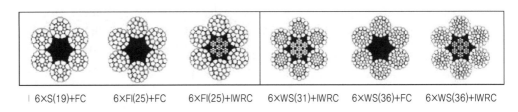

| 6×S(19)+FC | 6×Fi(25)+FC | 6×Fi(25)+IWRC | 6×WS(31)+IWRC | 6×WS(36)+FC | 6×WS(36)+IWRC |

용도는 크레인용, 수산용, 광산용 등에 사용한다.

6 일반용 로프(general rope)

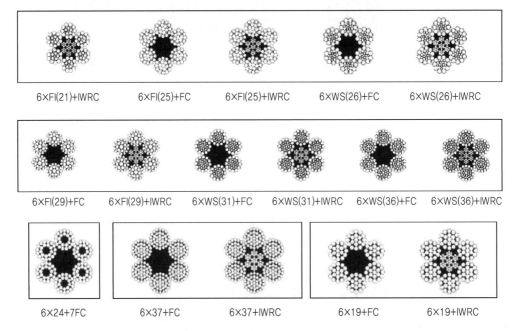

| 6×Fi(21)+IWRC | 6×Fi(25)+FC | 6×Fi(25)+IWRC | 6×WS(26)+FC | 6×WS(26)+IWRC |

| 6×Fi(29)+FC | 6×Fi(29)+IWRC | 6×WS(31)+FC | 6×WS(31)+IWRC | 6×WS(36)+FC | 6×WS(36)+IWRC |

| 6×24+7FC | 6×37+FC | 6×37+IWRC | 6×19+FC | 6×19+IWRC |

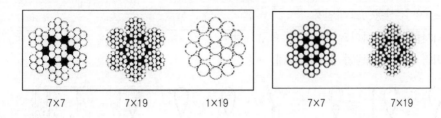

| | 7×7 | 7×19 | 1×19 | 7×7 | 7×19 |

7 로프의 주문방법

로프를 주문할 때는 다음 사항을 지정해야 한다.

① 구조 및 심강 예 $6 \times WS(26) + FC$, $6 \times WS(26) + IWRC$

② 비도금, 도금 예 도금

③ 로프지름 예 24mm, 3/4inch

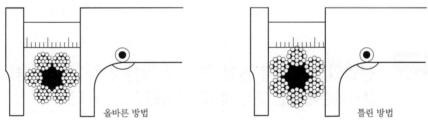

올바른 방법　　　　　　틀린 방법

[그림 3-5] 로프지름 측정방법

④ 꼬임방향 예 Z꼬임

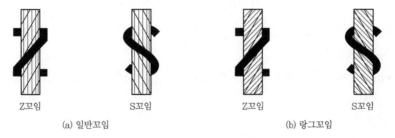

Z꼬임　　　S꼬임　　　Z꼬임　　　S꼬임

(a) 일반꼬임　　　　　　(b) 랑그꼬임

[그림 3-6] 로프의 꼬임방향

⑤ 길이 및 중량 예 $1,000 \text{Meter} \times 5 R/L$, $1,000 \text{feet} \times 3 C/L$

⑥ 도유 예 적유, 흑유, 도유량 A1~A3

⑦ 절단하중 예 A종, B종, 150kgf/mm^2

⑧ 포장방법 예 코일, 목드럼, 철드럼

⑨ 적용규격 예 KS, FS, BS, JIS

⑩ 용도 예 수산용, 크레인용

⑪ 주의사항 예 선적마크 등 기타 요구사항

⑫ 와이어 길이 측정방법 및 가공형태

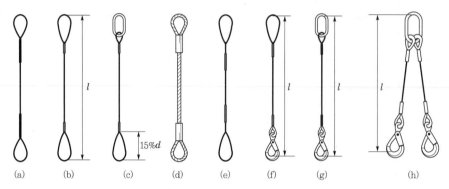

[그림 3-7] 와이어 길이 측정방법 및 가공형태

Section 10 산업안전기준에 관한 규칙에 의한 양중기의 분류(산업안전보건기준에 관한 규칙 제132조 [시행 2024. 1. 1.])

1 양중기의 분류(제132조)

양중기란 다음 각 호의 기계를 말한다. [개정 2019. 4. 19.]

① 크레인[호이스트(hoist)를 포함한다.]

② 이동식 크레인

③ 리프트(이삿짐 운반용 리프트의 경우에는 적재하중이 0.1톤 이상인 것으로 한정한다.)

④ 곤돌라

⑤ 승강기

2 양중기의 종류별 정의

제1항 각 호의 기계의 뜻은 다음 각 호와 같다. [개정 2019. 4. 19.]

(1) 크레인

동력을 사용하여 중량물을 매달아 상하 및 좌우[수평 또는 선회(旋回)를 말한다]로 운반하는 것을 목적으로 하는 기계 또는 기계장치를 말하며, 호이스트란 훅이나 그 밖의 달기구 등을 사용하여 화물을 권상 및 횡행 또는 권상동작만을 하여 양중하는 것을 말한다.

(2) 이동식 크레인

원동기를 내장하고 있는 것으로서 불특정 장소에 스스로 이동할 수 있는 크레인으로 동력을 사용하여 중량물을 매달아 상하 및 좌우(수평 또는 선회를 말한다)로 운반하는 설비로서 건설기계관리법을 적용받는 기중기 또는 자동차관리법 제3조에 따른 화물·특수자동차의 작업부에 탑재하여 화물운반 등에 사용하는 기계 또는 기계장치를 말한다.

(3) 리프트

동력을 사용하여 사람이나 화물을 운반하는 것을 목적으로 하는 기계설비로서 다음 각 목의 것을 말한다.

① 건설작업용 리프트 : 동력을 사용하여 가이드레일을 따라 상하로 움직이는 운반구를 매달아 사람이나 화물을 운반할 수 있는 설비 또는 이와 유사한 구조 및 성능을 가진 것으로 건설현장에서 사용하는 것

② 자동차정비용 리프트 : 동력을 사용하여 가이드레일을 따라 움직이는 지지대로 자동차 등을 일정한 높이로 올리거나 내리는 구조의 리프트로서 자동차 정비에 사용하는 것

③ 이삿짐운반용 리프트 : 연장 및 축소가 가능하고 끝단을 건축물 등에 지지하는 구조의 사다리형 붐에 따라 동력을 사용하여 움직이는 운반구를 매달아 화물을 운반하는 설비로서 화물자동차 등 차량 위에 탑재하여 이삿짐 운반 등에 사용하는 것

④ 산업용 리프트 : 동력을 사용하여 가이드레일을 따라 상하로 움직이는 운반구를 매달아 화물을 운반할 수 있는 설비 또는 이와 유사한 구조 및 성능을 가진 것으로 건설현장 외의 장소에서 사용하는 것

(4) 곤돌라

달기발판 또는 운반구, 승강장치, 그 밖의 장치 및 이들에 부속된 기계부품에 의하여 구성되고, 와이어로프 또는 달기강선에 의하여 달기발판 또는 운반구가 전용 승강장치에 의하여 오르내리는 설비를 말한다.

(5) 승강기

건축물이나 고정된 시설물에 설치되어 일정한 경로에 따라 사람이나 화물을 승강장으로 옮기는 데에 사용되는 설비로서 다음 각 목의 것을 말한다.

① 승객용 엘리베이터 : 사람의 운송에 적합하게 제조·설치된 엘리베이터

② 승객화물용 엘리베이터 : 사람의 운송과 화물 운반을 겸용하는데 적합하게 제조·설치된 엘리베이터

③ 화물용 엘리베이터 : 화물 운반에 적합하게 제조·설치된 엘리베이터로서 조작자 또는 화물취급자 1명은 탑승할 수 있는 것(적재용량이 300kg 미만인 것은 제외한다)

④ 소형화물용 엘리베이터 : 음식물이나 서적 등 소형 화물의 운반에 적합하게 제조·설치된 엘리베이터로서 사람의 탑승이 금지된 것

⑤ 에스컬레이터 : 일정한 경사로 또는 수평로를 따라 위·아래 또는 옆으로 움직이는 디딤판을 통해 사람이나 화물을 승강장으로 운송시키는 설비

Section 11 산업안전보건법에 명시된 위험성 평가의 목적(안전보건규칙 제37조[2024. 1. 1.], 사업장 위험성 평가에 관한 지침[시행 2023. 5. 22.])

❶ 정의

(1) 위험성의 정의

위험이란 안전하지 못한 상태를 말한다. 위험성이란 위험해질 가능성, 즉 안전하지 못한 상태가 될 가능성이란 뜻이다. 이는 잠재적으로 중경상, 자산의 손실, 환경오염 혹은 이들의 조합을 유발할 수 있는 상태, 즉 잠재적으로 화재, 폭발, 독성 혹은 이들의 조합을 위반할 수 있는 것으로 알려진 화학물질이나 공정에 포함된 상태를 말한다.

(2) 위험성 평가의 정의

작업장에서 효과적인 재해방지활동을 위해서는 작업장에서 발생할 수 있는 재해예방을 위하여 공정별로 위험요인을 도출하고, 그에 따른 개선대책을 제시하는 것은 기본적이면서도 중요한 사안이다. 또한 사전위험성 평가를 통하여 문제점과 해결대책을 제시하고, 처음부터 마지막에 이르기까지 안전한 공정수행 및 작업방법을 제시하여 재해를 감소시켜야 한다. 그러기 위하여 사고사례 및 실태를 조사분석하고 그 결과를 토대로 단계별 사전위험성요인을 도출하여 정량적, 점성적으로 평가를 해야 하며, 이를 수행하는 것을 위험성 평가라고 한다.

❷ 산업안전보건법에 명시된 위험성 평가의 목적

(사업장 위험성 평가에 관한 지침 [시행 2023. 5. 22.])

산업안전보건법 제36조에 따라 사업주가 스스로 사업장의 유해·위험요인에 대한 실태를 파악하고 이를 평가하여 관리·개선하는 등 필요한 조치를 할 수 있도록 지원하기 위하여 위험성평가 방법, 절차, 시기 등에 대한 기준을 제시하고, 위험성평가 활성화를 위한 시책의 운영 및 지원사업 등 그 밖에 필요한 사항을 규정함을 목적으로 한다.

❸ 위험성평가의 실시

(사업장 위험성 평가에 관한 지침 [시행 2023. 5. 22.])

① 사업주는 건설물, 기계·기구·설비, 원재료, 가스, 증기, 분진, 근로자의 작업행동 또는 그 밖의 업무로 인한 유해·위험 요인을 찾아내어 부상 및 질병으로 이어질 수 있는 위험성의 크기가 허용 가능한 범위인지를 평가하여야 하고, 그 결과에 따라 이 법과 이 법에 따른 명령에 따른 조치를 하여야 하며, 근로자에 대한 위험 또는 건강장해를 방지하기 위하여 필요한 경우에는 추가적인 조치를 하여야 한다.

② 사업주는 제1항에 따른 평가 시 고용노동부장관이 정하여 고시하는 바에 따라 해당 작업장의 근로자를 참여시켜야 한다.

③ 사업주는 제1항에 따른 평가의 결과와 조치사항을 고용노동부령으로 정하는 바에 따라 기록하여 보존하여야 한다.

④ 제1항에 따른 평가의 방법, 절차 및 시기, 그 밖에 필요한 사항은 고용노동부장관이 정하여 고시한다.

Section 12 밀폐공간 작업 시 유해공기기준과 기본 작업절차
(산업안전보건공단, 밀폐공간작업 질식재해예방)

❶ 유해공기농도측정

밀폐공간에서의 산소결핍에 의한 질식, 유해가스에 의한 중독, 기타 가연성 물질에 의한 화재·폭발 등을 예방하기 위한 유해공기농도의 정확한 측정방법은 다음과 같다.

(1) 유해공기의 판정기준

유해공기의 측정 후 판정기준은 각각의 측정위치에서 측정된 최고농도로 적용해야 한다.

(2) 유해공기의 정확한 농도측정을 위한 필수조건

① 밀폐공간 내 유해공기 특성에 맞는 적절한 측정기를 선택하여 구비해야 한다.

② 측정기는 유지 및 보수관리를 통하여 정확도와 정밀도를 유지해야 한다.

③ 측정기의 사용 및 취급방법, 유지 및 보수방법을 충분히 습득해야 한다.

④ 유해공기농도측정기를 사용할 때에는 측정 전에 기준농도와 경보설정농도를 정확하게 교정해야 한다.

(3) 유해공기를 반드시 측정해야 하는 경우

① 매일 작업을 개시하기 전

② 교대제로 작업을 행할 경우 작업 당일 최초교대가 행해져서 작업이 시작되기 전

③ 작업에 종사하는 전체 근로자가 작업을 하고 있던 장소를 떠났다가 돌아와 다시 작업을 개시하기 전

④ 근로자의 건강, 환기장치 등에 이상이 있을 때

(4) 유해공기의 농도측정 시 유의사항

유해공기농도를 측정하는 사람은 다음 사항에 주의해야 한다.

① 측정자(보건관리자, 안전관리자, 관리감독자, 안전담당자 등)는 측정방법을 충분하게 숙지

② 긴급사태에 대비 측정자의 보조자를 배치토록 하고 보조자도 구호밧줄을 준비

③ 측정 시 측정자 및 보조자는 공기호흡기와 송기마스크 등 호흡용 보호구를 필요 시 착용

④ 측정에 필요한 장비 등은 방폭형 구조로 된 것을 사용

(5) 측정장소

밀폐공간 내에서는 비교적 공기의 흐름이 일어나지 않아 같은 장소에서도 위치에 따라 현저한 차이가 나므로 측정은 다음의 장소에서 실시해야 한다.

① 작업장소에 대해서 수직방향 및 수평방향으로 각각 3개소 이상

② 작업에 따라 근로자가 출입하는 장소로서 작업 시 근로자의 호흡위치를 중심

(6) 측정방법

밀폐공간에서 작업을 행할 때에는 다음의 측정기준에 따라 작업시작 전 및 작업 중에 유해공기를 측정해야 한다.

① 휴대용 유해공기농도측정기 또는 검지관을 이용하여 측정해야 한다.

② 탱크 등 깊은 장소의 농도를 측정 시에는 고무호스나 PVC로 된 채기관을 사용(채기관은 1m마다 작은 눈금으로, 5m마다 큰 눈금으로 표시를 하여 동시에 깊이를 측정함)해야 한다.

③ 유해공기 측정 시에는 면적 및 깊이를 고려하여 밀폐공간 내부를 골고루 측정해야 한다.

④ 공기채취 시에는 채기관의 내부용적 이상의 피검공기로 완전히 치환 후 측정해야 한다.

② 밀폐공간 기본작업절차

출입자, 관리감독자, 감시인은 밀폐공간출입작업에 대하여 허가를 받아야 하며 기본적인 작업절차는 다음과 같다.

① 출입 사전조사
② 장비준비 및 점검
③ 출입조건 설정
④ 출입 전 유해공기 측정
⑤ 밀폐공간 작업허가서 작성 및 허가자 결재
⑥ 감시인 상주
⑦ 감시모니터링 실시
⑧ 통신수단 구비
⑨ 화기작업 시 화기작업허가 취득
⑩ 밀폐공간 작업허가서를 작업장에 게시
⑪ 밀폐공간 출입
⑫ 문제 발생 시 사후보고

Section 13 산업안전보건법과 안전보건표지분류
(산업안전보건법 시행규칙 제38조~제40조 [시행 2024. 1. 1.])

① 안전보건표지의 종류·형태·색채 및 용도 등(제38조 [시행 2021. 11. 19.])

① 법 제38조 제2항에 따른 안전보건표지의 종류와 형태는 [별표 6]과 같고, 그 용도, 설치·부착 장소, 형태 및 색채는 [별표 7]과 같다.

② 안전보건표지의 표시를 명확히 하기 위하여 필요한 경우에는 그 안전보건표지의 주위에 표시사항을 글자로 덧붙여 적을 수 있다. 이 경우 글자는 흰색 바탕에 검은색 한글 고딕체로 표기해야 한다.

③ 안전보건표지에 사용되는 색채의 색도기준 및 용도는 [별표 8]과 같고, 사업주는 사업장에 설치하거나 부착한 안전보건표지의 색도기준이 유지되도록 관리해야 한다.

④ 안전보건표지에 관하여 법 또는 법에 따른 명령에서 규정하지 않은 사항으로서 다른 법 또는 다른 법에 따른 명령에서 규정한 사항이 있으면 그 부분에 대해서는 그 법 또는 명령을 적용한다.

[별표 6] 안전 · 보건표지의 종류와 형태(제38조 제1항 관련)

1. 금지표지	101 출입금지	102 보행금지	103 차량통행금지	104 사용금지	105 탑승금지	106 금연
107 화기금지	108 물체이동 금지	2. 경고표지	201 인화성 물질 경고	202 산화성 물질 경고	203 폭발성 물질 경고	204 급성 독성 물질 경고
205 부식성 물질 경고	206 방사성물질 경고	207 고압전기 경고	208 매달린 물체 경고	209 낙하물 경고	210 고온 경고	211 저온 경고
212 몸균형 상실 경고	213 레이저광선 경고	214 발암성, 변이원성, 생식독성, 전신독성, 호흡기 과민성 물질 경고	215 위험장소 경고	3. 지시표지	301 보안경 착용	302 방독마스크 착용

303 방진마스크 착용	304 보안면 착용	305 안전모 착용	306 귀마개 착용	307 안전화 착용	308 안전장갑 착용
4. 안내표지	401 녹십자 표지	402 응급구호 표지	403 들것	404 세안장치	405 비상용 기구

407 좌측 비상구	408 우측 비상구	5. 관계자 외 출입금지	501 허가대상물질 작업장	502 석면취급/해체 작업장	501 금지대상물질의 취급 실험실 등
			관계자 외 출입금지 (허가물질 명칭) 제조/사용/보관 중 보호구/보호복 착용 흡연 및 음식물 섭취 금지	관계자 외 출입금지 석면 취급/해체 중 보호구/보호복 착용 흡연 및 음식물 섭취 금지	관계자 외 출입금지 발암물질 취급 중 보호구/보호복 착용 흡연 및 음식물 섭취 금지

6. 문자추가 시 예시문	휘발유 화기 엄금 $\frac{1}{4}d$ 이상
	▸ 내 자신의 건강과 복지를 위하여 안전을 늘 생각한다. ▸ 내 가정의 행복과 화목을 위하여 안전을 늘 생각한다. ▸ 내 자신의 실수로써 동료를 해치지 않도록 안전을 늘 생각한다. ▸ 내 자신이 일으킨 사고로 인한 회사의 재산과 손실을 방지하기 위하여 안전을 늘 생각한다. ▸ 내 자신의 방심과 불안전한 행동이 조국의 번영에 장애가 되지 않도록 하기 위하여 안전을 늘 생각한다.

※ 비고 : 아래 표의 각각의 안전 · 보건표지(28종)는 다음과 같이 산업표준화법에 따른 한국산업표준(KS S ISO 7010)의 안전표지로 대체할 수 있다.

안전 · 보건표지	한국산업표준	안전 · 보건표지	한국산업표준
102	P004	302	M017
103	P006	303	M016
106	P002	304	M019
107	P003	305	M014
206	W003, W005, W027	306	M003
207	W012	307	M008
208	W015	308	M009
209	W035	309	M010
210	W017	402	E003
211	W010	403	E013
212	W011	404	E011
213	W004	406	E001, E002
215	W001	407	E001
301	M004	408	E002

[별표 7] 안전보건표지의 종류별 용도, 설치 · 부착장소 예시, 형태 및 색채(제38조 제1항, 제39조 제1항 및 제40조 제1항 관련)

분류	종류	용도 및 사용장소	설치 · 부착장소 예시	형태		색채
				기본모형번호	안전 · 보건표지 일람표 번호	
금지표지	1. 출입금지	출입을 통제해야 할 장소	조립 · 해체작업장 입구	1	101	바탕은 흰색, 기본모형은 빨간색, 관련부호 및 그림은 검은색
	2. 보행금지	사람이 걸어 다녀서는 안 될 장소	중장비 운전작업장	1	102	
	3. 차량통행금지	제반 운반기기 및 차량의 통행을 금지시켜야 할 장소	집단보행장소	1	103	
	4. 사용금지	수리 또는 고장 등으로 만지거나 작동시키는 것을 금지해야 할 기계 · 기구 및 설비	고장 난 기계	1	104	
	5. 탑승금지	엘리베이터 등에 타는 것이나 어떤 장소에 올라가는 것을 금지	고장 난 엘리베이터	1	105	
	6. 금연	담배를 피워서는 안 될 장소		1	106	

| 분류 | 종류 | 용도 및 사용장소 | 설치·부착장소 예시 | 형태 | | 색채 |
				기본 모형 번호	안전·보건표지 일람표 번호	
금지 표지	7. 화기금지	화재가 발생할 염려가 있는 장소로서 화기취급을 금지하는 장소	화학물질취급 장소	1	107	
	8. 물체이동 금지	정리정돈상태의 물체나 움직여서는 안 될 물체를 보존하기 위하여 필요한 장소	절전스위치 옆	1	108	
경고 표지	1. 인화성 물질 경고	휘발유 등 화기의 취급을 극히 주의해야 하는 물질이 있는 장소	휘발유 저장탱크	2	201	바탕은 노란색, 기본모형, 관련 부호 및 그림은 검은색. 다만, 인화성 물질 경고, 산화성 물질 경고, 폭발성 물질 경고, 급성 독성 물질 경고, 부식성 물질 경고 및 발암성·변이원성·생식독성·전신독성·호흡기 과민성 물질 경고의 경우 바탕은 무색, 기본 모형은 빨간색(검은색도 가능)
	2. 산화성 물질 경고	가열·압축하거나 강산·알칼리 등을 첨가하면 강한 산화성을 띠는 물질이 있는 장소	질산 저장탱크	2	202	
	3. 폭발성 물질 경고	폭발성 물질이 있는 장소	폭발물 저장실	2	203	
	4. 급성 독성 물질 경고	급성 독성 물질이 있는 장소	농약 제조·보관소	2	204	
	5. 부식성 물질 경고	신체나 물체를 부식시키는 물질이 있는 장소	황산 저장소	2	205	
	6. 방사성 물질 경고	방사능물질이 있는 장소	방사성 동위원소 사용실	2	206	
	7. 고압전기 경고	발전소나 고전압이 흐르는 장소	감전우려지역 입구	2	207	
	8. 매달린 물체 경고	머리 위에 크레인 등과 같이 매달린 물체가 있는 장소	크레인이 있는 작업장 입구	2	208	
	9. 낙하물체 경고	돌 및 블록 등 떨어질 우려가 있는 물체가 있는 장소	비계 설치장소 입구	2	209	
	10. 고온 경고	고도의 열을 발하는 물체 또는 온도가 아주 높은 장소	주물작업장 입구	2	210	
	11. 저온 경고	아주 차가운 물체 또는 온도가 아주 낮은 장소	냉동작업장 입구	2	211	
	12. 몸균형 상실 경고	미끄러운 장소 등 넘어지기 쉬운 장소	경사진 통로 입구	2	212	
	13. 레이저광선 경고	레이저광선에 노출될 우려가 있는 장소	레이저실험실 입구	2	213	

분류	종류	용도 및 사용장소	설치·부착장소 예시	형태		색채
				기본 모형 번호	안전· 보건표지 일람표 번호	
경고 표지	14. 발암성· 변이원성· 생식독성· 전신독성· 호흡기 과 민성 물질 경고	발암성·변이원성·생식 독성·전신독성·호흡기 과민성 물질이 있는 장소	납 분진 발생 장소	2	214	
	15. 위험장소 경고	그 밖에 위험한 물체 또는 그 물체가 있는 장소	맨홀 앞 고열 금속찌꺼기 폐 기장소	2	215	
지시 표지	1. 보안경 착용	보안경을 착용해야만 작업 또는 출입을 할 수 있는 장소	그라인더작업 장 입구	3	301	바탕은 파란 색, 관련 그 림은 흰색
	2. 방독마스크 착용	방독마스크를 착용해야만 작업 또는 출입을 할 수 있 는 장소	유해물질작업 장 입구	3	302	
	3. 방진마스크 착용	방진마스크를 착용해야만 작업 또는 출입을 할 수 있 는 장소	분진이 많은 곳	3	303	
	4. 보안면 착용	보안면을 착용해야만 작업 또는 출입을 할 수 있는 장소	용접실 입구	3	304	
	5. 안전모 착용	헬멧 등 안전모를 착용해야 만 작업 또는 출입을 할 수 있는 장소	갱도의 입구	3	305	
	6. 귀마개 착용	소음장소 등 귀마개를 착 용해야만 작업 또는 출입 을 할 수 있는 장소	판금작업장 입구	3	306	
	7. 안전화 착용	안전화를 착용해야만 작업 또는 출입을 할 수 있는 장소	채탄작업장 입구	3	307	
	8. 안전장갑 착용	안전장갑을 착용해야만 작 업 또는 출입을 할 수 있는 장소	고온 및 저온물 취급작업장 입구	3	308	
	9. 안전복 착용	방열복 및 방한복 등의 안 전복을 착용해야만 작업 또는 출입을 할 수 있는 장소	단조작업장 입구	3	309	

분류	종류	용도 및 사용장소	설치 · 부착장소 예시	형태		색채
				기본 모형 번호	안전 · 보건표지 일람표 번호	
안내 표지	1. 녹십자표지	안전의식을 북돋우기 위하여 필요한 장소	공사장 및 사람들이 많이 볼 수 있는 장소	1 (사선 제외)	401	바탕은 흰색, 기본모형 및 관련 부호는 녹색, 바탕은 녹색, 관련 부호 및 그림은 흰색
	2. 응급구호표지	응급구호설비가 있는 장소	위생구호실 앞	4	402	
	3. 들것	구호를 위한 들것이 있는 장소	위생구호실 앞	4	403	
	4. 세안장치	세안장치가 있는 장소	위생구호실 앞	4'	404	
	5. 비상용 기구	비상용 기구가 있는 장소	비상용 기구 설치장소 앞	4	405	
	6. 비상구	비상출입구	위생구호실 앞	4	406	
	7. 좌측 비상구	비상구가 좌측에 있음을 알려야 하는 장소	위생구호실 앞	4	407	
	8. 우측 비상구	비상구가 우측에 있음을 알려야 하는 장소	위생구호실 앞	4	408	
출입 금지 표지	1. 허가대상 유해물질 취급	허가대상유해물질 제조, 사용작업장	출입구(단, 실외 또는 출입구가 없을 시 근로자가 보기 쉬운 장소)	5	501	글자는 흰색, 바탕에 흑색, 다음 글자는 적색 − ○○○제조 / 사용 / 보관 중 − 석면취급/ 해체 중 − 발암물질 취급 중
	2. 석면 취급 및 해체 · 제거	석면 제조, 사용, 해체 · 제거 작업장		5	502	
	3. 금지유해물질 취급	금지유해물질 제조 · 사용 설비가 설치된 장소		5	503	

❷ 안전 · 보건표지의 설치 등(제39조)

① 사업주는 법 제37조에 따라 안전보건표지를 설치하거나 부착할 때에는 [별표 7]의 구분에 따라 근로자가 쉽게 알아볼 수 있는 장소 · 시설 또는 물체에 설치하거나 부착해야 한다.

② 사업주는 안전보건표지를 설치하거나 부착할 때에는 흔들리거나 쉽게 파손되지 않도록 견고하게 설치하거나 부착해야 한다.

③ 안전보건표지의 성질상 설치하거나 부착하는 것이 곤란한 경우에는 해당 물체에 직접 도색할 수 있다.

③ 안전 · 보건표지의 제작(제40조)

① 안전보건표지는 그 종류별로 [별표 9]에 따른 기본모형에 의하여 [별표 7]의 구분에 따라 제작해야 한다.

② 안전보건표지는 그 표시내용을 근로자가 빠르고 쉽게 알아볼 수 있는 크기로 제작해야 한다.

③ 안전보건표지 속의 그림 또는 부호의 크기는 안전보건표지의 크기와 비례해야 하며, 안전보건표지 전체 규격의 30퍼센트 이상이 되어야 한다.

④ 안전보건표지는 쉽게 파손되거나 변형되지 않는 재료로 제작해야 한다.

⑤ 야간에 필요한 안전보건표지는 야광물질을 사용하는 등 쉽게 알아볼 수 있도록 제작해야 한다.

[별표 9] 안전 · 보건표지의 기본모형(제40조 제1항 관련)

번 호	기본모형	규격비율	표시사항
1		$d \geq 0.025L$, $d_1 = 0.8d$, $0.7d < d_2 < 0.8d$, $d_3 = 0.1d$	금지
2		$a \geq 0.034L$, $a_1 = 0.8a$, $0.7a < a_2 < 0.8a$	경고
		$a \geq 0.025L$, $a_1 = 0.8a$, $0.7a < a_2 < 0.8a$	

번 호	기본모형	규격비율	표시사항
3		$d \geqq 0.025L, \quad d_2 = 0.8d$	지시
4		$b \geqq 0.0224L, \quad b_2 = 0.8b$	안내
5		$h < \ell, \quad h_2 = 0.8h$ $\ell \times h \geqq 0.0005L^2$ $h - h_2 = \ell - \ell_2 = 2e_2$ $\ell / h = 1, \ 2, \ 4, \ 8 (4종류)$	안내
6	A B C 모형 안쪽에는 A, B, C로 3가지 구역으로 구분하여 글씨를 기재한다.	1. 모형크기(가로 40cm, 세로 25cm 이상) 2. 글자크기(A : 가로 4cm, 세로 5cm 이상, B : 가로 2.5cm, 세로 3cm 이상, C : 가로 3cm, 세로 3.5cm 이상)	관계자 외 출입금지
7	A B C 모형 안쪽에는 A, B, C로 3가지 구역으로 구분하여 글씨를 기재한다.	1. 모형크기(가로 70cm, 세로 50cm 이상) 2. 글자크기(A : 가로 8cm, 세로 10cm 이상, B, C : 가로 6cm, 세로 6cm 이상)	관계자 외 출입금지

[비고] 1. L = 안전·보건표지를 인식할 수 있거나 인식해야 할 안전거리를 말한다(L과 a, b, d, e, h, l은 같은 단위로 계산해야 한다).
2. 점선 안쪽에는 표시사항과 관련된 부호 또는 그림을 그린다.

Section 14 산업안전보건법규에 의한 안전모의 성능시험 5가지
(고용노동부고시 제2014-46호, 2014. 11. 20.)

1 안전모의 종류

안전모의 종류는 [표 3-1]과 같다.

[표 3-1] 안전모의 종류

종류(기호)	사용구분	비고
AB	물체의 낙하 또는 비래 및 추락에 의한 위험을 방지 또는 경감시키기 위한 것	
AE	물체의 낙하 또는 비래에 의한 위험을 방지 또는 경감하고, 머리부위 감전에 의한 위험을 방지하기 위한 것	내전압성[주1]
ABE	물체의 낙하 또는 비래 및 추락에 의한 위험을 방지 또는 경감하고, 머리부위 감전에 의한 위험을 방지하기 위한 것	내전압성

주1) 내전압성이란 7,000V 이하의 전압에 견디는 것을 말한다.

2 일반구조

① 안전모의 일반구조
   ㉠ 안전모는 모체, 착장체 및 턱끈을 가질 것
   ㉡ 착장체의 머리 고정대는 착용자의 머리부위에 적합하도록 조절할 수 있을 것
   ㉢ 착장체의 구조는 착용자의 머리에 균등한 힘이 분배되도록 할 것
   ㉣ 모체, 착장체 등 안전모의 부품은 착용자에게 상해를 줄 수 있는 날카로운 모서리 등이 없을 것
   ㉤ 모체에 구멍이 없을 것(착장체 및 턱끈의 설치 또는 안전등, 보안면 등을 붙이기 위한 구멍은 제외한다)
   ㉥ 턱끈은 사용 중 탈락되지 않도록 확실히 고정되는 구조일 것
   ㉦ 안전모의 착용높이는 85mm 이상이고 외부수직거리는 80mm 미만일 것
   ㉧ 안전모의 내부수직거리는 25mm 이상 50mm 미만일 것
   ㉨ 안전모의 수평간격은 5mm 이상일 것
   ㉩ 머리받침끈이 섬유인 경우에는 각각의 폭이 15mm 이상이어야 하며, 교차지점 중심으로부터 방사되는 끈폭의 총합은 72mm 이상일 것
   ㉪ 턱끈의 폭은 10mm 이상일 것

② AB종 안전모는 ①의 조건에 적합해야 하고 충격흡수재를 가져야 하며, 리벳(rivet) 등 기타 돌출부가 모체의 표면에서 5mm 이상 돌출되지 않아야 한다.

③ AE종 안전모는 ①의 조건에 적합해야 하고 금속제의 부품을 사용하지 않고, 착장체는 모체의 내외면을 관통하는 구멍을 뚫지 않고 붙일 수 있는 구조로서 모체의 내외면을 관통하는 구멍 핀홀 등이 없어야 한다.

④ ABE종 안전모는 ①부터 ③까지의 조건에 적합해야 한다.

③ 시험성능기준

안전모의 시험성능기준은 [표 3-2]에 따른다.

[표 3-2] 안전모의 시험성능기준

항목	시험성능기준
내관통성	AE, ABE종 안전모는 관통거리가 9.5mm 이하이고, AB종 안전모는 관통거리가 11.1mm 이하이어야 한다.
충격흡수성	최고전달충격력이 4,450N을 초과해서는 안 되며, 모체와 착장체의 기능이 상실되지 않아야 한다.
내전압성	AE, ABE종 안전모는 교류 20kV에서 1분간 절연파괴 없이 견뎌야 하고, 이때 누설되는 충전전류는 10mA 이하이어야 한다.
내수성	AE, ABE종 안전모는 질량증가율이 1% 미만이어야 한다.
난연성	모체가 불꽃을 내며 5초 이상 연소되지 않아야 한다.
턱끈풀림	150N 이상 250N 이하에서 턱끈이 풀려야 한다.

Section 15 산업안전보건관계법 및 안전검사고시에서 제시한 갑종 압력용기와 을종 압력용기의 정의와 각 압력용기의 주요 구조 부분의 명칭(고용노동부고시 제2016-43호, 2016. 9. 27.)

① 정의(제9조)

사용하는 용어의 뜻은 다음과 같다.

① 압력용기(pressure vessel) : 용기의 내면 또는 외면에서 일정한 유체의 압력을 받는 밀폐된 용기를 말한다.

② 갑종 압력용기 : 설계압력이 게이지 압력으로 0.2MPa을 초과하는 화학공정 유체취급용기와 설계압력이 게이지압력으로 1MPa을 초과하는 공기 또는 질소취급용기를 말하며, 을종 압력용기란 그 밖의 용기를 말한다.

③ 압력용기의 주요 구조부분 : 동체, 경판 및 받침대(새들 및 스커트 등) 등을 말한다.

2 각 압력용기의 주요 구조 부분의 명칭

각 압력용기의 주요 구조 부분의 명칭 [별표 4]의 검사기준에서 언급된 명칭과 동일하다.

[별표 4] 압력용기의 검사기준(제10조 관련)

구분	내용
외관상태 및 두께	• 용기본체, 노즐, 맨홀, 부속물, 지지대 및 기초볼트 등은 손상, 변형 또는 깨짐이 없을 것 • 용접이음부, 노즐부 및 맨홀에는 누설의 흔적이 없을 것 • 동체 및 경판 등 압력을 받는 부분의 측정두께는 필요두께(부식여유 제외) 이상일 것
내면	• 용기의 내면은 심한 손상, 변형 또는 깨짐이 없고 부식상태가 양호하여야 하며, 필요시 용기를 개방하여 이를 확인할 수 있음
용접이음부	• 용접이음부는 육안검사 시 균열 또는 이상이 없어야 하며, 육안검사로 판정이 곤란한 경우에는 액체 침투탐상검사 또는 자분탐상 검사를 실시할 것 • 위에 따라 검사결과 이상발견 부위는 방사선투과검사 또는 초음파 탐상검사를 실시할 것
덮개판 및 플랜지	• 덮개판 및 플랜지에 체결되어 있는 개스킷은 손상 또는 탈락이 없을 것 • 볼트 및 너트는 풀림이나 나사의 파손이 없고 체결상태가 적정할 것
지지대 및 기초볼트	• 지지대는 외력에 의한 손상 및 좌굴현상이 없을 것 • 기초부분에는 부등침하가 없어야 하며, 기초볼트는 풀림이 없을 것
압력방출장치	• 압력방출장치는 법 제34조에 따른 안전인증품으로 현저한 손상, 부식, 마모가 없고, 유체의 누출이 없을 것 • 설정압력은 설계압력 또는 최대허용 사용압력을 초과해서는 아니 되며, 작동압력은 설정압력치의 ±5% 이내이고, 봉인상태가 양호할 것 • 표시판에 설정압력 등의 식별이 가능해야 하며 부착이 견고할 것
압력계	• 압력계는 현저한 손상, 마모 및 누설이 없어야 하며, 정확도는 ±5% 이내일 것
온도계	• 온도계의 면 유리는 손상이 없어야 하며, 지시바늘은 휘거나 떨림이 없을 것

구분	내용
응축수	• 공기저장탱크는 내부에 응축수가 고이지 않도록 드레인 밸브를 조작하여 응축수를 방출해야 할 것
접지편	• 접지편은 압력용기의 받침대 하단에 최소한 1개 이상 견고히 접속되어 있을 것(을종용기는 제외한다) • 접지편은 부식이 되지 않고 전기가 잘 통하도록 관리할 것
이름판	• 압력용기에는 제조자, 설계압력 또는 최대허용사용압력, 설계온도, 제조연도, 비파괴시험, 적용규격 등이 표시된 이름판이 붙어 있을 것

Section 16 산업현장에서 사용하는 기계 기구 및 설비에 대한 안전점검의 종류, 안전점검요령, 안전점검대상 기계·기구 및 설비
(산업안전보건법 시행규칙 제132조~제134조 [시행 2024. 1. 1.])

1 개요

2009년 1월 1일부터 산업안전보건법에 따른 위험기계·기구에 대한 검사제도가 안전검사 및 자율검사프로그램인정제도로 변경되어 시행되고 있다.

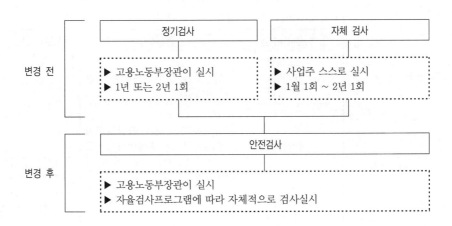

② 안전검사제도 요약

구 분	내 용
검사의무	• 안전검사를 받아야 하는 의무는 기계·설비 사용사업주 　– 산업안전보건법의 적용을 받는 모든 사업 또는 사업장 　– 정부, 지방자치단체, 정부투자기관 등
검사대상	• 검사대상은 프레스 등 위험기계·설비 12종 　① 동력프레스 ② 전단기 ③ 크레인 ④ 리프트 ⑤ 압력용기 ⑥ 롤러기 　⑦ 곤돌라 ⑧ 국소배기장치 ⑨ 원심기 ⑩ 화학설비 및 그 부속설비 　⑪ 건조설비 및 그 부속설비 ⑫ 사출성형기
제조·수입· 양도·대여· 설치·사용금지	• 안전검사를 실시하지 않은 위험기계·설비는 사용을 금지 　– 산업안전보건법 제34조의 2 제1항, 제36조 제1항 및 제2항, 제36조의 2 　　제5항의 규정을 위반한 자 1천만 원 이하의 과태료(법 제72조 제1항)
검사시기	• 안전검사주기 만료 전에 단위대상별로 검사 　– 안전검사주기 만료일 30일 전까지 검사를 신청 　– 사업장에 설치가 끝난 날부터 3년 이내에 최초 안전검사를 받아야 하며, 　　그 이후에는 매 2년마다 실시(건설현장에서 사용하는 크레인, 리프트 및 　　곤돌라는 최초로 설치한 날부터 매 6개월, 공정안전보고서를 제출하여 　　확인을 받은 압력용기는 4년) 　　※ 처리기간 : 접수일로부터 30일(공휴일 제외) • 자율검사프로그램 인정 　– 안전검사대상품에 한하며, 자율검사프로그램 관련 제출서류와 현장확인 　　을 통한 인정 　　※ 처리기간 : 접수일로부터 15일(공휴일 제외)

검사주기

• 검사주기(1~2년) 도래 시 재검사 실시

검사대상품	안전검사	자율검사프로그램 인정
크레인 리프트 곤돌라	2년 (건설현장에서 사용하는 것은 매 6개월)	안전검사주기의 2분의 1 (크레인 중 건설현장 외 에서 사용하는 크레인의 경우에는 6개월)
압력용기	2년 (압력용기 중 산업안전보건법 제49조의2의 규정에 의한 공 정안전보고서를 제출하여 확 인을 받은 것은 4년)	
프레스 전단기 롤러기 사출성형기 원심기 국소배기장치 화학설비 건조설비	2년	

산업안전보건법에서 정하고 있는 사업장의 안전보건관리 책임자의 직무(산업안전보건법 제15조, 제17조, 제19조 [시행 2024. 5. 17.])

① 개요

사업장 안전보건관리조직의 최고책임자는 안전보건관리책임자로 당해 사업장에서 그 사업을 물질적으로 총괄 관리하는 자로서 원칙적으로 공장의 경우 공장장, 건설작업장의 경우에는 소장급 이상이 되도록 규정하고 있다.

② 안전보건관리책임자(제15조)

1) 사업주는 사업장을 실질적으로 총괄하여 관리하는 사람에게 해당 사업장의 다음 각 호의 업무를 총괄하여 관리하도록 하여야 한다.
① 사업장의 산업재해 예방계획의 수립에 관한 사항
② 규정에 따른 안전보건관리규정의 작성 및 변경에 관한 사항
③ 규정에 따른 안전보건교육에 관한 사항
④ 작업환경측정 등 작업환경의 점검 및 개선에 관한 사항
⑤ 규정에 따른 근로자의 건강진단 등 건강관리에 관한 사항
⑥ 산업재해의 원인 조사 및 재발 방지대책 수립에 관한 사항
⑦ 산업재해에 관한 통계의 기록 및 유지에 관한 사항
⑧ 안전장치 및 보호구 구입 시 적격품 여부 확인에 관한 사항
⑨ 그 밖에 근로자의 유해·위험 방지조치에 관한 사항으로서 고용노동부령으로 정하는 사항

2) 1)항 각 호의 업무를 총괄하여 관리하는 사람(이하 "안전보건관리책임자"라 한다)은 안전관리자와 보건관리자를 지휘·감독한다.

3) 안전보건관리책임자를 두어야 하는 사업의 종류와 사업장의 상시근로자 수, 그 밖에 필요한 사항은 대통령령으로 정한다.

③ 안전관리자(제17조)

안전관리자의 직무는 다음과 같다.

① 사업주는 사업장에 제15조 제1항 각 호의 사항 중 안전에 관한 기술적인 사항에 관하여 사업주 또는 안전보건관리책임자를 보좌하고 관리감독자에게 지도·조언하는 업무를 수행하는 사람(이하 "안전관리자"라 한다)을 두어야 한다.

② 안전관리자를 두어야 하는 사업의 종류와 사업장의 상시근로자 수, 안전관리자의 수·자격·업무·권한·선임방법, 그 밖에 필요한 사항은 대통령령으로 정한다.

③ 대통령령으로 정하는 사업의 종류 및 사업장의 상시근로자 수에 해당하는 사업장의 사업주는 안전관리자에게 그 업무만을 전담하도록 하여야 한다. [신설 2021. 5. 18.]

④ 고용노동부장관은 산업재해 예방을 위하여 필요한 경우로서 고용노동부령으로 정하는 사유에 해당하는 경우에는 사업주에게 안전관리자를 제2항에 따라 대통령령으로 정하는 수 이상으로 늘리거나 교체할 것을 명할 수 있다. [개정 2021. 5. 18.]

⑤ 대통령령으로 정하는 사업의 종류 및 사업장의 상시근로자 수에 해당하는 사업장의 사업주는 제21조에 따라 지정받은 안전관리 업무를 전문적으로 수행하는 기관(이하 "안전관리전문기관"이라 한다)에 안전관리자의 업무를 위탁할 수 있다. [개정 2021. 5. 18.]

4 안전보건관리담당자(제19조)

① 사업주는 사업장에 안전 및 보건에 관하여 사업주를 보좌하고 관리감독자에게 지도·조언하는 업무를 수행하는 사람(이하 "안전보건관리담당자"라 한다)을 두어야 한다. 다만, 안전관리자 또는 보건관리자가 있거나 이를 두어야 하는 경우에는 그러하지 아니하다.

② 안전보건관리담당자를 두어야 하는 사업의 종류와 사업장의 상시근로자 수, 안전보건관리담당자의 수·자격·업무·권한·선임방법, 그 밖에 필요한 사항은 대통령령으로 정한다.

③ 고용노동부장관은 산업재해 예방을 위하여 필요한 경우로서 고용노동부령으로 정하는 사유에 해당하는 경우에는 사업주에게 안전보건관리담당자를 제2항에 따라 대통령령으로 정하는 수 이상으로 늘리거나 교체할 것을 명할 수 있다.

④ 대통령령으로 정하는 사업의 종류 및 사업장의 상시근로자 수에 해당하는 사업장의 사업주는 안전관리전문기관 또는 보건관리전문기관에 안전보건관리담당자의 업무를 위탁할 수 있다.

Section 18

산업안전보건기준에 관한 규칙에서 고소작업대 준수사항 (설치, 이동, 사용)(산업안전보건기준에 관한 규칙 제186조 [시행 2024. 1. 1.])

❶ 고소작업대 설치 등의 조치(제186조)

① 사업주는 고소작업대를 설치하는 경우에는 다음 각 호에 해당하는 것을 설치하여야 한다.

ㄱ 작업대를 와이어로프 또는 체인으로 올리거나 내릴 경우에는 와이어로프 또는 체인이 끊어져 작업대가 떨어지지 아니하는 구조여야 하며, 와이어로프 또는 체인의 안전율은 5 이상일 것

ㄴ 작업대를 유압에 의해 올리거나 내릴 경우에는 작업대를 일정한 위치에 유지할 수 있는 장치를 갖추고 압력의 이상저하를 방지할 수 있는 구조일 것

ㄷ 권과방지장치를 갖추거나 압력의 이상상승을 방지할 수 있는 구조일 것

ㄹ 붐의 최대 지면경사각을 초과운전하여 전도되지 않도록 할 것

ㅁ 작업대에 정격하중(안전율 5 이상)을 표시할 것

ㅂ 작업대에 끼임·충돌 등 재해를 예방하기 위한 가드 또는 과상승방지장치를 설치할 것

ㅅ 조작반의 스위치는 눈으로 확인할 수 있도록 명칭 및 방향표시를 유지할 것

② 사업주는 고소작업대를 설치하는 경우에는 다음 각 호의 사항을 준수하여야 한다.

ㄱ 바닥과 고소작업대는 가능하면 수평을 유지하도록 할 것

ㄴ 갑작스러운 이동을 방지하기 위하여 아웃트리거 또는 브레이크 등을 확실히 사용할 것

③ 사업주는 고소작업대를 이동하는 경우에는 다음 각 호의 사항을 준수하여야 한다.

ㄱ 작업대를 가장 낮게 내릴 것

ㄴ 작업대를 올린 상태에서 작업자를 태우고 이동하지 말 것. 다만, 이동 중 전도 등의 위험예방을 위하여 유도하는 사람을 배치하고 짧은 구간을 이동하는 경우에는 그러하지 아니하다.

ㄷ 이동통로의 요철상태 또는 장애물의 유무 등을 확인할 것

④ 사업주는 고소작업대를 사용하는 경우에는 다음 각 호의 사항을 준수하여야 한다.

ㄱ 작업자가 안전모·안전대 등의 보호구를 착용하도록 할 것

ㄴ 관계자가 아닌 사람이 작업구역에 들어오는 것을 방지하기 위하여 필요한 조치를 할 것

ㄷ 안전한 작업을 위하여 적정수준의 조도를 유지할 것

ㄹ 전로(電路)에 근접하여 작업을 하는 경우에는 작업감시자를 배치하는 등 감전사고를 방지하기 위하여 필요한 조치를 할 것

ⓜ 작업대를 정기적으로 점검하고 붐ㆍ작업대 등 각 부위의 이상 유무를 확인할 것

ⓗ 전환스위치는 다른 물체를 이용하여 고정하지 말 것

ⓢ 작업대는 정격하중을 초과하여 물건을 싣거나 탑승하지 말 것

ⓞ 작업대의 붐대를 상승시킨 상태에서 탑승자는 작업대를 벗어나지 말 것. 다만, 작업대에 안전대 부착설비를 설치하고 안전대를 연결하였을 때에는 그러하지 아니하다.

Section 19 산업안전보건기준에 관한 규칙에서 정하는 안전난간의 구조 및 설치요령(산업안전보건기준에 관한 규칙 제13조 [시행 2024. 1. 1.])

① 안전난간의 구조 및 설치요건(제13조)

사업주는 근로자의 추락 등의 위험을 방지하기 위하여 안전난간을 설치하는 경우 다음 각 호의 기준에 맞는 구조로 설치해야 한다.

① 상부 난간대, 중간 난간대, 발끝막이판 및 난간기둥으로 구성할 것. 다만, 중간 난간대, 발끝막이판 및 난간기둥은 이와 비슷한 구조와 성능을 가진 것으로 대체할 수 있다.

② 상부 난간대는 바닥면ㆍ발판 또는 경사로의 표면(이하 "바닥면 등"이라 한다)으로부터 90센티미터 이상 지점에 설치하고, 상부 난간대를 120센티미터 이하에 설치하는 경우에는 중간 난간대는 상부 난간대와 바닥면 등의 중간에 설치해야 하며, 120센티미터 이상 지점에 설치하는 경우에는 중간 난간대를 2단 이상으로 균등하게 설치하고 난간의 상하간격은 60센티미터 이하가 되도록 할 것

③ 발끝막이판은 바닥면 등으로부터 10센티미터 이상의 높이를 유지할 것. 다만, 물체가 떨어지거나 날아올 위험이 없거나 그 위험을 방지할 수 있는 망을 설치하는 등 필요한 예방조치를 한 장소는 제외한다.

④ 난간기둥은 상부 난간대와 중간 난간대를 견고하게 떠받칠 수 있도록 적정한 간격을 유지할 것

⑤ 상부 난간대와 중간 난간대는 난간길이 전체에 걸쳐 바닥면 등과 평행을 유지할 것

⑥ 난간대는 지름 2.7센티미터 이상의 금속제 파이프나 그 이상의 강도가 있는 재료일 것

⑦ 안전난간은 구조적으로 가장 취약한 지점에서 가장 취약한 방향으로 작용하는 100킬로그램 이상의 하중에 견딜 수 있는 튼튼한 구조일 것

Section 20 보일러 폭발사고를 예방하기 위하여 기능이 정상적으로 작동될 수 있도록 사업주가 유지·관리해야 하는 방호장치 (산업안전보건기준에 관한 규칙 제119조 [시행 2024. 1. 1.])

1 폭발위험의 방지(제119조)

사업주는 보일러의 폭발사고를 예방하기 위하여 압력방출장치, 압력제한스위치, 고저수위조절장치, 화염검출기 등의 기능이 정상적으로 작동될 수 있도록 유지·관리하여야 한다.

Section 21 이삿짐 운반용 리프트의 전도를 방지하기 위하여 사업주가 준수해야 할 사항(산업안전보건기준에 관한 규칙 제158조 [시행 2024. 1. 1.])

1 이삿짐 운반용 리프트 전도의 방지(제158조)

사업주는 이삿짐 운반용 리프트를 사용하는 작업을 하는 경우 이삿짐 운반용 리프트의 전도를 방지하기 위하여 다음 각 호를 준수해야 한다.

① 아웃트리거가 정해진 작동위치 또는 최대 전개위치에 있지 않는 경우(아웃트리거 발이 닿지 않는 경우를 포함한다)에는 사다리 붐 조립체를 펼친 상태에서 화물운반작업을 하지 않을 것
② 사다리 붐 조립체를 펼친 상태에서 이삿짐 운반용 리프트를 이동시키지 않을 것
③ 지반의 부동침하방지조치를 할 것

Section 22

유해 · 위험방지를 위한 방호조치를 하지 아니하고는 양도 · 대여 · 설치 사용하거나, 양도 · 대여를 목적으로 진열해서는 아니 되는 기계 · 기구
(산업안전보건법 제80조 [시행 2024. 5. 7.])

① 유해하거나 위험한 기계 · 기구에 대한 방호조치(제80조)

누구든지 동력(動力)으로 작동하는 기계 · 기구로서 대통령령으로 정하는 것은 고용노동부령으로 정하는 유해 · 위험 방지를 위한 방호조치를 하지 아니하고는 양도, 대여, 설치 또는 사용에 제공하거나 양도 · 대여의 목적으로 진열해서는 아니 된다.

② 방호조치를 해야 하는 유해하거나 위험한 기계 · 기구
(산업안전보건법 시행령 제70조)

법 제80조 제1항에서 대통령령으로 정하는 것이란 별표 20에 따른 기계 · 기구를 말하며 별표 20의 유해 · 위험 방지를 위한 방호조치가 필요한 기계 · 기구(제70조 관련)는 다음과 같다.

① 예초기
② 원심기
③ 공기압축기
④ 금속절단기
⑤ 지게차
⑥ 포장기계(진공포장기, 래핑기로 한정한다)

Section 23 위험기계·기구 의무안전인증고시에서 정하는 고소작업대를 주행장치에 따라 분류
(위험기계·기구 의무안전인증 [시행 2020. 1. 16.])

1 무게중심에 의한 분류

고소작업대의 무게중심에 따른 분류는 다음 각 호와 같다.

① A그룹 : 적재화물 무게중심의 수직투영이 항상 전복선(tipping line) 안에 있는 고소작업대

② B그룹 : 적재화물 무게중심의 수직투영이 전복선 밖에 있을 수 있는 고소작업대

2 주행장치에 따른 분류

고소작업대의 주행장치에 따른 분류는 다음 각 호와 같다.

① 제1종 : 적재위치(stowed position)에서만 주행할 수 있는 고소작업대

② 제2종 : 차대의 제어위치에서 조작하여 작업대를 상승한 상태로 주행하는 고소작업대

③ 제3종 : 작업대의 제어위치에서 조작하여 작업대를 상승한 상태로 주행하는 고소작업대

Section 24 달기체인의 사용금지기준을 산업안전보건기준에 관한 규칙에 근거하여 설명

1 늘어난 달기체인 등의 사용 금지

(산업안전보건기준에 관한 규칙 제167조 [시행 2024. 1. 1.])

달기체인 사용에 관하여는 제63조 제2호를 준용한다. 이 경우 달비계는 양중기로 본다.

2 달비계의 구조(산업안전보건기준에 관한 규칙 제63조 [시행 2024. 1. 1.])

사업주는 달비계를 설치하는 경우에 다음 각 호의 사항을 준수하여야 한다. 다음 각 목의 어느 하나에 해당하는 달기체인을 달비계에 사용해서는 아니 된다.

① 달기체인의 길이가 달기체인이 제조된 때의 길이의 5%를 초과한 것

② 링의 단면지름이 달기체인이 제조된 때의 해당 링의 지름의 10%를 초과하여 감소한 것
③ 균열이 있거나 심하게 변형된 것

Section 25 사업장의 음압수준이 80~110dB일 경우 산업안전보건법 상의 기준허용소음노출시간과 소음을 통제하는 일반적인 방법(산업안전보건기준에 관한 규칙 제512조 [시행 2024. 1. 1.])

① 소음작업의 정의

1일 8시간 작업을 기준으로 85dB 이상의 소음이 발생하는 작업을 말한다.

② 강렬한 소음작업

다음 각 목의 1에 해당하는 작업을 말한다.

① 90dB 이상의 소음이 1일 8시간 이상 발생되는 작업
② 95dB 이상의 소음이 1일 4시간 이상 발생되는 작업
③ 100dB 이상의 소음이 1일 2시간 이상 발생되는 작업
④ 105dB 이상의 소음이 1일 1시간 이상 발생되는 작업
⑤ 110dB 이상의 소음이 1일 30분 이상 발생되는 작업
⑥ 115dB 이상의 소음이 1일 15분 이상 발생되는 작업

③ 충격소음작업

소음이 1초 이상의 간격으로 발생하는 작업으로서 다음 각 목의 1에 해당하는 작업을 말한다.

① 120dB을 초과하는 소음이 1일 1만 회 이상 발생되는 작업
② 130dB을 초과하는 소음이 1일 1천 회 이상 발생되는 작업
③ 140dB을 초과하는 소음이 1일 1백 회 이상 발생되는 작업

④ 소음을 통제하는 일반적인 방법

① 소음은 대부분 설계와 제조단계에서 이루어지며, 음원에서 더 이상의 소음저감이 불가능할 때는 소음의 이동경로와 수음점에서 소음제어를 실행한다.

② 건축학적 설계와 부지계획으로 소음지역을 분리한다(건축음향).

③ 방음(차음)벽 설치로 소음지역을 분리한다.

④ 흡음처리를 한다[환경영역 : 밀폐, 방음(차음)벽, 흡음].

⑤ 현장에서는 귀마개, 귀덮개를 착용한다.

Section 26   산업안전보건법상의 제조업 유해·위험방지계획서 제출 대상 특정설비

❶ 계획서 제출대상

(제조업 등 유해·위험방지계획서 제출·심사·확인에 관한 고시 제3조 [시행 2014. 10. 29.])

규칙 제120조 제1항에 따른 계획서 제출대상 기계·기구 및 설비의 구체적인 대상은 다음 각 호의 어느 하나에 해당하는 설비를 포함하는 단위공정을 말한다.

① 금속이나 그 밖의 광물의 용해로는 금속 또는 비금속광물을 해당물질의 녹는점 이상으로 가열하여 용해하는 노(爐)로서 용량이 3톤 이상인 것

② 특수화학설비로 단위공정 중에 저장되는 양을 포함하여 하루 동안 제조 또는 취급할 수 있는 양이 안전보건규칙 별표 9에 따른 위험물질의 기준량 이상인 것. 다만, 영 제33조의6 제2항에서 정한 설비는 제외한다.

③ 건조설비는 건조기본체, 가열장치, 환기장치를 포함하며, 열원기준으로 연료의 최대 소비량이 시간당 50kg 이상이거나 정격소비전력이 50kW 이상인 설비로서 다음 각 목의 어느 하나에 해당할 것
　㉠ 건조물에 포함된 유기화합물을 건조하는 경우
　㉡ 도료, 피막제의 도포코팅 등 표면을 건조하여 인화성 물질의 증기가 발생하는 경우
　㉢ 건조를 통한 가연성 분말로 인해 분진이 발생하는 설비

④ 가스집합 용접장치는 용접·용단용으로 사용하기 위하여 1개 이상의 인화성가스의 저장 용기 또는 저장탱크를 상호 간에 도관으로 연결한 고정식의 가스집합장치로부터 용접 토치까지의 일관 설비로서 인화성가스 집합량이 1,000kg 이상인 것

Section 27 정전기로 인한 화재폭발 등의 방지대상설비

① 정전기로 인한 화재 폭발 등 방지

(산업안전보건기준에 관한 규칙(안전보건규칙) 제325조 [시행 2024. 1. 1.])

사업주는 다음 각 호의 설비를 사용할 때에 정전기에 의한 화재 또는 폭발 등의 위험이 발생할 우려가 있는 경우에는 해당 설비에 대하여 확실한 방법으로 접지를 하거나, 도전성 재료를 사용하거나 가습 및 점화원이 될 우려가 없는 제전(除電)장치를 사용하는 등 정전기의 발생을 억제하거나 제거하기 위하여 필요한 조치를 하여야 한다.

① 위험물을 탱크로리·탱크차 및 드럼 등에 주입하는 설비
② 탱크로리·탱크차 및 드럼 등 위험물저장설비
③ 인화성 액체를 함유하는 도료 및 접착제 등을 제조·저장·취급 또는 도포(塗布)하는 설비
④ 위험물 건조설비 또는 그 부속설비
⑤ 인화성 고체를 저장하거나 취급하는 설비
⑥ 드라이클리닝설비, 염색가공설비 또는 모피류 등을 씻는 설비 등 인화성유기용제를 사용하는 설비
⑦ 유압, 압축공기 또는 고전위정전기 등을 이용하여 인화성 액체나 인화성 고체를 분무하거나 이송하는 설비
⑧ 고압가스를 이송하거나 저장·취급하는 설비
⑨ 화약류 제조설비
⑩ 발파공에 장전된 화약류를 점화시키는 경우에 사용하는 발파기(발파공을 막는 재료로 물을 사용하거나 갱도발파를 하는 경우는 제외한다)

Section 28 산업안전보건법 시행규칙에서 정하는 명령진단 대상사업장

① 개요

안전보건진단이란 사업장의 유해·위험요인을 도출하여 문제점과 개선방법을 제시하고 이를 개선하도록 함으로써 산업재해를 예방하고, 사업장의 안전·보건을 확보하기 위한 제도를 말하며 안전보건진단의 종류는 다음과 같다.

① 종합안전진단 : 사업장 전반의 유해·위험요인을 도출하여 그 문제점과 개선 대책을 제시하는 종합적인 진단(안전진단+보건진단)

② **일반안전진단** : 제조 분야에 관리적사항과 시설적사항 등 보건분야를 제외한 진단

③ **건설안전진단** : 건설 분야에 관리적사항과 시설적사항 등 보건분야를 제외한 진단

④ **자율안전진단** : 자율적으로 안전보건수준 향상을 위하여 실시하는 진단

⑤ **보건진단** : 제조 또는 건설 분야의 시설적인 사항을 제외한 보건분야의 진단

② 대상 사업장의 종류

(안전보건진단을 받아 안전보건개선계획을 수립할 대상, 산업안전보건법 시행령 제49조 [시행 2024. 3. 12.])

법 제49조 제1항 각 호 외의 부분 후단에서 "대통령령으로 정하는 사업장"이란 다음 각 호의 사업장을 말한다.

① 산업재해율이 같은 업종 평균 산업재해율의 2배 이상인 사업장

② 법 제49조 제1항 제2호에 해당하는 사업장

③ 직업성 질병자가 연간 2명 이상(상시근로자 1천 명 이상 사업장의 경우 3명 이상) 발생한 사업장

④ 그 밖에 작업환경 불량, 화재·폭발 또는 누출 사고 등으로 사업장 주변까지 피해가 확산된 사업장으로서 고용노동부령으로 정하는 사업장

Section 29

산업안전보건법 시행규칙에서 규정하고 있는 사업장 안전 보건 교육과정 5가지와 과정별 교육시간

① 교육시간 및 교육내용

(산업안전보건법 시행규칙 제26조 [시행 2023. 9. 28.])

① 법 제29조 제1항부터 제3항까지의 규정에 따라 사업주가 근로자에게 실시해야 하는 안전보건교육의 교육시간은 별표 4와 같고, 교육내용은 별표 5와 같다. 이 경우 사업주가 법 제29조 제3항에 따른 유해하거나 위험한 작업에 필요한 안전보건교육(이하 "특별교육"이라 한다)을 실시한 때에는 해당 근로자에 대하여 법 제29조 제2항에 따라 채용할 때 해야 하는 교육(이하 "채용 시 교육"이라 한다) 및 작업내용을 변경할 때 해야 하는 교육(이하 "작업내용 변경 시 교육"이라 한다)을 실시한 것으로 본다.

② 제1항에 따른 교육을 실시하기 위한 교육방법과 그 밖에 교육에 필요한 사항은 고용노동부장관이 정하여 고시한다.

③ 사업주가 법 제29조 제1항부터 제3항까지의 규정에 따른 안전보건교육을 자체적으로 실시하는 경우에 교육을 할 수 있는 사람은 다음 각 호의 어느 하나에 해당하는 사람으로 한다.

㉠ 해당 사업장의 안전보건관리책임자, 관리감독자, 안전관리자(안전관리전문기관의 종사자를 포함한다), 보건관리자(보건관리전문기관의 종사자를 포함한다) 및 산업보건의

㉡ 공단에서 실시하는 해당 분야의 강사요원 교육과정을 이수한 사람

㉢ 산업안전지도사 또는 산업보건지도사

㉣ 산업안전·보건에 관하여 학식과 경험이 있는 사람으로서 고용노동부장관이 정하는 기준에 해당하는 사람

❷ 산업안전·보건 관련 교육과정별 교육시간

(산업안전보건법 시행규칙 제26조 별표 4 [시행 2023. 9. 28.])

(1) 근로자 안전·보건교육(제26조 제1항, 제28조 제1항 관련)

교육과정	교육대상		교육시간
가. 정기교육	사무직 종사 근로자		매분기 3시간 이상
	사무직 종사 근로자 외의 근로자	판매업무에 직접 종사하는 근로자	매분기 3시간 이상
		판매업무에 직접 종사하는 근로자 외의 근로자	매분기 6시간 이상
	관리감독자의 지위에 있는 사람		연간 16시간 이상
나. 채용 시의 교육	일용근로자		1시간 이상
	일용근로자를 제외한 근로자		8시간 이상
다. 작업내용 변경 시의 교육	일용근로자		1시간 이상
	일용근로자를 제외한 근로자		2시간 이상
라. 특별교육	별표 5 제1호 라목 각 호(제40호는 제외한다)의 어느 하나에 해당하는 작업에 종사하는 일용근로자		2시간 이상
	별표 5 제1호 라목 제40호의 타워크레인 신호작업에 종사하는 일용근로자		8시간 이상
	별표 5 제1호 라목 각 호의 어느 하나에 해당하는 작업에 종사하는 일용근로자를 제외한 근로자		• 16시간 이상(최초 작업에 종사하기 전 4시간 이상 실시하고 12시간은 3개월 이내에서 분할하여 실시 가능) • 단기간 작업 또는 간헐적 작업인 경우에는 2시간 이상
마. 건설업 기초안전·보건교육	건설 일용근로자		4시간

[비고]
1. 상시 근로자 50인 미만의 도매업과 숙박 및 음식점업은 위 표의 가목부터 라목까지의 규정에도 불구하고 해당 교육과정별 교육시간의 2분의 1 이상을 실시하여야 한다.
2. 근로자(관리감독자의 지위에 있는 사람은 제외한다)가 「화학물질관리법 시행규칙」 제37조 제4항에 따른 유해화학물질 안전교육을 받은 경우에는 그 시간만큼 가목에 따른 해당 분기의 정기교육을 받은 것으로 본다.
3. 방사선작업종사자가 「원자력안전법 시행령」 제148조 제1항에 따라 방사선작업종사자 정기교육을 받은 때에는 그 해당시간 만큼 가목에 따른 해당 분기의 정기교육을 받은 것으로 본다.
4. 방사선 업무에 관계되는 작업에 종사하는 근로자가 「원자력안전법 시행령」 제148조 제1항에 따라 방사선작업종사자 신규교육 중 직장교육을 받은 때에는 그 시간만큼 라목 중 별표 5 제1호 라목 33에 따른 해당 근로자에 대한 특별교육을 받은 것으로 본다.

(2) 안전보건관리책임자 등에 대한 교육(제29조 제2항 관련)

교육대상	교육시간	
	신규교육	보수교육
가. 안전보건관리책임자	6시간 이상	6시간 이상
나. 안전관리자, 안전관리전문기관의 종사자	34시간 이상	24시간 이상
다. 보건관리자, 보건관리전문기관의 종사자	34시간 이상	24시간 이상
라. 재해예방 전문지도기관의 종사자	34시간 이상	24시간 이상
마. 석면조사기관의 종사자	34시간 이상	24시간 이상
바. 안전보건관리담당자	–	8시간 이상
사. 안전검사기관, 자율안전검사기관의 종사자	34시간 이상	24시간 이상

(3) 특수형태근로종사자에 대한 안전보건교육(제95조 제1항 관련)

교육과정	교육시간
가. 최초 노무제공 시 교육	2시간 이상(단기간 작업 또는 간헐적 작업에 노무를 제공하는 경우에는 1시간 이상 실시하고, 특별교육을 실시한 경우는 면제)
나. 특별교육	16시간 이상(최초 작업에 종사하기 전 4시간 이상 실시하고 12시간은 3개월 이내에서 분할하여 실시가능)
	단기간 작업 또는 간헐적 작업인 경우에는 2시간 이상

(4) 검사원 성능검사 교육(제131조 제2항 관련)

교육과정	교육대상	교육시간
성능검사 교육	–	28시간 이상

Section 30 사업장에서 근로자가 출입을 하여서는 아니 되는 출입의 금지조건 10가지

① 개요

사업주는 작업 또는 장소에 방책(防柵)을 설치하는 등 관계 근로자가 아닌 사람의 출입을 금지하여야 한다. 다만, 규정된 장소에서 수리 또는 점검 등을 위하여 그 암(arm) 등의 움직임에 의한 하중을 충분히 견딜 수 있는 안전지주(安全支柱) 또는 안전블록 등을 사용하도록 한 경우에는 그러하지 아니하다.

② 출입의 금지 등

(산업안전보건기준에 관한 규칙 제20조 [시행 2024. 1. 1.])

사업주는 다음 각 호의 작업 또는 장소에 방책(防柵)을 설치하는 등 관계 근로자가 아닌 사람의 출입을 금지하여야 한다.

① 추락에 의하여 근로자에게 위험을 미칠 우려가 있는 장소

② 유압(流壓), 체인 또는 로프 등에 의하여 지탱되어 있는 기계·기구의 덤프, 램(ram), 리프트, 포크(fork) 및 암 등이 갑자기 작동함으로써 근로자에게 위험을 미칠 우려가 있는 장소

③ 케이블 크레인을 사용하여 작업을 하는 경우에는 권상용(卷上用) 와이어로프 또는 횡행용(橫行用) 와이어로프가 통하고 있는 도르래 또는 그 부착부의 파손에 의하여 위험을 발생시킬 우려가 있는 그 와이어로프의 내각측(內角側)에 속하는 장소

④ 인양전자석(引揚電磁石) 부착 크레인을 사용하여 작업을 하는 경우에는 달아 올려진 화물의 아래쪽 장소

⑤ 인양전자석 부착 이동식 크레인을 사용하여 작업을 하는 경우에는 달아 올려진 화물의 아래쪽 장소

⑥ 리프트를 사용하여 작업을 하는 다음 각 목의 장소
   ㉠ 리프트 운반구가 오르내리다가 근로자에게 위험을 미칠 우려가 있는 장소
   ㉡ 리프트의 권상용 와이어로프 내각측에 그 와이어로프가 통하고 있는 도르래 또는 그 부착부가 떨어져 나감으로써 근로자에게 위험을 미칠 우려가 있는 장소

⑦ 지게차·구내운반차·화물자동차 등의 차량계 하역운반기계 및 고소(高所)작업대(이하 "차량계 하역운반기계 등"이라 한다)의 포크·버킷(bucket)·암 또는 이들에 의하여 지탱되어 있는 화물의 밑에 있는 장소. 다만, 구조상 갑작스러운 하강을 방지하는 장치가 있는 것은 제외한다.

⑧ 운전 중인 항타기(杭打機) 또는 항발기(杭拔機)의 권상용 와이어로프 등의 부착 부분의 파손에 의하여 와이어로프가 벗겨지거나 드럼(drum), 도르래 뭉치 등이 떨어져 근로자에게 위험을 미칠 우려가 있는 장소

⑨ 화재 또는 폭발의 위험이 있는 장소

⑩ 낙반(落磐) 등의 위험이 있는 다음 각 목의 장소

   ㉠ 부석의 낙하에 의하여 근로자에게 위험을 미칠 우려가 있는 장소

   ㉡ 터널 지보공(支保工)의 보강작업 또는 보수작업을 하고 있는 장소로서 낙반 또는 낙석 등에 의하여 근로자에게 위험을 미칠 우려가 있는 장소

⑪ 토석(土石)이 떨어져 근로자에게 위험을 미칠 우려가 있는 채석작업을 하는 굴착작업장의 아래 장소

⑫ 암석 채취를 위한 굴착작업, 채석에서 암석을 분할가공하거나 운반하는 작업, 그 밖에 이러한 작업에 수반(隨伴)한 작업(이하 "채석작업"이라 한다)을 하는 경우에는 운전 중인 굴착기계 · 분할기계 · 적재기계 또는 운반기계(이하 "굴착기계 등"이라 한다)에 접촉함으로써 근로자에게 위험을 미칠 우려가 있는 장소

⑬ 해체작업을 하는 장소

⑭ 하역작업을 하는 경우에는 쌓아놓은 화물이 무너지거나 화물이 떨어져 근로자에게 위험을 미칠 우려가 있는 장소

⑮ 다음 각 목의 항만하역작업 장소

   ㉠ 해치커버[(해치보드(hatch board) 및 해치빔(hatch beam)을 포함한다)]의 개폐 · 설치 또는 해체작업을 하고 있어 해치보드 또는 해치빔 등이 떨어져 근로자에게 위험을 미칠 우려가 있는 장소

   ㉡ 양화장치(揚貨裝置) 붐(boom)이 넘어짐으로써 근로자에게 위험을 미칠 우려가 있는 장소

   ㉢ 양화장치, 데릭(derrick), 크레인, 이동식 크레인(이하 "양화장치 등"이라 한다)에 매달린 화물이 떨어져 근로자에게 위험을 미칠 우려가 있는 장소

⑯ 벌목, 목재의 집하 또는 운반 등의 작업을 하는 경우에는 벌목한 목재 등이 아래 방향으로 굴러 떨어지는 등의 위험이 발생할 우려가 있는 장소

⑰ 양화장치 등을 사용하여 화물의 적하[부두 위의 화물에 훅(hook)을 걸어 선(船) 내에 적재하기까지의 작업을 말한다] 또는 양하(선 내의 화물을 부두 위에 내려놓고 훅을 풀기까지의 작업을 말한다)를 하는 경우에는 통행하는 근로자에게 화물이 떨어지거나 충돌할 우려가 있는 장소

Section 31 산업안전보건법 시행규칙에서 규정하고 있는 안전검사 면제조건 10가지

1 자율검사프로그램에 따른 안전검사

(산업안전보건법 제98조 [시행 2024. 5. 17.])

① 제93조 제1항에도 불구하고 같은 항에 따라 안전검사를 받아야 하는 사업주가 근로자대 표와 협의(근로자를 사용하지 아니하는 경우는 제외한다)하여 같은 항 전단에 따른 검사 기준, 같은 조 제3항에 따른 검사 주기 등을 충족하는 검사프로그램(이하 "자율검사프로 그램"이라 한다)을 정하고 고용노동부장관의 인정을 받아 다음 각 호의 어느 하나에 해당하는 사람으로부터 자율검사프로그램에 따라 안전검사대상기계 등에 대하여 안전 에 관한 성능검사(이하 "자율안전검사"라 한다)를 받으면 안전검사를 받은 것으로 본다.
① 고용노동부령으로 정하는 안전에 관한 성능검사와 관련된 자격 및 경험을 가진 사람
② 고용노동부령으로 정하는 바에 따라 안전에 관한 성능검사 교육을 이수하고 해당 분야의 실무 경험이 있는 사람

2 안전검사의 면제

(산업안전보건법 시행규칙 제125조 [시행 2023. 9. 28.])

법 제93조 제2항에서 "고용노동부령으로 정하는 경우"란 다음 각 호의 어느 하나에 해당하는 경우를 말한다.

① 「건설기계관리법」 제13조 제1항 제1호·제2호 및 제4호에 따른 검사를 받은 경우(안전검사 주기에 해당하는 시기의 검사로 한정한다)
② 「고압가스 안전관리법」 제17조 제2항에 따른 검사를 받은 경우
③ 「광산안전법」 제9조에 따른 검사 중 광업시설의 설치·변경공사 완료 후 일정한 기간이 지날 때마다 받는 검사를 받은 경우
④ 「선박안전법」 제8조부터 제12조까지의 규정에 따른 검사를 받은 경우
⑤ 「에너지이용 합리화법」 제39조 제4항에 따른 검사를 받은 경우
⑥ 「원자력안전법」 제22조 제1항에 따른 검사를 받은 경우
⑦ 「위험물안전관리법」 제18조에 따른 정기점검 또는 정기검사를 받은 경우
⑧ 「전기사업법」 제65조에 따른 검사를 받은 경우
⑨ 「항만법」 제26조 제1항 제3호에 따른 검사를 받은 경우
⑩ 「화재예방, 소방시설 설치·유지 및 안전관리에 관한 법률」 제25조 제1항에 따른 자체점검 등을 받은 경우
⑪ 「화학물질관리법」 제24조 제3항 본문에 따른 정기검사를 받은 경우

Section 32 제조업 유해·위험방지계획서 제출대상 업종 및 대상설비를 쓰고, 제출대상 업종의 유해·위험방지계획서에 포함시켜야 할 제출서류 목록

① 계획서 제출대상

(제조업 등 유해·위험방지계획서 제출·심사·확인에 관한 고시 제3조 [시행 2022. 1. 17.])

영 제42조 제2항에 따른 계획서 제출대상 기계·기구 및 설비의 구체적인 대상은 다음 각 호의 어느 하나에 해당하는 설비를 포함하는 단위공정을 말한다.

① 영 제42조 제2항 제1호에 따른 "금속이나 그 밖의 광물의 용해로"는 금속 또는 비금속광물을 해당물질의 녹는점 이상으로 가열하여 용해하는 노(爐)로서 용량이 3톤 이상인 것

② 영 제42조 제2항 제2호에 따른 "화학설비"는 안전보건규칙 제273조에 따른 "특수화학설비"로 단위공정 중에 저장되는 양을 포함하여 하루 동안 제조 또는 취급할 수 있는 양이 안전보건규칙 [별표 9]에 따른 위험물질의 기준량 이상인 것(단, 영 제43조 제2항에서 정한 설비는 제외)

③ 영 제42조 제2항 제3호에 따른 "건조설비"는 건조기본체, 가열장치, 환기장치를 포함하며, 열원기준으로 연료의 최대소비량이 시간당 50킬로그램 이상이거나 정격소비전력이 50킬로와트 이상인 설비로서 다음 각 목의 어느 하나에 해당할 것
　㉠ 건조물에 포함된 유기화합물을 건조하는 경우
　㉡ 도료, 피막제의 도포코팅 등 표면을 건조하여 인화성 물질의 증기가 발생하는 경우
　㉢ 건조를 통한 가연성 분말로 인해 분진이 발생하는 설비

④ 영 제42조 제2항 제4호에 따른 "가스집합 용접장치"는 용접·용단용으로 사용하기 위하여 1개 이상의 인화성가스의 저장 용기 또는 저장탱크를 상호 간에 도관으로 연결한 고정식의 가스집합장치로부터 용접 토치까지의 일관 설비로서 인화성가스 집합량이 1,000킬로그램 이상인 것

⑤ 영 제42조 제2항 제5호의 "근로자의 건강에 상당한 건강장해를 일으킬 우려가 있는 물질로서 고용노동부령으로 정하는 물질의 밀폐·환기·배기를 위한 설비"는 안전보건규칙 제422조부터 제425조, 제428조, 제430조, 제453조, 제471조, 제474조, 제607, 제608조에 따른 국소배기장치(이동식은 제외한다), 밀폐설비 및 전체환기설비(강제 배기방식의 것과 급기·배기 환기장치에 한정한다)로서 다음 각 목과 같다.
　㉠「안전검사 절차에 관한 고시」[별표 1]의 제7호에 명시된 유해물질로부터 나오는 가스·증기 또는 분진의 발산원을 밀폐·제거하기 위해 설치하는 국소배기장치, 밀폐설비 및 전체환기장치. 다만, 국소배기장치 및 전체환기장치는 배풍량이 분당 60세제곱미터 이상인 것에 한정한다.

ⓛ 가목에서 정한 유해물질 이외의 허가대상 또는 관리대상 물질로부터 나오는 가스·증기 또는 분진의 발산원을 밀폐·제거하기 위하여 설치하거나 안전보건규칙 [별표 16]의 분진작업을 하는 장소에 설치하는 국소배기장치, 밀폐설비 및 전체환기장치. 다만, 국소배기장치 및 전체환기장치는 배풍량이 분당 150세제곱미터 이상인 것에 한정한다.

② 제출서류

(제조업 등 유해·위험방지계획서 제출·심사·확인에 관한 고시 제4조 [시행 2022. 1. 17.])

사업주가 규칙 제42조 제1항 제5호 및 제2항 제3호에 따라 한국산업안전보건공단(이하 "공단"이라 한다)에 제출하는 계획서에 첨부하여야 할 도면과 서류는 [별표 1]과 같다. 다만, 주요 구조부분 변경으로 인하여 계획서를 작성·제출하는 경우에는 그 변경부분 및 그와 관련된 부분에 한정하며 [별표 1]에 유해·위험방지계획서 제출 도면 및 서류(제4조 관련)는 다음과 같다.

① 규칙 제42조 제1항 제5호에 따른 도면 및 서류
② 규칙 제42조 제2항 제3호에 따른 도면 및 서류
  ㉠ 용해로
  ㉡ 화학설비
  ㉢ 건조설비
  ㉣ 가스집합 용접장치
  ㉤ 허가대상·관리대상 유해물질 및 분진작업 관련 설비

Section 33 승강기시설안전관리법 시행규칙에서 규정하고 있는 승강기의 중대한 사고와 중대한 고장

① 개요

중대한 사고의 범위는 사망자가 발생한 경우, 사고 발생일로부터 7일 이내에 실시된 의사의 최초 진단결과, 1주 이상의 입원치료 또는 3주 이상의 치료가 필요한 상해를 입은 경우가 있으며 중대한 고장의 범위는 다음과 같다.

(1) 엘리베이터 및 휠체어리프트

① 출입문이 열린 상태로 움직인 경우
② 출입문이 이탈되거나 파손되어 운행되지 않는 경우
③ 최상층 또는 최하층을 지나 계속 움직인 경우
④ 운행하려는 층으로 운행되지 않은 경우(정전 또는 천재지변으로 인해 발생한 경우 제외)
⑤ 운행 중 정지된 고장으로서 이용자가 운반구에 갇히게 된 경우(정전 또는 천재지변으로 인해 발생한 경우 제외)

(2) 에스컬레이터

① 손잡이 속도와 디딤판 속도의 차이가 행정안전부장관이 고시하는 기준을 초과하는 경우
② 하강 운행 과정에서 행정안전부장관이 고시하는 기준을 초과하는 과속이 발생한 경우
③ 상승 운행 과정에서 디딤판이 하강 방향으로 역행하는 경우
④ 과속 또는 역행을 방지하는 장치가 정상적으로 작동하지 않은 경우
⑤ 디딤판이 이탈되거나 파손되어 운행되지 않은 경우

❷ 사고 보고 및 조사

(승강기시설안전관리법 시행규칙 제69조 [시행 2023. 7. 26.])

관리주체(법 제31조 제4항에 따라 자체점검을 대행하는 유지관리업자를 포함한다)는 법 제48조 제1항에 따라 중대한 사고 또는 중대한 고장이 발생한 경우에는 지체 없이 다음 각 호의 사항을 공단에 알려야 한다.

① 승강기가 설치된 건축물이나 고정된 시설물의 명칭 및 주소
② 영 제60조 제1항에 따른 승강기 고유 번호
③ 사고 또는 고장 발생 일시
④ 사고 또는 고장 내용
⑤ 피해 정도(사람이 엘리베이터 또는 휠체어리프트 내에 갇힌 경우에는 갇힌 사람의 수와 구출한 자를 포함한다) 및 응급조치 내용

Section 34 산업안전보건기준에 관한 규칙 제163조에서 정하고 있는 양중기의 와이어로프 등 달기구의 안전계수를 구하는 식

1 와이어로프 등 달기구의 안전계수

(산업안전보건기준에 관한 규칙 제163조 [시행 2024. 1. 1.])

① 사업주는 양중기의 와이어로프 등 달기구의 안전계수(달기구 절단하중의 값을 그 달기구에 걸리는 하중의 최대값으로 나눈 값을 말한다)가 다음 각 호의 구분에 따른 기준에 맞지 아니한 경우에는 이를 사용해서는 아니 된다.

 ㉠ 근로자가 탑승하는 운반구를 지지하는 달기와이어로프 또는 달기체인의 경우 : 10 이상

 ㉡ 화물의 하중을 직접 지지하는 달기와이어로프 또는 달기체인의 경우 : 5 이상

 ㉢ 훅, 샤클, 클램프, 리프팅 빔의 경우 : 3 이상

 ㉣ 그 밖의 경우 : 4 이상

② 사업주는 달기구의 경우 최대허용하중 등의 표식이 견고하게 붙어 있는 것을 사용하여야 한다.

Section 35 산업안전보건법령상 "안전검사 대상 유해·위험기계기구" 중 "안전인증대상 기계·기구"에 해당되지 않는 6종

1 안전인증 대상기계 등

(산업안전보건법 시행령 제74조 [시행 2024. 3. 12.]

법 제84조 제1항에서 "대통령령으로 정하는 것"이란 다음 각 호의 어느 하나에 해당하는 것을 말한다.

(1) 다음 각 목의 어느 하나에 해당하는 기계 또는 설비

 ① 프레스

 ② 전단기 및 절곡기(折曲機)

 ③ 크레인

 ④ 리프트

 ⑤ 압력용기

⑥ 롤러기

⑦ 사출성형기(射出成形機)

⑧ 고소(高所) 작업대

⑨ 곤돌라

(2) 다음 각 목의 어느 하나에 해당하는 방호장치

① 프레스 및 전단기 방호장치

② 양중기용(揚重機用) 과부하 방지장치

③ 보일러 압력방출용 안전밸브

④ 압력용기 압력방출용 안전밸브

⑤ 압력용기 압력방출용 파열판

⑥ 절연용 방호구 및 활선작업용(活線作業用) 기구

⑦ 방폭구조(防爆構造) 전기기계·기구 및 부품

⑧ 추락·낙하 및 붕괴 등의 위험 방지 및 보호에 필요한 가설기자재로서 고용노동부장 관이 정하여 고시하는 것

⑨ 충돌·협착 등의 위험 방지에 필요한 산업용 로봇 방호장치로서 고용노동부장관이 정 하여 고시하는 것

(3) 다음 각 목의 어느 하나에 해당하는 보호구

① 추락 및 감전 위험방지용 안전모

② 안전화

③ 안전장갑

④ 방진마스크

⑤ 방독마스크

⑥ 송기(送氣)마스크

⑦ 전동식 호흡보호구

⑧ 보호복

⑨ 안전대

⑩ 차광(遮光) 및 비산물(飛散物) 위험방지용 보안경

⑪ 용접용 보안면

⑫ 방음용 귀마개 또는 귀덮개

안전인증대상기계 등의 세부적인 종류, 규격 및 형식은 고용노동부장관이 정하여 고 시한다.

2 산업안전보건법령상 "안전검사 대상 유해 · 위험기계기구" 중 "안전인증 대상 기계 · 기구"에 해당되지 않는 6종

안전인증대상 기계 · 기구에 해당되지 않는 기종은 다음과 같다.

① **곤돌라** : 크레인에 설치된 곤돌라, 동력으로 엔진구동 방식을 사용하는 곤돌라, 지면에서 각도가 45° 이하로 설치된 곤돌라는 제외

② **국소 배기장치** : 최근 2년 동안 작업환경측정결과가 노출기준 50% 미만인 경우에는 적용 제외

③ **원심기**(산업용만 해당한다)

④ **화학설비 및 그 부속설비**

⑤ **건조설비 및 그 부속설비**

⑥ **컨베이어** : 재료 · 반제품 · 화물 등을 동력에 의하여 단속 또는 연속 운반하는 벨트, 체인, 롤러, 트롤리, 버킷, 나사, 컨베이어가 포함된 컨베이어 시스템의 예외 것은 제외한다.

⑦ **산업용 로봇** : 3개 이상의 회전관절을 가지는 다관절 로봇이 포함된 산업용 로봇 셀의 예외 것은 제외한다.

Section 36
산업안전보건기준에 관한 규칙 제38조 "사전조사 및 작업계획서의 작성 등"에서 정하고 있는 작업계획서 작성 대상 작업 13가지를 제시하고, 타워크레인을 설치 · 조립 · 해체하는 작업의 작업계획서 내용 5가지

1 사전조사 및 작업계획서의 작성 등

(산업안전보건기준에 관한 규칙 제38조 [시행 2024. 1. 1.])

① 사업주는 다음 각 호의 작업을 하는 경우 근로자의 위험을 방지하기 위하여 별표 4에 따라 해당 작업, 작업장의 지형 · 지반 및 지층 상태 등에 대한 사전조사를 하고 그 결과를 기록 · 보존하여야 하며, 조사결과를 고려하여 별표 4의 구분에 따른 사항을 포함한 작업계획서를 작성하고 그 계획에 따라 작업을 하도록 하여야 한다.

㉠ 타워크레인을 설치 · 조립 · 해체하는 작업

㉡ 차량계 하역운반기계 등을 사용하는 작업(화물자동차를 사용하는 도로상의 주행 작업은 제외한다. 이하 같다)

ⓒ 차량계 건설기계를 사용하는 작업

ⓓ 화학설비와 그 부속설비를 사용하는 작업

ⓔ 제318조에 따른 전기작업(해당 전압이 50V를 넘거나 전기에너지가 250VA를 넘는 경우로 한정한다)

ⓕ 굴착면의 높이가 2m 이상이 되는 지반의 굴착작업(이하 "굴착작업"이라 한다)

ⓖ 터널굴착작업

ⓗ 교량(상부구조가 금속 또는 콘크리트로 구성되는 교량으로서 그 높이가 5m 이상이거나 교량의 최대 지간 길이가 30m 이상인 교량으로 한정한다)의 설치·해체 또는 변경 작업

ⓩ 채석작업

ⓒ 건물 등의 해체작업

ⓚ 중량물의 취급작업

ⓣ 궤도나 그 밖의 관련 설비의 보수·점검작업

ⓟ 열차의 교환·연결 또는 분리 작업(이하 "입환작업"이라 한다)

② 사업주는 제1항에 따라 작성한 작업계획서의 내용을 해당 근로자에게 알려야 한다.

③ 사업주는 항타기나 항발기를 조립·해체·변경 또는 이동하는 작업을 하는 경우 그 작업방법과 절차를 정하여 근로자에게 주지시켜야 한다.

④ 사업주는 제1항 제12호의 작업에 모터카(motor car), 멀티플타이탬퍼(multiple tie tamper), 밸러스트 콤팩터(ballast compactor), 궤도안정기 등의 작업차량(이하 "궤도작업차량"이라 한다)을 사용하는 경우 미리 그 구간을 운행하는 열차의 운행관계자와 협의하여야 한다.

❷ 타워크레인을 설치·조립·해체하는 작업(제38조 제1항, 별표 4 관련)

① 타워크레인의 종류 및 형식

② 설치·조립 및 해체순서

③ 작업도구·장비·가설설비(假設設備) 및 방호설비

④ 작업인원의 구성 및 작업근로자의 역할 범위

⑤ 제142조에 따른 지지 방법

산업안전보건법 제49조의 2에서 정하고 있는 공정안전보고서의 제출목적과 현장에서의 공정안전관리를 위한 12대 실천과제 주요 내용

1 산업안전보건법 제49조의 2에서 정하고 있는 공정안전보고서의 제출목적

대통령령으로 정하는 유해·위험설비를 보유한 사업장의 사업주는 그 설비로부터의 위험물질 누출, 화재, 폭발 등으로 인하여 사업장 내의 근로자에게 즉시 피해를 주거나 사업장 인근지역에 피해를 줄 수 있는 사고로서 대통령령으로 정하는 사고(이하 이 조에서 "중대산업사고"라 한다)를 예방하기 위하여 대통령령으로 정하는 바에 따라 공정안전보고서를 작성하여 고용노동부장관에게 제출하여 심사를 받아야 한다. 이 경우 공정안전보고서의 내용이 중대산업사고를 예방하기 위하여 적합하다고 통보받기 전에는 관련 설비를 가동하여서는 아니 된다. 〈개정 2010. 6. 4., 2011. 7. 25.〉

2 현장에서의 공정안전관리를 위한 12대 실천과제 주요 내용

(공정안전문화 향상에 관한 기술지침, 한국산업안전보건공단, 2017. 11.)

사업장 및 PSM 전문가의 의견을 수렴하여 공정안전관리 12대 요소 각각에 대하여 필수적으로 이행해야 할 실천과제안을 선정하고 사업장 스스로 12대 실천과제를 실행할 수 있도록 세부 추진 지침으로 구체적인 실천 및 확인방법을 제시한다.

[표 3-3] 공정안전관리를 위한 12대 실천과제 주요내용

PSM 요소별	실천과제
공정안전자료	공정안전자료의 주기적인 보완 및 체계적 관리
공정위험성평가	공정위험성평가 체제 구축 및 사후관리
안전운전절차	안전운전절차 보완 및 준수
설비점검·검사 및 유지·보수	설비별 위험등급에 따른 효율적인 관리
가동 전 점검	유해·위험설비의 가동(시운전) 전 안전점검
협력업체 관리	협력업체 선정 시 안전관리 수준 반영
근로자교육	근로자(임직원)에 대한 실질적인 PSM 교육
안전작업 허가	작업허가절차 준수
변경관리	설비 등 변경 시 변경관리절차 준수
자체감사	객관적인 자체감사 실기 및 사후조치
사고조사	정확한 사고원인규명 및 재발방지
비상조치계획	비상대응 시나리오 작성 및 주기적인 훈련

Section 38 산업안전보건법 시행령 제15조에서 정하고 있는 관리감독자의 업무내용 7가지

1 관리감독자의 업무 내용

(산업안전보건법 시행령 제15조 [시행 2024. 3. 12.])

법 제16조 제1항에서 "대통령령으로 정하는 업무"란 다음 각 호의 업무를 말한다.

① 사업장 내 법 제16조 제1항에 따른 관리감독자(이하 "관리감독자"라 한다)가 지휘·감독하는 작업(이하 이 조에서 "해당작업"이라 한다)과 관련된 기계·기구 또는 설비의 안전·보건 점검 및 이상 유무의 확인

② 관리감독자에게 소속된 근로자의 작업복·보호구 및 방호장치의 점검과 그 착용·사용에 관한 교육·지도

③ 해당 작업에서 발생한 산업재해에 관한 보고 및 이에 대한 응급조치

④ 해당작업의 작업장 정리·정돈 및 통로 확보에 대한 확인·감독

⑤ 사업장의 다음 각 목의 어느 하나에 해당하는 사람의 지도·조언에 대한 협조

ㄱ 법 제17조 제1항에 따른 안전관리자(이하 "안전관리자"라 한다) 또는 같은 조 제4항에 따라 안전관리자의 업무를 같은 항에 따른 안전관리전문기관(이하 "안전관리전문기관"이라 한다)에 위탁한 사업장의 경우에는 그 안전관리전문기관의 해당 사업장 담당자

ㄴ 법 제18조 제1항에 따른 보건관리자(이하 "보건관리자"라 한다) 또는 같은 조 제4항에 따라 보건관리자의 업무를 같은 항에 따른 보건관리전문기관(이하 "보건관리전문기관"이라 한다)에 위탁한 사업장의 경우에는 그 보건관리전문기관의 해당 사업장 담당자

ㄷ 법 제19조 제1항에 따른 안전보건관리담당자(이하 "안전보건관리담당자"라 한다) 또는 같은 조 제4항에 따라 안전보건관리담당자의 업무를 안전관리전문기관 또는 보건관리전문기관에 위탁한 사업장의 경우에는 그 안전관리전문기관 또는 보건관리전문기관의 해당 사업장 담당자

ㄹ 법 제22조 제1항에 따른 산업보건의(이하 "산업보건의"라 한다)

⑥ 법 제36조에 따라 실시되는 위험성평가에 관한 다음 각 목의 업무

ㄱ 유해·위험요인의 파악에 대한 참여

ㄴ 개선조치의 시행에 대한 참여

⑦ 그 밖에 해당작업의 안전 및 보건에 관한 사항으로서 고용노동부령으로 정하는 사항

Section 39

산업안전보건기준에 관한 규칙 제32조 "보호구의 지급 등"에서 정하고 있는 보호구를 지급하여야 하는 10가지 작업과 그 작업 조건에 맞는 보호구

1 보호구의 지급 등

(산업안전보건기준에 관한 규칙 제32조 [시행 2024. 1. 1.])

사업주는 다음 각 호의 어느 하나에 해당하는 작업을 하는 근로자에 대해서는 다음 각호의 구분에 따라 그 작업조건에 맞는 보호구를 작업하는 근로자 수 이상으로 지급하고 착용하도록 하여야 한다. 〈개정 2017. 3. 3.〉

① 물체가 떨어지거나 날아올 위험 또는 근로자가 추락할 위험이 있는 작업 : 안전모
② 높이 또는 깊이 2미터 이상의 추락할 위험이 있는 장소에서 하는 작업 : 안전대(安全帶)
③ 물체의 낙하 · 충격, 물체에의 끼임, 감전 또는 정전기의 대전(帶電)에 의한 위험이 있는 작업 : 안전화
④ 물체가 흩날릴 위험이 있는 작업 : 보안경
⑤ 용접 시 불꽃이나 물체가 흩날릴 위험이 있는 작업 : 보안면
⑥ 감전의 위험이 있는 작업 : 절연용 보호구
⑦ 고열에 의한 화상 등의 위험이 있는 작업 : 방열복
⑧ 선창 등에서 분진(粉塵)이 심하게 발생하는 하역작업 : 방진마스크
⑨ 섭씨 영하 18도 이하인 급냉동어창에서 하는 하역작업 : 방한모 · 방한복 · 방한화 · 방한장갑
⑩ 물건을 운반하거나 수거 · 배달하기 위하여 「자동차관리법」 제3조 제1항 제5호에 따른 이륜자동차(이하 "이륜자동차"라 한다)를 운행하는 작업 : 「도로교통법 시행규칙」 제32조 제1항 각 호의 기준에 적합한 승차용 안전모

Section 40

전기 · 기계기구에 의한 감전 위험을 방지하기 위하여 누전차단기를 설치해야 하는 대상

1 개요

누전차단기는 누전(지락)사고 시 전류가 인체에 위험할 정도로 흐르게 되면 0.03초 내에 전원 측 전류를 자동적으로 차단하여 감전재해를 사전에 방지하도록 하는 것으로, 교류 600V 이하의 저압 전로에서 감전사고, 전기화재 및 전기기계 · 기구의 손상을 방지하

기 위해 사용하며 누전차단기는 제작측면에서 전류동작형과 전압동작형으로 구분할 수 있고, 감독에 따라서도 분류할 수 있다. 하지만 여기서는 사용자에 의한 분류, 형태에 의한 분류만 간단하게 설명한다.

2 누전차단기에 의한 감전방지
(산업안전보건기준에 관한 규칙 제304조 [시행 2024. 1. 1.])

사업주는 다음 각 호의 전기 기계·기구에 대하여 누전에 의한 감전위험을 방지하기 위하여 해당 전로의 정격에 적합하고 감도가 양호하며 확실하게 작동하는 감전방지용 누전차단기를 설치하여야 한다.

① 대지전압이 150V를 초과하는 이동형 또는 휴대형 전기기계·기구
② 물 등 도전성이 높은 액체가 있는 습윤장소에서 사용하는 저압(750V 이하 직류전압이나 600V 이하의 교류전압을 말한다)용 전기기계·기구
③ 철판·철골 위 등 도전성이 높은 장소에서 사용하는 이동형 또는 휴대형 전기기계·기구
④ 임시배선의 전로가 설치되는 장소에서 사용하는 이동형 또는 휴대형 전기기계·기구

Section 41 컨베이어에 의한 위험예방을 위하여 사업주가 취해야 할 안전장치와 조치

1 컨베이어에 의한 위험예방을 위하여 사업주가 취해야 할 안전장치와 조치
(산업안전보건기준에 관한 규칙 제191~제195조 [시행 2024. 1. 1.])

(1) 이탈 등의 방지(제191조)

사업주는 컨베이어, 이송용 롤러 등(이하 "컨베이어 등"이라 한다)을 사용하는 경우에는 정전·전압강하 등에 따른 화물 또는 운반구의 이탈 및 역주행을 방지하는 장치를 갖추어야 한다. 다만, 무동력상태 또는 수평상태로만 사용하여 근로자가 위험해질 우려가 없는 경우에는 그러하지 아니하다.

(2) 비상정지장치(제192조)

사업주는 컨베이어 등에 해당 근로자의 신체의 일부가 말려드는 등 근로자가 위험해질 우려가 있는 경우 및 비상시에는 즉시 컨베이어 등의 운전을 정지시킬 수 있는 장치

를 설치하여야 한다. 다만, 무동력상태로만 사용하여 근로자가 위험해질 우려가 없는 경우에는 그러하지 아니하다.

(3) 낙하물에 의한 위험 방지(제193조)

사업주는 컨베이어 등으로부터 화물이 떨어져 근로자가 위험해질 우려가 있는 경우에는 해당 컨베이어 등에 덮개 또는 울을 설치하는 등 낙하 방지를 위한 조치를 하여야 한다.

(4) 트롤리 컨베이어(제194조)

사업주는 트롤리 컨베이어(trolley conveyor)를 사용하는 경우에는 트롤리와 체인 · 행거 (hanger)가 쉽게 벗겨지지 않도록 서로 확실하게 연결하여 사용하도록 하여야 한다.

(5) 통행의 제한 등(제195조)

① 사업주는 운전 중인 컨베이어 등의 위로 근로자를 넘어가도록 하는 경우에는 위험을 방지하기 위하여 건널다리를 설치하는 등 필요한 조치를 하여야 한다.
② 사업주는 동일선상에 구간별 설치된 컨베이어에 중량물을 운반하는 경우에는 중량물 충돌에 대비한 스토퍼를 설치하거나 작업자 출입을 금지하여야 한다.

Section 42 제조물책임법에서 규정하고 있는 결함 3가지

❶ 개요

결함은 제조물에서 통상적으로 기대할 수 있는 안전성을 결여하고 있는 것으로 넓은 의미의 하자에는 포함되지만 안전성과 관련되는 손해를 발생시키지 않는 간단한 품질의 하자는 본법의 대상으로 되지 않으며 제조상의 결함, 설계상의 결함, 표시상의 결함의 3가지로 분류와 기타 통상적으로 기대할 수 있는 안전성이 결여되어 있는 것이다.

❷ 제조물책임법에서 규정하고 있는 결함 3가지

(제조물책임법 제2조 [시행 2018. 4. 19.])

(1) 제조상의 결함

제조업자의 제조물에 대한 제조 · 가공상의 주의의무의 이행여부에 불구하고 제조물이 원래 의도한 설계와 다르게 제조 · 가공됨으로써 안전하지 못하게 된 경우로 설계도면대로 제품이 생산되지 아니한 경우를 말하며, 제조과정에 이물질이 혼입된 식품이나, 자동차에 부속품이 빠져있는 경우이다.

(2) 설계상의 결함

제조업자가 합리적인 대체설계를 채용하였더라면 피해나 위험을 줄이거나 피할 수 있었음에도 대체설계를 채용하지 아니하여 당해 제조물이 안전하지 못하게 된 경우로 설계도면대로 제품이 생산되었지만 설계자체가 안전설계가 되지 아니한 경우이며 녹즙기에 어린이들의 손가락이 잘려 나간 경우처럼 설계자체에서 안전성이 결여된 것이다.

(3) 표시상의 결함(지시·경고상의 결함)

제조업자가 합리적인 설명·지시·경고 기타의 표시를 하였더라면 당해 제조물에 의하여 발생될 수 있는 피해나 위험을 줄이거나 피할 수 있었음에도 이를 하지 아니한 경우로 제조상의 결함과 설계상의 결함이 제조물 자체의 결함이라고 한다면 표시상의 결함은 제조물 자체에 존재하는 결함이 아니라고 할 수 있다.

(4) 기타 유형의 결함

기타 통상적으로 기대할 수 있는 안전성이 결여되어 있는 것으로서 포괄적으로 결함의 가능성을 고려하며 외국의 입법례를 보면 결함의 유무에 대한 고려사항을 명확히 하여 소비자와 기업 쌍방의 예측가능성이나 투명성을 높이고, 제품의 안전성 향상에 유용하도록 하기 위해 결함판단에 있어서의 고려사항을 예시한다.

Section 43

통풍이나 환기가 충분하지 않고 가연물이 있는 건축물 내부나 설비 내부에서 화재위험 작업을 하는 경우 화재예방을 위하여 준수하여야 할 사항

1 화재위험작업 시의 준수사항

(산업안전보건기준에 관한 규칙 제241조 [시행 2024. 1. 1.])

① 사업주는 통풍이나 환기가 충분하지 않은 장소에서 화재위험작업을 하는 경우에는 통풍 또는 환기를 위하여 산소를 사용해서는 아니 된다. 〈개정 2017. 3. 3.〉
② 사업주는 가연성물질이 있는 장소에서 화재위험작업을 하는 경우에는 화재예방에 필요한 다음 각 호의 사항을 준수하여야 한다. 〈개정 2017. 3. 3., 2019. 12. 26.〉
 ㉠ 작업 준비 및 작업 절차 수립

　　ⓛ 작업장 내 위험물의 사용·보관 현황 파악

　　ⓒ 화기작업에 따른 인근 가연성물질에 대한 방호조치 및 소화기구 비치

　　ⓔ 용접불티 비산방지덮개, 용접방화포 등 불꽃, 불티 등 비산방지조치

　　ⓜ 인화성 액체의 증기 및 인화성 가스가 남아 있지 않도록 환기 등의 조치

　　ⓗ 작업근로자에 대한 화재예방 및 피난교육 등 비상조치

③ 사업주는 작업시작 전에 제2항 각 호의 사항을 확인하고 불꽃·불티 등의 비산을 방지하기 위한 조치 등 안전조치를 이행한 후 근로자에게 화재위험작업을 하도록 해야 한다. 〈신설 2019. 12. 26.〉

④ 사업주는 화재위험작업이 시작되는 시점부터 종료될 때까지 작업내용, 작업일시, 안전점검 및 조치에 관한 사항 등을 해당 작업장소에 서면으로 게시해야 한다. 다만, 같은 장소에서 상시·반복적으로 화재위험작업을 하는 경우에는 생략할 수 있다. 〈신설 2019. 12. 26.〉 [제목개정 2019. 12. 26.]

Section 44 승강기 안전관리법에서 규정하는 승강기 검사의 종류

1 개요

　　승강기의 제조·수입 및 설치에 관한 사항과 승강기의 안전인증 및 안전관리에 관한 사항 등을 규정함으로써 승강기의 안전성을 확보하고, 승강기 이용자 등의 생명·신체 및 재산을 보호함을 목적으로 하며 승강기란 건축물이나 고정된 시설물에 설치되어 일정한 경로에 따라 사람이나 화물을 승강장으로 옮기는 데에 사용되는 설비(「주차장법」에 따른 기계식주차장치 등 대통령령으로 정하는 것은 제외한다)로서 구조나 용도 등의 구분에 따라 대통령령으로 정하는 설비를 말한다.

2 승강기의 안전검사

(승강기 안전관리법 제32조 [시행 2023. 12. 26.])

　　관리주체는 승강기에 대하여 행정안전부장관이 실시하는 다음 각 호의 안전검사(이하 "안전검사"라 한다)를 받아야 한다.

(1) 정기검사

　　설치검사 후 정기적으로 하는 검사. 이 경우 검사주기는 2년 이하로 하되, 다음 각 목의 사항을 고려하여 행정안전부령으로 정하는 바에 따라 승강기별로 검사주기를 다르게 할 수 있다.

① 승강기의 종류 및 사용 연수

② 제48조 제1항에 따른 중대한 사고 또는 중대한 고장의 발생 여부

③ 그 밖에 행정안전부령으로 정하는 사항

(2) 수시검사

다음 각 목의 어느 하나에 해당하는 경우에 하는 검사

① 승강기의 종류, 제어방식, 정격속도, 정격용량 또는 왕복운행거리를 변경한 경우(변경된 승강기에 대한 검사의 기준이 완화되는 경우 등 행정안전부령으로 정하는 경우는 제외한다)

② 승강기의 제어반(制御盤) 또는 구동기(驅動機)를 교체한 경우

③ 승강기에 사고가 발생하여 수리한 경우(제3호 나목의 경우는 제외한다)

④ 관리주체가 요청하는 경우

(3) 정밀안전검사

다음 각 목의 어느 하나에 해당하는 경우에 하는 검사. 이 경우 다목에 해당할 때에는 정밀안전검사를 받고, 그 후 3년마다 정기적으로 정밀안전검사를 받아야 한다.

① 제1호에 따른 정기검사(이하 "정기검사"라 한다) 또는 제2호에 따른 수시검사 결과 결함의 원인이 불명확하여 사고 예방과 안전성 확보를 위하여 행정안전부장관이 정밀안전검사가 필요하다고 인정하는 경우

② 승강기의 결함으로 제48조 제1항에 따른 중대한 사고 또는 중대한 고장이 발생한 경우

③ 설치검사를 받은 날부터 15년이 지난 경우

④ 그 밖에 승강기 성능의 저하로 승강기 이용자의 안전을 위협할 우려가 있어 행정안전부장관이 정밀안전검사가 필요하다고 인정한 경우

Section 45

산업안전보건법령에서 정하는 유해·위험방지계획서 제출 대상 사업장

❶ 개요

재해발생 위험성이 높은 업종 또는 기계·기구 및 설비에 대하여 사업주가 해당 제품 생산 공정과 직접적으로 관련된 건설물·기계·기구 및 설비 등 일체를 설치·이전하거나 주요 구조부분을 변경하는 경우 작업시작 전에 작성하여 사전 안전성을 심사하고 현

장 확인을 실시하여 근원적인 안전성을 확보함으로써 산업재해를 예방하고 근로자 안전보건의 유지·증진에 기여하기 위한 법정 제도이다.

❷ 유해위험방지계획서의 작성·제출 등

(산업안전보건법 제42조 [시행 2024. 5. 17.])

사업주는 다음 각 호의 어느 하나에 해당하는 경우에는 이 법 또는 이 법에 따른 명령에서 정하는 유해·위험 방지에 관한 사항을 적은 계획서(이하 "유해위험방지계획서"라 한다)를 작성하여 고용노동부령으로 정하는 바에 따라 고용노동부장관에게 제출하고 심사를 받아야 한다. 다만, 제3호에 해당하는 사업주 중 산업재해발생률 등을 고려하여 고용노동부령으로 정하는 기준에 해당하는 사업주는 유해위험방지계획서를 스스로 심사하고, 그 심사결과서를 작성하여 고용노동부장관에게 제출하여야 한다.

① 대통령령으로 정하는 사업의 종류 및 규모에 해당하는 사업으로서 해당 제품의 생산공정과 직접적으로 관련된 건설물·기계·기구 및 설비 등 일체를 설치·이전하거나 그 주요 구조부분을 변경하려는 경우
② 유해하거나 위험한 작업 또는 장소에서 사용하거나 건강장해를 방지하기 위하여 사용하는 기계·기구 및 설비로서 대통령령으로 정하는 기계·기구 및 설비를 설치·이전하거나 그 주요 구조부분을 변경하려는 경우
③ 대통령령으로 정하는 크기, 높이 등에 해당하는 건설공사를 착공하려는 경우

Section 46 **산업안전보건법의 보호 대상인 특수형태 근로종사자의 직종**

❶ 개요

노동부는 특수형태근로종사자에 대한 안전·보건 조치 의무를 부과하고, 직종별 안전·보건조치 의무, 안전보건교육 내용 등을 마련하여, 기업에 필요한 노무를 제공함에도 「산업안전보건법」상 보호를 받지 못하고 있던 특수형태근로종사자 등에 대한 산업안전의 중요성을 환기시키고, 건강한 작업환경을 조성하고자 할 뿐 아니라, 현행 제도의 운영상 나타난 일부 미비점을 개선·보완하기 위해 '특수형태근로종사자에 대한 안전보건교육제도를 도입'하였다.

❷ 특수형태근로종사자의 범위 등

(산업안전보건법 시행령 제67조 [시행 2024. 3. 12.])

법 제77조 제1항 제1호에 따른 대통령령으로 정하는 직종에 종사하는 사람은 다음 각 호의 어느 하나에 해당하는 사람을 말한다.

① 보험을 모집하는 사람으로서 다음 각 목의 어느 하나에 해당하는 자
　ㄱ「보험업법」 제83조 제1항 제1호에 따른 보험설계사
　ㄴ「우체국 예금·보험에 관한 법률」에 따른 우체국보험의 모집을 전업으로 하는 사람
② 「건설기계관리법」 제3조 제1항에 따라 등록된 건설기계를 직접 운전하는 사람
③ 「통계법」 제22조에 따라 통계청장이 고시하는 직업에 관한 표준분류(이하 "한국표준직업분류표"라 한다)의 세세분류에 따른 학습지 교사
④ 「체육시설의 설치·이용에 관한 법률」 제7조에 따라 직장체육시설로 설치된 골프장 또는 같은 법 제19조에 따라 체육시설업의 등록을 한 골프장에서 골프경기를 보조하는 골프장 캐디
⑤ 한국표준직업분류표의 세분류에 따른 택배원인 사람으로서 택배사업(소화물을 집화·수송 과정을 거쳐 배송하는 사업을 말한다)에서 집화 또는 배송 업무를 하는 사람
⑥ 한국표준직업분류표의 세분류에 따른 택배원인 사람으로서 고용노동부장관이 정하는 기준에 따라 주로 하나의 퀵서비스업자로부터 업무를 의뢰받아 배송 업무를 하는 사람
⑦ 「대부업 등의 등록 및 금융이용자 보호에 관한 법률」 제3조 제1항 단서에 따른 대출모집인
⑧ 「여신전문금융업법」 제14조의 2 제1항 제2호에 따른 신용카드회원 모집인
⑨ 고용노동부장관이 정하는 기준에 따라 주로 하나의 대리운전업자로부터 업무를 의뢰받아 대리운전 업무를 하는 사람
⑩ 「방문판매 등에 관한 법률」 제2조 제2호 또는 제8호의 방문판매원이나 후원방문판매원으로서 고용노동부장관이 정하는 기준에 따라 상시적으로 방문판매업무를 하는 사람
⑪ 한국표준직업분류표의 세세분류에 따른 대여 제품 방문점검원
⑫ 한국표준직업분류표의 세분류에 따른 가전제품 설치 및 수리원으로서 가전제품을 배송, 설치 및 시운전하여 작동상태를 확인하는 사람
⑬ 「화물자동차 운수사업법」에 따른 화물차주로서 다음 각 목의 어느 하나에 해당하는 사람
　ㄱ「자동차관리법」 제3조 제1항 제4호의 특수자동차로 수출입 컨테이너를 운송하는 사람
　ㄴ「자동차관리법」 제3조 제1항 제4호의 특수자동차로 시멘트를 운송하는 사람
　ㄷ「자동차관리법」 제2조 제1호 본문의 피견인자동차나 「자동차관리법」 제3조 제1항 제3호의 일반형 화물자동차로 철강재를 운송하는 사람
　ㄹ「자동차관리법」 제3조 제1항 제3호의 일반형 화물자동차나 특수용도형 화물자동차로 「물류정책기본법」 제29조 제1항 각 호의 위험물질을 운송하는 사람
⑭ 「소프트웨어 진흥법」에 따른 소프트웨어사업에서 노무를 제공하는 소프트웨어기술자

Section 47

안전보건관리총괄책임자 지정 대상 사업장을 구분하고, 해당 직무 및 도급에 따른 산업재해 예방조치 사항

1 안전보건총괄책임자 지정 대상사업

(산업안전보건법 시행령 제52조 [시행 2024. 3. 12.])

법 제62조 제1항에 따른 안전보건총괄책임자(이하 "안전보건총괄책임자"라 한다)를 지정해야 하는 사업의 종류 및 사업장의 상시근로자 수는 관계수급인에게 고용된 근로자를 포함한 상시근로자가 100명(선박 및 보트 건조업, 1차 금속 제조업 및 토사석 광업의 경우에는 50명) 이상인 사업이나 관계수급인의 공사금액을 포함한 해당 공사의 총 공사금액이 20억 원 이상인 건설업으로 한다.

2 안전보건총괄책임자의 직무 등

(산업안전보건법 시행령 제53조 [시행 2024. 3. 12.])

안전보건총괄책임자의 직무는 다음 각 호와 같다.

① 법 제36조에 따른 위험성평가의 실시에 관한 사항
② 법 제51조 및 제54조에 따른 작업의 중지
③ 법 제64조에 따른 도급 시 산업재해 예방조치
④ 법 제72조 제1항에 따른 산업안전보건관리비의 관계수급인 간의 사용에 관한 협의 · 조정 및 그 집행의 감독
⑤ 안전인증대상기계 등과 자율안전확인대상기계 등의 사용 여부 확인

Section 48

산업안전보건기준에 관한 규칙에서 정하는 가설통로의 구조와 사다리식 통로의 구조

1 가설통로의 구조

(산업안전보건기준에 관한 규칙 제23조 [시행 2024. 1. 1.])

사업주는 가설통로를 설치하는 경우 다음 각 호의 사항을 준수하여야 한다.

① 견고한 구조로 할 것
② 경사는 30° 이하로 할 것. 다만, 계단을 설치하거나 높이 2m 미만의 가설통로로서 튼튼한 손잡이를 설치한 경우에는 그러하지 아니하다.

③ 경사가 15°를 초과하는 경우에는 미끄러지지 아니하는 구조로 할 것

④ 추락할 위험이 있는 장소에는 안전난간을 설치할 것. 다만, 작업상 부득이한 경우에는 필요한 부분만 임시로 해체할 수 있다.

⑤ 수직갱에 가설된 통로의 길이가 15m 이상인 경우에는 10m 이내마다 계단참을 설치할 것

⑥ 건설공사에 사용하는 높이 8m 이상인 비계다리에는 7m 이내마다 계단참을 설치할 것

② 사다리식 통로 등의 구조

(산업안전보건기준에 관한 규칙 제24조 [시행 2024. 1. 1.])

사업주는 사다리식 통로 등을 설치하는 경우 다음 각 호의 사항을 준수하여야 한다.

① 견고한 구조로 할 것

② 심한 손상·부식 등이 없는 재료를 사용할 것

③ 발판의 간격은 일정하게 할 것

④ 발판과 벽과의 사이는 15cm 이상의 간격을 유지할 것

⑤ 폭은 30cm 이상으로 할 것

⑥ 사다리가 넘어지거나 미끄러지는 것을 방지하기 위한 조치를 할 것

⑦ 사다리의 상단은 걸쳐놓은 지점으로부터 60cm 이상 올라가도록 할 것

⑧ 사다리식 통로의 길이가 10m 이상인 경우에는 5m 이내마다 계단참을 설치할 것

⑨ 사다리식 통로의 기울기는 75° 이하로 할 것. 다만, 고정식 사다리식 통로의 기울기는 90° 이하로 하고, 그 높이가 7m 이상인 경우에는 바닥으로부터 높이가 2.5m 되는 지점부터 등받이울을 설치할 것

⑩ 접이식 사다리 기둥은 사용 시 접혀지거나 펼쳐지지 않도록 철물 등을 사용하여 견고하게 조치할 것

Section 50

산업안전보건법령상의 안전보건관리체계에서 안전보건관리담당자를 두어야 하는 사업의 종류와 사업장의 상시근로자 수, 안전보건관리담당자 업무

① 안전보건관리담당자의 선임 등(산업안전보건법 시행령 제24조 [시행 2024. 3. 12.])

다음 각 호의 어느 하나에 해당하는 사업의 사업주는 법 제19조 제1항에 따라 상시근로자 20명 이상 50명 미만인 사업장에 안전보건관리담당자를 1명 이상 선임해야 한다.

① 제조업

② 임업

③ 하수, 폐수 및 분뇨 처리업

④ 폐기물 수집, 운반, 처리 및 원료 재생업

⑤ 환경 정화 및 복원업

② 안전보건관리담당자의 업무(산업안전보건법 시행령 제25조 [시행 2024. 3. 12.])

안전보건관리담당자의 업무는 다음 각 호와 같다.

① 안전보건교육 실시에 관한 보좌 및 지도·조언

② 위험성 평가에 관한 보좌 및 지도·조언

③ 작업환경 측정 및 개선에 관한 보좌 및 지도·조언

④ 건강진단에 관한 보좌 및 지도·조언

⑤ 산업재해 발생의 원인 조사, 산업재해 통계의 기록 및 유지를 위한 보좌 및 지도·조언

⑥ 산업 안전·보건과 관련된 안전장치 및 보호구 구입 시 적격품 선정에 관한 보좌 및 지도·조언

Section 51 산업안전지도사(기계안전분야)의 직무 및 업무범위

① 산업안전지도사 등의 직무(산업안전보건법 시행령 제101조 [시행 2024. 3. 12.])

대통령령으로 정하는 사항이란 다음 각 호의 사항을 말한다.

① 위험성 평가의 지도

② 안전보건개선계획서의 작성

③ 그 밖에 산업안전에 관한 사항의 자문에 대한 응답 및 조언

② 산업안전지도사 등의 업무 영역별 종류 등

(산업안전보건법 시행령 제102조 [시행 2024. 3. 12.])

1) 법 제145조 제1항에 따라 등록한 산업안전지도사의 업무 영역은 기계안전·전기안전·화공안전·건설안전 분야로 구분하고, 같은 항에 따라 등록한 산업보건지도사의 업무 영역은 직업환경의학·산업위생 분야로 구분한다.

2) 법 제145조 제1항에 따라 등록한 산업안전지도사 또는 산업보건지도사(이하 "지도사"라 한다)의 해당 업무 영역별 업무 범위는 [별표 31]과 같으며 지도사의 업무 영역별 업무 범위(제102조 제2항 관련)는 다음과 같다.

① 법 제145조 제1항에 따라 등록한 산업안전지도사(기계안전 · 전기안전 · 화공안전 분야)
  ㉠ 유해위험방지계획서, 안전보건개선계획서, 공정안전보고서, 기계 · 기구 · 설비의 작업계획서 및 물질안전보건자료 작성 지도
  ㉡ 다음의 사항에 대한 설계 · 시공 · 배치 · 보수 · 유지에 관한 안전성 평가 및 기술 지도
    • 전기
    • 기계 · 기구 · 설비
    • 화학설비 및 공정
  ㉢ 정전기 · 전자파로 인한 재해의 예방, 자동화설비, 자동제어, 방폭전기설비 및 전력시스템 등에 대한 기술 지도
  ㉣ 인화성 가스, 인화성 액체, 폭발성 물질, 급성독성 물질 및 방폭설비 등에 관한 안전성 평가 및 기술 지도
  ㉤ 크레인 등 기계 · 기구, 전기작업의 안전성 평가
  ㉥ 그 밖에 기계, 전기, 화공 등에 관한 교육 또는 기술 지도

② 법 제145조 제1항에 따라 등록한 산업안전지도사(건설안전 분야)
  ㉠ 유해위험방지계획서, 안전보건개선계획서, 건축 · 토목 작업계획서 작성 지도
  ㉡ 가설구조물, 시공 중인 구축물, 해체공사, 건설공사 현장의 붕괴우려 장소 등의 안전성 평가
  ㉢ 가설시설, 가설도로 등의 안전성 평가
  ㉣ 굴착공사의 안전시설, 지반붕괴, 매설물 파손 예방의 기술 지도
  ㉤ 그 밖에 토목, 건축 등에 관한 교육 또는 기술 지도

③ 법 제145조 제1항에 따라 등록한 산업보건지도사(산업위생 분야)
  ㉠ 유해위험방지계획서, 안전보건개선계획서, 물질안전보건자료 작성 지도
  ㉡ 작업환경측정 결과에 대한 공학적 개선대책 기술 지도
  ㉢ 작업장 환기시설의 설계 및 시공에 필요한 기술 지도
  ㉣ 보건진단결과에 따른 작업환경 개선에 필요한 직업환경의학적 지도
  ㉤ 석면 해체 · 제거 작업 기술 지도
  ㉥ 갱내, 터널 또는 밀폐공간의 환기 · 배기시설의 안전성 평가 및 기술 지도
  ㉦ 그 밖에 산업보건에 관한 교육 또는 기술 지도

④ 법 제145조 제1항에 따라 등록한 산업보건지도사(직업환경의학 분야)
  ㉠ 유해위험방지계획서, 안전보건개선계획서 작성 지도
  ㉡ 건강진단 결과에 따른 근로자 건강관리 지도

ⓒ 직업병 예방을 위한 작업관리, 건강관리에 필요한 지도

ⓔ 보건진단 결과에 따른 개선에 필요한 기술 지도

ⓜ 그 밖에 직업환경의학, 건강관리에 관한 교육 또는 기술 지도

Section 51 화재감시자를 배치하여야 하는 작업장소와 가연성 물질이 있는 장소에서 화재위험작업을 하는 경우에 화재예방에 필요한 준수사항

❶ 화재감시자를 배치하여야 하는 작업장소

(산업안전보건기준에 관한 규칙 제241조의 2 [시행 2024. 1. 1.])

① 사업주는 근로자에게 다음 각 호의 어느 하나에 해당하는 장소에서 용접 · 용단 작업을 하도록 하는 경우에는 화재감시자를 지정하여 용접 · 용단 작업 장소에 배치해야 한다. 다만, 같은 장소에서 상시 · 반복적으로 용접 · 용단작업을 할 때 경보용 설비 · 기구, 소화설비 또는 소화기가 갖추어진 경우에는 화재감시자를 지정 · 배치하지 않을 수 있다. 〈개정 2019. 12. 26., 2021. 5. 28.〉

ⓐ 작업반경 11미터 이내에 건물구조 자체나 내부(개구부 등으로 개방된 부분을 포함한다)에 가연성물질이 있는 장소

ⓑ 작업반경 11미터 이내의 바닥 하부에 가연성물질이 11미터 이상 떨어져 있지만 불꽃에 의해 쉽게 발화될 우려가 있는 장소

ⓒ 가연성물질이 금속으로 된 칸막이 · 벽 · 천장 또는 지붕의 반대쪽 면에 인접해 있어 열전도나 열복사에 의해 발화될 우려가 있는 장소

② 제1항 본문에 따른 화재감시자는 다음 각 호의 업무를 수행한다. 〈신설 2021. 5. 28.〉

ⓐ 제1항 각 호에 해당하는 장소에 가연성물질이 있는지 여부의 확인

ⓑ 제232조 제2항에 따른 가스 검지, 경보 성능을 갖춘 가스 검지 및 경보 장치의 작동 여부의 확인

ⓒ 화재 발생 시 사업장 내 근로자의 대피 유도

③ 사업주는 제1항 본문에 따라 배치된 화재감시자에게 업무 수행에 필요한 확성기, 휴대용 조명기구 및 방연마스크 등 대피용 방연장비를 지급해야 한다. 〈개정 2021. 5. 28.〉

2 가연성 물질이 있는 장소에서 화재위험이 있는 작업을 하는 경우에 화재 예방에 필요한 준수사항(산업안전보건기준에 관한 규칙 제241조 [시행 2024. 1. 1.])

사업주는 가연성 물질이 있는 장소에서 화재위험작업을 하는 경우에는 화재예방에 필요한 다음 각 호의 사항을 준수하여야 한다. 〈개정 2021. 11. 19.〉

① 작업 준비 및 작업 절차 수립
② 작업장 내 위험물의 사용·보관 현황 파악
③ 화기작업에 따른 인근 가연성물질에 대한 방호조치 및 소화기구 비치
④ 용접불티 비산방지덮개, 용접방화포 등 불꽃, 불티 등 비산방지조치
⑤ 인화성 액체의 증기 및 인화성 가스가 남아 있지 않도록 환기 등의 조치
⑥ 작업근로자에 대한 화재예방 및 피난교육 등 비상조치

Section 52　산업안전보건법령상 도급에 따른 산업재해 예방조치

1 개요

도급은 명칭에 관계없이 물건의 제조·건설·수리 또는 서비스의 제공, 그 밖의 업무를 타인에게 맡기는 계약이며 도급인은 물건의 제조·건설·수리 또는 서비스의 제공, 그 밖의 업무를 도급하는 사업주로 건설공사 발주자는 제외한다.

2 산업안전보건법령상 도급에 따른 산업재해 예방조치(산업안전보건법 제64조 [시행 2024. 5. 17.])

① 도급인은 관계수급인 근로자가 도급인의 사업장에서 작업을 하는 경우 다음 각 호의 사항을 이행하여야 한다. 〈개정 2021. 5. 18.〉
　㉠ 도급인과 수급인을 구성원으로 하는 안전 및 보건에 관한 협의체의 구성 및 운영
　㉡ 작업장 순회점검
　㉢ 관계수급인이 근로자에게 하는 제29조 제1항부터 제3항까지의 규정에 따른 안전보건교육을 위한 장소 및 자료의 제공 등 지원
　㉣ 관계수급인이 근로자에게 하는 제29조 제3항에 따른 안전보건교육의 실시 확인
　㉤ 다음 각 목의 어느 하나의 경우에 대비한 경보체계 운영과 대피방법 등 훈련
　　• 작업 장소에서 발파작업을 하는 경우
　　• 작업 장소에서 화재·폭발, 토사·구축물 등의 붕괴 또는 지진 등이 발생한 경우
　㉥ 위생시설 등 고용노동부령으로 정하는 시설의 설치 등을 위하여 필요한 장소의 제공 또는 도급인이 설치한 위생시설 이용의 협조

ⓐ 같은 장소에서 이루어지는 도급인과 관계수급인 등의 작업에 있어서 관계수급인 등의 작업시기 · 내용, 안전조치 및 보건조치 등의 확인

ⓑ 제7호에 따른 확인 결과 관계수급인 등의 작업 혼재로 인하여 화재 · 폭발 등 대통령령으로 정하는 위험이 발생할 우려가 있는 경우 관계수급인 등의 작업시기 · 내용 등의 조정

② 제1항에 따른 도급인은 고용노동부령으로 정하는 바에 따라 자신의 근로자 및 관계수급인 근로자와 함께 정기적으로 또는 수시로 작업장의 안전 및 보건에 관한 점검을 하여야 한다.

③ 제1항에 따른 안전 및 보건에 관한 협의체 구성 및 운영, 작업장 순회점검, 안전보건 교육 지원, 그 밖에 필요한 사항은 고용노동부령으로 정한다.

Section 53 동력으로 작동되는 기계 · 기구로써 방호조치를 하지 아니하고는 양도 · 대여 · 설치 또는 사용에 제공하여서는 아니 되는 경우에 해당하는 조건 및 해당 방호조치 3가지

1 개요

방호조치란 기계 · 기구에 의한 위험작업, 기타 작업에 의한 위험으로부터 근로자를 보호하기 위하여 통상적인 방법으로는 접근하지 못하도록 하는 제한 조치를 말한다. 위험기계 · 기구에 대한 방호망, 방책, 덮개 등의 방호장치를 설치하거나 보호구의 착용, 출입금지, 작업중지, 대피, 안전교육 실시 등의 모든 행위가 방호조치에 속한다.

2 동력으로 작동되는 기계 · 기구로써 방호조치를 하지 아니하고는 양도 · 대여 · 설치 또는 사용에 제공하여서는 아니 되는 경우에 해당하는 조건 및 해당 방호조치 3가지(산업안전보건법 제80조 [시행 2024. 5. 17.])

누구든지 동력으로 작동하는 기계 · 기구로서 다음 각 호의 어느 하나에 해당하는 것은 고용노동부령으로 정하는 방호조치를 하지 아니하고는 양도, 대여, 설치 또는 사용에 제공하거나 양도 · 대여의 목적으로 진열해서는 아니 된다.

① 작동 부분에 돌기 부분이 있는 것
② 동력 전달 부분 또는 속도조절 부분이 있는 것
③ 회전기계에 물체 등이 말려 들어갈 부분이 있는 것

Section 54 제조물 책임법에 따른 제조물의 결함과 손해배상책임을 지는 자의 면책사유

1 개요

제조물이란 제조되거나 가공된 동산(다른 동산이나 부동산의 일부를 구성하는 경우를 포함한다)을 말한다.

2 면책사유(제조물 책임법 제4조 [시행 2018. 4. 19.])

제3조에 따라 손해배상책임을 지는 자가 다음 각 호의 어느 하나에 해당하는 사실을 입증한 경우에는 이 법에 따른 손해배상책임을 면(免)한다.

① 제조업자가 해당 제조물을 공급하지 아니하였다는 사실
② 제조업자가 해당 제조물을 공급한 당시의 과학·기술 수준으로는 결함의 존재를 발견할 수 없었다는 사실
③ 제조물의 결함이 제조업자가 해당 제조물을 공급한 당시의 법령에서 정하는 기준을 준수함으로써 발생하였다는 사실
④ 원재료나 부품의 경우에는 그 원재료나 부품을 사용한 제조물 제조업자의 설계 또는 제작에 관한 지시로 인하여 결함이 발생하였다는 사실

Section 55 산업안전보건법상 정부의 책무와 관련하여 추진하고 있는 안전문화의 정의와 국내의 안전문화를 저해하는 요소와 선진화 활동에 대하여 설명

1 개요

안전문화는 안전을 실천하는 의식, 안전을 유도하는 제도, 안전을 가능하게 하는 인프라가 결합해 만들어 내는 사회적·문화적 산물로 다음과 같다.

① 안전의식 : 안전제일의 가치관이 개인의 생활이나 조직의 활동 속에 체질화된 상태
② 안전제도 : 안전한 활동을 이끌어내고 인프라를 구축할 수 있도록 유도하는 법, 제도 등
③ 인프라 : 불안전한 상태를 제거한 시설물 및 안전 활동을 가능하게 하는 사회적 시스템

② 안전문화의 정의와 국내의 안전문화를 저해하는 요소 2가지와 선진화 활동에 대하여 3가지

(1) 안전문화의 정의

안전문화란 안전제일의 가치관이 개인 또는 조직구성원 각자에 충만되어 개인의 생활이나 조직의 활동 속에서 의식, 관행이 안전으로 체질화된 상태로서 인간의 존엄과 가치를 구체적 실현을 위한 모든 행동양식이나 사고방식, 태도 등 총체적인 의미를 지칭한다.

(2) 안전문화를 저해하는 요소

현재 우리의 안전보건문화수준은 안전보건문화 도약기 단계로 법규준수 등 산업재해예방활동을 강제하는 방식만으로는 산업재해율을 획기적으로 감소시키기 어려운 상황이다.

① 산업구조(다단계 도급, 플랫폼 산업 등)·취업구조(특수형태종사·비정규직·여성·외국인노동자의 증가 등) 및 산업현장의 변화(4차 산업혁명, 신기술·신규화학물질 사용 등)로 사업장 내의 유해·위험요인이 다양하다.

② 사업주는 안전보건관리를 투자보다는 비용의 개념으로 인식, 사업장 내 자율적 안전보건활동이 저조하다.

(3) 선진화 활동

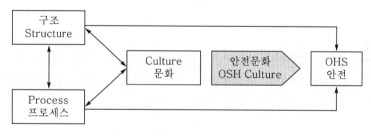

[그림 3-8] 조직과 안전과의 관계

1) 조직 구조(Structure)

조직의 공식적인(formal) 측면에 관한 것으로 기반 시설과 하드웨어뿐만 아니라 일, 역할과 책임, 규제, 권한(힘) 등의 분배와도 연관이 있다. 그러므로 구조는 조직의 미션이 어떠한 방식으로 누구에 의해 달성되어야 하는지를 결정한다.

2) 조직 프로세스(Process)

조직의 핵심업무 및 지원 프로세스에 관한 것으로 경영시스템 프로세스와 조직에서 근로자 사이의 사회적 관계, 의사소통, 정보교환과 관련한 총체로서 사회적 프로세스를 모두 포함한다. 이러한 상호작용적 측면은 조직에서 협동, 신뢰, 경쟁 또는 갈등의 방식으로 보여진다.

3) 조직 문화(Culture) 또는 기업 문화

조직과 업무에서의 보다 비공식적 측면에 관한 것으로 조직 구성원이나 집단이 중요시하는 가치와 공통된 믿음 그리고 신념을 이야기한다.

Section 56 산업안전보건법에 의거 실시하고 있는 안전인증심사의 종류 4가지 및 방법

1 안전인증대상기계 등(제107조 [시행 2023. 9. 28])

법 제84조 제1항에서 "고용노동부령으로 정하는 안전인증대상기계 등"이란 다음 각 호의 기계 및 설비를 말한다.

① 설치·이전하는 경우 안전인증을 받아야 하는 기계는 크레인, 리프트, 곤돌라 등이다.
② 주요 구조 부분을 변경하는 경우 안전인증을 받아야 하는 기계 및 설비는 프레스, 전단기 및 절곡기, 크레인, 리프트, 압력용기, 롤러기, 사출성형기, 고소작업대, 곤돌라 등이다.

2 안전인증 심사의 종류 및 방법

(산업안전보건법 시행규칙 제110조 [시행 2023. 9. 28.])

유해·위험기계 등이 안전인증기준에 적합한지를 확인하기 위하여 안전인증기관이 하는 심사는 다음 각 호와 같다.

(1) 예비심사

기계 및 방호장치·보호구가 유해·위험기계 등 인지를 확인하는 심사(법 제84조 제3항에 따라 안전인증을 신청한 경우만 해당한다.)

(2) 서면심사

유해·위험기계 등의 종류별 또는 형식별로 설계도면 등 유해·위험기계 등의 제품기술과 관련된 문서가 안전인증기준에 적합한지에 대한 심사

(3) 기술능력 및 생산체계 심사

유해 · 위험기계 등의 안전성능을 지속적으로 유지 · 보증하기 위하여 사업장에서 갖추어야 할 기술능력과 생산체계가 안전인증기준에 적합한지에 대한 심사. 다만, 다음 각 목의 어느 하나에 해당하는 경우에는 기술능력 및 생산체계 심사를 생략한다.

① 규정에 따른 방호장치 및 보호구를 고용노동부장관이 정하여 고시하는 수량 이하로 수입하는 경우
② 개별 제품심사를 하는 경우
③ 안전인증을 받은 후 같은 공정에서 제조되는 같은 종류의 안전인증대상기계 등에 대하여 안전인증을 하는 경우

(4) 제품심사

유해 · 위험기계 등이 서면심사 내용과 일치하는지와 유해 · 위험기계 등의 안전에 관한 성능이 안전인증기준에 적합한지에 대한 심사. 다만, 다음 각 목의 심사는 유해 · 위험기계 등별로 고용노동부장관이 정하여 고시하는 기준에 따라 어느 하나만을 받는다.

1) 개별 제품심사

서면심사 결과가 안전인증기준에 적합할 경우에 유해 · 위험기계 등 모두에 대하여 하는 심사(안전인증을 받으려는 자가 서면심사와 개별 제품심사를 동시에 할 것을 요청하는 경우 병행할 수 있다)

2) 형식별 제품심사

서면심사와 기술능력 및 생산체계 심사 결과가 안전인증기준에 적합할 경우에 유해 · 위험기계 등의 형식별로 표본을 추출하여 하는 심사(안전인증을 받으려는 자가 서면심사, 기술능력 및 생산체계 심사와 형식별 제품심사를 동시에 할 것을 요청하는 경우 병행할 수 있다)

Section 57 사업장의 안전 및 보건을 유지하기 위하여 작성하는 안전보건관리규정에 포함해야 하는 사항 중 5가지, 작업장 안전관리에 대한 세부내용, 작업장 보건관리에 대한 세부내용

① 개요

안전관리란 국민건강보험공단(이하 "공단"이라 한다)의 사업 · 시설에서 발생할 수 있는 사고로부터 국민, 임직원 등의 생명과 신체를 보호하고 시설의 안전을 확보하기 위해 하는 모든 활동을 말한다. 보건관리란 임직원 등의 건강을 보호하기 위하여 유해 · 위험요인의 제거 및 대책을 강구하는 모든 활동을 말한다.

2 사업장의 안전 및 보건을 유지하기 위하여 작성하는 안전보건관리규정에 포함해야 하는 사항 중 5가지, 작업장 안전관리에 대한 세부내용, 작업장 보건관리에 대한 세부내용

1) 안전보건관리규정의 작성(산업안전보건법 제25조 [시행 2024. 5. 17.])

　　사업주는 사업장의 안전 및 보건을 유지하기 위하여 다음 각 호의 사항이 포함된 안전보건관리규정을 작성하여야 한다.

① 안전 및 보건에 관한 관리조직과 그 직무에 관한 사항

② 안전보건교육에 관한 사항

③ 작업장의 안전 및 보건 관리에 관한 사항

④ 사고 조사 및 대책 수립에 관한 사항

⑤ 그 밖에 안전 및 보건에 관한 사항

2) 작업장 안전관리

① 안전·보건관리에 관한 계획의 수립 및 시행에 관한 사항

② 기계·기구 및 설비의 방호조치에 관한 사항

③ 유해·위험기계 등에 대한 자율검사프로그램에 의한 검사 또는 안전검사에 관한 사항

④ 근로자의 안전수칙 준수에 관한 사항

⑤ 위험물질의 보관 및 출입 제한에 관한 사항

⑥ 중대재해 및 중대산업사고 발생, 급박한 산업재해 발생의 위험이 있는 경우 작업중지에 관한 사항

⑦ 안전표지·안전수칙의 종류 및 게시에 관한 사항과 그 밖에 안전관리에 관한 사항

3) 작업장 보건관리

① 근로자 건강진단, 작업환경측정의 실시 및 조치절차 등에 관한 사항

② 유해물질의 취급에 관한 사항

③ 보호구의 지급 등에 관한 사항

④ 질병자의 근로 금지 및 취업 제한 등에 관한 사항

⑤ 보건표지·보건수칙의 종류 및 게시에 관한 사항과 그 밖에 보건관리에 관한 사항

Section 58 작업 전에 사전조사 및 작업계획서를 작성하고 그 계획에 따라 작업을 하여야 하는 작업의 종류 13가지와 차량계 하역운반기계를 사용하는 작업의 작업계획서 내용 2가지를 설명

1 사전조사 및 작업계획서의 작성 등

(산업안전보건기준에 관한 규칙 제38조 [시행 2024. 1. 1.])

사업주는 다음 각 호의 작업을 하는 경우 근로자의 위험을 방지하기 위하여 별표 4에 따라 해당 작업, 작업장의 지형·지반 및 지층 상태 등에 대한 사전조사를 하고 그 결과를 기록·보존하여야 하며, 조사결과를 고려하여 별표 4의 구분에 따른 사항을 포함한 작업계획서를 작성하고 그 계획에 따라 작업을 하도록 하여야 한다.

① 타워크레인을 설치·조립·해체하는 작업
② 차량계 하역운반기계 등을 사용하는 작업(화물자동차를 사용하는 도로상의 주행작업은 제외한다. 이하 같다)
③ 차량계 건설기계를 사용하는 작업
④ 화학설비와 그 부속설비를 사용하는 작업
⑤ 제318조에 따른 전기작업(해당 전압이 50볼트를 넘거나 전기에너지가 250볼트암페어를 넘는 경우로 한정한다)
⑥ 굴착면의 높이가 2미터 이상이 되는 지반의 굴착작업(이하 "굴착작업"이라 한다)
⑦ 터널굴착작업
⑧ 교량(상부구조가 금속 또는 콘크리트로 구성되는 교량으로서 그 높이가 5미터 이상이거나 교량의 최대 지간 길이가 30미터 이상인 교량으로 한정한다)의 설치·해체 또는 변경 작업
⑨ 채석작업
⑩ 건물 등의 해체작업
⑪ 중량물의 취급작업
⑫ 궤도나 그 밖의 관련 설비의 보수·점검작업
⑬ 열차의 교환·연결 또는 분리 작업(이하 "입환작업"이라 한다)

2 차량계 하역운반기계를 사용하는 작업의 작업계획서 내용

(산업안전보건기준에 관한 규칙 별표4 [시행 2024. 1. 1.])

차량계 하역운반기계를 사용하는 작업의 작업계획서 내용은 다음과 같다.

작업명	사전조사 내용	작업계획서 내용
1. 타워크레인을 설치·조립·해체하는 작업	–	가. 타워크레인의 종류 및 형식 나. 설치·조립 및 해체순서 다. 작업도구·장비·가설설비(假設設備) 및 방호설비 라. 작업인원의 구성 및 작업근로자의 역할 범위 마. 제142조에 따른 지지 방법
2. 차량계 하역운반기계 등을 사용하는 작업	–	가. 해당 작업에 따른 추락·낙하·전도·협착 및 붕괴 등의 위험 예방대책 나. 차량계 하역운반기계 등의 운행경로 및 작업방법
3. 차량계 건설기계를 사용하는 작업	해당 기계의 굴러 떨어짐, 지반의 붕괴 등으로 인한 근로자의 위험을 방지하기 위한 해당 작업장소의 지형 및 지반상태	가. 사용하는 차량계 건설기계의 종류 및 성능 나. 차량계 건설기계의 운행경로 다. 차량계 건설기계에 의한 작업방법

Section 59 공정 내 독성물질을 저장하는 탱크에서 ANSI/ASME B31.3 Code를 적용하여 동 배관에 대해 최소요구두께(mm), 부식률(mm/yr), 예측 잔여수명(yr) 계산

1 개요

산업안전기준에 관한 규칙(이하 "안전규칙"이라 한다) 별표 3(화학설비 및 그 부속설비의 종류)에 규정하고 있는 화학설비의 부속설비인 배관의 두께 계산방법 및 검사기준을 제시하는 데 그 목적이 있다.

2 공정 내 독성물질을 저장하는 탱크에서 ANSI/ASME B31.3 Code를 적용하여 동 배관에 대해 최소요구두께(mm), 부식율(mm/yr), 예측 잔여수명(yr) 계산

(1) 직관부 두께 계산

직관부에서 요구되는 최소요구두께는 다음 식에 의해 구해진다.

$$t_m = t + c$$

여기서, t_m : 배관의 최소요구두께[mm], t : 내압 및 외압에 의한 두께[mm],

　　　　c : 추가두께[mm]

1) 배관의 최소요구두께(t_m)

유체의 설계압력, 부식 및 마모 등을 고려한 최소요구두께를 말한다.

2) 내압 및 외압에 의한 두께(t)

유체의 설계압력 및 외압에 의해 계산된 두께를 말하며 규정에 따라 계산한다.

3) 추가두께(c)

기계적 이음을 하기 위하여 나사내기, 홈내기 및 유체의 부식 및 마모에 대한 추가두께를 말하며 아래 사항을 고려하여야 한다.

① 기계적 이음에 대한 보상

기계적 이음을 하기 위해서 홈내기, 나사내기 등에서 깎여진 재료에 대한 보상

② 부식 또는 마모에 대한 보상

유체에 대한 부식 및 마모의 발생이 예상될 경우 배관의 예상 수명 기간 동안의 여유값을 보상

③ 기계적 강도에 대한 보상

배관지지물 또는 기타 원인으로 인해 부과된 하중에 의한 배관의 손상, 파괴, 과도한 처짐 또는 좌굴방지를 위해 기계적 강도를 유지하기 위한 보상이다.

(2) 판정

1) 잔여수명 예측

아래와 같은 방법에 의해 부식률을 계산하고 예측 잔여수명을 결정한다.

$$부식률(mm/year) = \frac{사용두께 - 측정두께}{사용연수} \quad 또는 \quad \frac{금번측정두께 - 전번측정두께}{검사기간}$$

$$예측 잔여수명(년) = \frac{측정두께 - 최소요구두께}{부식율}$$

2) 두께측정 판정

예측 잔여수명에 대한 배관의 검사주기, 교체 및 보수가 필요한 배관을 선정한다.

Section 60 곤돌라 제작 및 안전기준에 의한 누름버튼 표시의 기능을 설명(위험기계기구안전인증 고시 별표 8 [시행 2016. 7. 14.])

❶ 개요

곤돌라(gondola)는 "흔들리다"라는 뜻의 이탈리아어에서 유래되었으며 베네치아에서 수도를 다니는 배, 고층 건물 옥상에서 늘어뜨려 이삿짐을 나르는 운반기, 스키장의 "리프트"를 모두 곤돌라라 한다.

❷ 곤돌라 제작 및 안전기준에 의한 누름버튼 표시의 기능을 설명

(위험기계기구안전인증 고시 별표 8 [시행 2016. 7. 14.])

(1) 조종장치 등

1) 곤돌라의 제어장치, 브레이크, 경보장치 및 개폐기의 조작부분은 조작자가 용이하게 조작할 수 있는 위치에 설치되어 있어야 하며 조작자가 버튼이나 레버 등 조종 장치에서 손을 떼면 자동적으로 곤돌라의 작동이 정지되는 위치로 복귀되는 구조이어야 한다.

2) 조작부분은 조작자가 보기 쉬운 장소에 다음의 내용을 나타내는 표시가 부착되어 있어야 한다.
   ① 곤돌라의 작동의 종류 및 방향
   ② 전로개폐의 상태

3) 조종 장치가 2개 이상인 경우에는 동시조작이 될 수 없는 연동구조로 해야 한다.

(2) 비상정지장치

곤돌라에는 조종장치 등 작업자가 비상시 조작 가능한 위치에 비상정지용 누름버튼을 설치하여야 하며, 비상정지장치 기능은 다음 각 목과 같이 한다.

① 해당 곤돌라의 비상정지장치를 작동한 경우에는 작동 중인 동력이 차단되도록 할 것
② 누름버튼의 복귀로 비상정지 조작 직전의 작동이 자동으로 되어서는 아니 될 것
③ 비상정지용 누름버튼은 빨강색으로 머리 부분이 돌출되고 수동 복귀되는 형식일 것

(3) 곤돌라 제작 및 안전기준에 의한 누름버튼 표시의 기능

① | : 기동

② ○ : 정지

③ ⊝ : 기동과 정지를 교대로 작동하는 누름버튼

④ ⊝ : 누르는 동안만 작동하고 놓았을 때 정지되는 버튼

안전보건경영시스템(KS Q ISO 45001)에 의하면 최고경영자가 리더십과 의지표현을 실증하여야 하는 사항과 안전보건방침을 수립, 실행 및 유지하여야 하는 사항

1 개요

리더십은 조직 최고경영자의 리더십을 의미하며 최고경영자가 안전보건경영시스템의 최종 책임과 실행의지를 입증해야 할 의무를 가지고 있다.

2 안전보건경영시스템(KS Q ISO 45001)에 의하면 최고경영자가 리더십과 의지표현을 실증하여야 하는 사항과 안전보건방침을 수립, 실행 및 유지 하여야 하는 사항

1) 최고경영자의 리더십과 실행의지

최고경영자는 리더십과 실행의지를 다음의 사항에 따라야 실증해야 한다고 요구하고 있다.

① 작업장과 업무 활동의 상해 및 건강상 장해 예방을 위한 전반적인 책임과 책무
② 안전보건 방침 및 목표가 조직의 전략적 방향과 조화되게 수립
③ 안전보건경영시스템 요구사항을 조직의 비즈니스 프로세스와 통합
④ 안전보건경영시스템을 위하여 필요한 자원의 가용성 보장
⑤ 의사소통
⑥ 안전보건경영시스템이 의도한 결과를 달성
⑦ 안전보건경영시스템의 효과성에 기여하도록 인원을 지휘하고 지원
⑧ 지속적 개선
⑨ 중간 경영자(중간관리자) 역할에 대한 지원
⑩ 안전보건경영시스템을 지원하는 조직의 문화
⑪ 사건, 위험요인, 리스크와 기회 보고 시 보복으로부터 근로자를 보호

⑫ 근로자의 협의 및 참여를 위한 프로세스를 수립하고 실행

⑬ 안전보건위원회 수립 및 기능을 지원

2) 안전보건방침을 수립, 실행 및 유지하여야 하는 사항

조직의 안전보건경영시스템의 수립, 실행, 효과, 개선을 이루기 위해 최고경영자는 다음과 같은 책무를 다해야 한다.

① 임직원들에게 안전하고 건강한 업무 환경을 제공

② 사건과 사고를 예방하기 위한 위험요인과 리스크를 제거

③ 부적합 등을 보고했을 때 보복을 당하지 않도록 보호

④ 안전보건위원회를 수립하여 근로자와 협의 및 참여를 보장

Section 62 | **작업의자형 달비계를 설치하는 경우에 사업주가 준수해야 하는 사항**

① 달비계의 구조(산업안전보건기준에 관한 규칙 제63조 [시행 2024. 1. 1.])

사업주는 곤돌라형 달비계를 설치하는 경우에는 다음 각 호의 사항을 준수해야 한다.

1) 다음 각 목의 어느 하나에 해당하는 와이어로프를 달비계에 사용해서는 아니 된다.

① 이음매가 있는 것

② 와이어로프의 한 꼬임(스트랜드(strand)를 말한다. 이하 같다)에서 끊어진 소선(素線) (필러(pillar)선은 제외한다)의 수가 10퍼센트 이상(비자전로프의 경우에는 끊어진 소선의 수가 와이어로프 호칭지름의 6배 길이 이내에서 4개 이상이거나 호칭지름 30배 길이 이내에서 8개 이상)인 것

③ 지름의 감소가 공칭지름의 7퍼센트를 초과하는 것

④ 꼬인 것

⑤ 심하게 변형되거나 부식된 것

⑥ 열과 전기충격에 의해 손상된 것

2) 다음 각 목의 어느 하나에 해당하는 달기 체인을 달비계에 사용해서는 아니 된다.

① 달기 체인의 길이가 달기 체인이 제조된 때의 길이의 5퍼센트를 초과한 것

② 링의 단면지름이 달기 체인이 제조된 때의 해당 링의 지름의 10퍼센트를 초과하여 감소한 것

③ 균열이 있거나 심하게 변형된 것

Section 63 위험물질을 제조·취급하는 작업장의 비상구 설치기준

1 개요

비상구(emergency exit)는 화재나 지진 따위의 갑작스러운 사고가 일어날 때에 급히 대피할 수 있도록 마련한 출입구이며, 학교나 철도역, 다중이용시설에서 많이 볼 수 있다.

2 비상구의 설치(산업안전보건기준에 관한 규칙 제17조 [시행 2021. 11. 19.])

1) 사업주는 규정된 위험물질을 제조·취급하는 작업장과 그 작업장이 있는 건축물에 제 11조에 따른 출입구 외에 안전한 장소로 대피할 수 있는 비상구 1개 이상을 다음 각 호의 기준을 모두 충족하는 구조로 설치해야 한다. 다만, 작업장 바닥면의 가로 및 세 로가 각 3미터 미만인 경우에는 그렇지 않다. 〈개정 2019. 12. 26.〉
   ① 출입구와 같은 방향에 있지 아니하고, 출입구로부터 3미터 이상 떨어져 있을 것
   ② 작업장의 각 부분으로부터 하나의 비상구 또는 출입구까지의 수평거리가 50미터 이 하가 되도록 할 것
   ③ 비상구의 너비는 0.75미터 이상으로 하고, 높이는 1.5미터 이상으로 할 것
   ④ 비상구의 문은 피난 방향으로 열리도록 하고, 실내에서 항상 열 수 있는 구조로 할 것
2) 사업주는 제1항에 따른 비상구에 문을 설치하는 경우 항상 사용할 수 있는 상태로 유 지하여야 한다.

Section 64 중대재해처벌법에서 정의하는 중대재해란 무엇인지 설명

1 개요

사업 또는 사업장, 공중이용시설 및 공중교통수단을 운영하거나 인체에 해로운 원료 나 제조물을 취급하면서 안전·보건 조치의무를 위반하여 인명피해를 발생하게 한 사업 주, 경영책임자, 공무원 및 법인의 처벌 등을 규정함으로써 중대재해를 예방하고 시민과 종사자의 생명과 신체를 보호함을 목적으로 한다.

2 정의(중대재해처벌법 제2조 [시행 2022. 1. 27])

이 법에서 사용하는 용어의 뜻은 다음과 같다.

1) 중대재해란 중대산업재해와 중대시민재해를 말한다.

2) 중대산업재해란 「산업안전보건법」 제2조 제1호에 따른 산업재해 중 다음 각 목의 어느 하나에 해당하는 결과를 야기한 재해를 말한다.
　① 사망자가 1명 이상 발생
　② 동일한 사고로 6개월 이상 치료가 필요한 부상자가 2명 이상 발생
　③ 동일한 유해요인으로 급성중독 등 대통령령으로 정하는 직업성 질병자가 1년 이내에 3명 이상 발생

3) 중대시민재해란 특정 원료 또는 제조물, 공중이용시설 또는 공중교통수단의 설계, 제조, 설치, 관리상의 결함을 원인으로 하여 발생한 재해로서 다음 각 목의 어느 하나에 해당하는 결과를 야기한 재해를 말한다. 다만, 중대산업재해에 해당하는 재해는 제외한다.
　① 사망자가 1명 이상 발생
　② 동일한 사고로 2개월 이상 치료가 필요한 부상자가 10명 이상 발생
　③ 동일한 원인으로 3개월 이상 치료가 필요한 질병자가 10명 이상 발생

Section 65 산업안전보건법 시행령에서 정하는 안전검사대상기계

1 안전검사대상기계 등(산업안전보건법 시행령 제78조 [시행 2024. 3. 12.])

법 제93조 제1항 전단에서 "대통령령으로 정하는 것"이란 다음 각 호의 어느 하나에 해당하는 것을 말한다.

　① 프레스
　② 전단기
　③ 크레인(정격 하중이 2톤 미만인 것은 제외한다)
　④ 리프트
　⑤ 압력용기
　⑥ 곤돌라
　⑦ 국소 배기장치(이동식은 제외한다)
　⑧ 원심기(산업용만 해당한다)
　⑨ 롤러기(밀폐형 구조는 제외한다)

⑩ 사출성형기[형 체결력(型 締結力) 294킬로뉴턴(kN) 미만은 제외한다]

⑪ 고소작업대(「자동차관리법」 제3조 제3호 또는 제4호에 따른 화물자동차 또는 특수자동차에 탑재한 고소작업대로 한정한다)

⑫ 컨베이어

⑬ 산업용 로봇

사업주가 크레인의 설치 · 조립 · 수리 · 점검 또는 해체 작업을 하는 경우 조치하여야 할 사항(7가지)

1 개요

건설현장과 산업현장 등에서 다양한 분야에서 광범위하게 사용되는 크레인은 중량물 인양에 있어서 필수적인 장비이다. 하지만 크레인의 특성상 한 번 사고가 발생하면 많은 사상자뿐만 아니라 재산상의 손해도 크게 발생시킬 수 있다는 점에서 무엇보다도 안전이 최우선으로 고려되어야 한다.

2 조립 등의 작업 시 조치사항

(산업안전보건기준에 관한 규칙 제141조 [시행 2024. 1. 1.])

사업주는 크레인의 설치 · 조립 · 수리 · 점검 또는 해체 작업을 하는 경우 다음 각 호의 조치를 하여야 한다.

① 작업순서를 정하고 그 순서에 따라 작업을 할 것

② 작업을 할 구역에 관계 근로자가 아닌 사람의 출입을 금지하고 그 취지를 보기 쉬운 곳에 표시할 것

③ 비, 눈, 그 밖에 기상상태의 불안정으로 날씨가 몹시 나쁜 경우에는 그 작업을 중지시킬 것

④ 작업장소는 안전한 작업이 이루어질 수 있도록 충분한 공간을 확보하고 장애물이 없도록 할 것

⑤ 들어 올리거나 내리는 기자재는 균형을 유지하면서 작업을 하도록 할 것

⑥ 크레인의 성능, 사용조건 등에 따라 충분한 응력(應力)을 갖는 구조로 기초를 설치하고 침하 등이 일어나지 않도록 할 것

⑦ 규격품인 조립용 볼트를 사용하고 대칭되는 곳을 차례로 결합하고 분해할 것

Section 67 산업안전보건기준에 관한 규칙에서 크레인을 사용하여 작업을 할 때 작업시작 전 점검사항과 악천후 및 강풍 시 작업 중지 조건

1 개요

크레인이란 혹이나 그 밖의 달기기구를 사용하여 화물의 권상과 이송을 목적으로 일정한 작업 공간 내에서 반복적인 동작이 이루어지는 기계를 말한다. 크레인의 종류는 매우 다양하며, 천정주행크레인, 갠트리크레인, 타워크레인, 고정식 크레인, 상승식 크레인, 지브형 크레인, 이동식 크레인, 호이스트 등이 있다.

2 악천후 및 강풍 시 작업 중지

(산업안전보건기준에 관한 규칙 제37조 [시행 2024. 1. 1.])

1) 사업주는 비·눈·바람 또는 그 밖의 기상상태의 불안정으로 인하여 근로자가 위험해질 우려가 있는 경우 작업을 중지하여야 한다. 다만, 태풍 등으로 위험이 예상되거나 발생되어 긴급 복구작업을 필요로 하는 경우에는 그러하지 아니하다.

2) 사업주는 순간풍속이 초당 10미터를 초과하는 경우 타워크레인의 설치·수리·점검 또는 해체 작업을 중지하여야 하며, 순간풍속이 초당 15미터를 초과하는 경우에는 타워크레인의 운전작업을 중지하여야 한다. 〈개정 2017. 3. 3.〉

Section 68 산업안전보건기준에 관한 규칙에서 정하고 있는 작업시작 전 점검사항[로봇의 작동 범위에서 그 로봇에 관하여 교시 등의 작업을 할 때, 고소작업대를 사용하여 작업을 할 때(5가지), 컨베이어 등을 사용하여 작업을 할 때(4가지)]

1 개요

산업안전보건기준에 관한 규칙 제35조(관리감독자의 유해·위험 방지 업무 등) 사업주는 법 제14조 제1항에 따른 관리감독자로 하여금 별표 2에서 정하는 바에 따라 유해·위험을 방지하기 위한 업무(붙임 참조)를 수행하도록 하여야 한다.

2 산업안전보건기준에 관한 규칙에서 정하고 있는 작업시작 전 점검사항

(산업안전보건기준에 관한 규칙 별표3 [시행 2024. 1. 1.])

1) 로봇의 작동 범위에서 그 로봇에 관하여 교시 등(로봇의 동력원을 차단하고 하는 것은 제외한다)의 작업을 할 때
   ① 외부 전선의 피복 또는 외장의 손상 유무
   ② 매니퓰레이터(manipulator) 작동의 이상 유무
   ③ 제동장치 및 비상정지장치의 기능

2) 고소작업대를 사용하여 작업을 할 때
   ① 비상정지장치 및 비상하강 방지장치 기능의 이상 유무
   ② 과부하 방지장치의 작동 유무(와이어로프 또는 체인구동방식의 경우)
   ③ 아웃트리거 또는 바퀴의 이상 유무
   ④ 작업면의 기울기 또는 요철 유무
   ⑤ 활선작업용 장치의 경우 홈 · 균열 · 파손 등 그 밖의 손상 유무

3) 컨베이어 등을 사용하여 작업을 할 때
   ① 원동기 및 풀리(pulley) 기능의 이상 유무
   ② 이탈 등의 방지장치 기능의 이상 유무
   ③ 비상정지장치 기능의 이상 유무
   ④ 원동기 · 회전축 · 기어 및 풀리 등의 덮개 또는 울 등의 이상 유무

Section 69

상시작업을 하는 장소의 작업면 조도(照度) 기준

1 개요

조도(illumination)란 빛이 비춰지는 단위면적의 밝기에 대한 척도이며 럭스(Lux)는 $1m^2$의 단위면적에 1루멘(lm)의 광속이 평균적으로 조사되고 있을 때의 조도단위이다.

2 조도(산업안전보건기준에 관한 규칙 제8조 [시행 2024. 1. 1.])

사업주는 근로자가 상시 작업하는 장소의 작업면 조도(照度)를 다음 각 호의 기준에 맞도록 하여야 한다. 다만, 갱내(坑內) 작업장과 감광재료(感光材料)를 취급하는 작업장은 그러하지 아니하다.

① 초정밀작업: 750럭스(lux) 이상
② 정밀작업: 300럭스 이상
③ 보통작업: 150럭스 이상
④ 그 밖의 작업: 75럭스 이상

Section 70 와이어로프 폐기 기준

1 와이어로프 폐기 기준(산업안전보건기준에 관한 규칙 제63조 [시행 2024. 1. 1.])

다음 각 목의 어느 하나에 해당하는 와이어로프를 달비계에 사용해서는 아니 된다.

① 이음매가 있는 것
② 와이어로프의 한 꼬임[스트랜드(strand)를 말한다. 이하 같다]에서 끊어진 소선(素線)[필러(pillar)선은 제외한다]의 수가 10퍼센트 이상(비자전로프의 경우에는 끊어진 소선의 수가 와이어로프 호칭지름의 6배 길이 이내에서 4개 이상이거나 호칭지름 30배 길이 이내에서 8개 이상)인 것
③ 지름의 감소가 공칭지름의 7퍼센트를 초과하는 것
④ 꼬인 것
⑤ 심하게 변형되거나 부식된 것
⑥ 열과 전기충격에 의해 손상된 것

Section 71 유해·위험방지계획서를 제출해야 하는 대상 중 대통령령으로 정하는 기계·기구 및 설비 항목 5가지를 쓰고, 유해·위험방지계획서의 심사결과를 3가지로 구분

1 개요

산업안전보건법에 따른 생산 공정과 직접적으로 관련된 건설물·기계·기구 및 설비 등 일체를 설치·이전하거나 주요 구조부분을 변경하기 전에 유해·위험방지계획서를 작성·제출하고 현장확인을 통해 유해·위험요인을 제거함으로써 산재예방 및 근로자 안전보건의 유지·증진에 기여하기 위한 법적 제도이다.

❷ 유해 · 위험방지계획서를 제출해야 하는 대상 중 대통령령으로 정하는 기계 · 기구 및 설비 항목 5가지를 쓰고, 유해 · 위험방지계획서의 심사결과를 3가지로 구분

1) 대통령령으로 정하는 기계 · 기구 및 설비 항목 5가지

법 제42조 제1항 제2호에서 "대통령령으로 정하는 기계 · 기구 및 설비"란 다음의 어느 하나에 해당하는 기계 · 기구 및 설비를 말한다. 이 경우 다음에 해당하는 기계 · 기구 및 설비의 구체적인 범위는 고용노동부장관이 정하여 고시한다. (개정 2021. 11. 19.)
① 금속이나 그 밖의 광물의 용해로
② 화학설비
③ 건조설비
④ 가스집합 용접장치
⑤ 근로자의 건강에 상당한 장해를 일으킬 우려가 있는 물질로서 고용노동부령으로 정하는 물질의 밀폐 · 환기 · 배기를 위한 설비

2) 유해 · 위험방지계획서 심사결과 판정기준(제11조 제1항 관련)

결과 구분	판정기준
가. 적정	(1) 첨부서류 및 내용의 누락이 없고 계획된 내용이 모두 적정한 경우
나. 조건부 적정	(1) 계획서의 내용이 미흡하나 부적정 사항에 해당되지 않는 경우 (2) 일부 계획보완 또는 공사 진행 중에 개선을 통해서 근로자의 안전과 보건의 확보가 가능한 경우
다. 부적정	(1) 「산업안전보건법 시행규칙」 별표 15 제2호의 작업공사 종류별 주요 작성대상의 유해 · 위험방지계획을 작성하지 않고 제출한 경우 (2) 제10조 제2항에 따라 계획서의 보완을 요청하였으나 보완기간 내에 제출하지 않은 경우 (3) 계획서 내용이 설계도면 및 실제 적용공법과 일치하지 아니하거나 「산업안전보건법 시행령」 제26조의5 제1항 각 호에 해당하는 가설구조물의 구조검토 결과가 미흡하여 근로자의 안전보건 확보에 중대한 유해 · 위험요인이 있는 경우 (4) 「산업안전보건법 시행규칙」 별표 15 제2호의 작업공사 종류별 주요 작성대상의 위험성평가 및 안전대책이 구체적으로 수립되지 않아 붕괴(무너짐), 화재 · 폭발 등의 대형사고 발생 가능성이 높은 경우

Section 72

산업안전보건기준에 관한 규칙 및 안전보건교육 규정 고시에서 임시작업, 단시간 작업, 단기간 작업, 간헐적 작업

1 개요

산업안전보건기준에 관한 규칙은 산업안전보건법 규정 등에서 위임한 산업안전보건기준에 관한 사항과 그 시행에 필요한 사항을 규정함을 목적으로 한다. 또한, 근로자 등 안전보건교육이란 법의 규정에 따라 사업주가 근로자에게, 현장실습산업체의 장이 현장실습생에게, 사용사업주가 파견근로자에게 실시하여야 하는 안전보건교육을 말한다.

2 산업안전보건기준에 관한 규칙 및 안전보건교육 규정 고시에서 임시작업, 단시간 작업, 단기간 작업, 간헐적 작업(산업안전보건기준에 관한 규칙 제420조 (정의) [시행 2024. 1. 1.])

1) 단시간 작업

관리대상 유해물질을 취급하는 시간이 1시간/일 미만인 작업을 의미하며 매일 반복되는 경우 제외된다.

2) 임시작업

일시적으로 하는 작업이며 24시간/월 미만인 작업을 의미하며 단, 매월 10시간~24시간 반복되면 제외된다.
① 단기간 작업 : 2개월 이내 종료되는 작업(안전보건교육규정 노동부고시)
② 간헐적 작업 : 연간 총작업일수가 60일을 초과하지 않는 작업(안전보건교육규정, 노동부고시 2020-129)

Section 73

유해·위험 방지를 위한 방호조치가 필요한 기계·기구의 종류 6가지와 설치해야 할 방호장치

1 개요

유해하거나 위험한 기계·기구에 대한 방호조치는 누구든지 동력(動力)으로 작동하는 기계·기구로서 대통령령으로 정하는 것은 고용노동부령으로 정하는 유해·위험 방지를 위한 방호조치를 하지 아니하고는 양도, 대여, 설치 또는 사용에 제공하거나 양도·대여의 목적으로 진열해서는 아니 된다.

2 유해 · 위험 방지를 위한 방호조치가 필요한 기계 · 기구의 종류 6가지와 설치해야 할 방호장치

(1) 유해 · 위험 방지를 위한 방호조치가 필요한 기계 · 기구(제70조 관련)

① 예초기
② 원심기
③ 공기압축기
④ 금속절단기
⑤ 지게차
⑥ 포장기계(진공포장기, 래핑기로 한정한다)

(2) 설치해야 할 방호장치

① **예초기** : 날 접촉 예방장치
② **원심기** : 회전체 접촉 예방장치
③ **공기압축기** : 압력방출장치
④ **금속절단기** : 날 접촉 예방장치
⑤ **지게차** : 헤드가드, 백레스트, 전조등, 후미등, 안전벨트
⑥ **포장기계** : 구동부 방호장치

Section 74 **산업안전보건기준에 관한 규칙에서 정한 양중기의 5가지 종류와 각각의 세부 종류**

1 개요

양중기라 함은 작업장에서 화물 또는 사람을 올리고 내리는 데 사용하는 기계로서 크레인, 이동식 크레인, 리프트, 호이스트, 곤돌라 및 승강기를 포함하여 말한다.

2 산업안전보건기준에 관한 규칙에서 정한 양중기의 5가지 종류와 각각의 세부 종류(안전보건규칙 제132조 [시행 2024. 1. 1.])

양중기(제132조)란 다음 각 호의 기계를 말한다. (개정 2019. 4. 19.)

1) 크레인[호이스트(hoist)를 포함한다]

동력을 사용하여 중량물을 매달아 상하 및 좌우(수평 또는 선회를 말한다)로 운반하는 것을 목적으로 하는 기계 또는 기계장치를 말하며, "호이스트"란 훅이나 그 밖의 달기구 등을 사용하여 화물을 권상 및 횡행 또는 권상동작만을 하여 양중하는 것을 말한다.

2) 이동식 크레인

원동기를 내장하고 있는 것으로서 불특정 장소에 스스로 이동할 수 있는 크레인으로 동력을 사용하여 중량물을 매달아 상하 및 좌우(수평 또는 선회를 말한다)로 운반하는 설비로서 「건설기계관리법」을 적용받는 기중기 또는 「자동차관리법」 제3조에 따른 화물 · 특수자동차의 작업부에 탑재하여 화물운반 등에 사용하는 기계 또는 기계장치를 말한다.

3) 리프트(이삿짐 운반용 리프트의 경우에는 적재하중이 0.1톤 이상인 것으로 한정한다)

동력을 사용하여 사람이나 화물을 운반하는 것을 목적으로 하는 기계설비로서 다음 각 목의 것을 말한다.

① 건설용 리프트 : 동력을 사용하여 가이드레일(운반구를 지지하여 상승 및 하강 동작을 안내하는 레일)을 따라 상하로 움직이는 운반구를 매달아 사람이나 화물을 운반할 수 있는 설비 또는 이와 유사한 구조 및 성능을 가진 것으로 건설현장에서 사용하는 것

② 산업용 리프트 : 동력을 사용하여 가이드레일을 따라 상하로 움직이는 운반구를 매달아 화물을 운반할 수 있는 설비 또는 이와 유사한 구조 및 성능을 가진 것으로 건설 현장 외의 장소에서 사용하는 것

③ 자동차정비용 리프트 : 동력을 사용하여 가이드레일을 따라 움직이는 지지대로 자동차 등을 일정한 높이로 올리거나 내리는 구조의 리프트로서 자동차 정비에 사용하는 것

④ 이삿짐 운반용 리프트 : 연장 및 축소가 가능하고 끝단을 건축물 등에 지지하는 구조의 사다리형 붐에 따라 동력을 사용하여 움직이는 운반구를 매달아 화물을 운반하는 설비로서 화물자동차 등 차량 위에 탑재하여 이삿짐 운반 등에 사용하는 것

4) 곤돌라

달기발판 또는 운반구, 승강장치, 그 밖의 장치 및 이들에 부속된 기계부품에 의하여 구성되고, 와이어로프 또는 달기강선에 의하여 달기발판 또는 운반구가 전용 승강장치에 의하여 오르내리는 설비를 말한다.

5) 승강기

건축물이나 고정된 시설물에 설치되어 일정한 경로에 따라 사람이나 화물을 승강장으로 옮기는 데에 사용되는 설비로서 다음 각 목의 것을 말한다.

① 승객용 엘리베이터 : 사람의 운송에 적합하게 제조 · 설치된 엘리베이터

② 승객화물용 엘리베이터 : 사람의 운송과 화물 운반을 겸용하는 데 적합하게 제조 · 설치된 엘리베이터

③ **화물용 엘리베이터** : 화물 운반에 적합하게 제조·설치된 엘리베이터로서 조작자 또는 화물취급자 1명은 탑승할 수 있는 것(적재용량이 300킬로그램 미만인 것은 제외한다)

④ **소형화물용 엘리베이터** : 음식물이나 서적 등 소형화물의 운반에 적합하게 제조·설치된 엘리베이터로서 사람의 탑승이 금지된 것

⑤ **에스컬레이터** : 일정한 경사로 또는 수평로를 따라 위·아래 또는 옆으로 움직이는 디딤판을 통해 사람이나 화물을 승강장으로 운송시키는 설비

Section 75 | **산업안전보건기준에 관한 규칙에서 정하고 있는 전기기계·기구 등의 충전부 방호를 위한 조치 5가지**

1 개요

방호장치란 방호조치를 하기 위한 여러 가지 방법 중 위험기계·기구의 위험 한계 내에서의 안전성을 확보하기 위한 장치를 말한다.

2 전기기계·기구 등의 충전부 방호(산업안전보건기준에 관한 규칙 제301조 [시행 2024. 1. 1.])

사업주는 근로자가 작업이나 통행 등으로 인하여 전기기계, 기구[전동기·변압기·접속기·개폐기·분전반(分電盤)·배전반(配電盤) 등 전기를 통하는 기계·기구, 그 밖의 설비 중 배선 및 이동전선 외의 것을 말한다. 이하 같다] 또는 전로 등의 충전부분(전열기의 발열체 부분, 저항접속기의 전극 부분 등 전기기계·기구의 사용 목적에 따라 노출이 불가피한 충전부분은 제외한다. 이하 같다)에 접촉(충전부분과 연결된 도전체와의 접촉을 포함한다. 이하 이 장에서 같다)하거나 접근함으로써 감전 위험이 있는 충전부분에 대하여 감전을 방지하기 위하여 다음 각 호의 방법 중 하나 이상의 방법으로 방호하여야 한다.

① 충전부가 노출되지 않도록 폐쇄형 외함(外函)이 있는 구조로 할 것

② 충전부에 충분한 절연효과가 있는 방호망이나 절연덮개를 설치할 것

③ 충전부는 내구성이 있는 절연물로 완전히 덮어 감쌀 것

④ 발전소·변전소 및 개폐소 등 구획되어 있는 장소로서 관계 근로자가 아닌 사람의 출입이 금지되는 장소에 충전부를 설치하고, 위험표시 등의 방법으로 방호를 강화할 것

⑤ 전주 위 및 철탑 위 등 격리되어 있는 장소로서 관계 근로자가 아닌 사람이 접근할 우려가 없는 장소에 충전부를 설치할 것

Section 76 산업안전보건법령에서 정하고 있는 자율검사프로그램

1 개요

안전검사는 산업안전보건법의 자체검사와 정기검사를 통합한 제도로 유해 · 위험기계 · 기구 및 설비를 사용하는 사업주가 유해 · 위험기계 등의 안전에 관한 성능이 안전검사기준에 적합한지 여부에 대하여 안전검사기관으로부터 안전검사를 받도록 함으로써 사용 중 피해를 예방하기 위한 제도이다.

2 자율검사프로그램에 따른 안전검사(산업안전보건법 제98조 [시행 2024. 5. 17])

① 제93조 제1항에도 불구하고 같은 항에 따라 안전검사를 받아야 하는 사업주가 근로자 대표와 협의(근로자를 사용하지 아니하는 경우는 제외한다)하여 같은 항 전단에 따른 검사기준, 같은 조 제3항에 따른 검사 주기 등을 충족하는 검사프로그램(이하 "자율검사프로그램"이라 한다)을 정하고 고용노동부장관의 인정을 받아 다음 각 호의 어느 하나에 해당하는 사람으로부터 자율검사프로그램에 따라 안전검사대상기계 등에 대하여 안전에 관한 성능검사(이하 "자율안전검사"라 한다)를 받으면 안전검사를 받은 것으로 본다.

1. 고용노동부령으로 정하는 안전에 관한 성능검사와 관련된 자격 및 경험을 가진 사람
2. 고용노동부령으로 정하는 바에 따라 안전에 관한 성능검사 교육을 이수하고 해당 분야의 실무 경험이 있는 사람

② 자율검사프로그램의 유효기간은 2년으로 한다.

③ 사업주는 자율안전검사를 받은 경우에는 그 결과를 기록하여 보존하여야 한다.

④ 자율안전검사를 받으려는 사업주는 제100조에 따라 지정받은 검사기관(이하 "자율안전검사기관"이라 한다)에 자율안전검사를 위탁할 수 있다.

⑤ 자율검사프로그램에 포함되어야 할 내용, 자율검사프로그램의 인정 요건, 인정 방법 및 절차, 그 밖에 필요한 사항은 고용노동부령으로 정한다.

Section 77 산업안전보건법령에 따른 휴게시설 설치 및 관리 기준 5가지, 휴게시설 설치 및 관리 기준을 적용하지 않는 경우 3가지, 휴게 시설을 갖추지 않은 경우 과태료 부과 대상이 되는 사업장

① 개요

산업안전보건법상 휴게시설이란, 근로자가 신체적 피로와 정신적인 스트레스를 해소할 수 있도록 휴게시간에 이용할 수 있는 시설을 말한다. 옥내 휴게시설뿐 아니라 야외 공간의 그늘막 역시 휴게 공간에 포함된다.

② 산업안전보건법령에 따른 휴게시설 설치 및 관리 기준 5가지, 휴게시설 설치 및 관리 기준을 적용하지 않는 경우 3가지, 휴게시설을 갖추지 않은 경우 과태료 부과 대상이 되는 사업장

(1) 휴게시설 설치 및 관리 기준 5가지

(산업안전보건법 시행규칙 별표 21의 2 [신설 2022. 8. 18.])

1) 크기
   ① 휴게시설의 최소 바닥면적은 6제곱미터로 한다. 다만, 둘 이상의 사업장의 근로자가 공동으로 같은 휴게시설(이하 이 표에서 "공동휴게시설"이라 한다)을 사용하게 하는 경우 공동휴게시설의 바닥면적은 6제곱미터에 사업장의 개수를 곱한 면적 이상으로 한다.
   ② 휴게시설의 바닥에서 천장까지의 높이는 2.1미터 이상으로 한다.
   ③ 가목 본문에도 불구하고 근로자의 휴식 주기, 이용자 성별, 동시 사용인원 등을 고려하여 최소면적을 근로자대표와 협의하여 6제곱미터가 넘는 면적으로 정한 경우에는 근로자대표와 협의한 면적을 최소 바닥면적으로 한다.
   ④ 가목 단서에도 불구하고 근로자의 휴식 주기, 이용자 성별, 동시 사용인원 등을 고려하여 공동휴게시설의 바닥면적을 근로자대표와 협의하여 정한 경우에는 근로자대표와 협의한 면적을 공동휴게시설의 최소 바닥면적으로 한다.

2) 위치
   다음 각 목의 요건을 모두 갖춰야 한다.
   ① 근로자가 이용하기 편리하고 가까운 곳에 있어야 한다. 이 경우 공동휴게시설은 각 사업장에서 휴게시설까지의 왕복 이동에 걸리는 시간이 휴식시간의 20퍼센트를 넘지 않는 곳에 있어야 한다.

② 다음의 모든 장소에서 떨어진 곳에 있어야 한다.

　㉠ 화재 · 폭발 등의 위험이 있는 장소

　㉡ 유해물질을 취급하는 장소

　㉢ 인체에 해로운 분진 등을 발산하거나 소음에 노출되어 휴식을 취하기 어려운 장소

3) 온도

적정한 온도(18~28℃)를 유지할 수 있는 냉난방 기능이 갖춰져 있어야 한다.

4) 습도

적정한 습도(50~55%. 다만, 일시적으로 대기 중 상대습도가 현저히 높거나 낮아 적정한 습도를 유지하기 어렵다고 고용노동부장관이 인정하는 경우는 제외한다)를 유지할 수 있는 습도 조절 기능이 갖춰져 있어야 한다.

5) 조명

적정한 밝기(100~200럭스)를 유지할 수 있는 조명 조절 기능이 갖춰져 있어야 한다.

6) 창문 등을 통하여 환기가 가능해야 한다.

7) 의자 등 휴식에 필요한 비품이 갖춰져 있어야 한다.

8) 마실 수 있는 물이나 식수 설비가 갖춰져 있어야 한다.

9) 휴게시설임을 알 수 있는 표지가 휴게시설 외부에 부착돼 있어야 한다.

10) 휴게시설의 청소 · 관리 등을 하는 담당자가 지정돼 있어야 한다. 이 경우 공동휴게시설은 사업장마다 각각 담당자가 지정돼 있어야 한다.

11) 물품 보관 등 휴게시설 목적 외의 용도로 사용하지 않도록 한다.

(2) 휴게시설 설치 및 관리 기준을 적용하지 않는 경우 3가지

다음 각 목에 해당하는 경우에는 다음 각 목의 구분에 따라 제1호부터 제6호까지의 규정에 따른 휴게시설 설치 · 관리기준의 일부를 적용하지 않는다.

1) 사업장 전용면적의 총 합이 300제곱미터 미만인 경우 : 제1호 및 제2호의 기준

2) 작업장소가 일정하지 않거나 전기가 공급되지 않는 등 작업특성상 실내에 휴게시설을 갖추기 곤란한 경우로서 그늘막 등 간이 휴게시설을 설치한 경우 : 제3호부터 제6호까지의 규정에 따른 기준

3) 건조 중인 선박 등에 휴게시설을 설치하는 경우 : 제4호의 기준

(3) 휴게시설을 갖추지 않은 경우 과태료 부과 대상이 되는 사업장

현재 법령에 따라 모든 사업장은 휴게시설을 의무적으로 설치하여야 하며, 설치의무 위반 시 사업장 규모에 따른 과태료 부과 대상 기준은 다음과 같다.

[표 3-4] 과태료 부과 대상 기준

구분	현장 상시근로자 10인 미만 사업장 경비·미화원 2명 포함	현장 상시근로자 10인 이상 사업장 경비·미화원 2명 포함	현장 상시근로자 20인 이상 사업장 경비·미화원 상관없음
위탁관리기준	과태료 ○		
자치관리기준	과태료 ×	과태료 ○	과태료 ○

※ 위탁관리 시 주택관리업자 본사 및 전체 현장을 하나의 사업장으로 판단하여 상시근로자수를 산정한다.

Section 78
산업안전보건기준에 관한 규칙에 따라 관계 근로자가 아닌 사람의 출입을 금지하는 장소와 위험기계·설비에 근로자의 탑승을 제한하는 경우를 각각 7가지씩 설명

1 출입의 금지(제457조)

① 사업주는 허가대상 유해물질을 제조하거나 사용하는 작업장에 관계 근로자가 아닌 사람의 출입을 금지하고, 「산업안전보건법 시행규칙」 별표 6 중 일람표 번호 501에 따른 표지를 출입구에 붙여야 한다. 다만, 석면을 제조하거나 사용하는 작업장에는 「산업안전보건법 시행규칙」 별표 6 중 일람표 번호 502에 따른 표지를 붙여야 한다. (개정 2019. 12. 26)

② 사업주는 허가대상 유해물질이나 이에 의하여 오염된 물질은 일정한 장소를 정하여 저장하거나 폐기하여야 하며, 그 장소에는 관계 근로자가 아닌 사람의 출입을 금지하고, 그 내용을 보기 쉬운 장소에 게시하여야 한다.

③ 근로자는 제1항 또는 제2항에 따라 출입이 금지된 장소에 사업주의 허락 없이 출입해서는 아니 된다.

2 탑승의 제한(제86조)

① 사업주는 크레인을 사용하여 근로자를 운반하거나 근로자를 달아 올린 상태에서 작업에 종사시켜서는 아니 된다.

② 사업주는 이동식 크레인을 사용하여 근로자를 운반하거나 근로자를 달아 올린 상태에서 작업에 종사시켜서는 안 된다.

③ 사업주는 내부에 비상정지장치·조작스위치 등 탑승조작장치가 설치되어 있지 아니한 리프트의 운반구에 근로자를 탑승시켜서는 아니 된다.

④ 사업주는 자동차정비용 리프트에 근로자를 탑승시켜서는 아니 된다.

⑤ 사업주는 곤돌라의 운반구에 근로자를 탑승시켜서는 아니 된다.

⑥ 사업주는 소형화물용 엘리베이터에 근로자를 탑승시켜서는 아니 된다.

⑦ 사업주는 차량계 하역운반기계(화물자동차는 제외한다)를 사용하여 작업을 하는 경우 승차석이 아닌 위치에 근로자를 탑승시켜서는 아니 된다.

⑧ 사업주는 화물자동차 적재함에 근로자를 탑승시켜서는 아니 된다.

⑨ 사업주는 운전 중인 컨베이어 등에 근로자를 탑승시켜서는 아니 된다.

⑩ 사업주는 이삿짐 운반용 리프트 운반구에 근로자를 탑승시켜서는 아니 된다.

Section 79 산업안전보건기준에 관한 규칙에서 정하는 특수화학설비

1 개요

사업주는 산업안전보건기준에 관한 규칙 별표 9에 따른 위험물을 같은 표에서 정한 기준량 이상으로 제조하거나 취급하는 다음 각 호의 어느 하나에 해당하는 화학설비(이하 "특수화학설비"라 한다)를 설치하는 경우에는 내부의 이상 상태를 조기에 파악하기 위하여 필요한 온도계·유량계·압력계 등의 계측장치를 설치하여야 한다.

2 산업안전보건기준에 관한 규칙에서 정하는 특수화학설비

[제273조(시행 2024. 1. 1.), 계측장치 등의 설치]

산업안전보건기준에 관한 규칙에서 정하는 특수화학설비는 다음과 같다.

① 발열반응이 일어나는 반응장치

② 증류·정류·증발·추출 등 분리를 하는 장치

③ 가열시켜 주는 물질의 온도가 가열되는 위험물질의 분해온도 또는 발화점보다 높은 상태에서 운전되는 설비

④ 반응폭주 등 이상 화학반응에 의하여 위험물질이 발생할 우려가 있는 설비

⑤ 온도가 섭씨 350도 이상이거나 게이지 압력이 980킬로파스칼 이상인 상태에서 운전되는 설비

⑥ 가열로 또는 가열기

MEMO

CHAPTER 04

기계 · 설비의 안전진단과 위험성 평가

각종 메카트로닉스(자동화)기기의 도입에 따른 안전관리 상의 장단점

1 장점

① 작업자가 위험영역에 들어가지 않아도 된다.

② 육체적인 피로를 감소시킨다.

③ 유해가스, 분진, 고저온, 소음, 진동 등 악조건인 작업환경에서 작업자를 벗어나게 해준다.

④ 진공, 고압력, 유해가스 등의 인간에게는 불가능한 작업환경하에서도 작업을 안전하게 한다.

2 단점

① 단조로운 노동 등에 비인간적인 작업을 가져온다.

② 자동화시스템에서도 준비, 조정, 보전, 수리 등이나 이상 시의 처치는 아직 인간이 담당하는 분야이다.

③ 고장에 의한 재해의 위험성이 있다.

④ 대형화, 고속화에 의한 위험이 크다.

⑤ 작업자의 근로의욕을 저하시킨다.

결함수분석(FTA)이 정량적 평가·연역적 방법이라면 정성적 평가·귀납적 방법을 설명

1 결함수분석(FTA)의 정의

결함수분석(FTA : Fault Tree Analysis)은 벨전화연구소의 왓슨(H. A. Watson)에 의해 고안되고, 1965년 보잉항공사의 하슬(D. F. Haasl)에 의해 보완됨으로써 실용화되기 시작한 시스템의 고장해석방법으로, ICBM계획의 안전성 해석에서 처음으로 사용되었다. 결함수분석은 시스템의 고장을 발생시키는 사상(event)과 그의 원인과의 인과관계를 논리기호(AND와 OR)를 사용하여 나뭇가지 모양의 그림으로 나타낸 고장목(fault tree)을 만들고, 이에 따라 시스템의 고장확률을 구함으로써 문제가 되는 부분을 찾아내어 시스템의 신뢰성을 개선하는 계량적 고장해석 및 신뢰성 평가방법으로서 연역적 사고방식으로 시스템의 고장을 결함수차트로 탐색해 나감으로써, 어떤 부품이 고장의 원인이었는가를 찾아내는 해석기법이다.

결함수분석은 사고 혹은 보다 일반적으로 체계고장의 잠재원인을 결정하고, 고장확률을 추정할 수 있는 방법이다. 이는 고장의 근본원인을 추적하기 위하여 고장자료가 나와 있는 수준에 이르기까지 체계를 하위체계(subsystem)로, 구성품(component)으로, 부품으로 해부할 필요가 있는 상황에 특히 적절하다. 분석은 당면한 체계에 대한 정성적, 정량적 정보를 제공한다. 즉 시스템의 고장원인들의 관계를 불리언 논리게이트(Boolean logic gate)를 이용하여 도해적으로 표현하여 분석하는 방법을 말하며, 시스템이 가동되는 상태보다는 고장 나는 상태만을 고려하여 부품고장과 시스템고장 간의 관계를 논리게이트로 나타낸 사상수를 결함수라고 한다.

② 정성적 평가 · 귀납적 방법

(1) HAZOP(위험과 운전분석기법 : Hazard and Operability)

화학공장에서의 위험성과 운전성을 정해진 규칙과 설계 도면에 의해서 체계적으로 분석 · 평가하는 기법이다.

(2) Check-list

안전점검을 실시할 때 점검자에 의한 점검개소의 누락이 없도록 안전점검 기준표를 활용하는 방법이다. 사용이 간편하고 소요되는 시간이 적으나, 복잡하거나 예측하기 어려운 사항을 빠뜨리기 쉽다.

(3) What-if(사고예상 질문기법)

공장에 잠재되어 있으면서 원하지 않는 나쁜 결과를 초래할 수 있는 사고에 대하여 예상 질문을 통해 사전에 위험요소를 확인하고 그 위험의 결과 및 크기를 줄이는 방법을 제시하는 안전성평가 기법이다.

(4) PHA(예비위험분석기법 : Preliminary Hazard Analysis)

시스템의 위험을 분석하기 전에 실시하는 예비 작업으로 공정의 위험부분을 열거하고 그 사고 빈도와 심각성에 대해 토의하여 결정하는 기법으로 설계초기 단계, 공정의 기본요소와 물질이 정해진 단계, 공장개발 초기 단계에 적용하여 공장입지 선정 등에 이용한다.

Section 3 교류아크용접기에 설치하는 자동전격방지장치의 설치목적과 조건

1 자동전격방지장치의 설치목적

아크용접작업에서의 감전재해는 주로 출력측 회로에서 발생하고 있으며, 특히 무부하일 때 더욱 위험하다. 이 출력측 회로에서 발생하는 감전재해를 예방하기 위해서 자동전격방지기를 사용한다(입력측 회로에 의한 감전재해예방을 위해서는 용접기 외함을 접지해야 한다).

용접기는 안정된 아크를 발생시키기 위하여 어느 정도 높은 무부하 전압을 필요로하며, 출력측 케이블이 긴 경우에는 전압강하를 고려하여 전압이 높아지는 경향이 있다.

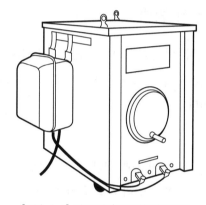

[그림 4-1] 방호장치(자동전격방지장치)

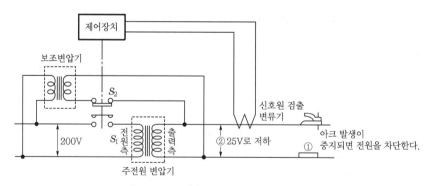

[그림 4-2] 자동전격방지장치의 회로도

통상 500A 용량의 것은 95V 이하, 400A 이하의 것은 85V 이하로 규정하고 있으나 이 정도의 전압이라도 치명적인 위험성이 있다. 따라서 무부하 시에 출력측 전압을 안전전압인 25V(전압변동 고려 시 30V) 이하로 낮출 필요성이 있다.

❷ 자동전격방지장치의 조건

무부하 시에는 보조변압기에 의해 홀더 및 용접봉에 25V 이하의 전압이 가해지고 있으므로 인체가 접촉이 되어도 위험은 없다. 용접봉을 모재에 접촉하면 보조변압기의 2차 회로에 전류가 흐르고, 이 전류를 변류기로 검출하여 제어장치로 보내면 제어장치의 특수한 릴레이가 동작하여 S_2가 끊어지면서 동시에 S_1이 접촉되고 용접기 2차측에 용접에 필요한 전압이 가해져서 아크가 발생한다. 다음에 용접봉을 모재에서 떼면 아크가 끊어지고 용접기 2차측이 개방되어 2차측에 전류가 흐르지 않으면 변류기에도 전류가 흐르지 않게 되어 제어장치는 다시 처음의 상태로 S_1이 끊어지고 S_2는 접촉하게 되어 홀더 및 용접봉에는 보조변압기의 2차 전압인 안전전압 25V가 된다.

제어장치의 특수한 릴레이는 작업 중 아주 짧은 시간(약 1초)에 간헐적으로 아크가 끊어져도 동작하지 않는 구조로 되어 있으므로 작업에는 아무런 지장이 없도록 되어 있다. 작업자들이 자동전격방지기를 부착하고 나서 작업에 불편이 많다고 하는 경우는 용접용 접지선을 사용하지 않고 건물철재, 배관 등을 이용하여 접지측 접촉불량으로 인한 경우가 많다.

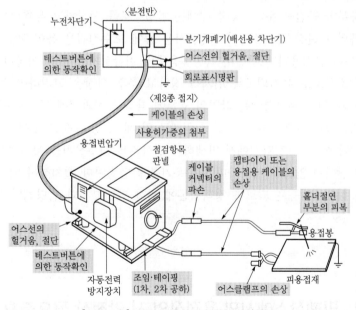

[그림 4-3] 교류아크용접기의 안전점검계통도

Section 4 기계설비의 배치 3단계와 안전조건

① 기계설비의 배치 3단계

기계설비의 배치 3단계는 다음과 같다.

단 계	내 용
제1단계	제품의 원료확보로부터 제품판매에 이르는 절차에 따라 그 과정에서 최단적 역학을 수행할 수 있는 장소
제2단계	공장, 사무실, 창고 등 부대시설들의 위치
제3단계	직능분야별 기계배치

② 기계배치의 안전조건

불필요한 운반작업이 없도록 작업의 흐름에 따라 기계배치를 하면서 기계설비의 주위에는 충분한 공간을 둔다. 공장 내에는 안전통로를 선정하고 유효성을 유지하고 원재료나 제품의 보관장소는 충분히 설정, 사용 중에 보수점검을 용이하게 할 수 있도록 배치한다. 특히 압력용기 고압설비 폭발재용품의 취급설치설계 시 이상이 발생할 때에는 피해가 최소한도로 유지되도록 위치를 정하고 추후 확장을 고려하여 설계한다.

정리정돈의 기본사항에는 작업의 흐름에 따라 공정과정에 따라서 통로를 만들고 설비의 배치를 통로와 적합하게 하면서 원재료 및 제품, 공구 등을 두어야 할 장소는 미리 정해 두어야 한다. 공정과정에서 발생하는 절삭분은 회수장치를 설치해서 절삭분이 작업장 바닥에 쌓이지 않도록 제거하며 회수용기를 작업장마다 설치하여 폐품을 빠짐없이 수거하도록 하되, 폐품은 되도록 정리정돈에 관한 담당부서와 담당책임자를 지정해 두도록 한다.

Section 5 밀폐장소에서의 용접작업 시 안전상 필요조치

① 위생과 안전

아크용접작업자는 눈 장해, 화상, 감전 등의 재해를 받기 쉽다. 재해요소로는 다음과 같은 것이 있다.

① 전격에 의한 것

② 아크 빛에 의한 것

③ 스패터링 및 슬래그에 의한 것

④ 중독성 가스에 의한 것

⑤ 폭발성 가스에 의한 것

⑥ 화재, 기타에 의한 것

전격(감전)에 의한 재해는 다른 재해에 비하여 사망률이 높다. 특히, 몸이 땀으로 젖어 있을 때, 의복이 비에 젖어있을 때, 발밑에 물이 고여있을 때, 홀더의 통전 부분이 노출되어 있을 때, 용접봉 끝이 몸에 닿았을 때, 케이블의 일부가 노출되어 있을 때, 용접기의 절연이 불량할 때, 전원스위치의 개폐 시 등이 위험하다. 용접기에 의한 사망사고 중 95%는 홀더의 통전부에 접촉한 것이다. 이 때문에 현재는 조체가 외부에 노출되지 않는 안전홀더를 사용하는 것으로 되어 있다.

아크에는 다량의 자외선과 소량의 적외선이 포함되어 있으므로, 이것이 직접 또는 반사하여 눈에 들어오면 전광성 안염 또는 일반적으로 전안염이라 하는 장해가 나타난다. 급성인 것은 아크 빛에 노출 후 4~8시간에 일어나며, 24~48시간 내에 회복하지만, 노출이 오래 계속되면 만성 결막염을 일으킨다. 만일 아크 빛으로 눈병이 났을 때는 냉수로 얼굴을 씻은 후 냉습포로 찜질하거나 의사에게 진찰을 받는다.

② 용접 흄

피복제가 아크열로 분해하여 증발한 물질이 다시 냉각하여 고체의 미립자로 되어 아크 주변에서 발생하는 하얀 연기를 흄(fume)이라 한다. 흄 안에는 진폐를 일으키는 물질(실리카, 석면, 동, 베릴륨 등)을 포함하는 경우와 호흡기 자극성의 물질(불화물, Cd, Cr, Pb, Mu, Mg, Hg, Mo, Ni, V, Zn 등)을 포함하는 경우가 있다. 흄의 대부분은 금속 및 비금속의 산화물이며, 그 밖에 불화물이나 염화물을 포함하는 경우가 있다. 흄의 허용한도는 우리나라에서 일본용접협회규격의 WES 9004에 $5mg/m^3$로 규정(피복계통에 무관계)했다가 1981년부터 $1mg/m^3$로 기준이 엄해졌다.

우리나라에서는 실내의 아크용접작업(자동아크용접작업은 제외)은 분진작업으로 보고 진폐법으로서 규정되어 있다. 흄량이 많아지면 작업자는 마스크를 사용해야 한다. 따라서 실내의 환기용 팬이나 플렉시블 덕트가 붙은 집진기가 많이 사용된다.

③ 저수소계 용접봉의 흄 발생량

저수소계 용접봉의 흄 발생량은 [표 4-1]의 값 정도이므로 용접공의 수와 아크 발생시간을 고려하여 소요환기량을 계산할 수 있다.

[표 4-1] 흄 발생량

용접전류(A)	150	200	250	300
발생량(mg/min)	150~300	300~500	400~550	500~700

유해가스피복 아크용접의 아크에서는 여러 투명가스(CO, CO_2, H_2O, O_3, NO_2 등)가 발생하고 있다. 수증기(H_2O)를 제외하고 다른 가스는 유해하므로 환기를 해야 한다. 또 CO_2 아크용접에서는 위험한 CO(일산화탄소)가스가 방출되어, 특히 아크의 바로 위에서는 CO가스가 상승하므로 아크의 바로 위에서 1분간이라도 호흡하면 기절해 버린다. 공기 중의 CO가스의 안전한 한계량은 0.1%(vol)이며, 미국에서 8시간 연속 호흡하여도 안전한 한계를 0.1%(vol)로 정하고 있다. 통풍이 좋지 않은 작은 방에서 CO_2 아크용접은 매우 위험하므로 강제적으로 환기를 해야 한다. 예를 들면, 150m³의 공장에서 CO_2 유량 12L/min의 용접에서는 CO는 0.12L/min가 생기므로, 이것을 안전한계 0.01% 이하로 유지하려면 약 3m³/min의 환기를 해야 한다.

Section 6 보일러에서 가압과 가열을 동시에 하는 이유를 엔탈피의 정의식을 사용하여 설명

1 개요

주어진 분자의 에너지는 변환에너지(translational energy), 회전에너지(rotational energy), 진동에너지(vibrational energy), 전자에너지(electronic energy) 등의 합이다. 이러한 일정 체적 내의 기체입자들이 갖고 있는 에너지의 총합을 내부에너지(internal energy)라고 한다. 그리고 기체의 단위질량당 내부에너지는 특성내부에너지(specific internal energy)라고 한다.

2 가압과 가열을 동시에 하는 이유(엔탈피의 정의식 사용)

기체를 임의의 운동을 하는 분자들의 총합이라고 생각하면 분자들의 평균적인 특성으로 기체의 특성을 표현할 수 있다. 이러한 평균적인 특성을 기체의 열역학적 성질이라고 한다. 열역학적 성질은 우리가 알고 있는 온도, 압력, 밀도 등이다. 내부에너지도 이러한 기체의 열역학적 성질 중에 하나이며 경로에 상관없는 열역학적 상태량이다.

실제 기체와 화학반응혼합물에서의 내부에너지와 엔탈피는 다음과 같다.

$$u = u(T, v), \; h = h(T, p)$$

내부에너지는 주로 밀폐시스템(closed system)을 다루는 데 편리한 에너지형태이다. 반면에 엔탈피는 주로 개방시스템(open system) 혹은 제어체적(control volume)을 다루는 데 편리한 에너지형태인데 다음과 같이 정의된다.

$$h = u + pv$$

완전기체에서는 u와 h는 온도만의 함수이다(열적 완전기체). 정적비열과 정압비열은 온도에 대한 내부에너지와 엔탈피의 변화율을 의미한다.

$$u = u(T), \ h = h(T), \ c_v = \left(\frac{\partial u}{\partial T}\right)_v, \ c_p = \left(\frac{\partial h}{\partial T}\right)_p$$

완전기체일 경우에는 내부에너지와 엔탈피는 온도만의 함수임이 알려져 있다. 따라서 비열도 간단하게 표현된다.

$$c_v = \frac{du}{dT}, \ c_p = \frac{dh}{dT}$$

여기서, c_v : 일정 체적에서의 비열, c_p : 일정 압력에서의 비열

※ c_v, c_p는 또한 온도의 함수이다. 그러나 보통의 온도($T < 1,000K$의 공기)에서 c_v와 c_p는 상수이다.

※ c_v, c_p가 일정한 완전기체 → 열량적 완전기체(calorically perfect gas)

이때의 내부에너지와 엔탈피는 다음과 같다.

$$u = c_v T, \ h = c_p T$$

대부분의 경우 c_v, c_p가 일정하다고 가정이 가능하다($T < 1,000K$).

※ c_v, c_p가 일정하지 않고 온도의 함수의 경우

"높은 온도의 화학반응유동(high-temperature chemically reacting flow)"

예 높은 속도의 대기진입물체 : space shuttle

u, h, p, ρ, T는 열역학적 정적변수(thermodynamic state variables)이다. 어떤 진행과정에 관계없이 기체의 상태에 의해 결정된다.

특성기체에서는

$$c_p - c_v = R$$

$$\therefore 1 - \frac{c_v}{c_p} = \frac{R}{c_p} \ (k = c_p/c_v)$$

이때 $1 - \frac{1}{k} = \frac{R}{c_p} \ \rightarrow \ c_p = \frac{kR}{k-1}, \ c_v = \frac{R}{k-1}$

• $T > 2,500K$: O_2는 해리되기 시작한다($O_2 \rightarrow 2O$).

• $T > 4,000K$: N_2는 해리되기 시작한다($N_2 \rightarrow 2N$).

Section 7 **보일러의 자체 검사항목**

1 외부검사

정기검사 시 보일러의 외부는 다음 각 호의 조건에 적합해야 한다.

① 보일러는 깨끗하게 청소된 상태이어야 하며 사용상에 현저한 부식과 그루빙이 없을 것
② 시험용 해머로 스테이볼트 한쪽 끝을 가볍게 두들겨 보아 이상이 없을 것
③ 가용 플러그가 사용된 경우에는 플러그 주위 금속부위와 플러그면이 산화피막을 적절히 제거하여 육안으로 관찰하였을 때 사용상 이상이 없어야 하며 불완전한 경우에는 교환할 것
④ 보일러가 매달려 있는 경우에는 지지대와 고정구대를 검사하여 구조물의 과도한 변형이 없을 것
⑤ 보일러 지지대의 균열, 내려앉음, 지지부재의 변형 또는 파손 등 보일러의 설치상태에 이상이 없을 것
⑥ 모든 배관계통의 관 및 이음쇠 부분에 누기 및 누수가 없을 것
⑦ 벽돌 쌓음에서 벽돌의 이탈, 심한 마모 또는 파손이 없을 것

2 내부검사

정기검사 시 보일러의 내부는 다음 각 호의 조건에 적합해야 한다.

① 관의 부식 등을 검사할 수 있도록 스케일은 제거되어야 하며, 관 끝 부분의 손모, 취화 및 빠짐이 없을 것
② 보일러의 내부에는 균열, 스테이의 손상, 이음부의 현저한 부식이 없어야 하며 침식, 스케일 등으로 드럼에 현저히 얇아진 곳이 없을 것
③ 화염을 받는 곳에는 그을음을 제거해야 하며 얇아지기 쉬운 관의 끝 부분을 가벼운 해머로 두들겨 보았을 때 결함 있는 용접부가 없을 것
④ 관의 표면은 팽출, 균열 또는 결함 있는 용접부가 없을 것
⑤ 관의 지나친 찌그러짐이 없을 것
⑥ 급수관 및 그 밑의 물받이의 상태는 퇴적물이 없어야 하며, 이음쇠는 헐거워지거나 개스킷의 손상이 없을 것
⑦ 관판에 있는 관구멍 사이의 리거먼트를 조사하여 파단이나 누설이 없을 것
⑧ 노벽보호 부분은 벽체의 균열 및 파손 등 사용상 지장이 없을 것
⑨ 맨홀 및 기타 구멍과 보강판, 노출, 플랜지이음, 나사이음이 연결부의 내외부를 조사하여 균열이나 변형이 없을 것. 이때 검사는 가능한 한 보일러 안쪽부터 시행한다.

⑩ 저수위 차단배관 등의 외부 부착구멍들이나 방출밸브구멍들에 흐름의 차단 또는 지장을 줄 수 있는 퇴적물 등의 장해물이 없을 것

⑪ 연소실 내부에는 부적당하거나 결함이 있는 버너 또는 스토커의 설치운전에 의한 현저한 열의 국부적인 집중으로 현상이 없을 것

⑫ 보일러 각부에 불룩해짐, 팽출, 팽대, 압궤 또는 누설이 없을 것

Section 8 보일러의 장해 중 캐리오버의 발생원인 3가지

1 정의

보일러수 중에 용해 또는 현탁되어 있는 불순물과 수분이 증기와 함께 증기계통으로 이행하여 증기순도를 저하시켜 과열기 및 터빈의 부식을 가중시키고 제품의 품질을 저하시키는 등의 장해를 캐리오버(carry over) 장해라고 한다.

2 캐리오버의 기구

보일러수에는 급수로부터 유입되는 불순물 및 내처리를 하기 위해 첨가한 내처리제 등이 함유되어 있기 때문에 보일러수가 증발됨에 따라 불순물 및 내처리제가 보일러수 중에 농축된다. 따라서 발생된 증기는 순수한 수증기이어야 하나 실제는 미량의 불순물이 함유되어 있는데, 이런 불순물은 캐리오버에 의해 증기 중에 혼입된 것이다. 일반적으로 캐리오버는 기계적 캐리오버와 선택적 캐리오버로 대별하며 다음과 같다.

① 기계적 캐리오버 : 수적(물방울) 또는 거품이 증기에 혼입되는 캐리오버
② 선택적 캐리오버 : 실리카와 같이 증기 중에 용해된 성분 그대로 운반된 캐리오버

3 캐리오버의 현상

증기 중의 수분, 고형물의 양과 종류에 따라 여러 가지 장해가 발생하게 되며, 특히 고형물 중 염화나트륨, 황산나트륨, 수산화나트륨 등은 점착성이 있기 때문에 다른 불순물과 함께 부착된다. 따라서 발생되는 장해는 다음과 같다.

① 증기순도 저하로 인한 제품품질의 불량 발생
② 증기관, 수위조절장치 등에 석출물이 부착되어 운전불량 발생
③ 수면계의 수위가 상하로 진동하여 정확한 수위파악 불량
④ 과열기 등에 고형물이 부착하여 팽출, 파열사고 발생
⑤ 증기관에 물이 들어가서 과열관에서의 증기과열 불충분

④ 캐리오버 방지대책

① 적정농축을 위한 블로우 실시
② 기수분리기의 정상화 및 규정압력 운전
③ 드럼 수위의 적정화(프라이밍, 돌비방지)
④ 유지류 및 유기물 등의 혼입방지(포밍발생요소 제거)

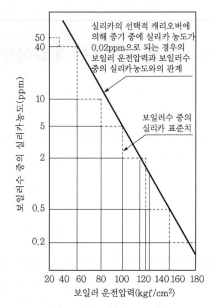

[그림 4-4] 증기 중에 실리카가 0.02ppm 용해되어 있는 경우
증기압력과 보일러수 중의 실리카농도와의 관계

⑤ 캐리오버에 의한 장해

(1) 포밍(foaming)

드럼 수면에 거품이 발생하고 거품이 계속 증가해서 드럼 내 전체로 퍼지는 현상으로, 증기거품이 보일러수의 표면을 이탈하는 동안에 증기거품이 보일러수의 피막으로 둘러쌓여지면서 다량의 거품이 기수면을 덮는 경우에 발생한다. 이런 포밍현상은 보일러에서 자주 발생되는 현상이며, 캐리오버 중에서도 가장 유해한 영향을 미친다.

(2) 돌비

이상과열된 상태의 보일러수가 돌발적으로 비등하여 물방울이 증기와 함께 이행하는 현상이다.

(3) 프라이밍(priming)

드럼 수면이 너무 높은 경우, 부하의 급격한 변동, 규정압력 이하의 경우 등에서 발생되며, 보일러수가 수적의 형태로 증기축으로 이행하는 것을 말한다.

프라이밍에 의한 장해는 특히 캐리오버된 용해고형물 및 현탁고형물이 과열기 계통의 관 벽에 퇴적되어 열효율을 저하시키며, 일반적으로 이 현상은 어느 정도 연속해서 발생한다.

(4) 실리카의 선택적 캐리오버

실리카도 상기 포밍 및 프라이밍 등과 같이 기계적 캐리오버로 인해 증기 중으로 이행할 수 있으나, 실리카 단독으로 증기에 용해되어 발생되는 경우가 있다. 즉, 실리카는 보일러수 중의 용해물과는 달리 증기에 용해되는 성질이 있으며, 보일러의 압력, 실리카의 농도에 따라 지수관계적으로 증가한다.

과열증기는 포화증기보다도 실리카를 잘 용해하기 때문에 고압 보일러에서는 실리카의 캐리오버에 의해 터빈날개에 부착하여 물리화학적인 부식을 초래하기도 한다.

Section 9

부르동관 압력계

1 개요

탄성식 압력계는 수압부에 탄성체를 사용해서 측정하고자 하는 압력을 가했을 때 가해진 압력에 비례하는 단위압력당 변형량을 아는 상태에서, 이에 대응된 변형량만을 측정함으로써 압력을 구하는 방법이다.

탄성변형을 압력계에 이용되는 것으로 부르동관(bourdon tube), 다이어프램, 벨로우즈 등이 있으며, 이와 같은 수압소자를 이용하여 압력계 제작 시에는 압력변화에 따른 극히 미세한 탄성변형을 일반적으로 링크기구, 레버, 피니언 등의 기계적 구조로서 확대하여 지시, 기록, 전송, 전기적 변환 등을 행한다. 이러한 의미에서 탄성식 압력계는 기계적인 압력계로 2차 압력계이다.

2 부르동관 압력계의 측정원리

부르동관은 1852년 프랑스 부르동에 의해 발명된 것으로 타원형 및 평원형을 갖는 튜브를 한쪽에 고정시킨 다음 개방시켜 압력을 가하고, 다른 쪽은 밀폐자유단으로 하여 압력에 따라 변위를 발생시키도록 한 것이다.

부르동관의 측정원리는 [그림 4-5]에서와 같이 부르동관에 압력이 가해지면 부르동관 단면에 있어서의 가로측 $2a$는 $2a'$으로서 수축하고, 세로측 $2b$는 $2b'$으로 팽창하여, 즉 원형에 근사한 변형이 일어나고, 이러한 각 단면의 변형 적산치가 길이방향으로 나타나 자유단을 선 팽창시키고 부르동관이 압력을 가하기 전 권각 θ에서 선팽창은 자유단 중심 축 접선방향과 그 법선방향 양방향의 벡터의 합으로 압력을 가하면 굴곡변형이 나타난다.

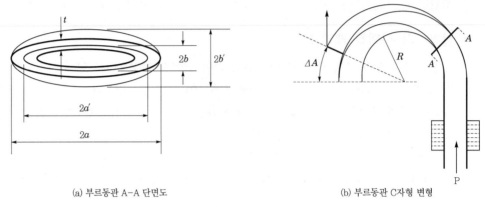

(a) 부르동관 A-A 단면도   (b) 부르동관 C자형 변형

[그림 4-5] 부르동관의 측정원리

C형 부르동관은 180~270°의 곡률각을 갖고 있으며, 변형된 것으로 U형과 J형이 있다. 나선형(spiral type)은 보통 4~8회 감은 것으로 곡률반경은 감은 수에 따라 증가하며, 관의 중심선은 한 평면상에 있고 관 끝으로 이동을 크게 한 것이다. 헬리컬형(helical type)은 C형을 여러 번 감은 것으로 보통 180~360°의 전체 각을 갖고 있고, 변형 형상은 C형과 비슷하며 관 끝의 이동은 C형보다 크게 나타난다. 헬리컬형의 중심선은 한 평면상에 있지 않지만 곡률반경은 일정하다. 비틀림형은 부르동관을 길이방향으로 비틀은 것으로 비틀린 횟수는 2~6회이며, 관의 중심선은 길이방향으로 직선이다.

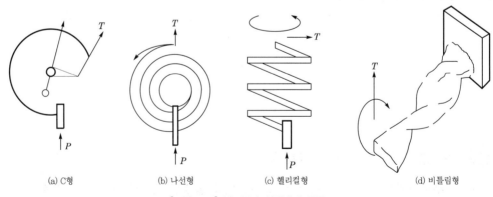

(a) C형   (b) 나선형   (c) 헬리컬형   (d) 비틀림형

[그림 4-6] 부르동관 압력계의 종류

압력에 따른 부르동관 운동의 정확한 해석은 매우 복잡하며, 현재까지 완전한 이론식은 확립되어 있지 않다. 그러나 다음 실험식을 이용하여 사용하고 있다([그림 4-5] 참조).

$$\Delta A = 0.05 \left(\frac{\theta P}{E}\right)\left(\frac{R}{t}\right)^{0.2}\left(\frac{2a}{2b}\right)^{0.33}\left(\frac{2a}{t}\right)^3$$

여기서, θ : 압력을 가하기 전의 전체 각도

E : 재질의 영률

ΔA : 변형된 각도

P : 관 안팎의 압력차(단위 : Psi)

$2a, 2b$: 관의 장축 및 단축(단위 : inch)

t : 관의 두께

R : 관의 곡률반경

❸ 압력계의 원리

부르동관의 측정원리는 선 링크(linearity link)와 기간 링크(span link)에서 확대된 변위, 즉 압력계 링크구조의 선형 변위가 섹터(sector)와 피니언(pinion)이 동축으로 연결된 지점의 위치를 변위시켜 눈금판상에 그 지시치를 판독함으로써 구멍 끝(inlet hole)에 가해진 미지의 압력을 구하게 되는 것이다. 유사(hair spring)는 압력소거 시 지침이 0(zero) 위치로의 복원을 위한 복원력을 주고 있다.

헬리컬형 부르동관은 끝단에 거울이 부착되어 있어 압력을 받은 관이 θ각도만큼 돌아가면 미세전류가 0이 될 때까지 광센서가 움직이고, 이때의 양은 기어를 통하여 카운터에서 측정된다. 부르동관은 저압보다는 고압용 압력계 제작에 사용되며, 장단점은 다음과 같다.

(1) 장점

① 구조가 간단하다.

② 압력범위가 광범위하다.

③ 가격이 저렴하다

④ 압력스위치로 사용가능하다.

⑤ 전기적인 시스템으로 사용가능하다.

(2) 단점

① 다른 센서에 비해 크기 때문에 설치공간이 제한적이다.

② 기계적 마찰에 의한 오차가 발생한다.

③ 응답속도가 느리다.

④ 히스테리시스 오차가 발생한다.

4 부르동관의 구조

부르동관의 단면형상은 여러 가지가 고안되어 있다. [그림 4-7]의 (a)~(d)는 저압 ($30kgf/cm^2$) 또는 중압($200~300kgf/cm^2$)용이고, (e)~(g)는 고압($500kgf/cm^2$)용으로 사용되고 있다. 실제로 사용되는 평원형 부르동관의 단면크기 및 두께에 따른 측정범위는 관 단면적과 측정범위와 비례관계를 가진다.

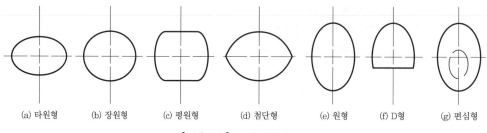

(a) 타원형   (b) 장원형   (c) 평원형   (d) 첨단형   (e) 원형   (f) D형   (g) 편심형

[그림 4-7] 부르동관의 구조

Section 10 프레스 재해방지

1 안전작업수칙

① 프레스작업자에 대하여 특별한 전 작업교육을 실시한다.
② 작업시작 전 복장, 작업장 정리정돈, 기계점검을 실시한다([그림 4-8] 참조).
③ 금형의 부착 시 프레스용량을 확인하고, 금형의 외관점검, 운반 및 부착방법의 순서를 정하여 신중하게 실시한다.
④ 금형의 중심잡기는 반드시 실시한다.

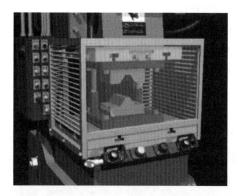

[그림 4-8] 프레스의 안전장치(가드)

⑤ 금형의 조정 및 압력시험을 실시한다.

⑥ 재료 및 부품의 위치, 운반의 결정과 스크랩 처리를 정확하게 실시한다.

⑦ 작업자가 작업 중 사용하는 손·발 디딤부를 일정 장소에 위치시킨다.

⑧ 작업자의 자세가 무리하거나 불편하지 않도록 보조도구를 적절히 사용한다.

⑨ 급정지장치 및 안전장치 등의 기능을 수시점검한다.

⑩ 정해진 수공구 및 지그를 사용한다.

⑪ 작업에 적합한 보호구를 사용한다.

⑫ 형의 조정, 부품의 점검, 재료의 확인, 주유, 청소 시 기계는 반드시 정지시킨다.

⑬ 오일 주유 시 바닥에 흐르지 않도록 일정 유량을 유지시킨다.

⑭ 작업 중 언제나 프레스 상태를 점검(과부하, 이상소음, 오일, 공기, 가스누출 등)한다.

⑮ 금형해제 및 입고는 정해진 순서와 방법대로 실시한다.

2 안전작업방법

1) 금형부착 및 점검 시 다음의 조치를 한다.

① 금형부착준비는 정확성을 기할 것 : 프레스 능력검토, 운반용구, 외관검사

② 금형부착순서의 정확성 유지 : 모터 및 구동장치, 슬라이드 조정, 부착면 정리

③ 금형부착 정도 점검 : 직각도 및 평행도, 클램핑의 정확성

2) 안전담당자를 지정하여 작업 전 안전점검을 실시한다.

① 방호장치의 설치 및 작업성에 대한 여부

② 커넥팅 로드 및 밸런스 실린더의 이상 유무

③ 슬라이드 작동상 이상 유무

④ 볼스터 및 주변기기(다이쿠션 등)의 이상 유무

⑤ 작업자 주변의 정리정돈상태

3) 프레스작업 시 안전하게 작업이 되도록 한다.

① 작업 중 금형 내로 손이 들어가지 않도록 금형을 제작하거나 공정을 자동화한다.

② 가공물을 손으로 송급 및 배출해야 하는 경우는 수공구 및 안전장치를 사용한다.

③ 작업종료 시 정리정돈을 철저히 실시한다.

4) 금형 변경빈도가 많은 프레스작업 시 다음 사항을 준수한다.

① 각 금형에 공통되는 안전장치를 우선 부착할 것([그림 4-9] 참조)

② 각 금형에 따라 안전율, 가드, 안전장치, 수공구 등을 준비할 것

5) 전환 키스위치인 경우 다음 사항을 준수한다.

① 전환 키스위치는 어느 쪽으로도 전환되어야 한다.

② 전환 키스위치는 연속, 안전, 미동행정에 사용된다.

③ 양수조작, Foot Switch, Foot Pedal 전환 시 사용된다.

④ 안전장치의 On, Off 전환이 필요한 경우 키는 안전담당자에 의하여 별도 보관되어야 한다.

6) 프레스 공동작업인 경우(2인 1조 또는 3인 1조) 다음 사항을 준수한다.

① 공동작업자 전원이 동시조작하지 않으면 기계가 작동되지 않는 구조일 것

② 1인 작업, 2인 작업, 연속작업 등 작업구분 전환 키스위치는 작업자가 임의로 전환하지 않을 것

③ 전환 키스위치의 위치선정, 키의 보관 등은 엄격히 관리할 것

[그림 4-9] 프레스의 안전장치(광전식 센서)

③ 금형의 부착

(1) 금형의 부착준비를 철저히 한다.

① 작업에 알맞는 프레스 능력인가를 확인할 것

② 금형의 운반은 신중하게 할 것

③ 금형부착(조립) 전에 외관검사를 할 것

(2) 금형의 조립순서를 준수한다.

① 동력(모터)의 정지를 확인할 것(안전블록 사용)

② 녹-아웃바를 벗겨낼 것(낙하위험)

③ 슬라이드 하사점 부분까지 내릴 것(미동작업)

④ 슬라이드의 높이를 조절할 것(셧트하이트도 체크할 것)

⑤ 금형부착면을 다듬을 것(볼스터 및 슬라이드 밑면 T홈, 쿠션핀 등)

⑥ 금형의 고정

④ 프레스의 금형 설치점검

① 다이홀더와 펀치의 직각도, 상크홀과 펀치의 직각도([그림 4-10]의 (a) 참조)
② 펀치와 다이의 평행도, 펀치와 볼스타면의 평행도([그림 4-10]의 (b) 참조)
③ 다이와 볼스타의 평행도([그림 4-10]의 (c) 참조)

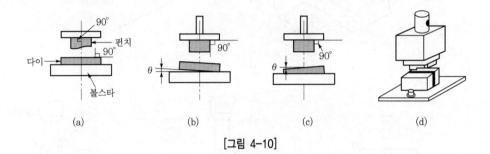

[그림 4-10]

⑤ 금형 고정방법

① 금형 고정의 예([그림 4-11]의 (a) 참조)
② 클램프용 볼트직경과 금형 고정거리([그림 4-11]의 (b) 참조)
③ U자형 클램프의 올바른 위치([그림 4-11]의 (c) 참조)
④ 클램프 볼트의 잔여량과 조임불량의 예([그림 4-11]의 (d) 참조)
⑤ 스트리퍼가 없는 경우 금형부착의 예([그림 4-11]의 (e) 참조)
⑥ 스트리퍼가 있는 경우 금형의 간격유지 정도([그림 4-11]의 (f) 참조)
⑦ 스트리퍼가드가 있는 경우의 예([그림 4-11]의 (g) 참조)

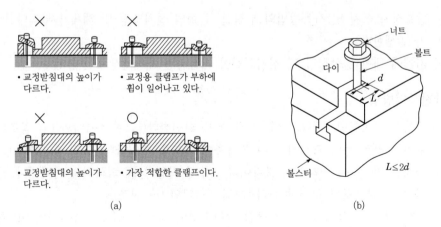

[그림 4-11]

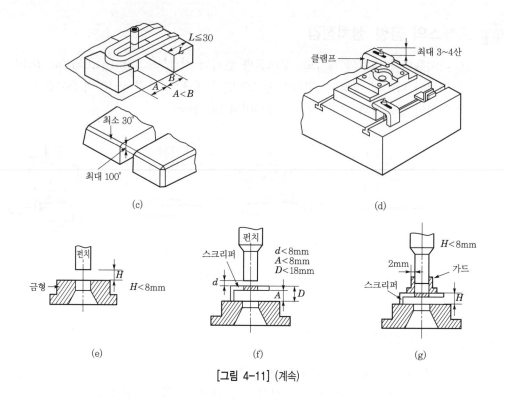

[그림 4-11] (계속)

⑥ 프레스 안전작업

(1) 핵심 위험요인

① 프레스작업자에 대한 기본교육 및 안전수칙 준수에 대한 관리가 미흡할 경우 재해발생위험이 높다.

② 방호장치 설치 및 사용방법의 부적절, 금형의 설치조정 및 해체가 부적당할 때 재해가 발생한다.

③ 기계에 대한 일상점검 및 정기점검이 미흡하면 재해발생요인이 된다.

(2) 안전작업방법

① 금형의 조립확인, 금형의 여유틈새 등을 확인한다([그림 4-12]의 (a) 참조).

② 보조 브라켓 등의 모서리 부위나 돌출이 없도록 확인한다([그림 4-12]의 (b) 참조).

③ 금형을 미동시켜 밀착상태 불량이나 스프링 작동 등에 의하여 손가락이나 신체 일부가 들어가는 곳이 없어야 한다([그림 4-12]의 (c) 참조).

④ 금형 최종 조립의 확인과 스크랩 처리과정도 점검한다([그림 4-12]의 (d) 참조).

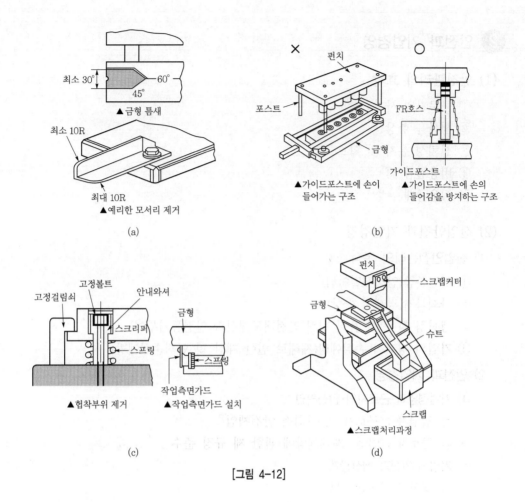

[그림 4-12]

Section 11 기업의 안전관리활동이 생산성에 미치는 영향

1 안전과 생산

① 중대재해발생가능성이 커지고 재해영향영역이 넓어진다.
② 생산체계의 다양화로 생산성과 근로자의 안전을 중시한다.
③ 원활한 생산시스템의 유지가 기업경영의 목적이다.
④ 재해급증은 생산성과 경쟁력 저하한다.

2 안전과 기업경영

(1) 안전관리의 효과

① 근로자의 사기진작
② 생산율 향상
③ 신뢰성 유지 및 확보
④ 비용절감
⑤ 이윤증대

(2) 산업안전과 기업경영

1) 산업안전관리의 목적

① 인간존중(안전제일이념)
② 사회복지(경제성 향상)
③ 생산성 향상 및 품질 향상(안전태도개선과 안전동기부여)
④ 기업의 경제적 손실예방(재해로 인한 재산 및 인적손실예방)

2) 안전과 기업경영

① 기업경영과 근로자의 안전확인
    ㉠ 경영자 : 근로자 및 사회적 안전책임
    ㉡ 근로자 : 안전, 재해예방에 관한 제 규정 준수
② 기업의 안전과 생산관계
    ㉠ 생산성 향상의 기본
    ㉡ 인간관계 향상
    ㉢ 생산목표달성의 척도
    ㉣ 경비절감의 근원

Section 12 시스템 안전에서 안전성 평가의 기본원칙 6가지

1 개요

시스템 안전은 어떤 시스템에서 인간의 사상, 물질의 손실·손상을 최소화한 것이며 시스템의 안전달성방법은 다음과 같다.

(1) 재해예방

위험의 소멸, 위험수준의 제한, 유해위험물의 대체사용 및 완전차폐, 페일 세이프 설계, 고장의 최소화, 중지 및 회복

(2) 피해의 최소화 및 억제

격리, 보호구 사용, 탈출 및 생존, 구조

또한 시스템 안전의 우선도는 다음과 같다.
① 안전의 최소화를 위한 설계
② 안정장치의 채택
③ 경보장치의 채택
④ 특수한 수단의 개발

② 안전성 평가의 기본원칙 6가지

(1) 개요

① 평가(assessment)의 정의 : 설비기계를 사용함에 있어 기술적·관리적 측면에 대해 종합적인 안전성을 사전에 평가, 개선안의 제의
② 안전성 평가(safety assessment, risk assessment) : 설비의 전 공정에 걸친 안전성의 사전 평가행위

(2) 안전성 평가의 기본원칙(6단계)

① 제1단계 : 관계자료의 정비 및 검토
② 제2단계 : 정성적 평가
③ 제3단계 : 정량적 평가
④ 제4단계 : 안전대책
⑤ 제5단계 : 재해정보에 의한 재평가
⑥ 제6단계 : FTA에 의한 재평가

(3) 안전평가 기본방침

① 예방기능
② 상해는 공통적 손실
③ 관리자는 상해방지 책임
④ 위험 부분 방호장치 설치
⑤ 교육 및 훈련 의무화

(4) 위험성 평가순서

① 위험성의 검출과 확인

② 위험성 측정과 분석, 평가

③ 위험성 처리방법의 선택

④ 계속적인 위험성 감시

⑤ 위험성 처리(위험의 제기 또는 극소화)

(5) 시스템 안전해석기법

① PHA(Preliminary Hazard Analysis) : 최초단계의 분석기법이며, 시스템 내 위험요소상태를 정성적 평가방법으로 Check List, 기술적 판단, 경험에 의해 평가한다.

② FHA(Fault Hazards Analysis, 결함사고분석) : Sub System(전체 중의 한 구성요소) 분석에 이용되는 기법으로, Sub System 고장형, 고장률 운용방식, 고장의 영향, 2차 고장, 지배요인, 위험분류 등의 기재사항이 있다.

③ FTA(Fault Tree Analysis) : 시스템의 고장상태를 먼저 상정하고, 그 고장의 요인을 순차 하위레벨로 전개해 가면서 해석을 진행하는 하향식(top-down) 방법이다. 고장발생의 인과관계를 AND 게이트나 OR 게이트를 사용하여 논리표(logic diagram) 형태로 나타내는 시스템 안전해석방법으로 재해발생 후의 원인규명보다 재해발생 전에 예측한다는 특징을 가지고 있다.

> ▶ 순서
> TOP사상 시 선정 → 사상마다 재해원인 규명 → FT의 작성 → 개선계획 작성
> • 발생우려가 있는 재해의 상징
> • 상정된 재해에 관계되는 기계, 설비, 인간작업행동 등에 대한 정보수집
> • 작성된 ET도를 수식화 및 수학적 처리에 의해 간소화
> • 기계부품의 고장률, 인간의 작업행동 중 잘못이 일어날 수 있는 부분에 대한 자료수집
> • ET를 수식화한 식에 발생확률을 대입하여 최초에 상정된 재해확률 산정
> • 결과평가

④ FMEA(Failure Modes in Effects Analysis) : 고장형태와 영향분석

㉠ 장점

• CA(Criticality Analysis)와 병행

• FTA보다 적은 노력으로 가능

㉡ 단점

• 논리부족

• 2가지 요소가 고장날 경우 분석 곤란

• 안전원인규정 논란

ⓒ 기재사항
- 요소의 명칭
- 고장의 영향
- 고장의 발견
- 고장의 형태
- 위험성 분류
- 시정방법

⑤ 결함발생의 빈도구분

㉠ 개연성(probability) : 10,000시간 운전 중 1건 발생

㉡ 추정개연성(reasonable probability) : 10,000~100,000시간 운전 중 1건 발생

㉢ 희박 : 100,000~10,000,000시간 중 1건

㉣ 무관 : 10,000,000시간 이상 시

⑥ CA(Criticality Analysis)

㉠ CA : 높은 위험도를 가진 요소 또는 고장의 형태에 따른 분석

㉡ 구분
- Category Ⅰ : 생명상실
- Category Ⅱ : 작업실패
- Category Ⅲ : 운용지연
- Category Ⅳ : 관리로 이어진 고장

⑦ FMECA(Failure Modes Effects in Criticality Analysis) : FMEA와 CA를 병용

⑧ MORT(Management Oversight in Risk Tree) : 관리, 설계, 생산, 보전 등으로 고도의 안전달성

⑨ THERP(Technique for Human Error Rate Predition)시스템 : 인간과오 정량적 평가방법으로 인간기계기스템(Man-Machine System)을 국부적·상세적으로 분석

Section 13

MSDS

1 개요

물질안전보건자료(MSDS : Material Safety Data Sheet)는 미국 노동성 산하 노동안전위생국(OSHA : Occupational Safety & Health Administration)이 1983년 약 600여 종의 화학물질이 작업장에서 일하는 근로자에게 유해하다고 여겨서 이들 물질의 유해

기준을 마련하고자 한 것으로부터 기인하고 있다. 이 기준은 1985년에 발효되었으며, 이때 근로자의 알 권리(right-to-know)에 대한 연방법안에 동조하는 대규모 화학회사들이 지지하고 나서 MSDS에 대한 시안이 마련되었으며, 화학제조업자협회(CMA : Chemical Manufacturers Association)가 미국 표준연구소(ANSI)의 공인을 얻어서 1992년 통일된 MSDS안을 제정하여 공포하게 되었다.

2 물질안전보건자료의 작성 · 비치 등(산업안전보건법 제110조[시행 2024.5.17.])

① 화학물질 및 화학물질을 함유한 제제(대통령령으로 정하는 제제는 제외한다) 중 제39조 제1항에 따라 고용노동부령으로 정하는 분류기준에 해당하는 화학물질 및 화학물질을 함유한 제제(이하 "대상화학물질"이라 한다)를 양도하거나 제공하는 자는 이를 양도받거나 제공받는 자에게 다음 각 호의 사항을 모두 기재한 자료(이하 "물질안전보건자료"라 한다)를 고용노동부령으로 정하는 방법에 따라 작성하여 제공하여야 한다. 이 경우 고용노동부장관은 고용노동부령으로 물질안전보건자료의 기재사항이나 작성방법을 정할 때 화학물질관리법과 관련된 사항에 대하여는 환경부장관과 협의하여야 한다. [개정 2010. 6. 4. 제10339호(정부조직법), 2011. 7. 25., 2013. 6. 4. 제11862호(화학물질관리법), 2013. 6. 12.]
  ㉠ 대상화학물질의 명칭
  ㉡ 구성성분의 명칭 및 함유량
  ㉢ 안전 · 보건상의 취급주의사항
  ㉣ 건강유해성 및 물리적 위험성
  ㉤ 그 밖에 고용노동부령으로 정하는 사항

3 작성대상 화학물질

MSDS의 작성대상이 되는 화학물질은 유해화학물질과 그 제제이다. 유해화학물질과 그 제제가 사업장 밖으로 나가게 되면 화학제품이 되게 된다. 이러한 화학제품에 대해서는 MSDS를 작성하여 제공해야 한다. 그러나 사업장, 즉 공장 밖으로 나가지 아니하는 유해화학물질에 대해서는 MSDS를 작성하여 공정별로 그 관리요령을 게시해야 한다. 비록 판매되지 아니하는 사업장 내부용의 유해화학물질이라고 하더라도 취급근로자의 안전보건은 유지되어야 하는 것이다.

4 MSDS의 구성

유해물질안전보건자료, 즉 MSDS는 화학물질이나 그 제제에 대하여 제조 시, 수입 시, 사용 시, 운반 시 또는 저장 시에는 작성하여 취급근로자가 쉽게 볼 수 있는 장소에 게시하거나 비치하되, 다음 사항들이 기재되어져 있는 자료여야 한다고 산업안전보건법이 규정하고 있다.

> ▶ MSDS의 주요 내용
> ① 화학물질의 명칭   ② 안전보건상의 취급주의사항
> ③ 환경에 미치는 영향   ④ 물리화학적 특성
> ⑤ 독성학적 정보   ⑥ 폭발화재 시의 대처방법
> ⑦ 응급조치요령   ⑧ 기타 고용노동부장관이 정하는 사항

이러한 사항들에 대한 자료는 기재되어야 한다. 그렇지만 기재순서마저 여기에 맞추라는 주문이나 지시는 아니다. 최소한 위의 7가지 사항들에 대한 자료를 요구하고 있는 것이다. 신종화학물질이 아닌 기존화학물질이나 신규화학물질에 대해서는 위의 자료들이 대부분 존재한다. 다만, 그러한 자료를 찾아내기 어려운 면이 있다고는 할 수 있다.

화학제품을 수입하고자 한다면 OECD나 유럽을 제외하면 사실상 수입선이 없다고 보아야 한다. 따라서 EU가 채택하여 사용하고 있으며, 미국과 캐나다가 채택하고 있는 MSDS의 순서는 다음과 같다.

- 물질안전보건자료(MSDS)의 주요 항목
  ① 화학제품과 회사에 관한 정보(Chemical Product and Company Identification)
  ② 구성성분의 명칭 및 함유량(Composition, Information on Ingredients)
  ③ 유해위험성(Hazards Identification)
  ④ 응급조치요령(First Aid Measures)
  ⑤ 폭발·화재 시 대처방법(Fire-fighting Measures)
  ⑥ 누출사고 시 대처방법(Accidental Release Measures)
  ⑦ 취급 및 저장방법(Handling and Storage)
  ⑧ 노출방지 및 개인보호구(Exposure Controls and Personal Protection)
  ⑨ 물리·화학적 특성(Physical and Chemical Properties)
  ⑩ 안정성 및 반응성(Stability and Reactivity)
  ⑪ 독성에 관한 정보(Toxicological Information)
  ⑫ 환경에 미치는 영향(Ecological Information)
  ⑬ 폐기 시 주의사항(Disposal Considerations)
  ⑭ 운송에 필요한 정보(Transport Information)
  ⑮ 법적규제현황(Regulatory Information)
  ⑯ 기타 참고사항(Other Information)

이와 같은 16개 항목의 기재순서는 ISO(국제표준화기구)의 안전보건정보자료(SDS : Safety Data Sheet), 즉 ISO 11014-1 : 1994(E)에서도 마찬가지이다.

제조물책임(PL)의 대책, 추진목표, 추진방법

1 제조물책임(PL)의 추진목표

① 고도성장기에 있어 기업은 원가절감과 품질 향상을 중시한 경영을 해 왔다. 또한 요소투입경영, 즉 막대한 자금과 인력, 설비 등을 투입하여 매출증대에 주력해 왔고, 그 결과 거대기업으로 성장하여 시장의 지배자로 군림할 수 있었다.

② 이러한 요소투입경영은 1990년대 후반에 접어들면서, 특히 우리나라의 경우 IMF라는 사상 초유의 경제위기를 맞아 거대기업들이 줄줄이 도산하는 값비싼 대가를 치르며 수익 위주의 경영으로 전환하게 되었다. 글로벌경제구조하에 세계경제가 침체기에 접어들면서 외국의 거대기업들도 구조조정의 뼈아픈 자구노력을 하지 않으면 경쟁에서 살아남을 수 없게 되었다.

③ 제조물책임시대에 있어 기업이 인식해야 할 가장 중요한 변화는 소비자의 안전에 대한 욕구와 피해자의 클레임 제기가 증가할 것이라는 점이다. 이와 더불어 공업발전의 혜택으로 그간 도외시되었던 환경오염의 문제와 그에 따른 집단의 피해보상욕구가 대량으로 표출될 가능성도 배제할 수 없는 실정이다.

④ 소비자의 안전에 대한 욕구는 기업의 규모나 자금, 인력, 시간 등의 제약에도 불구하고 업계 최고의 안전수준을 요구하므로 중소기업으로서는 한정된 자원을 유효 적절하게 사용하여 사회적으로 용인되는 제품의 안전성 수준을 달성하여 제품사용자보호 중심의 시장변화에 부응하고 제품의 경쟁력을 확보하는 것을 목표로 제조물책임(PL)에 대응해야 할 것이다.

⑤ 특히 화학제품은 다른 산업의 기초원료, 부자재로 광범위하게 사용되면서 적은 양으로도 인체나 환경에 커다란 독성·위해성을 가지므로 항상 제조물책임소송에 휘말릴 수 있고, 또한 기업도산의 원인이 될 수 있다.

⑥ 따라서 제품안전을 중시하는 제품안전경영시스템을 구축하고 사회가 요구하는 수준의 안전성을 확보한다면 화학제품에 대한 소비자의 불안감을 불식시키고 화학산업과 관련 중소기업이 재도약할 수 있는 기회가 될 것이다.

2 제조물책임(PL)대책 추진방법

중소기업에서 제조물책임에 대응하기 위해서는 단계적인 대책이 필요하다. 그 대책은 제품안전체제 구축단계, 제품안전대책 실행단계, 제품안전유지단계의 3단계로 나눌 수가 있고 각 단계별 세부사항은 다음과 같다.

(1) 제품안전체제 구축단계

1) 최고경영자의 제품안전경영방침 선언

제조물책임대책을 효과적으로 추진하기 위해서는 제품의 안전성 확보와 사용자보호를 기업의 이념 및 경영방침으로 명확히 하고, 이에 대한 구체적인 대책을 추진할 수 있도록 제품안전경영방침을 최고경영자가 기업의 내·외부에 선언하고 이에 대한 모든 자원을 적극적으로 지원한다.

2) PL위원회 구축

제조물책임에 적절히 대응하기 위해서는 전사적인 대응체제의 구축이 필요하고, 최고경영자에서부터 최하부의 모든 사원의 의식 향상이 필요하다.

제조물책임대책은 기업의 모든 부문을 연계해 추진하는 것이 또한 필수적이다. 그래서 PL위원회의 구성은 사내의 각 부문에서 참가하고 위원장은 관리층에서 선임한다.

3) 전 사원의 PL교육

PL대책을 전사적으로 추진하고 전개하기 위해서는 그 내용과 중요성에 대해 사원 전체의 충분한 이해가 필요하다. 전 사원의 효율적인 교육을 위해서는 우선 PL위원회원들에 대한 교육을 철저히 하고, 그들을 중심으로 사내의 각 부문에 대해 교육을 확대해 나갈 필요가 있다.

① 관리자교육 : 관리자층에 대해 제품안전사고가 발생했을 경우에 회사에 큰 피해를 입힐 수가 있다는 인식을 심어주고, 관리자들이 제품안전대책의 필요성을 충분히 인식하여 전 사원의 선두에 서서 PL대책을 추진하도록 제품안전의 중요성을 강조한다.

② 사원교육 : 사원에 대한 PL교육은 각 부문(설계, 제조, 품질관리, 영업, 자재구매 등)별로 구분하여 특화된 교육을 실시하는 것이 바람직하지만, 기업의 규모와 실정에 따라 적절하게 교육프로그램을 운용하는 것이 좋다. 주요 교육내용은 다음과 같다.

ㄱ 제조물책임법 내용

ㄴ 설계단계에서의 안전대책

ㄷ 제조단계에서의 안전대책

ㄹ 표시단계에서의 안전대책

ㅁ 사내의 PL 관련 문서

ㅂ PL 관련 기록종류와 관리

ㅅ 관련 기업과의 책임한계 및 계약관리

ㅇ 제조물책임 위험분산방법

ㅈ 소비자클레임 발생 시 대응방법

(2) 제품안전대책 실행단계

제품안전대책 실행단계에서의 PL대응활동은 PL예방(PLP : Product Liability Prevention)대책과 PL방어(PLD : Product Liability Defence)대책으로 크게 나눌 수 있고, 이들 관계는 [그림 4-13]과 같이 나타낼 수 있다.

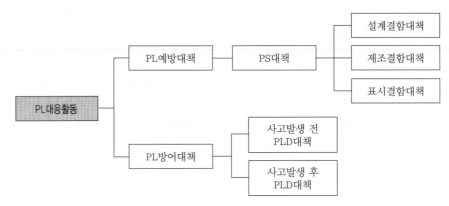

[그림 4-13] 기업의 PL대응활동

1) PL예방대책

모든 일에 있어서 최선의 방안은 문제가 발생하지 않도록 예방하는 것이다. PL에서도 제조물에 결함이 생기지 않도록 우선적으로 예방대책을 마련해야 할 것이다. PL예방대책은 근본적으로 제품안전(PS : Product Safety)활동을 하는 것이고, 이들은 크게 설계단계 제품안전활동, 제조단계 제품안전활동, 표시단계 제품안전활동으로 구분할 수 있다.

① 설계단계 제품안전활동
  ㉠ 제품안전관련 법규규격규정 파악
  ㉡ 동종 유사제품의 기술수준 및 최신 기술 파악
  ㉢ 제품사용의 조건 파악
  ㉣ 최종소비자의 요구사항 파악
  ㉤ 클레임 사고정보 파악
  ㉥ 제품에 대한 위험분석(RA : Risk Analysis)
  ㉦ 제품의 오사용가능성 파악
  ㉧ 위험성 배제방안 파악

② 제조단계 제품안전활동 : 제조단계 제품안전활동에는 구매외주, 생산, 검사 및 시험, 포장 및 보관, 광고 및 선전, 판매 및 유통, 조립 및 설치, A/S, 재생 및 폐기까지의 전 과정이 포함된다. 이들 각 과정에 대한 제품안전활동을 분석·파악한다. [그림 4-14]는 제품의 전 수명주기를 나타낸 것이다.

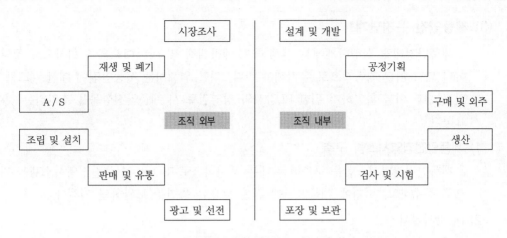

[그림 4-14] 제품의 전 수명주기

③ **표시단계 제품안전활동** : 표시는 설계상으로 제품의 위험을 회피하거나 경감할 수 없는 경우 제품안전확보의 한 방법이다. 표시의 종류에는 경고와 지시설명으로 나누어 볼 수 있다. 경고는 화재, 감전, 질식 등 제품이 갖고 있는 잠재적 위험의 원인에 대한 경고를 주내용으로 한다. 일반적으로 경고는 위험의 정도에 따라 주의(caution), 경고(warning) 및 위험(danger)으로 구분하여 표시한다. 지시설명은 제품 자체에는 문제가 없으나 사용에 따라서는 위험이 생길 수 있는 경우에 사용한다.

2) PL방어대책

제품안전에 대하여 충분히 예방대책을 세우고 실행을 했다고 하더라도 제품안전과 관련한 사고를 완전히 제거하기란 쉬운 일이 아니다. 따라서 고객의 클레임이나 불만이 제기되었을 때 이를 빠르고 효율적으로 처리할 수 있는 방어대책을 구축해야 한다. 여기에는 사고발생 전의 PLD대책과 사고발생 후의 PLD대책으로 나누어 생각할 수가 있다.

① **사고발생 전의 PLD대책**

ㄱ 사내 PL대응체제의 사전구축

ㄴ 문서 및 기록관리체제의 정비

ㄷ 관련 기업과의 책임관계 명확화

ㄹ PL위험분산대책

② **사고발생 후의 PLD대책**

ㄱ 사고발생 초기의 대응

ㄴ 사고해결을 위한 교섭

ㄷ 소송에의 대응

ㄹ 불량클레임의 대응

(3) 제품안전 유지단계

제품안전대책 실행단계에서 실행한 PL예방대책 및 방어대책은 일회성으로 끝나서는 아니 되고 이를 지속적으로 유지해야 한다. 이를 위해서는 제품안전에 대한 시스템 구축 및 실행과 이를 확인하기 위한 PL감사와 경영검토 시 제품안전항목을 추가하는 것이 필요하다.

1) 제품안전경영시스템 구축

제품안전경영시스템을 구축하는 데는 우선적으로 ISO 9001 품질경영시스템을 기본적으로 준수하고, 여기에 제품안전에 관한 필요한 측면을 보완하면 되겠다.

2) PL감사실시

제품안전대책의 실행결과가 계획과 일치되고 있는지, 또는 효과적으로 실시되어 의도한 목적을 달성하고 있는지의 여부를 평가하기 위해 다음 항목을 위주로 체계적이고 독립적인 감사를 실시한다.

> ▶ PL 체크리스트의 주요 항목
> - PL주관부문 : PL관련 업무표준, PL운영조직, PL교육실태, PL기록관리, 안전관련 법규 검토
> - 개발부문 : 제품환경조사, 제품클레임조사, 제품위험분석 실시, 중요부품관리, 안전성·신뢰성시험, 경고 및 취급설명서 안전표현
> - 구매부문 : 계약서관리, 안전성부품관리
> - 제조부문 : 제조문서관리, 안전공정관리, 제조관련 기록관리
> - 품질부문 : 시험검사문서 및 기록관리
> - 광고홍보부문 : 광고, 카탈로그의 적절성, 판매기록관리
> - 총무부문 : PL방어대책

3) 경영검토

최고경영자는 1년에 최소한 1번 이상 다음 항목과 같은 제품안전관련사항을 체계적으로 검토하고, 그 기록은 적절한 기간 동안 보존한다.

> ▶ 경영검토 시 제품안전포함사항
> - 제품안전목표 및 추진결과
> - PL감사의 결과
> - 고객 클레임(claim)사항
> - 최신 기술 및 규격
> - 경쟁사 제품의 기술수준의 분석자료
> - 시정 및 예방조치의 상태

Section 15 회전하는 기계로부터 얻어진 진동신호를 기초로 상태기준보전

1 개요

설비의 고장은 출력의 변화, 온도의 이상 상승 및 소음과 진동을 수반하여 나타나는데, 거의 예외 없이 설비의 이상은 진동을 유발하게 된다. 이러한 변화는 설비가 완전히 중단되기 전부터 나타나기 때문에 설비의 진동상태를 측정해서 설비를 분해하거나 중단시키지 않고 진단하는 것이 가능하다.

진동측정기를 사용하여 설비를 관리하게 되면 다음과 같은 효과를 얻을 수 있다.

① 설비의 상태를 정확하게 진단할 수 있으므로 설비 및 부품을 수명이 다할 때까지 안심하고 사용할 수 있으며 보전 및 재료비를 삭감할 수 있다.

② 설비가 운전되고 있는 중에 설비를 진단하게 되므로 설비의 정지시간을 감소시켜 조업률을 향상시킨다.

③ 설비의 상태를 정확하게 파악하게 되므로 보수시기와 범위를 결정하는 일 및 재고부품의 관리가 용이하게 되므로 보다 효율이 좋은 보전작업을 할 수 있게 된다.

④ 신설공사 및 개수공사에서 조기에 결함을 발견하여 초기 불량을 감소시킬 수 있다.

2 진동측정의 원리

(1) 진동의 원인

진동을 유발하게 하는 가장 공통적인 원인 중 대표적인 것들로 다음의 것들을 들 수 있다.

① 밸런스 불량에 의한 진동
② 마찰에 의한 진동
③ 정렬 불량에 의한 진동
④ 자려진동(自勵振動)
⑤ 비선형 진동(非線形 振動)
⑥ 열특성(熱特性)에 의한 진동
⑦ 배관 또는 기초태(基礎坮)에 의한 진동
⑧ 기타

(2) 진동의 특성

진동의 특성을 스프링에 매달린 추의 운동상태를 시간축에 그림으로써 쉽게 이해할 수 있다. 추(weight)가 중심점에서 출발하여 상한점으로 올라갔다가 중심점을 지나 하한

점을 거쳐 다시 중심점으로 돌아오게 되는 것이 운동의 한 주기 사이클이다. 이 사이클이 1초당 몇 번 반복되었는가를 주파수(frequency)라고 하며, Hz로 나타낸다.

(3) 진동의 측정모드

1) 변위

진동체가 상한점으로부터 하한점까지 이동한 거리를 전진동변위(全振動變位)라고 하며, 미터법에서는 미크론(1μm : 0.001mm)으로 표시한다.

2) 속도

[그림 4-16]에서 추가 움직이고 있는 한 어떤 속도를 가지고 움직이고 있음에 틀림없다. 추의 속도는 계속 변하여 상한점에서 반대 방향으로 내려오기 전에 정지해야 하므로 추의 속도는 '0'이 된다.

이 운동속도는 중심점을 지날 때 가장 크며 전 사이클에 걸쳐 계속 변화하고 있기 때문에 가장 높은 속도, 즉 최대속도를 측정함으로써 구해진다. 진동에서의 속도의 단위는 mm/sec가 된다.

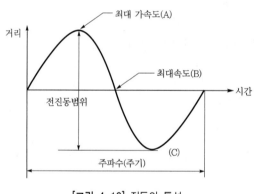

[그림 4-16] 진동의 특성

3) 가속도

물체의 속도가 운동의 극한점(상한점 혹은 하한점)에서 '0'이 된다. 물체가 극한점에서 정지하였다가 다른 극한점으로 이동할 때 속도를 더하기 위해서는 가속이 필요하다. 가속은 속도의 변화율이라고 표현할 수 있다.

물체의 가속도는 속도가 '0'인 점 A에서([그림 4-16] 참조) 최대가 되며, 물체의 속도가 증가함에 따라 가속도는 감소한다. 중심점 B에서 속도는 최대가 되며 가속도는 '0'이 된다. 물체가 중심점을 지나 다른 극한점에 달할 때 감속이 있게 되며, C점에서 가속은 최대가 된다.

진동가속도는 일반적으로 g로 표시하며, g는 지표상에서 중력에 의해 생긴 가속도이다. 표준 중량가속도 g는 980.655cm/s^{2}로 되어 있다.

4) 변위, 속도, 가속도의 비교

앞에서 살펴본 바와 같이 진동의 측정모드에는 3가지가 있다.

모드(mode)	약 자	단 위
변위(Displacement)	DISP	μm
속도(Velocity)	VEL	cm/s
가속도(Acceleration)	ACC	g

진동변위($O-P$)가 A(상수)일 때 변위, 속도, 가속도의 함수는 다음과 같다.

변위 $X = A\sin wt$ (1)

속도 $V = Aw\cos wt$ (2)

가속도 $A = -Aw^2\sin wt$ (3)

여기서, w는 $w = 2\pi f$(f는 주파수)에서 주어진 각속도이며, t는 시간이다.

위 방정식에서 보면 변위는 주파수와 관계가 없고 속도는 A가 일정하므로 주파수와 비례하며 가속도에서는 주파수의 제곱에 비례한다.

변위의 크기는 같지만 주파수가 다른 두 진동 L과 H(H주파수=L주파수×10)에 대하여 생각해 보면, 이 두 진동은 변위를 측정해 보면 같지만 속도모드로 측정하게 되면 진동 H는 진동 L보다 10배가 커지게 된다.

만일 가속도모드로 측정하게 된다면 진동 H는 진동 L보다 100배가 커지게 될 것이다. 이 사실은 낮은 주파수영역에서는 변위모드로, 중간 주파수영역에서는 속도모드로, 그리고 높은 주파수영역에서는 가속도모드로 측정해야 함을 보여준다.

보통 변위모드는 600rpm 이하의 저속 회전기계에 적용하고 속도모드는 600rpm 이상의 회전기계에서 샤프트의 균형, 커플링의 정렬불량, 부품의 마찰, 기초불량, 오일휘프 등에 의한 진동을 측정하고 가속도모드는 베어링, 기어 등의 진동을 주로 측정한다.

일반적으로 낮은 주파수영역은 수십Hz까지, 중간 주파수영역은 1,000Hz까지, 그리고 높은 주파수는 1,000Hz 이상을 가리킨다. [그림 4-17]에서 측정모드와 진동주파수 간의 관계를 보여준다.

일반적으로 진동계에서는 변위는 $P-P$값으로, 속도와 가속도는 $O-P$값으로 나타낸다. 또 다른 표시값으로는 RMS(Root-Mean-Square)값이 있다. 이들의 상관관계는 다음과 같다.

$$O-P값 = 1/2 \times P-P값 = 1.414 \times RMS값$$

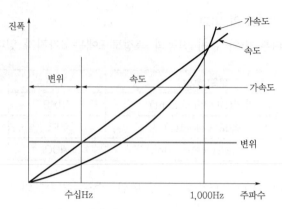

[그림 4-17] 측정모드와 진동주파수 간의 관계

(4) 진동픽업(vibration pick-up)

진동픽업은 크게 3가지로 나누어진다.

1) 속도형 픽업(electrodynamic type)

픽업의 캐스팅 안쪽에 자석이 붙어 있고 그 안에 있는 코일은 스프링으로 지지된다. 이 구조를 사이즈머계라고 부르며 코일은 스프링으로 지지되기 때문에 캐스팅이 진동할 때 고정된 상태가 되고, 이 자석이 캐스팅과 같이 진동하기 때문에 자석이 움직이는 속도에 비례하여 코일에 기전력이 유도된다. 이 자석식 픽업의 측정주파수는 10~1,000Hz 이지만 출력이 안정적이기 때문에 폭넓게 쓰인다.

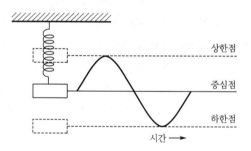

[그림 4-18] 시간축에 대한 추의 이동

2) 가속도형 픽업(piezoelectric type)

이 픽업은 압전소자(바륨 티탄산염 또는 지르콘산 티탄산 납으로 만듦)와 추(캐스팅 내에서 스프링에 의하여 압전소자를 누름)로 구성되어 있다. 이것도 사이즈머계의 한 형태로써, 압전소자는 캐스팅과 진동이 되며 추의 가속도에 비례한 힘을 받게 되는데, 이 힘에 비례한 전압을 출력시키게 된다. 측정주파수영역은 1Hz 미만에서 수만Hz 혹은 수십만Hz까지 가능하다.

3) 변위형 픽업(displacement type)

[그림 4-19]에서 본 것처럼 이 픽업은 대부분 비접촉으로 와류유도방식이다. 이 종류의 픽업코일은 고주파의 전류를 전달하고 고주파 자기장을 형성한다. 측정할 피검물이 이 자기장 안에 놓여 있을 때 피검물과 픽업 사이의 거리에 비례하여 와전류가 유도된다. 또한 피검물이 진동할 때 진동변위에 비례하여 코일에 와류가 유도되어 돌아오는 것을 이용하여 진동변위를 측정할 수 있는 것이다.

측정주파수영역은 DC에서 수십Hz인데, 주로 터빈 등 축진동을 직접 측정할 때 쓰인다. 픽업의 출력은 진동의 진폭에 비례하여 속도, 가속도 또는 변위로 표시되며, 전기회로를 통해 필요에 따라 원하는 모드로 변환할 수 있다.

변위인 경우에는 변환할 수 없다.

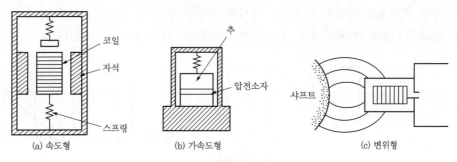

[그림 4-19] 진동픽업의 종류와 구조

[그림 4-20] 진동신호의 변환

(5) 진동픽업의 고정방법

진동측정을 위한 픽업의 고정방법에는 크게 4가지가 있다.

1) 픽업에 로드가 달려있어 손으로 고정시키는 방법

장소가 협소하거나 충분한 접촉면적을 얻을 수 없는 가는 파이프를 측정하는 경우와 휴대용 진동계로 현장을 순회하며 진동을 측정할 때 많이 쓰인다.

2) 픽업에 마그네트를 사용하여 고정시키는 방법

피검물이 자석에 붙는 경우 마그네트 홀더를 사용하면 픽업을 간단히 고정할 수 있다. 접촉면을 매끈하게 해주고 접촉면에 실리콘오일을 발라주면 더 좋은 효과를 얻을 수 있다.

3) 픽업에 양면테이프를 사용하여 고정시키는 방법

진동레벨과 주파수가 비교적 낮은 경우에는 양면테이프를 사용하여 픽업을 고정하는 것이 좋을 수 있다. 양면테이프가 진동을 흡수하기는 하나, 대략 10kHz까지 무난히 사용할 수 있다.

4) 픽업에 나사를 사용하여 고정시키는 방법

나사를 사용한 고정방법이 가장 이상적인 방법이기는 하나, 또한 실제 사용하기에는 가장 번거로운 방법일 수 있다. 나사로 고정한 경우 토크를 일정하게 하고 그 접촉면에 실리콘오일을 발라준 경우 공진주파수가 32kHz까지 올라갈 수 있다.

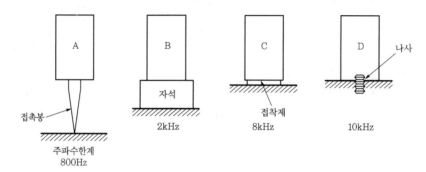

[그림 4-21] 진동픽업의 고정방법

앞의 1) 방법을 사용할 경우 일반적으로 1kHz 근처에서 공진주파수가 발생하게 된다. 접촉면에서의 픽업과 피검물에서의 공진에 대한 그래프가 [그림 4-22]에 나와 있다.

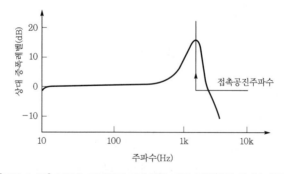

[그림 4-22] 픽업을 피검물에 접촉했을 때의 전형적인 주파수 공진

(6) 진동의 측정지점

설비를 진단하기 위한 효과적인 진동측정지점은 여러 곳이 있을 수 있지만 중요한 것은 동력발생지점 가까운 곳에서 측정해야 한다는 것이다. 회전기류에 있어서 베어링지점의 진동은 보통 세 방향을 측정한다. 고장의 종류에 따라 다를 수 있지만 큰 진동은 축방향보다 수직방향에서 나타난다.

- 수직방향: V(vertical)
- 수평방향: H(horizantal)
- 축방향: A(axial)

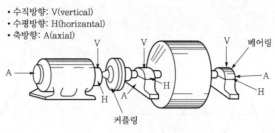

[그림 4-23] 진동의 측정방법

❸ 진동데이터의 분석

일반적으로 설비는 불규칙하며 복잡한 진동파형을 발생한다. 그러므로 설비를 진단하기 위해서는 픽업으로부터 얻은 진동파형을 분석할 필요가 있다. 신호를 분석하는 방법은 여러 가지가 있는데, 그 중 주파수를 분석하는 것이 진동의 원인을 규명하는 데 가장 유용하다. 이제 주파수분석과 FFT분석에 대해 살펴보자.

(1) 주파수분석

일반적인 설비의 진동파형은 [그림 4-24]와 같이 각기 다른 진폭, 위상주파수로 되어 있다. 주파수분석이란 복잡한 파형으로 나타나는 진동의 각 성분을 구별하고 그 성분의 주파수와 진폭을 알아내므로 진동의 발생포인트와 크기를 찾아내는 것이다.

[그림 4-24] 일반적인 진동파형의 한 예

[그림 4-25]에서 어떤 진동 (d)는 (a), (b), (c)의 3가지 성분으로 구성되어 있다고 가정하자(주파수분석은 위상 간의 차이와는 별개임). 진동파형 (d)의 주파수를 분석하면 (a), (b), (c)와 같이 3가지 성분의 주파수 및 진폭으로 분리하여 표시할 수 있다. 마찬가

지로 [그림 4-24]의 진동파형을 주파수분석하면 [그림 4-25]의 (f)와 같이 된다. 이 분석결과와 판정차트를 사용하여 비정상적인 포인트가 어디인지를 찾아낼 수 있는 것이다.

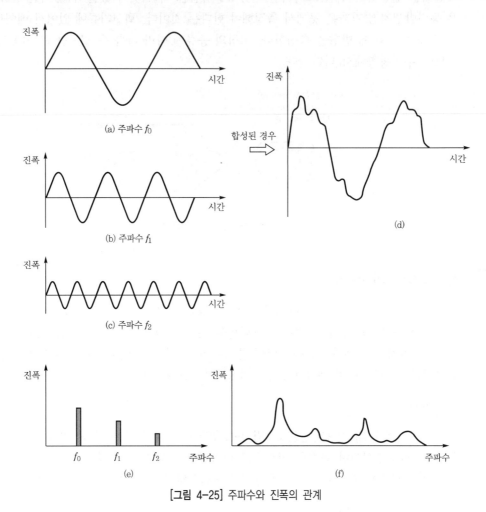

[그림 4-25] 주파수와 진폭의 관계

(2) FFT분석

주파수분석에는 통상 두 가지 방법이 사용되는데, 밴드패스(bandpass)필터를 사용한 아날로그방법(예상되는 각 포인트의 주파수대역에서의 진폭을 보고 이상 유무를 판정함)과 FFT를 사용한 디지털방법이 있다. 각 방법에는 장단점이 있지만 주파수 분해능과 분석결과를 처리하는 면에 있어서 아날로그방법보다는 디지털방법이 좋다고 할 수 있다. 특히 베어링의 경우처럼 높은 주파수인 경우 분해능이 나쁘면 정확한 진단이 불가능하므로 주파수 분해능이 탁월한 디지털방법이 선호된다. FFT란 Fast Fourier Transform의 첫 글자에서 나온 것으로 디지털계산을 통하여 빠른 속도로 주파수를 분석하는 연산법이다. FFT라는 표현이 자주 사용되나, 실제로는 DFT로써 디지털프리에 변환을 의미한다.

(3) 회전기계의 진단

진동의 진단작업은 다음과 같이 이루어진다.

① 진단하는 기계나 설비가 정상인지 비정상인지를 결정하기 위하여 진동의 전체값을 측정해야 한다.

② 기계나 설비가 정상이 아니라고 판단될 경우 진동주파수를 분석하고 분석결과로부터 어느 부분에 어떤 결함이 발생했는지를 판단해야 한다.

• 전체값(overall)으로부터의 진동판단기준

어떤 경우는 오랜 경험이나 기록에 의해 진동판정의 임계값을 정하여 기준으로 사용할 수 있다. 일반적으로는 ISO(JIS, VDI) 등의 국제규격을 참고로 사용한다. 이러한 규격들은 판정의 기준이 될 뿐이고 모든 회전기계에 절대적으로 적용되는 것은 아니다.

[표 4-2]는 ISO규격의 일부이다.

[표 4-2] 진동이상범위와 적용사례 ISO 2372-1974(E)

Ranges of vibration severity		Examples of quality judgement for separate classes of machines			
Range	RMS-velocity v(in mm/s) at the range limits	Class I	Class II	Class III	Class IV
0.28	0.28				
0.45	0.45	A			
0.71	0.71		A		
1.12	1.12	B		A	
1.8	1.8		B		A
2.8	2.8	C		B	
4.5	4.5		C		B
7.1	7.1	D		C	
11.2	11.2		D		C
18	18			D	
28	28				D
45	45				
71					

* 위의 진동값은 RMS에 의한 규격임
  A. 좋음 B. 만족스러움 C. 불만족스러움 D. 나쁨
  Class I : 15kW까지의 전동기 혹은 그와 비슷한 소형기계
  Class II : 15kW에서 75kW까지의 전동기 혹은 견고한 기초 위에 있는 300kW까지의 중형기계
  Class III : 견고한 기초 위에 있는 대형기계
  Class IV : 견고한 기초 위에 있는 대형기계

(4) 진동주파수분석에 의한 기계진단의 사례

전체값이 비정상을 나타낼 경우 진동주파수분석에 의해 어느 부분에 어떤 결함이 있는지 찾아낼 수 있다. [표 4-3]은 진동주파수의 성분, 이상의 원인 및 부위 등의 관계를 보여준다. 이러한 관계는 오랜 시간의 경험과 기록을 통하여 얻어진 것이다.

롤 베어링의 경우에 경험이라기보다 이론상의 관계로 볼 때 [표 4-3]에서 주어진 이론적인 주파수보다 때때로 더 높은 주파수(하모닉주파수)에서 나타나기도 한다.

[표 4-3] 기계 각 부품의 이상상태와 진동주파수와의 관계

Location	Condition	Component Frequencies	Mode of Vibration
Rotor	Unbalance	f_o	Radial
Shaft	Bent	f_o, $2f_o$, $3f_o$	Radial
Shaft	Oval-shaped	$2f_o$	Radial
Coupling	Misalignment	f_o, $2f_o$, $3f_o$	Axial
Coupling	Defect	Mainly f_o(excludes gear and fluid couplings)	Radial
Rolling Bearing	Damaged Inner	$\dfrac{Z}{2}\left(1+\dfrac{d}{D}\cos\alpha\right)f_o = f_{tr}$	Radial
Rolling Bearing	Damaged Outer	$\dfrac{Z}{2}\left(1-\dfrac{d}{D}\cos\alpha\right)f_o = f_{or}$	Radial
Rolling Bearing	Damaged Ball/Roller	$\dfrac{D}{d}\left\{1-\left(\dfrac{d}{D}\right)^2\cos^2\alpha\right\}f_o = f_b$	Radial
Sliding Bearing	Excessive Metal Gap	f_o	Radial
Sliding Bearing	Poor Lubrication	f_o	Radial
Sliding Bearing	Oil Whipping	Below $1/2f_o$(42~48%)	Radial
Foundation	Uneven Installation	f_o	Axial
Foundation	Insufficient Rigidity	f_o	Radial
Gear	Damaged Teeth	$Z' \cdot f_o$	Radial
Others	Play. loose Coupling. loose impeller, etc.	$\dfrac{1}{n} \cdot f_o$	Radial

※ f_o : 회전주파수(RPS) Hz, Z : 베어링의 볼 또는 롤러수, d : 베어링의 볼 또는 롤러직경
  D : 피치원([그림 4-27] 참조), α : 접촉각, n : 정수(1, 2, 3, 4, …), Z' : 마모된 기어 잇수

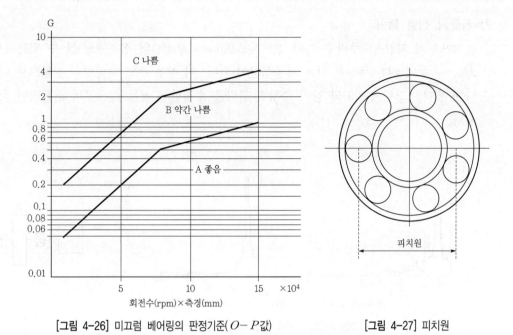

[그림 4-26] 미끄럼 베어링의 판정기준($O-P$값) [그림 4-27] 피치원

언밸런스가 작은 상태에서 나타나는 진동성분보다 언밸런스가 크거나 축정렬 불량, 베어링의 마모, 작은 결함으로 인한 주파수성분이 보다 높은 주파수에서 나타나는 것이 기계진단 시 유의해야 할 사항이다. 다음은 현장에서 자주 일어나는 언밸런스, 커플링 정렬 불량(uneven installation) 축의 휨, 베어링손상 등의 주파수분석에 관한 것이다.

1) 언밸런스(밸런스 불량)

중력의 중심이 회전기의 중심과 일치하지 않을 때 원심력에 의하여 언밸런스가 일어 나는데, 샤프트의 회전속도주파수(RPS)에서의 높은 레이디얼(radial)진동이 특징이다. 이 경우 진동의 크기가 작을 때 상대적으로 문제가 되지 않지만 진동이 클 때는 문제가 심각해진다. [그림 4-28]처럼 밸런스를 수정한 후에는 진동이 1/3 정도 축소된다.

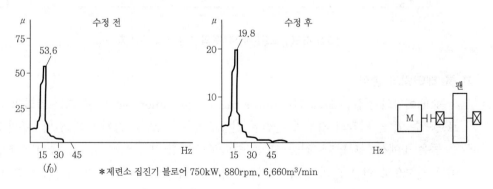

*제련소 집진기 블로어 750kW, 880rpm, 6,660m³/min

[그림 4-28] 언밸런스의 수정 전과 수정 후 비교

2) 커플링 정렬 불량

샤프트의 회전속도주파수 f_0와 벤트샤프트(bent shaft)의 경우에서 볼 수 있는 $1f_0$, $2f_0$, … 등에 의한 특징을 갖는 진동성분이 된다. 이 경우 주로 축방향의 진동으로 나타나게 된다. [그림 4-29]와 같이 축정렬 불량을 수정한 후에는 f_0성분의 진동만이 축소된다.

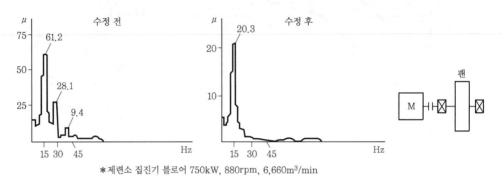

*제련소 집진기 블로어 750kW, 880rpm, 6,660m³/min

[그림 4-29] 커플링 정렬 불량의 수정 전과 수정 후의 비교

3) 불규칙한 상태의 장비설치

기초볼트가 풀려 있을 때 나타나며, 언밸런스의 경우처럼 비정상적인 상태는 샤프트의 회전속도, 주파수에 의해 특징을 갖는데, 진동모드는 수직방향보다 축방향에서 나타나게 된다. 이런 진동은 기초볼트를 조임으로써 줄일 수 있다.

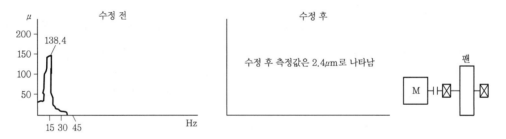

[그림 4-30] 소결설비 냉각팬의 수정 전과 수정 후 비교

4) 롤 베어링의 손상

롤 베어링의 결함은 크게 외륜(outer race), 내륜(inner race), 볼 또는 롤러의 결함으로 볼 수 있다. 각각의 경우와 관련된 진동주파수가 [표 4-3]에 나와 있다. 주파수성분은 높은 곳에서 나타난다. 진동모드는 주로 수직방향이다. f_{or}, f_{tr}, f_b 등의 기초성분과 이들 결함으로 인한 f_0의 증폭된 2차 주파수가 함께 나타나지만 베어링의 결함 부분을 교환하면 거의 사라진다.

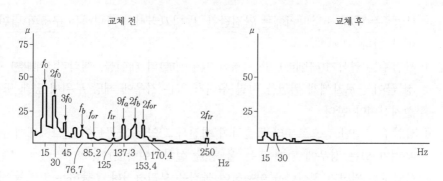

[그림 4-31] 롤 베어링의 운전 시 교체 전과 교체 후 비교

5) 벤트 샤프트(bent shaft)

샤프트의 회전속도주파수 f_0, $2f_0$, $3f_0$의 수직진동에 의해 특징을 갖는다. 이 경우 샤프트를 대체함으로써 진동을 줄일 수 있다.

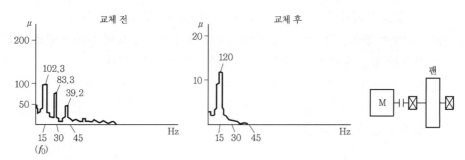

[그림 4-32] 연속조절설비 배출팬 축의 교체 전과 교체 후의 비교(190kW, 880rpm, 4,500m³/min)

Section 16 **산업안전기준에 관한 규칙에 의해 원동기, 회전축 등의 위험 방지를 사업주가 실시하는 경우 3가지**

1 원동기 · 회전축 등의 위험방지(안전보건규칙 제87조[시행 2024.1.1.])

① 사업주는 기계의 원동기 · 회전축 · 기어 · 풀리 · 플라이휠 · 벨트 및 체인 등 근로자가 위험에 처할 우려가 있는 부위에 덮개 · 울 · 슬리브 및 건널다리 등을 설치하여야 한다.

② 사업주는 회전축 · 기어 · 풀리 및 플라이휠 등에 부속되는 키 · 핀 등의 기계요소는 묻힘형으로 하거나 해당 부위에 덮개를 설치하여야 한다.

③ 사업주는 벨트의 이음 부분에 돌출된 고정구를 사용해서는 아니 된다.

④ 사업주는 ①의 건널다리에는 안전난간 및 미끄러지지 아니하는 구조의 발판을 설치하여야 한다.

⑤ 사업주는 연삭기(研削機) 또는 평삭기(平削機)의 테이블, 형삭기(形削機) 램 등의 행정 끝이 근로자에게 위험을 미칠 우려가 있는 경우에 해당 부위에 덮개 또는 울 등을 설치하여야 한다.

⑥ 사업주는 선반 등으로부터 돌출하여 회전하고 있는 가공물이 근로자에게 위험을 미칠 우려가 있는 경우에 덮개 또는 울 등을 설치하여야 한다.

⑦ 사업주는 원심기(원심력을 이용하여 물질을 분리하거나 추출하는 일련의 작업을 하는 기기를 말한다. 이하 같다)에는 덮개를 설치하여야 한다.

⑧ 사업주는 분쇄기·파쇄기·마쇄기·미분기·혼합기 및 혼화기 등(이하 "분쇄기 등"이라 한다)을 가동하거나 원료가 흩날리거나 하여 근로자가 위험해질 우려가 있는 경우 해당 부위에 덮개를 설치하는 등 필요한 조치를 하여야 한다.

⑨ 사업주는 근로자가 분쇄기 등의 개구부로부터 가동 부분에 접촉함으로써 위해(危害)를 입을 우려가 있는 경우 덮개 또는 울 등을 설치하여야 한다.

⑩ 사업주는 종이·천·비닐 및 와이어로프 등의 감김통 등에 의하여 근로자가 위험해질 우려가 있는 부위에 덮개 또는 울 등을 설치하여야 한다.

⑪ 사업주는 압력용기 및 공기압축기 등(이하 "압력용기 등"이라 한다)에 부속하는 원동기·축이음·벨트·풀리의 회전부위 등 근로자가 위험에 처할 우려가 있는 부위에 덮개 또는 울 등을 설치하여야 한다.

Section 17 공정위험성 평가기법

① 개요

생산현장에서 작업자가 기계설비를 사용하여 작업하는 상태를 시스템이라고 하는데, 이 시스템의 안전도를 해석하는 과학적인 기법을 시스템 안전해석(또는 위험성 평가, 안전성 평가)이라 한다. 시스템 안전해석의 목적은 시스템의 전 수명단계를 통하여 위험 (hazard)상태를 확인하고 그 위험성이 정해진 수준 이하에 있는가 아닌가를 확인하여 필요한 대책을 세우는 것이다.

② 종류

위험성 평가방법은 크게 어떤 위험요소가 존재하는지를 찾아내는 정성적 분석방법

(hazard identification methods)과 그런 위험요소를 확률적으로 분석평가하는 정량적 평가방법(hazard assessment methods)으로 분류할 수 있다.

(1) 정성적 평가

① 공정/시스템 체크리스트(process/system checklist) : 이 기법은 점검항목과 순서에 따라 시스템의 상태를 조회하는 것이다. 전형적인 체크리스트는 내용의 상세정보에 따라 광범위하게 적용되며, 실제로는 설계표준이나 실무에 적합한지의 여부를 확인하는 데 사용되고 있다. 체크리스트기법은 사용하기가 용이하고 사업의 어느 단계에서도 적용이 가능하다. 또한 이 기법은 체크리스트에 의해 실시됨으로써 공정에 경험이 없는 사람도 쉽게 적용할 수 있다.

② 안전성 검토(safety review) : 이 기법은 위험성 평가기법 중에서 제일 먼저 적용되어 왔던 방법이다. 이 기법은 사업의 어떤 사업추진단계에서도 적용이 가능하다. 안전성 검토는 과거에 사상자를 발생하게 했거나 중대한 재산상의 손실을 가져왔거나 환경에 지대한 영향을 미쳤던 사고들을 야기시켰던 요인들이 플랜트나 이것의 운전절차 등에 존재하는지의 여부를 확인하고자 하는 것이다.

③ 상대위험순위(relative ranking) : 이 기법은 간단하고 잘 정의된 실질적인 평가전략이다. 이러한 비교는 평가자들이 각각의 위험성에 대해 점수를 주는 중요도의 상대적인 수치에 근거하여 실시된다. 이 기법의 적용은 사업의 초기단계에서 보통 실시되며 상세설계가 끝나기 전에 완료된다. 또 이 기법은 기존의 설비에 공정의 운전측면에서 여러 가지 위험성을 찾는 데도 적용이 가능하다.

④ 예비위험분석(PHA) : 이 기법은 설계내용이나 운전절차 등의 자료가 부족한 사업의 초기단계에서 종종 적용되며, 공장의 위험물질과 공장지역에 일반적으로 초점을 맞추어 실시한다.

⑤ 위험과 운전분석(HAZOP) : 이 기법은 제조공정의 위험성을 파악하여 평가하고, 위험하지는 않지만 설계된 생산능력을 저해할 소지가 있는 운전상의 문제점을 파악하기 위해 개발되었다. 처음에는 회사에서 경험이 없는 기술에 대해 위험성과 운전상의 문제점을 예측하기 위해 개발되었지만 기존의 설비에 사용하는 것이 효과적이라는 사실이 발견되었다.

⑥ 이상위험도분석(FMECA) : 이 기법은 시스템이나 플랜트에서 기기의 고장상태와 그들의 결과를 목록화하는 것이다. 고장상태에 대한 결과는 기기의 고장에 따른 시스템의 응답에 따라 결정된다. 이 기법의 목적은 시스템이나 플랜트에 대한 하나의 기기나 시스템의 고장과, 이로 인한 기기 각각의 잠재된 결과를 확인하는 것이다. 그로써 이 평가기법은 전형적으로 기기의 신뢰도를 증진시키기 위한 추천을 함으로써 공정안전 개선을 도모한다.

⑦ 작업자실수분석(human error analysis) : 작업실수 예측 분석이라 함은 작업자 실수에 대한 위험과 운전분석기법(HAZOP)을 사용하여 각 작업단계에서의 잠재적인 실수 및

이로 인한 결과를 예측·파악하고 실수가 사고에 이르지 않도록 사고예방 대책을 도출하는 일련의 평가기법을 말한다.

(2) 정량적 평가

① 결함수분석(FTA) : 이 기법은 하나의 특별한 사고나 주요 시스템의 고장에 주안점을 두는 연역적 기법으로서 사건의 원인을 결정하기 위한 방법을 제시한다. 관심을 두는 주 시스템의 고장을 유발할 수 있는 여러 가지 기기고장들과 인적 실수들이 결합된 것을 나타내주는 그래픽모드이다. FTA의 목적은 사고를 유발할 수 있는 기기의 고장과 인적인 실수가 결합된 잠재위험을 파악하는 것으로써 고도의 중복되고 복잡한 시스템의 평가에 잘 적용된다. 평가결과는 정성적 및 정량적으로 사고원인을 도출하는 데 효과적이다.

② 사건수분석(ETA) : 이 기법은 특정한 시발사건에 대응하기 위한 여러 가지 안전시스템이나 비상조치절차가 있는 복잡한 공정을 분석하는 데 적합하다. 이 기법의 목적은 복잡한 공정에서 일어날 수 있는 여러 가지 사고를 파악하는 데 사용된다. 각각의 사건의 순서를 파악한 후에 사고를 유발할 수 있는 특정한 고장들의 결합이 FTA를 사용하여 정해진다.

③ 원인-결과분석(cause-consequence analysis) : 이 기법은 FTA와 ETA의 혼합형으로서, 주요한 장점은 사고의 결과와 근본적인 원인과의 관계를 보여주는 원인-결과를 전달도구로 사용한다는 점이다.

Section 18

공정안전보고서(PSM)의 제출대상업종과 그 세부사항

1 개요

산업안전보건법의 규정에 의거 석유화학공장 등 중대산업사고를 야기할 가능성이 큰 유해·위험설비를 보유한 사업장으로 하여금 공정안전자료, 공정위험성 평가, 안전운전계획 및 비상조치계획 수립 등에 관한 사항을 기록한 공정안전보고서를 작성케하고, 이를 심사 및 확인을 통해 이행토록 함으로써 중대산업사고를 예방(PSM : Process Safety Management System)하고자 하는 제도이다.

> ▶ 중대산업사고
> 대통령령이 정하는 유해·위험설비로부터의 위험물질의 누출·화재·폭발 등으로 인하여 사업장 내의 근로자에게 즉시 피해를 주거나 사업장 인근지역에 피해를 줄 수 있는 사고

② 제출대상업종

공정안전보고서를 제출해야 하는 업종은 다음과 같다.

① 원유정제처리업
② 기타 석유정제물 재처리업
③ 석유화학계 기초화학물 또는 합성수지 및 기타 플라스틱물질제조업
④ 질소, 인산 및 칼리질 비료제조업(인산 및 칼리질 비료제조업에 해당하는 경우를 제외한다.)
⑤ 복합비료제조업(단순혼합 또는 배합에 의한 경우를 제외한다.)
⑥ 농약제조업(원제 제조에 한한다.)
⑦ 화약 및 불꽃제품제조업

③ 내용

(1) 공정안전자료

① 취급 · 저장하고 있거나 취급 · 저장하고자 하는 유해 · 위험물질의 종류 및 수량
② 유해 · 위험물질에 대한 물질안전보건자료
③ 유해 · 위험설비의 목록 및 사양
④ 유해 · 위험설비의 운전방법을 알 수 있는 공정도면
⑤ 각종 건물 · 설비의 배치도
⑥ 폭발위험장소 구분도 및 전기단선도
⑦ 위험설비의 안전설계 · 제작 및 설치관련 지침서

(2) 공정위험성 평가서 및 잠재위험에 대한 사고예방 · 피해 최소화 대책

공정위험성 평가서는 공정의 특성 등을 고려하여 다음의 위험성 평가기법 중 한 가지 이상을 선정하여 위험성 평가를 실시한 후 그 결과에 따라 작성해야 하며, 사고예방 · 피해 최소화 대책의 작성은 위험성 평가결과 잠재위험이 있다고 인정되는 경우에 한한다.

① 체크리스트
② 상대위험순위 결정
③ 작업자실수분석
④ 사고예상질문분석(what-if)
⑤ 위험과 운전분석
⑥ 이상위험도분석
⑦ 결함수분석
⑧ 사건수분석

⑨ 원인-결과분석

⑩ ① 내지 ⑨와 동등 이상의 기술적 평가기법

(3) 안전운전계획

① 안전운전지침서

② 설비점검 · 검사 및 보수계획, 유지계획 및 지침서

③ 안전작업허가

④ 도급업체 안전관리계획

⑤ 근로자 등 교육계획

⑥ 가동 전 점검지침

⑦ 변경요소관리계획

⑧ 자체 감사 및 사고조사계획

⑨ 기타 안전운전에 필요한 사항

(4) 비상조치계획

① 비상조치를 위한 장비 · 인력보유현황

② 사고발생 시 각 부서 · 관련 기관과의 비상연락체계

③ 사고발생 시 비상조치를 위한 조직의 임무 및 수행절차

④ 비상조치계획에 따른 교육계획

⑤ 주민홍보계획

⑥ 기타 비상조치관련 사항

Section 19 안전보건개선계획

❶ 정의

안전보건개선계획 명령은 산업재해율 등이 높아 장기적인 관점에서 안전보건관리체제와 사업장 내 기계 · 기구 · 설비나 보호구, 작업방법 등이 불량하여 개선할 필요가 있다고 보이는 부분들에 대하여 계획을 수립하여 개선하도록 지방노동관서장이 명령하는 제도를 말한다.

② 안전보건개선계획

(1) 산업안전보건개선계획 수립 제출대상

1) 사업주 자율 제출명령 대상

고용노동부장관은 다음의 어느 하나에 해당하는 사업장으로서 산업재해 예방을 위하여 종합적인 개선조치를 할 필요가 있다고 인정할 때에는 고용노동부령으로 정하는 바에 따라 사업주에게 그 사업장, 시설, 그 밖의 사항에 관한 안전보건개선계획의 수립·시행을 명할 수 있으며 산업안전보건법 제49조 제1항에 따라 안전보건진단을 받아 안전보건개선계획을 수립하여 시행할 것을 명할 수 있다.

① 산업재해율이 같은 업종의 규모별 평균 산업재해율보다 높은 사업장

② 사업주가 안전보건조치의무를 이행하지 아니하여 중대재해가 발생한 사업장

③ 제39조 제2항에 따른 유해인자의 노출기준을 초과한 사업장

2) 안전보건진단 후 안전보건개선계획 제출명령 대상

고용노동부장관은 제1항에 따른 명령을 하는 경우 필요하다고 인정할 때에는 해당 사업주에게 고용노동부령으로 정하는 바에 따라 제49조 제1항의 안전·보건진단을 받아 안전보건개선계획을 수립·제출할 것을 명할 수 있다. 사업장은 다음 각 호의 어느 하나에 해당하는 사업장으로 한다〈시행규칙 제131조 제7항〉.

① 법 제50조 제1항 제1호에 해당하는 사업장 중 중대재해(사업주가 안전·보건조치의무를 이행하지 아니하여 발생한 중대재해만 해당한다) 발생 사업장

② 산업재해율이 같은 업종 평균 산업재해율의 2배 이상인 사업장

③ 직업병에 걸린 사람이 연간 2명 이상(상시 근로자 1천명 이상 사업장의 경우 3명 이상) 발생한 사업장

④ 작업환경 불량, 화재·폭발 또는 누출사고 등으로 사회적 물의를 일으킨 사업장

⑤ ①부터 ④까지의 규정에 준하는 사업장으로서 고용노동부장관이 정하는 사업장

3) 안전보건개선계획서 제출기한

안전보건개선계획의 수립·시행명령을 받은 사업주는 고용노동부장관이 정하는 바에 따라 안전보건개선계획서를 작성하여 그 명령을 받은 날부터 60일 이내에 관할 지방고용노동관서의 장에게 제출하여야 한다.

4) 안전보건개선계획서 포함 내용

안전보건개선계획서에는 시설, 안전·보건관리체제, 안전·보건교육, 산업재해 예방 및 작업환경의 개선을 위하여 필요한 사항이 포함되어야 한다. 즉 산업안전보건법, 시행령, 시행령, 안전보건기준에 관한 규칙에 정해 놓은 사항들 전반에 관하여 검토하고 현재의 상황과 앞으로의 개선할 계획들이 포함되어야 한다.

5) 지방노공관서장의 안전보건개선계획 검토 및 확인

지방고용노동관서의 장은 안전보건개선계획서의 적정 여부를 검토하여 그 결과를 사업주에게 통보하여야 한다. 이 경우 지방고용노동관서의 장은 안전보건개선계획서의 적정 여부의 확인을 공단 또는 지도사에게 요청할 수 있다. 지방고용노동관서장은 자신이 근로감독관으로 하여금 직접 검토할 수도 있고 산업안전보건공단 지사 또는 지도사 등에게 검토를 요청할 수도 있다.

6) 지방노동관서장의 보완명령

지방고용노동관서장의 장은 검토 결과에 따라 필요하다고 인정하면 해당 계획서의 보완을 명할 수 있다. 사업주는 이 보완명령에 따라야 한다.

7) 안전보건개선계획 준수의무

사업주와 근로자는 안전보건개선계획을 준수하여야 한다. 산업안전보건계획을 수립하여 제출한 후 지키지 않는 사업주나 근로자에게는 과태료를 부과할 수 있도록 규정하고 있다.

Section 20 무인반송차의 설계 및 계획단계에서의 안전확보

1 개요

모노레일식 반송로봇은 문자 그대로 '로봇'이다. 따라서 그 동작범위는 사람이나 다른 자동기의 그것과 겹치지 않도록 구별하는 것이 일반적이다.

즉, 차량 자체가 사람을 감지하여 정지하는 등의 조치도 할 수 있는데 보통은 하지 않는다. 이것은 로봇의 암에 센서를 장착하는 것과 같으며, 이것을 하면 반대로 주행경로에 사람이 들어가는 것을 긍정하는 것으로 되어 오히려 위험한 상태를 낳게 될 가능성이 높아지기 때문이다.

2 안전대책

안전대책으로서는 주행로에 따라 주행로를 확보하기 위해 '안전네트', 승강동작을 하는 장소(스테이션)에는 승강로를 확보하기 위해 '안전율'이 있으며, 안전율 내부에 사람이 들어갈 때에는 에어리어센서, 안전플러그 등을 사용하여 자동운전정지(1차 정지) 또는 비상정지(전원단) 등의 한 바퀴 외주측에서의 처리를 한다. 이 점이 AGV와의 큰 차이일 것이다.

이때에 주의해야 되는 것은 외부에서 차량에의 정지신호를 입력하는 방법이며 페일세이프적이라야 되는 것이 중요하다. 항상 자동운전 허가신호가 외부에서 나오고 있으며, 그것이 중단되면 정지하도록 한다. 만일 통신을 할 수 없는 때에는 이상신호가 없어도 정지한다. 가령 순시정전이 증가해도 이 사고방식으로 외부에서 입력하면 여러 가지 경우에 적시, 안전대책이 가능하다.

Section 21 고소작업대의 무게중심과 주행장치에 따른 분류와 주요 구조부

1 개요

고소작업대(Mobile Elevated Work Platform : MEWP)란 작업대, 연장구조물(지브), 차대로 구성되며 사람을 작업 위치로 이동시켜주는 설비를 말한다.

2 고소작업대의 무게중심과 주행장치에 따른 분류와 주요 구조부

고소작업대는 무게중심 및 주행장치에 따른 분류는 다음과 같다.

(1) 무게중심에 의한 분류

① A그룹 : 적재화물 무게중심의 수직 투영이 항상 전복선(tipping line) 안에 있는 고소작업대
② B그룹 : 적재화물 무게중심의 수직 투영이 전복선(tipping line) 밖에 있을 수 있는 고소작업대

(2) 주행 장치에 따른 분류

① 제1종 : 적재위치(stowed position)에서만 주행할 수 있는 고소작업대
② 제2종 : 차대의 제어위치에서 조작하여 작업대를 상승한 상태로 주행하는 고소작업대
③ 제3종 : 작업대의 제어위치에서 조작하여 작업대를 상승한 상태로 주행하는 고소작업대

(3) 고소작업대의 주요 구조부

① 작업대
② 연장구조물(지브)
③ 차대
④ 구동장치 및 유 · 공압계통
⑤ 제어반

Section 22 보일러 운전 중 발생되는 대표적인 장해

1 가마울림

가마울림이란 연소 중 연소실이나 연도 내에서 연속적인 울림을 내는 현상으로 보일러 연소 중에 발생되며 원인은 연료 중에 수분이 많을 경우, 연료와 공기의 혼합이 나빠서 연소속도가 느릴 경우, 연도에 에어포켓이 있을 경우이며 방지법은 다음과 같다.

① 수분이 적은 연료를 사용한다.
② 2차 공기의 통풍을 조절한다.
③ 연소실이나 연도를 개조한다.
④ 연소실내에서 완전 연소시킨다.
⑤ 연소속도를 너무 느리게 하지 않는다.

2 캐리오버(carry over) 현상

보일러에 있어 캐리오버는 보일러관수(水) 중에 용해 또는 현탁되어 있는 고형물이 증기의 흐름과 함께 증기사용 시스템으로 넘어가는 현상이다. 보일러관수 중의 고형물이 증기시스템으로 넘어가면 증기 건조도가 저하하여 제품의 품질을 저하시키고 과열기를 팽출, 파열시키며 증기사용 시스템 열사용 설비에 고형물이 부착되어 전열효율 감소로 증기의 소모량이 증가되는 문제가 발생된다. 캐리오버 방지는 증기드럼에 기수분리장치가 설치되어 있으나 격렬한 프라이밍이 발생하는 경우에는 충분히 그 효력이 발휘되지 못하는 수가 많다.

(1) 물리적 원인

① 증발수면적이 좁은 경우
② 보일러 내의 수면이 비정상적으로 높게 될 경우
③ 증기정지밸브를 급히 열 경우
④ 보일러 부하가 급격하게 증대될 경우
⑤ 압력의 급강하로 격렬한 자기증발을 일으킬 때

(2) 화학적 원인

① 나트륨 등 염류가 많고 특히 인산나트륨이 많을 때
② 유지류나 부유 고형물이 많고 융해 고형물이 다량 존재할 경우

❸ 프라이밍(priming)

프라이밍이라 함은 보일러 부하의 급변이나 수위의 급격한 상승 때문에 보일러수가 미세한 수적(水滴, 물방울)이나 거품상태로 다량 발생하여 증기와 더불어 보일러 밖으로 송출되는 현상이다.

❹ 포밍(forming)

포밍(물거품 솟음)이란 유지분이나 부유물 등에 의하여 보일러수의 비등과 함께 수면부에 거품을 발생시키는 현상이다. 즉, 프라이밍이나 포밍이 발생하면 필연적으로 캐리오버가 발생한다.

포밍 원인 물질은 Na, K, Ca, Mg 등의 염류이며 포밍을 촉진시키는 물질은 식생물의 유지류(유지류는 보일러수의 알칼리와 작용해서 비누를 생성), 유기물, 현탁고형물 등이다. 또한 포밍을 촉진하지는 않더라도 잠재적이 원인이 될 수 있는 것은 수산화나트륨, 인산나트륨 등이며 거품을 파괴하는 것으로는 염화나트륨이 있다.

(1) 프라이밍과 포밍의 발생원인

① 주 증기밸브의 급개
② 고수위의 보일러 운전
③ 증기부하의 과대
④ 보일러수의 농축
⑤ 보일러수 중 부유물, 유지분, 불순물 함유

(2) 프라이밍과 포밍의 방지대책

① 주증기 밸브를 천천히 열 것
② 정상수위로 운전할 것
③ 과부하 운전이 되지 않게 할 것
④ 보일러수의 농축을 방지할 것
⑤ 급수처리를 하여 부유물, 유지분, 불순물을 제거할 것

❺ 수격작용(water hammer)

수격작용이란 캐리오버 등에 의해 증기계통에 고여 있던 응축수가 송기될 때 고온고압의 증기에 이끌려 배관을 강하게 때리는 현상이다.

(1) 수격작용의 장해

① 배관에 무리를 주어 파열시킨다.

② 배관 부식을 촉진시킨다.

③ 증기 손실이 많다.

④ 증기의 마찰저항이 크다.

(2) 방지법

① 주 증기밸브를 천천히 연다.

② 증기배관의 보온을 철저히 한다.

③ 응축수 빼기를 철저히 한다.

④ 증기트랩을 설치한다.

⑤ 포밍이나 프라이밍을 방지한다.

⑥ 송기 전에 소량의 증기로 증기관을 따뜻하게 한다.

⑦ 캐리오버 방지를 위하여 기수분리기나 비수방지관을 설치한다.

Section 23 용접 작업 시 발생되는 유해인자를 물리적 인자와 화학적 인자로 나누고 유해인자별 신체에 나타나는 현상

1 개요

산업기술의 발달과 더불어 필수 금속가공기술인 용접은 거의 전 공업분야에 적용되고 있으며 조사에 따르면 GDP의 약 50%가 용접기술과 직간접적으로 관련이 되어 있다. 대부분의 공업화된 국가에서는 용접공이 전체 근로자의 0.5~2.0%로 집계되고 있어 상당히 많은 근로자들이 용접분야에 종사하고 있으며 우리나라의 경우 20만 이상의 용접기술인력이 산업현장에서 활동하고 있는 것으로 추정된다. 작업자의 안전과 건강은 매우 중요하며 생산에 종사하고 있는 모든 작업자들은 항상 잠재적인 위험에 노출되어 있다. 최근 용접기술의 발전 및 사용범위의 확대와 더불어 안전의 중요성이 부각되고 있으며, 용접 시 발생하는 위험성과 유해성이 작업자의 안전위생 측면에서 문제점으로 지적되고 있다

2 용접 작업 시 발생되는 유해인자와 유해인자별 신체에 나타나는 현상

(1) 감전

용접기를 포함한 모든 전기 기기들은 감전사고에 유의하여야 한다. 용접작업 시에는 주로 교류아크 용접 시 감전사고가 많이 발생하며 전체 감전 사망사고의 약 10%를 차지

하고 있다. 아크 용접 시의 감전은 불완전 접지나 절연상태의 불량으로 발생하는 경우가 대부분이다. 따라서 절연용 홀더(holder)를 사용하고 감전예방 보호구를 착용함으로써 감전사고를 예방할 수 있다. 또한 용접봉에 접촉되거나 용접기의 2차측 배선이나 홀더의 절연의 불량으로 인한 감전재해의 방지를 위해 용접기의 무부하 전압을 30V 이하로 저하시키는 자동전격 방지기를 설치하는 것도 좋은 방법이다. 또한 손상된 용접케이블 표면을 보수하거나 작업정지 시에 전원을 차단함으로써 감전재해를 예방할 수 있다.

(2) 화재

용접이나 절단 작업 시 열원은 매우 고온이며 용접 불꽃, 전기아크, 고온의 금속, 스파크 및 스패터 등은 발화원이 된다. 특히 용접 작업장 주위에 가연성 물질이 노출되어 있는 경우는 화재의 위험성이 매우 높다. 용접작업 시 발생하는 스패터는 수 미터까지 비산하므로 이로 인한 화재가 적지 않다. 따라서 용접작업장 주위의 가연물을 제거하고 스패터 차단막이나 방염시트를 사용하여 화재의 위험을 줄이는 것이 바람직하다. 또한 용접작업장 근처에 반드시 소화기를 비치하여 만일의 경우에 대비하는 것이 필요하다.

(3) 폭발

토치나 호스에서 가연성 가스가 누출되거나 잔류 가연성 가스가 존재할 때 용접 시 발생하는 열이나 스파크 등에 의해 폭발이 일어날 수 있다. 또한 가스 용접 시 역화가 발생하는 경우도 폭발이 일어날 수 있다. 폭발의 방지를 위해서는 가스 누설을 항시 점검하고 잔류가스가 있는지 확인하는 것이 무엇보다 중요하다. 그리고 토치 및 가스 용기의 정비를 정기적으로 시행하는 것도 중요하다.

(4) 화상

용접작업 시 눈, 얼굴 및 신체의 화상은 매우 심각한 재해로서 아크광이나 스파크, 스패터, 화염 및 과열된 금속 및 레이저 조사에 의해 발생한다. 화상을 방지하기 위해서는 용접작업 시 가죽장갑, 보호안경, 앞치마 등의 방호장비를 착용하는 것이 중요하며 작업복도 가급적 난연성 재질로 만들어진 것을 착용하는 것이 바람직하다.

(5) 용접아크광

아크용접 시 발생되는 아크는 대단히 고온이며 강한 빛을 방출한다. 아크빛은 복합광이며 파장에 따라 가시광선, 자외선, 적외선 등의 여러 가지 유해광선이 포함되어 있다. 용접아크빛의 강도는 용접법의 종류에 따라 다르고, 같은 용접법에서도 용접조건에 따라 변화한다. 일반적으로 동일한 용접전류인 경우, 가스 실드 아크 용접법에서 발생하는 빛의 강도가 다른 아크 용접법보다 크며, 또한 이 용접법은 일반적으로 높은 전류를 사용하므로 빛의 강도가 세다. 강렬한 가시광선, 자외선 및 적외선은 안구와 피부에 장해를 유발시킨다. 용접아크빛의 재해를 방지하기 위해서는 KS P 8141 규격을 만족하는 적절한 차광보호구를 착용하는 것이 필수적이다. 또한 주변 작업자를 위한 측면 차폐도 필요하다.

(6) 레이저

각종 레이저 가공에 사용되는 레이저광은 고출력이며 평행광선에 가까운 성질 때문에 눈에 위험성이 높은 광선이다. 특히 Nd : YAG 레이저와 CO_2 레이저는 출력되는 레이저광이 적외선 영역의 파장이므로 인간의 눈으로는 감지할 수 없고, 펄스(pulse)로 발진되는 레이저는 진동시간이 극히 짧아 안구의 방어기능이 활동하지 못하여 큰 장해를 일으킬 수 있으므로 각별한 주의가 필요하다. 레이저광으로 인한 위험을 방지하기 위해서는 직간접적으로 레이저광을 주시해서는 안 되며 적당한 레이저 보호안경을 착용하고 레이저 작업 시 주위에 경고등과 접근금지 구역을 설치하는 것이 바람직하다.

(7) 방사선

방사선에 의한 장해는 용접부의 비파괴검사 시에 사용되는 X선과 감마선에서 발생한다. 방사선은 특히 조혈기와 생식기에 큰 장해를 유발하며 안구와 피부에도 장해를 일으킨다. 방사선에 의한 장해를 방지하기 위해서는 적절한 방사선 차폐시설 설치, 방사선 시설과 설비의 철저한 점검 및 사용규칙 준수가 필요하다. 또한 정기적인 안전교육의 실시도 중요하다.

(8) 용접매연

용접매연은 고온의 아크열에 의해 발생하는 $0.02 \sim 10 \mu m$ 크기의 미세 금속입자이며 이 중 $0.5 \sim 7 \mu m$ 크기의 입자가 기도 및 폐포 벽에 침착하여 진폐증, 금속열, 각종 호흡기 계통 질환과 중금속 중독 등의 장해를 유발한다.

용접매연에 의한 장해를 방지하기 위해서는 용접매연 발생을 저감시킨 용접재료를 사용하고 작업조건 및 방법을 개선하여 용접매연의 발생량을 감소시키는 것이 중요하다. 또한 국부 및 전체 환기시설을 설치하여 용접매연을 외부로 배출시키며 방진 및 방독 마스크를 착용하여 매연의 흡입을 최소화하는 것이 중요하다.

(9) 유해가스

용접 시에는 용접법에 따라 플럭스, 피복제, 보호가스 등의 분해 및 반응에 의해 여러 종류의 가스가 발생하며 용접 시 발생하는 열이나 자외선이 대기 중의 원소나 오염물질들과 반응하여 발생되기도 한다. 그 중 위험한 유해가스로는 일산화탄소(CO), 질소산화물(NO, NO_2), 오존(O_3), 이산화탄소(CO_2) 등이 있다. 유해가스는 호흡기 계통 질환, 피부질환, 심장 및 순환기계 장해 및 중추신경장해 등을 유발할 수 있다. 이러한 장해를 피하기 위해서는 환기시설을 설치하고 방진 및 방독 마스크를 착용하는 것이 중요하다.

(10) 소음

용접 시 발생하는 소음도 건강에 위협이 될 수 있다. 용접 시에는 용접법에 따라 65~105dB 수준의 소음이 발생하며 이는 일시적 및 영구적 난청을 유발할 수 있다. 따라서 용접작업 시 귀마개 및 귀덮개를 착용할 필요가 있다.

(11) 추락

용접작업 시 추락에 의한 재해도 빈번히 발생하며 특히 추락의 경우 중상이나 사망에 이르는 경우가 많으므로 주의를 요한다. 반드시 안전모나 안전벨트를 착용해야 하며 견고한 작업발판을 사용해야 하고 가능한 한 추락방지 시설을 설치하여야 한다.

Section 24 에어로졸(aerosol)의 일종인 분진(dust), 흄(fume), 미스트(mist)

① 개요

에어로졸(aerosol)은 공기 중에 고체나 액체 입자가 분산되어 있는 것으로 0.002~100μm 이상이며 바이오에어로졸은 생명체에서 발생된 에어로졸. 바이러스, 박테리아, 곰팡이, 진균포자, 꽃가루가 있으며 구름(cloud)은 경계면을 갖는 눈에 보이는 에어로졸이다.

② 에어로졸(aerosol)의 일종인 분진(dust), 흄(fume), 미스트(mist)

① 분진(dust) : 분쇄나 연마 등의 기계적으로 생성된 에어로졸. submicrometer에서 100 μm 이상이다.

② 흄(fume) : 증기 혹은 가스상 연소생성물이 응축하여 생성된 고체 에어로졸로 1μm 이하이다.

③ 미스트(mist), 안개(fog) : 응축 혹은 스프레이를 통해 생성된 액체입자. 구형으로 이루어져 있고, sub micrometer에서 200μm이다.

지게차의 넘어짐을 방지하기 위하여 하역작업 시의 전·후 안정도를 4% 이하로 제한하고 있는데, 안정도를 계산하는 식과 지게차 운행경로의 수평거리가 10m인 경우 수직높이는 얼마 이하로 하여야 하는지를 설명

1 지게차의 안정조건

지게차는 화물 적재 시에 지게차의 카운터밸런스(counter balance) 무게에 의하여 안정된 상태를 유지할 수 있도록 [그림 4-33]과 같이 최대하중 이하로 적재하여야 한다.

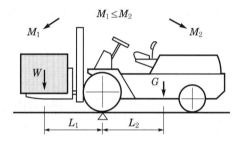

[그림 4-33] 지게차의 안정조건

여기서, W : 화물의 중량(kgf)

G : 지게차 중량(kgf)

L_1 : 앞바퀴에서 화물 중심까지의 최단거리(cm)

L_2 : 앞바퀴에서 지게차 중심까지의 최단거리(cm)

M_1 : 화물의 모멘트($W \times L_1$)

M_2 : 지게차의 모멘트($G \times L_2$)

지게차의 전후 및 좌우 안정도를 유지하기 위하여 [그림 4-34]에 의한 지게차의 주행·하역작업 시 안정도 기준을 준수하여야 한다.

안정도	지게차의 상태	
	옆에서 본 경우	위에서 본 경우
하역작업 시의 전후안정도 : 4% 이내(5톤 이상 : 3.5% 이내) (최대하중상태에서 포크를 가장 높이 올린 경우)	A ⬚ B	
주행 시의 전후안정도 : 18% 이내(기준부하상태)	A ⊕ B	
하역작업 시의 좌우안정도 : 6% 이내(최대하중상태에서 포크를 가장 높이 올리고 마스트를 가장 뒤로 기울인 경우)	X Y	
주행 시의 좌우안정도 (15+1.1V)% 이내(V : 구내 최고속도 km/h) (기준무부하상태)	X Y	

주) 안정도 $= \dfrac{h}{\ell} \times 100$ %

　　X-Y : 지게차의 좌우 안정도축
　　A-B : 지게차의 전후방향의 중심선

전도구배 h/l

[그림 4-34] 지게차의 주행·하역작업 시 안정도 기준

Section 26 기계설비에 의해 형성되는 위험점 종류별 주요 예시

1 개요

　　모든 기계설비는 모터나 원동기의 동력을 이용하여 부품을 가공하거나 운반하며 다양한 형상을 제작하여 사용하고 있다. 그로 인하여 모든 기계설비에는 안전장치를 의무적으로 하도록 권장하고 있지만 작업자의 실수 혹은 기계설비의 노후화로 인하여 안전장치에 소홀함이 발생할 수도 있다. 이와 같은 부분에 위험점을 분류하여 작업자의 안전사고를 방지하는 목적을 부여한다.

② 기계설비에 의해 형성되는 위험점

(1) 협착점(Squeeze-Point)

왕복운동을 하는 동작부분과 고정부분 사이에 형성되는 위험점으로 프레스 작업 시, 프레스기계의 상하운동 시 금형에 손이 들어가 작업자의 손이 상해가 발생하는 경우이다.

(2) 끼임점(Shear-Point)

고정부와 회전하는 동작부분 사이에 형성되는 위험점으로 탁상용 그라인더 사이에 손이나 공구가 끼이는 현상이다.

[그림 4-35] 협착점

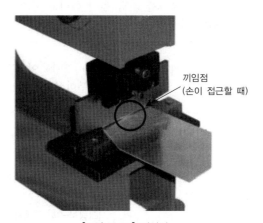

[그림 4-36] 끼임점

(3) 절단점(Cutting-Point)

회전하는 운동부분이나 운동하는 기계부분 위험점으로 프레스기계에서 절곡 시, 띠톱으로 작업 시에 발생한다.

[그림 4-37] 절단점

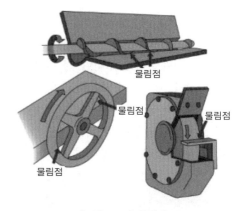

[그림 4-38] 물림점

(4) 물림점(Nip-Point)

반대방향으로 맞물려 회전하는 두 개의 회전체에 물려 들어가는 위험점으로 압연작업 시, 기어가 맞물려 회전할 때 발생한다.

(5) 접선물림점(Tangential Nip-Point)

회전하는 부분의 접선방향으로 물려 들어가는 위험점으로 벨트가 회전할 때, 체인과 스프로켓의 접선부에서 발생한다.

(6) 회전말림점(Trapping-Point)

회전하는 물체에 작업복 등이 말려 들어가는 위험점으로 선반작업 시, 드릴작업 시, 기타 회전하는 작업 중에 방심으로 발생한다.

[그림 4-39] 접선물림점

[그림 4-40] 회전말림점

Section 27 줄걸이용 와이어로프의 보관방법

1 로프의 운반과 하역 시의 취급요령

① 로프는 기계의 한 요소이므로 기계와 동일하게 취급하여야 한다.
② 로프를 높은 곳에서 내릴 때 지면에 떨어뜨려서는 안 되며 크레인 또는 지게차를 이용하거나 널판지를 이용하여 굴려 내리도록 하여야 한다.
③ 로프를 울퉁불퉁한 땅 위에 굴리거나 끌게 되면 로프에 굴곡홈 또는 마모가 생기므로 수명단축을 초래한다.

④ 로프의 취급 시에 자주 또는 외력에 의해 손상을 입게 되면 로프의 수명이 단축되므로 항상 주의를 해야 한다.

2 로프의 보관요령

① 로프의 보관은 건조하고 지붕이 있는 곳에 보관하여야 한다.
② 지면으로부터 습기가 스며들지 않도록 필히 침목을 사용하여 지면과 거리를 두도록 하여야 한다.
③ 로프는 직사광선이나, 열기, 습기 등에 주의해야 하고 특히 산기나 황산가스에 로프 그리스가 심하게 변질하므로 주의해서 보관하여야 한다.
④ 한 번 사용한 로프를 보관 시에는 로프 표면에 묻은 모래, 먼지, 오물 등을 제거한 다음 로프그리스를 바르고 잘 감아서 두어야 한다.

Section 28 밀폐공간에서 근로자가 작업을 하는 경우 사업자가 수립하는 밀폐공간 작업 프로그램

1 개요

사업주는 근로자가 밀폐공간에서 작업을 하는 때에 다음의 내용이 포함된 밀폐공간 보건작업 프로그램을 수립하여 시행하여야 한다(산업안전보건기준에 관한 규칙 제 619조).

① 작업시작 전 공기 상태가 적정한지를 확인하기 위한 측정·평가
② 응급조치 등 안전보건교육 및 훈련 : 공기호흡기나 송기마스크 등의 착용과 관리
③ 그 밖의 밀폐공간 작업근로자의 건강장해 예방에 관한 사항

2 밀폐공간에서 근로자가 작업을 하는 경우 사업자가 수립하는 밀폐공간 작업 프로그램

(1) 밀폐공간 보건작업 프로그램 작성 의무자

① 밀폐공간을 보유한 사업장에서 직접 작업하거나 도급을 주어 작업시킬 때 발주처의 사업주
② 밀폐공간 작업공사를 수주한 수주업체의 사업주

(2) 밀폐공간 작업장소

① 우물, 수직 갱, 터널, 잠함, 피트, 암거, 맨홀, 탱크, 호퍼 등 저장시설, 지하실, 창고, 선창 내부
② 정화조, 집수조, 침전조, 농축조, 발효조 내부
③ 열 교환기, 배관, 보일러, 반응탑, 사일로, 집진기 내부 등 내부
④ 콘크리트 양생장소, 가설 숙소 내부
⑤ 냉장고, 냉동고, 냉동 화물자동차, 냉동 컨테이너 등 내부 등

Section 29

벨트컨베이어의 (1) 작업시작 전 점검항목, (2) 벨트컨베이어 설비의 설계 순서, (3) 위험기계·기구의 자율안전확인 고시에 따른 벨트컨베이어 안전장치, (4) 벨트컨베이어 퇴적 및 침적물 청소작업 시 안전조치

1 개요

컨베이어(conveyor)란 모터 및 감속기 등을 사용하여 작동되는 산업기계로 작업속도가 일정하고 단위시간당 작업량 변화가 적으므로 시공관리상 안전성이 보장되고 재료·반제품·화물 등을 단속 또는 연속 운반하는 기계장치이다. 주요 구조부는 구동장치, 이송장치(벨트, 체인 등), 지지기둥 또는 지지대로 되어 있다.

2 벨트컨베이어의 (1) 작업시작 전 점검항목, (2) 벨트컨베이어 설비의 설계 순서, (3) 위험기계·기구의 자율안전확인 고시에 따른 벨트컨베이어 안전장치, (4) 벨트컨베이어 퇴적 및 침적물 청소작업 시 안전조치

(1) 시작 전 점검사항

① 역전방지장치, 브레이크 등 안전장치를 점검해야 한다.
② 벨트의 긴장 및 이완상태를 점검해야 한다(이완상태 시 재료 부품의 원활한 운반이 불가능).
③ 모터의 구동 능력과 최대 적재하중을 충분히 검토해야 한다.
④ 운동부의 트러블 요인을 제거해야 한다.

(2) 벨트컨베이어 설비의 설계 순서

벨트컨베이어를 설계 및 제작하는 때에는 다음 사항을 준수하여야 한다.

① 벨트 폭은 화물의 종류 및 운반량에 적합한 것으로서 필요한 경우에는 화물을 벨트의 중앙에 적재하기 위한 장치를 설치하여야 한다.

② 운반정지, 불규칙한 화물의 적재 등에 의해 화물이 낙하하거나 흘러내릴 우려가 있는 벨트컨베이어(화물이 점착성이 있는 경우는 경사 컨베이어에 한한다)에는 화물이 낙하하거나 흘러내림에 의한 위험을 방지하기 위한 장치를 설치하여야 한다.

③ 벨트컨베이어의 경사부에 있어서 화물의 전적재량이 500kgf 이하로서 1개 화물의 중량이 30kgf를 초과하지 않는 경우에는 과부하방지장치를 설치하지 않아도 된다.

④ 벨트 또는 풀리에 점착하기 쉬운 화물을 운반하는 벨트컨베이어에는 벨트 클리너, 풀리스크레이퍼 등을 설치하여야 한다.

(3) 위험기계 · 기구 자율안전확인 고시에 따른 벨트컨베이어 안전장치

① 벨트 폭은 화물의 종류 및 운반량에 적합한 것으로 하며 필요한 경우에는 화물을 벨트의 중앙에 적재하기 위한 장치를 설치해야 한다.

② 벨트컨베이어에는 경사부에서 역주행을 방지하기 위한 장치를 부착해야 한다. 다만, 화물의 전체 적재량이 4,900N(500kg) 이하이며 1개 화물의 중량이 294N(30kgf)을 초과하지 않는 경우로서 벨트의 과속 또는 후진으로 인하여 근로자에게 위험을 미칠 우려가 없는 경우에는 예외로 한다.

③ 벨트 또는 풀리에 점착되기 쉬운 화물을 운반하는 벨트컨베이어에는 벨트 클리너, 풀리스크레이퍼 등을 설치해야 한다.

④ 대형의 호퍼 및 슈트에는 점검구를 설치해야 한다.

⑤ 중력식 장력유지장치(take-up)에는 추의 낙하를 방지하기 위한 장치를 설치해야 한다.

(4) 벨트컨베이어 퇴적 및 침적물 청소작업 시 안전조치

① 청소 시 벨트컨베이어를 정지시켜야 한다.

② 중앙 운전실에 연락을 하고, 현장 스위치 키는 작업자가 휴대한다.

③ 청소 완료 후 벨트컨베이어 가동 시 사전 점검 및 경보 후 가동해야 한다.

④ 청소 시 안전모, 안전화, 방진마스크 등 개인 보호구를 착용한다.

Section 30 설비보전 조직의 형태를 4가지로 분류하여 설명

1 개요

최적의 설비관리 시스템은 정기보전이나 사후보전 체계에 더하여 "설비진단기술"을 활용한 예지보전에 대한 수법과 기술이 중요하다. 생산기술의 급격한 변화에 대응하기 위해서는, 전원 참여하여 생산보전에 임하는 TPM활동과 설비의 상태를 정량적으로 관측하는 설비진단기술(CDT : Machine Condition Diagnosis Technology) 및 설비의 상태(Machine Condition)에 따라 보전하는 예지보전방식(CBM : Condition Based Maintenance)이 필수적으로 고려되고 있다. 즉 설비생산성 향상, 보전 비용의 절감, 설비 돌발고장 및 고장 시간의 최소화와 같은 설비보전 관리의 목적을 달성하기 위하여 최적화된 설비관리가 필요하다.

2 설비보전 조직의 형태를 4가지로 분류하여 설명

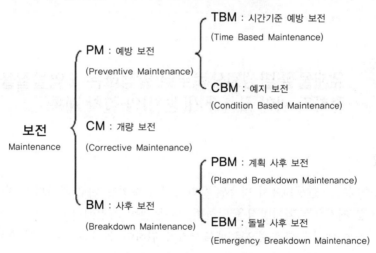

[그림 4-41] 설비보전 방식의 분류

설비보전은 보전분류상 보전 = 예방보전[정기보전(TBM)+CBM]+BM+CM으로 된다.

(1) 예방보전(PM)

사용시간을 근거로 하여 보전을 실시하는 시간기준 예방보전(TBM : Time Based Preventive Maintenance)과 설비를 정기적으로 분해·검사하고 불량인 것은 교환하는 분해·점검형 보전(Inspection & Repair)으로 구성된 정기보전과 설비진단 기술에 의해 설비의 상태(Machine Condition)를 관측하여 그 관측치에 따른 보전을 실시하는 상태기준예방보전(또는 예지보전, CBM : Condition Based Preventive Maintenance)으로 구성된다.

(2) 사후보전(BM)

경제성을 고려하여 계획적인 전략으로서 "고장이 날 때까지 사용하여 보전한다"라고 하는 계획사후보전(PBM : Planned Breakdown Maintenance)방식과, 예상 외의 고장을 긴급 교체 또는 복구하는 긴급사후보전(EBM : Emergency Breakdown Maintenance)으로 분류할 수 있다. 여기서 사후보전 중 계획사후보전(PBM)은 전략적으로 행하는 보전임으로 있어도 좋지만, 긴급 사후보전(EBM)은 적을수록 좋은 것이다. 이 긴급 사후보전(EBM)을 제외한 3가지의 보전 방식은 어느 것이 좋고 어느 것이 나쁘다고 말할 수 없으며, 설비의 열화특성과 예방보전의 비용, 돌발고장에 의한 생산손실, 환경, 안전문제 등의 크기에 의해 선택하여야만 하는 것이다.

예방보전(PM)은 진보된 방식이고 사후보전(BM)은 좋지 않은 방식이라고 정해 버리는 것은 정말로 위험한 것이다. 즉 보전방법은 그 설비가 처한 경제적 환경과 대상 설비의 중요성 및 열화특성에 의해, 최적인 방법을 선택해야 된다는 것을 명기하지 않으면 안 된다.

Section 31 유해물질 발생원으로부터 발생하는 오염물질을 대기로 배출하기 위한 국소배기(장치)의 설치 계통

1 개요

국소배기는 발생원에서 방출된 유해물질이 작업장 내로 확산되기 전에 발생원 근처에서 포집 제거하는 환기방식을 말하며, 예를 들어 가정에서 조리용 가스레인지에서 발생되는 음식 냄새를 효과적으로 배출시키기 위하여 설치하는 부엌의 후드와 같이 레인지 위의 냄비(발생원)에서 발생되는 음식 냄새(유해물질)를 주변으로 확산되기 전 곧바로 배기시키는 것이 국소배기이다.

2 유해물질 발생원으로부터 발생하는 오염물질을 대기로 배출하기 위한 국소배기(장치)의 설치 계통

(1) 국소배기의 적용

① 유해물질의 발생량이 많을 경우
② 유해물질의 독성이 강한 경우

③ 근로자의 작업위치가 유해물질 발생원에 근접해 있을 경우
④ 발생주기가 균일하지 않은 경우
⑤ 발생원이 고정되어 있을 경우
⑥ 법적으로 국소배기시설을 꼭 설치해야 하는 경우

(2) 국소배기의 특징

① 전체 환기시설은 일반적으로 유해물질을 다량의 공기로 희석하므로 유해물질이 제거되지 않고 농도만 낮아지나, 국소배기시설은 발생원에서 유해물질을 제거할 수 있다.
② 필요 환기량이 적어 실내에서 배출되는 공기량이 적고, 따라서 보충되어야 할 급기량도 적어지므로 냉난방 비용면에서 전체 환기시설보다 경제적이다.
③ 유해물질이 소량의 공기 중에 고농도로 포함되어 있으므로 공기정화기를 설치하는 데있어서 경제적이다.
④ 유해물질이 작업장 내로 배출되지 않으므로 유해물질에 의해 기계, 기구, 제품 등이 손상되거나 부식되지 않으며, 유지관리가 용이하다.
⑤ 발생원에 근접하여 배기시키기 때문에 방해기류나 부적절한 급기흐름의 영향을 적게받는다.

(3) 국소배기장치의 구성요소

국소배기장치는 [그림 4-42]와 같이 5개의 요소가 하나의 시스템으로 구성되며, 이는 가정용 진공청소기의 구성을 생각해 보면 보다 쉽게 이해할 수 있다.

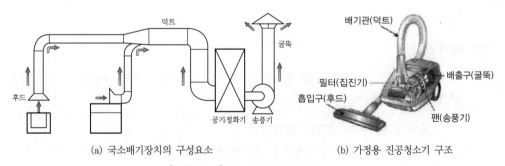

(a) 국소배기장치의 구성요소   (b) 가정용 진공청소기 구조

[그림 4-42] 국소배기장치의 구성요소

가정용 청소기와 같이 먼지(유해물질)를 포집하는 후드(hood), 함진 공기를 이송시키는 통로 역할을 하는 덕트(duct), 먼지를 정화시켜주는 공기정화기(air cleaning device), 공기 이송에 필요한 동력을 제공해주는 송풍기(fan), 정화된 공기를 외부로 배출시켜주는 굴뚝(stack) 등으로 구성되는데, 공기정화기의 경우에는 대기환경보전법에 의해서 일정 용량 이상의 오염물질을 사용하는 경우에 설치하고 있다.

Section 32 화재 시 소화방법

1 개요

소화란 가연물질이 공기 중의 산소 또는 산화제 등과 접촉하여 발생하는 연소현상을 중단시키는 것으로 연소의 3요소 또는 4요소 중 일부 또는 전부를 제거 또는 억제함으로써 이루어진다.

2 화재 시 소화방법

물리적 소화는 냉각소화, 질식소화, 제거소화가 있고, 화학적 소화는 억제소화가 있다.

(1) 냉각소화

연소의 3요소 중 점화원을 제어하는 것으로 가연물에 물 등을 뿌려 가연성 물질의 온도를 발화점 이하로 냉각시키는 것이며 냉각효과를 나타내는 소화약제로는 물, 강화액, CO_2, 포(foam) 등이 있다

(2) 질식소화

연소의 3요소 중 산화제를 제어하는 것으로 산소의 농도를 15% 이하로 감소시켜 소화하는 것이다. 질식효과를 나타내는 것으로 담요, 마른모래, 젖은 가마니, 포, CO_2 등이 있다

(3) 제거소화

연소의 3요소 중 가연물을 제어하는 것으로 가연물을 격리, 파괴, 소멸, 감량, 변질, 희석 등을 시키는 것이다.

① 산불화재 시 주위 산림을 벌채하는 것
② 촛불을 입으로 불어 가연성 가스와 점화원과의 접촉을 격리시키는 것
③ 화학반응기 가스 화재 시 원료 공급관의 밸브를 잠그는 것
④ 유류탱크 화재 시 탱크 밑으로 기름을 빼내는 방법 등

(4) 억제소화(부촉매소화)

연소의 4요소 중 순조로운 연쇄반응을 제어하는 것으로 불꽃연소 시 발생하는 활성라디칼의 반응을 억제시켜 연쇄반응을 일으키지 못하게 하는 것이다. 억제소화효과를 나타내는 것으로는 분말, 할로겐화합물 소화약제 등이 있다.

(5) 유화소화

유류화재 시 포 소화약제를 방사하는 경우나 물보다 비중이 큰 중유 등의 화재 시 무상주수할 경우 표면에 형성된 유화층이 물과 기름의 중간성질을 나타내며 엷은 막으로 산소를 차단시키는 소화방법이다.

(6) 희석소화

알코올과 같이 수용성액체는 물에 잘 녹으므로 물을 주입하여 가연물의 연소농도 이하로 희석시키는 소화방법이다.

(7) 피복소화

이산화탄소처럼 공기보다 무거운(비중 1.25) 물질로 가연물 주위를 덮어 소화하는 방법이다.

Section 33

공정안전도면 중 PFD(Process Flow Diagram), P&ID (Process & Instrument Diagram)의 용도와 표시사항 중심으로 설명

1 공정안전도면 중 PFD(Process Flow Diagram)

공정흐름도(PFD : Process Flow Diagram)는 공정계통과 장치설계기준을 나타내는 도면이며, 주요장치, 장치 간의 공정연관성, 운전조건, 운전변수, 물질수지, 에너지수지, 제어 설비 및 연동장치 등의 기술적 정보를 파악할 수 있는 도면을 말한다. 물질수지(material balance)는 공정 중에 사용되는 주원료 및 부원료의 양과, 제품이나 부산물의 양 또는 폐가스, 폐액 등으로 배출되는 손실량 간의 수지 계산을 말한다. 열수지(heat balance)는 원하는 공정조건을 충족시키기 위하여 가열, 냉각시키거나 화학반응의 결과로 반응열이 발생 또는 흡수되는 등, 공정 중의 물질계 상태변화에 따른 일 및 에너지 변화량에 대한 수지 계산을 말한다.

(1) PFD에 표시되어야 할 사항

PFD에는 공정 설계 개념을 파악하는 데 필요한 기본적인 제조공정 개요와 공정 흐름, 공정 제어의 원리, 제조설비의 종류 및 기본사양 등이 표현되어야 하며 다음의 사항을 포함한다.

① 공정처리 순서 및 흐름의 방향(flow scheme & direction)

② 주요 동력기계, 장치 및 설비류의 배열

③ 기본 제어논리(basic control logic)

④ 기본설계를 바탕으로 한 온도, 압력, 물질수지 및 열수지 등

⑤ 압력용기, 저장 탱크 등 주요 용기류의 간단한 사양

⑥ 열교환기, 가열로 등의 간단한 사양

⑦ 펌프, 압축기 등 주요 동력 기계의 간단한 사양

⑧ 회분식 공정인 경우에는 작업순서 및 작업시간

PFD의 특성은 제조공정을 한눈에 알아볼 수 있도록 정확하고 알기 쉽게 만들어져야 하며 가능한 전체 시스템을 한 장에 나타내는 것이 좋다. 다만, 공정설비가 복잡한 경우 여러 장으로 분할하여 작성할 수 있다. 공정 흐름 순서에 따라 좌측에서 우측으로 장치 및 동력 기계를 배열하고 물질수지와 열수지는 도면의 하단부에 표시한다.

② 공정안전도면 중 P&ID(Process & Instrument Diagram)

P&ID란 Process Industry에서 많이 사용되며 공정을 구성하는 장치와 Piping, Instrument의 관계(Interrelationship)를 도식화하고 도표화한 것을 말하며 Piping and Instrumentation Diagram의 줄임말이며. PID라고 읽거나 표기하기도 한다. Engineering document 중에서 중요한 설계 도서로써, Plant Engineering의 가장 기초가 되는 자료로 배관이나 설비 Utility들에 대해서 정해진 규정을 따라 기호, 약어를 사용하여 도면상에 표기하며 기계, 전기, 배관, 계장에 대한 정보가 포함되어 있다. 도면상에 설비별 번호(Tag.No, Equipment No.)가 부여되어 식별할 수 있게 하고 공정의 핵심적인 기술이 포함되어 있다. P&ID는 프로젝트의 시작, 상세설계, 시운전, 상업운전 모든 부분에 있어서 수시로 살펴보고 참고하는 자료이며 Process design의 중요한 설계 도서이다.

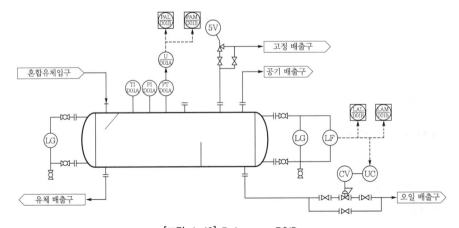

[그림 4-43] Reference P&ID

Section 34

지게차의 지게차 작업 시 발생되는 주요 위험성(3가지)과 위험요인/작업계획서 작성 시기

1 지게차의 위험성과 위험요인

지게차 작업에 따른 위험요인은 다음과 같이 세 가지로 구분할 수 있다.

(1) 화물의 낙하

① 불안전한 화물의 적재
② 부적당한 작업장치 선정
③ 미숙한 운전 조작
④ 급출발, 급정지 및 급선회

(2) 협착 및 충돌

① 구조상 피할 수 없는 시야의 악조건(특히 대형화물)
② 후륜주행에 따른 하부의 선회 반경

(3) 차량의 전도

① 요철 바닥면의 미정비
② 취급되는 화물에 비해서 소형의 차량
③ 화물의 과적재
④ 급선회

2 작업계획서의 포함내용과 작성 시기

(1) 작업계획서에 포함하는 내용

① 당해 작업장소의 넓이 및 지형
② 당해 차량계 하역운반기계 등의 종류 및 능력
③ 화물의 종류 및 형상
④ 당해 차량계 하역운반기계의 운행경로 및 작업방법

(2) 작업계획서의 작성 시기

① 일상작업은 최초 작업개시 전
② 작업장 내 구조, 설비 및 작업방법이 변경되었을 때

③ 작업장소 또는 화물의 상태가 변경되었을 때

④ 차량계 하역운반기계의 운전자가 변경되었을 때

⑤ 수시작업은 매 작업개시 전

Section 35 줄걸이용 와이어로프의 연결고정방법

1 개요

와이어로프(wire rope)라 함은 양질의 탄소강(C : 0.50~0.85)의 소재를 인발한 많은 소선(wire)을 집합하여 꼬아서 스트랜드(strand)를 만들고 이 스트랜드를 심(core) 주위에 일정한 피치(pitch)로 감아서 제작한 일종의 로프이다.

2 줄걸이용 와이어로프의 연결고정방법

줄걸이용 와이어로프의 연결 고정방법은 다음과 같다.

(1) 아이 스플라이스(eye splice) 가공법

① 연결을 링 형태로 가공하는 방법으로 와이어로프의 모든 스트랜드를 3회 이상 끼워 짠 후 각 스트랜드 소선의 절반을 절단하고 남은 소선을 다시 2회 이상 끼워 짜야 한다. 다만, 모든 스트랜드를 4회 이상 끼워 짠 때에는 1회 이상 끼워 짜야 한다.

② 아이(eye)부위에 심블(thimble)을 넣는 경우에는 심블이 반드시 용접된 상태이어야 한다.

[그림 4-44] 아이 스플라이스 가공법

(2) 소켓(socket) 가공법

① 연결부에 금형 또는 소켓을 부착하여 용융금속을 주입하여 고착시킨다.

② 반드시 와이어로프를 시이징(Seizing) 처리 후 소선을 완전히 풀어헤친 상태에서 용융금속을 주입해야 한다.

③ 현수교 등 하중이 크게 걸리는 곳에 주로 사용하며 정확히 가공하면 이음효율이 100%이며 소켓의 종류는 개방형과 밀폐형, 브릿지 소켓이 있다.

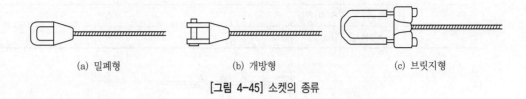

(a) 밀폐형   (b) 개방형   (c) 브릿지형

[그림 4-45] 소켓의 종류

(3) 록(lock) 가공법

① 파이프형태의 슬립(slip)에 와이어로프를 넣고 압착하여 고정시킨다.
② 로프의 절단하중과 거의 동등한 효율을 가지며 주로 슬링용(sling) 로프에 많이 사용된다.

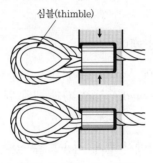

심블(thimble)

[그림 4-46] Lock 가공법

(4) 클립(clip) 체결법

클립 체결법은 다음과 같은 사항을 주의해야 한다.

① 클립의 새들(saddle)은 [그림 4-47]과 같이 와이어로프의 힘이 걸리는 쪽에 있어야 한다.
② 클립 수량과 간격은 로프 직경의 6배 이상, 수량은 최소 4개 이상일 것
③ 하중을 걸기 전후에 단단하게 조여 줄 것
④ 가능한 한 심블을 부착할 것
⑤ 남은 부분을 시이징할 것
⑥ 심블을 사용할 경우에는 심블이 이탈되지 않도록 용접되어야 한다.
⑦ 클립의 체결수량은 다음 [표 4-4]에 따른다.

[표 4-4] 체결 클립 개수

와이어로프의 지름(mm)	클립수(개)
16 이하	4
16 초과 ~ 28 이하	5
28 초과	6

적합

부적합

부적합

[그림 4-47] 클립 체결법

(5) 웨지(wedge socket) 소켓법

쐐기의 일종으로 쐐기에 로프를 감아 케이스에 밀어 넣어 결속하는 방법이며 비대칭 웨지 소켓법(asymmetric wedge socket)과 대칭 웨지 소켓법(symmetric wedge socket)이 있다.

① 작업이 간편하고 현장에서 쉽게 적용할 수 있는 가공방법이다.
② 장력을 받는 로프의 방향이 직선이 되도록 유의한다.
③ 로프 지름에 비해 웨지가 작을 경우 로프 형태가 파괴되고 효율이 저하한다.

Section 36 · 크레인을 사용하여 철판 등의 자재 운반 작업 시 사용하는 리프팅 마그넷(Lifting Magnet) 구조의 요구사항

1 개요

자동식 리프팅 마그넷은 이중 안정 작동구조로, 장비가 자석의 극성 상태를 유지하는 동안에는 전기를 소모하지 않는다. 극성 전환은 수동 작동 버튼 혹은 내장된 적재 감지 시스템의 짧은 전기파형으로 자동 제어된다. 낮은 전기의 소모는 작동시간을 연장하여 효율적인 작업을 가능하게 한다.

② 리프팅 마그넷(Lifting Magnet) 구조의 요구사항

리프팅 마그넷의 요구사항은 다음과 같다.

① 리프팅 마그넷 등에 부착된 명판에는 정격하중을 표시한다.
② 조작 마그넷 등의 조작스위치나 핸들에는 운전형식 및 방법을 표시한다.
③ 조작 전기회로의 대지전압은 교류 150V, 직류 300V를 초과하지 않는다.
④ 정전 시 배터리에서 전원이 공급될 경우 운전자에게 전원공급이 배터리에서 공급됨을 경보하기 위한 음향신호를 가지고 있어야 한다.
⑤ 리프팅 마그넷의 흡착력의 시험은 정격하중의 2배 이상으로 한다.

Section 37

타워크레인의 설치·해체작업 자격취득 신규 및 보수 교육 시간, 타워크레인을 대여받은 자의 조치내역, 타워크레인 설치작업 순서

① 타워크레인 설치 · 해체작업 유경험자에 대한 경과조치

(유해 · 위험작업의 취업 제한에 관한 규칙. 부칙 제5조 〈고용노동부령 제261호〉)

① 개정규정에 따른 타워크레인의 설치 · 해체작업을 6개월 이상 수행한 경험이 있고 한국산업안전공단에서 실시하는 신규교육 및 보수교육을 모두 수료한 자는 개정규정에 불구하고 타워크레인의 설치 · 해체작업 자격이 있는 것으로 본다.
② 이 규칙 시행 당시 타워크레인 설치 · 해체작업을 6개월 이상 수행한 경험이 있는 자로서 한국산업안전공단 또는 타워크레인 설치 · 해체자격 교육기관에서 이론교육을 24시간 이상 받은 자는 타워크레인의 설치 · 해체작업 자격이 있는 것으로 본다.
③ 타워크레인을 대여받은 자는 다음 각 호의 조치를 해야 한다.
  ㉠ 타워크레인을 사용하는 작업 중에 타워크레인 장비 간 또는 타워크레인과 인접 구조물 간 충돌위험이 있으면 충돌방지장치를 설치하는 등 충돌방지를 위하여 필요한 조치를 할 것
  ㉡ 타워크레인 설치 · 해체 작업이 이루어지는 동안 작업과정 전반(全般)을 영상으로 기록하여 대여기간 동안 보관할 것
④ 해당 기계 등을 대여하는 자가 제100조 제2호 각 목의 사항을 적은 서면을 발급하지 않는 경우 해당 기계 등을 대여받은 자는 해당 사항에 대한 정보 제공을 요구할 수 있다.
⑤ 기계 등을 대여받은 자가 기계 등을 대여한 자에게 해당 기계 등을 반환하는 경우에는 해당 기계 등의 수리 · 보수 및 점검 내역과 부품교체 사항 등이 있는 경우 해당 사항에 대한 정보를 제공해야 한다.

❷ 설치순서 및 Telescoping 작업 시 주의사항

(1) 설치순서

기초 앵커 설치 → Basic master 설치 → Telescoping cage 설치 → 운전실 설치 → Cat head 설치 → Counter Jib 설치 → 권상장치 설치 → Main Jib 설치 → Counter weight 설치 → Trolley 주행용 와이어로프 설치 → 권상용 와이어로프 설치 → Telescoping 작업

(2) Telescoping 작업 시 주의사항

① 풍속 10m/s 이하에서만 설치한다.
② 작업 전 반드시 타워크레인 균형을 유지한다.
③ 텔레스코핑 작업 중 절대로 선회, 트롤리 이동 및 권상작업 등 일체의 작동을 금지한다.
④ 최종 마스트를 올린 후 볼트와 핀 체결 완료 시까지는 선회 및 주행 작동을 해서는 안 된다.

Section 38

위험성 평가방법 중 정성적, 정량적 평가방법의 특징 및 종류를 쓰고 정성적 평가기법 중 4M, Check list, What-if, 위험과 운전분석(HAZOP)에 대해 설명

❶ 개요

위험성 평가는 평가대상 공정(작업)에 있어 위험기계 또는 위험물질에 대한 유해·위험요인을 찾아내고 그 유해·위험요인이 사고로 발전할 수 있는 가능성을 최소화하기 위한 대책을 수립하는 것으로 주로 다음과 같은 문제의식을 가져야 한다.

❷ 위험성평가방법 중 정성적, 정량적 평가방법의 특징 및 종류를 쓰고 정성적 평가기법 중 4M, Check list, What-if, 위험과 운전분석(HAZOP)

위험성 평가 방법은 크게 나누어 유해·위험요인을 도출하고 유해·위험요인에 대한 안전대책을 확인·수립하는 정성적 평가와 위험요인별로 사고로 발전할 수 있는 확률과 사고피해 크기를 정량적으로 계산하여 위험도를 수치로 계산하고 허용범위를 벗어난 위험에 대한 안전대책을 세우는 정량적 평가가 있다. 정량적 평가에 있어 확률과 피해크기를 수치화하는 것은 현실적으로 어렵고 확률과 피해크기에 대한 신뢰도 문제가 제기될

가능성이 있어 최근 이러한 단점을 보완하는 방법으로 정성적인 유해·위험요인 도출에 발생빈도와 피해크기를 그룹으로 나눠 위험도를 정하는 방법을 사용하는 것이 보통으로 정량적 평가방법과 함께 Risk assessment(KOSHA code에서 "위험성 평가"로 번역)의 범주에 포함시키고 있다.

(1) 정성적 평가(Hazard identification method)

① 체크리스트 평가(Check list)

공정 및 설비의 오류, 결함 상태, 위험 상황 등을 목록화한 형태로 작성하여 경험적으로 비교함으로써 위험성을 정성적으로 파악하는 위험성 평가 기법이다.

② 사고예상 질문분석(What-If 분석)

공정에 잠재하고 있으면서 원하지 않은 나쁜 결과를 초래할 수 있는 사고에 대하여 예상 질문을 통해 사전에 확인함으로써 그 위험과 결과 및 위험을 줄이는 위험성 평가 기법이다.

③ 상대위험순위(Dow and mond indices)

설비에 존재하는 위험에 대하여 수치적으로 상대위험 순위를 지표화하여 그 피해정도를 나타내는 상대적 위험 순위를 정하는 위험성 평가 기법이다.

④ 위험과 운전분석(HAZard & OPerability studies, HAZOP)

대상공정에 관련된 여러 분야의 전문가들이 모여서 공정에 관련된 자료를 토대로 정해진 연구(Study) 방법에 의해 공장(공정)이 원래 설계된 운전목적으로부터 이탈(Deviation)하는 원인과 그 결과를 찾아보며 그로 인한 위험(Hazard)과 조업도(Operability)에 야기되는 문제에 대한 가능성이 무엇인가를 조사(Investigation)하고 연구(Study)하는 위험성 평가 기법이다.

⑤ 이상과 위험도분석(Failure modes effects & criticality analysis : FMECA)

공정 및 설비의 고장의 형태 및 영향, 고장형태별 위험도 순위 등을 결정하는 위험성 평가 기법이다.

(2) 정량적 평가(Hazard assessment method)

① 결함수 분석(Fault Tree Analysis, FTA)

하나의 특정한 사고에 집중한 연역적 기법으로 사고의 원인을 규명하기 위한 평가기법을 제공한다. 결함 수는 사고를 낳을 수 있는 장치의 이상과 고장의 다양한 조합을 표시하는 위험성평가 기법이다.

② 사건수 분석(Event Tree Analysis, ETA)

정량적 분석방법으로 초기화 사건으로 알려진 특정한 장치의 이상이나 근로자의 실수로부터 발생되는 잠재적인 사고결과를 예측·평가하는 기법이다.

③ 원인-결과분석(Cause-Consequence Analysis, CCA)

잠재된 사고의 결과와 이러한 사고의 근본적인 원인을 찾아내고 사고 결과와 원인의 상호관계를 예측하는 위험성 평가 기법이다.

기계설비 위험성 평가의 효율적인 실행을 위하여 준비하여야 할 사항 6가지

① 개요

위험성 평가는 가능한 한 논리적이고 시스템적인 방법으로 기계에 관련된 위험성을 진단하며 진단된 위험성에 위험수준감소 조치를 하고 다시 평가하여 새로운 위험성을 진단한다. 이러한 절차를 반복하면 위험을 최대한 제거할 수 있고 최선의 안전조치를 강구할 수 있으며 위험성 평가는 기계의 안전성을 판단할 수 있게 한다.

② 기계설비 위험성 평가의 효율적인 실행을 위하여 준비하여야 할 사항 6가지

위험성 평가를 위한 자료준비는 다음과 같다.

1) 위험성 평가를 하기 위하여 다음의 자료들을 수집하고 준비한다.
   ① 기계의 범위
   ② 기계의 수명을 평가할 수 있는 자료
   ③ 기계설계 도면 또는 사양서
   ④ 동력 자료
   ⑤ 사고 및 고장사례
   ⑥ 재해발생 사례

2) 설계가 개량되고 변경되었을 경우에 관련 자료를 보완하여야 한다.

3) 다른 종류의 기계가 갖고 있는 유사한 위험상태를 비교함으로써 그 상태가 사고를 발생시킬 수 있는지에 대한 자료로 활용할 수 있다.

4) 사고사례가 없거나 발생된 사고의 수가 적고 사고의 강도가 낮은 경우만으로 위험성이 낮다고 판단하여서는 아니 된다.

5) 사용된 정보와 자료들에 관련된 불확실한 사항들은 위험성 평가 기록 문서에 표기한다.

6) 관계 전문가들의 경험으로부터 도출되어 합의된 자료들은 정성적인 평가자료로 활용할 수 있다.

Section 40

안전검사 합격표시 및 표시방법에 있어서 안전검사합격증 명서에 안전검사대상 기계명을 제외한 나머지 기재할 항 목 5가지

1 개요

안전검사합격증명서는 고용노동부장관이 제93조 제1항에 따라 안전검사에 합격한 사업주에게 고용노동부령으로 정하는 바에 따라 안전검사합격증명서를 발급하여야 한다. 안전검사합격증명서를 발급받은 사업주는 그 증명서를 안전검사대상기계 등에 붙여야 한다.

2 안전검사합격증명서에 안전검사대상 기계명을 제외한 나머지 기재할 항목 5가지

안전검사 합격표시 및 표시방법(제73조의 2 및 제73조의 3 관련, 별표 9의 4, 개정 2016. 10. 28.)은 다음과 같다.

(1) 합격표시

안 전 검 사 합 격 증 명 서	
① 검사대상 유해 · 위험기계명	
② 신청인	
③ 형식번호(기호)	
④ 합 격 번 호	
⑤ 검 사 유 효 기 간	
⑥ 검 사 원	검사기관명: ㅇ ㅇ ㅇ 서명
	고 용 노 동 부 장 관 [직인]

(2) 표시방법

1) ② 신청인란에는 사용자의 명칭, 상호명 등을 적는다.

2) ③ 형식번호란에는 검사대상 유해 · 위험기계를 특정하는 형식번호나 기호 등을 적으며, 설치장소는 필요한 경우 적는다.

3) ④ 합격번호는 안전검사합격증명서 번호를 적는다.

□ □	–	□	□ □	–	□	–	□ □ □ □
㉠ 합격연도		㉡ 검사기관	㉢ 지역(시, 도)		㉣ 안전검사대상품		㉤ 일련번호

㉠ 합격연도 : 해당 연도의 끝 두 자리 수(보기 : 2009 → 09, 2010 → 10)

㉡ 검사기관별 구분(A, B, C)

㉢ 지역(시, 도)란에는 다음 표의 해당번호를 적는다.

지역명	구분	지역명	구분	지역명	구분	지역명	구분
서울특별시	02	광주광역시	62	강원	33	경남	55
부산광역시	51	대전광역시	42	충북	43	전북	63
대구광역시	53	울산광역시	52	충남	41	전남	61
인천광역시	32	경기	31	경북	54	제주	64

㉣ 안전검사대상품 : 검사대상품의 종류 표시

차례	종류	표시부호
1	프레스	A
2	전단기	B
3	크레인	C
4	리프트	D
5	압력용기	E
6	곤돌라	F
7	국소배기장치	G
8	원심기	H
9	화학설비	I
10	건조설비	J
11	롤러기	K
12	사출성형기	L

㉤ 일련번호 : 각 실시기관별 합격 일련번호 4자리

4) ⑤ 검사유효기간란에는 합격 연월일과 효력만료 연월일을 적는다.

5) 합격표시의 규격은 가로 90mm 이상, 세로 60mm 이상의 직사각형 또는 지름 70mm 이상의 원형으로 하며, 필요시 안전검사대상 유해·위험기계 등에 따라 조정할 수 있다

6) 합격표시는 유해·위험기계 등에 부착·인쇄 등의 방법으로 표시하며, 내용을 알아보기 쉽게 하고 지워지거나 떨어지지 아니하도록 표시해야 한다.

7) 검사연도 등에 따라 색상을 다르게 할 수 있다.

Section 41 사출성형기의 위험요인, 방호조치 및 금형 교체 시 작업안전

1 개요

이 지침은 산업안전보건기준에 관한 규칙(이하 "안전보건규칙"이라 한다) 제121조(사출성형기 등의 방호장치)에 의거 사출성형기의 사고원인과 상세한 방호조치기준, 안전점검 및 안전상 주의점 등에 관한 기술적 사항을 정함을 목적으로 한다. 위험요인(hazard)이라 함은 신체의 손상이나 상해를 초래할 수 있는 근원을 말한다.

2 사출성형기의 위험요인, 방호조치 및 금형 교체 시 작업안전

(1) 사출성형기의 위험요인, 방호조치

1) 작업자 위치에서 이동형판(Platen) 및 금형 사이에 협착

　　방호 조치는 고정금형 사출기는 연동장치, 연동형 가드, 광전센서, 고정가드가 있으며 느슨한 금형프레스는 두 개의 가드위치 센서를 가진 단일 채널 연동장치로 방지해야 한다.

2) 코어 및 이젝터 기구에서의 협착

　　작업자 전방에 설치된 가드와 연동하거나 위험한 부위마다 설치한 고정식 가드로 위험한 부위에 접근하는 것을 방지한다.

3) 중력에 의한 낙하로 형판/금형 사이의 협착(수직형 사출성형기)

　① 램, 형판과 금형의 무게를 지지할 수 있는 능력을 갖는 하나 이상의 받침대(scotch)를 형판이 상사점에 도달하였을 때 삽입할 수 있는 구조로 한다.

　② 연동형 가드와 연결되어 동작하는 받침대가 제 위치에 놓이기 전까지 가드가 열릴 수 없는 구조

4) 신체의 접근이 가능한 금형 및 형판 사이의 협착

　　방호조치는 인체 감지 장치(A person-sensing device)가 형판을 닫히지 못하게 하는 구조

5) 사출성형기 뒤쪽에서 이동하는 형판/금형 사이의 협착

　　방호조치는 고정식 가드나 연동형 가드를 설치한다.

6) 다중 사출성형기(Multidaylight press)의 형판들 사이의 협착

　　방호조치는 형판이 닫쳐진 상태로 남아 있도록 형판과 연동되는 가드 설치

7) 송급장치/취출장치에서 움직이는 위험한 부위들

　　고정식 가드나 접근이 필요하다면 2개의 위치를 감지하는 센서(2 position sensor)와 연동하고 교차해서 모니터링을 할 수 있는 가드 설치

8) 고온 표면에서의 화상

    80℃ 이상의 고온부에는 불시 접촉을 예방하기 위한 가드나 단열재 사용

(2) 금형 교체 시 작업안전

    사고는 작업의 안전시스템이 이행되지 않고 연동장치가 무시되기 때문에 세팅하는 동안 발생한다. 금형 교체 시 안전조치 사항은 다음과 같다.

1) 금형 교체 전

    ① 상부 형판은 최고로 상승시킨 위치에서 받침대/굄목으로 받쳐야 한다.

    ② 배출 메커니즘에 접근하기 전에 배출 메커니즘의 전원을 차단해야 한다.

    ③ 무거운 금형을 해체하고 설치하기 위하여 적절한 양중 설비를 준비해야 한다.

    ④ 금형 설치 과정임을 알리는 표식을 기계 제어부에 하여야 한다.

2) 가드/연동장치의 사용 상태에서 금형 교체(선호되는 방법)

    ① 금형구역에서 사출성형기 안전장치의 기능을 먼저 확인하고 난 후 금형 교체, 설치 또는 시험 작동을 해야 한다.

    ② 만약 어떤 신체적 작업이 형판 사이에서 필요하다면 비상정지장치를 사용해야 한다(모든 가드와 연동장치가 작동 중이라도). 이는 위에서 설명한 내용에 추가된다는 점에 유의해야 한다.

    ③ 가드가 열린 상태에서 형판의 움직임이 필요하다면 사출성형기의 제어부에 적절한 무효화 장치를 포함시킨 후에 한하여 작동되어야 한다. 적합하려면 이러한 무효화 장치는 저압과 함께 양수조작식 및 저속(10mm/min 이하) 또는 미동 등을 포함하며 무효화 모드의 선택 시 자동적으로 실시된다.

    ④ 만약 설치시간이 길어지고 동력에 의한 프레스의 움직임이 필요 없다면 기계는 전원을 차단하고 저장된 에너지를 방출시켜야 한다.

3) 가드/연동 장치제거 상태에서 금형교체(꼭 필요한 경우에만)

    ① 만약 가드 또는 연동장치가 제거되어야 한다면 사출성형기는 전원을 차단하고 저장된 에너지를 방출해야 한다.

    ② 만약 가드가 제거된 상태에서 사출성형기의 금형을 동력으로 움직이게 하는 것이 필요하다면 미동이나 가동유지장치 또는 양수조작 제어가 되는 저압이동이 자동적으로 채용되는 잠금식모드 선택 키(lockable mode selector key)의 사용만 가능하다.

4) 금형 교체 후

    ① 가드/연동장치가 복구되고 작업자에게 사출성형기를 돌려주기 전에 가드가 적절하게 기능을 발휘하는지 증명하기 위해 월간 유지 관리리스트에 관련된 점검을 수행하여야 한다.

    ② 기계적 구속 수단이 올바르게 조정되었는지 확인해야 한다.

    ③ 작업자는 사출성형기로 생산하기 전에 동작 점검을 별도로 시행해야 한다.

기계설비제어 시 시각적 표시장치의 종류와 시각적 표시장치와 청각적 표시장치 비교

1 개요

최근 들어, 액정 표시 장치로 대표되는 박형, 경량 및 저소비 전력의 표시 장치가 현저히 보급되어 있다. 이러한 표시 장치의 전형적인 탑재 형태는, 예를 들어 휴대 전화기, 스마트폰, 노트북형 PC(Personal Computer) 등이다. 또한 향후에는 보다 박형의 표시 장치인 전자 페이퍼의 개발 및 보급도 급속히 진행될 것이라 기대되고 있다. 이러한 상황 속에서, 각종 표시 장치에 있어서 소비 전력을 저하시키는 것과 안전사고를 방지하고 운영자에게 정확하게 판단하여 시용하도록 유도하고 있다.

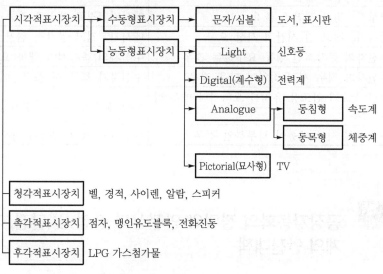

[그림 4-48] 표시장치의 분류

2 기계설비제어 시 시각적 표시장치의 종류와 시각적 표시장치와 청각적 표시장치 비교

(1) 시각적 표시장치의 종류

1) 정량적 표시장치
  ① 정목동침형 : 눈금은 고정, 지침이 움직이는 형태이다.
  ② 정침동목형 : 지침은 고정, 눈금이 움직이는 형태이다.

2) 정성적 표시장치

온도, 압력, 속도와 같이 연속적으로 변하는 변수의 대략적인 값이나 변화 추세, 비율 등을 알고자 할 때 주로 사용한다.

3) 상태표시기 : 체계의 상황이나 상태를 나타낸다.

4) 신호, 경고등

(2) 시각적 표시장치와 청각적 표시장치 비교

시각적 표시장치와 청각적 표시장치 비교하면 [표 4-5]와 같다.

[표 4-5] 청각적 표시장치와 시각적 표시장치의 비교

청각적 표시장치	시각적 표시장치
메시지·경고 간단	메시지·경고 복잡
메시지·경고 짧음	메시지·경고 긺
메시지·경고 재참조 불가	메시지·경고 재참조 가능
메시지·경고 긴 시간적 사상 요구	메시지·경고 공간적 위치 중요
수신자의 즉각적인 행동 요구하는 경우	수신자의 즉각적인 행동 요구하지 않음
수신자가 직무 시 움직임이 많을 경우	수신자가 직무 시 움직임이 거의 없는 경우
수신 장소가 암조응 유지를 요하거나 매우 밝은 경우	수신 장소가 소음 발생이 큰 경우
수신자의 시각 계통이 과부하인 경우	수신자의 청각 계통이 과부하인 경우

Section 43

공장자동화의 정의와 안전상의 장점 및 단점, 자동화 기계의 안전대책

① 개요

자동화 설비란 최소한의 노력으로 최대 효과를 창출하고 편리한 생산 활동과 근로자 보호를 위해 필요 되는 것으로 최근 현장의 욕구와 기업 경영 목표가 부합하면서 공장자동화 증가율이 높아지고 있는데 이는 곧 공장과 같은 산업현장에 자동화 설비가 배치된다는 것을 의미한다.

② 공장자동화의 안전상의 장점 및 단점, 자동화 기계의 안전대책

(1) 자동화 설비의 장점

① 로봇은 하루 24시간 365일 연속해서 가동할 수 있다.

② 사람보다 빠른 속도로 작업에 임할 수 있기 때문에 생산효율이 매우 높다.

③ 사람의 경우 숙련도나 건강, 집중 상태 등 인적 요인에 의해 제품의 품질이 어느 정도 편차가 나오기 마련이다. 그러나 로봇은 이러한 인적 요인에 의한 트러블 휴먼에러를 제거하고 불량률을 줄여 일정한 품질을 계속해서 유지할 수 있다.

④ 공장 전체에 필요한 작업자의 수를 획기적으로 줄일 수 있을 뿐만 아니라 어느 작업자가 갑자기 일을 그만두게 되는 경우에도 그 대체인력을 확보하기 위한 비용을 절감할 수 있다.

⑤ 무거운 중량물 운반 등으로 인한 사람의 육체적 피로가 감소한다.

⑥ 유해가스, 분진, 고·저온, 소음, 진동 등의 좋지 않은 환경 속에서 사람을 대체하여 일할 수 있고, 진공, 고압력, 방사선 등과 같은 환경 속에서도 일할 수 있기 때문에 작업에 대한 안전성도 보장되어 있다.

(2) 자동화 설비의 단점

① 자동화 로봇을 도입한 생산 라인을 도입하는 데 초기에 고액의 설비투자 비용이 발생한다.

② 일정 금액이 설비 유지비용으로 소모되고, 자동화 설비를 활용 및 유지·보수할 수 있는 기술자의 육성과 고용이 필수적이기 때문에 생산 관리 측면에서의 인력 최소화에는 한계가 있다.

③ 일부 생산라인은 자동화 설비로 대체할 수 있지만, 아직 공장 전체를 무인화하기에는 많은 제한사항이 있다.

④ 각 공정당 필요로 하는 설비에 대한 관리가 필수적이고, 각 공정의 라인 설비들끼리 연계가 중요하기 때문에 세세한 로봇 조정 및 철저한 유지 보수 관리가 필수적이다.

⑤ 설비 고장으로 인한 재해 발생 위험성도 존재한다. 특히 대형화, 고속화가 클수록 큰 위험성을 내포하고 있다.

⑥ 날로 높아지는 공장 자동화율에 비해, 이에 대한 안전대책 수준은 많이 미흡한 상태이다.

⑦ 자동화 설비는 돌발 사태 발생 시 그 재해 강도가 높은 경우가 많기 때문에 이러한 자동화 설비에 대한 안전 대책 적용은 빠른 시일 내에 해결해야 할 문제이다.

(3) 기계에 대한 안전 대책

① 브레이크, 모터 등과 같은 제어장치의 운전 상태 점검 및 보완을 실시한다.

② 기계 외부에 있는 예리한 각이나 면을 극소화하고, 내부에 있는 동력 전달 부분의 틈이나 간격을 최소화한다.

③ 하부나 운동부를 덮개로 덮어 불순물 침투를 방지하고, 덮개 개방 시에도 활용가능한 안전 시스템을 구비한다.

④ 각각의 제어장치가 설치되어 있는 안전장치를 구비한다.

⑤ 이물질이 닿아도 작동하지 않는 조작 장치로 구성 및 쉽게 사용가능한 다수의 급정지 장치를 배치한다.

⑥ 기계 주변에 울타리와 덮개, 경보 발생 시스템을 설치한다.

⑦ 절전 시 자동화 기기가 조건 정지, 외관상 정지, 완전 정지 등을 구분하도록 표시하고 정비 후 가동 시 급격한 시동으로 인한 고장 발생 방지 기능을 적용한다.

⑧ 자동 주유 방식 시스템과 고열 발생 부분에 대한 별도의 안전대책 수립이 필요하다.

⑨ 전원 차단 후에 위험 지역 작업 시 작업자들이 볼 수 있는 곳에 안전 유의사항을 설치한다.

Section 44 개스킷 취급 시 주의사항을 설명하고, 비금속 개스킷의 인장강도 저하에 따른 누설 원인(플랜지 및 개스킷 등의 접합부에 관한 기술지침, 2016. 11, 한국산업안전보건공단)

1 개요

개스킷의 선정 시에는 취급하는 위험물질의 물리화학적 성질, 사용온도, 압력 등과 〈별표 6〉의 선정지침, 제조사의 제품 명세를 참고하여 적당한 재질의 개스킷을 선정한다.

2 개스킷 취급 시 주의사항을 설명하고, 비금속 개스킷의 인장강도 저하에 따른 누설 원인

개스킷 취급 시 주의사항을 설명하고, 비금속 개스킷의 인장강도 저하에 따른 누설 원인은 다음과 같다.

(1) 개스킷 취급 시 주의사항

개스킷 취급 시 주의사항은 다음과 같다.

① 운전 중에 진동, 온도변화, 압력 등의 영향으로 볼트가 풀려져 체결력(조임력)의 저하가 생기고 누설이 될 수 있으므로 정기적으로 누출 여부를 확인하고 누출이 의심될 경우 볼트의 풀림을 재체결하여야 한다.

② 유체의 내압에 의해 볼트의 늘어남과 플랜지의 변형으로 개스킷의 체결압(조임압)이 저하되면 개스킷의 응력이 완화되어 누설이 발생할 수 있어, 플랜지의 강도와 볼트의 강도를 재검토하여야 한다.

③ 유체의 온도변화와 압력변동에 따른 체결력의 이상은 개스킷의 수명과도 관계가 있는 것으로 볼트의 신장과 플랜지의 변형으로 인해 개스킷의 압축, 복원력이 따라가지 못해 누설이 발생할 수 있다.

④ 개스킷의 폭이 넓어지거나, 인장강도가 크면 파손이 잘 되지 않는다.

⑤ 개스킷의 내경이 커 실링폭이 좁으면 개스킷의 파손율이 높아진다.

⑥ 물이 얼어서 얼음이 되면 체적이 팽창하며, 팽창 압력이 대단히 크기 때문에 수압에 의해 파손되는 것과 동일한 상태로 개스킷이 파손된다.

(2) 비금속 개스킷의 인장강도 저하에 따른 누설 원인

비금속 개스킷의 인장강도 저하에 따른 누설 원인은 다음과 같다.

① 과도한 조임력에 의한 압축파괴, 압축변형을 일으켜 재질이 파손되어 강도가 크게 저하되고, 편체 현상과 플랜지의 접촉면에 윤활매체가 묻어 있으면 압축파괴 현상이 쉽게 일어난다.

② 배관의 열변형(팽창, 수축)에 따라 플랜지의 비틀림, 배관의 신축에 따라 플랜지에 굽힘 모멘트가 작용하면 편체 현상과 동일한 사항이 된다.

③ 화학적인 침식에 의한 개스킷의 파손으로 일반적인 오일, 가솔린, 유기용제(톨루엔, 아세톤, 메틸에일케톤), 산, 열매유 등은 다소의 차이는 있지만 인강강도를 감소시킨다. 개스킷의 인장강도의 저하로 누설의 원인이 된다.

④ 취급 부주의 등으로 개스킷의 내·외경 부위가 훼손된 경우에도 인장강도가 저하된다.

MEMO

CHAPTER 05

기타 산업기계안전에 관한 사항

Section 1

산업용 로봇의 재해형태와 안전대책

1 개요

산업용 로봇이란 매니플레이터(팔) 및 기억장치를 가지고 기억장치의 정보에 의해 매니플레이터의 굴신, 신축, 상하좌우 이동 또는 선회동작 등 복합동작을 행하는 기계를 말한다.

산업안전보건법상 제외되는 로봇은 ① 정격출력이 80W 이하의 구동용 원동기를 갖는 로봇, ② 고정시퀀스 제어장치의 정보에 따라 신축, 상하좌우 이동 중 한 방향으로 단조로운 운동을 하는 로봇, ③ 연구, 시험 또는 교육용 로봇 등이다.

2 재해형태

① 매니플레이터가 작동하는 위험구역에 접근해서 매니플레이터의 가격에 의한 재해
② 로봇의 정비 또는 시운전 중에 오조작으로 인해 매니플레이터에 의한 가격재해

3 로봇의 위험성

① 매니플레이터 등의 빠른 움직임이 작업자의 판단을 어렵게 함
② 조작기구 제어장치가 복잡하여 운전·취급이 힘들고 오동작을 유발함
③ 로봇의 정지가 일시적인 것인지, 대기상태인지, 고장인지, 완전정지인지, 판단하기 어려움
④ 관련 기기의 고장으로 로봇의 작동이 뜻하지 않게 바뀔 수 있음

4 위험성에 대한 안전대책

(1) 방호대책의 기본사항

작업자가 위험영역 내에 침입하는 것을 방지하기 위한 방호장치를 설치한다.

① 안전매트(압력감지매트) : 유효감지영역 내의 임의의 위치에 일정 이상의 압력이 가해지면 산업용 로봇의 동작을 정지케 하는 장치이다.
② 안전방책 : 로봇에 접촉할 수 있는 부위로부터 충분히 격리되도록 설치하고 문설치 시는 문을 열 때 로봇이 정지되도록 연동시킨다.
③ 센서 : 빛을 발하게 하거나 초음파를 발하게 하여 사람의 접근을 감지, 모든 방호장치는 원칙적으로 fail safe 구조로 하고 신뢰성을 높여야 하며 방호장치 및 방호조치를 정당한 사유 없이 제거 또는 무효화시키지 않아야 한다.

(2) 설계 및 계획단계에서의 방호조치

① 로봇의 잘못된 동작에 의한 위험을 방지하기 위해 fail safe 기능을 갖게 한다.

② 정전, 전압 또는 유공압의 변동에 의한 이상발생 시 로봇을 정지시키는 구조로 한다.

③ 관련 기기에 고장발생 시 로봇을 정지시키는 구조로 한다.

④ 상기에서 언급한 방호장치를 구비시킨다.

⑤ 로봇 및 관련 기기에 이상발생 시는 이를 외부에 알리는 알람기능을 가지게 한다.

⑥ 로봇에는 동력차단장치 및 비상정지기능을 갖춘다.

⑦ 사용에 필요한 부분 외에는 협착, 충돌, 말려 들어감, 절단 등의 우려가 있는 위험부위가 없도록 한다.

⑧ 특수환경에서의 로봇은 그 환경에 적응하는 재료, 구조 및 기능을 갖게 한다.

5 사용단계에서의 방호조치

① 위험영역을 명확히 구획하고 방책을 설치하여 로봇이 작동하는 중에는 작업자가 쉽게 위험영역에 들어갈 수 없도록 한다.

② 위험영역 내에 작업자가 있어야 할 경우에는 로봇을 자동동작이 아닌 수동동작상태로 전환시키도록 한다.

③ 높이가 2m 이상인 곳에서 로봇조정, 보전 등의 작업을 행할 필요가 있는 경우에는 플랫폼을 설치한다.

④ 작업자의 안전과 작업능률을 위해 작업장 전체의 조명과 필요에 따라서는 국부조명을 설치한다.

Section 2

설비진단기술

1 만성 로스와 돌발 로스

만성이란 항상 동일현상이 어떤 불일정한 범위에서 발생하는 것이고, 돌발이란 만성적으로 발생하고 있는 현상이 어떤 불일정한 범위로부터 급격하게 튀어나온 것이다. 만성적으로 발생하는 로스를 만성 로스라고 하고, 돌발적으로 발생하는 로스를 돌발 로스라 한다.

[표 5-1] 만성 로스와 돌발 로스 비교

구 분	만성 로스	돌발 로스
발생형태	• 항시 발생 • 짧은 시간으로 되풀이 • 일정 산표 형성	• 돌발적으로 발생 • 불규칙성
식별형태	• 극한치의 정량화 후 인식	• 현상규명과 비교
원인규명	• 원인이 불명확하고 복합적	• 원인이 비교적 명확하고 단일적
대책수립	• 전사적 의식개혁 및 개선활동 전 개시 감소	• 현장에서 대책수립 후 해결가능

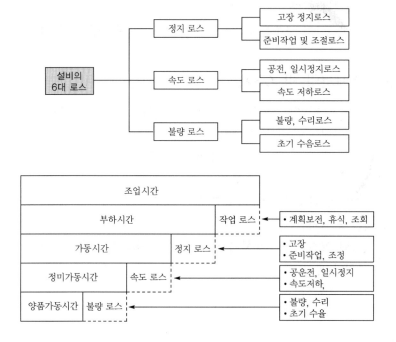

생산현장 중에서 설비의 효율화를 저해하는 커다란 요인으로서, 고장정리, 준비작업 및 조절, 일시정지(공전), 속도저하, 불량 및 수리, 초기수율 등의 로스가 있으며, 이러한 것들을 6대 로스라고 한다. 이 6대 로스를 어떻게 감소시키느냐가 설비효율을 높이는 최대 포인트이다.

① **고장 로스** : 돌발적·만성적으로 발생하는 고장으로 인한 로스로, 시간적인 로스와 물량적인 로스(불량·수리)를 동반한다. 고장 로스를 감소시키기 위해서는 설비의 신뢰도를 높이는 연구와 설비의 이상을 조기발견하는 진단기술연구(오감·진단기계의 도입), 고장이 발생한 뒤부터 회복까지의 시간을 최소한도로 하는 보전성의 연구가 필요하다.

② **작업계획 준비·조정 로스** : 작업계획 준비변경에 따르는 로스이다. 작업계획 준비변경 시간이란 생산중지로부터 다음 양품이 만들어질 때까지의 시간으로, 일련의 작업(뒷정리, 치공구 제거, 부착, 조정)을 동반한다.

③ **일시정지(공전) 로스** : 조정과 달리 일시적인 트러블로 인하여 설비가 정지 또는 공전하는 상태를 일시정지라 하며, 그 일에 의해 발생하는 시간 로스를 일시정지 로스라고 한다. 예를 들어, 워크가 슈트상에서 막혀 공전하거나, 품질불량센서가 작동해 일시적으로 정지하거나 하는 경우로, 이런 경우들은 워크의 제거 후 재작동만 하면 다시 설비가 정상적으로 작동되므로 고장과는 성격이 다르다. 일반적으로 이 조그마한 트러블로 인하여 설비의 효율이 저해를 받는 경우가 많고, 자동선반, 자동조립기, 반송설비에 많이 보이는 현상이다. 일반적으로 일시정지는 처치가 간단하기 때문에 간과되기 쉽고, 로스로서 잘 표면화되지 않는 면이 있다. 또한 표면화되더라도 정량화가 곤란하기 때문에 효율화에 어느 정도 저해요인이 되고 있는지 확실치 않은 경우가 많다. 무인운전, 보유대수의 증가를 위해서도 일시정지를 '0'로 하는 것이 필수조건이다.

④ **속도 로스** : 설비의 설비속도에 비해 실제속도의 차이이다. 설정속도가 실제로 유지되고 있는지, 유지되고 있지 않다면 어느 정도 떨어지는지, 그 이유는 무엇인지를 체크하여 로스를 명확히 하는 것이다. 그럭저럭 설비가 가동되고 있으면 속도가 떨어진 것을 간과해 버리는 일이 많다. 속도 로스의 감소가 설비효율화에 가장 큰 기여를 한다.

⑤ **불량·수리 로스** : 불량·수리에 따른 불량 로스이다. 수리품은 간단한 수정에 의해 양품이 되므로 간과되기 쉽고, 불량품의 대상이 되지 않는 경우가 많은데, 이것도 역시 불량품이라고 생각해야 한다. 불량·수리는 돌발적으로 또는 만성적으로 발생하는 경우가 있는데, 돌발적으로 발생하는 것은 원인을 파악하기 쉽고, 대책을 취하면 이전 수준으로 되돌릴 수가 있지만, 만성적인 것은 원인을 파악하지 못해 대책을 못 취한 채 방치되는 경우가 많다.

⑥ **초기 수율 로스** : 생산개시 시에 발생하는 불량 로스이다. 생산개시 시부터 제품이 안정화될 때까지의 사이에 발생하는 로스로, 가공조건의 불안정성, 치구의 정비불량, 금형정비부족, 작업자의 기술부족 등에 기인한다.

발생방식은 제품특성, 설비특성, 생산시스템에 따라 달라지므로, 그 발생에 따른 로스를 정확히 파악해 개선하는 일이 필요하다. 그러기 위해서는 우선 로스를 측정하고 무엇이 중점인가를 명확히 해 과제와 개선방향을 명확히 하는 일이 중요하다.

❷ 만성 로스의 대책

돌발 로스는 손실이 크기 때문에 곧 대책이 수립되지만, 만성 로스는 1회당 손실이 작기 때문에 놓치는 경우가 많다. 그 횟수가 많으면 큰 로스가 되므로 방치하면 안 되며, 대책은 다음과 같다.

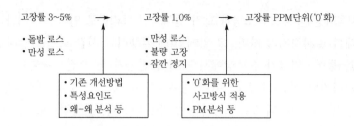

③ 열화

열화란 내·외적인 변화에 의해 시간의 경과와 더불어 돌발고장이나 만성 로스의 원인이 되는 변화의 정도를 말한다.

① **자연열화** : 올바르게 사용하고 있는데도 물리적 변화에 의해 야기되는 노후화현상
② **강제열화** : 청소, 급유, 조정 등의 미비로 열화를 촉진시키는 것

④ 복원

복원이란 이전의 바른 상태로 되돌리는 과정으로 설비기능을 유지하기 위한 조치이다.

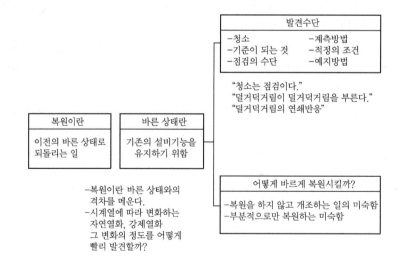

(1) 열화의 복원상 문제점

① 원래의 정상상태를 모른다.
② 열화를 검지하는 방법이 정해져 있지 않다.
③ 판단방법, 기준이 없다.
④ 복원을 위한 방법을 모른다.

(2) 열화방지를 위한 청소의 효과

물리적인 면	심리적인 면
1. 품질면 　- 불량감소 　- 불일정의 감소 2. 설비면 　- 불량상태의 조기 발견 　- 마모방지 　- 기능유지 　- 오작동방지 　- 정밀도유지	- 불량점을 발견하는 힘의 양성 - 애착심 고양(설비를 소중히 여긴다.) - 규칙의 유지수준(규칙을 지키는 교육) - 의욕의 향상 - 깨끗한 직장 - 대외적인 신용도의 향상

⑤ 미결함

　미결함이란 어느 이상 세분화가 불가능한 상태의 미비로 인한 것으로 결과에 영향이 적은 것, 일반적으로 생각하고 있는 먼지, 오염, 볼트의 풀림, 덜거덕거림, 마모, 녹, 누유, 홈, 변형 등을 말한다.

■ 미결함의 중요성

　① 미결함의 방치로 인해 다른 요인도 유발한다.
　② 다른 요인과 겹쳤을 때에 커다란 영향을 준다.
　③ 다른 요인과 서로 연쇄반응을 일으킨다.
　④ 원리원칙으로부터의 재검토이다.
　⑤ 기여율에 구애받지 않는다.

⑥ 바람직한 모습의 추구

(1) 바람직한 모습

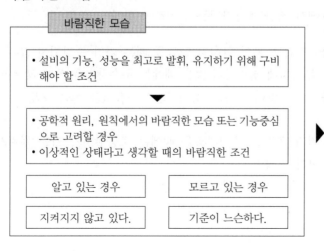

(2) 바람직한 모습의 검토

Section 3
승강기의 안전(방호)장치(제33조, 제156조)

1 승강기의 방호장치(승강기 제작기준 안전기준 및 검사기준 제36조)

승강기에는 다음 각 호에서 정한 방호장치를 설치해야 한다.

① 카 또는 승강로의 모든 출입구 문이 닫히지 않았을 때는 카가 승강되지 않는 장치
② 카가 승강로의 출입구 문위치에 정지하지 않을 때에는 특수장치를 쓰지 않으면 외부로부터의 당해 출입구 문이 열리지 않는 장치 및 특수장치를 쓰는 구멍의 지름은 10mm 이내일 것
③ 조종장치를 조정하는 자가 조작을 중지하였을 때에는 조종장치가 카를 정지시키는 상태로 자동적으로 돌아가는 장치
④ 카 내부 및 카 상부에서 동력을 차단시킬 수 있는 장치
⑤ 카의 속도가 정격속도의 1.3배(정격속도가 매분 45m 이하의 승강기에는 매분 60m) 이내에서 동력을 자동적으로 차단하는 장치

⑥ 카의 하강하는 속도가 제5호에서 규정한 장치가 작동하는 속도를 넘었을 때(정격속
도가 매분 45m 이하의 승강기에는 카의 하강속도가 동호에서 규정하는 장치가 작동
하는 속도에 달하거나 이를 넘을 때)에는 속도가 정격속도의 1.4배(정격속도가 매분
45m 이하의 승강기에는 매분 63m)를 넘지 않는 가운데 카의 하강을 자동적으로 제
지하는 장치

⑦ 수압이나 유압을 동력으로 사용하는 승강기 이외의 승강기에는 카의 승강로의 상부
에 있는 경우 바닥에 충돌하는 것을 방지하기 위한 장치(2차 정지스위치)

⑧ 카 또는 균형추가 제6호에서 규정한 장치가 작동하는 속도로 승강로의 바닥에 충돌
하였을 때에도 카 내의 사람이 안전할 수 있도록 충격을 완화시킬 수 있는 장치

⑨ 승강기에 정격하중(최대정원) 이상 탑승 시 문닫힘이 정지되고 경보벨이 울리는 장치

⑩ 동력의 상이 바뀌면 승강로가 역으로 운행하는 것을 방지하기 위한 장치

Section 4 아크용접작업 시 작업자의 안전대책(용접 흄, 아크, 폭발과 화재, 감전)

1 개요

(1) 용접

고밀도 열원을 이용하여 접합하고자 하는 두 물체의 접합부를 국부적으로 용융한 후
다시 응고시켜 하나로 만드는 야금학적인 접합방법으로 이 중 전기적 에너지를 이용한
용접법이 가장 많이 사용되고 있다.

(2) 재해발생의 유형

아크용접, 가스용접 및 용단작업 중에 발생하는 재해의 유형은 매우 다양하며, 발생원
인도 복잡·다양하다. 감전, 폭발, 화상, 중독 등 여러 재해의 종류로 사망 등 중대재해
를 유발시킨다.

용접작업 중 발생하는 감전재해는 우리나라 전체 감전사망사고의 약 10%를 차지하고
있고, 폭발에 의한 중대재해도 또한 해마다 반복되고 있다.

(3) 용접의 유해성

용접작업에서 발생하는 재해는 용접 흄 또는 유해가스, 유해광선, 고열환경 등으로 나
타나게 되며, 특히 좁고 폐쇄된 작업장에서 아크용접을 하는 경우 용접작업자들은 용접

과정에서 발생되는 용접 흄 등에 의한 질식, 진폐증, 망간중독, 피부화상 등의 재해를 입을 수 있다.

② 용접 흄에 의한 안전대책

(1) 용접 흄

용접 흄은 용접 시 열에 의해 증발되는 물질이 냉각되어 생기는 미세한 소립자로, 고온의 아크발생열에 의해 용융금속증기가 주위에 확산됨으로써 발생된다. 이때 발생되는 흄은 철, 망간, 니켈, 규소, 칼륨, 크롬, 티타늄, 나트륨 등 중금속에서부터 여러 형태의 성분이 있고, 크기 또한 $0.02 \sim 10 \mu m$까지 다양하나 일반적으로는 $0.5 \sim 7 \mu m$ 정도이다.

공기 중의 무기입상물질이 인체 내에 흡입되면 $7 \mu m$ 이상의 크기는 대부분 코털이나 기관지의 섬모에 걸려 제거되며, $0.5 \mu m$ 이하의 미세입자는 폐에 들어가도 침착되지 않고 다시 배출된다. 그러나 대부분의 용접 흄의 크기와 같은 $0.5 \sim 7 \mu m$ 크기의 입자는 폐에 들어가 말단의 폐포에 침착하여 신체에 여러 가지 영향을 미치게 된다.

(2) 용접 흄이 신체에 미치는 영향

용접작업으로 흡입된 흄은 53%가 흡입되고, 날숨을 통해서 47%가 배출된다. 흡입된 흄은 시간의 경과에 따라 코인두(10%), 기관지(8%), 폐(35%) 등을 거쳐 가래 또는 변으로 44.2%가 배출되고, 혈류, 임파 등에 각각 7.05%, 1.75%씩 흡수된다.

따라서 흄을 흡입하였을 경우 진폐증, 유해가스 등으로 호흡계통 등에 영향을 미칠 수 있음에 유의해야 한다.

(3) 안전대책

흄 발생량은 용접의 종류에 따라 차이가 많으며, 용접조건에 따라서 양과 성분이 변함으로 흄 발생량과 화학성분을 고려하여 국소배기장치, 전체환기대책 등을 세워 용접작업자가 고농도의 흄을 흡입하지 않도록 배려해야 한다. 또한 고농도의 흄을 직접 흡입하지 않도록 풍향을 고려하여 신체의 방향을 잡고, 차광면으로부터 흄류를 피하는 등 작은 배려로부터 작업자를 보호해야 한다.

1) 환기

용접 흄과 같이 그 발생원이 국부적인 경우는 흄이 작업장공간에 확산된 다음 대처하는 것보다 발생원 근방에서 국소배기장치로 흡인 · 포집하여 제거하는 것이 효과적이다. 환기방법으로는 다음과 같다.

① 자연환기방법
② 국소환기방법

③ 이동식 국소배기장치

④ 전체환기장치

2) 기타

최근 복합와이어나 피복아크용접봉 중에는 흄 발생 저감 목적으로 개발된 것도 있으므로 적절한 용접재료의 선택으로 흄 발생을 감소할 수 있다. 또한 자동용접 시에는 작업자가 아크에서 상당히 떨어진 위치에서 감시하는 것이 가능하고, 이 위치에서의 흄류는 이미 상당히 희석되어 있어 흄류에서 안면을 피하는 것도 용이하다. 따라서 용접의 자동화 또는 로봇화는 용접작업자의 방호효과에서 볼 때 유효한 수단의 하나가 될 것이다.

❸ 아크에 의한 안전대책

(1) 아크의 영향

용접아크는 대단히 고온이며 강렬한 광선을 발한다. 이 광선에는 가시광선과 자외선이 포함되어 있으며, 이는 시신경을 자극시켜 작업을 방해한다. 자외선은 조직을 손상시키는 작용을 하며, 눈에 들어가면 결막, 각막 등에 침투하여 통증을 일으킨다. 용접 시 발생하는 아크광은 눈에 전광성 안염이라 불리는 급성각막표층염을 일으키며, 대부분 노출된 지 수 시간 경과 후 발생한다. 노출이 심한 경우 각막 표층 박리, 궤양, 백색혼탁, 출혈, 수포형성이 될 수 있는데, 특히 백내장, 망막 황반변성 등은 눈에 치명적인 질환을 가져올 수도 있다.

강한 가시광선은 눈의 피로를 가져오며, 자외선에 의해서 생기는 각막과 결막에 대한 급성염증증상은 용접근로자 자신이 느끼는 증상에 의해 쉽게 발견될 수 있다. 적외선에 의해서는 열성 백내장이 발생할 수 있는데, 적외선에 의한 눈의 이상은 늦게 나타나므로 제때 발견하기가 어렵다. 또한 자외선과 방사선은 피부를 붉게 하고 살갗을 태우며 피부의 화상을 유발할 수 있다. 또한 아크와의 거리가 가까울수록 그 영향은 크다.

(2) 안전대책

용접아크로부터 발산되는 유해광선을 차단하여 눈을 보호하기 위해서는 가시광선을 적당한 밝기로 조절하여 작업을 용이하게 하기 위한 차광보호구를 사용한다. 아크광의 각 스펙트럼에 따라 조도에 맞는 차광도번호의 차광안경을 사용해야 하며, 용접작업장의 차광용 커튼의 설치도 고려되어야 한다.

① **보호안경** : 보통안경형, 사이드실드형, 아이캡형

② **보안면** : 안면 전부를 덮는 구조로서 헬멧장착형이나 핸드실드형

③ 용접작업 중 불꽃 등에 의하여 화상을 입지 않도록 방화복이나 가죽앞치마, 가죽장갑 등의 보호구를 착용한다.

[표 5-2] 용접의 종류에 따라 권장되는 차광도번호

용접의 종류	차광도번호
산소-아세틸렌용접	4~5
피복아크용접	10~12
가스금속아크용접	11~12
가스텅스텐아크용접	12
플럭스코어드아크용접	11~12

4 폭발 · 화재에 대한 안전대책

(1) 폭발 · 화재

전기용접, 가스절단 등 용접·용단 시에 발생되는 과열된 피용접물, 불꽃, 아크가 인접한 가연물(기름, 나무조각, 도료, 걸레, 내장재, 전선 등), 폭발성 물질 또는 가연성 가스에 직접적인 점화원을 제공하여 화재·폭발로 인한 대형사고로 발전될 가능성이 높다.

또한 밀폐장소에서의 작업은 작업 전에 공기질이 좋았더라도 유독성 오염물질의 누적, 불활성이나 질식성 가스로 인한 산소결핍, 산소과잉 발생으로 인한 폭발가능성 등이 생길 수 있다.

(2) 안전대책

1) 밀폐장소에서의 안전대책

① 작업자가 밀폐공간에서 작업 시 반드시 사전허가를 받는 시스템을 확립한다.

② 밀폐공간에 연결되는 모든 파이프, 덕트, 전선 등은 작업에 지장을 주지 않는 한 연결을 끊거나 막아서 작업공간 내로 유출되지 않도록 한다.

③ 작업 중 지속적으로 환기가 이루어지도록 한다.

④ 가연성, 폭발성 기체나 유독가스의 존재 여부 및 산소결핍 여부를 작업 전에 반드시 점검하고, 필요시는 작업 중 지속적으로 공기 중 산소농도를 검사한다.

⑤ 용접에 필요한 가스실린더나 전기동력원은 밀폐공간 외부의 안전한 곳에 배치한다.

⑥ 밀폐공간 외부에는 반드시 감시인 1명을 배치하여 눈이나 대화로 확인하고, 작업자의 출입을 돕거나 구조활동에 참여한다.

⑦ 배치된 사람은 작업자가 내부에 있을 때는 항상 정위치하며, 필요한 개인보호장비와 구조장비를 갖춘다.

⑧ 밀폐공간에 출입하는 작업자는 안전대, 생명줄, 보호구를 포함하여 적절한 개인보호장비를 갖춘다.

2) 폭발·화재의 안전대책

① 가스용기는 열원으로부터 멀리 떨어진 곳에 세워서 보관하고 전도방지조치를 한다.

② 산소밸브는 기름이 묻지 않도록 한다.

③ 가스호스는 꼬이거나 손상되지 않도록 하고 용기에 감아서 사용하지 않는다.

④ 안전한 호스연결기구(호스클립, 호스밴드 등)만을 사용한다.

⑤ 검사받은 압력조정기를 사용하고 안전밸브작동 시에는 화재·폭발 등의 위험이 없도록 가스용기를 연결시킨다.

⑥ 가스호스의 길이는 최소 3m 이상 되도록 한다.

⑦ 호스를 교체하고 처음 사용하는 경우 사용 전에 호스 내의 이물질을 깨끗이 불어낸다.

⑧ 토치와 호스연결부 사이에 역화방지를 위한 안전장치를 설치한다.

⑨ 가연물을 격리시키기 어려울 경우에는 불꽃비산방지조치를 하는 등 기타 폭발화재 등이 일어나지 않도록 조치하고 근처에 소화기를 준비하도록 한다.

⑩ 드럼통, 탱크, 배관 등의 용접수리작업 시 내부에 인화성 액체나 가연성 가스, 증기가 존재할 경우 구조물 내 모든 가연성 물질을 제거하고, 압력축적을 막기 위해 구조물 내 환기를 실시한다. 또한 용접부위에 국소적으로 물을 넣거나 불활성 기체로 내부를 청소한다.

5 감전재해의 안전대책

(1) 아크용접 시 감전재해

아크용접작업에서 감전사고가 발생할 가능성이 있는 것은 교류아크용접기에서 용접봉 홀더를 사용해서 수동용접을 행하는 경우이다. 아크용접에서 감전사고발생요소로는 용접봉 홀더, 용접봉의 와이어, 용접기의 리드단자, 용접용 케이블 등이 있다. 장비의 불완전한 접지, 닳거나 손상된 전선과 용접홀더, 안전장갑의 미흡 또는 습윤상태 등은 용접 작업자에게 위험성을 가중시킨다. 기타 위험요인으로는 회로형태, 전압, 신체의 통전경로, 전류의 세기, 접촉시간 등이다. 특히 몸이 땀으로 젖었을 때나 드럼, 보일러 등과 같이 주위가 철판으로 둘러싸인 좁은 장소에서 용접작업 시는 감전위험이 증대되므로 주의해야 한다.

(2) 감전재해의 예방

① 전기용접작업 시 주의사항

㉠ 물 등 도전성이 높은 액체가 있는 습윤장소 또는 철판·철골 위 등 도전성이 높은 장소에 사용하는 용접기에는 감전방지용 누전차단기를 설치한다.

ⓛ 습윤장소, 철골조, 밀폐된 좁은 장소 등에서의 용접작업 시에는 자동전격방지기를 부착하고, 주기적 점검 등으로 자동전격방지기가 항시 정상적인 기능이 유지되도록 한다.

ⓒ 용접기의 모재측 배선은 모재의 대지전위를 상승시켜 감전위험성을 증가시키므로 모재나 정반을 접지한다.

ⓔ 용접기 외부상자의 접지, 1차측 전로에 누전차단기 설치, 케이블커넥터, 절연커버, 절연테이프 등을 사용한다.

ⓜ 기타 전기시설물의 설치는 전기담당자가 취급토록 조치한다.

② **용접용 가죽장갑** : 용접용 가죽장갑은 실리콘수지로 처리한 장갑을 사용하며, 방수성도 좋고 절연저항이 높아야 한다.

③ 절연형 홀더의 사용

④ 자동전격방지기의 사용

⑤ 적절한 케이블 사용

⑥ 작업정지 시 전원차단

Section 5 연삭숫돌의 파괴원인과 연삭기의 방호대책

① 연삭숫돌의 파괴원인과 대책

(1) 열화에 의한 숫돌의 파괴

① 연삭숫돌은 시원하고 습하지 않은 선반 위에 저장하며 충격으로부터 보호한다.

② 유통기한이 없는 비트리파이드 연삭숫돌을 제외하고 연삭숫돌이 언제 제조되었는지 확인하고 2년 이상 된 연삭숫돌은 폐기한다.

③ 사용 전 연삭숫돌의 상태를 점검하도록 한다. 손상되었거나 떨어트렸던 것은 절대 사용금지하고 지름 10cm 이상의 모든 연삭숫돌은 사용하기 전에 타음검사(ring test)를 한다.

④ 연삭숫돌의 중심 부분을 잡고 비금속물체로 4곳의 반대측 가장 부분을 가볍게 두드려 청량한 소리면 정상, 둔탁한 소리면 손상된 것이다.

(2) 품질저하로 인한 숫돌의 파괴

연삭이 완료되면 냉각제를 끄고 공회전시켜 연삭숫돌을 건조시킨다.

(3) 부적절한 조립에 의한 숫돌의 파괴

① 제조업체의 조립지침을 따를 것

② 연삭숫돌이 축에서 잘 돌 수 있도록 하고 너무 조이거나 느슨하게 하지 않을 것

③ 패드(압지)를 플랜지와 숫돌 사이에 끼우고 패드는 플랜지의 지름과 같거나 크게 하며, 또 패드가 연삭숫돌에 붙어 있지 않은 경우에는 제조업체에서 제공하는 패드를 사용한다.

④ 원래의 플랜지를 사용하며 깨끗하고 고정축과 이동축의 플랜지크기가 같을 것(변형된 연삭숫돌은 제외)

⑤ 플랜지의 지름은 숫돌지름의 1/3 이상이어야 하며, 절단용 숫돌은 숫돌지름의 1/4 정도 플랜지에 의해서 덮여 있을 것

⑥ 지름이 큰 연삭숫돌 고정나사는 토크 렌치를 사용하여 십자형 패턴으로 조일 것

(4) 잘못된 사용으로 인한 숫돌의 파괴

① 두께가 연삭숫돌지름의 1/10 미만인 경우는 연삭숫돌의 측면을 사용하지 말 것

② 연삭숫돌에 열이 점진적으로 가해지고 충격이 가해지지 않도록 연삭숫돌에 가해지는 압력을 서서히 증가시킬 것

③ 연삭숫돌의 rpm은 정격 rpm 이하로 사용할 것

④ 연삭숫돌을 주기적으로 드레싱할 것

(5) 숫돌 또는 공작물 파편의 파괴 또는 비산

① 가드를 설치하여 연삭숫돌을 최대한 많이 커버할 것

② 연삭기로부터 발생할 수 있는 비산물의 통로상에 사람이 없는지를 확인한 후 연삭기를 기동시키고 적어도 1분 정도 공회전시킨 후 이상한 소리나 비정상적인 진동이 느껴지면 연삭기를 정지시킬 것

③ 연삭하는 주변에 있을 때 보안경을 착용할 것

④ 연삭작업 시에는 개인보호구(보안면, 보안경, 안전복, 장갑)를 착용할 것

⑤ 연삭숫돌과 스파크실드(spark shield) 사이에 간극을 6mm 이하로 유지할 것

⑥ 투명가드를 설치할 것

⑦ 연삭숫돌과 작업대 사이의 간극을 3mm 이하로 유지할 것

❷ 연삭기의 방호대책

(1) 일반사항

① 본 지침의 목적은 연삭숫돌 사용과 관련한 사고, 특히 숫돌파열 또는 회전하는 숫돌과의 접촉으로 인한 부상을 방지하기 위한 예방조치에 조언을 제공하기 위한 것이다.

② 모든 연삭숫돌에는 파열의 위험이 내재되어 있다. 파열의 가능성을 낮게 유지하고자 할 경우 연삭숫돌제조업체들이 일차적으로 설계, 제조 및 시험 등에 세심한 주의를 기울이는 한편, 사용자는 안전조치를 취해야 한다.

③ 연삭숫돌과 관련된 규정은 모든 기기가 원래 사용목적에 부합하고, 적절하게 유지보수되며, 연삭숫돌의 사용, 장착 및 운영을 관리하는 작업자들을 포함한 직원들은 안전한 사용에 대해 적절한 교육과 훈련을 통해 충분한 지식을 가져야 한다.

④ 연삭숫돌을 사용하면서 발생할 수 있는 먼지, 소음 및 진동 등 다른 건강관련 위험은 다루지 않는다. 이들 위험에 대한 연삭숫돌 사용자가 지켜야 할 다른 규정들은 관련 산업안전보건기준에 관한 규칙 등을 참조한다.

(2) 숫돌보강법

① 강화섬유 : 이것은 일반적으로 수지로 코팅된 유리섬유매트로 대형의 연삭 및 절단작업을 위한 유기물숫돌(organic wheel)에 사용된다. 숫돌이 높은 압력에 견디고, 사용 중 숫돌이 파열될 경우 조각들이 멀리 튀지 않도록 해준다.

② 강철링(steel ring) : 보어(bore)에 가까운 숫돌에 설치되며, 숫돌이 폐기사이즈(throw-away size) 근처에 이르게 되어 파열이 발생하면 숫돌조각들이 밖으로 튀지 않도록 하는 것이다. 이것은 또한 숫돌의 과도한 마모를 방지하는 데 사용될 수 있다.

③ 안전보강물(safety insert) : 이것은 나사 홈 너트(threaded nut)로 잠금 톱니(locking teeth)가 있으며, 휴대용 연삭에 사용되는 컵형 숫돌(cup wheel)의 토대를 강화해주는 판재의 일부를 이룬다. 이것은 추가적인 방호장치로 가드를 대체할 수는 없다.

④ 테이프 감기(tape winding) : 얇은 두께의 컵(thin-walled cup) 또는 실린더숫돌을 강화하기 위해서 접착테이프, 유리섬유 또는 철제와이어를 사용할 수 있다. 파열될 경우 부서진 조각들이 튀지 않도록 해준다.

⑤ 연마제 센터(fine grit center) 또는 유사장치 : 보어 주변에 연마제 센터를 설치하여 비트리파이드(vitrified) 연삭숫돌의 강도를 증가시킬 수 있다. 센터는 숫돌과 함께 성형된다. 보어 부분은 숫돌의 강도를 높이기 위해서 에폭시수지에 담가놓을 수 있다. 이런 2가지 강화조치는 원주속도 63m/s에서 125m/s로 작동하는 숫돌에 사용된다.

(3) 위험요인

① 잘못된 보관
② 부적합한 숫돌의 선택
③ 부적절한 장착
④ 균형의 상실
⑤ 과속
⑥ 연삭숫돌의 결함

⑦ 연삭기의 결함

⑧ 잘못된 작업방법

(4) 보관

① 여러 형태의 숫돌을 굴러떨어짐, 충돌로 인한 파손으로부터 안전하게, 그리고 사용에 편리하도록 보관하기 위하여 적합한 선반, 상자, 또는 칸막이 있는 서랍을 이용한다.

② 품질저하를 최소화하기 위하여 숫돌은 건조하고 극한의 온도영향을 받지 않는 실내에 보관해야 한다. 제조자로부터 구입한 날짜를 숫돌에 표시하고 더 오래된 것부터 사용한다.

(5) 타음검사

① 숫돌을 조심스럽게 카트에서 내리고, 브러시로 깨끗이 닦으며 이동 중 손상되지 않았는지 시험한다.

② 숫돌을 꺼낼 때 부주의하게 공구를 사용하면 숫돌이 손상될 수 있다.

③ 가벼운 비금속도구를 사용하여 숫돌을 두드려 숫돌에 이상이 없는지를 체크할 수 있다. 이것은 타음검사라고 부른다. 타음검사를 위해서는 숫돌에 물기가 없어야 하며 이물질이 묻어 있으면 안 된다. 그렇지 않을 경우 두들겼을 때 제대로 소리가 나지 않을 수 있다. 유기결합숫돌(organic bonded wheel; 수지, 셀락, 라버)은 무기결합 숫돌(inorganic bonded wheel)처럼 맑은 금속음을 내지 않는다.

④ 타음검사 시 무거운 숫돌은 깨끗하고 단단한 바닥에 놓고 실시하는 반면, 가벼운 숫돌은 손가락 또는 핀 등을 구멍에 끼워 매단 상태에서 실시한다. 숫돌에 크랙이 있어서 숫돌에서 정상적인 소리가 나지 않는 경우에는 사용해서는 안 된다.

⑤ 사용하기 전에 동일한 로트(lot) 및 사양을 갖는 다른 숫돌과 비교를 하여 소리가 의심스러운 숫돌을 골라내어 인수를 거부할 수 있다. 의심스러운 케이스는 제조업체에 통보한다.

⑥ 타음검사는 형태 또는 크기 때문에 다음과 같은 종류의 숫돌에는 적합하지 않으며, 따라서 외관검사 시보다 더 주의를 기울여야 한다.

　㉠ 소형 숫돌(지름 100mm 이하)

　㉡ 콘(cone)형 숫돌

　㉢ 탑재된 숫돌(mounted wheel)

　㉣ 세그먼트(segment)형 숫돌

　㉤ 판재에 탑재된 숫돌(plate-mounted wheel)

　㉥ 너트 달린 디스크형(inserted nut disc) 및 실린더형 숫돌

(6) 원주속도 및 회전속도

속도를 2배로 늘리면 숫돌에 가해지는 응력(stress)이 4배로 늘어나며, 그만큼 숫돌파열의 위험이 높아지게 된다는 사실이 중요하다.

① 모든 숫돌에 대해 최대 작동속도는 2가지 방식으로 표시된다.
  ㉠ m/s로 표시되는 원주속도
  ㉡ rpm으로 표시되는 회전속도
② 오래 사용하면 숫돌은 마모되기 때문에 회전속도가 일정히 유지된다면 원주속도가 줄어들어 연삭효율의 감소를 가져올 수 있다. 이를 상쇄하기 위해서 숫돌의 최대 원주표면속도를 초과하지 않는 정도에서 스핀들속도를 증가시킬 수 있다. 새로운 숫돌을 장착하기 전에 반드시 스핀들속도를 원래 수치로 줄이도록 한다.
③ 새로운 연삭숫돌은 절대로 숫돌에 표시된 것보다 높은 회전속도(rpm)로 작동시키지 않는다. 과속은 숫돌파열의 주요 원인이다. 35m/s로 작동하는 숫돌이 파열되어 발생한 조각은 126km/h의 속도로 움직이며, 125m/s의 경우에는 450km/h의 속도로 움직인다.
④ 숫돌지름별로 회전속도를 원주속도(m/s)로 변환한 수치를 사용한다.

Section 6 원통연삭작업의 결함

1 연삭균열

연삭열에 의해서 표면의 온도가 상승하든가, 열팽창 또는 재질의 변화 등으로 연삭균열이 일어난다. 이 균열은 일반으로 미세하여 직선상 또는 망상으로 나타나 육안으로 볼 수 있다.

연삭균열은 다음과 같은 현상이 생기기 쉽다.

① 탄소함유량이 0.6~0.7% 이하의 강에서는 보통 생기지 않는다.
② 공석강에 가까운 고탄소강에서는 자주 발생한다.

연삭균열을 방지하려면 되도록 연한 숫돌을 사용하며, 이송을 크게 하고 절삭깊이를 작게 하며 충분한 연삭액을 주어 발열을 방지해야 한다.

2 연삭과열

다듬질 면의 연삭에 의해서 순간적으로 고온으로 가열되어 표면이 산화되어 변색되는 현상을 말한다. 이로 인해서 담금질한 강 등은 표면의 경도가 떨어진다. 이러한 때에는 절삭입자의 날이 예리한 숫돌을 사용하며, 절삭깊이를 작게 하고 이송을 크게 해 준다.

❸ 연삭작업에서 결함의 원인과 대책

연삭작업에 있어서 연삭조건 또는 연삭기의 사용방법이 적절하지 못해서 생기는 가장 일반적인 결함과 그 원인 및 대책에 대해서는 [표 5-3]과 같다.

[표 5-3] 연삭작업의 결함과 원인 및 대책

결함	원인	대책
진원도 불량	센터와 센터 구멍의 불량	센터 구멍의 홈, 먼지를 제거, 센터, 센터 구멍의 연삭 심압측의 정도를 조정한다.
	공작물의 불균형	전체를 거친 연삭을 하며 편심을 제거하고, 불규칙한 공작물에는 밸런싱 웨이트를 붙인다.
	진동방지구의 사용법 불량	공작물의 크기, 형상에 적합한 진동방지구를 사용한다.
원통도 불량	테이블운동의 정도 불량	정도(精度)검사, 수리, 미끄럼면의 윤활을 양호하게 하도록 한다.
	작업법 불량	수직 이송연삭에서는 공작물에서 떨어지지 않도록 플랜지컷에서는 숫돌의 폭을 공작물보다 크게 한다.
떨림 (chattering)	숫돌, 숫돌측 관계 불균형	숫돌차의 균형을 취하고, 숫돌차의 측면 트루잉, 밸트풀리의 평행검사를 할 것이다.
	숫돌차의 결합도가 단단	숫돌을 연한 것으로 하고 공작물의 속도를 빠르게 할 것이다.
	숫돌의 눈 메움	숫돌을 드레싱한다.
	센터, 방진구의 사용법 불량	센터수정, 윤활을 정확히 하고 방진구를 정확히 사용한다.
거친 가공면 이송흔적(무늬)	숫돌의 결합도가 연함	단단한 숫돌차를 사용한다. 공작물의 속도를 늦게 한다.
	숫돌의 입도가 거침	가는 입도의 숫돌차를 사용한다.
	숫돌차 고정의 풀림	새로운 흡수지를 플랜지 안쪽에 끼운다.
	연산기의 정밀도 불량	정밀도를 검사하여 정확한 윤활을 한다.
	공작물과 숫돌차 면의 불평형	드레서의 고정을 올바르게 확실히 하도록 한다.
	공작물과 숫돌차 면의 불균형	드레싱 마지막에는 절압하지 않고 숫돌차 면을 왕복시킨다.

Section 7

윤활유의 목적과 구비조건, 열화방지, 윤활방식

1 윤활유(lubricant)의 목적 및 구비조건

(1) 목적

① 감마작용(減摩作用) : 금속과 금속 사이에 유막을 형성하며 직접 금속이 서로 접촉하지 못하게 하는 동시에 운동 부분을 원활하게 하여 마찰을 최소한 억제하여 마모를 감소 시킨다.

② 밀봉작용(密封作用) : 피스톤과 피스톤 링 사이에 유막을 형성하여 가스의 누설을 방지 하는 동시에 압축압력을 유지한다.

③ 냉각작용 : 각 마찰을 습동 부분의 발생열을 오일이 흡수하고, 이 열을 오일이 오일 팬으로 이송하여 냉각하기 때문에 기계 각 부분의 마찰열을 냉각하는 일을 한다.

④ 소음완화작용 : 두 금속이 충돌 혹은 습동하여 회전, 습동 시에 소음이 발생하며 마모 가 촉진하는 일이 생기게 되는 것을 습동 부분을 유연하게 하여 마찰을 감소하는 일 을 윤활유가 하게 된다.

⑤ 청정작용 : 금속과 금속이 마찰하는 부분에 금속이 마모하여 금속가루가 생기는 것을 오일이 냉각하는 동시에, 이것을 오일 팬으로 이송하여 청소하는 작용을 하게 되어 마찰 부분의 습동을 유연하게 한다.

⑥ 부식방지작용 : 유막으로 외부의 공기나 수분을 차단함으로써 부식을 방지한다.

(2) 윤활유의 구비조건

① 적당한 점도가 있고 유막이 강한 것
② 온도에 따르는 점도변화가 적고 유성이 클 것
③ 인화점이 높고 발열이나 화염에 인화되지 않을 것
④ 중성이며 베어링이나 메탈을 부식시키지 않을 것
⑤ 사용 중에 변질이 되지 않으며 불순물이 잘 혼합되지 않을 것
⑥ 발생열을 흡수하여 열전도율이 좋을 것
⑦ 내열·내압성이면서 가격이 저렴할 것

2 윤활유 열화의 방지법

① 안정도가 좋은 오일을 사용할 것
② 수분 혹은 불순불이 혼합되어 있지 않을 것
③ 일반적으로 사용온도는 60℃를 초과하지 않을 것

④ 냉각기의 용량을 크게 하고 오일 입구온도를 35℃ 정도로 유지할 것
⑤ 오일여과기와 오일냉각기의 청소를 충분히 할 것

❸ 내연기관의 윤활방식

(1) 비산식(circulating splash system)

① 순환비산식은 오일펌프가 있는 형식과 없는 형식이 있는데, 오일펌프가 있는 경우 오일펌프는 크랭크축 아래쪽에 위치한 스플래시팬(splash pan)에 오일을 공급한다. 커넥팅로드는 그 대단부에 주걱이 마련되어 있어 회전하면서 스플래시팬의 트로프 (troughs)에 오일을 퍼서 오일을 비산하게 된다.

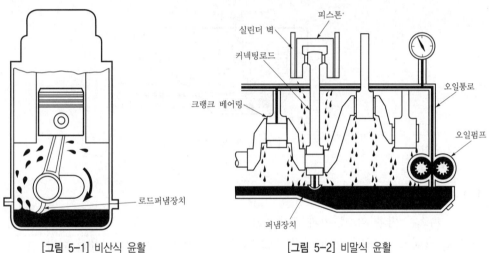

[그림 5-1] 비산식 윤활　　　　　[그림 5-2] 비말식 윤활

② 비산된 오일을 주요 각 부품을 윤활하게 되며 다른 부품은 컬렉팅트로프(collecting trough) 내에 비산에 의하여 비축된 오일로 윤활되거나 채널(channel) 혹은 오일회로를 통하여 중력식(gravity fed)으로 급유된다.

③ 실린더의 상부, 즉 피스톤, 피스톤핀 등을 비산하는 오일보다 오일증기(oil mist)에 의해 주로 급유된다. 이 오일증기는 커넥팅로드의 회전에 의해 조성된다.

> ▶ 연료여과기
> • 연료여과기(fuel strainer)는 3단으로 사용되며, 첫째 여과기는 60~80mesh, 둘째 여과기는 150~200mesh, 셋째 여과기는 여과기의 통과 본체와의 0.03~0.05mm 정도의 틈새를 거쳐 기름이 여과된다. 오일 팬 내의 소정의 오일수준을 유지해야 한다.
> • 원활한 비산이 될 수 있도록 적당한 오일을 사용해야 한다.

(2) 압송식(forced lubrication system)

① 압송식에서 오일을 크랭크축 베어링, 로커암축, 오일 및 유압샌딩유닛뿐만 아니라 피스톤핀 베어링에까지 오일펌프에 의하여 압송된 오일에 의하여 윤활된다.

② 피스톤핀 베어링은 커넥팅로드의 소단부와 대단부 사이에 뚫린 오일구멍을 통하여 윤활된다.

③ 피스톤과 실린더 벽과의 윤활은 피스톤핀 베어링으로부터 유출되는 오일에 의하여 급유되는 형식과 커넥팅로드 대단부의 비산구멍을 통하여 비산식으로 윤활되는 형식이 있다.

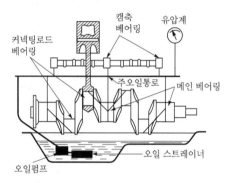

[그림 5-3] 압송식의 윤활경로도

(3) 비산압송조합식

피스톤 벽과 피스톤핀과 크랭크핀 부분을 커넥팅로드의 주걱으로 비산시켜서 윤활하고 크랭크 베어링, 캠 베어링, 밸브기구 등은 오일펌프로서 급유를 한다.

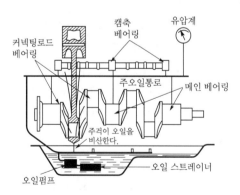

[그림 5-4] 비산압송조합식

지게차의 위험성에 대한 원인과 재해예방대책

1 지게차(fork lift)의 위험성

작업에 따라 물체 적재의 불안정, 부적합한 보조구 선정, 미숙한 훈련조작, 급출발 급정지 등에 의한 물체의 낙하와 구조상 피할 수 없는 시야의 악조건, 후륜주행에 따른 후부의 선회반경이 보행자 등과의 접촉, 미정지된 요철바닥, 취급물에 비해 소형의 차량, 물체의 과적재, 고속 급회전으로 인한 차량의 전도로 위험이 따른다.

2 재해원인

(1) 작업방법 부적절

자중에 의한 지게차의 낙하가 충분히 예견되었음에도 불구하고 안전블록 설치 등의 안전조치를 미실시하였다.

(2) 차량통행로에 이동전선 방치

지게차 등 차량이 통행하는 통로상에 이동전선을 설치할 경우에는 매설, 덮개설치, 가공포설식으로 해야 하나, 이를 준수하지 않았다.

(3) 운전석을 비울 때 안전조치 미흡

운전석을 비울 때 포크를 최하단부에 두고 원동기를 정지시키는 등의 안전조치를 미실시하였다.

(4) 무자격자에 의한 지게차 운전

지게차의 구조 및 작동원리, 안전수칙 등을 제대로 숙지하지 못한 무자격자가 지게차를 운전하였다.

3 재해예방대책

(1) 통로상에 이동전선 설치 시 안전조치 실시

통로상에 이동전선을 설치할 때에는 매설, 덮개설치 또는 가공포설 등의 방법을 설치해야 한다.

(2) 수리 및 점검 등의 안전조치

불의의 낙하가 예상되는 곳에는 안전지주 또는 안전블록 등 낙하예방조치 후 수리 및 점검을 실시해야 한다.

(3) 운전석을 비울 때 안전조치

운전석을 비울 때에는 불의의 낙하 등을 예방하기 위하여 포크를 최하단부에 두고 원동기를 정지시키는 등의 안전조치를 실시해야 한다.

(4) 지게차 사용상의 안전수칙 준수

유자격자 외에는 지게차를 운전하지 못하도록 하고, 시동키를 철저히 관리토록 해야 한다.

Section 9 크레인의 반력 계산

1 개요

화물을 들어 올리기 위해서는 체인이나 로프로 묶어서 들어 올리는데, 매달기 각의 증가는 로프나 체인의 인장력을 증대시켜 절단 시 큰 위험을 초래하게 되므로 반드시 60° (한계각) 이내로 매달기 각을 조정해야 한다. 매달기 각은 30°일 때 가장 안전하고, 150° 일 때 가장 위험하다는 사실을 알 수가 있다.

2 로프에 걸리는 하중 계산방법

화물을 들어 올릴 때 원상 로프에 걸리는 총하중(W_o)은 다음 식과 같다.

$$W_o = 정하중(W_1) + 동하중(W_2)$$

여기서, 동하중$= W_1/9.8\text{m/sec}^2 \times 가속도(\text{m/sec}^2)$

슬링 와이어(sling wire) 한 가닥에 걸리는 하중은 다음 식과 같다.

$$하중 = \frac{화물의\ 무게/2}{\cos\theta/2} = \frac{화물의\ 무게}{\cos\theta}$$

프레스의 방호장치 종류별 설치조건

1 개요

프레스란 원칙적으로 2개 이상의 서로 대응하는 공구(금형, 전단날 등)를 사용하여 그 공구 사이에 금속이나 플라스틱 등의 가공재를 놓고, 공구가 가공재를 강한 힘으로 압축시켜 굽힘, 드로잉, 압축, 절단, 천공 등을 가공하는 기계이다. 프레스기의 종류와 행정의 길이, 작업방법에 따라 여러 가지 방호장치를 사용할 수 있다.

2 프레스의 방호장치 종류별 설치조건

(1) 가드식 방호장치

① 1행정 1정지기구를 갖춘 프레스에 사용한다.
② 가드높이는 부착되는 프레스의 금형높이 이상(최소 180mm)으로 한다.
③ 가드폭은 [표 5-4]에 따른다.

[표 5-4] 가드폭과 금형폭과의 관계

구 분	크기(mm)					
가드폭	700	600	500	400	300	200
금형 최대폭	700	600	450	300	200	100

④ 가드폭이 400mm 이하일 때에는 가드측면을 방호하는 가드를 부착하여 사용한다.
⑤ 가드의 틈새로 손가락 및 손이 위험한계 내에 들어가지 않도록 [표 5-5]에 따라 가드 틈새를 정한다.

[표 5-5] 가드틈새와 위험한계거리(단위 : mm)

가드틈새	가드에서 위험한계까지의 거리
6	20 미만
8	20 이상~50 미만
12	50 이상~100 미만
16	100 이상~150 미만
25	150 이상~200 미만
35	200 이상~300 미만
45	300 이상~400 미만
50	400 이상~500 미만

⑥ 미동(inching)행정에서는 가드를 개방할 수 있는 것이 작업성에 좋다.

⑦ 오버런감지장치가 있는 프레스에서는 상승행정 완료 전에 가드를 열 수 있는 구조로 할 수 있다.

⑧ 급정지기구를 구비한 부분 회전식 클러치 프레스에서 오버런감지장치가 없는 것은 슬라이드가 하사점을 지나 상사점에 도달하여 동작이 정지된 후 가드를 개방할 수 있는 구조로 한다.

⑨ 부분 회전식 프레스에 급정지기구가 없는 프레스를 사용하는 경우 슬라이드 상사점 정지를 확인한 후가 아니면 가드를 개방할 수 없는 구조로 한다.

(2) 양수조작식 방호장치

① 1행정 1정지기구를 갖춘 프레스에 사용한다.

② 완전회전식 클러치프레스에는 기계적 1행정 1정지기구를 구비하고 있는 양수기동식 방호장치에 한하여 사용한다.

③ 안전거리가 확보되어 있어야 한다.

④ 비상정지스위치를 구비한다.

⑤ 2인 이상 공동작업 시 모든 작업자에게 양수조작식 조작반을 배치한다.

⑥ 누름버튼 등을 양손으로 동시에 조작하지 않으면 슬라이드를 작동시킬 수 없으며, 양손에 의한 동시조작은 0.5초 이내에서 작동되는 것으로 한다.

⑦ 슬라이드의 작동 중에 누름버튼으로부터 손을 떼어 위험한계에 들어가기 전에 슬라이드 작동이 정지되어야 한다.

⑧ 1행정마다 누름버튼에서 양손을 떼지 않으면 재기동작업을 할 수 없는 구조여야 한다.

(3) 광전자식 방호장치

① 급정지기구가 있는 프레스에 한해서 사용한다.

② 안전거리가 확보되어 있어야 한다.

③ 태양광선 기타 강한 광선(반사광선 포함)이 수광기 또는 반사판에 직사할 우려가 있는 프레스에는 사용하지 않는다.

④ 행정(stroke)과 슬라이드 조절량의 합계길이(방호높이)에 따라 선정한다.

⑤ 서서 작업하는 경우에 최상단의 광축 윗쪽으로 작업자의 손이 위험한계 내에 들어가서는 안 되며, 의자에 앉아서 작업을 하는 경우에는 최하단 광축 아래쪽으로부터 손이 위험한계 내에 들어가지 않는 방호높이로 한다.

⑥ 유효작동거리가 테이블의 폭보다 커야 한다.

⑦ 앞 · 뒷면에서 작업을 하는 경우의 프레스에는 앞 · 뒷면에 방호장치를 설치한다.

⑧ 위험한계까지의 거리가 짧은 200mm 이하의 프레스에는 연속차광폭이 작은 30mm 이하의 방호장치를 선택한다.

⑨ 방호장치의 출력은 프레스의 제어회로 전류 및 전압에 대해 여유가 있어야 한다.

⑩ 대형 프레스에서 광축과 테이블 앞면과의 수평거리가 400mm를 넘어서 작업자가 이 사이에 들어갈 수 있는 공간이 있을 때는 테이블에 대해 평행 또는 수평으로 200~ 300mm마다 보조광축을 설치한다.

⑪ 슬라이드가 하강 중에 광축을 차단하여 급정지한 뒤 이어서 통광이 되었을 때 슬라이드가 작동되지 않는 구조여야 한다.

Section 11 프레스의 자체 검사 시 고려되는 검사항목 중 5개 이상

❶ 기계프레스

(1) 동력전달장치

검사항목	검사방법	판정기준
1. 크랭크축 및 베어링	• 육안검사 • 치수측정	• 외관상 이상이 없어야 한다. • 크랭크축 웨이브 부분의 상부간격과 하부간격은 있어서 $a-b < \ell/50$이어야 한다.
2. 플라이휠 및 주 기어의 베어링	• 육안검사 • 소음측정 • 표면온도측정	• 기계운전 시 이상음 및 발열이 없어야 한다. • 윤활이 적절해야 한다.

3. 플라이휠 및 주 기어	• 다이얼게이지검사	• 반경 500mm에서의 a의 길이
		  – 미끄럼 베어링의 경우 : 1mm 이하
		  – 구름 베어링의 경우 : 0.5mm 이하

4. 회전캠스위치의 작동상태 (1) 공회전 시의 이상 유무 (2) 체인 등 변형 유무	• 육안검사	• 변형, 흔들림, 연결 부분의 풀림 등이 없어야 한다. • 작동상태가 정상이어야 한다.

(2) 클러치

검사항목	검사방법	판정기준
1. 슬라이딩핀 클러치 (1) 클러치핀	• 핀을 뽑아 마멸 부분을 R-게이지로 측정	• 압력능력에 따른 마멸한도(R의 단위 : mm)는 – 30ton 이하 : 3R 이하 – 30ton 초과 100ton 이하 : 4R 이하 – 100ton 초과 : 5R 이하여야 한다.
	• 육안검사	• 파손 및 균열이 없어야 한다.
(2) 클러치핀 받침대	• 육안검사 • 주치차 또는 플라이휠을 분해하여 받침대의 마멸 부분을 게이지로 측정	• 파손 및 균열이 없어야 한다. • 압력능력에 따른 마멸한도(R의 단위 : mm)는 – 30ton 이하 : 2R 이하 – 30ton 초과 100ton 이하 : 3R 이하 – 100ton 초과 : 4R 이하여야 한다.
(3) 클러치 작동용 캠	• 버니어 캘리퍼스로 측정 – 클러치를 떼었을 때 클러치 작동용 캠이 클러치핀으로부터 운동방향으로 되돌아오는 거리를 측정	• 압력능력에 따른 캠의 운동거리는 – 30ton 이하 : 1mm 이하 – 30ton 초과 100ton 이하 : 1.5mm 이하 – 100ton 초과 : 2mm 이하여야 한다.
(4) 클러치 브랫킷	• 틈새게이지검사 – 캠의 슬라이드 부분의 마모상태를 측정	• 전후좌우방향의 틈새가 0.3mm 이하여야 한다.
(5) 스프링의 이완상태	• 육안검사	• 파손 또는 흔들림이 없어야 한다.
(6) 클러치 연결부위 핀 및 핀구멍	• 버니어 캘리퍼스로 측정 – 핀의 지름 및 핀의 구멍을 측정	• 핀의 지름 및 핀 구멍과의 차이는 1mm 이하여야 한다.
(7) 크랭크축과 커플링을 고정하는 키	• 버니어 캘리퍼스로 측정 – 슬라이드를 하사점에 고정시키고 클러치축 외주의 틈새를 검사	• 압력능력에 따른 틈새는 – 30ton 이하 : 0.5mm 이하 – 30ton 초과 100ton 이하 : 1mm 이하 – 100ton 초과 : 1.5mm 이하여야 한다.
(8) 주 기어 또는 플라이휠 보스면 및 커플링	• 육안검사	• 손상 부분의 면적으로 전 면적의 1/3 이하여야 한다.
(9) 클러치핀과 클러치 커플링의 슬라이드면	• 버니어 캘리퍼스로 측정	• 클러치핀의 홈폭 또는 클러치핀 내경과 핀의 폭 또는 핀의 외경과의 차이는 1mm 이하여야 한다.

검사항목	검사방법	판정기준
2. 롤링키 클러치 (1) 롤링키 및 백롤링키 모서리상태	• R-게이지로 롤링키 및 백롤링키를 분해하여 마멸 부분을 검사	• 압력능력에 따른 마멸상태(R의 단위 : mm)는 - 30ton 이하 : 2.5R 이하 - 30ton 초과 100ton 이하 : 5R 이하 - 100ton 초과 : 6R 이하여야 한다.
(2) 중앙의 클러치링의 상태	• R-게이지검사	• 압력능력에 따른 마멸상태(R의 단위 : mm)는 - 30ton 이하 : 3R 이하 - 30ton 초과 100ton 이하 : 6R 이하 - 100ton 초과 : 7R 이하여야 한다.
(3) 클러치작동용 캠과 내측 클러치링과의 틈새	• 틈새게이지검사로 내측 클러치링 외주의 틈새를 검사	• 틈새가 3mm 이하여야 한다.
(4) 각 부분 키상태	• 주 기어 또는 플라이휠을 분해하여 내측, 외측 및 중앙의 각 클러치링을 회전방향으로 움직이면서 틈새 유무를 검사	• 틈새가 없어야 한다.
(5) 스프링의 이상 유무	• 육안검사	• 파손 또는 처짐이 없어야 한다.
(6) 클러치 연결부의 핀 및 핀구멍	• 버니어 캘리퍼스로 측정	• 핀의 지름과 구멍지름의 차이가 1mm 이하여야 한다.
3. 마찰 클러치(건식) (1) 클러치 마찰판, 누름판, 지탱판 및 이완스프링	• 작동상태검사 - 슬라이드를 하사점에 정지시킨 상태에서 주 전동기를 정지하고 클러치를 미동으로 작동시키면서 누름판의 작동이 원활한지 수회 검사 • 틈새게이지검사 - 누름판의 스트로크를 검사 • 육안검사 - 라이닝의 균열 또는 마멸 상태를 검사 - 각 부품의 균열, 손상 헐거움, 편마멸, 작은 나사 머리의 마멸 등이 있는지 검사	• 누름판의 움직임이 원활하고 기민해야 한다. • 누름판의 스트로크는 제작회사가 정한 범위 내에 있어야 한다. - 라이닝은 균열 또는 심한 편마멸이 없어야 한다. - 파손, 마멸, 비틀림 및 스플라인 등 손상이 없고, 라이닝이 작은 나사로 부착되어 있는 것은 나사 등의 머리에 마멸이 없어야 한다.

검사항목	검사방법	판정기준
4. 마찰 클러치(습식) (1) 클러치 마찰판, 누름판, 지탱판 및 스프링	• 틈새게이지검사	• 누름판의 틈새는 제작회사가 지정한 범위 내에 있어야 한다.
(2) 윤활유 주유상태	• 육안검사	• 윤활유의 누설이 없고 적당한 양이 있어야 한다.
	• 윤활유를 뽑아서 이물질혼합, 거품, 유화, 변색오염 여부를 검사	• 오물이나 이물질이 섞여 있거나 거품, 유화, 백색 또는 심한 오염이 있지 않아야 한다.

(3) 브레이크

검사항목	검사방법	판정기준
1. 밴드 또는 슈브레이크 (1) 라이닝	• 육안검사 및 버니어 캘리퍼스로 측정 - 브레이크를 분해하여 균열, 마멸상태를 검사	• 마멸량은 제작회사가 정한 범위 이내여야 한다. • 균열 또는 심한 편마멸이 없어야 한다. • 라이닝 고정나사 머리 등에 마멸이 없어야 한다. • 기름기가 묻어있지 않아야 한다.
(2) 드럼마찰면 및 드럼 고정키	• 육안검사	• 손상된 면적은 전 마찰면적의 1/3 이하여야 한다.
	• 버니어 캘리퍼스로 측정 - 브레이크를 분해하여 드럼을 손으로 회전시켜 장착된 축의 외주에 대하여 검사	• 드럼 연결축 외주의 틈새는 0.2mm 이하여야 한다.
(3) 체결스프링	• 작동상태검사 - 1행정 운전을 하면서 스프링의 조립상태를 여러 번 검사	• 파손 또는 비틀림이 없으며 정확히 조정되어 있어야 한다.
(4) 슈 또는 밴드	• 육안검사 - 지지핀, 스프링용 볼트, 너트의 이상 유무를 검사	• 균열 또는 손상이 없어야 한다.
(5) 공압실린더 및 스프링	• 육안검사 - 브레이크를 분해하여 마멸, 손상, 파손과 비틀림이 있는지 검사	• 마멸, 파손, 비틀림 또는 손상이 없어야 한다.

검사항목	검사방법	판정기준
2. 디스크브레이크 (1) 마찰판, 누름판, 받침판 및 체결스프링	• 작동상태검사 및 육안검사 – 주 전동기를 정지하고 브레이크를 미동으로 작동하여 누름판의 작동을 수회 검사 – 라이닝의 마멸상태를 검사 – 각 부품의 균열, 손상 헐거움, 마멸, 작은 나사 머리의 마멸상태를 검사	– 누름판의 움직임이 원활 또는 민첩해야 한다. – 라이닝의 마멸량은 제작회사가 정한 한도 내에 있고 라이닝은 균열 또는 심한 편마멸이 없으며, 기름이 묻어있지 않아야 한다. – 라이닝 체결용 작은 나사 등의 머리에 마멸이 없어야 한다.
3. 회전각도표시계 (1) 회전각도표시	• 다이얼게이지검사	• 하사점에서의 표시계의 지시는 정확해야 한다.
(2) 클러치부의 정지각도	• 회전각도표시계 – 검사 1행정 운전을 하여 상사점과 실제의 정지각도를 여러 번 검사	• 정지각도 10° 이내여야 한다.
(3) 오버런감시장치	• 브레이크 동작시간을 지연시켜 오버런감시장치를 작동시켜 검사	• 크랭크축 등의 정지각도가 오버런감시장치 설정위치의 각도를 초과할 때 실제로 작동해야 한다.

(4) 정지기구

검사항목	검사방법	판정기준
1. 1행정 1정지기구	• 작동상태검사 – 주 전동기를 가동시킨 후 누름버튼 등을 눌러서 운전하거나, 또는 풋(foot) 스위치 등을 밟아서 운전하면서 작동상태를 수회 검사	• 오동작, 연속동장 등이 없어야 하며 1행정 후 상사점 위치에서 정지해야 한다.

검사항목	검사방법	판정기준
2. 급정지기구	• 작동상태검사 – 운전 중에 누름버튼에서 손을 떼거나 또는 손으로 광선을 차단 작동시켜서 최대 정지시간을 측정 가능한 장치에 따라 수회 검사	• 제작회사가 지정한 최대 정지시간 이내에 확실히 급정지해야 한다.
3. 비상정지장치	• 육안검사 – 비상정지버튼의 손상 유무를 검사 • 작동상태검사 – 운전 중에 비상정지버튼을 눌러서 작동상태를 수회 검사	• 손상이 없어야 한다. – 최대 정지시간 내에 비상정지가 되어야 한다. – 비상정지버튼을 원상복귀하지 않은 상태에서는 슬라이드가 작동하지 않아야 한다.

(5) 슬라이드관계

검사항목	검사방법	판정기준
1. 슬라이드	• 육안검사 – 습동면, 금형 부착부 등에 이상 유무 및 슬라이드작동상태를 검사	• 마멸, 균열, 손상 등이 없고 슬라이드가 원활하게 작동되어야 한다.
2. 커넥팅스크루 및 커넥팅로드(연결나사 및 연결봉)	• 작동상태검사 – 체결상태를 토크 렌치 등으로 확인	• 볼트, 너트의 조임상태는 확실해야 한다.
3. 슬라이드조절장치, 카운터밸런스, 안전블록, 안전플러그 키로크	• 작동상태검사	– 슬라이드의 조절량 전 범위에 있어서 원활하게 작동해야 한다. – 슬라이드의 상하한 리밋스위치의 작동은 확실해야 한다. – 슬라이드의 연결봉, 스프링은 헐거움이 없고 손상이 없어야 한다. – 인터록기구에 이상이 없어야 한다.

(6) 공압계통

검사항목	검사방법	판정기준
1. 클러치 브레이크 제어용 전자밸브	• 육안검사 • 작동상태검사 – 슬라이드를 하사점에서 정지시킨 상태에서 주 전동기를 정지시키고 작동상태를 검사, 외관의 이상 유무, 흡기 및 배기 시 이상음의 발생 유무 검사 – 복식밸브는 각각 한 방향의 밸브를 정지작동시켜서 수동으로 각각의 전자밸브기능을 검사	• 손상 등 외관상 이상이 없으면 흡기 또는 배기 시에 이상음이 없어야 한다. • 확실히 작동하며 이상이 없어야 한다.
2. 압력조절밸브 및 압력계	• 육안검사 – 압력조정밸브를 조작하여 압력변화의 상태를 압력계에 의해 검사 – 압력계의 지시를 에어라인 압력계의 지시와 비교해서 검사	– 정상적인 상태에 있어야 한다. – 압력계들의 지시치가 같아야 한다.
3. 압력스위치	• 육안검사 • 작동상태검사 – 압력조절밸브 및 압력계에 의해 작동압력을 검사	• 파손·변형 등이 없어야 한다. • 제작회사가 지정하는 압력에서 확실하게 작동해야 한다.

(7) 방호장치

검사항목	검사방법	판정기준
1. 가드식 방호장치 (1) 가드와 작동 부분	• 검사상태검사 • 육안검사 – 덮개를 떼어서 손상, 변형, 설치상태를 검사	• 가드를 닫으면 슬라이드가 작동하고 또한 슬라이드가 작동 중에는 가드를 열 수 없어야 한다. • 외관상 손상, 변형 및 헐거움 등이 없어야 한다.
(2) 가드지지용 와이어로프	• 육안검사	• 외관상 이상이 없어야 한다. • 와이어클립의 연결은 확실해야 한다.

검사항목	검사방법	판정기준
(3) 고정볼트 및 고정핀	• 육안검사 및 스패너검사 - 구동부의 부착부, 가드연결부 및 고정핀 등의 이상 유무를 확인	• 손상, 마멸, 이완, 탈락 등의 이상이 없어야 한다.
(4) 가드개방 고정용 경첩	• 육안검사 - 개방한 가드를 고정하고 이상 유무를 검사	• 손상, 변형이 없고 가드의 고정은 확실해야 한다.
(5) 가드 인터록용 캠	• 육안검사	• 마멸, 균열, 손상이 없고 연결나사의 풀림이 없어야 한다.
(6) 가드록장치	• 육안검사	• 마멸, 균열, 손상이 없고 연결나사의 풀림이 없어야 한다.
(7) 가드작동용 전자밸브	• 육안검사 및 작동상태검사 - 주 전동기 외관상 이상 유무 및 누름버튼을 조작하여 전자밸브의 작동상태를 검사	• 손상이 없으며, 흡기 또는 배기 시에 이상음이 없어야 한다.
(8) 완충고무 및 리밋 (연동)스위치	• 육안검사 • 작동상태검사 - 주 전동기를 정지하고 누름버튼 등을 조작하여 스위치의 작동상태를 검사한다.	• 열화 또는 손상이 없어야 한다. • 리밋(연동)스위치는 기능이 확실해야 한다.
2. 양수조작실 방호장치 (1) 누름버튼	• 육안검사 - 누름버튼 등을 분해하여 손상, 이물질, 오염상태를 검사	• 외관 및 누름버튼의 보호링은 이상이 없고 누름버튼의 내측간격은 300mm 이상이며, 위험한계와의 설치거리가 적합해야 한다.
(2) 연결구와 배선의 이상 유무	• 육안검사	- 커넥터 등은 손상이 없어야 한다. - 소선의 연결이 확실하고 풀림이 없어야 한다.

(3) 조작장치의 이상 유무	• 작동상태검사
	  - 주 전동기를 작동시켜 누름버튼 1개씩 여러 번 조작하여 검사
	  - 슬라이드 작동 중에 누름버튼에서 한 손을 떼어서 검사
	  - 누름버튼을 양손으로 여러 번 눌러서 검사
		- 슬라이드가 작동하지 않아야 한다.
		
		- 확실히 정지해야 한다.
		
		- 1행정마다 확실히 정지해야 한다.

검사항목	검사방법	판정기준
3. 광전자식 방호장치 (1) 투광기 및 수광기의 상태	• 육안검사 – 덮개를 떼어서 손상, 변형, 오염상태를 검사 • 작동상태검사 – 투광된 광선을 차단하여 작동상태를 검사 – 광축의 범위를 측정 – 광축면과 위험한계와의 거리를 측정	• 손상, 변형, 오염이 없어야 한다. – 확실히 작동해야 한다. – 지정한 위치에 정확하게 설치되어 있어야 한다. – 위험한계 밖에 안전거리를 유지해 설치되어 있어야 한다.
(2) 투광램프 (백열전구의 경우)	• 손상, 변형, 오염검사 • 수광축에의 투영상태를 확인	• 손상, 변형, 오염이 없어야 한다. • 수광부에 확실히 투영되어야 한다.
(3) 반도체 발광소자 (표시램프)	• 전원을 투입한 후 표시램프의 손상, 광축의 어긋남 여부를 검사	• 표시램프는 확실한 표시를 하고 있어야 한다.
(4) 투광기와 수광기의 고정상태	• 고정장치의 마모, 변형에 의한 작업 중 위치변형 유무 검사	• 고정나사, 연결부 등의 마모변형이 없어야 하며, 프레스의 진동충격에 의한 광축의 어긋남이 없어야 한다.

(8) 전기계통

검사항목	검사방법	판정기준
1. 배선	• 육안검사 및 절연저항 – 전선의 접속상태, 노후 및 손상 유무를 검사 – 절연저항계로 전동기 및 전선으로 측정 – 접지선의 접속상태를 검사	 – 견고한 접속되어 있고 노후 또는 손상이 없어야 한다. – 절연저항의 값은 전동기는 $V/(1,000+kW)M\Omega$ 이상이고 배선의 절연저항은 다음 값 이상이어야 한다. 　┌ 대지전압 150V 이하 : 0.1MΩ 　├ 대지전압 150V 초과 300V 이하 : 0.2MΩ 　├ 사용전압 300V 초과 400V 미만 : 0.3MΩ 　└ 사용전압 400V 이상 : 0.4MΩ – 확실하게 접속되어 있어야 한다.

검사항목	검사방법	판정기준
2. 리밋스위치 및 릴레이의 작동상태	• 작동상태검사 – 주 전동기를 정지하고 리밋스위치를 손으로 작동시켜 검사 • 릴레이의 점검과 코일의 변색, 소손 이상 유무를 검사	• 외관상 이상이 없어야 하며 작동상태에 이상이 없어야 한다. • 변색, 소손이 없고 가동철심과 고정철심 사이에 이물질, 오물이 끼여 있어서는 안 된다.
3. 퓨즈 등	• 육안검사	• 제작사가 지정하는 정격용량의 것을 사용해야 한다.
4. 배전반, 제어반, 조각반 및 분전반	• 육안검사 – 덮개, 문짝 등을 열고 내부에 있는 기름, 먼지 등 이물질의 혼입 유무를 검사 – 단자의 이상 유무를 검사	– 이물질의 혼입이 없어야 한다. – 풀어짐 또는 소손이 없어야 한다.

② 액압프레스

(1) 램 및 관련장치

검사항목	검사방법	판정기준
1. 램	• 육안검사 – 램 표면의 이상 유무를 검사 • 스패너검사 – 패킹 체결 부착상태를 스패너 등으로 확인	• 기름누설의 원인이 되는 흠이 없어야 한다. • 똑같이 체결 부착되어져 있어야 한다.
2. 슬라이드	• 육안검사 및 기능 – 검사 습동면, 금형 부착 등 외관상 이상 유무를 검사	• 마멸, 균열손상 그 이외 기타 외관상 이상이 없고, 또한 슬라이드가 원활히 작동해야 한다.
3. 리밋스위치 등의 위치 검출장치 및 체결부	• 육안검사 – 파손, 변형 그 이외 기타의 이상 유무를 검사 – 체결상태를 스패너 등으로 확인	– 파손, 변형 그 외의 기타 외관상 이상이 없어야 한다. – 체결볼트의 풀림이 없어야 한다.

검사항목	검사방법	판정기준

4. 안전블록	• 육안검사
	  - 외관상 이상 유무를 검사
	
	• 작동상태검사
	  - 연동기구의 이상 유무를 검사
		- 파손, 변형, 체결볼트의 풀림, 체인 손상 기타 외관상 이상이 없어야 한다.
		
		- 슬라이드 작동전원과 확실하게 연동되어야 한다.

(2) 유압계통

검사항목	검사방법	판정기준

1. 유압펌프	• 작동상태검사
	  - 유압펌프를 운전하면서 소음, 진동, 발열 및 축흔들림에 대해 검사한다.
	  - 전동기와 유압펌프와의 축결함을 회전방향으로 움직이면서 결합키의 유격을 검사
		- 정상적인 상태에 있어야 한다.
		
		- 유격이 없어야 한다.

2. 압력조정밸브	• 압력계 검사
	  - 압력조정밸브를 조작하여, 설정압력을 최저압에서 초고압까지 변화시켜서 압력계로 검사
	  - 제작회사가 지정하는 최고 압력의 80% 이상의 압력을 설정하고, 압력의 안정성을 압력계로 검사
		- 제작회사가 지정하는 압력의 범위를 만족해야 한다.
		
		- 압력계 눈금의 범위 내에 있어야 한다.

3. 압력계	• 압력을 상승 및 하강시켜서 압력계의 지시를 검사 • 압력계 용량의 적정성 검사	• 압력을 0으로 했을 때, 압력계의 지침이 0을 지시해야 한다. • 프레스에 최고 사용압력이 작용할 경우 압력계 게이지의 지침은 게이지판의 2/3 지점을 가리킬 수 있는지를 확인
4. 압력스위치	• 작동상태검사 - 제작회사가 지정하는 압력의 범위 내에서 압력스위치의 설정압력을 변화시켜 압력계에 의하여 작동압을 수회 검사	• 설정압력에서 확실하게 작동해야 한다.

검사항목	검사방법	판정기준
5. 유면계	• 육안검사 - 심한 오염과 손상의 유무를 검사	• 현저한 오염 또는 손상이 없어야 한다.
6. 작동유	• 육안검사 - 유량을 유면계에 의하여 검사 - 기름을 채취하여 이상 유무 검사	- 유량이 적정해야 한다. - 이물의 혼입, 유화, 변색 또는 현저하게 오염되어 있지 않아야 한다.

(3) 정지기구

검사항목	검사방법	판정기준
1. 1행정 1정지기구	• 작동상태검사 - 주 전동기를 가동시킨 후 누름버튼을 누르거나 또는 풋스위치를 밟아서 작동상태를 수회 검사	• 오동작, 연속동작 등이 없어야 하며, 1행정에서 상한 위치에 정지해야 한다.
2. 급정지기구	• 작동상태검사 - 운전 중에 누름버튼에서 손을 떼거나 손으로서 광선을 차단하여 급정지장치를 작동시켜서 최대 정지시간을 측정 가능한 장치에 의하여 수회 검사	• 제작회사가 지정한 최대 정지시간 이내에서 확실히 급정지해야 한다.
3. 비상정지장치	• 육안검사 - 비상정지버튼의 손상 유무를 검사 • 작동상태검사 - 운전 중에 비상정지버튼을 눌러서 작동상태를 수회 검사	- 손상이 없어야 한다. - 최대 정지시간 내에 비상정지가 되어야 한다. - 비상정지버튼을 원상복귀하지 않은 상태에서는 슬라이드가 작동하지 않아야 한다.

(4) 방호장치

검사항목	검사방법	판정기준
1. 가드식 방호장치 (1) 가드와 작동 부분	• 작동상태검사 • 육안검사 － 덮개를 떼어서 손상, 변형, 설치상태를 검사	• 가드를 닫으면 슬라이드가 작동하고, 또한 슬라이드가 작동 중에는 가드를 열 수가 없어야 한다. • 외관상 손상, 변형 및 헐거움 등이 없어야 한다.
(2) 가드지지용 와이어로프	• 육안검사	－ 외관상 이상이 없어야 한다. － 와이어클립의 연결은 확실해야 한다.
(3) 고정볼트 및 고정핀	• 육안검사 및 스패너검사 － 구동부의 부착부, 가드연결부 및 고정핀 등의 이상 유무를 확인	• 손상, 마멸, 이완, 탈락 등의 이상이 없어야 한다.
(4) 가드개방 고정용 경첩	• 육안검사 － 개방한 가드를 고정하고 이상 유무를 검사	• 손상, 변형이 없고 가드의 고정은 확실해야 한다.
(5) 가드 인터록용 캠	• 육안검사	• 마멸, 균열, 손상이 없고 연결나사의 풀림이 없어야 한다.
(6) 가드록장치	• 육안검사	• 마멸, 균열, 손상이 없고 연결나사의 풀림이 없어야 한다.
(7) 가드작동용 전자밸브	• 육안검사 및 작동상태검사 － 주 전동기 외관상 이상 유무 및 누름버튼을 조작하여 전자밸브의 작동상태를 검사	• 손상이 없으며, 흡기 또는 배기 시에 이상음이 없어야 한다.
(8) 완충고무 및 리밋 (연동)스위치	• 육안검사 • 작동상태검사 － 주 전동기를 정지하고 누름버튼 등을 조작하여 스위치의 작동상태를 검사	• 열화 또는 손상이 없어야 한다. • 리밋(연동)스위치는 기능이 확실해야 한다.
2. 양수조작식 방호장치 (1) 누름버튼	• 육안검사 － 누름버튼 등을 분해하여 손상, 이물질, 오염상태를 검사	• 외관 및 누름버튼의 보호링은 이상이 없고 누름버튼의 내측간격은 300mm 이상이며 위험한계와의 설치거리가 적합해야 한다.

검사항목	검사방법	판정기준
(2) 연결구와 배선의 이상 유무	• 육안검사	• 커넥터 등은 손상이 없어야 한다. • 소선의 연결이 확실하고 풀림이 없어야 한다.
(3) 조작장치의 이상 유무	• 작동상태검사 　- 주 전동기를 작동시켜 누름버튼 1개씩 여러 번 조작하여 검사	- 슬라이드가 작동하지 않아야 한다.
	- 슬라이드 작동 중에 누름버튼에서 한 손을 떼어서 검사	- 확실히 정지해야 한다.
	- 누름버튼을 양손으로 여러 번 눌러서 검사	- 1행정마다 확실히 정지해야 한다.
3. 광전자식 방호장치 (1) 투광기 및 수광기의 상태	• 육안검사 　- 덮개를 떼어서 손상, 변형, 오염상태를 검사 • 작동상태검사	• 손상, 변형, 오염이 없어야 한다.
	- 투광된 광선을 차단하여 작동상태를 검사	- 확실히 작동해야 한다.
	- 광축의 범위를 측정	- 지정한 위치에 정확하게 설치되어 있어야 한다.
	- 광축면과 위험한계와의 거리를 측정	- 위험한계 밖에 안전거리를 유지하여 설치되어 있어야 한다.
(2) 투광램프 　(백열전구의 경우)	• 손상, 변형, 오염검사 • 수광축에의 투영상태를 확인	• 손상, 변형, 오염이 없어야 한다. • 수광부에 확실히 투영되어야 한다.
(3) 반도체 발광소자 　(표시램프)	• 전원을 투입한 후 표시램프의 손상, 광축의 어긋남 여부를 검사	• 표시램프는 확실한 표시를 하고 있어야 한다.
(4) 투광기와 수광기의 고정상태	• 고정장치의 마모, 변형에 의한 작업 중 위치변형 유무 검사	• 고정나사, 연결부 등의 마모변형이 없어야 하며, 프레스의 진동충격에 의한 광축의 어긋남이 없어야 한다.

(5) 전기계통

검사항목	검사방법	판정기준

1. 배선	• 육안검사 및 절연저항
	  - 전선의 접속상태, 노후 및 손상의 유무를 검사
	  - 절연저항계로 전동기 및 전선으로 측정
	
	  - 접지선의 접속상태를 검사
		- 견고히 접속되어 있고, 노후 또는 손상이 없어야 한다.
		- 절연저항의 값은 전동기는 V/(1,000+kW)MΩ 이상이고 배선의 절연저항은 다음 값 이상이어야 한다.
		  ┌ 대지전압 150V 이하 : 0.1MΩ
		  ├ 대지전압 150V 초과 300V 이하 : 0.2MΩ
		  ├ 사용전압 300V 초과 400V 미만 : 0.3MΩ
		  └ 사용전압 400V 이상 : 0.4MΩ
		- 확실하게 접속되어 있어야 한다.

2. 리밋스위치 및 릴레이의 작동상태	• 작동상태검사 - 주 전동기를 정지하고 리밋스위치를 손으로 작동시켜 검사 • 릴레이의 점검과 코일의 변색, 소손 이상 유무 검사	• 외관상 이상이 없어야 하며, 작동상태에 이상이 없어야 한다. • 변색, 소손이 없고 가동철심과 고정철심 사이에 이물질, 오물이 끼여 있어서는 안 된다.
3. 퓨즈 등	• 육안검사	• 제작사가 지정하는 정격용량의 것을 사용해야 한다.

4. 배전반, 제어반, 조각반 및 분전반	• 육안검사
	  - 덮개, 문짝 등을 열고 내부에 있는 기름, 먼지 등 이물질의 혼입 유무를 검사
	  - 단자의 이상 유무를 검사
		- 이물질의 혼입이 없어야 한다.
		
		- 풀어짐 또는 소손이 없어야 한다.

Section 12

합성소음도 계산

1 개요

합성소음도 산출식은 공종별 투입장비의 종류 및 평균 가동대수를 가정하여 해당 공사구간의 합성소음도를 근사적으로 예측할 수 있으나, 이때 평균 가동대수는 여러 계측사례를 참조하여 수음측에서의 합성소음도를 비교함으로써 합리적으로 결정해야 한다.

2 합성소음도 계산

합성소음도 산출식은 식 (1)과 같다.

$$SPL_0 = 10\log\left(\sum_{i=1}^{n} 10^{\frac{L_i}{10}}\right) \ : \ 소음도 \ 합성식 \tag{1}$$

$$SPL = SPL_0 - 20\log\frac{r}{r_0} \ : \ 점음원거리 \ 감쇠공식 \tag{2}$$

여기서, SPL_0 : 각 공종별 합성소음도[dB(A)]

SPL : 이격거리별 예측소음도[dB(A)]

L_i : 각 장비별 소음도[dB(A)]

r : 음원에서 예측지점까지의 거리(m)

r_0 : 음원에서 기본지점까지의 거리(m)

Section 13 인터록가드에 대한 응용사례

1 개요

가드란 넓은 의미에서 방호 자체라는 의미로도 쓰이나 일반적으로 기계설비가 갖고 있는 작업점, nip점, 회전 부분과 같은 위험점에 신체 일부가 접촉하여 사고가 발생하지 않도록 위험점을 차단하는 유효한 수단을 말한다. 방호장치를 격리형, 위치제한형, 접근거부형, 접근반응형, 포집형으로 크게 구분할 때 가드는 대표적인 격리형 방호장치의 한 예이다.

2 가드의 종류

가드에는 방호하는 위험점의 종류 또는 형태에 따라 여러 구분이 있다. 그 중 형태에 따라 구분하면 다음과 같다.

(1) 고정형 가드(fixed guard)

작업자를 보호하는 가장 확실한 방법으로 기계·설비의 동력전달부나 돌출부 등 위험점은 격리·차단하면서도 재료나 부품의 송급·취출에는 지장이 없도록 하는 가드를 말한다.

(2) 자동형 가드(auto guard)

인터록 구조를 갖춘 것으로, 재료의 송급·취출 시 또는 기계의 점검·수리 등으로 가드를 개방해야 할 때 안전이 확보되는 가드이다.

(3) 조절형 가드(adjustable guard)

동력실 수동대패기계의 칼날접촉예방장치, 목재가공용 둥근톱의 날접촉예방장치와 같이 방호하고자 하는 위험점에 맞게 적당한 모양으로 조절할 수 있는 가드를 말한다.

(4) 연동형 가드(interlocked guards)

가드를 자주 움직이거나 열 필요가 있는 곳에서는 그것을 고정시키는 것이 매우 불편하며, 이때 가드를 기계식, 전기식, 공압식 등의 방법으로 기계제어에 연동시킨다.

첫째, 가드가 닫히기 전까지는 기계의 작동이 시작되면 안 되고, 둘째, 가드가 열리는 순간 기계의 작동이 멈춰야 한다. 만약에 완전정지까지 시간이 걸리는 경우는 지연해제장치(delay release mechanism)를 설치할 필요가 있으며, 예기치 않은 운동을 막기 위해서는 시동제어(start control)와 연결되어 있어야 한다. 연동(interlocked)가드는 힌지로 미끄럼운동을 하게 설치하고 때때로 제거할 수 있어야 한다. 이 메커니즘은 신뢰성이 있어야 하고 어떤 충돌이나 사고 등에 견딜 수 있어야 하며, 특히 페일 세이프(fail safe) 개념으로 설계되어야 한다. 연동가드는 작업자의 안전을 확신할 수 있어야 하며, 쉽게 접근할 수 있게 설치되어야 한다.

연동방법(interlocking method)은 동력공급방식, 기계의 운전배열, 보호되어야 하는 위험의 정도, 그리고 안전장치의 작동불량에 따른 결과 등에 따라 선택된다. 선택된 시스템은 가능한 한 단순하며 직접적인 것이 좋다. 복잡한 시스템은 잠재적인 위험요인을 가지고 있어 눈에 보이지 않는 작동불량의 위험성을 가지고 있으며, 이에 대한 이해와 보수·유지가 매우 어렵다. 연동기구(interlocking mechanism)는 동력에 의해 가드를 닫는 경우와 그 자체 운동으로 가드를 닫는 것으로 나눌 수 있다. 다음 방법들을 독립적 또는 조합해서 사용해 효과를 배가시킬 수 있다.

① 직접 수동스위치 인터록(direct manual switch or valve interlocks)
② 기계적 인터록(mechanical interlocks)
③ 캠 구동 리밋스위치 인터록(cam-operated limit switch interlocks)
④ 키 교환시스템 인터록(key exchange system, trapped key interlocks)
⑤ 캡티브 키 인터록(captive key interlocks)
⑥ 시간지연 인터록(time delay Arrangement interlocks)

(5) 방호울(distance guard)

위험 부분으로부터 적절한 거리에 설치되어 있는 울타리를 말한다. 작업자가 위험지역 내의 접근을 금하기 위해 고정방벽을 설치하는 경우 일반적으로 방벽의 높이는 2,500mm 정도가 되어야 된다. 그러나 사정상 방벽의 높이를 2,500mm 정도로 설치할 수 없을 경우 위험점의 높이(a)와 울의 높이(b), 그리고 위험점으로부터 수평거리(c) 사이에는 [표 5-6]과 같은 관계가 있다.

[표 5-6] 방호울의 설치기준

위험점의 높이 a(mm)	보호구조물의 높이 b(mm)							
	2,400	2,200	2,000	1,800	1,600	1,400	1,200	1,000
	보호구조물의 위험점 간의 거리 c(mm)							
2,400	–	100	100	100	100	100	100	100
2,200	–	250	350	400	500	500	600	600
2,000	–	–	350	500	600	600	900	1,100
1,800	–	–	–	600	900	900	1,000	1,100

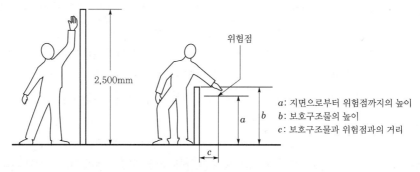

[그림 5-5] 방호울 설치기준에 대한 공간관계

3 가드의 기본조건

① 충분한 강도를 가질 것, 즉 마모, 충격 등에 손상되지 않도록 견고해야 한다.
② 기계운전, 점검 및 주유 등에 장애가 없을 것, 즉 가드를 분해하지 않고도 점검과 주유가 가능하고 필요한 작업을 할 수 있어야 한다.
③ 구조가 간단하고 조정이 용이해야 한다.
④ 위험점이 잘 방호되어야 한다.
⑤ 가드설치로 인해 또 다른 위험점이 생기지 않아야 한다.

4 가드설계 시 고려해야 할 기본사항

(1) 개구부 간격(opening size)

가드를 설치할 때 개구부 간격은 작업자의 손끝이 들어가도 위험점까지 닿지 않도록 하는 차원에서 다음과 같은 식으로 계산한다.

$$y = 6 + 0.15x \, (x = 16\text{mm}) \ (단, \ x = 16\text{mm}일 \ 때 \ y = 30\text{mm})$$

여기서, y : 개구부 간격(mm)

x : 개구부에서 위험점까지 최단거리(mm)

단, 여기서 $x < 160$mm일 때는 비현실적

또 위험이 전동체일 경우 $y = 6 + 0.1x$(단, $x < 760$mm일 때 유효)

(2) 방호거리

① 위험점으로의 접근을 방지하기 위해 고정방호벽을 설치하는 경우 높이는 2,500mm 이상이어야 한다.

② 이 정도의 높이를 올릴 수 없는 경우는 위험점을 방호하고 있는 구조물이 높이에 따라 일정한 방호거리를 두어야 한다. 예로서 위험점의 높이가 1,000mm, 방호하고 있는 구조물의 높이가 설치여건상 1,000mm 정도인 경우는 1,400mm 이상 이격시켜야 한다.

(3) 가드에 필요한 트랩공간(가드 내부공간)

기계설비와 가드 사이에 신체가 끼여 협착사고를 일으키는 가드 내부에 형성되는 함정(trap)을 막기 위해서는 최소틈새를 유지해야 한다. 몸 500mm, 다리 180mm, 발·팔 120mm, 손목 100mm, 손가락 25mm의 간격이다.

5 적용사례

과실방지장치(fool proof)는 기술적으로 비록 초보자가 조작하더라도 그것이 소정의 조건을 만족하지 않으면 작동하지 않도록 인간 위주로 설계한 장치를 말한다. 인간이 과오나 동작상의 실수가 있어도 사고가 발생하지 않도록 2중, 3중의 통제를 가하는 안전대책을 말한다. 즉 인간의 실수를 범하지 못하도록 고안된 설계방법으로 격리(덮개 등 보호덮개), 기계화, Lock 등의 방법이 있다. 다음의 예가 있다.

① 인터록시스템(interlock) : 배전반실에서 입구에 자물쇠를 걸면 전기회로가 자동적으로 차단되고, 자물쇠를 채우면 활선회로가 되어 전기가 흐르도록 한 구조

② 회전기기의 회전부에 대하여 보호덮개 설치(격리방법)

③ 조작밸브의 잠금장치 등

④ 스위치버튼의 배열을 조작순으로 설치

⑤ 긴급차단장치의 정지버튼을 2단 조작방법으로 설치하여 인간의 실수로 작동되지 않도록 한 구조

Section 14 크레인의 안전장치

1 개요

크레인(crane)이라 함은 혹이나 기타의 달기기구를 사용하여 하물의 권상과 이송을 목적으로 일정한 작업공간 내에서 반복적인 동작이 이루어지는 기계를 말한다. 크레인의 안전장치는 사용하는 용도에 따라 상이하지만 전도, 추락, 과부하, 낙하로 인한 안전사고를 방지하기 위한 안전장치가 필요하다.

2 크레인의 안전장치

크레인의 안전장치는 다음과 같다.

① 주조정밸브 및 아웃트리거조정밸브에 부착되어야 하고 정격압력이 높아지는 것을 방지하는 메인릴리프밸브를 설치해야 한다.
② 실린더 및 텔레스코프 실린더에 부착되어 있는 밸브는 인양된 하중의 낙하방지 및 부드러운 하강작동을 위해 오버센터밸브를 설치해야 한다.
③ 아웃트리거 잭 실린더에 부착되어 있는 밸브로써 들어 올린 차량 및 크레인의 낙하방지를 위해 파일럿체크밸브를 설치해야 한다.
④ 윈치감속기에 내장되어 있는 장치로서 인양된 하중의 낙하방지를 위해 윈치자동브레이크장치를 설치해야 한다.
⑤ 혹에 부착되어 있는 와이어로프 등이 혹으로부터 이탈되는 것을 방지하는 혹안전장치를 설치해야 한다.
⑥ 정격하중표와 작업범위도를 이용하여 정격하중값을 찾을 때 붐의 각도를 정확하게 알 수 있도록 각도계를 설치해야 한다.
⑦ 와이어로프가 끊어지는 것을 방지하는 권과방지장치를 직진식에 설치할 수 있다.

Section 15 공기압축기의 개념 및 설치장소 선정 시 고려사항

1 공기압축기의 종류별 원리와 특성

공기압축기는 압축방식에 따라 크게 3가지로 분류되며, 각 기계의 특성상 장단점을 지니고 있으므로 현장 여건에 적합한 압축기를 사용하는 것이 중요하다.

(1) 왕복동압축기

실린더 안에 피스톤의 왕복운동으로 압축공기를 생성하며, 높은 압력변화에 따른 유량의 변동이 작은 특징을 가지고 있다. 높은 공기압력을 생산할 수 있으나, 유량의 한계 ($3,300m^3/h$)를 갖고 있어 공기사용량이 많은 공정에는 부적합하며 피스톤운동의 특성상 공기의 흐름이 연속적이지 못하다.

(2) 스크루압축기

왕복동압축기의 피스톤 대신 암·수로터가 맞물려 회전함으로써 압축공기를 생성하며, 압력은 왕복동압축기보다 작으나 공기유량이 많다. 왕복동압축기보다 많은 유량을 생산할 수 있으나 기계적인 소음이 매우 크며, 유량은 크기에 따라 $20,000m^3/h$ 정도 생산가능하나, 그 이상은 작동원리상 장비의 부피가 현실성 없게 커지는 단점이 있다.

(3) 터보압축기

회전체(impeller)를 고속 회전시켜 공기의 속도를 높이고 디퓨저를 통해 속도에너지를 압력에너지로 전환시킴으로써 압축공기를 생성하며, 왕복동압축기와 스크루압축기의 단점을 보완한 형식이다.

유량을 압력변동 없이 조절할 수 있으며 다른 종류의 압축기보다 전력(kW)당 많은 유량을 생산할 수 있으나, 유량 대비 압축비가 높을 때 발생하는 서지곡선(surge line)이 있어 이 영역에서는 회전체가 공회전을 하게 되어 유동의 흐름이 불규칙하게 된다. 결국 제어가 안 되는 불안정한 상태가 되므로 이 영역을 피해서 운전해야 하는 단점이 있다.

[표 5-7] 압축기 종류별 비교표

비교	왕복동식	스크루식	터보식
압축원리	실린더 내에 있는 피스톤의 압축작용(왕복용적형)	밀폐된 케이싱 내의 암·수로터가 맞물려 회전할 때 점진적 체적감소를 통한 압축(회전식 용적형)	회전체를 고속 회전시켜 공기의 속도를 높이고 디퓨저를 통해 속도에너지를 압력에너지로 전환시킴(원심식)
압축단수	2단 압축(20단까지 가능)	2단 압축(8단까지 가능)	3단 압축
공기량	일반적으로 $120m^3/min$까지 생산할 수 있으며, 그 이상은 기계적인 효율, 진동이 문제가 됨	$60m^3/min$ 이하인 경우 터보식보다 전력료가 저렴	$50m^3/min$ 이상 한계 없이 제작할 수 있음
운전특징	높은 압력변화에 따른 유량의 변동이 작으며, 유량의 한계가 있어 공기사용량이 많은 공정에는 부적합	압력은 왕복동압축기보다 작으나, 공기유량이 큼	유량을 압력변동 없이 조절할 수 있으며, 다른 종류의 압축기보다 전력당 많은 유량을 생산할 수 있음

비 교	왕복동식	스크루식	터보식
용량 제어	현장 공기량의 소요에 따라 100, 75, 50, 25, 0%의 5단계 부하조절이 가능	100~0% 또는 조절방법으로 0~100%까지 무단계적으로 흡입공기량을 조절할 수 있음	서지영역이 있으므로 70~100% 정도 구간의 부하운전이 가능하고, 50% 용량 요구 시에는 여분의 압축공기를 방출
제어방법	언로더 피스톤밸브를 조작, 흡입밸브를 개방상태로 하여 운전	흡입밸브가 없으므로 언로더 역할을 하는 스로틀밸브로 흡입구의 압력이 일정하게 유지되도록 비례적으로 교축하여 제어(정압 제어 불가능)	인렛 가이드베인을 공기사용량에 따라 연속적으로 흡입용량을 조절(정압 제어)
서지	없음	없음	70% 부하운전점이 하한선이므로 그 이하로 운전 시 대책 필요
효율	• 전부하 : 높음 • 부분부하 : 높음	• 전부하 : 높음 • 부분부하 : 높음	• 전부하 : 아주 높음 • 부분부하 : 아주 높음
비고		인버터 장착된 압축기 있음	

※ 부분부하(partial load)와 무부하(unload)개념 유의

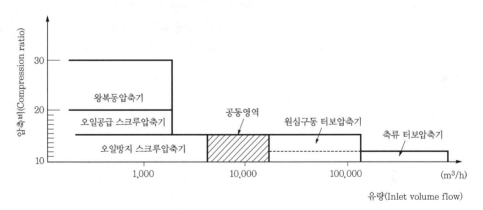

[그림 5-6] 압축기 종류별 운전영역

② 설치장소 선정 시 고려사항

공기압축기는 설치장소의 조건에 따라 운전효율 향상과 기계적 수명을 연장할 수 있으므로 다음과 같은 장소에 설치해야 한다.

① 바닥이 평평하고 수평인 면일 것
② 기초 진동이 심한 장소에는 방진매트를 깔아줄 것

③ 습기, 먼지가 적고 통풍이 잘되는 곳일 것

④ 점검 및 보수가 용이하도록 벽면과 최소한 30cm 이상 띄울 것

⑤ 빗물이나 유해가스가 침입하지 않는 곳

⑥ 실내온도가 높게 되면 압축기의 효율이 저하하고 압축에 장해가 발생할 우려가 있으므로 반드시 환풍기를 설치하는 것이 좋음

③ 공기압축기 사용 시 주의사항

한 번 설치된 압축기는 안심하고 장기간 사용되어야 한다. 그러기 위해서는 올바른 압축기의 선정과 사용 시 충분한 주의를 기울여야 한다.

① 압축기의 능력과 탱크의 용량을 충분히 할 것 : 대부분의 기계가 미래의 설계변경이나 증설 등을 고려하여 여유를 주듯이 압축기도 마찬가지이다. 압축기는 사용공기압력과 공기소비량을 근거로 압축기의 최고압력, 토출공기량을 결정한다. 토출공기량의 계산은 반드시 대기압으로 환산해서 필요공기소비량에 20% 정도의 여유를 주는 것이 바람직하다.

② 압축기는 동일한 능력이라면 대형 1대가 경제적 : 압축기는 마력이 클수록 효율이 좋다는 것은 메이커의 카탈로그를 보면 알 수 있다. 그러므로 동일 능력이라면 소형 2대보다 대형 1대가 효율이 좋다. 다만, 압축기 고장 시 중대한 영향을 미치게 되는 경우라면 2대로 해야 한다.

③ 설치장소에 충분한 주의를 할 것 : 압축기의 설치장소는 공기가 깨끗하고 저온, 저습장소에 설치하여 드레인 발생을 적게 한다. 또한 소음은 법의 규제를 받게 되므로 소음 규제법에 저촉되지 않는 설치장소를 고려하고, 경우에 따라서는 회전식 공기압축기 선정을 검토해 본다.

④ 흡입필터는 항상 청결히 할 것 : 흡입필터가 오염되면 흡입능력이 저하되고 오염된 압축공기를 생산하게 된다. 그러므로 흡입필터는 정기적으로 점검 및 교환이 필요하다.

Section 16   보일러 폭발사고의 방지장치와 자체 검사항목

① 보일러 폭발사고의 방지장치

(산업안전보건기준에 관한 규칙 제116조~제120조)

사업주는 보일러의 폭발사고예방을 위하여 압력방출장치, 압력제한스위치, 고저수위 조절장치 등의 기능이 정상적으로 작동될 수 있도록 유지·관리하여야 한다.

(1) 압력방출장치(제116조)

① 사업주는 보일러의 안전한 가동을 위하여 보일러규격에 적합한 압력방출장치를 1개 또는 2개 이상 설치하고 최고 사용압력(설계압력 또는 최고 허용압력을 말한다. 이하 같다) 이하에서 작동되도록 하여야 한다. 다만, 압력방출장치가 2개 이상 설치된 경우에는 최고 사용압력 이하에서 1개가 작동되고, 다른 압력방출장치는 최고 사용압력 1.05배 이하에서 작동되도록 부착하여야 한다.

② 제1항의 압력방출장치는 1년에 1회 이상씩 표준압력계를 이용하여 토출압력을 시험한 후 납으로 봉인하여 사용하여야 한다.

(2) 압력제한스위치(제117조)

사업주는 보일러의 과열을 방지하기 위하여 최고 사용압력과 상용압력 사이에서 보일러의 버너연소를 차단할 수 있도록 압력제한스위치를 부착하여 사용하여야 한다.

(3) 고저수위조절장치(제118조)

사업주는 고저수위조절장치의 동작상태를 작업자가 쉽게 감시하도록 하기 위하여 고저수위지점을 알리는 경보등, 경보음장치 등을 설치하여야 하며, 자동으로 급수 또는 단수되도록 설치하여야 한다.

(4) 폭발위험의 방지(제119조)

사업주는 보일러의 폭발 사고를 예방하기 위하여 압력방출장치, 압력제한스위치, 고저수위 조절장치, 화염 검출기 등의 기능이 정상적으로 작동될 수 있도록 유지·관리하여야 한다.

(5) 최고사용압력의 표시 등(제120조)

사업주는 압력용기 등을 식별할 수 있도록 하기 위하여 그 압력용기 등의 최고사용압력, 제조연월일, 제조회사명 등이 지워지지 않도록 각인(刻印) 표시된 것을 사용하여야 한다.

❷ 운전방법의 주지

사업주는 보일러의 안전운전을 위하여 다음 각 호의 사항을 근로자에게 주지시켜야 한다.

① 가동 중인 보일러에는 작업자가 항상 정위치를 떠나지 아니할 것
② 압력방출장치·압력제한스위치의 정상작동 여부를 점검할 것
③ 압력방출장치의 봉인상태를 점검할 것
④ 고저수위조절장치와 급수펌프와의 상호 기능상태를 점검할 것

⑤ 보일러의 각종 부속장치의 누설상태를 점검할 것

⑥ 노 내의 환기 및 통풍장치를 점검할 것

③ 자체 검사

사업주는 보일러에 대하여는 법 제36조의 규정에 의하여 6개월마다 1회 이상 정기적으로 다음 각 호의 사항에 대한 자체 검사를 실시하여야 한다.

① 방호장치의 이상 유무

② 보일러 본체의 손상 유무

③ 연소장치의 이상 유무

④ 자동제어장치기능의 이상 유무

  ㉠ 압력방출장치의 토출상태

  ㉡ 압력제한스위치의 표준압력에 의한 작동시험

  ㉢ 고저수위조절장치와 급수펌프와의 연동된 작동상태

  ㉣ 기타 제어장치의 기능상태

Section 17 | 부식발생의 원리와 방식대책

① 개요

부식(corrosion)이란 재료가 환경과의 상호작용에 의해 퇴화되는 과정(degradation process)으로 정의된다. 그러나 좁은 의미에서의 부식이란 금속재료가 사용환경 속에서 퇴화되어 본래의 기능을 상실하게 되는 것을 의미한다. 이러한 금속의 부식은 자발적인 현상(spontaneous process)으로서 금속이나 합금이 그것이 생산되어진 광석(ore)의 상태로 회귀하려고 하는 과정으로 이해할 수 있다. 다시 말해서 자연상태로 존재하는 광석에 제련이라는 형태로 에너지를 주입하여 금속을 생산하게 되는데, 에너지가 주입되어 불안정한(unstable) 금속이 자연상태의 안정한(stable) 광석의 상태로 회귀하려고 하는 과정을 부식이라고 이해할 수 있다. 따라서 부식은 자발적인 현상으로서 모든 금속은 반드시 부식이라는 퇴화과정을 겪게 된다고 할 수 있는 것이다. 이와 같이 부식을 정의함으로써 우리는 금속의 부식경향을 예측할 수 있다.

부식현상을 조금 더 이해하고 부식관련 문헌들을 읽고서 응용할 수 있기 위해서는 금속의 부식이 전기화학적인 반응(electrochemical reaction)의 결과임을 이해해야만 한다. 모든 부식현상은 전기화학적 반응에 의해 진행되는데, 전기화학적 반응이란 화학반응의 진행과정에 전자(electron)가 참여하는 반응이다. 이러한 반응은 반드시 2개의 반쪽반응(half reaction)으로 이루어지게 된다. 예를 들어서 산성용액에서 철이 부식되는 경우는 다음과 같은 2개의 반쪽반응에 의해 진행된다.

$$Fe = Fe^{2+} + 2e^- \tag{1}$$

$$2H^+ + 2e^- = H_2 \tag{2}$$

위의 반응에서 (1)을 철의 산화반응 혹은 양극반응(anodic reaction)이라고 하며, (2)를 수소이온환원반응 혹은 음극반응(cathodic reaction)이라고 한다. 양극반응은 전자가 생성되는 반응이고, 환원반응은 전자가 소모되는 반응으로 이해할 수 있다. 부식이 진행되고 있는 철의 표면에서는 (1)과 (2)의 2가지 반응이 모두 일어나고 있는 것이다.

다시 말해서 철은 (1)의 반응에 의해 Fe^{2+}의 형태로 소실되며, 이 반응에서 생성되는 전자는 (2)의 반응에 의해 소모된다. 부식원인을 이해하고 적절한 부식방지대책을 제시하기 위해서는 이 2가지의 반응에 대한 확실한 이해가 필요하다고 하겠다. 음극반응에는 (2)와 같은 수소이온환원반응뿐 아니라 산소환원, 금속이온환원 등의 반응이 있다.

금속의 부식경향은 양극반응이 어느 정도 용이하게 발생할 수 있느냐 하는 문제인데, 이러한 반응의 용이성은 전기화학적 개념인 전위(potential)로써 표현된다. 지하 매설된 배관의 부식 여부를 진단하기 위해 테스트박스(test box)를 통한 전위측정을 하는 이유가 이것이다. 단지 전위가 낮은 금속은 높은 금속과 비교할 때 부식경향이 높다는(양극반응이 용이하게 발생한다는) 점을 이해해야 한다.

[표 5-8]은 일반적인 중성 토양에서 배관에 사용되는 재료들의 전위를 보여주고 있다. 이와 같이 특별한 환경에서의 재료들의 전위값을 순서대로 나열한 것을 갈바닉시리즈(Galvanic series)라고 한다.

[표 5-8] 전형적인 중성 토양에서 여러 재료의 갈바닉시리즈 및 자연전위

재료	전위(volts, Cu/CuSO₄)
Mg-1,4Mn	-1.75
Mg-6Al-3Zn	-1.55
Zn	-1.1
Al-5Zn	-1.05
Al	-0.8
Steel(clean)	-0.7
Steel(rusted)	-0.3
Gray cast iron	-0.5
Pb	-0.5
Hign silicon cast iron	-0.2
Copper, Brass, Bronze	-0.2
Mill scale on steel	-0.2
Graphite	0.3

② 부식의 원리 및 부식방지의 개념

위에서 설명한 2가지의 반쪽반응들이 동시에 진행되기 위해서는 다음의 조건들이 충족되어야 한다.

① 양극반응
② 음극반응
③ 전자전도체
④ 이온전도체
⑤ 폐쇄회로 산화반응 : 전자가 생성되는 반응

우리의 주된 관심사항인 매설배관의 부식 역시 이상에서 설명한 과정을 통하여 부식된다. 단지 매설배관의 경우에는 미생물의 작용이나 외부전류(미주전류; stray current) 등이 부식환경으로서 작용하게 되어 일반적인 수용액에서의 부식보다 복잡한 양상을 띠게 된다. 예를 들어서 토양에 많이 존재하는 황산염 환원 박테리아의 존재는 환원반응을 용이하게 하여 부식을 유발한다.

또한 미주전류의 존재는 양극 및 음극반응이 강제적으로 진행될 수 있도록 하여 활발한 부식을 유발하게 된다. 그러나 어떠한 경우에도 부식은 이상에서 설명한 5가지의 조건들이 모두 충족되어야 일어나며, 이러한 조건들에 대해서 완전히 이해함으로써 적절한 방식대책을 수립할 수 있게 된다.

③ 부식방지

위에서 설명한 5가지의 조건들은 부식의 필요충분조건이라고 할 수 있다. 다시 말해서 5가지 조건이 모두 충족되면 반드시 부식은 일어나고, 반대로 이러한 조건들 중 어느 하나라도 충족되지 않으면 부식은 진행되지 않는다. 따라서 이러한 조건들 중 어느 하나만이라도 만족될 수 없도록 주변환경을 조절함으로써 부식을 방지할 수 있게 된다.

흔히 부식관련 실무자들은 부식이 문제가 되는 경우에 양극반응이 잘 발생할 수 없는 안정한 재료(내식성이 우수한)를 선택함으로써 부식문제에 대처하려고 하는 경향이 있다. 그러나 이와 같은 재료는 기계적 특성과 같은 다른 조건이 만족된다 하더라도 고가인 경우가 보통이어서 경제적인 방식대책이라고 할 수 없는 경우가 많다.

이러한 경우에 부식의 5가지 필요충분조건들을 생각해 보면 의외로 간단한 방식방법을 찾을 수 있다. 이러한 조건들 중 어느 하나가 만족될 수 없도록 주변환경을 조절함으로써 부식을 방지할 수 있으므로 기술적으로 가능할 뿐 아니라 경제적으로 저렴한 방법을 선택할 수 있을 것이다. 예를 들어서 부식억제제를 사용하여 음극반응을 억제시키거나, 절연 조인트를 삽입하여 전자전도체를 절연하는 방법 등은 흔히 사용하는 방법이다.

매설배관의 부식방지를 위하여 보편적으로 사용되고 있는 방식대책에는 피복과 전기방식이 있다. 피복은 금속표면에 절연성이 우수한 물질을 사용하여 폐쇄회로가 형성되는 것을 차단해 주는 방식방법이며, 전기방식은 인위적으로 금속의 전위를 낮추어 줌으로써 양극반응이 일어날 수 없는 조건을 조장하는 방식방법이다.

송유관이나 가스배관과 같이 안전성의 측면에서 적극적인 부식방지대책이 요구되는 경우에는 피복과 전기방식을 병행하여 사용하는 것이 경제적으로 유리하며 많은 나라에서 법적인 사항으로 규정되어 있다.

Section 18 시각표시장치 식별의 영향

1 개요

시각적 표시장치를 통해 정보가 인간에게 명확히 보이고(감각), 그 정보의 의미를 알아차릴 수(지각) 있도록 설계를 하며 시각적표시장치의(시식별) 설계 요인은 다음과 같다.

① 인간의 시성능 : 시력
② 조명(빛) : 광도, 조도, 휘도
③ 시각 표시물의 특성 : 크기, 노출시간, 대비

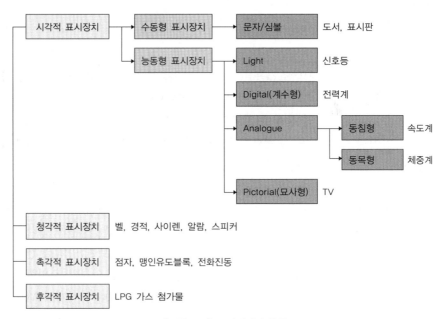

[그림 5-3] 표시장치의 종류

② 시각표시장치 식별의 영향

시각표시장치는 다이얼게이지, 스케일, 표식의 형태, 크기, 눈금, 척도단위, 지침, 문자, 숫자의 형태 등 식별성, 유연성, 가독성, 연상성을 가져야 한다.

Section 19 | 안전작업하중(SWL)이 3톤인 줄걸이용 와이어로프 최대 사용하중(W) 계산

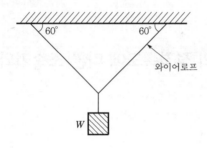

평형방정식에 의해서 풀면

$$\Sigma Fy = 0$$

모든 물체는 정적인 상태에서는 그 계(system)에서 작용하는 힘의 합력은 0이다. 따라서 구하고자 하는 방향의 와이어를 y라고 하면

$$2 \times \cos 30° \times y = 3,000$$

$$\therefore y = 1,732 \text{kg}$$

Section 20 | 기계장치의 공진현상 발생원인

① 공진의 발생원인

공명(공진, resonance)발생으로 인한 모든 소음원은 그에 고유한 공진주파수를 갖는다. 그러므로 어떤 구조물에 가해진 힘이 그 공진주파수와 동일한 주파수를 갖는다면 구조물의 큰 진동과 함께 소음이 발생될 수 있다. 기계구조물의 이러한 공진현상은 회전체의 불균형, 충격, 마찰 등에 의해서 발생되는 주기적인 에너지가 해당 구조물에 전달됨으로써 생긴다.

② 공진의 방지대책

구조물의 공진현상을 방지하는 최선의 방법은 주요 구조물의 공진주파수를 예상되는 여진주파수와 일치되지 않도록 설계하는 것이다. 또한 댐핑처리에 의한 방진방법은 주파수와 관계없이 공진현상을 제거할 수 있어 효과적인데 다음과 같은 경우에 적용하는 것이 바람직하다.

① 소음원이 그의 고유진동수에서 강제진동을 할 때
② 소음원이 중심주파수성분을 갖는 힘에 의해서 강제진동할 때
③ 소음원이 충격과 같은 힘에 의해서 진동될 때

Section 21 승강기의 정격속도에 따른 조속기와 비상정지장치의 작동 범위

① 조속기(governor)

① 조속기는 카와 같은 속도로 움직이는 조속기 로프에 의하여 조속기 휠이 회전하면서 카의 속도를 검출하는 장치이다.
② 동작기능
　　㉠ 제1동작 : 카의 속도가 정격속도를 초과하여 1.3배를 넘기 전에 과속스위치가 작동(trip)되어 승강기 전원을 차단함에 따라 전자브레이크가 동작하여 승강기 운행을 정지시킨다. 상승방향과 하강방향에서 모두 작동되는 전기적 차단기능이다.
　　㉡ 제2동작 : 브레이크의 고장이나 주로프의 절단 등으로 제1동작으로도 카가 정지되지 않는 경우 카가 정격속도의 1.4배를 넘기 전에 로프캐치가 조속기를 잡음으로써 카 하부의 비상정지장치가 동작하여 운행을 정지시킨다. 하강방향에서만 작동되는 기계적 차단기능이다.
③ 조속기 설치는 수평계를 사용하여 수평을 확인 후 앵커볼트와 용접으로 조속기 지지대를 고정해야 한다.
④ 조속기 지지대의 홀에 앵커볼트를 고정 후 용접해야 한다.
⑤ 조속기 설치 후 반드시 모르타르로 마감처리를 해야 하고, 마감 시 조속기 지지대 표면보다 5mm 정도 낮게 마감해야 한다.

② 비상(강제)정지장치(wedge)

① 전자제동장치의 고장이나 메인로프의 절단 등으로 승강기의 하강속도가 현저하게 증

가할 때에 조속기의 2차 동작(조속기 캐치동작)으로 조속기 로프와 연결된 조속기 홀더가 당겨지면서 비상정지장치의 레버(lever)가 상부로 당겨져 비상정지장치의 깁(gib)이 가이드레일과 맞물리게 되어 승강기를 정지시키는 장치이다.

② 즉 속도의 증가에 따라 조속기가 멈추고 카는 계속 하강하면서 발생하는 힘으로 비상정지장치의 레버가 상부로 당겨져서 동작하는 순수 기계적인 동작으로만 이루어진다.

③ 조속기에 연동된 기계적 안전장치로서 카의 속도가 140%를 초과하기 전에 자동으로 작동하여 레일을 꼭 쥐어서 카를 정지시켜야 한다.

기계설비의 안전기본원칙 중 근원적인 안전화(본질안전화)

① 본질안전화

인간이 본래 부주의한 동물이라면 그 부주의력에 의존해 안전화를 도모하는 방법은 2차적으로 생각해 보아야 하고, 사람이 불안전 행동이나 오동작을 하더라도 기계-설비가 안전 쪽으로 작동할 수 있도록 생각해야만 한다.

또한 생산공정은 일상적인 개선에 의하여 기계설비, 공법, 재료, 환경 등은 상시 변화한다. 인간도 환경의 변화에 의해 심리, 신체면에 변화가 생긴다. 이와 같은 조건 하에서 사람이 순간적 실수 등에 의한 불안전 행동은 완전히 없앨 수 없다. 이와 같은 인간의 "Error"를 기계설비가 보완하는 것을 본질안전이라 칭한다. 또 기계설비의 고장이나 노후화 등에 의한 이상 등의 경우에도 그 이상(異常)에 의하여 재해가 발생되지 않도록 기계가 정지하는 등 안쪽으로 이행되도록 제어장치가 내장되어 있는 것도 본질안전화라고 부르고 있다.

② 본질안전화의 요건

본질안전화의 요건으로는 안전기능이 기계에 내장되어 있어야 하며 Fool Proof와 Fail Safe의 기능을 가지고 있어야 한다.

(1) Fool Proof

인간이 기계설비를 오조작하였더라도 기계가 정지하든가 해서 재해로 이어지지 않도록 하는 것을 말한다.

(2) Fail Safe

기계나 그의 부분에 고장 등이 발생하였을 경우 기계가 자동적으로 정지하는 등 안전 쪽으로 작동하는 구조나 기능을 말한다.

항공기엔진이 고장 났을 경우 다른 엔진으로 근처의 가까운 공항까지 비행하도록 예비의 엔진을 설치해 놓는다. 전류제어기 등에서 과부하발생 시 자동적으로 정지되는 장치가 그 예이다.

③ 사전심사

기계설비를 제작하기 전에 안전성에 대하여 심사가 필요하다. 심사규칙과 이의 책임자를 포함한 관리체제의 정비와 사내규격, 체크리스트 등의 정비, 법규 적합의 기타 사항, 유사재해방지 및 잠재재해방지를 고려하여 각 기능, 각 계층의 참가가 필요하다.

Section 23 보일러에서 압력방출장치와 압력제한장치의 비교와 기타 안전장치

① 압력방출장치(safety valve)

보일러의 최고 사용압력 하에서 압력이 자동분출되도록 한 기계적 안전장치로, 전기적인 압력 제어가 불량하여 증기압이 계속 상승 시 최고압 또는 설정압력에서 내부압력을 방출시킨다.

[그림 5-7] 안전밸브

(1) 형식

안전밸브의 형식에는 저·고양정식, 온양정식, 온양식이 있으며, 각 유량의 제한조건은 다음과 같다.

형식의 구분	유량제한기구
저양정식	안전밸브의 리프트가 시트지름의 1/40 이상으로 1/15 미만인 것
고양정식	안전밸브의 리프트가 시트지름의 1/15 이상으로 1/7 미만인 것
전량정식 (온양정식)	안전밸브의 리프트가 시트지름의 1/7 이상인 것. 이 경우 시트지름의 1/7이 열릴 때 유체통로의 면적보다도 기타 부분의 유체의 최소 통로면적은 10% 이상 크지 않으면 안 된다.
전량식 (온양식)	시트지름이 목 부분 지름보다 1.15배 이상인 것. 디스크가 열렸을 때의 유체 통로의 면적이 목 부분 면적의 1.05배 이상으로 안전밸브의 입구 및 배관 내의 유체통로의 면적은 목 부분 면적의 1.7배 이상이어야 한다.

(2) 분출압력의 허용차

증기용 스프링식 안전밸브의 분출압력허용차는 설정압력에 따라 다음과 같다.

분출압력(kgf/cm^2)	허용차
7 이하	±0.2
7 초과 23 이하	±3%×분출압력
23 초과 70 이하	±0.7
70 초과	±1%×분출압력

분출압력	저양정식	고양정식	전량정식
1 이하	0.1 이하	0.15 이하	0.2 이하
1 초과 2 이하	0.15 이하	0.2 이하	0.25 이하
2 초과 4 이하	0.2 이하	0.3 이하	0.3 이하
4 초과 7 이하	0.3 이하	0.35 이하	0.4 이하
7 초과 11 이하	0.45 이하	0.45 이하	0.5 이하
11 초과	분출압력의 4% 이하	원칙적으로 분출압력의 4% 이하	원칙적으로 분출압력의 4% 이하

(3) 분출저하압력(정지압력)

설정 상용압력에서 버너연소작동을 정지시켜 설정압 이상의 압력상승을 제한시킨다.

[그림 5-8] 압력계

① 수동식 컨트롤 : 버너작동 완전정지
② 자동식 컨트롤 : 일시정지 후 압력강하 시 재기동작동

2 압력제한장치(압력차단SW)

설정온도(최고 사용압력하의 포화온도+약 10℃)에서 전원을 차단, 모든 컨트롤기능을
정지시킨다.

① 퓨즈식 : 설정온도에 의한 퓨즈단락으로 전원차단하며 재사용이 불가능하다.
② 전자식 : 설정온도에 의한 리밋스위치의 작동으로 전원차단하며 정상 시 원상복귀,
계속사용이 가능하다.

3 과열방지SW

[그림 5-9] 보일러 과열방지SW(전자식)

착화 또는 연소 중 이상발생 시 버너기능이 차단된다.

① 기동 전 안전장치 : 기동 전 연소실 내에 이상화염이 잔류할 경우 기동이 중지된다.
② 연료분사 후 착화가 이루어지지 않으면
　　㉠ 오일용은 7.7초 이내
　　㉡ 가스버너의 제1안전시간은 2.0초 이내(파일럿)
　　㉢ 가스버너의 제2안전시간은 4.0초 이내(주 버너)에 각각 버너기능을 차단시킴
③ 착화 후 연료중단 등으로 실화될 경우
　　㉠ 오일용은 4.0초 이내

ⓛ 가스용은 1.0초 이내에 각각 버너기능을 차단시킴

④ 저수위차단장치

① **기계식(부력)** : 기계적 감시로 전원을 차단시키는 장치로, 보통 맥도널스위치가 사용된다.

② **전자식** : 전기적 감지장치에 의한 전자회로의 전원을 차단하는 장치로, 보통 플로우트레스 액면스위치가 사용된다.

[그림 5-10] 저수위차단장치

⑤ 연소안전장치(보호릴레이기능)

버너기능차단은 연료공급밸브의 잠김이 동시에 이루어지며 연소안전장치의 종류는 다음과 같다.

① **가스압력 부족 시 안전차단(가스압 하한SW)** : 설정된 압력 이하로 가스가 공급되거나 공급이 중단되었을 경우 버너기능을 차단시킴(1초 이내)

② **가스공급압력 초과 시 안전차단(가스압 상한SW)** : 설정된 압력 이상으로 가스가 공급되거나 노 내 압력의 이상상승 시 버너기능을 차단시킴(1초 이내)

[그림 5-11] 연소안전장치

⑥ 연료공급안전장치(가스버너 적용)

① 가스압력 부족 시 안전차단(가스압 하한SW) : 설정된 압력 이하로 가스가 공급되거나 공급이 중단되었을 경우 버너기능을 차단시킴(1초 이내)

② 가스공급압력 초과 시 안전차단(가스압 상한SW) : 설정된 압력 이상으로 가스가 공급되거나 노 내 압력의 이상상승 시 버너기능을 차단시킴(1초 이내)

⑦ 가스누설안전장치

메인밸브의 내부누설로 가스가 노 내에 유입됨을 방지하기 위한 안전장치로, 보일러 정지상태에서 가스누설 시 전후 압력차에 의한 정지신호로 버너가 작동되지 않도록 한다.

> ▶ 참고 : 실내에 설치되는 기기 외부 가스누설검출기와는 작동방식이 다르며, 보일러에서는 외부 누설검출기 부착을 적용하지 않는다.

⑧ 미연소가스배출안전장치

노 내에 잔류한 미연소가스를 배출시키는 기능으로 30초 이상 프리퍼지 후 착화기능이 작동되도록 한 장치이다.

① 풍압SW에 의한 풍압확인기능(압입송풍기능)
② 댐퍼모터 개폐작동에 의한 퍼지확인기능

위 ①, ②의 확인기능상 이상발생 시 착화기능은 중단된다.

Section 24 인터록용 센서의 형태 및 특징

❶ 근접센서

(1) 기본원리

고주파 발진형 근접스위치의 동작원리는 검출코일로부터 나오는 고주파 자계 속에 금속물체(검출물체)가 근접하면 근접 속에서 전자유도현상에 의한 유도전류(소용돌이전류; eddy current)가 흐른다.

이 전류에 의해 자계가 발생하고, 이 자계는 검출코일에 의해 자계가 금속물체의 접근에 따라 증가하려고 할 때 그 크기를 감소시키는 방향으로 움직이며, 그 결과 검출코일의 임피던스(전기저항성분)를 변화시킨 결과 발진회로는 발진상태를 유지할 수 없게 되어 발진을 정지시킨다.

(2) 종류

근접센서의 종류는 감지의 원리에 따라 교류자계, 전자계, 정전용량으로 분류하고, 발진의 형태에 따라 분류된다. 또한 실드의 형태, 앰프의 내장 유무에 따라 분류하며, 물체의 유무를 감지하는 센서로 다음과 같이 분류한다.

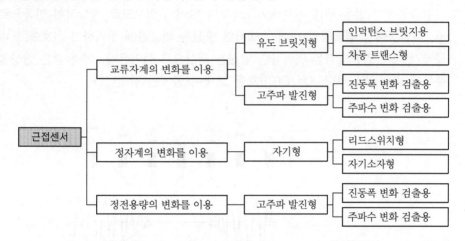

용도에 의한 분류	구성에 의한 분류
• 실드형 • 비실드형	• 앰프내장형 • 앰프분리형 • 앰프중계형

(3) 회로구성

① 앰프내장형

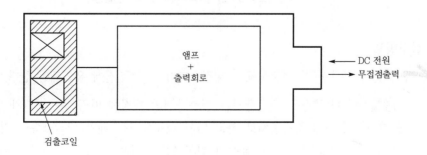

② 앰프분리형

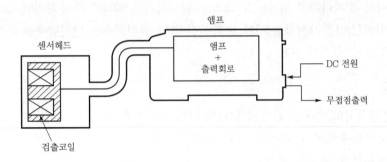

검출물체가 없을 때의 검출영역으로부터 떨어져 있으므로 정상적인 진폭으로 발진되고, 검출물체가 검출영역 내에 존재하면 발진은 일순간에 정지하여 신호를 보내고 검출물체가 다시 검출영역을 벗어나면 발진은 정상으로 돌아온다. 이와 같은 현상을 물체의 유무에 따라 반복하며, On/Off신호를 보내어 물체를 감지한다.

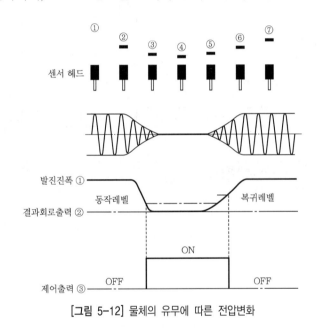

[그림 5-12] 물체의 유무에 따른 전압변화

(4) 선정방법

근접센서의 선정 시 검출물체의 재질, 크기, 취부조건에 유의해야 한다.

① **검출물체의 재질확인** : 근접센서는 검출물체의 재질에 따라 검출거리가 변화하며, 검출거리는 철을 표준검출체로 하고 있기 때문에 검출체가 비철금속인 경우는 주의가 필요하다. 철에 대한 각종 금속의 변화율은 대체로 [그림 5-13]과 같이 된다.

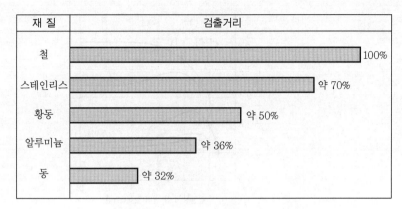

재 질	검출거리
철	100%
스테인리스	약 70%
황동	약 50%
알루미늄	약 36%
동	약 32%

[그림 5-13] 재질에 따른 검출거리의 비교

• **알루미늄센서** : 일반적으로 소형의 고주파 발진형 근접센서에 철 등의 자성금속을 가까이 대면 발진주파수는 낮아지고, 알루미늄 등의 비철금속을 가까이 대면 발진 주파수는 높아지는 특성을 나타낸다.

알루미늄센서는 발진주파수의 변화를 인식하여 금속의 유무를 검출하는 전혀 새로운 원리의 근접센서이다. 알루미늄, 동, 놋쇠 등은 발진주파수의 변화가 크기 때문에 검출거리를 길게 잡을 수 있다.

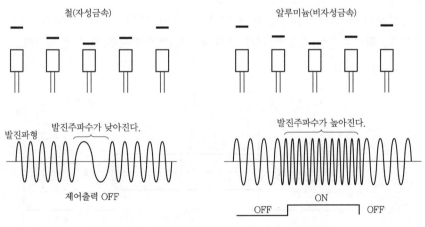

[그림 5-14] 재질과 검출거리에 따른 주파수 변화의 비교

② **검출물체의 크기확인** : 근접센서는 검출체의 크기에 따라서도 검출거리가 변화하며 표준검출체 이하의 검출체에서는 [그림 5-15]처럼 검출거리가 감소한다.

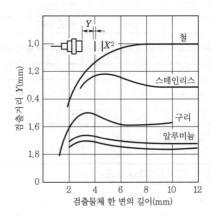

[그림 5-15] 검출물체의 크기와 재질에 의한 검출거리의 변화

❷ 광센서

(1) 기본원리

투광부에서 발사된 펄스변조광이 검출물체가 검출영역에 들어감에 따라 수광소자에서의 입사광이 증가(또는 감소)하게 되고, 이 증가(또는 감소)한 입사광의 정류신호레벨이 동작레벨에 도달하면 출력을 내준다.

광센서의 원리는 광섬유를 통한 빛이 전달되어 빛의 상태를 어떻게 전달하느냐에 따라 투과형, 확산반사형(직접반사형), 회귀반사형(미러반사형)으로 분류한다.

① 투과형

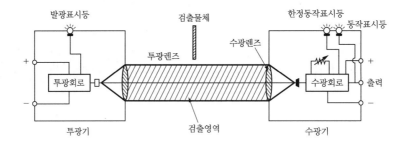

② 확산반사형(직접반사형)

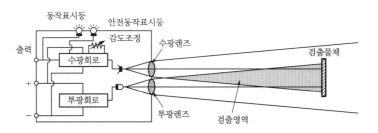

③ 회귀반사형(미러반사형)

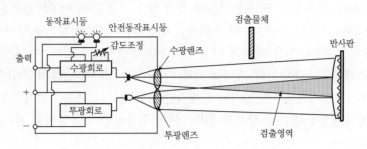

(2) 종류

광센서는 광섬유에 빛을 투과하여 빛의 수광하는 정도에 따라 물체의 유무를 판별한다.
빛의 종류, 앰프의 분리 유무, 거리의 상태에 따라 분류하며, 모든 물체에 감지가 가능
하다. 또한 설치에 대한 융통성을 부여된다.

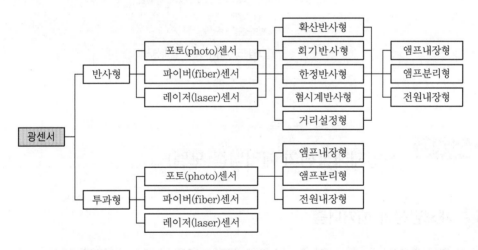

용도에 의한 분류	구성에 의한 분류	광원에 의한 분류
• 투 · 수과형 • 확산반사형 • 회귀반사형 • 혐시계반사형 • 한정반사형 • 거리설정형	• 앰프내장형 • 앰프분리형 • 앰프중계형 • 광파이버식	• 적색 LED • 적외선식 • 레이저식

❸ 접촉센서

접촉센서는 압력센서의 특별한 형태이다. 이 센서는 로봇의 손가락 끝에 장착되어 물체
와 접촉하는 시점을 포착할 때 사용되고, 터치스크린에서 물리적 접촉을 감지하는 데 이

용되기도 한다. 접촉센서의 한 형태로서 압전 폴리비닐리덴 플로라이드(PVDF : poly-vinylidene fluoride) 필름을 이용한 것이 있다. 2개 층의 PVDF 필름을 사용하는데, 2개 층 사이에는 [그림 5-16]과 같이 진동을 전달할 수 있는 부드러운 필름층이 있다. 하층의 PVDF에는 교류전압을 가하여 기계적 진동을 발생시키고 있다. 이 진동을 중간층 필름이 PVDF 필름으로 전달한다. 압전효과로 이 진동에 의하여 상층의 PVDF 필름에 교류전압이 발생된다. 접촉센서에 압력이 가해지면 상층 필름의 진동이 변화를 받게 되고, 그 결과 교류전압출력에 변동이 생기게 된다. 이를 검출하면 접촉상태를 알 수 있다.

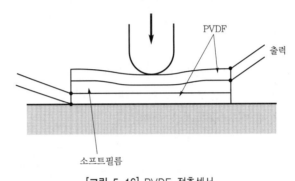

[그림 5-16] PVDF 접촉센서

Section 25

산업재해발생의 메커니즘(모델)

1 재해발생의 메커니즘

(1) 하인리히(Heinrich)의 사고연쇄성이론[도미노(domino)현상]

① 1단계 : 사회적 환경 및 유전적 요소
② 2단계 : 개인적 결함
③ 3단계 : 불안전한 행동 및 불안전한 상태(물리적·기계적 위험)
④ 4단계 : 사고
⑤ 5단계 : 재해

(2) 버드(Bird)의 최신 사고연쇄성이론

① 1단계 : 통제의 부족 – 관리(경영)
② 2단계 : 기본원인 – 기원(원인론)
③ 3단계 : 직접원인 – 징후

④ 4단계 : 사고 – 접촉
⑤ 5단계 : 상해 – 손해 – 손실

> ▶ 전문적 관리의 4가지 기능
> 계획(planning) → 조직(organizing) → 지도(leading) → 제어(controlling)

2 재해원인의 연쇄관계

(1) 간접원인

재해의 가장 깊은 곳에 존재하는 재해원인이다.

① 기초원인 : 학교 교육적 원인, 관리적 원인
② 2차 원인 : 신체적 원인, 정신적 원인, 안전교육적 원인, 기술적 원인

(2) 직접원인(1차 원인)

시간적으로 사고발생에 가까운 원인이다.

① 물적원인 : 불안전한 상태(설비 및 환경 등의 불량)
② 인적원인 : 불안전한 행동

3 하인리히에 의한 사고원인의 분류

① 직접원인 : 직접적으로 사고를 일으키는 불안전한 행동이나 불안전한 기계적 상태를 말한다.
② 부원인(subcause) : 불안전한 행동을 일으키는 이유이다(안전작업규칙들이 위배되는 이유).
  ㉠ 부적절한 태도
  ㉡ 지식 또는 기능의 결여
  ㉢ 신체적 부적격
  ㉣ 부적절한 기계적·물리적 환경
③ 기초원인 : 습관적, 사회적, 유전적, 관리감독적 특성이다.

[표 5-9] 직접원인 및 간접원인(산업재해조사표 : 고용노동부예규)

▶ 직접원인

불안전한 행동	불안전한 상태
① 위험장소 접근 ② 안전장치의 기능 제거 ③ 복장보호구의 잘못 사용 ④ 기계·기구 잘못 사용 ⑤ 운전 중인 기계장치의 손질 ⑥ 불안전한 속도조작 ⑦ 위험물 취급부주의 ⑧ 불안전한 상태방치 ⑨ 불안전한 자세동작 ⑩ 감독 및 연락 불충분	① 물 자체 결함 ② 안전방호장치 결함 ③ 복장보호구의 결함 ④ 물의 배치 및 작업장소 결함 ⑤ 작업환경의 결함 ⑥ 생산공정의 결함 ⑦ 경계표시, 설비의 결함 ⑧ 기타

▶ 간접원인

항 목	세부항목
1. 기술적 원인	① 건물, 기계장치 설계 불량 ② 구조, 재료의 부적합 ③ 생산공정의 부적당 ④ 점검, 정비보존 불량
2. 교육적 원인	① 안전의식의 부족 ② 안전수칙의 오해 ③ 경험훈련의 미숙 ④ 작업방법의 교육 불충분 ⑤ 유해위험작업의 교육 불충분
3. 작업관리상의 원인	① 안전관리조직 결함 ② 안전수칙 미제정 ③ 작업준비 불충분 ④ 인원배치 부적당 ⑤ 작업지시 부적당

❹ 재해발생의 메커니즘(3가지의 구조적 요소)

① **단순자극형(집중형)** : 상호자극에 의하여 순간적으로 재해가 발생하는 유형이다.

② **연쇄형** : 하나의 사고요인이 또 다른 요인을 발생시키면서 재해를 발생하는 유형이다.

③ **복합형** : 연쇄형과 단순자극형의 복합적인 발생유형이다.

Section 26 | 기계고장률의 욕조곡선

1 욕조곡선

일반적으로 고장밀도함수는 각 밀도함수의 가중평균이고, 순간고장률은 각 고장원인에 대한 순간고장률의 합으로 표시된다고 할 수 있다. 그러나 실제 시스템이나 장비의 고장발생은 반드시 이 법칙에 따른다고 볼 수 없으며, 오히려 [그림 5-17]과 같이 3가지 유형의 고장곡선을 혼합한 형태를 나타낸 경우가 많다.

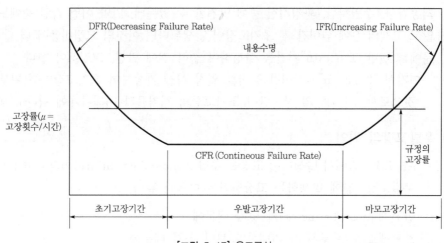

[그림 5-17] 욕조곡선

이와 같은 시스템의 수명곡선은 욕조모양을 하고 있다고 하여 욕조곡선(bathtub curve)이라고 부른다. 즉, 곡선의 좌측에서 고장률이 감소하는 부분(DFR)을 초기고장기간, 중간의 고장률이 비교적 낮고 일정한 부분(CFR)을 우발고장기간, 우측의 고장률이 증가되는 부분(IFR)을 마모(또는 열화)고장기간이라 부른다.

이들 고장률 변화형태별로 주요 고장원인을 살펴보면 다음과 같다.

(1) 초기고장의 원인

[그림 5-17]에서 사용 초기의 고장을 초기고장이라 하는데, 초기고장기간에 발생하는 고장원인은 다음과 같다.

① 표준 이하의 재료를 사용
② 불충분한 품질관리
③ 표준 이하의 작업자 솜씨
④ 불충분한 디버깅(debugging)

⑤ 빈약한 제조기술

⑥ 빈약한 가공 및 취급기술

⑦ 조립상의 과오

⑧ 오염

⑨ 부적절한 설치

⑩ 부적절한 시동

⑪ 저장 및 운반 중의 부품고장

⑫ 부적절한 포장 및 수송

이상과 같은 원인에 의하여 발생되는 초기고장은 공정관리(process control), 중간 및 최종검사, 수명시험, 환경시험 중에 발견할 수 있는데, 만약 이런 작업 중에도 발견되지 않고 고객의 손에 넘어간 후 초기고장이 발생된다면 이것의 교정비용이 더 많이 들기 때문에 적절한 "Burn-in"기간을 설정하여 출하 전에 발견, 교정해야 한다.

여기서 "Burn-in"기간이란 장비를 일정 시간 가동하여 초기고장발생 여부를 점검하는 것으로서, 이 기간의 장·단이 초기고장의 제거율과 비례관계에 있다고 할 수 있다.

(2) 우발고장의 원인

우발고장기간에서 발생하는 고장을 우발고장(random failure)이라고 하는데, 이와 같은 우발고장기간에 발생하는 고장원인은 다음과 같다.

① 안전계수(safety factor)가 낮기 때문에

② 스트레스(또는 부하)가 기대한 것보다 높기 때문에

③ 강도가 기대값보다 낮기 때문에

④ 혹사 때문에

⑤ 사용자의 과오 때문에

⑥ 최선의 검사방법으로도 탐지되지 않은 결함 때문에

⑦ 디버깅 중에도 발견되지 않은 고장 때문에

⑧ 최선의 예방보전(PM)에 의해서도 예방될 수 없는 고장 때문에

⑨ 천재지변에 의한 고장 때문에

이상과 같은 우발고장을 감소시키기 위해서는 극한상황을 고려한 설계 또는 안전계수 (safety margin)를 고려한 설계 및 Degrading 등이 사용된다.

(3) 마모고장의 원인

마모고장기간에 발생하는 고장을 마모고장이라고 하는데, 이것은 다음의 원인에 의해 발생하는 고장이다. 마모고장은 예방보전에 의해서만 감소시킬 수 있다.

① 부식 또는 산화

② 마모 또는 피로

③ 노화 및 퇴화

④ 불충분한 정비

⑤ 부적절한 오버홀(over haul)

⑥ 수축 또는 균열

한편 고장률이 정해진 고장률보다 적고 비교적 일정한 기간을 내용수명(longevity)이라고 하는데, 이것을 증가시키기 위해서는 제조상의 결함이나 설치 및 조작의 미숙으로 인한 초기고장을 빨리 제거할 수 있도록 디버깅을 행하고 동시에 예방보전에 의해 마모 고장기간에 들어가는 시기를 지연시키는 것이 필요하다.

고장률이 시간적으로 일정한 우발고장기간에서는 고장률 $\lambda(t)$는 시간에 따라 변하지 않는 상수로 볼 수 있기 때문에 이미 설명한 바와 같이 신뢰도함수 $R(t)$는 다음과 같이 지수분포가 된다.

$$R(t) = e^{-\lambda t}$$

이와 같은 지수분포를 특정지어 주는 것은 λ, 즉 평균고장률이 되며, 이 λ의 역수 $\frac{1}{\lambda}$은 시간의 단위를 가지게 되므로 고장발생 시까지의 평균작동시간, 즉 평균수명(mean life)을 나타내게 된다. 따라서 이것을 MTTF(Mean Time To Failure)라 부르며, 고장 시 수리를 하여 사용하는 기기의 경우에는 MTBF(Mean Time Between Failure)라고 부른다.

② 고장확률밀도함수

시간당 어떤 비율로 고장이 발생되고 있는가를 나타내는 고장확률밀도함수의 종류로는 정규분포, 지수분포 및 와이블(weibull)분포 등이 있다.

일반적으로 고장률 $\lambda(t)$가 IFR인 경우 고장확률밀도함수는 정규분포가 되며, CFR인 경우는 지수분포가 된다. 예를 들어, 단일부품의 고장확률밀도함수는 대개 정규분포로 나타나며 시간의 증가에 따라 고장률 $\lambda(t)$도 증가하지만, 여러 개의 부품이 조합되어 만들어진 기기나 부품의 경우는 지수분포를 따르는 경우가 많다. 왜냐하면 고장률이 상이한 여러 개의 부품이 조립되어 있기 때문에 시스템 전체의 고장률은 각 부품의 평균값을 취하게 되므로 일정하다. 따라서 이때의 고장률 $\lambda(t)$는 시간에 관계없이 일정한 경향을 나타낸다.

한편 공학적인 문제로서 수명이나 신뢰도분석을 할 때 많이 이용되는 확률밀도함수로서는 와이블분포를 들 수 있다. 즉, 와이블분포는 일반적인 수명분포를 나타내는데 편리하게 고안된 것으로서, 형상계수(shape parameter) m의 값이 1보다 적으면 DFR, 1보다 크면 IFR, 1인 경우 CFR로서 이 3가지의 고장형태를 동시에 표현할 수 있는 장점이 있다. 이와 같이 고장률의 형태와 고장확률밀도함수는 일정한 관계를 갖고 있다.

기계설비의 방호원리와 방호장치 및 방호장치의 요건

1 개요

기계방호의 기본목적은 작업자가 벨트, 체인, 풀리, 기어, 플라이휠, 축, 스핀들과 같은 움직이는 기계 부분, 전단이나 분쇄작용, 핀치점(pinch point) 또는 작업 부분 등과의 접촉을 금하게 하는 것이다. 여기에는 몇 가지 유용한 방호장치가 있다.

기계들은 모든 위험 부분이 덮여지거나 손이 접근되지 않도록 설계되거나 만들어져야 함은 물론, 작업자가 작업점에 접근할 필요가 없는 구조로 해야 한다.

2 기계설비의 방호원리와 방호장치

(1) 고정가드(fixed guard)

고정가드는 작업자를 보호하는 가장 확실한 방법이다. 작업자가 위험지역으로 접근하는 것을 금지시키거나 재료의 송급이나 가공재의 배출을 가능하게 한다. 이러한 장치는 기계에 부착되어 있거나 공구 금형이 일체를 이루는 것이 보통이다. 고정가드를 설치할 때에는 상당한 주의를 기울여야 하는데, 일반적으로 범하는 실수는 개구부(opening)를 만들 때 간격을 너무 크게 하여 위험점에 작업자의 접근이 가능케 되는 경우가 있다.

그러므로 개구부나 가드는 기계부품과의 사이를 어느 정도 정해진 거리 이상이 되도록 해서는 안 된다. 예를 들면, 물림점(nip point)으로부터 100mm 떨어진 곳에서 32mm의 개구부는 안전한 것이 되지 못하므로 물림점으로부터 190mm가 되도록 가드를 90mm 움직이는 것이 더욱 효율적인 방호장치가 될 것이다. 현재 사용되고 있는 가드가 만약에 비효과적인 경우 이의 재배치문제도 매우 중요하다. 방책이나 울의 설계와 설치에 대해 다음과 같은 요건을 만족해야 한다.

① 고정가드는 설계에 있어서 간단해야 하고 충분한 강도를 유지해야 한다. 또한 가드를 설치하고 조절하는 것이 용이해야 하며 스크루, 나사 또는 용접에 의해 기계에 굳건히 부착되어야 한다.

② 안전울은 수리, 급유 또는 기계조정작업에 있어서 방해가 되면 안 된다.

③ 안전울 자체가 어떤 움직이는 부분에 의해서 핀치점이나 전단점과 같은 위험점을 형성해서는 안 된다.

④ 안전울의 개구부는 가드를 통해서 신체의 일부분이 전단점이나 핀치점에 도달하지 못하도록 제작되어야 한다.

⑤ 힌지(hinge), 피벗(pivot) 또는 수동으로 쉽게 제거될 수 있는 안전울은 인터록시켜 작업자가 위험지역에 접근하면 기계는 작동되지 않아야 한다.

1) 작업점용 가드

작업점용 가드는 재료의 송급 및 가공재의 배출에 장해가 되지 않으며, 아울러 작업자의 손이 안전울에 제어되어 위험점에 접근하지 못하게 하는 것을 말한다. 이 가드는 1차 가공작업에 널리 적용되고 있다.

예 프레스 금형의 안전울, 연삭기의 덮개, 목재가공용 둥근톱의 덮개

2) 동력전달부용 가드

일반적으로 작업용 가드설계에 필요한 원칙이 동력전달부용 가드설계에도 적용된다. 그러나 재료의 송급이나 가공재의 배출을 위한 개구부는 고려할 필요가 없다. 단지 고려해야 될 개구부는 윤활, 조정이나 검사를 위한 것들이다.

또한 동력전달부용 가드는 신체의 일부가 움직이는 기계 부분에 접촉되지 않도록 설계되어야 한다. 이러한 보호덮개는 앵글로 틀을 만들고 철망을 부착한 것이 많고, 충분한 강도를 유지하고 견고하게 바닥이나 기계프레임에 고정시켜야 한다.

(2) 인터록가드(interlocked guard)

가드를 자주 움직이거나 열 필요가 있는 곳에서는 그것을 고정시키는 것이 매우 불편하며, 이때 가드들은 기계적, 전기적, 공압식 등의 방법으로 전체 기계시스템 제어의 일부로 연동시킨다. 이 경우 2가지 요건을 갖추어야 한다.

첫째, 가드가 닫혀지기 전까지는 기계의 작동이 시작되면 안 된다.

둘째, 가드가 열리는 순간 기계의 작동이 멈춰야 한다.

만약에 완전정지까지 시간이 걸리는 경우는 지연릴레이장치(delay relay mechanism)를 설치할 필요가 있으며, 예기치 않은 운동을 막기 위해서는 시동제어(start control)와 연동되어 있어야 한다.

인터록가드는 미끄럼운동을 하게 설치되면 때때로 제거할 수 있어야 하며, 이 메커니즘의 설계가 사고방지에 가장 중요한 역할을 한다. 이 메커니즘은 신뢰성이 있어야 하며 어떤 충돌이나 사고 등에 견딜 수 있어야 한다. 특히, 그 시스템은 Fail Safe개념으로 설계되어야 한다.

인터록가드는 작업자의 안전을 확신할 수 있어야 하며, 또한 쉽게 접근할 수 있게 설치되어야 한다. 그러나 때로는 가드가 열렸을 때 기계가 움직이는 상황이 필요할 때도 있다. 예를 들면, 기계의 설치, 청소, 고장수리 등이다. 이때 기계의 최소속도 등이 엄격하게 지켜지는 상황에서만 허용되어야 한다.

연동방법(interlocking method)은 동력공급방식, 기계의 운전배열, 보호되어야 하는 위험의 정도, 안전장치의 작동불량에 따른 결과 등에 따라 선택된다. 선택된 시스템은 가능한 한 단순하며 직접적인 것이 좋다. 복잡한 시스템은 잠재적인 위험요인을 가지고 있어 눈에 보이지 않는 작동불량의 위험성을 가지고 있으며, 이에 대한 이해와 보수·유지가 매우 어렵다.

연동기구(interlocking mechanism)는 동력에 의해 가드를 닫는 경우와 그 자체 운동으로 가드를 닫는 것으로 나눌 수 있다. 다음의 방법들은 독립적 또는 조합해서 사용하여 효과를 배가시킬 수 있다.

① 직접 수동스위치 인터록(direct manual switch interlock)
② 기계적인 인터록(mechanical interlock)
③ 캠 구동 제한스위치 인터록(cam-operated limit switch interlock)
④ 열쇠교환시스템(key exchange, trapped key interlock)
⑤ 캡티브 키 인터록(captive key interlock)
⑥ 시간지연장치(time delay arrangement)

(3) 자동가드(automatic guard)

자동가드는 고정가드나 인터록가드가 실용적이지 못할 때 사용된다.

작업자가 작업 중인 기계의 위험 부분에 접촉하는 것을 방지해 주어야 하고 위험한 경우 기계를 중단시킬 수 있어야 한다. 자동가드는 작업자와 무관하게 기능해야 하며, 그것의 작동은 기계가 작동하는 한 반복되어져야 한다.

그러므로 연결기구(linkage)나 레버(lever)를 통해 기계에 연결되어 기계에 의해 작동케 된다. 손으로 제품의 이송, 배출 등을 해야 하는 경우 작업자는 반드시 수공구를 사용해야 한다.

(4) 조정가드(adjustable guard)

방호하고자 하는 위험구역에 맞추어 적당한 모양으로 조절하는 것이며, 기계에 사용하는 공구를 바꿀 때 이에 맞추어 조정하는 가드를 말한다.

예 동력식 수동대패기계의 칼날접촉예방장치, 목재가공용 둥근톱의 접촉예방장치, 프레스의 안전울 등

③ 방호장치의 요건

(1) 방호기능

방호장치는 기계설비의 위험성을 방호하는 기능을 갖춰야 한다. 그러나 이러한 기능을 갖추는 데는 기계설비 고유의 기능을 저해하지 않아야 하는 등의 여러 가지 제약이 따른다.

일반적으로 전용 가공계를 제외하고는 대개 가공물의 종류, 가공방법 등에 제약을 받지 않고 쓸 수 있는 다용도의 기계가 선호되고 있다.

따라서 이와 같은 기계를 방호하기 위하여 한 가지의 방호장치만으로는 곤란한 점이 많다. 또한 방호장치 그 자체로는 하나의 부품에 지나지 않는 것이며, 기계와 알맞게 조립되어 연동되는 것이므로 그 기계 자체의 제원에 맞게 설치, 사용되어야 한다.

그러므로 방호장치제조업체들은 사용업체에 방호장치의 정확한 사용방법, 방호장치의 특징, 장점, 단점 등을 확실하게 교육하여 올바르게 사용하도록 하고 반드시 방호장치에는 제원을 표시하는 명판을 부착해야 한다.

(2) 페일 세이프

방호장치는 방호장치가 설치된 기계설비의 안전성을 확립하는 것이 목적이므로 방호장치의 고장은 기계설비의 안전에 큰 영향을 미치므로 오동작이나 예정된 신호를 할 수 없다면 단순히 방호장치의 고장뿐만 아니라 재해의 직접원인이 된다.

따라서 방호장치는 확실한 페일 세이프의 기능을 갖는 것이 중요하다. 방호장치의 페일 세이프는 일반기계의 페일 세이프의 원리와 같이 구조적인 것과 회로적인 것으로 구분한다. 예를 들면, 주요 볼트나 용수철 등을 복수로 설치하고 용수철을 이완형으로 하는 것이 바람직하다.

(3) 사용의 용이성

방호장치는 작업자가 쉽게 사용할 수 있고 작업능률을 저하시키지 않아야 한다. 그래야 방호장치가 널리 보급될 수 있고 그 결과 재해를 막을 수 있으며, 이러한 까닭으로 방호장치제조업체들은 기계설비제조업체나 이들을 사용하는 업체들과 항상 긴밀한 관계를 유지하여 그들의 의견을 충분히 수렴하고 이에 알맞은 방호장치를 개발해야 한다.

(4) 신뢰성

방호장치는 장치 그 자체가 확실한 페일 세이프의 기능을 갖추었더라도 잦은 고장에 의해 방호장치의 기능이 정지되고 그 기계 본체가 정지된다면 방호장치의 신뢰도가 떨어져서 방호장치를 떼어놓고 기계를 작동시키는 경향이 생기기 쉽다.

따라서 방호장치의 신뢰성을 최대한 높이기 위해서는 다음 사항이 우선 고려되어야 한다.

① 진동, 먼지, 부식 등 작업환경에 대한 고려
② 재료의 피로파괴에 대한 고려
③ 적절한 윤활방법의 선택 등

(5) 보전성

고장난 상태의 방호장치가 부착된 기계를 사용하는 것은 매우 위험하다. 따라서 방호장치의 보존성을 높여 고장이 쉽게 나지 않도록 하며 고장이 나더라도 쉽게 고칠 수 있도록 만들어야 한다.

즉, 방호장치는 점검이나 부품교환 등이 용이하도록 구조를 갖추고, 전자회로 등에서는 고장부위가 자동적으로, 또는 체크버튼 등에 의해 표시되고 기판이나 블록마다 낱개로 교환이 가능하도록 만드는 것이 바람직하다.

(6) 안전성

방호장치는 부착된 기계설비의 안전성을 도모하는 것이지만 방호장치를 설치할 때 그 것에 의해 새로운 위험성이 존재하지 않도록 해야 한다.

예를 들면, 방호장치 자체의 가동 부분은 접촉 또는 협착 등의 위험을 배제하고, 고정가드와 기계의 가동 부분에 설치한 가드 사이에 손이나 손가락 등이 삽입될 여지가 없어야 한다.

또한 조작회로는 저압으로서 외부배선은 기계적인 강도가 충분한 캡타이어케이블을 사용하거나 금속관(튜브) 등으로 보호하고, 케이블의 인입부는 피복의 손상이 가지 않도록 하며, 방호장치의 파손에 의한 위험성을 방지하기 위해 용접 부분이나 플라스틱으로 된 부분 등은 충분한 강도를 가진 것으로 한다.

(7) 무효대책

방호장치는 설치가 법적으로 의무화된 기계의 경우라 하더라도 흔히 현장에서 이를 떼어내거나 안전기능 자체를 무효하게 하는 경우가 많다. 방호장치는 자체에 이와 같은 현상을 방지하도록 미리 기구적으로 또는 회로적으로 안전기능을 무효화하게 할 수 없도록 설계되어 있는 것도 있다.

방호장치를 떼어내거나 무효화하게 만드는 것을 방지하기 위해 관리자나 작업자에 대한 교육, 안전의식 고취 등 안전관리적 측면에서의 대책도 필요하다. 그러나 이것을 방호장치의 측면에서 보면 앞서 기술한 안전기능의 불안전이나 방호장치의 사용에 따른 불편 등이 이러한 결과를 초래하는 원인이라는 것도 인정할 수밖에 없다.

이것에 대응하여 방호장치를 무효하게 했을 때는 기계가 작동할 수 없도록 연동장치를 설치하는 것도 하나의 방법이며, 또한 하나의 방호장치를 쉽게 교환할 수 있게 설치 부분에 호환성을 갖게 한다거나, 조정작업 시 공구를 쓰는 대신 원터치버튼식으로 할 수 있게 하는 등 작업자가 편리하게 사용할 수 있도록 하는 배려가 필요하다.

(8) 방호장치 설치판단 시 고려요소

어떤 때에는 방호장치가 필요한지 아닌지를 결정하는 것이 방법의 적절성 여부를 결정 짓는 문제보다 더욱 어렵고 더 중요할 때가 많다. 방호장치를 설치하기 전에 다음 사항을 고려하여 방호장치의 설치 여부와 이에 합당한 방호방법을 찾도록 한다.

① 정상적인 작업 시나 보수작업 시 기계의 운동부위에 사람이 접촉할 가능성이 있는가.
② 회전하거나 움직이는 부위의 스크루, 키, 볼트, 너트, 버(burr) 등이 노출되어 작업 자의 옷이 걸릴 가능성이 있는가.
③ 공구, 지그 또는 작업고정물이 필요할 때 이들이 작업에 방해되지 않는 곳에 편리하게 보관되어 있는가.
④ 작업영역에 조명이 잘 되어 있는가. 그리고 작업점에 부가적인 조명이 필요한가.
⑤ 개인보호구가 필요한 작업과정의 경우 작업자는 이를 사용하는가.

⑥ 바닥에 부스러기 등이 제거되어 주위환경이 만족스러운가.

이러한 의문사항을 제기하여 현장의 작업자나 관리감독자의 의견을 수렴하고 법적인 요구사항 등을 충분히 검토하여 기계설비에 대해 방호장치의 설치가 필요하다고 판단이 되면 방호장치의 설치 시에 다음 사항을 검토하여 최적의 방호장치를 설치한다.

① **방호의 정도** : 단지 위험을 알리는 것인지, 아니면 위험의 방지를 목적으로 하는 것인지
② **적용의 범위** : 기계의 유형과 성능조건에 적용되는 방호장치에 적용되는지
③ **보수의 난이** : 방호장치의 고장 시에 보수하기 쉬운지, 어려운지
④ **신뢰도** : 방호능력의 신뢰도가 만족스러운 정도로 확보될 수 있는가
⑤ **예산** : 경비를 어느 정도로 잡을 것인가
⑥ **생산성** : 작업에 최대한 지장이 없도록 배려

위험한 기계·기구의 근처에 접근하지 못하도록 방호울을 설치하는 방법으로 대마력(大馬力)의 원동기나 발전소의 터빈 또는 고전압을 사용하는 전기설비 주위에 울타리를 설치하는 예가 대표적이다. 승강기의 수직통로의 전체를 둘러싸는 것도 안전방책이라 할 수 있다. 이것은 사람의 출입을 제한할 수 있는 방법으로 많이 활용된다.

현대는 기계설비의 대형화, 자동화, 고속화되어 많은 위험요인에 노출되어 있으며, 그 위험으로부터 인간을 보호하기 위해 각종 방호장치가 개발되고 있다.

기계설비는 사용시간의 경과에 따라 마모, 손상, 부식 등으로 고장이 발생하며, 인간은 잘못된 판단과 부정확한 지식으로 불안전한 행동을 하게 된다.

재해는 이러한 복합적인 작용으로 발생되므로 물적인 면과 인적인 면의 불합리한 요소를 사전에 발견하고 발견된 결함에 대하여 조치 및 지속적인 관리를 행하는 것이 재해를 예방하는 일이다.

Section 28 롤러작업 시 손이 롤에 빨려 들어갈 위험조건 유도

1 개요

기계장치의 안전사고원인은 여러 가지 변수가 있을 수 있다. 기계장치의 안전장치배제에 따른 사고와 기계운전자의 부주의로 인한 사고로 크게 볼 수가 있는데, 최근에는 안전사고의 중요성이 더욱 강화되어 기계장치에 의한 안전사고보다는 운전자의 순간적인 실수로 인한 사고가 증가하고 있다. 따라서 운전자는 안전사고를 방지하는 습관을 가지도록 해야 하며, 작업 전에 철저한 교육과 심리적 불안감이 가중되지 않도록 유도해야 한다.

❷ 두 롤 각각의 직경을 D, 손가락의 직경을 d, 두 롤의 간격 a의 관계

두 롤 각각의 직경을 D, 손가락의 직경을 d, 두 롤의 간격 a의 관계를 살펴보면, 먼저 두 롤의 직경 D가 커지게 되면 롤러의 반경은 곡선상태에서 점점 평면형태를 가지게 되므로, 그로 인하여 손가락의 직경 d가 말려들어가게 되면 손상에 대한 영향은 반경이 작을 때보다는 더 작지만, 롤러의 자중과 관성력에 대한 가중력은 증가할 것이다. 손가락직경 d는 롤의 간격 a와 관계가 밀접함으로 a가 커지면 손가락직경도 커야 하지만 안전사고를 방지하기 위해서는 롤러장치에 말려들어가는 상태를 방지하기 위해서는 롤의 간격은 항상 손가락직경 d보다는 작은 틈새를 유지하는 것이 바람직하다.

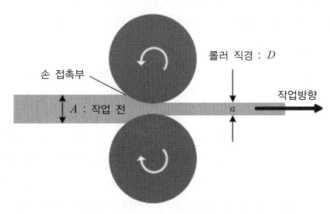

[그림 5-18] 롤러작업의 역학관계

Section 29

하인리히의 사고예방관리 5단계와 아차사고의 대책에 의한 안전원리상의 이유

❶ 하인리히의 사고예방관리 5단계

(1) 제1단계(안전조직)

① 경영자의 안전목표 설정
② 안전관리자의 선임
③ 안전의 라인 및 참모조직
④ 안전활동방침 및 계획 수립
⑤ 조직을 통한 안전활동전개

(2) 제2단계(사실의 발견)

① 사고 및 활동기록의 검토
② 작업분석
③ 점검 및 검사
④ 사고조사
⑤ 각종 안전회의 및 토의
⑥ 근로자의 제안 및 여론조사

(3) 제3단계(분석)

① 사고원인 및 경향성분석
② 사고기록 및 관계자료분석
③ 인적, 물적, 환경적 조건분석
④ 작업공정분석
⑤ 교육훈련 및 적정 배치분석
⑥ 안전수칙 및 보호장비의 적부

(4) 제4단계(개선)

① 기술적 개선
② 배치조정
③ 교육훈련의 개선
④ 안전행정의 개선
⑤ 규정 및 수칙 등 제도의 개선
⑥ 안전운동의 전개

(5) 제5단계(시정책의 적용)

① 교육적 대책
② 기술적 대책
③ 관리적 대책

2 안전원리상의 이유

① 하인리히는 330건의 사고 중 300건은 무상해재해, 29건은 경상재해, 1건만 중대사고라고 했다.
② 여기서, 300건의 무상해(아차사고)로 중요성이 강조된다.
③ 안전은 자율에 의해 이루어져야 한다는 것을 말해주며, 불가항력적인 2% 외의 98% 사고는 예방이 가능하다는 결론을 내린다(불안전한 상태 10%, 불안전한 행동 88%).

윤활제의 목적과 구비조건 및 열화방지법

❶ 목적

(1) 감마작용(減摩作用)

금속과 금속 사이에 유막을 형성하며, 직접 금속이 서로 접촉하지 못하게 하는 동시에 운동 부분을 원활하게 하여 마찰을 최소한 억제하여 마모를 감소시킨다.

(2) 밀봉작용

피스톤과 피스톤 링 사이에 유막을 형성하여 가스의 누설을 방지하는 동시에 압축압력을 유지한다.

(3) 냉각작용

각 마찰을 습동 부분의 발생열에 오일이 흡수하고, 이 열을 오일이 오일팬으로 이송하여 냉각하기 때문에 기계 각 부분의 마찰열을 냉각하는 일을 한다.

(4) 소음완화작용

두 금속이 충돌 혹은 습동하여 회전, 습동 시에 소음이 발생하며, 마모가 촉진하는 일이 생기게 되는 것은 습동 부분을 유연하게 하여 마찰을 감소하는 일을 윤활유가 하게 된다.

(5) 청정작용

금속과 금속이 마찰하는 부분에 금속이 마모하여 금속가루가 생기는 것을 오일이 냉각하는 동시에, 이것을 오일팬으로 이송하여 청소하는 작용을 하게 되어 마찰 부분의 습동을 유연하게 한다.

(6) 부식방지작용

유막으로 외부의 공기나 수분을 차단함으로써 부식을 방지한다.

❷ 윤활유의 구비조건

① 적당한 점도가 있고 유막이 강할 것
② 온도에 따르는 점도변화가 적고 유성이 클 것
③ 인화점이 높고 발열이나 화염에 인화되지 않을 것
④ 중성이며 베어링이나 메탈을 부식시키지 않을 것

⑤ 사용 중에 변질이 되지 않으며 불순물이 잘 혼합되지 않을 것

⑥ 발생열을 흡수하여 열전도율이 좋을 것

⑦ 내열·내압성이면서 가격이 저렴할 것

3 윤활유의 열화방지법

① 안정도가 좋은 오일을 사용할 것

② 수분 혹은 불순물이 혼합되어 있지 않을 것

③ 일반적으로 사용온도는 60℃를 초과하지 않을 것

④ 냉각기의 용량을 크게 하고 오일입구온도를 35℃ 정도로 유지할 것

⑤ 오일여과기와 오일냉각기의 청소를 충분히 할 것

Section 31 플랜지이음부의 밀봉장치에 사용되는 개스킷의 선정기준

1 개요

밀봉장치는 기체나 유체를 관으로부터 운반이나 압력을 유지하기 위한 방법을 고려할 때 관의 흐름이나 정지된 기체, 유체가 누수되지 않게 하기 위해 사용하는 방법으로, 물질의 운반이나 성질, 온도, 압력, 주변환경에 따라 재질을 선택하여 사용해야 한다.

2 선정조건

플랜지이음부의 밀봉장치에 사용되는 개스킷(gasket)의 선정기준은 플랜지에 접촉되는 유체의 물질에 따라 달라질 수가 있다. 다음 사항을 고려하여 선정한다.

① 온도와 압력에 따라 변화가 없어야 한다.

② 화학물질의 접촉에 따라 부식성이 발생하지 않아야 한다.

③ 기밀성과 수밀성이 우수해야 한다.

④ 충분한 수명을 유지해야 한다.

⑤ 접촉물질에 따라 화학반응이 없어야 한다.

⑥ 유지보수가 편리해야 한다.

Section 32 부식에 영향을 주는 인자

1 개요

부식은 주위 환경과의 화학반응으로 인하여 물질이 구성 원자로 분해되는 현상을 말한다. 일반적으로 산소와 같은 산화제와 반응하여 금속이 전기화학적으로 산화되는 것을 가리킨다. 고용체 안에서 철 원자가 산화되어 철에 산화물이 생기는 것은 잘 알려진 전기화학적 부식의 한 예이다.

2 부식에 영향을 주는 인자

(1) pH

① 철과 같이 산에 녹는 경우 pH 4~10의 범위에서의 부식률은 접촉하는 산화제(용존산화)의 농도에 따라 달라진다. 또한 철은 양쪽성 금속이 아니지만 고온에서는 부식률이 염기도에 따라 증가한다([그림 5-19]의 (a) 참조).

② 알루미늄과 아연 같은 양쪽성 금속은 산 혹은 염기용액 중에서 빠르게 용해된다([그림 5-19]의 (b) 참조).

③ 금, 백금과 같은 귀금속은 pH에 영향을 받지 않는다([그림 5-19]의 (c) 참조).

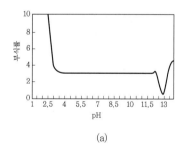
(a)

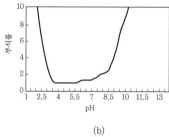
(b)

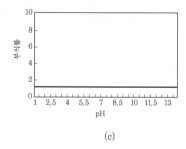
(c)

[그림 5-19] pH와 부식률의 관계

(2) 산화제

실제적으로 관찰되는 부식반응의 대부분이 수소와 산소와의 결합에 의해 물이 생성되는 반응과 연계되어 있다. 따라서 어떤 용액의 산화능력이 부식에 관한 중요한 척도로 이용된다. 보통 산화제는 어떤 물질을 부식시키지만 스테인리스강의 산화크롬막과 같이 형성된 산화물이 금속표면에 보호피막을 형성하여 더 이상 부식이 진행되지 않도록 억제시키기도 한다.

(3) 온도

보통 온도가 높을수록 부식속도가 증가한다. 온도는 산화제의 용해도를 증가시키거나 금속표면과 접촉하고 있는 용액의 상변화를 일으켜 부식환경을 변화시키기도 한다.

(4) 속도

금속표면 위를 흐르는 부식성 유체의 속도가 증가할수록 금속의 부식속도는 증가한다. 이는 유체의 빠른 유동으로 인해 금속표면의 부식층이 빠른 속도로 벗겨져 나가 부식에 민감한 새로운 표면을 제공하기 때문이다.

(5) 피막(film)

부식이 일단 시작된 후의 부식속도는 형성된 피막의 성질에 따라 달라진다. 금속표면 위의 피막이 부식성 유체에 녹지 않을 경우 더 이상의 부식은 진행되지 않지만, 부식성 유체를 투과시키거나 부식성 유체에 녹은 경우 합금이 되지 않은 탄소강표면에 새로운 부식층이 형성되어 금속이 유실된다. 또한 금속의 부식으로 인한 피막의 형성 외에 부식성 유체로부터 불용성 화학물[예 탄산염(carbonate), 황산염(sulfate)]이 형성되어 금속표면에 침전하므로서 금속표면이 보호되기도 한다. 이외 접촉유체에 의하거나 혹은 의도적으로 금속표면에 형성된 오일막은 금속표면에 부식을 예방하는 효과가 있다.

(6) 농도 및 시간

대부분의 부식환경에서 농도 및 시간이 중요한 역할을 할 수 있지만, 부식속도가 항상 농도와 시간에 정비례하지는 않는다. 따라서 어떤 금속에 대한 일부분의 부식실험자료를 근거로 다른 조건에서의 부식상황을 예측할 때에는 주의해야 한다. 다만, 공장의 조업정지 시에는 농도가 중요한데, 이는 금속표면과 접촉하고 있는 유체가 냉각수의 수분을 흡수하여 부식성 유체로 변할 수 있기 때문이다.

(7) 불순물

부식성 유체 중에 포함된 불순물은 부식속도를 지연시키거나 촉진하기도 한다. 불순물이 부식을 촉진할 경우 불순물 제거공정의 장치부식속도는 증가하므로 이에 대한 대비책이 있어야 한다. 또 염소이온은 스테인리스강표면에 형성된 산화막을 파괴하므로 항상 유체 중의 염소농도를 점검해야 한다.

Section 33 연삭기 작업 시 재해유형과 구조면 및 작업면에서의 안전대책

1 연삭기 작업 시 재해유형과 예방대책

(1) 재해유형

① 워크레스트와 숫돌과의 간격조정 잘못 및 무리한 연삭작업 수행 : 주물품 후처리 연삭작업은 작업특성상 연삭숫돌에 무리한 힘을 가하는 경우가 많아 워크레스트와 숫돌과의 간격조정을 잘못한 경우 가공물의 끼임에 따른 숫돌파손가능성이 높으나, 재해발생작업 시 워크레스트와 숫돌과의 간격을 기준치인 3mm보다 넓게 하여 작업한 것으로 추정된다.

② 연삭기 덮개 부적합 : 연삭기 방호장치 성능검정규격에 따르면 재해발생연삭기의 경우 덮개의 주판(원주면)의 두께가 5.5mm 이상, 측판의 두께가 4.4mm 이상 되어야 하나, 재해발생작업 시 설치된 덮개의 두께는 주판 및 측판의 두께가 3.2mm 또는 4.0mm였던 것으로 추정된다.

③ 위험작업 근로자에 대한 안전교육 미흡 : 연삭작업은 숫돌파손에 의한 중대재해의 위험성이 높은 작업임에도 불구하고 위험성이나 안전작업요령에 대한 사전안전교육이 미흡하다.

(2) 동종 재해예방대책

① 워크레스트와 연삭숫돌과의 적절한 간격조정 : 워크레스트와 연삭숫돌과의 간격이 항상 3mm 이하가 되도록 관리하여 가공물이 숫돌과 워크레스트 사이에 끼이지 않도록 해야 한다.

② 연삭기 덮개의 성능이 유지되도록 관리 : 연삭기의 덮개설치 시 연삭숫돌의 최고 사용원주속도 및 숫돌의 두께, 숫돌의 직경에 적합한 두께로 덮개를 제작하여 설치하고, 개구부의 노출각도도 연삭기 종류에 따라 정해진 표준노출각도에 적합하도록 유지해야 한다.

③ 위험작업 근로자에 대한 안전교육 강화 : 연삭작업 등 위험작업 근로자에 대해서는 사전에 작업위험성 및 안전작업요령 등에 대한 안전교육을 실시하고, 작업 중 근로자가 불안전한 행동을 하지 못하도록 관리감독을 철저히 해야 한다.

2 구조면 및 작업면에서의 안전대책

(1) 연삭기 숫돌의 파괴원인

① 숫돌의 회전속도가 너무 빠를 때

$$V = \pi DN\,[\mathrm{mm/min}] = \frac{\pi DN}{1,000}\,[\mathrm{m/min}]$$

여기서, V : 회전속도(mm/min), D : 숫돌의 지름(mm), N : 회전수(rpm)

② 숫돌 자체에 균열이 있을 때

③ 숫돌에 과대한 충격을 가할 때

④ 숫돌의 측면을 사용하여 작업할 때

⑤ 숫돌의 불균형이나 베어링 마모에 의한 진동이 있을 때

⑥ 숫돌반경방향의 온도변화가 심할 때

⑦ 작업에 부적당한 숫돌을 사용할 때

⑧ 숫돌의 치수가 부적당할 때

⑨ 플랜지가 현저히 작을 때(플랜지의 직경은 숫돌직경의 1/3 이상인 것이 적당하며, 고정측과 이동측의 직경은 같아야 한다.)

(2) 연삭기 구조면에 있어서의 안전대책

① 구조규격에 적당한 덮개를 설치할 것(직경 5cm 이상의 것)

② 플랜지는 수평을 잡아서 바르게 설치할 것

③ 치수나 형상이 구조규격에 적합한 숫돌을 사용할 것

④ 칩비산방지투명판(shield), 국소배기장치를 설치할 것

⑤ 탁상용 연삭기는 작업받침대(work rest)와 조정편을 설치할 것

⑥ 작업받침대 조정

　㉠ 작업받침대와 숫돌과의 간격 : 3mm 이내

　㉡ 덮개의 조정편과 숫돌과의 간격 : 5~10mm 이내

　㉢ 작업받침대의 높이 : 숫돌의 중심과 거의 같은 높이로 고정

⑦ 연삭기 방호장치의 설치방법

　㉠ 탁상용 연삭기 덮개의 최대노출각도 : 90° 이내(원주의 1/4 이내)

　㉡ 숫돌 주축에서 수평면 위로 이루는 원주각도 : 65° 이내

　㉢ 수평면 이하의 부문에서 연삭할 경우 : 125°까지 증가

　㉣ 숫돌의 상부사용을 목적으로 할 경우 : 60° 이내

　㉤ 원통연삭기, 만능연삭기의 덮개 : 덮개의 노출각은 180° 이내

　㉥ 휴대용 연삭기, 스윙연삭기의 덮개 : 덮개의 노출각은 180° 이내

　㉦ 평면연삭기, 절단연삭기의 덮개 : 덮개의 노출각은 150° 이내

(3) 연삭기 작업면에 있어서의 안전대책

① 연삭숫돌에 충격을 주지 않도록 할 것

② 작업시작 전에 1분 이상 시운전하고, 숫돌교체 시는 3분 이상 시운전할 것

③ 연삭숫돌의 최고 사용원주속도를 초과하여 사용하지 말 것

④ 측면을 사용하는 것을 목적으로 하는 연삭숫돌 이외에는 측면을 사용하지 말 것

⑤ 공기연삭기는 공기압력관리를 적정하게 하고 사용할 것

⑥ 기타 연삭기와 관련된 중요한 사항

⑦ 숫돌차가 가장 많이 파열되는 순간 : 스위치를 넣는 순간

⑧ 연삭숫돌의 강도를 결정하는 요소 : 결합제

⑨ 연삭숫돌의 회전속도시험 : 규정속도값의 1.5배로 실시

⑩ 연삭숫돌의 회전수(rpm)측정 점검주기

Section 34 부식의 종류

1 개요

부식(corrosion)이란 금속이 어떠한 환경에서 화학적 반응에 의해 손상되는 현상으로, 모든 금속합금은 특정 환경에서는 내식성을 띄지만 다른 환경에서는 부식에 대해 민감하다. 일반적으로 모든 환경에서 내식적인 공업용 금속재료는 거의 존재하지 않을 것이다.

부식은 부식환경에 따라 습식(wet corrosion)과 건식(dry corrosion)으로 대별되며, 다시 전면부식(general corrosion)과 국부부식(localized corrosion)으로 분류된다. 전면부식의 부식속도는 mm/yr 또는 $g/m^2/hr$ 등으로 표시되며, 내식재료로서 사용 여부의 평가기준으로서 일반적으로 0.1mm/yr 이하의 부식속도를 갖는 재료가 내식재료로서 사용가능하다.

특히, 부식에 의해 금속이 용출하여 제품을 오염시키는 경우 재료 선정에 주의해야 한다. 그러나 전면부식은 그 부식속도로부터 수명예측이 가능하고 부식에 관한 지식이 있다면 대책은 비교적 용이하다. 반면, 국부부식은 전혀 예측할 수 없기 때문에 문제가 되고 있다. 국부부식은 다음과 같이 분류할 수 있다.

① 공식(pitting)

② 틈부식(crevice corrosion)

③ 이종금속접촉부식(galvanic corrosion) : 전지작용부식

④ 입계부식(intergranular corrosion)

⑤ 응력부식균열(stress corrosion cracking)

⑥ 수소유기균열(hydrogen induced cracking)

⑦ 수소침식(hydrogen attack)

⑧ 부식피로(corrosion fatigue)

⑨ 난류부식(erosion corrosion) : 캐비테이션 손상(cavitation damage), 충격부식(im-pingement attack), 찰과부식(fretting corrosion)

⑩ 선택부식(selective leaching) : 탈아연현상(dezincification), 흑연화부식(graphi-tization)

❷ 부식의 전기화학

금속재료를 수용액 중에 넣으면 금속표면의 불균일성 때문에 애노드부(양극, anode)와 캐소드부(음극, cathode)가 형성되어 국부전지작용에 의해 부식이 진행된다. [그림 5-20]의 애노드부에서는 금속이 이온으로 용출하고 캐소드부에서는 전자를 받아 수소발생반응(또는 산소환원반응)이 일어나 전하적으로는 양쪽이 균형을 이루게 된다. 이 경우 애노드부에서 일어나는 반응을 산화반응, 캐소드부에서 일어나는 반응을 환원반응이라 한다. 또한 이러한 분극의 위치가 변화함에 따라 금속은 전면부식형태로 된다.

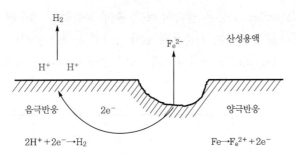

[그림 5-20] 산성용액 중에서의 철의 부식

(1) 속도론

금속재료의 부식이 그것이 있는 환경에서 어느 정도의 속도로 진행하는가는 중요하다. 일반적으로 금속의 부식량(W)은 다음과 같이 표시된다(패러데이법칙).

$$W(g) = kIt$$

여기서, k : 상수, I : 전류(A), t : 시간(hr)

산성용액 중에서 Fe를 분극하면 [그림 5-21]과 같이 애노드분극곡선과 캐소드분극곡선이 얻어진다.

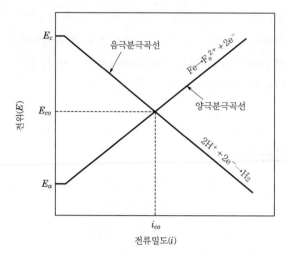

[그림 5-21] 산성용액에서의 철의 분극곡선(E_∞ : 부식전위, i_∞ : 부식전류밀도)

(2) 평형론

푸르오베(Pourbaix) 등은 금속이 용액 중에 용출하는 경우의 평형전위를 계산하여 부식반응의 여부를 결정하는 기준으로 했다. [그림 5-22]는 철-수소의 푸르오베 다이어그램(Pourbaix diagram)을 나타내는데, 그림 중에 나타나는 경계선에서의 반응은 각각 다음과 같다.

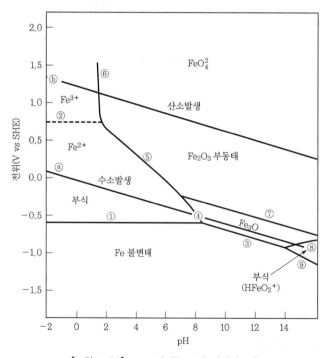

[그림 5-22] Fe-H의 푸르오베 다이어그램

① $Fe=Fe^{2+}+2e^-$

② $Fe^{2+}=Fe^{3+}+e^-$

이들 반응은 pH에 관계없으나, 다음 반응은 pH에 의존한다.

③ $3Fe+4H_2O=Fe_3O_4+8H^++8e^-$

④ $3Fe^{2+}+4H_2O=F_3O_4+8H^++2e^-$

⑤ $2Fe^{2+}+3H_2O=Fe_2O_3+6H^++2e^-$

수소전극반응 ⓐ는 $H_2=2H^++2e^-$, 산소전극반응 ⓑ는 $2H_2O=4H^++O_2+4e^-$로 나타난다. 이처럼 ①, ④, ⑤로 둘러싸인 영역에서는 Fe^{2+}, Fe^{3+}가 안정하여 철이 용출되나, ① 이하의 전위에서는 부식이 생기지 않아 불변태라 한다. 또한 ⑥, ⑤, ④, ③, ⑧로 둘러싸인 영역은 부동태화되어 철의 부식이 억제된다.

❸ 부식의 종류

(1) 공식

일반적으로 스테인리스강 및 티타늄 등과 같이 표면에 생성하는 부동태막에 의해 내식성이 유지되는 금속 및 합금의 경우, 표면의 일부가 일부 파괴되어 새로운 표면이 노출되면 그 일부가 용해하여 국부적으로 부식이 진행한다. 이러한 부식형태를 공식(pitting)이라 한다.

공식기구로 중성용액 중에서 이온(Cl^- 등)이 표면의 부동태막에 작용하여 피막을 파괴함에 의해 공식이 발생하며 조직, 개재물 등 불균일한 부분이 공식의 기점으로 되기 쉽다. 공식에는 개방형과 밀폐형이 있다. ⓐ는 개방형 공식으로 식공(pit) 내의 용액은 외부로 유출되기 쉬우며, 내면은 재부동태화하며 공식이 정지하기 쉽다. ⓑ는 밀폐형 공식으로 외부로부터 Cl^-이온이 식공 내부로 침입, 농축하여 용액의 pH는 저하하고, 공식은 성장하여 가는 형태이다. 공식의 전파는 다음 반응에 따른다.

① 애노드반응 : $M \rightarrow M^+ + e^-$

② 캐소드반응 : $O_2 + 2H_2O + 4e^- \rightarrow 4OH^-$

이러한 반응이 진행하면 식공(pit) 내에서 M^+이온이 증가하므로 전기적 중심이 유지되기 위해서는 외부로부터 Cl^-이온이 침입하여 M^+Cl^-가 형성된다. 이 염은 가수분해하여 HCl로 된다.

$HCl + H_2O \rightarrow MOH + HCl$

그래서 식공(pit) 내의 pH는 저하하여 1.3~1.5까지 되어 공식은 성장해 가는 것이다.

(2) 틈부식

실제의 환경에서 스테인리스강표면에 이물질이 부착되든가 또는 구조상의 틈 부분(볼트

틈 등)은 다른 곳에 비해 현저히 부식되는데, 이러한 현상을 틈부식(crevice corrosion)이라 한다. 공식과 유사한 현상이지만 공식은 비커 중의 시험편에서 발생하는 데 비해, 틈부식은 실제 환경에서 생기므로 실용면에서 중요한 의미가 있다.

■ 틈부식의 기구

① 금속의 용해에 의해 틈 내부에 금속이론이 농축하여 틈 내외의 이온농도차에 의해 형성되는 농도차 전지작용에 의해 부식된다(Cu합금).

② 틈 내외의 산소농담전지작용에 의해 부식된다(스테인리스강). 즉 부동태화하고 있는 스테인리스강의 일부 불균질한 부분이 용해하면 틈 내부에서는 애노드반응($M \rightarrow M^+ + e^-$)과 캐소드반응($O_2 + 2H_2O + 4e^- \rightarrow 4OH^-$)이 진행하고, 어느 정도 시간이 경과하면 틈 내의 산소는 소비되어 캐소드반응이 억제되며 OH^-의 생성이 감소한다. 그래서 틈 내부의 이온량이 감소하여 전기적 균형이 깨어진다. 계로서는 전기적 중성이 유지될 필요가 있으므로 외부로부터 Cl^-이온이 침입하여 금속염(M^+Cl^-)을 형성한다. 이 염은 가수분해하여 $MCl + H_2O \rightarrow MOH + HCl$의 반응에 의해 염산이 생겨 pH가 저하하여 부식이 성장하기 쉬운 조건으로 된다. pH의 저하는 원소의 종류에 따라 다르지만 Cr^{3+}, Fe^{3+}이온에 따라 1~2 정도까지 될 수 있다.

(3) 이종금속접촉부식

2종의 금속을 서로 접촉시켜 부식환경에 두면 전위가 낮은 쪽의 금속이 애노드로 되어 비교적 빠르게 부식된다. 이와 같은 이종금속의 접촉에 의한 부식을 이종금속접촉부식(galvanic corrosion) 또는 전지작용부식이라 한다.

전지작용부식의 원인은 애노드로 되는 금속이 이것과 접촉한 캐소드로 되는 금속에 의해 전자를 빨아올리기 때문에 두 금속이 금속접촉하고 있어 그 사이에서 전자를 교환할 수 있다는 것이 조건이다.

(4) 부식전위열

이종금속이 접촉했을 경우에 어느 금속이 애노드로 되어 부식되는가는 그 환경 중에서의 그들 금속의 부식전위에 의해 판단한다. 부식전위는 부식환경에 따라 다르지만 금속 및 합금을 해수 중에서의 부식전위의 순서는 중성에 가까운 대부분의 용액의 경우에도 이용할 수 있다. 이와 같이 부식전위의 순서로 금속 및 합금을 나열한 것을 부식전위열(galvanic series)이라 한다.

이종금속의 위치가 떨어져 있을수록 전위차는 커져 부식을 가속시킬 가능성이 크다. 그러나 전위차는 부식가속의 경향을 나타낼 뿐이며, 실제의 부식속도를 나타낸다고는 할 수 없다. 개로 전위차의 경우는 전극으로서 작동할 때에는 분극하여 전위는 변화하며 부식전류의 크기는 분극한 전위차에 비례한다.

(5) 입계부식

오스테나이트계 스테인리스강을 500~800℃로 가열시키면 결정입계에 탄화물($Cr_{23}C_6$)이 생성하고 인접 부분의 Cr량은 감소하여 Cr결핍층(Cr depleted area)이 형성된다. 이러한 상태를 만드는 것을 예민화처리(sensitization treatment)라 한다. 이렇게 처리된 강을 산성용액 중에 침지하면 Cr결핍층이 현저히 부식되어 떨어져 나간다. 이러한 것을 입계부식(intergranular corrosion)이라 한다. 예민화처리에 의해 생성하는 Cr결핍층의 Cr농도는 약 5% 정도까지 저하하며, 그 폭은 2,000~3,000Å이다. Cr량이 12% 이상 함유되어 있는 스테인리스강은 부동태화하고 있으므로 내식성이 우수하지만, 그 이하의 Cr농도 부분은 부식되기 쉬워지므로 입계부식이 생긴다.

비예민화 스테인리스강은 일반적으로 입계부식이 생기지 않으나, Ni, P, Si 등이 함유된 스테인리스강은 끓는 HNO_3용액 중에 Cr^{6+}이온이 함유되어 있는 경우 입계부식이 생긴다.

(6) 응력부식균열

응력부식균열(SCC : Stress Corrosion Cracking)은 재료, 환경, 응력 등 3개의 특정 조건을 만족하는 경우에만 발생한다. 일반적으로 내식성이 우수한 재료는 표면에 부동태 막이 형성되어 있지만 그 피막이 외적 요인에 의해 국부적으로 파괴되어 공식 또는 응력부식균열의 기점으로 된다. 국부적으로 응력집중이 증대되어 내부의 용액은 SCC전파에 기여하여 균열이 진전된다. 이처럼 피막의 생성과 파괴가 어떠한 조건 하에서만 생겨 균열은 진행한다. 표면피막의 보호성이 불충분하면 전면부식으로 되어 응력부식균열은 발생하지 않는다. 따라서 응력부식균열은 내식성이 좋은 재료에만 발생한다. 어떠한 환경에서 균열저항성이 큰 재료라도 다른 환경에서는 응력부식균열이 발생할 가능성이 충분히 있다. 즉, 어떠한 재료라도 응력부식균열을 일으킬 수 있는 환경이 존재한다.

응력부식균열은 [그림 5-23]에서 전기화학적 현상으로 수소취성균열과는 구별되며, 분극에 따른 파단시간의 변화는 음극분극에 의해 파단시간이 짧아지므로 수소취성균열(HE : Hydrogen Embrittlement)이 발생하고, 역으로 양극분극에 의해 수명이 짧아지는 경우는 활성경로형 응력부식균열(APC : Active Path Corrosion)이 발생한다. 음극분극과 양극분극이 혼재하는 경우로 부식전위보다 높으면 수명이 짧아지므로 APC이며, 부식전위보다 낮으면 수명이 짧아지므로 HE이다.

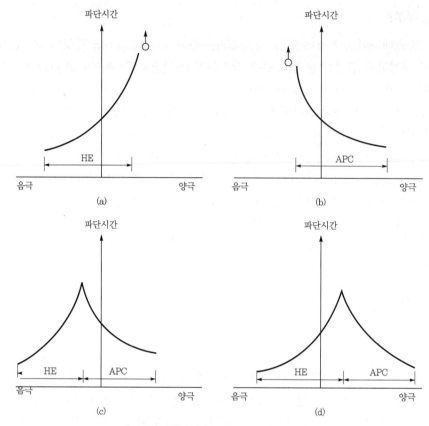

[그림 5-23] 응력부식균열과 수소취성균열

(7) 수소취성 및 수소균열

수소취성은 전위를 고정시켜 소성변형을 곤란하게 하는 원자상 수소에 의해 생기는 금속의 취성이다. 재료 내부에 공동(cavity)이 있으면 그 표면에서 접촉반응에 의해 분자상 수소를 발생시켜 고압의 기포를 형성하게 된다. 이와 같은 브리스터(blister)는 스테인리스 칼에서 종종 볼 수 있다. 수소에 의해 취화된 강에 어느 임계값 이상의 인장응력이 가해지면 수소균열이 발생한다. 이러한 임계응력은 수소함유량이 증가함에 따라 저하하며 때로는 필요한 인장응력이 수소 자체에 의해 생기고, 수소균열은 외부부하에 관계없이 생긴다.

원자상 수소는 금속 자체의 부식 또는 비금속과의 접촉에 의해 생긴다. 또한 수소는 산세, 음극청정(cathode cleaning), 전기도금과 같은 공업적 공정에서 금속 중으로 녹아들어간다. 강의 수소취성은 Bi, Pb, S, Te, Se, As와 같은 원소가 존재할수록 더 잘 일어나게 된다. 그 이유는 이들 원소들이 $H + H = H_2$의 반응을 방해하여 강표면에 원자상 수소농도를 높게 해 주기 때문이다.

황화수소(H_2S)는 석유공업에서 부식균열의 원인이 된다. 수소균열은 탄소강에서 생기며, 특히 고장력 저합금강, 마텐자이트계 및 페라이트계 스테인리스강 및 수소화물(hydride)을 만드는 금속에서 현저히 발생한다. 마텐자이트구조인 고장력 저합금강의 경우 약간 높은 온도, 즉 250℃ 대신에 400℃에서 템퍼링하면 수소취성 감수성을 저하시킬 수 있다. 비교적 고온에서 템퍼링하면 $Fe_{24}C$와 같은 조성을 갖으며 수소를 간단히 흡수하는 특수한 템퍼링탄화물인 탄소화물로부터 일반적인 시멘타이트가 생성한다.

수소취성은 음극분극에 의해 SCC와 실험적으로 구별할 수 있다. 이는 음극분극이 수소발생에 의해 수소취성을 조장하지만 SCC는 억제하기 때문이다.

(8) 부식피로

부식피로는 부식에 의한 침식과 주기적 응력, 즉 빠르게 반복되는 인장 및 압축응력과의 상호작용에 의해 생긴다. 주기적 응력의 어느 임계값, 즉 피로한계 이상에서만 생기는 순수한 기계적 피로와는 대조적으로 부식피로는 매우 작은 응력에서도 생긴다.

부식피로는 SCC와는 대조적으로 이온과 금속의 특수한 조합에 관계없이 거의 모든 수용액에서 생긴다. 부식피로의 기구는 금속표면의 결정입자 내에 있는 슬립선이 돌출해 있고 산화물이 없는 냉간가공한 금속의 노출과 관계있다고 생각된다. 금속의 이러한 부분이 양극으로 되어 부식홈을 만들면 이것이 차차 입내균열로 발전된다.

부식피로는 음극방식(예 아연피복)에 의해 양극을 불활성으로 하든지, 부식억제제(예 크롬산염)에 의해 부동태화에 의해 방지할 수 있다. 강, 특히 Ti합금강의 경우는 질화에 의한 표면경화가 부식피로에 유효하다.

(9) 난류부식(erosion corrosion)

이로전부식(erosion corrosion)은 난류와 관계가 있으므로 난류부식이라고도 부른다. 금속표면에 충돌하는 액체의 분출에 의해 일어나는 경우에는 충격부식이라 한다. 난류는 부식매체의 공급 및 금속표면으로부터의 용액을 통하여 부식생성물의 물질이동을 증가시킨다. 더욱 순수한 기계적 인자, 즉 금속과 액체 간의 난류도 커지는 전단응력에 의해 금속표면으로부터 부식생성물이 떨어져 나가는 경우도 있다. 특수한 경우에는 이로전부식의 이러한 기계적 요소는 기포 및 모래와 같이 부유하는 고체입자에 의해 강해진다.

이로전부식에 의한 국부침식은 일반적으로 부식생성물이 없는 밝은 표면을 나타낸다. 부식공은 액체의 흐름방향으로 깎여 있으며, 그 단면은 액체의 흐름을 방해하도록 오목하게 된 표면을 나타낸다. 때로는 이들 부식공은 말이 상류를 향해 달려가면서 남기는 말굽형상을 나타낸다. 난류침식은 동관의 황동제 부분으로 되어 있는 물의 순환장치에서 잘 생긴다. 이것은 일반적으로 난류의 원인이 되는 요철(돌출부 및 굽은 부분) 때문에 일어난다.

(10) 캐비테이션부식(cavitation corrosion)

캐비테이션부식은 액체의 빠른 유속과 부식작용이 서로 복합적으로 작용해서 생기는 것이다. 캐비테이션(空洞)이란 유속 u가 매우 커서 베르누이법칙($P + \rho u^2 / 2 =$ 일정)에 의한 정압 P가 액체의 증기압보다도 낮아질 때 액체 중에 기포가 생기는 것을 말한다. 이들 기포가 금속표면에서 터지면 강한 충격작용이 생겨 부동태 산화피막이 깨지고 금속도 손상을 입게 된다. 또한 노출되어 냉간가공된 금속은 부식되며, 이들 과정이 반복된다.

플라스틱 및 세라믹의 캐비테이션침식은 순수한 기계적 작용(cavitation erosion)이지만, 수중의 금속의 경우에는 항상 부식요소가 포함된다고 생각된다. 캐비테이션부식은 다음과 같은 특징이 있다.

① 음극방식에 의해 방지할 수 있다.
② 부식억제제에 의해 저감된다.
③ 연수(軟水)보다도 경수(硬水)에서 촉진된다.

(11) 찰과부식(fretting corrosion)

찰과부식은 접촉면에 수직압력이 작용하고 윤활제가 없으면 진동 등에 의해 서로 움직이고 있는 2개의 고체, 이 중 1개 또는 2개가 금속인 계면에서 일어난다. 한쪽 표면의 요철이 다른 표면의 산화물층을 벗겨내며, 노출된 금속은 다시 산화되고 새로 생성한 산화물은 다시 떨어져 나간다.

이러한 과정에서 습기(수분)는 필요하지 않고 산소가 필요하다. 습기는 오히려 침식을 지연시키는 효과가 있는데, 이는 수화된 산화물이 산화물보다도 부드러우므로 윤활작용을 하기 때문이다. 따라서 찰과부식의 기구는 전기화학적이라기보다는 순수화학적이다. 부식생성물이 수산화물이 아니라 산화물(강의 경우 Fe_2O_3)이라는 것이 찰과부식의 특징이다.

Section 35　벨트컨베이어

① 개요

벨트컨베이어(belt conveyor)는 작업속도의 일정성과 단위시간당의 작업량 변화가 극히 적으므로 시공관리상의 안정성이 보장되므로 최근 건설공사에서 많이 사용한다. 특히 배치플랜트(batch plant) 등에서의 골재운반용으로 꼭 필요한 설비이다.

❷ 구조 및 기능

[그림 5-24] 벨트컨베이어

(1) 벨트(belt)

재료를 적재, 운반하는 부품으로서 그 종류에는 고무형, 강형, 직물제 등이 있고, 그 중 가장 많이 사용되는 것이 고무벨트이다.

(2) 롤러(roller)

벨트를 지지하는 부품으로서 ① 재료를 적재, 운반할 때에 지지하는 캐리어롤러(carrier roller), ② 되돌아올 때 지지하는 리턴롤러(return roller), ③ 벨트가 벗겨지는 것을 방지하는 안내롤러(guide roller), ④ 적하 시 충격을 완화하는 완충롤러(unimpact roller) 등이 있다.

(3) 벨트차

벨트차는 두부에 구동차와 미부에 인장차가 있으며, 외경이 적을수록 경제적으로 유리하나 벨트의 수명과 구동상에 한도가 있다.

(4) 벨트청소장치

흙 혹은 오물이 벨트의 표면에 부착되어 리턴롤러와 인장롤러에 영향을 미치는 것을 방지하기 위한 장치이다.

(5) 역전방지장치 및 브레이크

경사컨베이어가 운반작업 중 정지하면 적재물의 중량으로 인하여 역전하게 된다. 이것을 방지하기 위한 장치이다.

(6) 적재장치

운반능력을 크게 하고 운반물을 항상 정량으로 연속적으로 공급하기 위하여 피더 (feeder)나 슈트(chute)를 사용하여 운반을 돕는 장치이다.

(7) 구동장치

벨트차에 동력을 전달하여 컨베이어를 작동하는 장치이다.

③ 성능

벨트폭, 벨트속도, 전체길이, 최대경사각도 등에 의해 결정된다.

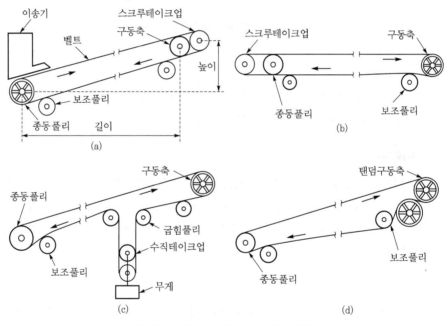

[그림 5-25] 벨트컨베이어시스템의 형태

④ 설비·설계 시 요구사항

(1) 운반재료의 성질 및 형태의 조사

운반재료의 최대크기, 비중, 온도, 점착도, 입도분포상태 등을 조사한다.

(2) 소요운반량의 결정

콘크리트 및 아스팔트 혼합장치와 골재생산플랜트에 있어서 1일의 소요운반량과 작업 시간이 결정되면 이것에 의하여 벨트컨베이어의 운반능력을 결정한다.

(3) 위치와 전장의 결정

컨베이어의 위치와 전장은 조합하는 각 기계와의 상호관계를 고려하여 결정해야 한다.

(4) 운반능력의 계산

벨트컨베이어의 운반능력은 벨트폭, 벨트속도, 운반재료의 종류에 의해 결정되며, 벨트의 최대폭은 운반재료의 크기에 제한을 받는다. 운반재료의 크기가 크면 벨트폭이 넓어야 하고, 운반량이 많으면 적은 입도의 재료라도 폭이 넓어야 한다. 벨트속도는 벨트폭이 넓을수록 크게 할 수 있으며, 벨트컨베이어에서 벨트속도가 너무 빠르면 운반재료가 미끄러지기 쉬우므로 재료와 경사각도에 적합한 벨트속도를 선택한다.

(5) 소요동력 및 벨트의 유효장력을 구해 벨트설계의 기준으로 삼는다.

[그림 5-26] 이동식 벨트컨베이어

(6) 스크루컨베이어

반원형의 U자형 단면을 가진 속에 긴 강판제의 스크루를 조합하고 그 스크루의 회전방향으로 분상의 시멘트 등을 운송하는 컨베이어로서, 경사가 있을 때에는 능력이 저하되므로 수평운반과 경사 15° 이내에서 많이 쓰인다. 유니폼과 자급식 방식이 있다.

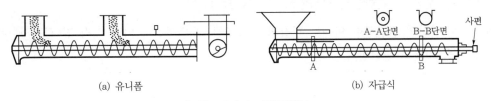

(a) 유니폼   (b) 자급식

[그림 5-27] 스크루컨베이어

(7) 버킷컨베이어

흐트러진 물건을 수직 혹은 경사상태에서 운반하는 컨베이어로서, 짐을 배출하는 방법에 따라 원심배출형, 완전배출형, 유도배출형으로 나눈다.

목재 혹은 강재의 통을 조립하고 정상부에 구동장치를, 저부에는 긴장장치를 하고, 중간에 벨트 혹은 체인에 버킷을 적당한 간격으로 달아 이의 회전에 따라 화물을 운반하게 한다. 통은 완전히 밀폐되고 방진·방수장치가 있고, 배출구에는 슈트로 배출을 돕게 한다.

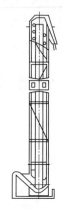

[그림 5-28] 버킷컨베이어

⑤ 시작 전 점검사항

벨트컨베이어는 벨트를 이용하여 원하는 재료나 제품을 운반함으로서 시간절감과 일정량의 목표치를 예상할 수가 있다. 따라서 시작 전 점검사항은 다음과 같다.

① 각종 안전장치를 점검한다. 즉, 역전방지장치 및 브레이크를 점검하여 운전상에 문제가 발생하면 즉시 정지하도록 한다.
② 벨트가 긴장상태가 아닌 이완상태로 되어 있으면 벨트에 재료나 부품이 적재가 되면서 원활한 운반이 불가능하게 된다.
③ 벨트상에 최대적재하중과 모터의 구동능력을 충분히 검토하여 안전한 운전이 되도록 한다.
④ 운동부에 트러블요인을 제거한다.
⑤ 운반 중 운반물의 낙하방지 유무를 확인한다.

이상의 점검사항 외에도 현장의 작업조건, 운반물질에 따라 시작 전 점검사항은 추가될 것으로 판단한다.

압력용기에 부착된 압력조정기의 취급상 주의사항

1 압력조정기(regulator)의 장착

① 압력조정기 설치 전에 충진구의 먼지 또는 이물질 등을 확인하여 완전히 제거하고 조정기 및 용기부착구의 나사상태 등을 확인한다.
② 상태가 양호하면 조정기와 용기를 가스가 누설되지 않게 조여준다.

2 압력조정기의 조작순서

① 압력조정기 장착 후 유출구를 퍼지라인에 연결한다.
② 조정기의 1차 압력 주밸브(용기밸브)를 시계반대방향으로 돌려서 1차 압력이 걸리지 않도록 한다.
③ 조정기의 니들밸브(1/4인치)가 완전히 닫혀 있는지를 반드시 확인한다.
④ 조정기의 정면에 얼굴을 내밀지 말고 용기의 밸브를 천천히 반회전 정도 열어준다.
⑤ 조절장치의 손잡이(조절밸브)를 시계방향으로 돌려서 2차 압력을 필요한 압력으로 설정한다.
⑥ 조정기의 밸브를 닫은 후 니들밸브를 열고 압력조정기의 1차 압력 및 2차 압력이 1.5가 될 때까지 라인의 가스를 방출시킨다(고순도가스의 경우).
⑦ 필요하다면 수회 조작을 반복하여 압력조정기 내를 사용할 가스로 치환될 때까지 퍼지한다. 단, 산소조절장치는 가연성 가스에 사용하면 절대 안 된다.
⑧ 퍼지완료 후 다시 반복조작을 하고 압력조정기 유출구를 퍼지라인으로부터 분리시킨 후 장치(기기)에 연결하여 니들밸브를 열고 사용한다.
⑨ 조정기 내를 퍼지할 경우 사용한 가스가 가연성 및 독성이 강하고 위험성이 있을 때에는 불활성 가스라인을 진공처리해야 하며, 특별한 경우에는 퍼지시스템을 사용한다.
⑩ 완료 후 니들밸브를 열고 조정기 내의 가스를 버린 후 니들밸브로부터 떼어낸다.
⑪ 2차 압력조절밸브를 시계방향으로 돌린 후 조정기를 용기로부터 분리한다.

3 사용상 주의사항

① 압력조정기를 사용할 경우 절대로 조정기의 정면으로 향하지 않도록 하며, 특히 가스용기와 압력조정기는 항상 C각도로 설치한다.
② 용기를 갑자기 열어 조정기에 급격한 압력을 가하지 말고 천천히 밸브를 열어 가스를 주입해야 한다.

③ 조정기를 사용하기 전에 2차 압력의 조절밸브는 2차 압력이 올라가지 않도록 완전히 되돌려 두며, 또한 사용 후에는 원위치로 되돌려 가스를 방출시킨다.

④ 가스를 조정기 내 또는 니들밸브에 넣은 상태에서 누출시험을 해야 한다.

⑤ 조정기는 가스 1종류에 대하여 1대로 사용하고 공용하지 말아야 한다. 특히 가연성 가스나 독성 가스의 경우 공용하는 것은 위험하고 잔류가스와의 반응(RX)에 따라 무의식 중에 사고를 일으킬 수 있다(예 압력조정기를 가스에 사용하지 말 것).

⑥ 화기에 가까이 하거나 기름, 그리스 또는 유지류 등을 바르지 말고 절대로 충격을 받지 않도록 해야 한다.

⑦ 부식성 가스용 압력조정기는 가끔씩 성능 및 재질 등을 확인할 필요가 있다.

⑧ 미국, 일본, 유럽제품은 규격과 연결구 나사의 규격이 상호호환성이 없으므로 병용을 가급적이면 피하고, 부득이한 경우는 정밀한 어댑터를 제작하여 상호접속(connection)해야 한다.

Section 37 국제노동기구(ILO)와 롤러기의 개구부 간격과 방호거리 계산

1 개구부 간격

가드를 설치할 때 일반적인 개구부의 간격은 다음의 수식으로 계산한다.

$$y = 6 + 0.15x\,(x < 160\text{mm},\ \text{단},\ x \geq 160\text{mm이면}\ y = 30)$$

여기서, x : 개구부에서 위험점까지의 최단거리(mm)
y : 개구부의 간격(mm)

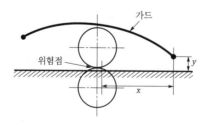

[그림 5-29] 안전개구부

다만, 위험점이 전동체인 경우 개구부의 간격은 다음 식으로 계산한다.

$$y = 6 + x/10\,(\text{단},\ x < 760\text{mm에서 유효})$$

여기서, x : 개구부에서 전동대차위험점까지의 최단거리(mm)
y : 개구부의 간격(mm)

② 방호거리

위험지역에 접근을 방지하기 위하여 고정방호벽을 설치하는 경우는 2,500mm이어야 하나, 그러하지 못하는 경우는 [표 5-10]과 같이 적용한다.

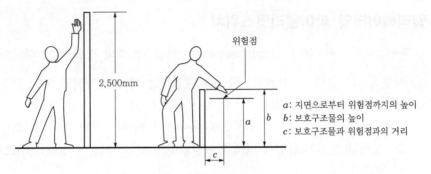

위험점

a : 지면으로부터 위험점까지의 높이
b : 보호구조물의 높이
c : 보호구조물과 위험점과의 거리

[그림 5-30] 수직방호벽의 높이

[표 5-10] 방호벽의 설치기준

위험점의 높이 a(mm)	보호구조물의 높이 b(mm)							
	2,400	2,200	2,000	1,800	1,600	1,400	1,200	1,000
	보호구조물의 위험점 간의 거리 c(mm)							
2,400	−	100	100	100	100	100	100	100
2,200	−	250	350	400	500	500	600	600
2,000	−	−	350	500	600	600	900	1,100
1,800	−	−	−	600	900	900	1,000	1,100
1,600	−	−	−	500	900	900	1,000	1,300
1,400	−	−	−	100	800	900	1,000	1,300
1,200	−	−	−	−	500	900	1,000	1,400
1,000	−	−	−	−	300	900	1,000	1,400
800	−	−	−	−	−	600	900	1,300
600	−	−	−	−	−	−	500	1,200
400	−	−	−	−	−	−	300	1,200
200	−	−	−	−	−	−	200	1,100

Section 38

엘리베이터와 파이널리밋스위치

① 개요

엘리베이터(elevator 또는 lift, 수직승강기)는 동력을 사용하여 빌딩, 대형 선박 또는 다른 구조물에서 사람이나 화물을 수직으로 실어 나르는 운송장치(vertical transportation machine)이다. 운반을 수직으로 진행하므로 추락이나 순간정지, 협착 등의 사고를 유발할 수 있기 때문에 파이널 리밋스위치는 순간적인 기계고장이 발생 시에 안전사고를 방지하기 위함이다.

② 엘리베이터와 파이널리밋스위치

파이널리밋스위치(final limit switch)는 다음 각 호의 정한 바에 따른다.

① 자동적으로 동력을 차단하여 작동을 제동하는 기능을 가지고 있는 것일 것
② 용이하게 조정이나 점검을 할 수 있는 구조일 것
③ 접점, 단자, 권선 기타 전기가 통하는 부분의 외피는 강판 기타 견고한 것이라야 하고, 물이나 분진의 침입에 의해 파이널리밋스위치의 기능에 장해를 일으킬 염려가 없는 구조일 것
④ 외피에는 보기 쉬운 곳에 파이널리밋스위치의 정격전압 또는 정격전류표시판이 부착되어 있을 것
⑤ 접점이 개방되어 통전이 중단되는 구조일 것
⑥ 접점, 단자, 권선 기타 전기를 통하는 통전 부분과 제1호와 외피와의 사이에 있는 절연 부분의 절연효과에 대한 시험에서 KS C 4504(교류전자개폐기)의 절연저항시험 또는 내전압시험기준에 적합한 규격을 가지고 있을 것

Section 39 | 고장력 볼트를 사용하여 체결해야 하는 예

① 개요

최근 구조물이 거대화되는 추세에 따라 콘크리트 건물에 비해 자중이 적고 강성이 큰 강구조물이 많이 건설되고 있다. 작은 건물들도 건설공기가 짧고 건축비용이 경제적이므로 조립식 건축물이 늘어나고 있는 추세이다. 강구조물은 구조물의 특성상 많은 접합 부위가 발생되며, 가장 많이 사용되는 접합방식은 용접과 리벳결합, 볼트체결 등이 사용되고 있으나, 최근에는 간편성과 신뢰성을 고려하여 볼트체결이 많이 늘어나고 있다.

고장력 볼트(high tensile bolt)접합부는 다른 접합방식의 접합부에 필연적으로 발생되는 국부적인 집중응력이 없으며, 응력전달이 원활하고 강성 및 내력이 크다. 또한 반복하중에 대해서도 높은 피로강도를 발휘할 수 있다. 고장력 볼트에 대해서는 KS B 1010(JIS B 1186과 동일)에 규정되어 있다. 정확한 명칭은 '마찰접합용 고장력 6각볼트, 6각너트, 와셔의 세트'라 되어 있다.

[그림 5-31] 고장력 볼트

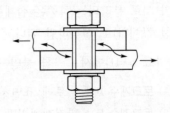

[그림 5-32] 마찰접합의 형태

고장력 볼트로 체결을 하면 볼트의 강력한 체결력에 의해 접합면은 큰 힘으로 눌리게 된다. 이 큰 힘으로 눌리는 접합면 사이의 마찰계수로 인해 강한 마찰력이 발생되게 되며, 이러한 마찰력으로 접합된 부분은 볼트 자체의 전단력으로 지지되는 체결방식에 비해 훨씬 큰 힘을 전달할 수 있게 된다. 또한 면 접촉을 하고 있어 국부적인 응력이 발생되지 않으며 진동 등에 대한 내성, 즉 내피로한도가 높아진다.

마찰접합 시 마찰력의 크기 F은 다음 같은 식으로 구할 수 있다.

$$F = n\mu f$$

여기서, n : 마찰면의 수, μ : 마찰계수, f : 부재 간 마찰력

❷ 인장접합

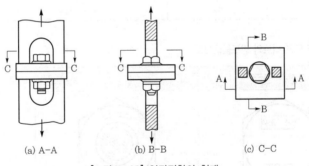

(a) A-A   (b) B-B   (c) C-C

[그림 5-33] 인장접합의 형태

볼트의 인장방향으로 하중을 받는 체결구조를 말한다. 대부분의 기계적 결합이 이러한 인장접합에 해당하는 경우가 많다.

볼트의 충분한 축력에 의하여 체결된 이음부에 인장외력이 작용할 때 부재 간 압축력과 볼트의 축력이 평형상태를 이루고 있다. 여기에 부가적 외력이 작용되면 외력만큼 부재 간 압축력이 작아지고, 볼트에 부가되는 축력은 미미하게 된다.

부가되는 인장외력이 부재 간 압축력보다 커지게 되면 볼트가 늘어나고 부재 간에 틈새가 발생하게 된다. 따라서 장기하중 시 인장방향의 하중을 설계볼트장력의 60%(부재

가 서로 분리되는 하중은 설계볼트장력의 90%로 보고 장기하중 시 안전율을 1.5로 설정한 값이다)로 설정하면 된다.

[표 5-11]에서 ( )를 붙인 것은 되도록 사용하지 않는다.

① **토크계수 A** : 너트에 표면처리를 하여 토크계수치를 낮게 안정시킨 것
② **토크계수 B** : 방청제처리만 하고 표면윤활처리를 하지 않은 것

예로 F10T의 'F'는 for Friction Grip, '10'은 인장강도 100kgf/mm^2=10tf/cm^{2}의 10, 'T'는 Tensile Strength를 의미한다.

와셔에는 기계적 성질의 등급을 표시하지 않는다.

[표 5-11] 고장력 볼트의 종류와 등급

세트의 종류		세트구성부품의 기계적 성질등급		
종류	토크계수등급	볼트	너트	와셔
1종	A	F8T	F10(F8)	F35
1종	B	F8T	F10(F8)	F35
2종	A	F10T	F10	F35
2종	B	F10T	F10	F35
3종	A	(F11T)	F10	F35
3종	B	(F11T)	F10	F35

[표 5-12] 볼트와 너트의 강도등급 표시

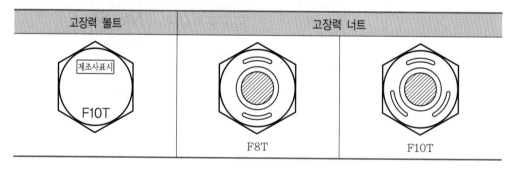

고장력 볼트	고장력 너트

[표 5-13] 고장력 볼트의 장기응력에 대한 허용내력

| 종류 | 호칭경 | 볼트 외경 (mm) | 구멍 지름 (mm) | 단면적 | | 볼트 설계 장력 (tf) | 허용전단력(tf) | | 허용 인장력 (tf) |
				축 (cm²)	유효 (cm²)		1면 마찰	2면 마찰	
F8T	M16	16	17.0	2.01	1.57	8.52	2.41	4.82	5.03
	M20	20	21.5	3.14	2.45	13.3	3.77	7.54	7.85
	M22	22	23.5	3.80	3.03	16.5	4.56	9.12	9.50
	M24	24	25.5	4.52	3.53	19.2	5.42	10.8	11.3
F10T	M16	16	17.0	2.01	1.57	10.6	3.02	6.03	6.23
	M20	20	21.5	3.14	2.45	16.5	4.71	9.42	9.73
	M22	22	23.5	3.80	3.03	20.5	5.70	11.4	11.8
	M24	24	25.5	4.52	3.53	23.8	6.78	13.6	14.0
(F11T)	M16	16	17.0	2.01	1.57	11.2	3.22	6.43	6.63
	M20	20	21.5	3.14	2.45	17.4	5.02	10.0	10.4
	M22	22	23.5	3.80	3.03	21.6	6.08	12.2	12.5
	M24	24	25.5	4.52	3.53	25.1	7.23	14.5	14.9

[표 5-14] 고장력 볼트의 장기응력에 대한 허용응력

재료	인장응력(tf/cm²)	전단응력(tf/cm²)
F8T	2.5	1.2
F10T	3.1	1.5
(F11T)	3.3	1.6

❸ 고장력 볼트의 조임

볼트의 조임으로 인해 적정한 체결력을 얻기 위해서는 적정한 조임을 해야만 한다. 볼트는 하나의 스프링과 같다. 따라서 볼트의 조임으로 인해 길이가 길어지면 스프링이 길어지면서 장력이 발생되는 것과 같은 원리로 나사의 체결력이 발생한다. 하지만 이렇게 발생되는 체결력의 크기를 정확히 알기가 어려우므로 어느 정도 조이면 어느 정도의 체결력이 발생될 수 있는지 미리 조사하여 이를 기준으로 적정한 조임을 하도록 한다. 대표적인 조임법으로는 토크조임법과 각도조임법이 있다.

(1) 토크조임법(torque control tightening method)

볼트의 조임이 탄성범위 내에 있다고 가정하고, 이 범위 내에서는 조임력과 볼트의 축력이 비례한다는 원리를 이용한 조임법이다.

조임토크 T는

$$T = \mu d N [\text{kgf} \cdot \text{cm}]$$

여기서, T : 조임토크(kgf · cm), μ : 마찰계수(0.11~0.19), d : 호칭경(cm), N : 볼트축력(kgf)

균일한 조임력을 얻기 위해서는 2차에 나누어 조임을 실시한다.

[표 5-15] 1차 조임 토크추정치(착좌토크)

볼트규격	1차 체결토크치
M16	약 1,000kgf · cm
M20, M22	약 1,500kgf · cm
M24	약 2,000kgf · cm

- **2차 조임토크의 설정**

  목표체결력(축력)을 설정하고, 설정한 축력값을 위의 조임토크 계산식에 의해 구하면 된다. 단, 정확한 마찰계수를 알 수 없으므로 축력측정기를 이용하여 정확한 토크값과 축력을 측정하여 마찰계수를 구하는 작업을 해야 한다.

(2) 각도조임법(너트회전법, angular tightening method)

토크조임법의 가장 큰 단점은 접합부위의 상태에 따라 마찰계수가 다르므로 적정한 체결력을 얻기 위한 적정토크를 얻기 어렵다는 단점이 있다. 이러한 조임부위의 편차로 인한 조임력의 불균일을 극복하기 위한 방법으로 각도조임법을 사용하고 있다.

- **조임절차**
  - 1차 조임 실시 → 마킹 실시(볼트, 너트, 와셔, 결합부재) → 120° 회전
  ① 1차 조임 : 균일한 체결력을 보일 수 있는 최소 조임토크까지 조임으로써, 각 볼트들의 조임력차이를 극복하기 위해 1차 조임을 실시한다.
  ② 마킹 실시 : 너트를 회전시켜 조임을 할 경우 볼트가 따라서 돌아버리면 체결력이 증가되지 않아 적정체결력이 얻어질 수 없다. 하지만 조임이 일어난 후에 볼트가 너트를 따라 같이 회전되지 않았는지의 여부를 확인하기 위해 마킹을 실시한다.

    1차 조임을 한 후 볼트와 너트, 와셔, 부재에까지 페인트로 표시한다. 너트를 회전시켜 조임을 완료한 후 표시한 페인트의 어긋남을 보고 적정조임 여부를 확인할 수 있기 때문이다. 표시는 너트의 모서리부위에 할 경우 6각의 한 모서리가 60°이므로 2개 모서리만큼 회전시키면 120°가 됨을 쉽게 확인할 수 있다.
  ③ 너트의 회전 : 표시를 한 후 너트를 120°를 회전시킨다. 회전을 완료한 후 너트의 회전량이 120±30°의 범위에 있으면 합격이다. 조임 시 볼트, 너트, 와셔가 함께 회전하는 공회전이 발생한 경우에는 올바른 체결이 되지 않았으므로 고장력 볼트를 새것으로 교체해야 한다. 또 한번 사용했던 것은 재사용해서는 안 된다.

고장력 볼트의 체결에는 볼트의 머리 밑과 너트 밑에 와셔를 1개씩 사용하는 것을 기준으로 접합부의 내력이 설계되어 있으므로 공사현장에서 임의로 와셔를 증감하지 않아야 한다.

❹ 볼트의 조임순서

고장력 볼트를 1차, 2차 체결 2단계로 실시하는 것은 접합부의 각 볼트에 균등한 볼트 축력을 얻기 위한 조치이다. 같은 취지로 접합부의 조임순서는 접합부의 중심으로부터 바깥쪽으로 순차적으로 체결해 나간다.

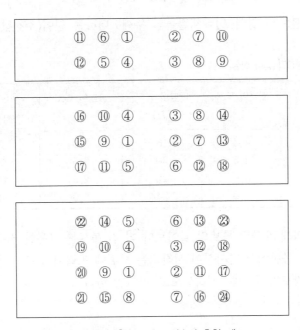

[그림 5-34] 볼트의 조임순서 추천 예

❺ 고장력 볼트의 길이설계

적정한 볼트길이의 선정은 매우 중요하므로 체결부두께를 고려하여 적정길이를 신중히 선정해야 한다. 실제 시중에서 구할 수 있는 나사의 길이는 KS의 기준에 따라 5mm 단위로 공급되고 있으므로 다음 선정요령에 의해 선정된 길이에 가장 가까운 것을 선택하여 사용하면 된다.

$$L = G + 2T + H + 3P$$

여기서, L : 볼트의 길이, G : 체결물의 두께, T : 와셔의 두께, H : 너트의 두께, P : 볼트의 피치

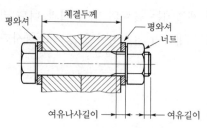

[그림 5-35] 볼트의 체결길이

볼트체결 후 너트 위로 나오는 볼트의 길이를 여유길이라 하며, 보통 나사산 3개 정도의 길이로 한다. 위 식을 간단히 하면 다음과 같다.

$$\text{볼트의 길이}(L) = \text{체결물의 두께} + \text{더하는 길이(추천값)}$$

[표 5-16] 호칭경별 길이 선정

호칭경	와셔의 두께 (T)	너트의 높이 (H)	볼트의 피치 (P)	체결물의 두께+더하는 길이	
				계산값	추천값
M16	4.5	16	2.0	31	30
M20	4.5	20	2.5	36.5	35
M22	6.0	22	2.5	41.5	40
M24	6.0	24	3.0	45	45

위 식에 의해 계산된 볼트의 길이보다 더 긴 볼트를 사용할 경우 여유나사길이가 너무 짧아 볼트의 몸통에서 나사산이 시작되는 부위에 응력이 집중되어 볼트의 연성이 저하되고, 내피로강도가 급격히 저하되므로 피해야 한다.

Section 40 양중기에 사용하는 과부하방지장치

1 개요

과부하방지장치(overloade limiter)는 크레인에 사용 시 정격하중의 110% 이상의 하중이 부하되었을 때 자동적으로 권상, 횡행 및 주행동작이 정지되면서 경보음을 발생하는 장치이다.

② 양중기에 사용하는 과부하방지장치

양중기에 사용하는 과부하방지장치는 다음과 같다.

[표 5-17] 과부하방지장치의 종류 및 원리

종류	원리	적용기계	비고
전자식 (J-1)	스트레인게이지 등을 이용한 전자감응방식으로 과부하상태 감지	크레인, 곤도라, 리프트, 승강기	모멘트 리미터(moment limiter) 포함
전기식 (J-2)	권상모터의 부하변동에 따른 전류변화를 감지하여 과부하상태 감지	크레인	정지상태에서는 감지하지 못하기 때문에 층간 정지 적재 가능한 승강기, 리프트, 곤도라에 사용불가
기계식 (J-3)	전기·전자방식이 아닌 기계·기구학적 방법에 의해 과부하상태 감지	크레인, 곤도라, 리프트, 승강기	방폭구조 및 구조물 자체의 감지 기능 포함

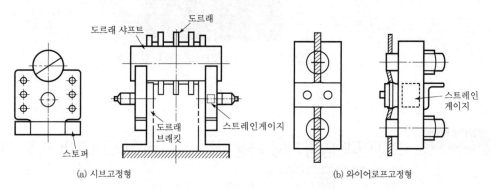

[그림 5-36] 과부하방지장치의 센서위치

(a) 시브고정형

(b) 와이어로프고정형

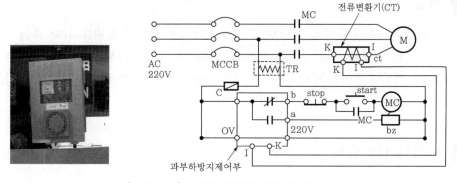

[그림 5-37] 전기식 과부하방지장치 및 회로도

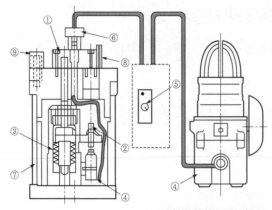

① 하중전달봉
② 공극 조정볼트
③ 스프링
④ 마이크로스위치
⑤ 과부하시간 설정용 타이머
⑥ 케이블클램프
⑦ 몸체
⑧ 납봉인
⑨ 과부하 경보등

[그림 5-38] 기계식 과부하방지장치 및 외관

Section 41 크레인과 양중기에 사용하는 정지용 브레이크와 속도 제어용 브레이크

1 개요

브레이크란 운동체와 정지체의 기계적 접촉에 의해 운동체를 감속 또는 정지상태로 유지하는 기능을 가진 장치를 말한다. 브레이크의 권상제동력은 보통 전동기 회전력의 150% 이상이 되어야 하며, 종류는 전자브레이크(마그넷브레이크), 전동유압압상기 브레이크, 원판브레이크, 벨트브레이크 등이 있다.

2 브레이크의 종류

(1) 기계식 브레이크

권상기에는 기계식 브레이크와 전자식 브레이크가 설치되어 있다. 기계식 브레이크의 구조는 [그림 5-39]에서 표시한 것처럼 여러 쌍의 브레이크와 브레이크 링이 서로 겹쳐져 있다.

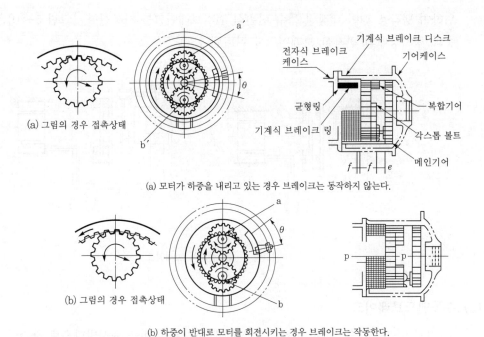

(a) 그림의 경우 접촉상태

(a) 모터가 하중을 내리고 있는 경우 브레이크는 동작하지 않는다.

(b) 그림의 경우 접촉상태

(b) 하중이 반대로 모터를 회전시키는 경우 브레이크는 작동한다.

[그림 5-39] 기계식 브레이크의 기구

브레이크 디스크는 기어상자 내에 끼어 있고 키로 회전을 방지하도록 되어 있다.

브레이크 링은 스플라인 키로 래칫링에 끼워져 있다. 왼쪽 끝단은 축압력을 전 원주에 균등히 분배하여 작동되도록 평형장치 링(equalizer ring)을 넣어 마그넷 브레이크상자를 받치도록 되어 있고, 우측 끝단을 삽입하여 복합기어에 접촉하도록 되어 있다.

구조 전체가 오일 내에서 운전되므로 고열에 견딜 수 있으며, 다음과 같은 기능을 가지고 있다.

① 곤도라 하강 시 낙하방지
② 권상 중 정전되었을 때 낙하방지
③ 하강 중 하중에 의한 가속도에 대하여 역으로 전동기를 가속회전시켜 증속방지
④ 권상, 권하, 정지 시 미끄러짐을 적게 하여 곤도라의 조작을 정밀하게 제어

기계식 브레이크는 하중을 들어올릴 때 래칫은 공전상태로 되어 기어계통으로부터 완전히 분리되고, 링이 회전하여 고정되어 있는 브레이크 디스크와 상호운동을 통하여 축방향으로 압력이 가해져 제동이 된다.

(2) 전자식 브레이크

전자식 브레이크는 하나의 독립된 부분으로 권상기의 한쪽에 부착되어 있다. 기계식 브레이크를 가진 권상기에서 전자브레이크는 단순히 전동기 회전자의 관성을 처리하기

위하여 냉각용 팬이 내장된 특수 단판식 전자브레이크를 사용한다. [그림 5-40]은 운전 중과 정지상태의 전자식 브레이크를 나타낸다.

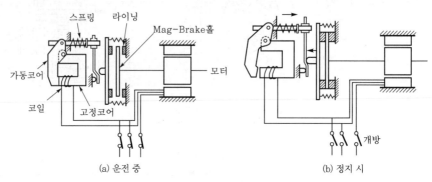

[그림 5-40] 전자식 브레이크

(3) 수동밴드브레이크

[그림 5-41]은 승강장치의 케이싱 상부에 설치된 레버를 표시방향으로 당기면 브레이크 라이닝이 브레이크 드럼에 밀착되어 드럼의 회전을 제동한다. 곤도라 사용 시 브레이크 손잡이가 느슨한 상태로 되어 브레이크는 작동되지 않는다.

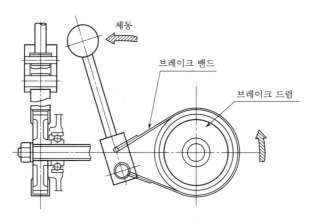

[그림 5-41] 수동밴드브레이크

❸ 제어방식에 따른 모터의 분류

제어방식에 따라 스칼라 제어방식과 벡터 제어방식이 있으며, 그 특징은 다음과 같다.

구 분	Scalar Control Inverter		Vector Control Inverter
	V/F 제어	Slip 주파수 제어	
제어대상	• 전압과 주파수의 크기만을 제어		• 전압의 크기와 방향을 제어함으로써 계자분 및 토크분 전류를 제어함 • 주파수의 크기를 제어
가속특성	• 급가, 감속운전에 한계가 있음 • 4상한 운전 시 0속도 부근에서 Dead Time이 있음 • 과전류 억제능력이 작음	• 급가, 감속운전에 한계가 있음(V/F보다는 향상됨) • 연속 4상한 운전가능 • 과전류 억제능력 중간	• 급가, 감속운전에 한계가 없음 • 연속 4상한 운전가능 • 과전류 억제능력이 큼
속도 제어 정도	• 제어범위 1 : 10 • 부하조건에 따라 Slip 주파수가 변동	• 제어범위 1 : 20 • 속도검출 정도에 의존	• 제어범위 1 : 100 이상 • 정밀도(오차) : 0.5%
속도검출	• 속도검출 안함	• 속도검출 실시	• 속도 및 위치검출
토크 제어	• 원칙적으로 불가	• 일부(차량용 가변속) 적용	• 적용가능
범용성	• 전동기 특성차이에 따른 조정 불필요	• 전동기 특성과 Slip 주파수를 조합한 설정이 필요함	• 전동기 특성별로 계자분 전류, 토크분 전류, Slip 주파수 등 제반 제어량의 설정이 필요함

Section 42 타워크레인 작업계획서 작성 시 포함내용과 강풍 시 작업제한

1 타워크레인 작업계획서의 작성

① 사업주는 타워크레인의 설치 · 조립 · 해체작업을 하는 때에는 다음 각 호의 사항을 모두 포함한 작업계획서를 작성하고 이를 준수해야 한다.
  ㉠ 타워크레인의 종류 및 형식
  ㉡ 설치 · 조립 및 해체순서
  ㉢ 작업도구 · 장비 · 가설설비 및 방호설비
  ㉣ 작업인원의 구성 및 작업근로자의 역할범위
  ㉤ 제117조의2의 규정에 의한 지지방법
② 사업주는 제1항의 작업계획서를 작성한 때에는 그 내용을 작업근로자에게 주지시켜야 한다.

② 타워크레인의 지지(산업안전보건기준에 관한 규칙 제142조)

① 사업주는 타워크레인을 자립고(自立高) 이상의 높이로 설치하는 경우에는 건축물 등의 벽체에 지지하거나 와이어로프에 의하여 지지해야 한다.

② 사업주는 타워크레인을 벽체에 지지하는 경우에는 다음 각 호의 사항을 모두 준수해야 한다.

　　㉠ 법 제34조의 규정에 의한 설계검사서류 또는 제조사의 설치작업설명서 등에 따라 설치할 것

　　㉡ 제1호의 설계검사서류 등이 없거나 명확하지 아니한 경우에는 국가기술자격법에 의한 건축구조·건설기계·기계안전·건설안전기술사 또는 건설안전분야 산업안 전지도사의 확인을 받아 설치하거나 기종별·모델별 공인된 표준방법으로 설치할 것

　　㉢ 콘크리트구조물에 고정시키는 경우에는 매립이나 관통 또는 이와 동등 이상의 방 법으로 충분히 지지되도록 할 것

　　㉣ 건축 중인 시설물에 지지하는 경우에는 동 시설물의 구조적 안정성에 영향이 없도 록 할 것

③ 사업주는 타워크레인을 와이어로프로 지지하는 경우에는 다음 각 호의 사항을 모두 준수해야 한다.

　　㉠ 제2항 제1호 또는 제2호의 조치를 취할 것

　　㉡ 와이어로프를 고정하기 위한 전용 지지프레임을 사용할 것

　　㉢ 와이어로프 설치각도는 수평면에서 60도 이내로 할 것

　　㉣ 와이어로프의 고정부위는 충분한 강도와 장력을 갖도록 설치하고, 와이어로프를 클립·샤클 등의 고정기구를 사용하여 견고하게 고정시켜 풀리지 아니하도록 할 것

　　㉤ 와이어로프가 가공전선(架空電線)에 근접하지 아니하도록 할 것

③ 강풍 시 타워크레인의 작업제한

사업주는 순간풍속이 매 초당 10미터를 초과하는 경우에는 타워크레인의 설치·수 리·점검 또는 해체작업을 중지해야 하며, 순간풍속이 매 초당 15미터를 초과하는 경우 에는 타워크레인의 운전작업을 중지해야 한다.

Section 43　용접용 가스로 사용할 연료가스의 조건

① 개요

용접용 가스로 아세틸렌가스가 가장 많이 사용되며, 그 외 수소, 도시가스, LPG, 천 연가스, 메탄가스 등이 있다.

❷ 용접 및 절단용 연료가스의 구비조건

① 불꽃의 온도가 높을 것
② 연소속도가 빠를 것
③ 발열량이 클 것
④ 용융금속과 화학반응을 일으키지 않을 것

Section 44 산업재해발생 시 조치순서

❶ 개요

① 산업재해란 일정한 원인에 의해 발생되는 것이므로 같은 종류의 재해가 반복되지 않도록 하기 위해 산업재해발생원인을 규명하고 과학적인 방법으로 조사, 분석하여 적정한 대책을 강구함으로서 재해 없는 사업장을 조성하도록 노력한다.
② 안전사고는 불안전 행동과 불안전 상태가 접촉되어 발생하는 것으로서, 그 원인은 크게 직접원인과 간접원인으로 구분할 수 있다. 직접원인은 미시적 방법으로 예방할 수 있으며, 간접원인은 거시적 방법으로 예방이 가능하므로 사고예방의 기술적 측면과 사회환경적 측면을 동시에 개선해야 할 것이다.

❷ 재해발생 시 조치순서

긴 급 처 리	① 기계 정지 ② 피해 응급조치 ③ 관계자에게 통보 ④ 2차 재해방지 ⑤ 현장보존
재 해 조 사	잠재적인 요인 축적 ① 누가 ② 언제 ③ 어디서 ④ 무슨 작업 ⑤ 어떤 물건, 환경 ⑥ 불안전 상태, 환경 ⑦ 어떻게 하여 재해발생
원 인 강 구	① 사람, 물체 : 직접원인 ② 관리 : 간접원인
대 책 수 립	동종, 유사재해 방지
대 책 실 시 계 획	6하원칙
실 시	
평 가	

③ 재해발생의 연쇄관계

(1) 재해발생의 구조

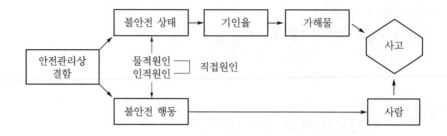

(2) 재해발생 결함구조 : 등차성 원리

① 집중형
② 연쇄형(단순, 복잡)
③ 복합형

④ 재해발생의 원인

(1) 직접원인

1) 불안전 상태(물적원인)
① 물건 자체 결함
② 안전방호장치 결함
③ 복장, 보호구 결함
④ 물건 배치 및 작업장소 결함
⑤ 작업환경 결함
⑥ 생산공정 결함
⑦ 경계표지, 설비 결함
⑧ 기타

2) 불안전 행동(인적원인)
① 위험장소 접근
② 안전장치 기능 제거
③ 복장, 보호구 잘못 사용
④ 기계·기구 잘못 사용
⑤ 운전 중 기계장치에 접근

⑥ 불안전한 속도조작
⑦ 위험물 취급부주의
⑧ 불안전 상태 방치
⑨ 감독, 연락 불충분

(2) 간접원인(관리적 원인)

1) 기술적 원인
① 건물, 기계장치 설계불량
② 구조, 재료 부적합
③ 생산공정 부적당
④ 점검 및 보존불량

2) 교육적 원인
① 안전지식 부족
② 안전수칙 오해
③ 경험, 훈련 미숙
④ 작업방법 교육의 불충분

3) 관리상 원인
① 안전관리조직 결함
② 안전수칙 재제정
③ 작업준비 불충분
④ 인원배치 부적당

5 사고예방의 대책

① 제1단계 : 안전조직
② 제2단계 : 사실의 발견
③ 제3단계 : 분석
④ 제4단계 : 시정방법의 선정
⑤ 제5단계 : 시정책의 적용

6 결론

안전사고는 직접원인과 간접원인으로 발생한다는 것을 인지하여 적절한 대책을 선정하지 않으면 안 된다. 적절한 대책이라 함은 유해한 에너지가 폭주되지 않도록 작업단계별 과정을 면밀히 분석하여 작업에너지가 정상적인 궤도에서 조정될 수 있어야 할 것이다.

Section 45 랙 및 피니언식 건설용 리프트의 운반구 추락에 대비한 낙하방지장치에 대한 작동원리 및 작동기준

1 정의

① 건설용 리프트(construction lift) : 동력을 사용하여 가이드레일을 따라 상하로 움직이는 운반구를 매달아 화물을 운반할 수 있는 설비 또는 이와 유사한 구조 및 성능을 가진 것으로서 건설현장에서 사용한다. 형식에 따라 와이어로프식 건설용 리프트와 랙 및 피니언(Rack & Pinion)식 건설용 리프트로 구분하고, 용도에 따라 화물용과 인화공용, 작업대 겸용 운반구용으로 구분한다. 작업대 겸용 운반구용은 건물 외벽에서의 작업 등에 적합하도록 근로자가 타거나 화물, 작업자재 등을 실을 수 있는 작업대 등을 구비한 것을 말한다.
② 운반구(cage) : 이동 또는 작업의 목적으로 근로자가 타거나 화물 등을 적재할 수 있는 것을 말한다.
③ 랙 및 피니언식 건설용 리프트 : 마스트, 운반구, 설치기초, 전동기, 감속기, 랙 및 피니언, 제어반 등이 있다.

2 랙, 피니언 및 피니언축의 조건

① 랙 및 피니언의 치면은 물림 및 윤활상태가 양호하고 과도한 변형이나 마멸이 없을 것
② 피니언 및 피니언축 등은 사용 중 마멸, 압괴, 변형 등의 손상이 없도록 적정경도를 유지해야 하고, 필요 시 뜨임, 담금질 등의 열처리를 실시할 것
③ 랙 및 피니언의 치면은 제조회사에서 제시하는 마멸한도를 초과하여 사용하지 말 것
④ 피니언축의 단차부는 강도에 지장이 없는 범위의 곡률을 유지할 것
⑤ 피니언축에 대한 초음파탐상시험은 피니언에서 분해된 상태 또는 현장에서 피니언과 조립되기 전의 상태에서 실시해야 하고 KS D 0248(탄소강 및 저합금강 단강품의 초음파탐상시험방법)을 준용할 것

3 낙하방지장치(governor)의 작동원리와 기준

원심력을 이용한 브레이크장치의 일종으로 운반구가 기계적 혹은 전기적 이상으로 운반구 자유낙하 시 정격속도의 1.3배 이상에서 자동적으로 전원을 차단하고 1.4배 이내에서 기계장치의 작동으로 운반구를 정지시켜 주는 안전장치이다. 낙하방지장치는 일반적으로 적재하중 적재 후 낙하시험 시 1.5~3m 사이에서 동작해야 한다.

Section 46 크레인의 충돌방지장치의 설치기준과 종류 및 설치방법

1 충돌방지장치(anticollision device)의 설치기준

검사기준은 크레인제작기준, 안전기준 및 검사기준이 있으며 다음과 같다.

① 동일한 주행로상에 2대 이상 병렬설치된 크레인이다. 단, 작업바닥면에서 펜던트 등을 조작하여 화물과 운전자가 함께 이동하는 것을 제외한다.

② 두 크레인을 접근시켰을 때 설정된 거리에서 자동으로 정지하고 경보가 울려야 한다.

2 충돌방지장치의 종류

충돌방지장치의 종류에는 포토센서를 이용하는 것으로써 분리형과 조합형이 있다. 분리형은 투광기와 수광기가 분리되어 그 사이에 물체가 나타나면 신호가 발생하고, 조합형은 투·수광기가 하나의 유닛으로 되어 있어 물체가 나타나면 물체에 의해서 빛이 반사되어 감지한다.

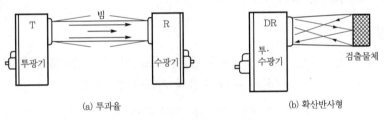

(a) 투과율 (b) 확산반사형

[그림 5-42] 충돌방지장치의 종류

3 충돌방지장치의 설치

2대 이상 같은 레일상 병렬크레인 간의 충돌로 인한 재해예방을 위해 자동정지기구 및 경보기를 설치한다.

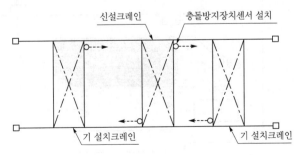

[그림 5-43] 크레인 설치 시 충돌방지센서의 위치

Section 47 수평사출성형기의 위험성과 필요한 방호장치

1 위험원별 방호장치

(1) 위험구역

① 사출성형기를 사용할 때에는 다음의 부위를 포함하여 근로자에게 위험을 끼칠 우려가 있는 부위가 있는지 확인해야 한다.
   ㉠ 형체기구의 운동부위
   ㉡ 사출기구의 운동부위
   ㉢ 전단부위이나 물림부위
   ㉣ 감전위험부위(노출된 충전부위, 누전부위 등)
   ㉤ 사출성형기의 고온부위나 고온재료부위
② 작업자에게 위험을 끼칠 우려가 있는 부위로서, 보수의 목적으로만 간헐적으로 접근하는 곳에는 고정식 가드를, 일상적으로 접근하여 작업을 하는 곳에는 연동시스템을 갖춘 가동식 가드를 설치한다.

(2) 성형구역

금형이 열리고 닫히는 위험운동을 할 때 근로자가 접근하는 것을 방지하기 위하여 [그림 5-44] 내지 [그림 5-46]에 따라 다음의 가드를 설치한다.

① 조작스위치가 있는 쪽에는 전기식, 유압식 및 기계식 연동시스템 중 2개의 연동시스템을 갖춘 가동식 가드를 설치하며, 운전조작은 가드가 설치된 쪽에서만 가능하도록 한다.
② 조작스위치가 없는 쪽에는 전기식 및 유압식 연동시스템 중 2개의 위치검출센서를 구비한 1개의 연동시스템을 갖춘 가동식 가드를 설치한다.

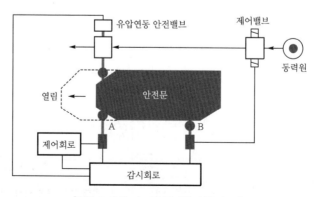

[그림 5-44] 가드의 전기식 연동시스템

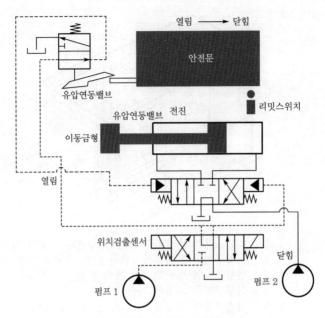

[그림 5-45] 가드의 유압식 연동시스템

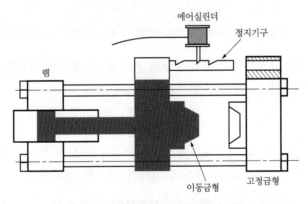

[그림 5-46] 가드의 기계식 연동시스템

③ 측면의 가드만으로는 안전거리를 확보하지 못할 경우 윗면 등 안전거리가 확보되지
   못하는 곳에 고정식 가드 또는 1개의 연동시스템을 갖춘 가동식 가드를 설치한다.
④ 성형구역에의 접근을 방지할 수 있도록 가동식 가드를 설치한 이외의 부분에는 고정
   식 가드를 설치한다.
⑤ 구조적으로 가드의 설치가 곤란한 경우에는 양수조작식 스위치를 설치한다.

(3) 체결구역

   사출성형기의 체결구역에는 [그림 5-47]에 따라 다음에 적합한 가드를 설치한다.

① 보수의 목적으로만 접근하는 체결구역에는 고정식 가드를 설치한다.

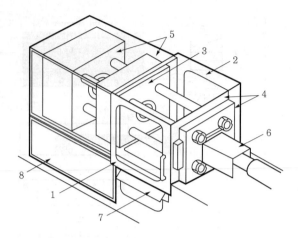

1 : 성형구역의 운전조작 가능한 측면의 가동식 가드
2 : 성형구역의 운전조작스위치 없는 측면의 가동식 가드
3 : 성형구역의 상면고정식 가드 또는 가동식 가드
4 : 성형구역의 고정식 가드
5 : 체결구역의 고정식 가드 또는 가동식 가드
6 : 노즐구역의 가동식 가드
7 : 배출구의 위덮개
8 : 고정식 가드

[그림 5-47] 수평식 사출성형기의 각 부위에 대한 일반적인 가드 설치(예)

② 근로자가 일상적으로 접근하는 체결구역에는 2개의 위치검출센서로 1개의 연동시스템을 갖춘 가동식 가드를 설치한다.

(4) 노즐구역

노즐의 위험운동 및 고온재료의 비산 등 근로자가 위험원에 접근하는 것을 방지하기 위하여 [그림 5-48]에 따라 다음에 적합한 가드를 설치한다.

① 1개의 위치검출센서로 1개의 연동시스템을 갖춘 가동식 가드를 설치한다.
② 노즐의 운동위치를 고려하여 양 끝단에서도 방호될 수 있도록 조치한다.

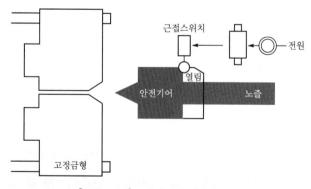

[그림 5-48] 노즐가드의 연동시스템

③ 가동식 가드를 열고 보수할 때에는 사출기구의 모든 운동 부분이 수동으로만 운전될 수 있도록 해야 하며 지속운전으로 용융재료를 청소할 수 있도록 한다.

(5) 배출구

① 제품이 배출될 때 손이나 팔이 접근할 수 없도록 안전거리를 고려하여 [그림 5-47]에 따라 위 덮개 등을 설치한다.

② 가드를 설치할 때에는 고정식 가드나 1개의 위치검출센서를 구비하고 1개의 연동시스템을 갖춘 가동식 가드를 설치한다.

(6) 고온부

사출성형기 고온부의 접촉으로 인한 화상을 방지하기 위하여 작업 시 표면온도가 80℃를 넘는 부위에는 고정식 가드를 설치하거나 단열재로 감싼다.

(7) 대형 사출성형기의 추가방호장치

성형구역의 가드와 사출성형기 사이에 사람이 들어갈 만한 공간이 있는 곳 또는 타이바(tie bar)나 이와 유사한 장치의 수평 또는 수직거리가 1.2m 이상인 대형 사출성형기에는 다음과 같은 추가적인 방호장치를 고려한다.

① [그림 5-49]에 따라 설치된 가동식 가드에는 가드의 열림운동과 함께 작동되는 기계식 걸쇠 등을 장착하여 가드가 불시에 닫히는 것을 방지한다.

② 성형구역 내에 사람이 머물 수 있는 곳에는 안전매트나 감지커튼 등을 설치하여 사람이 머무르는 동안 사출성형기의 작동을 방지한다.

③ 성형구역 안쪽의 금형 양쪽의 접근가능위치에는 1개 이상의 비상정지스위치를 설치한다.

④ 동력으로 구동되는 가드 및 사출성형기는 성형구역이 잘 보이는 위치에서 작동하도록 한다.

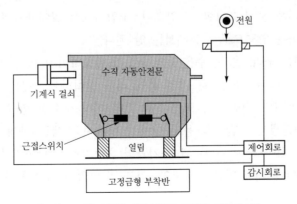

[그림 5-49] 수직형 사출성형기 가드의 연동시스템

⑤ 가로×세로의 크기가 800mm 이상이고, 최대이동거리가 500mm 이상으로서 수직방향으로 움직이는 작동문에서 중력으로 인하여 위험이 야기될 가능성이 있는 경우에는 기계식 또는 유압식 구속장치를 설치한다.

Section 48 아세틸렌가스의 위험성

1 아세틸렌가스의 분류

가스발생기는 아세틸렌가스의 압력에 따라 고압식(수주 1,500~2,000mm까지), 중압식(300~2,000mm), 저압식(300mm 이하)으로 구분되고, 또한 구조를 분류하면 카바이드에 물을 붓는 주수식, 수중에 카바이드를 투입하는 투입식, 이들의 중간으로 볼 수 있는 침지식으로 구분한다. 청정기는 발생기에서 발생한 아세틸렌가스에는 해로운 불순물이 혼합되어 용접부에 나쁜 영향을 주기 때문에 이것들을 제거하기 위해 사용된다. 한편 용접 시 역과, 역류가 가스발생기에 도달하면 발생기의 폭발사고가 일어난다. 이것을 방지하기 위하여 안전기를 설치해야 한다.

최근에는 폭발위험성이 적은 용해 아세틸렌이 보급되어 어디에서나 입수할 수 있게 되어 아세틸렌용접장치를 사용하는 작업은 거의 없어졌다.

2 아세틸렌가스의 위험성

칼슘카바이드에 물을 가하면 아세틸렌가스가 발생한다.

① 아세틸렌은 연소범위가 2.5~100%로 넓어 폭발위험성이 아주 크다.
② 아세틸렌은 화학적으로 불안정하여 공기 중의 가연성 가스가 존재하지 않아도 점화나 충격에 의해 분해 폭발할 수 있으며, 고압하에서 일어나기 쉽다. 따라서 1.3kgf/cm를 초과하는 압력으로 사용해서는 안 된다.
③ 아세틸렌은 구리, 은 및 수은 등의 금속과 반응하여 아세틸라이드라는 물질을 생성하며, 이로 인하여 충격이나 가열 등에 의해 발화하여 폭발할 위험성이 있다. 따라서 배관 및 부속기구에는 동 또는 은을 70% 이상 함유한 합금을 사용해서는 안 된다.
④ 아세틸렌발생기는 반응을 용기 내에서 행하여 발생한 아세틸렌가스를 일정량 저장시키는 장치이다. 아세틸렌과 공기와의 혼합가스는 광범위한 성분에 걸쳐 폭발성이 있고, 폭발에 대한 민감성은 고압, 건조 및 가열에 의하여 현저히 높아지므로 가스발생기의 취급에 주의를 요한다.

Section 49 지게차 헤드가드의 설치기준

1 헤드가드(산업안전보건기준에 관한 규칙 제180조)

사업주는 다음 각 호에 따른 적합한 헤드가드(head guard)를 갖추지 아니한 지게차를 사용해서는 아니 된다. 다만, 화물의 낙하에 의하여 지게차의 운전자에게 위험을 미칠 우려가 없는 경우에는 그러하지 아니하다.

1. 강도는 지게차의 최대하중의 2배 값(4ton을 넘는 값에 대해서는 4ton으로 한다)의 등분포정하중(等分布靜荷重)에 견딜 수 있을 것
2. 상부틀의 각 개구의 폭 또는 길이가 16cm 미만일 것
3. 운전자가 앉아서 조작하거나 서서 조작하는 지게차의 헤드가드는 「산업표준화법」 제12조에 따른 한국산업표준에서 정하는 높이 기준 이상일 것

Section 50 크레인에 사용되는 레일정지기구의 설치기준

1 레일의 정지기구 등[크레인작업표준안전작업지침(노동부고시) 제41조]

① 타워크레인의 횡행레일에는 양 끝부분에 완충장치, 완충재 또는 해당 타워크레인 횡행차륜지름의 4분의 1 이상 높이의 정지기구를 설치해야 한다.
② 횡행속도가 매 분당 48미터 이상인 타워크레인의 횡행레일에는 제1항에 따른 완충장치, 완충재 및 정지기구에 도달하기 전의 위치에 리밋스위치 등 전기적 정지장치를 설치해야 한다.
③ 주행식 타워크레인의 주행레일에는 양끝 부분에 완충장치, 완충재 또는 해당 타워크레인 주행차륜지름의 2분의 1 이상 높이의 정지기구를 설치해야 한다.
④ 주행식 타워크레인의 주행레일에는 제3항의 완충장치, 완충재 및 정지기구에 도달하기 전의 위치에 리밋스위치 등 전기적 정지장치를 설치해야 한다.

Section 51 기계장치에 사용하는 정량적인 동적 표시장치의 기본형과 각각의 종류

1 정량적 표시장치의 종류

① 정목 동침형(지침 이동)
② 정침 동목형(지침 고정)
③ 계수형

2 통제장치

① 연속적 통제장치 : 노브, 페달, 핸들
② 불연속적 통제장치 : 푸시버튼, 토글스위치, 로터리스위치
③ 족동 조정장치의 각도 : 15~30°

3 표시장치

① 동적 표시장치 : 온도계, 속도계, 고도계
② 정적 표시장치 : 그래프, 간판, 도표, 인쇄물

4 기계통제기능의 3가지

① 양의 조절에 의한 통제
② 개폐에 의한 통제
③ 반응에 의한 통제

Section 52 방사선투과시험검사원이 발전소 건설현장에서 검사업무를 할 때 주요 위험요인과 작업 전 및 작업 중의 안전수칙(대책)

1 적용범위(방사선안전관리 등의 기술기준에 관한 규칙 제55조)

법의 규정에 의한 이동사용 중 방사선투과검사작업에 관한 시설기준 및 취급기준에 관한 규정을 적용한다.

2 **위치**(방사선안전관리 등의 기술기준에 관한 규칙 제56조)

방사성동위원소 등을 일시적 사용장소에 이동하여 사용하는 경우에는 제26조 및 제32조의 규정을 적용하지 아니한다.

3 **사용시설 이외에서의 방사선투과검사작업**(방사선안전관리 등의 기술기준에 관한 규칙 제57조)

방사성동위원소 등을 고정 차폐된 사용시설 이외에서의 사용은 검사대상물을 사용시설 내부로 이동할 수 없는 타당한 사유가 있고 방사선투과검사 이외의 가능한 검사방법이 없는 경우에 한하며, 이때 적용하는 기술기준은 다음 각 호와 같다.

① 피폭방사선량이 선량한도 이하가 되도록 하는 차폐벽이나 차폐물을 설치할 것
② 방사선관리구역의 경계에 설치한 울타리 등 사람의 출입을 제한하는 시설의 사방에 소리 및 경광등 겸용의 경고등을 설치할 것
③ Ir-192 0.74테라베크렐 이하에 상응하는 방사성동위원소만을 사용할 것

4 **방사선투과검사작업**(방사선안전관리 등의 기술기준에 관한 규칙 제58조)

방사성동위원소 등을 이동사용하는 경우의 기술기준은 다음 각 호와 같다.

① 사용시설 또는 방사선관리구역 안에서 사용할 것
② 정상적인 사용상태에서는 밀봉선원이 개봉 또는 파괴될 우려가 없도록 할 것
③ 다음 각 목에 해당하는 조치를 함으로써 방사선작업종사자 또는 수시출입자의 피폭방사선량이 선량한도를 초과하지 아니하도록 할 것
　㉠ 전용작업장을 설치하거나 차폐벽 또는 차폐물에 의하여 방사선을 차폐할 것
　㉡ 원격조작장치 · 집게 등을 사용하여 방사성동위원소와 인체 사이에 적당한 거리가 확보되도록 할 것
　㉢ 면밀한 작업계획, 숙달 · 훈련 등을 통하여 인체에 방사선이 피폭되는 시간을 단축할 것
④ 사용시설 또는 방사선관리구역의 눈에 띄기 쉬운 장소에 방사선장해방지에 필요한 주의사항을 게시할 것
⑤ 사용시설에는 사람의 출입을 제한하고, 방사선작업종사자 외의 사람이 출입하는 경우에는 방사선작업종사자의 지시에 따르도록 할 것
⑥ 사용시설에는 규정에 의한 표지를 부착할 것
⑦ 밀봉선원을 사용한 직후에는 그 방사성동위원소의 분실 및 누설 등 이상 유무를 점검하고, 이상이 판명되는 경우에는 탐사 기타 방사선장해방지를 위하여 필요한 조치를 취할 것

⑧ 감마선조사장치를 사용하는 경우에는 콜리미터(collimator)를 장착하고 사용할 것

⑨ 방사선조사장치 1대당 측정범위가 작업현장에 적합한 방사선측정기 1대 이상을 휴대하고 이상 유무를 점검하여 활용할 것

⑩ 방사선작업은 반드시 2인 이상을 1조로 편성하여 작업을 수행하고 각 개인에 대한 직무를 분담하되, 조장은 다음 각 목의 1에 해당하는 자일 것

  ㉠ 방사성동위원소취급자 일반면허 또는 방사선취급감독자 면허 취득자

  ㉡ 방사선투과검사 경력 2년 이상 또는 국가기술자격법에 의한 방사선비파괴검사기능사 이상 자격 취득자

  ㉢ 원자력안전법 시행령 제148조 제2항의 기본교육기관에서 실시하는 다음 각 호의 교육을 받은 자

    • 신규교육 : 방사선투과검사작업절차, 방사선투과검사장비 점검방법 및 유지보수절차, 방사선이 인체에 미치는 영향, 방사선사고사례 등에 관한 교육 8시간 이상

    • 정기교육 : 방사선투과검사 취급방법 및 안전취급, 방사선장해방지, 방사선사고 사례 등에 관한 교육 4시간 이상(2년마다)

⑪ 방사선조사장치의 정상작동상태를 확보하고 안전한 작업을 수행하기 위하여 감마선조사장치에 대한 점검절차서를 정하고, 그 절차서에 따라 점검을 실시한 후 작업을 수행할 것

⑫ 야간방사선작업을 수행하는 경우에는 작업수행에 필요한 다음 각 목의 기구 등을 확보할 것

  ㉠ 방사선관리구역의 경계를 쉽게 식별할 수 있는 기구

  ㉡ 작업수행에 필요한 조명기구

  ㉢ 기타 작업수행에 필요한 기구

⑬ 방사선작업을 종료하는 경우에는 방사선조사장치 등의 안전성 여부를 확인하기 위하여 다음 각 목의 조치를 할 것

  ㉠ 감마선조사기의 방사성동위원소 정상상태를 확인할 것

  ㉡ 개인피폭선량계를 확인할 것

  ㉢ 기타 안전장구 등에 대하여 안전상태를 점검할 것

⑭ 일시적 사용장소에 사용을 폐지한 선원을 보관하지 아니할 것

⑮ 고정 설치된 방사선차폐시설이 없는 곳에서 방사선작업을 하는 경우 외부방사선량률이 시간당 $10\mu Sv$(마이크로시버트)를 초과하는 구역에 대하여 작업장 출입을 관리하고, 시간당 $1\mu Sv$를 초과하는 구역에 대하여 일반인의 접근 여부를 감시할 것

Section 53

로프의 하중에 따른 마모와 피로가 수반되는 늘어남의 전형적인 3단계 신율특성

1 구조적 신율

로프의 구조적 신율은 사용 시 로프에 반복하중이 가해짐에 따라 최초 장착 시의 길이보다 영구적으로 늘어나 잉여길이가 생기는 것을 말한다. 이것은 로프가 여러 가닥의 소선으로 꼬여 이루어졌기 때문에 눈에 보이지 않는 공극이 존재하며, 사용 중 하중에 의해 이러한 공극이 제거되는 것 이외에도 로프 내의 소선 간 압착에 따라 길이방향으로 늘어나게 되는 것이며, 사용 초기에 전체 신율량의 대부분이 발생되는 것이 특징이다.

특히 일반연이 평행연에 비해 소선 간 압착이 쉬워 신율이 크고 섬유심이 들어간 구조는 철심에 비해 신율량이 더욱 크다. 또한 소선가닥수가 많은 것이 적은 구조에 비해 신율량이 크다. 구조별 구조적 신율량은 [그림 5-50]과 같다.

2 탄성신율(탄성계수)

탄성신율은 사용 시 로프에 장력이 가해짐에 따라 그 하중량에 비례하여 늘어났다가 하중을 제거하면 원래의 길이로 복원되는 신율로서 사용하중에 따라 로프의 신율을 예측해야 하는 경우가 이러한 탄성신율이다. 탄성신율은 보통 탄성계수로 나타내며 구조별로 신율량은 각기 다르고 그 수치는 [그림 5-50]과 같다.

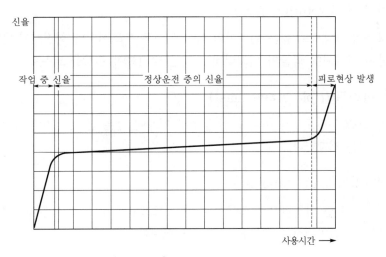

[그림 5-50] 사용시간과 신율의 관계

Section 54

작업용도에 따른 지게차의 분류

1 개요

지게차는 하물의 적재, 적하작업과 단거리 하물이동작업(80~100m 이내)에 적합하고 공장 내, 공사현장, 부두하물취급에 많이 사용한다. 규격은 들어 올림 용량(ton)으로 나타내고, 앞바퀴 구동 뒷바퀴를 조향하여 회전반경이 작으며, 타이어는 전·후륜 고압타이어를 사용한다. 작업장치로 적재용 포크와 승강용 마스트가 있으며 동력은 디젤엔진이다. 공해문제로 식품공장, 슈퍼마켓 등 실내작업에는 축전지 동력원으로 전동하는 형식을 사용한다.

2 작업용도에 따른 분류

(1) 사이드 시프트 클램프(side shift clamp)

차체를 이동시키지 않고 포크가 좌우로 움직여 적재하고 하역한다.

(2) 힌지형 버킷(hinged bucket)

포크 자리에 버킷을 설치하여 흘러내리기 쉬운 물건과 흐트러진 물건을 운반하고 하차한다.

(3) 회전형 포크(rotating fork)

보통의 차량으로 힘든 원추형의 화물을 좌우로 조이거나 회전시켜 운반, 적재하며 고무판이 설치되어 화물이 미끄러지는 것을 방지하여 손상을 막는다.

(4) 3단 마스트(triple stage mast)

마스트가 3단으로 늘어나게 된 구조로 천장이 높은 장소, 출입구가 제한되어 있는 장소에 짐을 적재한다.

(5) 적재안정기(load stabilizer)

위쪽에 달린 압착판으로 화물을 위에서 포크 쪽으로 눌러 요철이 심한 지면이나 경사진 면에서도 안전하게 화물을 운반하고 적재한다.

(6) 드럼클램프형(drum clamp type)

각종 드럼을 운반하고 적재한다.

(7) 블록클램프형

콘크리트블록이나 벽돌 등을 사용하지 않고 한 번에 20~30개 조여서 운반한다.

❸ 작업장치

(1) 마스트(mast)

포크의 높이를 결정해 주는 장치로, 2~3단으로 구성되고 포크의 승강 및 경사를 유압의 힘으로 조정한다. 후경각은 10~12도 정도, 전경각은 5~6도 정도로 요구되며, 마스트를 작용시키는 유압실린더의 유압은 보통 70~130kgf/cm² 정도이다. 크기에 따라 210kgf/cm² 정도까지도 올릴 수 있다.

(2) 포크(fork)

짐을 직접 들어주는 부분으로, 2~3개의 가지로 구성되어 있다. 상부에 간격을 조정하는 장치가 있다.

(3) 틸트장치

화물을 적재할 때 신속하게 작업하는 장치로, 마스트를 전후로 작동시키는 것이다. 레버를 당기면 운전석 쪽으로 후경각(10~12도) 움직이고, 레버를 밀면 전방으로 전경각(5~6도) 기울게 하는 장치이다.

❹ 기타 분류

(1) 원동기에 따른 분류

엔진식이 일반적이며, 배터리식은 공해와 소음이 없어 밀폐된 장소, 사람이 많은 장소에 사용한다.

(2) 구동륜에 따른 분류

단륜식은 적재능력이 보통 1~4ton이고, 복륜식은 적재능력이 4ton 이상이다.

(3) 타이어에 따른 분류

공기주입식은 튜브를 설치하여 공기를 주입하는 것으로 접지압이 좋으며, 솔리트타이어는 통타이어라고도 하며 튜브를 설치하지 않은 타이어이다.

(4) 기중능력에 따른 분류

1톤, 2톤, 3톤, 4톤, 5톤, 7톤, 10톤, 1.5톤, 7.5톤 등으로 구분된다.

5 지게차의 구조

(1) 클러치식의 동력전달체계

엔진-클러치-변속기-종감속기어 및 차동장치-앞구동축-차륜

(2) 토크컨버터식의 동력전달체계

엔진-토크컨버터-변속기-종감속기어 및 차동장치-앞구동축-최종감속장치-차륜

(3) 전동식의 동력전달체계

배터리-컨트롤러-구동모터-변속기-종감속기어 및 차동장치-앞구동축-차륜

6 작업 시 주의사항

① 상향운전 시에는 전진운행한다.
② 하향운전 시에는 후진운행한다.
③ 포크에 로프를 사용하여 화물을 걸어 올리는 작업을 하지 않는다.
④ 화물을 적재한 상태로 운반 시에는 포크를 지상에서 30cm 이상 띄우지 않는다.
⑤ 기준부하 이상의 화물을 적재하지 않는다.
⑥ 급출발, 급정지, 급선회하지 않는다.
⑦ 전후좌우 확인 후 운행한다.
⑧ 적재장치에 사람을 태우지 않는다.

Section 55 가스용접작업 시 발생할 수 있는 사고의 유형과 발생원인 및 예방대책

1 용접 · 용단 시 발생되는 비산 불티의 특성

① 작업 시 수천 개가 발생 · 비산된다.
② 비산 불티는 수평방향으로 약 11m 정도까지 흩어진다.
③ 축열에 의하여 상당시간 경과 후에도 불꽃이 발생하여 화재를 일으키는 경향이 있다.
④ 용단작업 시 비산되는 불티는 3,000℃ 이상의 고온체이다.
⑤ 산소의 압력, 절단속도, 절단기의 종류 및 방향, 풍속 등에 따라 불티의 양과 크기가 달라진다.
⑥ 발화원이 될 수 있는 불티의 크기는 직경이 0.3~3mm 정도이다.

② 안전작업수칙

① 가스용기는 열원으로부터 멀리 떨어진 곳에 세워서 보관하고 전도방지조치를 한다.
② 용접작업 중 불꽃 등에 의하여 화상을 입지 않도록 방화복이나 가죽앞치마, 가죽장갑 등의 보호구를 착용한다.
③ 적절한 보안경을 착용한다.
④ 산소밸브는 기름이 묻지 않도록 한다.
⑤ 가스호스는 꼬이거나 손상되지 않도록 하고 용기에 감아서 사용하지 않는다.
⑥ 안전한 호스연결기구(호스클립, 호스밴드 등)만을 사용한다.
⑦ 검사받은 압력조정기를 사용하고 안전밸브 작동 시에는 화재·폭발 등의 위험이 없도록 가스용기를 연결시킨다.
⑧ 가스호스의 길이는 최소 3m 이상 되도록 한다.
⑨ 호스를 교체하고 처음 사용하는 경우에는 사용 전에 호스 내의 이물질을 깨끗이 불어낸다.
⑩ 토치와 호스연결부 사이에 역화방지를 위한 안전장치를 설치한다.

Section 56 | 엘리베이터에 사용되는 비상정지장치와 완충기의 기능 및 종류

① 안전장치(sefety device)

(1) 조속기(governor)

기능은 과속발생 시 정격속도의 130% 이내에서 동작하여 전동기에 입력되는 전원회로를 차단해야 한다. 조속기 로프의 공칭지름은 최소 6.0mm 이상이어야 하며, 조속기 도르래의 피치지름과 로프의 공칭지름비는 30 이상이어야 한다.

(2) 비상정지장치(safety gear : progressive type)

타입은, 이 규격에 적용되는 비상정지장치는 제동력이 단계적으로 서서히 제동되는 점차 작동형이어야 한다(progressive type). 정지거리는 비상정지장치의 작동이 시작되고 카가 정지하기까지의 거리는 규정치 이내이어야 한다. 동작은 카의 속도가 140%를 초과하기 전에 자동적으로 작동하여 레일을 꽉 쥐어서 카를 정지시켜야 한다.

(3) 완충기(buffer)

위치는 승강로 최하단에 설치하여 카의 낙하 시에 충격을 완화해야 한다.

(4) 도어개폐장치

기능은 도어개폐장치는 인터록에 의하여 출입문을 확실하게 개방 또는 폐쇄해야 하며, 주 전동기의 정상적인 가동상태가 되기 전에는 도어가 열리지 않아야 한다. 내구성은 잠금장치의 기계적 내구성은 10만 주기 이상 시험해야 한다.

(5) 리밋스위치(limit switch)

카가 최상층 또는 최하층에서 초과 승강하지 않도록 운전을 정지시키는 리밋스위치 및 최종단 정지스위치(final limit switch)를 설치해야 한다.

(6) 전자제동장치(magnet brake)

조속기와 연동하여 정격속도의 130% 이내에서 전동기 입력을 차단해야 한다.

(7) 수동조작핸들(passive handle)

정전 등으로 인하여 승강기가 중간층에서 정지할 경우 정지층의 레벨을 기계실에서 맞출 수 있어야 한다.

(8) 역결상검출장치(three phase reversal failure detector device)

결선 잘못이나 단선으로 인하여 승강기가 역으로 운행되는 것을 방지해야 한다.

(9) 비상정지스위치(emergency stop switch)

비상시 승강기를 카 내에서 정지시킬 수 있는 기능을 가져야 한다.

(10) 인터폰(interphone)

기계실과 감시실에서 인터폰으로 통화할 수 있어야 한다.

(11) 과부하방지장치(load-weighing device)

적재하중 초과 시 부저가 울리고 도어가 닫히지 않도록 해야 하며, 주행 중에는 작동되지 않아야 한다.

(12) 전원이상보호장치

승강기 운전 중 전원에 이상이 있을 시 제어반 내 차단기가 즉시 동작해야 한다.

(13) 정전 시 조명장치

정전 시 비상전원과 자동전환되어야 한다. 이때 그 밝기는 바닥면의 조도가 1lx 이상 되어야 하고, 비상충전용 축전지는 30분 이상 지속되어야 한다.

(14) 출입문 잠금장치

승강기의 출입문이 어느 하나라도 개방되었을 경우 승강기가 운행되지 않아야 한다.

(15) 출입문 열쇠(door key)

비상시 카 내 승객을 구출할 수 있도록 승강로 밖에서 출입문을 열 수 있어야 한다.

(16) 추락방지판(apron)

카가 정지위치가 아닌 곳에서 정지할 경우 탑승객의 추락방지를 위하여 수직높이가 540mm 이상인 보호판을 설치해야 한다.

(17) 비상구(emergency exit)

승강기 천장부위에 크기 400mm×600mm 이상의 비상구를 설치해야 하며, 비상구가 열렸을 경우 승강기가 운전되지 않도록 안전스위치를 설치해야 한다.

(18) 로프브레이크(rope break)

승강기가 급상승 또는 급하강할 때 센서로 감지한 후 0.1초 내에 승강기의 주로프를 잡아 정지시켜 주며, 도르래(sheave)와 로프의 이상마모로 미끄러짐이 발생할 때 메인로프를 제동, 엘리베이터를 안전하게 정지시키는 보조제동장치이다.

② 완충기의 기능 및 종류

완충기의 대표적 종류는 [표 5-18]과 같이 구분한다.

[표 5-18] 완충기의 종류

종 류	적용용도
에너지 축적형	• 선형특성을 갖는 완충기로, 승강기 정격속도가 1.0m/s를 초과하지 않는 곳에 사용한다. 예 스프링식 완충기 • 비선형특성을 갖는 완충기로, 승강기 정격속도가 1.0m/s를 초과하지 않는 곳에서 사용한다. 예 우레탄식 완충기 • 완충된 복귀운동(buffered return movement)을 갖는 에너지 축적형 완충기는 승강기 정격속도가 1.6m/s를 초과하지 않는 곳에서 사용한다.
에너지 분산형	승강기의 정격속도에 상관없이 사용할 수 있다. 예 유입식 완충기

Section 57 컨베이어에서 생길 수 있는 위험점의 종류, 발생할 수 있는 위험성과 안전조치

① 개요

컨베이어는 재료, 반제품(半製品), 화물 등을 자동적으로 연속 운반하는 기계장치로 생산공장 내에서 부품의 운반, 반제품의 이동, 광산이나 항만 등에서 석탄, 광석, 화물의 운반, 건설공사에서 발생하는 토사(土砂)나 자갈 등의 운반에 널리 사용된다. 20세기에 접어들면서부터 대량생산에는 불가결한 장치가 되었으며, 20세기 중엽 이후에는 자동가공기계(自動加工機械)와 조합한 트랜스퍼머신(transfer machine)이 만들어졌다.

② 컨베이어에서 생길 수 있는 위험점의 종류, 발생할 수 있는 위험성과 안전조치

컨베이어에서 생길 수 있는 위험점의 종류, 발생할 수 있는 위험성과 안전조치는 다음과 같다.

(1) 협착점(squeeze point) = 왕복운동 + 고정부

왕복운동을 하는 동작 부분과 고정 부분 사이에 형성되는 위험점으로 협착위험부위 노출부에 방호덮개, 울 설치 및 연동장치를 설치하고 작업위치에서 작동시킬 수 있는 비상정지를 설치한다.

(2) 끼임점(shear point) = 회전 또는 직선운동 + 고정부

고정부와 회전하는 동작 부분 사이에 형성되는 위험점으로 모터의 구동부나 롤러가 작동부에서 안전덮개를 설치하여 사고를 방지하고 비상정지와 과부하장치를 설치한다.

(3) 물림점(nip point) = 회전운동 + 회전운동

서로 반대방향으로 맞물려 회전하는 2개의 회전체에 물려 들어가는 위험점으로 구동부와 종동부에는 반드시 덮개를 설치하여 위험점이 노출되지 않도록 한다.

(4) 접선 물림점(tangential nip point) = 회전운동 + 접선부

회전하는 부분의 접선방향으로 물려 들어가는 위험점으로 모터에 동력을 전달하는 V벨트풀리나 켄베이어 벨트의 접선부에 작업자가 접근하지 않도록 안전장치를 설치한다.

Section 58 공기압축기의 작업시작 전 점검사항과 운전개시 및 운전 중 주의사항

1 개요

공기압축기는 대기 중에 있는 공기를 흡입·압축하여 압력에너지로 엑추에이터를 이용하여 기계적 에너지를 생성하며 제조업에서도 공기압을 이용하여 제품을 생산하는 등 산업의 여러 분야에서 유용하게 사용하고 있다. 하지만 공기를 압축하므로 안전사고나 과도한 부하로 인하여 기계의 수명을 단축할 수도 있다.

2 공기압축기의 작업시작 전 점검사항과 운전개시 및 운전 중 주의사항

(1) 공기압축기의 작업시작 전 점검사항

① 유면계상의 오일이 중간 정도로 채워져 있는지를 확인하며 오일이 보이지 않거나 충만되어 있지 않다면, 압축기 전용 오일로 보충을 한다.
② 전원을 투입하여 POWER LAMP가 점등되는지를 확인한다.
③ 회전방향은 풀리나, 모터의 펜으로 확인한 다음 작동한다.
④ 토출밸브를 열고, 스타트 버튼을 누른 후 회전방향을 확인하여, 역회전일 경우에는 정지한 후 주 전원을 차단하고 3상의 전선 중 2상의 전선을 바꾸어 재기동하여 회전방향을 확인한다.

(2) 운전개시 및 운전 중 주의사항

① 운전 중 토출압력, 토출온도 등의 운전상태를 게이지 판넬로 확인한다.
② 압축기의 압력계는 시스템 압력을 나타내며, 토출 압력은 필요 시 별도로 설치하며 두개의 압력계의 부하운전 시 차압이 $0.4kgf/cm^2$ 이하인지 확인한다.
③ 소음, 진동 등의 상태를 확인하며 이상 시 조치를 한다.
④ 안전밸브의 스핀들을 당겨 안전밸브 동작을 확인하며 최고압력 이하에서 작동하지 않는지 확인한다.
⑤ 토출밸브를 조절하면서 규정압력 내에서 부하·무부하운전을 반복하는지 확인한다.
⑥ 무부하 운전 시 시스템 내부의 압력이 벤팅되는지 확인한다.
⑦ 토출밸브를 닫아, 자동정지 하는지 확인하며 자동정지시간은 3~5분 소요된다.
⑧ 자동정지 후 토출밸브를 열어, 자동기동하는지를 확인한다.

Section 59 　가드의 유형과 그 각각에 대한 종류 및 특징

1 개요

운동부, 회전부 등 위험점에 대하여 방호하기 위한 물리적 방벽으로 케이싱, 덮개, 스크린, 문 등을 총칭하는 가드는 위험성 평가에 의하여 여러 가지 가드 중에서 당해 기계에 적합한 종류를 선정하고 사용해야 한다.

2 가드의 유형과 그 각각에 대한 종류 및 특징

구조와 기능에 따른 가드의 종류와 특징은 다음과 같다.

(1) 고정식 가드(fixed guard)

특정 위치에 용접 등으로 영구적으로 고정되거나 고정장치(스크루, 너트 등)로 부착된 가드로서, 공구를 사용하지 아니하고는 가드의 제거 또는 개방이 불가능한 구조의 가드를 말한다.

(2) 가동식 가드(movable guard)

기계적인 방법(예 힌지나 슬라이드)에 의해 기계 본체나 인접 고정부에 부착되는 가드로서, 공구를 사용하지 않고도 개폐할 수 있는 구조의 가드를 말한다.

(3) 조정식 가드(adjustable guard)

전체 또는 부분을 조정할 수 있는 고정식 또는 가동식 가드로서, 작동할 때마다 용도에 맞도록 가드를 조정하여 조정된 상태에서 고정하여 사용하는 구조의 가드를 말한다. 다만, 작동 중에는 조정되지 않는다.

(4) 연동식 가드(interlocking guard)

연동장치를 부착한 가드로서

① 기계의 위험한 부분에 가동식 가드가 설치되고 가드가 닫혀야만 작동될 수 있는 구조
② 기계작동 중에 가드가 열릴 경우 기계의 작동이 멈추고, 가드를 닫았을 때 작동되는 구조

(5) 잠금형 연동식 가드(interlocking guard with guard locking)

연동장치와 잠금장치가 결합된 가드로서

① 기계의 위험한 부분에 설치된 가드가 닫힌 후 잠겨야 작동될 수 있을 것
② 가드는 기계의 위험이 없어질 때까지 닫혀 있고 잠금상태가 유지될 것

③ 가드가 닫혀 있을 때 작동이 될 수 있으나, 단 가드를 닫고 잠금상태가 되었다 해도 기계가 작동되지 아니하는 구조일 것

(6) 제어가드(control guard)

연동장치(가드에 잠금장치가 있거나 없는)와 결합된 가드로서

① 가드가 보호할 수 있는 기계의 위험한 부분이 가드가 닫히기 전까지는 작동되지 아니할 것
② 가드가 닫히면 기계의 위험한 부분이 작동될 것

③ 방호가드의 구비조건

방호가드가 구비해야 할 조건은 다음과 같다.

① 확실한 방호기능을 가질 것
② 운전 중(작동 중)에는 위험한 부분에 인체의 접촉을 막을 수 있을 것
③ 작동자에게 불편 또는 불쾌감을 주어서는 안 될 것
④ 생산에 방해를 주어서는 안 될 것
⑤ 사용이 간편하고 작동에 노력이 적게 줄 수 있을 것
⑥ 작동자의 작업행동과 기계의 특성에 맞을 것
⑦ 기계장치와 조화를 이루도록 설치할 것
⑧ 기계의 주유, 검사 및 조정, 수리에 지장을 주지 않을 것
⑨ 최소한의 손질로 장기간 사용할 수 있고 가능한 한 자동화되어 있을 것
⑩ 통상적인 마모 또는 충격에 견딜 수 있을 것

Section 60 안전관리측면에서의 설계 및 가공오차의 원인과 대책

① 개요

절삭가공에 있어서는 공구절삭날을 필요한 궤적에 따라 운동시켜 소멸하는 현상으로 공작물을 가공할 수 있다. 그러나 실제로는 공작기계, 절삭공구 등에 기인하는 갖가지 가공오차가 발생함으로 충분한 대책을 강구해야만 정밀도가 높은 제품을 만들 수 있다.

② 공작기계의 오차원인

다음은 공작기계 가공오차의 주요 원인을 제시하였다.

(1) 공작기계에 의한 오차

① 주축의 회전정밀도
② 위치결정밀도
③ 절삭저항에 의한 변형
④ 중량이동에 의한 변형
⑤ 열변형

(2) 공작물에 의한 오차

① 부착력에 의한 변형
② 절삭력에 의한 변형
③ 중력에 의한 변형
④ 열변형
⑤ 잔류응력(전 가공포함)

(3) 절삭공구에 의한 오차

① 절삭저항에 의한 변형
② 공구손상에 의한 변형
③ 열변형

(4) 지그 · 부착구에 의한 오차

① 절삭저항 및 고정력에 의한 변형
② 부착 및 재부착 정밀도

(5) 절삭저항에 의한 오차

① 날끝 부착물에 의한 과절삭
② 거칢, 굴곡
③ 불규칙진동

이들 공작기계의 위치결정정밀도와 같은 준정적 또는 기하학적 요인, 절삭저항에 의한 변형과 같은 역학적 또는 동적 요인, 절삭열 유입 등에 기인하는 열변형 같은 열적 요인, 구상날 끝과 같은 절삭현상 그 자체에 근거한 요인 등으로 나누어진다.

준정적 요인은 비교적 측정하기 쉬운 양으로 그런 의미에서 보정이 쉽다. 더구나 잘 설계된 공작기계라면 통상의 가공목적에 충분한 정밀도를 지니고 있다. 그러나 역학적 요인은 가공방식, 조건 등에 따라 큰 폭으로 변화한다.

특히 공작기계의 강성이 불충분한 개소(심압대, 센터 등)의 변형이 큰 영향을 갖는다. 가늘거나 얇은 공작물과 지름에 대한 길이비가 큰 드릴, 엔드밀 등의 경우 변형이 크므로 특별한 주의가 필요하다. 대형 공작물에서는 그 중량에 의한 침하, 변형이 무시할 수 없는 경우도 있다.

열적요인은 양적으로도 꽤 크다(열팽창계수 10^{-5}인 철강에서, 10℃의 온도 상승은 $100\mu m$의 변형을 가져온다). 더구나 온도변동 부분의 크기에 대응해서 수분-수시간의 열관성이 있어 시시각각 변화하므로 대단히 복잡하다.

또 불규칙·고주파 진동이나 구성날 끝이 발생하는 절삭조건에서는 거칡이 현저하게 증가하여 고정밀도 가공은 곤란하다.

❸ 대책

고정밀도를 필요로 하는 가공목적에 대해서는 다음과 같은 여러 가지 대책이 강구되어야 한다.

① 공작기계·공구의 강성을 보강한다.
② 진동방지, 전용고정구 등으로 공작의 등가강성(等價剛性)을 보강한다.
③ 공작물 양측에서 대칭적으로 절삭한다(평형절삭법 : 절삭력에 의한 변형을 상쇄할 수 있다).
④ 구성날 끝이나 불규칙진동이 발생하지 않는 절삭조건을 선택한다.
⑤ 경사각을 크게 한다. 윤활성이 좋은 절삭유제를 쓴다(절삭저항의 경감).
⑥ 이송을 작게 한다. 절삭깊이를 분할한다.
⑦ 변형 추정량만 공제한 절삭깊이를 부여한다.
⑧ 절삭유제 등에 의해서 공구·공작물을 냉각한다.
⑨ 냉각장치 등에 의해서 공작기계 발열부를 냉각한다.
⑩ 공작기계를 충분히 길들여 운전한다(열적평형을 꾀한다).
⑪ 공구마모가 적은 공구와 절삭조건을 선정한다.

그러나 이러한 장치는 동시에 가공시스템의 비용을 증가시키고, 생산성이나 조작성을 저해하는 경향이 있다. 따라서 고정밀도를 요구하는 것은 일반적으로 가공비용을 증가시킨다.

또한 최근에서는 인프로세스센서 또는 세미인프로세스센서에 의해 공작물치수를 계획 보정하는 방법, 공작기계, 공작물 등의 변형량을 데이터베이스를 갖추고 NC제어로 보정하는 방법, 열팽창계수가 작은 공구생크를 쓰는 방법 등도 연구개발되어 있다.

Section 61 승강기 안전부품 중의 하나인 상승 과속방지장치용 브레이크의 종류와 성능기준

1 종류

상승 과속방지장치용 브레이크의 대표적인 종류는 [표 5-19]와 같다.

[표 5-19] 상승 과속방지장치용 브레이크의 종류

부품명	기 능	비 고
로프 제동형 브레이크	유압원(fluid source) 및 기계적 수단을 이용하여 승강기의 상승 과속발생 시 주로프 또는 보상로프를 제동시킴으로써 카를 정지시키는 구조	로프브레이크 등
가이드레일 제동형 브레이크	카 또는 균형추에 비상정지장치를 사용하여 승강기의 상승 과속발생 시 레일의 마찰력을 극대화시켜 카를 정지시키는 구조	양방향 비상정지장치 등
이중 브레이크	권상기 도르래(도르래에 직접적으로 또는 그 도르래에 바로 인접한 동일 축)에 설치된 브레이크로 모든 기계적 요소(솔레노이드 플랜저는 포함하고 솔레노이드 코일은 제외한다)가 2세트로 설치된 구조이며, 하나가 고장이 나더라도 나머지 하나로 제동능력이 확보되는 구조	디스크식, 드럼식
권상기 도르래 제동형	권상기 도르래를 직접 제동하여 카를 제동하는 구조	시브재머(sheave jammer) 등

2 성능기준

① 이 장치는 최소한 카가 미리 설정한 속도에 도달하였을 때 또는 그 이전에 제어불능 운행을 하는 것을 감지해야 하며, 균형추가 완충기에 충돌하기 전에 카를 정지시키도록 하거나 또는 최소한 카 속도를 완충기의 설계속도 이하로 낮추어야 한다.

② 이 장치는 정상운행하는 동안 속도제어, 감속, 정지에 전용으로 사용하는 부품을 사용하지 않고 ①에서 요구하는 성능을 구비해야 한다.

③ 이 장치는 제동하는 동안 카의 평균감속도는 1gn($9.81m/s^2$) 이하여야 한다.

④ 이 장치는 카, 균형추, 현수 또는 균형로프시스템, 권상기 도르래(도르래에 직접적으로, 또는 그 도르래의 바로 인접한 동일 축에) 중 1개 또는 그 이상에 작용하여 속도제어를 함으로써 위험한 운행 또는 제어불능운행을 방지해야 한다.

⑤ 정상운전하는 경우 카의 감속 또는 정지는 이 장치에 전적으로 의존하지 않아야 한다. 이 장치라 함은 과속이나 문열림상태의 움직임을 방지하기 위한 기능 부분을 말한다.

⑥ 이 장치가 작동하여 제동하는 동안 이 장치 또는 다른 승강기 부품은 구동기의 전원을 차단하도록 해야 한다.

⑦ 운전 신뢰성을 보장하기 위하여 정기점검, 보수가 필요한 모든 부품은 점검과 작업이 가능한 구조여야 한다.

⑧ 상승방향 과속으로 인하여 이 장치가 작동된 후에 복귀는 수동복귀형식을 취해야 하며, 이 장치의 개방(복귀)을 위하여 승강로의 접근이 필요하지 않아야 한다.

⑨ 전력공급이 중단된 시점(정전 시)에서 이상상태(상승과속)가 발생하면 이 장치가 작동해야 한다. 다만, 상승 과속이 아닌 상태에서도 전력공급이 중단된 시점에서는 이 장치가 작동해도 된다.

⑩ 상승 과속감지를 위한 과속감지장치가 그것의 기능을 위해 전원을 필요로 하는 경우, 과속감지장치와 제어장치에서 정전 등 전원의 손실이 발생하는 경우 이 장치가 즉시 작동해야 한다.

⑪ 상승방향 과속으로 과속방지장치가 동작하면 감지기는 수동복귀될 때까지 유지되어야 하고, 감지기가 리셋되지 않으면 카는 움직이지 않아야 한다.

⑫ 이 장치가 작동하여 제동하는 동안 자체 또는 다른 승강기 부품의 최대강도의 30%를 초과하는 스트레스를 부과하지 않거나 또는 가해지는 힘에 대하여 자체 또는 승강기 부품의 안전율은 3.5 이상이어야 한다.

Section 62 건조설비의 설치 시 준수사항

① 건조설비의 구조 등(산업안전보건기준에 관한 규칙 제281조)

① 외면은 불연성재료

② 내면과 내부의 선반이나 틀은 불연성재료 사용

③ 측벽이나 바닥은 견고한 구조

④ 상부는 가벼운 재질과 폭발구 설치

⑤ 가스, 증기 또는 분진을 안전한 장소로 배출

⑥ 연소실이나 기타 점화 부분에 대한 환기설치구조

⑦ 내부청소가 쉬운 구조

⑧ 감시창, 출입구 및 배기구 등과 개구부는 발화 시 불이 다른 곳으로 번지지 않는 위치 필요 시 즉시 밀폐할 수 있는 구조

⑨ 내부온도가 국부적으로 상승하지 않는 구조

⑩ 열원으로 직화금지

⑪ 직화 사용 시 덮개나 격벽 설치

❷ 건조설비의 사용(산업안전보건기준에 관한 규칙 제283조)

건조설비 사용 시 준수사항은 다음과 같다.

① 미리 내부를 청소하거나 환기
② 가스, 증기 또는 분진에 의한 화재, 폭발을 방지하기 위한 안전한 장소로 배출
③ 건조물이 쉽게 이탈되지 않도록 조치
④ 고온으로 가열건조한 가연성 물질은 위험이 없는 온도로 냉각한 후에 격납
⑤ 건조설비 근접장소에 가연성 물질 방치금지

Section 63

보일러의 신규설치 시 가동 전 점검사항

❶ 가동 전 안전점검 시 최소한의 점검사항

① 신설 및 변경설비가 제작기준대로 제작 여부
② 신설 및 변경설비가 설치기준 및 시방서대로 설치 여부
③ 신설 및 변경설비가 규정된 검사실시 및 합격 여부
④ 신설 및 변경설비의 안전장치와 자동제어기능의 확인
⑤ 위험성평가보고서 중 개선권고사항의 이행 여부
⑥ 안전운전에 필요한 절차(SOP) 및 자료
⑦ 시운전 및 운전개시에 필요한 준비
⑧ 펀치목록(punch list) 완료 여부
⑨ 관계기관의 심사 시 언급사항의 반영 여부

❷ 가동 전 안전점검 시 필요한 자료

① 제조공정흐름도(PFD) 및 배관계장도면(P & ID)
② 공사설계사양서
③ 기계장치 및 설비목록표
④ 안전장치사양서
⑤ 기기설치시방서
⑥ 기계설비배치도

⑦ 각 기기별로 제작자의 운전정비절차서 등

⑧ 배관검사절차서

⑨ 기밀시험절차서

⑩ 내화재료의 양생절차서

⑪ 회전기계의 부하시험절차서

⑫ 전기단선도

⑬ 안전운전절차서

⑭ 건축물 각 층의 평면도

⑮ 가스검출기 및 경보기 설치배치도

⑯ 소방설비설계사양 및 배치도

⑰ 기타 판매(vendor)자료 등

정전기대전의 종류

1 개요

정전기는 일반적으로 서로 다른 물질이 상호운동을 할 때에 그 접촉면이나 근접지점에서의 마찰, 충돌, 유도 등으로 인한 에너지 교환형태로 발생하게 되며, 이 정전기는 고체 상호 간에서 뿐만 아니라 고체와 액체 간, 액체 상호 간, 액체와 기체 사이에서도 발생하게 된다.

2 정전기대전의 종류

일반적으로 분류되고 있는 대전의 종류는 다음과 같다.

(1) 마찰대전

운동하는 두 물질이 마찰에 의한 접촉과 분리과정이 계속되면, 이에 따른 기계적 에너지 교환에 의한 자유전자의 방출 또는 흡입으로 정전기가 발생되는 현상을 말한다. 고체류, 액체류 또는 분체류에서의 대전은 주로 마찰대전에 기인된다고 볼 수 있다.

(2) 유동대전

유동대전은 주로 액체류와 고체류의 접촉에 의해서 발생되는데, 액체류를 파이프 등으로 수송할 때 액체류와 파이프 등의 고체류와 접촉하면서 이 두 물질 사이의 경계에서 전기 2중층이 형성되고, 이 2중층을 형성하는 전하의 일부가 액체류의 유동과 같이 이동하기 때문에 대전되는 현상을 말한다. 이는 액체류의 유동속도가 대전량에 큰 영향을 미치게 된다.

(3) 분출대전

분체류, 액체류, 기체류가 단면적이 작은 분출구를 통해 공기 중으로 분출될 때 분출되는 물질과 분출구의 마찰에 의해 발생되는 대전현상을 말한다. 분출대전은 분출되는 물질과 분출구를 구성하는 물질과 직접적인 마찰에 의해서도 발생되지만, 실제로는 분출되는 물질의 구성입자 간 상호 충돌에 의해서 더 많은 정전기가 발생된다.

(4) 박리대전

제지, 비닐, 면직물, 인쇄공장에서 많이 발생되는 대전으로, 상호 밀착되어 있는 물질이 서로 떨어질 때 전하의 분리에 의한 정전기 발생현상을 말한다. 박리대전은 접착면의 밀착도, 박리속도 등에 의해서 대전량이 변화되며, 일반적으로 마찰대전보다는 상대적으로 큰 정전기가 발생되게 된다.

(5) 충돌대전

석탄 미분화나 밀가루 미분화 등의 이송공정에서 흔히 발생될 수 있는 대전현상으로, 분체류에 의한 입자 상호 간이나 입자와 고체와의 충돌에 의한 빠른 접촉 · 분리과정에서 발생되는 대전현상을 말한다.

(6) 파괴대전

주로 고체나 분체류와 같은 물질이 파손되었을 때의 전하분리 또는 정 · 부전하의 균형이 깨지면서 발생되는 대전현상이다. 예를 들면, 공기 중에 분출된 액체류가 미세하게 비산 · 분리되어 크고 작은 방울로 되어 새로운 방울이 생성될 때 새 표면을 형성하면서 발생되는 현상을 말한다.

(7) 유도대전

접지되지 않은 도체가 대전물체 가까이 있을 경우에 주로 발생되는 것으로, 도체가 전기장에 노출되면 도체에는 전하의 분극으로 가까운 쪽에는 반대극성의 전하가, 먼 쪽에는 같은 극성의 전하로 대전되게 되는 현상을 말한다.

(8) 교반대전 또는 침강대전

액체류가 교반 또는 수송 중에 액체류 상호 간의 마찰, 접촉 또는 액체와 고체와의 상호작용에 의해서 발생되는 대전현상을 말한다.

(9) 동결대전

극성을 가진 물 등의 동결된 액체류가 파손되면 내부의 정·부전하가 균형을 잃게 되어 발생되는 대전현상이다.

Section 65 레버풀러 또는 체인블록을 사용하는 경우 준수사항

1 레버풀러 또는 체인블록을 사용하는 경우 준수사항
(산업안전보건기준에 관한 규칙 제96조)

사업주는 레버풀러(lever puller) 또는 체인블록(chain block)을 사용하는 경우 다음 각 호의 사항을 준수해야 한다.

① 정격하중을 초과하여 사용하지 말 것
② 레버풀러작업 중 훅이 빠져 튕길 우려가 있을 경우에는 훅을 대상물에 직접 걸지 말고 피벗클램프(pivot clamp)나 러그(lug)를 연결하여 사용할 것
③ 레버풀러의 레버에 파이프 등을 끼워서 사용하지 말 것
④ 체인블록의 상부 훅(top hook)은 인양하중에 충분히 견디는 강도를 갖고, 정확히 지탱될 수 있는 곳에 걸어서 사용할 것
⑤ 훅의 입구(hook mouth)간격이 제조자가 제공하는 제품사양서기준으로 10퍼센트 이상 벌어진 것은 폐기할 것
⑥ 체인블록은 체인의 꼬임과 헝클어지지 않도록 할 것
⑦ 체인과 훅은 변형, 파손, 부식, 마모되거나 균열된 것을 사용하지 않도록 조치할 것
⑧ 제167조 각 호의 사항을 준수할 것

Section 66 압력용기 파열판의 설치조건

1 개요

파열판(rupture disc)은 압력용기, 배관계, 덕트(duct), 저장소(storage), 반응장치(reactor) 등의 설비 또는 장치에 설치하며, 운전 중의 이상과압발생 시 설정압력에서 파열되어 설치 및 장치를 보호하는 설비이다.

② 설치조건

① 반응폭주 등 급격한 압력 상승의 우려가 있는 경우
② 독성 물질의 누출로 인해 주위 작업환경을 오염시킬 우려가 있는 경우
③ 운전 중 안전밸브에 이상물질이 누적되어 안전밸브의 기능을 저하시킬 우려가 있는 경우
④ 유체의 부식성이 강하여 안전밸브의 재질 선정에 문제가 있는 경우
⑤ 압력방출밸브가 빠르게 응답하지 못하는 경우

Section 67 압력배관용 배관의 스케줄번호와 압력배관용 탄소강관 (KS D 3562)의 스케줄번호

① 스케줄계(schedule계)

두께의 계열화는 1938년 ANSI가 스케줄번호방식으로 발표했다. 부식여유관의 나사절삭여유 및 관두께에 대한 제조허용차 등을 고려하여 두께를 산출하는 공식은 다음과 같다.

$$T = \frac{PD}{175S} + 2.54[\text{mm}]$$

여기서, T : 관의 두께(mm), S : 허용응력(kgf/mm²), P : 사용압력(kgf/mm²),
D : 관의 외경(mm)

위의 공식을 기초로 하여 스케줄번호별로 각 파이프칫수에 따라 두께를 정해 놓았다. 스케줄번호방식에 의한 스케줄번호는 사용압력에 비례하고, 허용응력에 반비례해서 얻어지는 숫자의 10배에 해당한다. 즉, SCH. NO. $= 10\dfrac{P}{S}$ 이며, 사용압력 및 허용응력에 의해 관의 두께를 선정할 때의 기준을 얻을 수 있음과 제조과정에서의 치수체계에 편리를 가져다 준다.

> **예제**
>
> 사용압력 65kgf/mm²의 배관에 STPG38을 사용할 경우 어떠한 SCH. NO.를 사용해야 하는가?
>
> **풀이** STPG38의 파이프 허용응력은 38의 1/4이다.
> 그러므로 $S = 38 \times \dfrac{1}{4} = 9.5 \text{kgf/mm}^2$ 이다. 따라서 SCH. NO. $= 10 \times \dfrac{65}{9.5} = 69$ 이다.
> 결국 SCH. #80을 선정하고 관경은 배관을 흐르는 유량에 따라 필요한 것을 사용하면 된다.

② 스케줄번호(schedule number)

탄소강관의 스케줄번호는 10~160까지 10등분으로 나누며, 스테인리스강관은 그 인장 강도가 다른 일반 탄소강관에 비교하여 대단히 크므로 동일 스케줄번호의 두께에서는 여유가 너무 많아 비경제적으로 동일 스케줄번호라도 약간 얇게 한 다른 시리즈를 만들어 스케줄번호 뒤에 S를 붙여 구별하였다.

SCH.계	SCH. NO.
Normal SCH.	10, 20, 30, 40, 60, 80, 100, 120, 140, 160
스테인리스강 SCH.	5S, 10S, 20S, 40, 80, 120, 160

Section 68   바나듐어택에서 응력집중 완화방법

① 개요

고온부식(vanadium attack)은 중유연소에서는 그 회분 속에 바나듐이 많이 함유되어 있으면 바나듐의 화합물로 인하여 고온 전열면의 부식, 이른바 고온부식을 초래하게 된다.

중유의 회분 속에 함유되어 있는 바나듐은 연소에 의해서 오산화바나듐(V_2O_5)을 생성하고, 이 오산화바나듐이 873~973K(600~700℃)의 고온에 달한 수관(가열관)이나 과열기 등의 고온 전열면에 용착되어서 부식작용을 일으킨다. 다시 연소가스 중의 아황산가스와 같은 유황산화물과 작용해서 부식을 현저하게 촉진시킨다. 이러한 부식을 고온부식이라고 한다.

② 바나듐어택에서 응력집중 완화방법

① 반원 홈 부착, 라운딩을 주고 곡률반지름 증가, 테이퍼 등
② 몇 개의 단면변화에 의한 완만한 응력흐름
③ 단면변화 부분에는 보강재 부착
④ 쇼트피닝(shot peening), 압연처리, 열처리로 강도 증가, 표면거칠기 향상

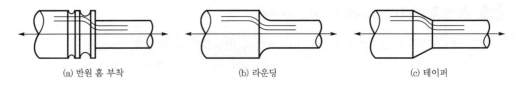

(a) 반원 홈 부착   (b) 라운딩   (c) 테이퍼

[그림 5-57] 응력집중 완화방법

Section 69 | 교류아크용접기 자동전격방지기 표시와 작업 시 위험요인과 안전작업수칙

1 교류아크용접기 자동전격방지기 표시

[방호장치 자율안전기준 고시(고용노동부) 제5조]

전격방지기의 종류는 외장형과 내장형, 저저항시동형(L형) 및 고저항시동형(H형)으로 구분하며, 그 정격 및 특성은 [표 5-20]과 같다.

2 교류아크용접기 안전작업수칙

① 감전재해를 방지하기 위하여 홀더는 용접봉을 물어주는 부분을 제외하고는 절연처리 된 절연형 홀더(안전홀더)를 사용한다.
② 감전보호를 위하여 자동전격방지기를 사용한다.
③ 용접작업을 중지하고 작업장소를 떠날 경우 용접기의 전원개폐기를 차단한다.
④ 케이블의 피복이 손상된 경우 즉시 절연을 보수하거나 신품으로 교환한다.
⑤ 용접작업 근처에 소화기를 준비한다.
⑥ 자동전격방지기의 작동상태를 점검한다.
⑦ 케이블 피복의 손상 여부를 확인한다.
⑧ 용접기의 1차측 배선과 2차측 배선 및 용접기 단자와의 접속이 확실한가를 점검한다.

[표 5-20] 전격방지기의 종류, 정격 및 특성

1) 사용전압이 220V인 경우

구 분	종 류	정격전류 (실효값 : A)		정격 사용율 (%)	출력측 무부하전압 (실효값 : V)	지동 시간 (초)	시동 감도 (Ω)	적용용접기 출력측 무부하전압의 범위 (실효값 : V)	
		1차측	2차측					하한	상한
외장형	L형	130	300	50	• 접점방식 : 25 이하 • 무접점방식 : 15 이하	1.0 이내	3 미만	60	85
		220	500	70				70	95
		130	300	50				60	85
		220	500	70				70	95
		110	300	50				60	85
		180	500	70				70	95
		−	200	50				60	85
		−	300	50				60	85
		−	500	70				60	85
	H형	130	300	50	• 접점방식 : 25 이하 • 무접점방식 : 15 이하	1.0 이내	3 이상 ~500 이하	60	85
		220	500	70				70	95
		130	300	50				60	85
		220	500	70				70	95
		110	300	50				60	85
		180	500	70				70	95
		−	200	50				60	85
		−	300	50				60	85
		−	500	70				60	85
내장형	L형 SPB-□A-L SPB-□B-L SPB-□C-L				• 접점방식 : 25 이하 • 무접점방식 : 15 이하	1.0 이내	3 미만		
	H형 SPB-□A-H SPB-□B-H SPB-□C-H				• 접점방식 : 25 이하 • 무접점방식 : 15 이하	1.0 이내	3 이상 ~500 이하		

종류 외장형 L형: SP-3A-L, SP-5A-L, SP-3B-L, SP-5B-L, SP-3C-L, SP-5C-L, SP-2E-L, SP-3E-L, SP-5E-L. H형: SP-3A-H, SP-5A-H, SP-3B-H, SP-5B-H, SP-3C-H, SP-5C-H, SP-2E-H, SP-3E-H, SP-5E-H.

2) 사용전압이 380V, 440V인 경우

구 분		종 류	정격전류 (실효값 : A)		정격 사용율 (%)	출력측 무부하전압 (실효값 : V)	지동 시간 (초)	시동 감도 (Ω)	적용용접기 출력측 무부하전압의 범위 (실효값 : V)	
			1차측	2차측					하한	상한
외장형	L형	SP-3A-L	80	300	50	• 접점방식 : 25 이하 • 무접점방식 : 15 이하	1.0 이내	3 미만	60	85
		SP-5A-L	130	500	70				70	95
		SP-3B-L	80	300	50				60	85
		SP-5B-L	130	500	70				70	95
		SP-3C-L	65	300	50				60	85
		SP-5C-L	110	500	70				70	95
		SP-2E-L	–	200	50				60	85
		SP-3E-L	–	300	50				60	85
		SP-5E-L	–	500	70				60	85
	H형	SP-3A-H	80	300	50	• 접점방식 : 25 이하 • 무접점방식 : 15 이하	1.0 이내	3 이상 ~500 이하	60	85
		SP-5A-H	130	500	70				70	95
		SP-3B-H	80	300	50				60	85
		SP-5B-H	130	500	70				70	95
		SP-3C-H	65	300	50				60	85
		SP-5C-H	110	500	70				70	95
		SP-2E-H	–	200	50				60	85
		SP-3E-H	–	300	50				60	85
		SP-5E-H	–	500	70				60	85
내장형	L형	SPB-□A-L SPB-□B-L SPB-□C-L				• 접점방식 : 25 이하 • 무접점방식 : 15 이하	1.0 이내	3 미만		
	H형	SPB-□A-H SPB-□B-H SPB-□C-H				• 접점방식 : 25 이하 • 무접점방식 : 15 이하	1.0 이내	3 이상 ~500 이하		

주 1) 정격전류는 전격방지기의 주접점을 용접기의 1차측에 설치한 것은 1차측, 출력측에 설치한 것은 출력측 정격전류로 규정한다.
① 외장형 : 외장형은 용접기 외함에 부착하여 사용하는 전격방지기로 그 기호는 SP로 표시한다.
② 내장형 : 내장형은 용접기함 내에 설치하여 사용하는 전격방지기로 그 기호는 SPB로 표시한다.
③ 기호 SP 또는 SPB 뒤의 숫자(□)는 출력측의 정격전류의 100단위의 수치로 표시한다(예 : 2.5는 250A, 3은 300A를 표시한다).
④ 숫자 다음의 A는 용접기에 내장되어 있는 콘덴서의 유무에 관계없이 사용할 수 있는 것, B는 콘덴서를 내장하지 않은 용접기에 사용하는 것, C는 콘덴서 내장형 용접기에 사용하는 것, E는 엔진구동 용접기에 사용하는 전격방지기를 표시한다.
⑤ 마지막 기호 L은 저저항시동형, H은 고저항시동형을 표시한다.
2) 내장형의 정격사용률은 용접기의 출력사용률 이상으로 한다. 다만, 최저값은 30%로 한다.
① 용접봉 홀더에의 접촉으로 인한 감전의 우려가 있다.
② 불꽃, 용접불똥 등에 의해 화상 및 화재가 발생할 우려가 있다.
③ 용접아크에서 발생하는 유해광선으로 인한 시력손상 및 흄 중독을 일으킨다.

Section 70 가스누출경보기 설치조건

1 목적(가스누출감지경보기 설치에 관한 기술상의 지침 제1조)

산업안전보건법 제27조에 따라 가연성 또는 독성 물질의 가스나 증기의 누출을 감지하기 위한 가스누출감지경보설비의 설치에 관하여 사업주에게 지도·권고할 기술상의 지침을 규정함을 목적으로 한다.

2 선정기준(가스누출감지경보기 설치에 관한 기술상의 지침 제3조)

① 가스누출감지경보기를 설치할 때에는 감지대상가스의 특성을 충분히 고려하여 가장 적절한 것을 선정해야 한다.
② 하나의 감지대상가스가 가연성이면서 독성인 경우에는 독성 가스를 기준하여 가스누출감지경보기를 선정해야 한다.

3 설치장소(가스누출감지경보기 설치에 관한 기술상의 지침 제4조)

가스누출감지경보기를 설치해야 할 장소는 다음 각 호와 같다.

① 건축물 내·외에 설치되어 있는 가연성 및 독성 물질을 취급하는 압축기, 밸브, 반응기, 배관 연결부위 등 가스의 누출이 우려되는 화학설비 및 부속설비 주변
② 가열로 등 발화원이 있는 제조설비 주위에 가스가 체류하기 쉬운 장소
③ 가연성 및 독성 물질의 충진용 설비의 접속부의 주위
④ 방폭지역 안에 위치한 변전실, 배전반실, 제어실 등
⑤ 그 밖에 가스가 특별히 체류하기 쉬운 장소

4 설치위치(가스누출감지경보기 설치에 관한 기술상의 지침 제5조)

① 가스누출감지경보기는 가능한 한 가스의 누출이 우려되는 누출부위 가까이 설치해야 한다. 다만, 직접적인 가스누출은 예상되지 않으나 주변에서 누출된 가스가 체류하기 쉬운 곳은 다음 각 호와 같은 지점에 설치해야 한다.
　㉠ 건축물 밖에 설치되는 가스누출감지경보기는 풍향, 풍속 및 가스의 비중 등을 고려하여 가스가 체류하기 쉬운 지점에 설치한다.
　㉡ 건축물 안에 설치되는 가스누출감지경보기는 감지대상가스의 비중이 공기보다 무거운 경우에는 건축물 내의 하부에, 공기보다 가벼운 경우에는 건축물의 환기구 부근 또는 해당 건축물 내의 상부에 설치해야 한다.

② 가스누출감지경보기의 경보기는 근로자가 상주하는 곳에 설치해야 한다.

5 경보설정치(가스누출감지경보기 설치에 관한 기술상의 지침 제6조)

① 가연성 가스누출감지경보기는 감지대상가스의 폭발하한계 25퍼센트 이하, 독성 가스 누출감지경보기는 해당 독성 가스의 허용농도 이하에서 경보가 울리도록 설정해야 한다.

② 가스누출감지경보의 정밀도는 경보설정치에 대하여 가연성 가스누출감지경보기는 ±25퍼센트 이하, 독성 가스누출감지경보기는 ±30퍼센트 이하여야 한다.

6 성능(가스누출감지경보기 설치에 관한 기술상의 지침 제7조)

가스누출감지경보기는 다음 각 호와 같은 성능을 가져야 한다.

① 가연성 가스누출감지경보기는 담배연기 등에, 독성 가스누출감지경보기는 담배연기, 기계세척유가스, 등유의 증발가스, 배기가스, 탄화수소계 가스와 그 밖의 가스에 경보가 울리지 않아야 한다.

② 가스누출감지경보기의 가스감지에서 경보발신까지 걸리는 시간은 경보농도의 1.6배인 경우 보통 30초 이내일 것. 다만, 암모니아, 일산화탄소 또는 이와 유사한 가스 등을 감지하는 가스누출감지경보기는 1분 이내로 한다.

③ 경보정밀도는 전원의 전압 등의 변동률이 ±10퍼센트까지 저하되지 않아야 한다.

④ 지시계 눈금의 범위는 가연성 가스용은 0에서 폭발하한계값, 독성 가스는 0에서 허용농도의 3배값(암모니아를 실내에서 사용하는 경우에는 150)이어야 한다.

⑤ 경보를 발신한 후에는 가스농도가 변화하여도 계속 경보를 울려야 하며, 그 확인 또는 대책을 조치할 때에는 경보가 정지되어야 한다.

7 구조(가스누출감지경보기 설치에 관한 기술상의 지침 제8조)

가스누출감지경보기는 다음 각 호와 같은 구조를 가져야 한다.

① 충분한 강도를 지니며 취급 및 정비가 쉬워야 한다.

② 가스에 접촉하는 부분은 내식성의 재료 또는 충분한 부식방지처리를 한 재료를 사용하고, 그 외의 부분은 도장이나 도금처리가 양호한 재료이어야 한다.

③ 가연성 가스(암모니아를 제외한다)누출감지경보기는 방폭성능을 갖는 것이어야 한다.

④ 수신회로가 작동상태에 있는 것을 쉽게 식별할 수 있어야 한다.

⑤ 경보는 램프의 점등 또는 점멸과 동시에 경보를 울리는 것이어야 한다.

Section 71 화학공장설비에서 운전 중인 배관검사 시 안전조치사항과 열화에 쉽게 영향을 받는 배관시스템검사 시 주의사항

1 일반사항

(1) 운전 중인 배관의 검사는 다음 사항을 결정하기 위하여 수행한다.
① 차기검사까지 계속 사용 여부
② 수리의 필요성
③ 대체의 필요성
④ 검사주기의 단축
⑤ 검사주기의 연장

(2) 운전 중인 배관의 안전조치는 다음과 같다.
① 배관시스템의 내부표면을 검사하기 위해 개방하는 경우 적절한 안전상의 대책을 수립해야 한다.
② 적절한 안전대책은 배관시스템이 개방되기 전에 배관시스템을 격리하고 블라인드를 설치해야 한다.
③ 개방하는 배관을 유해한 액체, 가스 또는 증기와 같은 모든 발생원으로부터 격리하고, 독성 물질 또는 가연성 가스와 증기를 제거하기 위하여 퍼지시켜야 한다.
④ 검사원은 검사를 시작하기 전에 배관시스템을 책임지고 있는 운전원으로부터 작업승인을 얻어야 한다.

2 특별한 형태의 부식과 균열에 대한 검사

열화에 쉽게 영향을 받는 배관시스템을 검사하기 위해서는 다음과 같은 부분에서 특별한 주의가 필요하다.

① 주입점
② 끝이 막힌 배관(deadleg)
③ 단열재 밑에서의 부식
④ 토양과 공기의 계면부식
⑤ 운전특성에 따른 국부부식
⑥ 침·부식 및 침식
⑦ 사용환경요인에 의한 응력부식균열
⑧ 라이닝과 침전물 밑에서의 부식

⑨ 피로균열
⑩ 크리프균열
⑪ 빙점 이하 온도에서의 손상

기계가공업종에서 수리작업 시 안전작업허가제도

1 안전작업허가의 종류

① 화기작업허가
② 상온작업허가
③ 제한공간출입작업허가
④ 전기차단작업허가
⑤ 굴착작업허가
⑥ 고소작업절차 등

2 안전작업허가서의 작성요령

① 작업허가서 발급자는 현장을 확인하고 작업에 필요한 안전조치 작성
② 인근 작업부서관련 운전부서의 책임자 협조
③ 작업허가서 중 허가시간, 수행작업개요, 작업상 취해야 할 안전조치사항, 작업자에 대한 안전요구사항 등 기재
④ 작업허가시간은 8시간을 초과할 수 없음. 초과 시 재발급
⑤ 산소농도, 가연성 가스농도, 독성 가스농도는 주기적으로 측정 및 기록

3 안전작업허가서의 승인 및 확인

① 허가서 발급 시 현장을 반드시 확인 후 승인한다.
② 작업 시 현장 관리감독을 철저히 한다.
③ 작업허가상의 안전조치사항 확인을 철저히 한다.

화기작업 허가서

허가번호 :   허가일자 :

신 청 인 : 부서_____   직책_____ 성명_____ (서명)

작업수행시간 :   (   )일 (   )시 부터 (   )일 (   )시까지

작업장소 및 설비(기기)	작업개요	보충적인 허가 필요 여부
정비작업 신청번호 : 작업지역 : 장치번호 : 장 치 명 :		·제한공간 출입허가 : ☐ ·전 기 차 단 허 가 : ☐ ·굴 착 작 업 허 가 : ☐ ·기 타 허 가 : ☐

안전조치 요구사항

* 필요한 부분에 표시, 확인은 ⓥ 표시

o 밸브차단 및 차단표식부착	☐ ○	o 전기차단/잠금/표식부착	☐ ○
o 맹판설치 및 표식부착	☐ ○	o 환기장비	☐ ○
o 용기개방 및 압력방출	☐ ○	o 조명장비	☐ ○
o 공정물질 방출 및 처리	☐ ○	o 소 화 기	☐ ○
o 불활성 가스 치환 ( )	☐ ○	o 안전장구	☐ ○
o 용기 내부 세정 및 처리 ( )	☐ ○	o 작업구역 출입경고표시	☐ ○
o 가스점검 ( )	☐ ○	o 안전교육	☐ ○
o 인근/주위로부터 위험요인 ( )	☐ ○	o 운전요원의 입회	☐ ○
		o 안전관리자 입회	☐ ○

기타 특별 요구사항		첨 부 서 류	o 차단밸브 및 맹판설치 위치표시도면	☐
			o 소화기 목록	☐
			o 소요안전장구 목록	☐
			o 특수작업절차서	☐
			o 추가허가서	☐

가 스 점 검	가스명	결과	점검시간	가스명	결과	점검시간	점검기기명 : _____
							점검자 : _____ (서명)
							확인자(입회자) : _____ (서명)

안전조치 확인
 	
   정비부서 책 임 자 : _____ (서명)
         입 회 자 : _____ (서명)
	작업완료확인
	  완료시간 :
	  입 회 자 :
	  작 업 자 :

	조치사항 :

발 급 자 부서____ 직책___ 성명_____ (서명)	관련 부서 협조자
승인자 (1) 부서____ 직책___ 성명_____ (서명)	부서_____ 직책___ 성명_____ (서명)
승인자 (2) 부서____ 직책___ 성명_____ (서명)	부서_____ 직책___ 성명_____ (서명)

[그림 5-58] 안전작업허가서(화기작업 예시)

Section 73 · 겨울철 탄소강관재질의 물배관 동파원인과 방지방법

1 겨울철 탄소강관(carbon steel)재질의 물배관 동파원인

겨울철에는 주위온도가 영하로 내려가고 영하 4℃ 이하가 되면 물은 얼게 된다. 물이 얼게 되면 부피가 팽창하고, 배관의 내력과 물의 팽창에 따른 힘의 균형에서 얼음의 팽창력이 커지게 되면 배관이 파열이 된다. 또한 배관이 파열이 되지 않더라도 온도의 하강이 지속적이고 반복적으로 이루어지면 배관에서 피로현상이 발생하여 내력이 약화되어 배관의 수명이 단축되므로 동파방지를 위한 대책을 충분히 강구해야 한다.

2 동파의 방지방법

① 배관의 보온을 철저하게 조치한다. 관의 설치장소에 따라 외부 50t 이상, 중간 25~40t, 내부 15~25t 등 보온두께가 다르다.
② 배관을 지하로 충분하게 묻어 옥외 설치 시 바람을 막을 수 있도록 보온한다.
③ 배관의 내부에서 물이 흐르도록 하여 정체되지 않도록 해야 한다.
④ 동파방지용 밸브 등은 배수를 잘 시키고 열선을 감아서 얼지 않도록 한다.
⑤ 겨울에 사용되지 배관은 배수를 확실히 시킨다(냉각수관, 냉각용 보충수관 등).

Section 74 · 치차변속장치에서 진동과 소음의 발생원인과 대책

1 치차변속기의 진동과 소음원인

기어진동은 크게 기어의 설계요인, 제조요인, 조립요인, 운전요인에 의해 발생하며, 설계요인으로서는 기어강성이 변하고, 제조요인으로 기어 정도가 달라지며, 조립요인에 의해 조립오차가 발생하여 이의 맞물림충격 등의 진동을 일으킨다. 이러한 요인에 의해 기어 사이에서는 운동과 힘의 불완전한 전달이 이루어지며, 이를 통칭하여 전달오차라고 한다. 이 전달오차는 축의 회전과 기어맞물림주파수에 관련이 있는 기본적인 주기성을 가지고 있어서 전달오차의 푸리에(fourier)변환으로부터 얻을 수 있는 맞물림주파수와 그의 하모니(harmonic)는 기어소음에 유용한 정보를 제공한다. 이 전달오차는 이상적인 기어와 실제 기어 사이의 차이이며, 보통 작용선에서의 변위로 나타낸다.

또한 이 전달오차는 기어의 원주방향, 반경방향, 축방향의 진동을 일으킨다. 이 가운데 원주방향의 진동, 즉 상대 비틀림진동이 다른 방향의 진동에 비해 맞물림 가진력의 관전에서 중요하다. 기어의 원주방향 진동가속도와 소음스펙트럼을 측정한 결과로부터 진동과 소음은 맞물림주파수의 배수스펙트럼에서 높게 나오고 두 크기의 대응관계가 잘 일치하고 있다고 알려져 있다.

그러므로 기어소음을 줄이기 위해서는 기어진동의 첫 번째 원인인 원주방향 진동을 줄임으로써 가능하다. 전달오차는 기어 외에 축과 베어링에 비틀림과 굽힘진동의 조합된 형태의 진동을 발생시키고, 여기서 생긴 맞물림으로 인한 치면 사이의 힘은 베어링을 통해 하우징진동을 유발하고 외부로 소음이 되어 방출된다.

② 치차변속기의 진동과 소음대책

(1) 기어에 충격을 주는 강제력을 제거(원흉 제거)

1) 기어 자체에 원인이 있는 경우
① 스프링 강성에 영향을 미치는 요인 : 모듈, 잇수, 치폭, 물림률, 비틀림각, 전위, 치형 수정
② 기어오차에 의한 요인 : 피치오차, 치형오차, 물림오차, 맞물림불량, 이홈의 흔들림, 백래시, 가공법

2) 다른 진동원의 요인
원동기 진동, 구동계에서의 영향, 구성요소의 공진, 부하변동

(2) 충격력 발생 시의 대책

① 진동, 소음이 발생하는 근원에 대해서 표면적 최소화, 형상변경, 리브 같은 보강재를 사용한다.
② 진동을 재빨리 감쇠시킨다. 재질, 열처리, 윤활유 급유법, 흡진재 등에서 사용된다.
③ 강제적으로 진동을 감쇠시킨다. 감쇠기를 사용(damper)한다.

(3) 발생한 진동, 소음의 전달경로를 막는다. 기어 본체 설계, 축, 베어링, 기어박스 형상 및 재질, 후드(hood) 및 커버(cover)에서 사용된다.

Section 75 지게차작업에서 검토하여야 하는 최소선회반경/최소회전반경/최소직각통로폭/최소적재통로폭

1 최소회전반경(minimum turning radius/aisle 90' intersection)

부하상태에서 지게차의 최저속도로 최소의 회전을 할 때 지게차의 가장 바깥 부분(CWT)이 그리는 원의 반경으로, 단위는 mm이다.

2 최소선회반경

무부하상태에서 최소회전반경과 같이 최소의 회전을 할 때 후륜(뒤 타이어)이 그리는 원의 반경으로, 단위는 mm이다.

3 최소직각교차통로폭(minimum intersecting aisle)

지게차가 직각통로에서 직각회전을 할 수 있는 통로의 최소폭을 말하며 지게차의 전폭이 작을수록 통로폭도 작아지며, 단위는 mm이다.

4 직각적재통로폭(right angle stacking aisle)

최소적재통로폭이란 하물을 적재한 지게차가 일정 각도로 회전하여 작업할 수 있는 직선통로의 최소폭을 말하며, 그 각도가 90도일 때를 직각적재통로폭이라 한다.

Section 76 프레스재해예방 및 생산성 향상을 위하여 설치하는 재료의 송급 및 배출자동화장치의 종류와 기능

1 재료공급과 이송장치

(1) 재료공급장치

재료공급장치는 사용재료의 치수, 형상 등에 의해 코일재용, 대판용, Strip용, Blank 재용 및 2차 가공재용 등을 만들어서 사용하고 있다.

① **코일재의 공급** : 코일재를 사용하는 경우는 일반적으로 경량용에는 Reel Stand, 중간 하중용에는 Coil Cradle, 중하중용에는 Uncoiler가 사용되고 있다. 이러한 장치는 다른 구동장치에 의해, 즉 Roll Feeder나 Grip Feeder 등의 이송장치 혹은 Leveller 의 Pinch Roll 등에 인출되며, 자체는 공전해서 재료를 공급하고 자체 모터를 구동해서 재료를 공급하는 경우도 있다. 일반적으로 말해서 전자는 취급재료가 비교적 적량의 Coil재를 사용하고, 후자는 무거운 Coil재를 사용할 때 많이 이용된다.

㉠ Reel Stand : 코일재의 무게가 비교적 가볍고 넓이도 어느 한도까지 한정된 것이 사용된다. 스테인리스강이나 알루미늄, 연마대강과 같이 표면이 긁히면 흠집이 생기기 쉬운 것에 사용되며 Reel이 앞의 구동원에 의해 따라 도는 형식과 별도의 구동원이 있는 모터 구동형식이 있다.

[그림 5-59] Reel Stand 구조

[그림 5-60] 모터 구동에 의한 Reel Stand

㉡ Coil Cradle : 중간 하중용의 코일재에 주로 사용된다. [그림 5-61]과 같이 상면 및 코일송출방향과 반대 측면이 개방되어 있는 상형구조로 저면 및 측면에 적당히 배치된 수개의 송형 Roll이 있으며 이러한 Roll로서 Coil재의 외측을 지지하고 있다. 이송 롤은 Coil Cradle과 일체로 되어 있는 것이 있지만, 최근에는 Leveller 를 부착한 것이 많고 Leveller의 Pinch Roll이 주로 재료송출의 역할을 한다.

[그림 5-61] Leveller 부착 Coil Cradle

ⓒ Uncoiler : 주 하중용의 Coil재에 주로 사용되며 Under Rail Type과 Cone Type
이 있다.

[그림 5-62] Under Rail Type Uncoiler   [그림 5-63] Cone Type Uncoiler

ⓓ Leveller : 코일재를 풀게 되면 평면상태로 되지 않기 때문에 Press 금형에 공급
하기 전 재료를 펴 주어야 할 필요가 있으며 일반적으로 Roll Leveller가 사용된
다. 교정롤러 수는 5~9개가 많고 일반적으로 입구측에 송입 Roll, 출구측에는 송
출용 Pinch Roll을 일체로 설치하는 경우가 많다.

[그림 5-64] 7조 Leveller의 교정Roll 배열

② 대판, Strip재의 적입장치 : 일반적으로 대판(예를 들면, 정척 Sheet재 및 대형 Blank
등), Strip재 등의 적입장치의 취급은 이러한 피가공재를 정돈해서 쌓은 상태에서 사
용되지만, 이렇게 쌓아서 놓는 장치를 부착한 형식이 많으며 Sheet Loader, Strip
Feeder 및 Stacker Feeder 등의 장치에 사용되고 있다.

   ⓐ Sheet Loader : 대판과 대형 Blank(큰 것은 1,500×3,000mm까지 있다)를 Stacker
대차에 쌓아놓고 위의 1매를 수개의 Vaccum Cup으로 흡상해 놓고 이송Roll(Magnet
Roll이 많이 사용된다)에 의한 Wheel Coating Unit를 지나 Loading(Shuttle Feeder

가 일반적으로 사용되고 있다)로 Press금형부에 Timing을 맞추어 이송해 넣는 장치이다.

ⓛ Strip Feeder : Strip재를 자동프레스(일반적으로 소형 프레스)에 1매씩 자동공급하는 장치로 프레스기계에 인접되어 설치된다. 이 장치는 Strip재를 Feeder상에 Stacking해 두고 상부의 1매를 Vaccum Cup으로 들어 올리고 Vacuum Cup을 그 상태로 Press기계 쪽으로 수평이동해서 Strip재를 이송장치에 Press Stroke의 Timing에 맞추어서 공급하는 형식이 많다.

(2) 재료이송장치

이송장치는 Coil재와 Strip재를 가공작업기구에 이송해 넣으며 재료이송장치와 개별 가공재가 있는 부품이송 두 가지로 구분해서 취급되는 경우가 많다.

① 1차 가공용 이송장치 : 재료를 이송해 넣는 점에서 다음의 두 가지로 대별하는 것이 가능하다. 그것은 상하 2본 1조의 Roll 사이에 재료를 넣고 마찰력을 이용해 Roll의 간헐회전에 따라 이송해서 넣는 장치로 Roll Feeder라고 부르고 재료를 상하로부터 물어서 이송하는 동작을 하는 이동 Jaw와 Press, 가공 중에 재료를 물고 있는 고정 Jaw(Brake Finger, Releasing조작 시는 개방)를 순차적으로 개폐해서 재료를 이송하여 넣는 Grip Feeder가 있다.

㉠ Roll Feeder의 형식과 특징 : Roll Feeder는 일반적으로 Progressive가공에 가장 많이 이용되고 있는 이송장치로, 형식에는 Single형과 Double형이 있다. Single Roll Feeder는 Push Roll만을 부착한 형식이고, 이것은 Press가공방식이 Scrap이 없으면 금형까지 Feed에 재료가 Bend되지 않는 조건의 경우에 사용한다. Double Roll Feeder는 입구측과 출구측의 2개소에 이송Roll의 기능을 갖추고 있다.

② 회전간결운전기구 : 회전간결운전기구에는 Click과 Ratchet에 의한 방법, 일방향 Clutch, Cam and Gear에 의한 방법 등이 있다.

㉠ Click과 Ratchet에 의한 방법 : Ratchet의 Pitch P는 강도관계로 너무 작게 할 수 없으며 보통 2~3mm 정도이다.

ⓛ 일방향 Clutch에는 스플라그 Clutch, Free Wheel Clutch 등이 있다.

③ Roll의 Releasing : 일방향으로 일방향 Clutch형식의 Roll Feeder에는 그 이송 정도가 Progressive가공이 요구하는 금형의 이송Pitch길이 정도를 만족시키지 못하는 경우가 많다. 그 때문에 상Roll을 부상시켜 Feed되어 들어간 Strip을 개방하고 금형의 Pilot Pin 등에 따라 위치결정을 수정할 필요가 있다. 이 작동을 Releasing 또는 단순히 Release라고 부르지만 Release의 방법에는 Press Slide의 상하운동을 이용하는 것과 Crank축 또는 그것과 같은 회전수의 축에 부착한 Release Cam을 이용하는 방법이다.

차량탑재형 고소작업대의 유해 · 위험요인 및 재해발생형 태별 안전대책

1 개요

작업대(Work Platform), 연장구조물(Boom 등), 차대(Chassis)로 구성되고 동력에 의해 사람이 탑승한 작업대를 작업위치로 이동시키는 건설기계 · 장비를 말하며, 자동차(트럭) 위에 붐을 설치하고 그 끝에 작업대가 설치된 형태로 시저형, 굴절형, 유압식 등 작업여건에 따라 다양한 형태로 사용되고 있다. 차량탑재형 고소작업대란 자동차관리법에 따른 화물특수자동차에 고소작업용 작업대를 탑재된 것으로 건물 외벽공사, 유리공사, 간판설치 · 보수작업 등의 고소작업을 하는 장비로 주로 건설현장 등에 많이 사용되고 있다.

2 차량탑재형 고소작업대 작업 시 발생 가능한 주요 유해 · 위험요인 및 주요 재해발생형태별 안전대책

(1) 고소작업대 전도

동종 재해예방대책은 다음과 같다.

① 허용작업반경 및 정격하중의 초과 사용금지
② 아웃트리거의 확실한 설치 · 사용
③ 고소작업대의 이동 시 안전사항 준수 : 작업대를 가장 낮게 하강시키고, 작업대를 상승시킨 상태에서 작업자를 태우고 이동하지 말며, 이동 중 전도 등의 위험방지를 위해 유도자 배치, 이동통로의 요철상태 또는 장애물을 확인한다.
④ 당해 기계의 종류, 능력, 작업방법 등에 대한 작업계획의 작성 및 작업근로자에게 교육
⑤ 작업구역 내 임의근로자의 출입금지 조치
⑥ 작업지휘자를 지정하여 작업계획에 따른 작업지휘(10m 이상의 높이에서 사용 시)

(2) 작업대 낙하

동종 재해예방대책은 다음과 같다.

① 와이어로프, 구조 부분, 안전장치 등에 대한 작업시작 전 점검 실시
② 허용작업반경 및 정격하중 초과 사용금지
③ 작업근로자의 안전모, 안전대 등 보호구 착용

④ 당해 기계의 종류, 능력, 작업방법 등에 대한 작업계획의 작성 및 작업근로자에게 교육

⑤ 설비의 임의개조 금지(중요구조부 변경 시 안전인증을 받아 안전성 확보)

⑥ 작업구역 내 임의근로자의 출입금지 조치

⑦ 작업지휘자를 지정하여 작업계획에 따른 작업 지휘(10m 이상의 높이에서 사용 시)

(3) 협착

동종 재해예방대책은 다음과 같다.

① 당해 기계의 종류, 능력, 작업방법 등에 대한 작업계획의 작성 및 작업근로자에게 교육

② 작업근로자의 안전모, 안전대 등 보호구 착용

③ 조작스위치 불의작동방지조치 및 작업 시 고소작업대 동시조작금지

④ 조작스위치 및 전기장치 등의 표시가 훼손 또는 오염되지 않고 선명히 식별되도록 유지

⑤ 설비의 임의개조 및 기능해제금지(안전장치 등 주요 구조부 변경 시 안전인증을 받아 안전성 확보)

⑥ 안전한 작업을 위하여 작업장 내 적정수준의 조도 유지

⑦ 고소작업대의 이동 시 안전사항 준수 : 작업대를 가장 낮게 하강시키고, 작업대를 상승시킨 상태에서 작업자를 태우고 이동하지 말며, 이동 중 전도 등의 위험방지를 위해 유도자 배치, 이동통로의 요철상태 또는 장애물을 확인한다.

⑧ 작업지휘자를 지정하여 작업계획에 따른 작업지휘(10m 이상의 높이에서 사용 시)

(4) 작업 중 추락

동종 재해예방대책은 다음과 같다.

① 고소작업대를 사용한 고소작업 시 추락방지조치 실시 : 작업대 주위에 안전난간대를 설치하고 작업근로자의 안전대, 안전모 등 보호구를 착용한다.

② 당해 기계의 종류, 능력, 작업방법 등에 대한 작업계획의 작성 및 작업근로자에게 교육

③ 작업지휘자를 지정하여 작업계획에 따른 작업지휘(10m 이상의 높이에서 사용 시)

④ 설비의 임의개조 및 기능해제금지(안전장치 등 주요 구조부 변경 시 안전인증을 받아 안전성 확보)

Section 78 Fail Safe와 Fool Proof의 정의

① Fail Safe(이중안전장치)

각종 재해상황에 대처할 수 있도록 적절한 대책을 사전에 마련하는 것으로 한 가지 안전장치가 고장나도 다른 수단을 이용할 수 있게 고안한 방법이다. 예를 들면, 시스템의 여분 또는 병렬화, 피난로 설계 시 2방향 이상의 피난원칙 도입 등이다.

② Fool proof

누구나 식별이 가능하도록 문자보다는 간단한 그림이나 색채를 이용하는 법이다. 예를 들면, 소화설비, 경보기기의 위치, 유도표시 등의 쉬운 판별을 위해 그림이나 색채를 사용한다.

① 소화설비, 경보기기의 위치나 유도표시가 쉽게 판별될 수 있는 색채를 쓴다.
② 피난방향으로 문을 열 수 있게 한다.
③ 도어 노브는 회전식이 아니라 레버식으로 한다.

Section 79 기계설비의 유지 작업을 시행하는 LOTO(Lock-Out & Tag-Out)의 정의, 필요성, 실시 절차, 종류

① 개요

우리나라의 Lock Out Tag Out(LOTO)에 대한 현실적인 적용 또는 대응방법은 일반 시건장치를 달거나 케이블타이에 태그를 붙이는 절차상 부재 또는 에너지원의 분석 없이 단순하게 적용되고 있다. 현재 국내에서는 안전보건공단(KOSHA)이 에너지 차단장치의 잠금 표지에 관한 기술지침을 통하여 LOTO를 관리하고 있다.

② 기계설비의 유지 작업을 시행하는 LOTO(Lock-Out & Tag-Out)의 정의, 필요성, 실시 절차, 종류

(1) 정의

① 잠금(Lockout)이라 함은 에너지 차단 대상 기기 등이 잠금장치를 제거할 때까지 작동

되지 않음을 보증하기 위하여, 정하여진 절차에 따라 에너지 차단장치에 잠금장치를 설치하는 것을 말한다.

② 표지(Tagout)라 함은 표지장치가 철거될 때까지 에너지 관리 대상 기기 등과 에너지 차단장치가 작동되지 않음을 표시하는 것으로, 정해진 절차에 따라 에너지 차단장치에 표지장치를 설치하는 것을 말한다.

(2) LOTO(Lock-Out & Tag-Out)의 필요성

LOTO는 작업장에서 작업을 하는 직원, 협력업체, 공사업체, 방문객 등이 기계장치, 설비 등의 점검 및 보수작업 시 불시가동으로부터 작업자의 안전을 확보하기 위한 절차이다. LOTO를 함으로써 보수작업 시 불시가동에 의한 안전을 확보, 위험시설의 출입통제로 인한 방문객 등의 안전확보, 중요설비의 임의조작방지 등에 활용할 수 있다.

(3) LOTO(Lock-Out & Tag-Out)의 실시절차

안전을 위해 다음의 LOTO 작업절차 내용을 숙지해야 한다.

① **전원차단 준비** : 작업 전 관련 작업자에게 작업 내용 공지
② **기계·설비 운전 정지** : 정해진 순서에 따라 해당 설비 운전 정지
③ **전원차단 및 잔류에너지 확인** : 기계·설비의 주 전원을 확실하게 차단하고 잔류 에너지 여부 확인
④ **LOTO 설치** : 전원부에 잠금장치 및 표지 설치 후 담당작업자가 개별 열쇠 보관
⑤ **작업 실시** : 기계·설비 정지 확인 후 정비, 청소, 수리 등 작업 실시
⑥ **점검 및 확인** : 기계·주변상태 및 관련 작업자 안전 확인
⑦ **LOTO 해제** : 담당작업자가 직접 잠금장치 및 표지 해제
⑧ **기계·설비** : 재가동 종료 후 관련 작업자에게 해당 내용 공지

(4) LOTO의 종류

LOTO는 Lock-Out & Tag-Out의 줄임말로 잠금장치와 표지판을 의미한다. 기동스위치 잠금장치, 전원 잠금장치 등 전원 통제 종류와 자물쇠 및 걸쇠 종류를 확인하여 사업장에서 끼임사고를 예방한다.

Section 80

운반하역작업 시 사용하는 체인(Chain), 링(Ring), 훅(Hook), 섀클(Shackle), 와이어로프(Wire-Rope) 등 줄걸이 용구의 폐기기준

1 개요

크레인 및 호이스트 등 양중기에 의한 중량물의 취급 및 줄걸이 작업 중에 발생 가능한 제반사고 및 재해를 예방하는 데 그 목적이 있으며, 작업특성상 중량물이 많아 운반 및 정비작업 시 크레인, 호이스트 등 양중기류에 의한 작업이 필수적이므로 크레인, 호이스트에 의한 작업은 운전, 신호, 줄걸이작업 등 여러 작업자가 동시에 작업을 수행하므로 작업자 간 서로 호흡이나 상호 연락이 맞지 않을 경우 재해는 물론 큰 설비사고로 발전될 확률이 높다.

2 운반하역작업 시 사용하는 체인(Chain), 링(Ring), 훅(Hook), 섀클(Shackle), 와이어로프(Wire-Rope) 등 줄걸이 용구의 폐기기준

줄걸이 용구의 폐기기준은 다음과 같다.

(1) 줄걸이용 와이어로프의 사용제한기준

① 이음매가 있는 것
② 와이어로프 한 가닥에서 소선(필러선을 제외한다)의 수가 10% 이상 절단된 것
③ 지름의 감소가 공칭지름의 7%를 초과하는 것
④ 꼬인 것
⑤ 심하게 변형 또는 부식된 것

(2) 섬유로프의 검사기준

① 스트랜드에 절상이 있는 것은 폐기한다.
② 스트랜드가 마모되어 털의 부풀어 오름이 심하고 지름의 감소가 눈에 띄는 것은 폐기한다.
③ 1피치 정도 떨어져서 양손으로 잡고 로프의 꼬임을 느슨하게 비틀어서 느슨함이 클 때는 폐기한다.
④ 심한 형태붕괴나 킹크(Kink)를 일으킨 것은 폐기한다.
⑤ 전체가 부식된 경우는 물론, 부분적 부식·변질이 있는 경우도 폐기한다. 특히 스트랜드 내부 부식에 주의한다.

⑥ 장기간 사용에 의한 접속부분의 꽂이가 이완되어 전체적인 마모나 피로가 동반되는 수가 있으므로 잘 점검한다.

(3) 체인의 검사기준

① 신장이 당해 체인이 제조된 때의 길이의 5%를 넘은 것으로 신장이란 체인이 제조되었을 때의 임의의 5링크의 길이를 기준길이로 해서 이 길이의 값과 사용 당해 체인의 가장 신장된 부분의 5링크의 기준길이에 대한 비를 말한다.
② 링크 단면의 지름 감소가 당해 체인이 제조된 때의 당해 링크의 단면지름의 10%를 넘은 것
③ 변형 또는 균열이 있는 것

(4) 기타 용구의 검사기준

훅, 섀클, 링 등의 폐기기준에 대해서는 변형 또는 균열이 있는 것은 줄걸이 용구로서 사용해서는 안되게 되어 있다. 변형이란 예를 들어 훅에서 입 부분이 벌어진 것, 원형 링에서는 타원형이 된 것 등 이것이 제조될 때의 형상에 비해서 육안으로 판정할 수 있는 정도로 닳은 형상의 것을 말한다.

Section 81

양중기에서의 크레인 방호장치, 작업안전수칙, 고용노동부 고시(제2020-41호)에 의한 크레인 제작 및 안전기준의 안정도

1 개요

동력을 사용하여 중량물을 매달아 상하 및 좌우(수평 또는 선회(旋回)를 말한다)로 운반하는 것을 목적으로 하는 기계 또는 기계장치를 말하며, 호이스트란 훅이나 그 밖의 달기구 등을 사용하여 화물을 권상 및 횡행 또는 권상동작만을 하여 양중하는 것이다.

2 양중기에서의 크레인 방호장치, 작업안전수칙, 고용노동부 고시(제2020-41호)에 의한 크레인 제작 및 안전기준의 안정도

(1) 방호장치

양중기에는 산업안전보건기준에 관한 규칙 제134조(방호장치의 조정)에 의거 과부하방지장치, 권과방지장치, 비상정지장치 및 제동장치, 그 밖의 방호장치(승강기의 파이널

리밋 스위치, 속도조절기, 출입문 인터 록) 등을 정상적으로 작동될 수 있도록 미리 조정해 두어야 한다.

① **과부하방지장치** : 정격하중 이상의 부하가 가해졌을 때 그 동작을 정지 또는 방지하기 위해 작동을 정지시키는 장치
② **권과방지장치** : 정격하중 이상의 하중이 부하될 시 자동적으로 끌어올리는 것이 정지되면서 경보음을 울리는 장치
③ **비상정지장치** : 위급상황 시 버튼을 눌러 바로 정지시킬 수 있게 만든 장치

(2) 안전작업 수칙

안전작업 수칙은 다음과 같다.

① 정격하중 이상의 중량물을 취급하지 않는다.
② 정지하기 전에 동작을 멈추고 운전을 정지하고 위치를 확인한 뒤에 완전히 정지시킨다.
③ 하물을 풀어 내릴 때 지면 가까이에 일단 정지시키고 바닥면의 안전 상황을 확인하고 다시 풀어 놓는다.
④ 물건을 매달아 둔 채로 방치하지 말아야 한다.
⑤ 담당자 외 운전금지 및 운전자는 안전보호구(안전모, 안전화 등)를 착용하도록 한다.
⑥ 부착된 훅 해지 장치를 운전자 임의로 제거하지 말아야 한다.
⑦ 와이어로프 또는 체인이 부식, 변형, 손상이 된 것은 즉시 감독자에게 보고하고 교체한다.
⑧ 안전장치(권과방지장치, 과부하방지장치 등)는 운전자 임의로 제거를 하지 않는다.

(3) 고용노동부 고시(제2020-41호)에 의한 크레인 제작 및 안전기준의 안정도

① 크레인은 다음의 경우, 해당 크레인의 전도지점에서의 안정도 모멘트값은 전도 모멘트값 이상이어야 한다.
  ㉠ 수직동하중의 0.3배에 해당하는 하중이 정격하중이 걸리는 방향과 반대방향으로 걸렸을 경우
  ㉡ 수직동하중의 1.6배(토목, 건축 등의 공사에 사용하는 크레인은 1.4배)에 해당하는 하중이 걸렸을 경우
  ㉢ 수직동하중의 1.35배(토목, 건축 등의 공사에 사용하는 크레인은 1.1배)에 해당하는 하중, 수평동하중 및 작동 시에 있어서의 풍하중을 조합한 하중이 걸렸을 경우
② ①항에 따른 안정도는 다음의 조건에서 계산하여야 한다.
  ㉠ 안정도에 영향을 주는 중량은 크레인의 안정에 관한 가장 불리한 상태
  ㉡ 바람은 크레인의 안정에 가장 불리한 방향에서 불어오는 것
③ 옥외에 설치하는 크레인의 안정도 계산에 있어서 하물을 싣지 않은 정지상태에서 풍

하중이 걸렸을 때 당해 크레인의 전도지점의 안정모멘트값은 그 전도지점에서 전도 모멘트값 이상이어야 한다.

④ ③항에 따른 안정도는 다음의 조건에서 계산하여야 한다.

㉠ 안정도에 영향을 주는 중량은 크레인의 안정에 관한 가장 불리한 상태

㉡ 바람은 크레인의 안정에 가장 불리한 방향에서 불어오는 것

㉢ 주행 크레인에 있어 크레인 정지 시 풍력 등 외력에 의한 이동을 방지할 수 있는 고정장치를 구비할 것(다만, 옥내에 설치되어 풍압을 직접 받지 않는 크레인은 예외)

Section 82 사출성형기 가드의 종류 3가지

1 개요

사출성형기(Injection moulding machine)라 함은 열을 가하여 용융 상태의 열가소성 또는 열경화성 플라스틱, 고무 등의 재료를 노즐을 통해 두 개의 금형 사이에 주입하여 원하는 모양의 제품을 성형·생산하는 기계를 말한다. 가드(Guard)라 함은 기계의 일부로서 방호기능을 수행하는 물리적 방벽이며 케이싱, 덮개, 스크린, 문, 울타리(방호울) 등을 말한다.

2 사출성형기 가드의 종류 3가지

(1) 사출성형기에 사용되는 I 형식(type I) 방호장치를 구비한 가동형 가드

① 한 개의 위치검출스위치(position switch)가 부착된 가동형 연동장치로서 전원회로의 주 차단장치를 작동시킬 것

② 가드가 닫힌 경우 위치검출스위치는 작동하지 않으며 폐회로가 구성되어 사출성형기가 동작될 것

③ 가드가 열리는 경우 위치검출스위치가 바로 작동되고, 전원회로가 개방되어 사출성형기가 정지될 것

④ 위치검출스위치 제어회로상에서 단일결함이 발생되는 경우 사출성형기의 작동이 정지될 것

(2) 사출성형기에 사용되는 II형식(type II) 방호장치를 구비한 가동형 가드

① 두 개의 위치검출스위치(position switch)가 부착된 가동형 연동장치로써 전원회로의 주 차단장치를 작동시킬 것

② 첫 번째 위치검출스위치는 Ⅰ형식 방호장치와 동일하게 작동되고, 가드가 닫힌 경우 두 번째 위치검출스위치의 접점이 닫히고 폐회로가 구성되어 사출성형기가 동작될 것

③ 가드가 열린 경우 두 번째 위치검출스위치의 접점이 열리게 되고 사출성형기 작동이 정지될 것

④ 두 개의 위치검출스위치 작동상태가 가드의 운동주기마다 각각 감시되어야 하며, 어떤 한 개의 스위치에서 결함이 감지된 경우에는 사출성형기의 작동이 정지될 것

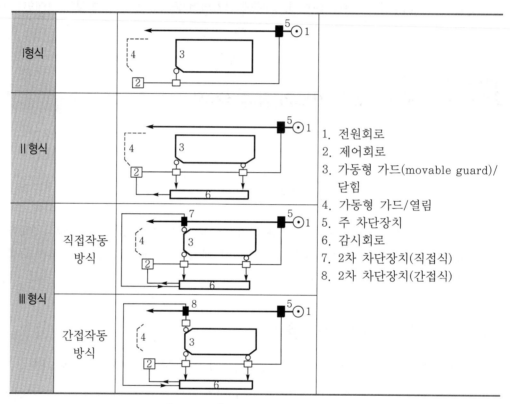

Ⅰ형식	
Ⅱ형식	
Ⅲ형식	직접작동 방식
	간접작동 방식

1. 전원회로
2. 제어회로
3. 가동형 가드(movable guard)/닫힘
4. 가동형 가드/열림
5. 주 차단장치
6. 감시회로
7. 2차 차단장치(직접식)
8. 2차 차단장치(간접식)

[그림 5-65] 사출성형기 방호장치 형식

(3) 사출성형기에 사용되는 Ⅲ 형식(type Ⅲ) 방호장치를 구비한 가동형 가드

① 서로 독립된 2개의 연동장치가 부착된 형태로서, 연동장치 중 하나는 Ⅱ형식 방호장치와 동일하게 작동되고 나머지 연동장치는 위치검출스위치(position switch)를 사용하여 직접 또는 간접적으로 전원회로를 개폐할 것

② 가드가 닫힌 경우 위치검출스위치는 작동이 중지되고 폐회로가 구성되어, 전원회로를 차단시키지 않을 것

③ 가드가 열린 경우 위치검출스위치는 가드에 의해 직접 작동되며 2차 차단장치를 경유하여 전원회로를 차단시킬 것

④ 두 개의 연동장치 작동상태를 가드의 운동주기마다 감시하여, 한 개의 연동장치에서 결함이 감지된 경우에는 사출성형기의 작동이 정지될 것

Section 83 용접·절단 작업 시 위험요인 중 화염의 역화 및 역류 발생요인과 방지대책, 아세틸렌가스의 발생기실 설치장소와 구조

1 용접·절단 작업 시 위험요인 중 화염의 역화 및 역류 발생요인과 방지대책

(1) 역류

토치 내부의 청소가 불량할 때 토치 내부가 막혀서 고압의 산소가 밖으로 배출되지 못하고 산소보다 압력이 낮은 아세틸렌 통로로 밀면서 아세틸렌 호스 쪽으로 흐르는 현상으로 폭발의 위험이 있다. 역류를 방지하기 위한 방법은 다음과 같다.

① 팁을 깨끗이 한다.
② 산소를 차단시킨다.
③ 아세틸렌을 차단시킨다.
④ 안전기와 발생기를 차단시킨다(아세틸렌 발생기 사용 시).

(2) 역화

팁 끝이 모재에 닿아 순간적으로 팁 끝이 막히거나 팁의 과열, 사용 가스의 압력이 부적당할 때 팁 속에서 폭발음이 나며 불꽃이 꺼졌다가 다시 나타나는 현상으로 원인은 다음과 같다.

① 가스 유출의 속도 부족의 원인은 팁 구멍의 이물질 부착, 팁과 모재의 접촉, 팁 구멍의 확대 변형, 작업 중 불꽃의 역행, 팁의 막힘, 파손 등이 있다.
② 가스 연소 속도의 증대로 혼합 가스의 연소 속도가 분출 속도보다 높다.

역화의 대책은 다음과 같다.

① 아세틸렌을 차단한다.
② 팁을 물로 식힌다.
③ 토치의 기능을 점검한다.
④ 발생기의 기능을 점검한다.
⑤ 안전기에 물을 넣고 다시 사용한다.

② 아세틸렌가스의 발생기실 설치장소와 구조

아세틸렌 발생기는 칼슘 카바이드(CaC₂)와 물을 접촉 반응시켜, 가스용접 및 절단용 아세틸렌가스를 발생시키는 기구이다.

(1) 아세틸렌가스의 발생기실 설치장소(산업안전보건기준에 관한 규칙 제286조)

아세틸렌가스의 발생기실 설치장소는 다음과 같다.

① 아세틸렌 용접장치의 아세틸렌 발생기(이하 "발생기")를 설치하는 경우 전용의 발생 기실에 설치한다.

② 발생기실은 건물 최상층에 위치, 화기를 사용하는 설비로부터 3m를 초과하는 장소에 설치한다.

③ 발생기실을 옥외에 설치한 경우 그 개구부를 다른 건축물로부터 1.5m 이상 이격한다.

(2) 발생기실의 구조 등(산업안전보건기준에 관한 규칙 제287조)

사업주는 발생기실을 설치하는 경우에 다음 각 호의 사항을 준수하여야 한다.

① 벽은 불연성 재료로 하고 철근콘크리트 또는 그 밖에 이와 동등하거나 그 이상의 강 도를 가진 구조로 한다.

② 지붕과 천장에는 얇은 철판이나 가벼운 불연성 재료를 사용한다.

③ 바닥면적의 16분의 1 이상의 단면적을 가진 배기통을 옥상으로 돌출시키고 그 개구부 를 창이나 출입구로부터 1.5미터 이상 떨어지도록 한다.

④ 출입구의 문은 불연성 재료로 하고 두께 1.5밀리미터 이상의 철판이나 그 밖에 그 이 상의 강도를 가진 구조로 한다.

⑤ 벽과 발생기 사이에는 발생기의 조정 또는 카바이드 공급 등의 작업을 방해하지 않도 록 간격을 확보한다.

Section 84 컨베이어(Conveyor) 기복장치의 적용 예를 들고 설명

① 개요

안전검사 대상은 재료 반제품 화물 등을 동력에 의하여 단속 또는 연속 운반하는 벨 트, 체인, 롤러, 트롤리, 버킷, 나사 컨베이어가 포함된 컨베이어 시스템을 말한다,

❷ 컨베이어(Conveyor) 기복장치

① 기복장치에는 붐이 불시에 낙하되는 것을 방지하기 위한 장치나 크랭크의 반동을 방지하기 위한 장치(기계식 봉 걸쇠 스프링 또는 유압 평형추 장치 등)를 사용하여 우발적으로 설비가 낙하하는 것을 방지할 수 있도록 해야 한다.

[그림 5-65] 기복 컨베이어의 기계식 스토퍼

② 붐의 위치를 조절하는 컨베이어에는 움직임(조절 가능한) 범위를 제한할 수 있는 장치(기계적 엔드 스토퍼, 리미트 스위치 등)가 설치되고 정상적으로 작동되어야 한다.

[그림 5-66] 기복 컨베이어의 리미트 스위치

Section 85 양중기용 줄걸이 작업용구로 많이 사용하고 있는 섬유벨트(Belt sling)의 단점

1 개요

슬링벨트(섬유벨트)란 크레인의 혹이나 기타 권상기구에 화물을 달기 위한 용도로 조선소, 하역현장, 공장 등에서 이동 시 사용하며 강관, 스테인리스강 등과 같이 미끄럼이나 제품의 손상을 방지하기 위한 용도로 사용한다.

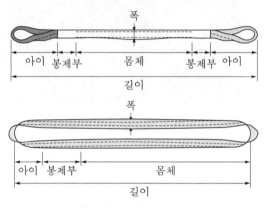

[그림 5-67] 섬유벨트(Belt sling)

2 섬유벨트(Belt sling)의 단점(KOSHA GUIDE, G-132-2020)

섬유벨트(Belt sling)의 단점은 다음과 같다.

① 와이어로프, 체인 등과 비교하면 무게가 가볍지만 강도가 낮다.
② 폴리프로필렌계로 된 것은 자외선에 비교적 약하므로 옥외에서의 사용을 피하여야 한다.
③ 화학약품에는 해당 화학약품에 적합한 것을 사용하여야 한다.
④ 사용 온도는 -40~90℃로 하고, 상온을 크게 넘어서 사용하는 경우에는 제조자의 지시에 의하여 사용하중을 줄여야 한다.
⑤ 물, 기름 등에 젖으면 미끄러지기 쉬우므로 제거하거나 건조하여야 하다.
⑥ 극단적인 비틀림, 매듭 또는 서로 걸린 상태로 사용해서는 안 된다.
⑦ 화물의 아래에서 빼낼 때 벨트 슬링을 손상하지 않도록 주의하여야 한다.
⑧ 지면이나 바닥 위를 끈다거나, 쇠걸이붙이형인 것을 높은 곳에서 떨어뜨리면 안 된다.
⑨ 비틀린 상태로 오랜 시간 가압하거나 모가 난 모양의 것으로 가압한 상태로 방치해서는 안 된다.

Section 86 와이어로프의 보통꼬임(Regular lay) 및 랭꼬임(Lang lay)의 개념과 장단점

1 개요

와이어로프(wire rope)는 강철 철사(소선)를 여러 가닥 합쳐 꼬아 만든 밧줄이다. 심재[코어(core)] 둘레로 스트랜드(strand)를 꼬아 만든 구조로 되어 있고, 스트랜드는 수많은 철선(wire)을 꼬아 만든다.

2 와이어로프의 보통꼬임(Regular lay) 및 랭꼬임(Lang lay)의 개념과 장단점

와이어로프의 보통꼬임(Regular lay) 및 랭꼬임(Lang lay)의 개념과 장단점은 다음과 같다.

(1) 보통꼬임(Regular Lay)

① 로프의 연방향과 스트랜드의 연방향이 서로 반대이다.
② 랭연에 비해 하중이 걸렸을 때 자전에 대한 저항이 크다.
③ 랭연에 비해 로프 표면의 소선과 외부와의 접촉길이가 짧아 마모에 의한 영향이 크므로 랭연에 비해 로프의 내구성 면에서 약간 떨어진다.
④ 랭연에 비해 자전이나 형태파괴에 대한 저항이 크고 취급이 용이하여, 전반적으로 광범위하게 많이 사용된다.

(2) 랭꼬임(Langs Lay)

① 로프의 연방향과 스트랜드의 연방향이 동일하다.
② 로프 표면의 소선과 외부와의 접촉길이가 길어 마모에 의한 손상이 작아 보통연보다 내구성 면에서 다소 유리하다.
③ 소선이 로프 중심축과 이루는 각도가 보통연보다 커서 유연성이 높다.
④ 스트랜드가 서로 자연히 엉겨 붙는 방향과 반대로 꼬인 부자연스러운 꼬임방법이므로 꼬임이 단단하지 못해 풀리기 쉬우며, 스트랜드 사이에 틈이 생기기도 하고, Kink가 발생하기 쉽다.
⑤ 삭도용 및 광업용 등에 한정적으로 사용된다.

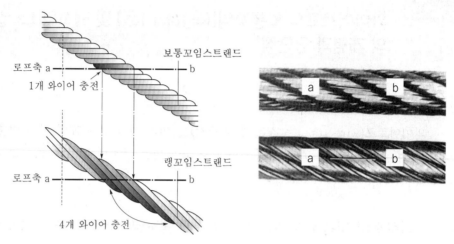

[그림 5-68] 보통꼬임과 랭꼬임의 차이

와이어로프 등에 적용되는 슬리브(Sleeve)와 심블(Thimble)을 그림으로 그리고 설명

1 개요

와이어로프(wire rope)는 강철 철사(소선)를 여러 겹 합쳐 꼬아 만든 밧줄이다. 높은 강도와 고유연성의 장점을 갖고 있어서 토목, 건축, 기계 등에 많이 쓰이며, 특히 항만 및 육상 운송 시스템인 크레인, 엘리베이터 등 리프트를 사용하는 많은 장치에 설치하고 있다.

2 슬리브(Sleeve)와 심블(Thimble)

슬리브(Sleeve)와 심블(Thimble)을 그림으로 그리고 설명하면 다음과 같다.

1) 슬리브(Sleeve)

고리부의 압착에 사용하는 금속관을 말한다.

2) 심블(Thimble)

와이어로프 또는 각종 로프를 구부려서 사용할 때 마찰에 의한 마모 및 손상을 방지하기 위해 장치하는 금속 고리를 말한다.

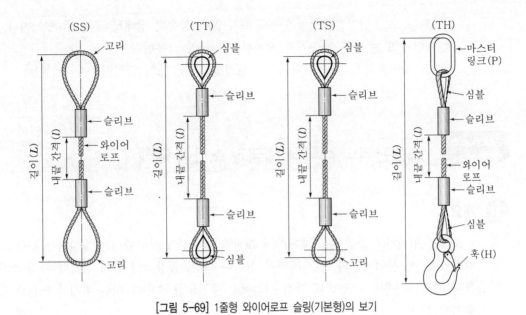

[그림 5-69] 1줄형 와이어로프 슬링(기본형)의 보기

자동차정비용 리프트를 사용하는 경우 작업자나 관리자가 반드시 점검하여야 할 사항

① 개요

자동차정비용 리프트란 하중 적재 장치에 차량을 들어 올려 점검 및 정비 작업에 사용되는 장치를 말하며, 주요 구조부는 지지기둥, 적재팔로 구성된 하중인양장치, 전기나 유압 또는 공압으로 구성된 동력공급장치, 낙하방지장치 등이 있다.

② 자동차정비용 리프트 장치의 사용 안전

작업자나 관리자가 반드시 점검하여야 할 사항은 다음과 같다.

① 작업자가 작업영역에 들어가기 전에 주요한 안전잠금장치가 올바르게 작동하는지 확인한다.
② 리프트의 정격하중을 초과하지 말아야 한다.
③ 시멘트 앵커 볼트가 느슨하거나 리프트의 구성 요소에 결함이 있거나 마모가 발견된 경우 리프트를 사용하여서는 안 된다.
④ 리프트 아래에 사람이나 장비가 있는 경우 리프트를 작동하여서는 안 된다.
⑤ 작업자는 리프트를 내리거나 올릴 때에는 2m 이상의 안전거리를 유지한다.

⑥ 리프트를 모든 안전잠금장치가 작동하지 않은 상승된 상태로 두지 말아야 한다.

⑦ 잭 스탠드 또는 다른 하중지지 장치를 적절하게 사용한다.

⑧ 차량을 들어올리기 전에 차량의 문, 트렁크, 보닛 등이 닫혀있는지 확인한다.

Section 89 소음관리의 적극적 대책과 소극적 대책

1 개요

소음을 방지하고 소음원을 제거하여 쾌적한 사무실과 작업환경을 유지하는 것을 소음관리라 하며, 산업시설의 경우 지역적 위치나 특성, 공장시설 등의 성격에 따라 소음의 형태 내지 소음원이 다양한데 특히 야간에는 주간보다 소음에 의한 피해가 크므로 유의하여야 한다.

2 소음관리의 적극적 대책과 소극적 대책

소음에 대한 대책은 다음과 같다.

(1) 적극적 대책

① 해당 설비의 밀폐

② 설비실의 차음벽 시공

③ 소음기 흡음장치 설치

(2) 소극적 대책

① 작업자의 보호구 착용

Section 90 방폭구조의 종류 6가지에 대하여 그림을 그리고 설명

1 개요

화재나 폭발에 영향을 주는 가연성 물질은 위험물질을 취급하는 장소에서는 주위에 가연성 물질이 존재할 가능성이 많아 가스, 증기, 분진 등으로 인하여 폭발할 수 있다. 점화원은 어느 폭발범위에 있는 물질에 대하여 폭발 시키는 데에 필요한 에너지를 말하며 그 최소치를 한계 점화에너지라고 한다. 점화원으로는 열원(화염, 적외선, 초음파 등), 전기적 불꽃(접점, 단락, 단선, 스파크 등), 기계적 불꽃(마찰 충격에 의한 스파크 등)으로 나눌 수 있다

② 방폭구조의 종류

방폭구조의 종류는 다음과 같다.

(1) 내압방폭구조(flame proof enclosure "d")

폭발성 가스가 내부로 침입해서 폭발하였을 때 용기가 그 압력에 견디어 파손되지 않도록 하기 위한 스위치, 지시장치, 제어판, 모터, 변압기, 조명기구 및 기타 불꽃생성 부분에 적용된다.

(2) 유입방폭구조(oil immersion "o")

전기기기의 불꽃 및 아크 등을 발생해서 폭발성 가스에 점화할 우려가 있는 부분을 기름에 넣고 기름표면상의 폭발성 가스에 인화할 우려가 없도록 한 장치를 말한다.

[그림 5-70] 내압구조

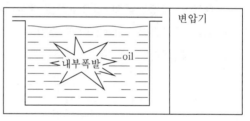
[그림 5-71] 유입 방폭구조

(3) 압력방폭구조(pressurrized apparatus "p")

점화원이 될 우려가 있는 부분을 용기 내에 넣고 신선한 공기 또는 불연성 가스 등의 보호기체를 용기의 내부에 압입함으로써 내압의 압력을 유지하여 폭발성 가스가 침입하지 못 하도록 한 구조이다.

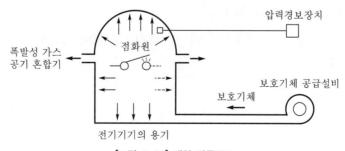
[그림 5-72] 내압 방폭구조

(4) 안전증 방폭구조(increased safety "e")

전기기기의 aircap, 접속부, 단자부 등 정상적인 운전 중에는 불꽃 또는 아크, 과열이 생겨서는 안 될 부분에 이런 현상을 방지하기 위하여 구조와 온도상승에 대하여 특별히 안전도를 증가시킨 구조이며 만일 전기기기의 고장이나 파손이 생겨 점화원이 생긴 경우에는 폭발의 원인이 될 수 있으므로 이 구조에서는 사용상 무리나 과실이 없도록 특히 주의할 필요가 있다.

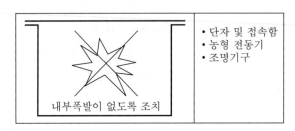

[그림 5-73] 안전증 방폭구조

(5) 본질안전방폭구조(intrinsic safety "i")

보통은 불꽃점화의 경우보다도 훨씬 전기에너지가 크지 않으면 점화되지 않으며 이 구조는 불꽃점화 시험에 의해 확인된 구조를 사용한다. 다른 것에 비해 저가격, 높은 신뢰성, 광범위한 적용 등 그 용도가 많아지고 있으며 현재 많은 연구가 진행되고 있다.

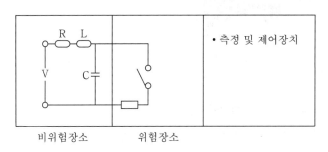

[그림 5-74] 본질안전 방폭구조

(6) 특수방폭구조(special "s")

상기구조 외의 것을 통합하여 이르는 명칭으로 기타 시험에 의해 안전이 확인된 구조를 말한다.

Section 91 스마트팩토리 수준과 스마트팩토리 안전시스템 수준의 비교

1 스마트팩토리 수준

스마트팩토리 수준 단계는 기초-중간1-중간2-고도화 4단계로 나뉘며 중소기업들이 통합성과 인터페이스를 유지하면서도 점진적 발전을 도모하기 위해 마련된 것으로 기업의 여력 및 환경에 맞는 구축 방안을 제시한다.

(1) 중간 1단계

설비 정보를 최대한 자동으로 획득하고 모기업과 고신뢰성 정보를 공유해 기업 운영의 자동화를 지향하는 단계다. 생산실적 정보 집계와 계측정보 집계를 자동화해 실시간으로 공장 운영 현황 분석 및 의사결정을 할 수 있다.

(2) 중간 2단계

모기업과 공급사슬 관련 정보 및 엔지니어링 정보를 공유하며 글로벌 계획 최적화와 제어자동화를 기반으로 실시간 의사결정 및 제어형 공장을 달성하는 단계다. 이를 통해 제어 기반의 공장운영 최적화와 모니터링, 진단, 분석 체계를 운영할 수 있으며 주기적 분석 및 피드백을 통한 가치 창출형 공장을 경영할 수 있다.

(3) 고도화 단계

모든 부품, 기기와 서비스 간의 실시간 대화체제를 구축하고 사이버 공간상에서 비즈니스를 실현할 수 있는 단계를 말한다. 이를 통해 고객맞춤형 생산체제와 자율적응형 생산체제를 구축할 수 있으며 인공지능 기술 기반의 실시간 공장관제 기술을 구현하는 등 제품 개발부터 완제품까지, 그리고 자재구매부터 유통까지 가상공간에서 모든 것을 제어할 수 있다.

2 스마트팩토리 안전시스템 수준

2019년부터 국내에서는 기업의 스마트화 수준을 규정된 절차에 따라 공신력 있는 제 3자가 확인하고 검증하는 제도인 스마트팩토리 수준확인제도를 시행하고 있으며 [표 5-21]은 스마트팩토리 수준확인제도 등급기준으로 ICT 미적용부터 고도화 단계까지 Level0~5 수준으로 분류한다.

[표 5-21] 스마트팩토리 수준확인제 등급 기준

단계	기존수준	조건(구축수준)	주요 도구	점수
Level 5	고도화	모니터링부터 제어, 최적화까지 자율로 진행	인공지능, AR/VR, CPS 등	950 이상
Level 4	중간2	공정운전 시뮬레이션을 통한 사전 대응 가능	센서 제어기 최적화 도구	850~950
Level 3	중간1	수집된 정보를 분석하여 제어 가능	센서+분석도구	750~850
Level 1~2	기초수준	생산정보 모니터링 실시간 가능	센서	650~750
Level 0	ICT 미적용	부분적 표준화 및 데이터 관리	바코드, RFID	550~650

Section 92 고령화설비의 경년손상과 열시효취화, 크리프 및 수명의 지배인자

① 개요

공장에서 오랜 기간 사용되고 있는 설비의 안전성과 신뢰성을 확보하기 위하여 손상을 평가하고, 설비의 수명을 예측하기 위한 지침을 제시하여 설비의 고령화로 인한 중대산업사고를 예방함을 목적으로 한다.

② 고령화설비의 경년손상과 열시효취화, 크리프 및 수명의 지배인자

(KOSHA GUIDE, M-146-2012)

(1) 관련 용어

① 고령화 설비란 누계운전시간이 10만 시간 이상 경과하였거나 기동·정지회수가 2,500회 이상인 설비를 말한다.

② 경년손상이란 해가 거듭되면서 발생하는 손상으로, 재료가 고온에서 장시간 가열 및 담금질 등에 의하여 재료 전체의 특성이 변화하고, 특히 파괴인성 및 충격 에너지의 변화로 인하여 취성이 현저하게 나타나는 현상을 말한다.

③ 열시효취화란 운전온도 300℃의 비크리프 영역에서 장시간 가열에 의한 취화를 말한다.

④ 크리프(Creep)란 일정온도에서 일정한 하중이 작용하는 경우에 시간의 경과에 따라 재료의 변형이 증가하는 현상을 말한다.

(2) 수명의 지배인자

① 설비의 수명예측은 최초 설계 시뿐만 아니라, 사용기간 중에도 지속적으로 실시하여 최신의 발전된 기술을 도입하여 예측의 정확도를 기하여야 한다.

② 재료의 결함과 경년손상이 수명의 지배인자이다. 현재 설치된 기기에는 결함이 없는 것이 원칙이나, 공업재료는 대개 비금속 개재물, 편석 등의 재료결함을 내포하고 있으며, 기기의 사용기간 중에도 부식피트, 마멸, 피로균열, 응력부식균열 등의 결함이 발생하고, 또한 그 결함은 재료결함 및 제조 시의 결함을 시작점으로 하여 진전된다는 사실을 주지하여야 한다.

③ 모든 결함을 파악하여 수명예측을 하는 것은 거의 불가능하므로, 일반적으로 설계 시에는 결함을 고려하지 않는 것을 원칙으로 한다. 설계 시의 수명예측은 재료 및 구조가 건전하다는 것을 전제로 한다.

④ 피로 및 응력부식균열은 국소파괴현상이며, 재료 전체가 손상을 받지 않고 일부 구역에서 균열이 발생, 진전되어 파괴에 이른다.

⑤ 온도 이력에 직접 관련되지 않는 경년손상으로는 수소취화 등이 있으며 그 특징은 다음과 같다.

　㉠ 해가 거듭되면서 재료 전체의 취화가 진행된다.

　㉡ 반드시 균열을 수반하지는 않는다.

　㉢ 부하응력과 취화를 가속하는 경우가 있다.

　㉣ 다른 요인으로 균열이 발생되는 경우에는 취화가 한계결함치수의 현저한 감소를 가져온다.

⑥ 실제로 경년손상이 문제가 되는 것은 피로 및 응력부식균열 등의 복합 효과이다. 크리프의 경우에는 기공이 발생, 성장하여 재료 전체의 손상에 부가하여 국부적으로 균열이 발생하여 진전된다.

⑦ 경년손상은 좁은 의미에서 재료 전체의 취화이며, 넓은 의미에서 균열을 수반하는 현상을 포함하는 것으로 전자는 경년열화, 후자는 경년손상으로 구분한다.

Section 93 기계안전관련 제어시스템의 부품류 설계 시 반영되는 성능요구수준(PLr)의 결정방법을 위험성 그래프를 도시하여 설명

1 개요

제어시스템의 안전관련부품(SRP/CS, Safety-Related Part of a Control System)이라 함은 안전관련 입력신호에 응답하고 안전관련 출력신호를 발생시키는 제어시스템의 부품류를 말한다.

2 성능요구수준(PLr)의 결정방법을 위험성 그래프를 도시하여 설명

(KOSHA GUIDE, M-192-2017)

(1) 성능요구수준

제어시스템(예 기계적 보호장치) 또는 추가적인 안전기능들과 무관한 다른 기술적 방법에 의하여 위험성 감소가 기대되는 안전기능에 의하여 결정한다.

(2) 상해의 심각도 S1, S2

① 안전기능의 고장으로부터 발생하는 위험성의 추정에서는 오직 경미한 부상(보통 원상회복이 가능한)과 심각한 부상(보통 원상회복이 불가능한) 그리고 사망만을 고려한다.

② 합병증이 없는 타박상 또는 열상은 S1으로 분류하고 절단 또는 사망은 S2로 설정한다.

(3) 위험요인에 대한 빈도, 노출시간 F1, F2

① 파라미터 F1 또는 F2에 대해 선택되는 일반적인 유효시간주기는 명시하기 어려우나 사람이 자주 또는 지속적으로 위험요인에 노출된다면 F2로 선택한다.

② 빈도 파라미터는 위험요인에 대한 접근 빈도와 기간에 따라서 선택한다.

③ 위험요인에 대한 노출기간은 장비가 사용되는 총 기간에 대하여 측정한 평균을 기준으로 결정하고 결과를 평가하는 것이 바람직하다. 예를 들면 작업물을 급하게 이동시키기 위한 주기적 작업의 사이사이에 기계와 기구들 사이에 정기적으로 접근하는 것이 필요하다면 F2가 선택되는 것이 좋고, 간헐적인 접근만이 요구된다면 F1이 바람직하다.

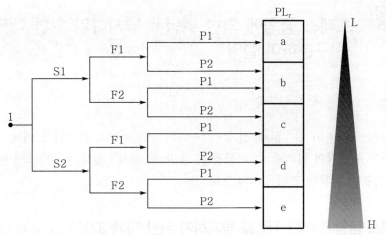

1) 식별부호
- 1 : 안전기능 결정/결과평가의 시작 점
- L : 위험성감소에 대한 기여도로 낮은 기여도
- H : 위험성감소에 대한 기여도로 높은 기여도
- PL_r : 성능요구수준

2) 위험성 파라미터
- S : 부상의 심각도
- S1 : 경미(보통 원상회복이 가능한 부상)
- S2 : 심각(보통 원상회복이 불가능한 부상, 사망)
- F : 빈도 및 또는 위험요인에 대한 노출
- F1 : 가끔-빈번하지는 않은 및/또는 짧은 노출시간
- F2 : 자주 지속적 및 또는 긴 노출시간
- P : 위험요인 회피 또는 상해 제한의 가능성
- P1 : 특정 조건에서 가능
- P2 : 거의 불가능

[그림 5-75] 전기능에 요구되는 PL_r 결정을 위한 위험성 그래프

(4) 위험요인 P1과 P2를 회피할 수 있는 가능성

① 위험한 상황이 사고로 이어지기 전에 인지하고 회피할 수 있는지를 아는 것은 위험요인이 물체의 물리적 특성에 의해 직접 파악이나 식별되는지 또는 지시기와 같은 기술적 수단에 의해서만 인지되는지의 여부를 고려한다.

② 파라미터 P의 선택에 영향을 미치는 다른 중요한 측면은 감독 없는 경우나 감독이 있는 경우의 작동 여부, 전문가 또는 비전문가에 의한 작동여부, 위험요인이 발생하는 속도(예 빠르거나 느리게), 위험요인 회피의 가능성(예 탈출에 의해) 여부, 공정에 관계된 실질적인 안전 경험의 보유 여부 등에 따라 설정한다.

③ 위험한 상황이 발생했을 때 사고를 회피하거나 그 영향을 현저히 저하시킬 수 있는 가능성이 있는 경우에는 P1, 위험요인을 회피할 가능성이 거의 없는 경우 P2를 선택한다.

Section 94

프레스 금형에 의한 위험을 방지하기 위한 대책을 3가지로 구분하여 설명

1 개요

프레스 금형이 안전하게 설계·제작되어 구조적으로 위험한계 내에 작업자의 접근이 차단되고 금형의 파손방지, 이상검출, 운반 및 설치·해체 등 작업과정에서의 안전을 위한 필요한 지침을 정함을 목적으로 한다.

2 프레스 금형에 의한 위험을 방지하기 위한 대책 3가지(KOSHA GUIDE, M-138-2012)

(1) 간격

금형의 사이에 작업자의 신체의 일부가 들어가지 않도록 [그림 5-76]과 같이 간격이 8mm 이하가 되도록 설치한다.

① 상사점 위치에 있어서 펀치와 다이, 이동 스트리퍼와 다이, 펀치와 스트리퍼 사이 및 고정 스트리퍼와 다이 등의 간격이 8mm 이하이면 울은 불필요하다.

② 상사점 위치에 있어서 고정 스트리퍼와 다이의 간격이 8mm 이하이더라도 펀치와 고정 스트리퍼 사이가 8mm 이상이면 울을 설치하여야 한다.

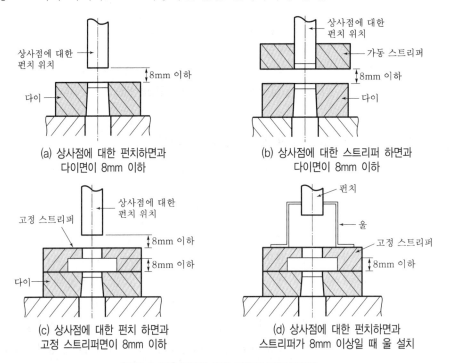

(a) 상사점에 대한 펀치하면과 다이면이 8mm 이하

(b) 상사점에 대한 스트리퍼 하면과 다이면이 8mm 이하

(c) 상사점에 대한 펀치 하면과 고정 스트리퍼면이 8mm 이하

(d) 상사점에 대한 펀치하면과 스트리퍼가 8mm 이상일 때 울 설치

[그림 5-76] 행정이 짧은 경우의 금형 안전화

(2) 울의 설치

① 금형 사이에 작업자의 신체의 일부가 들어가지 않도록 울을 설치한다.

② 울로 인하여 작업의 방해를 받지 않도록 울의 소재 자체를 투명한 플라스틱 또는 타공망이나 철망 등을 이용한다.

③ 적절한 내구성과 견고성이 유지되어야 하므로 통상 사용재료는 금속재인 경우 두께가 1.5mm 미만인 소재도 사용가능하나 경금속은 2.0mm 이상으로 해야 한다.

④ 울을 쉽게 제거할 수 없도록 고정시킬 때 여러 개의 나사로 체결하는 것이 바람직하며, 조임볼트는 밖에서 안으로, 위에서 아래로, 1개보다는 2개를 이용하여 조여야 하고 볼트의 머리는 공구를 사용할 공간이 충분하도록 금형고정판 부위에 너무 가깝지 않도록 한다.

⑤ 울에 설치된 송급 및 배출구 부위의 뚜껑이나, 덮개 등 개폐장치에는 인터록 장치를 설치한다.

(3) 금형의 사이에 손을 넣을 필요가 없게 함

① 재료 또는 제품을 자동적으로 또는 위험한계를 벗어난 장소에서 송급한다.
- ㉠ 1차 가공용 송급장치 : 로울 피더(Roll feeder)
- ㉡ 2차 가공용 송급장치 : 슈트, 푸셔 피더(Pusher feeder), 다이얼 피더(Dial feeder), 트랜스퍼 피더(Transfer feeder) 등
- ㉢ 슬라이딩 다이(Sliding die, 하형 자신을 안내로 송급하는 형식)

② 제품 및 스크랩이 금형에 부착되는 것을 방지하기 위해 스프링 플런저(Spring plunger), 볼 플런저, 키커 핀(Kicker pin) 등을 설치한다.

③ 제품 및 스크랩은 자동적으로 또는 위험한계 밖으로 배출하기 위해 공기분사장치, 키커, 이젝터 등을 설치한다.
- ㉠ 공기분사장치용 구멍을 울에 만들 경우 분사장치의 직경은 손가락 굵기보다는 작아야 하고 울의 구멍도 손가락이 들어갈 수 없도록 작아야 한다.
- ㉡ 배출된 부품을 모으는 슈터와 용기를 금형에 부착할 때에는 위험구멍 등이 발생되지 않도록 하고 작업진동 등에 의해 떨어지는 경우가 없도록 견고하게 고정 부착한다.

산업용 로봇 방호장치 중 광전자식 방호장치의 성능기준 중에서 R-1과 R-2, 뮤팅, 한계기능시험

① 개요

제품 생산 등의 작업 시 조립·운반 등에 사용되는 산업용 로봇은 인근 작업자가 해당 로봇의 방호장치 미비 및 설치 불량 등으로 인해 협착, 충돌되는 재해가 발생하는 실정으로 위험성이 높은 산업용 로봇의 방호장치에 대해 안전성을 확인할 수 있는 안전인증 대상으로 포함하여 로봇에 의한 산업재해를 예방할 필요가 있다.

② 산업용 로봇 방호장치 중 광전자식 방호장치의 성능기준 중에서 R-1과 R-2, 뮤팅, 한계기능시험(방호장치 안전인증 고시, 고용노동부)

(1) R-1과 R-2

1) R-1

정상 작동 중에 감지 소자가 작동될 경우 또는 장치의 전원이 차단되었을 경우에는 적어도 하나 이상의 출력 신호 개폐 장치의 출력 회로가 꺼짐 상태로 있어야 한다.

2) R-2

정상 작동 중에 감지 기능이 작동될 경우 또는 장치의 전원이 제거되었을 경우에는 적어도 두 개 이상의 출력 신호 개폐 장치의 출력 회로가 꺼짐 상태로 있어야 한다.

(2) 뮤팅

1) 뮤팅된 상태에서 출력 신호 개폐 장치는 감지 장치 작동 시 켜짐 상태가 유지되어야 한다.

2) 뮤팅 신호의 올바른 순서 및 타이밍에 의해서만 뮤팅이 활성화되어야 하며, 뮤팅 신호에 이상이 발생하는 경우 뮤팅이 활성화되지 않아야 한다.

3) 뮤팅을 비활성화하기 위해서는 최소한 독립된 두 개의 하드와이어 뮤팅 신호원이 있어야 하며, 뮤팅 신호원 중 한 개의 상태만 바뀌어도 뮤팅 기능은 정지되어야 한다.

4) 뮤팅 신호는 뮤팅 중에 연속적으로 존재해야 한다. 신호가 연속적으로 존재하지 않을 때에는 잘못된 시퀀스 또는 사전에 설정된 시간제한 만료를 통해 잠금 상태 또는 재기동 방지 기능이 발생해야 한다.

5) 뮤팅기능의 고장은 결함검출 요구사항에 따라 감지되어야 하며, 최소한 다른 뮤팅 조건이 발생하도록 허용하지 않아야 한다. 뮤팅 기능의 필요한 고장 검출은 자동적으로 수행되어야 한다.

6) 뮤팅 상태를 나타내는 신호나 지시기가 있어야 한다.

(3) 광전자식 방호장치의 한계 기능시험

한계기능 A, B시험은 재기동방지기능이 있는 경우 시험 중에는 이 기능을 선택할 수 없어야 하며 바이패스(bypass) 되어서도 아니 된다.

1) 한계기능시험A(A시험)

① 검출영역에 장애물이 없는 상태에서는 출력신호 개폐장치가 켜짐 상태로 5초 이상 유지될 것

② 차광봉을 검출영역에 위치시킨다. 그러면, 출력신호 개폐장치는 켜짐 상태에서 꺼짐 상태로 바뀌어 5초 이상 유지될 것

③ 차광봉을 검출영역에서 제거한다. 그러면 출력신호 개폐장치는 꺼짐 상태에서 켜짐 상태로 되어 5초 이상 유지되어야 한다. 반면에 차광봉이 검출영역에 있으면, 꺼짐 상태로 유지될 것

2) 한계기능시험B(B시험)

B시험은 A시험과 달리 차광봉이 검출영역에서 제거된 상태에서는 출력신호 개폐장치가 꺼짐 상태를 허용하며 그 외에는 A시험과 동일하다. 다만, 이때 위험에 이르는 결함이 발생해서는 안 된다.

Section 96

고체입자 이송용 벨트 컨베이어(Belt Conveyor)에 관한 설비의 설계 순서, KOSHA GUIDE에 의한 벨트 컨베이어 안전 조치, 컨베이어 퇴적 및 침적물 청소작업 시 안전작업 내용

1 개요

산업안전보건기준에 관한 규칙(이하 "안전보건규칙"이라 한다) 컨베이어(이탈 등의 방지)의 규정에 따라 컨베이어 또는 그 부속 장치에 의하여 발생하는 산업재해 예방을 위하여 컨베이어의 안전에 관한 지침을 정함을 목적으로 한다.

2 고체입자 이송용 벨트 컨베이어(Belt Conveyor)에 관한 설비의 설계 순서, KOSHA GUIDE에 의한 벨트 컨베이어 안전조치, 컨베이어 퇴적 및 침적물 청소작업 시 안전작업 내용(KOSHA GUIDE, M-101-2012)

(1) 설계 및 제작

컨베이어를 설계 및 제작하는 때에는 다음 각 호의 사항을 준수하여야 한다.

① 화물이 이탈할 우려가 없어야 한다.

② 화물을 싣고 내리며 운반을 하는 곳에서 화물이 낙하할 우려가 없어야 한다.

③ 경사 컨베이어, 수직 컨베이어는 정전, 전압강하 등에 의한 화물 또는 운반구의 이탈 및 역주행을 방지하기 위한 장치를 설치하여야 한다.

④ 전동 또는 수동에 의해 작동하는 기복장치, 신축장치, 선회장치, 승강장치를 갖는 컨베이어에는 이들 장치의 작동을 고정하기 위한 장치를 설치하여야 한다.

⑤ 컨베이어의 동력전달 부분에는 덮개 또는 울을 설치하여야 한다.

⑥ 컨베이어 벨트, 풀리, 롤러, 체인, 체인스프로킷, 스크루 등에 근로자 신체의 일부가 말려드는 등 근로자에게 위험을 미칠 우려가 있는 부분에는 덮개 또는 울을 설치하여야 한다.

⑦ 컨베이어의 기동 또는 정지를 위한 스위치는 명확히 표시되고 용이하게 조작 가능한 것으로 접촉·진동 등에 의해 불의에 기동할 우려가 없는 것이어야 한다.

⑧ 컨베이어에는 급유자가 위험한 가동부분에 접근하지 않고 급유가 가능한 장치를 설치하여야 한다.

⑨ 화물의 적재 또는 반출을 인력으로 하는 컨베이어에서는 근로자가 화물의 적재 또는 반출 작업을 쉽게 할 수 있도록 컨베이어의 높이, 폭, 속도 등이 적당하여야 한다.

⑩ 수동조작에 의한 장치의 조작에 필요한 힘은 196N(20kgf) 이하로 하여야 한다.

(2) 설치

컨베이어를 설치하는 때에는 다음 각 호의 사항을 준수하여야 한다.

① 컨베이어의 가동부분과 정지부분 또는 다른 물체와의 사이에 위험을 미칠 우려가 있는 틈새가 없어야 한다.

② 컨베이어에 설치된 보도 및 운전실 상면은 수평이어야 한다.

③ 보도 폭은 60cm 이상으로 하고 추락의 위험이 있을 때에는 안전난간(상부난간대는 바닥면 등으로부터 90cm 이상 120cm 이하에 설치하고, 중간난간대는 상부난간대와 바닥면 등의 중간에 설치하는 등)을 설치한다.

④ 가설통로 및 사다리식 통로를 설치할 때에는 안전규칙과 기계 및 설비의 통로설치에 관한 기술지침을 따른다.

⑤ 제어장치 조작실의 위치가 지상 또는 외부 상면으로부터 높이 1.5m를 초과하는 위치에 있는 것은 계단, 고정사다리 등을 설치하여야 한다.

⑥ 보도 및 운전실 상면은 발이 걸려 넘어지거나 미끄러지는 등의 위험이 없어야 한다.

⑦ 근로자가 작업 중 접촉할 우려가 있는 구조물 및 컨베이어의 날카로운 모서리·돌기물 등은 제거하거나 방호하는 등의 위험방지조치를 강구하여야 한다.

⑧ 근로자가 컨베이어를 횡단하는 곳에는 바닥면 등으로부터 90cm 이상 120cm 이하에 상부난간대를 설치하고, 바닥면과의 중간에 중간난간대가 설치된 건널다리를 설치한다.

⑨ 통로에는 통로가 있는 것을 명시하고 위험한 곳을 방호하는 등의 안전조치를 하도록 하여야 한다.

⑩ 컨베이어 피트, 바닥 등에 개구부가 있는 경우에는 안전난간, 울, 손잡이 등에 충분한 강도를 가진 덮개 등을 설치하여야 한다.

⑪ 작업장 바닥 또는 통로의 위를 지나고 있는 컨베이어는 화물의 낙하를 방지하기 위한 설비를 설치하여야 한다.

⑫ 컨베이어에는 운전이 정지되는 등 이상이 발생된 경우, 다른 컨베이어로의 화물공급을 정지시키는 연동 회로를 설치하여야 한다.

⑬ 폭발의 위험이 있는 가연성 분진 등을 운반하는 컨베이어 또는 폭발의 위험이 있는 장소에 사용되는 컨베이어의 전기기계·기구는 방폭구조이어야 한다.

⑭ 컨베이어에는 연속한 비상정지스위치를 설치하거나 적절한 장소에 비상정지스위치를 설치하여야 한다.

⑮ 컨베이어에는 기동을 예고하는 경보장치를 설치하여야 한다.

⑯ 보도, 난간, 계단, 사다리 등은 컨베이어의 가동 개시 전에 설치하여야 한다.

⑰ 컨베이어의 설치장소에는 취급설명서 등을 구비하여야 한다.

(3) 컨베이어 퇴적 및 침적물 청소작업 시 안전작업 내용

컨베이어의 청소, 급유, 검사, 수리 등의 보수유지 작업(이하 "정비작업"이라 한다)을 함에 있어서 근로자에게 위험을 미칠 우려가 있을 때에는 컨베이어의 운전을 정지시키고 컨베이어가 작동하지 않도록 조치를 강구하여야 한다.

Section 97 보일러 안전밸브와 관련된 설정압력, 분출압력, 호칭압력, 분출정지압력

1 개요

안전밸브란 보일러 운전 시 증기압력이 규정압력 이상으로 상승할 때 고압의 증기를 대기 중에 방출하여 보일러 내의 압력을 최고사용압력 이하로 유지하기 위한 장치를 말한다. 일반적으로 스프링식 안전밸브를 사용한다. 열매체보일러는 인화성 증기가 발생하기 때문에 안전밸브는 밀폐식 구조이거나 안전밸브로부터 배출된 열매를 보일러실 밖으로 방출시키는 구조이어야 한다.

2 보일러 안전밸브와 관련된 설정압력, 분출압력, 호칭압력, 분출정지압력 등

(방호장치 의무안전인증 고시 제7조, KOSHA GUIDE(P-75-2011))

압력 관련 용어의 정의는 다음과 같다.

① 설정압력(set pressure)이란 설계상 정한 안전밸브의 분출압력을 말한다.
② 분출압력(popping pressure)이란 밸브 입구의 압력이 증가하여 디스크가 열린 방향으로 빠르게 움직여 유체를 분출시킬 때의 입구측 압력을 말한다.
③ 호칭압력이란 압력의 크기를 호칭 수치로 나타내는 것을 말한다.
④ 분출정지압력이란 밸브 입구측 압력이 감소하여 디스크가 밸브시트에 재접촉하거나 양정이 0이 되었을 때의 압력을 말한다.
⑤ 분출차(blowdown)란 분출압력과 분출정지압력과의 차를 말하며 압력값 또는 차이의 백분율로 표기한다.
⑥ 냉각차 시험압력(cold differential test pressure)이란 배압과 온도에 대한 보정값이 반영된 상온에서의 설정압력을 말한다.
⑦ 배압(back pressure)이란 안전밸브 출구 측에 걸리는 압력을 말한다.

Section 98 인화성 액체를 취급하는 배관이음 설계기준

1 개요

인화성 액체란 표준압력(101.3kPa)하에서 인화점이 60℃ 이하이거나 고온·고압의 공정운전조건으로 인하여 화재·폭발위험이 있는 상태에서 취급되는 가연성 물질을 말한다.

2 인화성 액체를 취급하는 배관이음 설계기준

(인화성 액체의 안전한 사용 및 취급에 관한 기술지침, KOSHA GUIDE(P-75-2011))

배관 및 호스설계 시 다음을 준수해야 한다.

① 밸브의 씰 및 플랜지 개스킷을 포함한 인화성 액체를 취급하는 배관 시스템의 재질은 취급하는 물질에 저항성이 있는 것을 사용하여야 하며, 관련된 코드에 적합하게 설치하여야 한다.

② 플라스틱 재질 등은 취급하는 유체의 순도 유지 등과 같은 그 재질을 사용하여야 하는 특수한 이유가 있는 경우에 한하여 사용한다.

③ 배관시스템은 누출 가능성을 최소하기 위하여 가능하면 용접에 의한 연결방법을 사용한다.

④ 배관시스템은 액체의 열팽창에 의한 과압에 충분히 견딜 수 있도록 설계하거나 액체 열팽창용 안전밸브를 설치하여야 한다.

⑤ 배관을 트렌치 내에 설치하는 경우에는 부식성이 있거나 상호 반응성이 있는 물질을 이송하는 배관을 같은 트렌치 내에 설치해서는 안 된다.

⑥ 배관과 전선을 같은 트렌치 내에 설치하는 것은 피해야 한다.

⑦ 지하에 설치하는 배관을 부식되지 않도록 배관 외부에 적절한 코팅을 하여야 한다. 이때, 플렌지 연결부위는 지하에 매설해서는 안 된다.

⑧ 신축성이 있는 호스는 인입 연결구 및 진동에 의한 손상 가능성이 있는 경우에 한하여 사용한다.

Section 99 산업재해를 예방하기 위하여 대통령령으로 정하는 공표 대상 사업장 5가지, 공표에 대한 산업재해 예방효과

1 개요

고용노동부는 사망재해 발생 등 산업재해 예방조치 의무를 위반한 사업장 명단을 공표한다. 산업안전보건법 제10조에 따라 고용노동부 장관은 매년 대통령령으로 정하는 사업장의 산업재해 발생건수 등을 공표해야 한다.

2 대통령령으로 정하는 공표대상 사업장 5가지, 공표에 대한 산업재해 예방효과

(1) 구체적인 공표대상(대통령령 제34304호, 2024. 3. 12., 일부개정) [시행 2024. 3. 12.]
① 산업재해로 인한 사망자(이하 "사망재해자"라 한다)가 연간 2명 이상 발생한 사업장
② 사망만인율(연간 상시근로자 1만 명당 발생하는 사망재해자 수의 비율을 말한다)이 규모별 같은 업종의 평균 사망만인율 이상인 사업장
③ 법 제44조 제1항 전단에 따른 중대산업사고가 발생한 사업장
④ 법 제57조 제1항을 위반하여 산업재해 발생 사실을 은폐한 사업장
④ 법 제57조 제3항에 따른 산업재해의 발생에 관한 보고를 최근 3년 이내 2회 이상 하지 않은 사업장

(2) 공표에 대한 산업재해 예방효과

정부는 명단공표를 계기로 모든 사업장에서 산업재해에 대한 경각심이 높아지기를 바라며 아울러 각 사업장에서는 위험성평가를 비롯한 안전보건관리체계를 더욱 견고히 하여 유사한 사고가 재발하지 않도록 노력하기 위함이다.

Section 100 크레인을 이용한 중량물 취급 작업 시 작업계획서에 포함할 내용 5가지

1 개요

크레인은 양중기의 일종으로서 동력을 사용하여 중량물을 매달아 전후좌우 및 상하로 운반하는 것을 목적으로 하는 기계 또는 기계장치를 말한다. 주요 구성요소로는 거더,

지브 등의 구조부분과 권상장치, 주행장치, 횡행장치 등의 기계장치 그리고 권상용 와이어로프, 안전장치, 운전실 등이다. 크레인은 구조에 따라 천장크레인, 갠트리크레인, 지브크레인, 타워크레인, 이동식 크레인 등으로 구분된다.

❷ 크레인을 이용한 중량물 취급 작업 시 작업계획서에 포함할 내용 5가지

포함사항은 다음과 같다.
① 장비위치
② 중량물(시점, 종점) 위치 및 운반경로
③ 신호수/작업자 위치
④ 지장물(전선 등) 위치
⑤ 작업자 통제구역(작업반경 내 설비배치 등을 도면 또는 사진으로 표기)

Section101 방사선투과검사 시 투과사진에 나타나는 결함이 필름상에서 건전(정상)부위보다 어둡게 나타나는 이유

❶ 개요

방사선 투과검사는 엑스선, 감마선 등의 방사선을 사용조건 및 용도에 따라 선택하여 시험체에 투과시켜 x-선 필름에 형성시킴으로써 시험체 내부의 결함을 검출하는 검사방법으로 내부결함을 검출하는 비파괴검사 방법 중 현재 가장 널리 이용되고 있다.

방사선투과검사(Radiographic Testing, RT)는 시험체 뒤에 필름을 부착시키고 방사선으로 촬영한 다음 필름 현상과정을 통해 영구적인 상을 얻어 이를 관찰함으로써 시험체 내의 불연속의 크기 및 위치 등을 판별하는 방법이다.

❷ 방사선투과검사 시 투과사진에 나타나는 결함이 필름상에서 건전(정상)부위보다 어둡게 나타나는 이유

일반적으로 강재의 방사선 투과검사 시, 내부에 이물질이 존재하는 경우에는 이물질의 밀도가 거의 강재의 밀도보다 작아서(Tungsten 등을 제외하고) 이 물질(불연속) 부분을 투과한 방사선의 양이 강재를 투과한 방사선량에 비해 많기 때문에 투과 사진상에서 검게 나타나고 기공 등은 기체가 들어 있는 상태이므로 검고 둥근 형태로 나타난다.

Section 102 크레인을 사용하는 작업 시 관리감독자의 유해 · 위험 방지 업무와 작업시작 전 점검사항을 구분하여 설명

1 개요

크레인(crane)이란 훅(hook)이나 그 밖에 달기기구를 사용하여 화물의 권상과 이송을 목적으로 일정한 작업 공간 내에서 반복적인 동작이 이루어지는 기계를 말한다.

2 크레인을 사용하는 작업 시 관리감독자의 유해 · 위험 방지 업무와 작업 시작 전 점검사항

사업주는 관리감독자(건설업의 경우 직장 · 조장 및 반장의 지위에서 그 작업을 직접 지휘 · 감독하는 관리감독자를 말한다. 이하 같다)로 하여금 유해 · 위험을 방지하기 위한 업무를 수행하도록 하여야 한다.

(1) 크레인을 사용하는 작업

① 작업방법과 근로자 배치를 결정하고 그 작업을 지휘하는 일
② 재료의 결함 유무 또는 기구 및 공구의 기능을 점검하고 불량품을 제거하는 일
③ 작업 중 안전대 또는 안전모의 착용 상황을 감시하는 일

(2) 작업시작 전 점검사항

1) 크레인을 사용하여 작업을 하는 때
   ① 권과방지장치 · 브레이크 · 클러치 및 운전장치의 기능
   ② 주행로의 상측 및 트롤리(trolley)가 횡행하는 레일의 상태
   ③ 와이어로프가 통하고 있는 곳의 상태

2) 이동식 크레인을 사용하여 작업을 할 때
   ① 권과방지장치나 그 밖의 경보장치의 기능
   ② 브레이크 · 클러치 및 조정장치의 기능
   ③ 와이어로프가 통하고 있는 곳 및 작업장소의 지반상태

Section 103

차량계 하역운반기계 중 지게차의 안전작업에 관한 작업 계획서 작성시기, 운전위치 이탈 시 조치, 수리 또는 부속 장치의 장착 및 해체작업 시 조치, 운전자의 자격(지게차의 안전작업에 관한 기술지침, 2015)

1 개요

건설기계관리법 제2조에 명시된 지게차의 범위는 "타이어식으로 들어 올림 장치를 가진 것"으로 규정되어 있다. 사전적 의미로는 "차의 앞부분에 두 개의 길쭉한 철판이 나와 있어 짐을 싣고 위아래로 움직여 짐을 나르는 차"로 명시되어 있다. 지게차는 차체 앞에 화물 적재용 포크와 승강용 마스트를 갖추고 포크 위에 화물을 적재하여 운반하며, 동시에 포크를 승강시켜서 적재 또는 하역작업을 한다. 이렇게 상하로 이동시키는 승강작업 등의 운반작업 이 포크에 의해 이루어지므로 지게차를 포크 리프트(fork lift)라고도 한다.

2 작업계획서 작성시기, 운전위치 이탈 시 조치, 수리 또는 부속장치의 장착 및 해체작업 시 조치, 운전자의 자격(지게차의 안전작업에 관한 기술지침, 2015)

(1) 작업계획의 작성 시기

① 일상작업은 최초 작업개시 전
② 작업장 내 구조, 설비 및 작업방법이 변경되었을 때
③ 작업장소 또는 화물의 상태가 변경되었을 때
④ 차량계 하역운반기계의 운전자가 변경되었을 때
⑤ 수시작업은 매 작업개시 전

(2) 운전위치 이탈 시의 조치

① 포크 및 버킷 등의 하역장치를 가장 낮은 위치에 둔다.
② 원동기를 정지시키고 브레이크를 확실히 거는 등 갑작스러운 주행을 방지하기 위한 조치를 한다.

(3) 수리 등의 작업 시 조치

지게차의 수리 또는 부속장치의 장착 및 해체작업을 하는 때에는 해당 작업의 지휘자를 지정하여 다음 사항을 준수하도록 하여야 한다.
① 작업순서를 결정하고 작업을 지휘한다.
② 낙하방지를 위한 안전지주 또는 안전블록 등의 사용상황 등을 점검한다.

(4) 운전자의 자격

지게차 운전은 면허를 가진 지정된 근로자가 한다.

① 건설기계관리법에서 정하는 지게차(전동식으로 솔리드타이어를 부착한 것 중 도로가 아닌 장소에서만 운행하는 것은 제외한다)의 운전은 해당 면허를 가진 지정된 근로자가 해야 한다.

② 지게차조종사 면허를 받으려는 사람은 「국가기술자격법」에 따른 해당 분야의 기술자격을 획득하고 시장·군수 또는 구청장에게 지게차조종사 면허를 받아야 한다.

③ 3톤 미만의 지게차의 경우는 자동차운전면허를 가진 사람으로서 시·도지사가 지정한 교육기관에서 소형건설기계조종교육을 이수한 후 시장·군수 또는 구청장에게 조종사 면허를 받아야 한다.

Section104 와이어로프의 단말처리법

1 개요

단말가공은 로프와 마찬가지로 안전과 위험을 동일하게 취급해야 하며 반복사용에 의한 피로와 가공방법에 다른 효율 등을 면밀히 검토해야 한다.

2 와이어로프의 단말처리법

와이어로프의 단말처리법은 [표 5-22]와 같다.

[표 5-22] 와이어로프의 단말처리법

로프 단말 가공법	가공 종류	가공 효율(%)	
아이 스플라이스 (eye splice, hand splice)		10mm≥	90%
		20mm≥	85%
		20mm<	80%
심블(thimble, 씌움고리)		75~90%	
아이클램프(eye clamp, mechanical splice)		90~95%	
clip 조임법		75~85%	

wedge socket		75~90%
spelter socket		100%
swage socket		95%

유해 · 위험설비의 점검 · 정비 · 유지관리에 관한 기술지 침에 따른 점검, 정비, 유지관리에 대한 용어의 정의

1 개요

이 지침은 산업안전보건법(이하 "법"이라 한다) 제49조의 2(공정안전보고서의 제출 등), 동법 시행령 제33조의 6(공정안전보고서의 내용) 및 동법 시행규칙 제130조의 2(공 정안전보고서의 세부내용)의 규정에 의하여 유해 · 위험설비에 대한 점검, 정비 및 유지 계획에 관한 사항과 그 절차에 관하여 필요한 사항을 기술함으로써 예방정비 및 기기의 수명예측을 통한 설비의 안전운전을 유지함을 목적으로 한다.

2 점검, 정비, 유지관리에 대한 용어의 정의

(1) 점검

유해 · 위험설비에 대하여 설계명세 및 적용코드에 따라 사용조건에서 적합한 성능을 유지하고 있는지 여부를 확인하기 위하여 사업주가 일정 주기마다 자율적으로 실시하는 자체검사 및 시험을 말한다.

(2) 정비

기기의 성능점검결과 이상의 징후가 있거나, 또는 허용범위를 벗어난 결함 및 고장이 있을 경우 기기의 성능을 지속적으로 유지하기 위하여 이상이나 결함을 제거하는 정비 또는 교체작업을 말한다.

(3) 유지관리

각 기기에 대하여 실시한 점검 및 정비에 대한 이력을 기록·유지하고 이 이력기록을 다시 점검 및 정비에 반영하여 공정기기의 안전성을 지속적으로 유지시키기 위한 모든 조직적 행위를 말한다.

Section106 설비 안전점검 체크리스트 작성 시 포함하여야 하는 사항

① 개요

안전점검은 기계설비의 불안전한 상태 및 불안전한 행동을 파악하여 사고를 방지하기 위한 활동이다. 안전점검을 하는 목적은 사고예방 측면에서 위험요소를 색출하여 제거하고 개선하는 것이므로 사고원인이 어디에 있는지를 고려하는 것이 중요하다.

② 체크리스트에 포함되어야 할 사항(작성 항목)

체크리스트에 포함되어야 할 사항(작성 항목)은 다음과 같다.
① 점검대상
② 점검부분(점검개소)
③ 점검항목(점검내용 : 마모, 균열, 부식, 파손, 변형 등)
④ 점검주기 또는 기간(점검시기)
⑤ 점검방법(육안점검, 기능점검, 기기점검, 정밀점검)
⑥ 판정기준(자체검사기준, 법령에 의한 기준, KS 기준 등)
⑦ 조치사항(점검결과에 따른 결함의 시정사항)

혼합기에서 발생할 수 있는 일반적인 사고 발생원인, 위험 기계·기구 자율안전확인 고시상의 혼합기의 주요 구조부, 혼합기의 제작 및 안전기준 상의 덮개, 덮개연동시스템, 잠금장치 및 비상정지장치에 대한 기준

1 개요(주요 구조부)

혼합기란 회전축에 고정된 날개를 이용하여 내용물을 저어주거나 섞는 장치를 말하며, 주요 구조부는 혼합용기, 혼합용기 회전장치, 회전날이 있으며 잠금장치란 에어실린더 또는 전자코일 등을 이용하여 혼합기의 덮개를 임의로 열 수 없도록 하는 장치를 말한다.

2 혼합기의 제작 및 안전기준 상의 덮개, 덮개연동시스템, 잠금장치 및 비상 정지장치에 대한 기준

(1) 혼합기에서 발생할 수 있는 일반적인 사고 발생원인

혼합기는 기계 내부에 회전 날이 있어 내부 작업 중 작동하면 작업자가 날에 말리거나 끼일 수 있다. 보통 원료를 투입하거나 배합 작업 중에 회전 날과 내부 구조물 사이에 끼이는 경우가 발생하고, 혼합기를 청소하려 이물질을 제거하는 중 회전 날에 끼일 수도 있다.

(2) 혼합기의 제작 및 안전기준 상의 덮개, 덮개연동시스템, 잠금장치 및 비상정지장 치에 대한 기준

1) 덮개
   ① 혼합기의 개구부로 작업자가 추락하여 재해를 입을 우려가 있는 때에는 해당 부위에 덮개 또는 울 등을 설치해야 한다. 다만, 덮개 또는 울 등을 설치하는 것이 작업의 특성상 곤란한 경우 안전대를 사용하도록 하는 등의 별도의 위험방지 조치를 해야 한다.
   ② 혼합기의 구동 부분에 접촉함으로써 위해를 입을 우려가 있거나 또는 원료의 비산 등으로 작업자에게 위험을 미칠 우려가 있는 때에는 해당 부위에 덮개를 설치하는 등 필요한 조치를 해야 한다.

2) 덮개 연동시스템
   ① 혼합기로부터 내용물을 꺼내거나 청소·정비·보수 등의 작업을 하는 때에는 회전날 이 정지되도록 연동시스템을 설치해야 한다. 다만, 내용물을 자동으로 꺼내는 구조이 거나 기계의 운전 중에 정비·청소·검사 및 수리 등의 작업 시 보조기구를 사용하거 나 위험한 부위에 필요한 방호조치를 한 경우는 예외로 한다.

② 위치검출센서를 설치하여 덮개가 개발된 경우 회전날의 회전운동을 정지시키도록 해야 한다.

③ 위치검출센서는 두 개를 설치하며, 하나는 상시 개로식(nomal open)으로, 다른 하나는 상시 폐로식(nomal close)으로 하여 덮개 개폐 시 한 개 이상의 센서가 감지할 수 있도록 하고 두 개의 센서 중 어느 하나에 결함이 발생한 경우 자동으로 인식하여 경보를 발생시키고 작동이 정지되도록 해야 한다.

④ 덮개가 닫힌 후 기동스위치를 조작해야만 회전날의 운동이 시작되도록 해야 한다.

3) 잠금장치

① 혼합기의 덮개에는 2개 이상을 잠금장치를 설치해야 한다.

② 덮개의 잠금장치는 회전 날의 회전 중 임의로 개방되지 않고 잠금상태를 유지해야 한다.

③ 기계의 작동을 정지시킨 후에도 회전 날의 관성을 고려하여 일정시간이 지난 후 개방될 수 있도록 시간지연장치를 설치해야 한다.

4) 비상정지장치

① 비상정지장치는 각 제어반 및 기타 비상정지를 필요로 하는 개소에 설치하되, 접근이 용이한 곳에 배치되어야 한다.

② 비상정지장치는 작동된 이후 수동으로 복귀시킬 때까지 회로가 자동으로 복귀되지 않고, 슬라이드를 시동상태로 복귀한 후가 아니면 슬라이드가 작동하지 않는 구조의 것이어야 한다.

③ 비상정지장치의 형태는 기계의 구조와 특성에 따라 위험상황을 해소할 수 있도록 다음과 같은 적절한 형태의 것을 선정해야 한다.

    ㉠ 누름버튼형 비상정지장치의 엑추에이터는 적색이고 주변의 배경색은 황색이어야 한다.

    ㉡ 로프작동형 비상정지장치는 상시 로프의 적정 장력이 유지되어야 하며, 로프에 적색과 황색으로 식별이 가능해야 한다.

④ 비상정지장치는 다음 조건을 만족해야 하며, 작동과 동시에 구동부 전원이 차단되는 0정지방식이어야 한다. 다만, 관성 등에 의해 급정지 시 추가적인 위험을 초래할 수 있는 경우에는 1정지 방식으로 할 수 있다.

⑤ 회로상에 여러 개의 비상정지장치가 설치된 경우, 작동된 모든 비상정지장치가 복귀되기 전에는 기계가 작동되지 않아야 한다.

최근 개정된 KOSHA GUIDE(불활성기체 등을 이용한 기밀시험방법에 관한 기술지침)에 따라 기밀시험 방법(절차) 및 시험압력

1 개요

기밀시험(leak testing)이라 함은 누출의 존재라든가 누출부분 또는 누출량을 검출하는 시험방법으로 일반적으로 비파괴시험분야에서는 누설 또는 누출탐상시험이라 한다. 여기서 기밀시험은 압력시험을 의미하지 않는다. 불활성가스(inert gas)라 함은 헬륨, 네온 및 아르곤과 같이 다른 물질과 혼합되는 것이 어려운 가스를 말한다.

2 기밀시험 방법(절차) 및 시험압력

(1) 기밀시험 방법(절차)

기밀시험은 문서화된 절차서에 따라 실시해야 하며, 각 절차서는 가능한 한 최소한 다음의 정보를 포함한다.
① 시험의 범위
② 누출을 검출하거나 누출율을 측정하기 위해 사용되는 장비의 종류
③ 표면 세척처리 및 사용한 장비의 종류
④ 실시하게 될 시험의 방법 또는 기법
⑤ 사용되는 온도, 압력, 가스 및 농도

(2) 게이지(Gauge)

게이지의 범위는 다이얼 지시형 및 기록형 압력게이지가 기밀시험에 사용되는 경우, 압력게이지의 눈금판은 최대압력의 2배 정도의 범위를 가져야 하며, 어떠한 경우에도 최대압력의 1.5배 미만이거나 4배 이상의 눈금범위를 가져서는 안 된다. 해당 규격서에서 규정한 특정 게이지에 대한 눈금범위 요건은 해당 규격서에서 요구하는 대로 한다.

Section 109 엘리베이터의 안전부품 중 하나인 카의 문열림출발방지장치에 대해 설명하고 승강기 안전부품 안전기준 및 승강기 안전기준상에서의 문열림출발방지장치와 관련한 정지부품의 종류 5가지와 안전요건(성능)

1 개요

엘리베이터는 여러 단계의 안전장치들이 설치되어 있기 때문에 누구나 안전하게 탑승할 수 있다. 하지만 기계 노후화나 관리 미흡으로 인해 안전장치가 제대로 동작하지 않거나 과거 법령에 의거하여 만들어져 일부 안전장치가 누락된다면 더 이상 안전하지 않을 것이다.

중대 사고가 발생될 때마다 관련 법규가 강화되기 때문에 비교적 오래된 엘리베이터의 안전장치들은 현재 기준에 미흡한 것이 사실이다. 구축 당시 법적으로 문제가 없다하더라도 안전을 위해 이를 보완할 수 있도록 해야 한다.

2 엘리베이터의 안전부품 중 하나인 카의 문열림출발방지장치, 승강기 안전부품 안전기준 및 승강기 안전기준상에서의 문열림출발방지장치와 관련한 정지부품의 종류 5가지와 안전요건(성능)

(1) 카의 문열림출발방지장치

개문출발 방지장치'란 수많은 엘리베이터 안전장치 중 하나로써 승강장 문 혹은 카 문이 닫히지 않은 상태로 움직일 경우 엘리베이터를 정지 시켜주는 장치이다.

(2) 승강기 안전부품 안전기준 및 승강기 안전기준상에서의 문열림출발방지장치와 관련한 정지부품의 종류와 안전요건

1) 제동기(brake)

정전이나 다른 안전장치에 의해 동력이 차단되었을 때 구동기를 정지시키는 역할을 하며 정지 후에는 카와 균형추의 불평형 하중이 작용하더라도 그 상태를 그대로 유지시킨다. 고장 시 브레이크가 잡혀도 움직이며 이로 인해 브레이크 라이닝의 과다 마모로 무통제 운전이 발생한다.

2) 상승과속 방지장치

다른 엘리베이터 부품의 지원없이 독립적으로 상승 과속하는 카를 감지하여 정지시키며 고장 시 카가 상승 과속할 경우 승강로 최상층에 충돌한다.

3) 개문출발 방지장치

부품 고장으로 승강장 문 혹은 카 문이 닫히지 않은 상태로 움직이는 것을 감지하여 정지시키며 고장 시 문이 열려 있는 상태로 운행한다.

4) 비상정지장치

로프가 끊어지거나 예측할 수 없는 원인에 의해 카의 하강속도가 현저하게 증가하는 경우(1.4배 이상)가이드레일을 잡아 카를 안전하게 정지시키며 고장 시 로프가 절단될 경우 자유 낙하하는 사고 발생된다.

5) 조속기

카와 같은 속도로 작동되는 조속기 로프에 의해 회전되는 구조로써 카의 가속도를 검출하는 장치로 일정 속도를 초과할 경우 1차적으로 모터를 차단하고 2차적으로는 비상정지장치를 작동시키며 고장 시 승강기의 이상속도 발생 시 비상정지 및 안전스위치가 동작하지 못한다.

6) 완충기

카 또는 균형추가 어떠한 원인에 의해 최하층을 지나쳐 승강기 피트에 충돌하는 경우에 충격을 완화시켜주는 장치로 없을 경우 최하층 추락 시 충격이 크다.

7) 도어 스위치

도어스위치는 도어 개폐상태를 검출하여 도어가 완전히 닫혀야만 카를 출발시키는 장치로 고장 시 카 도어가 열린 채 승강기가 움직인다(승객이 승강로에 추락하거나 벽과 승강기 사이에 협착될 수 있음).

8) 인터록 장치

카가 정지하지 않은 층의 승강장 문은 비상키를 사용하지 않으면 문을 열 수 없도록 하는 장치로 고장 시 카 도어가 열린 채 승강기가 움직인다(승객이 승강로에 추락하거나 벽과 승강기 사이에 협착될 수 있음).

9) 문닫힘 안전장치

도어에 인체 또는 물건이 끼었을 때 문이 반전되어 다시 열리도록 하는 장치로 고장 시 승객이 문 사이에 협착되는 상황 발생된다.

10) 리미트 스위치

최상층 보다 더 위로 혹은 최하층보다 아래로 카가 움직일 경우 운전을 정지시키는 장치로 고장 시 승강기가 최상층 및 최하층을 지나쳐서 승강로 상부나 피트에 부딪힐 수 있다.

11) 과부하감지장치

정격적재하중을 초과하여 적재 시 경보가 울리고 도어가 열리도록 하는 장치(해소시까지 문 열고 대기)로 고장 시 과적재로 승강기 추락할 수 있음. 메인 로프와 시브의 미끄럼 발생으로 무통제 운전이 발생한다.

12) 비상호출버튼 및 인터폰

정전 시나 고장으로 승객이 갇혔을 때 외부와의 연락을 위한 장치로 고장 시 정전 시나 고장 시 외부와 연락이 두절되어 승강기 내부에 갇혀 있어야 된다.

Section110 위험기계·기구 안전인증 고시에 따라 안전인증을 받아야 하는 고소작업대의 과상승방지장치의 재질과 설치개수 및 방법

1 개요

옥내에서 사용할 수 있도록 설계된 고소작업대에는 건물의 천장 등과 작업대 사이에 작업자가 끼이거나 충돌하는 등의 재해를 예방할 수 있는 가드 또는 과상승방지장치를 설치해야 한다.

2 고소작업대의 과상승방지장치의 재질과 설치개수 및 방법

강재의 강도 이상의 재질을 사용하여 견고하게 설치하여야 하며 쉽게 탈락되지 않는 구조로써 수평형(안전바 등)이나 수직형(방지봉 등) 등의 형태로 설치한다.

1) 수평형

상부 안전난간대에서 높이 5cm 이상에 설치하고 전 길이에서 압력이 감지될 수 있는 구조로 설치한다.

2) 수직형

작업대 모든 지점에서 과상승이 감지되도록 상부 안전 난간대 모서리 4개소에 60cm 이상 높이로 설치한다. 단, 수직형과 수평형을 동시에 설치하는 경우에는 수직형은 2개 이상을 설치한다.

Section111 컨베이어의 안전에 관한 기술지침(KOSHA GUIDE M – 101 – 2012)과 관련하여 화물의 하역운반을 위한 컨베이어(conveyer)를 설치하는 경우 준수사항

1 개요

이 지침은 산업안전보건기준에관한규칙(이하 "안전보건규칙"이라 한다) 제2편 제1장 제11절 컨베이어 제191조(이탈 등의 방지)의 규정에 따라 컨베이어 또는 그 부속 장치에 의하여 발생하는 산업재해 예방을 위하여 컨베이어의 안전에 관한 지침을 정함을 목적으로 한다.

2 화물의 하역운반을 위한 컨베이어(conveyer)를 설치하는 경우 준수사항

컨베이어를 설치하는 때에는 다음의 사항을 준수하여야 한다.

1) 컨베이어의 가동부분과 정지부분 또는 다른 물체와의 사이에 위험을 미칠 우려가 있는 틈새가 없어야 한다.

2) 컨베이어에 설치된 보도 및 운전실 상면은 수평이어야 한다.

3) 보도 폭은 60cm 이상으로 하고 추락의 위험이 있을 때에는 안전난간(상부 난간대는 바닥면 등으로부터 90cm 이상 120cm 이하에 설치하고, 중간 난간대는 상부 난간대와 바닥면 등의 중간에 설치하는 등)을 설치한다. 다만, 보도에 인접한 건설물의 기둥에 접하는 부분에 대하여는 그 폭을 40cm 이상으로 할 수 있다.

4) 가설통로 및 사다리식 통로를 설치할 때에는 다음의 사항을 준수하여야 한다. 그 외 사항은 안전규칙 제17조(가설통로의 구조), 제20조(사다리식 통로의 구조), 제3절(계단) 및 KOSHA Code M-16-2003(기계 및 설비의 통로설치에 관한 기술지침)에 따른다.

① 가설통로의 구조
  ㉠ 견고한 구조로 할 것
  ㉡ 경사는 30° 이하로 할 것(계단을 설치하거나 높이 2m 미만의 가설통로로서 튼튼한 손잡이를 설치한 때에는 그러하지 아니하다)
  ㉢ 경사가 15°를 초과하는 때에는 미끄러지지 아니하는 구조로 할 것
  ㉣ 추락의 위험이 있는 장소에는 안전난간을 설치할 것(작업상 부득이한 때에는 필요한 부분에 한하여 임시로 이를 해체할 수 있다)

② 사다리식 통로의 구조
  ㉠ 견고한 구조로 할 것

       ⓒ 발판의 간격은 동일하게 할 것

       ⓒ 발판과 벽과의 사이는 15cm 이상의 간격을 유지할 것

       ⓐ 사다리가 넘어지거나 미끄러지는 것을 방지하기 위한 조치를 할 것

       ⓜ 사다리의 상단은 걸쳐놓은 지점으로부터 60cm 이상 올라가도록 할 것

       ⓗ 사다리식 통로의 길이가 10m 이상인 때에는 5m 이내마다 계단참을 설치할 것

       ⓢ 이동식 사다리식 통로의 기울기는 75° 이하로 할 것

       ⓞ 고정식 사다리식 통로의 기울기는 90° 이하로 하고, 높이 7m 이상인 경우 바닥으로부터 높이가 2.5m되는 지점부터 등받이울을 설치할 것

       ⓩ 사다리의 앞쪽에 장애물이 있는 경우는 사다리의 발판과 장애물과의 사이 간격은 60cm 이상으로 할 것. 다만, 장애물이 일부분일 경우는 발판과의 사이 간격은 40cm 이상으로 할 수 있다.

5) 제어장치 조작실의 위치가 지상 또는 외부 상면으로부터 높이 1.5m를 초과하는 위치에 있는 것은 계단, 고정사다리 등을 설치하여야 한다.

6) 보도 및 운전실 상면은 발이 걸려 넘어지거나 미끄러지는 등의 위험이 없어야 한다.

7) 근로자가 작업 중 접촉할 우려가 있는 구조물 및 컨베이어의 날카로운 모서리·돌기물 등은 제거하거나 방호하는 등의 위험방지조치를 강구하여야 한다.

8) 근로자가 컨베이어를 횡단하는 곳에는 바닥면 등으로부터 90cm 이상 120cm 이하에 상부난간대를 설치하고, 바닥면과의 중간에 중간난간대가 설치된 건널다리를 설치한다.

9) 통로에는 통로가 있는 것을 명시하고 위험한 곳을 방호하는 등의 안전조치를 하도록 하여야 한다.

10) 컨베이어 피트, 바닥 등에 개구부가 있는 경우에는 안전난간, 울, 손잡이 등에 충분한 강도를 가진 덮개 등을 설치하여야 한다.

11) 작업장 바닥 또는 통로의 위를 지나고 있는 컨베이어는 화물의 낙하를 방지하기 위한 설비를 설치하여야 한다.

12) 컨베이어에는 운전이 정지되는 등 이상이 발생된 경우, 다른 컨베이어로의 화물공급을 정지시키는 연동 회로를 설치하여야 한다.

13) 폭발의 위험이 있는 가연성 분진 등을 운반하는 컨베이어 또는 폭발의 위험이 있는 장소에 사용되는 컨베이어의 전기기계·기구는 방폭구조이어야 한다.

14) 컨베이어에는 연속한 비상정지스위치를 설치하거나 적절한 장소에 비상정지스위치를 설치하여야 한다.

15) 컨베이어에는 기동을 예고하는 경보장치를 설치하여야 한다.

16) 보도, 난간, 계단, 사다리 등은 컨베이어의 가동 개시 전에 설치하여야 한다.

17) 컨베이어의 설치장소에는 취급설명서 등을 구비하여야 한다.

Section112 안전검사대상기계 등의 규격 및 형식별 적용 범위에서 컨베이어 및 산업용 로봇의 안전검사 적용 제외 항목

1 개요

안전검사는 산업안전보건법 제93조에 따라 유해하거나 위험한 기계·기구·설비를 사용하는 사업주가 유해·위험기계 등의 안전에 관한 성능이 안전검사기준에 적합한지 여부에 대하여 안전검사기관으로부터 안전검사를 받도록 함으로써 사용 중 재해를 예방하기 위한 제도이다. 의무자는 산업안전보건법의 적용을 받는 모든 사업 또는 사업장, 정부, 지방자치단체, 정부투자기관 등, 안전검사 대상품을 사용하는 자 등이다.

2 안전검사대상기계 등의 규격 및 형식별 적용 범위에서 컨베이어 및 산업용 로봇의 안전검사 적용 제외 항목

(1) 재료·반제품·화물 등을 동력에 의하여 단속 또는 연속 운반하는 벨트, 체인, 롤러 트롤리, 버킷, 나사 컨베이어가 포함된 컨베이어 시스템. 다만, 다음의 어느 하나에 해당하는 것 또는 구간은 제외

① 구동부 전동기 정격출력의 합이 1.2kW 이하인 것

② 컨베이어 시스템 내에서 벨트, 체인, 롤러, 트롤리, 버킷, 나사 컨베이어의 총 이송거리 합이 10미터 이하인 것. 이 경우 ⑤부터 ⑬까지에 해당되는 구간은 이송거리에 포함하지 않는다.

③ 무빙워크 등 사람을 운송하는 것

④ 항공기 지상지원 장비(항공기에 화물을 탑재하는 이동식 컨베이어)

⑤ 식당의 식판운송용 등 일반대중이 사용하는 것 또는 구간

⑥ 항만법, 광산안전법 및 공항시설법의 적용을 받는 구역에서 사용하는 것 또는 구간

⑦ 컨베이어 시스템 내에서 벨트, 체인, 롤러, 트롤리, 버킷, 나사 컨베이어가 아닌 구간

⑧ 밀폐 구조의 것으로 운전 중 가동부에 사람의 접근이 불가능한 것 또는 구간. 이 경우 컨베이어 시스템이 투입구와 배출구를 제외한 상·하·측면이 모두 격벽으로 둘러싸인 경우도 포함되며, 격벽에 점검문이 있는 경우 다음 중 어느 하나의 조치로 운전 중 사람의 접근이 불가능한 것을 포함한다.

  ㉠ 점검문을 열면 컨베이어 시스템이 정지하는 경우

  ㉡ 점검문을 열어도 내부에 철망, 감응형 방호장치 등이 설치되어 있는 경우

⑨ 산업용 로봇 셀 내에 설치된 것으로 사람의 접근이 불가능한 것 또는 구간. 이 경우 산업용 로봇 셀은 방책, 감응형 방호장치 등으로 보호되는 경우에 한한다.

⑩ 최대 이송속도가 150mm/s 이하인 것으로 구동부 등 위험부위가 노출되지 않아 사람에게 위험을 미칠 우려가 없는 것 또는 구간

⑪ 도장공정 등 생산 품질 등을 위하여 사람의 출입이 금지되는 장소에 사용되는 것으로 감응형 방호장치 등이 설치되어 사람이 접근할 우려가 없는 것 또는 구간

⑫ 스태커(stacker) 또는 이와 유사한 구조인 것으로 동력에 의하여 스스로 이동이 가능한 이동식 컨베이어(mobile equipment) 시스템 또는 구간

⑬ 개별 자력추진 오버헤드 컨베이어(self propelled overhead conveyor) 시스템 또는 구간

▶ 검사의 단위구간은 컨베이어 시스템 내에서 제어구간단위(제어반 설치 단위)로 구분한다. 다만, 필요한 경우 공정구간단위로 구분할 수 있다.

(2) 3개 이상의 회전관절을 가지는 다관절 로봇이 포함된 산업용 로봇 셀에 적용 다만, 다음의 어느 하나에 해당하는 경우는 제외

① 공구중심점(TCP)의 최대 속도가 250mm/s 이하인 로봇으로만 구성된 산업용 로봇 셀

② 각 구동부 모터의 정격출력이 80W 이하인 로봇으로만 구성된 산업용 로봇 셀

③ 최대 동작영역(툴 장착면 또는 설치 플랜지 wrist plates 기준)이 로봇 중심축으로부터 0.5m 이하인 로봇으로만 구성된 산업용 로봇 셀

④ 설비 내부에 설치되어 사람의 접근이 불가능한 셀 이 경우 설비는 밀폐되어 로봇과의 접촉이 불가능하며, 점검문 등에는 연동장치가 설치되어 있고 이를 개방할 경우 운전이 정지되는 경우에 한한다.

⑤ 재료 등의 투입구와 배출구를 제외한 상·하·측면이 모두 격벽으로 둘러싸인 셀. 이 경우 투입구와 배출구에는 감응형 방호장치가 설치되고, 격벽에 점검문이 있더라도 점검문을 열면 정지하는 경우에 한한다.

⑥ 도장공정 등 생산 품질 등을 위하여 정상운전 중 사람의 출입이 금지되는 장소에 설치된 셀. 이 경우 출입문에는 연동장치 및 잠금장치가 설치되고, 출입문 이외의 개구부에는 감응형 방호장치 등이 설치되어 사람이 접근할 우려가 없는 경우에 한한다.

⑦ 로봇 주위 전 둘레에 높이 1.8m 이상의 방책이 설치된 것으로 방책의 출입문을 열면 로봇이 정지되는 셀. 이 경우 출입문 이외의 개구부가 없고, 출입문 연동장치는 문을 닫아도 바로 재기동이 되지 않고 별도의 기동장치에 의해 재기동 되는 구조에 한한다.

⑧ 연속적으로 연결된 셀과 셀 사이에 인접한 셀로서, 셀 사이에는 방책, 감응형 방호장치 등이 설치되고, 셀 사이를 제외한 측면에 높이 1.8m 이상의 방책이 설치된 것으로 출입문을 열면 로봇이 정지되는 셀. 이 경우 방책이 설치된 구간에는 출입문 이외의 개구부가 없는 경우에 한정한다.

Section113

작업장에서 기계, 설비, 장소, 건물 등의 이동통로 및 계단을 설치할 때 적용하는 기술 지침에서 이동통로 및 계단의 위험성, 경사각에 따른 이동통로 선정기준, 이동통로 선정 시 검토할 사항, 이동통로 선택의 우선순위

1 개요

이 지침은 산업안전보건기준에 관한 규칙(이하 "안전보건규칙"이라 한다) 제3장(통로)의 규정에 의거 통로와 계단을 설치하는 데 필요한 기술기준을 정하는 데 그 목적이 있다. 적용범위는 사업장에서 기계, 설비, 장소, 건물 등의 각 두 지점 간을 통행하기 위하여 통로 및 계단을 설치할 때 적용한다.

2 이동통로 및 계단의 위험성, 경사각에 따른 이동통로 선정기준, 이동통로 선정 시 검토할 사항, 이동통로 선택의 우선순위

(1) 통로 및 계단에서의 위험성

작업장의 통로 및 계단을 설치할 때 다음 사항을 고려하여야 한다.

1) 떨어짐에 의한 위험

2) 떨어지는 물체에 의한 위험

3) 보행자의 넘어짐에 의한 위험

4) 보행자의 실족에 의한 위험

5) 거리가 긴 두 지점 사이를 오르내릴 때의 과도한 육체적 피로에 의해 야기되는 위험

6) 통로 및 계단 설치 주변의 기계류에 의해 발생하는 다음과 같은 위험
   ① 기계의 회전부
   ② 기계의 왕복 운동부 및 이송부
   ③ 방사선, 복사열, 고온, 소음 등
   ④ 공기 중의 독성물질 등 환경에 의한 위험

(2) 경사각에 따른 이동통로 선정 기준

경사각에 따른 통로선정은 [그림 5-77]과 같다.
① 경사로의 설치가능 구간은 A, B구역이며 A구역은 경사로의 설치를 권장하는 구역이며 B구역은 미끄럼방지 조치와 함께 경사로를 설치하여야 한다.

② 계단의 설치가능 구간은 C, D, E 구역이며 이 중에 D구역이 권장하는 구역이다.

③ 발판 사다리 설치가능 구역은 F, G이며 이 중에 F구역을 권장하는 구역이다.

④ 사다리 설치 가능 구간은 H구역이다.

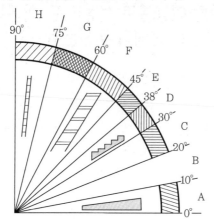

① A, B : 경사로
  (A : 권장구역, B : 미끄럼방지 설치)
② C, D, E : 계단(D : 권장구역)
③ F, G : 발판사다리(F : 권장구역)
④ H : 사다리

[그림 5-77] 경사각도에 따른 이동통로

(3) 이동통로 선정 시에 검토할 사항

1) 선정 시 고려사항

작업자가 이용하기 편리하여야 하며 안전하게 유지되어야 한다.

① 두 지점 간의 이동통로를 설치할 때는 다음 사항을 고려하여 선택하여야 한다.

  ㉠ 이용자가 가능한 최소의 노력으로 이동할 수 있도록 한다.

  ㉡ 필요에 따라 설비나 공구를 운반하기 위한 통로 또는 비상 통로 등의 이동통로를 감안한다.

  ㉢ 이용자의 수와 이동방법을 고려한다.

  ㉣ 지면과 이동 바닥의 높이의 차이를 고려한다.

  ㉤ 가용 공간을 고려한다.

  ㉥ 설치구간의 구조를 고려한다.

② 다음의 경우 이동통로를 반드시 설치하여야 한다.

  ㉠ 인력에 의한 재료를 이송하고 하역할 때

  ㉡ 작업자가 이동 중에 연속적인 관찰과 조작이 필요할 때

  ㉢ 작업자가 이동하면서 제어가 필요할 때

③ 통로를 설치할 때는 이용 빈도를 고려하여야 한다.

④ 비상 탈출구로서의 사다리는 동시에 많은 사람이 이용할 수 없기 때문에 사다리를 전용 비상 탈출구로는 사용하지 말아야 하며 별도의 통로를 설치하여야 한다.

2) 통로 선택의 우선순위

　통로를 설치하고자 하는 때에는 다음 우선순위에 따라 선정하여야 한다.

① 바닥이나 지면을 직접 이용하는 통행로

② 승강기 또는 승강 장치를 이용한 통행로

③ 경사로 또는 계단

④ 발판 사다리 및 사다리

Section114 철골구조물(steel structure)의 정의와 장점 및 단점

1 개요(정의)

　철골구조란 형강, 강관, 강판 등을 가공 결합하여 기둥, 보 등의 부재를 접합의 방법으로 구조체를 형성하는 구조이며, 철골구조는 콘크리트의 구조물이나 조적 구조물처럼 현장에서 모든 공정이 이루어지지 않는데, 기둥과 보는 공정에서 주로 용접의 방법으로 제작하고, 나머지 공정은 현장에서 시공하여 구축하는 구조로서 공사기간이 짧은 공사방법이다.

2 철골구조물(steel structure)의 장점 및 단점

(1) 철골구조의 장점

① 강재는 단위중량에 비해 고강도이므로 구조체의 경량화에 의해 고층구조 및 장스팬 구조에 적합하다.

② 강재는 인성이 커서 변형에 유리하고, 소성변형능력이 우수하다.

③ 강재는 공장 생산되어 재료의 균질성이 매우 좋으므로 정도 높은 해석이 가능하여 설계의 신뢰성이 높고, 공사 시 품질의 신뢰성이 높다.

④ 인장응력과 압축응력이 거의 같아서 세장한 구조부재가 가능하며, 압축강도가 콘크리트의 약 10~20배로 커서 단면의 크기가 상대적으로 작아도 된다.

⑤ 공장 제작작업과 현장 조립작업으로 공사의 표준화를 도모할 수 있어 시공효율이 매우 높으며, 건식공법이므로 RC구조부분과 분리작업이 가능하여 공기를 단축시킨다.

⑥ 기존 건축물의 증축, 보수가 용이하다.

⑦ 강재는 건축자재로서 우수한 기능과 훌륭한 조형미를 제공할 뿐만 아니라 강구조물의 해체 후에는 재활용도가 매우 높아 환경친화적인 재료로 각광을 받고 있다.

(2) 철골구조의 단점

① 강재의 내력은 고온에 대하여 취역성을 갖고 있고 500~600℃에서의 상온강도의 약 1/2, 800℃에서는 거의 0이 되기 때문에 내화설계에 의한 내화피복이 필요하다.

② 강재는 단면에 비해 부재가 세장하여 변형이나 좌굴을 일으키기가 쉽다.

③ 접합부의 신중한 설계와 용접부의 검사가 필요하다.

④ 처짐이나 진동에 대한 고려를 충분히 하지 않으면 거주자가 불안감을 느낄 수 있으므로, 강도뿐만 아니라 사용성을 고려한 설계를 하여야 한다.

⑤ 유지관리가 필요하다.

⑥ 응력반복에 따른 피로에 의해 강도저하가 심하다.

Section115 ## 3D 프린터의 주요 유해·위험요인과 안전대책

1 개요

3D 프린터를 사용하기 전, 도중 및 이후 대기에서 100나노미터 이하의 입자들이 측정되었으며, 방출되는 입자의 종류는 사용하는 재료에 따라 다양한 것으로 나타났다. 천연재료의 경우 플라스틱 재료를 사용할 때보다 더 미세한 입자를 방출하며 이는 인체에 유입될 위험이 더 높고 체내에 유입된 입자들은 염증, 두통 및 심혈관계에 영향을 주어 호흡기에 증착되어 혈관에 침투하거나 장기에 손상을 입힐 수 있는 것으로 나타났다

2 3D 프린터의 주요 유해·위험요인과 안전대책

3D 프린터의 주요 유해·위험요인과 안전대책은 다음과 같다.

(1) 3D 프린터의 주요 유해·위험요인

3D 프린팅 기술의 활용도가 높아짐에 따라 핀란드 산업보건연구원(Finnish Institute of Occupational Health, FIOH)에서는 작업장 3D프린트에 사용되는 화학물질의 안전한 사용 및 관리를 위해 3D 프린트의 사용단계별 발생 가능한 유해·위험성에 대한 자료와 관리방법을 제시하였으며 주요 유해요인(관리방법)은 다음과 같다.

① 유해화학물질의 대체 사용

② 오염물질의 확산 방지

③ 작업·공정의 조직화

④ 개인보호구의 사용 등으로 구분하여 제시하였다.

(2) 3D 프린터의 안전대책

① 프린터기기 자체의 프린팅 방법, 밀폐여부 및 환기를 점검하고 조치한다.

② 3D 프린터에 사용될 원재료의 유해성인 피부 및 흡입으로 인한 노출기준을 확인하고 보호조치를 한 후 진행한다.

③ 작업환경인 환기, 위치, 레이저, 뜨거운 표면, 화재 위험성 및 열방사 등과 같은 위험요소를 점검하고 안전하게 작업한다.

④ 업무단계별 위험성인 사용 전, 사용 중 및 사용 이후 및 유지보수를 철저히 보호한다.

Section116 산업용 리프트 검사 대상(범위) 및 산업용 리프트 운반구의 낙하사고에 대비한 안전장치

1 개요

산업용 리프트란 사람이 탑승하지 않고 화물을 운반하기 위한 설비 또는 이와 유사한 구조 및 성능을 가진 것으로 건설현장 외의 장소에서 사용하는 것이다. 승강기와 유사한 구조로서 철골조 또는 철근콘크리트조의 기초 바닥면에 고정 설치된 기계장치이다.

2 산업용 리프트 검사 대상(범위) 및 산업용 리프트 운반구의 낙하사고에 대비한 안전장치

산업용 리프트 검사 대상(범위) 및 산업용 리프트 운반구의 낙하사고에 대비한 안전장치는 다음과 같다.

(1) 산업용 리프트 검사 대상(범위)과 검사주기

적재하중 0.5톤 미만 산업용 리프트가 대상이며 주요 검사항목은 승강로, 운반구, 권상기 등 기계장치와 낙하방지장치(3종), 과부하방지장치 등 안전장치 등이다. 검사주기는 최초 안전검사를 받은 후 매 2년마다 검사를 한다.

(2) 산업용 리프트 운반구의 낙하사고에 대비한 안전장치

경보장치, 전기장치 및 비상정지장치, 출입문 인터록, 권과방지장치, 과부하방지장치, 낙하방지장치, 로프(체인)이완감지 장치, 충격완화장치, 안전블록 등이 있다.

MEMO

CHAPTER 06 기계재료와 재료역학

강의 표시 중 SM45C, SS34에서 45와 34의 의미는?

① SM45C와 SS34의 의미

강(鋼)은 탄소함유량과 인장강도에 따라 다양하게 구분해 사용되고 있다. 탄소함유량은 강의 열처리 시에 기계적 성질에 직접 영향을 주므로 사용방법과 용도에 따라 적절하게 선택해서 사용해야 한다. SM45C의 의미는 기계구조용 강으로 탄소함유량이 0.45% 함유하고 있다는 의미이며, SS34는 일반구조용 압연강재로 인장강도가 34kgf/mm^{2}라는 의미를 가지고 있다.

② 일반구조용 압연강재(KS D 3503)

(1) 범위

이 규격은 건축, 다리, 선박, 차량 및 그 밖의 구조물에 사용하는 일반구조용 열간압연강재(이하 강재라 한다)에 대하여 규정한다.

[비고] 1. 이 규격 중 { }를 붙여 표시한 단위 및 수치는 종래 단위에 따른 것으로서 참고로 병기한 것이다.
     2. 이 규격의 관련 규격은 [표 6-1]과 [표 6-2]와 같다.

(2) 종류 및 기호

강재의 종류는 4종류로 하고, 그 기호는 [표 6-1]과 같다.

[표 6-1] 종류의 기호

종류의 기호		적요
SI단위	(참고) 종래 단위	
SS330	SS34	강판, 강대, 평강 및 봉강
SS400	SS41	강판, 강대, 평강, 봉강 및 형강
SS490	SS50	
SS540	SS55	두께 40mm 이하의 강판, 강대, 평강, 형강 및 지름, 변 또는 맞변거리 40mm 이하의 봉강

[비고] 봉강에는 코일봉강을 포함한다.

(3) 화학성분

강재는 [표 6-1]에 따라 시험하고, 그 레이들분석치는 [표 6-2]와 같다.

[표 6-2] 화학성분

종류의 기호	화학성분(%)			
	C	Mn	P	S
SS330				
SS400	–	–	0.050 이하	0.050 이하
SS490				
SS540	0.30 이하	1.60 이하	0.040 이하	0.040 이하

[비고] SS540의 강재에는 필요에 따라 위 표 이외의 합금원소를 첨가할 수 있다.

(4) 기계적 성질

강재는 [표 6-2]에 따라 시험을 하고, 그 항복점 또는 내력, 인장강도, 연신율 및 굽힘성은 [표 6-3]에 따른다. 또한 굽힘성의 경우는 바깥쪽에 균일이 생겨서는 안 된다.

[표 6-3] 기계적 성질

종류의 기호	항복점 또는 내력 (N/mm²){kgf/mm²}			인장강도 (N/mm²) {kgf/mm²}	강재의 치수(mm)	인장 시험편	연신율(%)	굽힘성		
	강재의 두께[1](mm)							굽힘 각도	안쪽 반지름	시험편
	16 이하	16 초과 40 이하	40 초과							
SS330	205 {21} 이상	195 {20} 이상	175 {18} 이상	330~430 {34~44}	강판, 강대, 평강의 두께 5 이하	5호	26 이상	180°	두께의 0.5배	1호
					강판, 강대, 평강의 두께 15 초과 16 이하	1A호	21 이상			
					강판, 강대, 평강의 두께 16 초과 50 이하	1A호	26 이상			
					강판, 평강의 두께 40을 초과하는 것	4호	28 이상			
					봉강의 지름, 변 또는 맞변거리 25 이하	2호	25 이상	180°	지름, 변 또는 맞변거리 의 0.5배	2호
					봉강의 지름, 변 또는 맞변거리 25를 초과하는 것	3호	30 이상			
SS400	245 {25} 이상	235 {24} 이상	215 {22} 이상	400~510 {41~52}	강판, 강대, 평강, 형강의 두께 5 이하	5호	21 이상	180°	두께의 1.5배	1호
					강판, 강대, 평강, 형강의 두께 5 초과 16 이하	1A호	17 이상			
					강판, 강대, 평강, 형강의 두께 16 초과 50 이하	1A호	21 이상			
					강판, 강대, 평강, 형강의 두께 40을 초과하는 것	4호	23 이상			
					봉강의 지름, 변 또는 맞변거리 25 이하	2호	20 이상	180°	지름, 변 또는 맞변거리 의 1.5배	2호
					봉강의 지름, 변 또는 맞변거리 25를 초과하는 것	3호	24 이상			

종류의 기호	항복점 또는 내력 (N/mm²){kgf/mm²}			인장강도 (N/mm²) {kgf/mm²}	강재의 치수(mm)	인장 시험편	연신율(%)	굽힘성		
	강재의 두께⁽¹⁾(mm)							굽힘 각도	안쪽 반지름	시험편
	16 이하	16 초과 40 이하	40 초과							
SS490	285 {29} 이상	275 {28} 이상	255 {26} 이상	490~610 {50~62}	강판, 강대, 평강, 형강의 두께 5 이하	5호	19 이상	180°	두께의 2.0배	1호
					강판, 강대, 평강, 형강의 두께 5 초과 16 이하	1A호	15 이상			
					강판, 강대, 평강, 형강의 두께 16 초과 50 이하	1A호	19 이상			
					강판, 평강, 형강의 두께 40을 초과하는 것	4호	21 이상			
					봉강의 지름, 변 또는 맞변거리 25 이하	2호	18 이상	180°	지름, 변 또는 맞변거리 의 2.0배	2호
					봉강의 지름, 변 또는 맞변거리 25를 초과하는 것	3호	21 이상			
SS540	400 {41} 이상	290 {40} 이상	–	540{55} 이상	강판, 강대, 평강, 형강의 두께 5 이하	5호	16 이상	180°	두께의 2.0배	1호
					강판, 강대, 평강, 형강의 두께 5 초과 16 이하	1A호	13 이상			
					강판, 강대, 평강, 형강의 두께 16 초과 40 이하	1A호	17 이상			
					봉강의 지름, 변 또는 맞변거리 25 이하	2호	13 이상	180°	지름, 변 또는 맞변거리 의 2.0배	2호
					봉강의 지름, 변 또는 맞변거리 25 초과 40 이하	3호	17 이상			

주(1) : 봉강인 경우 원형강은 지름, 각강은 변, 육각강 등의 다각형 강은 맞변거리의 치수로 한다.

[비고] 1. 강대의 양 끝에 대해서는 위 표를 적용하지 않는다.
2. SS330, SS400 및 SS490의 강재로 두께, 지름, 변 또는 맞변거리가 100mm를 넘는 경우의 항복점 또는 내력은 각각 165N/mm²{17kgf/mm²} 이상, 205N/mm²{21kgf/mm²} 이상 및 245N/mm² {25kgf/mm²} 이상으로 한다.
3. 두께 90mm를 넘는 강판의 4호 시험편의 연신율은 두께 25.0mm 또는 그 끝수를 늘릴 때마다 위 표의 연신율의 값에서 1%를 줄인다. 다만, 줄이는 한도는 3%로 한다.
4. 두께 5mm 이하인 강재의 굽힘시험에는 3호 시험편을 사용할 수 있다.

Section 2 강의 표면경화법과 열처리로

1 개요

기계부품은 사용목적에 따라서 치차, 캠, 클러치 등과 같이 충격에 대한 강도(끈기)와 표면의 높은 경도를 동시에 필요로 하는 것이 있다. 이와 같은 경우에 재료의 표면만을 강하게 하여 내마멸성을 증대시키고, 내부는 적당한 끈기 있는 상태로 하여 충격에 대한 저항을 크게 하는 열처리법이 사용된다. 이것을 표면경화법(surface hardening)이라 한다.

표면경화법을 대별하면 ① 강의 침탄·케이스하드닝법, ② 강의 질화법, ③ 강의 청화법(사이안화법), ④ 화염담금질법, ⑤ 고주파담금질법의 5종류가 된다. [그림 6-1]은 이들 5종의 표면경화법의 원리를 표시한 것이다.

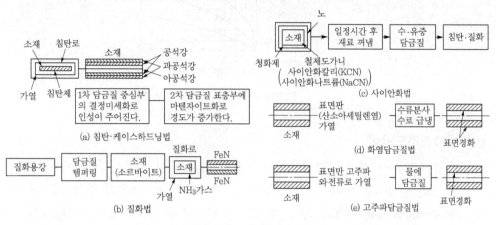

[그림 6-1] 표면경화법의 종류

2 침탄(浸炭)·케이스하드닝법

(1) 침탄법

재료의 표면에 탄소를 침투시켜 표면부터 차례로 과공석강, 공석강, 아공석강의 층을 만드는 방법을 침탄법(carburizing)이라 한다. 침탄법에는 가스침탄법과 고체침탄법이 있다. 가스침탄법(gas carburization)은 탄소량이 적은 강에서 소요의 형상을 만들고, 침탄할 부분만을 남기고 나머지 부분은 동도금하든가 점토, 규산나트륨, 식염, 산화철분말, 석면 등의 침탄방지제를 도포하든가 하여, 이를 침탄로 속에 넣고 침탄제(메탄, 에탄, 프로판 등의 가스)를 보내어 그 속에서 가열한다. 이와 같이 하면 침탄성 가스는 고온의 강재에 접촉하여 분해하고, 활성 탄소를 석출하여 필요한 부분만이 침탄되고, 동도금한 부분 또는 침탄방지제를 바른 부분은 침탄되지 않은 채로 남는다.

고체침탄법(pack carburization)은 침탄하려는 재료와 침탄제를 밀폐한 철제용기 속에 넣고, 이것을 다시 그대로 노 내에 넣어 가열하는 방법이다. 침탄제로서는 목탄에 탄산바륨을 가한 것을 주로 사용하고, 철제용기에 넣은 뒤 틈새를 점토로 메꾸어 막는다. 가열온도는 900~950℃, 가열시간은 5~6시간이다. 침탄제의 공격에 존재하는 공기가 목탄과 반응하여 CO와 CO_2를 발생하고, CO가 강재표면에 분해하여 탄소를 석출하면 이 탄소는 활성이 커서 강재 속으로 용해침입한다. 고체침탄법에 의한 침탄층의 깊이는 침탄시간, 침탄제의 종류, 그 밖의 요소에 따라 변화한다. 보통 침탄층 깊이는 2~3mm,

표피의 탄소함유량은 0.9% 정도이다. [그림 6-2]는 침탄온도 및 시간과 침탄층 두께와의 관계를 표시한다.

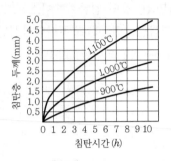

[그림 6-2] 침탄층과 침탄시간의 관계

(2) 케이스하드닝법

침탄을 행한 재료는 그대로 제품으로 사용하는 일은 적고, 일반적으로 침탄 후 다시 2회 담금질을 하여 비로소 제품으로 사용한다. 이 경우의 열처리를 케이스하드닝(case hardening)이라고 한다. 침탄을 한 재료의 중심부는 장시간 가열했기 때문에 결정립이 조대해진다. 따라서 이 재료에 끈기를 주기 위해 조대해진 결정립을 미세하게 할 목적으로 재료를 920~930℃로 가열한 후 물로 담금질한다. 이것이 1차 담금질이다. 1차 담금질을 한 재료는 다시 표면의 침탄층의 경도를 높이기 위하여 760~780℃로 가열하여 물로 담금질을 한다. 이것이 2차 담금질이다.

마지막으로 스트레인을 제거하기 위하여 유중에서 100~110℃에서 약 30분간 끓이고 공중에 방냉하면 완전한 제품이 된다. [그림 6-3]은 케이스하드닝 후의 강의 조직을 나타내며 치밀한 층이 표층이고 중심부가 될수록 조직이 조대하다. 이 경우 고온으로 가열해도 결정립이 조대해지지 않는 재료, 즉 니켈을 함유하는 표면경화용 강은 내부결정립을 미세화시킬 필요가 없으므로 2차 담금질만을 한다. 표면경화용 강이라 부르는 강은 침탄ㆍ케이스하드닝에 적합한 강이란 뜻이며, 침탄강이라고도 부른다.

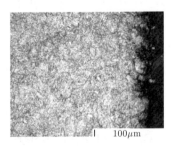

[그림 6-3] 침탄조직(SCM415, 920℃ 침탄, 830℃ 담금질 180℃ 가열, 배율 400배,
템퍼드 마텐자이트 표면에는 입계산화물 존재)

③ 질화법(窒化法)

강을 암모니아(NH_3), 기류 중에서 가열하여 질소를 침투시키는 표면경화법을 질화라한다. 알루미늄, 몰리브덴, 바나듐, 크롬 등 가운데 2종 이상의 원소를 함유하는 강을 질화용 강(窒化用鋼)이라 한다. 질화용 강은 질화(nitriding)로 표면에 질화철(FeN)의 층, 즉 질화층을 만든다. 질화층은 고온이 되어도 연화하지 않고 매우 경하며 내식성도 크다. 또 침탄의 경우와 달리 담금질할 필요가 없고 질화에 있어서의 열처리온도가 낮으므로 변형을 일으키는 일이 없다. 따라서 질화 후는 그대로 제품으로 사용된다.

질화는 비교적 간단하여 다음과 같은 조작으로 행한다. 먼저 질화용 강을 소르바이트 조직으로 하기 위하여 담금질, 템퍼링을 한다. 다음에 재료의 질화할 필요가 없는 부분에 방질도금을 하고 이것을 기밀한 질화상자에 넣어 [그림 6-4]와 같은 자동온도조절장치를 갖춘 전기로 내의 가열실 내에 이 질화상자를 넣고, 이 질화상자에 암모니아가스를통하게 하여 약 520℃ 정도의 온도를 유지하며 50~100시간 질화한다. 그 후 노 내에서서냉하여 150℃ 정도까지 냉각되면, 암모니아가스의 공급을 실온까지 낮추면 작업은 끝난다. 질화시간을 길게 하거나 질화온도를 높게 하면 질화층이 두꺼워진다. 질화층 두께는 보통 0.7mm 이내이다. 그러나 [그림 6-5]에서 보듯이 질화시간의 길이는 최고경도와는 관계가 없으며, 질화온도를 높게 하면 최고경도는 저하된다.

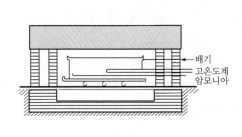

[그림 6-4] 질화용 노

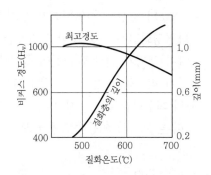

[그림 6-5] 질화에 의한 최고경도와 질화층의 깊이 (질화시간 50시간)

④ 청화법(靑化法)

사이안화칼리(KCN) 또는 사이안화나트륨(NaCN)을 철제도가니에 넣고, 가스로 등에서 일정온도로 가열하여 용해한 것 속에 강재를 소정의 시간만큼 담근 후, 수중 또는 유중에서 급랭하면 강재의 표면층은 담금질이 되어 경도가 증가한다. 이러한 표면강화법을청화법(靑化法, cyaniding, 사이안화법)이라 한다. 이때 강재의 표면이 경화되는 것은사이안화칼륨 또는 사이안화나트륨이 가열에 의해 탄소로 분해하며, 이에 강재의 표면에 침탄과 질화가 동시에 행해지기 때문이다. 따라서 이 방법을 침탄질화법이라고도 한다. [그림 6-6]은 사이안화나트륨 50%, 탄산나트륨 50%의 혼합염을 사용하여 연강에 이 경화법을 실시하였을 때의 처리시간과 경화층의 깊이와의 관계를 표시한 것이다.

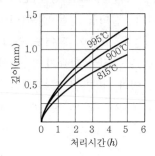

[그림 6-6] 청화법에 의한 처리시간과 경화층의 깊이

⑤ 화염경화법(火炎硬化法)

강재의 표면을 급속히 오스테나이트조직으로까지 가열, 냉각하여 경도를 높이는 표면경화법에 화염경화법(火炎硬化法, flame hardening)이 있다. 이것은 강재의 표면을 산소아세틸렌염으로 가열하여, 여기에 수류 또는 분사수를 급격히 부어 담금질하는 방법으로 재료의 조성에 전연변화가 생기지 않는 것이 특징이다.

화염경화법에 가장 적합한 강재는 C 0.4~0.7%의 것이며, 그 이상의 탄소량의 경우는 균열이 생기기 쉽고 담금질에 상당한 숙련을 요한다. 또 고합금강은 일반적으로 화염담금질에 적합하지 않다. [그림 6-7]은 치차의 화염담금질을, [그림 6-8]은 스프로킷(쇄차)의 화염담금질을 표시한다. 치차의 경우는 치형을 따라 경도가 균일하게 되도록 치면을 따른 토치의 이동속도를 끝으로 갈수록 빠르게 한다.

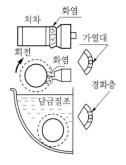

[그림 6-7] 치차의 화염담금질

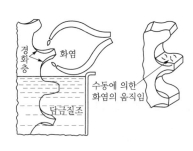

[그림 6-8] 스프로킷의 화염담금질

6 고주파(高周波)담금질

고주파 전류로 와전류를 일으켜서 이때의 열로 화염담금질법과 같은 원리의 담금질을 할 수 있다. 이를 고주파담금질(induction hardening)이라 한다.

소재의 표면을 가열하는 경우는 그 물건의 형태에 적합한 유도자(가열코일)를 담금질 하는 곳 근처에 놓고, 여기에 고주파 전류를 흘려서 과전류를 발생시킨다. 이때 흐르는 전류의 주파수가 높으면 높을수록 와전류는 발생하기 쉽다. 담금질을 능률 좋게 행하기 위해서는 재료의 형상에 적합한 유도자를 사용하면 된다. 긴 부품의 표면 전체를 경화시 킬 때는 유도자를 이동하여 가열하고 물을 부어 담금질한다.

이 경화법은 주파수를 조절하여 용이하게 가열깊이를 조절할 수 있고, 유도자의 적절 한 설계로 경화시킬 부분의 형상에 매우 근접되게 담금질을 할 수 있으며([그림 6-9] 참 조), 가열이 매우 급속하여 경화층 내부의 금속은 거의 가열되지 않으므로 내부조직에 영향을 끼치지 않으며, 따라서 열변형도 없고 조작이 거의 자동적이므로 숙련이 필요치 않는 등의 장점을 가진다. 장치가 고가이나 상기한 장점들이 이를 보상하고도 남는다.

[그림 6-9] 고주파담금질 치차

7 열처리로(熱處理爐)

열처리로로서는 온도의 조절이 용이하고, 가열물의 출입에 따른 노온의 변화가 적으 며 노 내 각부의 온도가 균일할 것, 연소염을 차단한 간접가열로 산화, 탈탄을 방지할 수 있을 것 등이 요구된다. 공업적으로 널리 사용되는 열처리용 가열로로는, 어닐링으로로 서는 반사로(反射爐), 머플로(muffle furnace), 가동상로(可動床爐) 등이 있고, 담금질, 템퍼링 및 노멀라이징로로서는 머플로, 전기저항로(電氣抵抗爐), 연속가열로(連速加熱 爐), 욕로(浴爐) 등이 사용된다. 연료로는 석탄, 코크스, 가스, 중유 등을 사용한다. [그 림 6-10]의 (a)는 중유를 사용하는 머플로, [그림 6-10]의 (b)는 반머플로이다. 담금질 로로서는 [그림 6-10]의 (b)와 같은 예열실을 가지는 것이 바람직하다. [그림 6-11]은 어닐링용 가동상로이며 대형 단조물 같은 부피가 큰 것을 운반대차에 실은 채 노 내로 끌어들여 가열한다. [그림 6-12]는 연속가열로이며 강선, 강대 등을 담금질하고 다시 템 퍼링할 때 가열재를 연속적으로 노 내를 통과시켜 처리한다.

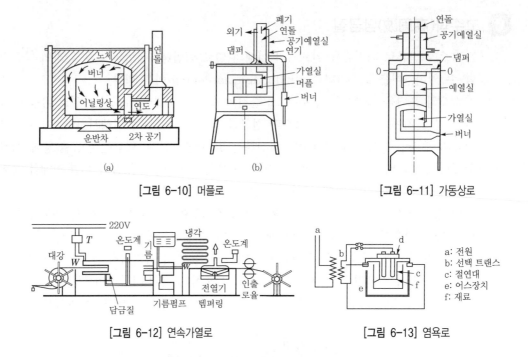

[그림 6-10] 머플로

[그림 6-11] 가동상로

[그림 6-12] 연속가열로

[그림 6-13] 염욕로

욕로(bath furnace)는 가열재를 융해한 염, 금속 또는 유중에서 가열하는 것이며, 이들 욕제의 열용량이 크므로 욕의 온도를 일정하게 유지하기가 쉽고, 저온의 가열물을 침적하여도 욕의 온도강하가 근소하므로, 가열물은 단시간 내에 소요온도로 내외가 균일하게 가열되는 등의 특징을 가진다. 균일가열에 요하는 시간은 머플로의 1/20~1/30이라고 한다. 욕제에는 염류, 납 및 기름이 사용된다. 염욕제는 가열온도에 따라 3종으로 분류된다.

[표 6-4]는 그들의 대표적 조성과 적용온도범위를 표시한다. 용해금속에는 보통연을 사용하며, 350~900℃ 범위에서 강의 템퍼링, 착색에 사용된다. 기름은 250℃ 이하의 템퍼링에 적합하며 광유, 경유, 중유가 사용된다.

[표 6-4] 염욕제의 종류

조 성	용용점(℃)	적용온도(℃)	용 도
22% $NaNO_3$+78% KNO_3	254	<550	템퍼링용
60% $BaCl_2$+40% KCl	660	550~950	탄소강담금질용
70% $BaCl_2$+30% $Na_2B_4O_7$	940	1,100~1,300	고속도강담금질용

KS 재료기호 SS400에서 SS 및 400의 의미와 안전계수가 5인 경우 허용인장응력

강재의 KS기호는 다음과 같다.

① SM30C : 기계구조용 탄소강재(0.25~0.35% 탄소량)

② SS41(SS400) : 일반구조용 압연강재(최저 인장강도 : 41kgf/mm^2=400MPa)

③ SC49(SC480) : 탄소강 주조품(최저 인장강도 : 49kgf/mm^2=480MPa)

④ SF360 : 탄소강 단조품(최저 인장강도 : 360MPa)

⑤ SWS500 : 용접구조용 압연강재(최저 인장강도 : 500MPa)

⑥ STC1 : 탄소공구강(1종)

⑦ STS1 : 합금공구강(절삭용), STD : 합금공구강(다이스용)

⑧ SKH2 : 고속도강

금속의 비파괴검사법 중 초음파탐상

① 개요

초음파탐상시험은 고주파 음파빔을 금속 또는 재료에 입사하여 표면과 표면 아래에 있는 내부 불연속의 탐상뿐만 아니라 위치결정 및 평가를 하는 비파괴시험법이다. 음파는 재료 내부를 진행하면서 에너지가 감소(감쇠)되고 계면에서 반사된다. 이 반사빔을 검출하고 분석함으로써 결함의 존재와 위치가 결정된다.

반사 정도는 계면 반대면의 물질의 물리적 상태에 크게 의존하고, 그 물질의 특정 물리적 성질에는 작게 의존한다. 예를 들면, 음파는 금속 기체계면에서 완전반사되고, 금속 액체 또는 금속 고체계면에서는 부분반사된다. 균열, 라미네이션(lamination), 기공, 접합결함과 불연속들은 금속 기체계면처럼 거동하므로 쉽게 검출된다.

② 금속의 비파괴검사법 중 초음파탐상

대부분의 초음파시험장비는 ① 금속 기체계면, 금속 액체계면 또는 금속 내부 불연속으로부터 에너지반사, ② 송신탐촉자의 입사점으로부터 시험재를 통해 수신탐촉자 출구점까지의 음파의 시간변화와 ③ 시험재 내에서 흡수와 산란에 의한 음파빔의 감쇠 등을 모니터링함으로써 결함을 검출한다. 초음파시험은 가장 널리 사용되고 있는 한 비파괴시험법이다. 금속 내부결함 및 표면결함 검출과 두께측정, 부식 정도와 물리적 성질, 금속 구조, 결정립 크기와 탄성계수를 측정하는 데 사용된다.

(1) 장단점

1) 장점

① 투과력이 우수하므로 시험재에 깊은 결함의 검출도 가능하다.

② 고감도이므로 아주 작은 결함의 검출도 가능하다.

③ 정밀도가 높아 내부결함의 위치, 크기, 방향, 형상과 성질을 결정한다.

④ 한 면 접근으로도 시험이 가능하다.

⑤ 결함지시가 순간적으로 제시되므로 즉시 해석이 가능하다.

⑥ 인명에 유해하지 않다.

⑦ 휴대(포터블)가 가능하다.

2) 단점

① 수동작업 시 경험 있는 작업자도 주의가 필요하다.

② 시험절차 개발에 폭넓은 기술적 지식이 필요하다.

③ 시험재표면이 거칠거나 모양이 불규칙하거나 아주 얇거나 아주 작은 경우 시험이 어렵다.

④ 표면에 아주 가까이 있는 얕은 불연속은 검출할 수 없다.

⑤ 커플런트가 필요하다.

⑥ 장비보장과 결함분석을 위한 대비표준(reference standard)이 필요하다.

(2) 초음파의 특성

초음파는 기계적 파(예 빛과 X선은 전자파로 대조적)로 평형위치에서 진동하는 물질의 원자 또는 분자입자들로 구성된다. 초음파는 가청음파와 근본적으로 같고 고체, 액체 또는 기체의 탄성매질을 진행하나 진공에서는 진행하지 못한다.

초음파빔은 많은 점에서 빛과 유사하다. 둘 모두 파이고 일반 파의 식을 따른다. 각각은 균일매질에서 특성속도로 진행하며, 속도는 매질의 성질에 달려 있다. 빛과 같이 초음파빔은 표면에서 반사하고 특성소리속도가 다른 두 물질 사이 경계를 지날 때 굴절되고 장해물 주위와 가장자리에서 회절된다. 거친 표면 또는 입자들에 의한 산란은 산란이 빛이 산란되며 강도가 감소하듯이 초음파빔에너지를 감소한다.

음파와 초음파를 탄성파라 하는데, 이는 탄성체를 진행하는 파동이라는 의미이다. 이에 대한 전파, 빛, X선, γ선 등을 전자파(電磁波)라 한다.

음파는 전자파에 비해 진행속도가 느리다.

Section 5 금속재료의 기계적 성질 중 강도, 연성, 인성 등의 성질과 파괴모드와의 관계

1 금속재료의 기계적 성질

① 강성 : 재료가 외력을 받았을 때 변형이 적은 것을 말한다.
② 연성 : 재료를 일정한 방향으로 잡아당겼을 때 길게 늘어나는 성질을 말한다.
③ 인성 : 재료에 외력을 가했을 때 파괴될 때까지의 에너지의 흡수능력을 말한다.
④ 취성 : 재료가 외력을 받았을 때 작은 변형이 나타나면서 파괴되는 성질을 말한다.
⑤ 전성 : 재료에 외력을 가해 넓은 판 모양으로 펼 수 있는 성질을 말한다.
⑥ 메짐성 : 취성과 같은 의미로서, 외력에 의해서 작은 변형이 일어나더라도 파괴되는 성질을 말한다. 대표적인 메짐성 재료로는 유리를 들 수 있다. 즉, 물체가 연성을 갖지 않고 파괴되는 성질, 또는 극히 일부만 영구변형을 일으키는 성질을 말한다.

2 파괴모드

방향이 변동하는 응력을 오랫동안 주면 마침내 파괴되는 현상을 피로(fatigue)라 한다. 피로현상은 그 응력의 종류나 조건 또는 재료에 따라 대단히 복잡하고 현재도 피로에 대한 확립된 대책이라는 것은 아직 존재하지 않는다.

피로현상의 특징을 살펴보면 다음과 같다.

① 반복하는 응력의 크기가 그 재료의 정적파괴응력보다도 항복점 이하의 작은 응력으로도 파괴되는 수가 있다.
② 연성재료에서도 눈에 보이는 것 같은 소성변형을 일으키지 않고 파괴된다.
③ 가해진 응력의 크기 S가 클수록 파괴될 때까지 반복한 횟수 N이 적어지는 관계가 존재한다. 이것을 $S-N$곡선이라 한다. 또한 응력이 작으면 곡선은 점차 횡축에 나란하게 되므로 어떤 응력 이하에서는 무한히 응력을 반복하여도 파괴되지 않게 된다. 이 한계응력을 피로한도라 한다. 피로과정에서는 반드시 약간의 가공경화가 일어나지만 전 피로수명의 수%까지는 매우 초기에 포화되어 버린다. 피로로 인한 파열의 발생은 모두 초기에 시작하여 전 수명의 극히 수% 정도에서 일어난다. 또 피로수명은 주위의 분위기에 큰 영향을 받고 산화나 부식은 피로수명을 심하게 저하시킨다. 반대로 침탄이나 질화 등의 표면처리는 피로수명을 매우 연장시킨다. 피로파괴의 원인이 되는 미소균열(microcrack)의 발생은 공격자전위의 집적, 재료의 이력, 비금속개재물 등이 원인이 된다.

Section 6

기계부품의 취성파괴, 연성파괴, 피로파괴, 크리프파괴, 지연파괴

① 취성파괴(脆性破壞, brittle fracture)

파괴에 이르기까지 큰 소성변형을 동반함이 없이 균열이 발생하여 그 균열이 상당한 속도로 전파(傳播, propagate)해 불안정파괴(unstable fracture)를 일으키는 형식이다. 여기서 불안정파괴라고 하는 것은 파괴가 일단 시작되면 하중을 제거하더라도 파괴가 계속 진행되는 파괴를 말한다. 파괴 중에서는 이론적으로 가장 잘 알려진 형식으로서, 유리의 파괴가 그 대표적인 예이다. 금속재료에서는 강과 같은 체심입방격자(BCC)구조를 갖고 있는 금속이 저온에서 이와 같은 형식으로 파괴되는 경우가 있다.

② 연성파괴(延性破壞, ductile fracture)

취성파괴와 대비해 비교적 균일한 큰 소성변형을 동반하여 일어나는 파괴형식을 말하며, 균열전파는 비교적 완만하고 안정적(stable)이다. 여기서 균열전파가 안정적이라는 것은 균열전파 각 시점에서 평형을 이루고 있어 하중을 제거하면 균열전파가 멈추고, 다시 균열을 전파시키기 위해서는 하중을 부하할 필요가 있는 것을 말한다.

재료에 과대한 응력이 부하된 과대하중파괴(overload fracture)라 할 수가 있다. 연성이 있는 금속재료를 인장시험(tensile test)할 때 일어나는 파괴형식이 대표적인 경우이다.

③ 피로파괴(疲勞破壞, fatigue fracture)

부하방향이 변동하는 하중이 되풀이될 때, 즉 부하(loading)와 제하(unloading)가 되풀이되는 하중하에서 일어나는 파괴형식으로서, 하중의 되풀이됨에 따라 손상 또는 균열이 점진적으로 증가 또는 진전하여 최종적으로 파괴를 일으키는 형식을 말한다. 특히 부하되는 응력이 탄성한도(elastic limit) 이하일 경우에도 일어나며, 파괴에 이르기까지 거시적으로 인지할 수 있는 소성변형을 동반하지 않는 것이 특징[고 되풀이 수 피로 (high-cycle fatigue)의 경우]이기도 하다. 실제의 기기, 구조물의 대부분은 정도의 차이는 있으나 부하와 제하가 되풀이되는 하중을 받고 있는 것이 일반적이므로 파괴의 대부분은 피로와 직접적 또는 간접적으로 관련이 있는 것이 보통이다.

④ 크리프파괴(creep fracture)

어떠한 온도 이상의 분위기 속에서 재료에 하중을 부하한 경우 변형이 시간과 함께 증가하는 현상을 크리프(creep)라 하고, 이 크리프변형이 어느 시점에서 가속도적으로 증가하여 파단에 이르는 형식을 크리프파괴라 한다.

크리프는 변형 자체가 공학적으로 문제가 되는 점에서 또 하나의 특징이 있으며, 크게 변형한 후에 파괴가 일어난다는 점에서는 연성파괴의 범주에 포함할 수도 있으나, 파괴기구(fracture mechanism)면에서 다른 점이 많아 별도로 분류하는 것이 일반적이다.

즉, 연성파괴는 입내변형을 근본으로 한 비교적 균일한 변형을 동반하는 결정입내파괴(transcrystalline fracture)인데 비해, 크리프파괴는 결정입계파괴(intercrystalline fracture)로서 입내변형 역시 변형의 주요 기구이기는 하나 입계에서의 점결함의 확산 등에 의한 소성유동이 크리프변형 및 파괴의 주원인으로, 그 현상은 일반적으로 불균질적이다.

⑤ 지연파괴(遲延破壞, delayed fracture)

근래 많이 언급되는 "환경에 기인된 파괴(environment assisted fracture) 또는 환경민감파괴(environment sensitive fracture)"에 해당한다고 생각하면 된다. 거시적으로 보아 부재(member)에 정적하중이 작용하고 있을 때 그 크기가 항복점보다 훨씬 낮은 응력이라 할지라도 장시간 부하될 경우에는 외견상 소성변형을 동반함이 없이 돌연히 취성적으로 파괴하는 경우가 있다. 이러한 파괴형식을 말하며 표면 또는 내부의 기체분자의 작용이 주원인으로, 근래 문제가 되고 있는 수소취성파괴(hydrogen embrittlement cracking)와 응력부식파괴(SCC : Stress Corrosion Cracking)가 이 형식에 속한다.

이상 이외에도 캐비테이션침식(cavitation erosion), 방사선조사(radiation) 손상에 기인하는 파괴형식이 있기는 하나, 이 경우는 원인에 의한 형식분류에 가까우며 또한 기계적 파괴와는 약간 양상이 달라 여기서는 제외하였다.

파괴와 비슷한 파손이라는 용어는 부품 또는 부재가 소요의 기능을 수행하지 못하게 되는 상태를 의미하는 것이 일반적이다.

Section 7 냉간가공과 열간가공

① 개요

회복 및 재결정연화기구가 작용하지 않는 상태에서 행하는 가공을 냉간가공이라 하고, 이와 반대의 상태를 열간가공이라 한다. 재결정온도를 경계로 하여 나누기도 한다.

② 냉간가공과 열간가공

냉간가공은 가공경화가 현저하여 변형응력이 높고 치수의 정밀도와 표면상태가 양호하며, 가공경화에 의해 강도를 향상시킬 수 있고 고용체 합금에 널리 이용되고 있다. 고탄소강 피아노선을 예로 든다. 열간가공은 가공경화와 동시에 회복 재결정에 의한 변화가 변형 중에 일어나므로 변형응력이 낮으며, 작은 힘으로도 큰 변형을 얻을 수 있으나 고온에서 산화 및 탈탄이 일어나기 때문에 표면이 불량하고 제품의 정밀도가 낮다. 그러나 압연, 단조, 압출 등의 열간가공은 주조조직을 균일하게 한다든지 거친 가공에 적합하다.

Section 8 변형에너지의 종류

재료의 하중조건에 따른 변형에너지의 종류는 다음과 같다.

훅의 법칙 $\sigma = E\varepsilon = E\left(\dfrac{l_2 - l_1}{l}\right) = E\dfrac{\lambda}{l} = \dfrac{P}{A} = E\dfrac{y}{\rho}$

$$\lambda = \frac{Pl}{AE} = \frac{\sigma l}{E}$$

탄성에너지 $U = \dfrac{1}{2}P\lambda = \dfrac{1}{2}P \times \dfrac{Pl}{AE} = \dfrac{\sigma^2}{2E}Al$

최대 탄성에너지(단위체적당 저장된 에너지) $u = \dfrac{U}{V} = \dfrac{\sigma^2}{2E}$

보속의 변형에너지 $U = \dfrac{1}{2}P\delta = \dfrac{1}{2}P \times \dfrac{Pl^3}{3EI} = \dfrac{P^2 l^3}{6EI}$

비틀림변형에너지 $U = \dfrac{1}{2}T\phi = \dfrac{1}{2}T\dfrac{Tl}{GI_P} = \dfrac{T^2 l}{2GI_P}$

단위체적당 탄성에너지 $U = \dfrac{\tau^2}{4G}$

여기서, ρ : 곡률반지름, $\dfrac{\sigma^2}{2E}$: 탄성에너지계수

예제 1

지름이 10cm이고 길이가 1m인 연강봉이 인장하중을 받고 0.5mm 늘어났다. 이 봉에 축적된 탄성에너지는? (단, 탄성계수 $E = 2.1 \times 10^6 \text{kgf/cm}^2$이다)

풀이 $U = \dfrac{1}{2}P\lambda = \dfrac{1}{2}P \times \dfrac{Pl}{AE} = \dfrac{1}{2} \times 82,466.8 \times 0.05 = 2,062 \text{kgf} \cdot \text{cm}$

여기서, $\lambda = \dfrac{Pl}{AE} = \dfrac{P \times 100}{1/4 \times \pi \times 10^2 \times 2.1 \times 10^6} = 0.05$

$P = 82,466.8 \text{kgf}$

예제 2

종탄성계수가 $2.1 \times 10^6 \mathrm{kgf/cm^2}$인 어떤 스프링의 탄성한도를 $1,000\,\mathrm{kgf/cm^2}$라고 하면 단위체적당 탄성에너지는 얼마인가?

풀이 $U = \dfrac{\sigma^2}{2E} = \dfrac{10,000^2}{2 \times 2 \times 10^6} = 25\,\mathrm{kgf \cdot cm/cm^3}$

예제 3

지름 3cm인 강봉에 40kN의 인장하중이 작용할 때 보의 지름의 변화량은? (단, 강봉의 탄성계수 $E = 200\mathrm{GPa}$, 푸아송의 비 $\mu = 0.2$)

풀이 $\mu = \dfrac{1}{m} = \dfrac{\varepsilon'}{\varepsilon} = \dfrac{\dfrac{\Delta d}{d}}{\dfrac{\sigma}{E}} = 0.2$, $\Delta d = 1.7 \times 10^{-6}\mathrm{m} = 0.0017\mathrm{mm}$

Section 9 비파괴검사시험에서 방사선투과시험(RT)과 초음파탐상시험 (UT)의 원리, 결함의 판단, 적용범위 등 상호 비교

1 방사선투과시험(RT)

X선, γ선 등의 방사선의 용접부에 투과시켜 그 반대쪽에 비치한 필름을 감광(感光)시켜 결함을 찾아내는 검사법이다. X선 및 γ선이 투과할 때 다른 물체가 있거나 동일 물질이라도 밀도가 다른 부분이 있으면 흡수율이 달라지는 성질을 이용한 방법으로, 형상의 변화, 두께의 대소, 표면상태의 불량 등에도 불구하고 사용할 수 있으며 신뢰도가 아주 높아 많이 사용한다.

(1) 시험 원리

방사선은 물체를 투과하는 성질을 가지고 있으며, 투과하는 정도는 시험체의 두께 및 밀도에 따라 달라진다. 따라서 방사선이 시험체를 투과할 때 내부에 결함이 있으면 결함부로부터 투과되어 나오는 방사선량에 차이가 생기게 된다. 투과된 방사선량의 차이에 따라 필름의 감광 정도가 달라지고, 감광 정도에 따라 필름상에 농도차가 생겨 특정상을 형성하게 되므로 이를 관찰하여 시험체 내부에 존재하는 결함의 종류, 위치, 크기 등을 판정한다.

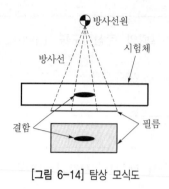

[그림 6-14] 탐상 모식도

[그림 6-15] 방사선투과 장비

(2) 적용 범위

맞대기 용접부 및 T이음, 모서리이음 홈용접부 등에 적용한다.

(3) 대상 결함

용접부 내부결함(기공, 슬래그, 용입부족, 융합부족, 균열 등) 조사

(4) 시험 절차

① 시험체 제원에 따른 방사선원 및 필름종류 선정
② 시험체 두께 측정
③ 방사선원의 강도, 선원– 필름간 거리, 시험체 재질 및 두께 등을 고려하여 노출시간 계산
④ 필름부착 및 방사선원 고정
⑤ 방사선투과 실시
⑥ 필름현상
⑦ 결함판독 및 평가

(5) 분석 및 평가방법

[그림 6-16] 방사선투과시험 필름

용접부의 건전도 및 결함여부는 [그림 6-16]에서 볼 수 있는 바와 같이 필름에 나타난 결함의 형태를 확인함으로써 결함의 종류 및 크기 등을 판독한다.

(6) KS 기준에 의한 결함의 등급 분류

검출 결함에 대한 등급분류는 한국산업규격 KS B 0845(강 용접부의 방사선투과 시험 방법 및 투과사진의 등급분류 방법)에 의거하여 실시하고, 각각의 결함에 대해 1급, 2급, 3급, 4급으로 분류하며 등급분류 기준은 [표 6-5]와 같이 시험체 두께에 대한 결함길이 의 비로 구분한다.

[표 6-5] KS B 0845에 의한 결함의 등급 분류 기준(2종 결합)

등급 \ 모재두께(mm)	12 이하	12 초과 48 미만	48 이상
1급	3 이하	모재두께의 1/4 이하	12 이하
2급	4 이하	모재두께의 1/3 이하	16 이하
3급	6 이하	모재두께의 1/2 이하	24 이하
4급	결함길이가 3급보다 긴 것		

② 초음파탐상시험

(1) 개요

초음파탐상시험은 고주파 음파빔을 금속 또는 재료에 입사하여 표면과 표면 아래에 있는 내부 불연속의 탐상뿐만 아니라 위치결정 및 평가를 하는 비파괴시험법이다. 음파 는 재료 내부를 진행하면서 에너지가 감소(감쇠)되고 계면에서 반사된다. 이 반사빔을 검출하고 분석함으로써 결함의 존재와 위치가 결정된다.

반사 정도는 계면 반대면의 물질의 물리적 상태에 크게 의존하고, 그 물질의 특정 물리적 성질에는 작게 의존한다. 예를 들면, 음파는 금속 기체계면에서 완전반사되고, 금속 액체 또는 금속 고체계면에서는 부분반사된다. 균열, 라미네이션(lamination), 기공, 접합결함과 불연속들은 금속 기체계면처럼 거동하므로 쉽게 검출된다.

(2) 금속의 비파괴검사법 중 초음파탐상

대부분의 초음파시험장비는 금속 기체계면, 금속 액체계면 또는 금속 내부 불연속으로부터 에너지반사, 송신탐촉자의 입사점으로부터 시험재를 통해 수신탐촉자 출구점까지의 음파의 시간변화와 시험재 내에서 흡수와 산란에 의한 음파빔의 감쇠 등을 모니터링함으로써 결함을 검출한다. 초음파시험은 가장 널리 사용되고 있는 한 비파괴시험법이다. 금속 내부결함 및 표면결함 검출과 두께측정, 부식 정도와 물리적 성질, 금속구조, 결정립 크기와 탄성계수를 측정하는 데 사용된다.

1) 장단점

① 장점

㉠ 투과력이 우수하므로 시험재에 깊은 결함의 검출도 가능하다.

㉡ 고감도이므로 아주 작은 결함의 검출도 가능하다.

㉢ 정밀도가 높아 내부결함의 위치, 크기, 방향, 형상과 성질을 결정한다.

㉣ 한 면 접근으로도 시험이 가능하다.

㉤ 결함지시가 순간적으로 제시되므로 즉시 해석이 가능하다.

㉥ 인명에 유해하지 않다.

㉦ 휴대(포터블)가 가능하다.

② 단점

㉠ 수동작업 시 경험 있는 작업자도 주의가 필요하다.

㉡ 시험절차 개발에 폭넓은 기술적 지식이 필요하다.

㉢ 시험재표면이 거칠거나 모양이 불규칙하거나 아주 얇거나 아주 작은 경우 시험이 어렵다.

㉣ 표면에 아주 가까이 있는 얕은 불연속은 검출할 수 없다.

㉤ 커플런트가 필요하다.

㉥ 장비보장과 결함분석을 위한 대비표준(reference standard)이 필요하다.

2) 초음파의 특성

초음파는 기계적 파(예 빛과 X선은 전자파로 대조적)로 평형위치에서 진동하는 물질의 원자 또는 분자입자들로 구성된다. 초음파는 가청음파와 근본적으로 같고 고체, 액체 또는 기체의 탄성매질을 진행하나 진공에서는 진행하지 못한다.

초음파빔은 많은 점에서 빛과 유사하다. 둘 모두 파이고 일반 파의 식을 따른다. 각각은 균일매질에서 특성속도로 진행하며, 속도는 매질의 성질에 달려 있다. 빛과 같이 초음파빔은 표면에서 반사하고 특성소리속도가 다른 두 물질 사이 경계를 지날 때 굴절되고 장해물 주위와 가장자리에서 회절된다. 거친 표면 또는 입자들에 의한 산란은 산란이 빛이 산란되며 강도가 감소하듯이 초음파빔에너지를 감소한다.

음파와 초음파를 탄성파라 하는데, 이는 탄성체를 진행하는 파동이라는 의미이다. 이에 대한 전파, 빛, X선, γ선 등을 전자파(電磁波)라 한다.

음파는 전자파에 비해 진행속도가 느리다.

Section 10 소성변형, 탄성계수, 인성과 취성, 연성과 전성

1 탄성과 소성(elasticity and plasticity)

일반적으로 물체가 외력을 받아서 변형한 재료가 외력을 제거하였을 때 완전히 처음의 형상으로 되는 성질을 탄성이라고 하고 이 변형을 탄성변형, 이러한 재료를 완전 탄성체라 한다. 물체가 외력을 받아서 변형한 재료가 외력을 제거하였을 때 원형으로 되돌아오지 않을 때의 성질을 소성이라고 하고, 이러한 변형을 소성변형(plastic deformation)이라고 하며, 이러한 재료를 소성체라 한다.

엄밀한 의미에서 많은 재료는 위의 2가지 성질을 모두 가지고 있어 완전한 탄성체 또는 소성체라고 하는 것은 드물다. 그러나 많은 구조재료는 공학적으로 사용되는 범위에서는 탄성체로 취급되는 경우가 많다. 즉, 많은 재료는 온도의 고저로 그 성질이 현저히 변화하고 연강과 같이 일정 한도를 넘는 힘을 가하면 탄성을 상실하고 소성상으로 되는 것도 있다. [그림 6-17]은 강의 응력-변형률곡선을 나타낸 것이다.

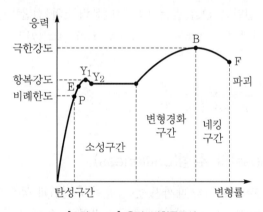

[그림 6-17] 응력-변형률곡선

① 비례한도(proportional limit) : 탄성한도 내에서 응력과 변형률이 비례하는 최대한도 (P점)

② 탄성한도 : 외력을 제거해도 영구변형을 남기지 않고 원래의 상태로 돌아가는 응력의 최대한도(E점)

③ 항복점(yielding point) : 외력은 증가하지 않는데 변형이 급격히 증가하였을 때의 응력 (Y점)

④ 극한강도(ultimate strength) : 응력의 최대값(B점)

항복점을 확실히 하는 것은 연강과 같은 연성이 큰 재료에 한하고 많은 재료는 명확하지 않다.

② 탄성계수(modulus of elasticity)

재료는 탄성한도 내에서 응력은 변형률에 비례한다. 이러한 성질을 훅(Hooke)의 법칙이라고 한다. 실험의 결과에 의해 확실한 것이지만 압연강, 치밀한 석재 등은 이 법칙에 적합하고, 주철, 콘크리트, 조립의 석재, 목재, 벽돌 등은 약간 적합하고, 고무, 가죽 등은 이러한 법칙에 적용되지 않는다.

단면적 A, 길이 l의 물체에 하중 P가 작용하고, 길이가 Δl만큼 변하였다면 비례한도 내에서는 응력 σ와 변형률 ε은 비례한다. 이전의 비례정수를 E라 하면 다음 식 (1)과 같이 나타낼 수 있다.

$$E = \frac{\sigma}{\varepsilon} = \frac{P/A}{\Delta l/l} = \frac{Pl}{A\Delta l} \tag{1}$$

비례정수 E를 탄성계수 또는 영계수(Young's modulus)라 한다. 탄성계수는 비례한도까지의 직선의 경사각 θ의 $\tan\theta$가 된다. 훅의 법칙에 따르는 비례한도 내에서는 이 값은 일정하지만 훅의 법칙을 따르지 않는 재료의 탄성계수는 응력의 크기에 의해 값을 달리하고 있다.

또한 재료가 전단력 Q를 받는다면 전단응력 τ와 전단변형률 γ는 비례하며, 이때의 비례정수를 전단탄성계수(shear modulus of elasticity)라 하고 다음 식 (2)와 같이 나타낸다.

$$G = \frac{\tau}{\gamma} = \frac{Q/A}{e/l} = \frac{ql}{Ae} \tag{2}$$

③ 인성(toughness)과 취성(brittleness)

어떤 재료는 파괴에 이를 때까지 높은 응력에 견딤과 동시에 큰 변형을 표시하는 재료(압연강, 고무 등)를 인성이 강한 재료하고 말한다. 이에 반하여 약간의 변형에도 파괴되는 재료(주철, 유리)를 취성이 강한 재료라고 말한다. 갑작스런 파괴가 큰 위험을 가져올 우려가 있는 진동이 빈번한 구조물에서는 인성이 강한 재료를 사용해야 한다.

④ 연성(ductility)과 전성(malleability)

인장응력을 받아서 파괴될 때까지 현저히 가늘고 길게 늘어나는 재료를 연성이 풍부하다고 한다. 고강도의 응력에 견디고 연성이 큰 재료는 인성이 큰 재료이다. 또 어떤 재료는 두들기면 얇게 늘릴 수 있다. 이런 재료(금, 납 등)를 전성이 풍부한 재료라고 한다.

Section 11 연강이 갖고 있는 탄성계수값에서 푸아송 수(Poissons number) 계산

(1) 응력

단위면적당 하중의 세기($\mathrm{kg/m^2}$)

$$\sigma = \frac{P}{A}\,(P와\ A는\ 90°)$$

$$\tau = \frac{P}{A}\,(P와\ A는\ 같은\ 방향)$$

(2) 변형률

변형량을 원래의 양으로 나눈 값, 즉 단위량에 대한 변형량

① 세로(종)변형률 : $\varepsilon = \dfrac{l' - l}{l} = \dfrac{\delta}{l}$

② 가로(횡)변형률 : $\varepsilon' = \dfrac{d' - d}{d} = \dfrac{\delta'}{d}$

③ 전단변형률 : $\gamma = \dfrac{\delta}{l}\,[\mathrm{rad}]$

④ 종변형률 : $\delta = \dfrac{Pl}{AE} = \varepsilon l,\ \ \varepsilon = \dfrac{P}{AE}$

⑤ 횡변형률 : $\delta' = \dfrac{d\sigma}{mE}$

⑥ 면적변형률 : $\varepsilon_A = \dfrac{\Delta A}{A} = 2\mu\varepsilon$

(3) 훅의 법칙

$$\sigma = E\varepsilon$$

$$\tau = G\gamma$$

여기서, E : 종탄성계수($\mathrm{kg/cm^2}$)(연강의 탄성계수 : $2.1\times10^6\,\mathrm{kg/cm^2}$), G : 횡탄성계수

(4) 푸아송비

$$\mu = \frac{1}{m} = \frac{\varepsilon'}{\varepsilon}$$

$$G = \frac{E}{2}(1 + \mu)$$

$$안전율 \ S = \frac{최고응력(극한강도)}{허용응력}$$

여기서, m : 푸아송비

Section 12 응력, 변형률 및 종탄성계수(영률), 전단탄성계수

1 개요

탄성(elasticity)이라고 하는 것은 재료에 하중을 부하한 후 하중을 제거했을 때 재료의 상태가 하중부하 시의 응력-변형률곡선에 따라 원상태로 되돌아오는 성질을 말하며, 이 경우의 응력-변형률관계가 직선이 되는 경우를 선형(線形)탄성(linearly elastic)이라고 한다. 선형탄성거동은 이른바 훅의 법칙(Hooke's law)에 의해서 표현된다.

2 응력, 변형률 및 종탄성계수

선형탄성재료가 단축(uniaxial)인장 또는 압축하중을 받는 경우 축방향 응력 σ와 변형률 ε 사이에는 다음 식이 성립한다.

$$\varepsilon = \frac{\sigma}{E}$$

여기서, E는 인장 또는 압축에 대한 재료의 저항 정도를 나타내는 값으로, 탄성계수(modulus of elasticity)나 종탄성계수(modulus of longitudinal elasticity) 또는 영계수(Young's modulus)라 한다.

3 전단탄성계수

전단력을 받는 경우에도 전단응력 τ와 전단변형률 γ 사이에 선형탄성관계가 존재하며, 전단응력 τ와 전단변형률 γ 사이의 비례정수를 전단탄성계수(shear modulus) 또는 횡탄성계수(modulus of transverse elasticity)라 하고 G로 나타낸다.

$$\tau = G\gamma$$

전단탄성계수 G는 영계수 E와 푸아송비 ν를 사용하여 다음과 같이 나타낼 수 있다.

$$G = \frac{E}{2(1+\nu)}$$

4 탄성계수와 관련된 주요 용어

■ 등질과 등방성

탄성계수가 물체 내의 장소에 따라 변하는 경우를 비등질(non-homogeneous or heterogeneous)이라 하며, 탄성계수가 물체 내의 위치와 관계없이 일정한 경우를 등질 (homogeneous)이라 한다. 방향에 따라 탄성성질이 서로 다른 경우를 이방성(anisotropic) 탄성체라 하며, 특히 직교하는 세 방향 x, y, z에 대해 서로 다른 탄성성질을 갖고 있는 경우를 직교이방성(orthogonal anisotropic)이라 한다.

모든 방향에 대해서 탄성적 성질이 같은 물체를 등방성(isotropic) 탄성체라 한다. 등질과 등방성은 다른 것이며, 이방성이라 하더라도 장소에 관계없이 탄성성질이 같으면 등질이다.

Section 13 | 응력집중현상에 의한 피로파괴

1 응력집중현상과 피로파괴

피로파괴는 부하방향이 변동하는 하중이 반복될 때 일어나는 파괴형태로서, 부하되는 응력이 재료의 항복강도나 탄성한도 이하에서도 일어나며, 파괴에 이르기까지 거시적으로 인지할 수 있는 소성변형을 동반하지 않는 것으로 실제의 기계부품에 생기는 파괴의 약 50~90%가 피로에 의한 것이라고 알려져 있다. 기계부품과 구조물의 부재 대부분은 기하학적 불연속부를 갖고 있어 실제로 피로파손은 이러한 노치나 응력집중부위에서 보통 발생한다.

2 피로파괴의 진행과정

피로파괴는 그 진행과정에 따라 크게 균열발생(crack initiation), 균열진전(crack propagation), 최종파단(final fracture)으로 이루어진다. 기계 및 구조물의 건전성과 신뢰성을 확보하기 위해서는 설계단계는 물론 실제 사용조건에서도 피로를 고려해야 한다.

Section 14 | 재료의 가공경화

1 개요

가공경화 또는 냉간가공은 열처리에 의하여 강화시킬 수 없는 금속이나 합금을 강화시키는 공업적으로 중요한 공정이다. 가공경화의 속도는 유동곡선(flove curve)의 기울기로부터 측정된다. 일반적으로 가공경화속도는 입방정(cubic) 금속보다 조밀육방정(hcp) 금속이 더 낮으며, 온도가 상승할수록 가공경화의 속도도 낮아진다. 고용체 강화에 의해 강화된 합금의 가공경화속도는 순수한 금속에 비하여 증가하기도 하고 감소하기도 한다. 그러나 냉간가공한 고용체 합금의 최종강도는 대부분 같은 정도로 냉간가공된 순금속보다 높다.

② 재료의 가공경화(working hardening)

대부분의 냉간가공에 이어서 금속의 한 방향 또는 두 방향의 치수가 감소하고 다른 방향은 팽창하기 때문에 냉간가공은 주 가공방향으로 결정됨을 연신시킨다. 심한 변형을 행하면 결정립의 재배열이 일어나 우선방위(preferred orientation)를 나타낸다. 그 외에도 냉간가공은 다른 물리적 성질의 변화를 일으킨다. 수십분의 1% 정도의 밀도가 감소하고, 산란 중심(scattering centers)의 숫자가 늘기 때문에 전기전도도는 다소 감소하고, 열팽창계수는 약간 증가한다. 냉간가공된 상태의 내부에너지의 증가 때문에 화학반응성이 증가한다.

화학반응성의 증가는 일반적으로 부식저항성을 감소시키고, 어떤 합금에 있어서는 응력부식균열(stress-corrosion cracking)을 일으킨다. 높은 가공경화속도는 전위들이 교차하여 전위의 활주를 방해함을 의미한다. 이와 같이 전위의 활주를 방해하는 과정은 다음의 결과를 통해서 일어난다.

① 전위 응력장의 상호작용
② 부동전위를 만드는 전위의 상호작용
③ 조그전위(dislocation jogs)를 형성함에 의한 다른 슬립시스템과의 교차

Section 15 천장크레인같이 단순보에 집중하중과 균일분포하중이 작용 시 최대처짐량 유도

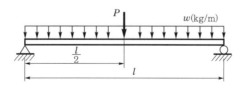

균일분포하중일 때 최대처짐량 $\delta_{\max} = \dfrac{5wl^4}{384EI}$

단순보일 때 최대처짐량 $\delta_{max} = \dfrac{Pl^3}{48EI}$

중첩법에 의해서 최대처짐량을 계산하면

$$\delta_{max} = \frac{Pl^3}{48EI} + \frac{5wl^4}{384EI} = \frac{Pl^3}{48EI} + \frac{5Pl^3}{384EI} = \frac{13Pl^3}{384EI}$$

Section 16 탄소함유량에 따른 강의 담금질

1 개요

고순도의 철은 연하기 때문에 기계나 건축물의 구조재로 사용하기에는 부적합하다. 여기에 강도를 주기 위해 탄소(C)를 첨가한다. 즉, 목탄, 코크스 등은 철을 단단한 강이나 주철로 변화시킨다. 결국 철강의 성질은 0.01~0.7% 정도 함유되어 있는 탄소의 양에 따라 크게 좌우되는데 탄소의 함유량이 적을수록 연하고 늘어나기 쉬우며, 탄소량이 증가할수록 경도와 강도는 증가하지만 탄성력과 신장률은 감소하는 경향을 나타내고 있다. 주철과 대부분의 강은 철과 탄소의 합금이다. 철(Fe)에 0.05~0.3%의 탄소가 함유된 것을 보통강이라고 부른다. 이중에서도 비교적 탄소량이 적은 강은 기계의 구조 부분이나 축에 사용되며, 탄소량이 많은 것은 레일 등에 사용된다.

탄소량 0.7~1.3%의 것은 공구강이라고 하며, 금속가공용의 공구가 이것으로 만들어진다. 공구강은 담금질 열처리가 잘 되기 때문에 쉽게 단단해진다.

탄소량이 2% 이상인 것은 강이라 하지 않고 주철이라고 부른다. 주철에도 여러 종류가 있으나 탄소의 대부분이 흑연의 형태로 포함된 것을 회주철이라 하고, 탄소가 철의 화합물(시멘타이트, Fe_3C)의 형태로 포함된 것을 백주철이라 한다. 회주철은 대단히 연하며 가공이 쉬우나, 백주철은 단단하며 여린 성질을 갖고 있다. 주철의 용도는 매우 다양하다. 기계의 받침 부분, 엔진 몸체, 수도관 등 많은 것이 주철로 만들어진다. 비교적 저온에서 용해되며 주조가 용이하여 공원의 울타리나 조각에도 사용된다.

2 탄소함유량에 따른 강의 열처리

아공석강의 경우에 A_{c3} 변태점, 과공석강의 경우에 A_{c1} 변태점 이상으로 가열하여 오스테나이트(austenite)나 그와 혼합된 조직을 얻은 다음, 서냉하면 오스테나이트에서 마텐자이트(martensite)를 거쳐 트루스타이트(troostite), 솔바이트(sorbite), 펄라이트(pearlite)

순으로 조직이 변한다. 그러나 냉각속도를 크게 하면 그 중간 조직인 마텐자이트, 트루스타이트, 솔바이트 등에서 멈추게 할 수 있다.

냉각속도의 차에 따른 변화는 [그림 6-18]과 같다. 단, A_c는 가열온도곡선상의 변태점, A_r는 냉각온도곡선상의 변태점으로, 오스테나이트(A) → 마텐자이트(M) → 트루스타이트(T) → 솔바이트(S) → 펄라이트(P)이고, 경도의 크기는 A<M>T>S>P가 된다.

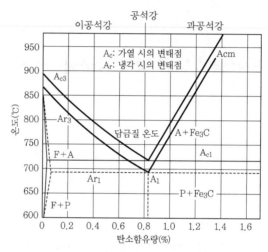

[그림 6-18] 탄소함유량과 담금질 온도

(1) 온도

담금질의 목적은 큰 경도를 얻는 데 있으며, 담금질 효과는 탄소량과 온도에 따라 다르므로 소정의 경도를 얻기 위해서는 [그림 6-18]과 같이 탄소량에 따라 적당한 온도를 정해야 한다. 온도가 너무 낮으면 담금질 효과가 적고, 너무 높으면 재질이 변하며, 보통 A_{c321} 변태점보다 20~30℃ 더 높은 온도에서 담금질한다.

(2) 냉각속도

담금질 효과는 냉각액(coolant)에 따라 크게 다르다. 즉 냉각액의 비열, 열전도도, 점성, 휘발성과 그 온도에 따라 냉각속도가 다르다. 일반적으로 물이나 기름이 많이 사용되며, 물은 기름에 비하여 냉각속도는 크나 기름은 120℃ 정도에서도 담금질 효과에 변화가 적고, 물은 30℃ 이상만 되면 현저히 저하된다. 냉각능력이 적은 액체에는 유류, 비눗물 등이 있고, 큰 것에는 염수, NaOH용액, 황산 등이 있다. 냉각작업에서 가열물을 냉각액 중에서 흔들어 주어 물체에서 전도성이 불량한 증기를 털어주는 것이 담금질 효과를 크게 한다.

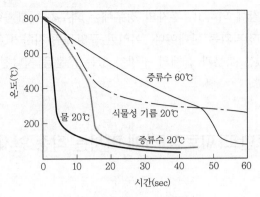

[그림 6-19] 냉각액의 냉각속도

(3) 질량효과(mass effect)

동일 조건하에서 담금질해도 물체의 크기에 따라 냉각속도에 차가 있어 담금질 효과
가 다르다. [그림 6-20]은 C가 0.45%인 강의 경화능을 표시한 것으로서, 지름이 큰 것
은 작은 것에 비하여 냉각효과가 적으며, 동일 물체 내부의 냉각효과는 외부에 비하여
낮고, 내·외부의 차는 지름이 작을수록 줄어든다. 이와 같이 담금질 효과가 질량의 영
향을 받는 것을 질량효과라 한다.

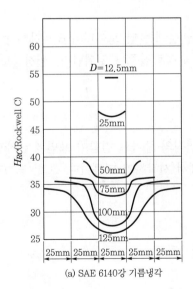

(a) SAE 6140강 기름냉각

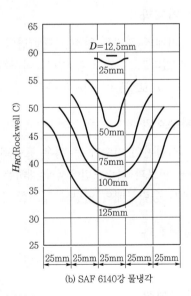

(b) SAF 6140강 물냉각

[그림 6-20] 경화능

(4) 담금질 균열(quenching crack)

담금질 균열에는 냉각액에 넣은 직후에 생기는 것과 담금질 후 얼마되지 않아 상온에서
발생하는 경우가 있다. 전자에서는 외부의 급격한 냉각수축과 내부의 느린 냉각에 의한

펄라이트의 팽창에 의하고, 후자의 경우에는 외부가 마텐자이트로 변하여 팽창하기 때문으로 원인이 전자와는 반대이다. 이러한 균열을 방지하기 위해서는 물체의 단면적, 두께의 변화가 있는 부분과 물체의 구멍이 있는 부분은 지나친 급랭을 피하는 것이 좋다.

Section 17 피로한도(피로강도)에 미치는 각종 인자의 영향

1 개요

피로한도(피로강도)에 미치는 각종 인자의 영향에는 표면거칠기 및 표면가공효과, 치수효과, 하중형식의 영향, 평균(또는 정적)응력의 영향, 잔류응력의 영향, 조합응력의 영향, 되풀이 속도의 영향, 온도의 영향, 분위기의 영향 등이 있다.

2 피로한도(피로강도)에 미치는 각종 인자의 영향

피로한도에 미치는 인자는 다음과 같다.

(1) 노치효과

기계의 표면은 완전한 평탄면이 아니다. 눈에는 안 보이더라도 미세하게 많은 노치들이 있다고 가정할 수 있다. 이러한 노치에 응력집중이 일어난다. 인장강도가 증가함에 따라 피로성능이 저하한다.

(2) 치수효과

시험편의 치수가 큰 경우 표면적과 단면적의 증가로 결함이 표면에 존재할 확률이 크다. 피로파괴는 표면에서 존재하는 결함에서 시작하기 때문이다. 또한 노치가 있는 재료에서 응력구배의 영향도 무시할 수 없다.

(3) 표면효과

피로파괴는 표면에서 시작한다. 따라서 표면의 거칠기가 영향을 준다.

(4) 온도영향

피로한도는 온도의 영향을 받는다. 온도의 상승에 의해 전위의 이동이 용이하게 되고 가공에 의한 경화가 쉽게 회복하여 연화하기 때문이다.

$S-N$ 곡선과 피로균열

1 개요

관계식에 따라 표준응력을 설계하더라도 어느 정도 사용하고 나면 부품이 갑작스런 파괴를 일으키는 경우가 있다. 대부분의 경우 주기적인 응력 또는 부식분위기가 이러한 파괴를 일으킨다. 두 경우 모두 작은 결함이 생성되어 임계크기까지 성장하면 파괴가 빠르게 일어난다. 이런 경우에는 파괴가 일어나기 전에 사용자들이 일정 시간 동안 사용하면서 그 부분의 안정성에 대하여 잘못된 확신을 갖기 때문에 사용 초기에 일어나는 파괴보다 더욱 위험하다.

2 $S-N$ 곡선과 피로균열

흔히 피로현상은 임의의 재료에 대하여 응력의 크기와 주기와의 관계를 나타내는 $S-N$곡선을 이용하여 이해한다. 균열과 파괴인성 사이의 관계에 관한 새로운 고찰로 피로파괴에 대한 좀 더 자세한 분석이 가능해졌다. SEM을 이용하여 실험적으로 관찰한 대로 $S-N$곡선에서 파괴가 일어나기 전 영역을 두 부분으로 나눌 수 있다.

균열의 생성과 균열의 성장이 그것이다([그림 6-21] 참조). 균열은 결함이 없는 영역에서 생길 수도 있고 개재물처럼 이미 존재하는 결함에서 생성될 수도 있다. 이와 같이 다양한 방법으로 균열이 생성되기 때문에 파괴에 대한 자료가 산발적이다.

[그림 6-21]은 두 단계, 즉 균열생성과 균열성장으로 이루어진 전체 피로수명을 나타내는 $S-N$곡선으로 응력이 클 때는 $N_I < N_P$이고, 응력이 작을 때는 $N_I > N_P$이다.

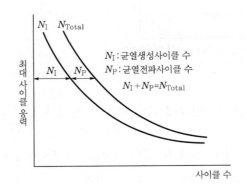

[그림 6-21] 사이클 수와 최대 사이클응력의 관계

결함이 없는 영역에서는 특정한 슬립 띠에서 국부적으로 소성변형이 일어나 작은 응력집중이 발생하고, 여기에서 균열이 생성된다. [그림 6-22]의 (a)는 국부적인 소성변형과정을 나타내고 있다. 여러 번 주기가 반복된 후 국부적 변형 띠와 시편표면이 만나는 점에서 균열이 발생한다. [그림 6-22]의 (b)는 균열발생의 초기단계를 나타내고 있다. 표면에 아주 작은 긁힘이 있어도 균열생성단계는 아주 짧아지거나 완전히 생략되기도 한다. 이로부터 피로수명이 피면상태에 의해 얼마나 큰 영향을 받는지를 알 수 있다.

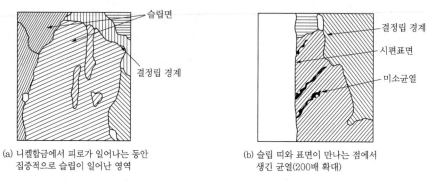

(a) 니켈합금에서 피로가 일어나는 동안 집중적으로 슬립이 일어난 영역

(b) 슬립 띠와 표면이 만나는 점에서 생긴 균열(200배 확대)

[그림 6-22] 국부적인 소성변형과정(a)와 균열발생 초기단계(b)

내부에 결함이 존재해도 역시 균열이 생성되는 시간은 짧아진다. [그림 6-23]은 니켈합금에서 피로시험에 의해 비금속개재물과 기공에서 생긴 피로균열을 보여준다.

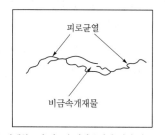 

(a) 니켈합금의 비금속개재물에서 생긴 피로균열

(b) 기공에서 생긴 피로균열(1,000배 확대)

[그림 6-23] 니켈합금에서 피로균열

균열이 전파되는 초기단계에서는 결정립의 방향에 의해 균열의 전파방향이 결정된다. [그림 6-24]에서처럼 균열은 특정한 결정면을 따라 진행하여 입계와 만났을 때 진행방향이 갑자기 변할 수도 있다. 이것을 균열성장 1단계라고 한다. 균열이 커짐에 따라 성장방향은 결정립의 방향과는 무관해지고 가해지는 응력과 직각방향으로 성장한다. 이때가 균열성장 2단계이며 성장시간의 대부분을 차지한다.

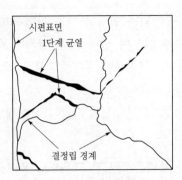

[그림 6-24] 피로균열전파 1단계

[그림 6-25]는 피로균열의 생성과 성장에 관련된 여러 현상을 보여준다.

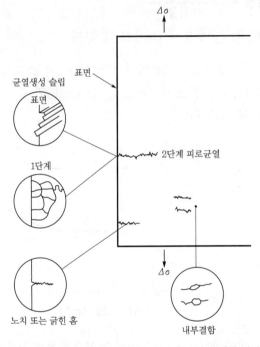

[그림 6-25] 피로균열이 생성되고 성장하는 여러 가지 방법

크리프현상

1 개요

기계재료가 고온에서 하중을 받으면 순간적으로 기초변형률이 생기고, 다음에 시간이

경과함에 따라 서서히 증가되는 변형이 생겨 파단하게 된다. 이와 같이 재료가 어떤 온도 밑에서 일정한 하중을 받으며 얼마 동안 방치해 두면 스트레인(strain)이 증대하는 현상을 크리프라고 한다. 크리프에 의하여 생긴 스트레인을 크리프 스트레인(creep strain)이라고 한다.

2 크리프현상

크리프를 고려한 허용응력은 장시간 고온으로 응력을 받는 부재의 파손은 크리프강도를 취하여 안전율로 나눈 허용응력을 결정하는 방법과 사용 중에 일어날 수 있는 변형의 총량이 허용치 이내에 있는 응력으로서 허용응력을 취하는 방법도 있다.

$$허용응력 = \frac{Creep강도}{안전율}$$

$$허용응력 = 변형총량 \times 허용치\ 내\ 응력$$

금속재료의 경우 크리프는 고온에서 발생되나 플라스틱과 같은 경우 상온에서도 발생한다. 크리프시험에서 얻는 데이터는 [그림 6-26]과 같이 일정 온도, 일정 응력에서 시간에 대한 크리프가 된다.

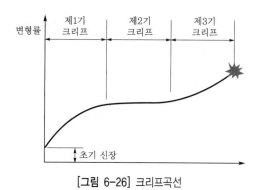

[그림 6-26] 크리프곡선

① 초기 신장 : 하중부하 순간에 탄성변형과 시간에 의존하지 않는 소성변형의 합으로 되는 순간변형이다.
② 제1기 크리프 : 크리프속도가 감소하는 영역으로 점점 속도가 낮아져 마침내 일정한 속도로 변형이 증가한다.
③ 제2기 크리프 : 일정한 변형속도의 영역으로 변형속도는 응력의 크기에 비례한다.
④ 제3기 크리프 : 변형속도가 점차로 증가하여 파단에 도달하기까지의 영역으로 네킹, 내부 공동형성으로 단면적의 감소가 있을 때 발생한다.

단순인장시험의 결과를 이용하여 재료의 연성을 나타내는 양

1 개요

파괴에 이르기까지 큰 변형률을 수반하는 재료를 연성(ductility)재료라고 하며, 이와 반대로 작은 변형률로 파손되는 재료를 취성재료라고 한다. 주로 단면수축률, 연신율로 표시한다.

2 단순인장시험의 결과를 이용하여 재료의 연성을 나타내는 양

탄성이라고 하는 것은 재료에 하중을 부하한 후 하중을 제거했을 때 재료의 상태가 하중부하 시의 응력-변형률곡선에 따라 원상태로 되돌아오는 성질을 말하며, 이 경우의 응력-변형률관계가 직선이 되는 경우를 특히 선형탄성이라고 한다. 선형탄성거동은 이른바 훅의 법칙에 의해서 표현된다.

선형탄성재료가 단순인장 또는 압축하중을 받는 경우 축방향 응력 σ와 변형률 ε 사이에는 다음 식이 성립한다.

$$\varepsilon = \frac{\sigma}{E}$$

여기서, E는 인장 또는 압축에 대한 재료의 저항 정도를 나타내는 값으로, 탄성계수나 종탄성계수 또는 영계수라 한다.

재료가 축방향으로 인장하중을 받으면 축하중방향으로 인장변형이 발생할 뿐만 아니라, 축에 수직인 방향으로는 수축이 일어난다. 즉, 축에 수직인 방향으로 변형률이 발생한다. 이 변형률을 ε''이라 하면 이 변형률은 축방향 응력 σ에 비례하고, 부호는 반대가 된다. 즉,

$$\varepsilon'' \propto -\sigma$$

비례정수를 $1/E''$이라 하면

$$\varepsilon'' = -\frac{\sigma}{E''} = -\frac{E\varepsilon}{E''}$$

이로부터 다음과 같이 축방향 변형률 ε과 축방향에 수직인 방향의 변형률 ε''의 비의 절대치를 푸아송비라 하고, 일반적으로 ν로 나타낸다.

$$-\frac{\varepsilon''}{\varepsilon} = \frac{E}{E''} = \nu$$

일반적으로는 직접 축방향 변형률 ε과 축방향에 수직인 방향의 변형률 ε''의 비의 절대치를 푸아송비라 정의한다고 하는 경우가 많다. 대표적인 금속재료의 탄성계수 및 푸아송비를 밀도와 함께 [표 6-7]에 나타내었다.

[표 6-7]에서 보는 바와 같이 푸아송비는 금, 은을 제외하고는 거의 0.3 부근이므로 금속재료의 대표값으로 0.3을 사용하는 경우가 많다. 1/4, 1/3도 많이 사용된다.

탄성계수는 밀도와 함께 넓은 범위의 값을 갖고 있으나, 기계구조용 재료로서 많이 사용되는 철강, 알루미늄합금, 동합금, 티타늄합금의 탄성계수 정도는 밀도(비중)와 함께 기억해 두는 것이 매우 바람직하다.

[표 6-7] 각종 금속재료의 탄성계수와 푸아송비

재 료	탄성계수 E : 대표값(GPa)	푸아송비 ν	밀도 $\rho(g/cm^3)$
철강	193~212 : 207	0.27~0.30	7.87
주철	104~186	0.26~0.28	7.12~7.45
알루미늄(Al)합금	69~76 : 70	0.33~0.35	2.70
동(Cu)합금	104~124 : 110	0.34~0.35	8.96
티타늄(Ti)합금	107~120 : 107	0.32~0.36	4.51
니켈(Ni)합금	180~214 : 207	0.31	8.9
마그네슘(Mg)합금	45	0.29	1.74
텅스텐(W)합금	407~411 : 411	0.28~0.29	19.3
금(Au)	78	0.42~0.44	19.32
은(Ag)	76~83	0.37~0.38	10.49

Section 21 기계나 구조물의 피로한도에 영향을 주는 요인

1 개요

방향이 변동하는 응력에 의해서 발생하는 파괴를 피로 혹은 피로파괴라고 한다. 피로파괴의 응력은 취성파괴와 같이 높지 않으며, 따라서 피로파괴는 그 재료가 가지는 인장강도 이하의 낮은 응력에서도 일어난다. 이때 그 재료가 피로파괴를 일으키지 않고 견딜 수 있는 최대의 응력을 피로한도(fatigue limit)라 한다.

계속적으로 반복되는 하중에 의해서 미소한 크랙(crack)이 반드시 표면에 발생하고, 슬립(slip)선의 가운데라든지, 슬립선에 평행하게 발생한다. 이러한 슬립변형은 운동이 용이한 전위에 의해서, 또는 비금속이체물의 응력집중에 의해서 일어나는 것이 일반적이며, 일단 슬립이 발생하면 응력집중을 일으켜 그 근처에 큰 슬립을 유발시키고 잇달아 미시가 발생한다.

② 피로한도에 영향을 주는 요인

미시크랙은 거시크랙으로 전파하고, 결국은 부재의 종피로파괴를 가져오게 된다. 피로현상은 다음과 같은 여러 가지 원인들에 의하여 파괴에 영향을 미치고 있다.

① **노치**(notch) : 응력집중에 영향을 미친다.
② **치수효과** : 치수가 크면 피로한도가 저하된다.
③ **표면거칠기** : 표면의 다듬질 정도가 영향을 미친다
④ **부식** : 부식작용이 있으면 피로한도의 저하가 심하다.
⑤ **압입가공** : 억지 끼워맞춤, 때려 박음 등에 의한 변율이 영향을 준다.
⑥ **기타** : 하중의 반복속도와 온도도 영향을 준다.

Section 22 갈바니부식

① 정의

갈바니부식은 이종금속접촉부식(dissimilar metal corrosion) 또는 전지작용부식이라고도 부른다. 전해질수용액 속에 2가지 금속이 접촉하여 전위차가 있을 때 발생하는 부식으로, 접촉하는 2개의 금속 극성에 대해서 문제가 되는 전해질 중의 부식전위순서가 필요하다. 비귀금속 쪽이 단독으로 존재하는 경우보다 부식이 가속된다. 반대로 보다 귀금속쪽의 부식은 억제되며[음극(cathode)부식방지], 이 원리를 이용하여 부식방지를 한다.

② 부식의 영향인자

이종금속접촉의 전위는 온도, 기타 조건에 따라 역전되는 경우도 있기 때문에 주의를 요한다. 부식에 영향을 주는 인자로는 수용액농도, 면적비, 유속, 온도, 통풍 등이 있다. 또 단순히 접촉부식이라고 부르는 경우는 비금속과 접촉했을 때 일어나는 부식도 포함되며 원리가 다르다. 함석, 양철의 부식도 갈바니부식의 원리이다.

Section 23 비파괴시험방법 중 자분탐상검사(MT)의 자화방법

1 개요

시험체에 적정한 자계 또는 자속을 걸어주는 조작을 자화라 한다. 이때 시험체의 성질(형상, 치수, 재질)과 예상되는 결함의 성질(종류, 위치, 방향) 및 시험장치의 특성에 따라 자화방법(시험체에 자속을 발생시키는 방법), 자화전류(시험체에 자속을 발생시키는 데 필요한 전류)의 종류와 전류치 및 통전시간을 선택해야 한다.

2 자화방법에 따른 분류

자분탐상시험에 사용되고 있는 자화의 방법에는 원형자화법과 선형자화법 등이 있다.

(1) 원형자화법(circular magnetization)

철선이나 환봉과 같은 직선도체에 전류가 흐르면 도체 주위에 원형자장을 형성한다. 또한 전도체가 강자성체인 경우에는 도체 내·외부에 자장이 형성된다. 이러한 방법에 의해 자화되는 것을 원형자화라 하며, [그림 6-27]은 원형자장을 발생시키는 원리를 나타낸 것이다.

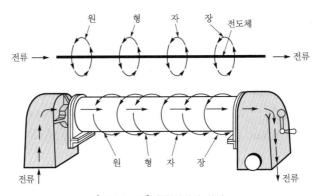

[그림 6-27] 원형자장의 발생

원형자장으로 자분탐상을 할 경우 불연속부의 방향은 자장의 수직방향일수록 탐상하기 용이하므로 축방향의 불연속부는 물론 45°의 경사를 갖는 결함까지도 탐상이 가능하나, 횡방향의 결함은 잘 나타나지 않는다. [그림 6-28]은 원형자장과 불연속방향과의 관계도를 나타낸 것이다.

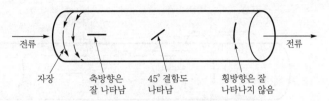

[그림 6-28] 원형자장과 불연속방향과의 관계

(2) 선형자화법(longitudinal magnetization)

코일 또는 솔레노이드(solenoid)에 전류를 통과시키면 그 주위에 자장이 발생한다. 이 때의 자장이 종방향이며, 강도는 코일의 횟수 및 직경, 전류의 강도에 의해 좌우된다. 또한 코일이나 솔레노이드 속에 시험편을 넣어 코일에 전류를 통과시키면 시험편 내부에 선형자장을 형성한다. 이러한 방법에 의해 자화되는 것을 선화자화라 하며 [그림 6-29] 와 같다.

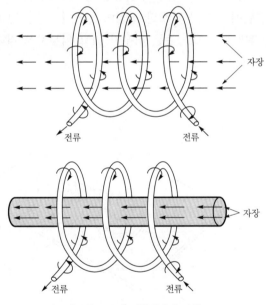

[그림 6-29] 선형자장의 발생

코일이나 솔레노이드 속의 시험편 내에 불연속부가 존재하면 역시 불연속부의 방향이 자장의 수직방향일수록 탐상하기 용이하므로 시편축의 직각방향 또는 45° 각도를 갖는 결함은 탐상이 가능하나 종방향의 결함은 잘 나타나지 않는다. [그림 6-30]은 선형자장과 불연속방향과의 관계도이다.

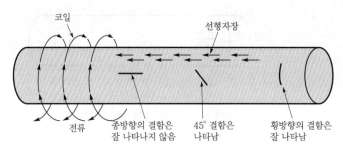

[그림 6-30] 선형자장과 불연속방향과의 관계

(3) 프로드(prod)를 사용한 자화

프로드를 사용하여 시험편에 접촉시켜 직접전류를 통과시키면 자장이 발생된다. 즉, [그림 6-31]에서와 같이 프로드를 사용하여 철판의 표면에 접촉 후 전류를 통과시켜 자화시키면 프로드를 중심으로 원형자장이 발생하며 흐르는 전류의 직각방향을 이룬다. 이 방법은 주로 대형 주강품과 용접부에 사용된다. 프로드법을 사용하면 휴대용으로 간편하고 표면 하의 결함에 감도가 양호한 장점이 있으나, 적은 면적을 여러 번 반복탐상해야 하고 시험품 접촉면에 손상을 주는 경우가 있고 외부자장 저해로 지시모양의 관찰에 어려움을 준다는 단점이 있다.

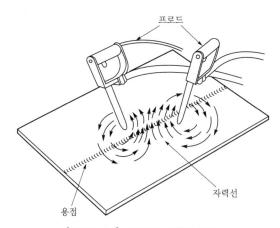

[그림 6-31] 프로드를 사용한 자화

(4) 요크(yoke)에 의한 자화

요크는 U자형 바탕에 코일을 감은 연철의 코어로 되었거나 영구자석을 이용하며, 이 코일에 전류를 통과시키면 선형자장을 얻을 수 있다. 요크법을 사용하면 휴대용은 이동성이 극히 양호하나 자속밀도를 임의로 변경시킬 수 없고 큰 부품의 경우 충분한 자장의 강도를 유지하기 어려워 만족스러운 지시모양을 나타낼 수 없으며, 영구자석을 사용 시 자석이 너무 강하면 부품으로부터 분리하기 어려운 단점들이 있다.

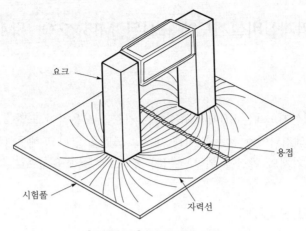

[그림 6-32] 요크에 의한 자화

(5) 전류관통봉에 의한 자화

대부분의 링, 튜브형태의 부품의 경우 부품 자체에 전류를 통하는 것보다 분리된 전도
체를 내부에 위치시켜 전류를 통하게 하면 부품 자체에 직접 접촉 없이 부품에 원형으로
자화하는데 편리하다. 이때 사용하는 도체는 비자성체 혹은 강자성체의 전도체를 사용하
는데, 사용되는 전도체가 비자성체와 강자성체인 경우 자장의 분포 및 직류, 교류 시의
자장의 분포가 다르다.

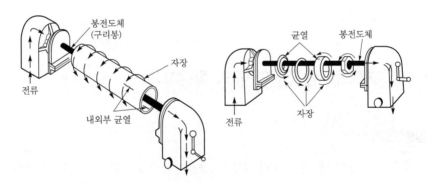

[그림 6-33] 전류관통봉에 의한 자화

기계설비설계도에 표시된 'M18×2'와 'SM20C'

1 개요

기계설비설계도에는 KS에서 규정하는 기호를 사용하여 도면에 표기한다. 따라서 설계도는 모든 엔지니어가 같은 의미를 가지고 도면을 그리고 해독하는 능력이 있어야 하며, 그로 인해 기계의 안전을 위한 조치와 유지보수를 효율적으로 할 수가 있다.

2 M18×2와 SM20C

M18×2에서 'M'은 미터나사를 나타내며 나사의 종류로는 삼각나사이다. 각도는 60°이며 표준나사로 사용한다. '18'은 나사의 외경으로 18mm라는 의미이며, '2'는 나사의 피치를 나타낸다. 피치 다음에 'DP' 혹은 '깊이'로 표기한 다음 숫자가 오면 암나사에서 나사의 깊이를 나타낸다.

SM20C에서 'SM'은 기계구조용 강을 표시하며, 20C는 탄소함유량을 나타낸다. '20'은 0.2%의 탄소를 함유하고 있다는 의미이다. 'C'가 있는 재료는 절단 시 열처리가 될 수가 있으므로 기계톱으로 절단하는 것이 좋으며, 가스절단을 이용할 때는 절삭공구를 충분히 검토한 다음에 적용해야 한다.

재료를 담금질할 때의 질량효과

1 질량효과

강을 담금질할 때 큰 소재의 표면은 냉각속도가 크지만 소재 내부는 냉각속도가 작다. 즉, 표면은 담금질이 잘 되어 경도가 증가하나, 내부는 담금질이 적게 되어 경도가 낮다. 또 동질의 재료를 동일 조건에서 담금질할 때 직경이 큰 것과 작은 것을 비교하면 작은 것이 담금질이 더 잘 되고 경화된다. 이와 같이 재료의 질량이 다르면 경화층의 깊이가 다르다. 이 현상을 담금질에서의 질량효과(mass effect)라 한다.

2 질량효과와 재질

경화층의 깊이가 작은 것, 즉 내부까지 담금질이 충분히 되지 않는 것을 질량효과가 크다고 한다. 보통강은 질량효과가 크지만, 고합금강과 같은 특수강은 적다.

베어링합금

① 구비조건

베어링으로 사용되는 것에는 화이트메탈, Cu-Pb합금, 청동(Cu-Sn), Al합금, 주철, Cd합금, 소결합금 등이 있으며 합성수지, 나이론 등의 유기물질도 있다.

베어링합금은 상당한 경도와 인성, 항압력이 요구되고, 하중에 잘 견뎌야 하며 마찰계수가 작아야 한다. 또 비열 및 열전도율이 크고 주조성과 내식성이 우수해야 하며 소착(seizing)에 대한 저항력이 커야 한다.

② 종류

(1) 화이트메탈(white metal)

화이트메탈에는 Sn계와 Pb계가 있는데, Sn-Sb-Cu계의 배빗메탈(babbit metal)이 Sn계 중에 가장 중요한 합금이다.

배빗메탈의 화학조성은 Sn 75~90%, Sb 3~15%, Cu 3~10% 등이며, Sn의 일부를 Pb으로 첨가한 것도 있다. 배빗메탈에 Sn함유량이 많으면 성능은 우수하지만 값이 비싸기 때문에 Pb을 주로 하는 베어링메탈이 개발되었는데, 이름은 안티프릭션메탈(antifriction metal)이다. 화학조성은 Pb에 Sn 5~20%, Sb 10~20%이면 Cu를 2% 첨가한 것도 사용된다.

Pb계 베어링합금은 경도가 낮아서 내마멸성과 내충격성이 떨어지고, 온도가 상승하면 축에 녹아 붙을 가능성이 있으나 값이 싸서 비교적 많이 사용된다.

(2) Cu계 베어링합금

Cu계 베어링합금에는 포금(gun metal), P청동, Pb청동계의 켈밋(kelmet) 및 Al계 청동 등이 있다. 이들 합금 중에서 Al청동은 강도와 내식성이 우수하나, 축에 대한 적응성은 켈밋이 양호하다. 켈밋은 주로 항공기, 자동차용의 고속베어링으로 적합하며, 성능은 배빗메탈에 비해 150배 정도의 내구력을 가지고 있다.

(3) Al계 베어링합금

이 합금은 고강도로 마찰저항과 열전도율이 크고 균일한 조직을 얻을 수 있어 내연기관의 엔진 안에서 크랭크축의 지지와 크랭크축의 커넥팅로드(connecting rod)를 연결시켜 주기 위한 미끄럼베어링으로 사용된다. 고속, 고하중베어링합금에는 Sn 5.5~7.0%, Ni 0.7~1.3% 및 나머지 Al로 된 것이 사용된다.

미국에서는 Cu-Pb-Sn계 베어링재료의 단점을 보완한 Pb 8.5%, Si 4%, Sn 1.5%, Cu 1% 및 Al 85%를 함유하는 Al-Pb계 합금을 급랭하여 분말야금법으로 제조한 새로운 합금을 개발하였다.

(4) Cd계 베어링합금

Cd에 Ni, Ag, Cu 및 Mg 등을 소량 첨가한 것은 피로강도와 고온에서 경도가 화이트메탈보다 크므로 하중이 큰 고속베어링에 사용된다. 이 합금에는 Ag 0.5~1.0%, Cu 0.2~0.3%, Ni 0.5~2.0%, Mg 0.2~0.4% 등이 함유되어 있다.

(5) 오일리스베어링(oilless bearing)

이 합금은 분말야금에 의하여 제조된 소결베어링합금으로 분말상 Cu(5~100μ Cu)에 약 Sn 10% 분말과 흑연 2% 분말을 혼합하고 윤활제 또는 휘발성 물질을 가한 후, 가압성형하여 환원기류 중에서 400℃로 예비소결하고 다음에 800℃로 소결한다. 이렇게 하여 얻어진 합금은 기름을 품게 되므로 자동차, 전기, 시계, 방적기계 등의 급유가 어려운 부분의 베어링용으로 사용되며, 강도는 낮고 마멸이 적다.

Section 27

주철(강)에 포함된 주요 5원소의 영향

① 개요

주철의 성분은 용도에 따라 차이는 있으나 보통 C 3.0~3.4%, Si 0.5~3.0%, Mn 0.5~1.5%, P 0.3~1.0%, S 0.08~0.1%이다. 주철의 성분은 그 함유성분, 특히 탄소의 존재형태에 따라서 크게 영향을 받는다.

② 주철에 포함된 주요 5원소의 영향

함유원소의 영향을 간단히 살펴보면 다음과 같다.

① 탄소(carbon) : 주철 중에서는 화합탄소 및 흑연탄소의 형태로 존재한다. 흑연탄소가 많으면 주철은 연하고 결정은 조대해지며 유동성은 좋아진다. 화합탄소는 주철을 경하고 여리게 하며 유동성이 나빠진다. 이 2가지의 탄소는 냉각속도의 대소와 Si 및 Mn의 함유량으로 그 생성이 지배되어 냉각속도가 작을수록, 또 Si양이 많을수록 흑연탄소가 석출하기 쉽다. 주철의 강인성을 증가시키려면 화합탄소와 흑연탄소가 적당한 비율로 존재하며 흑연탄소가 조직 중에 미세하고 균등하게 분포되어 있을 필요

가 있다. 주철을 큐폴라로 용해할 때 조업기술상 탄소를 2.8%보다 낮추기는 곤란하다. 또 전 탄소량이 3.3%를 넘으면 다른 원소와 상관없이 조직이 조대해지고 매우 여리게 된다.

② 규소(silicon) : C가 3.25%까지에서는 C를 흑연화시키는 작용이 강하다. 그러나 이 흑연화작용은 주철 중의 전 탄소량과 주물두께의 영향을 받는다. 즉 전 탄소량이 많을수록 흑연작용이 촉진되며, 또한 흑연의 형상이 Si와 C와의 양적관계에 따라 여러 가지로 변화한다([그림 6-35] 참조). Si가 3.25% 이상이 되면 오히려 화합탄소를 증가시켜 주철을 경하고 여리게 한다. 이리하여 양호한 주철을 얻기 위한 Si와 C와의 함유량의 관계를 나타낸 것에 마우러(Maurer)선도가 있다([그림 6-34] 참조). [그림 6-35]에서 사선부가 양호한 주물을 얻는 범위이다.

③ 망간(manganese) : C의 흑연화를 방지하고, 따라서 조직을 치밀하게 하며, 경도, 강도 및 내열성을 증가시킨다. 그러나 1.5% 이상에서는 강도가 지나치게 커져서 가공이 곤란해지므로 보통 주철에서는 0.5~1.5%로 한다.

④ 인(phosphorus) : 인화철(Fe_3P)로서 주철 중에 존재하며, 쇳물에 유동성을 주고 칠(chill)화되는 것을 방지하며 경도를 증가시킨다. 따라서 주물표면이 아름답게 되므로 얇은 주물이나 소주물에서 1.0% 정도 된다. 한편 인은 질을 여리게 하고 고온에서 파괴될 우려가 있으므로, 특히 내열주물에서는 되도록 함유율을 낮추도록 노력한다.

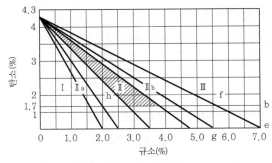

[그림 6-34] 흑연탄소의 형상

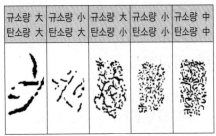

[그림 6-35] 주철의 조직에 끼치는 C와
Si의 영향(마우러선도)

⑤ 황(sulfur) : 주로 용해 중 연료로부터 주철에 흡수되어 황화망간(MnS) 또는 황화철(FeS)이 되어, 주조에 유해한 작용을 주어 주철의 기계적 강도를 저하시키므로 반드시 제거토록 한다.

⑥ 그 밖의 성분 : 같은 기타의 원소가 미량 존재하나 그 영향은 적다.

액체침투탐상시험

1 개요

액체침투탐상시험(liquid penetrant test)은 표면으로 열린 결함을 탐지하는 기법으로써 대상의 표면개구부로 침투액이 모세관현상에 의하여 침투하도록 하여 현상함으로써 실지 육안으로 식별 가능하지 못한 불연속을 가시화하는 기법이다. 침투 및 현상재료에 따라 여러 가지 기법이 있으며, 시공 및 제작현장에서는 주로 용제제거성 염색침투탐상 기법이 적용된다.

2 탐상법의 분류

침투탐상시험은 사용된 염료의 종류와 과잉침투액을 제거하는 방법에 따라 ASME Sec. V Art. 24에서는 다음과 같이 분류한다.

① Method A 형광침투탐상시험법 : Type 1. 형광침투수세법
Type 2. 형광침투유화법
Type 3. 형광침투용제법
② Method B 염색침투탐상시험법 : Type 1. 염색침투수세법
Type 2. 염색침투유화법
Type 3. 염색침투용제법

3 탐상절차

침투탐상시험의 탐상절차는 크게 나누어 다음과 같다([표 6-8], [그림 6-36], [그림 6-37], [그림 6-38] 참조).

① 전처리 : 침투탐상시험을 실시하기 위하여 시험체의 표면에 부착되어 있는 먼지, 기름, 녹 등의 이물질을 제거하여 침투액이 불연속 내부로 침투하기 쉽게 해야 하는데, 이 조작을 전처리라고 한다.

전처리는 시험의 적부를 판가름하는 가장 중요한 시험과정이다. 전처리를 위한 세척방법으로는 기계적인 방법과 화학적인 방법, 용제법으로 분류한다. 기계적인 방법으로는 솔질(wire brushing), 폭파(blasting), 초음파 세척 등이 있고, 화학적인 방법으로는 알칼리, 산 세척법이 있고, 용제법으로는 용액분사(solvent spraying), 증기세정(vapor degreasing) 등이 있다.

② 침투액 적용 : 전처리한 시험체의 표면에 침투액을 적용한다. 침투액의 적용방법에는 분무법, 솔질법, 침적법, 퍼붓는 방법이 있는데 시험품의 형상, 수량, 작업조건의 경

제적인 측면 등을 고려하여 적절히 선택해야 하지만 일반적으로 분무법이 가장 효과적이다([그림 6-36]의 (a) 참조).

▶ 침투제의 침투는 점도의 영향을 받으며, 점도는 시험온도에 영향을 받게 되므로 ASME Section Ⅴ에서는 표준온도를 60~125℉(16~52℃)로 규정하고 있다. Section Ⅴ에서는 침투시간을 강제적으로 규정하지는 않는다. 이것은 침투제의 종류 및 검출하고자 하는 불연속의 종류 등에 따라 다르기 때문이다. 일반적으로 사용되는 침투제의 침투시간은 [표 6-8]과 같다.

[표 6-8] 침투시간(Sec. Ⅴ Art. 24)

Material	Form	Type of discontinuity	Dwell time, min	
			P′	D′
steel, aluminum, magnesium, brass and bronze, titanium and high-temperature alloys	cast-casting and welds	cold shuts, porosity, lack of fusion, cracks(all forms)	5	7
	wrought-extrusions, forgings, plate	laps, cracks (all forms)	10	7
carbide-tipped tools		laps of fusion, porosity, cracks	5	7
plastic	all forms	cracks	5	7
glass	all forms	cracks	5	7
ceramic	all forms	cracks, porosity	5	7

* P : penetrant, D : developer

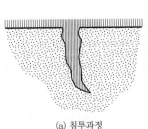

(a) 침투과정

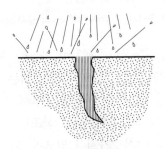

(b) 과잉침투액의 제거

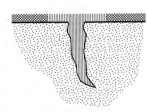

(c) 현상

[그림 6-36] 액체침투탐상시험의 절차

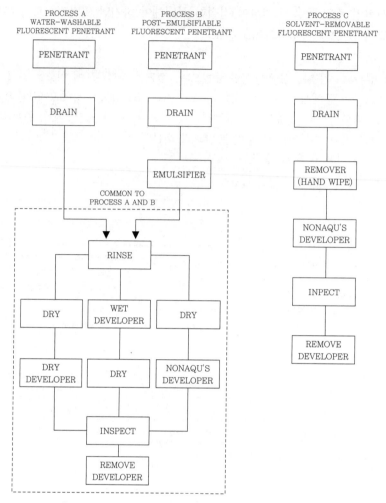

[그림 6-37] 형광침투탐상시험의 절차(Sec. V Article 24)

③ **과잉침투액 제거** : 침투제는 물로 세척이 가능한 수세성과 용액으로 세척하는 용제제거성, 유화제로 유화를 시켜야 물로 세척이 되는 후유화성 침투제가 있다. 과잉침투제를 제거할 때는 과잉세척에 의해 결함의 틈에 스며들어간 침투액이 씻겨 나오지 않도록 주의를 요한다([그림 6-36]의 (b) 참조).

④ **현상** : 현상제는 건식과 습식 2가지가 있으며, 과잉침투액을 제거한 시험체의 표면을 건조시킨 다음 바로 현상제를 적용하는데, 시험체표면의 색채가 현상제의 도포층을 통해 보이지 않을 정도로 두껍게 도포하지 않도록 한다([그림 6-36]의 (c) 참조).

⑤ **건조** : 가스, 전열 또는 증기로 건조하는 경우도 있지만 회전열풍식으로 건조함이 가장 바람직하며, 온도는 107℃를 초과해서는 안 된다.

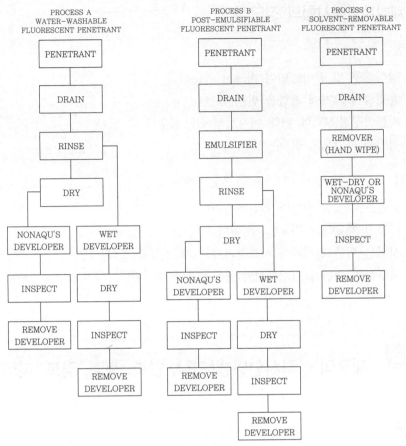

PROCESS A
WATER-WASHABLE
FLUORESCENT PENETRANT

PROCESS B
POST-EMULSIFIABLE
FLUORESCENT PENETRANT

PROCESS C
SOLVENT-REMOVABLE
FLUORESCENT PENETRANT

Visible Penetrant process (Type Ⅱ)

[그림 6-38] 염색침투탐상법의 절차(Sec. Ⅴ Article 24)

⑥ 관찰(판독) : 현상면을 육안으로 관찰하여 지시의 발생 여부를 확인한다. 형광법을 사용한 경우에는 자외선 등을 사용하여 관찰한다.

⑦ 후세정 : 모든 불연속부위의 지시를 판독한 후 시험체에 남아 있는 현상제는 제거하는 것이 원칙이다.

4 침투탐상시험방법 선택의 고려사항

① 요구되는 탐상감도
② 시험품의 크기, 수량 및 형태
③ 시험품의 표면상태
④ 물, 전기 등의 사용가능성 여부
⑤ 불연속의 발생근원

5 **액체침투탐상시험의 장단점**

(1) 장점

① 탐상기구 및 탐상방법이 비교적 단순하다.
② 용접물의 크기에 제한을 받지 않는다.
③ 자분탐상법(MT)에 비해 비자성체에도 적용할 수 있다.
④ 결함을 육안으로 볼 수 있다.

(2) 단점

① 표면으로 열린 결함만 검출가능하다.
② 다공성 재료에는 적용할 수 없다.
③ 시험을 위한 전처리가 시험결과에 크게 영향을 준다.
④ 시험부위 주위가 지저분해져 클린공정이 추가된다.

Section 29 **재료의 정적시험방법(인장, 압축, 충격, 경도, 피로시험)**

1 **개요**

재료에 힘이 가해졌을 경우에 외력에 대응해서 나타나게 되는 그 고유의 역학적 성질을 기계적 성질이라 하며, 이것을 평가하는 방법은 기계적 시험법이라 한다. 금속과 그 합금은 수천 년에 걸쳐 사용되어 오고 있으며, 한 부품 또는 재질과 다른 것을 비교하고자 할 때에는 어떤 형태이든 간에 이 기계적 시험을 피할 수 없다.

과거 선인들은 탄성한계를 결정하기 위해 칼날을 구부려 본다거나, 칼날의 날카로움을 알기 위해 나뭇가지를 잘라보는 것과 같은 간단한 기계적 시험을 실시하기도 하였다. 이 기계적 성질은 특히 기본적으로 응력과 변형의 관계로 표시되며 탄성률이나 항복점, 내력, 인장강도, 압축강도, 연신율, 굽힘강도, 충격강도, 크리프성, 피로한도, 경도 등은 모두 그런 기계적 시험을 함으로써 평가할 수 있다.

2 **재료의 정적(靜的)시험방법**

(1) 인장시험(tensile test)

인장시험은 강의 여러 가지 기계적 성질 중에서도 탄성과 소성을 평가하는 중요한 시험방법 중의 하나이다. 즉, 이 시험은 원재료로부터 표준인장시험편의 크기에 표시한 것과 같은 시험편을 만들고(KS에 의거) 인장시험기에 걸어 시험편을 축방향으로 잡아 당겨 끊어질 때까지의 변형과, 여기에 대응하는 힘을 측정하여 응력–변형률곡선을 구해 비례한도, 항복점, 인장강도 등을 구할 수 있다.

인장시험 후 시편은 단면적이 급격히 줄어드는 네킹(necking : 목이 생긴다는 뜻)현상을 볼 수 있으며, 결국 이 부분이 파괴(파단)에 이른다. 드문 경우지만 네킹이 2군데 이상에서 발생되는 경우도 있다. 한편 인장시편이 파괴될 때까지 당겨진 후 이 늘어난 길이와 줄어든 면적을 측정할 수 있는데, 이것이 각각 연신율과 단면수축률이다. 통상적으로 연신율과 단면수축률은 다음으로 표시된다.

$$연신율(\%) = \frac{(최종\ 표점거리 - 원래\ 표점거리)}{원래\ 표점거리} \times 100$$

$$단면수축률(\%) = \frac{(원래\ 단면적 - 최종\ 단면적)}{원래\ 단면적} \times 100$$

네킹현상이나 연신율, 단면수축률 등은 표점길이와 연신율의 관계에서와 같이 표점거리와 관련이 있으므로 특정 표점거리와 관련된 값들을 인용하는 것이 필요하다.

(2) 압축시험(compressive test)

압축시험은 재료가 압축력을 받을 경우 어느 정도 저항력을 나타내는가를 측정하는 시험이며, 압축력에 대한 재료의 저항력을 알아야 하는 경우도 매우 다양하다. 즉, 구조물 등의 설계뿐만 아니라 기계 및 금속의 가공 등에서도 압연, 단조 등 많은 공정이 압축력을 받는 상태에서 수행되므로 재료의 압축력에 대한 물성값을 측정해야 한다.

압축시험도 인장시험과 마찬가지로 하중과 변위곡선을 구하는데, 구하는 물성값은 압축강도, 항복점, 탄성계수, 비례한계 등을 구한다. 그러나 인장시험과는 달리 취성재료에서는 큰 문제점이 없으나, 연성재료에서는 파괴를 일으키지 않으므로 압축강도를 구하기란 힘들다. 따라서 편의상 어떤 점을 파괴하는 점이라 정의하여 그 점에서의 응력을 압축강도로 사용한다.

(3) 충격시험(impact test)

구조물이나 기계부품을 고안하는 경우 고안자는 항상 이들 부품이 받게 될 하중의 형태가 무엇일까를 고려해야 한다. 즉, 하중은 통상적으로 정적하중과 동적하중으로 나눌 수 있다. 앞에서 설명했던 인장시험이나 압축시험의 경우가 정적하중이라 말할 수 있으며, 동적하중으로는 충격하중을 대표적으로 꼽을 수 있다. 충격시험의 목적은 재질이 충격하중 아래에서 취성(brittle)으로 인해 파괴하는지 연성(ductile)으로 인해 파괴하는지, 즉 인성(toughness) 정도를 확인하고자 하는 것이다.

(4) 경도시험(hardness test)

일반적인 경도에 대한 개념은 무르다, 딱딱하다라는 경험에 바탕을 둔 것으로서 가장 일반적인 정의는 '압입에 대한 저항'으로 표현되나 정확한 것은 아니다. 그 이유는 경도는 재료의 물리적 성질에 직접 연관이 되는 물리상수가 아니라 인위적으로 정한 공업상수이기 때문이다. 경도시험은 재료의 경도값을 알고자 하거나 경도값으로부터 강도를 추정하고 싶은 경우, 또는 경도값으로부터 시편의 가공상태나 열처리상태를 비교하고 싶은 경우에 행하기도 한다. 단순하게 재료의 경도값을 알고자 하는 경우에는 별 문제가 없으며 적절한 시험방법을 선택하면 된다. 그러나 경도값으로부터 강도를 추정하는 경우에는 그 근본목적이 강도의 추정이 침탄처리 등의 표면처리된 시편이나 가공경화가 많이 일어나는 재료에 있어서 가공에 의한 표면경화가 나타난 시편은 경도값으로부터 강도를 추정할 수 없는 것이다. 또한 경도값으로부터 시편의 가공상태나 열처리상태 등을 알고자 하는 경우에는 그에 따라 적절한 경도측정방법이나 순서를 결정해야 한다. 이러한 경우에는 대개 압입자를 바꾸거나 하중을 바꾸어서 2회 이상 경도값을 측정해야 정확한 데이터를 얻을 수 있다. 경도시험방법은 매우 다양하며, 여기에서는 가장 많이 사용되고 있는 몇 가지 방법에 대해 특징만을 제시한다.

1) 브리넬경도시험

구형의 압입자를 일정한 하중으로 시편에 압입함으로써 경도값을 측정하는 방법이다. 이 방법은 압입자의 크기뿐만 아니라 통상 시험하중도 다른 경도시험법에 비해 크기 때문에 얇은 부품, 특히 표면만의 경도를 알고자 하는 경우에는 적합치 않으며 주물제품 등 비교적 불균일하고 현상이 큰 재료의 경도측정에 주로 사용된다. 이 시험법은 여타의 압입경도시험과 마찬가지로 부하속도와 하중유지시간에 따라 경도값이 달라지게 되므로 이를 고려해야 한다.

[그림 6-39] 브리넬경도시험기

[그림 6-40] 미소경도시험기

특히 하중유지시간의 경우에는 그 변화에 따라 경도값도 많이 달라지므로 대체로 10~15초를 그 표준조건으로 잡고 있다. 또한 시편표면의 압입자국을 정확하게 측정하기 위해서는 경도시험의 전 과정으로서 반드시 마무리작업을 거쳐야 한다. 브리넬경도시험 (brnell hardness tester)은 지름이 Dmm인 강구압자를 재료에 일정한 시험하중으로 시편에 압연시켜 시험기로서 P[kgf]로 눌렀을 때 지름이 D[mm]이고, 깊이가 h[mm]인 우묵한 자국이 생겼다고 하면 브리넬 경도 $H_B = P/\pi Dh$로 표시된다.

2) 로크웰경도시험

[그림 6-41] 로크웰경도계

경도측정에 널리 쓰이는 또 다른 방법은 로크웰경도계를 이용하는 것이다. 이 방법은 브리넬경도계와 몇 가지 다른 점이 있으며 주로 두 단계로 그 측정이 이루어진다. 첫 단계에서 압입자에 미리 10kg의 초하중(primary load)을 걸어주어 시편에 접촉시켜 표면 상에 존재할지도 모를 결함에 의한 영향을 없앤다. 두 번째 단계에서 압입자에 주하중 (major load)을 더 걸어주어 압입자국이 더 깊어지게 한다. 그 후 주하중을 제거하고 초 하중과 주하중에 의한 압입자국길이의 차이로써 경도를 평가한다. 압입깊이의 차이가 자 동적으로 다이얼게이지에 나타나 금속의 경도를 표시한다.

로크웰경도측정에서 하중은 추에 의해서 부가되며, 다이얼게에지로부터 직접 경도값 을 읽을 수 있다. 여러 하중조건에 따라 각기 다른 종류의 압입자가 사용되므로 넓은 범 위의 경도값이 정확하게 측정된다. 이 시험법은 브리넬경도시험법보다 압입자국을 적게 내며 따라서 더 얇은 시편을 측정할 수 있다. 그러나 그만큼 시편의 표면은 브리넬의 경 우보다 더 평평해야 정확한 값을 갖는다.

3) 비커스경도시험

비커스경도(vickers hardness)는 꼭지각이 136°인 다이아몬드의 사각촉침을 눌러서 생긴 자국의 표면적으로 경도를 나타낸다. 누르는 하중을 P[kg], 표면적을 S[mm^2]라고 하면 비커스경도는 $H_V \geq P/S$로 표시된다. 취급이 비교적 간단하고 오목하게 팬 일이

[그림 6-42] 비커스경도계

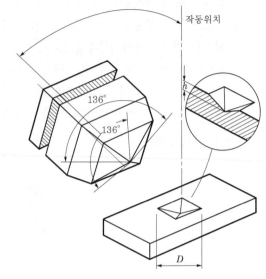

[그림 6-43] 비커스경도계의 측정원리

거의 없는 특징이 있다. 꼭지각 136°인 피라미드형 다이아몬드압자를 재료의 면에 살짝 대어 눌러 피트(pit : 들어간 부분)를 만들고, 하중을 제거한 후 남은 영구피트의 표면적으로 하중을 나눈 값으로 나타내는 경도를 비커스경도라 하며 계산식은 다음과 같다.

$$H_V = 1.8544 \frac{P}{D}$$

여기서, P : 시험하중(kgf)

　　　 D : 대각선길이(mm), $D = \frac{D_1 + D_2}{2}$, $S = D^2$

　피트가 아주 작으므로 시험면의 경도분포를 구하거나 금속조직의 작은 부분의 굳기를 구할 때에도 사용된다. 이 경도시험기는 브리넬경도시험법으로는 측정 불가능한 초경합금과 같이 매우 단단한 재료의 정밀한 경도를 측정할 수 있으며, 움푹 패인 곳이 항상 상사형이 되므로 재료가 균일하기만 하다면 시험하중에 관계없이 경도측정치가 동일한 수치가 되는 상사의 법칙이 성립된다. 하중을 사용하여 측정한 값을 서로 그대로 비교할 수 있다는 장점이 있다. 또한 작은 하중을 이용하여 작게 움푹 패인 곳을 만들어 경도를 측정하는 것이 가능하므로 미소(micro)경도시험기로서 사용되고 있다.

4) 쇼어경도시험

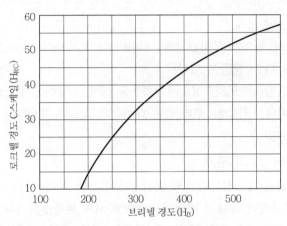

[그림 6-44] 브리넬경도값과 로크웰 C스케일의 관계

[그림 6-45] 쇼어경도계

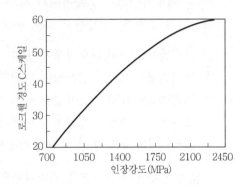

[그림 6-46] 인장강도와 로크웰경도 C스케일의 관계

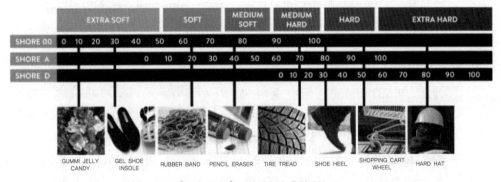

[그림 6-47] 쇼어경도계 측정범위

쇼어경도(Shore hardness)는 선단에 다이아몬드를 끼운 추를 떨어뜨려 충돌해서 튀어 오른 높이로 경도를 표시하며, 로크웰이나 브리넬, 그 밖의 경도계에 올려놓지 못하는 크고 불규칙한 시편의 경도를 측정하고자 하는 경우 쇼어경도계와 같은 반발경도계를

이용하여 경도를 측정할 수 있다. 최근에는 반발경도계가 인기를 많이 잃었지만 적절히 사용한다면 매우 유용한 방법이다. 단, 반발경도계를 성공적으로 쓸 수 있는가의 여부는 사용자의 기술에 크게 의지하며 수직으로 놓여져 추가 튀어 오를 때 관 내벽과의 마찰이 없어 튀어 오른 높이가 올바른 값이 되어야 하기 때문이다. 이 방법은 새 시편표면을 손상시키지 않는다는 장점이 있다.

지금까지 간단히 기술된 경도시험법들을 실제 작업현장이나 연구실 등에서 주로 사용되는 방법들이다. 경도계로부터 얻은 대부분의 값들은 해당되는 정밀도로 다른 경도값으로 환산할 수 있다.

5) 경도값과 인장강도의 관계

또한 경도값은 항복강도값과도 연관성이 있는데, 이를 [그림 6-46]에 나타내었다. 정확한 것은 아니지만 상당히 비례적으로 변화되며 항복강도 역시 연신율이나 단면감소율 등의 연성과 반비례적으로 변하므로 경도는 이들 특성을 예측하는 변수로도 작용될 수 있다. 경도가 가계가공작업에서 매우 중요한 변수로 작용한다. 브리넬경도가 높을수록 절삭성이 나쁘다. 절삭성이 나쁜 반면에 내마모성에서는 우수한 특성을 나타낸다.

① 브리넬경도 250 : 절삭성이 좋다

② 브리넬경도 300 : 절삭성이 나쁘지 않다

③ 브리넬경도 350 : 절삭성이 좀 나쁘다

④ 브리넬경도 400 : 절삭성이 나쁘다

⑤ 브리넬경도 400 이상 : 절삭성이 매우 나쁘다

많은 경우에 경도시험은 비파괴적으로 가능하나 인장시험의 경우는 시편제작을 위하여 부품의 전부 또는 일부를 파괴하여야 한다. 따라서 경도시험은 강의 인장강도를 빠르고 경제적으로 평가하게 하며 완성부품의 경우는 비파괴적으로 인장강도를 평가하는 유일한 방법이다.

(5) 피로시험(fatigue test)

① 개요 : 피로(fatigue)는 금속 등의 재료가 반복되는 응력을 받아 그 강도가 약해지는 현상으로 고체재료에 반복응력을 연속적으로 가하면 인장강도보다 훨씬 낮은 응력에서 재료가 파괴된다. 이와 같이 피로에 의한 파괴를 피로파괴라 한다.

② 피로시험의 목적 : 기계나 구조물의 파괴가 대부분 피로파괴라 할 정도로 이에 대한 안정성 확보가 설계 시 매우 중요한 사항 중 하나가 된다. 특히 운동상태에 있는 기계는 사용기간이 경과하면 재료의 강도가 저하되는데, 그 저하속도는 매우 느린 경우가 많고 파괴시점을 예측하기가 어려운 때가 대부분이다. 그리고 외형상으로는 큰 변화를 일으키지 않고 진행되는 피로파괴가 대부분이며 어느 순간 돌발적으로 파괴가 일어나 종종 큰 사고가 일어나기도 한다. 이처럼 피로시험은 재료를 실용 기계부품이

나 구조물 등에 적용 시 예상치 못한 파괴를 미연에 방지하고 부품의 수명이나 교체 시기를 예측하여 궁극적으로 안전을 도모하고 물적·인적피해를 방지하기 위해 수행되며, 피로시험의 목적은 다음과 같다.

㉠ 재료의 피로 기초특성(피로강도, 피로한도 등) 파악

㉡ 재료의 피로특성에 대한 실험적 자료보충

㉢ 부품재료에 대한 피로특성 파악

㉣ 부품 및 구조물에 대한 피로특성 파악

　　많은 제품은 반복부하를 받기 때문에 피로강도를 고려한 설계가 필요하고 수명예측의 필요성이 있다.

③ $S-N$곡선 : $S-N$곡선은 재료가 어떤 응력범위의 반복하중을 받을 때 파단되는 반복시험횟수를 나타내는 선도로서 관련 용어는 다음과 같다.

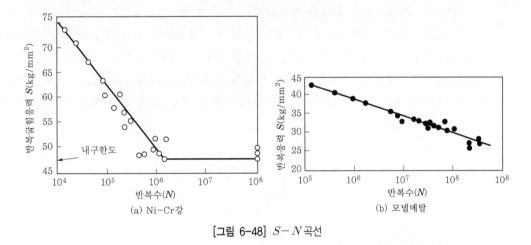

(a) Ni-Cr강　　　　　　　　　(b) 모넬메탈

[그림 6-48] $S-N$곡선

㉠ 피로한도(fatigue limit) 또는 내구한도 : 피로시험결과 무한히 반복하여 견딜 수 있다고 생각되어 지는 응력의 최대치

㉡ 피로강도(fatigue strength) : $S-N$곡선상에서 10^8회가 도달되더라도 꺾임점이 불확실하거나 그래프로 판단하기 어려운 재료가 있다. 이런 경우에는 실용성을 생각해서 반복횟수를 미리 규정하여 그에 견딜 수 있는 응력으로 바꾸는 수가 있다. 즉, 반복횟수를 철합금에서는 10^7회, 비철합금에서는 10^8회로 하며, 반복응력을 $1kg/mm^2$만 늘리면 이 규정의 반복수 이하로써 파단하는 응력을 채용하며 피로강도로 한다.

㉢ 피로수명(NF : number of cycles) : 시편의 파단 시까지 적용된 하중의 반복횟수이다.

바우싱거효과

1 개요

물체에 힘을 점진적으로 작용시키면 비례한도(proportional limit)라 불리는 응력값까지는 물체의 늘어난 변형률(strain)과 내부저항력인 응력(stress)은 비례관계에 있다. 그리고 이 지점보다 더 큰 힘을 가하게 되면 항복점(yielding point)이라 불리는 응력값에 도달하여 힘을 제거해도 물체는 어느 정도 영구적인 변형을 일으킨다.

2 바우싱거효과

이론적으로 항복값은 물체가 잡아당기는 힘을 받을 때나 압축시키는 힘을 받는 두 경우에 있어 동일한 크기여야 한다. 하지만 물체를 항복점을 초과하여 하중을 가한 다음, 역으로 압축시키는 교번하중을 받는 경우 압축하중에 의한 항복은 이론적인 항복값보다 낮은 압축응력에서 발생한다. 이러한 현상을 바우싱거효과(bauschinger effect)라고 부른다. 따라서 물체는 인장과 압축을 반복해서 받게 되면 보다 낮은 하중에서도 영구적인 변형을 일으킬뿐더러 쉽게 파괴될 수 있다.

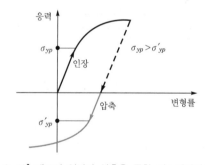

[그림 6-49] 재료의 인장과 압축을 통한 히스테리시스 루프

금속재료의 비파괴검사법

1 개요

재료나 제품의 원형과 기능을 전혀 변화시키지 않고 재료에 물리적 에너지(햇빛, 열, 방사선, 음파, 전기와 전기에너지) 등을 적용하여 조직의 이상이나 결함의 존재로 인해 적

용된 에너지의 성질 및 특성 등이 변화하는 것을 적당한 변환자를 이용하여 이들 성질의 변화량을 측정함으로써 조직의 이상 여부나 결함의 정도를 알아내는 모든 검사를 말한다.

② 비파괴검사의 종류

(1) 방사선투과검사(RT)

방사선투과검사는 병원에서 X-ray검사로 우리 몸속의 이상 유무를 검사하는 것과 같이 강이나 기타 재질에 대하여 방사선 및 필름을 이용하여 시험체의 내부에 존재하는 불연속(결함)을 검출하는 데 적용하는 비파괴검사방법 중의 하나이다.

방사선투과검사의 장점으로는 거의 모든 재질을 검사할 수 있으며, 검사결과는 필름으로 영구적으로 기록을 남길 수 있다. 그러나 방사선투과검사는 검사비용이 많이 들고 방사선 위험 때문에 안전관리의 문제가 있으며, 제품의 형상이 복잡한 경우에는 검사하기 어려운 단점이 있다.

(2) 초음파탐상검사(UT)

시험체에 초음파를 전달하여 내부에 존재하는 불연속으로부터 반사한 초음파의 에너지량, 초음파의 진행시간 등을 분석하여 불연속의 위치 및 크기를 정확히 알아내는 방법으로서, 시험체 내의 불연속 시험체의 크기 및 두께, 시험체의 균일도 및 부식상태 등의 검사에 적용하며, 이외에도 유속측정 및 콘크리트검사 등 그 적용범위가 매우 넓어지고 있다.

장점으로는 불연속의 위치를 정확히 알 수 있고 검사결과를 즉시 알 수 있음은 물론, 방사선과 같이 인체에 유해하지 않으며 균열과 같은 면상의 결함검출능력이 탁월하다. 반면 단점으로는 대부분의 경우 검사결과를 검사자의 검사보고서에 의존해야 하며 결함의 종류를 식별하기 어렵고 금속조직의 영향을 받기 쉽다.

(3) 자분탐상검사(MT)

자분탐상검사는 강자성체로 된 시험체의 표면 및 표면 바로 밑의 불연속(결함)을 검출하기 위해 시험체에 자장을 걸어 자화시킨 후 자분을 적용하고, 누설자장으로 인해 형성된 자분지시를 관찰하여 불연속의 크기, 위치 및 형상 등을 검사하는 방법이다. 미세한 표면균열검출에 가장 적합하며, 시험체의 크기, 형상 등에 크게 구애됨이 없이 검사수행이 가능하다. 단점으로는 모든 재질에 대해 적용할 수 있는 것이 아니라 자화가 가능한 강자성체에만 국한되고, 시험체의 표면 근처에 존재하는 결함만을 검출할 수 있어 내부 전체의 건전성을 판별하기 위해서는 다른 검사방법을 병행하여 수행해야 하며, 검사방법에 따라서는 전기접촉부위에서의 아크발생으로 시험체가 손상될 우려가 있다.

(4) 액체침투탐상검사(PT)

시험체표면에 침투액을 적용시켜 침투제가 표면에 열려 있는 균열 등의 불연속부에 침투할 수 있는 충분한 시간이 경과한 후, 표면에 남아 있는 과잉의 침투제를 제거하고 그 위에 현상제를 도포하여 불연속부에 들어 있는 침투제를 빨아올림으로써 불연속의 위치, 크기 및 지시모양을 검출하는 비파괴검사방법이다.

액체침투탐상검사는 용접부, 주강품 및 단조품 등과 같은 금속재료뿐만 아니라, 세라믹, 플라스틱 및 유리와 같은 비금속재료에도 폭넓게 이용할 수 있으며 시험체의 형상이 복잡하더라도 검사가 가능하다. 그러나 표면에 열려진 결함만이 검출 가능하고 표면이 너무 거칠거나 다공성 시험체에서는 검사가 곤란하며 표면오염 제거와 세척을 위해 시험체의 표면에 접근이 가능해야 검사를 수행할 수 있는 등의 문제가 있다.

(5) 와전류탐상검사(eddy current testing)

교류가 흐르는 코일을 전도체에 가까이 하면 코일 주위에 발생된 자계가 도체에 작용하게 된다. 코일의 자계는 교류에 의해 생긴 것이므로 도체를 관통하는 자속의 방향은 시간적으로 변한다. 이때 도체에는 도체를 관통하는 자속의 변화를 방해하려는 기전력이 생긴다. 이것을 전자유도라 한다.

도체에 생긴 와전류의 크기 및 분포는 주파수, 도체의 전도도와 투자율, 시험체의 크기와 형상, 코일의 형상과 크기, 전류, 도체와의 거리, 균열 등의 결함에 의해 변한다. 따라서 시험체에 흐르는 와전류의 변화를 검출함으로써 시험체에 존재하는 결함의 유무, 재질 등의 시험이 가능해진다.

(6) 음향방출검사(acoustic emission testing)

재료에 외력을 가하면 전위가 움직여 어느 점에서 수립하거나 또는 쌍정변형을 일으켜 소성변형이 일어나게 되고 더 큰 힘을 받으면 균열이 발생한다. 전자일 경우 외부로 방출되는 에너지는 작고 연속적이나, 후자일 경우 변위의 개방에 의해 큰 에너지가 방출된다. 이 에너지는 주파수범위가 50MHz 정도의 초음파로 방출되며, 이 초음파를 검출함으로써 시험체 내부의 변화를 알아내고 파괴를 예지할 수 있게 된다. 시험체에 하중을 가했을 때 처음에는 소성변형으로 진폭이 작은 연속형 음향방출이 일어나지만 균열이 발생하기 시작하면서 진폭이 큰 음향방출이 돌발적으로 일어나는데, 이를 돌발형 음향방출이라고 한다. 파단이 가까워지면 진폭이 큰 음향방출이 빈번하게 일어나게 되므로 파단을 예측할 수 있게 된다.

(7) 누설검사(leak testing)

누설시험은 기체나 액체와 같은 유체가 시험체의 내부와 외부의 압력차에 의해 시험체의 결함을 통해 유체가 흘러들어 가거나 흘러나오는 성질을 이용하여 결함을 찾아내는 방법이다.

(8) 열전도를 이용한 시험(TIR)

시험체에 결함이 존재할 경우 열전도가 국부적으로 변하는 것을 눈에 보이도록 해서 시험하는 방법으로, 시험체표면에 서리를 만들어 그것이 없어지는 모양을 보는 방법, 형광물질의 휘도가 온도에 따라 변하는 것을 이용하는 방법, 또는 특수액체를 표면에 도포해 놓고 한쪽에서 가열 또는 냉각하여 온도의 기울기가 생기게 하여 이로 인해 생긴 액체의 표면장력의 차가 눈에 보이게 하는 방법 등이 있다.

Section 32 방사선투과시험의 원리와 시험에 사용되는 투과도계

❶ 방사선의 발생 및 일반적 특성

일반적으로 방사선투과시험에 사용되는 방사선은 주로 X선과 감마선이며, X선은 [그림 6-50]과 같이 필라멘트를 가열할 때 발생한 열전자가 음극과 양극 간에 가해진 고전압에 의해 양극으로 끌려가 타깃에 충돌할 때 발생하며, 감마선은 방사선 동위원소가 붕괴할 때 발생하나 근본적으로는 둘 다 동일한 종류의 전자기파이다. 감마선을 방출하는 동위원소는 [그림 6-51]에 나타난 바와 같이 1개 또는 여러 개의 서로 다른 에너지를 방출하는데 비해 X선의 경우에는 연속스펙트럼에너지를 방출한다.

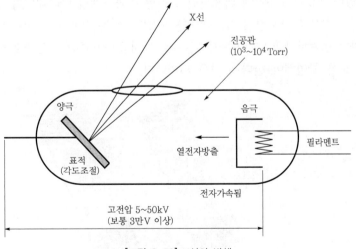

[그림 6-50] X선의 발생

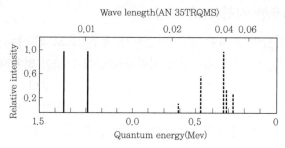

[그림 6-51] Co-60 및 Ir-192의 에너지스펙트럼

물질에 대한 방사선의 투과능은 그 방사선이 갖는 에너지에 의해 결정되며, 감마선의 경우 이 에너지는 동위원소의 종류에 따라 일정한 값을 갖는데 비해, X선은 튜브에 가해지는 전압에 의해 에너지가 좌우된다. 그리고 방출되는 방사선의 강도는 동위원소의 경우는 퀴리(Ci)의 크기에 따라, X선의 강도는 X선 튜브에 적용되는 전류량에 비례하게 되는데, 이 강도값은 주어진 시험체에 대한 촬영 시 방사선의 노출시간을 결정하는 주요 요소가 된다.

❷ 투과도계

방사선 투과사진의 상질을 점검하는 데는 표준시험편을 사용하며, 이것을 투과도계 또는 IQI(image quality indicator)라고 한다. 즉, 투과도계는 촬영한 필름의 상질이 요구하는 기준 이상으로 되었는지를 판단하는 기준이 되는 것으로 유공형 및 선형 투과도계가 있다. [그림 6-52]에 대표적인 유공형 투과도계를 나타내었다. 유공형 투과도계를 사용하는 경우 투과사진의 기준감도를 2-2T로 하는 경우가 많은데, 이는 투과도계의 두께 T가 시험체두께의 2% 이하가 되는 것을 사용하여 투과사진상에 직경이 2T인 구멍이 나타나도록 촬영해야 한다는 것을 의미한다.

[그림 6-52] 유공형 투과도계

비파괴검사방법 중 액체침투탐상(또는 염색침투탐사)과 자분탐상검사의 장단점 및 적용 시 안전대책

1 비파괴검사방법 중 액체침투탐상(또는 염색침투탐사)과 자분탐상검사의 장단점

(1) 액체침투탐상시험의 장단점

1) 장점
① 탐상기구 및 탐상방법이 비교적 단순하다.
② 용접물의 크기에 제한을 받지 않는다.
③ 자분탐상법(MT)에 비해 비자성체에도 적용할 수 있다.
④ 결함을 육안으로 볼 수 있다.

2) 단점
① 표면으로 열린 결함만 검출 가능하다.
② 다공성 재료에는 적용할 수 없다.
③ 시험을 위한 전처리가 시험결과에 크게 영향을 준다.
④ 시험부위 주위가 지저분해져 클린공정이 추가된다.

(2) 자분탐상시험의 장단점

1) 장점
① 탐상장치 및 탐상방법이 비교적 단순하다.
② 용접물의 크기에 제한을 받지 않는다.
③ 침투탐상법(PT)에 비해 시간이나 비용면에서 경제적이다.
④ 결함을 육안으로 볼 수 있다.

2) 단점
① 비자성체에는 적용할 수 없다.
② 체적탐상법에 비해 표면 및 표면 아래 결함검출만 가능하다.
③ 용가재와 모재의 자기적 성질이 크게 차이 나거나 이종금속 간 용접물의 탐상 시는 결과 해석이 어렵다.
④ 시험 후 탈자를 요할 경우가 있다.
⑤ 시험부위 주위가 지저분해져 클린공정이 추가된다.

2 안전대책

① 자분탐상과 침투탐상의 적용은 다음과 같은 몇 가지 안전관련 사항을 가지고 있다.
  ㉠ 검사에 사용되는 연무제, 염색제, 현상제, 잉크와 다른 화학물질의 독성과 가연성의 정도
  ㉡ 자외선램프의 사용
  ㉢ 자외선램프 사용 시의 낮은 조명으로 인한 미끄러짐, 헛디딤과 넘어짐
  ㉣ 접근(access)
  ㉤ 밀폐공간에서의 작업
  ㉥ 세척액의 독성과 밀폐공간에서의 사용
  ㉦ 검사기구의 전기안전
  ㉧ 작동 중인 설비의 세척
  ㉨ 고소작업
  ㉩ 본질 안전장치
  ㉪ 작동 중인 설비에서의 작업과 작업에 대한 허가
② 사용된 화학물질의 제조자가 권고하는 안전예방조치를 준수해야 한다. 이에 대한 책임은 회사 또는 조직 및 작업자에게 있다. 자외선램프에 대해서도 동일하다.

Section 34

냉각속도에 따른 강의 담금질조직 구분, 그 종류 및 특성

1 마퀜칭(marquenching)

Ms점(Ar″점) 직상으로 가열된 항온염욕에 담금질하여 재료의 내·외부온도가 같아지면 집어내어 공냉시켜서 Ar″ 변태를 진행시키는 열처리이다. 이와 같은 처리를 하면 재료의 내·외부가 동시에 서서히 마텐자이트(martensite)화하기 때문에 변형, 균열방지에 가장 좋은 방법이다.

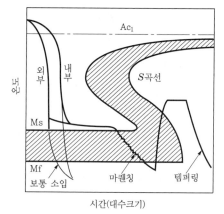

[그림 6-53] 마퀜칭

② 마텐자이트시효(martempering)

마텐자이트시효는 Ar''구역(Ms점과 Mf점 사이) 내에서 항온처리하는 것으로서 강을 오스테나이트상태로부터 Ms점 이하의 염욕에 담금질해서 과냉각 오스테나이트의 변태가 완료될 때까지 유지한 후 공냉하는 열처리이다. 마텐자이트시효를 이용하면 마텐자이트의 뜨임과정 및 담금질응력의 제거 및 하부 베이나이트 등에 의하여 경도가 저하되지 않고 충격치가 높은 재료를 얻을 수 있다.

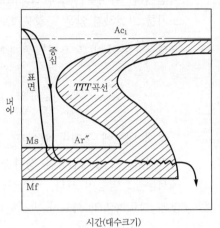

[그림 6-54] 마텐자이트시효

③ 오스템퍼(austempering)

오스테나이트상태의 강을 S곡선의 노즈(nose)와 마텐자이트 변태 개시점(Ms점) 사이의 온도로 유지한 염욕에 담금질하고 과냉 오스테나이트 변태가 완료할 때까지 항온에 유지한 후 공냉시켜 베이나이트조직으로 만드는 열처리를 오스템퍼라 한다. 오스템퍼를 하면 담금질과 템퍼링한 것보다 신율, 충격치 등이 크며 강인성이 풍부한 재료를 얻을 수 있고 담금질균열 및 비틀림변형을 방지할 수 있다.

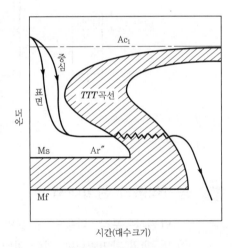

[그림 6-55] 오스템퍼

Section 35

응력집중 및 응력집중계수, 응력집중 완화대책

① 응력집중(concentration of stress)

인장 혹은 압축을 받는 부재가 그 단면이 갑자기 변하는 부분이 있으면 그곳에 상당히 큰 응력이 발생한다. 이 현상을 응력집중이라 한다. 즉 기계 및 구조물에서는 구조상 부득이하게 홈, 구멍, 나사, 돌기자국 등 단면의 치수와 형상이 급격히 변화하는 부분이 있게 마련이다. 이것들은 모두 노치(notch)라고 한다. 일반적으로 노치 근방에 생기는 응력은 노치를 고려하지 않은 공칭응력보다 매우 큰 응력이 분포되며 [그림 6-56]에 이것과 공칭 응력 $\dfrac{P}{A}$ 와의 비를 응력집중계수(factor of stress concentration) α_k 라고 한다.

$$\alpha_k = \frac{\sigma_{\max}}{\sigma_{av}}\left(= \frac{\tau_{\max}}{\tau_{av}}\right)$$

부재 내부에 구멍이 있어도 응력집중이 일어나며 노치의 모양, 크기에 따라 α_k값이 달라진다. 이 응력집중은 정하중일 때 연성재료에서는 별 문제가 되지 않으나 취성재료 에서는 그 영향이 크다. 또한 반복하중을 받는 경우에는 노치에 의한 발생하며 의외로 많은 피로파괴의 사고가 발생한다.

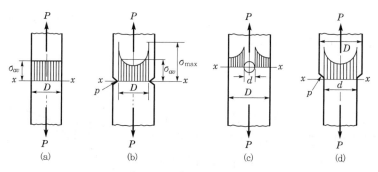

[그림 6-56] 응력집중상태

2 응력집중의 완화대책

① 반원 홈 부착, 라운딩, 곡률반지름 증가, 테이퍼 등
② 몇 개의 단면변화에 의한 완만한 응력흐름
③ 단면변화 부분에는 보강재 부착
④ 쇼트피닝(shot peening), 압연처리, 열처리로 강도 증가, 표면거칠기 향상

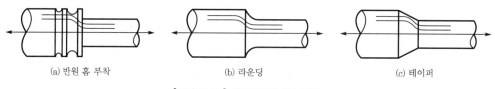

(a) 반원 홈 부착   (b) 라운딩   (c) 테이퍼

[그림 6-57] 응력집중의 완화대책

Section 36 템퍼링

① 개요

담금질하면 마텐자이트조직 때문에 강은 경하게 되나 동시에 여리게 되므로 사용목적에 따라서는 쓸모없다. 이런 경우 Ac_1 이하의 적당한 온도로 재가열하여 물, 기름, 공기 등으로 적당한 속도로 냉각함으로써 재료에 인성(끈기있는 성질)을 주며, 또는 경도를 낮추는 조직을 템퍼링(tempering)이라 한다.

② 열처리과정

담금질상태는 급랭으로 Ar_1 변태의 전부 또는 일부가 저지된 것이며, 상온에서는 안정된 상태가 아니며 기회만 있으면 보다 안정된 상태로 돌아가려는 경향을 가지고 있다. 다만, 상온에서의 강의 점성이 크므로 이 변화가 억제되어 있는데 지나지 않는다. 따라서 여기에 열을 가하여 억제된 작용을 완화시켜주면 이 변화는 용이하게 진행하여 완화된 정도에 따라 오스테나이트→마텐자이트→트루스타이트→소르바이트로 차례로 변화한다. 진행의 정도는 가열온도와 가열시간에 따라 정해진다. 템퍼링온도에 따라 강의 조직은 다음과 같이 변화한다.

α 마텐자이트 → β 마텐자이트 → 트루스타이트 → 소르바이트 → 펄라이트
(100~150℃)　(250~350℃)　　　(450~500℃)　　(650~700℃)

이와 같은 조직의 변화와 더불어 그 여러 성질도 변하므로 용도에 적합한 성질을 얻으려면 각각 적당한 온도에 템퍼링하여 사용해야 한다. 이리하여 담금질과 템퍼링의 비교적 간단한 두 과정에 의하여 강의 성질의 넓은 범위를 얻을 수가 있다.

Section 37 강의 동소체와 동소변태, 변태점

① 개요

철에 포함되어 있는 탄소함유량이 0.02% 이하의 철을 순철이라고 부른다. 철의 이상적인 특성에 가장 가까운 철이며, 연하고 약해서 흔히 생각하는 (강)철의 이미지와는

다르다. 전기재료에도 쓰인다고 하나, 발전 및 산업설비의 한정된 영역에만 적합하고 보통은 훨씬 특성이 뛰어난 구리와 금 등을 사용하므로 실생활에서는 찾아보기가 매우 힘들다.

지구상에서 100% Fe은 존재할 수 없다. 만약 그걸 실현하려면 Fe원자만 따로 모은 후 Fe과 전혀 관계가 이루어지지 않는(=반응하지 않는) 재료로 만든 용기에 담아 두어야 한다. 실존하는 100% Fe는 우주에서 떨어진 운석에 포함된 것이 있다.

② 강의 동소체와 동소변태, 변태점

순철을 비롯한 철은 온도에 따라 조직의 변태가 일어나는데, 이것을 통해 구분되는 서로 다른 상태를 동소체라고 한다.

동소변태를 간단히 설명하면 고체상태에서 원자배열이 변화하는 것인데, 철의 경우 알파철(α-Fe), 감마철(γ-Fe), 델타철(δ-Fe)의 3가지 상태(phase)가 있다. 즉, 철의 상태는 '고체(알파철 → 감마철 → 델타철) → 액체 → 기체'로 구분할 수 있다. 상변태가 일어나는 온도의 경계는 다음과 같다.

① A_1변태점 726℃ : 공석반응
② A_2변태점 768℃ : 자기변태(강자성체 → 상자성체)
③ 910℃ 미만 : 알파철 – 체심입방격자(탄소강일 경우 페라이트)
④ A_3변태점 910℃ : 동소변태(알파철 → 감마철)
⑤ 1,400℃ 미만 : 감마철 – 면심입방격자(탄소강일 경우 오스테나이트)
⑥ A_4변태점 1,400℃ : 동소변태(감마철 → 델타철)
⑦ 1,538℃ 미만 : 델타철 – 체심입방격자
⑧ 1,538℃ 이상 : 액체

Section 38   탄소강의 표면경화법(화학적 · 물리적 표면경화법)

① 개요

표면경화열처리는 재료의 표면만을 단단한 재질로 만들기 위한 방법으로 크게 화학적 방법과 물리적 방법으로 나눌 수 있다. 화학적 방법에는 침탄법과 질화법이 있고, 물리적 방법에는 고주파표면경화법과 불꽃경화법 등이 있다.

② 화학적 방법

(1) 침탄법(carburizing)

침탄이란 재료의 표면만을 단단한 재질로 만들기 위해 다음과 같은 단계를 사용하는 방법이다. 탄소함유량이 0.2% 미만인 저탄소강이나 저탄소합금강을 침탄제 속에 파묻고 오스테나이트범위로 가열한 다음, 그 표면에 탄소를 침입하고 확산시켜서 표면층만을 고탄소조직으로 만든다.

침탄 후 담금질하면 표면의 침탄층은 마텐자이트조직으로 경화시켜도 중심부는 저탄소강 성질을 그대로 가지고 있어 이중조직이 된다. 표면이 단단하기 때문에 내마멸성을 가지게 되며, 재료의 중심부는 저탄소강이기 때문에 인성을 가지게 된다.

이러한 성질 때문에 고부하가 걸리는 기어에는 대개 침탄열처리를 사용한다. 침탄법은 침탄에 사용되는 침탄제에 따라 고체침탄, 액체침탄과 가스침탄으로 나누며, 특별히 액체침탄의 경우 질화도 동시에 어느 정도 이루어지기 때문에 침탄질화법이라 부른다.

(2) 질화법(nitriding)

금속재료표면에 질소를 침투시켜서 매우 단단한 질소화합물(Fe_2N)층을 형성하는 표면경화법을 질화라 부른다. 이것은 담금질과 뜨임 등의 열처리 후 약 500℃로 장시간 가열한 후 질소를 침투시켜 경화시킨다. 침탄처럼 침탄 후 담금질이 필요 없으므로 다른 열처리방법에 비해 변형이 매우 작으면 내마멸성과 내식성, 피로강도 등이 우수하지만 다른 열처리에 비해 가격이 많이 든다. 질화법은 다음과 같은 특징이 있다.

① 침탄에 비해 경화층이 얕고 경화는 침탄한 것보다 크다.
② 마모나 부식에 대한 저항력이 크다.
③ 담금질이 필요 없으며 열처리에 의한 재료의 변형이 가장 적다.
④ 600℃ 염욕온도에서는 재료의 경도가 감소되지 않으며 산화작용도 잘 일어나지 않는다.

③ 물리적 방법

(1) 고주파표면경화법(induction hardening)

0.4~0.5%의 탄소를 함유한 고탄소강을 고주파를 사용하여 일정 온도로 가열한 후 담금질하여 뜨임하는 방법이다. 이 방법에 의하면 0.4% 전후의 구조용 탄소강으로도 합금강이 갖는 목적에 적용할 수 있는 재료를 얻을 수 있다. 표면경화깊이는 가열되어 오스테나이트조직으로 변화되는 깊이로 결정되므로 가열온도와 시간 등에 따라 다르다.

보통 열처리에 사용되는 가열방법은 열에너지가 전도와 복사형식으로 가열하는 물체에 도달하는 방식을 이용하고 있다. 그러나 고주파가열법에서는 전자에너지형식으로 가공물에 전달되고, 전자에너지가 가공물의 표면에 도달하면 2차 유도전류가 발생한다. 이때 가공물표면에 와전류(eddy current)가 발생하여 표피효과(skin effect)가 된다. 2차 유도전류는 표면에 집중하여 흐르므로 표면경화에는 다음과 같은 장점이 나타난다.

① 표면에 에너지가 집중하기 때문에 가열시간을 단축할 수 있다.
② 가공물의 응력을 최대한 억제할 수 있다.
③ 가열시간이 짧으므로 산화나 탈탄 염려가 없다.
④ 값이 싸다.

(2) 불꽃경화법

산소, 아세틸렌 불꽃을 이용하여 경도를 증가시키는 표면경화법이다. 금속표면을 적열상태로 가열하여 냉각수를 뿌려 표면을 경화시키는 방법으로, 불꽃경화법은 주로 대형 가공물에 이용된다.

경화층은 1.5~6.5mm(4mm 이상은 합금강)이고, 변형은 담금질처리보다 적으며, 적용되는 재료는 0.4~0.6% 탄소강, STC(SK), SF, SC, SCM, 탄탄주철 등이 있다. 그 특징은 다음과 같다.

① 국부경화가 가능하다.
② 열처리시간이 짧다.
③ 장비가 간단하다.
④ 대상재료의 크기나 형상에 제한을 받지 않는다.
⑤ 장비가격이 저렴하다.
⑥ 온도제어가 곤란하다.

Section 39 재료의 피로파괴와 S-N곡선

1 피로파괴의 정의

고체재료에 반복응력을 연속으로 가하면 인장강도보다 훨씬 낮은 응력에서 재료가 파괴된다. 이것을 재료의 피로라고 하며, 피로에 의한 파괴를 피로파괴라 한다.

❷ S–N곡선

[그림 6-59]는 어떤 응력(S)을 반복했을 경우 파괴하기까지의 반복횟수(N)를 나타낸 것이다.

기계나 구조물에 있어서 실제로 일어나는 파괴에는 재료의 피로에 의한 파괴가 많으며, 피로파괴는 대부분이 눈으로 볼 수 있는 변형을 발생하지 않고 파괴가 발생하기 때문에 점차 진행되는 피로파괴를 초기단계에 파악하기 위해 컬러체크, 자분탐상, 초음파탐상을 비롯해 방사선을 이용한 시험방법 등이 취해지고 있다. 또한 피로파괴의 단면은 대부분이 거시적으로 소성변형을 수반하지 않기 때문에 외력에 대한 저항력이 약한 재료로서의 파괴를 나타내고 있다.

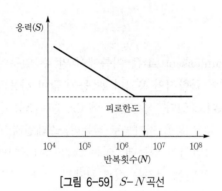

[그림 6-59] S–N곡선

❸ 피로강도에 미치는 각종 인자의 영향

(1) 노치효과

기계부재에는 노치 또는 비금속개재물 등의 재료결함이 존재하고 노치효과를 나타낸다. 이러한 응력집중에 의해 국부적으로 높은 응력이 발생한다. 인장강도가 높은 재료는 노치효과가 낮은 현상으로 하지 않으면 피로성능이 저하하므로 이들 재료를 사용한 효과가 없어진다.

(2) 치수효과

평활재, 노치재를 막론하고 시험편의 치수가 변하면 피로강도가 변하는 현상이다. 일반적으로 지름이 크면 피로한도는 감소한다.

(3) 표면효과

재료파괴는 표면에서 시작하므로 피로강도는 표면조건에 대단히 민감하다. 표면이 거친 경우 피로한도는 저하한다.

(4) 온도영향

상온 이하의 저온에서의 피로한도는 일반적으로 온도의 저하와 함께 상승한다.

(5) 부식효과

부식이 많이 되면 피로한도는 감소한다.

Section 40 스테인리스강을 금속조직으로 분류하고 그 종류 및 특징

1 개요

스테인리스강(stainless steel)은 이름에서 알 수 있듯이 내식성이 강한 강(steel)으로서 부식이 잘 안 되어 화학적인 용기나 관 등에 많이 사용되며 다른 첨가물 원소를 넣어서 특수용도에 많이 쓰이고 있다. 성분은 Fe에 Cr, Ni, C 등이 중요원소로 되어 있고, 여기에 Cb, Ti, Tl, Al(Mo, Mn) 등을 첨가물로 넣는다. 스테인리스강의 내식성은 탐만(Tammann)의 법칙이라 하여 1/8법칙이 있는데, 이는 Cr/Fe>1/8이면 내식성이 생긴다는 것으로서 Cr_2O_3의 산화피막이 표면에 생기는 것과 관계가 있다. 이 내식성은 부동태에 의한 것으로서 Cr을 첨가함으로써 얻을 수 있다. 그러나 모든 산에 대해서는 강력한 내식성이 있으나 환원분위기에서는 내식성이 약해 피트어택(pit attack)이 생기므로 조심해야 한다.

또 Cl이온은 스테인리스강에 해로우며 Ni, Mo의 첨가는 내식성 향상에 도움이 된다. 스테인리스강의 분류는 구조에 따라 구분되며 페라이트계(ferritic) 스테인리스강, 오스테나이트계(austenitic) 스테인리스강, 마텐자이트계(martensitic) 스테인리스강, PH형 스테인리스강 등 4가지 종류가 있다.

페라이트계 스테인리스강은 저탄소강으로 Ni이 없고 Cr이 12~25%로 열처리경화가 안 된다. 따라서 냉간가공으로 경화시킬 수밖에 없다. 마텐자이트계 스테인리스강은 탄소가 0.1~0.35%, Cr이 12~18%로 열처리경화가 가능하여 여러 칼에 많이 사용된다. 오스테나이트계 스테인리스강은 일반적으로 부르는 스테인리스강으로 고온과 저온에서의 기계적 성질이 우수하며, 내식성, 내산성 등이 좋고 열처리경화가 되며 Ni의 양이 적다. 스테인리스강의 화학성분과 성질은 [표 6-9]와 [표 6-10]에 잘 나타나 있다.

[표 6-9] 스테인리스강의 종류

AISI형	공칭성분(%)					1957 생산 1,000ingot tons
	C	Mn	Cr	Ni	기 타	
오스테나이트계						
201	0.15 max	7.5	16~18	3.5~5.5		9.7
202	0.15 max	10.0	17~19	4.0~6.0		15.6
301	0.15 max	2.0	16~18	6.0~8.0		53.5
302	0.15 max	2.0	17~19	8.0~10	0.25% N max	161.7
304	0.08 max	2.0	18~20	8.0~12	0.25% N max	137.6
304 L	0.03 max	2.0	18~20	8.0~12	2~3% Mo	21.3
309	0.20 max	2.0	22~24	12~15	2~3% Mo	6.9
310	0.25 max	2.0	24~26	19~22	(5×%C) Ti min	8.2
316	0.08 max	2.0	16~18	10~14	(10×%C) Cb~Ta min	46.1
316 L	0.03 max	2.0	16~18	10~14		14.0
321	0.08 max	2.0	17~19	9~12		33.5
347	0.08 max	2.0	17~19	9~13		11.6
마텐자이트계						
403	0.15 max	1.0	11.5~15			19.0
410	0.15 max	1.0	11.5~13			44.0
416	0.15 max	1.2	12~14		0.15% S min	23.4
420	0.15 min	1.0	12~14	1.2~2.5	0.75% Mo max	4.1
431	0.20 max	1.0	15~17		0.75% Mo max	4.9
440 A	0.60	1.0	16~18		0.75% Mo max	1.4
440 B	0.75	1.0	16~18			1.4
440 C	0.95	1.0	16~18			2.2
페라이트계						
430	0.15 max	1.0	14~18			
446	0.20 max	1.5	23~27	6.75	0.8% Ti, 0.2% Al	246.0
스테인리스 W	0.07	0.5	16.75	4.25	0.25% Cb, 3.6% Cu	1.9
17~4 PH	0.04	0.4	16.50	7.0	1.15% Al	
17~7 PH	0.07	0.7	17.0			

[표 6-10] 스테인리스강의 기계적 성질

등 급	조 건	인장강도 (Psi)	항복강도 (Psi)	연신율 (%)	로크웰경도
오스테나이트계					
301	Annealed	117,000	33,000	68	B 85
	25% cold-rolled	165,000	127,000(min)	24(min)	C 38
	45% cold-rolled	225,000	200,000(min)	7(min)	C 46
302	Annealed	94,000	36,000	61	B 80
	20% cold-rolled	139,000	121,000	22	C 29
	50% cold-rolled	177,000	151,000	6	C 38
304 L	Annealed	80,000	30,000	55	B 76
316	Annealed	85,000	35,000	55	B 80
321	Annealed	87,000	35,000	55	B 80
347	Annealed	92,000	35,000	50	B 84
페라이트 또는 마텐자이트계					
410	Annealed	75,000	40,000	30	B 82
	1,800°F Qu, 600°F	180,000	140,000	15	C 39
420	Annealed	95,000	50,000	25	B 92
	1,900°F Qu, 600°F	230,000	195,000	8	C 54
440 B	Annealed	107,000	62,000	18	B 96
	1,900°F Qu, 600°F	280,000	270,000	3	C 55
비표준계					
스테인리스 W	Soln, annealed	120,000	75,000	7	C 30
	Hardened 950°F	195,000	180,000	7	C 46
17-7 PH	Soln, annealed	130,000	40,000	35	B 85
	Reheated 1,050°F	200,000	185,000	9	C 43
	Reheated 950°F	235,000	220,000	6	C 48

* 스테인리스강의 강종기호는 AISI Type번호에 따라 3자리 숫자로 표시하고 있다.
  2×× (Cr-Ni-Mn계) ·········· 오스테나이트계
  3×× (Cr-Ni계)
  4×× (Cr계) ····················· 페라이트계
  4×× (Cr계) ····················· 마텐자이트계
  5×× (5% Cr계)
  6×× (PH계) ···················· 석출경화계

② 스테인리스강

(1) 페라이트계 스테인리스강

1) 개요

고Cr계 스테인리스강으로서 성분은 C 0.1% 이하, Cr 13~25%, Ni 2% 합금으로서 연하고 단조, 압연이 쉬우며 성형재료로서 사용되고 있다. 이것에 속하는 것으로서 종래 가장

널리 사용된 것은 Cr 13%의 것과 Cr 18%의 것이 있으나 Cr 13%가 대표적이다. 페라이트 스테인리스강은 열처리효과를 거의 나타내지 않으나 실온에서는 강자성을 나타낸다.

2) 성질 및 용도

Cr은 페라이트에 고용해서 내식성을 증대시킨다. 이때 C가 들어 있으면 Fe_3C와 Cr_4C의 복탄화물이 생기므로 국부전지를 생성하여 내식성이 좋지 않고 가공성도 불량하게 되므로 C%를 낮추어야 한다.

최근에는 C<0.03%의 극저탄소(extra-low carbon) 스테인리스강 합금도 출현하고 있다. 미량의 Al, Ti, Si, Mo 등을 첨가하면 C%가 약간 높아도 페라이트를 안정하게 해서 고온에서도 오스테나이트 생성을 막아준다.

용도로서는 고온에서도 페라이트조직을 나타내기 때문에 열처리효과가 없어 다른 강의 열처리의 침탄상자로서 사용되고, 기계적 강도 및 용접성이 그렇게 중요하지 않은 자동차부품, 화학공업용 장치에 사용된다.

(2) 마텐자이트계 스테인리스강

1) 개요

고온에서 오스테나이트조직이고, 그 상태에서 공냉 또는 유냉하였을 때 마텐자이트조직이 되는 종류를 마텐자이트계 스테인리스강이라 한다. 이는 C 0.1~0.35%, Cr 12~18% 정도의 성분을 포함하고 있는데, 즉 페라이트형보다 Cr이 적고 C가 많다. 마텐자이트계 스테인리스강은 페라이트계 스테인리스강과 달리 열처리경화(heat treatment hardening)가 가능하다.

2) 성질 및 용도

마텐자이트계 스테인리스강은 페라이트형 스테인리스강과 같이 실온에서 강자성을 나타낸다. 이 강은 가장 단순하고 값이 싼 스테인리스강이며 스테인리스강 중에서 최저의 내식성을 지닌다.

Cr%가 높아질수록 변태점(A_3)이 높아지므로 소입온도를 950℃ 이상으로 한다. 경도를 높이기 위해서는 C나 Cr을 같이 높여서 C 0.6~0.75%, Cr 16~18%, Mo 0.75%의 조성으로 한다.

용도는 식탁용 또는 가정용 기구, 의료기구 및 기계구조용으로 사용되고 있다.

(3) 오스테나이트계 스테인리스강

1) 개요

오스테나이트계 스테인리스강은 총생산량의 70% 정도를 차지하고 있고 가장 널리 쓰이는 스테인리스강이다. 조성은 대체로 Cr+Ni≧22%(Cr>16%, Ni>6%) 정도이고 Cr-Ni강으로서 표준성분은 18(Cr)-8(Ni)으로서 18-8형 스테인리스강이라 한다. 이 종류는 다른 종류에 비해서 내식성이 좋으며 비자성체로 고온이나 저온에서의 기계적 성질이 양호하다. 또 내충격성도 좋으며 냉간 인발, 성형, 용접이 쉽고, 고온에서는 크리프강도가 크고 저온에서는 인성이 양호하다. 그러나 다른 종류보다 기계가공성이 떨어지며, 이를 위해서 S, Se를 첨가한다. 또한 선팽창계수가 보통 탄소강보다 1.5배 정도 크며 열 및 전기전도도가 나쁘다.

2) 성질 및 용도

오스테나이트계 스테인리스강은 다른 종류보다 연성이다. 그리고 300시리즈는 상온에서 완전히 오스테나이트로 안정이 안 되므로 마텐자이트로 변태시켜서 강화시킬 수 있다. 이때는 약간의 자성을 띄게 된다.

용도는 이 강이 연하고 내식성이 크고 용접이 쉬우므로 각종 목적으로 쓰인다. 저온 성질이 좋으므로 미사일 등의 가스 산소통에 사용되며, 화학공업에서는 질산 등에 사용되는 기계의 실린더, 파이프, 밸브, 펌프, 냉동기, 탱크 등에 쓰이는 이외에 표백공업, 식품, 제지, 우유제조용기, 주류의 용기 등에 널리 사용된다. 그 외에도 건축, 자동차, 항공기부품, 의료기구 등에도 사용된다.

(4) 석출경화형 스테인리스강(PH type)

석출경화형 스테인리스강은 온도 상승에도 강도를 잃지 않는 재료로서 개발되었다. 석출경화형 스테인리스강은 과포화상태에서 석출원소로서 P, Ti 등 미세합금원소를 첨가한 것으로서, 시초는 제2차 세계대전 시 개발된 17-7-Ti-Al, 즉 스테인리스 W이며, 1950년대에 17-7-Al, 17-4-Cu 등 고도로 상승함에 따라 온도가 상승되는 전투기나 미사일재료로서 석출경화형 스테인리스강이 개발되어 왔다. 그 후 계속 발전되어 17-7 PH, 17-4 PH, PH 15-7 Mo, 17-10 P 등이 나타났다.

석출경화형 스테인리스강은 기지에 따라 다음과 같이 구분하기도 한다.

① 마텐자이트계 PH형
② 오스테나이트계 PH형
③ 오스테나이트-페라이트계 PH형

또한 열처리가 가능한가의 여부에 의해 분류하기도 한다.

Section 41

염색침투액을 사용한 침투탐상법의 시험방법

❶ 개요

침투탐상시험(PT : Penetrant detecting Test) 또는 형광시험법(FT : Fluorescent Test)

은 침투액을 시험할 재료의 표면에 칠하여 균열 등의 결함부에 침투시킨 다음, 현상액으로 결함부를 검출하는 방법이다. 그 종류는 염색침투탐상과 형광침투탐상 등이 있다.

② 염색침투탐상의 시험방법

염색침투탐상의 탐상법은 다음과 같다.

① 재료의 표면을 세척
② 침투제를 침투시킨 후 나머지는 닦아냄
③ 백색인 등의 현상제를 도포
④ 건조하면 표면이 백색으로 피복
⑤ 백색 분말에 결함부에 남아있는 적색 침투액이 흡착되어 결함이 검출

사용되는 도료는 침투력이 큰 적색 침투액을 사용하여 red check 또는 dye check 형광 시험하며, 형광시험방법은 균열부에 침투할 수 있는 형광물질을 함유한 용액을 검사할 부품의 표면에 칠하여 건조한 후에 자외선으로 조사, 균열부가 있으면 형광으로 인화하여 구분되는 빛이 나타나도록 하여 결함부를 검출하는 방법이다.

검사할 물체를 기름 속에 오랫동안 담가두면 결함부에 기름을 침지시킨 후 건져내어 표면을 깨끗이 닦고 분필을 칠하든지 석회, 알코올, 점토 등을 바르면 기름이 새어 나온 부분이 검게 착색되어 결함검출이 가능하다.

Section 42 | 고속회전체에 대한 회전시험 중 지켜야 할 안전기준, 비파괴검사를 실시해야 할 대상

① 회전시험 중의 위험방지(산업안전보건기준에 관한 규칙 제114조)

사업주는 고속회전체(터빈로터 · 원심분리기의 버킷 등의 회전체로서 원주속도가 초당 25미터를 초과하는 것으로 한정한다. 이하 이 조에서 같다)의 회전시험을 하는 경우 고속회전체의 파괴로 인한 위험을 방지하기 위하여 전용의 견고한 시설물의 내부 또는 견고한 장벽 등으로 격리된 장소에서 해야 한다. 다만, 고속회전체(제115조에 따른 고속회전체는 제외한다)의 회전시험으로서 시험설비에 견고한 덮개를 설치하는 등 그 고속회전체의 파괴에 의한 위험을 방지하기 위하여 필요한 조치를 한 경우에는 그러하지 아니하다.

2 비파괴검사의 실시(산업안전보건기준에 관한 규칙 제115조)

사업주는 고속회전체(회전축의 중량이 1톤을 초과하고 원주속도가 초당 120미터 이상인 것으로 한정한다)의 회전시험을 하는 경우 미리 회전축의 재질 및 형상 등에 상응하는 종류의 비파괴검사를 해서 결함 유무를 확인해야 한다.

Section 43 기계나 구조물에서 안전설계, 사용응력과 허용응력, 안전계수(Safety Factor), 허용응력과 안전계수와의 관계

1 안전설계

설계자의 안전한 설계의무는 설계대상목적물(시설물)의 사용자의 안전을 고려한 설계, 목적물을 만드는 작업자의 안전을 고려한 설계, 목적물을 유지관리 · 보수하는 자의 안전을 고려한 설계, 목적물의 해체작업자 안전을 고려한 설계를 수행하여야 하나, 국내에서는 전통적으로 목적물사용자의 안전이 설계의 안전대상이었으며 설계자에게도 작업자의 안전을 고려한 설계를 하도록 하여 건설공사안전관리시스템에 참여시키기 위한 노력의 일환으로 외국의 제도를 벤치마킹한 설계안전성검토제도가 국내에서 시행되고 있다.

설계안전성검토제도에 따라 안전관리계획서 제출대상목적물을 설계하는 자는 설계단계에서 위험요소를 사전에 발굴하고, 사업추진단계별로 위험요인을 제거 · 저감한 위험요소프로파일을 토대로 설계안전검토보고서를 작성하여 발주자(청)의 승인을 받아야 하며 다음과 같은 장점이 있다.

① 설계단계에서 적극적인 유해위험요소의 정의와 제거는 시공단계에서 현존하는 위험요소를 제거하는 노력보다 안전하고 경제적인 방법이다.
② 설계단계에서 전문분야의 지식을 갖는 전문가들이 현장에서의 안전성을 고려한 의사결정을 할 수 있다.
③ 설계자들을 포함한 건설관련자들의 작업자 안전에 대한 적극적 관심은 건설재해예방에 실질적인 도움이 된다.

2 허용응력, 안전계수(Safety Factor), 허용응력과 안전계수와의 관계

허용응력은 설계할 때 실제의 사용상태를 정확하게 파악하고 그 상태에서 발생하는 응력을 확인한 후 절대적인 안전을 확보할 수 있도록 사용재료와 그 치수를 결정하여야한다. 실제로 안전하게 오랜 시간 운전 또는 사용상태에 있을 때 각 재료에 작용하고 있는 응력을 사용응력(working stress)이라 한다. 안전하게 여유를 두고 제한한 탄성한도 이하의 응력, 즉 재료를 사용하는데 있어서 허용할 수 있는 최대응력을 허용응력(allowable stress)이라 한다.

이에 사용응력은 허용응력보다 작든지 같아야 하며, 결국 인장(극한)강도>항복점>탄성한도>허용응력≥사용응력의 관계가 성립된다. 따라서 적절한 안전율을 사용하여 기계에 적용하는 재료의 허용응력을 결정한다. 재료의 기준강도와 안전율과의 비인 허용응력은 다음과 같다.

$$허용응력 = \frac{기준강도}{안전율}$$

Section 44 **오스테나이트계 스테인리스강에서 발생되는 입계부식의 현상과 방지대책**

1 오스테나이트계 스테인리스강에서 발생되는 입계부식의 현상

입계부식이란 부식이 결정입계에 따라 집행하는 형태의 국부부식으로, 이 부식은 내부로 깊게 진행되면서 결정입자가 떨어지게 된다. 용접가공 시 열저항부, 부적정한 열처리과정, 고온에서의 노출 시 주로 발생된다. 크롬(Cr)은 탄소와 결합하기 쉬운 성질을 가지고 있으며 고온으로 가열되면 쉽게 결합하여 크롬탄화물을 형성하고, 이 물질은 전부 결정입계에 석출하게 되는데 크롬탄화물이 석출된 주변에는 크롬을 빼앗겨 크롬 고갈층이 존재하게 되고, 이것이 진행되면 결정입계에 따라 부동태화한계인 크롬함유율 12%를 하향하는 부분이 생기게 된다. 이렇게 해서 스테인리스강의 결정입계에 크롬 결핍층이 형성되는 것을 예민화(sensitizing)라고 한다. 이런 예민화는 약 550~800℃ 온도구간에서 유지되거나, 더 고온에서 유지 후 이 온도구간 서서히 통과할 때 발생된다.

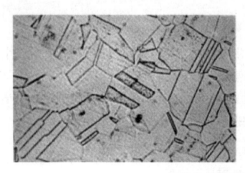 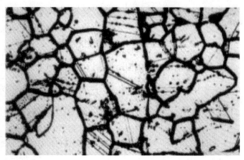

[그림 6-60] 스테인리스강의 입계부식

STS304(Cr 18%, Ni 8%)로 대표되는 오스테나이트 스테인리스강에서도 약 3mm 이하의 얇은 박강의 경우는 용접 후의 냉각속도가 빠르고 온도 유지시간이 짧기 때문에 예민화는 일어나기 힘들다. 그러나 잘 용접되지 않은 채로 고온상태가 점차 이어지면 가벼운 정도의 예민화를 생성해서 용접 후의 산화스케일 제거를 위한 산 세정 시에 입계부식을 받을 수도 있다.

두꺼운 강의 오스테나이트계 스테인리스강을 용접할 경우는 1,050~1,150℃에서 고용화열처리를 실시하면 용접 손상을 막을 수 있다. 그러나 현장에서 용접 후 이런 열처리를 행하는 것은 가능하지 않기 때문에 강 중에 탄소농도 자체가 작은 STS304L, STS316L, 티타늄(Ti), 니오브와 탄타르(Nb) 등을 첨가하여 탄소를 안정화시킨 STS321, STS347 등을 선택하면 좋으며, 용접 후에는 가능한 급냉각을 행하는 것이 좋다. 또한 용접 후에는 용접부를 잘 연마해주고 질산연처리를 해주면 좋다.

❷ 오스테나이트계 스테인리스강에서 발생되는 입계부식의 방지대책

스테인리스강의 입계부식을 방지하는 방법은 다음과 같다.

① 1,000℃ 이상의 용체화처리에 의하여 탄화물을 분해한 후 급랭하여 Cr탄화물의 생성을 억제하는 방법
② Cr보다 탄화물 생성이 용이한 Ti, Nb 등을 첨가하는 방법
③ Cr탄화물을 형성하지 않을 정도로 저탄소화(0.03% 이하)하는 방법

위의 방법은 입계부식을 경감시키는 데에는 어느 정도 기여하고 있으나 완전히 억제하는 수준에는 이르지 못하고 있다.

Section 45 금속의 열처리방법 중 풀림(annealing)의 정의와 목적

❶ 개요

철강재료는 같은 성분이라도 열처리방법에 따라 조직이 크게 달라질 수 있으며, 따라서 열처리를 알맞게 하면 필요에 따라 철강재료의 기계적 성질과 그 밖의 성질을 변화시켜 사용용도에 따라 효과적으로 이용할 수 있다. 열처리는 이와 같이 재료에 특별한 성질을 부여하는 것이라 정의할 수 있으며 다음과 같이 분류한다.

① 계단열처리(interrupted heat treatment)
② 항온열처리(isothermal heat treatment)

③ 연속냉각열처리(continuous cooling heat treatment)

④ 표면경화열처리(surface hardening heat treatment)

이 중 기어를 열처리하는 데 주로 쓰이는 계단열처리와 표면경화열처리에 대해서만 알아보도록 하겠다.

2 금속의 열처리방법 중 풀림의 정의와 목적

일반적으로 풀림(annealing)이라 하면 완전풀림(full annealing)을 말한다. 주조나 고온에서 오랜 시간 단련된 금속재료는 오스테나이트 결정입자가 커지고 기계적 성질이 나빠진다. 재료를 일정 온도까지 일정 시간 가열을 유지한 후 서서히 냉각시키면 변태로 인해 최초의 결정입자가 붕괴되고 새롭게 미세한 결정입자가 조성되어 내부응력이 제거 될 뿐만 아니라 재료가 연화된다. 이러한 목적을 위한 열처리방법을 풀림이라 부른다. 풀림의 목적을 다음과 같이 정리할 수 있다.

① 단조나 주조의 기계가공에서 발생한 내부응력 제거

② 열처리로 인해 경화된 재료의 연화

③ 가공이나 공작으로 경화된 재료의 연화

④ 금속결정입자의 미세화

Section 46

열처리에 있어서 경도불량이 나타나는 현상 3가지에 대하여 설명

1 개요

열처리기술은 금속재료, 기계부품, 금형공구의 기계적 성질을 변화시키기 위하여 가열과 냉각을 반복함으로써 특별히 유용한 성질(내마성, 내충격성, 사용수명연장 등)을 부여하는 기술로서 제조공정의 중간 또는 최종단계에서 이루어지고 있다.

❷ 경도불량의 원인과 대책

원인	작업인자	구체적인 방법
담금온도 너무 낮음	• 담금온도 선정 miss(너무 낮은 지시) • 담금온도관리 miss(열전대의 열화, 삽입방법 miss) • 얼룩(입재량, 장입방법 불충분)	KS 및 Maker 추천온도 참조, 정기점검, 균일가열할 수 있게 적정 간격에서 입재량 조정, 경화능이 좋은 재료로 변경
담금온도 너무 높음	• 담금온도 선정 miss(너무 높은 지시) • 담금온도관리 miss(열전대의 열화, 삽입방법 miss)	KS 및 Maker 추천온도 참조, 정기점검, 균일가열
냉각 불충분	• 노출해서 담금질까지의 시간이 너무 걸림 • 냉각방법의 선정 miss • scale, 솔트 부착(대기, 솔트가열 때) • 액온의 관리 miss • 교반 불충분 • 액중에서 인상온도 너무 높음	출제방법의 합리화, 열처리설비 이후 가공 Layout의 검토 냉각제의 특성 파악 산화방지제 도포, 분위기로 사용 솔트 신속 제거 유온 60~80℃ 수온 30도 이하 교반기의 설치 Ms점+약 50도에서 끌어올림
뜨임온도 너무 높음	• Ms점 근방에서 뜨임	60~80℃에서 뜨임 이행
탈탄	• 소재 탈탄 잔재 • 담금가열에 의한 탈탄(대기로 과열)	최소절삭여유의 엄수 분위기 또는 가열
이재	• 전 공정, 열처리공정의 혼입	작업기록표 등의 관리

(1) 담금온도가 너무 낮음

① 담금온도 선정 miss(너무 낮은 지시)

② 담금온도관리 miss(열전대의 열화, 삽입방법 miss)

③ 얼룩(입재량, 장입방법 불충분)

대책은 KS 및 Maker 추천온도 참조, 정기정검, 균일가열할 수 있게 적정 간격에서 입재량 조정, 경화능이 좋은 재료로 변경한다.

(2) 담금온도가 너무 높다

① 담금온도 선정 miss(너무 높은 지시)

② 담금온도관리 miss(열전대의 열화, 삽입방법 miss)

대책은 KS 및 Maker 추천온도 참조, 정기점검, 균일가열을 한다.

(3) 냉각 불충분

① 요인
- ㉠ 노출해서 담금질까지의 시간이 너무 걸림
- ㉡ 냉각방법의 선정 miss
- ㉢ scale, 솔트 부착(대기, 솔트가열 때)
- ㉣ 액온의 관리 miss
- ㉤ 교반 불충분
- ㉥ 액 중에서 인상온도가 너무 높음

② 대책
- ㉠ 출제방법의 합리화, 열처리설비 이후 가공과 Layout를 검토한다.
- ㉡ 냉각제의 특성 파악과 산화방지제 도포, 분위기로 사용한다.
- ㉢ 솔트 신속 제거와 유온 60~80℃, 수온 30℃ 이하로 유지한다.
- ㉣ 교반기의 설치와 Ms점+약 50℃에서 끌어올린다.

(4) 뜨임온도 너무 높음

Ms점 근방에서 뜨임하며, 대책은 30~80℃에서 뜨임을 이행한다.

(5) 탈탄

① 소재 탈탄 잔재
② 담금가열에 의한 탈탄(대기로 과열)

대책은 최소절삭여유의 엄수와 분위기 또는 가열을 한다.

(6) 이재

전 공정, 열처리공정의 혼입 때문이며, 대책은 작업기록표 등의 관리를 한다.

Section 47

하중의 종류를 (1) 작용하는 방향, (2) 걸리는 속도, (3) 분포상태에 따라 분류하고 설명

① 개요

하중은 각 부재에 능동적으로 작용하는 힘이며 반력은 각 부재에 수동적으로 작용하는 힘이다. 또한, 내력은 외력에 대한 물체 내부에서의 저항력이며 응력은 내력의 일종으로 외력에 대하여 물체 내부에서 저항하려는 성질이다.

2 하중의 종류

하중의 종류는 다음과 같다.

(1) 분포 방식에 따른 분류

① 분포하중(distributed load) : 어떠한 범위(영역)에 걸쳐서 작용하는 하중이다.
② 집중하중(concentrated load) : 대단히 작은 영역, 즉 점에 집중적으로 작용하는 하중이다.

(2) 변화 상태에 따른 분류

① 정하중(static load)
사하중(dead load)은 자중과 같이 크기와 방향이 항상 일정한 하중이고 점가하중(gradually increased load)은 극히 천천히 일정한 크기까지 동일 방향으로 증가하는 하중이다.
② 동하중(dynamic load)
활하중에서 반복하중(repeated load)은 한쪽 방향으로 일정한 하중이 반복되는 하중으로 엘리베이터가 있으며 교번하중(alternated load)은 하중의 크기와 방향이 교대로 변화하는 하중으로 복동 증기기관이 있다. 또한, 충격하중(impulsive load)은 짧은 시간에 순간적으로 작용하는 하중이며 이동하중(travelling load)은 물체상에서 이동하면서 하중이 작용하는 것이다.

(3) 작용 상태에 따른 분류

① 축하중(axial load) : 인장하중(tensile load)은 재료를 잡아 늘이는 하중이며 압축하중(compressive load)은 재료를 밀어 줄어들게 하는 하중이다.
② 전단하중(shearing load) : 재료를 가위로 잘라내는 듯한 하중이다.
③ 비틀림하중(twisting load) : 비틀림 모멘트를 일으키는 하중이다.
④ 굽힘하중(bending load) : 재료를 굽혀 휘어지게 하는 하중이다.

Section 48 강의 열처리 방법 4가지를 설명

1 개요

금속에 특정한 온도변화(가열/냉각)를 가함으로써 금속 고유의 성질과 다른 특성을 얻어내는 작업을 열처리라 한다. 일반적으로 열처리를 통하여 순금속에서 얻을 수 없는 우수한 성질을 얻을 수 있으며, 그 화학성분이 동일하더라도 열처리에 의해서 조직과 성질이 현저하게 변화한다.

강의 열처리 방법으로는 크게 불림(Normalizing, 소준), 풀림(Annealing, 소둔), 담금질(Quenching, 소입), 뜨임(Tempering, 소려) 등이 있다.

2 강의 열처리 방법

(1) 불림(Normalizing, 소준)

강을 Ac_3 또는 Acm 이상으로 가열하여 오스테나이트화로 한 후 공기 중에서 냉각하여 강재의 성질을 표준상태로 만들기 위함이며 목적은 조직을 미세화, 내부응력 제거, 결정조직과 기계적, 물리적 성질 개선, 구상화 풀림의 전처리 등이며 종류는 보통 불림(normal Normalizing), 2단 불림(Stepped Normalizing), 항온 불림 등이 있다.

(2) 풀림(Annealing, 소둔)

냉간가공이나 담금질에 의한 영향을 완전 제거하기 위하여 오스테나이트화 온도로 가열하고 노냉처리하는 방법으로 종류는 확산풀림(안정화풀림, 균질화풀림), 변태풀림(완전풀림, 결정립 조대화 풀림), 연화풀림(구상화풀림), 응력제거 풀림, 저온 풀림 등이 있다.

(3) 담금질(Quenching, 소입)

강을 임계온도 이상에서 물이나 기름 중에 침적시켜 급랭하는 작업은 담금질이라고 한다. 담금질의 주목적은 경화에 있으며 가열온도는 아공석강에서는 $Ac_3+30\sim50℃$, 과공석강에서는 Ac_1점 이상 $30\sim50℃$로 균일가열한 후 담금질을 행한다. 강의 담금질은 보통 오스테나이트화의 온도 Ac_1 또는 Ac_3 변태점보다 $30\sim50℃$ 높은 온도로 가열하고 물 또는 기름 중에 연속 냉각시키는 방법으로 물 담금질은 큰 경도를 부여하고 고탄소강이나 합금강인 경우에는 담금질 균열과 응력을 발생시키기 쉬우므로 기름 중에서 담금질한다.

(4) 뜨임(Tempering, 소려)

뜨임이란 담금질한 강이 매우 경하고 취약하므로 변태점 이하의 온도로 가열하여 불안정한 조직을 안정한 조직으로 변화시키기 위하여 A_1 변태점 이하로 가열한 후 냉각시켜 강에 양호한 강인성을 부여하는 것을 본질로 열처리하는 것을 말한다. 이때 고속도강이나 고합금강을 담금질 후 뜨임하면 더욱 경화되어 가는데 이때를 뜨임 경화라 하며 목적은 조직 및 기계적 성질의 안정화, 경도는 다소 낮아지나 인성이 좋아지며 잔류응력을 경감시키거나 제거하고 탄성한도와 항복강도를 향상시킨다. 일반적으로 경도 및 내마모성을 필요로 할 때에는 고탄소강을 저온에서 뜨임하고 경도보다는 인성을 필요로 할 때에는 저탄소강을 고온에서 뜨임하여 사용한다.

Section 49

수소취성(Hydrogen Embrittlement)의 메커니즘, 수소 확산 지연방법에 대한 설명과 보일러, 고압 반응기 등의 스테인리스(stainless)강에서 나타나는 수소취성과 관련된 부식의 종류

1 개요

전처리나 도금처리의 과정에서 피도금물이 수소를 흡입, 저장하여 무르게 되는 현상으로 철강 중에 흡수된 수소에 의하여 강재의 연성과 인성이 저하하고 소성변형 없이도 파괴되는 경향이 증대되는 현상이다.

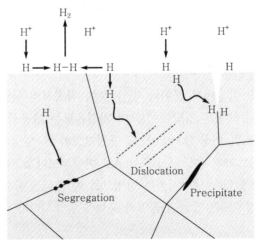

[그림 6-61] 수소취성

특징은 다음과 같다.

① 수소흡수에 의한 파괴를 지연파괴라고도 부르며 이는 주로 결정입계나 응력 집중부위 또는 인장응력이 걸리는 부위에서 주로 일어난다.

② 비커스경도 400 이상 열처리한 고탄소강 또는 저합금강(Cr강, Mo강, Ni-Cr-Mo강)이나 마텐자이트형 스테인리스강(13크롬 스테인리스) 등은 수소취성을 일으키기 쉽다.

$$H_2O + e^- \rightarrow H + OH^+ (\text{neutral \& alkali solution})$$
$$H^+ + e^- \rightarrow H (\text{acid solution})$$

❷ 수소취성(Hydrogen Embrittlement)의 메커니즘, 수소확산 지연방법, 보일러, 고압 반응기 등의 스테인리스(stainless)강에서 나타나는 수소취성과 관련된 부식의 종류

(1) 발생 메커니즘

수소원자(H)에 기인하며 다른 원자들에 비해 원자반경이 1Å(옹스트롱) 이하로 매우 작다. 수소원자크기는 금속 격자 크기(2~3Å)보다 작아서 내부로 침투가 용이하다. 격자결함의 수소흡착에 의한 흡착에너지설, 격자결함 내의 수소압력설, 격자원자와 수소원자의 상호작용설 등이 제안되고 있으나 아직 일반적으로 인정되는 정설은 없는 형편이다. 수소원자가 수소분자로 전환을 방해하는 이온(P, As, Sb, S, Se, Te)들이 용액 속에 존재할 때 발생된 수소는 더 많은 양이 금속내부로 침투하여 취약부위를 확대시킨다. 수소취성은 부식, 용접, 산세, 전기도금 등과 관련되어 자주 나타나며 재료에서는 스테인리스강이나 고장력강에서 현저하게 나타난다. 취화를 일으키는 영향인자는 복잡하게 얽혀있어 그 본질을 파악하는 것은 어려운 일이나 확산성 수소가 관여하는 것은 분명하다. 따라서 확산의 요인이 되는 시간, 온도 응력상태, 스트레인 등에 따른 확산성 수소의 거동에 관한 연구가 필요하다.

(2) 수소취성의 발생공정

수소취성의 발생공정은 탈지(cleaning, degreasing), 산처리(acidic pickling), 전해탈지(electrolytic degreasing), 전기도금(electrolytic plating) 순이다.

(3) 수소취성의 제거

ISO의 국제규격에서는 수소취성을 제거하는 베이킹(baking)방법으로 1,050MPa 이상의 철강부품은 190~220℃에서 8~24시간의 열처리를, 표면경화부품은 130~150℃에서 2시간의 열처리를 규정하고 있다. 1,200MPa 이상의 철강부품에 대해 ASTM에서는 190℃, JIS에서는 190~230℃의 베이킹 처리를 규정하고 있다.

Section 50

Fe-Fe₃C 상태도를 그리고 주요 온도, 상, 반응(포정, 공정, 공석)을 표시하고 설명

1 개요

순철은 단체로서는 존재하기 어렵고, 탄소와의 친화력이 크므로 철-탄소합금으로서 존재한다. 순철의 변태는 철-탄소평형선도상에서 0%탄소량의 합금으로 표시되어 있다. 즉 종축에 온도, 횡축에 철의 탄소함유량을 0%부터 시작하여 우방으로 취하여, 철의 변태상태를 나타낸 것이 철-탄소평형상태도 [그림6-62]이다. 그림에는 표시되어 있지 않으나 탄소량 6.67%의 것은 탄화철(Fe₃C, 일종의 화합물)이며 시멘타이트(cementite)라 불린다. 일반적으로 C0.03~1.7%(또는 2.0%)를 함유하는 Fe-C합금을 강이라 하고 C1.7%(또는 2%) 이상을 가지는 것을 주철이라 한다. 탄소는 강 속에서는 단체로서가 아니라 시멘타이트로 함유된다.

2 Fe-Fe₃C 상태도

탄소강에는 변태를 일으키는 점이 4개 있고 각각 A_1, A_2, A_3 및 A_4 변태점이라 부른다. A_1 변태점은 순철에서는 없었던 것으로, 탄소량에 관계없이 일정온도(723℃)에서 나타나며 탄소 0.83%일 때는 A_3 변태점과 일치한다. A_1 변태점은 강을 냉각할 때 후술하는 γ고용체(固溶體)인 오스테나이트가 α철과 시멘타이트와의 기계적 혼합물로 분열하는 변태점이다. A_3 변태점은 탄소함유량이 감소할수록 상승하고 이 점보다 온도가 높은 범위에서는 탄소강은 아래에 설명하는 오스테나이트조직이 된다. 순철에 C가 첨가되면 α철, γ철 및 δ철은 모두 C를 용해하여 각각 α, γ, δ고용체를 만든다. 그 용해도는 온도에 따라 다르나 α고용체의 탄소용해도는 727℃에서 약 0.05 %, 상온에서는 0.08%의 매우 근소한 값이며, 공업적으로는 거의 순철의 경우의 α철과 같은 것으로 보아도 상관없다. 이를 조직학적으로 페라이트(ferrite)라고 부르며 연하고 연성이 크다(원래는 α-페라이트라 함. δ-페라이트는 중요성이 없음). γ고용체는 1,130℃에서 최대로 1.7℃(또는 2%)의 C를 용해한다. γ고용체를 오스테나이트(austenite)라고 부르며 끈기 있는 성질을 가진다. S점은 특별히 중요한 점이며, γ고용체로부터 α고용체로의 상변화가 이루어지는 최저온도를 가르킨다. S점(탄소량 0.83%)에서는 강은 A_1점 이하에서는 조직전부가 오스테나이트로부터 페라이트와 시멘타이트가 동시에 석출하여 생긴 펄라이트(pearlite)라 부르는 층상의 미세한 조직으로 되나, 탄소량이 이보다 적은 강에서는 펄라이트와 페라이트와의 혼합조직이 되고, 탄소량이 감소함에 따라 페라이트량이 증가하고 C가 0.03%로 줄이면 전 조직이 페라이트가 된다. C 0.83% 이상에서는 펄라이트에 유리시멘타이트가 섞이고, C양이 증가할수록 유리시멘타이트의 양이 증가한다.

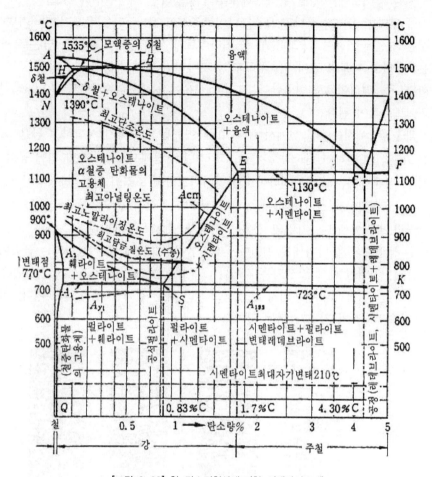

[그림 6-62] 철-탄소평형상태도(철-시멘타이트계)

C 0.83%를 가지는 강을 공석강(eutectoid steel)이라 하고, 0.83% 이하의 강을 아공석강(hypo-eutectoid steel), 0.83% 이상의 강을 과공석강(hyper-eutectiod steel)이라 한다. S점은 공석점(eutectoid point)이라 하고 S점에서는 가열 시는 페라이트와 시멘타이트가 반응하여 오스테나이트가 되고, 냉각 시는 오스테나이트는 페라이트와 시멘타이트를 동시에 석출한다. 이를 공석반응(eutectoid reaction)이라 한다. 마찬가지로 상태도의 C점은 주철의 경우 1,135℃에서 용액으로부터 오스테나이트와 시멘타이트 가동시에 정출되어 나오는 점이며 이를 공정반응(eutectic reaction), C점은 공정점(eutectic point), 이때의 공정조직을 레데브라이트(ledeburite)라 한다. 또 그림에서 ES선을 Acm선이라 하며 가열시는 시멘타이트는 오스테나이트에 용해되고, 냉각 시는 오스테나이트로부터 시멘타이트가 석출되는 변태선이다. 또한 HJB선에서 가열때는 오스테나이트 J가 δ고용체 H와 용액 B로 갈리게 되나 냉각 때는 용액 B와 δ고용체 H가 반응하여 오스테나이트 J가 되는 선이며 HJB선을 포정선, J점은 포정점이라 한다.

지금 상태도에서 강을 용해상태로부터 서냉하면 액상선부터 응고하기 시작하여 고상선에 달하면 응고가 끝나고 오스테나이트조직이 된다. 더욱 온도가 내려가면 아공석강에서는 A_3선에 연하여 α−고용체, 즉 페라이트가 석출되기 시작하고, 남은 오스테나이트는 온도강하와 더불어 점차 탄소농도가 증가하여 A_1점에서 0.83%가 되어 공석정으로 분열한다. 즉, 펄라이트로 변화한다. 그리고 상온에서는 초석페라이트(C0.03%)를 둘러싼 펄라이트조직이 된다.

과공석강에서는 A_{cm}선에서 유리시멘타이트를 석출하기 시작하고 남은 오스테나이트는 A_{cm}선에 연하여 탄소농도가 감소돼 가며 A_1점에서 C0.83%가 되어 공석정으로 분열하고, 상온에서는 초석시멘타이트와 펄라이트와의 조직이 된다. 공석강에서는 A_1점까지는 γ−고용체인 채로 강하하여 여기서 전부가 공석정으로 분열하여, 상온에서는 펄라이트만의 조직이 된다. 가열의 경우는 변화가 역으로 발생한다. [그림 6-63]은 탄소량에 따른 강의 조직을 나타내는 예이다. 지금까지 상태도에 대한 상변화는 금속이 서서히 냉각 또는 가열될 때에 발생되는 것이다. 그러나 급랭될 때는 정상적인 상반응이 생길 충분한 시간의 경과가 허용되지 않으므로 전혀 다른 결과를 얻게 될 것이다. 이 사실이 바로 금속열처리의 기초가 되는 것이다.

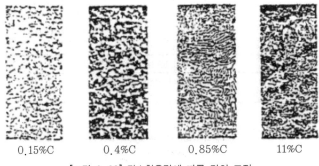

| 0.15%C | 0.4%C | 0.85%C | 11%C |

[그림 6-63] 탄소함유량에 따른 강의 조직

Section 51

담금질된 축 단면을 절단하여 경도를 측정한 결과 축 표면에서 중심부로 갈수록 경도 값이 적게 나오는 현상

1 개요

강의 열처리 방법에는 담금질, 풀림, 뜨임, 불림과 항온 열처리, 표면 강화법이 있으며 담금질(quenching)은 강을 경화시키기 위하여 A_3, A_1선 이상 30~50℃로 가열한 후 냉각제

(물, 기름 등)로 급랭시켜 오스테나이트 조직에서 펄라이트 조직으로 이르는 도중에 마텐자이트 조직으로 정지시켜 강도와 경도를 증가시키는 열처리 방법이다.

2 질량효과

강을 급랭하면 냉각액이 접촉하는 표면은 냉각 속도가 커서 마텐자이트 조직이 되나, 내부로 갈수록 냉각 속도가 늦어져 트루스타이트 또는 소르바이트 조직으로 된다. 이와 같이 냉각 속도에 따라 경도의 차이가 생기는 현상을 질량효과라고 한다. 따라서 질량효과가 작다는 것은 열처리가 잘 된다는 뜻이다[그림 6-64].

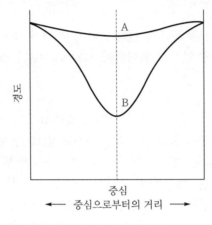

[그림 6-64] 경도의 측정 곡선

Section 52 재료의 파괴 양식

1 개요

금속 피로현상이란 정적인 하중의 작용하에서 나타나는 현상과는 구별되는 것으로 반복하중 또는 시간의 변화에 따라 변화하는 하중 상태에서 나타나는 재료 거동 현상이다. 금속 피로가 기계나 구조물에서 문제가 되는 요인은 피로에 의한 파괴 현상이 일반적인 개념으로 도출된 안전 설계 응력 이하에서도 발생한다는 것인데, 실제 산업현장에서 발생하는 파손 사고의 약 95% 이상이 금속 피로현상에 의한 피로파괴라고 한다. 피로에 대한 정의를 단순하게 표현하면 피로현상이란 변화하는 하중이나 변형 등에 영향을 받는 재료 내의 어떤 지점이나 영역 등에 발생하는 영구적이고 구조적인 변화가 '국부적으로 진행'되는 과정이라고 표현할 수 있다.

② 기계 부품이 파손될 때 나타나는 파괴 양식(연성파괴, 취성파괴, 피로파괴)

(1) 연성파괴

연강은 실온에서 정적 하중을 가하면 커다란 소성 변형을 일으킨 후 파단, 즉 소성 변형을 동반한 파괴이다. 실용상 취성파괴보다 안전하며, 3단계는 다음과 같다.

① 국부 수축이 일어나서 공동이 형성되는 단계
② 이 공동이 성장·합체하여 균열이 생기는 단계
③ 균열이 인장축과 45°를 이루는 방향에서 표면까지 전파하여 최종 파단하는 단계

(2) 취성파괴

균열이 발생하면 거시적인 소성 변형 없이 매우 빠른 속도로 전파하여 일어나는 파괴로, 기계 및 구조물 설계에 있어서 위험하며 FCC 금속보다 BCC 금속에서 일어나기 쉽다.

(3) 피로파괴

피로파괴 현상은 미시적이며 응력 상태도 일축(uni-axial) 상태가 아닌 다축 상태가 많다. 더욱이 잔류 응력이 중첩되어 있는 경우도 있으며, 형상인자도 수학적으로 단순히 모델링할 수 없는 복잡한 경우가 발생한다. 피로파괴가 발생한 파면은 beach mark 혹은 shell mark와 같은 특징적인 부위가 관찰됨으로써 식별하기 쉬우나 저주기(low cycle) 피로파면은 취성파괴와 비슷하여 식별하기 매우 곤란하다. 또한, 피로파괴 현상은 재료, 형상, 하중 조건 등을 검토해야 원인과 방지 대책을 규명할 수 있다.

(4) 크리프파괴

일정한 응력상태에서도 시간의 경과에 따라 변형이 진행되는 현상으로 고온에서 잘 일어나며, 입계의 경우 핵생성, 성장, 합체 및 최종 파단으로 일어난다.

(5) 부식파괴

부식이 없는 환경 속에서는 절대로 기계적 파괴가 발생하지 않는 약한 인장응력이 부식 환경에 사용하면 시간이 경과된 후 파괴가 일어난다.

Section 53 부식방지를 위한 음극방식의 방법과 장단점

① 개요

부식과 방식의 메커니즘(mechanism)은 전기적 금속통로인 전해질의 존재 속에 전해질과 피방식체인 금속에서 나타나는 전위차를 어떤 방법(방식법)으로 해소시키느냐에 있다.

전기방식은 방식전류 공급방법에 따라 크게 음극방식(cathodic protection)과 양극방식 (anodic protection)으로 분류되며, 정전압장치, 기준전극 등을 포함하여 설치 비용이 많이 드는 양극방식보다 음극방식을 많이 채용하고 있다. 음극방식은 또한 소규모 저장탱크, 방폭지역, 전원공급이 불가능한 지역 및 해양구조물에 적합한 유전양극법(희생양극식)과 대용량 시설물, 장거리 파이프라인 및 대용량 저장탱크에 적합한 외부전원법(외부전원식) 으로 나눌 수 있다.

❷ 부식방지를 위한 음극방식의 방법과 장단점

부식방지를 위한 음극방식의 방법을 나열하고 장단점을 설명하면 다음과 같다.

(1) 희생양극식(sacrificial anode method)

이종금속의 접촉부식의 원리를 이용한 방법으로, 방식 대상체보다 전위가 낮은 금속 을 직접 또는 도선으로 연결시키면 피방식체는 상대적으로 높은 전위를 갖게 된다. 이때 저전위의 금속에서 용출되는 전자는 고전위의 금속에 흡수되므로 고전위 금속은 부식으 로부터 보호되는데 이 방식을 희생양극식이라 한다.

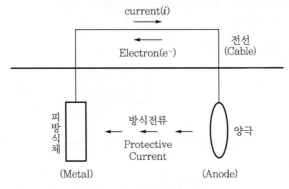

[그림 6-65] 희생양극식의 특징

1) 장점
① 외부에서 전원공급이 필요 없다.
② 설계와 설치가 간단하다.
③ 타 인접시설물에 전기적 간섭현상이 거의 없다.
④ 양극수명동안 유지보수가 거의 필요 없다.
⑤ 전류분포가 균일하다.

2) 단점
① 양극의 출력전류가 제한되기 때문에 대용량에는 부적합하다.
② 토양 비저항이 높은 곳에서는 비경제적일 수 있다.
③ 유효전위가 제한되어 있다.

(2) 외부전원식(cathodic protection)

피방식체가 놓여 있는 전해질에 전극(anode)을 설치하고 여기에 외부에서 별도로 직류전원을 연결하여 강제적으로 전극에서 방식전류(negative current)를 공급하여 피방식체를 방식시키는데 이 방법을 외부전원식이라 한다.

1) 장점

① 대용량에 유리하다.

② 전류 및 전압조절이 주위 환경 변화에 따라 조절될 수 있다.

③ 방식소요전류의 대소에 관계없이 설계될 수 있다.

④ 거대한 구조물도 하나의 방식시설로 보호될 수 있다.

⑤ 내소모성의 양극을 사용함으로써 양극의 수명을 길게 할 수 있다.

⑥ 토양 비저항 값의 크기에 관계없이 적용된다.

⑦ 자동화방식이 가능하다.

2) 단점

① 설계가 복잡하고 설치비용이 비싸다.

② 타 인접시설물에 전기적 간섭현상이 야기될 수 있다.

③ 유지관리가 요구된다.

④ 전원공급이 항상 필요하다.

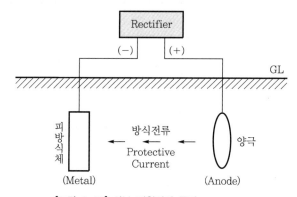

[그림 6-66] 외부 전원식의 특징

Section 54 압력용기의 원주방향응력과 축방향응력의 크기를 비교하여 안전설계 측면에서 설명

1 개요

압력용기는 대기압 외에 압력의 액체, 기체를 보관하는 용기를 말한다. 흔히 보일러를 일컫는 말이기도 하지만, 압력용기는 열기, 증기 등 다양한 환경 속에서 내용물의 가열, 반응의 공정을 진행하거나 고온, 고압의 유체를 축척하는 역할을 한다.

2 압력용기의 원주방향응력과 축방향응력의 크기를 비교하여 안전설계 측면에서 설명

(1) 내압을 받는 얇은 원통

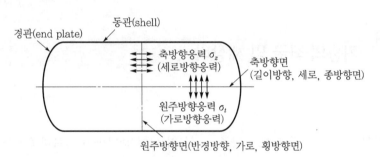

[그림 6-67] 압력용기의 힘의 방향과 구조

1) 동판 강도

축방향 응력에 의한 힘 = 압력에 의한 힘은 $\pi d\ t\ \sigma_z = \dfrac{\pi d^2}{4}p$

① 세로 방향 응력 $\sigma_z = \dfrac{pd}{4t}$ .... ⓐ

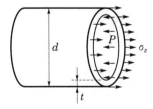

[그림 6-68] 세로 방향 응력

원주 방향 응력($\sigma_y = \sigma_t$)에 의한 힘 = 압력(p)에 의한 힘은 $2tl\sigma_t = d\ lp$

② 가로 방향 응력(원주 방향 응력) $\sigma_t = \dfrac{pd}{2t}$ .... ⓑ

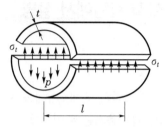

[그림 6-69] 가로 방향 응력

식 ⓐ와 식 ⓑ로부터 $\sigma_t = 2\,\sigma_z$

따라서 가로 방향의 응력이 세로방향의 응력보다 2배가 크므로 설계 시 충분히 고려하여 강판의 두께와 형상을 검토하여 압력에 따른 압력용기의 상태가 안전하게 유지가 되도록 설계한다.

Section 55 기둥의 좌굴 및 세장비

1 개요

단면의 크기에 비해 길이가 아주 긴 봉(기둥)이 축방향의 압축하중을 받고 있을 때 가로방향으로 힘을 받지 않더라도 굽힘응력이 증가하여 탄성한계에 도달하기 전에 구부러져 주저앉게 되는 현상이 좌굴이고 그때 하중을 좌굴하중이라 한다.

2 기둥의 좌굴 및 세장비

(1) 좌굴공식

좌굴하중 $P_{cr} = \dfrac{n\pi^2 EI}{l^2}$

좌굴응력 $\sigma_{cr} = \dfrac{n\pi^2 E}{\lambda^2}$

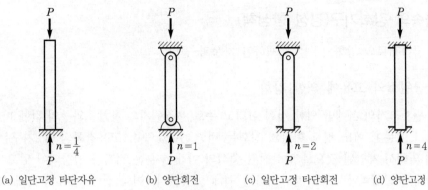

[그림 6-70] 좌굴하중에서 고정상태에 따른 n값

(2) 세장비(λ)

$$세장비(\lambda) = \frac{기둥의\ 길이}{최소\ 회전반경}$$

$$\therefore\ \lambda = \frac{l}{k}\ \left(단,\ k = \sqrt{\frac{I}{A}}\right)$$

$\lambda < 30$: 단주, $30 < \lambda < 150$: 중간주, $\lambda > 160$: 장주
토목에서는 $\lambda < 45$이면 단주, $\lambda > 45$이면 장주로 취급한다.

$$안전하중 = \frac{좌굴하중}{안전율}$$

$$\therefore\ P_s = \frac{P_{cr}}{S}$$

Section 56 금속의 강화기구(강성 향상책)

① 개요

금속의 소성변형성이란 전위를 움직이게 하는 능력을 의미한다. 경도와 강도는 소성변형의 용이성과 관련이 있으므로, 전위의 이동을 방해함으로써 기계적 강도를 향상시킬 수 있다. 즉, 모든 강화 기구는 실질적으로 전위의 움직임을 방해할수록 재료가 더 단단하고 강해진다는 원리에 기본을 두고 있으며 합금원소, 가공, 열처리, 마텐자이트조직 조합, 시효경화 조합 등이 있다.

② 금속의 강화기구(강성 향상책)

금속재료의 강화기구를 전개하면 다음과 같다.

(1) 합금원소의 고유에 의한 강화

원자크기의 차에만 의한 것이 아니고 주로 용질원자의 용해도와 ε의 값에 따라서 정해지기 때문에 어느 정도 이상의 강화는 바랄 수 없으며, 고용강화의 제2기구는 Cottrell에 의해서 제안된 것으로 인상전위 중심의 아래 부분은 격자가 팽창되어 있고 전위는 이 상태에서 열역학적으로 불안전하여 쉽게 이동한다. 이와 같이 전위 부근에 용질원자가 편석하는 것을 Cottrell 분위기가 형성되었다고 한다. 제3기구는 화학적 상호작용에 의한 전위의 고착 효과이며 제4기구는 전기화학적 효과이다. 또한 제5강화기구는 규칙격자에 의한 효과가 있다.

(2) 가공에 의한 강화

금속은 가공하면 전위밀도가 대단히 높아지므로 강화된다. 다만, 여기서 주의할 것은 가공도가 큰 것일수록 저온에서 재결정하여 연화되므로 단순히 가공도를 크게 하는 것만이 우수한 강화수단이 아니다.

(3) 열처리에 의한 강화

순금속을 고온도에서 담금질하면 이 많은 공격자는 결정표면이나 입계 또는 전위가 있는 곳으로 도망하여 소실되지만 그 일부는 결정 내에 남는다. 그 결과 상온에서는 평형상태보다도 매우 과잉공공을 가진 금속이 얻어진다. 이 동결된 과잉공공은 비교적 움직이기 쉬우므로 결정격자 내를 돌아다니며 원자의 확산을 돕거나 불순물원자에 잡히거나 전위와 상호작용하거나 또는 그 자신이 응집하기도 하고 그 응집한 것이 모여서 2차적인 격자결정을 가져와 금속의 물리적, 기계적 성질에 영향을 준다.

(4) 마텐자이트에 의한 강화

실용재료를 강화하기 위하여 몇 가지 방법을 조합하여 효과를 높일 수가 있다. 대표적인 것은 강을 담금질함으로써 마텐자이트를 생성하여 강화하는 방법이다. 마텐자이트 변태와 오스포오밍 강화법이 있다.

(5) 시효경화에 의한 강화

이 강화법은 처음에 두랄루민에서 발견되었고 주로 비철합금에 응용되어 왔다. 이 강화법이 응용되는 합금은 상호용해도가 온도에 따라 일정하게 변화하는 합금에 적용이 되며 불안정한 상태에서 냉각이 되면 열역학적으로 안정한 상태가 아니기 때문에 오랜 시간 뒤 또는 저온도로 가열하면 안정한 상태로 이행하려는 성질이 있다. 이 처리를 시효라 하고 이것을 이용하여 합금을 강화할 수가 있다.

CHAPTER
07

기계제작법

Section 1   맞대기 용접이음할 때의 허용하중과 용접목두께

1 개요

맞대기 저항용접(butt resistance welding)은 선이나 봉 등의 단면을 맞대어서 접합하는 전기저항용접이다. 맞대기 저항용접은 용접재의 맞대기 여부에 따라 업셋용접과 플래시용접으로 나뉜다.

2 인장

인장은 어떤 모재에 힘을 인장력을 가한 상태에서 모재가 견딜 수 있는 상태를 말하며, 인장력은 인장응력에 면적을 곱하면 얻을 수 있다. 공식은 다음 식과 같다.

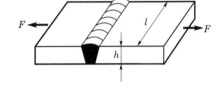

$$F = \sigma_t h l \ \rightarrow \ \sigma_t = \frac{F}{hl} \leq \sigma_{ta}$$

3 전단

전단은 어떤 모재에 힘을 전단력(가위로 자르는 방향의 힘)을 가한 상태에서 모재가 견딜 수 있는 상태를 말하며, 전단력은 전단응력에 면적을 곱하면 얻을 수 있다. 공식은 다음 식과 같다.

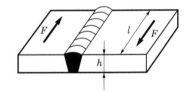

$$F = \tau h l \ \rightarrow \ \tau = \frac{F}{hl} \leq \tau_a$$

Section 2   용접결함 중 구조결함의 발생원인(용접부의 결함과 발생원인)

1 개요

용접은 접합되는 2개 이상의 모재 간에 연속성이 있도록 열, 압력 또는 동시에 열과 압력을 가하여 일체화하는 작업으로, 용재를 사용하기도 하고, 용접에는 표면개질도 포함한다. 따라서 용접은 열과 압력을 사용하기 때문에 용접 후에 여러 가지 결함이 발생할 수가 있으며, 내부결함과 외부결함으로 분류한다.

② 외부결함

(1) 스트레인에 의한 변형

금속은 일반적으로 가열하면 열팽창이 생기고 냉각하면 수축하는 성질을 갖고 있으나, 특히 용융상태에서 응고하여 고체가 될 때에 생기는 수축이 크다. 그러므로 용접부는 용착금속의 응고, 수축, 용접열에 의한 모재의 팽창 및 수축으로 인해 복잡한 변형이 생긴다.

(2) 치수불량 및 형상불량

특히 코너부의 용접에서 필릿의 각장의 불균일, 덧살붙이의 과다, 부족, 두께의 치수불량 등이 생겨 결함을 형성하는 일이 많다. 게이지를 사용하거나 외관을 검사하여 치수불량을 조사할 수 있다. 형상불량으로 가장 많은 것은 언더컷과 오버랩이다.

이들의 결함은 용접공의 기술 향상, 용접봉의 종류, 용접조건, 비딩방법의 개선, 용접 자세의 조정 등에 주력하면 된다. 형상불량은 용접제품의 가치를 떨어뜨리고 응력집중이 생기게 되어 파괴의 원인이 되므로 결함을 검사할 때에는 적당한 표준을 세우고 조심스럽게 외관검사, 침투검사 등을 해야 한다.

(3) 피트

비드 표면에 분화구 모양으로 된 구멍을 피트(pit)라고 한다. 이것은 용착금속이 응고할 때에 용융지 모양을 한 부분인 크레이터부에 생긴 기포가 크게 되어 표면에 뚫린 구멍을 말한다. 이것의 발생원인은 블로 홀과 마찬가지로 조악한 모재, 페인트, 스케일의 불순물, 용접봉의 습기, 용접조건의 부적당 등에서 오는 것으로 볼 수 있다.

(4) 균열

균열은 용접부에 생기는 결함 중에서 가장 좋지 못한 것이고, 또한 위험한 결함이다. 용접기술의 개선 중에서 대부분은 균열을 방지하기 위한 것으로 볼 수 있다. 이 균열의 발생원인 및 방지대책에 대해 많은 연구들이 진행되어 왔으나 아직 해결되지 않은 분야들이 있다. 용접균열의 발생은 많은 인자의 영향이 있으나 그 형성원인을 크게 분류하면 금속학적 요인과 역학적 요인으로 구분할 수 있다.

1) 금속학적 요인
① 열영향에 따라서 모재의 연성이 저하되는 것

② 용융 시에 침입하였다가 또는 확산하는 수소의 영향에 의하여 취화되는 경우

③ 인, 황, 주석, 구리, 아연 등의 유해한 불순물의 포함 등

2) 역학적 요인

① 용접 시의 가열, 냉각으로 생긴 열응력

② 강의 변태에 따른 체적변화

③ 구조상 또는 판재의 두께에 기인되는 용접부의 내부 및 외부에 작용하는 힘의 영향 등

③ 내부결함

(1) 다공성

용착금속 중에 남아 있는 가스의 구멍으로서 블로 홀 또는 길고 가느다란 공기구멍이 내부에 남아 있는 파이핑 등을 말한다. 이것들은 주로 습기, 공기, 용접면의 상태에 따라 수소, 산소, 질소 등의 침입이 원인이 되는 경우가 많다. 이것들을 제거하기 위해서는 용접기술의 향상과 용접조건을 좋게 함으로써 해결할 수 있다.

(2) 접합불량

용접속도가 너무 빠르다든가 용접전류가 너무 낮은 때에는 용접 부분이 적합한 온도에 도달하지 않은 상태에서는 용착금속의 접합이 불연속으로 되는 결함이 생긴다. 주로 모재와의 용착 불완전 또는 융합불량으로 인한 균열이 우발되는 경우가 많다. 또한 용접봉의 크기가 부적당하든가 용접전류가 너무 낮으면 접합부의 밑 부분까지 용착금속이 도달하지 못하는 경우가 생긴다. 이것은 용착금속 부족으로 용접부에 균열을 일으키는 원인이 된다.

(3) 슬래그혼입

용착금속 또는 모재와의 접합부 중에 슬래그 또는 불순물이 함유되는 경우가 있는데, 일반적으로 용접봉의 피복물질로 생기는 슬래그가 많다. 이 결함을 방지하기 위해서는 용접봉의 비딩방법, 접합부의 청정, 용접전류 등에 주의할 필요가 있다.

(4) 성질상 결함

용접부는 국부적인 가열로 융합되어 접합부를 형성하므로 모재의 성질과 완전히 균일한 성질을 갖게 할 수는 없다. 용접구조물은 사용목적에 따라서 그 용접부의 성질 즉, 기계적 성질, 물리적 성질, 화학적 성질에 대하여 각각 규정된 요구 또는 조건이 있다. 따라서 이것을 만족할 수 없는 것은 넓은 의미의 결함이라고 생각할 수 있다. 기계적 성질로서는 항복점, 인장강도, 연율, 경도, 충격치, 피로강도, 고온 크리프 등의 특성을 들

수 있다. 화학적 성질로서는 화학성분, 내식성 등, 또한 물리적 성질로서 열전도도, 전기전도도 및 자기적 성질, 열팽창 등의 성질이 그 대상으로 된다.

- **팽창과 수축**

  금속이 가열되어 그 치수가 증가되었을 때 팽창했다고 한다. 모재의 온도변화는 용접할 때 팽창과 수축문제를 야기시킨다. 주철 같은 연성이 낮은 금속은 용접구역 내부처럼 바깥쪽도 균열이 생기거나 깨진다.

  ① **팽창과 수축 계산** : 금속 1인치당 1℉ 올랐을 때 그 금속의 1인치당 팽창량을 팽창계수라 한다. 물질의 새로운 규격을 산출하는 공식은 다음과 같다.

  $$L \times F° \times C = N$$

  여기서, L : 가열 전의 원래 길이
  $F°$: 화씨온도로 가열됨
  C : 물질의 팽창계수
  N : 가열 후의 새로 늘어난 길이

  ② **비틀림** : 온도가 증가함에 따라 비열과 열팽창계수는 증가하며 항복강도와 온도전도도는 감소한다. 또 비틀림에 관한 고찰은 또한 억제효과를 포함해야 한다. 외부를 꺾쇠로 죄는 구속질량 때문에 생기는 내부구속, 그리고 강판 자체의 경도가 고려되어야 한다. 마지막으로 급속히 변화하는 상태에 영향을 미치는 시각을 고려하는 것이 필요하다.

    수축구조의 구성은 가로수축이나 세로수축과 같은 상태를 나타낼 수 있다. 이러한 것은 차례로 각변형과 마찬가지로 보잉(bowing) 또는 캠버링(cambering)을 생기게 한다. 비틀림이 어떠한 요인이 될 때 비틀림은 세로수축 또는 가로수축으로 알려진 용접구역의 수축으로써 나타난다. 용접금속이 모재와 응결하거나 융합함으로써 최대 팽창상태에 있고 실제적으로 최대의 부피를 차지하면서 고체로 존재할 수 있다. 용접금속이 냉각될 때보다 낮은 온도에서 정상적으로 차지하는 부피보다 줄어들려고 한다. 그러나 인접한 모재 때문에 수축될 수 없다. 응력은 용접금속의 항복강도가 최종적으로 다다르는 모재의 내부에 나타난다. 이때 용접물은 용접할 때의 접합에 요구되는 체적을 조정하여 잡아당긴다거나 휘거나 성기게 한다. 어쨌든 용접금속의 항복강도를 넘는 응력은 오로지 이러한 잡아당김에 의해서 완화된다. 용접물이 실온에 이르고 클램핑규제(clamping restraint)가 제거되었을 때 가두어진 응력은 모재를 움직이므로 부분적으로 완화된다. 이 움직임은 용접물을 변형시키거나 비틀리게 한다.

Section 3 용접변형과 잔류응력의 개념과 용접 시 잔류응력방지방법

1 개요

용접부의 잔류응력은 용접 후 국부적으로 발생하는 냉각시간차에 의해서 발생하는 현상이다. 일반적으로 금속은 응고 시 부피가 축소되는데 최후에 응고되는 쪽에서 냉각과정 중 부피가 축소되려고 한다. 이미 주위는 충분히 냉각되어 축소될 수 없으므로 열팽창과 탄소성변형이 평형을 이룬다. 그 결과 일반적으로 용접 후 용접된 금속이 가장 나중에 응고하여 인장응력이 발생하고, 먼저 응고한 곳에서는 압축응력이 발생한다.

2 잔류응력방지방법

일반적으로 용접 잔류응력의 제일 큰 값은 소성응력에 근접한다. 하지만 소성변형 이상을 인가하더라도 응력의 크기는 그렇게 크게 발생하지 않고 소성변형만 발생된다. 그러므로 용접구조물에 진동을 주면 구조물 자체가 진동으로 인한 구조물 내부에 응력이 발생한다.

이러한 응력과 잔류응력이 합해져서 탄성한계를 넘으면 소성영역에 도달하고 구조물은 소성변형을 하게 된다. 탄성변형은 복원되지만 소성변형은 하중이 제거되더라도 복원되지 않는다. 그러므로 진동에 의한 하중이 제거되면 소성변형은 남아 있고, 그 결과 초기 응고 시 필요한 변형 부분을 이러한 소성변형이 채워준다. 그러면 필요한 변형이 작기 때문에 결과적으로 변형에 의한 응력은 감소한다. 이러한 결과로 용접에 의한 잔류응력은 제거할 수 있다.

Section 4 용접부에서 나타나는 결함의 종류

1 개요

용접은 접합되는 2개 이상의 모재 간에 연속성이 있도록 열, 압력 또는 동시에 열과 압력을 가하여 일체화하는 작업으로, 용접부에서는 많은 열이 발생하며 용접조건에 따른 다양한 결함이 발생한다. 용접은 내부가 보이지 않기 때문에 비파괴검사를 이용하여 결함을 검사한다.

② 결함의 종류

(1) 슬래그(slag)혼입

용착금속 또는 모재와의 접합부 중에 슬래그 또는 불순물이 함유되는 경우가 있다. 일반적으로 용접봉의 피복물질 때문에 생기는 슬래그가 많다. 이 결함을 방지하기 위해서는 용접봉의 비딩방법, 접합부의 청정, 용접전류 등에 주의할 필요가 있다.

(2) 기공

용접금속에 생기는 기포 중에 내부에 있는 것을 기공이라고 한다. 기공은 방출된 가스가 떠서 위로 나오기 전에 응고된 것으로 용접금속이 응고할 때에 방출된 가스 때문에 발생한다.

(3) 오버랩과 언더컷(overlap and undercut)

코너부의 용접에서 필릿의 각장의 불균일, 덧살붙이의 과다, 부족, 두께의 치수불량 등이 생겨 결함을 형성하는 것인데, 용접공의 기술 향상, 용접봉의 종류, 용접조건, 비딩방법의 개선, 용접자세의 조정 등에 주력하면 해결할 수 있다.

(4) 고온균열(hot crack)

용접금속의 응고 직후에 발생하는 것으로 입계가 충분히 고상화되지 못한 상태에서 응력이 작용하여 균열이 발생하는 것으로 알려져 있다. 용접금속 내의 균열이 대부분이나 때로는 열영향부의 균열도 있다. 고온균열은 대체로 표면이 균열되어 파면이 산화된다.

(5) 저온균열(cold crack)

온도 300℃ 이하에서 발생하거나 용접금속 응고 후 48시간 이내에 발생하는 것을 말하며, 특히 응고 후 48시간 이내에 발생하는 균열을 지연균열이라고도 한다.

저온균열은 수축응력이나 열변형에 의한 응력집중 등의 원인으로 인하여 발생하며 균열이 입계 내부를 관통하고 있으므로 양쪽의 경우를 구별할 수 있다. 실제로 일어난 저온균열의 발생원인을 정리하면 부적당한 용접봉 사용, 루트간격의 과대, 예열 및 후열관리의 불충분, 용접순서의 부적당 등이다.

Section 5

인베스트먼트 주조

1 개요

인베스트먼트법(investment casting process)은 로스트 왁스법(lost wax) 또는 정밀
주조법(precision casting)이라고도 한다. 이 방법은 제작하려는 제품과 동형의 모형을
양초 또는 합성수지로 만들고, 이 모형의 둘레에 유동성이 있는 조형재를 흘려서 모형은
그 속에 파묻히게 한 다음, 건조가열로 주형을 굳히고 양초나 합성수지는 용해시켜 주형
밖으로 흘려 배출하여 주형을 완성한다. 이 주형에 고온의 용탕을 부어 주물을 얻게
된다.

2 인베스트먼트 주조

이 방법은 기계가공이 용이하지 않은 재료로 높은 정밀도의 소주물을 양산하는 데 이용
된다. 예컨대 가스터빈 블레이드, 로터, 항공부품, 계기부품 등에 이용된다. 중량은 보통
3~4kg 정도까지이며, 정도는 비철합금에 ±0.002%, 철합금에서 ±0.004% 정도이다.
[그림 7-1]은 인베스트먼트법의 주형제작공정을 설명한다.

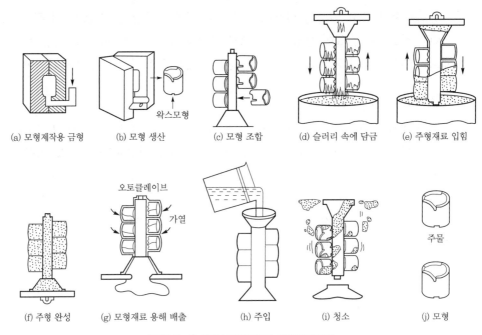

(a) 모형제작용 금형   (b) 모형 생산   (c) 모형 조합   (d) 슬러리 속에 담금   (e) 주형재료 입힘

(f) 주형 완성   (g) 모형재료 용해 배출   (h) 주입   (i) 청소   (j) 모형

[그림 7-1] 인베스트먼트법의 주형제작공정

먼저, 금속, 목재, 합성수지 등으로 원형(master pattern)을 만들고, 이 원형으로부터 양초모형제작용 금형(master die)을 만든다. 보통 저용융점금속(주석, 일반합금)이나 강으로 만들며, 강으로 만들 때는 직접 금형재에 공동부를 파서 만들고 저용융점금속을 사용할 때는 원형을 사용하여 금형을 주조하여 만든다. 때로는 원형을 만들지 않고, 금형을 직접 절삭가공하여 만든다.

인베스트먼트재는 내화성 재료이며, 고온용과 저온용이 있다. 전자는 규사, 알루미나, 마그네시아 등에 점결제로 규산에스텔, 규산나트륨 등을 가한 것이며, 후자는 규사, 아스베스트 파이버 등에 소석고를 가하고 물을 배합한 것이 많이 사용된다. 이 방법에 의하면 매우 복잡한 모형도 주형으로부터 용이하게 제거할 수가 있고, 따라서 주형은 2개 또는 3개로 분할하여 만들 필요가 없으므로 치수의 정밀도가 향상된다.

Section 6 전단, 펀칭, 블랭킹의 구분

1 개요

소성가공은 물체의 소성을 이용해서 변형시켜 갖가지 모양을 만드는 가공법으로, 주로 금속가공에 사용되어 발전되었으나, 근년에는 고분자재료에도 응용되고 있다. 금속의 소성가공은 열간가공과 냉간가공으로 구분한다. 열간가공은 금속을 가열하여 부드럽게 해서 가공하는 방법인데, 작은 힘으로도 금속을 변형시킬 수 있고 같은 힘으로 한 번에 큰 변형을 줄 수가 있다. 반면 냉간가공은 큰 힘이 필요하지만 경도, 인장강도, 항복점이 크다.

2 전단, 펀칭, 블랭킹의 구분

전단(shearing)작업은 2개의 날(blade)에 의해서 금속을 분리하는 작업을 말한다. 전단작업에서는 날과 접한 좁은 부분에서 심한 변형이 일어나서 파단하기 시작하고, 그것이 전파됨으로써 완전한 절단이 일어난다. 완전절단을 위하여 펀치가 하강해야 하는 깊이는 재료의 연성에 좌우된다.

전단작업에서는 두 날 사이의 간격이 적절히 정해 주는 것이 중요하다. 그 간격이 적절한 경우에는 날의 가장자리 렛 크랙이 시작되어 판두께의 중심 부분에서 두 크랙이 만나서 깨끗한 파단면을 준다. 그 간격이 적절한 경우에도 전단면의 가장자리에는 비틀림 현상이 나타난다. 그 간격이 좁은 경우에는 단이 지는 파단면을 주게 되고 전단작업에 소요되는 에너지도 그 간격이 적절한 경우에 비해 커지게 된다.

그 간격이 너무 크면 파단면 끝 부분이 더욱 심하게 변형되고, 그 소성변형 때문에 작업에 소요되는 에너지도 그만큼 커지게 된다. 이 경우에는 파단면 끝 부분에 쇠가시(burr)가 형성된다. 또 절단기 날의 끝이 무딜수록 쇠가시가 나타나기 쉽다.

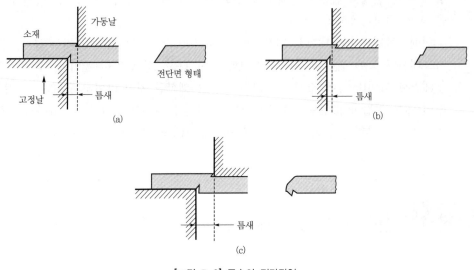

[그림 7-2] 금속의 전단작업

마찰을 무시하면 금속을 전단하는 데 필요한 힘은 금속의 전단강도, 판의 두께, 그리고 전단면의 길이의 곱으로 표시될 수 있다. 실험적으로 얻어진 최대의 펀치력은 다음 식과 같다.

$$P_{\max} = 0.7\sigma_u hL$$

여기서, σ_u : 인장강도

   h : 판의 두께

   L : 전단면의 전체 길이

전단작업은 박판성형의 기본작업이다. 치수 정도를 가지고 전단하여 절단된 것을 이용하는 경우를 블랭킹(blanking)이라 부르고, 그것을 버리는 경우를 펀칭(punching) 혹은 피어싱(piercing)이라 부른다. 판의 가장자리를 펀치로 찍어누른 자국을 노칭(notching)이라 부르며, 균형을 유지하면서 동시에 두 선을 자르는 작업을 파팅(parting)이라 부른다. 절단하여 버려지는 것이 없는 전단작업을 슬리팅(slitting)이라 부르고, 가공이 끝난 후 잉여 부분을 잘라내는 작업을 트리밍(trimming)이라 부른다.

절삭가공기계 공구재료의 구비조건

1 개요

절삭가공은 공작물(피삭재)보다 경도가 큰 공구(tool)를 사용하여 공작물로부터 칩(chip)을 깎아내어 원하는 형상의 제품을 만드는 작업을 말한다. 이때 사용하는 공구로서는 바이트(bite), 드릴(drill), 커터(cutter) 등 절삭날로 구성된 것과 연삭숫돌과 같이 입자로 구성된 것이 있으나, 칩을 발생시켜 가공하는 절삭원리는 같다.

2 공구재료의 구비조건

① 일감보다 경도가 크고 인성이 있을 것
② 고온 경도 유지
③ 내마멸성이 클 것
④ 형상을 만들기 쉽고 가격이 쌀 것

3 공구강의 종류

공구강의 종류에는 탄소공구강, 합금공구강, 고속도강, 주조합금강, 초경합금강, 시효경화합금강, 다이아몬드, 세라믹 등이 있으며, 그 재질과 특징은 다음과 같다.

종류	재질	특징
탄소공구강	0.9~1.5%의 탄소강	온도가 300℃ 정도에서 경도가 급격히 낮아지기 때문에 최근에는 쇠톱날, 줄 등의 재료로 사용될 뿐이다.
합금공구강	탄소공구강에 크롬, 텅스텐, 니켈, 바나듐 첨가	탄소공구강을 마멸에 잘 견딜 수 있도록 한 것으로, 450℃ 정도까지 경도를 유지한다.
고속도강	텅스텐, 크롬, 바나듐	합금공구강보다 성능이 우수하며 표준 고속도 공구강으로 600℃까지 경도를 유지한다.
주조합금강	코발트, 텅스텐, 크롬, 탄소	주조작업하여 성형한 것을 연삭하여 사용한다.
초경합금강	텅스텐, 티탄, 탄탈, 코발트, 니켈	텅스텐, 티탄, 탄탈 등의 분말을 코발트 또는 니켈 분말과 섞어서 1,400℃에서 소결합금한 것으로, 고속 절삭가공이 가능하다.
시효경화합금강	코발트, 텅스텐, 크롬, 탄소	코발트, 텅스텐, 크롬, 탄소 등을 주조하여 만든 것으로, 고속도강보다 성능이 우수하다.

종 류	재 질	특 징
다이아몬드	다이아몬드	경도가 가장 높고 내마멸성이 크며, 절삭속도가 크고 능률적이나 잘 부스러지는 성질이 있고 값이 비싸다.
세라믹	알루미나	알루미나 분말에 규소, 마그네슘 등을 첨가하여 소결 합금, 고온경도유지, 내마멸성이 좋으며, 고속절삭이 가능하나 취성이 크다.

Section 8 절삭용 단인공구(바이트)에 사용되는 칩 브레이커의 용도와 구조

1 칩 브레이커의 용도와 구조

칩 브레이커(chip breaker)란 금속을 절삭할 때 길게 감겨져 나오는 칩을 적당히 절단 하거나 지장이 없는 방향으로 유도하기 위하여 바이트에 설치 또는 바이트 자체에 만들 어진 돌기 및 홈을 말한다.

2 적용사례

브로치가공에서는 보통 폭이 넓은 칩이 발생하게 되므로, 칩을 잘게 잘라 칩 배출을 용이하게 할 수 있도록 절삭날에 칩 브레이커를 만들어준다. 보통 간격 10~15mm, 폭 0.5~2mm, 깊이 0.5~1mm 정도로 하며, 인접하고 있는 절삭날과 엇갈리게 한다(1칸씩 걸러 동일 위치). 최종 다듬질한 면의 손상을 막기 위해 맨 뒤의 5~8개의 절삭날에는 칩 브레이커를 만들지 않는다.

Section 9 탄산가스아크용접

1 정의

탄산가스아크용접은 불활성 가스 대신에 경제적인 탄산가스를 이용하는 용접방법으로, 전극은 소모성(용극식, 熔極式)을 주로 사용하며, 비소모성 전극(非熔極式)을 사용하는 방법도 있다. 탄산가스는 활성이므로 고온의 아크에서는 산화성이 크고 용착금속의 산화가 심하여 기공 및 그 밖의 결함이 생기기 쉬우므로 Mn, Si 등의 탈산제를 함유한 와이어를 사용한다. 순수한 CO_2가스 이외에 CO_2-O_2, CO_2-CO, CO_2-Ar, CO_2-Ar-O_2 등이 사용되기도 한다. CO_2가스는 고온아크에서 $2CO_2 \leftrightarrow CO+O_2$로 되므로 탄산가스 아크용접의 실드 분위기는 CO_2, CO, O_2 및 O가스가 혼합된다.

❷ 탈산제

탈산제가 사용되는 이유는 CO의 기포로 인한 용접결함을 방지하기 위함인데, 다음과 같은 작용을 한다.

① 실드가스인 이산화탄소가 고온인 아크열에 의하여 분해된다.

$$CO_2 \leftrightarrow CO+O$$

② 위의 산화성 분위기에서 용융철이 산화된다.

$$Fe+O \leftrightarrow FeO$$

③ 이 산화철이 강 중에 함유된 탄소와 화합하여 다음처럼 일산화탄소 기포가 생성된다.

$$FeO+C \leftrightarrow Fe+CO\uparrow$$

④ 그러나 Mn, Si 등의 탈산제가 있으면 아래 반응이 일어나 용융강(熔融鋼) 중의 산화철을 감소시켜 기포의 발생을 억제한다.

$$FeO+Mn \leftrightarrow MnO+Fe$$
$$FeO+Si \leftrightarrow SiO_2+Fe$$

⑤ 탈산 생성물인 MnO, SiO_2 등은 용착금속과의 비중차에 의해 슬래그를 형성해 용접 비드 표면에 떠오르게 된다.

❸ 적용사례

탄산가스아크용접은 분위기가 산화성이므로 알루미늄, 마그네슘, 티타늄 등에는 사용하지 않는데, 그 이유는 용융표면에 산화막이 형성되어 용착을 방해하기 때문이다. 이중 복합와이어(flux-cored wire)를 사용하는 방법은 속이 빈 와이어에 Mn, Si, Ti, Al 등의 탈산제 및 아크안정제를 넣은 것으로, 아크가 안정되므로 직류뿐 아니라 값싼 교류를 모두 사용할 수 있다. 자성을 가진 용제를 탄산가스 기류에 송급하는 방법을 유니온아크 용접법이라고 하는데, 아크가 발생하여 와이어에 전류가 흐르면 와이어 주위에 자장이 형성되고 이로 인해 용제(flux)가 자성화되어 와이어에 흡착되어 마치 피복용접봉 같은 역할을 하게 된다. 따라서 이 방법을 자성 플럭스방법이라고도 한다.

플럭스를 사용하면 슬래그가 발생하게 된다. 순탄산가스아크용접 중의 와이어에서의 힙금원소가 이행할 때 각 성분이 남는 비율은 연강일 경우 C는 일반적으로 산화감소하여 50~80%, Si는 30~60%, Mn은 40~60%이나, Cr, Ni, Mo은 거의 줄어들지 않는다. 단, Ti는 산화감소하여 남는 비율이 약 30%에 불과하다.

Section 10 **프레스가공 용어 중 피어싱과 블랭킹**

1 개요

전단(shearing)작업은 2개의 날(blade)에 의해서 금속을 분리하는 작업을 말한다. 전단작업에서는 날과 접한 좁은 부분에서 심한 변형이 일어나서 파단하기 시작하고 그것이 전파됨으로써 완전한 절단이 일어난다. 완전절단을 위하여 펀치가 하강해야 하는 깊이는 재료의 연성에 좌우된다.

전단작업에서는 두 날 사이의 간격이 적절히 정해 주는 것이 중요하다. 그 간격이 적절한 경우에는 날의 가장자리에 크랙이 시작되어 판두께의 중심 부분에서 두 크랙이 만나서 깨끗한 파단면을 준다. 그 간격이 적절한 경우에도 전단면의 가장자리에는 비틀림 현상이 나타난다. 그 간격이 좁은 경우에는 단이 지는 파단면을 주게 되고 전단작업에 소요되는 에너지도 그 간격이 적절한 경우에 비해 커지게 된다. 그 간격이 너무 크면 파단면 끝 부분이 더욱 심하게 변형하게 되고, 그 소성변형 때문에 작업에 소요되는 에너지도 그만큼 커지게 된다. 이 경우에는 파단면 끝 부분에 쇠가시(burr)가 형성된다. 또 절단기 날의 끝이 무딜수록 쇠가시가 나타나기 쉽다. 마찰을 무시하면 금속을 전단하는 데 필요한 힘은 금속의 전단강도, 판의 두께, 그리고 전단면의 길이의 곱으로 표시될 수 있다. 실험적으로 얻어진 최대의 펀치력은

$$P_{\max} = 0.7\sigma_u hL$$

여기서, σ_u : 인장강도

h : 판의 두께

L : 전단면의 전체 길이

2 피어싱과 블랭킹

전단작업은 박판성형의 기본작업이며, 치수 정도를 가지고 전단하여 절단된 것을 이용하는 경우를 블랭킹이라 부르고, 그것을 버리는 경우를 펀칭 혹은 피어싱이라 부른다.

판의 가장자리를 펀치로 찍어누른 자국을 노칭이라 부르며, 균형을 유지하면서 동시에 두 선을 자르는 작업을 파팅이라 부른다. 절단하여 버려지는 것이 없는 전단작업을 슬리팅이라 부르고, 가공이 끝난 후 잉여 부분을 잘라내는 작업을 트리밍이라 부른다.

블랭킹(blanking : 타발)은 평판에서 제품을 타발하든가 또는 판에 구멍을 타발하든가 하여 재료를 잘라내는 가공으로, 타발가공이라고 한다. 특징은 금속에 전단응력을 발생시켜 완전히 파괴하기까지 하중을 주는 것이다. 보통 펀치와 다이의 한 쌍의 공구를 프레스에 부착하고 판금재료에서 필요한 형상의 제품을 타발하는 작업을 말한다. 이 경우에는 다이를 바라는 치수, 형상으로 구멍 뚫기 다듬질을 하여 펀치는 어떤 틈새량만큼 작게 만든다. 이 틈새량을 클리어런스라 한다.

타발가공은 프레스작업 중에서도 가장 기본적인 것이며, 또 가장 많이 사용되는 가공법이다. 이것은 일반적으로 판금에서 제품(블랭크 : blank)을 타발하는 작업이며, 일반적으로 대상의 판금재료(스트립 : strip)에서 일정한 간격(피치 : pitch)을 두고 차례로 타발이 된다. 또한 일반적으로 타발가공에 있어서는 타발된 것이 제품이며, 나머지 부분은 부스러기(스크랩 : scrap)가 된다.

Section 11 금속의 절삭가공 시 모서리에 발생하는 버의 부정적인 영향

1 개요

기계가공이나 프레스와 같이 소성가공에서는 모서리에 버(burr)가 발생하게 된다. 버는 여러 가지 원인에 의해서 발생할 수가 있지만 공구인성의 날카로운 상태가 원인이 되며, 프레스가공의 경우에는 다이와 펀치의 틈새에 의해서 발생할 수 있다.

2 버의 부정적인 영향

버는 기계부품으로 적용하게 되면 부품으로 취급하는 사람에게 손상을 줄 수가 있으며 잘못하여 낙하가 되면 치명적으로 집중하중이 작용해 안전사고가 발생하게 된다. 그러므로 기계가공에서는 줄이나 전용 모서리제거용 공구로 제거하여 사용한다.

열처리에 의한 부품은 모서리가 날카로우면 냉각속도의 불균형으로 편석조직이 발생하여 부품의 수명을 짧게 한다. 따라서 모서리를 제거하거나 라운드처리를 하는 것이 좋으며, 프레스가공에서는 모서리를 제거하기 위해 습식이나 건식연마로 처리한 후 도금이나 기타 표면처리에 의해 처리한다.

소성가공

1 정의

재료에 외력을 가하면 재료 내부에는 응력상태가 발생하여 변형이 일어난다. 외력이 작을 경우 이 외력을 제거하면 재료는 완전히 원래의 형상으로 복귀하나, 외력이 어느 정도 커지면 이를 제거해도 완전히 원래대로 복귀하지 않고 약간의 변형이 남는다. 이러한 변형을 소성변형(塑性變形, plastic deformation)이라 하고, 이러한 소성변형을 일으키는 재료의 성질을 소성(plasticity) 혹은 가소성이라 한다. 이에 대하여 완전히 원형을 복귀하는 것을 탄성변형(elastic deformation)이라 한다. 많은 물질은 소성을 가지고 있으며 상온에서 소성변형을 일으키기 어려운 물질도 온도나 습도를 상승시키면 소성변형을 일으키기 쉬워지는 경향이 있다. 이 가소성을 이용하는 가공을 소성가공(塑性加工, plastic working)이라 한다.

소성가공으로 재료의 형상이나 치수를 바라는 대로 변화시킬 수 있고, 또한 재료의 성질도 아울러 변화시킬 수 있다. 소성가공은 다른 가공방식에 비해 가장 성형속도가 빠른 가공이므로 현대의 기계공업에서 갈수록 그 중요성이 커지고 있다. 일반적으로 금속재료는 비금속재료에 비하여 큰 소성변형을 일으킬 수 있으므로 소성가공의 좋은 대상이 된다. 비금속재료에서도 가열로 소성이 증대되는 것은 소성가공이 가능하다. 플라스틱재료의 많은 것은 이러한 예이다.

2 응력과 변형률선도 및 여러 현상

외력이 가해질 때 생기는 변형은 일반적으로 탄성변형과 소성변형의 합으로 나타나며, 연강인 경우의 응력과 스트레인(변형도)의 그래프를 [그림 7-3]에 나타내었다.

P는 외력(荷重), A_0는 시험편의 최초의 단면적, l_0는 최초의 시험편의 표점거리(gauge length)이다. 공칭응력(公稱應力, nominal stress, engineering stress) S와 공칭스트레인(nominal strain, engineering strain) ε은 다음 식과 같다.

$$공칭응력 \quad S = \frac{P}{A_0} \tag{1}$$

$$공칭스트레인 \quad \varepsilon = \frac{l - l_0}{l_0} \tag{2}$$

단, l은 표점거리의 늘어난 상태에서의 길이이다. 실제로는 시험편 길이가 l_0부터 차츰 늘어나면 단면적은 A_0보다 차츰 감소해 간다. 임의의 순간에서의 실제단면적이 A일 때 $\sigma = \frac{P}{A}$를 생각하여, 이 σ를 진(眞)응력(true stress)이라 한다.

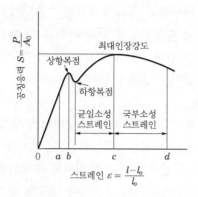

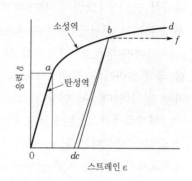

[그림 7-3] 연강의 공칭응력-스트레인곡선　　　　[그림 7-4] 응력과 스트레인

P가 차츰 증가하면 σ도 커지고 ε도 증가하며, 일반적으로 [그림 7-4]와 같이 된다. 연강의 경우도 [그림 7-3]과 [그림 7-4]에서 0부터 a까지는 σ와 ε은 비례하며 실질적으로 S와 ε도 비례하여

$$\frac{S}{\varepsilon} = E \text{ (종탄성계수) 또는 } \frac{\sigma}{\varepsilon} = E \tag{3}$$

이다(Hooke의 법칙). 이 부분에서는 외력을 제거하면 변형은 완전히 복귀한다. 즉 이는 탄성변형에 대응한다. 응력 σ가 a 이상이 되면 σ보다도 ε의 증가가 커져서 ab와 같은 곡선을 따라 변화하게 되어 비례관계는 성립되지 않는다. 이때 가령 b점에서 외력을 제거하면 스트레인은 완전히 0이 되지 않고, c점에 대응하는 스트레인을 남기게 된다. 이와 같이 되는 것을 재료가 항복(降伏, yielding)을 일으켰다고 한다.

그러나 시간이 지나면 스트레인은 O_c부터 O_d로 조금 감소된다. 이 d점에 대응하는 스트레인이 영구변형(permanent deformation)으로 남게 된다. 이와 같이 외력을 제거한 후 시간의 경과에 따라 잔류스트레인(residual strain)이 감소하는 현상을 탄성여효(elastic after effect)라고 한다.

보통 금속에서는 작은 양이므로 생략하여도 무방하다. 다음 c점 또는 d점부터 다시 외력을 가하면 cb 또는 db를 따라서 σ와 ε은 비례하여 증가하고 b점에 이르면 앞서의 곡선 ab의 연장에 상당하는 곡선을 따라 변형해 간다. 즉, cb 또는 db의 부분은 탄성적인 성질을 나타내며, O_a에 평행하고 점 b는 최초의 탄성한계점 a보다 높다. 즉 탄성한도가 높아졌음을 알 수 있다.

일반적으로 탄성한도를 정확하게 정하는 것을 어려우므로 어느 정도 명확하게 잔류스트레인을 남기는 점을 항복점(yield point)이라 하고, 이 점을 소성영역에의 출발점으로 본다. 어닐링한 연강이나 어떤 종류의 Al합금의 경우는 [그림 7-3]과 같이 응력의 증가 없이 스트레인이 급속히 증대하므로 항복점을 정하기 쉽다. 그러나 그 밖의 금속재료들, 예컨대 냉간압연강, 담금질한 강, Al, Cu, 황동 등에서는 항복점을 명확하게 찾기 어렵다.

따라서 편의상 [그림 7-4]에서 O_a부분에 평행하고 횡축과 0.002의 스트레인량의 점에서 교차하는 직선을 그어 곡선과의 교점으로 항복강도를 구하여 이를 내력(耐力, proof stress)이라 부르고, 항복점과 동등한 취급을 한다. 즉, 내력은 0.2%의 영구변형을 발생할 때의 응력이다. 또한 [그림 7-4]에서와 같이 시간과 더불어 스트레인이 $b \to f$로 커져가는 일이 있다. 이 현상을 크리프라 한다.

고체재료에서 그 탄성한도 이상의 응력을 일으키게 하면 소성변형을 일으키는 것은 그 물질을 구성하는 원자, 분자가 상호 간에 그 위치를 변화시키는 결과이다. 그리고 금속재료에서는 한번 어떤 방향으로 소성변형을 받으면 같은 방향으로 소성변형을 일으키는 데 대하여 저항력이 증대해 간다. 이것은 탄성한도의 상승이나 경도의 증가로 나타난다. 이 현상을 가공경화(加工硬化, work hardening) 또는 변형경화(變形硬化, strain hardening)라 한다.

인장시험에서 시험편이 받는 최대하중을 최초단면적으로 나누어 얻는 응력값을 인장강도(tensile strength, ultimate strength)라 하여 [그림 7-4]에서 곡선의 가장 높은 점에 대응한다. 이 응력에 달하면 재료는 전장에 걸쳐 균일하게 늘어나지 않게 되며, 국부적인 늘어남을 가져와서 네킹(necking, 시험편의 지름이 국부적으로 줄어드는 것)을 일으킨다. 네킹이 일어나면 드디어 네킹부의 축근처에 균열이 생기고, 이것이 밖으로 전파되어 파단된다.

재료의 연성을 나타내는 척도로 연신율(elongation, 표점거리 간의 전신장량이 최초의 표점거리에 대한 비)과 단면감소율(reduction of area, 시편의 최초단면적과 네킹부 최종단면적의 차가 최초단면적에 대한 비)이 사용된다.

또 스트레인이 클 때는 소성스트레인의 가산에 편리하도록 다음 식과 같이 정의된 진스트레인(true strain) 또는 대수스트레인(logarithmic strain, natural strain)을 사용한다.

$$\varepsilon = \int_{l_0}^{l} \frac{dl}{l} = \ln\frac{l}{l_0} \tag{4}$$

Section 13 소성가공의 종류

1 개요

소성가공은 물체의 소성을 이용해서 변형시켜 갖가지 모양을 만드는 가공법으로, 주로 금속가공에 사용되어 발전되었으나 근년에는 고분자재료에도 응용되고 있다. 금속의 소성

가공은 열간가공과 냉간가공으로 구분하며 열간가공은 금속을 가열하여 부드럽게 해서 가공하는 방법인데, 작은 힘으로도 금속을 변형시킬 수 있고, 같은 힘으로 한 번에 큰 변형을 줄 수가 있지만 냉간가공은 큰 힘이 필요하지만 경도, 인장강도, 항복점이 크다.

❷ 소성가공의 종류

소성가공은 그 작업내용에 따라 다음과 같이 나눈다.

(1) 단조(鍛造, forging)

보통은 열간에서 적당한 단조기계를 사용하여 목적하는 성형을 함과 동시에, 재료의 결정입을 미세화하고 조직을 균일하게 함으로써 재료를 강화하는 가공법이다. 이에는 간단한 형상의 앤빌(anvil)과 해머(hammer)로 작업하는 자유단조와, 단형을 사용하여 정해진 형상으로 성형하는 형단조가 있다. 나사나 못의 머리를 두들겨 만드는 업셋단조도 있고, 작은 것은 냉간에서 행한다. 근래에는 단형이나 피가공재료, 작업법의 개선 등으로 냉간에서 비교적 큰 물건까지 정밀하게 단조할 수 있는 냉간단조법이 발달하여 기계부품의 정밀대량생산에 공헌하고 있다.

(2) 압연(壓延, rolling)

열간 혹은 냉간에서 금속을 회전하는 2개의 롤 사이를 통과시켜 두께나 직경을 줄이는 가공법이다.

(3) 인발(引拔, drawing)

금속의 봉이나 관을 다이(칩, die)를 통하여 봉의 축방향으로 잡아당겨 그 외경을 줄이는 작업이다.

(4) 압출(押出, extrusion)

상온 또는 가열된 금속을 용기 내에 넣고, 이를 한쪽에서 밀고 다른 쪽에 마련된 구멍 또는 주변의 틈이나 중앙부의 구멍으로부터 밀어내어 봉이나 관을 만드는 가공법이다.

(5) 전조(轉造, form rolling)

수나사 또는 치차의 가공에 적용되는 방법이며, 압연가공과 같이 회전하는 롤상의 형을 사용하여 원주형의 재료를 그 사이에 넣어 회전시키면서 재료의 주변에 나사산 또는 치형이 차츰 솟아오르게 하여 성형하는 가공법이다.

(6) 프레스가공(press working)

주로 판상의 금속재료를 형을 사용하여 절단하거나, 굽히거나, 압축하거나, 인장하거나 하여 희망하는 형상으로 변형시키는 가공법의 총칭으로 거의 냉간에서 행한다. 이에 속하는 주요 가공법은 전단가공, 굽힘가공, 오무리기가공, 압축가공 등이다.

이상은 주로 금속재료의 소성가공을 말한 것이지만, 근래 발달한 플라스틱재료는 가열하면 연화되어 가소성이 커지므로 주조압출성형 등의 가공을 할 수 있으나, 열가소성 플라스틱의 많은 것은 상온에서도 각종의 소성가공을 할 수 있다.

Section 14 | 용접작업과 관련한 강구조물 용접시방서(Structural Welding Code : AWS D 1.1)에서 규정한 위험요인과 그 예방대책

① 개요

용접작업은 현장에서 작업 시 여러 위험요인이 존재하며, 안전수칙을 철저하게 준수하여 작업을 진행해야 한다. 간혹 현장에서 안전수칙을 준수하지 않아서 인명피해와 화재로 인한 사망사고가 발생하고 있다. 따라서 아크용접방법의 안전 일반에 대한 기본요소와 구조용 용접과 관련된 안전측면을 충분히 숙지하고 이를 실천하면 용접작업 중 발생될 수 있는 위험(hazard)과 인명부상 및 재산손실을 최소화시킬 수 있다.

② 위험요인

(1) 전기적인 위험(electrical hazards)

1) 위험요인

전기적인 충격(electrical shock)은 인간을 절명시킬 수 있다. 그러나 이 전기적 충격은 전기가 통하는 부분을 만지지 않으면 피할 수 있다. 제조업자의 지시사항 및 권장되는 안전실무를 숙독하고 이해해야 한다. 전기적인 장치를 잘못 설치하거나 부적절한 접지, 부적절한 작동 및 유지관리 등은 모두 위험요인이다.

2) 예방대책

① 모든 전기적인 장치 및 작업부재들은 접지시켜야 한다. 작업부재를 접지시키기 위해서는 별도의 연결이 필요하다. 작업선(work lead)을 접지연결(ground connection)로 오해해서는 안 된다.
② 충격을 방지하기 위해 작업구역(work area), 장비 및 의복 등은 항상 건조상태를 유지해야 한다. 건조한 장갑 및 고무솔을 가진 신발을 착용해야 한다.
③ 용접공은 건조한 나무판이나 또는 절연된 작업대(insulated platform)에서 작업을 수행해야 한다.

④ 케이블 및 커넥터는 양호한 상태가 유지되도록 해야 한다. 마모, 손상 또는 피복이 벗겨진 케이블은 사용해서는 안 된다.

⑤ 전기적인 충격이 발생된 경우에는 동력이 즉시 차단되어야 한다. 만약 구조대원이 희생자를 통전물체로부터 끌어낼 경우 비전도재료가 사용되어야 한다. 의사의 구원을 요청해야 하며, 호흡이 재개될 때까지 또는 의사가 도착할 때까지 심폐소생술(CPR)을 계속해야 한다.

(2) 연기 및 가스(fumes and gases)

1) 위험요인

대개의 용접, 절단 및 관련 용접방법들은 인체에 유해한 연기 및 가스를 발생시킨다. 연기 및 고체입자들은 용접소모재, 모재 및 모재에 존재하는 피복 등으로부터 발생된다. 가스는 용접과정 중 발생되며, 용접과정 중 주변환경에 대한 방사선 영향 때문에 발생될 수 있다. 용접작업과 관련되는 모든 사람들은 이와 같은 연기 및 가스의 영향에 익숙해야 한다. 연기나 가스 등에 과다 노출될 경우 발생될 수 있는 영향은 눈, 피부 및 호흡기 계통의 염증으로부터 더욱 심각한 합병증 등이다. 이 영향은 노출 즉시 또는 약간 시간이 경과한 후 나타날 수도 있다. 연기는 구역질, 두통, 현기증 및 발열 등의 증상을 야기시킬 수 있다.

2) 예방대책

충분한 환기, 아크의 배기 등을 철저히 하여 호흡구역 및 일반작업지역으로부터 연기나 가스가 존재하지 않도록 해야 한다.

(3) 소음(noise)

1) 위험요인

과도한 소음은 잘 알려진 바와 같이 건강위험요소이다. 과도한 소음에 노출되면 청력감소가 유발될 수 있다. 이와 같은 청력감소로 인해 난청 또는 반난청이 될 수 있으며 일시적이거나 또는 영구적일 수도 있다. 과도한 소음은 청력에 악영향을 미치고 기타의 육체적인 기능 및 신체활동에 영향을 미친다고 알려져 있다.

2) 예방대책

귀마개와 같은 보호장구를 사용해야 한다. 보통 공학적인 제어법이 효과가 없을 때만 사용한다.

(4) 화상예방(burn protection)

1) 위험요인

용융금속, 스파크, 슬래그 및 고열의 작업부재표면은 용접, 절단 및 관련 용접작업 중 발생된다. 만약 예방조치가 취해지지 못한다면 이로 인해 화상이 유발될 수도 있다.

2) 예방대책

① 작업자는 내화재료로 된 방화복을 착용해야 한다. 용융금속이나 스파크 등을 붙잡아 둘 수 있는 의복상의 주머니 또는 기타 의복 또는 바지를 착용해서는 안 된다.

② 목이 높은 신발 또는 가죽 각반 또는 내화장갑을 착용해야 한다. 바지자락은 목이 높은 구두 외부에 나와 있어야 한다. 안면, 목 및 귀를 보호하는 헬멧 또는 손방패를 머리보호대와 함께 착용해야 한다.

③ 의복은 그리스 및 오일이 묻어 있어서는 안 된다. 인화성 물질을 주머니 속에 넣고 다녀서는 안 된다. 만약 어느 인화물질이 의복에 쏟아질 수 있는 경우 아크 또는 불꽃을 사용하는 작업 전에 깨끗한 내화의복을 착용해야 한다.

④ 적절한 시력보호장구를 항상 착용해야 한다. 안경 또는 이와 동등한 제품을 착용하여 안구를 보호해야 한다.

⑤ 고열제품과 접촉할 때 또는 전기장비를 취급할 때는 항상 절연장갑을 착용해야 한다.

(5) 화재예방(fire protection)

1) 위험요인

용융금속, 스파크, 슬래그 및 고열의 작업부재표면은 용접, 절단 및 관련 용접작업 중 발생된다. 만약 예방조치를 취하지 않는다면 이로 인해 화재 또는 폭발이 발생될 수 있다.

2) 예방대책

① 모든 인화성 물질은 작업구역으로부터 제거해야 한다. 가능하다면 인화물질로부터 충분히 멀리 떨어진 곳에서 작업이 수행되도록 한다. 만약 어떤 조치도 취하지 않았다면 내화재료로 된 덮개를 사용하여 화재에 대해 예방해야 한다.

② 가연성 가스, 증기 또는 먼지가 누적되지 않도록 작업구역은 충분한 환기가 되도록 해야 한다. 용기는 열을 가하기 전 청소하여 깨끗하게 해야 한다.

(6) 방사선(radiation)

1) 위험요인

용접, 절단 및 관련 용접작업 중 건강에 유해한 방사에너지(방사선)가 발생될 수 있다. 방사에너지는 이온화되거나(X선) 또는 비이온화(자외선, 가시광선 또는 적외선)될 수도 있다. 방사선은 만약 노출이 과다한 경우 피부화상 및 시력손상과 같은 여러 가지 결과를 초래할 수 있다. 저항용접 및 콜드압접과 같은 일부 용접방법은 통상적으로 무시할 수 있을 정도의 방사에너지를 발생시킨다. 그러나 대부분의 아크용접법 및 절단법(적절히 사용된 경우 서브머지드아크는 제외), 레이저용접 및 토치용접, 절단, 경납땜 및 연납땜은 예방조치가 필요한 비이온화된 상당량의 방사선을 발생시킬 수 있다.

2) 예방대책

① 용접필터판을 통해 용접아크를 관찰하는 경우를 제외하고는 용접아크를 육안으로 관찰해서는 안 된다. 투명한 용접커튼을 용접필터판으로 사용해서는 안 되며, 이 보다는 오히려 우연히 노출되는 주위사람을 보호하기 위한 장치이다.

② 노출되는 피부는 규정된 바와 같이 적절한 장갑 및 의복으로 보호되도록 해야 한다.

③ 용접작업 중 주위 사람은 스크린, 커튼 또는 통로, 작업로 등으로부터 적당한 거리를 유지토록 하여 보호되도록 해야 한다.

④ 자외선 측면 보호대를 갖는 안전안경은 용접아크에 의해 발생되는 자외선 방사선으로부터 다소간 보호가 가능한 것으로 알려져 있다.

Section 15 연삭숫돌의 3요소와 자생작용

1 연삭숫돌의 3요소

연삭은 연삭숫돌바퀴(grinding wheel)를 고속회전시켜 숫돌표면에 있는 숫돌입자의 예리한 모서리로 공작물의 표면으로부터 미소한 칩을 깎아내는 고속절삭작업이다. 연삭숫돌은 공구입자[지립(砥粒), abrasive grain], 결합제(bond) 및 기공(pore)의 3부분으로 구성되며([그림 7-5] 참조), 연삭입자는 절삭날에 상당하고 결합제는 이 입자의 지지체이며, 기공은 칩의 배제작용에 관련을 가진다. 따라서 지립은 작업 중 차츰 소모되며, 이에 따라 미세한 결정예각을 끊임없이 나타내며 동시에 결합제도 마멸하여 마지막 한 알의 지립이 마멸되기까지 결합제로 지지하여 탈락시키지 않는 것이 이상이다.

실제로는 연삭이 진행되면 지립을 지지하는 강도(이를 결합도 또는 경도라 한다)가 적당하면, 표면에 있던 입자의 모서리가 마멸되어 무디어지면 입자에 가해지는 연삭저항이 증대하므로, 그 입자의 결정의 벽개면을 따라 벽개하여 일부분이 분리하여 새로운 예리한 모서리가 발생한다. 이 입자의 모서리가 분리된 까닭으로 표면보다 약간 내부에 있었던 다른 입자가 절삭을 행하게 된다.

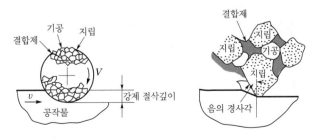

[그림 7-5] 연삭숫돌의 구성

2 연삭숫돌의 자생작용

어느 정도 마멸하면 경우에 따라서는 입자 전체가 숫돌로부터 탈락하는 수도 있다. 이와 같이 하여 연삭의 진행과 더불어 둔해진 날이 차츰 새로운 예리한 날로 대체되어 가는 것이 연삭의 특징이며, 이를 날의 자생작용이라 한다.

이리하여 정상적인 연삭이 행해질 때는 [그림 7-6]의 (a)와 같이 칩은 가늘고 긴 꼬인 형상이 되나, 연삭이 바르게 행해지지 않을 때는 절삭으로 인한 발열 때문에 칩이 산화하여 불꽃이 되고, 칩 속에는 이것이 구상으로 응고한 것이 다량으로 나타난다([그림 7-6]의 (b) 참조).

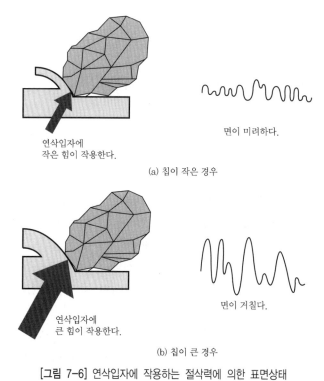

연삭입자에
작은 힘이 작용한다.

면이 미려하다.

(a) 칩이 작은 경우

연삭입자에
큰 힘이 작용한다.

면이 거칠다.

(b) 칩이 큰 경우

[그림 7-6] 연삭입자에 작용하는 절삭력에 의한 표면상태

Section 16 기계가공에서 절삭제의 사용목적 및 종류

1 절삭제의 사용목적

① 공구인선을 냉각시켜 공구의 온도상승에 따르는 경도저하를 막는다.
② 가공물을 냉각시키고 가공온도상승에 의한 가공정밀도가 저하되는 것을 방지한다.

③ 공구의 마모를 적게 하며 윤활 및 방청작용을 하여 가공표면을 양호하게 한다.

④ 칩의 제거작용을 하여 절삭작업을 용이하게 한다.

2 절삭제의 종류

① **수용성 절삭유** : 원액에 물을 타서 사용하는 것으로 냉각성이 크다.

② **유화유** : 광유에 비눗물을 첨가하여 유화한 것으로 냉각작용도 비교적 양호하고 값도 싸다.

③ **광유** : 윤활작용은 다소 좋으나 냉각작용은 비교적 약하므로 경절삭에 주로 사용된다.

④ **동식물유** : 윤활작용은 강력하나 냉각작용은 좋은 편이 아니며, 완성가공, 저속절삭, 나사절삭, 기타 마모를 방지할 필요가 있을 때 사용된다.

⑤ **석유** : 고속절삭에 쓰이며 니켈, 스테인리스강, 단조강 등을 절삭하는 데 사용된다.

⑥ **첨가제** : 칩과 공구 사이의 마찰은 지극히 고압 및 고온상태의 마찰이므로 각종 첨가제를 사용하여 우수한 윤활효과를 얻을 수 있도록 한다.

Section 17

산소-아세틸렌용접작업 중 발생하는 역화, 역류, 인화

1 역화(back fire)

역화란 용접 시 소리를 내면서 화염이 꺼지는 상태로서 원인과 예방은 다음과 같다.

(1) 원인

① 공급압력이 너무 낮을 때

② 팁이 너무 과열했을 때

③ 밀폐구역에서 작업할 때

(2) 예방

① 압력을 재조정

② 팁 교환

③ 팁을 물에 냉각

2 역류(contra flow)

역류란 용접수행 시 소리를 내면서 불이 꺼지고 토치 및 호스 내부에서 연소하는 상태로서 원인과 예방은 다음과 같다.

(1) 원인

역화의 원인과 같다.

(2) 예방

① 아세틸렌의 공급용기변을 먼저 폐쇄
② 토치변 폐쇄
  ㉠ 완전히 불이 꺼지면 토치변을 열고 내부 그을음 배출
  ㉡ 역화 예방 시와 동일

❸ 인화(flash back)

인화란 불꽃이 혼합실까지 밀려들어 오는 것으로, 이것이 다시 불안전한 안전기를 지나 발생기까지 인화되어 폭발을 일으켜서 부상자를 낼 정도의 큰 사고를 일으킬 수 있다.

(1) 원인

① 팁(화구)의 과열
② 팁 끝의 막힘
③ 팁 죔의 불충분
④ 각 기구의 연결불량
⑤ 먼지의 부착
⑥ 가스압력의 부적당
⑦ 호스의 비틀림 등

(2) 예방

① 토치의 산소밸브를 닫은 다음에 아세틸렌밸브를 닫아 혼합실 내의 불을 끈다.
② 다음 조정기의 밸브를 닫고 인화의 원인을 검토한 다음에 다시 점화한다.

Section 18 용접시험

❶ 기계적 시험

모재와 용접이음의 강도를 시험하고 연성(軟性)과 결함을 조사하는 것

① 인장시험(tension test) : 판상, 관상 혹은 봉상의 시험편을 시험기로 인장하여 강도 및 연성 측정

② 굽힘시험(bending test) : 용접부의 연성과 안전성을 조사하기 위하여 사용되는 시험편
③ 경도시험(hardness test) : 브리넬 경도, 로크웰 경도, 비커스 경도, 쇼어 경도시험기 사용
④ 충격시험(impact test) : 재료의 충격과 취성을 시험
⑤ 피로시험(fatigue test) : 재료의 피로한도 혹은 내구한도로 시험하여 시간강도를 구함

2 물리적 시험

① 물성시험 : 비중, 점성, 표면장력, 탄성 등
② 열특성시험 : 팽창, 비열, 열전도 등
③ 전기, 자기특성시험 : 저항, 기전력 등

3 화학적 시험

① 화학분석시험 : 용접봉과 심선, 모재, 용착금속의 화학조성분석, 불순물함유량 조사
② 부식시험(corrosion test) : 구조물의 내식성 조사
③ 함유수소시험(hydrogen test) : 수소량 측정

4 야금학적 시험

① 육안조직시험 : 용입상태, 열영향부의 범위, 결함분포상황 등
② 현미경조직시험 : 용입상태, 열영향부의 범위, 결함분포상황 등
③ 파면시험(fracture test) : 용접금속과 모재의 파면검사

5 용접성시험

① 노치취성시험
② 용접경화성시험
③ 용접연성시험
④ 용접균열시험

Section 19 아크용접봉의 피복제 역할과 종류

1 피복제의 역할

① 용융금속을 보호하는 작용

② 아크를 안정시키는 작용

③ 용융금속을 정련(精鍊)하는 작용

④ 용착금속의 급랭을 방지하는 작용

⑤ 용착금속에 필요한 원소를 보충하는 작용

2 피복제의 종류

① 가스발생식 용접봉(gas shield type) : 고온에서 가스를 발생하는 물질을 피복제 중에 첨가하여 용접할 때 발생하는 환원성 가스 혹은 불활성 가스 등으로 용접 부분을 덮어 용융금속의 변질을 방지하는 용접봉으로 특징은 다음과 같다.

　㉠ 전자세(全姿勢)의 용접에 적당

　㉡ 용착금속 위에 덮인 슬래그를 쉽게 제거

　㉢ 안정된 아크를 얻음

　㉣ 용접속도가 빠르고 작업성이 좋음

　㉤ 스패터는 슬래그생성식보다 많으나 주의하며 적게 할 수 있음

② 슬래그생성식 용접봉(slag shield type) : 피복제에 슬래그화하는 물질을 주성분으로 사용하여 용융금속의 입자가 용접봉으로부터 모재에 이동되는 사이에 슬래그를 형성하여 내부를 보호하며 대기와의 화학반응을 저지하여 용착금속을 정련하고, 또한 냉각과 더불어 응고되어 용착금속의 표면을 덮어 급랭, 산화, 질화 등을 방지하는 용접봉이다.

③ 반가스발생식(semi gas shield type) : 슬래그생성식과 가스발생식의 특징을 합한 것으로서, 슬래그생성식에 환원성 가스, 불활성 가스를 발생하는 유기물을 소량 첨가하여 만든 것이다.

Section 20

고온 및 저온절삭

1 고온절삭

고경도, 고점성의 망간강, 스테인리스강 등과 같이 고속도강이나 초경합금 바이트로서 절삭이 곤란한 재료는 그 재료를 가열하여 행하는 방법이 있다. 가열방법으로는 ① 산소-아세틸렌에 의한 것, ② 고주파에 의한 것, ③ 전호가열, ④ 재료와 공구 간에 고압전기를 통해 열이 발생토록 하는 통전가열절삭법, ⑤ 프라즈마방식 등이 있다. 이것의 장점은 다음과 같다.

① 고경도, 고점성의 재료를 깎을 수 있다.
② 구성인선이 발생하지 않아 가공면이 좋다.
③ 고속절삭이 가능하다.
④ 절삭저항이 격감한다.
⑤ 공구수명을 수십 배 연장할 수 있다.

❷ 저온절삭

피삭재를 0℃ 이하로 냉각시켜 절삭하는 것으로, 냉각절삭이라고도 한다. 보통 액체 탄소(드라이아이스)를 고압으로 날 끝에 불어주면서 절삭한다. 상온에서 깎기 어려운 재료에 효과적이다. 또한 단순히 냉각제의 역할을 한다는 점에서는 좋다. 이것의 장점은 다음과 같다.

① 절삭저항이 감소한다.
② 구성인선이 발생하지 않아 가공면이 좋다(-50℃).

Section 21 구성인선의 영향 및 대책

❶ 개요

일반적으로 어느 정도의 경도(herdness)와 연성을 가진 금속을 절삭할 경우에는 유동형의 절삭형식이 될 때가 많은데, 그때는 [그림 7-7]에서 보는 것처럼 피가공물과 공구인선 및 절삭칩과의 사이에는 구성인선(built-up edge)이라는 특이한 변질물이 발생한다. 이 구성인선은 절삭칩의 흐름이 막히는 곳에서 절삭 중에 급격한 가공경화작용을 받은 피절삭재료의 일부가 높은 절삭압력과 절삭열로 칩의 일부가 부착작용으로 말미암아 경사면상의 날끝에 단단히 달라붙은 것을 말한다. 이러한 구성인선이 발생하면 실제적인 절삭은 칩의 일부가 공구날 끝에 부착되어 이것이 실제로 절삭작용을 하고, 절삭공구날 끝은 구성인선을 유지하는 받침대에 지나지 않게 된다.

이런 경우의 절삭상태를 잘 관찰하면 [그림 7-8]처럼 구성인선이 절삭공구날 끝 위에만 생기는 것이 아니라, 날 끝 아래쪽으로도 돌출하여 주어진 정규의 절삭두께 t_1보다 ϕ 만큼 더 절삭하고 있음을 알 수 있다. 게다가 구성인선은 절삭 도중에 그 앞단 부분이 분열을 일으켜 일부는 절삭칩 뒷면에 부착하여 절삭권 밖으로 배출되지만, 다른 일부는 절삭면에 고착, 잔류하면서 절삭면의 정밀도를 나쁘게 한다.

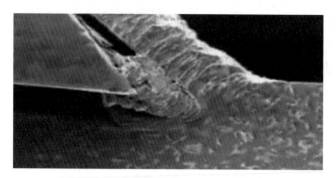

[그림 7-7] 탄소강 절삭에서 발생한 구성인선

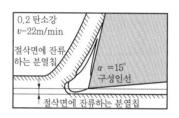

[그림 7-8] 구성인선에 의한 절삭상태
($t_1 = 0.2$mm일 때 $\phi = 0.06$mm)

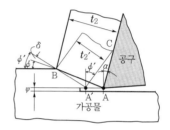

[그림 7-9] 구성인선이 절삭구성에 미치는 영향

② 구성인선의 영향과 대책

절삭기구에 미치는 영향면에서 고찰하면 [그림 7-9]와 같이 된다. 즉 구성인선이 발생하면 실제적인 절삭작용은 절삭칩의 부착으로 이루어지는데, 이때 실제 작용하는 경사각은 절삭공구에 주어진 a에서 d로 변화하는 경사면의 변경현상이 일어나고, 또 절삭두께는 ϕ만큼 많아지는 과절삭현상을 수반하게 된다.

따라서 이런 경우의 전단각 구성인선이 발생하지 않을 경우 ϕ보다 δ만큼 증가하여 ϕ'으로 변화하고 절삭칩의 두께도 t_2에서 t_2'으로 변화하는 셈인바, 이때 절삭력(cutting force), 절삭온도(cutting temperature) 등에서는 당연히 변화가 일어나는 것으로 추측된다. 금속절삭 중에 이러한 구성인선이 발생하면 절삭기구에 근본적인 변화를 줄 뿐만 아니라, 실제적인 절삭작업에 대해서도 다음과 같은 여러 가지 중대한 영향을 미친다.

① 절삭저항에 변동이 생겨 절삭상태를 불안전하게 한다.
② 구성인선의 분열파편의 일부가 절삭면에 잔류하면 절삭면의 정밀도를 나쁘게 하는 등의 피해를 준다.
③ 절삭 중에 절삭공구 앞단을 보호하면서 실제적인 절삭작업을 행한다. 즉 공구수명이 연장된다.

④ 구성인선에 의한 실제적인 경사각은 절삭공구에 주어진 경사각보다 항상 큰 값으로 절삭작용을 하므로 전단각이 증가하여 절삭저항이 감소되는 등의 장점도 있다. 이 방법을 이용한 절삭법을 은백절삭법(SWC: Silver White Cutting method)이라 한다. 즉 구성인선을 이용한 절삭방법이다.

구성인선은 주기적으로 발생 → 성장 → 최대 성장기 → 분열 → 탈락 등의 과정을 반복하면서 작업에 영향을 주며, 구성인선의 방지법은 다음과 같다.

① 절삭깊이를 작게 한다.
② 윤활성 있는 절삭제를 주입한다.
③ 절삭속도를 크게 한다(연강은 120~150m/min).
④ 경사각을 크게 한다.
⑤ 절삭공구의 날 끝을 예리하게 한다.

이와 같이 절삭기구와 제품정밀도에 대해 근본적인 영향을 미치는 구성인선에 대해 최근에 특히 커다란 관심이 집중되고 있다.

Section 22 절삭유의 효과

1 개요

절삭유는 금속가공(metal machining)과정에서 가공을 돕기 위해 사용되는 유제(油劑)를 말한다. 전통적인 금속가공은 기계요소(machine tool), 절삭요소(cutting tool), 가공금속(workpiece metal)의 3가지와 여기에 절삭유(machining fluids)가 포함된 4가지 요소로 이루어지며, 1900년대 초에 처음으로 공구수명을 연장하기 위해 절삭유가 사용되었다. 초기의 절삭유는 원유정제물인 기유(base oil)를 주원료로 제조되었다.

2 절삭유의 효과

오늘날에는 금속가공의 특성에 따라 많은 종류의 절삭유가 제조되고 있고, 각종 첨가제가 사용되고 있다. 첨가제는 절삭유의 종류와 제품의 특성에 따라 첨가되는 양과 성분이 달라진다. 절삭유의 기능은 절삭공구와 가공금속 간의

① 마찰(friction)을 줄이고
② 마멸과 마모(wear and galling)를 줄이고
③ 가공표면의 특성을 좋게 하며

④ 표면이 유착되거나 녹아 붙는 것을 줄이고

⑤ 발생되는 열을 빼앗아가고[열로 인한 변형(thermal deformation)방지]

⑥ 절삭된 토막이나 조각, 미세한 가루, 잔여물 등을 씻어내는 것이다. 이외에 2차적인 기능으로 가공된 표면의 부식을 방지하는 것과 뜨거워진 가공표면을 냉각시켜 취급을 용이하게 하는 것 등이 있다.

Section 23 고주파 용접

1 개요

고주파 용접은 기존의 용접방법과는 전혀 다른 기술이며, 이는 용접봉과 같은 부재료를 사용하지 않고 스티립의 끝 부위를 용해점 이상 온도로 가열 승온하여 누름으로써 그 부분이 용접이 되도록 하는 방식이다. 용접이 완료되면 다른 어떤 용접방법보다도 강하게 용접이 된다. 용접기를 인버터라고 부르기도 하는데, 이는 단지 전원을 변환용접부위까지 공급하는 것을 말하며, 롤이 정확하게 말하면 용접을 하는 것이다. 따라서 인버터와 용접박스를 함께 용접기라고 할 수 있다. [그림 7-10]에서 그 과정을 나타낸다.

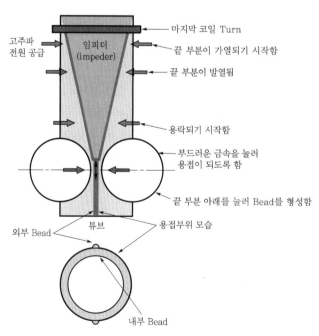

[그림 7-10] 고주파 용접의 원리

❷ 고주파(HF)

고주파(HF : High Frequency)는 교류전류가 초당 100,000번이나 800,000번 교변되어, 즉 100Khz 또는 800Khz 주파수를 말하며, 60Hz 일반 교류전원을 고주파로 변환하기 위해서는 먼저 DC로 변환해야 한다. 예전에는 진공관을 사용해 DC전원을 고주파로 변환했지만 오늘날에는 진공관 대신 MOSFET(metal oxide silicon, field effect transistor)가 급속한 기술개발로 인해 그 기능을 대신한다.

❸ 고주파전류의 특성

고주파전원은 일반적인 60Hz 전원에 비해 2가지의 큰 특성이 있다. 첫 번째로, 표피효과(skin effect)라고 불리는 효과, 즉 전류는 도체 전면이 아닌 표면만 흐르게 된다. 두 번째로, 근접효과(proximity effect)라 불리는 효과, 즉 도체에 전류가 흐를 경우 고주파전류는 두 도체가 근접할 경우 근접부위에 더 많은 전류가 흐르는 현상을 말한다.

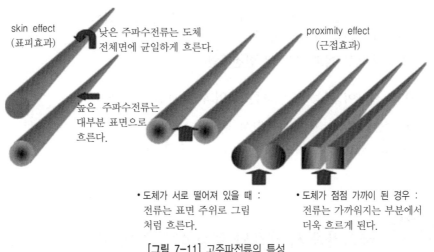

[그림 7-11] 고주파전류의 특성

Section 24

지그 사용의 이점

❶ 개요

균일하고 정밀한 공작물을 단시간에 가공하기 위한 것이며, 제품의 제조원가를 절감하는 것이 주목적이다. 다품종 소량생산이며, 가공이 용이한 경우에 일부러 치공구를 사용하는 것은 가공 전의 준비, 시간, 치공구 제작비를 고려할 때 불리한 경우도 있다.

② 지그 사용의 이점

치공구의 사용상 이점은 다음과 같다.

(1) 가공에 있어서의 이점

① 기계설비를 최대한으로 활용(기계능력 배가)
② 생산능력 증대(생산성 향상)
③ 특수기계, 특수공구 불필요

(2) 생산원가 절감

① 가공정밀도 향상 및 호환성으로 불량품방지
② 제품의 균일화에 의해 검사업무 간소화
③ 작업시간 단축

(3) 노무관리의 단순화가 가능

① 특수작업의 감소, 특별한 주의사항 및 검사 등이 불필요
② 작업의 숙련도 요구가 감소
③ 작업에 의한 피로경감으로 안전작업

(4) 재료비 절약이 가능하고 다른 작업과의 관련이 원활

① 불량품이 감소, 부품의 호환성 증대
② 바이트 등 공구의 파손 및 감소로 공구수명 연장

Section 25 | 굽힘가공 시 재료와 형상 상의 주의사항

① 굽힘가공 시 재료

판금을 V자형 다이로 [그림 7-12]와 같이 굽히면 판두께의 중앙이 중립면이 되고, 내측에 압축, 외측에 인장응력이 발생한다. 일정한 곡률반경으로 굽히면 처음에 응력은 중립선부터의 거리에 비례하여 증가하나, 차츰 외력을 증대시키면 외측이 항복하여 소성역에 들어가고, 하중을 제거해도 굽힘이 남게 된다. 이때 중립선은 압축측으로 약간 이동한다.

최소 굽힘반경 R_{min}은 재료의 연신율에 따라 정해지며, 일반적으로 극연강에서는 $0.3 \sim 1.0t$, 연강 및 황동에서 $1.0 \sim 2.0t$, 경합금에서 $2.0 \sim 3.0t$이다.

판을 굽혔을 때 판은 [그림 7-13]과 같이 반대방향으로 휘고, 하중이 제거되면 튕겨져서 굽힘각도가 다소 확장된다. 그 정도는 판재의 탄성, 가공 정도 등에 따라 달라진다. 굽힘에서의 이런 현상을 스프링백(spring back)이라 한다. 재료의 휨은 판이 굽혀졌을 때 외측에서는 길이방향으로 수축하고 내측에서 늘어남으로써 생기는 것으로, 보통 $h/l = 1/1,000 \sim 5/1,000$ 정도이다. 스프링백은 가공도가 낮을수록 현저하고, 또 탄성한도, 경도가 높은 것일수록 크다. 따라서 경강, 기타 경하고 강한 재료의 굽힘가공에서는 스프링백의 정도를 예기하고 여분으로 더 굽히는 것이 보통이나, 정확하게 예측하는 것은 어렵다.

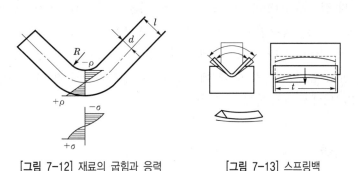

[그림 7-12] 재료의 굽힘과 응력   [그림 7-13] 스프링백

② 굽힘가공 시 형상상의 주의사항

제품치수로부터 소재치수를 구하는 데는 굽힘반경이 판두께에 비해 클 때는 중립면이 판두께의 중앙에 있다고 보고 간단히 계산해도 되나, 굽힘반경이 작아지면 판두께가 감소하여 다소 늘어나므로 늘어난 양을 예측할 필요가 있다. 신장량은 굽힘반경/판두께, 굽힘각도, 판의 특성 및 가공방법 등에 따라 다르나, 보통은 굽힘 부분의 중앙에서 중립면이 소재두께의 몇 %의 곳에 있는가를 조사하여 기하학적으로 단면치수를 계산한다. 실측결과에 의하면 $R/t = 0.5 \sim 5.0$의 범위에서 $30 \sim 40\%$이다.

[그림 7-14]의 (a)는 각종 재료의 V형을 사용한 표준굽힘반경 R에 대한 길이 L의 실용치이다. 또한 판재의 굽힘방향에 관하여 재료의 압연방향과 직각으로 구부리도록 재료를 채취한다. 상자 등의 가공에서 직각으로 2방향으로 구부릴 때는 구부리는 선은 모두 압연방향과 평행하게 되지 않도록 한다.

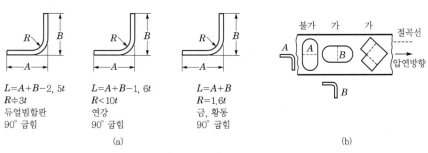

$L=A+B-2,5t$
$R \fallingdotseq 3t$
듀얼빔합판
90° 굽힘

$L=A+B-1,6t$
$R<10t$
연강
90° 굽힘

$L=A+B$
$R=1,6t$
금, 황동
90° 굽힘

(a)

(b)

[그림 7-14] 재료채취

Section 26 선반가공을 할 때 발생하는 칩

1 개요

단인(單刃)절삭공구에 의한 절삭칩 생성의 기본적인 상태는 [그림 7-15]의 (b)와 같다. 즉, 경사각(rake angle)이 α, 여유각(relief angle)이 β라는 바이트(single pointed tool)로써 절삭두께(thickness of cut) t_1, 절삭속도(cutting speed) v라는 2차원 절삭을 행할 경우는 공구인선 a점으로부터 피삭재표면 b점을 향하여 전단작용(shearing action)이 일어나 t_2라는 평균두께의 절삭칩이 나오는 바, 이 절삭칩은 처음에는 공구의 경사면(rake surface) 상의 a점에서 c점까지 접촉하면서 흘러나오고, c점에서 그 앞으로는 경사면에서 이탈하여 배출된다.

2 선반가공을 할 때 발생하는 칩

절삭칩이 나오는 방식을 주의 깊게 관찰해 보면 피절삭재의 재질, 절삭공구의 형상, 그리고 그때의 절삭조건, 즉 절삭속도, 절삭두께, 이송(feed), 절삭재 유무 등의 차이로 여러 가지 다른 상태로 절삭칩이 나온다는 것을 알 수 있다. 이런 상태를 분류하면 [그림 7-15]처럼 대표적인 4개 형식으로 분류된다.

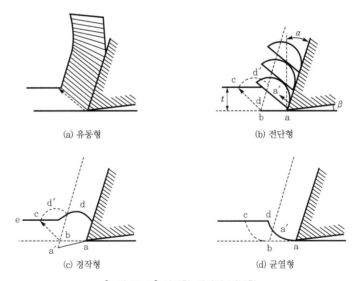

(a) 유동형
α
d′
c
a′
t
d
β
b
a
(b) 전단형
d′
d
e
c
b
a
a′
(c) 경작형
c
d
a′
b
a
(d) 균열형

[그림 7-15] 절삭칩 생성의 기본형

[그림 7-16]은 절삭칩의 형태로 알기 쉽게 설명한 것이다.

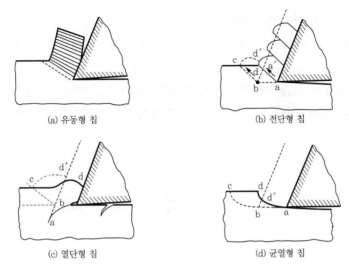

[그림 7-16] 절삭칩 형태의 설명도

(1) 유동형 칩(flow type chip)

공구경사면(rack surface) 위쪽을 향하여 발생하는 전단미끄럼이 빈번하게 거의 연속적으로 일어나 절삭칩이 리본상으로 이어져 유출되는 것을 말하며, 바이트 날의 경사면 및 경사각이 클 경우와 절삭깊이를 작게 하여 정재(연강, 구리, 구리합금 등)를 고속절삭할 때 쉽게 발생한다([그림 7-16]의 (a) 참조).

(2) 전단형 칩(shear type chip)

유동형의 일종이지만, 크게 압축전단이 반복되어 절삭칩이 단편으로 되는데, 이것들은 정재를 저속절삭(low speed cutting)할 때, 절삭깊이가 클 때 흔히 생기고, 어떤 덩어리로 연결된 단편그룹의 형태로 나온다([그림 7-16]의 (b) 참조).

(3) 열단형 칩(tear type chip) 또는 경작형 칩(pluck type chip)

날 앞끝 조금 전방에서 재료의 모재 내부를 향해 처음에 자그마한 금이 생기고, 그 뒤에 곧 날 끝으로부터 경사진 윗면에서 전단이 일어나 절삭칩이 주르르 떨어져 나온다. 즉 하향균열이 생기는 현상이다.

열단형 칩은 균열과 전단의 두 작용에 의해 생긴다고 할 수 있다. 절삭저항도 유동형 칩과 전단형 칩의 경우에 비하여 훨씬 크며 변동이 심하기 때문에 절삭진동이 크다. 또 절삭저항의 변동이 심하여 공구날 끝이 변형하며 가공면이 요철이 많다. 정밀가공에는 부적당한 칩형상이다([그림 7-16]의 (c) 참조).

(4) 균열형 칩(crack type chip)

전단작용에 의한 분리작용은 거의 일어나지 않고, 대부분의 순수한 균열작용만으로 절삭칩이 생성하여 잘게 부스러져 나오며, 주철 등과 같은 취성재료를 절삭할 때 생긴다. 이 균열은 전단각이 작으면 수평보다 상방향으로 이루어지나 전단각이 크면 하방향으로 이루어져 가공면에 요철이 생기고 절삭저항도 변동된다([그림 7-16]의 (d) 참조).

Section 27　굽힘가공에서 스프링백의 발생요인과 방지대책

1 정의

스프링백현상은 굽힘가공에서 중립면 주위에 남아있는 탄성변형영역으로 인해 나타나는 현상으로, 피가공재에 굽힘하중을 가했다가 제거하면 굽힘 전의 상태로 되돌아가려는 현상이다.

스프링백은 재료의 항복응력이 높고, 재료의 탄성계수가 작고, 탄성변형량이 클수록 많이 생기는 현상으로, 굽힘금형을 설계할 때 이를 보정하여 설계할 필요가 있다.

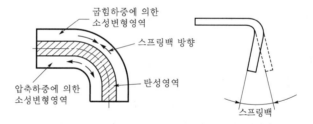

[그림 7-17] 중립면을 기점으로 압축응력과 인장응력의 작용현상과 스프링백

벤딩각과 스프링백의 영향을 살펴보면 벤딩각을 증가시키면 전체 스프링백(total spring back)값은 증가하나 단위굽힘각도당 스프링백량은 감소한다.

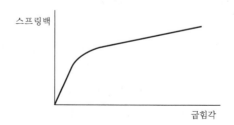

[그림 7-18] 굽힘각과 스프링백의 관계선도

② 스프링백의 인자별 영향

① 재질 : 경질의 재료가 스프링백이 크며, 동일 재료의 경우는 판두께가 얇을수록 크다. 소재의 풀림에 의해 스프링백량을 적게 할 수 있다.

② 가압력 : 굽힘 부분에 국부적으로 높은 압력을 가하면 감소한다.

③ 펀치선단의 'R' : 펀치선단의 'R'이 크면 스프링백은 증가한다.

④ 다이두께의 'R' : 다이두께의 'R'이 크면 스프링백은 감소하며, 일반적으로 $R=2\sim4t$ 이다.

⑤ 펀치와 다이 사이의 틈새 : 틈새를 작게 하면 감소한다.

[표 7-1] 스프링백의 영향인자

구 분		스프링백량	구 분		스프링백량
재질	연질	적다	클리어런스	소	적다
	경질	크다		대	크다
압연방향	가로	크다	펀치 코너반경	클 때	크다
	세로	적다		작을 때	적다
가압력	클 때	적다	다이 코너반경	클 때	적다
	작을 때	크다		작을 때	크다

③ 스프링백방지대책

(1) 보터밍(bottoming, corner-setting)

굽힘부에 압축력을 부가하여 중립축을 소성변형시키는 방법이라 하며, Corner-setting 법이라고도 하며, V형(펀치의 선단부 국부적 가압), U형 패드에 의한 방법 등이 이에 속한다.

(2) 과굽힘(over bending)

[그림 7-19]와 같이 부품을 88°로 굽힌 후 스프링백량을 보상하여 캠 다이(cam die)가 슬라이딩되어 옆으로 이송되면서 제품을 과벤딩처리를 하는 방법으로, Over bending V형, U형 패드에 의한 방법, 측면 아이오닝, 캠에 의한 방법이 있다.

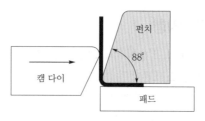

[그림 7-19] 과굽힘

(3) 인장굽힘(stretch bending)

재료의 탄성한계를 초과하는 인장력을 부가하여 펀치형상에 밀착시키면서 소성변형시키는 인장성형법을 인장굽힘법이라 한다.

Section 28

지그재그 용접의 용접기호 표시방법

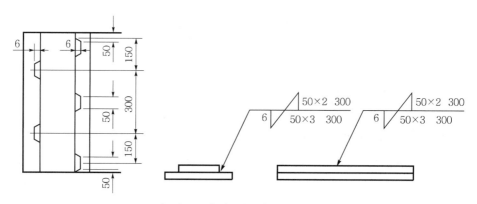

[그림 7-20] 지그재그 용접의 기호

위의 [그림 7-20]의 지그재그 용접의 기호를 설명하면 다음과 같다.

① 양쪽다리길이 : 6mm

② 용접길이 : 50mm

③ 용접 수 : 화살표 방향으로 3

④ 화살표 반대방향으로 2

⑤ 피치 : 300mm

연삭작업에 사용하는 연삭숫돌의 검사방법과 표시법

1 숫돌의 검사

숫돌의 검사방법은 다음과 같다.

① 음향검사 : 숫돌을 해머로 가볍게 두드려 소리에 의하여 떨림 및 균열 여부를 판정하는 방법이다.

② 회전시험 : 숫돌을 사용속도의 1.5배로 3~5분 동안 회전시켜 원심력에 의한 파열 여부를 시험한다.

③ 균형검사 : 연삭숫돌의 두께나 조직이 불균일하여 회전 중 떨림이 발생하는 경우가 있으며, 작업자의 안전과 필요한 가공정밀도를 얻기 위하여 숫돌차의 중심(重心)과 주축의 중심(中心)이 일치하도록 조정하여야 한다. 소형 숫돌차는 직접 주축에 고정하나, 지름이 큰 숫돌차는 sleeve라 하는 adapter에 숫돌차를 고정한 후 이것을 주축에 고정한다. 이때 주축에 고정하기 전에 sleeve를 포함한 중심(重心)을 조정한다.

2 연삭숫돌의 표시방법

연삭숫돌을 표시하는 방법은 구성요소를 기호로 나타내며 다음과 같이 일정 순서로 나열한다.

WA	60	K	5	V	300	X	25	X	100
↓	↓	↓	↓	↓	↓		↓		↓
입자	입도	결합도	조직	결합제	바깥지름		두께		구멍지름

용접작업 후 발생하는 용접잔류응력 측정방법

1 개요

용접을 수행할 경우, 국부적으로 집중적인 열이 가해져서 구조 부재는 급속한 열팽창과 수축으로 열변형이 주위에 의해 구속됨에 따라 용접이 종료된 후에도 부재에는 응력이 잔류하게 되는데, 이를 용접잔류응력이라 한다. 용접부에 대한 잔류응력의 일반적인 분포에 대한 모식도를 [그림 7-21]에 나타내었다. (+)부호는 인장잔류응력을 의미하고,

(−)부호는 압축잔류응력을 의미한다. 인장잔류응력은 피로나 응력부식과 같은 파괴에 대한 민감도를 상승시키므로 일반적으로 구조물 자체에 유익하지 않은 영향을 미친다. 압축잔류응력은 일반적으로 인장잔류응력으로 인하여 나타나는 문제를 감쇄시켜 줌으로써 유익하게 작용될 때가 많다. 공학적인 구조물의 파괴에 가장 중요한 피로파괴와 응력부식파괴는 표면에 민감한 현상이므로, 표면잔류응력이 적절하게 평가되어야 한다.

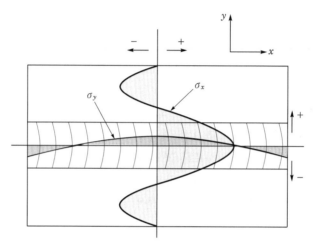

[그림 7-21] 맞대기 용접에 따른 길이방향과 세로방향의 응력분포

❷ 용접작업 후 발생하는 용접잔류응력 측정방법

[표 7-2] 용접부의 잔류응력 측정방법의 종류

인자 〱 방법	단면(절단)	X-선	자국	Magnetic	Ultrasonic
Parameter	변위	회절각	탄성	바크하우젠 노이즈	초음파
최소 분석 길이	1mm	$20\mu m$	1mm	$100\mu m$	$15\mu m$
정밀도	±10MPa	±20MPa	±20MPa	±30MPa	±30MPa
측정시간/1개	40min	20min	10min	5min	10min
측정깊이	All	$50\mu m$	3mm	1mm	3mm
비파괴	No	Yes	Yes	Yes	Yes
전처리	보통	정밀	보통	정밀	정밀
휴대여부	Yes	Yes	Yes	Yes	Yes
적용 재료	모든 재료	작은 입자 재료	모든 재료	비자성체	탄소강

잔류응력을 측정하기 위한 홀 드릴링, 톱 절단에 의한 기계적 방법(sectional)과 X-선 회절, 바크하우젠 노이즈, 초음파 등을 이용한 물리적 방법, 금속의 탄·소성특성을 이용한 압입시험에 의한 방법이 있으며, 각 방법별 특성은 [표 7-2]와 같다.

잔류응력을 측정하는 방법으로 어느 방법을 적용할 것인가는 구조물의 형태, 측정목적, 비파괴성, 현장 적용성, 신뢰성 등을 고려하여 목적에 적합한 기법을 적용하는 것이 바람직하다. 기계적 방법은 피측정물을 부분적 또는 전체를 자를 때 발생하는 변형률의 변화를 스트레인 게이지로 측정함으로써 비교적 정확한 측정이 가능하지만 시험체를 손상하게 되는 문제점이 있다. 바크하우젠 노이즈법은 자성체가 아닌 재질에 대해서는 시험이 불가능하고 X선 회절법은 비결정재질을 측정하기 어려운 면들이 있다.

Section 31 용접작업에서 용접시방절차서(WPS : Welding Procedure Specification)의 각 세부 기재사항, P-No. 및 F-No.의 차이점

1 개요

모든 용접작업은 생산하기 전에 계획되어야 하며, 용접계획은 용접 이음에 대한 WPS를 포함해야 한다. 시방서의 수준은 선택된 인정방법과 상용되어야 하며, 인정되기 전의 WPS는 예비 용접절차 시방서(이하 PWPS)로 분류되어야 한다.

WPS는 용접작업이 어떻게 이루어져야 하는가에 대한 상세 내용을 제공해야 하며 용접업무와 관련된 모든 정보를 포함해야 하는데 WPS는 이음부들의 두께 범위와 모재 및 용가재들의 종류 범위를 포함할 수 있다. WPS와 별도로 제작자는 실제 생산에 사용할 상세 작업 지시서를 준비하지만 작업 지시서를 제작자가 요구하지 않으면 필수요건에 포함되지 않는다.

2 용접작업에서 용접시방절차서(WPS)의 각 세부 기재사항, P-No. 및 F-No.의 차이점

(1) 용접시방절차서(WPS)의 각 세부 기재사항

용접시공의 반복성을 보증하기 위해 실제 용접에 필요한 변수들을 상세히 제공하는 서류를 말하며 WPS의 내용은 다음과 같다.

① 제작자 관련사항 : 제작자 신원 확인, WPS 확인 등
② 모재 관련사항 : 모재의 확인(가능하면 관련 규격을 참조로 표시한다), 재료 치수 등

③ 모든 용접절차에 공통적 사항 : 용접법, 이음부 형상, 용접자세, 이음부 홈 가공, 용접
   방법, 이면 가우징 방법, 받침, 용가재 명칭, 용가재 치수, 용가재와 후러스 및 취급
   방법, 전기적 변수, 기계적 용접, 예열온도, 패스간 온도, 용접 후 열처리(PWHT) 등

(2) P-No. 및 F-No.의 차이점

① P-No.는 모재의 재료특성 중 용접성에 따라 분류한 번호로 화학성분을 근거로 한 대
   분류이며, Gr. No.는 재료의 파괴인성이 요구되는 고강도 재료에 대하여 P-No.를
   소분류한 것이다(Ferrous Base Metal에만 분류).
② F-No.는 용접봉을 사용특성(피복재, 보호가스 등)에 따라 분류한 번호이며, A-No.
   는 용접봉을 사용하여 용접한 용착금속의 화학적 성분에 따른 분류이다.

Section 32 테르밋 주조용접(Thermit cast welding)과 테르밋 가압 용접(Thermit pressure welding)

1 개요

용접 열원을 외부로부터 가하는 것이 아니라, 테르밋 반응에 의해 생성되는 화학반응
열을 이용하여 금속을 용접하는 방법으로 테르밋 재료는 산화철 분말(3~4)과 알루미늄
분말(1)의 무게비로 혼합하며 점화제는 과산화바륨과 알루미늄(또는 마그네슘)의 혼합
분말이고 테르밋 반응 온도는 약 2,800℃이다.

2 테르밋 주조용접(Thermit cast welding)과 테르밋 가압용접(Thermit pressure welding)

테르밋 주조용접(Thermit cast welding)과 테르밋 가압용접(Thermit pressure welding)
은 다음과 같다.

(1) 테르밋 주조용접(Thermit cast welding)

용접 홈을 800~900℃로 예열한 후 도가니에 테르밋 반응에 의하여 녹은 금속을 주철
에 주입시켜 용착시키는 방법이다.

(2) 테르밋 가압용접(Thermit pressure welding)

일종의 압접으로 모재의 단면을 맞대어 놓고, 그 주위에 테르밋 반응에서 생긴 슬래그
및 용융 금속을 주입하여 가열시킨 다음 강한 압력을 주어 용접하는 방법이다.

(3) 테르밋 용접의 특징 및 용도

용접 작업이 단순하고 용접 결과의 재현성이 높으며 용접용 기구가 간단하고 설비비가 저렴하며 작업 장소의 이동이 쉽다. 용접 작업 후의 변형이 적으며 전력이 불필요하고 용접 시간이 비교적 짧다.

Section 33 리벳작업 중 코킹(Caulking)과 플러링(Fullering)

1 개요

판재 또는 형강을 결합시키는 결합용 기계요소로 구조가 간단하고 잔류변형이 없다. 기밀을 요하는 압력용기 또는 보일러나 힘을 전달하는 철제 구조물 또는 교량 등에 사용한다.

2 리벳작업 중 코킹(Caulking)과 플러링(Fullering)

(1) 코킹(caulking)

리벳 머리의 둘레와 강판의 가장자리를 정과 같은 공구로 때리는 것으로 5mm 이하의 판에서는 코킹을 하지 않는다.

(2) 플러링(fullering)

기밀을 더 좋게 하기 위해 강판과 같은 두께의 플러링 공구로 때려 붙이는 것으로 보일러, 압력용기 등에서 안과 밖의 기밀을 유지할 때 적용한다.

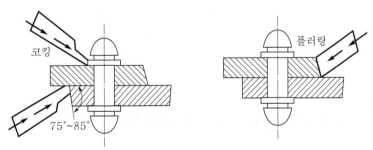

[그림 7-22] 코킹과 플러링

Section 34 공작기계의 절삭가공에서 발생하는 절삭저항과 3분력에 대하여 그림을 그리고 설명

1 개요

공구가 공작물의 절삭할 때 공작물은 소성변형을 하여 chip이 발생하며, 이때 공구가 받는 저항력을 절삭저항이라 하는데 그 방향과 크기는 가공조건에 따라 다르다.

2 절삭저항의 3분력

절삭공구에 P인 절삭저항이 작용할 때 [그림 7-23]에서와 같이 절삭방향으로 작용하는 주분력(principal cutting force) P_1, 절삭공구측 방향의 배분력(radial force) P_3와 이송방향의 이송분력(feed force) P_2로 분해할 수 있으며, 이들 힘의 크기는 대략 다음 비와 같다.

$$P_1 : P_2 : P_3 = 10 : (1 \sim 2) : (2 \sim 4)$$

절삭저항은 가공물의 재질, 절삭공구의 재질, 절삭공구의 기하학적 형상, 절삭유제 등의 영향을 받는다.

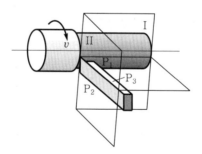

[그림 7-23] 절삭저항의 3분력

Section 35 기계가공에서 사용되는 절삭제의 종류

1 개요

절삭제의 사용 목적은 날 끝을 냉각하고 절삭열에 의하여 날 끝의 경도가 감소되는 것을 방지하며 공작물을 냉각하고 온도 상승에 의한 치수 정밀도의 저하를 방지한다. 날 끝면과 절삭칩, 날 끝과 다듬면 사이의 윤활작용을 하고 날 끝의 마모를 방지하여 다듬면을 아름답게 한다.

② 절삭유제의 종류

절삭유제의 종류는 대단히 많고, 혼합한 것 또는 혼합하지 않은 것 등이 있으나 대개는 다음과 같은 분류에 속한다.

(1) 석유(Petroleum oil)

여러 가지 종류가 있고 금속절삭유의 60% 이상이 이것이다. 첨가제가 없는 것, 또는 황, 염소 혹은 인이 들어 있는 화학약품의 용액이다. 점성이 높고 청흑색을 나타낸다. 작업에 따라서 5~20배의 석유와 황유(지방유에 6~12% 황을 화학적으로 결합시킨 것)와 혼합하여 사용하며 고속절삭에 적합하다. Ni, 스테인리스강, 단조강, monel metal 등을 절삭하는 데 적합하며 나사깎기, 브로치가공(broaching), 깊은 구멍뚫기, 백동 선반작업에 많이 쓰인다.

(2) 수용성 절삭유(soluble oil)

광물성유를 화학적으로 처리하여 80% 이상의 물과 섞어서 사용하는 것으로 유화유(emulsion)이다. 표면활성제와 금속 부식방지제를 혼합한다. 점성이 낮고 비열이 큰 까닭에 윤활작용보다는 도리어 냉각작용이 크다. 따라서 고속절삭 및 연삭가공에서 절삭액으로 쓰인다.

(3) 광물성유(mineral oil)

광물성유로서는 석유, 기계유, 또는 이것들을 혼합하여 사용한다. 석유는 점도가 낮은 까닭에 절삭속도가 높을 때 사용되고, 점도가 높은 기계유는 저속절삭, 즉 태핑(tapping), 브로치가공 등에 사용된다. 점도를 높이기 위하여 황화 또는 염화하여 사용한다.

(4) 지방질유(fatty oil)

지방질유에는 동물성유, 식물성유 및 어유를 포함한다. 단독으로 사용하나, 때로는 높은 점성을 주기 위하여 광물성유를 첨가한다. 동물성유로는 돼지기름(lard oil)이 많이 쓰이며, 식물성유보다 점성이 높고 저속절삭과 다듬질 가공에 쓰인다. 동물성유만으로 사용할 때는 적고, 5~50%의 광물성유를 혼합하여 윤활성을 향상시킨다. 돼지기름과 테레빈유를 여러 가지 비율로 혼합한 것은 Al, 또는 굳은 강을 절삭할 때, 또는 구멍을 뚫을 때 쓰인다. 또 돼지기름과 석유의 혼합유는 Al 및 Cu를 milling 가공할 때 쓰인다.

식물성유에는 종유(seed oil), 대두유, 올리브유, 면실유, 테레빈유, 피마자유 등이 있으며 모두 점도가 높고 양호한 유막을 형성하여 좋은 윤활 능력을 발휘하고 가공면을 곱게 한다. 그러나 한편 냉각작용이 양호하지 못하고, built-up edge의 발생을 감소시킨다. 나사깎기, 치차가공, 다듬질절삭 등에 많이 사용된다.

(5) 고체윤활제 혼합액(suspensions of sold lubricants)

흑연 및 2황화몰리브덴 등 고체윤활제를 섞은 절삭유를 사용할 때가 있으며 여러 가지 공작기계의 작업조건(절삭깊이, 이송, 절삭속도 등)과 피절삭 재료에 따라 절삭유를 적절히 선택하여 능률을 향상시키는 데는 절삭이론과 경험 및 적당한 판단을 내릴 지식이 필요한 것이다.

[표 7-3] 절삭유제의 선택

가공법 재료	내면 브로칭	표면 브로칭	태핑 및 나사 깎기	치차 다듬질	치차 절삭 (세이핑)	드릴링 과 리밍 포함	깊은구멍 뚫기와 라이밍	보링	선삭	자동나사 깎기작업	밀링	나사 주조	나사 연삭	연형 연삭	일반 연삭
알루미늄	F	F	H			C	C	C	C	C	C	D	H	H	F
황동	F	F	F	F	F	C	C	C	C	F	F	F			
청동(中硬度)	F	F	F	F	F	F	F	F	F		F	F			
청동(高硬度)	E	F	E	F	F	F	F	F	F		F	F			
동	F	F	F			C	F	C	C	C	C	F			
마그네슘	F	F	F			D	D	D	D	D	D	D	D	D	D
모넬메틸	H	H	H	H	H	G	G	G	G	H	H	G			
니켈									C		H				
주철(고경도)	C	C	C				C				C				
주철(저중경도)	C	C	C				C								
동 0.30C까지	G	G	G	G	G	G	G	C	C	F	C	H	L	L	C
동 0.30C 이상	H	H	H	H	H	H	H	G	G	G	C	H	M	M	C
열처리한 강	H	H	H	J	J	H	H	G	G	G	C	H	M	M	C
합금강	J	J	J	J	J	K	K	K	K	H	K	H	N	N	K
스테인리스강	J	J	J	J	J	J	J	K	K	H	K	H	M	M	K

- 불활성 냉각액 : (A) 공기, (B) 물, (C) 수용성 유
- 불활성 윤활유 : (D) 순철물성 유, (E) 순지방질 유, (F) 주물성-지방질의 혼합유
- 화학성 활성액 : (G) 황화주물성 유, (H) 황화주물성 유-지방질 유, (I) 황화 염화 주물성 유, (J) 황화염화주물성 유-지방질 유, (K) 중화삭용 수용성유(첨가물 있음)
- 연삭유 : (L) 굳고 높은 화학작용, (MD) 보통 화학작용, (N) 무르고 낮은 화학 작용

Section 36 용접이음의 장점과 단점

① 개요

용접 이음은 금속재료에 열과 압력 등을 가하여 고체 사이에 직접 결합이 되도록 접합시키는 방법으로 융접, 압접, 납접으로 분류한다. 융접은 모재를 순간적으로 용융하여 접합을 하고 압접은 압력을 가해 순간적인 용융상태를 생성하여 접합한다. 납접은 경납접과 연납접이 있으며 융접과 압접보다 낮은 온도(350℃ 기준 상하)에서 접합한다.

② 용접이음의 장점과 단점

용접이음의 장점과 단점은 다음과 같다.

(1) 장점

① 공작이 용이하므로 재료를 절약할 수 있다.
② 강판의 두께에 관계없이 이음효율을 극히 높일 수 있다.
③ 기밀성이 좋다.
④ 사용하는 판재의 두께에 제한이 거의 없다.
⑤ 재질이 우수하고 재료의 선택이 자유로우므로 무게를 줄일 수 있다.
⑥ 주조물에 비해 크랙 등의 결함이 없고 보수도 용이하다.
⑦ 리벳이음처럼 소음이 없고 주조처럼 목형이 필요 없다. 또한 단조에서와 같은 대형 가공기계가 필요치 않으므로 제작비가 싸다.

(2) 단점

① 용접할 때 고열에 의한 변형이나 잔류응력이 발생하고, 또 재질이 변한다.
② 용접의 최적 조건이 맞지 않으면 결함이 생기기 쉽고 이런 결함은 예민한 노치효과를 나타낸다.
③ 강도가 매우 크므로 응력집중에 대한 민감도가 크고, 크랙이 발생하면 구조물이 일체이므로 파괴가 계속 진행해서 위험하다.
④ 진동을 감쇠하는 능력이 부족하다.
⑤ 용접부의 비파괴 검사가 어렵다.

Section 37   공작기계에 요구되는 특성과 안전성

1 개요

공작기계는 재료를 절삭 또는 소성변형하여 기계 및 기구를 제작할 수 있는 기계를 의미하며 협의적 의미의 정의는 금속재료를 절삭 또는 연삭 등에 의해서 불필요한 부분을 제거하여 원하는 형상으로 만드는 기계이며 넓은 의미의 정의는 금속재료 이외에도 플라스틱, 세라믹, 석재, 목재 등을 절삭, 연삭 등에 의해서 가공하는 기계를 의미한다.

2 공작기계에 요구되는 특성과 안전성

공작기계에 요구되는 특성과 안전성을 설명하면 다음과 같다.

(1) 공작기계에 요구되는 특성

1) 가공 정밀도(accuracy)

공작기계로 가공된 공작물의 치수와 다듬질면의 표면정밀도가 정확한 정도로 가공면이 매끄럽고, 치수가 정확하며 기하학적으로 올바른 형상을 갖고 있는 정도이다. 정밀도를 결정하는 인자는 주축의 회전 정밀도, 안내면의 직선 정밀도, 온도변화에 대한 변형이 있다. 또한, 고유진동에 의해서 정밀도 저하시키므로 정적, 동적 하중에 대한 변형을 감소시키고 고유진동에 대해 정강성(static stiffness)과 동강성(dynamic rigidity)을 향상시켜야 한다.

2) 생산성(productivity)

재료를 가공하여 필요로 하는 제품과 부품으로 제작하여 가치를 부여하는 것을 생산이라 하며, 그 효율성을 말한다.

3) 융통성(融通性, flexibility)

공작기계는 가공할 제품의 종류, 형상, 크기 및 가공정밀도 등에 따라 그 구조와 기능이 다르며 융통성이 크면 이용범위가 넓어진다. 그러나 생산능률이 저하되므로 목적에 따라 융통성의 범위를 결정하게 된다.

(2) 안전성(safety)

공작기계 작업과정에서 운전속도 조정, 위치조정, 공작물의 착탈(着脫) 등을 위하여 수많은 핸들과 레버를 조작하며 이들의 조작 시 직간접적으로 조작의 시간 및 위치의 잘못이 해로운 간섭을 일으켜 파손 또는 손상의 사고를 발생시키므로 연동장치(interlocking device)를 사용하여 상호간섭을 사전에 방지하거나 선반의 왕복대, 밀링머신의 테이블의 이송부분에는 트리플 기어(3단 기어구동, triple geared drive)를 사용하여 운전 중의 사고를 방지한다.

Section 38 드릴의 고정 방법 3가지

1 개요

드릴은 주축에 고정하여 사용하며 일감은 정확한 드릴링 작업을 위해 테이블 또는 베이스에 정확하고 견고하게 고정한다. 동일한 가공이 많고 한 일감에 여러 개의 구멍을 뚫을 때는 드릴을 안내하는 지그를 사용하여 작업하면 신속하고 정확하게 구멍을 뚫을 수 있다.

2 드릴의 고정 방법 3가지

드릴 고정 방법은 다음과 같다.

(1) 드릴을 직접 주축에 고정하는 방법

드릴 자루부의 테이퍼와 주축의 테이퍼 구멍이 맞을 때 직접 드릴의 자루를 주축에 끼워 고정한다.

(2) 소켓 또는 슬리브를 사용하는 방법

드릴 자루가 주축 구멍에 맞지 않거나 또는 드릴의 길이가 짧아서 연장시킬 필요가 있을 때 드릴의 테이퍼 자루와 맞는 슬리브 또는 소켓을 주축에 삽입하고 거기에 드릴을 끼워 고정한다.

(3) 드릴 척을 사용하는 방법

지름이 작은 직선 자루 드릴은 주축에 맞는 드릴 척의 자루를 주축에 꽂아서 고정한 다음 드릴을 척에 고정한다. 일반적으로 자콥스 드릴 척이 많이 사용된다.

Section 39 공작기계에 표시할 사항과 공작기계 취급설명서에 기재 되어야 할 사항

1 개요

산업안전보건법 제13조에 따라 금속가공용 공작기계에 의한 재해를 방지하기 위한 공작기계의 일반적 안전에 관하여 사업주에게 지도·권고할 기술상의 지침을 규정함을 목적으로 한다.

❷ 공작기계에 표시할 사항과 공작기계 취급설명서에 기재되어야 할 사항

1) 공작기계(연삭기는 별도의 규정에 따른다)에는 보기 쉬운 곳에 다음의 사항이 표시되어야 한다(제23조, 표시).

① 제조자명

② 제조연월

③ 정격전압 및 정격주파수

④ 회전속도 및 회전방향

⑤ 중량

⑥ 그 밖의 필요한 사항

2) 공작기계의 취급설명서 등에는 다음의 사항이 기재되어 있어야 한다(제24조, 취급설명서).

① 공작기계 사용상의 유의사항

② 안전장치의 종류, 성능 및 사용상의 유의사항

③ 안전하게 운반하기 위한 조치의 개요

④ 설치, 조작, 조정 등의 작업 및 정비작업을 안전하게 하기 위해 필요한 작업절차 및 작업면적

⑤ 소음레벨

⑥ 관계법령 그 밖의 필요한 사항

Section 40　공작기계에서 부품가공 시 칩 브레이커의 사용목적

❶ 개요

칩브레이커란 절삭 시 발생하는 칩의 길이를 짧게 끊어주는 안전장치로 유동형 칩에서 주로 사용하며 가열된 칩이 작업자나 주변에 길게 생성되어 화상이나 안전사고를 방지하고 절삭가공 시 작업자의 작업 능률을 향상시키며, 공작물의 표면을 보호하고 절삭가공 시 트러블을 감소하기 위함으로 사용하고 있다.

❷ 공작기계에서 부품가공 시 칩 브레이커의 사용목적

(1) 칩 브레이커의 역할

① 칩에 의해 발생할 수 있는 가공표면의 흠집을 방지한다.

② 공구 날 끝에 걸리거나 상하는 것을 방지한다.

③ 칩이 작업자에게 튈 경우 발생할 수 있는 위험요소를 줄일 수 있다.

④ 절삭유제의 유동성을 높일 수 있다.

(2) 칩 브레이커의 방식

① **홈형 칩 브레이커** : 공구의 경사면 자체에 홈을 만드는 방식

② **장애물형 칩 브레이커** : 공구의 경사면에 별도의 부착물을 붙이거나 돌기를 만드는 방식

Section 41 목형을 제작하기 위한 현도 작성 시 고려사항

① 개요

목형 현도는 목형을 제작하는 데 필요한 사항(수축 여유, 가공 여유, 목형 기울기)을 미리 고려하여 작성한 도면을 말한다.

② 목형을 제작하기 위한 현도 작성 시 고려사항

목형을 제작하기 위한 현도 작성 시 고려사항은 다음과 같다.

1) 가공여유

주조품을 기계 또는 공구로 끝손질 가공이 필요할 때 필요한 치수만큼 크게 도면에 기입하여 목형을 만들며, 이 양을 가공여유라 한다[표 7-4]. 거친 가공에서는 2~5mm, 중간 다듬 가공에는 3~5mm, 정밀을 요하는 가공에는 5~10mm 정도이다.

[표 7-4] 가공여유

재질	가공여유	재료	가공여유
거친 다듬질	1~5	주철	3~6
중간 다듬질	3~5	주강	3~6
정밀 다듬질	5~10	황동, 청동	3~5

2) 수축여유

용융된 금속이 응고할 때는 수축이 생긴다. 목형을 제작할 때는 이 사항을 반드시 고려하여야 하며, 편의상 주물의 수축량을 가산하여 만든 주물자를 사용한다[표 7-5].

[표 7-5] 수축여유

재료	수축 길이 1m에 대하여(mm)
주철	0.8~10.5
주강	18~21
황동	10.6~18
청동	13~20
알루미늄	21~22

3) 목형 기울기

주형으로부터 목형을 뽑아낼 때 주형이 파손되지 않도록 하기 위하여 목형의 수직면 1m 길이에 대하여 6~10mm 정도의 기울기를 붙여둔다.

4) 코어 프린트

속이 빈 주형의 가운데에 들어가야 하는 코어를 주형 내부에 움직임 없이 지지하기 위하여 목형에 덧붙인 돌기 부분을 말하며 제작도면에는 표시되지 않는다.

5) 라운딩

쇳물이 응고할 때 주형의 직각 부분에 결정의 경계가 생겨 약한 부분이 형성된다. 이것을 방지하기 위하여 각진 부분을 둥글게 하는 것을 라운딩이라 한다[그림 7-24].

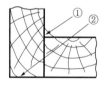 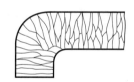 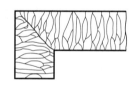

①②를 라운딩	(a) 결정조직에 경계가 없음	(b) 조직에 경계가 생긴다

[그림 7-24] 라운딩

6) 덧붙임 목형

두께가 균일하지 못하고, 형상이 복잡한 주물은 냉각과 내부응력에 의해 변형이 되고 파손되기 쉬우므로 이것을 방지하기 위하여 뼈대를 단다.

Section 42 금속용사법 종류 및 특징

❶ 개요

부품의 표면에서 요구되는 기능, 품질특성에 가장 적합한 재질을 선정하여 그 재질을 부품의 표면에 용사 코팅하는 기술로서 최근에는 설비가 작고, 얇고, 가벼우면서 오래 사용할 수 있는 고성능을 요구하고 있다. 이러한 욕구를 충족시키는 값싸고 고품질 제품만이 경쟁에서 살아남을 수 있으며, 이러한 요구에 가장 경제적이고 폭넓게 응용될 수 있는 분야로 용사의 특징은 다음과 같다.

① 모재의 재질은 금속, 비금속, 세라믹, 플라스틱, 나무 등 모재의 재질에 무관하다.

② 코팅재질은 금속, 세라믹, 초경합금, 수지 등 거의 모든 재질을 이용할 수 있다.

③ 코팅할 때 모재에 미치는 열 영향은 100℃ 전후로 모재의 치수변형, 금속적 변형이 없다.

④ 부품의 치수 형상에 작업의 제한이 없고, 현장시공도 가능하다.

⑤ 부품의 필요 부분만 선택적으로 적용할 수 있으며, 한 부품에 여러 기능을 동시에 부여할 수도 있다.

⑥ 코팅층에 미세한 기공이 있어 열 충격과 윤활특성이 특히 우수하다.

⑦ 표면가공의 정도는 경면가공에서 거친 상태 등 자유로이 조절이 가능하다.

❷ 용사(thermal spraying 또는 metallizing)의 가스식 용사법과 전기식 용사법에 이용되는 용사법 5가지 이상

(1) 플라즈마 용사법

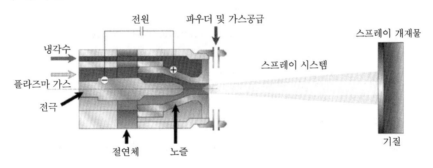

[그림 7-25] 플라즈마 용사법

역극성 아크(Non-Transfered Arc)에 의해 불활성 가스로부터 생성되는 플라즈마흐름(속도 : 마하 2, 중심온도 : 16,500℃)에 피막재료를 투입하고, 순간적으로 용융시켜 완전용융된 분말 용사재를 고속으로 분사 밀착시켜 피막을 형성시키는 코팅 방법이다. 용사재료는 금속, 비금속, 세라믹(주로 금속산화물, 탄화물), Cermet로 광범위하고, 탁월한 내마모성, 내열성, 내식성, 전기전도, 차폐성, 전파복사성, 육성 및 초경 등의 우수한 피막을 얻을 수 있으며, 또한 육성보수도 가능하며, 용사 시의 가공물의 표면 온도가 150℃ 이내로 제어되기 때문에 모든 모재에도 코팅이 가능하다.

(2) 플라즈마 제트 용사법

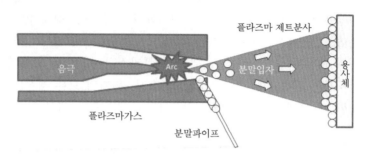

[그림 7-26] 플라즈마 제트 용사법

　　종래의 플라즈마 용사법의 출력을 3배 이상 증가시킨 고전압, 저전류 부하의 Extended Arc 방식에 의해 경이적인 초고출력(250kW)의 에너지를 이용하여 극초음속 (속도 : 3,000m/sec)에서 최고경도의 피막(산화크롬 : DPH300 1900)을 형성시키는 코팅방법이다. 이 방법은 광범위한 용융코팅 에너지를 Computer controller에 의한 최적의 플라즈마 제트를 채택함으로써 경도, 밀도, 표면조도, 산화도, 변질도, 밀착도 등에서 타 용사법으로는 그 추종이 불가능한 획기적인 최고의 품질을 얻을 수 있다. Robot 등의 정확한 시방작업에 의해서 난이한 형상의 소재부품까지도 최고의 품질을 기대할 수 있으며 응용분야는 다음과 같다.

① 섬유의 각종 Roll, 각종 Guide류

② 제지공업의 Calendar roll, Gloss machine roll, Stone roll

③ 철강, 비철공업의 각종 Roll, 각종 Pump/valve 부품, Back-up roll

④ 전자공업의 각종 Computer 부품, Robot 부품

⑤ 기타 산업의 전력, 유리, 시멘트, 인쇄, 기타 기계부품류, 원적외선 Heater

⑥ 반도체 생산설비 중 절연방식 제품, Tray

⑦ 화학공업의 Pump sleeve, Mechanical seal, Piston plunger 등

(3) HVOF(High Velocity Oxy-Fuel spraying) 용사법

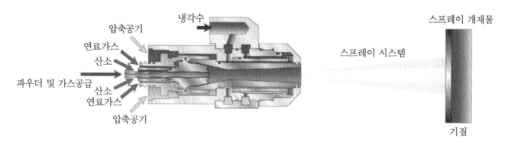

[그림 7-27] HVOF 용사법

Rocket 연소실로부터 고압(연소압력 : 13bar) 상태로 토출되는 극초음속의 Jet흐름(속도 : 2,100m/sec 이상)의 가열, 가속 에너지를 이용하여 최대의 충돌 운동에너지에 의해 용사재를 연화(Soften) 및 가속시킴으로써 극히 치밀한 고밀도의 피막을 형성시키는 새로운 용사방법이다. 용사재로서는 저융점의 금속, 비금속, 초경합금, 금속탄화물(WC), 금속붕소 화합물이 주로 사용된다. 용사재의 비행속도(속도 : 900m/sec 이상)가 극히 빠르기 때문에 공기 중에서의 체재시간이 짧아서 조직의 물성변화(산화, 변질)가 거의 없고, 조직이 강하고 치밀한 고밀도의 초경피막(WC : DPH300 1400)을 얻을 수 있으며 응용분야는 다음과 같다.

① 섬유, 제지 공업의 각종 특수 Roll
② 철강공업의 각종 특수 Roll, Mould, Liner, 압연 Roll 등
③ 비철공업의 냉연, 열연용 Roll
④ 플라스틱공업의 사출/압출 Screw, 각종 Roll
⑤ Mechanical seal, Plunger, Piston Rod 등
⑥ 중공업 : 대형엔진 Valve, 발전기 Turbine Blade
⑦ 전자산업 : OA기 Blade

(4) Gas 용사법

아세틸렌과 산소(3,100℃), 프로판과 산소(2,700℃)의 연소를 열원으로 하여 각종 금속, 합금선재를 연속적으로 용사하여 피막을 형성시키는 방법이다. 새로운 기계부품이면 성능 향상에, 또 마모나 부식을 받는 부품이면 저렴한 비용으로 신품과 같은 성능을 얻을 수 있으므로 광범위한 산업분야에 적용할 수가 있다.

(5) Arc Jet 용사법

전기 Arc를 열원으로 하여 용사하는 방법으로 피막이 치밀하고 경도가 높아지는 효과를 얻을 수 있으며 응용분야는 다음과 같다.

① 내마모성, 내식성을 위한 스테인리스강 코팅(비용이 극히 저렴하다)
② Tank, Tower 등의 방청코팅(Al, Zn)
③ 전기전도, 전자파 차폐 코팅
④ 화학공업의 Pump sleeve, Piston plunger, Mechanical seal 등
⑤ 각종 Roll shaft 등의 보수육성 코팅
⑥ 자동차부품, Synchronized ring, Piston ring, Bushing

(6) 세라믹과 불소수지 코팅

세라믹의 용사피막은 발군의 경도(H_v >1,000)를 가지고 피막표면에 요철이 심하게 전개되어 있기 때문에 이 요철부에 Teflon 불소수지를 함침 코팅함으로써 이 새로운 피막은 2개의 특성을 구비한 내마모성, 내약품성, 이형성, 비흡수성 및 내열성(300℃)이 우수한 피막이 얻어지며 응용분야는 다음과 같다.

① 도금조 Tank/Heater
② 식품용 각종 기계장치류, 주방기기 제품
③ 약품용 교반 Tank
④ 제지 Roll
⑤ 화공약품 Pump 부품(Mechanical seal, Sleeve, Elbow, Tee, Pump casign 등)
⑥ 전기차폐성, 이형성

(7) 자용성 합금 용사법

Ni-Cr, Co-Cr 및 이들에 WC를 함유시킨 재료를 주성분으로 하고, B 및 Si를 Fluxing 제로서 첨가하여 만들어진 자용성 합금분말을 산소와 아세틸렌(수소)의 화염을 열원으로 하여 용융분사해서 용사층을 형성시킨 다음, 1,010~1,180℃에서 재용융함으로써 모재와의 경계에서 합금층을 형성시킴과 동시에 초경합금의 피막을 형성시키는 방법이다. B 및 Si는 용사층 내의 금속산화물을 B_2O 및 SiO_2로 환원하여 용사층의 표면으로 부상되기 때문에 기공이 없는 치밀한 피막을 얻을 수 있어, 특히 내마모의 목적에 많이 사용되고 있으며 응용분야는 다음과 같다.

① 섬유, 제지공업의 Knife holder of chipper, Chipper disk, Conveyor 부품, Spindle, Bobbin 등
② 철강, 비철공업의 각종 Roller, Universal-coupling/Spindle, 각종 Pump/valve 부품, 수(유)압 Plunger, Fan Blade
③ 석유, 화학 공업의 Thermo-couple, 사출/압력 Screw, Piston rod, Pipe elbow, 각종 Pump/Valve 부품
④ 전력의 각종 펌프/Valve 부품, Guide vane, Turbine liner, Runner 등
⑤ 기타 산업의 원자력, 해양개발, 차량, 선박, 인쇄, 기타, 기계부품 등
⑥ 전선, 신선공장의 Capstan, Guide roll

Section 43 공작기계의 진동검사 방법(진동측정 개소의 선정, 측정 항목, 측정 방법, 판정 방법)

1 개요

공작기계, 가공물 및 공구는 완벽하게 단단하지는 않으며 절삭 부하로 인해 진동할 수 있다. 공작기계, 가공물 및 절삭 공구의 동적 특성은 절삭 성능을 제한할 수 있다. 강성이 너무 낮고 진동 감쇠(댐핑)가 충분하지 않으면 자려진동 또는 '채터링' 문제가 발생할 수 있으며 현상에 대한 기본 지식이 있으면 채터링을 예측할 수 있어 절삭 성능이 향상된다.

현재는 베어링에서 측정된 베어링진동과 베어링이나 그 부근에서 측정된 축 진동이 판정을 위한 신뢰할 수 있는 진동자료이며, 따라서 기계 진동을 대표하여 측정하는 것이 일반적이다.

2 공작기계의 진동검사 방법(진동측정 개소의 선정, 측정항목, 측정 방법, 판정 방법)

(1) 진동측정 개소의 선정과 측정항목

회전기계 진동의 원인은 대부분 회전축에 관계된다. 따라서 축의 거동을 직접 측정하고, 이를 판정하는 것은 판정의 정도 향상, 이상상태의 조기발견, 2차 피해의 회피 등을 위해 바람직한 방법이라 할 수 있다. 특히 다음과 같은 진동현상에 대한 위험 판별에 매우 유리하다.

① 케이싱과 회전축의 접촉
② 베어링부의 부품의 파손 등에 의한 불평형의 급격한 변화
③ 베어링의 변위, 침식, 마멸, 회전체의 굽힘 등에 의한 불평형의 완만한 변화
④ 회전축의 자려진동

(2) 측정방법

축진동은 회전체와 정지부의 접촉을 예방하기 위해서는 베어링의 거의 중간위치나 최소간극 부분에서 측정하는 것이 좋다. 또한 베어링에 대한 과대한 응력을 예측하는 데는 베어링 또는 그 부근에서 측정하면 좋다. 그러나 회전체의 중앙부근에서 측정하는 것은 일반적으로 불가능하므로 주로 베어링이나 그 부근에서 측정하도록 하고 있다. 이 경우 베어링으로부터의 거리 또는 진동모드에 의해 측정치에 차가 발생하게 되지만, 일반적으로는 동일한 한계치를 채용하고 있다. 측정방향은 수평 기계에서는 축단면의 수평과 수직방향 또는 이와 45° 이내 경사진 두 방향에서 측정한다.

(3) 평가척도

축진동 평가의 척도로는 진동변위의 진폭(최대치)이 적절하고, 대부분 이를 채용하고 있다. 회전체 각각의 단면에서의 축중심 궤적(Orbit)은 일반적으로 원형이 아니고 타원 형이 되므로, 그 장축의 방향이 수직이나 수평으로 되지 않는다. 따라서 장축이 수평축 과 이루는 각도는 각각의 단면에서 다른 각도로 되는 경우가 있다. 또한 운전주파수 이 외의 고주파성분이 포함되면 더욱 복잡한 형으로 된다. 종래의 규격에서는 수직 또는 수 평방향 중 어느 방향의 축진동을 측정하여도 되었지만, 이와 같은 축 궤적의 형상을 고 려하여 최근의 규격에서는 직교하는 두 방향의 축 진동을 측정하도록 되었다.

(4) 평가기준

평가기준(Evaluation Criteria)으로는 진동크기(Magnitude), 진동크기의 변화 그리고 운전한계(Operational Limits)가 있다.

1) 진동크기

이는 두 개의 직교하는 선택된 측정방향에서 측정된 양 진폭(Peak-Peak)변위 중에서 높은 값으로 한다. 이 기준 값은 정격속도와 정격부하범위에서 지정된 정상상태 운전조 건하에서 적용된다. 최대축진동의 크기는 경험에 의해 확립된 4개의 평가영역으로 나누 어져 있다.

① **영역 A** : 새로 설비된 기계의 진동은 보통 이 영역에 속한다.

② **영역 B** : 이 영역 내에서 진동을 하는 기계는 보통 제한 없이 장기간 운전이 허용 가능 한 것으로 간주한다.

③ **영역 C** : 이 영역 내에서 진동을 하는 기계는 보통 장기간 연속운전은 만족스럽지 않 는 것으로 간주된다. 일반적으로 기계는 정비조치를 위한 적당한 기회가 생길 때까지 이 조건에서 제한된 기간동안 운전할 수 있다.

④ **영역 D** : 이 영역 내의 진동 값은 보통 기계에 손상을 입힐 정도로 충분히 심각한 것으 로 간주된다. 이들 평가영역의 경계에 대한 추천 값은 지금까지 축적된 경험에 근거 하여 설정되었으며 기계에 따라 다르게 정해져 있다.

2) 진동크기의 변화

이 기준은 정상상태의 운전조건하에서 발생하는 축 진동크기의 변화에 기초하여 제정 되었다. 축 진동크기의 중대한 증가나 감소가 발생할 수 있고, 이것이 진동크기의 기준 이 영역 C에 도달하지 않았더라도 상당한 양이 변하고 영역 B의 상위한계치의 25%를 초 과하면 진동크기가 증가하거나 감소하는 것에 상관없이 이 변화에 대한 원인을 밝히기 위한 어떤 조치가 필요하다.

3) 운전한계

연속적인 진동상태 감시를 하는 기계에서는 운전 시의 진동한계로 경보(Alarm)와 비상정지(Trip)를 설정하는 것이 관례이다.

경보는 정해진 진동 값에 도달했거나, 중요한 변화가 발생하였을 때에 경고를 제공하기 위한 것으로 이때에는 정비조치가 필요하다. 경보가 발생하면 변화원인과 필요한 정비조치를 규명하기 위한 조사기간 동안은 운전을 계속할 수 있다. 경보치는 기준선보다 높고 영역 B의 상위한계의 25%로 설정할 것을 권고하고 있다.

비상정지는 더 이상 운전을 계속하면 기계에 손상을 일으킬 수 있는 진동의 크기를 나타내고, 이 값을 초과하면 진동을 줄이기 위한 조치가 즉시 이루어지거나 기계를 정지시켜야 한다. 비상정지의 설정값은 설계사양에 의존하고 기계에 따라 차이가 있으므로 정확한 지침은 제공되지 않고, 일반적으로 영역 C와 D에 속할 것이다.

CHAPTER 08

유체역학과 유체기계

베르누이방정식

1 정의

비압축성 이상유체가 정상유동을 하고 있다고 가정하자. 그러면 임의의 유선(또는 미소단면의 유관) 1-2상에서는 다음과 같은 베르누이방정식이 성립한다.

$$H = \frac{p_1}{\gamma} + \frac{v_1^2}{2g} + z_1 = \frac{p_2}{\gamma} + \frac{v_2^2}{2g} + z_2 = \text{constant} \tag{1}$$

여기서, p는 유체의 압력, v는 유체의 속도, γ는 유체의 비중량, z는 임의의 수평기준선으로부터의 높이, 그리고 g는 중력가속도를 나타내고, 하첨자 1, 2는 각각 유선상의 점 1, 2를 표시한다. 식 (1)의 각 항은 길이의 차원을 가지고 있으며, 유체의 단위중량당 압력에너지(p/γ), 운동에너지($v^2/2g$), 그리고 위치에너지(z)를 나타낸다. 따라서 식 (1)은 비압축성 이상유체가 흐르는 동안 역학적 에너지의 총합이 항상 일정하게 유지된다는 역학적 에너지보존법칙을 기술하고 있다.

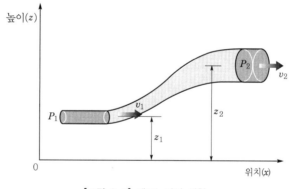

[그림 8-1] 베르누이의 역학

2 적용사례

식 (1)은 이상유체인 경우에 해당되며, 실제 유체에서는 유체가 유동할 때 유체점성에 의하여 역학적 에너지손실이 발생하므로 전 수두(total head) H는 감소하게 된다. 따라서 실제 유체에서는 식 (1)이 다음과 같이 수정된다.

$$\frac{p_1}{\gamma} + \frac{v_1^2}{2g} + z_1 = \frac{p_2}{\gamma} + \frac{v_2^2}{2g} + z_2 + h_{L1-2} \tag{2}$$

이때 h_{L1-2}를 마찰손실수두(friction loss head)라 부르며, 유체가 점 1에서 점 2까지 흐르는 동안에 발생한 유체의 단위중량당 역학적에너지의 손실을 나타낸다.

한편 실제 유체의 관로유동에 베르누이방정식(Bernoulli's equation)을 적용하려면 유체의 흐름방향에 수직한 단면에서의 속도분포가 균일하지 않은 점과 관로의 급격한 변화에 따른 유동의 박리현상(seperation) 등을 고려해야 한다.

유체가 관로를 따라 유동할 경우 동일 단면에서도 위치에 따라 전 에너지$\left(\dfrac{p}{\gamma}+\dfrac{v^2}{2g}+z\right)$가 변하게 된다. 피에조미터수두(piezometric head) $\dfrac{p}{\gamma}+z$는 관이 심하게 만곡된 경우를 제외하고는 동일 단면 내에서는 거의 일정하지만 비균일 속도분포 때문에 운동에너지 $\dfrac{v^2}{2g}$가 다르게 된다.

이러한 운동에너지의 변화를 보정해 주기 위해 다음과 같이 운동에너지 보정계수 α를 정의한다.

$$\alpha = \frac{\displaystyle\int v^3 dA}{V^2 \displaystyle\int v dA} = \frac{\displaystyle\int v^3 dA}{V^2 Q} \tag{3}$$

이때 V는 단면에서의 유체 평균속도, Q는 유체유량, A는 단면적이다. 따라서 관로유동의 경우 식 (2)는 다음과 같이 변형된다.

$$\frac{p_1}{\gamma} + \alpha_1 \frac{V_1^2}{2g} + z_1 = \frac{p_2}{\gamma} + \alpha_2 \frac{V_2^2}{2g} + z_2 + h_{L1-2} \tag{4}$$

식 (4)를 실제 유체의 유동에 적용하기 위해서는 각 유체단면의 속도분포를 측정하여 보정계수 α를 구해야 하는 어려움이 따른다. 그러나 α값은 보통 1보다 그다지 크지 않으므로($\alpha \cong 1.1$) 보통의 공학적 계산에서는 일반적으로 식 (2)와 같은 형의 식인

$$\frac{p_1}{\gamma} + \frac{V_1^2}{2g} + z_1 = \frac{p_2}{\gamma} + \frac{V_2^2}{2g} + z_2 + h_{L1-2} \tag{5}$$

를 사용한다.

한편 유체의 관로가 급격히 확대 또는 축소되면 유동의 박리현상이 일어나 유체의 재순환영역(recirculating region)이 존재하게 되어 이 부분에서의 실제 유체 유동면적은 관의 단면적보다 줄어들게 된다. 따라서 유량에 의하여 계산된 유체속도는 실제 유체속도보다 작은 값이 되며, 운동에너지도 실제 유체가 가지고 있는 운동에너지보다 작은 값이 나타나게 된다. 이러한 유동의 박리현상이 일어나는 경우에는 식 (5)를 적용할 수 없다.

레이놀즈 수와 무차원수

1 개요

실제 유체의 흐름에 있어 점성은 흐름의 형태를 2가지의 서로 전혀 다른 유동형태로 만든다. 다시 말하면 실제 유체의 흐름은 층류와 난류로 구분된다. 여기서 층류에서는 유체의 입자가 서로 층의 상태로 미끄러지면서 흐르게 되며, 이 유체입자의 층과 층 사이에서는 분자에 의한 운동량의 변화만이 있는 흐름이다.

한 마디로 유체의 분자들이 모두 열을 지으면서 질서정연하게 흐르고 있는 상태를 층류라고 한다. 반면에 난류는 유체의 입자들이 아주 심한 불규칙한 운동을 하면서 상호간에 격렬하게 운동량의 교환을 하면서 흐르는 상태를 말한다. 다시 한 번 층류와 난류를 요약한다면 층류가 아주 질서정연한 유체의 흐름이라고 말할 수 있는 반면에, 난류는 아주 무질서한 유체의 흐름으로 구분된다.

2 레이놀즈 수(Reynolds number)

실제 유체의 흐름에 있어서 서로 유동특성을 나타내는 층류와 난류의 구분은 레이놀즈 수에 의해서 결정된다. 이것은 레이놀즈의 실험적 관찰로부터 얻어진 결과이기 때문에 레이놀즈 수라는 명칭을 사용하게 되었다.

레이놀즈는 [그림 8-2]에서 보는 바와 같은 물탱크에 긴 투명유리관을 설치하고, 이 유리관의 입구는 유동마찰을 줄이기 위하여 매끈한 노즐로 만들었다. 그리고 유리관에서의 유체속도를 조절할 수 있게 하기 위하여 관의 끝 부분에 밸브 A를 부착하였다. 그리고 아주 가는 관 B를 유리관의 중심에 위치시키고 이 관의 용기 C로부터 물감물이 공급되도록 하였다.

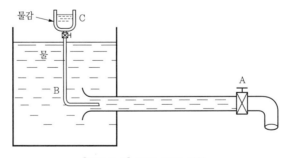

[그림 8-2] 레이놀즈의 실험

레이놀즈는 이 실험을 통하여 비교적 느린 속도, 즉 유리관 속에서 느린 유체속도가 되도록 밸브 A를 조작하였을 때 B로부터 흘러나오는 물감물을 대단히 가는 선으로 이어지며, 유리관에 대해 평행한 하나의 흐트러지지 않는 직선을 만들고 있음을 발견하였다.

그러나 이제 밸브 A를 점차로 열어서 유체속도를 증가시키게 되면 B로부터의 물감물의 선은 점차로 안정되어 흔들리는 모습을 볼 수 있으며, 나중에는 유리관 전 단면에 퍼져서 분산되는 현상을 관찰하였다.

레이놀즈는 위의 실험을 통해 아주 작은 속도에서 유체입자는 서로 뒤섞임 없이 층과 층이 평행하게 미끄러지면서 흐르고 있는 상태를 발견하여 이것을 층류의 흐름이라고 하였다. 그리고 속도가 빨라지면 물감물이 전부 흩어지게 되어 유체의 입자가 서로 마구 뒤섞이고 있음을 볼 수 있는데, 이런 유체상태를 난류하였다. 그런데 느린 속도에서 점점 유체속도를 증가시켜 어느 일정한 속도에 이르면 층류가 난류로 바뀜을 볼 수 있다. 이와 같이 관에서 층류를 난류로 바꾸는 유체속도를 상임계 속도(upper critical velocity)라고 한다.

그리고 난류상태의 흐름에서 점차 유체속도를 줄이면 어느 임계속도에 이르러 난류가 층류로 다시 되돌아오게 된다. 이 임계속도를 하임계 속도(lower critical velocity)라고 한다.

레이놀즈는 무차원의 극수, 즉 레이놀즈 수 R_e를 다음과 같이 정의함으로써 그의 실험결과를 종합하였다.

$$R_e = \frac{Vd\rho}{\mu} \text{ 또는 } \frac{Vd}{\nu}$$

여기서, V : 관 속에서의 유체의 평균속도
d : 관의 직경
ρ : 유체의 밀도
μ : 유체의 점성계수
ν : 유체의 동점성계수

관유에 대한 여러 실험치를 종합해 보면 레이놀즈 수 R_e가 약 2,100보다 작은 값에서 유체는 층류로 흐르고, R_e가 2,100과 4,000 사이의 범위에서는 불안정하여 과도적 현상을 이룬다. 다만 레이놀즈 수 R_e의 값이 4,000을 넘게 되면 대략적으로 유체의 흐름은 난류가 된다. 따라서 일반적으로 어느 유체이거나 또는 어떠한 치수의 관을 막론하고 원통관의 흐름에 대하여 다음과 같이 결론지을 수 있다.

① $R_e < 2,000$이면 유체의 흐름은 층류
② $R_e > 4,000$이면 유체의 흐름은 난류

여기서, 2,100을 하임계 레이놀즈 수, 4,000을 상임계 레이놀즈 수라고 한다. 그러나 이런 임계 레이놀즈 수의 값은 이와 같이 언제나 일정한 값을 갖는 것이 아니고 유체장치의 여러 가지 기하학적인 조건과 기타 주위환경의 조건에 따라 크게 변하게 된다. 다시 말하면 유체 상류감속에서의 안정도, 관입구의 모양, 관의 표면마찰 등에 따라서 크게 변동될 수 있어서 임계 레이놀즈 수의 값은 반드시 2,000과 4,000이 아니지만 공학적인 안전도를 고려해서 위의 값이 일반적으로 사용되고 있다.

Section 3 펌프에서 발생하는 여러 현상(공동현상, 수격현상, 서징현상, 공진현상, 초킹, 선회실속)

① 개요

유체진동이 음으로 되기 위해서는 유체의 흐름상태 그 자체가 변화해 압력변화나 유체변화로 되고, 소밀파가 발생하거나 유체 주위의 구조에의 작용이 변화하거나 하여 음으로 되는 경우와 유체 속에 흐트러짐(disturbance)이나 소용돌이(vortex)가 발생하여 그들의 이동이 소멸에 의해 압력파, 즉 음으로 되는 경우가 있다.

유체소음의 대부분은 후자로 제트흐름(jet flow)에 의해 발생되는 소음, 밸브의 하류(down stream)에 생기는 소음, 연소에 의해 생기는 소음 등이 있다. 또 터보기계류의 날개에서 발생하는 소음에는 회전수와 날개수에 의존하는 진동수의 소음이나 입구의 흐트러짐이나 날개 뒤의 소용돌이 등에 의한 소음이 있다. 덕트나 소음기(silencer) 등의 긴 유로의 소음에서는 새로운 흐트러짐에 의한 2차 기류음(氣流音)이 문제로 되는 일이 있다.

② 유체기계와 관련된 배관의 제 현상

(1) 캐비테이션현상

물이 관 속을 유동하고 있을 때 흐르는 물속의 어느 부분의 정압이 그때 물의 온도에 해당하는 증기압 이하로 되면 부분적으로 증기가 발생한다. 이 현상을 캐비테이션이라 한다.

1) 캐비테이션 발생의 조건

[그림 8-3]과 [그림 8-4]에서처럼 유체가 넓은 유로에서 좁은 곳으로 고속으로 유입할 때, 또는 벽면을 따라 흐를 때 벽면에 요철이 있거나 만곡부가 있으면 흐름은 직선적이 못되며, A부분은 B부분보다 저압이 되어 캐비티(空洞)가 생긴다.

이 부분은 포화증기압보다 낮아져서 증기가 발생한다. 또한 수중에는 압력에 비례하여 공기가 용입되어 있는데, 이 공기가 물과 분리되어 기포가 나타난다. 이런 현상을 캐비테이션, 즉 공동현상이라고 한다.

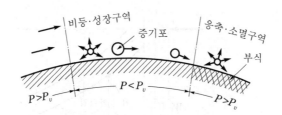

[그림 8-3] 관로에서 캐비테이션현상

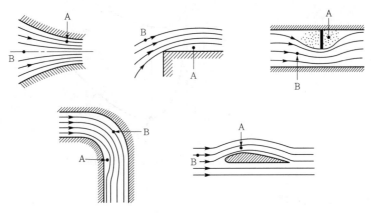

[그림 8-4] 캐비테이션 발생부

2) 캐비테이션 발생에 따르는 여러 가지 현상

① 소음과 진동 : 캐비테이션에 생긴 기포는 유동에 실려서 높은 압력의 곳으로 흘러가면 기포가 존재할 수 없게 되어 급격히 붕괴되어서 소음과 진동을 일으킨다. 이 진동은 대체로 600~1,000사이클 정도의 것이다. 그러나 이 현상은 분입관에 공기를 흡입시킴으로써 정지시킬 수 있다.

② 양정곡선과 효율곡선의 저하 : 캐비테이션 발생에 의해 양정곡선과 효율곡선이 급격히 변한다.

③ 깃에 대한 침식 : 캐비테이션이 일어나면 그 부분의 재료가 침식된다. 이것은 발생한 기포가 유동하는 액체의 압력이 높은 곳으로 운반되어서 소멸될 때 기포의 전 둘레에서 눌려 붕괴시키려고 작용하는 액체의 압력에 의한 것이다. 이때 기온체적의 급격한 감소에 따르는 기포면적의 급격한 감소에 의해 압력은 매우 커진다. 어떤 연구가가 측정한 바에 의하면 300기압에 도달한다고 한다. 침식은 벽 가까이에서 기포가 붕괴될 때에 일어나는 액체의 압력에 의한 것이다. 이러한 침식으로 펌프의 수명은 짧아진다.

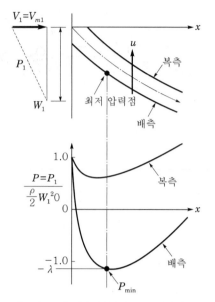

[그림 8-5] 캐비테이션에 따른 압력저하

3) 캐비테이션의 방지책

① 펌프의 설치높이를 될 수 있는 대로 낮춰서 흡입양정을 짧게 한다.

② 펌프의 회전수를 낮춰 흡입 비속도를 적게 한다. $S = \dfrac{n\sqrt{Q}}{\Delta h^{\frac{4}{3}}}$ 에서 n 을 작게 하면 흡입속도가 작게 되고, 따라서 캐비테이션이 일어나기 힘들다.

③ 단흡입에서 양흡입을 사용한다. $S = \dfrac{n\sqrt{Q}}{\Delta h^{\frac{4}{3}}}$ 에서 유량이 작아지면 S 가 작아짐으로써 명백하다. 이것도 불충분한 경우 펌프는 그대로 놔둔다.

④ 압축펌프를 사용하고, 회전차를 수중에 완전히 잠기게 한다.

⑤ 2대 이상의 펌프를 사용한다.

⑥ 손실수두를 줄인다(흡입관 외경은 크게, 밸브, 플랜지 등 부속수는 적게).

(2) 수격현상(water hammer)

[그림 8-6]과 같이 물이 유동하고 있는 관로 끝의 밸브를 갑자기 닫을 경우 물이 감속되는 분량의 운동에너지가 압력에너지로 변하기 때문에 밸브의 직전인 A점에 고압이 발생하며, 이 고압의 영역은 수관 중의 압력파의 전파속도(음속)로 상류에 있는 탱크 쪽의 관구 B로 역진하여 B상류에 도달하게 되면 다시 A로 되돌아오게 된다. 다음에는 부압이 되어서 다시 A, B 사이를 왕복한다. 그 후 이것을 계속 반복한다.

이와 같은 수격현상은 유속이 빠를수록, 또한 밸브를 잠그는 시간이 짧으면 짧을수록 심하여 때에 따라서는 수관이나 밸브를 파괴시킬 수도 있다.

다른 경우 운전 중의 펌프가 정전 등에 의하여 급격히 그것의 구동력을 소실하면 유량에 급격한 변화가 일어나고, 정상운전 때의 액체의 압력을 초과하는 압력변동이 생겨 수격작용의 원인이 된다. 방지대책은 다음과 같다.

① 관 내의 유속을 낮게 한다(단, 관의 직경을 크게 할 것).
② 펌프에 플라이휠(flywheel)을 설치하여 펌프의 속도가 급격히 변화하는 것을 막는다.
③ 조압수조(調壓水槽, surge tank)를 관선에 설치한다.
④ 밸브는 펌프 송출구 가까이에 설치하고 이 밸브를 적당히 제어한다.
　　→ 가장 일반적인 제어방법

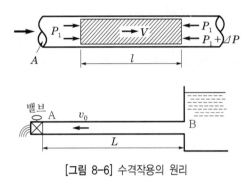

[그림 8-6] 수격작용의 원리

(3) 서징현상(動現象, surging)

펌프, 송풍기(blower) 등이 운전 중에 한숨을 쉬는 것과 같은 상태가 되어, 펌프인 경우 입구와 출구의 진공계(眞空計)와 압력계의 침이 흔들리고 동시에 송출유량이 변화하는 현상, 즉 송출압력과 송출유량 사이에 주기적인 변동이 일어나는 현상이다.

1) 발생원인

① 펌프의 양정곡선이 산고곡선(山高曲線)이고, 곡선이 산고 상승부에서 운전했을 때
② 송출관 내에 수조 혹은 공기조가 있을 때
③ 유량조절밸브가 탱크 뒤쪽에 있을 때

2) 서징현상의 방지책

① 회전차나 안내깃의 형상치수를 바꾸어 그 특성을 변화시킨다. 특히 깃의 출구각도를 적게 하거나 안내깃의 각도를 조절할 수 있도록 배려한다.
② 방출밸브를 써서 펌프 속의 양수량을 서징할 때의 양수량 이상으로 증가시키거나 무단변속기를 써서 회전차의 회전수를 변화시킨다.
③ 관로에서의 불필요한 공기탱크나 잔류공기를 제거하고 관로의 단면적 양액의 유속저항 등을 바꾼다.

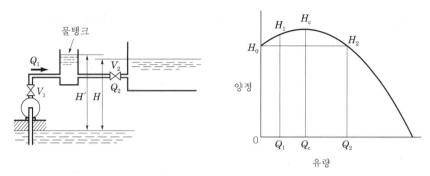

[그림 8-7] 서징에 따른 관로의 압력변화

(4) 공진현상(共振現象)

왕복식 압축기의 흡입관로의 고유진동수와 압축기의 흡입횟수가 일치하면 관로는 공진상태가 되어 진동이 발생함과 동시에 체적효율이 저하되어 축동력이 증가하는 등의 불안한 운전상태가 된다. 따라서 관로의 설계 시 이와 같은 공진을 피할 수 있는 치수를 선정해야 된다.

(5) 초킹(choking)

축류압축기에서 고정익(안내깃)과 같은 임펠러(날개)에서 압력상승이 지속되어 최대값이 마하수 상태가 되면 압력도 상승하지 않고 유량도 증가하지 않은 상태에 도달되어 유로의 어느 단면에서 충격파가 발생하는데, 이것을 초킹이라고 한다.

(6) 선회실속(rotating stall)

단익의 경우 각이 증대하면 실속하는데, 의열의 경우에도 양각이 커지면 실속을 일으켜 깃에서 깃으로 실속이 전달되는 현상이 일어나는 수가 있다. 그 이유는 B의 것이 실속했다면 A와 B의 사이의 유량이 감소하여 A의 깃의 양각이 증가하고, 반면 B와 C의 사

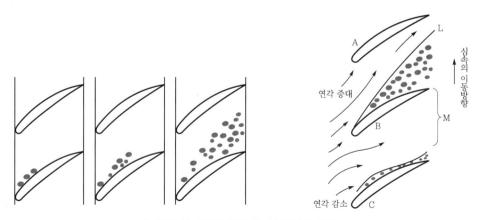

[그림 8-8] 실속의 발달 및 선회실속의 원리

이는 양각이 감소하여 C에서의 실속은 사라지고 A깃에서 실속이 형성된다. 이와 같이 실속은 깃에서 깃으로 전달된다. 이와 같은 현상을 선회실속이라 한다.

Section 4 **수격작용의 원인과 방지대책**

① 정의

관 내에 물이 가득 차서 흐르는 경우 그 관로의 끝에 있는 밸브를 갑자기 닫을 경우 물이 가지고 있는 운동에너지가 압력에너지로 변하고 큰 압력상승이 일어나서 관을 넓히 려고 한다. 이러한 압력의 상승은 압력파가 되어 관 내를 왕복한다. 이러한 현상을 수격 현상이라고 한다.

② 수격작용의 원인과 방지대책

(1) 수격현상의 발생원인

① 유속에 급격한 변화가 발생할 경우(대구경에서 소구경으로 전환되는 곳)
② 급히 밸브를 개폐할 경우
③ 유체의 압력변동이 있는 경우(배관이 불규칙하고 심하게 꺾인 곳)

(2) 수격현상의 방지대책

① 관경을 크게 하고 유속을 낮춘다.
② 펌프에 플라이휠을 설치하여 펌프의 급격한 속도변화를 방지한다(펌프에 플라이휠을 부착하여 펌프의 동력공급이 중단되어도 급격하게 회전이 떨어지지 않도록 하여 압 력의 저하를 방지하는 방법).
③ 배관은 가능한 직선적으로 시공한다.
④ 조압수조 혹은 수격방지기(WHC : Water Hammering Cushion)를 설치한다.

Section 5 **원심펌프에서 발생되는 Air Binding현상**

① 개요

원심펌프(centrifugal pump)는 고속으로 회전하는 임펠러에 의해 물에 전달되는 원심력을 이용하여 물을 양수하는 장치이다. 물은 임펠러 중앙에서 들어와 주변 방향으로 나간다.

원심펌프의 장점은 다음과 같다.

① 고속 회전이 가능하다.

② 구조가 단순하여 설치 면적이 작고 추가 부품이 필요 없다.

③ 다단 구성도 쉽다.

④ 고유량, 고양정 원하는 대로 골라 쓸 수 있다.

단점은 물을 스스로 빨아들이지 못하기 때문에 기동전에 물을 밀어 넣어줘야 하고, NPSHa가 부족하면 Cavitation 위험도 있다.

② 원심펌프에서 발생되는 Air Binding현상

원심 펌프에서 일어나는 현상인데, 펌프 내에 공기가 차 있으면 공기의 밀도는 물의 밀도보다 작으므로 두를 감소시켜 pumping이 되지 않는 현상으로 펌프작동하기 전에 공기를 제거하든지 자동으로 공기를 제거할 수 있는 펌프를 사용하여야 한다.

Section 6

현장에서 기존에 사용하던 펌프의 임펠러(Impeller)의 바깥지름을 Cutting 하는 이유 / 임펠러의 바깥지름을 Cutting 하여 임펠러의 지름이 달라진 경우 유량, 양정, 동력의 관계식 / 과도하게 임펠러의 바깥지름을 Cutting할 경우 발생될 수 있는 악영향

① 현장에서 기존에 사용하던 펌프의 임펠러(Impeller)의 바깥지름을 Cutting 하는 이유

원심펌프의 성능을 조정할 수 있는 또 다른 방법으로는 펌프 임펠러 직경을 변경하는 방법이 있다. 임펠러 직경이 감소되면 펌프의 성능도 감소된다. 임펠러 직경의 조정은 펌프를 정지시킨 후 가능하다. 스로틀 V/V 방식이나 Bypass 방식과 비교해 볼 때, 위의 두 가지 방식은 운전 중에 조정할 수 있는 이점이 있다. 그러나 임펠러 직경의 조정은 펌프의 설치하기 전이나 서비스 중에 가능하다. 다음 공식은 임펠러 직경과 펌프 성능과의 관계를 보여 준다.

$$\frac{Q_n}{Q_x}=\left(\frac{D_n}{D_x}\right)^2,\ \frac{H_n}{H_x}=\left(\frac{D_n}{D_x}\right)^2,\ \frac{P_n}{P_x}=\left(\frac{D_n}{D_x}\right)^2,\ \frac{\eta_n}{\eta_x}=1$$

위 공식은 이상적인 펌프라는 가정하에 성립되는 공식이다. 실제로 펌프 효율은 임펠러 직경이 감소되면 감소하게 된다. 임펠러 직경이 $D_x > 0.8D_n$ 이내로 감소되기 때문에 효율은 불과 몇 %이내에서 감소하게 된다. 효율 감소의 정도는 펌프 종류와 운전점 (자세한 것은 펌프 고유 곡선 확인)에 따라 달라진다. 상기 공식에서 알 수 있듯이 유량과 양정은 임펠러 직경 변화의 제곱에 비례한다. 공식에 따라 운전점은 (0,0)에서 시작해 직선으로 움직이게 되며 소비 동력의 변화는 임펠러 변화에 4제곱에 비례한다.

② 임펠러의 바깥지름을 Cutting하여 임펠러의 지름이 달라진 경우 유량, 양정, 동력의 관계식/과도하게 임펠러의 바깥지름을 Cutting할 경우 발생될 수 있는 악영향

임펠러 직경이 감소될 때 펌프의 유량과 양정은 모두 감소된다. 유량이 20% 감소하면 처음 운전점보다 소비 동력은 67% 가까이 감소가 된다.

(1) 임펠러 외경 가공 시 펌프의 특성 변화

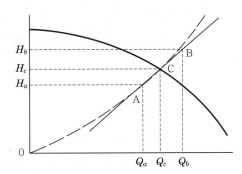

[그림 8-13] 임펠러의 외경 가공에 따른 성능 변화

① 비속도가 작은 원심 임펠러

유량비 : $\dfrac{Q'}{Q}=\left(\dfrac{D'_2}{D_2}\right)^2$

양정비 : $\dfrac{H'}{H}=\left(\dfrac{D'_2}{D_2}\right)^2$

축동력비 : $\dfrac{L'}{L}=\left(\dfrac{D'_2}{D_2}\right)^4$

② 비속도가 큰 원심 임펠러

유량비 : $\dfrac{Q'}{Q} = \left(\dfrac{D'_2}{D_2}\right)$

양정비 : $\dfrac{H'}{H} = \left(\dfrac{D'_2}{D_2}\right)^2$

축동력비 : $\dfrac{L'}{L} = \left(\dfrac{D'_2}{D_2}\right)^3$

성능시험 후 양정차를 조정할 목적으로 임펠러 외경을 조정할 때, 그 가공량이 임펠러경의 5% 이내인 경우에는 재시험을 하지 아니해도 좋다(API610의 4.3.3.4.1항).

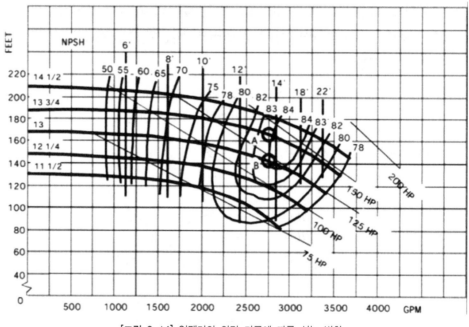

[그림 8-14] 임펠러의 외경 가공에 따른 성능 변화

계산 예는 다음과 같다.

유량 $10.41\text{m}^3/\text{min}$, 양정 50.0m, 외경 350mm인 펌프를 유량 $10.41\text{m}^3/\text{min}$, 양정 42.67m로 변경 시의 임펠러 외경을 계산해 보면

① $\dfrac{H'}{H} = \left(\dfrac{D'}{D}\right)^2$

② $\dfrac{Q'}{Q} = \dfrac{D'}{D}$

③ $\dfrac{H' \cdot Q'}{H \cdot Q} = \left(\dfrac{D'}{D}\right)^3$

여기서, H : 양정(H : 변경 전, H' : 변경 후)

D : 임펠러 외경(D : 변경 전, D' : 변경 후)

Q : 유량(Q : 변경 전, Q' : 변경 후)

E : 펌프의 효율

④ Q=10.41m³/min으로 일정한 값이므로 위의 ③식에서 Q' 및 Q를 소거하면

$$\frac{D'}{D} = \left(\frac{H'}{H}\right)^{1/3} = \left(\frac{42.67}{50}\right)^{1/3} = 0.95$$

$$D' = D \times 0.95 = 350 \times 0.95 = 332.5\text{mm}$$

⑤ 기존 펌프의 축동력 $= \dfrac{9.8\gamma QH}{60 \times 1,000 \times E} = \dfrac{9.8 \times 10.41 \times 50}{60 \times 0.84} = 101.2\text{kW}$

수정 후 펌프의 축동력 $= \dfrac{9.8\gamma QH}{60 \times 1,000 \times E} = \dfrac{9.8 \times 10.41 \times 42.67}{60 \times 0.84} = 86.4\text{kW}$

⑥ 전동기의 효율을 90%로 하면

기존 펌프의 소비전력 $= \dfrac{101.2}{0.9} = 112.4\text{kW}$

수정 후 펌프의 소비전력 $= \dfrac{86.4}{0.9} = 93.8\text{kW}$

전력절감량 $= 112.4 - 93.8 = 18.6\text{kW}$

Section 7

산업현장에서 사용되고 있는 플랜지 이음부의 밀봉설비인 개스킷(Gasket) 선정기준

1 개요

개스킷은 두 개의 면 사이에 장착되는 것으로, 연결면에 대한 기밀을 유지하고 조립부위를 통해 외부의 오염된 물질의 유입을 방지하는 고정형 타입의 실을 말하며 개스킷은 한 번 체결하여 사용 한 후에는 교체하는 것을 원칙으로 한다.

플랜지의 종류(Flat face/Raised face)에 따라서 개스킷의 형상 또한 차이가 있으며 공정상에서 사용되는 유체의 압력과 온도 화학적 성분(부식성 여부 등)에 따라 적용되는 개스킷의 재질 또한 알맞게 선정해야 한다. 일반적으로 플랜트 산업에서 공사를 시작하는 단계에서부터 개스킷의 선정기준을 정해 놓는 경우가 대부분이다.

2 개스킷의 선정기준 등(개스킷 선정 · 설치 및 관리기준에 관한 지침 제3조)

개스킷의 재질, 두께, 종류에 관하여 선정기준 등은 다음 각 호와 같다.

① 밀봉되어야 하는 유체와 화학적 저항성을 가지는 개스킷의 재질을 선정한다.

② 개스킷의 재질의 요구조건은 다음의 각 목과 같다.

    ㉠ 양호한 탄성을 가지고 복원성이 좋으며, 기계적 강도를 가지고 압축변형률이 적을 것

    ㉡ 내부 유체에 대한 내식성을 가지고, 온도 변화에 충분히 견디며 저항성이 있을 것

    ㉢ 응력완화, 크리프 등에 의한 체결부면압의 변화가 적을 것

    ㉣ 내압의 변동, 그 외 플랜지 간의 진동 등에 의한 체결부 볼트의 토크 손실이 적을 것

    ㉤ 장기간 사용에 견디는 내구성을 가질 것

    ㉥ 열팽창, 열전도성, 화학변화 등 제반 조건에 적합할 것

    ㉦ 플랜지와의 밀착성이 좋으며, 기밀성을 가질 것

    ㉧ 가공성이 좋으며, 두께 및 치수 정도가 좋을 것

    ㉨ 설계조건에 적절한 개스킷을 사용할 것

    ㉩ 인체 및 환경 등에 영향을 주지 않을 것(석면 등)

③ 개스킷에 따라 내식성이 있는 것이라도 유체의 종류에 따라 사용 가능한 온도 압력범위를 다르게 한다.

    ㉠ 슬러리를 함유한 유체인 경우 개스킷이 파손되어 누설을 일으킬 수 있는 재질을 피할 것

    ㉡ 산소 등 조연성 가스의 경우 가연성이 있는 재료를 사용한 개스킷은 피할 것

    ㉢ 열매체유인 경우 고무가 바인더로 사용된 비금속 개스킷은 고무가 가열화하여 파손되어 누설을 일으킬 수 있음

④ 개스킷이 장착되는 부위가 제조 공정상 중요한 부위로서 누설이 발생되었을 때 주위에 미치는 영향이 큰 경우일수록 선정 기준에 신뢰성이 높은 개스킷을 사용한다.

⑤ 개스킷의 문제를 해소하기 위하여 사용조건에 적합한 개스킷을 선정할 필요가 있으며, 일반적으로 개스킷을 선정하는 데 필요한 조건은 다음의 각 목과 같다.

    ㉠ 침투성, 독성 등 사용유체의 특성을 확인하고 이에 따라 적절한 개스킷을 선정할 것

    ㉡ 온도는 개스킷의 내열성과 열 사이클을 고려하여 선정할 것

    ㉢ 압력은 개스킷의 내압성과 압력 사이클을 고려하여 선정할 것

    ㉣ 개스킷의 장착 플랜지의 형상과 상태는 플랜지 형식, 호칭압력, 개스킷 자리 치수, 접촉면 조도, 볼트 재질, 경, 본수 등의 체부능력을 고려하여 선정할 것

    ㉤ 개스킷의 기대 수명 등을 고려하여 선정할 것

⑥ 유해화학물질의 이송 관련 설비에 사용되는 개스킷의 경우 사용온도, 압력 등과 규정에 명시한 표를 참고하여 적당한 재질의 개스킷을 선정한다.

⑦ 유체의 특성에 따라 개스킷을 선정하는 경우에는 규정에 명시한 표를 참고하여 선정한다.

유체기계 내의 유체가 외부로 누설되거나 외부 이물질의 유입을 방지하기 위해 사용되는 축봉장치의 종류 및 특징

1 개요

유체기계에서는 그 회전축이나 왕복동축(往復動軸)등이 Casing을 관통하는 부분에 있어서 축의 주위에 Stuffing box 혹은 Seal box라고 부르는 원통형의 부분을 설치하고, 그 원통형의 부분에 Seal의 요소를 넣어서 Casing 내의 유체가 외부에 새거나 혹은 Casing 내로 들어가는 것을 방지한다. 이러한 장치, 즉 기계의 Casing과 상대운동을 하는 축의 주위에 있어서 유체의 유동량을 제한하는 장치를 축봉장치(軸封裝置)라 한다. 축봉에서는 새는 양을 적게 하는 방법과 새는 양을 Zero로 하는 방법이 있다. 새는 양의 제한에는 Gland packing, Segmental seal, Oil seal, Mechanical seal, Bush, Floating ring, 동결(凍結) Seal 그리고 유체의 원심력이나 점성을 이용하는 것 등이 있으며, 전혀 새지 않는 방식으로는 액체 봉함, Gas 봉함, 자성 유체, 기타 여러 가지 Sealless 방식이 있으며 축봉장치는 단일부품과 조합하여 사용하는 경우가 많다.

2 축봉장치의 종류 및 특징

(1) 시트 패킹

상호 간의 상대운동이 없는 접합면을 정밀히 사상하여 견고하게 체결함으로써 기밀을 유지할 수 있다. 최근 고압 보일러 급수펌프의 케이싱 상하면을 이와 같이 No Packing 으로 하는 일이 많은데, 면을 연마하는 데는 많은 경비와 시간을 요하기 때문에 일반펌프의 접합면은 보통 사상하여, 이곳에 패킹을 넣어 면의 불균등, 체결력의 불균일을 보상하고 있다. 이를 일반적으로 시트 패킹 또는 Gasket Packing이라고 한다.

펌프에 사용되는 시트 패킹의 재질에는 종이, 목면, 석면, 코르크, 가죽, 고무, 합성수지, 알루미늄, 철 등이 있는데, 사용되는 액의 화학적 성질, 온도, 압력 등을 충분히 검토하여 선정해야 한다.

(2) 그랜드 패킹

그랜드 패킹은 펌프축이 케이싱을 관통하는 부분에 설치되는 스터핑 박스 내에 들어가고, 시트 패킹과는 달리 패킹과 축 간에 상대운동이 있다. 미끄럼접촉이 있는 곳은 반드시 마찰과 마모가 문제가 된다. 액의 누출을 염려하여 그랜드를 강하게 조이면 일시적으로 누출은 정지하여도 마찰 때문에 기계적 동력 손실이 증가하며 소형 펌프에서는 효율이 현저히 저하된다.

(3) 기계적 실

기계적 장치로 고정부와 회전부를 완전히 밀봉하며, 누수를 방지하고 마찰저항이 감소하여 주축의 마모와 동력손실을 줄일 수 있다. 초기 설비비는 높지만, 운전관리비가 저렴하다. 내장형의 경우는 액체가 회전부와 고정부가 서로 맞닿도록 힘이 작용하고, 외장형의 경우는 이와 반대로 서로 분리되는 힘이 작용한다. 외장형은 액의 부식성이 강해 스프링부에 적당한 내식재료를 얻을 수 없는 경우에 적합하지만 액압이 높은 때에는 부적당하다.

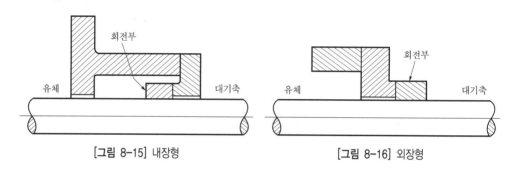

[그림 8-15] 내장형   [그림 8-16] 외장형

Section 9 펌프의 비속도, 이론동력, 축동력, 원동기 출력 관계식

1 비속도와 펌프의 형식

펌프의 회전차의 상사성 또는 펌프 특성 및 형식의 결정 등에 대하여 설명하는 경우에 이용되는 값에 비속도가 있다. 회전차의 형상치수 등을 결정하는 기본요소는 펌프 전양정, 토출량, 회전수 3가지가 있으며, 비속도(N_s)는 이들 3가지 요소로 다음 식에서 계산된다.

$$N_s = \frac{nQ^{1/2}}{H^{3/4}} \tag{1}$$

여기서, n은 펌프의 회전수(rpm), Q는 토출량(m^3/min), H는 전양정(m)이다.

비속도는 어떤 펌프의 최고 효율점에서의 수치로 계산되는 값으로 정의되며, 그 점에서 벗어난 상태의 전양정 또는 토출량을 대입하여 구해도 된다는 의미가 아님에 유의해야 한다. 단, 토출량에 대하여는 양흡입펌프인 경우 토출량의 1/2이 되는 한쪽 유량으로 계산하고, 전양정에 대하여는 다단펌프의 경우 회전차 1단당의 양정을 대입하여 계산해야 함에 유의한다.

회전차의 형상은 N_s가 증대함에 따라 원심형, 사류형, 축류형으로 차례로 변화하며, 그림으로 나타내면 [그림 8-17]과 같다.

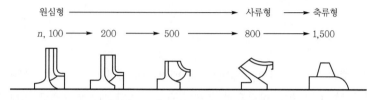

[그림 8-17] 회전차의 형식과 비속도

2 소요동력의 계산

펌프구동을 위하여 필요한 동력은 전양정, 토출량으로 결정되는 이론동력과 각 기기의 효율로 결정되어진다.

(1) 이론동력

$$P_w = 0.163\gamma HQ(\text{kW}) = 0.222\gamma HQ(\text{PS}) \tag{2}$$

여기서, P_w는 이론동력, γ는 액체의 단위체적당의 중량으로 청수의 경우에는 1ton/m^3, 해수인 경우에는 약 1.025ton/m^3, H는 전양정(m), Q는 토출량(m^3/min)이다.

(2) 펌프의 축동력

$$P_p = \frac{P_w}{\eta_p} = \frac{0.163\gamma HQ}{\eta_p}(\text{kW}) = \frac{0.222\gamma HQ}{\eta_p}(\text{PS}) \tag{3}$$

여기서, P_p는 펌프의 축동력, η_p는 펌프의 효율이다.

(3) 원동기 출력

$$P_m = \frac{P_p(1+\alpha)}{\eta} \tag{4}$$

여기서, P_m은 원동기 출력, η는 동력전달장치의 효율로 카프링 1.0, 감속기 0.94~0.97, 유체카프링 0.96, 평벨트 0.9~0.93, V벨트는 0.95의 값을 가지며, α는 여유율로 소용량의 경우 0.1~0.3, 중·대용량의 경우에는 0.1~0.25, 또한 API규격에서는 원동기의 출력별로 19kW 이하는 0.25, 22~55kW는 0.15, 55kW 이상의 경우에는 0.10의 여유율을 주도록 되어 있다.

펌프 진동 원인을 (1) 수력적, (2) 기계적 원인의 분류와 저감대책

1 개요

회전기계의 진동의 원인은 ROTOR의 밸런스의 불량, 회전축의 구부러짐, 편심, 축 정렬 상태의 불량, 베어링의 불량으로 인한 진동, 기초의 시공불량으로 인한 진동이 발생한다.

2 펌프 진동 원인을 (1) 수력적, (2) 기계적 원인의 분류와 저감대책

(1) 유체에 의한 진동

진동 원인	현상 특징	대책
1. 펌프 내의 압력변동 1) 임펠러 출구와 볼류트 혀끝부분의 간섭	– 진동수에 있어서 회전수 × 임펠러 날개 매수가 보통 현저히 나타나고, 다른 사이클과는 무관하게 존재한다.	– 임펠러 외경과 볼류트의 간격을 적절한 크기로 한다. 임펠러의 입구에서의 흐름을 부드럽게 한다.
2) 부분 토출량에서의 편류 박리현상	– 펌프 자체의 진동보다도 연결관 등의 진동현상으로 나타나 공전에 의한 피로로 파괴되는 경우가 있다. – 일반적인 부분 토출량에서 진동이 증가한다.	– 강성 보강에 의해 진동을 구속하는 경우가 있다. – 사용 토출량을 조정한다.
2. 소용돌이 1) 카르만 소용돌이 2) 공기흡입 소용돌이 3) 수중 소용돌이	– 임펠러, 안내 케이싱 날개의 후류에서 발생해서 주기성을 가진다. 임펠러 날개 등의 구조물이 이와 공진해서 피로 파괴하는 경우가 있다. – 진동수는 펌프의 회전 사이클과는 관계없이 일반적으로 랜덤하다. – 외부에서 본 압력의 변동, 진동, 소음의 상태는 캐비테이션과 유사하다. – 중심에서(캐비테이션을 동반) 소용돌이가 흡입구 근방의 벽면에서 임펠러 입구에 도달해 큰 소음과 진동을 생기게 한다.	– 임펠러 후연의 현상을 변화시키는 등으로 카르만와의 발생을 억제한다. – 구조물의 고유 진동수를 예상된 카르만와의 주파수에서 충분히 다르게 한다. – 흡입수조에 와류 방지장치 정류판 등을 취부한다. – 흡입관에서 잠수 깊이를 증대시킨다. – 계획단계에서 충분히 조사해 소용돌이의 발생이 없는 수조의 형상을 채용한다.
3. 캐비테이션 1) 유효 NPSH의 부족 2) 회전수의 과대 3) 펌프 흡입구의 편류 4) 최대 토출량에서의 사용	– 발생의 유무는 유속의 절대치와 관계가 있고, 유속이 큰 경우 발생하기 쉽다. 영향도는 일반적으로 펌프의 크기에 따라 크게 된다.	– 흡입 유속의 유속을 작게 한다. – 흡입 근방의 흐름에 수중 소용돌이의 선회를 방지한다. 1), 2), 3)은 계획 및 설계단계에서 처리한다. 4), 5)는 운전 시에 주의한다.

진동 원인	현상 특징	대책
5) 흡입 스트레나 메쉬의 영향		
4. 서징	– 진동수는 회전 사이클과는 무관하며, 일반적으로 높은 사이클에서 통상 600~2,500Hz 정도이다. – 진동 스펙트럼은 일정 연속적으로는 아니고 비정상적인 현상을 나타낸다. – 과대 토출량과 부분 토출량의 쌍방에서 문제된다. – 기계적인 운전 불능이 되는 케이스는 적지만, 고속의 펌프쪽이 영향도는 크다.	– 좌측의 1), 2), 3)의 발생조건을 없앤다(계획시점에서 검토해 처리 가능).
5. 워터 해머	– 통상 진동수는 1/10~10Hz 정도의 저 사이클에서 토출량이 적은 영역에서 발생한다. – 전류계의 바늘이 크게 흔들린다. – 펌프에서 연결된 배관도 크게 흔들리고 종종 운전불능이 된다. – 발생은 다음의 3가지 조건에 의해서 일어난다. 　1) 펌프의 양정곡선이 우측으로 올라가는 특성 　2) 배관 중에 공기층이 있다. 　3) 토출량을 조정하는 밸브가 위의 공기포맷 후방에 있다. – 통상 진동수는 1/10~10Hz 정도의 저 사이클에 있고 과도적 현상이다. – 펌프의 시동 정지와 정전 등에 의한 전력 차단결과로 배관에 생기는 유체 과도현상이다. – 이상한 압력상승 또는 압력강하를 일으킨다.	– 계획시점에서 검토 후 처리 가능함. – 서징 탱크를 설치하고 이상 압력 상승을 완화시킨다. – 관경을 키우고 유속을 낮게 한다.

(2) 기계적 진동

진동 원인	현상 특징	대책
1. 언밸런스 진동 1) 회전체의 밸런스 불량 2) 회전체의 마모 및 부식 3) 회전체의 부착 및 부착물의 박리	– 진동수는 Rotor의 회전 사이클과 일치한다. – 회전과 1대1로 대응하는 진동 – 경사적으로 진동이 점점 증대한다. – 이물질의 부착으로 진동이 점차적으로 증대해 부착물의 일부가 이탈하면 진동이 급증한다.	– 밸런스 수정을 행한다(가능하면 휠드 밸런스를 행한다). – 마모, 부식의 수리 및 밸런스

진동 원인	현상 특징	대책
4) 회전체의 변형 및 파손 5) 센터링 불량	– 변형의 경우는 진동이 서서히 증가하고, 파손의 경우는 급격히 증가한다. – 센터링과 동시에 면과 면의 센터링 불량의 경우는 베어링 하중이 불균형하게 되어 언밸런스 진동이 일어난다. – 기초지반의 침하 등으로 경사적인 진동이 점차 진동한다.	의 수정 – 이물질을 제거하거나 또는 이물질의 부착방지를 계획한다. – 센터링 수정 – 면 센터링에 대해서도 수정한다. – 센터링 하우징(특히 압축펌프에서는 중요하다)
2. 회전체의 위험속도	– 진동수는 Rotor의 회전 사이클과 일치한다. – 진동은 축계의 위험속도 부근에서 급격히 증대하지만 위험속도를 통과하면 복원된다. – 펌프의 타 회전기계와 달리 내부에 유체가 충만되어 있고, 또 내부씰이 베어링으로서 기능하고 있기 때문에 일반적으로 감쇠가 크고 위험속도는 현저하게 나타나지 않는다.	– 계획 설계 시에 충분한 검토를 해서 처리하는 것이 통상이다. 상용 운전속도는 위험속도의 값에서 25% 정도 벗어나는 것이 요망된다. – 펌프 내부를 점검해 내부씰의 틈새를 규정된 치수로 한다.
3. 공진	– 구조계(케이싱 등)의 공진은 펌프축과 달리 감대가 거의 없기 때문에 진동은 크게 된다. – 펌프의 내부에는 회전체의 언밸런스 기타 각종의 유체력이 있기 때문에 대상이 되는 진동영역은 주로 진동수는 회전 사이클, 회전 사이클×임펠러 날개수, 구동기 회전 사이클 등이 있다.	
1) 펌프 자체의 공진	– 기초를 포함한 전체 계의 고유 진동수는 종종 회전 사이클 근처에 있다. 특히 가변속 압축 펌프의 경우는 주의를 요한다. – 펌프의 순환 보조배관 등은 회전 사이클 ×임펠러 날개수에 근사한다.	– 계획단계에서 검토해 설치한다(일반적으로 사후대책에 막대한 비용과 공기를 요한다).
2) 연결계와 관계된 공진	– 통상 설계 계산에서는 펌프와 구동기의 위험속도를 별도 검토하지만 연결된 계에서는 단독의 경우와는 달리 회전수와 일치된 진동을 생기게 한다.	– 계획단계에서 검토해 처리한다(가능하면 휠드밸런스를 행한다).
4. 기초의 불량	– 일반적으로는 회전수와 일치한 진동수를 가진다. – 기초 강성이 약한 경우, 부분 토출량에서의 랜덤한 여진력에 의해 특히 진동	– 라이너의 취부를 행한다. – 체결을 증대시킨다. – 그라우트 등 기초의 보강을 행한다.

진동 원인	현상 특징	대책
	적으로 이상이 없는 비교적 큰 여진으로 문제되는 것이 많다. – 압축 펌프에서는 일반적으로 전동기가 정상부에 설치된 불안정한 구조로 되는 경우가 많다. 이에 따라 취부분의 강성이 부족하면 통상의 언밸런스도 정상부에서 크게 흔들리는 경우가 종종 발생한다.	– 상면의 강도를 포함해 기초 강도를 올린다. – 구조 설계의 단계에 있어서 기계의 밸런스를 고려한다.
5. 베어링의 마모	– 진동수는 축의 회전 사이클과 일치한다. – Ball 또는 원통 롤러의 회전으로 진동수 성분이 이상 증대해 이음을 동반하는 경우가 있다.	– 베어링을 교환한다. – 공진을 피한다.
1) 배관 등의 공진	– 점차 진동이 점점 증가한다. – 배관계, 덕트 등의 부분품의 고유 진동수가 회전 진동수에 가깝게 되면 공진하고, 진동이 격렬하게 발생하는 일이 있다.	

Section 11

원심펌프 축 밀봉장치의 종류, 원리 및 특성

1 개요

유체기계에서는 그 회전축이나 왕복동축(往復動軸) 등이 케이싱을 관통하는 부분에 있어서 축의 주위에 스터핑 박스 혹은 실 박스라고 부르는 원통형의 부분을 설치하고, 그 원통형의 부분에 실의 요소를 넣어서 케이싱 내의 유체가 외부에 새거나 혹은 케이싱 내에 들어가는 것을 방지한다. 이러한 장치, 즉 기계의 케이싱과 상대운동을 하는 축의 주위에 있어서 유체의 유통량을 제한하는 장치를 축봉장치라 한다. 축봉에서는 새는 양을 적게 하는 방법과 새지 않도록 하는 방법이 있다. 새는 양의 제한에는 그랜드패킹, 세그먼트실, 오일실, 기계적인 실, 부시, 부양링, 동결(凍結)실, 그리고 유체의 원심력이나 점성을 이용하는 것 등이 있다. 또한 전혀 새지 않는 방식으로는 액체 봉함, 가스봉함 외에 자성유체를 쓰는 것 등이 있으며, 기타 여러 가지 실리스 방식이 있다. 특히 이런 축봉장치들은 단독으로 사용하는 외에 조립하여 사용하는 경우가 많다. 기계적인 실에서는 사용온도, 유체의 성질 그리고 압력에 의한 선정을 필요로 하며, 사용 범위 외에 특별한 사양 즉, 온도 −200℃, 압력차 300~500kgf까지 사용이 가능하다.

② 기계적인 실(mechanical seal)과 그랜드패킹(gland packing)과의 비교

기계적인 실과 그랜드패킹의 특징을 비교하면 다음과 같다.

[표 8-1] 기계적인 실과 그랜드패킹과의 비교

항목	기계적인 실	그랜드패킹
누수량	매우 적다.	마찰을 방지하기 위하여 어느 정도의 누수를 시킨다.
수명	적절한 섭동재의 선택에 따라 오랜 수명을 유지할 수 있다.	패킹의 마모에 따라 더 조여야 하며 또한 보충해야 한다. 수명이 비교적 짧다.
축 및 슬리브의 마모	기계적인 실은 고정자와 회전자가 섭동하기 때문에 축 및 슬리브가 상하지 않는다.	축 및 슬리브에 패킹이 직접 마찰하기 때문에 마모된다.
보수, 조정	스프링 등의 가압기구를 가지고 있고 섭동면의 마모에 따라 자동조정되기 때문에 보수 유지가 유리하다.	패킹의 마모에 따라 더 조여야 하고 또한 보충해야 하며 축 및 슬리브의 마모에 따라 교환하여야 한다.
동력 손실	마찰면과 마찰계수가 적기 때문에 동력손실이 적다.	마찰면적과 마찰계수가 커서 동력손실은 비교적 크다.
사용한계 (압력, 온도, 주속)	적절한 재료와 설계에 의하여 광범위한 조건에 사용할 수 있다.	누수를 적게 하기 위해서는 사용조건에 한계가 있다.
내진성	그랜드패킹에 비하여 크다.	기계적인 실에 비하여 작다.
구조	정밀하고 부품도 많고 복잡하다.	정도가 낮고 간단하다.
취급 (조립, 분해)	ENDLESS이기 때문에 분해, 조립할 때에 기기를 분해하여야 한다.	기기를 분해하지 않아도 되며 장착이 쉽다.
가격	초기 설비비는 비싸지만 운전관리비는 싸다.	초기 설비비는 싸지만 운전관리비는 비싸다.

Section 12 **원심 급수펌프의 축추력 방지대책**

① 개요

축추력은 [그림 8-18]과 같이 편흡입 회전차에 있어서 전면 측벽(front shroud)과 후면 측벽(back shroud)에 작용하는 정압에 차가 있기 때문에 그림의 화살표 방향과 같이 축방향으로 추력이 작용한다. 이 축추력(axial thrust)의 크기 T_h[kgf]는 다음 식으로 표시된다.

$$T_h = \frac{\pi}{4}\left(d_a^2 - d_b^2\right)(p_1 - p_s)$$

여기서, d_a : 웨어링 링의 지름(m), d_b : 회전차 축의 지름(m)

p_1 : 회전차 후면에 작용하는 압력(kgf/cm^2), p_s : 흡입 압력(kgf/cm^2)

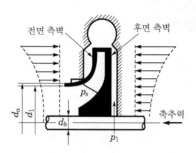

[그림 8-18] 회전차에 미치는 축추력

❷ 원심 급수펌프의 축추력 방지대책

1) 축추력인 경우

다음과 같은 방법으로 축추력의 평형을 이룰 수가 있다.

① 스러스트 베어링에 의한 방법이다.

② [그림 8-19]와 같이 다단 펌프에 있어서는 전회전차의 반수씩을 반대의 방향으로 배열[셀프 밸런스(self balance)]하여 축추력을 평형시키는 방법이다.

[그림 8-19] 다단 펌프의 회전차 배열

③ 회전차의 전후 측벽에 각각 웨어링 링을 붙이고, 또 후면 측벽과 케이싱과의 틈에 흡입 압력을 유도하여 양측 벽간의 압력차를 경감시키는 방법이다.

④ [그림 8-20]과 같이 회전차 후면 측벽의 보스부에 흡입구와 통하는 구멍을 내서 후면에 흡입 압력을 유도하는 방법으로 이 구멍을 밸런스 홀(balance hole)이라고 한다.

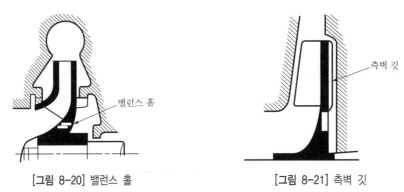

[그림 8-20] 밸런스 홀 [그림 8-21] 측벽 깃

⑤ 후면 측벽에 [그림 8-21]과 같이 방사상의 이면 깃을 달아 후면 측벽에 작용하는 압력을 저하시키는 방법

⑥ [그림 8-22]와 같이 다단 펌프인 경우 회전차 모두를 동일 방향으로 배열하고 최종 단에 밸런스 디스크(balance disc) 또는 밸런스 피스톤(balance piston)을 붙여 원판 오른쪽의 압력은 세관을 통하여 흡입 쪽의 압력 p_s와 같게 한다. 축방향에서 오른쪽으로 미는 힘이 커지면 원판과 케이싱의 틈이 커지고, 원판 왼쪽의 압력이 내려가서 회전차를 왼쪽으로 민다. 반대인 경우에도 같으며 자동적으로 복원한다.

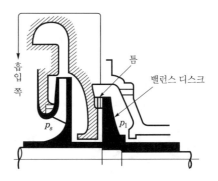

[그림 8-22] 밸런스 디스크(balance disc)

2) 반지름방향의 추력

벌류트 케이싱을 가지는 펌프에 있어서는 규정 유량 이외의 각 유량에 대한 과류실 내의 원주방향 압력 분포는 균일하지 않다. 그 결과 [그림 8-23]과 같은 반지름방향의 추력(radial thrust)을 발생한다. 반지름 방향의 추력은 축의 휨을 증가시키는 등의 악영향을 미친다. 이 방지법으로는 2중 벌류트 케이싱(double volute casing) 등이 있으나 완전히 추력을 방지할 수는 없다.

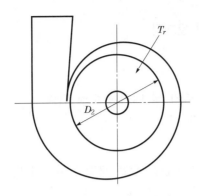

[그림 8-23] 반지름방향의 추력

원심펌프의 최소유량배관(minimum flow line)의 설치 목적

1 개요

펌프 내부에서 발생하는 손실의 대부분은 열이 되어 유체와 함께 배출되지만, 체절(유량이 '0'인 점) 부근의 소유량 운전 시에는 펌프 내에서 발생하는 손실은 급격히 증가하는 반면 유체와 함께 배출되는 열량은 반대로 감소하기 때문에 펌프의 온도는 급격히 증가하게 된다.

2 원심펌프의 최소유량배관(minimum flow line)의 설치 목적

양정이 높은 펌프를 소유량에서 운전하게 되면 수온이 상승하여 캐비테이션을 발생시키거나 웨어링부 또는 balance disk, drum 등의 작은 틈새에서 고온수가 기화하는 등의 문제가 발생하게 된다. 특히 고온수를 취급하는 펌프에 영향을 크게 주므로 온도 상승이 허용치 이상으로 되지 않도록 과소 유량이 되었을 때 일부의 물을 흡입 탱크로 되돌리거나, 방류시키는 By-pass 장치의 설치가 필요하다. 또한, 볼류트 구조의 펌프에서는 회전차 원주방향으로 압력이 불균형을 이루므로 반경방향 추력(radial thrust)이 발생하며, 이 값은 최고 효율점을 벗어날수록 커지며, 체절 부근에서 최대가 된다. 체절 부근의 소유량점에서 장시간 운전하면 축이 절단되는 사고로까지 연결되기도 하므로 주의가 필요하다. 따라서 소유량점에서의 운전은 피해야 하며, 불가피하게 소유량점에서 운전해야 할 경우에는 펌프 제작자와 충분한 협의가 있어야 한다.

1) 소유량점에서 운전 시 문제점

　① 펌프의 과열현상

　② 캐비테이션 발생

　③ 반경방향의 추력의 증가 및 베어링 수명 단축

　④ 진동 및 소음의 증가

2) Min. flow

원심펌프에서 Min. flow값은 펌프 모델에 따라서 다르지만, 대체로 다음과 같다.

　① 편흡입 : 최고 효율점의 15~20%

　② 양흡입 : 최고 효율점의 25~40%

두 가지 경우 모두 Min. flow는 효율 10%가 되는 점의 유량보다는 커야 한다.

Section 14

부양체(浮揚體, floating body)의 경심(傾心, metacenter)

① 개요

부력(浮力)은 정지유체 속에 잠겨 있거나 떠 있는 물체에 작용하는 표면력(=압력)의 결과로 수직 상방향으로 받는 힘, 또는 물체의 체적에 해당하는 유체의 무게(=물체가 배제한 유체의 무게)를 말한다.

② 부양체(浮揚體, floating body)의 경심(傾心, metacenter)

(1) 부력의 역학관계

미소 체적요소에 작용하는 부력은,

$dF_B = (p_2 - p_1)dA_H$ 이므로

$$F_B = \int_B dF_B = \int_B (p_2 - p_1)dA_H = \int_B \gamma(z_2 - z_1)dA_H$$

$$= \gamma \int_B h\, dA_H = \gamma V_{\text{Body}}$$

$$\therefore\ F_B = \gamma V$$

여기서, γ : 유체의 비중량, V : 물체의 체적

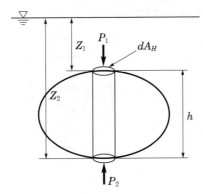

[그림 8-24] 부력의 역학

부력의 중심(부심)은 유체에 잠긴 물체의 체적 중심이며 아르키메데스의 원리에서 부력의 크기는 잠긴 물체가 배제한 유체의 무게와 같고 방향은 연직상방향이다.

(2) 부체(浮體)의 안정(安定)

① 안정성(stability)

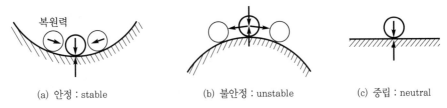

(a) 안정 : stable (b) 불안정 : unstable (c) 중립 : neutral

[그림 8-25] 부체의 안정과 불안정

② 잠겨진 물체의 안정도

여기서, G : 중심(무게중심), B : 부력중심

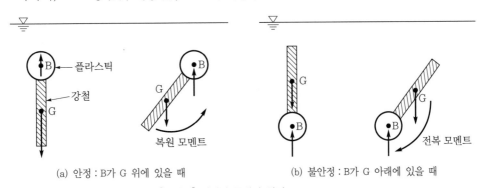

(a) 안정 : B가 G 위에 있을 때 (b) 불안정 : B가 G 아래에 있을 때

[그림 3] 잠겨진 물체의 안정도

③ 부체의 안정도(부양체의 안정도)

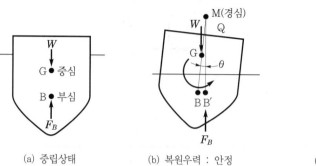

(a) 중립상태 (b) 복원우력 : 안정 (c) 전복우력 : 불안정

[그림 4] 부체의 안정도

∴ $\overline{MG} > 0$: 안정, $\overline{MG} < 0$: 불안정

㉠ 경심고 : $\overline{GM}$

㉡ 복원 모멘트 : $M = W\,\overline{MG}\,\sin\theta = F_B\,\overline{GM}\,\sin\theta$

기계설계학

Section 1 단열 레이디얼 볼 베어링의 그리스 윤활제 교체시간

① dn값 계산방법

dn값이 600,000을 넘을 경우에는 고속회전용, 외륜 내의 리테이너(retainer)형식의 베어링을 선정하는 것이 유리하다.

$$dn값 = D \times N$$

여기서, D : 베어링 축경(mm)
N : 베어링 회전수(rpm)

② 윤활값(=BI 값)의 계산방법

① 앵귤러 볼 베어링 : $C = 0.02 \times D$
② 원통 롤러 베어링 : $C = 0.04 \times D(K$: 계수, D : 축지름)
③ LM가이드 : $C = 0.05 \times L(L$: LM 블록길이)
④ 볼 스크루 : $C = 0.02 \times D \times R \times N[D$: 곡경(mm), R : 열수, N : 권수]

윤활값의 BI값에 의한 적절한 윤활량만큼만 제어하여 mist로 윤활점에 공급한다. 각 윤활장치에서 전기적으로(timer) 간단히 제어한다.

Section 2 단판 클러치의 원판을 밀어붙이는 힘

① 물림 클러치(claw clutch)

미끄럼 없이 순간적으로 동력을 전달한다(뿌리의 전단력, 접촉면의 압력).

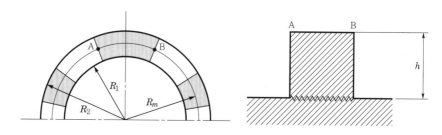

(1) 물림 턱 뿌리의 전단저항

$$T = A_s \cdot Z \cdot \tau \cdot R_m$$

여기서, $A_s = \dfrac{\pi(R_2^2 - R_1^2)}{2Z}$: 물림 턱 1개의 전단면적

$\qquad R_m = \dfrac{R_1 + R_2}{2}$: 평균반지름

$\qquad Z$: 물림 턱의 수

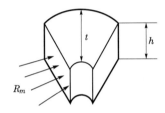

$$\therefore T = \frac{\pi(R_2^2 - R_1^2)}{2Z} Z\tau \frac{(R_1 + R_2)}{2}$$

$$= \frac{\pi\tau}{4}(R_2^2 - R_1^2)(R_2 + R_1) \leftarrow R_1 \text{ 추정(축지름)}$$

(2) 물림 턱 접촉면 압력

$$T = A_p Z p_m R_m$$

여기서, $A_p = th = (R_2 - R_1)h$: 물림 턱 접촉면적

$\qquad h$: 물림 턱의 높이

$$\therefore T = (R_2 - R_1)h Z p_m \left(\frac{R_1 + R_2}{2} \right)$$

$$h = \frac{2T}{(R_2^2 - R_1^2)Z p_m} \leftarrow Z \text{ 추정}$$

❷ 마찰 클러치(friction clutch)

(1) 원판 클러치(disk clutch)

원판 클러치는 접촉압력 p가 일정할 때 사용한다.

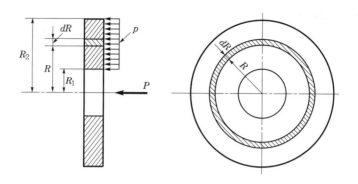

1) 면압력 : p

$$\Sigma F = 0$$

$$P = \pi(R_2^2 - R_1^2)p$$

$$\therefore \ p = \frac{P}{\pi(R_2^2 - R_1^2)}$$

$$= \frac{P}{\dfrac{2\pi(R_2 + R_1)(R_2 - R_1)}{2}}$$

$$= \frac{P}{2\pi R_m b}$$

여기서, P : 원판을 미는 힘

$\quad\quad\quad R_m$: 접촉 평균반지름

$\quad\quad\quad b$: 접촉폭

2) 전달토크(torque) : T

$$dT = \mu dP \cdot R = \mu(2\pi R \cdot dR \cdot p)R$$

$$= 2\mu\pi pR^2 \cdot dR$$

$$T = \int_{R_1}^{R_2} dT = 2\mu\pi p\frac{(R_2^3 - R_1^3)}{3} \ \left(\because \ \frac{2}{3}\frac{(R_2^3 - R_1^3)}{(R_2^2 - R_1^2)} \simeq \frac{R_1 + R_2}{2} = R_m\right)$$

$$= \frac{2}{3}\frac{(R_2^3 - R_1^3)}{(R_2^2 - R_1^2)}\mu P$$

$$\Rightarrow T \fallingdotseq \mu P R_m$$

- 설계사항 : $R_1, \ R_2 \leftarrow p, \ T$
- 다판 클러치 : $T = Z\mu P R_m \ (Z$: 마찰면수＝접촉면수$)$

(2) 원뿔 클러치(cone clutch)

원뿔 클러치는 큰 토크를 전달하는 데 사용하며, 대형화는 원뿔로 대체한다.

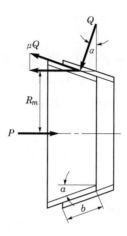

1) 접촉면 반력 : Q

$$\Sigma F = 0$$

$$P = Q\sin\alpha + \mu Q\cos\alpha = Q(\sin\alpha + \mu\cos\alpha)$$

$$Q = \frac{P}{\sin\alpha + \mu\cos\alpha}$$

2) 전달토크 : T

$$T = \mu Q R_m$$

$$= \frac{\mu P R_m}{\sin\alpha + \mu\cos\alpha}$$

$$\mu' = \frac{\mu}{\sin\alpha + \mu\cos\alpha} \ \text{라면}$$

$$T = \mu' P R_m$$

• 비교 : 원판 클러치 $T_0 = \mu P R_m$

$$\frac{T}{T_0} = \frac{1}{\sin\alpha + \mu\cos\alpha} = \frac{\mu'}{\mu} > 1$$

만일 $\alpha = 10°$이면 $\sin\alpha = 0.174, \ \cos\alpha = 0.985$

$$\mu = 0.2 \Rightarrow \frac{T}{T_0} = 2.7 > 1$$

래칫의 기구

1 작동원리

회전운동 또는 병진운동을 간헐적 회전이나 병진운동으로 바꾸며, 래칫의 작동원리는 한쪽 방향으로만 회전을 하기 위해 폴 레버 4를 상승시키면 반시계방향으로 회전하며, 멈춤 폴 5는 폴 레버 4가 시계방향으로 회전 시 래칫 휠을 멈추게 한다.

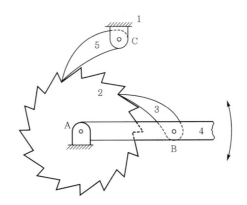

① 링크 2 : 래칫 휠(ratchet wheel)
② 링크 3 : 폴(pawl)
③ 링크 4 : 폴 레버(pawl lever)
④ 링크 5 : 멈춤 폴(holding pawl)

2 보다 작은 각도의 축 분할이 필요할 때

래칫 휠의 잇수를 많게 하면 강도상의 문제가 발생하므로 폴의 수를 많게 하는 것이 바람직하며, 톱니 1개의 중심각이 θ일 때 래칫 휠을 $\theta/3$씩의 각도로 회전시킨다.

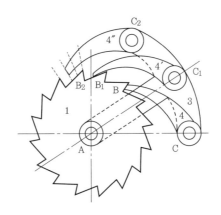

베어링 선정 시 검토사항

1 하중을 고려한 베어링 적용방법 및 선정방법

(1) 구름 베어링의 정격하중

1) 동 정격하중

① 기본 동(動) 정격하중 : 내륜을 회전시켜 외륜을 정지시킨 조건으로 동일 호칭번호의 베어링을 각각 운전했을 때 정격수명이 100만 회전이 되는 방향과 크기가 변동하지 않는 하중

② 동(動) 등가하중 : 방향과 크기가 변동하지 않는 하중이며, 실제의 하중 및 회전조건인 때와 같은 수명을 부여하는 하중

2) 정 정격하중

① 정지하중 : 회전하지 않는 베어링에 가해지는 일정 방향의 하중

② 기본 정 정격하중 : 최대응력을 받고 있는 접촉부에서 전동체의 영구변형량과 궤도륜의 영구변형량과의 합계가 전동체 직경의 0.0001배가 되는 정지하중

③ 정 등가하중 : 실제의 하중조건하에서 생기는 최대의 영구변형량과 같은 영구변형량을 최대응력을 받는 전동체와 궤도륜과의 접촉부에 생기게 하는 정지하중

3) 등가하중 계산식

① 동 등가하중 : 레이디얼하중 F_r 및 스러스트하중 F_a를 동시에 받는 베어링의 동 등가하중(P)

$$\text{레이디얼 베어링 } P = XVF_r + YF_a$$

여기서, X : 레이디얼계수
V : 회전계수
Y : 스러스트계수

② 정 등가하중 : 레이디얼하중 F_r 및 스러스트하중 F_a를 동시에 받는 베어링의 레이디얼 정 등가하중(P_o)

$$P_o = X_o F_r + Y_o F_a$$

(2) 베어링에 가해지는 하중과 선정방법

설계상의 기초가 되는 베어링에 가해지는 하중의 종류와 크기를 정확하게 구하고 윤활방법 선택을 잘하는 것이 중요하다. 보통 계산으로 구한 하중에 대해 경험적인 기계계수

로서 진동의 대소에 따른 계수 1~3, 벨트장력을 고려한 계수 2~5, 기어 정도의 양부에 따라 생기는 진동에 대한 계수 1.05~1.3을 각각 곱해 베어링에 가해지는 하중으로 한다.

1) 평균하중(P_m)

하중이 시간적으로 주기적 변화가 있을 때에는 동 등가하중의 평균하중으로 환산해서 쓴다. 변화하는 동 등가하중의 최대값을 $P_{\max}$, 최소값을 $P_{\min}$으로 하면 평균하중 $P_m = \dfrac{2P_{\max} + P_{\min}}{3}$ 이 된다.

2) 베어링 선정

베어링을 선정할 때는 베어링 특성(하중, 속도, 소음, 진동특성)을 살리고 베어링에 가해지는 하중을 되도록 바르게 구해서 설계상 필요하고 충분한 베어링수명을 얻게끔 베어링 주요 치수를 고려해서 동 정격하중이 적정한 베어링을 선정하며, 베어링이 회전하지 않을 때 또는 10rpm 이하로 회전할 때는 정 정격하중으로 계산하여 적당한 베어링을 선정한다.

② 베어링 선정 시 저속 중하중과 고속 저하중의 특징

(1) 구름 베어링 하중의 한도

베어링하중에 의해 전동면에 영구변형이 생기고 이 변형 때문에 베어링의 원활한 회전이 저해되어 사용 불가능이 될 때가 있다.

특히 느린 회전속도에서 사용되는 베어링에서는 정격수명 L_h[hr]이 큰 것이라 해도 베어링의 크기에 대한 베어링하중은 커지고, 정격수명보다 오히려 하중 때문에 생기는 영구변형의 크기가 문제이다.

(2) 구름 베어링 선정

1) 저속 중하중

최대 점등가하중 P_0에 계수 f_e를 곱해서 이것보다 C_0가 큰 베어링을 선택한다.

$$C_0 > P_0 \times f_e (f_e : 1\sim1.75)$$

2) 고속 저하중

최대 점등가하중 P_0에 계수 f_e를 곱해서 이것보다 C가 큰 베어링을 선택한다.

$$C > P_0 \times f_e (f_e : 0.5)$$

(3) 구름 베어링 평균하중

변동하중(저하중 ↔ 고하중)을 정격수명을 부여할 수 있는 일정한 크기의 하중으로 환산해서 정격수명을 산출한다.

$$P_m = \left(\frac{P'_1 N_1 + P'_2 N_2 + P'_3 N_3 + \cdots}{N_1 + N_2 + N_3 + \cdots} \right)^{\frac{1}{r}} = \left(\frac{\sum P'_n N_n}{N} \right)^{\frac{1}{r}}$$

여기서, $r=3$(Ball bearing), $r=10/3$(Roller bearing)

$$P_m \,(평균하중) \approx \frac{P_{\min}}{3} + \frac{2P_{\max}}{3}$$

여기서, $P_{\min}$: 최소하중, $P_{\max}$: 최대하중

$$P_m = \left(\int_0^N P' dN / N \right)^{\frac{1}{r}} 을 평균하중으로 선정한다.$$

여기서, $dN = 150,000$(Roller bearing), d : 축 안지름, N : 회전수(rpm)

(4) 미끄럼 베어링

Pettroff의 법칙 $\mu = \dfrac{\pi^2}{30} \eta \dfrac{N}{p} \dfrac{r}{\delta}$ 에서

① 회전속도가 빠를수록 유막은 두껍게 된다.
② 저속 중하중은 유막파괴가 쉽다.
③ 고속 저하중은 완전 유막윤활이 가능하다.
④ 고속 저하중일 때는 요동가능한 여러 개의 패드로 축을 지지한 필매틱(filmatic) 베어링을 사용한다.

Section 5 스프로킷휠에 의해 회전하는 롤러체인의 평균회전속도

1 개요

체인은 롤러체인(roller chain), 사일런트체인(silent chain)이 있으며, 스프로킷휠(sprocket wheel)의 잇수는 $z \geq 17(\varepsilon \Rightarrow 0)$를 만족시키는 핀링크(pin link)와 배치(수평), 장력(방향) 롤러링크(No. of Links는 짝수)가 있다.

② 체인의 속도

(1) 평균속도 : v_m

$$v_m = \frac{npZ}{60 \times 1,000} \, [\text{m/s}]$$

여기서, p : 피치(mm)

n : rpm

z : 잇수

(2) 실제속도 : $v_{\max}$, $v_{\min}$

1) $v_{\max}$

$$v_{\max} = \frac{\pi Dn}{60 \times 1,000} \, [\text{m/s}]$$

여기서, D : 피치원직경(mm)

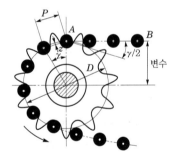

2) $v_{\min}$

$$v_{\min} = \frac{\pi (2 \times \overline{OA})n}{60 \times 1,000}$$

$$\therefore \ \overline{OA} = \overline{OB} \cos\left(\frac{\alpha}{2}\right) = \frac{D}{2} \cos\left(\frac{\alpha}{2}\right)$$

$$\therefore \ v_{\min} = \frac{\pi Dn}{60 \times 1,000} \cos\left(\frac{\alpha}{2}\right)$$

여기서, $\alpha = \dfrac{2\pi}{Z}$: 굴곡각도

(3) 속도변동률 : ε

$$\varepsilon = \frac{v_{\max} - v_{\min}}{v_{\max}}$$

$$= 1 - \cos\left(\frac{\alpha}{2}\right)$$

$$= 1 - \cos\left(\frac{\pi}{Z}\right)$$

③ 속도비 : i

$$i = \frac{n_2}{n_1} = \frac{Z_1}{Z_2}\left(\because v = \frac{n_1 p Z_1}{60,000} = \frac{n_2 p Z_2}{60,000}\right)$$

④ 체인링크 수 : L_n

- 둘레길이

$$L = 2C + \frac{\pi(D_1 + D_2)}{2} + \frac{(D_2 - D_1)^2}{4C} = pL_n$$

$$\rightarrow L_n = \frac{L}{p} = \frac{2C}{p} + \frac{p(Z_1 + Z_2)}{2p} + \frac{p^2(Z_2 - Z_1)^2}{4C\pi^2 p}$$

$$= \frac{2c}{p} + \frac{1}{2}(Z_1 + Z_2) + \frac{0.0257p}{C}(Z_2 - Z_1)^2$$

⑤ 체인전달동력 : H

$$H = \frac{Pv_m}{75}\,[\text{PS}] \ \ \text{or} \ \ H = \frac{Pv_m}{102}\,[\text{kW}]$$

여기서, P : 허용장력

v_m : 체인의 평균속도

$$P = \frac{P_f}{S}$$

여기서, P_f : 체인 파단강도

S : 안전율 → 롤러체인 $S = 5 \sim 20$

사일런트체인 $S = 30 \sim 50$

Section 6 진동에 의한 축의 위험회전속도

1 개요

축은 급격한 변위를 받으면 이를 회복시키려고 탄성변형에너지가 발생한다. 이 에너지는 운동에너지로 되어 축의 중심을 번갈아 반복하여 변형한다. 이 반복주기가 축 자체의 휨 또는 비틀림의 고유진동수와 일치하든지 그 차이가 극히 적을 때는 공진이 생기고 진폭이 증가하여 축은 탄성한도를 넘어 파괴된다. 이와 같은 축의 회전수를 위험속도(critical speed)라 한다.

회전축의 진동요소는 신축, 휨, 비틀림 등 3가지이나, 신축에 의한 진동은 위험성이 적어 고려하지 않아도 무방하다. 회전축의 상용회전수는 고유진동수의 25% 이내에 가까이 오지 않도록 한다.

2 휨 진동

(1) 단면이 고르지 않는 경우 위험속도

중량 W_1, W_2, W_3, … 등 회전체가 축에 고정되어 있다. 이 회전체의 정적 휨을 δ_1, δ_2, δ_3, …라 하며 굽혀지고 있을 때 축에 저장된 탄성변형에너지 E_p는 다음과 같다.

$$E_p = \frac{W_1\delta_1}{2} + \frac{W_2\delta_2}{2} + \frac{W_3\delta_3}{2} + \cdots \tag{1}$$

휨의 진동이 단현운동(單弦運動)을 한다면 회전체의 임의시간 t에 있어서의 세로 변위는 다음과 같이 주어진다.

$$X_1 = \delta_1 \cos\omega t$$
$$X_2 = \delta_2 \cos\omega t$$
$$X_3 = \delta_3 \cos\omega t$$

횡진동의 최대속도는 축이 중앙에 위치할 때이고 이 위치에서 축의 변형은 없고 탄성변형에너지도 0이다. 축이 갖고 있는 에너지는 모두 운동에너지로 되어 있다.

$$E_k = \frac{\omega^2}{2g}(W_1\delta_1 + W_2\delta_2 + W_3\delta_3 + \cdots) \tag{2}$$

에너지의 손실이 없다면 $E_p = E_k$이므로 등식으로 놓고 이항하여 ω를 구하면 다음과 같다.

$$\omega = \sqrt{\frac{g\,(W_1\delta_1 + W_2\delta_2 + W_3\delta_3 + \cdots)}{W_1\delta_1^2 + W_2\delta_2^2\, W_3\delta_3^2 + \cdots}} \tag{3}$$

축의 휨의 위험속도 N_{cr}[rpm]은 다음과 같이 주어진다.

$$N_{cr} = \frac{30}{\pi}\sqrt{\frac{g\,(W_1\delta_1 + W_2\delta_2 + \cdots)}{W_1\delta_1^2 + W_2\delta_2^2 + \cdots}} \fallingdotseq 300\sqrt{\frac{\sum W\delta}{\sum W\delta^2}} \tag{4}$$

각 하중점의 정적 휨(statical deflection)이 구해지면 위 식에서 위험속도를 계산할 수 있다. 이것을 레일리(Rayleigh)법이라 한다. 던커래이는 실험식으로 자중을 고려하여 다음 식을 발표했다. 이 식을 던커래이 실험공식이라 한다.

$$\frac{1}{N_{cr}^2} = \frac{1}{N_o^2} + \frac{1}{N_1^2} + \frac{1}{N_2^2} + \cdots \tag{5}$$

여기서, N_{cr} : 축의 위험속도(rpm)

N_o : 축만의 위험속도(rpm)

$N_1,\ N_2$: 각 회전체가 각각 단독으로 축에 설치하였을 경우의 회전속도(rpm)

(2) 1개의 회전체를 갖고 있는 축의 위험속도

축의 자중을 무시하면 위험회전수는 다음 식과 같다.

$$N_{cr} = \frac{60}{2\pi}\omega_c = \frac{60}{2\pi}\sqrt{\frac{k}{m}} = \frac{30}{\pi}\sqrt{\frac{g}{\delta}} \fallingdotseq 300\sqrt{\frac{1}{\delta}} \ [\mathrm{rad/s}] \tag{6}$$

여기서, ω_c : 회전축의 각속도[rad/s]

m : 1개의 회전체의 질량 $W/g(\mathrm{kgf}\cdot\mathrm{s}^2/\mathrm{cm})[\,W$: 회전체 1개의 무게(kgf)]

δ : 축의 정적인 휨(cm)

k : 축의 스프링상수 $W/\delta(\mathrm{kgf/cm})$

N_{cr} : 회전축의 위험속도(rpm)

Section 7 **축을 설계할 때 고려사항**

1 개요

축은 동력을 전달하는 구동축과 종동축을 연결하며 다양한 방법, 즉 기어, 벨트, 체인 등에 의해 짧거나 긴 축을 연결한다. 또한 축은 사용하는 조건에 따라 열처리를 하며, 작동 중에 여러 문제를 발생할 수 있기 때문에 설계 시 충분히 고려해야 한다.

② 축을 설계할 때 고려사항

1) 강도(strength)

정하중, 충격하중, 반복하중 등의 하중상태에 충분한 강도를 갖게 하고, 특히 키홈, 원주홈, 단 달림 축 등에 의한 집중응력을 고려해야 한다.

2) 변형(deflection)

① 휨변형(bending deflection) : 적당한 베어링의 틈새, 기어물림상태의 정확성, 베어링의 압력균형 등이 유지되도록 변형을 어느 한도로 제한해야 한다.

② 비틀림각변형 : 내연기관의 캠 샤프트처럼 정확한 시간에 정확하게 작동할 수 있도록 축의 비틀림각의 변형이 제한되어야 한다.

3) 진동(vibration)

격렬한 진동은 불균형인 기어, 풀리, 디스크, 또 다른 회전체에 의한 축의 원심력에 의해 발생하거나 굽힘진동이나 비틀림진동에 의하여 공진이 생겨 파괴되므로 고속회전축에 대해서는 진동의 요인에 대해 주의해야 한다.

4) 열응력(thermal stress)

제트엔진, 증기터빈의 회전축과 같이 고온상태에서 사용되는 축에 있어서는 열응력, 열팽창 등에 주의하여 설계한다.

5) 부식(corrosion)

선반의 프로펠러축(marine propeller shaft), 수차축(water turbine shaft), 펌프축(pump shaft) 등과 같이 항상 액체 중에서 접촉하고 있는 축은 전기적, 화학적 또는 그 합병작용에 의해 부식하므로 주의해야 한다.

Section 8 축지름 계산(회전수, 모터용량, 허용전단응력)

① 개요

축은 회전 중에 여러 하중을 받으면서 구동을 하고 있기 때문에 설계 시 굽힘 모멘트, 비틀림 모멘트, 굽힘 모멘트와 비틀림 모멘트가 동시에 받을 경우를 고려하여 설계값을 산출해야 하며, 실제 설계값보다 안전계수를 고려하여 선정해야 한다.

② 굽힘 모멘트(bending moment)만 받는 축

• 정하중을 받는 직선축의 강도

d : 실축의 직경(cm)

d_1 : 중공축의 내경(cm)

d_2 : 중공축의 외경(cm)

H : 전달마력(PS)

H' : 전달마력(kW)

σ_b : 축의 굽힘응력(kgf · cm^2)

M : 축에 작용하는 굽힘 모멘트(kgf · cm)

ω : 각속도($2\pi n/60$)

T : 축에 작용하는 비틀림 모멘트(kgf · cm)

σ_a : 축의 허용굽힘응력(kgf/cm^2)

τ_a : 축의 허용전단응력(kgf/cm^2)

l : 축의 길이(cm)

Z : 단면계수(cm^3)

Z_P : 극단면계수(cm^3)

N : 축의 1분간 회전수(rpm)

지름이 d인 축에 굽힘 모멘트 M이 작용하면 최대 굽힘응력 σ_b는 다음과 같다.

$$\sigma_b = M/Z$$

$$M = \sigma_b Z$$

(1) 실축

$$\sigma_b = \frac{M}{Z} = \frac{M}{\dfrac{\pi d^3}{32}} = \frac{32M}{\pi d^3} \tag{1}$$

$$d = \sqrt[3]{\frac{10.2M}{\sigma_a}} \fallingdotseq 2.17\sqrt[3]{\frac{M}{\sigma_a}} \tag{2}$$

(2) 중공축(中空軸)

$$\sigma_b = \frac{32 d_2 M}{\pi (d_2^4 - d_1^4)} = \frac{10.2M}{d_2^3(1 - x^4)} \tag{3}$$

$$d_2 = \sqrt[3]{\frac{10.2M}{(1-x^4)\sigma_a}} = 2.17\sqrt[3]{\frac{M}{(1-x^4)\sigma_a}} \tag{4}$$

단, $d_1/d_2 = x$라 한다.

③ 비틀림 모멘트(torsional moment)를 받는 축

$$\tau = \frac{T}{Z_P} = \frac{T}{\dfrac{\pi d^3}{16}} = \frac{16\,T}{\pi d^3} \tag{5}$$

$$d = \sqrt[3]{\frac{5.1\,T}{\tau_a}} = 1.72\sqrt[3]{\frac{T}{\tau_a}} \tag{6}$$

$$H = \frac{Tw}{75 \times 100} = \frac{T \times \dfrac{2\pi N}{60}}{75 \times 100} = \frac{2\pi NT}{75 \times 60 \times 100}\,[\mathrm{PS}]$$

$$T = 71,620\frac{H}{N}\,[\mathrm{kg \cdot cm}] \tag{7}$$

$$H' = H_{kw} = \frac{Tw}{102 \times 100} = \frac{T \times \dfrac{2\pi N}{60}}{102 \times 100} = \frac{2\pi NT}{102 \times 60 \times 100}\,[\mathrm{kW}]$$

$$\therefore \ T = \frac{97,400H'}{N}\,[\mathrm{kg \cdot cm}] \tag{8}$$

(1) 실축

H를 마력 PS로 표시하려면

$$d = \sqrt[3]{\frac{364,757.6H}{\tau_a N}} = 71.5\sqrt[3]{\frac{H}{\tau_a N}}\,[\mathrm{cm}] \tag{9}$$

H'을 kW로 표시하면 축의 지름은

$$d = 79.2\sqrt[3]{\frac{H}{\tau_a N}}\,[\mathrm{cm}] \tag{10}$$

(2) 중공축

$$d_1 = xd_2$$

$$\tau_a = \frac{T}{\dfrac{\pi}{16}\left(\dfrac{d_2^4 - d_1^4}{d_2}\right)} = \frac{5.1\,T}{d_2^3(1 - x^4)} \tag{11}$$

$$d_2 = \sqrt[3]{\frac{5.1\,T}{\tau_a(1 - x^4)}} = 1.72\sqrt[3]{\frac{T}{(1 - x^4)\tau_a}}\,[\mathrm{cm}] \tag{12}$$

또는 축의 회전수 N과 마력 H, H'이 주어질 때

$$d_2 = 79.2 \sqrt[3]{\frac{H'}{(1-x^4)\tau_a N}}\ [\text{cm}] \tag{13}$$

$$d_2 = 71.5 \sqrt[3]{\frac{H}{(1-x^4)\tau_a N}}\ [\text{cm}] \tag{14}$$

중공축은 실체원축보다 외경이 약간 크나 무게는 가볍다. 강도와 변형강성도 커지므로 중공축인 편이 우수하다. 공사비가 비싸므로 육지 공장 등에서는 실체원축이 많이 사용된다. 하중이 가벼워야 되는 경우에는 항공기, 선박 등에 쓰인다.

실체원축과 중공축의 강도가 같다고 하고 양축의 직경의 비는

$$\frac{d_2}{d} = \sqrt[3]{\frac{1}{1-x^4}} \tag{15}$$

[그림 9-1]은 중공축의 내외경비가 여러 가지로 변화했을 경우의 전달토크와 축중량을 같은 외경을 가진 실체원축과의 경우를 비교한 것이다. $x = 0.5$인 중공축이 중량감소가 24%인데 전달토크는 겨우 7% 정도만 감소했을 뿐이다.

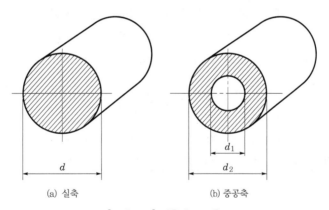

(a) 실축   (b) 중공축

[그림 9-1] 실축과 중공축

❹ 굽힘 모멘트와 비틀림 모멘트를 동시에 받는 축(torsion combined with bending)

대부분 회전하는 축의 비틀림 모멘트 이외에도 축에 굽힘 모멘트를 초래하는 기어, 풀리, 스프로킷, 시브 등을 부착하고 있다. 그래서 굽힘 모멘트를 감소시키기 위하여 가능한 베어링(축받침) 가까이에 이러한 부속물을 부착해야 한다.

Section 9 치차의 모듈

1 정의

모듈은 이의 크기를 나타내는 설계인자이며, 단위는 mm이다. 잇수 x 모듈로써 기어의 표준 피치원지름이 계산되고 기어의 사양을 간단하게 표현할 때 잇수와 모듈만 밝히면 된다.

2 적용사례

보통 모듈은 표준화된 값이 사용되며, 1~20 사이의 값들은 다음 표와 같다.

1.00	1.25	1.50	1.75	2.00	2.25	2.50	2.75	3.00	3.25	3.50	3.75	4.00	4.50
5.00	5.50	6.00	6.50	7.00	8.00	9.00	10.0	11.0	12.0	14.0	16.0	18.0	20.0

한편 개념상 모듈의 역수인 지름피치(diametral pitch)는 주로 인치시스템을 채택하고 있는 미국 등에서 사용되고 있으며, 25.4를 지름피치값으로 나누면 모듈값으로 환산할 수 있다. 지름피치 자체의 단위는 1/인치이고, 1~26 사이의 표준화된 지름피치의 값들은 다음 표와 같다. 괄호 안의 값은 모듈값으로 환산한 값이다.

1.00(25.40)	1.25(20.32)	1.50(16.93)	1.75(14.51)	2.00(12.7)	2.25(11.29)	2.50(10.16)
2.75(9.236)	3.00(8.467)	3.50(7.257)	4.00(6.350)	4.50(5.644)	5.00(5.080)	5.50(4.618)
6.00(4.233)	7.00(3.629)	8.00(3.175)	9.00(2.822)	10.0(2.540)	11.0(2.309)	12.0(2.117)
14.0(1.814)	16.0(1.588)	18.0(1.411)	20.0(1.270)	22.0(1.155)	24.0(1.058)	26.0(0.977)

Section 10 나사(볼트 · 너트)의 체결에서 너트의 풀림방지방법

1 볼트 · 너트의 풀림발생원인

① 너트의 길이가 짧아 접촉압력이 작을 경우
② 주변의 진동 · 충격을 받아 순간적으로 접촉압력이 감소되는 경우
③ 나사접합부에서 미끄럼이 반복되어 미동마멸이 생기는 경우
④ 주변 온도의 변화로 인해 나사가 수축 · 팽창되어 나사이음이 약해지는 경우

② 나사의 체결에서 너트의 풀림방지방법

(1) 로크너트(lock nut)

볼트와 너트에 일정한 하중을 주어서 자립조건을 주도록 한 것으로서, 2개의 너트를 사용하여 서로 졸라 매어 너트 사이를 서로 미는 상태로 하면 외부 진동에도 항상 하중이 작용되고 있는 상태를 유지한다. 나사로서의 하중은 바깥쪽 너트가 받으므로 바깥쪽 너트를 더 두껍게 하고, 너트 사이 상호 미는 역할을 하는 안쪽 너트를 로크너트라 한다([그림 9-2] 참조).

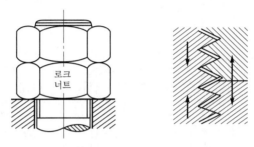

[그림 9-2] 로크너트의 하중작용상태

(2) 자동 잠금 너트(self locking nut)

자동 잠금 너트는 갈라진 부분이 안쪽으로 휘어져서 볼트를 압축하여 너트가 풀어지지 않게 한다([그림 9-3] 참조).

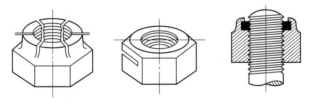

[그림 9-3] 자동 잠금 너트

(3) 세트 스크루(set screw)

볼트와 너트를 체결한 후 작은 나사, 세트 스크루를 사용하여 너트가 풀어지지 않게 한다([그림 9-4] 참조).

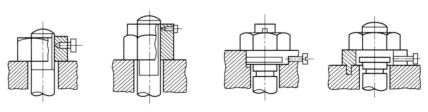

[그림 9-4] 세트 스크루

(4) 와셔(washer)

볼트와 너트를 체결할 때 스프링와셔(spring washer), 고무와셔, 혀붙이와셔, 톱니붙이와셔 등 특수 와셔를 사용하여 너트가 풀어지지 않게 한다([그림 9-5] 참조).

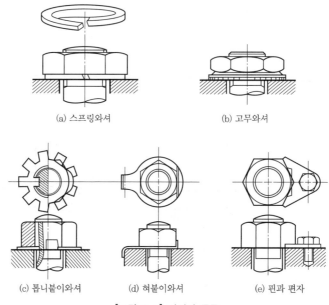

(a) 스프링와셔   (b) 고무와셔

(c) 톱니붙이와셔   (d) 혀붙이와셔   (e) 핀과 편자

[그림 9-5] 와셔의 종류

(5) 핀(pin)

볼트와 너트를 체결할 때 분할핀(split pin), 평행핀(parallel pin), 테이퍼핀(taper pin) 등을 사용하여 너트가 풀어지지 않게 한다([그림 9-6] 참조).

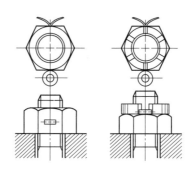

[그림 9-6] 분할핀

(6) 나일론너트

나일론너트는 너트 내부에 나일론(nylon)을 넣어 수나사가 나일론을 파고 들어 변형시킴으로써 풀림을 방지한다([그림 9-7] 참조).

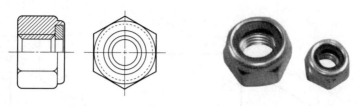

[그림 9-7] 나일론너트

Section 11 나사의 자립조건

1 개요

나사는 2개의 부품을 조립할 때 사용되며, 사용조건과 받는 하중의 방향과 운동조건에 따라 적용된다. 삼각나사는 미터나사로 가장 많이 정밀급으로 사용되며, 분해조립이 빈번하게 발생할 때 적용한다. 테이퍼나사는 배관에서 기밀을 유지하고자 할 때, 사각나사나 사다리꼴나사는 큰 힘을 전달할 때 주로 사용한다.

2 나사를 죌 때

1) 회전력(P)

① 나사면에 수직한 힘 : $P\sin\alpha + Q\cos\alpha$

② 나사면에 평행한 힘 : $P\cos\alpha - Q\sin\alpha$

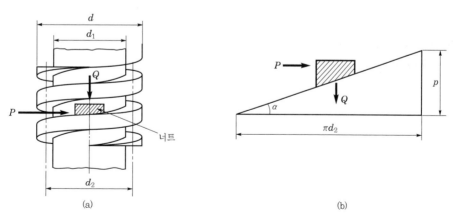

[그림 9-8] 사각나사와 경사면

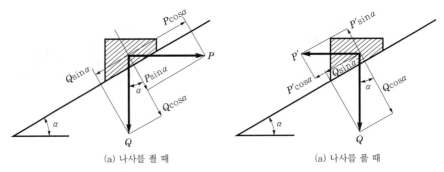

(a) 나사를 죌 때   (a) 나사를 풀 때

[그림 9-9] 나사의 역학

운동이 시작되는 순간

$$P\cos\alpha - Q\sin\alpha = \mu(P\sin\alpha + Q\cos\alpha)$$

여기서, μ : 마찰계수

마찰각을 ρ라 하면

$$\tan\rho = \mu$$

정리하면

$$P = Q\frac{\mu + \tan\alpha}{1 - \mu\tan\alpha} = Q\tan(\rho + \alpha)$$

여기서, α : 리드각(나선각)

$\tan\alpha = \dfrac{p}{\pi d_2}$ 을 이용하면

$$P = Q\frac{\mu\pi d_2 + p}{\pi d_2 - \mu p}$$

2) 회전토크(T)

나사를 조일 때 회전토크는

$$T = \frac{d_2}{2}\times P = \frac{d_2}{2}\times Q\times\tan(\rho + \alpha)$$

또는

$$T = \frac{d_2}{2}\times Q\,\frac{\mu\pi d_2 + p}{\pi d_2 - \mu p}$$

③ 나사를 풀 때

1) 회전력(P')

P'의 방향은 조일 때의 접선력 P와 반대방향이다.

$$P' = Q\tan(\rho - \alpha)$$

또는

$$P' = Q\,\frac{\mu\pi d_2 - p}{\pi d_2 + \mu p}$$

2) 회전토크(T')

나사를 풀 때 회전토크는

$$T' = \frac{d_2}{2} \times P' = \frac{d_2}{2} \times Q \times \tan(\rho - \alpha)$$

또는

$$T' = \frac{d_2}{2} \times Q\,\frac{\mu\pi d_2 - p}{\pi d_2 + \mu p}$$

④ 나사의 자립조건(self locking condition)

| 나사를 풀 때 회전력 P' | ⇐ | 자립조건의 판단기준 |

① $P' > 0$이면 나사를 풀 때 힘이 소요된다. $\rho > \alpha$
② $P' < 0$이면 저절로 풀린다. $\rho < \alpha$
③ $P' = 0$이면 저절로 풀리다 임의지점에서 정지한다. $\rho = \alpha$

| 나사의 자립조건 | ⇒ | 스스로 풀리지 않을 조건 |

$$P' \geqq 0$$

각도관계로 표시하면

$$\rho \geqq \alpha$$

마찰각과 리드각을 대입하면

$$\mu \geqq \frac{p}{\pi d_2}$$

고정식 축이음의 종류와 설계상 고려사항

1 개요

긴 축을 필요로 할 때는 몇 개의 축을 이어야 한다. 축이음은 커플링과 클러치가 있으며, 커플링은 영구적인 축이음이고 클러치는 운전 중 결합과 단속을 할 수 있는 것이다.

2 고정식 축이음의 종류

(1) 커플링

1) 고정 커플링

축심이 일치하고 연결부가 완전히 고정된 축이음으로, 원통형 커플링과 플랜지형 커플링이 있다.

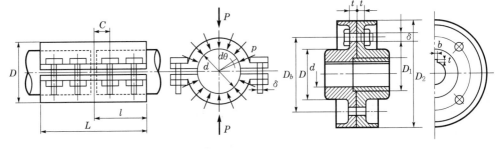

[그림 9-10] 원통형 고정 커플링   [그림 9-11] 플랜지형 고정 커플링

2) 플렉시블 커플링

축 연결부에 고무나 스프링을 삽입하여 유연성을 확보하며 하중변화와 축심 불일치상태에서 원활한 운전이 가능하며 충격을 완화한다.

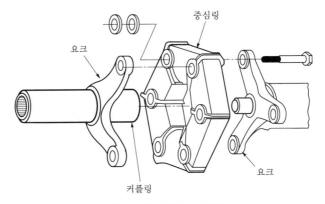

[그림 9-12] 플렉시블 커플링

3) 올덤 커플링

축심이 평행한 축이음에 사용한다.

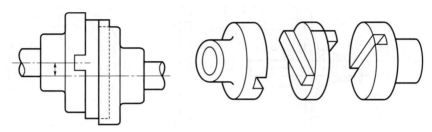

[그림 9-13] 올덤 커플링

4) 유니버셜 커플링

두 축심이 교차되어 교차각을 가지는 축이음이다.

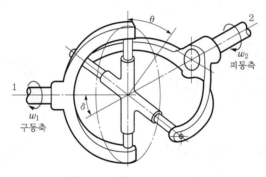

[그림 9-14] 유니버셜 커플링

(2) 클러치의 종류

1) 맞물림 클러치

두 축에 턱(claw)이 서로 맞물리게 하여 동력을 전달한다.

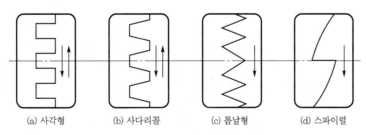

(a) 사각형　　(b) 사다리꼴　　(c) 톱날형　　(d) 스파이럴

[그림 9-15] 맞물림 클러치

2) 마찰 클러치

마찰면을 밀착시켜 동력을 전달한다.

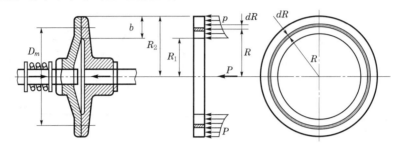

[그림 9-16] 마찰 클러치

3) 원심 클러치

축의 회전력과 원심력이 증가하여 종동축에 동력을 전달한다.

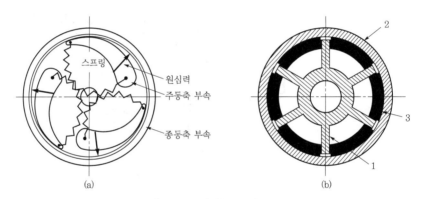

[그림 9-17] 원심 클러치

4) 일방향 클러치

한쪽 방향으로만 동력을 전달하며 래칫이 있다.

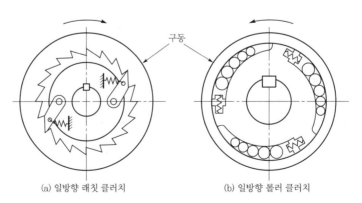

(a) 일방향 래칫 클러치   (b) 일방향 롤러 클러치

[그림 9-18] 일방향 클러치

3 축이음의 설계상 고려사항

(1) 커플링

① 회전균형, 중량균형 등이 잡혀 있을 것
② 중심 맞추기가 완전히 되어 있을 것
③ 조립분해작업 등이 쉬울 것
④ 가볍고 소형일 것
⑤ 진동에 대해 강할 것
⑥ 회전면에 돌기물이 없을 것
⑦ 전동능력이 충분할 것
⑧ 윤활 등은 되도록 필요하지 않도록 할 것
⑨ 전동토크의 특성을 충분히 고려하여 특성에 맞는 형식으로 할 것

(2) 클러치

① 접촉면의 마찰계수를 적당한 크기로 잡을 것
② 관성을 작게 하기 위하여 소형이고 가벼워야 할 것
③ 마모가 생겨도 이것을 적당히 수정할 수 있을 것
④ 마찰에 의해 생긴 열을 충분히 제거하고 눌어붙기 등이 생기지 않을 것
⑤ 원활히 단속할 수 있을 것
⑥ 단속할 때 큰 외력을 필요로 하지 않을 것
⑦ 균형상태가 좋을 것

Section 13 설계 시 안전계수 도입이유를 결정인자를 중심으로 설명

1 안전율

기초강도(σ_u : 인장강도, 극한강도)와 허용응력(σ_a)과의 비를 안전율(safety factor)이라 하고 다음과 같이 쓴다.

$$S = \frac{\sigma_u}{\sigma_a} = \frac{극한강도}{허용응력} \tag{1}$$

안전율 S는 응력계산의 부정확이나 불균성재질의 불신뢰도를 보충하고 각 요소가 필요로 하는 안전도를 갖게 하는 수이며, 항상 1보다 크게 된다.

사용상태(working stress)에 있어서 안전율을 말하는 경우는

$$사용응력의 안전율 \ S_w = \frac{\sigma_u}{\sigma_w} = \frac{극한강도}{사용응력} \tag{2}$$

항복점에 달하기까지의 안전율은

$$항복점에 대한 안전율 \ S_{yp} = \frac{\sigma_{yp}}{\sigma_a} = \frac{항복응력}{허용응력} \tag{3}$$

② 안전율의 선정

안전율의 선정은 다음과 같다.

① 재질 및 그 균질성에 대한 신뢰도(전단, 비틀림, 압축에 대한 균질성)
② 하중견적의 정확도의 대소(관성력, 잔류응력 고려)
③ 응력계산의 정확도의 대소
④ 응력의 종류 및 성질의 상이
⑤ 불연속 부분의 존재(단 달린 곳에 응력집중, 표시효과)
⑥ 공작 정도의 양부

③ 경험적 안전율

여러 가지 인자를 고려하여 결정되는 조건들이 있으나 경험에 의하여 결정되는 수가 많다. 특히 언윈(Unwin)은 극한강도를 기초강도로 하여 안전율을 제창하며, 그 외에도 경험적으로 안전율을 많이 발표하였다. 정하중에 대한 안전율로서 주철(3.5~8), 강, 연철 (3~5), 목재(7~10), 석재, 벽돌(15~24) 등이다. [표 9-1]에서는 정하중, 동하중의 안전율을 나타낸다.

[표 9-1] 언윈의 안전율

재료명	정하중	반복하중		변동하중 및 충격하중
		편 진	양 진	
주철	4	6	10	12
연철	3	5	8	15
목재	7	10	15	20
석재, 벽돌	20	30	–	–

전위기어의 개요와 사용목적

1 개요

기어에 있어서 이를 절삭할 때 실용적인 잇수, 즉 공구 압력각 20°의 경우에는 14개, 14.5°에서는 25개 이하로 되면 이 뿌리가 공구 끝에 먹혀 들어가서, 이른바 언더컷(切下, under cut)의 현상이 생겨서 유효한 물림길이가 감소되고, 그 때문에 이의 강도가 아주 약하게 된다. 이것을 방지하려면 기준 랙의 기준 피치선을 기어의 피치원으로부터 적당량만큼 이동하여 창성절삭한다. 이와 같이 기준 랙의 기준 피치선이 기어의 기준 피치원에 접하지 않는 기어를 전위기어(profile shifted gear)라 부른다.

일반적으로 20°, 14.5° 압력각의 치형에서는 전위시킴으로써 간단하게 언더컷을 방지할 수 있다. 최근 전위기어는 표준기어의 단점을 개선할 수 있을 뿐 아니라 표준기어를 창성하는 경우와 같은 공구 및 치절기계로써 공작되므로 널리 사용되고 있다.

2 전위계수와 전위량

[그림 9-19]의 (a)에서 보는 것처럼 기준 랙의 기준 피치선과 기어의 기준 피치원이 접하여 미끄럼 없이 굴러가는 기어가 표준기어이고, [그림 9-19]의 (b)와 같이 랙의 기준 피치선과 피치원이 접하지 않고 약간 평행하게 어긋난 임의의 직선과 구름접촉하는 상태로 되는 기어를 전위기어라 부른다.

이때 기준 피치원과 접하는 직선을 치절 피치선이라 부르고, 랙의 기준 피치선과 평행하게 떨어진 치절 피치선과 거리를 전위량이라 부른다. 그리고 전위량 X를 모듈로서 나눈 값 $x = X/m$를 전위계수(abbendum modification coefficient)라 부르고, KS B 0102의 910번으로 규정되어 있다. 전위량 X, 전위계수 x에는 양(+)과 음(−)이 있고, 기준 랙과 맞물릴 때 랙의 기준 피치선이 기준 피치원의 바깥쪽에 있을 경우를 양의 전위라 부르고, 안쪽에 있을 경우를 음의 전위라 부른다.

KS B 0102의 743번에는 전위기어에 속하는 기준 랙 치형 공구를 물리는 경우, 기준 랙 공구의 기준 피치선과 기어의 기준 피치원과의 거리를 전위량이라 규정하고 있다. 이 전위계수 x의 값을 적당하게 선택함으로써 같은 기초원의 인볼루트곡선의 적당한 곳을 사용하고 있을 뿐 아니라, 성능에 가장 적당한 인볼루트곡선을 선택하고, 또 강도상 유리하도록 그 치형을 설계할 수가 있는 것이다.

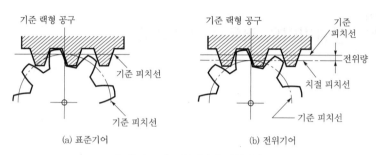

[그림 9-19] 표준기어와 전위기어

3 전위기어의 사용목적

이상과 같이 전위기어는 설계계산에는 표준기어보다 다소 복잡하기는 하나 다음과 같은 경우에 사용하면 아주 유효하다.

① 중심거리를 자유로 변화시키려고 할 때
② 언더컷을 피하고 싶은 경우
③ 치의 강도를 개선하려고 하는 경우

그 밖의 여러 가지 경우에 유익한 점이 많으므로 자유로이 전위기어를 설계할 수 있어야 될 것이다. 즉, 언더컷을 방지하며 이의 강도를 크게 하는 방법은 전위치차로 깎는 것이다.

4 전위치차의 장단점

(1) 장점

① 모듈에 비하여 강한 이가 얻어진다.
② 최소치수를 극히 작게 할 수 있다.
③ 물림률을 증대시킨다.
④ 주어진 중심거리의 기어의 설계가 쉽다.
⑤ 공구의 종류가 적어도 되고, 각종 기어에 운용된다.

(2) 단점

① 교환성이 없게 된다.
② 베어링압력을 증대시킨다.
③ 계산이 복잡하게 된다.

기어의 이의 크기를 표시하는 기본요소(원주피치, 모듈, 지름피치)와 관계식

1 개요

기어의 이의 크기를 표시하는 방법은 원주피치(p), 모듈(m), 지름피치(p_d) 등 3가지가 있다. 원주피치와 모듈은 미터계에서 주로 적용하며, 모듈과 지름피치는 인치계에서 적용한다.

2 이의 크기 표시방법

(1) 원주피치(p)

피치원주(πD)를 잇수(Z)로 나눈 수치로서

$$p = \frac{\pi D}{Z} \tag{1}$$

로 표시되며, 원주피치 p의 값이 클수록 이는 커진다.

(2) 모듈(m)

식 (1)에서 p의 값을 표준화하여 정수로 할 때 피치원지름 D는 무리수가 되어 불편하며, 기계에 의한 치절삭(齒切削)의 경우에는 피치원지름을 정수로 하는 것이 편리하다.

즉 $D = \dfrac{pz}{\pi}$에서 p[mm] 대신에 $\dfrac{p}{\pi}$의 값을 표준화하여 정수로 하면 D를 정수로 할 수 있다. 이 $\dfrac{p}{\pi}$를 모듈이라 하며, m으로 표시한다.

$$m = \frac{p}{\pi} = \frac{D}{Z} \tag{2}$$

D의 단위는 mm이며, 모듈은 미터방식으로 나타낸 이의 크기를 표시한다. 모듈의 값이 클수록 이는 커진다. 모듈의 표준값을 [표 9-2]에 나타낸다. 모듈의 표준값은 제1계열을 주로 사용하며, 제2, 3계열의 값은 잘 사용하지 않으나 꼭 필요한 경우에는 제2계열, 제3계열의 순으로 선택한다.

[표 9-2] 모듈의 표준값(KS B 1404)

제1계열	제2계열	제3계열	제1계열	제2계열	제3계열
0.1	0.15		4	4.5	
0.2	0.25		5	5.5	
0.3	0.35		6		6.5
0.4	0.45			7	
0.5	0.55		8	9	
0.6		0.65	10	11	
	0.7		12	14	
	0.75		16	18	
0.8	0.9		20	22	
1			25	28	
1.25	1.75		32	36	
2	2.25		40	45	
2.5	2.75		50		
3		3.25			
	3.5	3.75			

(3) 지름피치(p_d)

인치방식으로 이의 크기를 나타내는 방법으로 p 대신에 $\dfrac{\pi}{p}$의 값을 표준화한 것으로서, 이것을 지름피치(diameter pitch)라 하며 p_d로 표시한다.

$$p_d = \frac{\pi}{p} = \frac{Z}{D} \tag{3}$$

여기서, D의 단위는 inch이며, p_d는 인치방식으로 나타낸 이의 크기를 표시한다. p_d의 값이 작을수록 이는 커지며, 영국과 미국에서 주로 사용된다.

모듈과 지름피치와의 관계는 식 (2)와 식 (3)으로부터

$$p_d = \frac{25.4}{m} \tag{4}$$

와 같이 표시된다.

Section 16   미끄럼 베어링과 구름 베어링에 대한 특징 비교

1 개요

베어링에는 축과 베어링의 상대운동의 종류에 따라 미끄럼 베어링(sliding bearing)과 구름 베어링(rolling bearing) 2가지가 있다. 이들 베어링은 각각의 특징이 있고 서로 이점과 결점을 가지고 있다.

2 미끄럼 베어링과 구름 베어링에 대한 특징 비교

일반적으로 미끄럼 베어링은 내충격성이 크므로 충격이 있는 중하중에 적합하나, 구름 베어링은 기계의 정밀도를 향상시킬 수 있고 규격이 통일되어 있으므로 호환성이 좋으며 윤활을 쉽게 할 수 있고 수명이 길어서 많은 기계에 사용하고 있다. 펌프에 있어서도 왕복펌프와 같이 충격하중이 있는 것을 제외하고는 거의 구름 베어링을 쓰고 있다.

[표 9-3] 미끄럼 베어링과 구름 베어링의 비교

종류	정밀도	윤활	외형치수	수명	내식성	수중사용	마찰계수
미끄럼 베어링	나쁘다	재료에 따라서는 불필요	길다	길다	재료에 따라 있음	사용가능	크다
구름 베어링	좋다	필요	짧다	짧다	베어링강으로 한정	사용불가	작다

Section 17   공기스프링장치의 특징과 장단점

1 공기스프링장치의 특징

공기스프링장치(air spring)의 특징은 다음과 같다.

① 공기스프링장치의 높이 및 스프링정수의 내압에 따라 조정이 가능하여 부가하중의 범위가 높다.
② 보조탱크 배관 내 오리피스를 설치하여 보다 우수한 감쇠작용을 얻을 수 있다.
③ 서징현상이 거의 없고, 고주파진동절연에 우수하다.

④ 높이조절밸브를 사용하면 하중의 증감변동에도 정해진 높이를 일정하게 유지할 수 있다.

⑤ 1개의 스프링으로 동시에 횡강성에도 이용이 가능하다.

⑥ 공기스프링장치를 작동기(actuator)로서 공기실린더와 같은 용도로 사용이 가능하며, 급기 및 보수, 설치가 용이하다.

⑦ 고유진동수는 0.7~5.0Hz 정도이며, 큰 하중과 긴 행정(stroke)에 비해 장치의 높이를 낮게 할 수 있다.

⑧ 취부높이의 비율로 행정을 크게 얻을 수 있다.

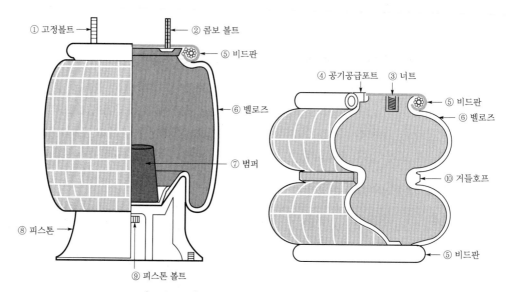

[그림 9-20] 공기스프링의 각부 명칭 및 단면구조

2 공기스프링의 종류

(1) 벨로즈형

세로로 풀무 모양으로 된 것으로, 수직하중을 받지만 횡변형에는 약하다.

(2) 다이어프램형

밥그릇을 엎어놓은 듯한 형태로, 수직하중과 함께 횡변형에도 복원력이 발생하지만 용도에 따라 그 특성은 다르다.

(3) 저횡강성 에어스프링

완충고무를 겹친 원통 위에 아랫면이 파인 밥그릇 모양의 에어스프링을 조합한 것이다. 주로 볼스터리스 대차에 사용되며, 그 이름대로 횡강성을 낮추고 상하방향의 완충작용을 확보한다.

❸ 공기스프링의 장단점

(1) 장점

① 설계 시에 공기스프링의 높이, 내부하력, 스프링정수를 광범위하게 설정할 수 있다
② 하중의 변화에 따라 고유진동수를 일정하게 유지할 수 있다.
③ 부하능력이 광범위하다.
④ 자동 제어가 가능하다.
⑤ 고주파진동 절연성과 제진효과가 금속스프링, 방진고무보다 우수하다.

(2) 단점

① 구성부품들이 많이 들어가서 구조가 복잡하다.
② 공압공급장치가 항상 필요하다.
③ 공기누출의 위험이 있다.
④ 고무 멤브레인을 이용하므로 방진고무와 마찬가지로 내고온성, 내저온성, 내유성, 내노화성 등의 환경요소에 대한 제약이 있다.

Section 18 베어링의 기본 정격수명식

❶ 기본 정격수명과 기본 동 정격하중

베어링이 동일한 조건에서 운전해도 수명은 베어링의 조건에 따라 큰 산포도를 갖는다. 이것은 재료의 피로현상이 일정하지 않기 때문이다. 따라서 수명을 평균치로 취하는 것은 무의미하기 때문에 하나의 통계치로서 정격수명을 사용한다.

기본 정격수명이란 같은 베어링을 동일조건에서 각각 회전시켰을 때, 그 중 90%의 베어링이 구름피로에 의한 플레이킹을 일으키지 않고 회전할 수 있는 총회전수 또는 총회전시간을 말한다. 베어링의 동적부하능력을 나타내는 기본 동 정격하중은 외륜고정, 내륜회전의 조건에서 정격피로수명이 100만 회전이 될 수 있는 방향과 크기가 일정한 하중을 의미한다. 레이디얼베어링은 순수 경방향하중, 스러스트베어링은 순수 축방향하중을 취한다.

KBS베어링은 ISO 281/I 및 KS B 2019 규정에 의거 기본 동 정격하중을 결정하였으며, 레이디얼베어링의 C1과 스러스트베어링의 Ca는 치수표에 표기되어 있다.

② 정격수명의 계산

구름 베어링의 정격수명은 많은 실험과 경험에 의해 다음 식이 이용된다.

$$L_n = \left(\frac{C}{P}\right)^r \tag{1}$$

여기서, L_n은 정격수명 또는 회전수명(단위 : 10^6회전), P는 베어링하중(kg), C는 기본부하용량, r은 베어링의 내외륜과 전동체의 접촉상태에 따른 계수로, 볼 베어링은 3을, 롤러 베어링은 10/3을 적용한다. 많은 경우 수명은 시간으로 사용하므로 정격수명을 시간수명 L_h(단위 : hr)로 환산하면

$$L_h = L_n \times \frac{10^6}{N \times 60}\,[\mathrm{hr}] \tag{2}$$

여기서, N은 분당 회전수(rpm)이다. 수명을 시간으로 나타낼 경우에는 보통 500시간을 기준으로 한다. 따라서 100만 회전의 수명은 $33.3 \times 60 \times 500 = 10^6$이므로

$$L_h = 500\left(\frac{33.3}{N}\right)\left(\frac{C}{P}\right)^r \tag{3}$$

과 같이 나타낸다. 한편 위 식을 $L_h = 500 f_h{}^r$로 변환하면

$$f_h = \frac{C}{P}\left(\sqrt{\frac{33.3}{N}}\right)^{1/r} = \frac{C}{P} f_n \tag{4}$$

이 된다. 이를 수명계수라 하며, f_n은 속도계수라 한다.

Section 19

클린룸 청정도, Class 100 설계 시 고려사항

① 개요

21세기를 향한 기술의 발달과 첨단산업분야의 연구개발과 생산과정에서 중대한 방해를 초래하는 공기 중의 부유입자 및 부유세균을 제거하기 위하여 필터에 의한 여과, 온도, 습도, 공기압, 소음, 정전기, 조도 등의 제어에 관하여 환경적으로 제어되는 공간을 클린룸(clean room)이라 정의하며, 클린룸의 분류는 크게 ICR(Industrial Clean Room)과 BCR(Biological Clean Room)로 분류된다. ICR에는 반도체공정, 전자기기공정으로, BCR에는 병원, GMP, GLP, HACCP 등으로 분류되어 각각의 규정에 맞도록 설계, 시공하여 운영하게 된다.

② 청정도(cleanliness)

일정량의 공기 중에 포함된 먼지나 오염의 정도를 말하며, 1세제곱 Fit의 체적공기에 포함된 먼지의 수로 표시한다.

[표 9-4] NASA 규격에 의한 청정도 Class 분류

청정도 Class	대기 중 부유균(개/ft³)	낙하균(개/ft³·week)
100	0.1	1,200
10,000	0.5	6,000
100,000	2.5	30,000

③ Class 100 설계 시 고려사항

① 기류방식(patterns of air flow) : 층류식, 난류식, 혼류식, 터널식 중 사용목적별로 결정

② 청정도(cleanliness level) : 제품의 요구되는 정도에 의해 결정

③ 계획(lay-out) : 작업성과 청정도를 만족하도록 계획 결정

④ 구조와 재료(structure & materials) : 기류파괴, 먼지적체가 되지 않는 구조로 하고, 먼지발생, 입자부착, 청소를 고려한 재료를 선택

⑤ 부속장치(equipments) : air shower, pass box, relief damper, clean stocker, clean locker

⑥ 사람과 물건의 관리(control of working persons and materials) : 반입물품관리, 작업자 교육

⑦ 유틸리티(utility) : 계획의 가변성, 기류방식을 고려 결정

⑧ 안전대책과 비상계획(safety & emergency plan) : 밀폐구조에서의 화재, 가스누설, 정전대비

Section 20

바하의 축 공식

① 개요

비틀림 모멘트를 받는 축의 경우 강도면에서는 충분하다고 하더라도 탄성적으로 발생하는 비틀림변형에 의해 축에 비틀림진동을 유발할 수 있으므로 강성을 평가해야만 한다.

② 바하의 축 공식

[그림 9-21]과 같이 축이 비틀림 모멘트 T를 받으면 mn 선분이 mn' 선분으로 각 θ, 길이 S만큼 비틀림변형을 일으키게 된다. 이 구조에서 전단변형률 γ는

$$\gamma = \frac{S}{l} = \frac{r\theta}{l} \tag{1}$$

이고, 전단응력은 전단변형률에 비례하므로

$$\tau = G\gamma \tag{2}$$

여기서, G는 전단탄성계수이다. 따라서

$$\tau = G\frac{r\theta}{l}\,[\mathrm{kgf/mm^2}] \tag{3}$$

또한 $\tau = \dfrac{T \cdot r}{I_p}$ 이므로 위 식과의 관계로부터

$$\theta = \frac{Tl}{G\,I_p}\,[\mathrm{rad}] \tag{4}$$

이를 도(degree; °)로 변환하면

$$\theta\,° = \frac{180}{\pi} \times \frac{Tl}{G\,I_p} \tag{5}$$

여기에 $I_p = \dfrac{\pi d^4}{32}$ 을 대입하여 강성도의 식을 유도하면

$$\theta\,° = \frac{180}{\pi} \times \frac{Tl}{G\,I_p} = \frac{180}{\pi} \times \frac{Tl}{G\,\dfrac{\pi d^4}{32}} \leqq \theta_a\,° \tag{6}$$

$$\therefore d = \sqrt[4]{\frac{32 \times 180 \times l \times T}{\pi^2 \times G \times \theta_a\,°}} \tag{7}$$

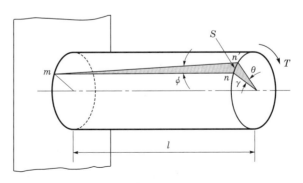

[그림 9-21] 축의 비틀림변형

여기서, $\theta °$는 허용비틀림각이다. 바하(Bach)는 실험적인 검증을 거쳐 축길이 1m당 $\theta ° = 1/4$ 이내로 제한하도록 축지름을 설계하는 것이 바람직하다고 하였으며, 이로부터 연강의 전단탄성계수 G의 값의 평균치인 $G = 8,300\,\text{kgf/mm}^2$, $l = 1,000\,\text{mm}$, 비틀림모멘트 $T = 716,200\dfrac{H_{PS}}{N} = 974,000\dfrac{H_{kW}}{N}$, $\theta ° = \dfrac{1}{4}$ 을 위 식에 대입하여 다음과 같은 대표적인 공식을 제창하였다.

$$d ≒ 120\sqrt[4]{\frac{H_{PS}}{N}}\ ,\ \ d ≒ 130\sqrt[4]{\frac{H_{kW}}{N}} \tag{8}$$

이 식을 바하의 축 공식이라 한다.

Section 21 무급유 베어링의 종류와 특성

1 개요

무급유 베어링(oilless bearing)은 사용 중에 급유를 필요로 하지 않는 베어링으로 함유(含油) 베어링이라고도 하며, 다공질(多孔質)재료로 만들며 내압력에 한계가 있고, 또 충격에 약한 것이 결점이다. 하중이 낮고 속도가 빠르지 않은 곳에 사용하며 여러 개의 공동(空洞)이 있으며, 그 부분에 기름을 지니고 있어 축의 회전에 의해 표면온도가 상승하면 많은 양의 기름이 스며 나온다.

[표 9-5] 윤활방식의 장단점

구 분	건식 윤활(고체 윤활제 사용)	유체 윤활(유윤활 또는 수윤활)
장점	• 고하중 저속운동, 왕복운동, 충격하중 • 각도요동운동, 불연속적 정지다발운동 • 100% 무급유 사용가능 • 부식성 분위기 • 저온~고온	• 경~중하중 외 고속회전(유체윤활＝윤활유막 형성)
단점	• 고속 사용불가(저속 사용원칙) • 무급유 사용으로 마찰계수가 높아 고속 • 사용 시 마찰열이 발생할 수 있음	• 고온, 저온 사용불가 • 정기 재급유 필요 • 고하중의 유막 형성불가 부분 • 부식성 분위기 사용불가 • 충격운동, 각도요동운동 및 불연속 • 정지다발운동 부분

② 특징

① 고온 및 저온부위에 적합하다.
② 내식, 내화학성이 뛰어나다(수중, 약액 중).
③ 이물질 유입에 비교적 강하다.
④ 고하중, 저속의 회전, 왕복, 각도요동운동, 단속적 운동 등에 이상적이다.
⑤ 공차가 정밀하지 못하거나 사용조건이 거친 부분에도 사용할 수 있다.
⑥ 주조와 기계가공이 가능한 형상과 규격은 모두 제작이 가능하다.

③ 종류

(1) 고체 윤활제(solid lubricant)

① 종류 : 일반용(SL2), 고온용(SL1), 수중용(SL4)
② 성분 : 천연흑연, 인조흑연, 테프론, 납 등

(2) 비금속(base metal)의 기호와 재질

① SP : 고력황동계   ② SPX : 특수고력황동계
③ B : 포금계   ④ F : 주철계
⑤ S : 스테인리스계   ⑥ AL : 알루미늄 청동계

Section 22 미끄럼베어링에서 베어링계수와 마찰계수의 관계에 대하여 그림을 그려 설명

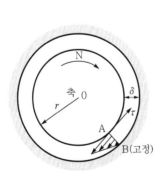
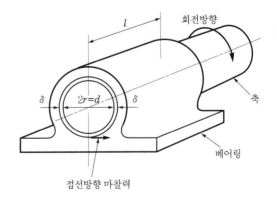

유막의 전단응력은 $\tau = \eta \dfrac{du}{dy} = \eta \dfrac{1}{\delta}\left(r\dfrac{2\pi N}{60}\right)$

전단응력으로 인한 토크손실 $T = \tau Ar = \eta \dfrac{2\pi r}{\delta} \times \dfrac{N}{60} \times 2\pi rlr$

베어링의 평균압력 $p = \dfrac{P}{2rl}$

마찰력에 의한 토크는 $T = \mu \mathrm{P} r = \mu(p2rl)r = 2\mu r^2 lp$

마찰계수를 계산하면 $\mu = \dfrac{\pi^2}{30} \times \eta \dfrac{N}{p} \times \dfrac{r}{\delta}$

여기서, $\eta\dfrac{N}{p}$: 베어링 정수, $\dfrac{r}{\delta}$: 틈새비(ϕ)

Section 23 미끄럼베어링의 재료가 갖추어야 할 조건

1 개요

베어링이란 축과 하우징 사이의 상대운동을 원활하게 하며 축으로부터 전달되는 하중을 지지하며 베어링 분류는 내부의 접촉방식에 따라 미끄럼 베어링과 구름 베어링이 있으며 축하중을 지지하는 방향에 따라 레이디얼 베어링과 스러스트 베어링이 있다.

2 미끄럼베어링의 재료가 갖추어야 할 조건

베어링 재료의 구비조건은 다음과 같다.

① 마모가 적고 내구성이 클 것
② 충격하중에 강할 것
③ 강도와 강성이 클 것
④ 내식성이 좋을 것
⑤ 가공이 쉬울 것
⑥ 열변형이 적고 열전도율이 좋을 것

Section 24 기계요소 중 기어에서 이의 간섭 원인과 예방법

1 개요

기어는 치형이 원통형 또는 원추형의 형상에 동일한 간격으로 절삭되어 있는 기계 부품으로 한 쌍의 부품을 맞물려서 원동 축에서 피동 축으로 회전과 동력을 전달하는 데 사용된다. 기어는 형상에 따라 인벌류트, 사이클로이드, 트로코이드 기어로 분류된다. 또한 축의 위치에 따라 평행축, 교차축, 어긋난 축 기어 등으로 분류할 수 있다.

2 기계요소 중 기어에서 이의 간섭 원인과 예방법

한 쌍의 기어를 물려 회전시킬 때 큰 기어의 이끝이 피니언의 이뿌리에 부딪쳐서 회전할 수 없게 되는 현상으로 원인과 방지대책은 다음과 같다.

① 피니언의 잇수가 극히 적을 때는 피니언의 반경방향으로 이뿌리면을 파낸다.
② 잇수비가 매우 클 때는 치형의 이끝면을 깎아낸다.
③ 압력각이 작을 때는 압력각을 증가시킨다(20° 이상).
④ 유효 이 높이가 높을 때는 이의 높이를 줄인다.

Section 25 회전축(Shaft)에서 발생하는 위험속도(Critical speed)와 공진(Resonance)의 정의

1 개요

축에 작용하는 굽힘모멘트 혹은 토크의 변동주기가 축의 고유진동수와 일치되었을 때, 축은 공진(reasonance)을 일으켜 진폭이 점차 커져서 축을 파괴에 이르게 한다. 따라서 공진을 일으키지 않는 속도범위를 구하는 것은 축 설계에 있어서 매우 중요하다.

❷ 회전축(Shaft)에서 발생하는 위험속도(Critical speed)와 공진(Resonance)의 정의

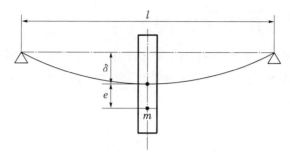

[그림 9-22] 회전질량체의 처짐량

[그림 9-22]에서 한 개의 회전질량체(m)를 가진 축에 대해서 위험 속도를 살펴보면 여기서 δ는 축 중심으로부터 처짐량, e는 회전질량체의 편심량이다. 회전체가 각속도 ω로 회전하여 δ만큼 처짐이 생겼다면, 원심력 F는 다음과 같다.

$$F = ma = mr\omega^2 = m(\delta + e)\omega^2 = k\delta$$

$$m\delta\omega^2 + me\omega^2 = k\delta$$

위의 등호는 탄성에 의한 복원력(강성과 처짐량의 곱)과의 힘의 평형에 의해 성립된 것이다.
처짐량 δ에 대하여 정리하면 아래와 같다.

$$\delta = \frac{me\omega^2}{k - m\omega^2}, \quad \delta = \frac{e}{\dfrac{k}{m\omega^2} - 1}$$

이때, 처짐량의 분모가 0이 된다면, 처짐량은 무한대가 되며 공진이 발생하여 진폭이 최대가 되고 축은 과격한 진동을 유발하게 되어 피로현상에 의해 마이크로 크랙에서 매크로 크랙으로 진전되어 파고가 될 수가 있다.

$$\frac{k}{m\omega^2} - 1 = 0, \quad \frac{k}{m} = \omega^2, \quad \omega = \sqrt{\frac{k}{m}}$$

정리하면, 축의 위험 각속도가 정의된다. 또한 회전체의 무게에 대한 초기 처짐에 대한 평형식은 다음과 같다.

$$mg - k\delta = 0, \quad \frac{k}{m} = \frac{g}{\delta}$$

따라서 위에서 구한 위험 각속도에 대입하면, 다음과 같다.

$$\omega = \sqrt{\frac{k}{m}} = \sqrt{\frac{g}{\delta}} \; [\mathrm{rad/s}]$$

$$N_c = \frac{60}{2\pi}\omega = \frac{30}{\pi}\sqrt{\frac{g}{\delta}} \; [\mathrm{rpm}]$$

만약 회전체가 2개 이상이라면, 던커레이(Dunkerley)는 축의 위험속도를 다음과 같은 실험식으로 제안했다. 한개의 축에 n개의 회전질량체를 가진 경우, 축의 위험속도 N_c 는 다음과 같다.

$$\frac{1}{N_c^2} = \frac{1}{N_0^2} + \frac{1}{N_1^2} + \frac{1}{N_2^2} + \cdots + \frac{1}{N_n^2}$$

이때, N_o는 축의 자중에 의한 처짐에 의해 발생한 위험속도이고, $N_1 \sim N_n$은 각 회전질량체로 인하여 발생한 처짐에 의해 발생한 위험속도이다.

Section 26 구름베어링을 구성하는 부품 4가지

1 개요

구름베어링은 내륜(inner race), 외륜(outer race)으로 이루어진 궤도륜과 그 사이에 리테이너(retainer)로 적당한 간격을 유지하고 있는 볼(ball) 또는 롤러(roller)인 전동체로 구성되어 있다. 축과 베어링 부분의 미끄럼 접촉이 이 전동체로 인하여 구름접촉으로 변환되면서 마찰손실을 최대한 감소시킬 수 있다.

2 구름베어링을 구성하는 부품 4가지

구름베어링은 미끄럼베어링에 비해서 마찰계수가 작고, 과열의 염려가 없고 고속회전이 가능하며, 축심의 벗어남이 적고 베어링 길이가 짧아 기계를 소형으로 할 수 있는 이점이 있으며 구름베어링의 전동체(볼, 롤러) 구조는 다음과 같다.

① 리테이너 : 볼을 원주상에 고르게 배치하여 상호 간의 접촉을 피하고 마멸과 소음을 방지한다.
② 외륜 : 외륜에 접하는 부분을 하우징이라 한다.
③ 내륜 : 내륜에 접하는 부분을 저널이라 하며 베어링과 접촉하는 부분이다.

④ 롤러베어링 : 볼베어링보다 저속하중으로서 충격이 많은 경우에 적합하다.

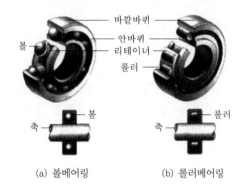

[그림 9-23] 구름베어링의 전동체 구조

Section 27 | 기어 및 감속기 사용 시 발생하는 기어손상의 종류와 손상 방지대책

1 개요

기어의 손상에는 여러 가지 종류가 있다. [그림 9-24]는 피치원속도와 기어쌍의 토크 용량과의 일반적인 관계이며 표 안에 영역마다 일어나기 쉬운 손상이 표시되어 있다.

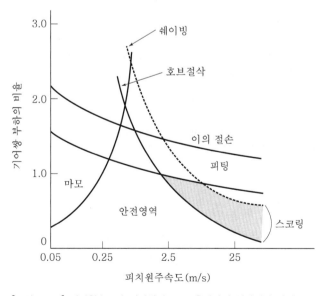

[그림 9-24] 피치원속도와 기어쌍의 토크 용량과의 일반적인 관계

2 기어 및 감속기 사용 시 발생하는 기어손상의 종류와 손상방지대책

기어의 여러 가지 손상은 다음과 같다.

(1) 마모

오랜 시간동안 운전되는 고속기어 장치에서 자주 발생하는 현상이다. 충분하지 못한 오일 유막에 의한 금속과 금속의 접촉, 공급 오일 중의 연마 입자, 오일 유막의 붕괴, 오일과 첨가제 성분에 의한 화학적 마모가 대부분의 원인이다. 마모의 종류는 다음과 같다.

[표 9-6] 마모의 종류

연마마모	연마마모(Abrasive wear)는 이물질로 기어 장치와 윤활 시스템이 오염되었을 때 일어난다. 이물질에는 치차, 축 등의 마모된 금속 가루, 기계 가공칩, 연삭 잔류물, 배관에서이 녹등이 있다. 연마마모는 형태는 치면의 미끄럼 방향에 작은 찰상이 생기고, 좌우로 상처가 나 있다. 연마마모를 막기 위해서는 윤활유의 정화가 가장 중요하다.
스커핑	스커핑(스코링, Scuffing, Scoring)은 금속과 금속의 접촉, 용착과 분리의 반복작용 시 나타나는 점착마모를 허용하게 하는 과열에 의해 윤활막이 파괴가 되고 이로인해 치표면이 마모되는 것을 말한다. 스커핑을 막기 위해서는 윤활유위 점도를 증가시키고, 전달 하중을 감소시키거나, 유입 오일 온도를 낮추는 것이 좋다.
부식마모	부식마모(Corrosive wear)는 주로 윤활 시스템이 물, 염분, 용제, 기름 용해제 등과 물질로 오염이 되었을 때 일어난다. 또한 치면이 산화되어서 일어난다. 부식마모의 형태는 치면에 곰보 현상이 일어난다. 부식 마모를 막기 위해서는 윤활유의 종류를 바꾸거나, 방수 방습이 필요하다.
미동마모 (플래팅)	미동마모(Fretting)란 녹, 산화 등의 화학변화를 동반하여 표면이 손상되는 것을 말하며 접촉면의 진폭으로 인해 발생한다. 진동을 작게 하고 열처리를 통해 표면이 강화된 기어를 사용하면 개선된다.
버닝	버닝(Burning)이란 과도 마모에 의한 고온 때문에 기어가 변색되고 경도가 저하되는 것을 말하며 윤활류 불량, 하중속도 과대, 온도 상승이 원인이다. 윤활유, 윤활 방법을 바꾸는 것이 좋다.

(2) 소성변형

무거운 하중하에서 접촉면이 항복, 변형되어 파손되는 것을 말한다. 일반적으로 중간 정도의 재질에서 일어나지만 경화된 기어 표면에서도 일어날 수 있다. 대부분 중하중에 의해 일어나고 재질의 강도와 경도가 부족한 것이 원인이다.

소성 변형의 종류는 다음과 같다.

[표 9-7] 소성 변형의 종류

리플링	물결무늬항복(Rippling)은 소성 유동과 연관된 파손이며 대부분 최종 파손이 될 경우가 많다. 리플링은 기어 맞물림의 미끄럼 운동 방향과 90° 근처의 각도로 접촉면에 물결무늬로 발생한다. 원인은 큰 미끄럼 하중과 재질과 윤활유의 노화에 의한 파손이다. 대책은 기어 재질의 강화, 접촉 응력을 감소시키고 오일 점도를 높힌다.
리징	리징(Ridging)은 치면 미끄럼 방향으로 주름이 형성된다. 미끄럼 속도가 상대적으로 높은 웜과 웜기어, 하이포이드 기어에서 많이 발생한다. 대부분 중하중에 의해 발생한다. 이것은 표면 하중을 줄이고 두 접촉 부품 사이의 상대 미끄럼 속도를 증가 시키거나, 구동계에 충격 완화 장치를 두면 도움이 된다.

(3) 치면의 피로

[표 9-8] 치면의 피로

피팅	표면피로(Pitting)는 기어 재질이 견딜 수 있는 치면 용량을 초과했을 때 나타나는 피로파괴 현상이다. 하중 작용 중에 기어는 반복적인 응력을 받게 되는데 이것에 의해 골 밑쪽에 작은 구멍이 생기게 된다. 피팅은 치형이 회복할 수 없을 정도로 파괴되기 때문에 치명적이다. 치차 제원의 변경, 열처리 강화를 하는 것이 좋다.
스폴링	박리현상(Spalling)은 파인 홈 지름이 크고 상당한 영역에 걸쳐 있을 때를 말한다. 스폴링은 파괴적인 피팅 홈이 상대방에 침입하여 불규칙하고 큰 직경의 공동을 만들 때 발생할 수 있다. 원인과 대책은 피팅과 비슷하다.
절손	절손(Breakage)은 기어의 전체나 일부분이 과부하나 충격, 굽힘 응력 작용 시 반복응력에 의해 깨지는 파손이다.

Section 28 축(shaft)의 위험속도(critical speed)

1 개요

축이 비틀림이나 굽힘을 받으면 변형이 생기고 탄성력에 의해 이를 회복하려는 에너지가 발생한다. 이 에너지는 운동에너지로 되어 축의 회전과 더불어 축선을 중심으로 변동한다. 이 비틀림이나 굽힘모멘트의 변동주기가 축의 고유진동수와 일치되었을 때 축은 공진(共振, resonance)을 일으켜 진폭이 점차 커지고 축의 탄성한도를 넘어서서 축의 기능을 상실하게 된다. 이 공진진동수와 일치하는 축의 회전속도를 위험속도(critical speed)라 한다. 따라서 회전축의 설계에 있어서는 축의 상용회전수가 위험속도로부터 적어도 ±20% 이상 떨어지도록 하여야 한다. 축 설계에서는 축의 지름이나 길이를 결정하는 것 이외에 이 위험속도를 반드시 검토하여야만 한다.

② 축(shaft)의 위험속도(critical speed)

(1) 한 개의 회전체를 가진 축

재료의 불균질, 가공조립의 정밀도가 좋지 않은 등의 이유로 인한 축심과 무게 중심의 불일치도 진동의 한 원인이 된다. [그림 9-25]와 같이 질량 m이고 축 중심으로부터 무게중심이 e만큼 어긋난 회전체를 가진 축이 각속도 ω로 회전하여 δ의 처짐이 있다고 한다면 이 축에 발생하는 원심력은,

$$F = m(\delta + e)\omega^2 \,[\mathrm{kgf}]$$

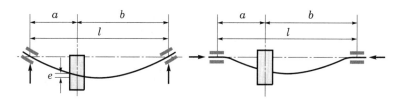

(a) 레이디얼 베어링에 의한 지지   (b) 트러스트 베어링에 의한 지지

[그림 9-25] 축의 진동

이며, 재료의 탄성법칙에 의해 원심력에 대항하는 스프링의 복원력이 발생된다. 탄성한계 내에서 스프링의 복원력은 스프링 상수 k와 처짐량 δ에 의해

$$F = k\delta$$

이 된다. 이 두 식의 평형으로부터,

$$m(\delta + e)\omega = k\delta$$

$$\therefore \delta = \frac{m\omega^2 e}{k - m\omega^2}$$

위 식에서 $e \neq 0$이므로 분모가 0이 되면 처짐량 δ는 무한대가 된다. 즉, $k = m\omega^2$에서, k와 m은 상수이므로, 이를 만족시키는 각속도 ω를 위험속도라 한다. 이때의 각속도를 ω_c라 하면,

$$\therefore \omega_c = \sqrt{\frac{k}{m}}$$

이 된다. 또한, 회전체의 무게는, 중력가속도 $g\,[\mathrm{m/sec^2}]$로부터 $W = mg$이고, 이것이 스프링의 복원력과 같으므로,

$$mg = k\delta, \quad \frac{k}{m} = \frac{g}{\delta}$$

이 된다. 한편, 분당회전수와 각속도와의 관계로부터,

$$N = \frac{60\omega}{2\pi}\,[\mathrm{rpm}]$$

이며, 위험속도 ω_c에 해당하는 N_c는,

$$N_c = \frac{60\omega_c}{2\pi} = \frac{60}{2\pi}\sqrt{\frac{k}{m}} = \frac{60}{2\pi}\sqrt{\frac{g}{\delta}}$$

로 되어 축 설계에서는 이를 검토하여야 한다.

여기서, 처짐량 δ에 대해서는 다음을 잘 고려하여야 한다. [그림 9-26]에 있어서, (a)의 경우는 축의 자중은 무시하고 회전체의 무게만 고려하는 경우이고, (b)의 경우는 축의 자중만 고려하는 경우로 단위길이당 무게 w의 균일분포로 처리, (c)의 경우는 레이디얼 베어링에 의해서 지지되어 있는 것으로 단순지지보의 형태로 해석하면 되고, (d)의 경우는 트러스트 베어링에 의한 지지로 양단고정보의 형태로 해석하여야 한다. 또한, 축 자체의 지름이 작아 무게를 무시해도 될 경우는 축 자체에 대한 처짐을 고려하지 않아도 되나, 대개의 경우 회전체에 대한 처짐량과, 축 자중에 의한 처짐을 동시에 고려하여야 한다. 각각의 상황에 대한 위험속도는 다음의 처짐량을 식에 대입하여 구하면 된다.

1) 축의 자중에 대한 균일분포하중의 단순지지보의 처짐량

$$\delta = \frac{wl^4}{48EI}$$

2) 축의 자중에 대한 균일분포하중의 양단고정보의 처짐량

$$\delta = \frac{5wl^4}{384EI}$$

3) 축의 자중 무시, 회전체만의 단순지지보에서의 처짐량

$$\delta = \frac{Wa^2b^2}{3EI(a+b)}$$

4) 축의 자중 무시, 회전체만의 양단고정보에서의 처짐량

$$\delta = \frac{Wa^2b^2}{3EI(a+b)^3}$$

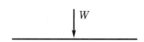

(a) 축 중앙에 W의 무게를 가진 회전체는 집중하중으로 처리한다.

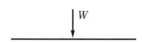

(b) 축의 단위길이당 무게 w인 경우의 자중을 고려 시 균일분포로 처리한다.

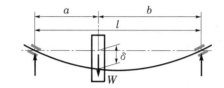

(c) 추력을 받지 않을 경우는 단순지지로 처리한다.

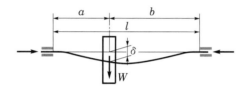

(d) 추력을 받을 경우는 양단고정으로 처리한다.

[그림 9-26] 축의 자중 및 회전체의 부하형태

(2) 여러 개의 회전체를 가진 축

에너지 방정식에 의한 이론적인 계산식도 있으나, 다음의 던커레이(DunKereley)의 실험식이 주로 이용된다.

$$\frac{1}{N_c{}^2} = \frac{1}{N_0{}^2} + \frac{1}{N_1{}^2} + \frac{1}{N_2{}^2} + \frac{1}{N_3{}^2} + \cdots$$

여기서, N_c : 전체의 위험속도[rpm], N_0 : 자중을 고려한 축만의 위험속도[rpm]

N_1, N_2, $N_3 \cdots$: 각 회전체가 단독으로 자중을 무시한 축에 설치된 경우의 위험속도[rpm]

CHAPTER **10**

유공압공학

에어실린더의 트러블현상

❶ 개요

에어실린더는 공기압을 이용하여 기계적 에너지로 일을 하며 생산라인에서 많이 사용하고 있으며 유압보다는 큰 힘을 낼 수는 없지만 속도가 빠르기 때문에 생산성은 우수하고 사용용도와 설치방법, 힘의 증가에 따라 다양한 종류가 있다.

❶ 에어실린더의 트러블현상

(1) 공압실린더에서는 공기의 압축성에 기인한 작동속도의 불안정

공압실린더는 압축성 기체를 사용하여 에너지를 생성하므로 일정한 압력을 유지해야 하지만 시스템에 작동되는 순간에는 수시로 압력이 변화한다. 이와 같은 문제를 해결하기 위해 공기압축기의 생성압력이 $10kgf/cm^2$라면 사용압력은 $5\sim6kgf/cm^2$에서 사용하도록 권장한다.

(2) 속도부족

속도부족현상은 실린더에서 받는 부하조건과 사용압력에 따라 달라지며 기구의 조립조건에도 영향을 받는다. 반드시 기구를 조립할 때는 압력을 가하지 않은 상태에서 세팅하여 적절한 조건을 찾아야 한다.

(3) 중간위치 정지의 불확실

공압실린더는 압축성 유체로 중간에서 정지하는 것은 불확실하다. 그러므로 중간정지가 필요한 부분에는 스토퍼를 설치하여 위치를 결정해야 한다.

(4) 에어쿠션효과 부족

에어쿠션은 실린더가 끝단에 도착했을 때 충격을 완화하기 위해 실린더 내부에서 백압이 걸리도록 되어 있다. 이 압력의 균형이 이루어지지 않으면 충격으로 인하여 소음이 발생한다.

(5) 피스톤 로드의 파손

피스톤 로드의 파손은 불규칙한 부하로 인해 발생할 수가 있다. 따라서 직선운동을 하는 기구장치에서는 로드에 부하가 많이 걸리도록 하지 말고, 사이드에 가이드를 설치하여 편심하중에 따른 문제점을 개선해야 한다.

(6) 패킹파손

실린더의 패킹파손은 주변환경에 영향으로 많이 발생한다. 즉, 로드는 실린더의 내부와 외부에 운동으로 주기적인 노출이 발생한다. 따라서 주변에 분진(모래, 금속성분)이 많이 발생하면 로드를 보호하는 장치를 설치해야 한다.

Section 2 | 유압작동유의 구비조건

❶ 유압의 특징

(1) 장점

① 소형장치에서 큰 힘이 발생한다.
② 일정한 힘과 토크를 낼 수 있다.
③ 부하에 대한 안전장치가 간단하고 정확하다.
④ 무단변속이 가능하고 원격 제어가 된다.
⑤ 전기, 전자의 조합으로 자동 제어가 가능하다.
⑥ 정숙한 운전과 반전 및 열방출성이 우수하다.

(2) 단점

① 유압의 영향으로 속도가 변동할 수 있다.
② 이물질에 민감하다.
③ 고압사용으로 인한 위생 및 배관이 까다롭다.
④ 기름누설의 우려가 있다.

❷ 작동유의 구비조건

① 동력을 확실하게 전달하기 위한 비압축성일 것
② 내연성, 점도지수, 체적탄성계수 등이 클 것
③ 장시간 사용해도 화학적으로 안정될 것
④ 밀도, 독성, 휘발성 등이 적을 것
⑤ 열전도율, 장치와의 결합성, 윤활성 등이 좋을 것
⑥ 인화점이 높고 온도변화에 대해 점도변화가 적을 것
⑦ 내부식성, 방청성, 내화성, 무독성

유압제어밸브의 기능에 따른 분류

1 개요

밸브는 회로의 압력, 작동유의 흐름방향 및 유량을 조절하여 실린더 및 원동기에 필요한 운동을 시키는 것으로 조절내용에 따라 구조가 다르다.

2 유압제어밸브(hydraulic control valve)의 기능에 따른 분류

(1) 압력제어밸브(pressure control valve)

유입구로 들어오는 유압유는 조절이 가능한 스프링의 힘을 이겨 밸브를 열고 유출구로 흘러나가게 하는 직동식 릴리프밸브(direct acting type relief valve)와 유압회로 내의 잉여압력유를 기름탱크로 되돌려 보내는 밸런스 피스톤형 릴리프밸브(balance piston type relief valve)가 있다. 이 밖에 릴리프밸브로 설정한 압력보다 낮은 압력이 필요할 때 쓰인다.

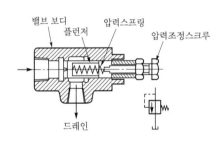

[그림 10-1] 릴리프밸브

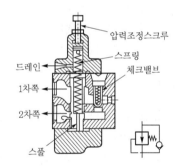

[그림 10-2] 리듀싱밸브의 외관과 기호

감압밸브(reducing valve), 회로 안의 압력이 설정된 값에 달하면 펌프의 온 유량을 직접 기름탱크로 보내어 펌프를 무부하로 하는 언로더밸브(unloader valve), 2개 이상의 분기회로가 있을 경우 회로의 압력에 의하여 각각 실린더나 모터에 작동순서를 주는 시퀀스밸브, 카운터밸런스밸브(counter balance valve) 등이 있다.

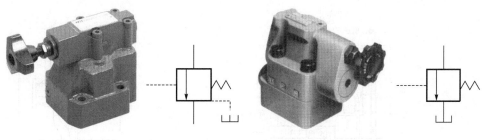

[그림 10-3] 시퀀스밸브의 외관과 기호   [그림 10-4] 언로더밸브의 외관과 기호

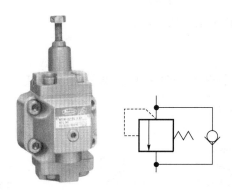

[그림 10-5] 카운터밸런스밸브의 외관과 기호

(2) 유량제어밸브(flow control valve)

회로에서 원동기로 유입하는 유량을 조절하는 밸브로서 니들밸브(needle valve), 압력 보상 유량제어밸브(pressure compensated flow control valve), 압력·온도보상 유량 제어밸브(pressure-temperature compensated flow control valve) 등이 있다.

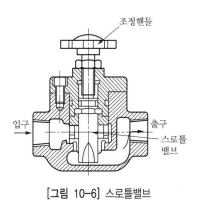

[그림 10-6] 스로틀밸브

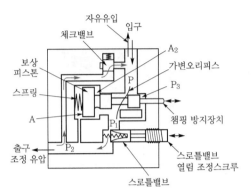

[그림 10-7] 압력보상 유량제어밸브

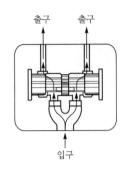

[그림 10-8] 디바이더밸브

1) 니들밸브

조절손잡이를 돌려 니들이 유로를 막는 정도에 따라 유량이 조절되는 가장 간단한 밸브이다.

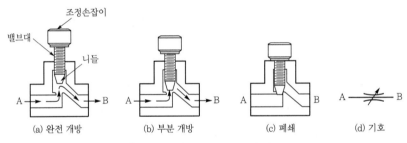

[그림 10-9] 니들밸브의 유체흐름

2) 체크밸브부 니들밸브

방향의 흐름에 대해서는 유량이 제어되며, 반대방향으로는 자유흐름이 되는 밸브이다.

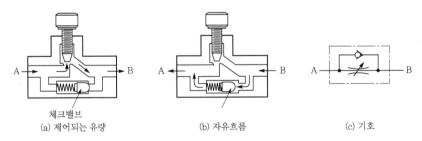

[그림 10-10] 체크밸브부 니들밸브의 유체흐름

3) 압력보상부 유량제어밸브

유량은 오리피스의 개구면적과 오리피스 전후의 압력차에 의해 변화된다. 유량제어밸브는 오리피스 개구면적만으로 유량을 제어하는 것을 목적으로 하므로 압력차에 의한 유량변화가 없어야 한다. 이를 목적으로 고안된 밸브이다.

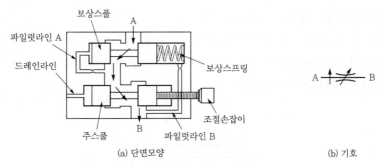

[그림 10-11] 압력보상용 유량제어밸브의 유체흐름

(3) 방향제어밸브(direction control valve)

방향제어밸브는 압력유의 흐름방향을 제어하는 밸브로서 흐름의 방향변환기이며, 흐름의 정지, 역류를 방지하는 밸브도 이에 속한다. 역류를 방지하는 밸브로는 체크밸브(check valve), 방향제어밸브에는 2방향 2위치, 3방향 2위치, 4방향 2위치, 4방향 3위치 등이 있다.

1) 체크밸브

스프링으로 눌려 있는 볼로 인해 왼쪽에서 오른쪽 방향의 흐름만 가능하게 한다. 오른쪽에서 왼쪽의 흐름은 차단된다.

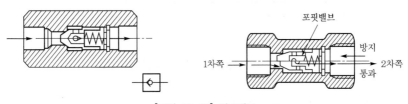

[그림 10-12] 체크밸브

2) 셔틀밸브(shuttle valve)

2개의 입구 중에서 상대적으로 압력이 높은 입구의 유체가 출구를 향해 흐르게 한다.

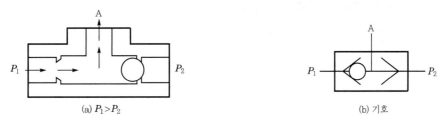

[그림 10-13] 셔틀밸브의 유체흐름

3) 2방향 방향제어밸브(2-way DCVs)

포트가 2개이므로 2방향 방향제어밸브(DCV)이다. 밸브를 눌러주면 포트 A로 통하고 손을 떼면 스프링힘으로 포트가 막히게 된다. 따라서 평상시에는 닫혀 있는 2방향 DCV 이다(상시 열림 DCV도 있다).

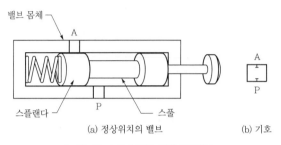

(a) 정상위치의 밸브   (b) 기호

[그림 10-14] 2방향 방향제어밸브

4) 3방향 방향제어밸브(3-way DCVs)

평상시에는 AT로 흐르다가 푸시버튼을 누르면 PA로 흐른다.

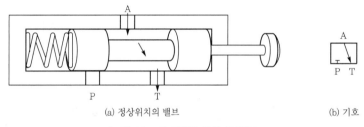

(a) 정상위치의 밸브   (b) 기호

[그림 10-15] 3방향 방향제어밸브

5) 4방향 방향제어밸브(4-way DCVs)

평상시에는 AT, PB로 흐르고, 푸시버튼을 누르면 PA, BT로 흐른다.

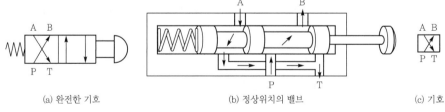

(a) 완전한 기호   (b) 정상위치의 밸브   (c) 기호

[그림 10-16] 4방향 방향제어밸브의 유체흐름

(a) 실린더 후퇴 (b) 실린더 전진

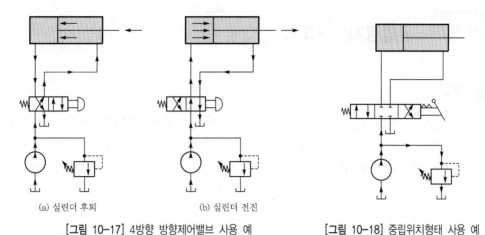

[그림 10-17] 4방향 방향제어밸브 사용 예

[그림 10-18] 중립위치형태 사용 예

6) 방향제어관련 회로

카운터밸런스회로는 하중이 자중에 의해 폭주하는 것을 방지하는 회로이다.

(a) 실린더 정지 (b) 실린더 전진

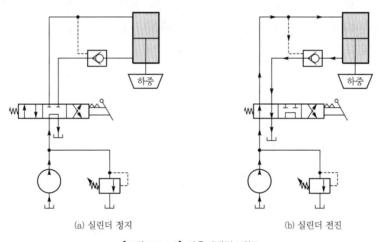

[그림 10-19] 카운터밸런스회로

Section 04

유압장치의 3요소

1 개요

유압은 모터나 원동기로 유압펌프를 구동하여 기계적 에너지를 오일의 유체에너지로 변환하고, 이것을 자유로이 제어하여 기계적 운동이나 일을 하게 하는 일련의 장치 또는 방식을 총칭하여 유압이라 한다. 이 시스템에 사용되는 각종 기계 및 기구를 유압기기 (oil hydraulic machinery)라고 하며, 유압 작동유의 기름을 유압유(hydraulic fluid) 또는 작동유라고 한다.

2 유압장치의 3요소

유압의 기본 구성 및 유압기기는 다음과 같다.
① **유압펌프** : 기계적 에너지를 유압 에너지로 변환하는 작용하는 역할을 한다.
② **액추에이터(유압 모터, 유압 실린더)** : 유체에너지를 기계적 에너지로 변환하는 역할을 한다.

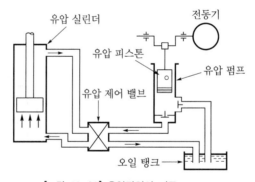

[그림 10-20] 유압장치의 기구

③ **유압 제어 밸브** : 유체에너지를 갖는 기름의 압력, 유량 및 방향을 제어하는 역할을 하며 여기에 기름탱크, 여과기, 어큐뮬레이터, 유냉각기, 관로 등의 장치가 부속되어 있다.

Section 05 배관의 신축이음(expansion joint)의 종류 및 특징

❶ 개요

　신축이음(Expasion Joint)이란 직선거리가 긴 배관이 온도의 변화에 의해 팽창 또는 수축되면 관 접합부 및 기타 기기의 파손이 생길 우려가 있으므로 관 접합부 등에 설치하여 설비의 파손을 방지할 수 있도록 하는 이음을 말한다. 종류는 슬리브형(Sleeve Type), 스위블형(Swivel Type), 벨로우즈형(Bellows Type), 루프형(Loop Type), 상온 스프링형(Cold Spring) 등이 있다.

❷ 배관의 신축이음(expansion joint)의 종류 및 특징

　배관의 신축이음(expansion joint)의 종류 및 특징은 다음과 같다.

(1) 슬리브형(Sleeve Type)

　이음 본체 속에 미끄러질 수 있는 슬리브 파이프를 넣고 석면을 흑연으로 처리한 패킹재를 끼워 실한 신축이음이다. 설치공간이 협소해도 사용이 가능하며, 패킹재가 파손의 우려가 있어 설치 시 유지보수가 가능한 장소에 설치해야 한다. 주로 난방용 배관(급탕)에 많이 사용한다.

(2) 스위블형(Swivel Type)

　엘보를 사용해서 배관의 굴곡을 주어 신축에 의한 파손을 방지하며 저압용에서 사용한다.

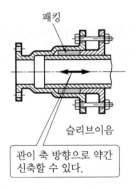

패킹
슬리브이음
관이 축 방향으로 약간 신축할 수 있다.

[그림 10-21] 슬리브형(Sleeve Type)

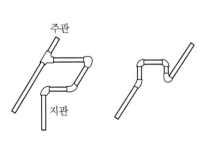

주관
지관

[그림 10-22] 스위블형(Swivel Type)

(3) 벨로우즈형(Bellows Type)

벨로스를 사용하여 이음하여 주로 보일러 또는 스팀 배관에 사용되며 높은 고압에는 적합하지 않다. 벨로스는 금속판(주로 스테인리스강)의 얇은 강을 파형 단면이 되도록 형성한 원통·원판 형태이기 때문에 신축성이 좋고 꼬이는 방향의 변형이 어려우므로 관이나 압력 스위치의 수압부 등에 사용된다. 또 기밀성이 요구되는 밸브 등의 가동부분에도 사용된다.

(4) 루프형(Loop Type, 신축곡관)

신축곡관이라고도 하며 설치공간을 많이 차지하고, 자체응력이 발생하지만 누설이 없고 고온고압 옥외배관에 사용 가능하다. 아파트 외벽 가스용으로도 많이 사용된다.

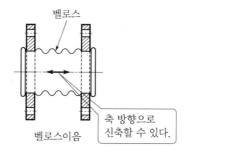

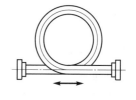

[그림 10-23] 벨로우즈형(Bellows Type)　　　[그림 10-24] 루프형(Loop Type)(=신축곡관)

(5) 상온 스피링형(Cold Spring, 콜드스프링)

배관이 열팽창할 경우에 응력이 경감되도록 미리 늘어날 여유만큼 시공하는 방법이다.

Section 06
배관 두께 검사 시 두께 감소가 동일 배관계보다 심할 것으로 예상되는 장소(검사 위치 선정)와 검사방법 종류

1 개요

배관이라 함은 유체를 이동시키거나 유체의 압력을 전달하기 위해 사용되는 원형의 관을 말한다. 배관시스템이라 함은 유체의 이동, 배분, 혼합, 계량 등의 작업을 수행하기 위해 사용되는 일련의 연결배관을 말하며, 배관지지 부품은 시스템에 포함하고 지지를 위한 구조물은 포함하지 않는다.

2 배관 두께 검사 시 두께 감소가 동일 배관계보다 심할 것으로 예상되는 장소(검사 위치 선정)와 검사방법 종류

(1) 배관 두께 검사 시 두께 감소가 동일 배관계보다 심할 것으로 예상되는 장소(검사 위치 선정)

① 유체흐름이 급격히 변화하는 부위 또는 압력변화가 심한 부위로 유량과 압력조절밸브 전후단, 오리피스 후단, 스팀트랩 후단 등이다.
② 2상 유체 흐름부위로 스팀, 응축수 배관이다.
③ 이물질이나 축매 등에 의한 와류가 발생하는 부위이다.
④ 정상운전 시 유체 흐름없이 정체되는 부위로 벤트, 드레인 배관 등이다.
⑤ 주입노즐 부위
⑥ 부식 가능성이 높은 부위
⑦ 응축부위 심화부위 : 내부 응축을 유발시키는 지지대 부위
⑧ 계장 배관부위

(2) 검사방법의 종류

설치된 배관의 정밀한 두께 검사하기 전에 통상적으로 제일 많이 사용하는 방법은 육안검사이며 그 후에 배관두께와 용접부위 검사를 실시한다.

1) 육안에 의한 검사

주요 항목은 배관 외부의 부식, 변형 및 파손여부, 보온재 상태, 도장상태, 배관 지지대 이탈 및 부식상태, 신축이음 상태 및 플랜지 체결상태 등이다.

2) 배관두께 검사방법

초음파 탐상시험법, 방사선 투과시험 등이 있다.

3) 용접부위 검사방법

초음파 탐상시험법, 방사선 투과시험, 자분탐상시험, 침투탐상 시험, 열탐상 시험, 압력시험 등이 있다.

Section 07 배관 시공 후 또는 운전 중 배관 내부에 잔존하는 이물질을 제거하기 위한 배관 세정방법

1 개요

배관은 액체·기체·분말 등의 유체를 수송이나 배선 등의 보호를 목적으로 관(파이프), 튜브, 호스를 설치하는 것이다. 관 자체를 지칭하는 경우도 있다. 배관은 광범위한 응용 분야에서 유체를 운반하는 모든 시스템이다. 배관은 파이프, 밸브, 배관 설비, 탱크 및 기타 장치를 사용하여 유체를 운반한다. 난방 및 냉방(HVAC), 폐기물 제거 및 음용수 공급은 배관의 가장 일반적인 용도에 속하지만 이러한 용도에 국한되지 않는다. 로마시대에 사용된 최초의 효과적인 파이프가 납 파이프였기 때문에 이 단어의 영단어 plumbing은 납을 의미하는 라틴어 plumbum에서 파생되었다.

2 배관 시공 후 또는 운전 중 배관 내부에 잔존하는 이물질을 제거하기 위한 배관 세정방법

(1) 브러쉬에 의한 세정

배관의 내경보다 약간 큰 가요성이 있는 볼이나 브러쉬를 강제로 삽입시켜 내부를 청소하는 것으로 특징은 다음과 같다.
① 적용할 수 있는 길이에 한계가 있다.
② 브러쉬의 마모가 심하며, 때때로 작업 중 브러쉬가 배관을 폐쇄한다.
③ 사전에 환경과 배관 재질 등의 조사와 적용성이 필요하다.
④ 대용량의 압송시스템이 필요하다.
⑤ 배관묘재에 본상이 우려되며 곡관 등에 적용이 곤란하다.

(2) 화학세관

염산 등과 같이 스케일에 대한 용해력이 강한 화공 약품을 이용하여 녹을 연화시켜 세관하는 방법으로 특징은 다음과 같다.
① 시간이 오래 걸린다.
② 환경오염문제 때문에 특정 열 교환기 등에 한정적으로 적용한다.
③ 브러쉬 공법과 병행하여 응용한다.
④ 세척성능이 우수하다
⑤ HAA(hydroxy acetic acid), ACR(alkaline copper removal)을 제거한다.

(3) 고압수 분사

배관 내에 100~1,500kg/cm²의 고압수를 노즐을 통하여 고속으로 분사하여 세척하며 특징은 다음과 같다.
① 고압세척기에는 소형에서부터 탑재 가능한 대형까지 있다.
② 소형은 노즐이 부착된 호스를 사용한다.
③ 대형은 자주식 이송장치로 이동하며 대형배관의 세척도 가능하다.
④ 열교환기의 전열관 세척에 널리 이용한다.
⑤ 배관모재에 손상 우려·곡관 등에 적용이 곤란하다.

(4) 샌드블라스팅

고압의 압축공기(물)를 이용하여 모래를 고속으로 분사시켜 그 충격력에 의해 세척하며 특징은 다음과 같다.
① 스케일 제거뿐 아니라 모재에 손상을 입히는 경우가 발생한다.
② 노후관의 경우 부식이 심한 곳에 누수발생의 원인이 된다.
③ 작업완료 후 물로 세척하는 번거로움이 있다.
④ 대형관이나 배수관 등의 세척에 이용한다.
⑤ 급수, 급탕 및 전열용 배관에는 별로 사용하지 않는다.
⑥ 곡관 등에 적용이 곤란하다.

(5) 초음파 세척

초음파 진동자를 이용하여 초음파(25~30kHz)를 배관에 발사하여 배관 내의 물에 미세한 진동을 연속적으로 가해 세척하며 특징은 다음과 같다.
① 세척 효과는 있으나 초음파의 감쇄효과 때문에 적용범위에 제약, 즉 초음파가 미치는 한정된 범위에서만 사용이 가능하다.
② 비교적 소형물체의 세척에 이용한다.

(6) 물리적 이온 방식

특수 아연 합금 등을 사용 갈바니 효과를 이용하여 지속적인 이온화 현상을 일으켜 세척하며 특징은 다음과 같다.
① 환경오염의 염려가 없다.
② 작업이나 설치가 간편하며 효과가 확실하다.
③ 장시간에 걸쳐 효과가 나타난다.
④ 고온(90℃)에서의 적용이 어렵다.
⑤ 물이 아닌 배관에서의 적용이 어렵다.

(7) 충격파 배관세척

배관 내에 압축공기를 사용하여 난류의 흐름을 유도하여 기포를 발생시켜 세척하며, 특징은 다음과 같다.

① 환경오염의 염려가 없다.

② 작업이 간단하고 작업시간이 짧다.

부록 과년도 출제문제

본 도서는 65회(2001년)부터 최근까지 출제된 문제를 답안지 형식으로 풀이하였으며 산업의 발전 동향에 따라 출제 경향이 바뀌어 2012년 이전 기출문제인 96회부터는 수록하지 않았습니다. 이전 기출문제를 원하시는 분께서는 엔지니어데이터넷(www.engineerdata.net), 이메일 edn@engineerdata.net이나 전화 033-452-9081로 연락을 주시면 조치하여 드리겠습니다.

| 2013년 | **기계안전기술사 제99회**

제1교시 시험시간 : 100분

※ 다음 문제 중 10문제를 선택하여 설명하시오. (각 10점)

1. 바이오리듬(biorhyhm)의 종류와 개요를 설명하시오.

2. 승객용 엘리베이터에서 카용 레일의 사용목적을 설명하시오.

3. 환기가 불충분한 장소에서 용접·용단 등 화기작업을 할 때 화재예방에 필요한 사항을 5가지만 쓰시오.

4. 금속을 용해하는 용해로의 종류와 그 특징에 대하여 설명하시오.

5. 산업안전보건법령상 중대재해와 중대산업사고에 대하여 설명하시오.

6. 타워크레인의 마스트 지지방법 2가지를 그림을 그리고 설명하시오.

7. 사업장 무재해운동의 기법 중 하나인 5C의 개요와 효과에 대하여 설명하시오.

8. 위험(hazard) 및 위험도(risk)에 대한 용어를 설명하고, 위험도를 구하는 공식을 쓰시오.

9. 관성력을 점성력으로 나눈 것으로 모든 유체에 적용되는 무차원수인 용어 및 공식을 쓰시오(단, 공식에 사용된 변수는 단위를 포함하여 쓰시오).

10. 와이어로프의 사용금지기준과 인화공용으로 사용할 경우의 안전계수에 대하여 설명하시오.

11. 재해통계의 목적과 역할에 대하여 설명하시오.

12. 기어의 크기를 표시할 때 사용하는 3가지 기준을 설명하고, 관련 공식과 기호의 의미에 대하여 설명하시오.

13. 산업안전심리의 5대 요소에 대하여 설명하시오.

제2교시 시험시간 : 100분

※ 다음 문제 중 4문제를 선택하여 설명하시오. (각 25점)

1. 지게차의 운행 시 안전을 확보하기 위한 요건에 대하여 설명하시오.

2. 이용자 및 관리자가 승강로에 추락하는 것을 방지하기 위한 엘리베이터용 안전장치인 도어 인터록의 구성, 기능 및 동작순서에 대하여 설명하시오.

3. 산업안전보건법령상 제조업 유해위험방지계획서 제출대상업종과 특정 설비에 대하여 설명하시오.

4. 조명이 작업에 미치는 영향과 조명의 적절성을 결정하는 요인 및 조명장치설계 시 고려사항을 설명하시오.

5. 재해손실비용의 종류와 산정방법에 대하여 설명하시오.

6. 기어나 감속기를 유지·보수할 때 기어손상의 종류와 손상방지책에 대하여 설명하시오.

제3교시 / 시험시간 : 100분

※ 다음 문제 중 4문제를 선택하여 설명하시오. (각 25점)

1. 연삭숫돌의 취급 시 안전대책과 숫돌의 파괴원인에 대하여 설명하시오.

2. 위험성 평가의 정의, 방법, 및 절차에 대하여 설명하시오.

3. 산업용 로봇의 안전작업을 위한 지침을 정할 때의 항목과 수리작업 등을 할 때의 조치에 대하여 설명하시오.

4. 비파괴검사의 종류와 주요 위험요인 및 안전대책에 대하여 설명하시오.

5. 선반작업 시 발생할 수 있는 재해유형과 위험방지대책(안전수칙), 그리고 방호장치에 대하여 설명하시오.

6. 위험기계·기구의 종류를 나열하고, 프레스와 전단기의 방호장치에 대하여 설명하시오.

제4교시 / 시험시간 : 100분

※ 다음 문제 중 4문제를 선택하여 설명하시오. (각 25점)

1. 기계설비의 안전화방안 중 외형적 안전화와 구조적 관점에서의 안전화에 대하여 설명하시오.

2. 근로자 정기안전보건교육의 필요성과 교육 시 포함되어야 할 내용에 대하여 설명하시오.

3. 보일러의 장애요인, 사고원인 및 안전대책에 대하여 설명하시오.

4. 축을 설계할 때 안전측면에서 고려할 사항에 대하여 설명하시오.

5. 컨베이어의 종류, 위험성, 안전장치의 종류 및 안전조치에 대하여 설명하시오.

6. 절삭유의 사용목적, 종류 및 구비조건과 작업할 때의 안전(보건)대책에 대하여 설명하시오.

| 2014년 |　　**기계안전기술사 제102회**

※ 다음 문제 중 10문제를 선택하여 설명하시오. (각 10점)

1. 보일러의 폭발사고를 예방하기 위하여 기능이 정상적으로 작동될 수 있도록 사업주가 유지·관리하여야 할 방호장치를 설명하시오.

2. 이삿짐 운반용 리프트를 사용하여 작업을 하는 경우 이삿짐 운반용 리프트의 전도를 방지하기 위하여 사업주가 준수하여야 할 사항을 설명하시오.

3. 유해·위험방지를 위한 방호조치를 하지 아니하고는 양도·대여·설치 사용하거나, 양도·대여를 목적으로 진열해서는 아니 되는 기계·기구를 설명하시오.

4. 위험기계·기구 의무안전인증고시에서 정하는 고소작업대를 주행장치에 따라 분류하여 설명하시오.

5. 물이 유동하는 관로에서 발생하는 수격작용의 방지대책에 대하여 설명하시오.

6. 소성가공(塑性加工) 시 금속재료에서 발생하는 가공경화(加工硬化)에 대하여 설명하시오.

7. 화물의 낙하에 의하여 지게차 운전자에게 위험을 미칠 우려가 있는 경우 지게차 헤드가드(head guard)의 설치기준을 설명하시오.

8. 달기체인의 사용금지기준을 산업안전보건기준에 관한 규칙에 근거하여 설명하시오.

9. 연삭숫돌의 다음 사항에 대하여 설명하시오.

　　가) 드레싱(dressing)

　　나) 트루잉(truing)

　　다) 자생작용

10. 하인리히의 사고예방 5단계를 설명하시오.

11. 금속재료의 단순인장시험을 통하여 알 수 있는 기계적 특성에 대하여 설명하시오.

12. 재료의 연성(ductility)을 나타낼 수 있는 척도에 대하여 설명하시오.

13. 피로수명을 나타내는 $S-N$곡선을 그리고, 피로한도에 대하여 설명하시오.

제2교시 / 시험시간 : 100분

※ 다음 문제 중 4문제를 선택하여 설명하시오. (각 25점)

1. 산업안전보건법 시행규칙에서 정하고 있는 공정안전보고서의 세부내용에 포함하여야 할 사항을 설명하시오.
2. 크레인에 사용되는 레일정지기구의 설치기준을 설명하시오.
3. 기계설비의 방호원리를 단계별로 설명하시오.
4. 승강기의 구동방식을 로프식과 유압식으로 분류하여 설명하시오.
5. 안전검사의 목적과 안전검사대상 기계 및 검사주기에 대하여 설명하시오.
6. 압력용기를 사용하는 중에 발생되는 부식의 종류 5가지에 대하여 설명하시오.

제3교시 / 시험시간 : 100분

※ 다음 문제 중 4문제를 선택하여 설명하시오. (각 25점)

1. 프레스의 광전자식 방호장치 안전거리설치기준과 준수해야 할 사항 2가지를 설명하시오.
2. 교류아크용접기의 자동전격방지기 작동원리에 대하여 설명하고, 설치하여야 할 장소를 제시하시오.
3. 체결용 나사에 윤활유를 사용해서는 안 되는 이유를 나사의 자립조건을 이용하여 설명하시오.
4. 시각적 표시장치의 목적과 식별에 영향을 미치는 조건을 설명하시오.
5. 4M 유해위험요인 파악방법에서 4M의 의미와 각각에 해당되는 유해위험요인에 대하여 설명하시오.
6. 방사선투과시험의 원리와 시험에서 사용되는 투과도계에 대하여 설명하시오.

제4교시 / 시험시간 : 100분

※ 다음 문제 중 4문제를 선택하여 설명하시오. (각 25점)

1. 산업안전보건기준에 관한 규칙에서 정하고 있는 양중기의 종류를 제시하고, 각 해당 기계를 설명하시오.

2. 위험기계 · 기구 의무안전인증고시에서 정하고 있는 롤러기 급정지장치의 기능과 설치방법기준을 설명하시오.

3. 유압식 승강기에서 사용되고 있는 안전밸브의 종류 4가지와 그 기능에 대하여 설명하시오.

4. 에스컬레이터(escalator)의 안전장치 중 역구동방지장치를 포함하여 5가지를 설명하시오.

5. 기계설비의 방호장치는 격리형, 위치제한형, 접근거부형, 접근반응형, 감지형 및 포집형으로 나눌 수 있다. 각각에 대하여 예를 들어 설명하시오.

6. 두께가 t, 내부 반지름이 r인 원통형 압력용기에 압력 p가 작용되고 있다. 다음 사항에 대하여 설명하시오.
   가) 원통부에 발생되는 최대 수직응력
   나) 원통부에 발생되는 절대 최대 전단응력

| 2015년 | **기계안전기술사 제105회**

제1교시 / 시험시간 : 100분

※ 다음 문제 중 10문제를 선택하여 설명하시오. (각 10점)

1. 산업안전보건법령상의 안전보건관리체계에서 안전보건관리책임자의 업무에 대하여 설명하시오.

2. 사업장의 음압(dB)수준이 80~110dB일 경우 산업안전보건법상의 기준 허용소음노출시간을 표시하고, 소음을 통제하는 일반적인 방법을 구체적으로 설명하시오.

3. 산업안전보건법령상의 제조업 유해·위험방지계획서 제출대상 특정설비에 대하여 설명하시오.

4. 기계고장률의 기본모형(욕조곡선, bathtub curve)을 그림으로 도시하고 설명하시오.

5. 기계장치에 사용하는 정량적인 동적 표시장치의 3가지 기본형과 각각의 종류에 대하여 설명하시오.

6. 정전기로 인한 화재폭발 등의 방지대상설비를 나열하시오.

7. 유압작동유의 구비조건에 대하여 10가지만 쓰시오.

8. 기어에서 이빨의 크기를 표시하는 기본요소(원주피치, 모듈, 지름피치)와 이들 상호 간의 관계식을 단위를 포함하여 설명하시오.

9. 양중기에 사용하는 과부하방지장치의 종류와 특성에 대하여 설명하시오.

10. 선반가공을 할 때 발생되는 칩(chip)의 모양을 4가지 종류로 구분할 수 있는데, 이에 대하여 설명하시오.

11. 산업안전보건법령상의 안전인증대상 기계·기구 및 설비(10종)와 보호구(12종)를 구분하여 그 대상을 쓰시오.

12. 방사선투과검사원이 발전소건설현장에서 검사업무를 할 때 주요 위험요인과 작업 전 및 작업 중의 안전수칙(대책)을 쓰시오.

13. 로프는 사용에 따라 마모와 피로가 수반되고 연속적인 하중이 주어짐에 따라 늘어나게 된다. 이러한 늘어남은 전형적인 3단계의 신율특성을 보이는데, 이에 대하여 설명하시오.

제2교시 / 시험시간 : 100분

※ 다음 문제 중 4문제를 선택하여 설명하시오. (각 25점)

1. 산업현장에서 사용하는 지게차를 작업용도에 따라 분류하고, 설명하시오.

2. 비파괴검사방법 중 액체침투탐상(또는 염색침투탐상)과 자분탐상검사의 장·단점을 설명하고, 적용 시 안전대책을 설명하시오.

3. 기계설비의 본질안전화는 안전기능 내장, fool proof기능 및 fail safe기능이 있다. 이에 대하여 적용사례를 포함하여 설명하고, 본질안전화의 문제점을 설명하시오.

4. 강의 담금질조직은 냉각속도에 따라 구분이 되는데, 그 종류를 나열하고 특성을 설명하시오.

5. 가스용접작업 시 발생할 수 있는 사고의 유형과 발생원인 및 예방대책에 대하여 설명하시오.

6. 구름 베어링(rolling bearing)과 미끄럼 베어링(sliding bearing)에 대한 특징을 비교 설명하시오.

제3교시 / 시험시간 : 100분

※ 다음 문제 중 4문제를 선택하여 설명하시오. (각 25점)

1. 용접부의 기계적인 파괴시험법에 대하여 설명하시오.

2. 응력집중 및 응력집중계수에 대하여 설명하고, 응력집중완화대책에 대하여 4가지만 쓰고 설명하시오.

3. 엘리베이터에서 사용하는 비상정지장치(safety gear)와 완충기(buffer)의 기능 및 종류에 대하여 설명하시오.

4. 컨베이어에서 생길 수 있는 위험점의 종류를 나열하고, 발생할 수 있는 위험성과 안전조치에 대하여 설명하시오.

5. 피로한도(fatigue limit)에 영향을 주는 인자를 7가지만 설명하고, 피로한도의 향상 방안에 대하여 3가지만 설명하시오.

6. 공기압축기의 작업시작 전 점검사항과 운전개시 및 운전 중 주의사항에 대하여 설명하시오.

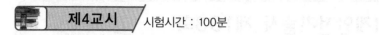

제4교시 / 시험시간 : 100분

※ 다음 문제 중 4문제를 선택하여 설명하시오. (각 25점)

1. 가드의 유형을 4가지로 분류하고 각각에 대한 종류 및 특징에 대하여 설명하시오.

2. 기계·설비의 배치 시 옥내통로 및 계단의 안전조건에 대하여 설명하시오.

3. 안전관리측면에서의 설계 및 가공착오의 원인과 대책에 대하여 설명하시오.

4. 승강기 안전부품 중의 하나인 상승과속방지장치용 브레이크의 대표적 종류 4가지와 성능기준에 대하여 설명하시오.

5. 건조설비의 설치 시 준수사항에 대하여 설명하시오.

6. 위험성 평가의 일반원칙과 평가절차 5단계를 순서대로 설명하고, 대표적인 평가기법 4가지의 특징과 장·단점에 대하여 설명하시오.

| 2016년 |　　**기계안전기술사 제108회**

 제1교시 / 시험시간 : 100분

※ 다음 문제 중 10문제를 선택하여 설명하시오. (각 10점)

1. 양정 220m, 회전수 2,900rpm, 비속도(specific speed)가 176인 4단 원심펌프의 유량(m^3/min)을 구하고, 에어바인딩(air binding)현상에 대하여 설명하시오.

2. 화학설비공장의 공정용 스팀을 생산하는 보일러를 신규로 설치할 경우 가동 전 점검사항에 대하여 설명하시오.

3. 강(steel)의 5대 원소와 각각의 함유원소가 금속에 미치는 영향을 설명하시오.

4. 화학설비산업의 펌프 및 배관플랜지이음부의 밀봉장치에 사용되는 가스켓선정기준과 액체위험물취급 시 발생할 수 있는 유동대전현상에 대하여 설명하시오.

5. 산업안전보건기준에 관한 규칙상에서 지게차의 헤드가드(head guard)를 설치 시 준수사항에 대하여 설명하시오.

6. 레버풀러(lever puller) 또는 체인블록(chain block)을 사용하는 경우의 준수사항에 대하여 설명하시오.

7. 근로자가 관리대상유해물질이 들어 있던 탱크 등을 개조·수리 또는 청소를 하거나 내부에 들어가서 작업하는 경우의 조치사항에 대하여 설명하시오.

8. 압력용기에서 파열판을 설치하는 조건에 대하여 설명하시오.

9. 압력배관용 배관의 스케줄(schedule)번호에 대하여 설명하고, 압력배관용 탄소강관(KSD 3562)의 스케줄번호 종류를 쓰시오.

10. 강의 동소체와 동소변태, 변태점에 대하여 설명하시오.

11. 바나듐어택(vanadium attack)에서 응력집중을 완화시키기 위해서 일반적으로 사용되는 방법을 5가지만 설명하시오.

12. 탄소강의 표면경화법은 크게 "화학적 표면경화법"과 "물리적 표면경화법"으로 나눌 수 있는데, 이 "화학적 표면경화법"과 "물리적 표면경화법"의 종류를 쓰시오.

13. [보기]의 교류아크용접기 자동전격방지기 표시에서 각 항목에 대하여 설명하고, 교류아크용접기 작업 시 위험요인 및 안전작업수칙을 쓰시오.

[보기] SP-3A-H

제2교시 / 시험시간 : 100분

※ 다음 문제 중 4문제를 선택하여 설명하시오. (각 25점)

1. 사업장에서 고압가스저장실에 가연성 가스집합장치를 설치하려고 한다. 가스누출경보기 설치조건에 대하여 설명하시오(단, 기준/대상/설치장소/설치위치/경보설정 및 성능 순으로 설명하시오).

2. 용접작업과 관련한 강구조물 용접시방서(structural welding code : AWS D1.1)에서 규정한 위험요인의 예방책과 용접재료의 P-NO 및 F-NO에 대하여 설명하시오.

3. 화학설비공장에서 운전 중인 배관검사 시 안전조치사항과 열화에 쉽게 영향을 받는 배관시스템을 검사하기 위해 특별히 주의할 사항에 대하여 안전보건기술지침(KOSHA guide)에 따라 설명하시오.

4. 재료의 피로파괴에 대해 도시화하여 설명하시오.

5. 공기spring장치의 특징과 장·단점을 각각 4가지만 설명하시오.

6. 베어링의 기본 정격수명식을 유도하시오.

제3교시 / 시험시간 : 100분

※ 다음 문제 중 4문제를 선택하여 설명하시오. (각 25점)

1. Clean Room 청정도, Class 100, 설계 시 고려사항 4가지를 설명하시오.

2. 산업안전보건법상 자율안전확인대상 기계·기구, 방호장치, 보호구 종류에 대하여 설명하시오.

3. 스테인리스강(stainless steel)을 금속조직으로 분류하여 대표적인 3가지의 종류와 특성을 각각 비교하여 설명하시오.

4. 배관의 부식발생 메커니즘과 내적·외적원인 및 방지대책과 부식의 종류에 대하여 설명하시오.

5. 바하(Bach)의 축 공식을 유도하시오.

6. 굽힘밴딩에서 스프링백(spring back)의 발생요인과 방지대책에 대하여 설명하시오.

제4교시 / 시험시간 : 100분

※ 다음 문제 중 4문제를 선택하여 설명하시오. (각 25점)

1. 기계가공업종에서 수리작업 시 안전작업허가제도(운영절차, 허가서 작성 및 발급 확인사항, 승인 시 확인사항, 기계업종의 예시 5가지)에 대하여 설명하시오.

2. 고체 원재료를 이송하는 벨트컨베이어(belt conveyor)설비의 작업시작 전 점검항목 및 설비의 설계항목과 방호장치에 대하여 설명하시오.

3. 겨울철 탄소강관(carbon steel)재질의 물배관 동파와 관련하여 다음 각 물음에 답하시오.

    1) 동파원인 및 동파방지방법 5가지와 동결심도를 설명하시오.

    2) 배관부에 시행하는 자분탐상검사의 자화방법 5가지와 각각의 장·단점에 대하여 설명하시오.

4. Oilless Bearing의 종류 2가지와 특성을 3가지만 설명하시오.

5. 치차변속장치에서 소음·진동의 발생원인과 대책에 대하여 설명하시오.

6. 기계설비위험성 평가를 수행하기 위한 자료수집, 유해·위험요인 파악, 위험성 추정, 위험성 결정, 감소대책 수립 및 실시, 기록사항에 대하여 설명하시오.

| 2017년 | 기계안전기술사 제111회

제1교시 / 시험시간 : 100분

※ 다음 문제 중 10문제를 선택하여 설명하시오. (각 10점)

1. 체인슬링과 체인호이스트에 조립된 체인의 신장과 지름감소에 대한 폐기기준을 설명하시오.

2. 미끄럼베어링에서 베어링계수와 마찰계수의 관계에 대하여 그림을 그려 설명하시오.

3. 벨트전동에서 발생되는 크리핑(creeping) 현상과 플래핑(flapping) 현상을 설명하시오.

4. 프레스의 방호장치 5가지 중 확동식 클러치가 부착된 프레스에 부적합한 방호장치의 종류를 쓰고, 부적합한 이유를 설명하시오.

5. 다음 각 번호에 대한 와이어로프 기호를 설명하시오.

6	×	Fi(24)	×	IWRC		B종	20mm
		①		②		③	④ ⑤

6. 타워크레인 사용 중 악천후 및 강풍 시 작업중지 조건을 설명하시오.

7. 산업안전보건법 시행규칙에서 정하는 명령진단 대상사업장을 쓰시오.

8. 안전인증대상 보호구 중 안전화에 대한 등급 및 사용장소를 설명하시오.

9. 다음의 각 번호에 대한 용접기호를 설명하시오.

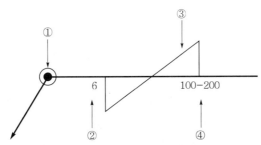

10. 산업안전보건법 시행규칙에서 규정하고 있는 사업장 안전보건 교육과정 5가지와 과정별 교육시간을 쓰시오.

11. 이삿짐 운반용 리프트의 전도 및 화물의 낙하 방지를 위해 사업주가 취해야 할 조치를 설명하시오.

12. 산업안전보건법 시행령에서 안전검사를 받아야 하는 유해·위험기계를 모두 쓰시오. (단, 현재 검사를 받아야 하는 유해·위험기계에 한함)

13. 에스컬레이터 또는 무빙워크의 출입구 근처에 부착하여야 할 주의표시 내용 4가지를 쓰시오.

제2교시 / 시험시간 : 100분

※ 다음 문제 중 4문제를 선택하여 설명하시오. (각 25점)

1. 지게차 작업에서 검토하여야 하는 다음 사항에 대하여 설명하시오.
   1) 최소 선회반경
   2) 최소 회전반경
   3) 최소 직각 통로 폭
   4) 최소 적재 통로 폭

2. 사업장에서 근로자가 출입을 하여서는 아니 되는 출입의 금지조건 10가지만 설명하시오.

3. 프레스 재해예방 및 생산성 향상을 위하여 설치하는 재료의 송급 및 배출 자동화장치의 종류와 기능을 설명하시오.

4. 고소작업대와 관련하여 다음의 내용에 대하여 설명하시오.
   1) 무게 중심에 의한 분류
   2) 주행 장치에 따른 분류
   3) 주요 구조부

5. 연삭기의 주요 위험 요인을 열거하고 기술적 대책과 관리적 대책으로 구분하여 설명하시오.

6. 산업안전보건법 시행규칙에서 규정하고 있는 안전검사 면제조건 10가지만 쓰시오.

제3교시 / 시험시간 : 100분

※ 다음 문제 중 4문제를 선택하여 설명하시오. (각 25점)

1. 차량탑재형 고소작업대 작업 시 발생 가능한 주요 유해·위험요인 및 주요 재해발생 형태별 안전대책을 설명하시오.

2. 제조업 유해·위험방지계획서 제출대상 업종 및 대상설비를 쓰고, 제출대상 업종의 유해·위험방지계획서에 포함시켜야 할 제출서류 목록을 쓰시오.

3. 사고를 발생시키는 불안전한 상태와 근로자의 불안전한 행동에 대한 각각의 사례를 7가지 쓰고 설명하시오.

4. 승강기시설안전관리법 시행규칙에서 규정하고 있는 승강기의 중대한 사고와 중대한 고장을 설명하시오.
   (단, 중대한 고장의 경우 엘리베이터와 에스컬레이터로 구분할 것)

5. 용접 작업 시 발생되는 유해인자를 물리적 인자와 화학적 인자로 나누고 유해인자별 신체에 나타나는 현상을 설명하시오.

6. 크레인, 리프트, 프레스, 사출성형기 등 안전인증 대상 제품심사 시 적용하는 전기적 시험 4가지에 대하여 설명하시오.

제4교시 / 시험시간 : 100분

※ 다음 문제 중 4문제를 선택하여 설명하시오. (각 25점)

1. 보일러 운전 중 발생되는 대표적인 장해 6가지를 설명하시오.
2. 기계나 구조물 설계 관련 다음 용어에 대하여 설명하시오.
   1) 안전설계
   2) 사용응력과 허용응력
   3) 안전계수(safety factor)
   4) 허용응력과 안전계수와의 관계
3. 에어로졸(aerosol)의 일종인 분진(dust), 흄(fume), 미스트(mist)에 대하여 다음 사항을 설명하시오.
   1) 용어의 정의
   2) 생성과정
   3) 형상
   4) 입자의 크기
4. 기계에 잠재된 위험원의 종류 6가지에 대하여 사례를 들어 설명하시오.
5. 재해예방의 4원칙을 설명하시오.
6. 고장력볼트(high tension bolt)에 대한 다음 사항을 설명하시오.
   1) 정의
   2) 특징
   3) 산업용기계 또는 설비 10개 종류에 대한 체결부위

| 2018년 | 기계안전기술사 제114회

제1교시 / 시험시간 : 100분

※ 다음 문제 중 10문제를 선택하여 설명하시오. (각 10점)

1. 고장모드와 영향분석법(FMEA : Failure Modes and Effects Analysis)의 정의와 장단점에 대하여 설명하시오.

2. 소성변형의 정의와 소성가공의 종류 3가지만 설명하시오.

3. 기계설비 설계 시 안전율 설정의 기본이 되는 응력-변형률 선도를 그림으로 도식하고 각 단계를 설명하시오.

4. 최근 고소작업대의 붐대 고정용 볼트 파단에 따른 중대재해가 다발하고 있다. 이와 관련하여 볼트의 피로파괴 해석의 기본이 되는 S-N 곡선을 그림으로 도식하고 피로한도의 정의에 대하여 설명하시오.

5. 석유화학공장에서 배관부의 결함을 확인하기 위하여 시행하는 비파괴검사방법의 종류에 대하여 5가지만 설명하시오.

6. 산업안전보건기준에 관한 규칙 제163조에서 정하고 있는 양중기의 와이어로프 등 달기구의 안전계수 구하는 식을 설명하시오.

7. 페일 세이프(fail safe)와 풀 푸루프(fool proof)의 정의를 설명하시오.

8. 지게차의 넘어짐을 방지하기 위하여 하역작업 시의 전·후 안정도를 4% 이하로 제한하고 있는데, 안정도를 계산하는 식과 지게차 운행경로의 수평거리가 10m인 경우 수직높이는 얼마 이하로 하여야 하는지를 설명하시오.

9. 산업안전보건법령 상 "안전검사 대상 유해·위험기계기구" 중 "안전인증대상 기계·기구"에 해당되지 않는 6종을 설명하시오.

10. 배관 내에서 발생되는 수격(water hammering)현상과 원심펌프에서 발생되는 air binding 현상에 대하여 설명하시오.

11. 강(steel)의 5대 원소와 각 원소가 강에 미치는 영향에 대하여 설명하시오.

12. 다음 그림과 같이 중량물을 달아 올릴 때 줄걸이용 와이어로프 한 줄에 걸리는 장력 ($W1$)을 구하고 줄걸이용 와이어로프의 보관방법에 대하여 설명하시오.

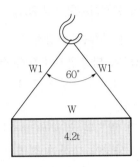

13. 겨울철 물배관이 동파되는 이유와 동파방지방법 및 동결심도에 대하여 설명하시오.

제2교시 / 시험시간 : 100분

※ 다음 문제 중 4문제를 선택하여 설명하시오. (각 25점)

1. 양중기에 사용되는 과부하방지장치 중 "전기식 과부하방지장치"와 "기계식 과부하방지장치"의 작동원리를 설명하고 건설용 리프트에 전기식 과부하방지장치를 설치하지 못하게 하는 이유를 설명하시오.

2. 보일러의 장애 중 발생증기 이상으로 나타나는 현상 3가지와 보일러의 방호장치에 대하여 설명하시오.

3. 오스테나이트계 스테인리스강에서 발생되는 입계부식의 현상과 방지대책에 대하여 설명하시오.

4. 방호장치 안전인증 고시에서 전량식 안전밸브와 양정식 안전밸브의 구분기준과 아래의 안전밸브 형식표시의 (   ) 안의 내용에 대하여 설명하시오.

5. 최근 사업장에서 질소가스 유입에 따른 산소결핍으로 발생한 사망사고의 원인이 밀폐공간 작업 프로그램이 준수되지 않은 것으로 보도되고 있다. 밀폐공간에서 근로자가 작업을 하는 경우 사업자가 수립하는 밀폐공간 작업 프로그램에 대하여 설명하시오.

6. 스마트공장의 주요 구성설비인 산업용 로봇에서 발생하는 재해예방조치 중 해당 로봇에 대하여 교시(敎示) 등의 작업을 하는 경우 해당 로봇의 예기치 못한 작동 또는 오(誤)조작에 의한 위험을 방지하기 위한 조치에 대하여 설명하시오.

제3교시 / 시험시간 : 100분

※ 다음 문제 중 4문제를 선택하여 설명하시오. (각 25점)

1. 기계설비 방호장치의 6가지 분류를 설명하시오.

2. 랙&피니언식 건설용리프트의 방호장치 5가지(경보장치와 리미트스위치는 제외)와 가설식 곤돌라의 방호장치 5가지를 기술하고 3상 전원차단장치와 작업대 수평조절장치의 역할에 대해 설명하시오.

3. 현장에서 기존에 사용하던 펌프의 임펠러(impeller)의 바깥지름을 cutting 하여 사용하는 것과 관련하여 아래 사항에 대하여 설명하시오.
   1) 임펠러의 바깥지름을 cutting하여 사용하는 이유
   2) 임펠러의 바깥지름을 cutting하여 임펠러의 지름이 달라진 경우 유량, 양정, 동력의 관계식
   3) 과도하게 임펠러의 바깥지름을 cutting할 경우 발생될 수 있는 악영향

4. 벨트컨베이어의 1) 작업시작 전 점검항목 2) 벨트컨베이어 설비의 설계 순서 3) 위험기계·기구 자율안전확인 고시에 따른 벨트컨베이어 안전장치 4) 벨트컨베이어 퇴적 및 침적물 청소작업 시 안전조치에 대하여 설명하시오.

5. 볼트·너트의 풀림발생원인과 풀림방지장치의 종류에 대하여 설명하시오.

6. 프레스의 방호장치 중 양수조작식 방호장치에 대하여 아래 사항을 설명하시오.
   1) 양수조작식 방호장치의 안전확보 개념 및 구조
   2) 적용조건 및 설치위치
      (단, 확동식 프레스와 급정지성능이 있는 프레스로 구분하여 설명)

제4교시 / 시험시간 : 100분

※ 다음 문제 중 4문제를 선택하여 설명하시오. (각 25점)

1. 최근 타워크레인의 설치·조립·해체작업 중 중대재해가 연이어 발생하고 있는데, 그 원인 중 하나가 작업계획서를 준수하지 않는다는 것이다. 산업안전보건기준에 관한 규칙 제38조 "사전조사 및 작업계획서의 작성 등"에서 정하고 있는 작업계획서 작성 대상작업 13가지를 제시하고 타워크레인을 설치·조립·해체하는 작업의 작업계획서 내용 5가지를 설명하시오.

2. 고용노동부 안전검사 고시 중 크레인의 검사기준에서 정하고 있는 크레인의 전동기 절연저항 측정에 대하여 다음 사항을 설명하시오.
   1) 전동기의 절연저항 기준값
   2) 절연저항 측정위치(절연저항 측정기의 적색선 접속위치 및 흑색선 접속위치)

3) 절연저항 측정기가 아닌 멀티테스터의 저항모드로 측정한 저항 값을 절연저항 값으로 판단하면 안되는 이유

3. 펌프에서 발생되는 이상 현상인 공동현상(cavitation)과 관련하여 아래 사항에 대하여 설명하시오.

1) 공동현상(cavitation)의 정의

2) 공동현상(cavitation)에 따른 영향

3) 공동현상(cavitation)의 방지대책

4. 산업안전보건법 제49조의 2에서 정하고 있는 공정안전보고서의 제출목적과 현장에서의 공정안전관리를 위한 12대 실천과제 주요내용을 설명하시오.

5. 산업안전보건법 시행령 제10조에서 정하고 있는 관리감독자의 업무 내용 7가지에 대하여 설명하시오.

6. 산업안전보건기준에 관한 규칙 제32조 "보호구의 지급 등"에서 정하고 있는 보호구를 지급하여야 하는 10가지 작업과 그 작업 조건에 맞는 보호구를 설명하시오.

| 2019년 | **기계안전기술사 제117회**

 제1교시 / 시험시간 : 100분

※ 다음 문제 중 10문제를 선택하여 설명하시오. (각 10점)

1. 설비보존 조직의 형태를 4가지로 분류하여 설명하시오.
2. 전기·기계기구에 의한 감전 위험을 방지하기 위하여 누전차단기를 설치해야 하는 대상을 설명하시오.
3. 유해물질 발생원으로부터 발생하는 오염물질을 대기로 배출하기 위한 국소배기(장치)의 설치 계통을 순서대로 쓰시오.
4. 화재 시 소화방법 4가지를 쓰시오.
5. 기계설비에서 발생하는 위험점 6가지를 예를 들어 설명하시오.
6. 재해발생 형태를 3가지로 분류하여 그림으로 그리고 설명하시오.
7. 금속의 인장시험을 통하여 나타나는 응력-변형률 선도를 도시(圖示)하고 다음을 설명하시오.
   가) 탄성한도   나) 상,하항복점
   다) 극한강도   라) 파괴응력
8. 금속의 열처리 방법 중 풀림(annealing)의 정의와 목적에 대하여 설명하시오.
9. 다음에 대하여 설명하시오.
   가) 산업안전보건법의 목적   나) 산업재해
   다) 중대재해
10. 동작경제의 3원칙에 대하여 설명하시오.
11. 보일러 안전장치의 종류 중 3가지에 대하여 각각 설명하시오.
12. 펌프에서 서징(surging)현상의 발생조건 및 방지대책을 설명하시오.
13. 기계설비 방호장치인 고정형가드(guards)의 구비조건에 대하여 설명하시오.

 제2교시 / 시험시간 : 100분

※ 다음 문제 중 4문제를 선택하여 설명하시오. (각 25점)

1. 컨베이어에 의한 위험예방을 위하여 사업주가 취해야 할 안전장치와 조치에 대하여 설명하시오.
2. 용접부의 비파괴 검사방법 중 액체침투탐상검사의 작업단계와 장단점을 설명하시오.
3. 용접결함 중 언더컷과 오버랩의 발생원인과 방지대책에 대하여 설명하시오.

4. 유압회로 중 미터인회로(meter in circuit)와 미터아웃회로(meter out circuit)에 대하여 설명하시오.

5. 설비진단기법 중 오일분석법에 대하여 설명하시오.

6. 제조물책임법에서 규정하고 있는 결함 3가지에 대하여 설명하시오.

제3교시 / 시험시간 : 100분

※ 다음 문제 중 4문제를 선택하여 설명하시오. (각 25점)

1. 안전인증대상 보호구 중 안전화를 등급 별로 사용장소에 따라 구분하여 설명하시오.

2. 공정안전도면 중 PFD(Process Flow Diagram), P&ID(Process & Instrument Diagram)의 용도와 표시사항 중심으로 설명하시오.

3. 허용응력에 영향을 미치는 여러 인자에 대하여 설명하시오.

4. 소성가공에 이용되는 성질과 소성변형 방법에 따른 주요 소성가공법 3가지를 설명하시오.

5. 지게차의 재해예방활동과 관련하여 다음 사항을 설명하시오.

   가) 지게차 작업 시 발생되는 주요 위험성(3가지)과 그 위험요인

   나) 작업계획서 작성 시기

6. 통풍이나 환기가 충분하지 않고 가연물이 있는 건축물 내부나 설비내부에서 화재위험 작업을 하는 경우 화재예방을 위하여 준수하여야 할 사항에 대하여 5가지를 설명하시오.

제4교시 / 시험시간 : 100분

※ 다음 문제 중 4문제를 선택하여 설명하시오. (각 25점)

1. 기계설비에 있어서 신뢰도의 정의와 신뢰도 함수에 대하여 설명하시오.

2. 승강기시설안전관리법에서 규정하는 승강기 검사의 종류 4가지에 대하여 설명하시오. (2019년 1월 기준)

3. 위험성평가에 관련하여 다음 사항을 설명하시오.

   1) 위험성평가 실시규정에 포함시켜야 할 사항

   2) 수시평가 대상

   3) 유해위험요인 파악 방법

4. 프레스 및 전단기의 방호대책에 있어서 no-hand in die 방식과 hand in die 방식에 대하여 설명하시오.

5. 산업안전보건법령에서 정하는 유해·위험방지계획서 제출 대상 사업장을 쓰시오.

6. 열처리에 있어서 경도불량이 나타나는 현상 3가지에 대하여 설명하시오.

| 2020년 | **기계안전기술사 제120회**

 제1교시 / 시험시간 : 100분

※ 다음 문제 중 10문제를 선택하여 설명하시오. (각 10점)

1. 사고체인(accident chain)의 5요소에 대하여 설명하시오.

2. 안전관리 조직의 종류에 대하여 3가지를 들고 설명하시오.

3. 위험점으로부터 20cm 떨어진 위치에 방호울을 설치하고자 한다. 이때 방호울의 최대 구멍 크기가 얼마인지 계산하시오.

4. 산업안전보건법의 보호 대상인 특수형태근로종사자의 직종에 대하여 설명하시오.

5. KS 규격에 따라 연삭숫돌에 아래와 같이 표시되어 있다. ①, ②, ③, ④, ⑤에 대한 사항을 설명하시오.

1호	405	×	50	×	38.10
(형상)	(외경)		(두께)		(구멍지름)
A	24	P	4	B	3000(m/min)
(①)	(②)	(③)	(④)	(⑤)	(최고사용원주속도)

6. 줄걸이용 와이어로프의 연결고정방법 4가지만 설명하시오.

7. 컨베이어의 안전장치 종류를 설명하시오.

8. 위험기계·기구 안전인증 고시에 따른 기계식프레스의 '안전블럭' 설치 기준에 대하여 설명하시오.

9. 기계설비의 근원적 안전화를 위한 안전조건 5가지만 나열하고, 이에 대한 예를 하나씩 들어 설명하시오.

10. 롤러기의 회전속도에 따른 급정지장치 성능에 대하여 설명하시오.

11. 금속재료에 있어서 응력집중 현상과 경감대책에 대해서 설명하시오.

12. 타워크레인의 주요 안전장치 5가지만 설명하시오.

13. 지게차 헤드가드(head guard)의 강도 및 상부틀의 각 개구의 폭 또는 길이를 설명하시오.

제2교시 / 시험시간 : 100분

※ 다음 문제 중 4문제를 선택하여 설명하시오. (각 25점)

1. 산업재해 예방 강화를 위해 회사의 대표이사에게 안전 및 보건에 관한 계획을 수립하여 이사회에 보고하고 승인받도록 하는 대상 및 포함되어야 할 내용에 대하여 설명하시오.

2. 산업안전보건기준에 관한 규칙에서 정하고 있는 고소작업대의 안전조치 사항, 작업시작 전 점검사항 및 방호장치의 종류에 대하여 설명하시오.

3. 프레스의 방호장치에서 양수조작식 방호장치와 양수기동식 방호장치의 차이점과 각각의 방호장치에 대한 안전거리 계산식을 설명하시오.

4. 근로자가 작업이나 통행으로 인하여 전기기계, 기구 또는 전로 등의 충전부분에 접촉하거나 접근함으로써, 감전위험이 있는 충전부분에 대해 감전을 방지하기 위하여 방호하는 방법 4가지를 설명하시오.

5. 볼트 체결 시 풀림방지 방법 4가지를 설명하시오.

6. 축의 설계에 있어서 고려해야 할 사항 5가지를 쓰고 설명하시오.

제3교시 / 시험시간 : 100분

※ 다음 문제 중 4문제를 선택하여 설명하시오. (각 25점)

1. 안전보건관리총괄책임자 지정 대상 사업장을 구분하고, 해당 직무 및 도급에 따른 산업재해 예방조치 사항에 대하여 설명하시오.

2. 산업안전보건기준에 관한 규칙에서 정하는 가설통로의 구조와 사다리식 통로의 구조에 대하여 설명하시오.

3. 보일러 취급 시 이상현상인 ① 포밍(foaming), ② 프라이밍(priming), ③ 캐리오버(carry over), ④ 수격작용(water hammer), ⑤ 역화(back fire) 등에 대하여 설명하시오.

4. '제조물 책임법'에 따르면 "제조물"이란 제조되거나 가공된 동산(다른 동산이나 부동산의 일부를 구성하는 경우를 포함한다.)을 말한다. 제조물 책임법에서 규정하고 있는 결함에 대하여 설명하시오.

5. 타워크레인 작업과 관련하여 아래사항을 설명하시오.
   가) 자립고(自立高) 이상의 높이로 설치하는 경우의 지지방법
   나) 작업계획서 작성 시 포함되어야 할 사항

6. 비파괴검사 중 액체침투탐상검사(LPT : Liquid Penetrant Testing) 방법 5단계를 설명하시오.

시험시간 : 100분

※ 다음 문제 중 4문제를 선택하여 설명하시오. (각 25점)

1. 안전보건관리 강화를 위한 원청의 책임 확대 및 위험의 외주화 방지를 위한 유해ㆍ
   위험작업 도급 제한 등 개정된 산업안전보건법과 관련하여 아래 사항을 설명하시오.
   가) 도급금지 대상작업
   나) 도급승인 대상작업
   다) 도급승인 신청 시 제출 서류
   라) 안전 및 보건에 관한 평가항목

2. 작업장에서 동력을 사용하여 사람이나 화물을 운반하는 것을 목적으로 하는 리프트
   의 종류, 재해 발생유형 및 방호조치의 종류별 작동원리에 대해서 설명하시오.

3. 공작기계로 절삭가공 시 발생되는 칩의 종류 4가지를 설명하고, 구성인선(built-up
   edge, 構成刃先)에 대해서 설명하시오.

4. 금속의 경도시험 방법 4가지에 대해 설명하시오.

5. 산업용 로봇(이하 "로봇"이라 한다)의 작동범위에서 해당 로봇에 대하여 교시(敎示)
   등의 작업을 하는 경우에 있어서 해당 로봇의 예기치 못한 작동 또는 오(誤)조작에
   의한 위험을 방지하기 위한 조치를 3가지로 설명하시오.

6. 사업장 위험성평가 실시와 관련하여 '사업장 위험성평가 지침'에 따른 위험성평가 절
   차에 대해서 설명하시오.

| 2020년 | **기계안전기술사 제121회**

 제1교시 / 시험시간 : 100분

※ 다음 문제 중 10문제를 선택하여 설명하시오. (각 10점)

1. 안전검사 고시(고용노동부 고시 제2020-43호)에서 제시한 갑종 압력용기와 을종 압력용기를 정의하고, 두 압력용기의 주요구조부분의 명칭 3가지를 설명하시오.

2. 기계·기구에 적용되는 페일 세이프(Fail Safe)의 정의와 기능적인 측면을 3단계로 분류하여 설명하시오.

3. 산업안전보건법령상의 안전보건관리체계에서 안전보건관리담당자를 두어야 하는 사업의 종류와 사업장의 상시근로자 수, 안전보건관리담당자 업무에 대하여 설명하시오.

4. 산업현장에서 사용되고 있는 플랜지 이음부의 밀봉설비인 개스킷(Gasket) 선정기준에 대하여 설명하시오.

5. 산업재해의 ILO(국제노동기구) 구분과 근로손실일수 7,500일의 산출근거와 의미를 설명하시오.

6. 에너지대사율(Relative Metabolic Rate)의 산출식과 작업강도를 4가지로 구분하여 설명하시오.

7. 크레인을 사용하여 철판 등의 자재 운반 작업 시 사용하는 리프팅 마그넷(Lifting Magnet) 구조의 요구사항 4가지를 설명하시오.

8. 랙 및 피니언(Rack & Pinion)식 건설용 리프트의 운반구 추락에 대비한 낙하방지장치(Governor)에 대한 작동원리 및 작동기준을 설명하시오.

9. 강(Steel)의 5대 기본원소와 각 원소가 금속에 미치는 영향에 대하여 2가지씩 설명하시오.

10. 산업안전지도사(기계안전분야)의 직무 및 업무범위를 설명하시오.

11. 산업안전보건법 시행규칙 제50조(공정안전보고서의 세부 내용 등)에 따른 1) 공정 위험성평가서 종류와 2) 비상조치계획 작성 시 포함되어야 할 사항을 각각 5가지씩 설명하시오.

12. 비파괴시험방법 중 자분탐상검사의 자화방법 5가지에 대하여 설명하시오.

13. 유체기계 내의 유체가 외부로 누설되거나 외부 이물질의 유입을 방지하기 위해 사용되는 축봉장치의 종류 및 특징에 대하여 설명하시오.

제2교시 / 시험시간 : 100분

※ 다음 문제 중 4문제를 선택하여 설명하시오. (각 25점)

1. 하인리히(H. W. Heinrich)의 사고발생 연쇄성 이론 5단계 및 사고예방 원리 5단계에 대하여 설명하시오.

2. 타워크레인과 관련된 내용을 설명하시오.
   1) 개정된(2019. 12. 26.) 타워크레인 설치·해체자격 취득 신규 및 보수 교육시간
   2) 산업안전보건법 시행규칙 제101조(기계 등을 대여받는 자의 조치) 타워크레인을 대여받은 자의 조치내역
   3) 타워크레인 특별안전보건교육 내용 5가지
   4) 타워크레인 설치작업 순서

3. 산업안전보건법령상 교육대상(근로자, 안전보건관리책임자, 안전보건관리담당자, 특수형태근로종사자)에 대한 안전보건 교육과정별 교육시간에 대하여 설명하시오.

4. 기계·설비 유지 작업 시 행하는 LOTO[Lock-Out & Tag-Out]와 관련된 내용을 쓰고 설명하시오.
   1) Lock-Out & Tag-Out 정의
   2) LOTO 시스템의 필요성
   3) LOTO 실시절차
   4) LOTO 종류

5. 연삭작업에 사용하는 연삭숫돌의 1) 재해유형, 2) 파괴원인, 3) 방호대책, 4) 검사방법, 5) 표시법(예 : WA 54 Lm V-1호 D 205×16×19.05)에 대하여 각각 설명하시오.

6. 펌프(Pump)의 1) 설계 순서를 나열하고, 2) 현장에서 원심 펌프의 임펠러(Impeller) 외경을 Cutting하여 사용하는 원인, 3) 임펠러 지름이 다른 경우의 유량, 양정, 동력 관계식, 4) 펌프의 상사법칙을 벗어난 과도한 임펠러 Cutting 시 발생될 수 있는 영향에 대하여 각각 설명하시오.

제3교시 / 시험시간 : 100분

※ 다음 문제 중 4문제를 선택하여 설명하시오. (각 25점)

1. 운반하역작업 시 사용하는 아래의 줄걸이 용구의 폐기기준을 설명하시오.
   1) 체인(Chain)
   2) 링(Ring)
   3) 훅(Hook)

4) 섀클(Shackle)

5) 와이어로프(Wire-Rope)

2. 지게차(Fork Lift) 관련 재해예방을 위한 안전관리 사항에 대하여 설명하시오.

3. 산업안전보건법령상 제조업 유해위험방지계획서 제출 대상(사업의 종류 및 규모, 기계 기구 및 설비), 심사구분 및 결과 조치에 대하여 설명하시오.

4. 산업안전보건법령상 안전검사 대상기계 등에 대하여 쓰고 규격 및 형식별 적용범위를 설명하시오.

5. 양중기에서의 크레인 1) 방호장치, 2) 작업안전수칙, 3) 고용노동부 고시(제2020-41호)에 의한 크레인 제작 및 안전기준의 안정도에 대하여 각각 설명하시오.

6. 용접작업 후 발생하는 1) 용접잔류응력 측정방법, 2) 잔류응력 완화법, 3) 변형교정법에 대하여 각각 설명하시오.

제4교시 / 시험시간 : 100분

※ 다음 문제 중 4문제를 선택하여 설명하시오. (각 25점)

1. 화재의 위험을 감시하고 화재 발생 시 사업장 내 근로자의 대피를 유도하는 업무만을 담당하는 화재감시자를 배치하여야 하는 작업장소와 가연성 물질이 있는 장소에서 화재 위험작업을 하는 경우에 화재예방에 필요한 준수사항에 대하여 설명하시오.

2. 사출성형기 1) 가드의 종류 3가지, 2) 가동형 가드의 Ⅰ형식(type Ⅰ), Ⅱ형식(type Ⅱ), Ⅲ형식(type Ⅲ)에 대하여 설명하시오.

3. 산업안전보건법령상 도급에 따른 산업재해 예방조치에 대하여 설명하시오.

4. 재해 손실비(Accident Cost) 산정방식에 대하여 설명하시오.

5. 가스용접에 사용되는 1) 아세틸렌 가스의 특성, 2) 용접·절단 작업 시 위험요인 중 화염의 역화 및 역류 발생요인과 방지대책, 3) 아세틸렌 발생기실 설치장소, 4) 발생기실의 구조에 대하여 각각 설명하시오.

6. 두 금속재를 용융된 금속 매개를 이용하여 서로 접합시키는 용접작업에서 1) 용접 결함의 종류, 2) 용접시방절차서(WPS: Welding Procedure Specification)의 각 세부 기재사항, 3) P-NO. 및 F-NO.의 차이점, 4) 용접작업과 관련한 강구조물 용접시방서(Structural Welding Code : AWS D 1.1)에서 규정한 위험요인과 예방대책을 설명하시오.

| 2021년 | **기계안전기술사 제123회**

 제1교시 / 시험시간 : 100분

※ 다음 문제 중 10문제를 선택하여 설명하시오. (각 10점)

1. 컨베이어(Conveyor) "기복장치"의 적용 예를 들고 설명하시오.

2. 양중기용 줄걸이 작업용구로 많이 사용하고 있는 섬유벨트(Belt sling)의 단점 5가지를 설명하시오.

3. 동력으로 작동되는 기계·기구로써 방호조치를 하지 아니하고는 양도·대여·설치 또는 사용에 제공하여서는 아니 되는 경우에 해당하는 조건 및 해당 방호조치 3가지를 설명하시오.

4. 테르밋 주조용접(Thermit cast welding)과 테르밋 가압용접(Thermit pressure welding)을 설명하시오.

5. 와이어로프의 보통꼬임(Ordinary lay) 및 랭꼬임(Lang lay)의 개념과 장·단점을 설명하시오.

6. 윤활유의 사용목적 및 구비조건을 각각 4가지씩 설명하시오.

7. 강(Steel)의 열간가공(Hot working) 및 냉간가공(Cold working)의 특징을 각각 4가지씩 설명하시오.

8. 미끄럼베어링의 재료가 갖추어야 할 조건 5가지를 설명하시오.

9. 소성가공법 6가지를 설명하시오.

10. 와이어로프 등에 적용되는 "슬리브 (Sleeve)"와 "심블 (Thimble)"을 그림으로 그리고 설명하시오.

11. 동력으로 작동되는 기계·기구로써 고용노동부령으로 정하는 기계·기구·설비 및 방호장치·보호구 등의 사용제한 4가지를 설명하시오.

12. 산업안전보건법 개정·시행(2021. 1. 16.) 관련 건설기계관리법에서 적용 제외되었던 지게차운전자 교육이 추가되었는데 이에 대한 자격·면허·기능 또는 경험 조건을 설명하시오.

13. 산업안전보건법에서 정하고 있는 안전보건표지 종류 및 형태 중 「급성독성물질의 경고」 표지를 그려 설명하시오.

제2교시 / 시험시간 : 100분

※ 다음 문제 중 4문제를 선택하여 설명하시오. (각 25점)

1. 산업안전보건법 시행규칙에서 정하고 있는 안전검사 면제 조건 7가지를 설명하시오.

2. 1) 피로한도(Fatigue limit)에 영향을 주는 인자 4가지, 2) 피로강도를 상승시키는 인자 4가지 및 3) S-N 곡선을 그림으로 그려 설명하시오.

3. 제조물 책임법에 따라 제조물의 결함과 손해배상책임을 지는 자의 면책사유에 대하여 각각 3가지 설명하시오.

4. 아크(Arc)용접봉의 피복제에 대하여 다음을 설명하시오.
   1) 역할 5가지
   2) 성분 5가지
   3) 형식 3가지

5. 축의 종류를 1)작용 하중 및 모양에 따라 3가지로 분류하여 설명하고, 2)축 설계 시 고려할 사항 5가지를 설명하시오.

6. 산업안전보건법상 정부의 책무와 관련하여 추진하고 있는 안전문화를 정의하고 국내의 안전문화를 저해하는 요소 2가지와 선진화활동에 대하여 3가지를 설명하시오.

제3교시 / 시험시간 : 100분

※ 다음 문제 중 4문제를 선택하여 설명하시오. (각 25점)

1. 산업안전보건법에 의거 실시하고 있는 안전인증심사의 종류 4가지 및 방법을 설명하시오.

2. 심실세동전류를 정의하고 심실세동전류와 통전시간과의 관계를 식으로 나타내고 설명하시오.

3. 「중대재해 처벌 등에 관한 법률(2021. 1. 8. 국회통과)」에 의한 중대재해를 정의하고 중대산업재해 사업주와 경영책임자 등의 처벌 기준에 대하여 설명하시오.

4. 금속재료의 경도(Hardness) 시험방법 4가지의 특징을 설명하시오.

5. 고용노동부고시 제2020-53호 '사업장 위험성평가에 관한 지침'과 관련 위험성평가의 1) 정의, 2) 실시주체, 3) 추진절차, 4) 방법·시기에 대하여 설명하시오.

6. 하중의 종류를 1) 작용하는 방향, 2) 걸리는 속도, 3) 분포상태에 따라 분류하고 설명하시오.

제4교시 / 시험시간 : 100분

※ 다음 문제 중 4문제를 선택하여 설명하시오. (각 25점)

1. 프레스의 양수조작식 방호장치에 대하여 다음을 설명하시오.
   1) 양수조작식 방호장치 설치 안전거리 계산식
   2) 양수조작식 방호장치 구비조건 6가지

2. 자동차정비용 리프트를 사용하는 경우 작업자나 관리자가 반드시 점검하여야 할 사항을 6가지로 구분하여 설명하시오.

3. 기계요소 중 기어에서 1) 이의 간섭 원인과 예방법, 2) 전위 기어의 사용 목적에 대하여 설명하시오.

4. 산업안전보건기준에 관한 규칙에서 정하고 있는 근로자에게 보호구를 지급해야 할 작업조건 7가지 및 각각에 대한 해당 보호구를 설명하시오.

5. 펌프 진동 원인을 1) 수력적, 2) 기계적 원인으로 5가지씩 분류하고, 저감 대책을 각각 설명하시오.

6. 안전보건경영시스템(ISO 45001)을 P(Plan) · D(Do) · C(Check) · A(Action)관점에서 그림을 그려 설명하시오.

| 2021년 | **기계안전기술사 제124회**

제1교시 시험시간 : 100분

※ 다음 문제 중 10문제를 선택하여 설명하시오. (각 10점)

1. 기계설비 구조설계 시 재료의 안전율을 정의하고 안전율 결정 시 고려사항 3가지를 설명하시오.

2. 소음관리의 적극적 대책과 소극적 대책에 대하여 설명하시오.

3. 피로강도 감소의 주요인자 5가지를 설명하시오.

4. 안전보건 교육지도의 8원칙을 설명하시오.

5. 아브라함 매슬로(Abraham H. Maslow)의 인간 욕구 5단계에 대하여 설명하시오.

6. 산업안전보건법상 1) 산업재해, 2) 중대재해, 3) 중대산업사고의 정의에 대하여 설명하시오.

7. 근로자가 밀폐공간에서 작업할 때 수립·시행하는 밀폐공간 작업 프로그램에 포함되는 내용에 대하여 설명하시오.

8. 상시작업을 하는 장소의 작업면 조도(照度) 기준을 설명하시오.

9. 강의 열처리 방법 4가지를 설명하시오.

10. RBI(Risk Based Inspection)와 RCM(Reliability Centered Maintenance)에 대하여 설명하시오.

11. 공정안전관리(PSM)제도의 정의 및 12대 요소를 설명하시오.

12. 위험성평가 시 수시평가 및 정기평가의 해당 조건에 대하여 설명하시오.

13. 금속의 기계적 성질 5가지에 대하여 설명하시오.

제2교시 시험시간 : 100분

※ 다음 문제 중 4문제를 선택하여 설명하시오. (각 25점)

1. 방폭구조의 종류 6가지에 대하여 그림을 그리고 설명하시오.

2. 다음 사항에 대하여 설명하시오.
   1) 와이어로프 '6×24'
   2) 와이어로프 폐기 기준
   3) 달기 체인 폐기 기준

3. 작업장 안전보건활동 중 TBM(Tool Box Meeting)에 대하여 다음 사항을 설명하시오.
   1) TBM 3단계
   2) 추진 시 유의사항

4. 보온재 하 부식(Corrosion Under Insulation, CUI)에 대하여 다음 사항을 설명하시오.
   1) 정의
   2) 보온재 부식에 취약한 재질
   3) 손상 촉진 인자
   4) 발생 주요 설비
   5) 결함 형상
   6) 예방 및 대책

5. 위험성평가방법 중 정성적, 정량적 평가방법의 특징 및 종류를 쓰고 정성적 평가기법 중 4M, Check list, What-if, 위험과 운전분석(HAZOP)에 대하여 설명하시오.

6. 응력집중, 응력집중계수 및 응력집중 완화 대책에 대하여 설명하시오.

 제3교시 / 시험시간 : 100분

※ 다음 문제 중 4문제를 선택하여 설명하시오. (각 25점)

1. 강의 표면경화법에 대하여 설명하시오.

2. 응력-변형률 선도에 대하여 설명하시오.

3. 기계설비의 고장률 곡선(bathtub curve)을 그리고 고장 유형별 원인과 대책을 설명하시오.

4. 수소취성(Hydrogen Embrittlement)의 메커니즘, 수소 확산 지연방법에 대하여 설명하고 보일러, 고압 반응기 등의 스테인리스(stainless)강에서 나타나는 수소취성과 관련된 부식의 종류를 설명하시오.

5. 작업절차서(작업순서)를 작성할 때 유의사항에 대하여 설명하시오.

6. 사업장의 안전 및 보건을 유지하기 위하여 작성하는 『안전보건관리규정』에 대하여 다음 사항을 설명하시오.
   1) 포함해야 하는 사항 중 5가지
   2) 작업장 안전관리에 대한 세부내용
   3) 작업장 보건관리에 대한 세부내용

제4교시 / 시험시간 : 100분

※ 다음 문제 중 4문제를 선택하여 설명하시오. (각 25점)

1. 인간의 불안전행동을 유발하는 심리적 요인에 대하여 설명하시오.

2. 작업 전에 사전조사 및 작업계획서를 작성하고 그 계획에 따라 작업을 하여야 하는 작업의 종류 13가지를 설명하고, 차량계 하역운반기계를 사용하는 작업의 작업계획서 내용 2가지를 설명하시오.

3. Fe_3C 평형 상태도를 그리고 A_2 변태, A_4 변태, 동소체에 대하여 설명하시오.

4. 화재의 종류, 폭발의 종류, 폭발범위(폭발한계)에 영향을 주는 요인에 대하여 설명하시오.

5. 재해손실비용의 산출 방법에서 1) 하인리히(Heinrich) 방식과, 2) 시몬즈(Simonds) 방식에 대하여 설명하시오.

6. 공정 내 독성물질을 저장하는 탱크에서 반응기로 이송하는 배관이 아래와 같은 조건에서 설계, 시공, 운전되어 8년간 사용 중에 있으며 두께측정 결과 5.35mm를 나타내고 있다. ANSI/ASME B31.3 Code를 적용하여 동 배관에 대해 1) 최소요구두께(mm), 2) 부식율(mm/yr), 3) 예측 잔여수명(yr)을 구하시오. (단, 계산값은 소수점 2번째 자리에서 반올림)

(Piping Specification)
(1) Pipe Size=150A, Sch.40S(7.10mm)
(2) Outside Diameter=165.2mm
(3) Pipe Material=A312 TP304L, SMLS
(4) Design Pressure=$0.5kg/mm^2$
(5) Design Temp.=100℃
(6) Allowable Stress(S)=$11.74kg/mm^2$
(7) Corrosion Allowance=0.00mm
(8) 용접효율(E)=1.00
(9) 배관재질의 온도에 따른 보정계수(Y)는 아래 테이블 참조

재질 \ 온도	482℃ 이하 (900℉ 이하)	510℃ (950℉)	538℃ (1,000℉)	566℃ (1,050℉)	593℃ (1,100℉)	621℃ (1,150℉)	649℃ (1,200℉)	677℃ 이상 (1,250℉ 이상)
페라이트강	0.4	0.5	0.7	0.7	0.7	0.7	0.7	0.7
오스테나이트강	0.4	0.4	0.4	0.4	0.5	0.7	0.7	0.7
니켈합금 및 다른 재질	0.4	0.4	0.4	0.4	0.4	0.4	0.5	0.7

| 2022년 | **기계안전기술사 제126회**

제1교시 시험시간 : 100분

※ 다음 문제 중 10문제를 선택하여 설명하시오. (각 10점)

1. 하인리히와 버드의 재해 구성 비율에 대하여 설명하시오.

2. 회전축(Shaft)에서 발생하는 위험속도(Critical speed)와 공진(Resonance)의 정의를 설명하시오.

3. 아래 그림은 곤돌라 제작 및 안전기준에 의한 누름버튼 표시의 기능이다. 누름버튼 표시가 의미하는 내용에 대해 각각 설명하시오.

(1)	(2)	(3)	(4)
|	◯	Ⓘ	⊤

4. 리벳작업 중 코킹(Caulking)과 플러링(Fullering)에 대하여 설명하시오.

5. 안전심리 5요소에 대하여 설명하시오.

6. 산업안전보건기준에 관한 규칙에서 정하는 리프트와 승강기의 뜻과 종류에 대하여 설명하시오.

7. 인간의 주의 특성 3가지에 대하여 설명하고 Muller-Lyer의 착시 현상에 대하여 그림을 그리고 설명하시오.

8. 산업안전보건법에 의한 상시근로자 20명 이상 50명 미만인 사업장에서 안전보건관리 담당자를 선임해야하는 사업과 업무에 대하여 설명하시오.

9. 사업장 위험성평가와 관련하여 범위 결정 요소를 설명하시오.

10. 제조물책임법에서 정하는 결함의 종류에 대하여 설명하시오.

11. 중대재해 처벌 등에 관한 법률에서 정하는 중대산업재해와 중대시민재해를 설명하시오.

12. 주요 구조 부분을 변경하는 경우 안전인증을 받아야 하는 유해·위험 기계 및 설비를 설명하시오.

13. 프레스의 슬라이드 등에 의한 위험을 방지할 수 있는 방호장치 기능 4가지를 설명하시오.

제2교시 / 시험시간 : 100분

※ 다음 문제 중 4문제를 선택하여 설명하시오. (각 25점)

1. 안전보건경영시스템(KS Q ISO 45001)에 의하면 최고경영자가 리더십과 의지표현을 실증하여야 하는 사항과 안전보건방침을 수립, 실행 및 유지하여야 하는 사항에 대하여 설명하시오.

2. 기계 · 기구 및 설비의 제작 설계 시 고려하여야 할 아래 내용에 대하여 설명하시오.
   가) 허용응력(Allowable stress)
   나) 안전계수(Factor of safety)
   다) 기준강도 결정 시 고려사항 5가지
   라) 안전계수 결정 시 고려사항 5가지

3. 에스컬레이터 또는 무빙워크에는 건축물의 장애물로 인해 부상이 발생할 수 있는 장소, 특히 계단 교차점 및 십자형으로 교차하는 지점에서의 적절한 예방조치가 취해져야 할 안전 보호판의 설치기준과 예외기준을 설명하시오. (단, 아래 그림의 A와 B에 들어갈 수치를 제시할 것)

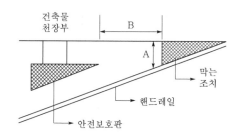

4. 산업안전보건기준에 관한 규칙에서 정의하는 차량계 건설기계와 차량계 하역운반기계 등에 대하여 아래 내용을 설명하시오.
   가) 차량계 건설기계 및 차량계 하역운반기계등의 종류
   나) 작업을 하는 경우 근로자의 위험을 방지하기 위한 작업계획서 내용
   다) 자주 또는 견인에 의하여 화물자동차에 싣거나 내리는 작업을 할 때에 발판 · 성토 등을 사용하는 경우 전도 또는 굴러 떨어짐에 의한 위험을 방지하기 위한 준수 사항

5. 동력으로 작동되는 문의 설치조건에 대하여 설명하시오.

6. 공작기계의 절삭가공에서 발생하는 절삭저항과 3분력에 대하여 그림을 그리고 설명하시오.

제3교시 시험시간 : 100분

※ 다음 문제 중 4문제를 선택하여 설명하시오. (각 25점)

1. 안전모를 사용구분에 따라 종류별로 분류하고 시험성능기준에 대하여 설명하시오.
2. 구름베어링을 구성하는 부품 4가지를 설명하시오.
3. 산업안전보건기준에 관한 규칙에 의한 밀폐공간 장소에 대하여 설명하시오.
4. 작업의자형 달비계를 설치하는 경우에 사업주가 준수해야 하는 사항에 대하여 설명하시오.
5. 스마트팩토리 수준과 스마트팩토리 안전시스템 수준을 비교하여 설명하시오.
6. 롤러기의 방호장치인 가드 설치 시 개구부 간격을 계산하는 식과 해당되는 위험점에 대하여 설명하시오.

제4교시 시험시간 : 100분

※ 다음 문제 중 4문제를 선택하여 설명하시오. (각 25점)

1. 기계가공에서 사용되는 절삭제에 대하여 아래 내용을 설명하시오.
   가) 사용 목적
   나) 구비조건
   다) 종류
2. 중대재해 처벌 등에 관한 법률에서 정하는 '안전보건관리체계의 구축 및 그 이행'에 관한 조치 사항에 대하여 설명하시오.
3. 기어의 아래 내용에 대하여 설명하시오.
   가) 백래시(Backlash) 정의
   나) 모듈, 원주피치 및 지름피치의 정의와 관계되는 수식
4. 상시 근로자수가 500명인 전기장비 제조업종의 주식회사 사업장이 있다. 산업안전보건법에 의거 아래 내용에 대하여 설명하시오.
   가) 회사의 정관에 안전 및 보건에 관한 계획 수립 시 포함하여야 하는 내용
   나) 안전관리자 및 보건관리자의 수
   다) 안전보건관리책임자, 안전관리자 및 보건관리자의 신규교육 및 보수교육 시간
   라) 안전관리자의 업무
5. 위험물질을 제조·취급하는 작업장의 비상구 설치기준에 대하여 설명하시오.
6. 아래 사항에 관한 인간공학적 고려사항에 대하여 각각 설명하시오.
   가) 작업장 설계
   나) 작업허가시스템 운영
   다) 유지관리, 검사와 시험

| 2022년 | 기계안전기술사 제127회

제1교시 / 시험시간 : 100분

※ 다음 문제 중 10문제를 선택하여 설명하시오. (각 10점)

1. 중대재해처벌법에서 정의하는 "중대재해"란 무엇인지 설명하시오.
2. 산업안전보건법 시행령에서 정하는 안전검사대상기계에 대하여 설명하시오.
3. 사업주가 크레인의 설치·조립·수리·점검 또는 해체 작업을 하는 경우 조치하여야 할 사항(7가지)을 설명하시오.
4. 효과적인 집단의사 결정 기법 중 브레인스토밍(Brain Storming)기법에 대하여 설명하시오.
5. 산업안전보건법 시행규칙에서 정하고 있는 근로자 안전보건교육 중 관리감독자 정기교육 시 교육내용 10가지를 설명하시오.
6. 가스용접 및 절단작업 시 발생하는 역화의 현상, 발생원인, 조치사항에 대하여 설명하시오.
7. 파열판의 일반적인 사용조건을 설명하고 안전밸브와 직렬사용에 대한 사용조건을 구분하여 설명하시오.
8. 보일러 안전밸브와 관련된 다음 용어의 뜻을 설명하시오.
   1) 설정압력   2) 분출압력   3) 호칭압력   4) 분출정지압력
9. 리프트 권상드럼의 제작 안전기준 4가지를 설명하시오.
10. 공장 내에 각기 다른 3대의 기계에서 각각 90dB(A), 95dB(A), 88dB(A)의 소음이 발생된다면, 동시에 가동했을 경우의 합성 소음도를 계산하시오.
11. 인화성 액체를 취급하는 배관이음 설계기준 3가지를 설명하시오.
12. 산업안전보건기준에 관한 규칙에서 크레인을 사용하여 작업을 할 때 작업시작 전 점검사항과 악천후 및 강풍 시 작업 중지 조건에 대하여 설명하시오.
13. 기계설비 위험성평가의 효율적인 실행을 위하여 준비하여야 할 사항 6가지를 설명하시오.

제2교시 / 시험시간 : 100분

※ 다음 문제 중 4문제를 선택하여 설명하시오. (각 25점)

1. 사고를 발생시키는 과정과 관련한 내용 중 다음을 설명하시오.
   1) 하인리히(Heinrich)의 도미노 이론을 각 단계별로 설명하시오.
   2) 직접원인인 불안전한 상태와 근로자의 불안전한 행동에 대한 각각의 사례를 6가지씩 쓰고 설명하시오.

2. 산업안전보건기준에 관한 규칙에서 정하고 있는 양중기의 와이어로프 등 달기구에 대한 다음의 내용을 설명하시오.

   1) 달기구의 안전계수 사용기준

   2) 곤돌라형 달비계를 설치하는 경우 준수사항

3. 기계사용에 대한 본질안전설계 대책 중 오조작에 의한 위험을 방지하기 위한 다음의 조치사항을 쓰시오.

   1) 조작부분   2) 기동장치   3) 운전제어모드

4. 고령화설비의 수명예측과 관련하여 다음을 설명하시오.

   1) 용어의 뜻을 설명하시오.

   ① 경년손상   ② 열시효취화   ③ 크리프

   2) 수명의 지배인자에 대하여 설명하시오.

5. 오스테나이트(Austenite)계 스테인리스강(Stainless Steel)에서 발생되는 입계부식의 현상과 방지대책에 대하여 설명하시오.

6. 기계설비의 위험점 종류 6가지를 쓰고 산업현장에서 적용되는 사례를 각각에 대하여 설명하시오.

제3교시 / 시험시간 : 100분

※ 다음 문제 중 4문제를 선택하여 설명하시오. (각 25점)

1. 산업안전보건기준에 관한 규칙에서 근로자의 위험을 방지하기 위한 다음의 내용을 설명하시오.

   1) 사전조사 및 작업계획서를 작성하고 그 계획에 따라 작업을 하여야 하는 작업의 종류(13가지)

   2) 중량물취급 작업계획서에 포함되어야 할 내용(5가지)

2. 동기 내용이론은 사람들이 동기를 유발하는 요인이 내부적 욕구라고 생각하고 구체적인 욕구를 규명하는 데 초점을 둔 이론이다. 이에 대한 내용 중 다음을 설명하시오.

   1) 매슬로(Maslow)의 욕구단계이론

   2) 맥그리거(McGregor)의 X이론과 Y이론

3. 기계안전관련 제어시스템의 부품류 설계시 반영되는 성능요구수준(PLr)의 결정방법을 위험성그래프를 도시하여 설명하시오.

4. 기어 및 감속기 사용 시 발생하는 기어손상의 종류와 손상방지대책에 대하여 설명하시오.

5. '사업장 위험성평가에 관한 지침'과 관련된 내용 중 다음을 설명하시오.
   1) 위험성평가의 정의　　2) 위험성평가의 법적근거
   3) 위험성평가의 실시 주체　　4) 위험성평가의 추진절차
   5) 위험성평가의 방법 및 시기

6. 용접작업 후 발생하는 현상과 관련된 다음의 내용을 설명하시오.
   1) 용접잔류응력 측정방법　　2) 잔류응력 완화법　　3) 변형교정법

제4교시 시험시간 : 100분

※ 다음 문제 중 4문제를 선택하여 설명하시오. (각 25점)

1. 네덜란드의 Human Factor학 전문가인 라스무센(Jens Rasmussen)과 리즌(James Reason)이 분류한 내용 중 다음을 설명하시오.
   1) 라스무센(Jens Rasmussen)의 인간의 행동 3가지
   2) 리즌(James Reason)의 불안전행동 유형 4가지

2. 산업안전보건기준에 관한 규칙에서 정하고 있는 작업시작 전 점검사항과 관련하여 다음 항목을 각각 설명하시오.
   1) 로봇의 작동 범위에서 그 로봇에 관하여 교시 등의 작업을 할 때 (3가지)
   2) 고소작업대를 사용하여 작업을 할 때 (5가지)
   3) 컨베이어 등을 사용하여 작업을 할 때 (4가지)

3. 프레스 금형에 의한 위험을 방지하기 위한 대책을 3가지로 구분하여 설명하시오.

4. 산업용 로봇 방호장치 중 광전자식 방호장치의 성능기준 중에서 다음 3가지 내용을 설명하시오.
   1) R-1 , R-2　　2) 뮤팅　　3) 한계기능시험

5. 고체입자 이송용 벨트 컨베이어(Belt Conveyor)에 관한 다음의 내용을 설명하시오.
   1) 설비의 설계 순서
   2) KOSHA GUIDE에 의한 벨트 컨베이어 안전조치
   3) 컨베이어 퇴적 및 침적물 청소작업 시 안전작업 내용

6. 산업안전보건법에서 규정하고 있는 공정안전보고서(PSM)에 대한 다음의 내용을 설명하시오.
   1) 공정안전보고서(PSM) 개요
   2) 제출대상 업종
   3) 공정안전관리 12대 실천과제

| 2023년 | **기계안전기술사 제129회**

제1교시 　시험시간 : 100분

※ 다음 문제 중 10문제를 선택하여 설명하시오. (각 10점)

1. 유해·위험방지계획서를 제출해야 하는 대상 중 대통령령으로 정하는 기계·기구 및 설비 항목 5가지를 쓰고, 유해·위험방지계획서의 심사결과를 3가지로 구분하여 설명하시오.

2. 양립성은 기계조작에 따른 결과를 작업자가 예측하는 데 중요한 영향을 미친다. 양립성의 정의와 종류를 예를 들어 설명하시오.

3. 산업안전보건기준에 관한 규칙 및 안전보건교육 규정 고시에서 작업과 관련하여 다음 사항에 대하여 설명하시오.
   가) 임시작업
   나) 단시간작업
   다) 단기간작업
   라) 간헐적작업

4. 산업재해를 예방하기 위하여 대통령령으로 정하는 공표대상 사업장 5가지를 쓰고, 공표에 대한 산업재해 예방효과에 대하여 설명하시오.

5. 안전검사 합격표시 및 표시방법에 있어서 안전검사합격증명서에 안전검사대상기계명을 제외한 나머지 기재할 항목 5가지를 설명하시오.

6. 유해·위험 방지를 위한 방호조치가 필요한 기계·기구의 종류 6가지와 설치해야 할 방호장치를 설명하시오.

7. 크레인을 이용한 중량물 취급 작업 시 작업계획서에 포함할 내용 5가지를 설명하시오.

8. 프레스의 양수조작식 방호장치에서 다음 조건에서 안전거리 공식을 쓰고, 안전거리(cm)를 계산하시오.
   가) 양수조작식 스위치 조작 후 급정지장치가 작동개시까지의 시간 : 100ms
   나) 급정지장치가 작동 개시 후 슬라이드가 정지할 때까지의 시간 : 150ms

9. 방사선투과검사 시 투과사진에 나타나는 결함이 필름상에서 건전(정상)부위 보다 어둡게 나타나는 이유에 대하여 설명하시오.

10. 유압장치의 3요소를 간략하게 설명하시오.

11. 담금질된 축 단면을 절단하여 경도를 측정해 본 결과 축 표면에서 중심부로 갈수록 경도 값이 적게 나오는 현상에 대하여 설명하시오.

12. 재료의 파괴양식 4가지에 대하여 간략하게 설명하시오.

13. 현장에서 사용 중인 펌프 임펠러 외경 가공(Cutting) 이유와 Cutting 시 발생할 수 있는 영향에 대하여 간략하게 설명하시오.

제2교시 / 시험시간 : 100분

※ 다음 문제 중 4문제를 선택하여 설명하시오. (각 25점)

1. 크레인을 사용하는 작업 시 관리감독자의 유해·위험 방지 업무와 작업시작 전 점검 사항을 구분하여 설명하시오.

2. 사출성형기의 위험요인, 방호조치 및 금형 교체 시 작업안전에 대하여 설명하시오.

3. 산업현장에서 밀폐공간 작업 시 질식재해에서 사망자가 차지하는 비율은 53.2%에 이르고 있어 2명 중 1명이 사망할 만큼 치명적이다. 이에 산업안전보건공단에서는 "밀폐공간 질식 재해예방 안전작업 가이드"를 제시하였다. 다음 사항에 대하여 설명하시오.

   가) 산소·유해가스 농도 측정시기, 측정방법과 농도측정 자격자에 해당하는 경우를 모두 쓰시오.

   나) 질식재해 예방조치 사항 중 특별교육·훈련시기 및 내용과 밀폐공간 작업 프로그 램 수립·시행사항을 쓰시오.

4. 산업안전보건법에 따른 산업재해가 발생하였을 때 조치할 다음 사항에 대하여 설명하 시오.

   가) 재해자 발견 시 조치사항 및 재해발생 보고

   나) 재해기록·보존기간 및 내용

   다) 산재보험 요양신청 절차

5. 산업안전보건기준에 관한 규칙에 따라 안전난간 구조 및 설치 요건에 대하여 설명하 시오.

6. 용접결함을 치수상, 구조상, 성질상으로 구분하고 용접결함의 종류 및 원인, 방지대책 에 대하여 설명하시오.

제3교시 / 시험시간 : 100분

※ 다음 문제 중 4문제를 선택하여 설명하시오. (각 25점)

1. 볼트·너트의 선정 및 체결에 관한 기술 지침에 따른 재료 선정 시 고려하여야 할 특성, 표면결함의 종류와 풀림방지 방법에 대하여 설명하시오.

2. 산업용 로봇의 정의와 불의의 작동에 의한 위험 또는 오조작에 의한 위험을 방지하 기 위한 필요한 사항을 설명하시오.

3. 기계설비 작업 시 사람에 대한 부주의 사고가 계속적으로 발생하고 있다. 다음 사항에 대하여 설명하시오.

   가) 부주의 특성 중 의식의 우회, 의식의 단절, 근도 반응, 초조 반응을 예를 들어 설명하시오.

   나) 부주의 재해발생 메커니즘(Mechanism)과 예방대책을 설명하시오.

4. 인적에러(Human error) 방지를 위한 안전가이드에서 제시하고 있는 다음 사항에 대하여 설명하시오.

   가) 인적오류 종류를 구분하여 설명하시오.

   나) 보수작업 시 인적에러(Human error) 방지대책 중 5가지만 설명하시오.

5. 기계설비의 본질안전 조건 및 종류, 종류별 예시에 대하여 설명하시오.

6. 원심펌프 축 밀봉장치의 종류, 원리 및 특성에 대하여 설명하시오.

제4교시 / 시험시간 : 100분

※ 다음 문제 중 4문제를 선택하여 설명하시오. (각 25점)

1. 타워크레인을 사용하는 작업 시 신호업무를 하는 작업에 종사하는 자의 특별교육(일용근로자 포함) 시간 및 작업별 교육내용에 대하여 설명하시오.

2. 차량계 하역운반기계 중 지게차의 안전작업에 관한 기술적 사항을 설명하시오.

   가) 작업계획서 작성시기

   나) 운전위치 이탈 시 조치

   다) 수리 또는 부속장치의 장착 및 해체작업 시 조치

   라) 운전자의 자격

3. 기계설비 점검 · 수리 등 작업 시 잘못된 설계 및 조작은 대형사고를 유발한다. 이러한 실수를 줄이기 위해서 기기 · 설비 등 설계 시 인지적 특성을 고려한 설계원리 중 6가지를 예를 들어 설명하시오.

4. 정부에서 "중대재해 감축 로드맵"(22. 11. 30.)을 발표하였다. 그 중 특히 노사가 함께 사업장 특성에 맞는 자체 규범 마련과 유해 · 위험요인을 스스로 발굴 · 제거하는 것이 핵심사항이다. 이와 관련하여 위험성평가에 대한 다음 사항에 대하여 설명하시오.

   가) 위험성평가 시 각 사항에 대한 사전준비 사항

   나) 위험성 감소 대책 수립 · 실행 시 고려사항

5. 압력용기 제작 및 설치 후 플랜지 연결부위나 용접부에서 누설이 없다는 것과 내압성능을 확인하기 위해 실시하는 압력시험의 종류 및 유의사항에 대하여 설명하시오. (단, 복합용기의 내압시험은 제외)

6. 원심 급수펌프의 축추력 방지대책 중 5가지를 설명하시오.

| 2023년 | **기계안전기술사 제130회**

 제1교시 / 시험시간 : 100분

※ 다음 문제 중 10문제를 선택하여 설명하시오. (각 10점)

1. 산업안전보건법 시행령에서 정하는 안전인증대상기계를 "기계 또는 설비", "방호장치" 및 "보호구"로 구분하여 나열하시오.

2. 용접이음의 장점과 단점을 각각 설명하시오.

3. 결함수 분석법(FTA)에서 컷세트(cut set), 최소 컷세트(minimal cut set), 패스세트 (path set), 최소 패스세트(minimal path set)의 용어를 각각 설명하시오.

4. 기계의 운동은 형태에 따라 회전운동, 왕복운동, 미끄럼운동 등으로 분류할 수 있는데 이들 운동에 따라 형성되는 기계설비의 6가지 위험점에 대하여 설명하시오.

5. 절삭유의 사용 목적과 절삭유의 종류를 각각 설명하시오.

6. 와이어로프의 단말처리법에 대하여 4가지를 쓰고 설명하시오.

7. 기계고장률을 나타내는 욕조곡선(Bathtub curve)을 그리고 단계별로 설명하시오.

8. 용접결함 중에서 기공과 용입부족의 발생원인과 방지대책을 설명하시오.

9. 유해 · 위험설비의 점검 · 정비 · 유지관리에 관한 기술지침에 따른 점검, 정비, 유지관리에 대한 용어의 정의를 각각 설명하시오.

10. 원심펌프의 최소유량배관(Minimum flow line)의 설치 목적에 대하여 설명하시오.

11. 유해 · 위험방지계획서 제출대상 기계 · 기구 및 설비의 구체적인 대상을 설명하시오. (단, 제출 대상 설비 중 용해로, 화학설비, 가스집합용접장치만 기술)

12. 부양체(浮揚體, floating body)의 경심(傾心, metacenter)에 대하여 설명하시오.

13. 설비 안전점검 체크리스트 작성 시 포함하여야 하는 사항에 대하여 설명하시오.

제2교시 / 시험시간 : 100분

※ 다음 문제 중 4문제를 선택하여 설명하시오. (각 25점)

1. 지난해 말 모 회사 공장의 혼합기에서 사망 사고가 발생하여 사회적으로 이슈가 되었다. 다음을 설명하시오.
   1) 혼합기에서 발생할 수 있는 일반적인 사고 발생원인
   2) 위험기계 · 기구 자율안전확인 고시 상의 혼합기의 주요구조부
   3) 혼합기의 제작 및 안전기준상의덮개, 덮개연동시스템, 잠금장치 및 비상정지장치에 대한 기준

2. 안전기능내장 등 기계설비의 본질안전화에 대하여 설명하시오.

3. 정부에서 발표된 "중대재해 감축 로드맵"(22. 11. 30.)에 따르면 선진국은 경미한 고장이나 장애 요인도 허투루 넘어가지 않고 작업절차서가 있어야만 작업을 시작하나 우리는 절차서가 없더라도 직관이나 경험에 의존해서 작업을 한다고 한다. 이에, 작업위험성평가에 관한 기술지침에 따른 작업위험성평가(Job Risk Assessment), 작업위험성분석(Job Risk Analysis, JRA), 작업안전분석(Job Safety Analysis, JSA) 및 작업위험성평가 기본원칙에 대하여 설명하시오.

4. 공작기계에 요구되는 특성과 안전성에 대하여 설명하시오.

5. 강을 열처리하는 목적과 강을 고온으로 가열한 후 급랭하면 나타나는 조직에 대하여 설명하시오.

6. 산업안전보건기준에 관한 규칙에서 정하는 보일러의 폭발 사고를 예방하기 위한 안전장치 4가지에 대하여 설명하시오.

제3교시 시험시간 : 100분

※ 다음 문제 중 4문제를 선택하여 설명하시오. (각 25점)

1. 방호장치는 기계, 기구의 발전과 그 시대의 사용자나 작업자의 의식 및 사회의 발전과 더불어서 조금씩 바뀌어져 왔는데 방호장치의 발전단계에 대하여 5단계로 구분하여 설명하시오.

2. 예방보전활동에 있어 TBM(Time Based Maintenance)과 CBM(Condition Based Maintenance)을 각각 설명하시오.

3. 연동가드(Interlock guard)의 종류와 각각의 작동원리에 대하여 설명하시오.

4. 최근 개정된 KOSHA GUIDE(불활성기체 등을 이용한 기밀시험방법에 관한 기술지침)에 따라 기밀시험 방법(절차) 및 시험압력에 대하여 설명하시오.

5. 일반적인 탄소강의 응력-변형률 곡선을 그리고 비례한도, 탄성한계, 항복점, 극한강도(인장강도)에 대하여 설명하시오.

6. 원통형 압력용기 동체 제작조건
   - 안지름(Di) : 1,500mm
   - 운전압력(OP) : 0.52MPa, 설계압력(DP) : 0.7MPa
   - 운전온도(OT) : 370℃, 설계온도(DT) : 400℃
   - 재질 : SB235, 용접효율(η) : 0.85, 부식여유(α) : 3mm
   - 철강재료의 허용 인장 응력값 : 아래 표 참조

기호	재료표준 인장강도 (N/mm²)	각 온도(℃)에서의 허용인장응력(N/mm²)									
		~40℃	75℃	100℃	300℃	350℃	400℃	450℃	500℃	525℃	550℃
SB235	410	103	103	103	103	102	89	62	32	22	17

1) 원통형 압력용기의 최소두께(mm)를 계산하시오. (단, 계산식 결과는 소수점 첫째 자리에서 반올림하시오)

2) 상기의 최소두께로 제작된 용기를 5년간 사용 후 두께 측정 결과 가장 얇은 부분의 철판두께가 8mm인 경우 동 용기의 잔여수명을 계산하시오.

제4교시 / 시험시간 : 100분

※ 다음 문제 중 4문제를 선택하여 설명하시오. (각 25점)

1. 산업안전보건기준에 관한 규칙에서 정한 양중기의 5가지 종류와 각각의 세부 종류를 설명하시오.

2. 부식방지를 위한 음극방식의 방법을 나열하고 장·단점을 설명하시오.

3. 산업안전보건기준에 관한 규칙 제264조(안전밸브등의 작동요건)에서는 안전밸브 등은 안전밸브 등을 통하여 보호하려는 설비의 최고사용압력 이하에서 작동되도록 하여야 한다고 규정하고 있다. 여기서 최고사용압력의 의미와 설계압력(Design Pressure), 최고허용압력(Maximum Allowable Working Pressure)에 대하여 각각 설명하시오.

4. 엘리베이터의 안전부품 중 하나인 카의 문열림출발방지장치에 대해 설명하고 승강기 안전부품 안전기준 및 승강기 안전기준상에서의 문열림출발방지장치와 관련한 정지부품의 종류 5가지와 안전요건(성능)에 대하여 설명하시오.

5. 기계부품 중에서 축을 설계할 때 고려사항을 설명하시오.

6. 제어시스템의 정상 작동을 관찰해야 하는 운전자(Operator)가 있다. 작업이 완료될 때까지의 제어시스템의 정상작동 신뢰도는 0.9 이며, 운전자의 시스템 관찰(Monitoring) 신뢰도는 0.8 이다.(현재, 제어시스템의 전체 신뢰도는 0.72이다) 회사에서는 제어시스템의 정상 작동의 신뢰도를 높이기 위해서 제어시스템 추가(병렬)설치 또는 동일한 작업을 수행하는 운전자를 한 명 더 배치(병렬)에 대하여 검토 중이다. 제어시스템 추가 설치비용과 운전자의 추가 배치 비용이 동일하다면

1) 위 두 가지 검토사항에 대하여 인간-기계 시스템의 전체 신뢰도 블록도를 각각 그려서 더 높은 신뢰도를 결정하시오.

2) 결정된 더 높은 시스템에 대하여 인간-기계 시스템의 실패를 정상사상으로 하는 Fault Tree를 작성하고 정상 사건이 발생할 확률을 구하시오.

| 2024년 | **기계안전기술사 제132회**

  제1교시 / 시험시간 : 100분

※ 다음 문제 중 10문제를 선택하여 설명하시오. (각 10점)

1. 연삭숫돌의 사용 시 발생할 수 있는 결함 종류 3가지에 대하여 설명하시오.

2. 드릴의 고정 방법 3가지를 설명하시오.

3. 압력용기의 원주방향응력과 축방향응력의 크기를 비교하여 안전설계 측면에서 설명하시오.

4. 공작기계에 표시할 사항을 5가지 설명하고, 공작기계 취급설명서에 기재되어야 할 사항 5가지를 설명하시오.

5. 위험기계·기구 안전인증 고시에 따라 안전인증을 받아야 하는 고소작업대의 과상승 방지장치와 관련하여 다음 사항에 대하여 설명하시오.
   가) 재질
   나) 설치개수 및 방법

6. 양중기에서 사용하는 과부하방지장치의 종류 및 작동원리를 설명하고 적용하는 양중기를 설명하시오.

7. 위험기계·기구 중 목재가공용 둥근톱 기계에서 다음 사항을 설명하시오.
   가) 방호장치에 표시 되어야 할 사항 5가지
   나) 사용 시 안전작업수칙 5가지

8. 승강기의 운반구와 균형추가 권상기의 회전으로 구동되는 견인식 구조 승강기의 안전장치 10가지에 대하여 설명하시오.

9. 가스용접과 관련하여 역류(Contra flow), 역화(Back fire), 인화(Flash back)에 대하여 발생원인 및 대책을 설명하시오.

10. 산업안전보건법령에서 정하고 있는 특별교육 대상 작업별 교육 관련이다. 다음과 같은 작업에 해당하는 교육 중 공통내용을 제외한 개별내용을 설명하시오.
    가) 동력에 의하여 작동되는 프레스를 5대 이상 보유 및 사용하는 작업
    나) 1톤 이상의 크레인을 사용하는 작업, 1톤 미만의 크레인 또는 호이스트를 5대 이상 보유 및 사용하는 작업

11. 세이프티스코어(Safe-T-Score)에 대하여 설명하시오.

12. 산업안전보건기준에 관한 규칙에서 정하고 있는 전기기계·기구 등의 충전부 방호를 위한 조치 5가지를 설명하시오.

13. 산업안전보건법령에서 정하고 있는「자율검사프로그램」에 대하여 설명하시오.

제2교시 / 시험시간 : 100분

※ 다음 문제 중 4문제를 선택하여 설명하시오. (각 25점)

1. 공작기계를 사용하여 가공 시 발생하는 칩의 형태에 대하여 설명하고, 칩 브레이커의 사용목적을 설명하시오.

2. 기계·기구의 방호장치 정의와 방호원리를 설명하고, 방호장치를 각각 분류하여 설명하시오.

3. 설비보전(Maintenance) 활동의 체계를 그림으로 그리고 보전활동의 종류에 대하여 설명하시오.

4. "컨베이어의 안전에 관한 기술지침"(KOSHA GUIDE M-101-2012)과 관련하여 화물의 하역운반을 위한 컨베이어(Conveyer)를 설치하는 경우 준수사항에 대하여 설명하시오.

5. 기계·설비 제어 시 관련 데이터를 시각적으로 표시하는 「시각적 표시장치(Visual display)」에 관하여 다음의 내용을 설명하시오.
   가) 시각적 표시장치의 종류
   나) 시각적 표시장치와 청각적 표시장치 비교
   다) 시각적 표시장치 식별에 영향을 미치는 조건

6. 산업안전보건법령에 따라 근로자의 신체적 피로와 정신적 스트레스를 해소하기 위한 목적으로 사업장 내 휴게시설 설치가 의무화 되어 있다. 다음 사항을 설명하시오.
   가) 휴게시설 설치 및 관리 기준 5가지
   나) 휴게시설 설치 및 관리 기준을 적용하지 않는 경우 3가지
   다) 휴게시설을 갖추지 않은 경우 과태료 부과 대상이 되는 사업장

제3교시 / 시험시간 : 100분

※ 다음 문제 중 4문제를 선택하여 설명하시오. (각 25점)

1. 안전검사대상기계 등의 규격 및 형식별 적용 범위에서 컨베이어 및 산업용 로봇의 안전검사 적용 제외 항목에 대하여 설명하시오.

2. 공장자동화의 정의와 안전상의 장점 및 단점, 자동화기계의 안전대책을 설명하시오.

3. 기계설비의 근본적인 안전화 확보를 위한 고려사항 6가지를 설명하시오.

4. 보일러 취급 시 이상현상과 관련하여 다음을 설명하시오.
   가) 수위 이상현상 발생원인 및 조치사항 각각 4가지
   나) 이상연소 현상 발생원인 및 조치사항 각각 4가지

5. 재해통계의 목적과 분석방법(통계기법) 그리고 재해통계 작성 시 유의사항을 설명하시오.

6. 산업안전보건기준에 관한 규칙에 따라 관계근로자가 아닌 사람의 출입을 금지하는 장소와 위험기계·설비에 근로자의 탑승을 제한하는 경우를 각각 7가지씩 설명하시오.

제4교시 / 시험시간 : 100분

※ 다음 문제 중 4문제를 선택하여 설명하시오. (각 25점)

1. 작업장에서 기계, 설비, 장소, 건물 등의 이동통로 및 계단을 설치할 때 적용하는 기술 지침에 대하여 설명하시오.
   가) 이동통로 및 계단의 위험성
   나) 경사각에 따른 이동통로 선정기준
   다) 이동통로 선정 시 검토할 사항
   라) 이동통로 선택의 우선순위

2. 사업주가 스스로 사업장의 유해·위험요인에 대한 실태를 파악하고 이를 평가하여 관리·개선하는 사업장의 위험성평가에 관한 지침에 대하여 설명하시오.
   가) 위험성평가 절차
   나) 위험성평가 실시규정 포함내용
   다) 위험성평가 실시시기
   라) 상시 위험성평가 정의
   마) 해당 작업에 종사하는 근로자를 위험성 평가에 참여시켜야 하는 경우

3. 기계설비 고장률의 기본모형(욕조곡선, Bath-tub)을 그림으로 그리고 고장유형에 대하여 설명하시오.

4. 펌프 진동 원인을 1) 수력적 원인 5가지와 2) 기계적 원인 5가지로 분류하고 각각의 대책을 설명하시오.

5. 산업안전보건법령에서 정하고 있는 「안전보건표지」에 대하여 다음의 내용을 설명하시오.
   가) 안전보건표지 설치기준 3가지
   나) 안전보건표지 제작기준 3가지
   다) 안전보건표지 색상 중 빨간색, 노란색, 파란색, 녹색에 대한 색도기준과 용도, 그리고 각각의 사용 예 1가지

6. 인간-기계 시스템(Man-Machine system)에 대하여 1) 기본적인 기능 4가지, 2) 인간과 기계의 장·단점 비교, 3) 인간에 의한 제어정도에 따라 수동시스템, 기계화시스템, 자동화시스템으로 분류하여 설명하시오.

| 2024년 | **기계안전기술사 제133회**

제1교시 / 시험시간 : 100분

※ 다음 문제 중 10문제를 선택하여 설명하시오. (각 10점)

1. 안전보건관리체계 구축을 위한 7가지 핵심 요소에 대하여 설명하시오.
2. 기계장치에 존재하는 위험 형태에 따른 위험점 5가지에 대하여 예를 들어 설명하시오.
3. 인간·기계시스템에서 인적 실수를 감소시키기 위한 인간공학적 설계 원리 중 양립성(Compatibility)에 대하여 설명하시오.
4. 목형을 제작하기 위한 현도 작성 시 고려사항 4가지를 설명하시오.
5. 축(shaft)의 위험속도(critical speed)에 대하여 설명하시오.
6. 기둥의 좌굴 및 세장비에 대하여 설명하시오.
7. 산업안전보건기준에 관한 규칙에서 정하는 특수화학설비에 대하여 설명하시오.
8. 냉간가공(Cold Working)과 열간가공(Hot Working)의 정의 및 특징 3가지에 대하여 설명하시오.
9. KOSHA GUIDE M-61-2017 산업용 로봇의 사용 등에 관한 안전 기술지침에서 다음 3가지 용어에 대하여 설명하시오.
   (1) 산업용 로봇
   (2) 매니퓰레이터
   (3) 교시 등
10. 방사선검사 시 투과사진에 나타나는 결함이 필름상에서 건전 부위 보다 어둡게 나타나는 이유에 대하여 설명하시오.
11. 철골구조물(steel structure)의 정의를 설명하고, 장점 및 단점을 각각 4가지씩 설명하시오.
12. 절삭유제의 역할 및 구비조건을 각각 4가지씩 쓰시오.
13. 3D 프린터의 주요 유해·위험요인과 안전대책에 대하여 각각 4가지씩 설명하시오.

제2교시 / 시험시간 : 100분

※ 다음 문제 중 4문제를 선택하여 설명하시오. (각 25점)

1. 금속제 가구를 제조하는 업체에서 근무하는 근로자가 판금 작업 시 1) 주의해야 할 사항, 2) 프레스 및 전단기의 안전 수칙, 3) 프레스 및 전단기의 안전장치를 설명하시오.

2. 금속의 강화기구(강성향상책)에 대하여 설명하시오.

3. 갈바닉 부식(Galvanic Corrosion)에 대하여 다음 사항을 설명하시오.
   1) 정의
   2) 갈바닉 부식에 영향을 미치는 인자
   3) 갈바닉 부식 방지대책
   4) 갈바닉 부식의 이용 사례

4. 산업용 리프트 검사 대상(범위) 및 산업용 리프트 운반구의 낙하사고에 대비한 안전 장치에 대하여 설명하시오.

5. 이동식 크레인의 휠 형식 동력 전달 장치에서 주 브레이크, 조향장치, 구동축, 가속 장치에 대한 고장현상, 원인, 대책을 각각 설명하시오.

6. 잔류응력을 경감시키기 위한 용접시공 방법과 용접부의 잔류응력 완화 방법 및 변형 방지법에 대하여 설명하시오.

제3교시 / 시험시간 : 100분

※ 다음 문제 중 4문제를 선택하여 설명하시오. (각 25점)

1. 금속용사법 종류 및 특징에 대하여 설명하시오.

2. 개스깃 취급 시 주의사항을 설명하고, 비금속 개스깃의 인장강도 저하에 따른 누설 원인에 대하여 설명하시오.

3. 산업안전(Industrial safety) 시장(산업)의 특징은 '중소기업 중심적인 산업', '일자리 창출이 가능한 산업', '지식정보 보안산업', 'ICT 융합형 고부가가치 산업'으로 요약될 수 있다. 각각의 특징에 대하여 설명하시오.

4. 아차사고와 하인리히 법칙에 대하여 각각 설명하고, 이와 관련하여 사업장 위험성평 가에 관한 지침(고용노동부 고시 제2023-19호)에서 위험성평가의 대상(제5조의2)에 대하여 설명하시오.

5. 배관의 신축이음(expansion joint)의 종류 및 특징에 대하여 설명하시오.

6. 산업안전보건법 시행규칙의 1) 관리감독자 교육과정 및 교육시간, 2) 관리감독자 교 육과정 중 정기교육 시 교육내용에 대하여 설명하시오.

제4교시 / 시험시간 : 100분

※ 다음 문제 중 4문제를 선택하여 설명하시오. (각 25점)

1. 배관 두께 검사 시 두께 감소가 동일 배관계보다 심할 것으로 예상되는 장소(검사 위 치 선정)와 검사방법 종류에 대하여 설명하시오.

2. 공작기계(선반, 밀링, 연삭기 및 드릴링머신)의 진동검사 방법(진동측정 개소의 선정, 측정항목, 측정 방법, 판정 방법)에 대하여 설명하시오.

3. 배관 시공 후 또는 운전 중 배관 내부에 잔존하는 이물질을 제거하기 위한 배관 세정방법에 대하여 설명하시오.

4. 수소 손상(Hydrogen Damage)의 종류별 발생 메커니즘 및 방지대책에 대하여 설명하시오.

5. 레이저 작업 단계별(레이저 발진 준비, 레이저 발진 중, 레이저 사용 후) 위험 요소와 주의 및 조치 사항에 대하여 설명하시오.

6. 내압을 받는 원통형 용기, 안지름 : 1,700mm, 운전압력 : 0.3MPa, 설계압력 : 0.5MPa, 운전온도 : 300℃, 설계온도 : 350℃, 용접효율 : 1, 부식여유 : 0mm, 철강재료의 허용인장응력값이 다음 표와 같을 때, 다음 물음에 답하시오.

〈철강재료의 허용 인장 응력값〉

재료표준인장강도 (N/mm²)	각 온도(℃)에서의 허용인장응력(N/mm²)								
	410	100	200	250	300	350	400	450	500
410	118	118	118	118	114	108	90	62	32

가. 내압을 받는 원통형 용기(동체)의 최소두께를 구하시오.

나. 상기의 용기를 두께 8mm 철판으로 제작하였을 때 최고허용압력(MAWP, Maximum Allowable Working Pressure)을 구하시오. (단, 압력 단위는 MPa)

참고문헌

1. 산업안전보건법 및 산업안전보건기준에 관한 규칙, 2024.

2. 기계안전관련 기술잡지, 정부공고, 뉴스, 월간지, 2020.

3. John K. Vennard 외 1인, 유체역학, 동명사, 1985.

4. 강명순 외, 최신 기계공작법, 보문당, 2001.

5. 강명순, 소성가공학, 보성문화사, 1992.

6. 김순채, 건설기계기술사, 성안당, 2024.

7. 김순채, 기계기술사, 엔지니어데이터넷, 2024

8. 김순채, 완전정복 금형기술사, 엔지니어데이터넷, 2024

9. 김순채, 스마트 금속재료기술사, 엔지니어데이터넷, 2024

10. 김순채, 산업기계설비기술사, 성안당, 2024.

11. 김순채, 용접기술사, 성안당, 2024.

12. 김순채, 화공안전기술사, 성안당, 2021

13. 박승국, 기계현장의 보전실무, 대광서림, 2009.

14. 박승덕 외 2인, 기계공학 일반, 형설출판사, 1989.

15. 박영조, 기계설계, 보성문화사, 2001.

16. 백남주, 금속재료학, 광림사, 1982.

17. 서정일 외 2인, 기계열역학, 한양대학교출판부, 1982.

18. 엄기원, 실용 용접공학, 동명사, 2009.

19. 이종원, 기계진동학 총정리, 청문각, 1990.

20. 이택식 외 1인, 수력기계, 동명사, 1982.

21. 임상전, 재료역학, 문운당, 2005.

22. 정선모, 윤활공학, 동명사, 1987.

23. 종효 저, 김재근 역, 설치시공과 초기보전, 기전연구사, 1988.

24. 차경옥, 재료역학연습, 원화, 1999.

25. 프로젝트관리기술회, 프로젝트관리기술, 계간지, 2001.

26. 하재현 외 2인, 유체기계, 대학도서, 1988.

27. 하재현 외 2인, 최신 유체기계, 대학도서, 1981.

28. 허영근 외 2인, 최신 내연기관, 동명사, 1981.

[저자 약력]

김순채(공학박사·기술사)

- 2002년 공학박사
- 47회, 48회 기술사 합격
- 현) 엔지니어데이터넷(www.engineerdata.net) 대표
  엔지니어데이터넷기술사연구소 교수

〈저서〉

- 《공조냉동기계기능사 [필기]》
- 《공조냉동기계기능사 기출문제집》
- 《공유압기능사 [필기]》
- 《공유압기능사 기출문제집》
- 《현장 실무자를 위한 유공압공학 기초》
- 《현장 실무자를 위한 공조냉동공학 기초》
- 《건설기계기술사 [상]》
- 《건설기계기술사 [하]》
- 《용접기술사》
- 《산업기계설비기술사》
- 《화공안전기술사》
- 《기계기술사》
- 《스마트 금속재료기술사》
- 《완전정복 금형기술사 기출문제풀이》
- 《KS 규격에 따른 기계제도 및 설계》

〈동영상 강의〉

기계기술사, 금속가공기술사 기출문제풀이/특론, 완전정복 금형기술사 기출문제풀이, 스마트 금속재료기술사, 건설기계기술사, 산업기계설비기술사, 기계안전기술사, 용접기술사, 공조냉동기계기사, 공조냉동기계산업기사, 공조냉동기계기능사, 공조냉동기계기능사 기출문제집, 공유압기능사, 공유압기능사 기출문제집, KS 규격에 따른 기계제도 및 설계, 알기 쉽게 풀이한 도면 그리는 법·보는 법, 일반기계기사, 현장실무자를 위한 유공압공학 기초, 현장실무자를 위한 공조냉동공학 기초

Hi-Pass
기계안전기술사

2016. 7. 12. 초 판 1쇄 발행
2020. 8. 7. 개정증보 1판 1쇄 발행
2022. 8. 12. 개정증보 2판 1쇄 발행
2024. 7. 17. 개정증보 3판 1쇄 발행

지은이 | 김순채
펴낸이 | 이종춘
펴낸곳 | BM ㈜도서출판 성안당
주소 | 04032 서울시 마포구 양화로 127 첨단빌딩 3층(출판기획 R&D 센터)
    10881 경기도 파주시 문발로 112 파주 출판 문화도시(제작 및 물류)
전화 | 02) 3142-0036
    031) 950-6300
팩스 | 031) 955-0510
등록 | 1973. 2. 1. 제406-2005-000046호
출판사 홈페이지 | www.cyber.co.kr
ISBN | 978-89-315-1149-9 (13550)
정가 | 85,000원

이 책을 만든 사람들

기획 | 최옥현
진행 | 이희영
교정·교열 | 류지은
전산편집 | 전채영
표지 디자인 | 박원석
홍보 | 김계향, 임진성, 김주승
국제부 | 이선민, 조혜란
마케팅 | 구본철, 차정욱, 오영일, 나진호, 강호묵
마케팅 지원 | 장상범
제작 | 김유석